实用宝玉石学

SHIYONG BAOYUSHIXUE

王徽枢 编著

中国地质大学出版社
ZHONGGUO DIZHI DAXUE CHUBANSHE

图书在版编目(CIP)数据

实用宝玉石学/王徽枢编著. —武汉:中国地质大学出版社,2015.8

ISBN 978-7-5625-3290-3

Ⅰ.①实…
Ⅱ.①王…
Ⅲ.①宝石-鉴定②玉石-鉴定
Ⅳ.①TS933.21

中国版本图书馆 CIP 数据核字(2013)第 267997 号

实用宝玉石学			王徽枢 编著
责任编辑:张 琰 张旻玥	选题策划:赵颖弘 张 琰		责任校对:张咏梅
出版发行:中国地质大学出版社(武汉市洪山区鲁磨路 388 号)			邮政编码:430074
电 话:(027)67883511	传 真:67883580		E-mail:cbb@cug.edu.cn
经 销:全国新华书店			http://www.cugp.cug.edu.cn
开本:787 毫米×1 092 毫米 1/16		字数:1 363 千字	印张:53.25
版次:2015 年 8 月第 1 版		印次:2015 年 8 月第 1 次印刷	
印刷:荆州市鸿盛有限公司			
ISBN 978-7-5625-3290-3			定价:318.00 元

如有印装质量问题请与印刷厂联系调换

識寶指南

於崇文題

继承民族文化
发展珠宝事业

张来仁
2015年7月

賀王徹歐教授

土言寶玉石
寶用珠寶界

癸巳正月朱東一恭題

實用寶玉石學

王化仁 題

實用寶玉石學

愛新覺羅·恆志 題

王微枢教授

著书立说
远见卓识

周西平

2010年元月

序

编写一本系统的宝石学书,通常是由主编负责分工、统稿,各章节分别由熟悉该领域的专家学者收集资料,编纂成文。即便这样,一部系统的著作,从分工到出版也得三四年的时间方能完成。而这本《实用宝玉石学》由王徽枢教授一个人花费了几年时间与精力,夜以继日、坚韧不拔、克服了各种困难,终于实现了梦想。

几年前,王教授萌生了编写一本《实用宝石学》的想法。面对这样一部巨著是需要勇气和毅力的,即使一个团队也需要几年的殚精竭力,何况孤单一人更是需要用生命来拼搏啊!

王教授亲自收集资料,亲自撰写、编辑,亲自打印,亲自修改,几易其稿,终于完成了这部巨作。本书的出版是个人 PK 团队的特殊案例,也是生命顽强的典范!

本书有四大特点。一是严谨,从不人云亦云,从宝石的形态、物理性质到成因产状;从历史上的评说到优化、处理都认真推敲;甚至晶体光学的用语都仔细核对,这是目前大部分书籍很难做到的。二是系统,不光是地壳中的宝石,连外太空观赏石、宝石也包括在其中;不光现代的宝玉石,连古代的宝玉石也加以讨论,这是一般宝玉石学书籍不曾涉猎的。三是实用,本书总结了近代珠宝业的发展成就和一些有关的新理论、新成果,对珠宝界和珠宝教育界都有着重大的意义。这既是一本学习用书,也是珠宝鉴定人员的参考用书,对从事珠宝商贸和收藏、玩赏的人士也大大获益。四是独创,本书作者对好多宝玉石鉴赏都提出了自己独特的看法。譬如对宝玉石的定义及翡翠的科学分类方面,通过大量的调查研究都提出了自己的观点。

我们祝贺王徽枢教授这一梦想的实现,也祝贺本书的出版发行。愿它能在珠宝业的发展进程中起到推动作用。王徽枢教授笔耕不辍,拳拳之心令珠宝界的同仁、朋友们佩服不已,愿珠宝界的后来人也能引以为师!

2015 年 3 月 3 日

作者简介

王徽枢,山东济南人,1955年毕业于北京地质学院矿产地质勘探系。先后在北京地质学院矿物教研室、西安交通大学地质系、西安矿业学院(现名西安科技大学)任教。讲授矿物学、地球化学、宝玉石学等课程。硕士生导师、兼任地质系副主任及宝石研究室主任等职。改革开放后倡导在我国发展宝玉石事业。1988年在西安矿业学院举办了中国第一个宝石专业班;在我国率先开展有机宝石研究;撰写论文数十篇,参编《矿物学》《宝石学基础》《陕西省煤炭资源图册》等教材及专著。1993年应聘来深圳,先后担任龙泉、居珍、李大福等珠宝公司的总经理助理、高级顾问、总工程师;担任北京大学珠宝鉴定中心深圳实验室、国家珠宝玉石质量监督检验中心驻深圳国贸珠宝公司珠宝鉴定咨询师,并受聘为深圳市劳动局、深圳市专家工作联合会专家。1997年被国家人事部和国家技术监督局联合认定为国家珠宝玉石质量监督检验师。现为西安科技大学教授,任广东省金银珠宝玉器业厂商会副会长、高级顾问等职。

作者与出版赞助者合影

(从左至右:王冬、李萍、王镭、王徽枢、王锄、张华安、张泽斌)

作者近照

前　言

我国是对宝玉石的认识、开发利用有着历史悠久的国家,早在几万年前的旧石器时代,几乎是人类活动的一开始,我们的祖先首先接触到了石头,这些石头中有宝石也有玉石。随着人类知识的积累,社会的进步。公元前475年前后,即春秋末战国初,世界上描述矿物学最早的一部书我国的《山海经》。书中提到80多种矿物、岩石和矿石的名称,比西方同类书籍如《似金属论》《石头论》等都要早得多。我国的这部《山海经》中也包含宝玉石名称。有些名称如金、银、玉等一直沿用到现在。

在我国古代书籍中有很多关于宝玉石的记载,如我国春秋末思想家,教育家,儒学的创始人孔子就曾论及"君子比德于玉"。据《礼记·聘义》记载他曾说"非为瑉之多故贱之也,玉之寡故贵之也,夫昔者君子比德于玉焉,温润而泽,仁也",可见他把玉材的特征加以人格化,并把它纳入了道德规范。

我国对宝玉石的开发利用有六七千年的历史,也积累了不少相关知识,如在《管子》《淮南子》《天工开物》《本草纲目》等书籍之中,或在零散的文章、诗词之内,都有一些关于宝玉石的记载或颂扬。东汉时代的许慎在《说文解字》中就提出了玉的定义,有玉即"石之美"者之论。历史上不少朝代都有以玉来显示身份、等级或象征洁白、高贵的风习。

我国在古代,最显著的贡献是扩大了对宝玉石的开发利用及对某些宝玉石的描述。同时在各朝各代都致力于宝玉石器物的形制、纹饰及艺术、工艺方面的改进和提高。

唯我国在漫长的历史过程中,由于我国封建制度的建立,科学思想长期得不到延续和发展。1453年欧洲各国在文艺复兴以后,较早的进入了科学的发展阶段,当时我国却正处于明朝的封建统治之下。那时候西欧诸国由于生产力的一时解放,科学得以大发展。19世纪末(1895年)伦琴发现了X射线;1912年劳埃发现了晶体对X射线的衍射,人们开始了研究晶体内部结构,从宏观的描述矿物进入了微观的研究,揭开了微观世界的新领域。1873年伏克(Fougue)与米舍尔·莱维(Miehevy)、1928年鲍温(Bowen)对主要的造岩矿物进行了系统合成的实验,应用物理化学原理通过改变温度、压力,定出矿物的析出顺序,确立了实验矿物学研究方向。

尤其是数学、物理学、化学及物理化学、地球化学理论的发展和应用,以及分析化学和一些新的测试手段的出现,都促进了矿物学、宝石矿物学向独立的自然科学方向发展。

1902年法国人维尔纳叶以焰熔法合成了红宝石,1908年意大利人佩斯齐亚以水热法合成了水晶。自此,世界上人工合成宝石随之陆续展开,至今已几乎成功的合成了已知各种常见的宝石和玉石。

以上这些科学成就也都为现代宝玉石学的建立奠定了必要的基础。

1808年英国成立起了世界上第一个宝石协会。1931年美国成立了宝石学院。其他一些国家也随之相继成立了宝玉石组织,开始发展宝玉石学科。宝石学作为一门独立的学科,自此屹立于世界的科学丛林之中。

我国对近代宝玉石学的发展方面相对起步较晚,只有近代地质学的创始人章鸿钊先生在1918年编写了《石雅》,1937年编写了《古矿录》等有关地质学的书籍,论述了古今中外的一些宝玉石,显然他是中国近代宝玉石学的主要创始人。直到1949年,成立了中华人民共和国后,科学才得以飞跃的发展。新矿物不断被发现,人工合成了红宝石、蓝宝石、水晶等宝石矿物,研究了一些矿物的内部结构,出版了不少宝玉石方面的论著。同时在全国进行了几千处考古发掘,对我国古代的珠宝玉石青铜器物也进行了研究,获取到大量的古代宝玉石文化成果。

1987年中国科学院贵阳地球化学研究所,召开了全国宝玉石讨论会及成立宝石专业委员会;1988年西安矿业学院(现改名为西安科技大学)等不少大专院校开始陆续举办了宝玉石大专班,由中国宝玉石专家学者王徽枢、赵松龄、王曼君 沈才卿、赵新民等讲授珠宝玉石课程。1985年、1988年栾秉墩先生编写了《宝石》《中国宝石和玉石》等书;1989年周国平先生主编的《宝石学》出版;1990年中国宝玉石协会在北京正式成立。随之各省区市也都相应的成立了宝玉石协会或宝玉石学术研讨会。1997年中华人民共和国人事部和技术监督总局联合审定了全国杨富绪等49名珠宝质量检验师注册资格,并向全国各省区市下发文件。1997年5月1日的人民日报上颁登该49名珠宝质检师的名单。这是国家对珠宝事业发展的极大支持。自此宝玉石商贸公司、宝玉石加工厂、镶嵌厂如雨后春笋般的在我国各地拔地而起,宝玉石市场一片繁荣,宝玉石教育、莹玉石刊物、宝玉石书籍、宝玉石研究也应运而生。无可置疑,我国已进入了珠宝首饰大国的行列。中国的近代宝玉石业开始了科学有序的、蓬勃飞跃发展的时代。

在这珠宝玉石业大发展的年代里,随着科学技术的进步,人工合成宝石(人工制造的地球上有对应物的),人造宝石(人工制造出来的地球上无对应物的),仿宝石(成分结构与天然宝石无关,仅物理性质上有些相似的物品)也充满市场。要区别是天然的、人工合成的、人造的还是仿的,或者是优化、处理的宝玉石就要有一定的宝玉石知识和检测仪器;要用数据证实。在鉴定宝玉石、识别宝玉石的过程中还常遇到古玉或仿古玉,所以还要有一定的古代宝玉石器物的知识。研究、检测、鉴赏、收藏都应当掌握这些不断发展的技术技能。

鉴宝、识宝就成了一门永远不断发展、不断创新的科学技术;宝玉石学就是一本不可缺少的工具书。

致谢:
  本书在编写及出版过程中得到了不少同事、同行们的帮助、支持与鼓励,特此致谢。
  感谢中国科学院院士于崇文教授的题词。
  感谢中国科学院院士张本仁教授的题字。
  感谢潘兆橹教授、翁玲宝教授的支持与鼓励。

感谢朱中一教授为本书作序、审阅并提出宝贵的意见。

感谢丁振举教授为本书译写外文概要。感谢深圳天彩祥和翡翠珠宝有限公司、深圳市胜林珠宝仪器公司、中国宝玉石杂志社为本书提供资料；感谢周国平先生为本书题词，爱新觉罗启骧先生、王依仁先生为本书题字；感谢孟宪松先生、李宝家先生、杨涵源先生、陈春先生、杨润京先生、杨绍光先生提供有关资料及图片。感谢张华安、张译斌、王镭、王冬、王锄所给以的大力支持及出版赞助。感谢王中枢、王大乔、高洪昌、谢天平、武一村、曾利娴、钟金妹、韦权先、龚存燕等打字、打印、图片扫描等工作，感谢他们给予的大力支持。

本书所有收益捐献给我国山区儿童助学。

实用宝玉石学简介

由王徽枢编著的《实用宝玉石学》一书,是以结晶学、矿物学、晶体光学为基础,阐述了300多种宝玉石。全书共分十七章,其中宝玉石分作九个大类,每类为一章。按照本书的分类,除书的前面部分作了宝玉石基础知识的阐述之外,书中各论分为:贵重宝玉石大类(章)(如钻石、翡翠等)、普通常见宝石大类(章)(如橄榄石、萤石等)、有机宝石大类(章)(如琥珀、珊瑚、珍木、躯体宝石等)、稀有宝石大类(章)(如塔菲石、葡萄石等)、外太空成因的宝玉石及观赏石大类(章)(如陨石、月岩等)、天然玉石大类(章)(如独山玉、岫岩玉等)、印章石和雕刻石及砚石大类(章)(如寿山石、端砚石等),并对首饰常用的贵金属分为一大类(章)(如金、银、铂等),最后古玉(按朝代)分为一大类(章)(如夏商周时代的玉器等)。

纵观全书有以下几个突出方面:

(1) 指出了关于宝玉石的定义,宝石是天然(地质作用、宇宙作用)形成的,具有一定化学成分、内部结构,物理化学性质比较稳定的,具有美观、耐久、稀有性的单质或化合物(矿物)。这种单质或化合物(矿物)集合体组成岩石,色泽艳丽的岩石则是玉石。突出了天然宝石、天然玉石与矿物、岩石的关系。

(2) 把天然宝玉石中传统贵重的珠(珍珠)、宝(红、蓝宝石)、翠(翡翠)、钻(钻石)及祖母绿、海蓝宝石、白玉等归为一类。这类宝玉石往往是价格昂贵,其高档货可为极品,故将其与普通宝石尤其与那些过去有"半宝石"之称的物质分开。

(3) 翡翠按矿物组成分类表达各种翡翠的种族关系,区分开翡翠与翡翠的相近品种和相似品种。

(4) 指出了软玉是传统贵重的玉石,但各地所产的甚至同一地区的不同部位所产的其品质都有所不同。故对软玉不能笼统定名为和田玉,应该按其产地分开,其名称前可冠以产地名称(如青海白玉)。

(5) 一些人工合成品、人造品及仿制品因为它不是天然产生的,其大小、物理性质是由人工控制,更不稀有,所以不属于宝玉石范围,故将其列于相对应的天然宝玉石之后,以作鉴别对比。

(6) 关于有机宝石 1979—1989 年间王徽枢在研究河南西峡、辽宁抚顺等地的琥珀,就提出了 $C_{10}H_{16}O$ 不能代表所有琥珀的化学成分,而应以 $C_{2n}H_{3n}O$ 通式(一般 $5<n<15$)表示,因这类琥珀的成分不同、种别变化较大,不能以单一化学式代表全种族,故应以通式表示,并增加了变色琥珀(蓝琥珀)的研究。

(7) 在有机宝石类中除包括与动物、植物有关的物质外,还应包括与人体有关的(如骨灰钻石、舍利子等)可称"躯体宝石(Body gemstone)"。

(8) 第一次将外太空成因的宝玉石及观赏石列入书中作为一大类,主要包括月岩和陨石及组成陨石的矿物等。陨石和外星岩本身就是一种稀有珍贵的观赏石。其组成矿物很多也与地球上的宝玉石矿物相似,只是它产自外星。如此说来原来人们所认为的地球上的三大岩类,就应该是四大岩类(岩浆岩、沉积岩、变质岩、宇宙岩);或者分开来说,即地质作用形成三大岩类,而在地球上存在的是四大岩类。这些外太空物质来到地球上之后,也随即加入到地球上部岩石圈岩石转换和物质循环中去。随着近代航天科学技术的发展,瞻望未来,地球上外星物质将会不断增多。

(9) 将首饰常用金属及几种有关普通有色金属置于实用宝玉石学之中,是因为这类金属常用在首饰上作支托或与宝玉石并现,如金、银、钯、铜、铂。但它们都不是宝石,也不是玉石,有的本身就是饰品(如金、银),但是它在首饰镶嵌中是不可缺少的。十五章最后还指出了若干首饰中的有害元素。

(10) 首次将古玉收入到该书中,是因为古代的珠宝玉石是制作时间已久的宝石、玉石或铜物质。须知观今宜鉴古、无古不成今。作为一个宝玉石工作者应该知古知今。

(11) 首次总结出我国宝玉石器物业的发展历程。对古玉器物的一些仿古、作伪方法也作了简单介绍,并指出初步识别方法,以利地进一步鉴别、鉴赏、断代和古今对比。

本书主要是描述天然宝石,与相关的人工合成宝石和仿制品,将它们进行对比。描述了他们的形成、化学成分、形态特征、鉴定特征、产状产地。基本覆盖了最珍贵的和常见的宝石和玉石。

最后还描述了我国古玉和宝石业的发展历史,古代玉器的特征和观察方法。本书中还介绍了一些宝石行中一些新的研究成果。整本书文图并茂、深入浅出、内容全面、条理清晰,该书可以作为一个好的教材或参考书,用于珠宝玉石研究、检测、收藏、商贸和科教。

Brief Introduction of Practical Gemology

This book is compiled by Professor Wang Huishu in Xi'an University of Science and Technology in China.

Practical Gemology is based on crystallography, mineralogy, crystallographic optics and geochemistry with 17 chapters and more than 300 kinds of gemstone are introduced in the book. The gemstones are classified into 9 types to be described them in different chapter respectively. According to the classification in this book, apart from the presentation on the basic knowledge of the gemstones in first half of the book, the other chapters are: Precious gemstone category (chapter) (such as diamonds and emeralds), General common gemstone category (chapter) (such as olivines and fluorites), organic gemstone category (chapter) (such as ambers, corals, precious wood and body gemstone), rare gemstone category (chapter) (such as taaffeites and prehnites), gemstone category originated from outer space and ornamental stone category (chapter) (such as meteorites and lunar rocks), natural gemstone category (chapter) (such as Dushan jades and Xiuyan jades), pyauxite, carving stone and inkstone category (chapter) (such as agalmatolites and duanzhow ink-stones), noble metal commonly used in jewelry (chapter) (such as gold, silver and platinum), ancient jade (in dynasty) category (chapter) (such as jades in Xia-Shang-Zhou time).

Outstanding parts of the *Practical Gemology* are:

1. expounding the relationships between gemstone and mineral, and between jades and rocks;

2. departing into precious gemstone and genegal common gemstone;

3. classifing jade by component, and unfording relationship between more kinds of jade, and distingushing between jade and close kinds or similar kinds;

4. pointing that the first name of nephrite should be added to the name of origin place;

5. thinking that the synthetics and imitations are not gemstone category, only appended to corresponding nature gemstone for comparison;

6. focusing that the chemical formula of amber should be common formula $C_{2n} H_{3n} O$ (generaly $5 < n < 15$), and that the chemical formula of amber should not be simple chemical formula becourse of diffrence of of component of the kinds of amber, and of variety of kinds of amber; and adding colour changed amber(blue amber).

7. adding Body gemstone(such as. Ashes Diamond. Buddhist relics) to the organic gemstones;

8. first listing cosmos rock shot into the upper rock circke of Earth in the gemstones and the omamental stones;

9. first listing gold, silver and platinum in the gemstone book; And expounding about baneful elements in jamelry.

10. first collecting ancient jades wares that are wtin of sisteres who bring about the East arts and ancient civilization commonly into the book.

11. first summing up evelopment courses of industrys the gemstone of China, and briefly introducing methods of ancient imitation and similation, and preliminare pointing identification methods of ancient jades.

This book mainly focuses on nature gemstones. The synthetics and imitations are appended to corresponding natural gemstones for comparison. The historical development, chemical component, textures and structures, morphological characteristics, physical characteristics, classification, diagnostic characteristics, origin, occurrence and famous producing area of most of the precious and common gemstones have all been described. Some of the gemstones have also been mentioned for the comparison with similar ones, the market overview and characteristics of different producing areas.

In the final part about ancient jades, the development history of the gemstones industry has been described. The way to look upon the ancient jades depends on the detection, exchange and collection of gemstones, which lead to the long standing of Chinese civilization.

This book has also introduced some development of the gemstones industry as well as some theoretical achievements. The whole book, with well organized text and graphics and comprehensive content, explains profound theories in simple language. It's believed that this book can be used as a good teaching material or reference book in the research, detection, commerce, and education of the gemstones.

目 录

第一章　宝玉石的概念及分类……………(1)

　　第一节　宝玉石的概念及与矿物岩石的关系………………………………(1)
　　第二节　宝玉石的特点………………(2)
　　第三节　关于人工宝石………………(3)
　　第四节　宝玉石的分类………………(3)

第二章　结晶学及矿物学基础……………(5)

　　第一节　晶体、晶质体和非晶质体…(5)
　　第二节　准晶体与准矿物……………(6)
　　第三节　晶体的基本性质……………(7)
　　第四节　晶体的发生、成长及面角守恒…………………………………(8)
　　第五节　晶体的宏观对称及分类……(10)
　　第六节　单形和聚形…………………(15)
　　第七节　晶体定向及晶面符号、晶带及晶棱符号………………………(21)
　　第八节　晶体的规则连生……………(26)
　　第九节　单晶体形态与集合体形态…………………………………(30)
　　第十节　晶体化学基本知识…………(34)

第三章　宝石及宝玉石材料的物理性质…………………………………(49)

　　第一节　宝石及宝玉石材料的光学性质…………………………………(49)
　　第二节　宝石及宝玉石材料的力学性质…………………………………(112)
　　第三节　宝石及宝玉石材料的其他性质…………………………………(123)

第四章　对宝石及宝玉石材料的放大检查和分析测试…………………(127)

　　第一节　对宝石及宝玉石材料的放大检查…………………………………(127)
　　第二节　对宝石及宝玉石材料的分析测试…………………………………(132)

第五章　宝玉石的人工合成、优化及处理…………………………………(146)

　　第一节　人工合成宝石的几种主要方法…………………………………(146)
　　第二节　宝玉石的优化与处理………(156)

第六章　宝玉石的加工、琢磨与首饰镶嵌制作……………………………(167)

　　第一节　宝玉石加工的发展简述……(167)
　　第二节　宝玉石加工及琢磨款式……(168)
　　第三节　宝玉石的加工工艺…………(178)
　　第四节　玉石的雕刻工艺……………(182)
　　第五节　珠宝首饰的加工制作及镶嵌工艺…………………………………(186)

第七章　宝玉石矿物的成因产状及形成后的变化…………………………(195)

　　第一节　形成宝玉石矿物的地质作用…………………………………(195)
　　第二节　宝玉石矿物的外太空成因…………………………………(203)
　　第三节　地球上宝玉石矿物形成后的变化…………………………………(205)

第八章　贵重宝玉石大类…………………(207)

　　第一节　钻石（金刚石）……………(207)

第二节　红宝石和蓝宝石(刚玉) … (264)
第三节　绿柱石、祖母绿、海蓝宝石(绿柱石) … (286)
第四节　金绿宝石、变石及猫眼石 … (299)
第五节　翡翠(硬玉) … (305)
第六节　软玉 … (348)
第七节　珍珠 … (360)

第九章　普通常见宝石大类 … (381)

第一节　水晶(石英) … (381)
第二节　欧泊(蛋白石) … (395)
第三节　赤铁矿 … (400)
第四节　乌钢石(针铁矿) … (402)
第五节　金红石 … (403)
第六节　锡石 … (405)
第七节　尖晶石 … (406)
第八节　黑曜石 … (412)
第九节　锆石 … (414)
第十节　橄榄石 … (419)
第十一节　石榴石 … (423)
第十二节　托帕石(黄玉) … (436)
第十三节　红柱石 … (440)
第十四节　蓝晶石 … (443)
第十五节　矽线石(硅线石) … (445)
第十六节　绿帘石 … (447)
第十七节　黝帘石 … (449)
第十八节　堇青石 … (451)
第十九节　碧玺(电气石) … (453)
第二十节　角闪石类宝石 … (461)
第二十一节　辉石类宝石 … (465)
第二十二节　长石类 … (475)
第二十三节　方钠石 … (488)
第二十四节　方柱石 … (489)
第二十五节　磷灰石 … (491)
第二十六节　白钨矿(钨酸钙矿) … (494)
第二十七节　重晶石 … (496)
第二十八节　天青石 … (498)
第二十九节　石膏与硬石膏 … (499)
第三十节　红纹石(菱锰矿) … (501)
第三十一节　菱锌矿 … (503)
第三十二节　文石 … (505)
第三十三节　孔雀石 … (506)
第三十四节　蓝铜矿 … (509)
第三十五节　萤石 … (510)
第三十六节　玻璃 … (516)
第三十七节　塑料 … (521)

第十章　有机宝玉石大类 … (526)

第一节　琥珀 … (526)
第二节　煤精(黑玉) … (544)
第三节　珊瑚(钙质珊瑚) … (548)
第四节　象牙 … (556)
第五节　龟甲(玳瑁) … (561)
第六节　贝壳 … (562)
第七节　砗磲 … (565)
第八节　硅化木 … (566)
第九节　百鹤石 … (568)
第十节　菊石 … (569)
第十一节　齿胶磷矿 … (570)
第十二节　与动物类有关的宝玉石工艺品材料 … (570)
第十三节　与植物类有关的宝玉石工艺品材料 … (574)
第十四节　躯体宝石 … (582)

第十一章　稀有宝石大类 … (584)

第一节　细晶石 … (584)
第二节　方镁石 … (585)
第三节　红锌矿 … (586)
第四节　钙钛矿 … (587)
第五节　塔菲石 … (588)

第六节　硅锌矿(矽锌矿)……………(589)
第七节　硅铍石(似晶石)……………(590)
第八节　硅硼钙石……………………(592)
第九节　楣石…………………………(593)
第十节　十字石………………………(595)
第十一节　粒硅镁石…………………(596)
第十二节　符山石……………………(598)
第十三节　异极矿……………………(599)
第十四节　硅灰石(矽灰石)…………(600)
第十五节　蓝锥矿……………………(602)
第十六节　透视石(绿铜矿)…………(603)
第十七节　硅铍铝钠石………………(605)
第十八节　赛黄晶……………………(606)
第十九节　斧石………………………(607)
第二十节　蓝柱石……………………(609)
第二十一节　鱼眼石…………………(610)
第二十二节　查罗石(紫硅碱钙石)
　　　　　　………………………(611)
第二十三节　施俱俫石(苏纪石)…(612)
第二十四节　葡萄石…………………(614)
第二十五节　海泡石…………………(616)
第二十六节　透锂长石………………(617)
第二十七节　柱晶石…………………(618)
第二十八节　丁香紫玉………………(619)
第二十九节　针钠钙石………………(621)
第三十节　白榴石……………………(622)
第三十一节　铯榴石…………………(623)
第三十二节　沸石……………………(624)
第三十三节　杆沸石…………………(625)
第三十四节　埃卡石…………………(626)
第三十五节　碳铬镁矿………………(627)
第三十六节　磷氯铅矿………………(628)
第三十七节　磷钠铍石………………(628)
第三十八节　磷铝钠石………………(629)
第三十九节　磷铝锂石………………(631)
第四十节　光彩石……………………(632)

第四十一节　天蓝石…………………(633)
第四十二节　磷铝石…………………(634)
第四十三节　磷叶石…………………(635)
第四十四节　银星石…………………(636)
第四十五节　蓝方石…………………(638)
第四十六节　蓝线石…………………(638)
第四十七节　方硼石…………………(640)
第四十八节　硼铝镁石………………(642)
第四十九节　硼锂铍矿(硼铍铝铯石)
　　　　　　………………………(643)
第五十节　铝硼硅钙石(硅硼钙铝石)
　　　　　　………………………(644)
第五十一节　硼铍石…………………(644)
第五十二节　羟硅硼钙石……………(645)
第五十三节　钠硼解石………………(647)

第十二章　外太空成因的宝玉石及观赏石大类……………………………(649)

第一节　陨石…………………………(649)
第二节　月岩…………………………(654)
第三节　玻璃陨石……………………(657)
第四节　镍铁陨石……………………(659)
第五节　雷公墨………………………(660)

第十三章　天然玉石大类……………(662)

第一节　石英质玉……………………(662)
第二节　硅酸盐质玉…………………(684)
第三节　磷酸盐质玉…………………(711)
第四节　碳酸盐质玉…………………(717)

第十四章　印章石、雕刻石及砚石大类
　　　　………………………………(724)

第一节　寿山石………………………(724)
第二节　青田石………………………(729)
第三节　滑石…………………………(736)
第四节　方解石、冰洲石及大理岩
　　　　………………………………(738)

第五节	长白石……………（742）		第十六章	中国古代宝玉石业发展简史
第六节	五花石……………（743）			……………（781）
第七节	花石及其他雕刻材料……（743）		第一节	原始社会时期…………（781）
第八节	砚石………………（746）		第二节	奴隶社会时期…………（785）
第十五章	首饰常用的贵金属及几种常见的有关有色金属大类………（752）		第三节	封建社会时期…………（787）
			第十七章	对我国古代宝玉石器物的观察
				……………（799）
第一节	金…………………（752）		第一节	对我国古代宝玉石器物观察的几个方面………………（799）
第二节	银…………………（764）			
第三节	铂及铂族元素……（767）		第二节	关于仿古玉的几种作旧方法简介及简易识别………（818）
第四节	铜及黄铜矿………（772）			
第五节	方铅矿……………（773）		第三节	对仿古玉作旧出现人工沁色的观察………………（820）
第六节	闪锌矿……………（774）			
第七节	辰砂………………（775）		后记	………………（822）
第八节	辉锑矿……………（776）		主要参考文献	……………（823）
第九节	黄铁矿与白铁矿……（777）		附录 宝玉石名称索引	……（826）
第十节	关于金属首饰中常见有害元素的限量………………（779）			

第一章 宝玉石的概念及分类

第一节 宝玉石的概念及与矿物岩石的关系

"宝玉石"也可称为"珠宝玉石",或简称"珠宝",是指天然产生的、靓丽的、在自然界比较稀少的、化学性质相对稳定的物质。

宝玉石学主要是研究宝石和玉石有关的内容。宝石和玉石两者是有着内在紧密联系的两个学科。

宝石学是矿物学的一个分支。宝石学的发展始终孕育在矿物学的发展之中,玉石应属于岩石学的范畴,所以宝石和玉石与矿物学和岩石学是不可分割的。

宝石是天然作用(包括地质作用和宇宙作用)形成的、具有一定化学成分和内部结构、物理化学性质比较稳定的、具有美观耐久和稀有性的单质或化合物(矿物)。这种单质或化合物(矿物)的集合体组成岩石,色泽艳丽的岩石则是玉石。宝石和玉石都具有晶莹艳丽的色泽、价值高的品质、经过或不经过加工琢磨都可以成为首饰或工艺品的材料。天然产生的为真,不是人工制造或优化处理过的为善,靓丽的为美。因而也可以说宝玉石是最为真、善、美的物质。

近几十年来,随着近代物理学,特别是固体物理学、一系列化学、物理、物理化学的发展,以及现代分析测试技术和高科技的应用,使矿物学、岩石学中各有关分支领域迅速发展。同时随着人们生活水平不断提高和生活日益增长的需要,宝玉石学已发展成为一门独立的学科,人工合成宝石也开始大发展。目前市场上出现了很多人工宝玉石,它不属于天然作用形成的,所以不应该在宝玉石之列。它是根据市场上的需求和经济目的而按照天然珠宝玉石仿制合成或完全由人工制造。这类人造石中,有的色泽还超过了天然珠宝玉石,所以它在珠宝玉石市场上也占据着一席之地。

正因为近代人工宝玉石的大量出现,故在宝玉石的名称之前分别冠有"天然""合成""人造"等字样以兹区别。也有人主张天然的无需冠以天然字样,可直接称其名,则代表天然。

天然宝石:是天然产出的,美观、耐久、稀有,可加工成装饰品的矿物单晶(含双晶)。

天然玉石:是天然产出的,具有美观、耐久、稀少,工艺价值的矿物集合体,少数为非晶质体。

天然有机宝石:是与生物有关生成的,其部分或全部由有机物质组成,可用作首饰及装饰品的材料,如珍珠、琥珀等。

如此说来,天然宝石、天然玉石、天然有机宝石的组成都与矿物密切相关,只不过宝石是矿物单晶(含双晶),而玉石是矿物集合体。

什么是矿物？矿物是具有一定化学成分、一定内部结构的,外表上具有一定形态的,并具有一定的物理和化学性质的,天然作用形成的单质或化合物,如石英、长石等。色泽艳丽的矿物即为宝石。

既然矿物集合体组成"岩石",色泽艳丽的岩石,则是玉石。因此宝石、玉石、矿物、岩石间的关系,可用图 1-1-1 表示：

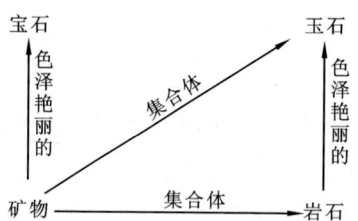

图 1-1-1　宝石、玉石、矿物、岩石间的关系示意图

第二节　宝玉石的特点

宝石,顾名思义就是宝贵之石。如前所述,自人类活动一开始,人们就爱美,就把美丽的石头、骨壳之类作为玩物或装饰品。由此可见,宝玉石首先以美为贵,再加上它是稀有的、化学性质稳定的天然品,故珍贵无比。进一步看宝玉石可以有以下几个特点。

（一）靓丽

宝玉石由于具有美丽的颜色、艳丽的光泽和透明或不透明等因素而夺人眼球。颜色不论有色或无色,与亮丽的光泽及透明度相结合皆可有美的表现,这就是宝玉石首先要具备的先决条件,尤其有些具备特殊光学效应(如猫眼效应、星光效应、变彩效应等)的宝玉石更是美不胜收,耐人寻味。正因为它的美丽而使其具有很高的观赏及收藏价值。

（二）稀有性

物以稀为贵,越是稀少越贵重,多了则使人感觉不到珍贵。人工宝玉石不被纳入宝石之列的原因就在于,它可以被人们大批量生产,不具有稀有性。

（三）稳定性

宝玉石既然是矿物或岩石(矿物结合体),因而它有一定的化学成分和内部结构,反映在外部有一定的形态、光学性质(如颜色、光泽、透明度)、力学性质(如解理、硬度、密度、韧性)和特殊的光学性质,尤其是物理和化学性质方面它有着一定的稳定性,不易变化。很多宝玉石硬度很大,如钻石硬度最大,红、蓝宝石次之。也有硬度小的,如滑石、琥珀之类。但不论硬度大小,其化学性质是稳定的,所以若长时间保存,它并不会腐朽变质。

（四）天然性

天然形成的宝玉石在地球上主要是天然地质作用形成的,也有极少量外太空物质,这些天然产生的物质一直为人们所青睐,合成品、仿制品再好、再靓丽,人们还是称它为"假货"。

第三节 关于人工宝石

人工宝石是由人工生产或制造的、可用作首饰或装饰品的材料,人们可以大量合成、无限制地制造。它的颜色、光泽、透明度、硬度也可以人为控制,所以人工宝石不珍贵,人们一般称之为假货也不无道理。

人工宝石又可分为合成宝玉石、人造宝玉石(也有人将拼合宝石和再造宝石纳入此人工宝石之中)。

(1) 人工合成宝玉石:指完全或一部分由人工制造,而自然界有已知对应物的品种,合成宝石的内部结构、化学成分、物理性质与所对应的天然珠宝玉石基本相同,如合成红宝石、合成祖母绿等。

(2) 人造宝玉石:由人工制造,而自然界无已知对应物的品种,如人造钇铝榴石等。

(3) 拼合宝石:由两块或两块以上材料经人工拼合而成,且给人以整体印象的珠宝玉石,其实它并不是什么独立品种,而只是人为加工处理过的,如蓝宝石与玻璃拼合石、欧泊与玻璃的拼合等,故不作独立种别单独分类。

(4) 再造宝石:通过人工手段将天然珠宝玉石碎屑熔接或压结而成,具有整体外观的珠宝玉石。这也不属于宝石的新品种,它只不过是人为地将原来的宝石加工处理,如再造琥珀、再造绿松石等,故不作独立种别,不列入分类中。

(5) 仿宝石:不能代表珠宝玉石的具体类别,它仅是一种人工制造的物品,模仿相似的另一种珠宝玉石的某些特征,不能把它作为珠宝玉石对待。

但是为了鉴别、对比及商业需要,对这类人工宝石还是需要知晓的。本书将其置于相似的天然宝玉石之后予以简单的对比描述,而不单独分类,以兹参考。

众所周知,我国改革开放以来,随着社会经济的发展,人民生活水平的提高,我国人工宝石产业得到了极大的发展。我国人工合成的仿宝石产品主要有稀土玻璃宝石,玻璃质仿星光宝石、仿猫眼宝石、仿红珊瑚、仿绿松石、仿钻石等。这些仿宝石也大大的丰富了我国珠宝首饰市场。我国人工合成宝石、人造宝石兴起的晚于国外,但在合成技术上改进提高之快,产量之大,不少品种已远远超过国外,跃居世界第一位。详在各论中分别提及。

第四节 宝玉石的分类

目前,自然界已发现的独立矿物,世界上公认的约3 000余种,能作为宝石的仅不过百余种。矿物集合体组成的玉石不过几十种,但由于其产地不同而名称众多。尤其现在还在不断地发掘更多的矿物品种或玉石拥入市场。为了系统全面地研究宝玉石,必须对各种宝玉石进行科学的分类。分类方案很多,根据不同需要可作不同的分类,如《珠宝玉石国家标准释义》中的分类可称标准的分类,如图1-4-1所示。本书为了实用起见,而作了实用分类,如图1-4-2所示。

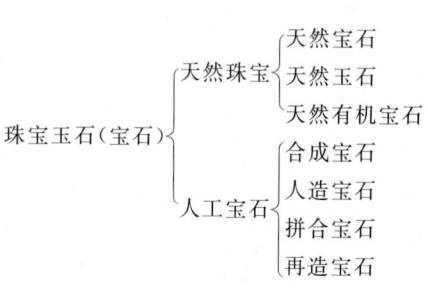

图 1-4-1　珠宝玉石的标准分类
（根据《珠宝玉石国家标准释义》，1996）

图 1-4-2　宝玉石的实用分类

这一实用分类中，①贵重宝玉石大类：指天然宝玉石中的传统的、贵重的珠宝玉石，主要是珠（珍珠）、宝（红、蓝宝石）、翠（翡翠）、钻（钻石）及祖母绿、白玉等。这类宝玉石往往价格高昂，有的甚至可以成为极品的高档货，故将其单独分出。②普通常见宝石大类：为天然宝石中在自然界比较常见的、有工艺价值的、可加工成装饰品的物质，价格不一定很高，但其艳丽色泽仍为人们所欣赏，如水晶、石榴石等。这样，它包括着过去有"半宝石"之称的物质，无形中与贵重宝石分开，相比较而之，又提高了贵重宝石的地位。③有机宝玉石大类：指天然产生的、与生物有关的有机物质组成的、可用于首饰及装饰品的物质，如珊瑚、贝壳等。④稀有宝石大类：仍是指天然宝石中在自然界比较稀少的、有工艺价值的、可加工成饰品的物质，价格高低不一，如赛黄晶、鱼眼石等。⑤外太空成因的宝玉石及观赏石大类：主要包括宇宙太空成因的陨石及月岩。陨石和月岩本身就是一种稀有的观赏石，组成陨石和月岩的矿物，很多种也与地球上的宝玉石矿物相同，只是成因产状不同而已。⑥玉石大类：指天然产生的、在自然界产出的，具有美观耐久、有工艺价值的矿物集合体（岩石）（少数为非晶质体），如岫岩玉、独山玉等。⑦印章石、雕刻石及砚石大类：印章石也是色彩艳丽之岩石，由于它的硬度较小易于雕刻，所以一般作图章石料及雕刻之用，有些著名品种如田黄石、鸡血石也是极其珍贵的。而砚石是可以雕刻成砚的岩石，它仍然是一种岩石，只不过是比较细腻、致密，多为厚层板岩、泥质岩或凝灰岩，还有其他一些雕刻石如滑石、大理石等，也包括在此大类之中。⑧首饰常用贵金属及几种常见的有关有色金属大类：贵重金属这一类，是为了常用在首饰镶嵌上而列，主要是金、银、钯、铂及偶尔用到的普通常见的、有关的有色金属铜、铅、锌之类，在首饰镶嵌中是不可缺少的。它也与宝玉石同时出现，但是它们又都不是宝石，也不是玉石，故列为独立章节简单叙述。⑨古玉大类：是指古代的宝石、玉石及珠宝玉石器物。这类宝玉虽制作时间已久，但它在各历史阶段的进展代表着珠宝玉石发展的历程，作为一个全面的珠宝玉石工作者，应该通晓古今，尤其应该对我国古代的珠宝玉石文化加以弘扬和继承。本书以中国古代宝玉石业发展简史为主导，以对古代宝玉石器物的观察为内容，而青铜器又常与之孪生，所以书中也对青铜器作了简单介绍。

第二章　结晶学及矿物学基础

第一节　晶体、晶质体和非晶质体

宝石绝大部分都是结晶质的，所以在讨论宝石之前要先了解什么是结晶质、什么是结晶体（简称晶体）。天然生成的物质其物种的异同决定于它的成分和内部结构。

例如金刚石的化学成分是碳（C），水晶的化学成分是二氧化硅（SiO_2），组成金刚石的碳，组成水晶的氧和硅，分别在金刚石和水晶的内部按一定规律排列。从它完整的结晶体外表上看它们都有一定的形状，如平的面、直的棱、尖的角。这些外表形态就是它们的成分和构造在一定温度、压力和介质条件下的外在表现。

过去人们曾只看到外表规则的形态，就认为这是晶体，这是不全面的。晶体是否具有多面体形态并不是晶体的本质。近代 X 射线衍射广泛应用之后，人们才知道一切晶体不论其外形如何，组成晶体的化学成分（原子、离子、离子团、分子）在其内部都作有规律的排列。这种规律表现为质点在三维空间作周期性的平移重复，从而构成格子状的结构。因此晶体的现代定义是：晶体是质点作规律排列，具有格子状结构的固体。晶体结构如图 2-1-1 所示。

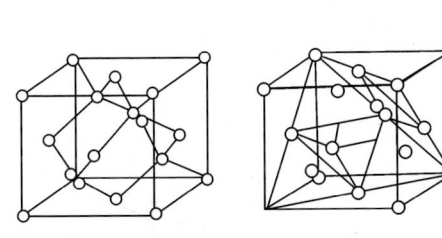
(a) 钻石的晶体结构

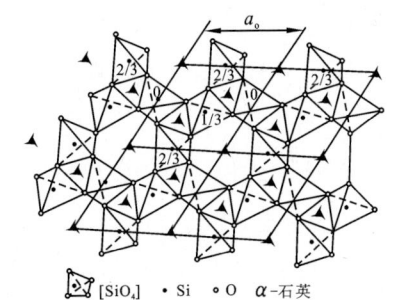
(b) α-石英的晶体结构

图 2-1-1　钻石和水晶的晶体结构

凡内部具格子状结构的固态物质，称为结晶质，简称晶质。

晶体是内部质点在三维空间作平行周期性重复，可以以格子状来表示这种重复规律，从微观上设想这种格子是无限的几何图形，即空间格子，如图 2-1-2 所示。从空间格子中可以划出一个最小的重复单位，为平行六面体，如图 2-1-3 所示。在实际晶体结构中，这样相应的单位即称"晶胞"。可把整个晶体看做是晶胞在三维空间平行、无间隙地重复累积。晶胞的大小取决于它的3个相交棱的长度 a、b、c（图 2-1-3）和棱之间的夹角 α、β、γ，该数据称"晶胞参数"，它决定着晶体的结构及分类。

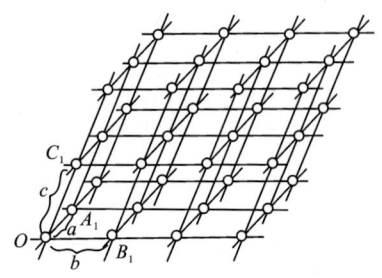

图 2-1-2　空间格子图示

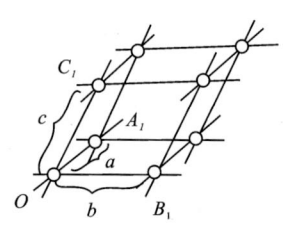

图 2-1-3　平行六面体（晶胞）图示

（参照图 2-1-2 空间格子左下角）

晶体是由结晶质构成的，晶体分布十分广泛，除天然金刚石、红宝石、多种宝石矿物以外，石盐、白糖、合金、钢铁、陶瓷及绝大多数的药品都是晶体。凡内部质点不作规则排列、不具格子构造的称为"非晶质"。非晶质体就是由非晶质构成的，例如琥珀、玻璃等都是非晶质体。晶质体与非晶质体的内部结构比较，如图 2-1-4 所示。

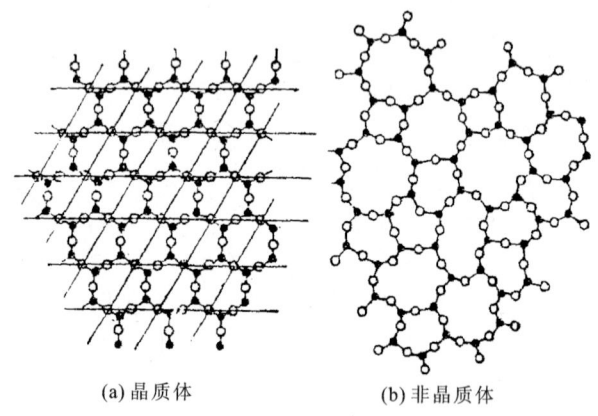

(a) 晶质体　　　　(b) 非晶质体

图 2-1-4　晶质体与非晶质体的内部结构比较

第二节　准晶体与准矿物

近年来，人们在电子显微镜研究中发现一种新的物态，其内部质点排列是远程有序的，但不作周期性的重复，无格子构造，有 5 次及 5 次以上对称，人们把这种凝聚态物质称为"准晶体"。其结构图形如图 2-2-1 所示。天然产出的准晶体很少见，因而物质内部质点排列是否远程有序和是否存在格子构造（周期重复），是区别晶体、非晶质体和准晶体的关键所在。

准矿物是指不具有结晶构造的均匀固体。

按前所述的矿物定义，易于把水、火山喷气等液体，甚至一些气体都归入矿物之中，所以现代矿物学将矿物限定为晶体。准矿物的化学组成、成因、产状等均与矿物相似，而仅是不具结晶构造而已。

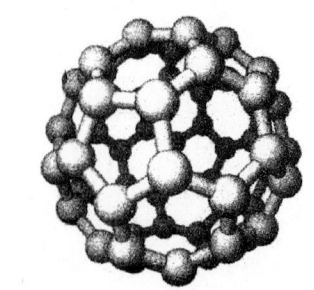

图 2-2-1　具有 5 次对称的 C_{60} 结构示意图

准矿物在自然界产出常见的有 A 型蛋白石、水铝英石及呈变生非晶质的某些放射性矿物等。

第三节　晶体的基本性质

由于晶体都是具有格子构造,晶体的格子构造就决定了它的性质,这可与非晶质体相区别。晶体的基本性质有以下几个方面。

（一）自限性

晶体在一定的外在条件下,能自发地形成几何多面体,成为封闭的多面体形态的性质,如图 2-3-1 所示,为自然界的几种宝石矿物晶体举例。

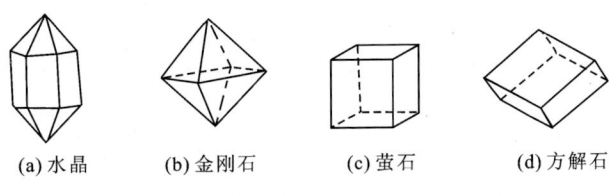

(a) 水晶　　(b) 金刚石　　(c) 萤石　　(d) 方解石

图 2-3-1　自然界的几个常见宝石矿物晶体

（二）均一性

晶体既然是具有格子构造的固体,所以在晶体的各个部位或同一方向上质点的种类、数量、分布规律都是相同的,其物理化学性质也必然是相同的,因而可谓具有均一的性质。

（三）异向性

在同一晶体的格子构造中不同方向上质点的种类、数量、分布规律一般又有所不同,这就造成了晶体的异向性。如蓝晶石 $Al_2[SiO_4]O$ 晶体,在(100)晶面上平行晶体延长方向硬度为 4.5,而垂直晶体延长方向则为 6,故蓝晶石又有"二硬石"之称。

（四）对称性

晶体的相同部分(外形上的相同晶面、晶棱、角顶或内部相同的结构)在空间分布上呈规律性的重复,因而其内部质点及物理性质也呈规律性的重复,此乃晶体的对称性,这一性质也是晶体分类的基础。

（五）稳定性

在相同的热力学条件下具相同化学成分的晶体,相对于气体或液体来说晶体是最稳定的状态,所以晶体具有一定的外形、有一定的多面体形态,而非晶质体则是相对不稳定或准稳定状态的,它只能是过冷液体或玻璃体,因而非晶质体往往有自发地转变为晶体的趋势。

（六）最小内能性

晶体与同成分的气体、液体及非晶质体在同种热力条件下相比,晶体的内能最小(包括动能和势能)。气体、液体及非晶质体在转变为晶体时都有热能析出,相反晶格破坏时也伴随着有吸热效应。

现将晶体的加热曲线和非晶质体的加热曲线(图 2-3-2)比较如下。

当晶体受热时,随时间变化而温度升高。当达到某一温度时,晶体开始熔解,温度曲线停止上升,此时所加的热量用来破坏晶体的格子构造,直到晶体完全熔解,温度才开始继续上升,曲线继续向上,如图 2-3-2(a)所示。由于晶体内的格子构造各部分均一,破坏晶格的温度各部分相同,所以晶体具有一定的熔点。非晶质体与之不同,由于它不具格子构造,所以它没有一定的熔点,如图 2-3-2(b)所示。将非晶质玻璃加热,它逐渐变软,渐变为黏稠的熔体,最后成为液体。在加热过程中没有温度的停顿,其加热曲线平滑上升。

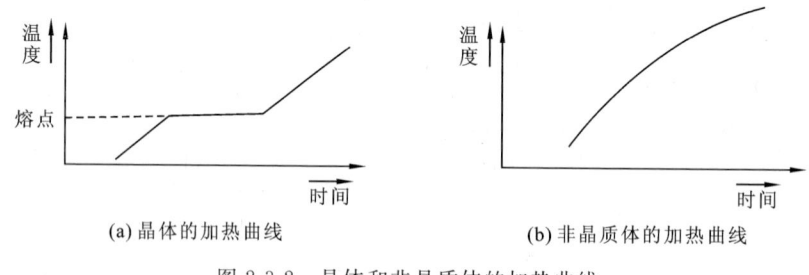

图 2-3-2　晶体和非晶质体的加热曲线

第四节　晶体的发生、成长及面角守恒

一、晶体形成的主要方式

形成晶体的作用称为"结晶作用",晶体的形成过程是由一种相转变为晶质固相的过程,其形成方式如下:

(1) 由气相转变为晶体,如水蒸气可以凝结成雪花,火山喷发硫蒸气可转变为自然硫等。

(2) 由液相转变为晶体,这在自然界比较普遍,如由岩浆熔体冷却析出的橄榄石、辉石、长石、石英等,由溶液形成的如盐湖中的石盐、石膏等。

(3) 由非晶质固态物质转变为晶体,是一种熔融体因温度急速下降来不及结晶而形成的,如古代火山喷发所形成的火山玻璃转变成隐晶质或显微晶质体;还有一种胶体溶液形成的非晶质胶体宝石矿物如蛋白石,有的可转变为隐晶质玉髓或进一步转变为结晶质石英。

(4) 由一种晶质相转变为另一种晶质相,受温度、压力、介质条件的影响在固体状态下使原晶粒变粗或成分改组为新矿物的作用,谓重结晶作用。如石灰岩受高温影响转变为大理岩、方解石的晶粒变粗变大,泥岩中的高岭石、蒙脱石等受高温高压影响转变为红柱石、蓝晶石、石榴石等。

二、晶体的发生与形成

当溶液中的溶质达到过饱和或温度压力降低时,会自发地形成极微小的晶芽(或称晶核),以此晶芽为基础逐渐长大成为晶体,如果随温度压力降低得特别快,则产生的晶芽数目很多就会形成细小的晶体；反之温度压力下降得慢，则产生晶芽的数目少，而结晶时间长就会形成较大的结晶体。这就是为什么岩浆在地表深处冷凝结晶，由于温度降低得慢而易于形成粗颗粒，岩浆在浅处结晶冷凝得较快而易形成细小颗粒的原因。如果岩浆要喷出地表，则温度、压力降低过快而易形成细小的显微隐晶质，如果冷却得再快甚至晶芽都来不及形成就已经凝固，则易形成非晶质的火山玻璃、黑曜岩之类。

另外一种情况是外来物质为晶芽，如碎屑、气泡之类。例如水晶最初的晶芽有时就为小石英颗粒，石盐的结晶中心可以是气泡，人工培养晶体时最初放入的晶芽也往往是同种成分的小晶粒（称籽晶）使之成长为大晶体。

三、晶体的成长过程

晶体的成长是熔体或溶液中的质点按照格子构造的规律不断向晶芽上堆积的过程。所以在晶体断面上可以看到的晶体是呈平行的环带状向外生长长大，有的还可以看到在晶体成长期间，由于环境、介质的细微差异，而使成长部分在颜色、包体上的细微差别，这些可以表现在成为环带状构造上，如图2-4-1所示。

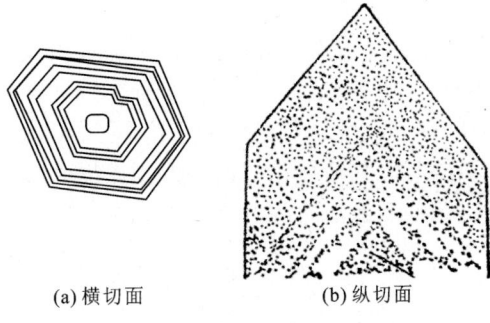

(a) 横切面　　(b) 纵切面

图 2-4-1　石英晶体的环带构造

这一现象反映了晶体生长时晶面是平行向外推移的。

由于晶体在自然生长中晶面平行向外推移，反映其推移过程的是晶体生长纹，又由于平行向外推移，所以生长纹是平行的直线。在人工培养的晶体生长时，生长纹是弯曲或紊乱的曲线。这是鉴别天然宝石和人工合成宝石的重要依据。

四、影响晶体生长的外部因素

晶体形态由晶体的成分和构造所决定，这是内因。但是内因要通过外因（温度、杂质等）才能体现，所以外因仍然是重要的。外因主要有以下几方面。

1. 温度

在不同温度下，不同晶面的生长速度不同，因此影响晶体形态，如方解石在高温下生长成扁平状，低温下则成柱状；又如晶体生长时会随温度的变化呈现不同的形态，温度下降快则多成细小晶粒或针状，温度下降慢则易生长成比较粗大的晶体。

2. 杂质

溶液中有杂质存在可以改变不同晶面的相对生长速度而影响晶体形态。例如在纯净水中石盐生长成立方体，而在有硼酸存在的溶液中则生长成立方体与八面体的聚形。

3. 涡流

在晶体生长时，晶体周围溶液中的溶质向晶体上粘附，溶液密度减小而上升，附近的重溶液补充进来而形成涡流。涡流携带溶质主要附着于易沉淀的方向，如晶体下部易得到溶质，而在旁侧部分则得不到溶质，因而形态有异。

4. 黏度

黏度大影响涡流,生长着的晶体棱角部分易接受溶质,故生长得较快而易形成不完整的晶体或骸晶。

5. 生长空间

先结晶的往往有较大的自由空间而易形成自形;后结晶的则受空间限制而易形成不完整的半自形或他形,甚至只充填于仅有的孔隙中。其他外部因素还可能有很多,如压力等皆对晶体生长有所影响。

五、晶体的面角守恒

不同宝石矿物晶体的形态不同,相同宝石矿物其晶体的形态也可以有大小形状的差别,如图 2-4-2 所示。不论晶形如何不同,其对应晶面的夹角是恒等的。如图 2-4-2 中石英晶体的 $m \wedge m' = 120°, m \wedge r = 141°47', r \wedge z = 133°44'$ 等。这是因为同种宝石矿物晶体其成分和结构是相同的,其对应面的面网和对应面的夹角就自然是固定的。晶体生长时晶面平行向外推移,因而其晶面之间的夹角也必然恒等。

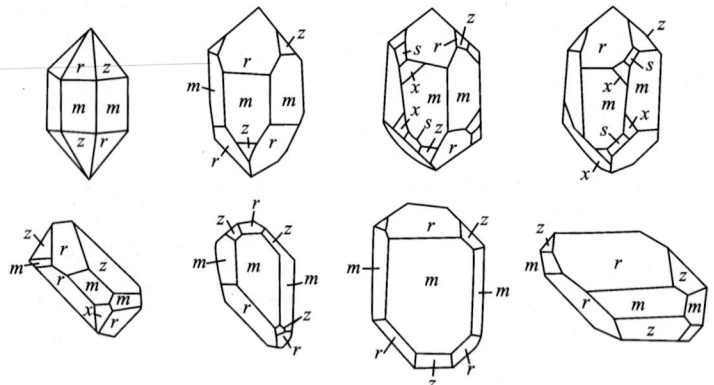

图 2-4-2　不同形状及大小的石英晶体

面角是指相邻两晶面法线之间的夹角,这一定律的内容具体说法应该是:在相同条件下,成分和结构相同的所有晶体其对应晶面的面角恒等。

这一定律的发现不仅为晶体内部结构的探索给予了很大的启发,而且还可以利用晶体面角的测量数据对晶体进行鉴定。

第五节　晶体的宏观对称及分类

一、对称的概念及晶体的对称

对称的现象在自然界是很常见的,对称的特点为:一是有相等部分,二是这些相等的部分作有规律的排列。如图 2-5-1(a)和图 2-5-1(b)所示。

图 2-5-1(c)中只有相等部分而不作规律性的重复排列,故不能叫对称。

晶体的对称不仅表现在晶面、晶棱、角顶是作有规律重复排列,而且在晶体的物理性质

  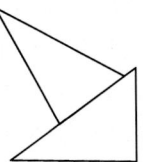

(a) 蝴蝶对称图形　　　　(b) 梅花对称图形　　　　(c) 不对称图形

图 2-5-1　对称及不对称图形

(包括硬度、膨胀性、蚀像、折射率)、晶体结构、键性也表现出了对称。晶体的对称是晶体内部结构的外在表现,它也受晶体内部结构的控制。

二、对称操作及对称要素

为使晶体上相同部分重复出现,必须进行一定的操作,如旋转、反映等,为了进行对称操作又必须借助于一些假想的平面、直线或点,这些平面、直线或点称为"对称要素"。现将对称要素简述如下。

1. 对称面(P)

对称操作是对平面的反映,是通过晶体中心的一个假想平面,它是垂直并平分晶面的平面,或垂直并平分晶棱的平面。对称面以 P 来表示。图 2-5-2(a)中 P_1P_1' 平面是对称面。因为它可以把图形 $ABCD$ 平均分成两个相等部分,这两个相等部分可互成镜像反映,P_2P_2' 也同样是对称面。但在图 2-5-2(b)中 ADC 平面就不是对称。因为 ADC 平面和 ABC 平面不成镜像反映(只有 $AD'C$ 平面才与 ADC 成镜像反映)。在一个晶体上可以没有对称面,也可有几个对称面。对称

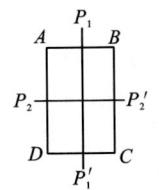 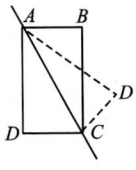

(a) P_1P_1'、P_2P_2' 皆为对称面　　(b) AC 为非对称

图 2-5-2　对称面的概念示意图

面的数目写在 P 的前面,例如在立方体上可有 9 个对称面,即表示为 $9P$,如图 2-5-3 所示。

2. 对称轴(L^n)

对称操作是围绕一条直线的旋转。对称轴是一条通过晶体中心的假想的直线,晶体围绕此直线旋转一定的角度后,可使晶体相等部分以相同的位置重复出现或重合。晶体围绕此直线旋转 360°后相等部分出现的次数谓轴次。使晶体上相等部分重复出现旋转的最小度数谓基转角"α"。晶体上 $n=1、2、3、4、6、1$ 次轴无意义,因旋转 360°又复原是自然的。晶体上不可能出现 L^5,也不可能出现 L^7 和大于 L^7 的对称轴,这是因为 L^5、L^7 和 $>L^7$ 的轴不能符合晶体内部格子构造原理。轴次 $n>2$ 的称高次轴,即 $L^3、L^4、L^6$ 都是高次轴。

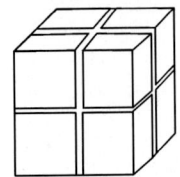 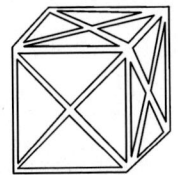 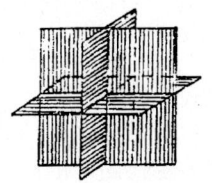 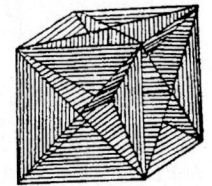

图 2-5-3　立方体上 9 个对称面分布的位置

晶体上存在对称轴的可能位置有：垂直晶面并通过晶体中心的直线如图 2-5-4(a)所示；垂直并平分晶棱并通过晶体中心的直线，如图 2-5-4(b)所示，这可能出现的位置只能是 L^2；还有通过角顶（角尖）并通过晶体中心的直线，如图 2-5-4(c)所示。这 3 处可能位置是否就一定有该晶体的对称轴，还要具体分析。

有的晶体上可能没有对称轴，也可能同时有几个对称轴，同轴次的对称轴可将数目写在 L^n 之前，如果有几个轴可以按轴次由高到低顺序排列。图 2-5-4(d)、图 2-5-4(e)为绿柱石晶体，就有 1 个 L^6 和 6 个 L^2；石英晶体就有 1 个 L^3 和 3 个 L^2，如图 2-5-4(f)所示；而萤石立方体晶体上则有 3 个 L^4、4 个 L^3、6 个 L^2，如图 2-5-4(g)所示。

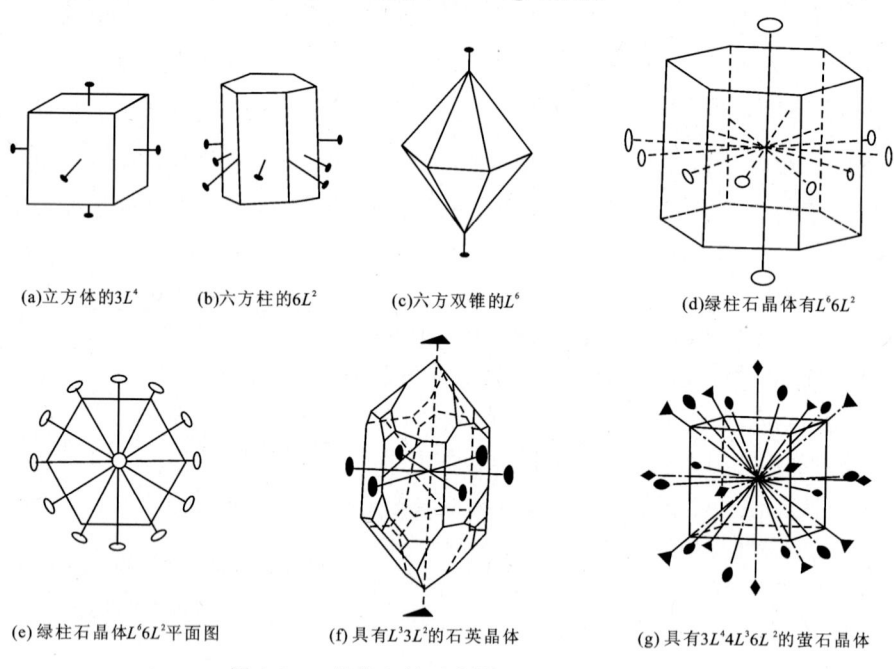

(a)立方体的$3L^4$　　(b)六方柱的$6L^2$　　(c)六方双锥的L^6　　(d)绿柱石晶体有$L^6 6L^2$

(e)绿柱石晶体$L^6 6L^2$平面图　　(f)具有$L^3 3L^2$的石英晶体　　(g)具有$3L^4 4L^3 6L^2$的萤石晶体

图 2-5-4　晶体上的对称轴可能出现的位置

3. 对称中心（C）

对称中心是晶体中的一个假想的几何点，在该点的相反方向等距离处有相等部分。相应的对称操作是对一点的反伸。

一个晶体只有一个对称中心，图 2-5-5 是具有对称中心 C 的晶体图形；有的晶体没有对称中心，图 2-5-6 是无对称中心的晶体图形。

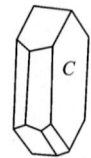　　　　　　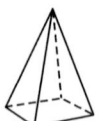

图 2-5-5　斜长石晶体对称型为 C　　　　图 2-5-6　无对称中心的晶体

有对称中心则对称中心一定在晶体的几何中心，但是晶体的几何中心不一定都是对称中心。对称中心以 C 表示。有对称中心的晶体必然有相互平行、同形等大、而方向相反的成对晶面。

4. 旋转反伸轴(L_i^n)

相对应的对称操作是绕此轴转一定角度后再对轴中心点进行反伸的复合操作。此轴又称倒转轴,它是通过晶体中心的一条假想直线,晶体绕此直线旋转一定角度后再对此直线上的中心点进行反伸而使晶体上相等部分重复,如 L_i^4、L_i^6 等。如图 2-5-7 和图 2-5-8 所示。这种轴在晶体上比较少见。

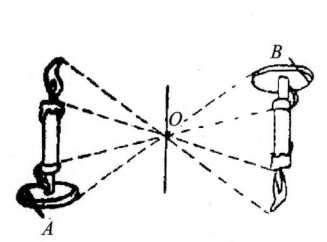

图 2-5-7　反伸对称图

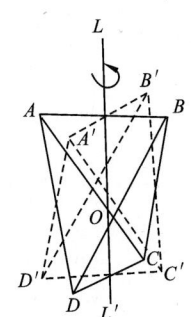

图 2-5-8　四方四面体具有 L_i^4

现将晶体上可能存在的宏观对称要素表列于表 2-5-1 中。

表 2-5-1　晶体的宏观对称要素

对称要素	对称轴					对称中心	对称面	旋转反伸轴		
	一次	二次	三次	四次	六次			三次	四次	六次
辅助几何要素	直线					点	平面	直线和直线上的定点		
对称操作	围绕直线的旋转					对于点的反伸	对于平面的反映	围绕直线的旋转和对于定点的反伸		
基转角	360°	180°	120°	90°	60°			120°	90°	60°
习惯符号	L^1	L^2	L^3	L^4	L^6	C	P	L_i^3	L_i^4	L_i^6
图示符号		●	▲	■	⬢	O 或 C	双线或粗线	△	◇	⬡

三、对称型的概念

每种晶体的对称程度是不完全相同的,有的只有一个对称要素如斜长石晶体只能有一个 C,又如金刚石的立方体、八面体晶体则有 23 个对称要素即 $3L^4 4L^3 6L^2 9PC$,把一个晶体上的这些全部对称要素按一定规律组合在一起的总合,则称对称型(又称点群)。

"点"是指进行对称操作时晶体上的中心点是不动的,也就是对称要素的交点。"群"是指数学上(群论)的概念,指可能推导出的全部不同的对称要素的组合。经过推导晶体上可能的对称要素组合只有 32 种,即平时所谓的 32 种对称型。其表示方法为先书写 L^n,后写 P,有 C 的话最后写 C,其中又将轴次表示出由高到低顺序排列。如上所述对称型为 $3L^4 4L^3 6L^2 9PC$ 就是个很好的例子。晶体的 32 个对称型如表 2-5-2 所示。

表 2-5-2 晶体的 32 种对称型

名称	原始式	倒转原始式	中心式	轴式	面式	倒转面式	面轴式	晶系	晶族
对称要素组合方式	L^n	L_i^n	L^n+C	$L^n+L^2_{(\perp)}$	$L^n+P_{(//)}$	$L_i^n+P_{(//)}$	$L^n+P_{(//)}+L^2_{(\perp)}$		
对称型的共同式	L^n	L_i^n	L^nC^* L^nCP^{**}	L^nnL^2	L^nnP	$L_i^nnL^2nP^*$ $L_i^nn/2L^2n/2P^{**}$	$L^nnL^2(n+1)P^*$ $L^nnL^2(n+1)PC^{**}$		
$n=1$	L^1		C					三斜	低级
$n=2$		(L^2)	(L^2PC)	L^2	P		L^22P	单斜	低级
				$3L^2$	L^22P		$3L^23PC$	斜方	低级
$n=3$	L^3		L^3C	L^33L^2	L^33P		L^33L^23PC	三方	中级
$n=4$	L^4	L_i^4	L^4PC	L^44L^2	L^44P	$L_i^42L^22P$	L^44L^25PC	四方	中级
$n=6$	L^6	L_i^6	L^6PC	L^66L^2	L^66P	$L_i^63L^23P$	L^66L^27PC	六方	中级
	$3L^24L^3$		$3L^24L^33PC$	$3L^44L^36L^2$	$3L^44L^36P$		$3L^44L^36L^29PC$	等轴	高级

注：* 适用于 $n=$ 奇数；** 适用于 $n=$ 偶数。

四、晶体的分类

如果将对称型相同的晶体归为一类，即称为晶类。如金刚石、萤石、石榴石等宝石矿物，它们的晶体都可以呈立方体形状，也可呈八面体、菱形十二面体或更复杂的形态，但是它们晶体的对称型都是 $3L^44L^36L^29PC$，所以可以归为一个晶类。自然界有 32 个对称型，也就是有 32 个晶类。根据对称型中有无高次轴和高次轴的数目多少，又可将 32 个对称型分为高级、中级、低级 3 个晶族。然后再根据各晶族中各晶类的对称特点分为 7 个晶系，即等轴晶系、四方晶系、三方晶系、六方晶系、斜方晶系、单斜晶系、三斜晶系（表 2-5-3）。

关于对称型符号在表 2-5-3 中列示了圣弗利斯符号和国际符号，在此不作讲述，仅仅参考。

表 2-5-3 晶体的分类

晶族	晶系	对称特点	对称型种类	对称型符号		晶类名称
				圣弗利斯	国际符号	
低级晶族（无高次轴）	三斜晶系	无 L^2，无 P	1.L^1 2.C	C_1 $C_i=S_2$	1 $\overline{1}$	单面晶类 平行双面晶类
	单斜晶系	L^2 或 P 不多于 1 个	3.L^2 4.P 5.L^2PC	C_2 $C_{1h}=C_s$ C_{2h}	2 m $2/m$	轴双面晶类 反映双面晶类 斜方柱晶类
	斜方晶系	L^2 或 P 多于 1 个	6.$3L^2$ 7.L^22P 8.$3L^23PC$	$D_2=V$ C_{2V} $D_{2h}=V_h$	222 $mm(mm2)$ $mmm(\frac{2}{m}\frac{2}{m}\frac{2}{m})$	斜方四面体晶类 斜方单锥晶类 斜方双锥晶类

续表 2-5-3

晶族	晶系	对称特点	对称型种类	对称型符号 圣弗利斯	对称型符号 国际符号	晶类名称
中级晶族（只有一个高次轴）	四方晶系	有1个L^4或L_i^4	9.L^4 10.$\underline{L^4 4L^2}$ 11.$\underline{L^4 PC}$ 12.$\underline{L^4 4P}$ 13.$\underline{L^4 4L^2 5PC}$ 14.L_i^4 15.$\underline{L_i^4 2L^2 2P}$	C_4 D_4 C_{4h} C_{4v} D_{4h} S_4 $D_{2d}=V_d$	4 42(422) 4/m 4mm $4/mmm(\frac{4}{m}\frac{2}{m}\frac{2}{m})$ $\bar{4}$ $\bar{4}2m$	四方单锥晶类 四方偏方面体晶类 四方双锥晶类 复四方单锥晶类 复四方双锥晶类 四方四面体晶类 复四方偏三角面体晶类
	三方晶系	有1个L^3	16.L^3 17.$\underline{L^3 3L^2}$ 18.$\underline{L^3 3P}$ 19.$L^3 C$ 20.$\underline{L^3 3L^2 3PC}$	C_3 D_3 C_{3v} $C_{3i}=S_6$ D_{3d}	3 32 3m $\bar{3}$ $\bar{3}m(\bar{3}\frac{2}{m})$	三方单锥晶类 三方偏方面体晶类 复三方单锥晶类 菱面体晶类 复三方偏三角面体晶类
	六方晶系	有1个L^6或L_i^6	21.L_i^6 22.$\underline{L_i^6 3L^2 3P}$ 23.L^6 24.$\underline{L^6 6L^2}$ 25.$\underline{L^6 PC}$ 26.$\underline{L^6 6P}$ 27.$\underline{L^6 6L^2 7PC}$	C_{3h} D_{3h} C_6 D_6 C_{6h} C_{6v} D_{6h}	$\bar{6}$ $\bar{6}2m$ 6 62(622) 6/m 6/mm $6/mmm(\frac{6}{m}\frac{2}{m}\frac{2}{m})$	三方双锥晶类 复三方双锥晶类 六方单锥晶类 六方偏方面体晶类 六方双锥晶类 复六方单锥晶类 复六方双锥晶类
高级晶族（有数个高次轴）	等轴晶系	有4个L^3	28.$3L^2 4L^3$ 29.$\underline{3L^2 4L^3 3PC}$ 30.$3L_i^4 4L^3 6P$ 31.$\underline{3L^4 4L^3 6L^2}$ 32.$\underline{3L^2 4L^3 6L^2 9PC}$	T T_h T_d O O_h	23 $m3(\frac{2}{m}\bar{3})$ $\bar{4}3m$ 43(432) $m3m(\frac{4}{m}\bar{3}\frac{2}{m})$	五角三四面体晶类 偏方复十二面体晶类 六四面体晶类 五角三八面体晶类 六八面体晶类

注：对称型下有横线者为较常见的重要对称型。

第六节　单形和聚形

　　自然界的宝石矿物晶体形态是很复杂的，但是总的可以归纳为两类：一类是由同形状等大小的晶面围成的，称为单形；另一类是由两个或两个以上形状和大小不相等的晶面组成的晶形,称为聚形。图 2-6-1(a)、图 2-6-1(b)和图 2-6-1(c)为单形,图 2-6-1(d)为聚形。

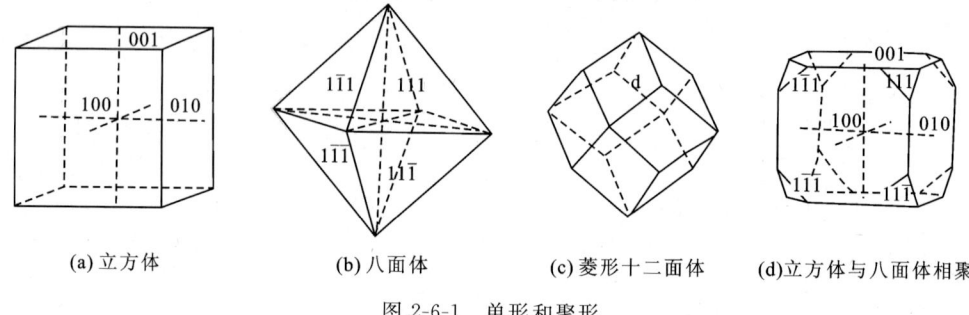

(a)立方体　　(b)八面体　　(c)菱形十二面体　　(d)立方体与八面体相聚

图 2-6-1　单形和聚形

一、单形

单形的概念可以说是一组由对称要素联系着的同种晶面的总合,如图 2-6-1(a)、图 2-6-1(b)和图 2-6-1(c)所示。单形上各个晶面不但形状相同、大小相等,而且其物理、化学性质也是相同的,这是由于其内部结构中组成晶面的都是相同的原子、离子、阴离子团及分子按相同规律排列的结果。单形可由对称型推导出来,一个对称型根据平行、垂直、斜交、对称等关系最多可以推导出 7 种单形。32 种对称型,同时考虑其对称性推导出 146 种单形,这是所有晶体上可能存在的全部单形,但其中有很多是重复的几何图形,除去重复的,不同几何形态的单形仅有 47 种,如表 2-6-1 所示。这 47 种单形分布于七大晶系之中,47 种单形在各晶系中的分布如表 2-6-2 所示。

表 2-6-1　不同几何形态的单形

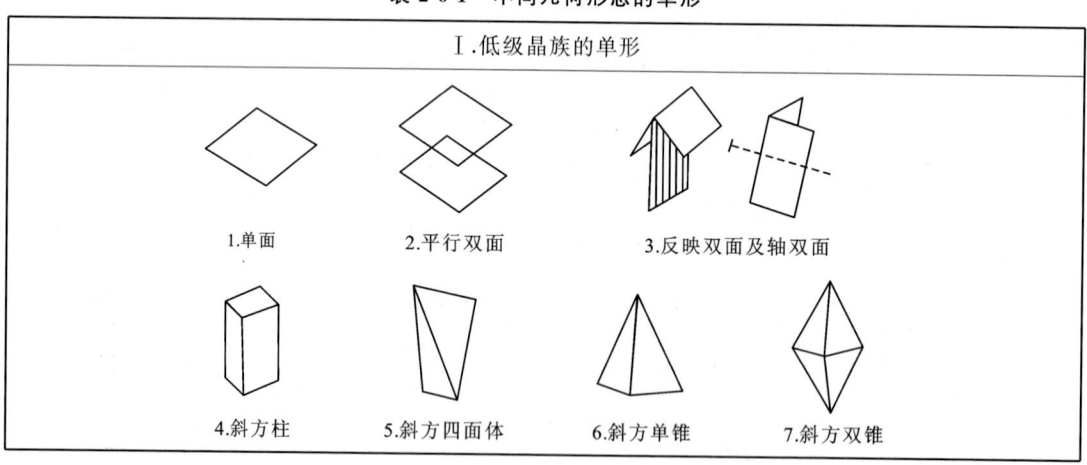

续表 2-6-1

Ⅱ.中级晶族的单形

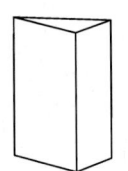 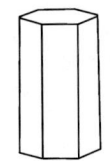 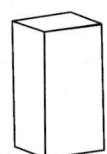 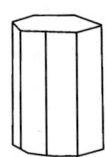 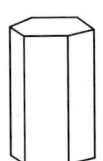 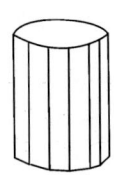

8.三方柱　　9.复三方柱　　10.四方柱　　11.复四方柱　　12.六方柱　　13.复六方柱

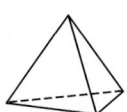 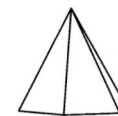 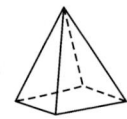 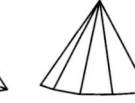 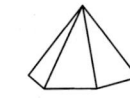 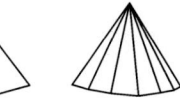

14.三方单锥　15.复三方单锥　16.四方单锥　17.复四方单锥　18.六方单锥　19.复六方单锥

  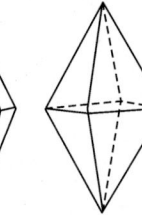 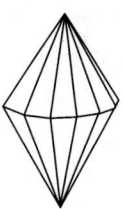

20.三方双锥　21.复三方双锥　22.四方双锥　23.复四方双锥　24.六方双锥　25.复六方双锥

  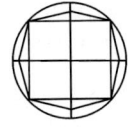  

各种柱、锥的横切面

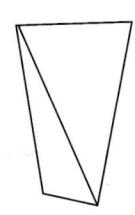  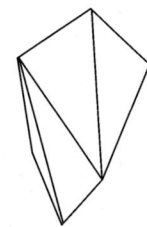 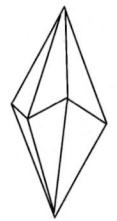

26.四方四面体　　27.菱面体　　28.复四方偏三角面体　29.复三方偏三角面体

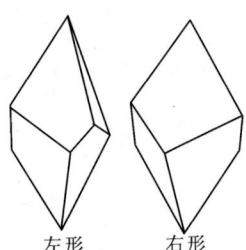 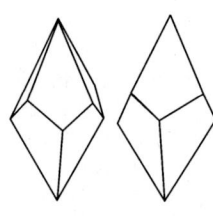 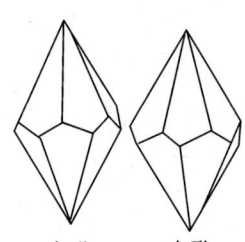

左形　右形　　　　左形　右形　　　　左形　右形
30.三方偏方面体　　31.四方偏方面体　　32.六方偏方面体

续表 2-6-1

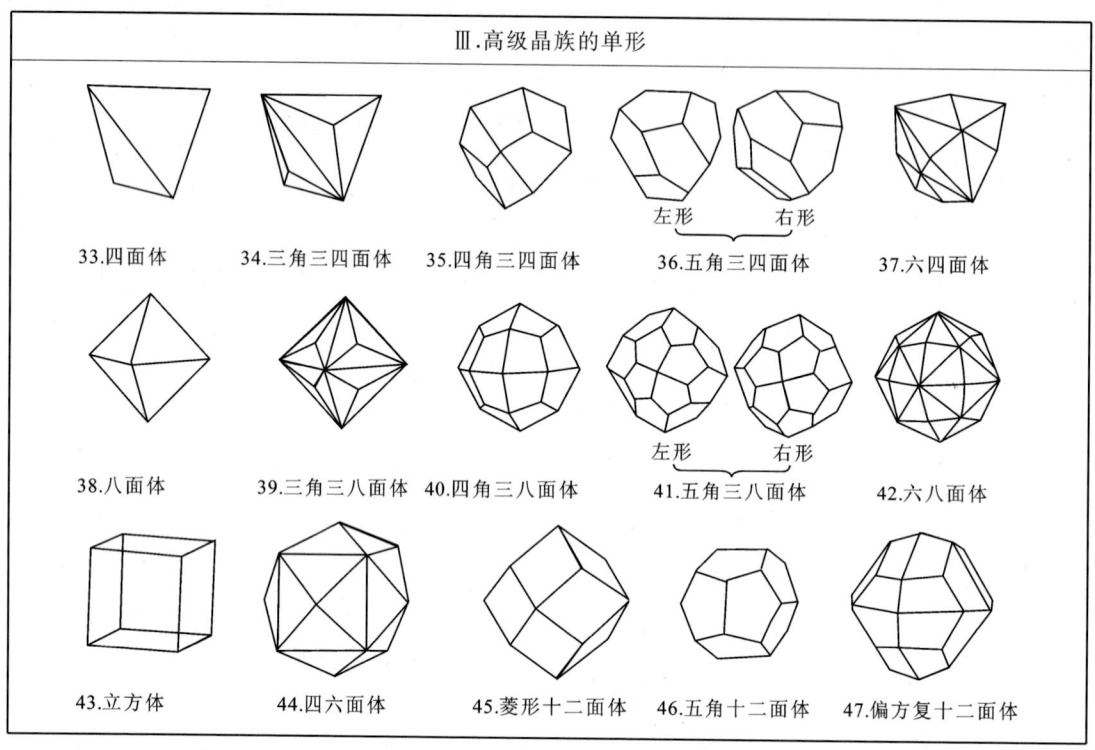

III.高级晶族的单形						
33.四面体	34.三角三四面体	35.四角三四面体	36.五角三四面体（左形 右形）		37.六四面体	
38.八面体	39.三角三八面体	40.四角三八面体	41.五角三八面体（左形 右形）		42.六八面体	
43.立方体	44.四六面体	45.菱形十二面体	46.五角十二面体	47.偏方复十二面体		

表 2-6-2　47 种单形及其在各晶系中的分布

单形＼晶族晶系	低级晶族			中级晶族		
	三斜	单斜	斜方	四方	三方	六方
单面	1*	+	+	+	+	+
平行双面	2*	+	+	+	+	+
双面		3	+			
柱		同右	4	8 9*	10 11*	12 13*
锥			5	14 15	16* 17	18 19

续表 2-6-2

单形＼晶族＼晶系	低级晶族			中级晶族		
	三斜	单斜	斜方	四方	三方	六方
双锥			6*	20* 21*	22 23	24* 25
四面体			7	26		
菱面体					27*	
偏三角面体				28	29	
偏方面体				30△	31△	32△
断面形状			◇	◇ ◯	△ △	⬡ ⬡

单形＼晶族＼晶系	高级晶族				
	等轴晶系				
I	八面体 33*	三角三八面体 34	四角三八面体 35*	五角三八面体 36△	六八面体 37
II	四面体 38*	三角三四面体 39	四角三四面体 40	五角三四面体 41△	六四面体 42

续表 2-6-2

单形\晶族晶系	高级晶族
	等轴晶系
Ⅲ	立方体 43 ；四六面体 44 ；菱形十二面体 45 ；五角十二面体 46 ；偏方复十二面体 47

注：＊表示常见的单型；△表示具左右形的单形，图中所均为左型。＋表示与左侧单形相同。

二、聚形

如上所述，聚形是由几种单形聚合而成，它不是随意组合的，只有是同一对称型的单形才能相聚。既然聚形是由几种单形组成，就一定会彼此互相切割，使原始晶面的大小、形状失去原貌，但是原来单形晶面在空间的相对位置、晶面夹角、晶面数目及物理化学性质是不变的，如图 2-6-2 所示。因而欲从聚形上分析出单形，必须先确定其对称型，确定其所属晶系，根据同形等大的晶面的数目，确定单形的数目及每个单形晶面的数目和空间的分布位置，逐个延伸单形的晶面，假想地恢复原始的单形，即可定出各单形的名称。切不可依聚形上的晶面形态而确定单形名称。但是也可能因为所组成晶面位置分布不同而出现两个不同形态的晶体，因而必须定向。

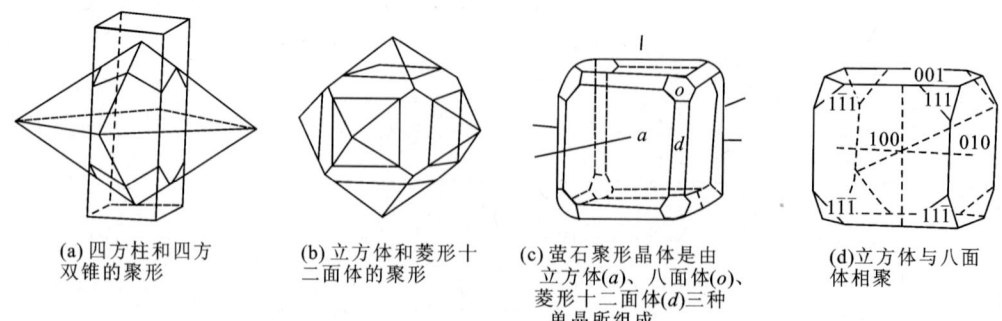

(a) 四方柱和四方双锥的聚形　　(b) 立方体和菱形十二面体的聚形　　(c) 萤石聚形晶体是由立方体(a)、八面体(o)、菱形十二面体(d)三种单晶所组成　　(d) 立方体与八面体相聚

图 2-6-2　聚形

第七节 晶体定向及晶面符号、晶带及晶棱符号

为了确定宝石矿物晶体的具体形态,必须确定晶面在空间的相对位置。

例如:同样是四方柱和四方双锥组成的聚形,而形态仍然不同,所以首先要进行晶体的定向(图 2-7-1)。

一、晶体的定向及各晶系晶体常数特点

为了确定晶面在空间的相对位置,需将晶体置于选定的三维坐标系统中,根据晶面与坐标轴之间的关系,用符号表示出来。目前绝大多数宝石矿物的晶体结构已经确定,因此可直接利用宝石矿物晶体的晶格常数进行定向。

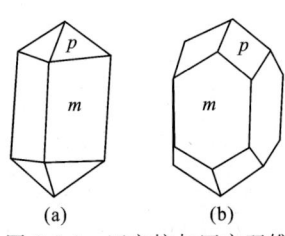

图 2-7-1 四方柱与四方双锥组成的两种形态不同的聚形

$m.$四方柱;$p.$四方双锥

首先根据对称特点选择对称轴为晶轴,如无对称轴或对称轴数目不足时可选对称面的法线为晶轴;如果无对称轴,也无对称面时,则可选晶体上最发育的晶棱方向作晶轴。在等轴晶系、四方晶系、斜方晶系、单斜晶系、三斜晶系这 5 个晶系中,要选晶体的 3 个晶轴(X、Y、Z 轴)。晶轴是交于晶体中心原点 O 的 3 条假想直线,使 Z 轴直立,原点以上为正(+),以下为负(−),左右方向为 Y 轴,原点之左为负,右为正,前后方向为 X 轴,原点之前为正(+),后为负(−),如图 2-7-2 所示。

晶轴之间的夹角称轴角,$Y \wedge Z$ 轴的夹角称 α,$Z \wedge X$ 轴之夹角为 β,$X \wedge Y$ 轴的夹角为 γ。这样凡三轴晶体定向各晶轴之间的夹角为:等轴晶系 $\alpha=\beta=\gamma=90°$;四方晶系 $\alpha=\beta=\gamma=90°$;斜方晶系 $\alpha=\beta=\gamma=90°$;单斜晶系 $\alpha=\gamma=90°$,$\beta\neq90°$,一般大于 90°;三斜晶系 $\alpha\neq\beta\neq\gamma\neq90°$。在三方及六方晶系定向时需选 4 个轴($X$、$Y$、$Z$、$U$ 轴),仍使 Z 轴直立,晶轴相交于晶体中心,O 为原点,原点以上为正(+),以下为负(−),X、Y、U 三轴水平,Y 轴为左右方向,右为正,左为负,X 轴为前后偏左方向,原点之前为正,后为负,U 轴为前后偏右方向,前为

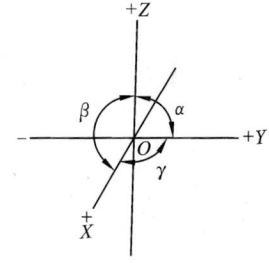

图 2-7-2 3 个晶轴方位

负,后为正,如图 2-7-3 所示。这样在 X、Y、U 3 个水平轴任何两个相邻晶轴的正端的夹角均为 120°,$\alpha=\beta=90°$,$\gamma=120°$。因此在晶体定向时必须按晶体对称选适当的晶轴,所选择的轴角 α、β、γ 必须尽量地等于或尽可能地接近 90°。各晶系晶体常数特点如表 2-7-1 和图 2-7-3。

表 2-7-1 各晶系晶体常数特点

晶系	选轴标准	晶轴的位向	晶体常数特点
等轴	以 3 个相互垂直的 L^4、L^4_i 或 L^2 分别为 X、Y、Z 轴	Z—直立 Y—左右 X—前后	$a=b=c$ $\alpha=\beta=\gamma=90°$

续表 2-7-1

晶系	选轴标准	晶轴的位向	晶体常数特点
四方	以 L^4 或 L_i^4 为 Z 轴(主轴)，以垂直 Z 轴并相互垂直的两个 L^2 分别为 X、Y 轴；若晶体上没有 L^2，可选两个垂直 Z 轴,并相互垂直的对称面的法线或晶棱方向分别作为 X、Y 轴	Z—直立 Y—左右 X—前后	$a=b\neq c$ $\alpha=\beta=\gamma=90°$
三方和六方	以 L^3、L^6 或 L_i^6 为 Z 轴(主轴)，以垂直 Z 较并彼此相交为 120°(正端相)的 3L^2 分别做为 X、Y、U 轴；若晶体上没有 L^2，选 3 个垂直 Z 轴正端相互错开 120° 的对称面的法线或晶棱方向分别作为 X、Y、Z 轴	Z—直立 Y—左右 X—正端向前偏左 30° U—正端向后偏左 30°	$a=b\neq c$ $\alpha=\beta=90°$ $\gamma=120°$
斜方	以相互垂直的 3 个 L^2 为 X、Y、Z 轴；在 $L^2 2P$ 晶类中以 L^2 为 Z 轴,二个对称面法线分别作为 X、Y 轴	Z—直立 Y—左右 X—前后	$a\neq b\neq c$ $\alpha=\beta=\gamma=90°$
单斜	以 L^2 或 P 的法线作 Y 轴；2 个垂直于 Y 轴的晶棱方向分别作为 X、Z 轴	Z—直立 Y—左右 X—正端向前向下倾斜	$a\neq b\neq c$ $\alpha=\gamma=90°$ $\beta\neq 90°$
三斜	以不在一个平面内的 3 个主要晶棱方向分别作为 X、Y、Z 轴	Z—直立 Y—左右 X—倾斜	$a\neq b\neq c$ $\alpha\neq\beta\neq\gamma\neq 90°$

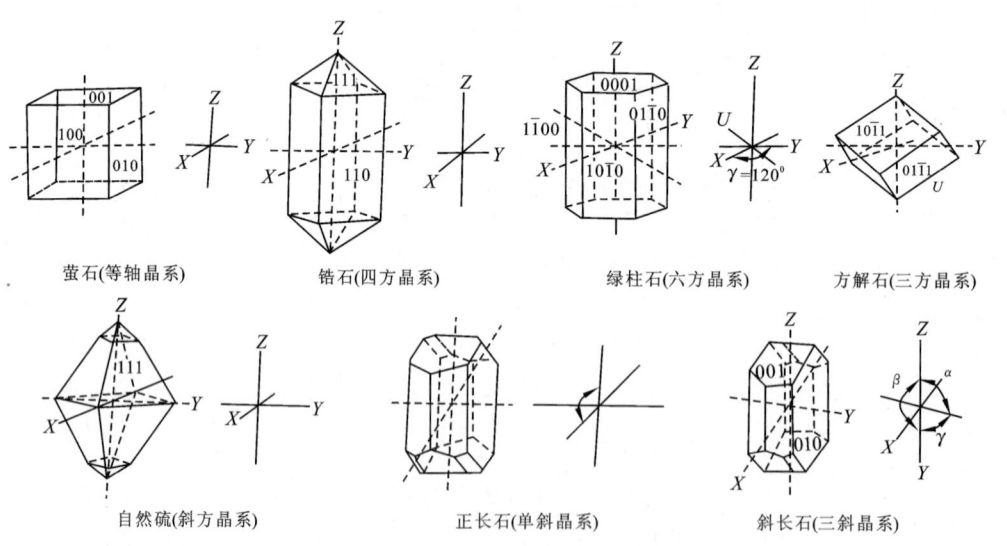

萤石(等轴晶系)　　锆石(四方晶系)　　绿柱石(六方晶系)　　方解石(三方晶系)

自然硫(斜方晶系)　　正长石(单斜晶系)　　斜长石(三斜晶系)

图 2-7-3　各晶系晶体常数特征示意图

二、晶面符号、单形符号和晶带、晶棱符号

1. 晶面符号

晶面符号,简称面号,是用晶面在 3 个晶轴上的截距系数的倒数比,用小括号括起来表示晶面相对位置。这种表示方法由 1839 年英国米勒(Miller W H)创立,所以称"米勒符号"。以图 2-7-4 为例,晶面 ABC 在 3 个晶轴的截距分别为 $OA=1a$,$OB=1b$,$OC=1c$,其截距系数的倒数比为 $1/1:1/1:1/1=1:1:1$,去掉比号,以小括号括起,即为(111),此即 ABC 晶面的米勒符号。又如图 2-7-4 中的 ANM 晶面,在 3 个晶轴上的截距分别为 $OA=1a$,$ON=4/3b$,$OM=2c$,其倒数比为 $1/1:1/(4/3):1/2$,通分化简后得米勒符号为(432)。4、3、2 称为 ANM 晶面在 X、Y、Z 轴上的晶面指数,米勒符号的一般式可写作 (hkl),其晶面指数按 X、Y、Z 轴顺次排列。三方晶系和六方晶系的晶体,晶面符号的一般式为 $(hki l)$,其晶面指数按 X、Y、U、Z 顺序排列。

米勒符号中的晶面指数是截距系数的倒数比,故晶面在晶轴上的截距越大则晶面指数越小,当晶面与晶轴平行时其截距系数为无限大,晶面指数则为零。晶面交某晶轴的负端者在晶面指数上加一横"—"。如图 2-7-6 为萤石晶体,其对称型为 $3L^4 4L^3 6L^2 9PC$,属等轴晶系,立方体共有 6 个晶面,其各晶面的符号分别为:$P_1(100)$、$P_2(\bar{1}00)$、$P_3(010)$、$P_4(0\bar{1}0)$、$P_5(001)$、$P_6(00\bar{1})$。

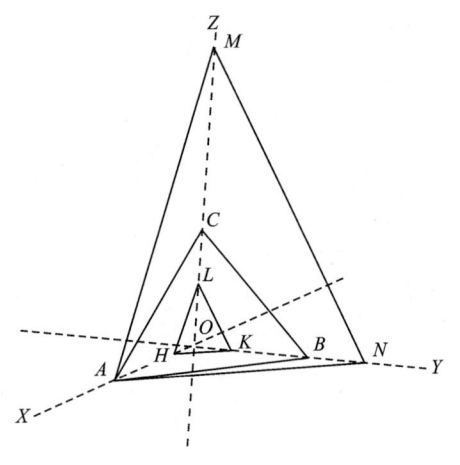

图 2-7-4　晶面符号的图解

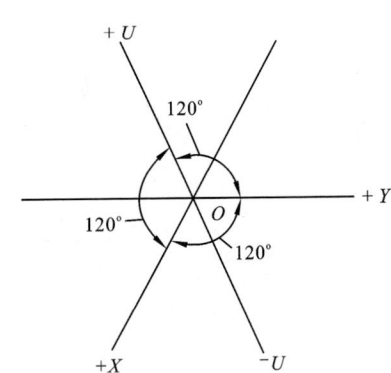

图 2-7-5　三方和六方晶系 3 个水平轴的平面图

2. 单形符号

在一个单形上,一般是在晶体上符合前、右、上方的晶面的面号用大括号括起代表单形的符号,图 2-7-6 中的{100}、{111}即是单形符号。再以图 2-7-6 为例,四方双锥为{111}、四方柱为{100}皆是单形符号。

系统的定向确定晶面符号和聚形符号,可再以图 2-7-7 的锆石晶体为例。

(1) 对称型:$L^4 4L^2 5PC$ 属四方晶系,中级晶族。

(2) 分析单形:四方柱和四方双锥组成的聚形。

(3) 选 L^4 为 Z 轴,L^2 分别作为 X、Y 轴,使三轴互相垂直。

(4) 定出晶面符号及聚形符号：①四方柱由 4 个晶面 m_1、m_2、m_3、m_4 组成，晶面 m_1 在 X、Y、Z 轴上的截距分别为 OD_0、∞、∞（晶面与晶面平行其截距可视为在无限远处相交故用 ∞ 表示）则 $h:k:l=OA_0/OD_0:OB_0/\infty:OC_0/\infty=n:0:0=1:0:0$，故 m_1 的晶面符号为 (100)；同理可得 m_2 为 ($0\bar{1}0$)、m_3 为 ($\bar{1}00$)、m_4 为 (010)，这当中符合"前右上"的晶面只有 (100)，它符合前无左右上下之分，故将 (100) 用大括号括起为 {100}，此即四方柱的单形符号。②四方双锥由 8 个晶面组成（P_1、P_2、P_3、P_4、P_5、P_6、P_7、P_8），P_1 晶面在 X、Y、Z 的截距为 OA_0、OB_0、OC_0，截距系数为 $OA_0/a:OB_0/b:OC_0/c=1:1:1$，取其倒数比仍为 $1:1:1$，故 P_1 面的面号为 (111)，同理得 P_2 为 ($1\bar{1}1$)、P_3 ($\bar{1}\bar{1}1$)、P_4 ($\bar{1}11$)、P_5 ($11\bar{1}$)、P_6 ($1\bar{1}\bar{1}$)、P_7 ($\bar{1}\bar{1}\bar{1}$)、P_8 ($\bar{1}1\bar{1}$)。在这 8 个晶面中符合"前右上"的晶面为 P_1，所以 P_1 晶面符号用大括号括起，{111} 即为此四方双锥的单形符号。等轴晶系、四方晶系、斜方晶系、单斜晶系、三斜晶系的单形符号即是如此，而三方和六方晶系则不同。三方晶系及六方晶系因晶体的晶轴中分别有 L^3 或 L^6（或 L_i^6），可以选它作为 Z 轴。以 3 个与 Z 轴垂直并在同一水平面上，而且彼此正端交角为 120° 的 $3L^2$ 或 $3P$ 的法线（或符合上述条件的 3 个主要晶棱方向）分别作 X、Y、U 轴，在六方晶系晶体上使六方双锥、六方单锥、三方双锥 3 个单形的晶面成为单位面；在三方晶系晶体上除上述 3 种单形外，应使三方双锥、菱面体的晶面成为单位面，从而确定 X、Y、U 轴的位置。三方、六方晶系晶体定向举例见表 2-7-1 中举例的绿柱石和方解石即可。绿柱石的两种定向方法如图 2-7-8，其中 (a) 方法较好。

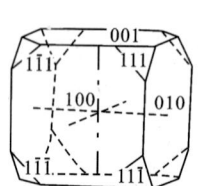

图 2-7-6　萤石聚形
立方体 {100} 与八面体 {111} 相聚

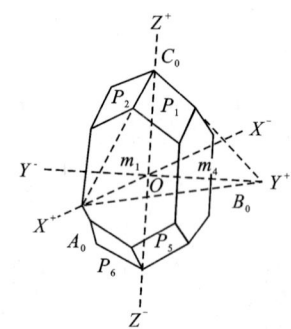

图 2-7-7　锆石晶体
p.四方双锥 {111}；m.四方柱 {100}

3. 晶带及晶带符号（晶棱符号）

晶体上的晶面都是呈带状分布的（图 2-7-9），晶带是指交棱（包括晶面延展后相交的棱）互相平行的一组晶面的组合。如图 2-7-9(b) 中的 (100)、(001)、($\bar{1}00$) 及 ($00\bar{1}$) 组成一个晶带，(010)、(001)、($0\bar{1}0$) 及 ($00\bar{1}$) 也组成一个晶带，(100)、(010)、($\bar{1}00$) 及 ($0\bar{1}0$) 则组成另一个晶带。图 2-7-9(a) 中晶体上共有 6 个晶带，图 2-7-9(b) 中晶体上共有 9 个晶带。通过晶体中心，并且平行晶带上交棱的方向线称晶带轴，如图 2-7-9(c) 中的 CC' 线即为晶面 ($1\bar{1}0$)、(100)、(001)、($\bar{1}00$)、($00\bar{1}$) 晶带的晶带轴。晶带的方向是以晶带轴的方向来表示，而晶带轴的方向又是用平行于该轴的晶棱方向来表示。

晶体上任何一个晶棱在空间的方向，都可以用一定的符号来表示。晶棱符号表示方法如下。

表示晶棱方向的符号,应该说是一条直线,它不牵扯晶棱的具体位置,即所有同一晶体上的平行晶棱具有同一个晶棱符号。其确定方法为:①将晶棱平移使之通过晶轴原点(O);②在其上任取一点求出此点在3个晶轴上的坐标(X、Y、Z);③以轴长来度量,即求出晶棱符号 $X/a:Y/b:Z/c=r:s:t$;④去掉比例符号以中括号括之即$[rst]$。此即为该晶棱的晶棱符号。以图2-7-10为例,可以这样计算:设晶体上有一晶棱 AB,先将其移至晶轴原点,在其上任取一点 M,M 点在这3个晶轴上的坐标分别为 OH、OK、OL,以3个轴上的轴单位分别度量 OH、OK、OL,则 $OH=2a$、$OK=4b$、$OL=6c$,其中2、4、6分别为 X、Y、Z 轴上的坐标系数,最后取 M 点在这3个轴上的坐标系数之比为 $r:s:t$ 即 $2:4:6$,再化简为 $1:2:3$,去掉比号,将1、2、3用[ ]括号括起,该 AB 晶棱的符号为$[123]$。

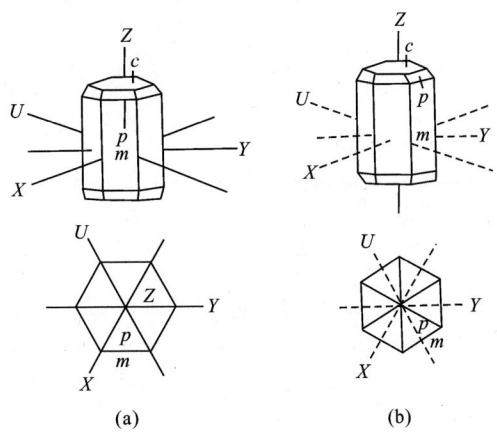

图 2-7-8 绿柱石的两种定向方法
(a) 将 X、Y、U 实线轴选在棱上,
$p.\{10\bar{1}1\}$,$m.\{10\bar{1}0\}$,$c.\{0001\}$;
(b) 将 X、Y、U 虚线轴选在面上,
$p.\{11\bar{2}1\}$,$m.\{11\bar{2}0\}$,$c.\{0001\}$。

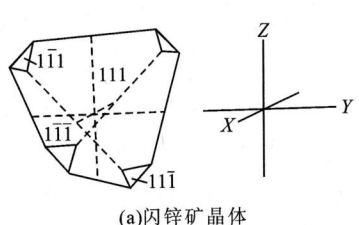

(a)闪锌矿晶体

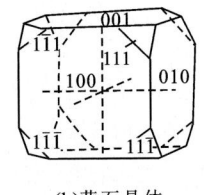

(b)萤石晶体

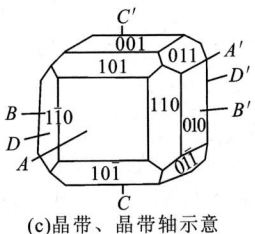

(c)晶带、晶带轴示意

图 2-7-9 晶面在晶体上呈带状分布

由此可以看出,在同一单形上晶面指数的绝对值是相同的,正负符号不同,这说明了不同晶面在空间的位置不同,如此看来,互相平行的晶棱,符号是相同的,即指数是相同的,正负符号是不同的,如$[123]$与$[\bar{1}\bar{2}\bar{3}]$为同一方向晶棱。既然互相平行的晶棱符号相同,因而晶带的方向就可以用晶棱,也就是晶带轴的符号来表示。而且可看出平行 X 轴的晶棱符号为$[100]$,平行 Y 轴的为$[010]$,平行 Z 轴的为$[001]$。三方晶系、六方晶系为4个指数$[rsvt]$,而且前3个指数的代数和为0,即 $r+s+v=0$,平行 Z 轴的晶棱符号为$[0001]$。

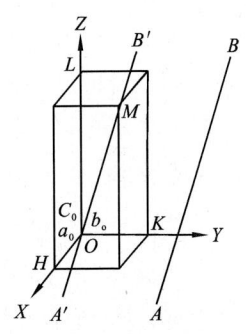

图 2-7-10 晶棱符号的表示方法

这就达到了用符号给晶体定向,确定晶体具体形态的目的。

第八节　晶体的规则连生

自然界的晶体往往是多晶体连生在一起,这种连生体可分为平行连生和双晶。

一、平行连生

平行连生是指同种晶体其相对应的晶面、晶棱都互相平行地连生在一起,图 2-8-1(a)、图 2-8-1(b)、图 2-8-1(c)和图 2-8-1(d)为明矾石、萤石、自然铜等晶体的平行连生。

 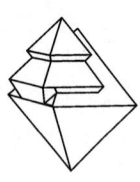 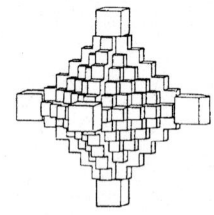 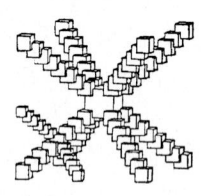 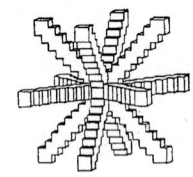

(a) 明矾八面体晶体的平行连生　　(b) 萤石立方体晶体的平行连生　　(c) 自然铜的立方体晶体的树枝状平行连生沿立方体角顶(L^3)延伸　　(d) 沿立方体晶棱(L^2)延伸

图 2-8-1　几种晶体的平行连生

二、双晶

双晶是两个或两个以上的同种晶体规则地连生在一起,可借助于反映或旋转 180°而彼此重合或平行。在进行使双晶的相邻两个体重合或平行操作时,所借助的假想的平面或直线称双晶要素。它包括双晶面和双晶轴。

(一) 双晶面

双晶面是双晶中假想的平面,两个个体通过这个平面反映可重合或平行。此可用晶面符号来表示。如石膏的燕尾双晶、双晶面为∥(100)。它体现了两个体之间的镜像反映关系。图 2-8-2 为石膏的晶体及双晶。

(二) 双晶轴

双晶轴是通过晶体中心的假想直线,若固定两个单体中的一个单体,使另一单体围绕此直线旋转 180°后,此两个单体即重合或平行。双晶轴是用垂直于某个平面或平行于某个晶轴的直线来表示。图 2-8-2 中的石膏燕尾双晶的双晶轴以⊥(100)表示,正长石的卡斯巴双晶的双晶轴则以∥Z 轴来表示。

如图 2-8-3 所示。描述双晶还常用到"接合面"。接合面是指双晶的两个单体实际接触的面,可以是一个平面,也可以是一个不规则的面。如果是一个平面,可用它平行的晶面符号(面号)来表示,如石膏燕尾双晶的接合面即平行于(100)。接合面也可与双晶面重合,石膏的燕尾双晶有的重合,也有的不重合。接合面有不规则的或者与双晶面不重合的,图 2-8-3 中的正长石卡斯巴双晶的接合面可写作主要平行于(010)即可。

双晶的结合规律，称为双晶律。通常可依其矿物名称、形态、原发现地名或在同一晶系中常出现的矿物名称命名，如石膏的燕尾双晶律意指双晶形状如燕尾，正长石的卡斯巴双晶律意指原发现于捷克的卡斯巴地区而得名等。

根据双晶两个体之间的结合方式，可分为接触双晶和穿插双晶两大类。

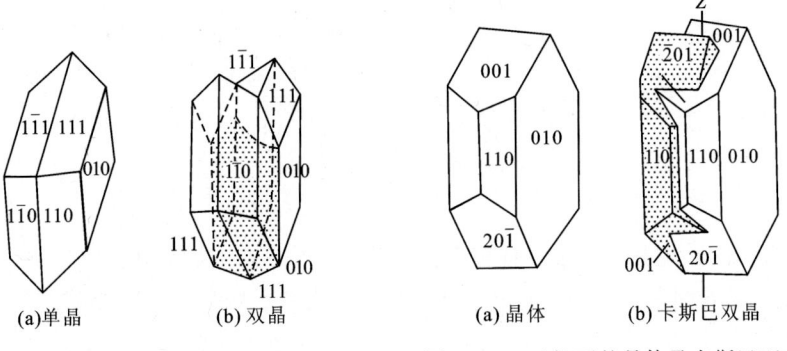

(a)单晶　(b)双晶

图 2-8-2　石膏的单晶及双晶

(a) 晶体　(b) 卡斯巴双晶

图 2-8-3　正长石的晶体及卡斯巴双晶

1. 接触双晶

接触双晶指两个单体以一个简单的平面相接触，根据接合面的情况又可分为简单的接触和复合接触。简单的接触双晶是由两个单体结合而成，如石膏的燕尾双晶(图 2-8-2)。复合接触双晶是由两个以上单体结合而成，这又有两种情况：一种是聚片双晶，另一种是环状双晶。

(1) 聚片双晶，顾名思义就是由片状或板状的两个以上单体均相互平行结合而成，如钠长石的聚片双晶[图 2-8-4(a)]。这种双晶的侧面可见又细又直的线状条纹，呈现在晶面、解理面或宝石的切磨平面上谓双晶纹，是接合面间的纹理，如图 2-8-4(b)所示。

(2) 环状双晶，是各个单体之间接合面彼此不平行，连成环状，按连生体的个数可以有三连晶、四连晶、五连晶、六连晶之分，如图 2-8-5 所示。

(a) 聚片双晶　(b) 双晶条纹

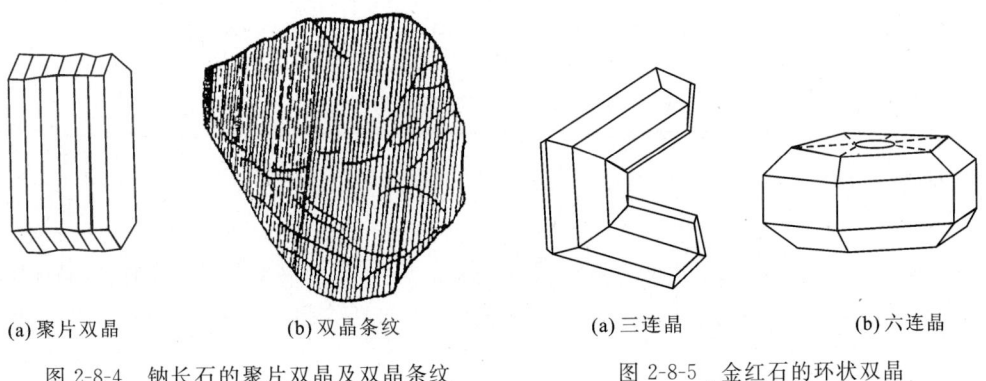

图 2-8-4　钠长石的聚片双晶及双晶条纹

(a) 三连晶　(b) 六连晶

图 2-8-5　金红石的环状双晶

2. 穿插双晶

穿插双晶也叫贯穿双晶，是组成双晶的两个单体互相穿插，接合面不规则。穿插双晶中亦有简单的和复合的之分。①简单的如萤石的穿插双晶及十字石的穿插双晶,如图 2-8-6(a) 和图 2-8-6(b)所示;②也有的成环状,穿插如锡石的环状双晶及文石的三连晶,如图 2-8-6(c) 和图 2-8-6(d)所示;③复合的如金绿宝石的穿插双晶,如图 2-8-7 所示。

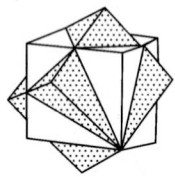 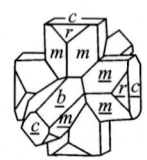 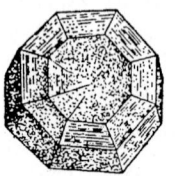 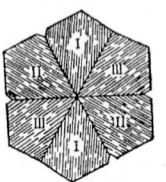

(a)萤石双晶　　(b)十字石按两种双晶律形成的穿插双晶　　(c)锡石的环状双晶　　(d)文石的三连晶
$m\{110\}$、$r\{101\}$、$c\{001\}$、$b\{010\}$

图 2-8-6　宝石矿物的穿插双晶

具有双晶的晶体,在其晶体上往往可见凹角,或在两个单体结合处出现凹角,图 2-8-6(a)和图 2-8-6(b)中双晶有凹角、缝合线、双晶纹或外形上的对称。图 2-8-8 为石英双晶的缝合线。

研究、观察双晶,有助于评价某些宝石矿物的价值和作为鉴定某些宝石矿物的依据。如星光蓝宝石戒面上可出现两个六道星线,则往往是双晶所致。

各晶系常见的宝石矿物双晶列于表 2-8-1。

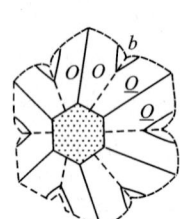 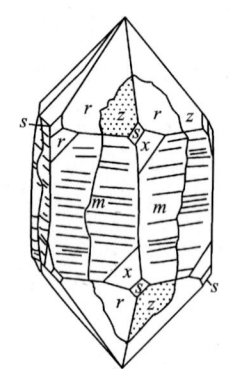

图 2-8-7　金绿宝石的穿插双晶　　图 2-8-8　石英道芬双晶的缝合线

表 2-8-1　各晶系常见宝石矿物的双晶

晶系	矿物名称及对称	单晶体形状	双晶			
			形状	要素	类型	双晶律或名称
等轴晶系	萤石 $3L^4 4L^3 6L^2 9PC$			双晶面//(111) 接合面//(111)	穿插双晶	尖晶石双晶律（铁十字律）
	尖晶石 $3L^4 4L^3 6L^2 9PC$			双晶面//(111)	接触双晶	尖晶石双晶律

续表 2-8-1

晶系	矿物名称及对称	单晶体形状	双晶			
			形状	要素	类型	双晶律或名称
四方晶系	锡石 L^44L^25PC	$a\{100\};m\{110\}$ $p\{111\};e\{101\}$		双晶面∥(011) 接合面∥(011) 双晶轴⊥(011)	接触双晶	膝状双晶
三方晶系	方解石 L^33L^23PC	$r\{10\bar{1}1\};v\{21\bar{3}1\}$		双晶面∥(0001) 接合面∥(0001) 双晶轴⊥(0001)	接触双晶	方解石律
				双晶面∥($10\bar{1}1$) 接合面∥($10\bar{1}1$)	接触双晶	蝴蝶双晶
	石英 L^33L^2	右形$x\{51\bar{6}1\}$ 左形$x\{6\bar{1}51\}$		双晶面∥($11\bar{2}0$) 接合面∥($11\bar{2}0$) 一左晶与一右晶	穿插双晶	巴西双晶律
				双晶面不规则 双晶轴∥Z轴 二左形或二右形晶体	穿插双晶	道芬双晶律
斜方晶系	十字石 $3L^23PC$	$c\{001\};b\{010\}$ $m\{110\};r\{101\}$		双晶面∥(031)	穿插双晶	十字双晶
				双晶面∥(231)	穿插双晶	r形双晶
单斜晶系	石膏 L^2PC	$b\{010\};m\{110\}$ $c\{111\}$		双晶面∥(100) 接合面∥(100)	接触双晶	燕尾双晶

续表 2-8-1

晶系	矿物名称及对称	单晶体形状	双晶			
			形状	要素	类型	双晶律或名称
单斜晶系	正长石 L^2PC $c\{001\}$ $m\{110\}$ $b\{010\}$ $x\{10\bar{1}\}$ $y\{20\bar{1}\}$			双晶轴∥Z轴 接合面∥(010)为主	穿插双晶	卡斯巴律
				双晶面⊥(001) 接合面∥(001)	接触双晶	曼尼巴律
				双晶面∥(021) 接合面∥(021)	接触双晶	巴温诺律
三斜晶系	钠长石 C			双晶面∥(010) 接合面∥(010)	接触双晶（聚片双晶）	钠长石律
				双晶轴∥Z轴 接合面∥(010)	接触双晶	卡斯巴律

第九节　单晶体形态与集合体形态

结晶学主要是研究理想的晶体形态。所谓理想晶体是指外形为规则的几何多面体,面平、棱直,同一单形的晶面同形等大。但实际上晶体受到外在条件的影响,常常不能按照理想的条件发育。即使在晶体形成之后也还常受到外界的溶蚀和破坏。

一、晶体的结晶习性

一种晶体具有一定的成分与结构,一定的化学成分与内部结构反映到外形上,常具有一定的晶体习性。宏观上看一种晶体的单体习性,因其在三维空间延伸的不同而分为以下几种。

1. 一向伸长

即在三维空间只有一个方向特别发育而呈柱状、针状或毛发状等,如电气石、金红石,如图 2-9-1(a)所示。

2. 二向延长

即在三维空间有两个方向特别发育,晶体呈片状、板状,如重晶石等,如图 2-9-1(b)所示。

3. 三向等长

即在三维空间发育基本相同,晶体呈粒状,如石榴石、金刚石等,如图 2-9-1(c)所示。

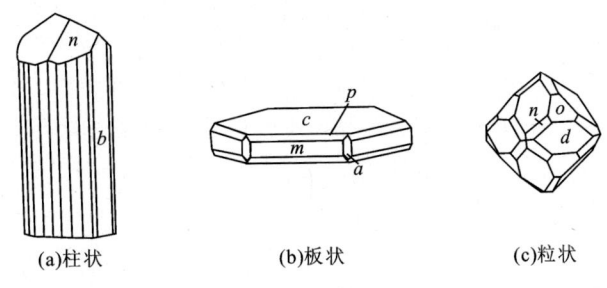

图 2-9-1 宝石矿物的晶体习性

二、晶体的形貌

按照晶体外形发育的完好程度可分为自形、半自形和他形 3 种,其晶面也有不同的纹饰。

1. 自形

自形是指在形成过程中有足够的空间,晶体可自由生长发育,形成完好晶面包围的多面体形态,如图 2-9-2 中的磷灰石、黑云母。

2. 半自形

半自形是指晶体被一部分的晶面包围,而另一部分晶面受阻,晶面不完好,如图 2-9-2 中的角闪石、斜长石。

3. 他形

他形是指晶体在形成过程中,受到外界干扰或无自由空间,而形成不规则的晶体,如图 2-9-2 中的正长石、石英。

4. 晶体表面微形貌

晶体表面微形貌是指晶体由于生长或溶蚀,在晶体表面留下的纹饰。有的晶面花纹肉眼可见,有的则需要借助于光

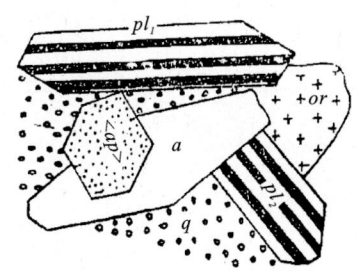

图 2-9-2 矿物的自形程度
ap.磷灰石;pl_1.黑云母自形;a.角闪石;
pl_2.斜长石半自形;or.正长石;q.石英他形

学仪器才能见到。

（1）晶面条纹。晶面条纹是在许多晶体上肉眼可见的条纹，具有一定方向排列，宽狭有所不同。如图 2-9-3(a) 为石英晶体在六方柱面上常有的横纹，它是由六方柱 $m\{10\bar{1}0\}$ 和菱面体 $r\{10\bar{1}1\}$ 交替生长的结果，可称聚形纹；图 2-9-3(b) 为黄铁矿晶面的聚形纹；图 2-9-3(c) 为电气石晶体柱面纵纹，是由平行 C 轴方向由细小的晶面所组成，这些又狭又细的相邻晶面略有倾斜，构成条纹，这些小面又称临接面。

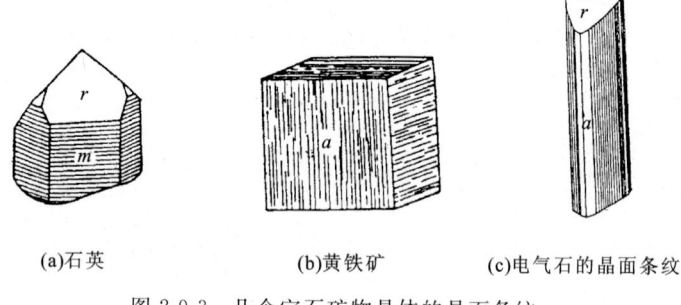

(a)石英　　　(b)黄铁矿　　　(c)电气石的晶面条纹

图 2-9-3　几个宝石矿物晶体的晶面条纹

（2）生长层。生长层是在晶面上常有厚薄不一而平行的堆叠层。这是晶体生长时晶面平行向外推移的结果，也是晶体按层生长、晶面平行向外推移理论的验证。图 2-9-4 为金刚石在不同形成条件下，晶体形态和表面微形貌示意图。

图 2-9-4　金刚石在不同形成条件下，$\{111\}$（上）和 $\{100\}$（下）面的表面微形貌

(据 Sunagawa,1986)

（3）生长丘。生长丘是指在晶面上稍微突起的小丘状体，在同一晶面上具有相同的小丘成堆出现，如石英菱面体上的三角形丘及白钨矿晶体上的三角形丘等，如图 2-9-5 所示。

图 2-9-5　α-石英{10$\bar{1}$1}晶面上的生长丘

（4）蚀像。蚀像是晶体形成后，因受溶蚀而在晶面上留下的凹坑。这种溶蚀坑往往能反映晶体的对称，并有助于识别单形和对称。如图 2-9-6 所示为方解石、白云石和石英晶面的蚀像等。

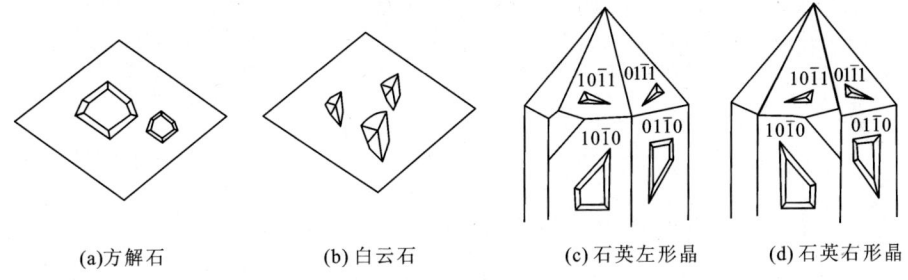

(a)方解石　　　　(b)白云石　　　　(c)石英左形晶　　　(d)石英右形晶

图 2-9-6　方解石和白云石菱面体晶面上的蚀像

以上单晶的晶体习性、晶面条纹、晶体形貌除反映晶体的内部结构、对称之外，也都反映了晶体的生成环境及形成后的环境变化，有助于对宝石矿物晶体进行研究和鉴定。

三、集合体形态

同种成分的许多矿物晶体或颗粒聚集在一起形成集合体。矿物集合体在自然界最为常见。根据其结晶程度和大小又可分为两类：一类是肉眼或在放大镜下能辨清颗粒界限的显晶质集合体，另一类是由于结晶程度差、颗粒太小、肉眼或在放大镜下不能辨清颗粒界限的隐晶质集合体。现分别叙述如下。

1. 显晶质集合体

如果颗粒为粒状，颗粒直径大小在 5mm 以上可称粗粒，在 1～5mm 之间称中粒，小于 1mm 为细粒。也有呈柱状、针状、纤维状、放射状的显晶质集合体，如阳起石（图 2-9-7）。在岩石的空洞中或裂隙中，可形成同一底盘的晶体集合体，称为晶簇状，图 2-9-8 为水晶晶簇。

 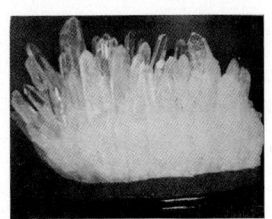

图 2-9-7　阳起石的放射状集合体　　　　图 2-9-8　水晶晶簇

2. 隐晶质集合体

根据其外部形态和成因可进一步分为以下几种。

(1) 分泌体。分泌体为隐晶质或胶态物质由外向空洞内充填所形成的集合体形态。有的充填满,有的未充填满,还可在中心保留空洞。如图2-9-9(a)中,玛瑙有充填满的,也有未充填满的。

(2) 结核体。结核体是与分泌体相反,为围绕一点由中心向外生长而成,如图2-9-9(b)所示。图2-9-10为绿松石的结核剖面,结核大致为一球状体或不规则状体、瘤状体等。其结核内部往往呈放射状或同心圆状。

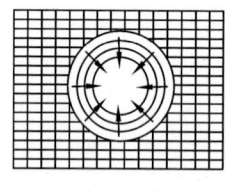
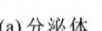
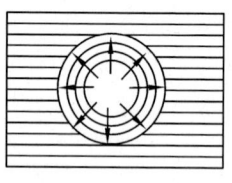
(a) 分泌体　　　　　　　　　(b) 结核体

图 2-9-9　分泌体及结核体的生长程序

图 2-9-10　绿松石的结核剖面

(3) 鲕状集合体和豆状结合体。它是由胶体溶液围绕悬浮物(细砂、气泡、有机物等)聚集到一定大小时,便沉于水底,由于水体流动还可在水底滚动而继续增大。其外形大致呈圆粒状,大者如豆可称豆状体;小者如鱼子称鲕状体,如图2-9-11所示,其内部往往具同心层状构造,个体之间亦为相同物质所胶结。其主要产于浅海处。

(4) 钟乳状体。钟乳状体多是由胶体凝聚或真溶液蒸发层层沉淀而成,呈圆锥状或圆柱状、葡萄状、肾状等。图2-9-12为孔雀石的肾状集合体,图2-9-13为方解石的钟乳状体、葡萄状体。其内部剖面亦呈放射状或同心层状结构。

(5) 块状体。块状体由很多细小颗粒所组成,其界限肉眼及放大镜都不能看出,形状不规则、呈任意形状的块体出现者称块状,在自然界甚为常见,如石英块体、各种玉石块体等。

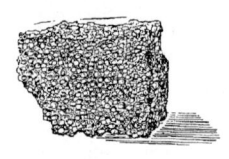

图 2-9-11　文石的鲕状集合体

图 2-9-12　孔雀石的肾状集合体

(a) 钟乳状　　(b) 葡萄状

图 2-9-13　方解石的集合体形态

第十节　晶体化学基本知识

晶体化学是研究晶体的化学成分与晶体结构构造之间的关系,从而阐明晶体的形态、性质及成因的科学。晶体化学对晶体的合成仿制有着重要的意义，它是研究合成宝石的理论基础。

化学成分和结构是晶体的形态、性质的决定因素。晶体的形态、性质是其化学成分和内部结构的外在反映。

一、决定晶体结构的基本因素

（一）原子半径、离子半径和配位数

原子或离子在其原子核的外围都有运动着的电子，它在空间形成一个通常认为是球形的较稳定的电磁场。这种球体的半径则分别称为原子半径或离子半径。

在晶体结构中原子或离子间距，可看做是相邻两个原子或离子有效半径之和，原子共价半径、金属半径、范德华半径及不同氧化态、不同配位情况下的离子有效半径（由实验方法得到的）有如下一些规律。

（1）同一种元素的离子半径，阳离子由于失去电子，其半径小于原子半径，正电价愈高，半径越小；阴离子由于获得电子，其半径大于原子半径，负电价越高，半径越大。

（2）同一周期的元素，在周期表的水平方向上，原子半径和离子半径随原子序数的增大而减小；同一族元素，即周期表的垂直方向，其原子、离子半径随元素周期数的增大而增大。由此可见周期表的左上方至右下方的对角线方向，原子半径和离子半径接近。

（3）在镧系和锕系，其原子和离子半径随原子序数的增加而减小，这一现象称镧系、锕系收缩。

原子半径和离子半径的大小，取决于它本身的电子层结构。同一种元素因电价不同，其半径各不相同。如铁元素，当为二价离子（Fe^{2+}）时，其半径为 0.78Å（1Å= 10^{-10} m）；当为三价离子（Fe^{3+}）时，其半径则为 0.64Å。

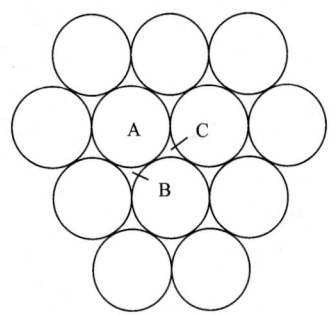

图 2-10-1　一层球体最紧密堆积

在晶体结构中，呈球形的原子或离子相结合时，它们都趋向于尽可能的互相靠近，作最紧密的堆积，从而使晶体达到内能最小，使晶体处于最大的稳定性，如图 2-10-1 所示。从几何观点出发，同种原子之间的结合，可以看作是等大球体的最紧密堆积，不同半径的离子结合时，可以看作是不等大球体的堆积。

实践证明，不论是哪一种最紧密堆积形式，等大球的最紧密堆积中，看每个球的周围都有 12 个球，就称其配位数是 12。在晶体结构中，每个原子或离子周围所邻接的原子或异号离子的数目，称为该原子或离子的配位数（Coordination Number，标记作 C.N.）。若将一个原子或离子所邻接的原子或离子的中心联结起来，可构成一个多面体，称为配位多面体。在等大球的最紧密堆积中，其配位多面体是立方八面体或切顶底的两个三方双锥聚形。

在离子键性的晶体结构中，阴离子半径大，常作最紧密堆积，如果这时的阳离子能与阴离子互相接触，则最稳定。但是一般阳离子半径总是小于阴离子半径，若是阳离子过小，又会使晶体结构不稳定，而引起配位数的改变。所以离子的配位数的多少，取决于两离子半径的相对大小。阳离子配位数与阴、阳离子半径比值 R_K/R_A 的关系如表 2-10-1 所示。表中列出了阳离子半径 R_K 和阴离子半径 R_A 的比值，以及阳离子配位数。

但是在实际晶体结构中,有的阳离子的配位数并不与表 2-10-1 所列的数据完全相符,其原因为影响配位数大小的因素除阴、阳离子半径比值之外,还包括化学键、离子的极化,甚至还有形成时的温度、压力等的因素。

表 2-10-1　阳离子配位数与阴、阳离子半径比值 R_K/R_A 的关系

离子半径比值 R_K/R_A	配位数
0.000～0.155	2
0.155～0.225	3
0.225～0.414	4
0.414～0.732	6
0.732～1	8
1	12

(二) 离子的极化与化学键

如上所述,原子或离子在作最紧密堆积时,是把它看做刚性的球体。但实际上,任何原子或离子在其周围电磁场的作用下,都会有或多或少的变形。这种现象称为离子的极化。

极化过程有主极化(即极化周围的离子)和被极化(即自身被周围的离子所极化)之分。一般是阳离子半径越小、电荷越集中、电价越高,则极化能力越强,易发生主极化;而阴离子半径越大、电价越低,则易被极化。极化后使离子的正、负电荷重心相对偏移,使离子发生变形。两个离子的电子云发生重叠及阴、阳离子之间的距离缩短,而致使 R_K/R_A 之值改变,配位数也改变。例如:闪锌矿根据表 2-10-1 数据计算,ZnS 半径之比值(R_K/R_A)为 0.456,阳离子配位数应为 6,但实际上为 4,这是由极化影响所引起。

极化还直接影响着阴、阳离子之间的结合力,即化学键。离子的极化愈强,结合力愈强,则愈倾向于向共价键过渡。

使元素结合在一起的作用力称为化学键。主要的化学键有:离子键、共价键、金属键、分子键和氢键等。它们分别主要存在离子晶格、原子晶格和分子晶格中。与宝石学紧密相关的化学键,主要有离子键和共价键。

1. 离子键(又叫电价键)——离子晶格

离子键为阴离子和阳离子之间靠库伦引力相维系,其中每个离子可同时与几个异号离子相结合,从各个方向相吸引,所以离子键无方向性和饱和性。这种离子键形成离子晶格。离子配位数较高,异号离子间常有一定的数量比例,以保持电价平衡。例如:萤石 CaF_2 具有典型的离子键,如图 2-10-2 所示。

Ca^{2+} 周围有 8 个 F^-,F^- 周围也有 4 个 Ca^{2+} 所围绕。F^- 和 Ca^{2+} 之间靠静电引力即离子键来维系,形成离子晶体。离子晶体无自由电子存在,所以常是不良导体,由于电子皆属于一定的离子,质点间的电子密度很小,对光的吸收也比较少,光易于通过,所以其折射率及反射率均较低,多为透明到半透明,具非金属光泽。离子键的键力还是比较强的,故晶体的膨胀系数较小。因离子键的强度与电价乘积成正比,与半径之和成反比,所以它的机械稳定性较强。在硬度、熔点、热膨胀性等方面,则是随离子半径大小,电价高低而异,故其变动范围很大。宝

石矿物绝大多数是离子键晶体。

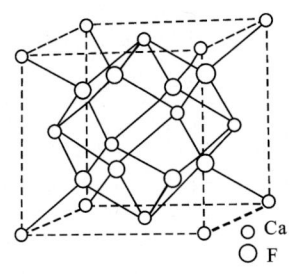 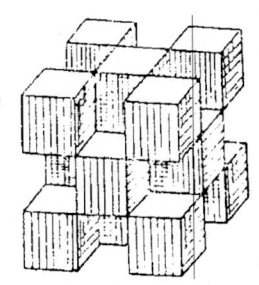

图 2-10-2　萤石晶体结构的两种不同的表示方法

2. 共价键（又叫原子键）—原子晶格

共价键是原子间靠共用电子对的方式来维系。形成原子晶格，它受原子中电子壳构型的控制。其特征为具有方向性和饱和性。因此原子晶格中原子难以呈最紧密堆积，配位数也较低，通常原子晶格共价键是具有相当强的连接力。所以具有共价键的晶体具有较高的硬度和熔点，为绝缘体，透明到半透明，具玻璃—金刚光泽。与键的强度有关的物理性质的差异，亦随原子半径的大小及化合价而异。金刚石的硬度最高就是共价键很好的实例。

3. 金属键—金属晶格

除上述离子键和共价键之外，还有金属键、分子键、氢键等。金属键大多存在于金属矿物之中。因价电子围绕着阳离子，这些电子不受原子核的限制，所以能在物体中自由漫游，使得金属具有延展性、高密度、低硬度、导电性、导热性、不透明、反射率高、金属光泽等金属性质。例如镶嵌首饰用的黄金、铂金的性质皆为这种键性。

4. 分子键—分子晶格

关于分子键则是中性分子之间微弱的维系力，亦称温德华键。在具有分子晶格的宝石材料中，分子内部通常为共价键，分子间以分子键结合。所以一般具有分子晶格的晶体多为熔点低、热膨胀率大、导热率小、硬度小、可压缩性大，也有很大的电学及光学性质的变化范围。具有分子键的宝石材料大多透明而不导电。

其他还有在晶格中期重要作用的氢键、过渡型键等，表现为处于离子键向共价键过渡，共价键向金属键过渡等。实际行在实际晶体中存在的往往是不同程度的过渡键现象。

二、元素的离子类型及地球化学分类

化学元素在矿物中可呈离子、原子或分子状态存在，而大多数为离子状态。离子性质相近者所形成的矿物，在其成因和性质上也往往有相似之处。至于离子性质和离子间的结合关系，则主要决定于离子的电子层结构，离子外层电子层结构与它们之间的变化规律和元素在周期表上的位置有关。根据离子最外层结构不同，可将元素分为几种离子类型，这与元素按自然作用及其地质作用的活动规律进行的简单分类也是基本一致的。元素的离子类型及分类如表 2-10-2 所示。

表 2-10-2 元素的离子类型

1	2	3a				3b				4					
H															
He	Li	Be									B	C	N	O	F
Ne	Na	Mg									Al	Si	P	S	Cl
Ar	K	Ca	Sc	Ti	V	Cr	Mn	Fe	Co	Ni	Cu	Zn	Ga	Ge	As	Se	Br
Kr	Rb	Sr	Y	Zr	Nb	Mo	Tc	Ru	Rh	Pd	Ag	Cd	In	Sn	Sb	Te	I
Xe	Cs	Ba	TR*	Hf	Ta	W	Re	Os	Ir	Pt	Au	Hg	Tl	Pb	Bi	Po	At
Rn	Fr	Ra	Ac*												

注：*TR与Ac分别为镧系及锕系元素。
1表示惰性气体原子；2表示惰性气体型离子；3表示过渡型离子；
3a表示亲氧性强；3b表示亲硫性强；4表示铜型离子。

1. 亲气元素——惰性气体原子
2. 亲石元素——惰性气体型离子

这类元素的离子最外电子层结构与惰性气体原子相似，最外层电子数为 $2(s^2)$ 或 $8(s^2p^6)$，主要位于周期表的左方，如 K^+、Na^+、Ca^{2+}、Mg^{2+} 等阳离子和 F^-、Cl^-、O^{2-} 等少数阴离子。它们的离子半径较大、极化能力较弱，在地质作用过程中易与氧结合形成氧化物或含氧盐，主要是形成硅酸盐，即绝大多数造岩矿物是这类离子的化合物，故有"造岩元素""亲氧元素"或"亲石元素"之称。它也是组成宝玉石的主要元素。

3. 亲铁元素——过渡型离子

这类元素的离子最外层电子数介于 8 到 18 之间，大都居于周期表的中间，处于惰性气体型离子与铜型离子之间的过渡位置，如 V、Cr、Mn 等。其离子半径与极化性能也介于两者之间。在地质作用过程中最外层电子数愈近 8 的，其亲氧性能愈强，愈趋于形成氧化物（表 2-10-2 中的 3a）；最外层电子数愈近 18 的，亲硫性能愈强，愈趋于形成硫化物（表 2-10-2 中的 3b）。处于较中间位置的 Mn、Fe 等离子，则既可形成氧化物，又可形成硫化物，如赤铁矿 Fe_2O_3 及黄铁矿 FeS_2 等。在宝玉石矿物中，有这类离子存在，则易使宝玉石呈色，故又有"色素离子"之称。

4. 亲铜元素——铜型离子

这类元素的离子最外层电子数为 $18(s^2p^6d^{10})$ 或 $18+2$，主要位于周期表的右方，如 Cu^{2+}、Pb^{2+}、Zn^{2+} 等。它们与铜离子性质相似，其离子半径较小、极化能力较强，在地质作用过程中易与硫结合形成硫化物，为主要的金属矿物，而且常集聚成矿，故有"造矿元素""亲铜元素""亲硫元素"之称。

5. 亲生物元素

在表 2-10-2 中亲石元素的右侧 C、H、O、N、S、P、Si 等，常是组成生物的元素，故又有"亲生物元素"之称。

三、类质同象

在晶体结构中某种质点（原子、离子、分子或阴离子团）为另一种类似的质点所代替，而保持原有的晶体结构不变，只是使晶体常数发生很小变化的现象称类质同象代替（置换）。代替某质点 A 的物质 B 称为类质同象混合物。

例如：橄榄石族中的镁橄榄石 $Mg_2[SiO_4]$ 和铁橄榄石 $Fe_2[SiO_4]$ 之间，因 Mg^{2+}、Fe^{2+} 离子之间半径相近（$MgR_i=0.66Å$，$FeR_i=0.74Å$）电价相等，都为 2 价，所以它们之间可以任意比例互相置换，从而形成各种不同的类质同象混合物，可成为一个 Mg、Fe 各种比值的连续类质同象系列，而物理性质也随之改变。

$Mg_2[SiO_4]$ —— $(Mg,Fe)_2[SiO_4]$ —— $(Fe,Mg)_2[SiO_4]$ —— $Fe_2[SiO_4]$
镁橄榄石　　　含铁的镁橄榄石　　　含镁的铁橄榄石　　　铁橄榄石
（无色、淡黄色或绿色）　（黄绿色）　　　（暗绿色）　　　（墨绿色或黑色）

类质同象混合物中，代替某一元素的物质称类质同象混合物，含有类质同象混合物的晶体，可称混合晶体，或称混晶。

类质同象混合物是一种固溶体。所谓固溶体是指在固态条件下一种组分溶于另一种组分之中而形成的固体。可以是由质点的代替形成"代替固溶体"也就是类质同象混晶，也可以是由某种溶质侵入他种晶格的空隙而形成"侵入固溶体"。这种侵入固溶体在宝石矿物中很少存在，而"代替固溶体"也就是类质同象混晶则较为广泛存在。

类质同象置换是有条件的，其内在条件主要是质点的半径、电价、化学键等，外在条件为温度、压力、介质等。现分述如下。

（一）代替与被代替质点的半径要相近

质点相对大小直接影响着配位数，是决定晶体结构的重要因素。若以 r_1 和 r_2 代表两个大小半径不同的离子，则形成以下不同情况。

(1) 当两离子半径之比 $(r_1-r_2)/r_2<0.15$ 时，可发生无限的置换，如橄榄石，Mg 半径为 (0.066nm)、Fe 半径为 (0.071nm)，两者的差率为 7.5%，Mg、Fe 之间可以任何比例互相代替，则形成完全类质同象。

(2) 当两者离子半径之比 $(r_1-r_2)/r_2$ 为 0.15~0.25 时，离子间代替只限制在一定范围之内，如闪锌矿（ZnS）中的 Cd（Zn 的半径为 0.068nm，Cd 为 0.088nm，两者半径差率为 29%）部分 Zn 为 Cd 所代替，最多只能代替 4%，形成不完全的类质同象，而在高温条件下则能形成完全的或更大部分的代替，但当温度降低时即发生离溶。

(3) 当两者离子的半径之比 $(r_1-r_2)/r_2$ 为 0.25~0.40 时，在低温下则不能形成类质同象。即便是在高温下也只能形成有限的代替，成为不完全的类质同象。

（二）电价的总和要平衡

代替与被代替的离子的总电价要平衡。根据互相代替的溶质电价是否相等，可分为等价代替和异价代替。例如：橄榄石$(Mg,Fe)_2[SiO_4]$中的 Mg^{2+}、Fe^{2+} 代替就是等价代替；而斜长石 $Na[AlSi_3O_8]$—$Ca[Al_2Si_2O_8]$）的置换系列中 $Na^+$$Si^{4+}$ 代替 $Ca^{2+}$$Al^{3+}$ 时，Na^+ 和 Ca^{2+} 之间、Si^{4+} 和 Al^{3+} 之间的代替为异价类质同象代替。在元素周期表中，对角线方向的离子半径大小近似，一般右下方向的高价元素易代替左上方的低价元素，这一规律又称对角线规则（表 2-10-3），从而形成异价类质同象。

表 2-10-3　异价类质同象代替的对角线法则

I	II	III	IV	V	VI	VII
Li 0.076(6) 0.092(8)						
Na 0.102(6) 0.118(8)	Mg 0.072(6) 0.089(8)	Al 0.039(4) 0.054(6)				
K 0.138(6) 0.151(8)	Ca 0.100(6) 0.112(8)	Sc 0.075(6) 0.087(8)	Ti 0.061(6) 0.074(8)			
Eb 0.152(6) 0.161(8)	Sr 0.118(6) 0.126(8)	Y 0.090(6) 0.102(8)	Zr 0.072(6) 0.084(8)	Hb 0.004(0) 0.074(8)	Mo 0.059(6) 0.073(7)	
Cs 0.167(6) 0.174(8)	Ba 0.135(6) 0.142(8)	TR 0.086~0.103(6) 0.098~0.116(8)	Hf 0.071(6) 0.083(8)	Ta 0.064(6) 0.074(8)	W 0.060(6)	Re 0.053(6)

注：表中的数据为离子有效半径，单位为 nm；括号中的数字表示配位数。

（三）化学键要相似

化学键性质主要取决于离子外层电子层结构即离子类型。离子类型相同者，其极化性质相似，代替后化学性质改变不大，只要它们的半径相差不多，即可形成类质同象。如果两元素的离子类型不同，即便是半径相近，也不能互相代替，如 Na^+ 和 Cu^+ 的离子半径（Na 的离子半径为 0.097nm，Cu 为 0.096nm）相差甚微（1.04%），但 Na^+ 属于惰性气体型离子，Cu^+ 属于铜型离子，两者离子性质不同故不能形成类质同象代替。

（四）热力学条件

温度增高有利于类质同象代替，这可能是由温度升高、溶质膨胀、半径增大、质点间半径差率减小、空隙体积增大所致。例如：钾长石 $K[AlSi_3O_8]$ 中 Na^+ 代替 K^+，一般不超过 30%，在高温条件下可以超过这一比例，甚至可以 100% 代替，而形成完全类质同象。

（五）组分浓度

在矿物质形成过程中，如果某一组分浓度不足，将促使类似组分的代替。例如：磷灰石 $Ca_5[PO_4]_3(F,Cl)$ 形成时，介质中 P_2O_5 的浓度较大，或 CaO 的含量不足时，则 Sr、Ce 可补偿 Ca 而进入磷灰石晶格中，占据 Ca 的位置形成补偿类质同象。

此外，还有氧化还原电位对类质同象也有一定影响。关于压力问题，一般认为压力增大可限制类质同象置换范围，反而是促进固溶体的离溶这一问题尚待进一步研究。

研究类质同象,可进一步加深对宝石矿物化学成分、晶体结构、物理性质及形成环境之间关系的理解,尤其对矿物化学成分的可变性给予了深入的揭示。由于宝石矿物化学成分的变化可引起某些物理性质的变化,因而根据某些物理性质,如颜色、密度、硬度、折射率等的变化,又可确定或探讨宝石矿物成分的变化。

但是要注意,在宝石矿物晶体中,有时有外来混入物,这些混入物不占据晶格位置,只呈机械混入物,即杂质状态存在;另包体状态存在虽然也能引起宝石矿物物理性质上的局部变化,但它不是宝石矿物成分的改变,且不能与类质同象混入物相混淆。

四、类质同象物质的分解(固溶体离溶)

如前所述,温度的升高有利于宝石矿物中类质同象代替,而温度的降低和压力的增大不但可促使类质同象代替减弱,而且可以使已形成的类质同象混合晶体分解,也称固溶体离溶。被离溶出来的晶体,常受主晶晶体结构的控制,而在主晶体中呈定向排列存在。通常如长石类中的钾长石($K[AlSi_3O_8]$)在高温条件下,钾可被钠代替。当温度降低时,钠离子即离溶出来,以钠长石的形式成细小的条片状存在于钾长石中,形成具有晕彩的月长石(月光石)。又如,刚玉(Al_2O_3)在高温条件下,钛(Ti)可代替铝成为固溶体,当温度降低时,可形成均匀的晶质体蓝宝石。而温度降低缓慢时,钛即可离溶出来,同时与氧结合,形成针状金红石(TiO_2)。由于受刚玉为六方晶系的控制,针状金红石可互成60°排列。当刚玉被切割成弧面宝石时,足够的金红石晶体就会产生星光效应。

五、同质多象

同质多象是指化学成分相同的物质,在不同的物理、化学条件(温度、压力、介质条件)下,形成两种或两种以上晶体形态、性质、结构完全不同的晶体现象。所形成的物质,称同质多象变体。每种同质多象变体,都是一个独立的矿物种。如碳的同质多象变体为金刚石和石墨。两者的内部结构、形态、性质完全不同,如图2-10-3及表2-10-4。

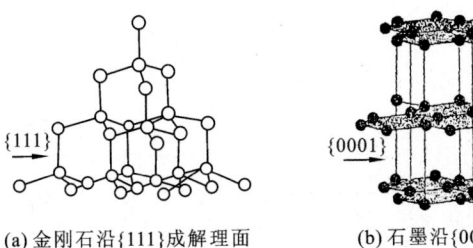

(a) 金刚石沿{111}成解理面　　(b) 石墨沿{0001}成解理面

图2-10-3　金刚石与石墨内部结构对比

表 2-10-4　金刚石和石墨的对比

	金刚石	石墨
晶系	等轴晶系	六方晶系
空间群	$Fd3m$	$P6_3/mmc$
配位数	4	3
原子间距	0.154nm	层内 0.142nm，层间 0.340nm
键性	共价键	层内共价键，层间分子键
形态	八面体	六方片状
颜色	无色或浅色	黑色
透明度	透明	不透明
光泽	金刚光泽	金属光泽
解理	//{111} 中等	//{0001} 完全
摩氏硬度	10	1
相对密度	3.55	2.23
导电性	不良导体	良导体

一般同种化学成分的变体，形成 2 种变体时称同质二象；形成 3 种变体时称同质三象；可形成 3 种以上变体时称同质多象。如水晶的变体就有 8 种之多。如图 2-10-4 所示。

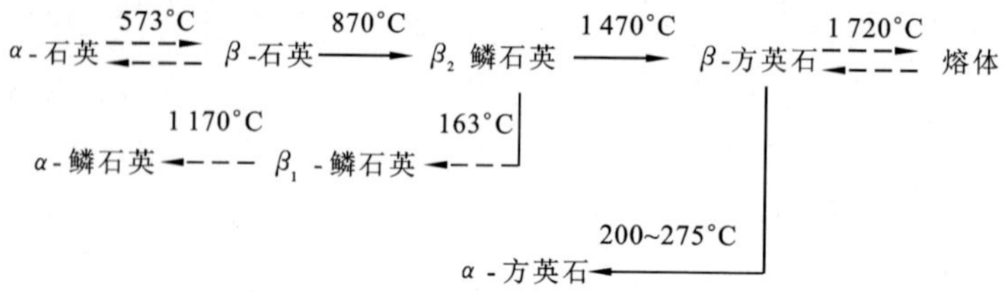

$$\alpha\text{-石英} \underset{573°C}{\rightleftarrows} \beta\text{-石英} \xrightarrow{870°C} \beta_2\text{-鳞石英} \xrightarrow{1470°C} \beta\text{-方英石} \underset{1720°C}{\rightleftarrows} \text{熔体}$$

$$\alpha\text{-鳞石英} \underset{1170°C}{\leftarrow -} \beta_1\text{-鳞石英} \underset{163°C}{\leftarrow -}$$

$$\alpha\text{-方英石} \xleftarrow{200\sim275°C}$$

图 2-10-4　石英的同质多象变体

六、胶体吸附

地表由于矿物或岩石遭受风化而被破坏，或由于各种化学作用引起分子凝聚，可产生胶体宝石矿物。

胶体宝石矿物是指胶体溶液在凝结之后，会有较少量的水而成的胶凝体。如蛋白石 $SiO_2 \cdot nH_2O$ 胶凝体随着时间的加长而失水，逐渐由非晶质变为隐晶质，甚至为显晶质，这称为胶体老化，又称晶化作用。经老化形成的矿物称为变胶体矿物，如蛋白石失水老化而形成的隐晶质玉髓或显晶质石英。在宝石矿物中还有一种比较常见的结晶胶溶体，它实际上是含有机械混合物包裹体的晶体，例如乳白色水晶中有极细小的气体或液体溶质，黑色方解石中有极小的有机质溶质或硫化物，黄铁矿中含有铜或金等。

胶体微粒具有很大的表面能和吸附作用，是胶体的主要特性，多数无机质胶体溶质是晶质的,其表面键性未饱和,带过剩正电荷的称正胶体,反之称负胶体。在自然界中负胶体多于正胶体,在地壳中常见的负胶体有 SiO_2 胶体、腐殖质胶体等。正胶体有 Zr、Ti、Ce、Cr、Cd、Fe、Al 的氢氧化物等。负胶体可吸附介质中的阳离子,如 MnO_2 负胶体可吸附 Cu、Pb、As、Sb 的硫化物等数十种阳离子;正胶体吸附阴离子,如 Fe_2O_3 正胶体可吸附 P、Cr、V 等元素,且呈 $[PO_4]^{3-}$、$Cr_2O_7^{2-}$ 等阴离子团的形式存在。目前在我国珠宝玉石市场上出现的金香玉,是种富有巧克力香味的玉石。根据我国的一些学者研究认为,其香味就是在岩石形成过程中,吸附了一些有香味的有机物质造成的。

胶体的吸附作用是胶体矿物化学成分不很固定的原因,但胶体吸附的溶质并不参加晶格,因此不把它计入矿物的化学成分之中。

七、宝石矿物中的水

水是某些矿物中的重要组成部分。含水宝石矿物的某些性质往往与水的存在有关。根据形成条件不同及在宝石中的存在方式和与其他组分结合方式的不同,可对宝石矿物中的水进行分类。

(一) 吸附水

吸附水为中性水分子 H_2O,以气态、液态或固态被机械地吸附于矿物颗粒表面、矿物的细小裂隙或某些矿物的晶格空隙之中,不参加晶格构造,也并不固定,随温度不同而变化,当温度升高到110℃时全部散失。

吸附水可以有以下几种情况。

(1) 气态水。它是和空气一起渗入到宝玉石当中,呈水气泡存在。

(2) 湿存水。它是随空气湿度增大而集聚在矿物表面,形成水的薄膜。

(3) 液态水。它可以以水膜包围矿物颗粒,称薄膜水;也可以填充于矿物和矿物集合体的细小裂隙,以毛细作用进行扩散,称毛细管水。

(4) 胶体水。它是在水胶凝体矿物中所含的水,如蛋白石 $SiO_2 \cdot nH_2O$ 中的水。胶体水是计入矿物化学组成的,水含量变化很大,n 表示 H_2O 分子的含量不固定。

(5) 固态水。它是在低温下以冰的形式存在于矿物中。

(6) 包体水。它是以液体或气体形式存在于晶体当中,往往是在宝石矿物形成前或形成后被包裹进来的,平时当温度升高时它也可以由液态转化成气态;当温度降低时也可由气态转化成液态;只有当晶体破坏时方散失。但有的包体水是人工注入的,冒充天然水者例外,属作假而为。

(二) 结晶水

结晶水是以中性水分子 H_2O 的形式,参加晶格结构的结晶水化物的水。水分子和其他组分在数量上有一定的比例,起着结构单位的作用。或以一定的配位形式围绕着阳离子;或围绕着阴离子形成水合离子。在晶格中结合牢固,其脱水温度一般在300℃左右,少数可达600℃。脱水后晶格破坏,形成另外的无水化合物。如石膏 $Ca[SO_4] \cdot 2H_2O$,属单斜晶系,脱水后转变为硬石膏 $Ca[SO_4]$,属斜方晶系。

(三) 结构水

结构水是以 $(OH)^-$、H^+、H_3O^+ 离子的形式存在于某些宝玉石矿物的晶格之中,其中以 $(OH)^-$ 最为常见。如磷灰石 $Ca_5[PO_4]_3(F,Cl,OH)$,黄玉 $Al_2[SiO_4](F,OH)_2$ 等,它们在宝玉石矿物中与其他结构组分联系是很牢固的,大部分在600～1 000℃的高温下才能以水的形式逸出,水逸出后晶格破坏,结构重新改组。但也有学者认为中性水分子 H_2O 和带电荷的氢氧离子 OH^- 之间有着本质的不同,在含水宝石矿物中不应该包括这一类型。

实际上在一种矿物中同时可存在几种类型的水,如在绿松石 $CuAl_6[PO_4]_4(OH)_8 \cdot 4H_2O$ 中,除经常有不固定的吸附水外,同时还存在有结晶水及结构水。

研究宝玉石中的水,以差热分析及红外光谱分析法是最有效。

八、宝石矿物的化学成分及表示方法

(一) 宝石矿物的化学成分

宝石矿物的化学成分是组成宝石矿物的基础,是决定宝石矿物物理化学性质的基本因素。因为成分和构造是内因,它决定着宝石矿物的性质。而地壳的化学成分是形成宝石矿物及其他各种矿物的物质前提。

众所周知,组成地壳的各种元素已经都列于元素周期表中。各种元素在地壳中的含量却存在着很大的差异。各种元素在地壳中的平均含量称元素在地壳中的丰度。即各种元素在地壳中的丰度相差是很多的,丰度最大的元素是氧,氧占 46.6%,而最小的是氡,氡占 7×10^{-16}。在质量上可相差 10^{17} 倍之多。单说 O、Si、Al、Fe、Ca、Na、K、Mg 这 8 种元素就占了地壳总质量的 98.59%。其中 O 几乎占到地壳总质量的一半,Si 占到四分之一还多。地壳中化学元素的平均含量的质量百分数称"质量克拉克值",由于各元素的原子量不同,原子数目是起决定性作用的,因而每一元素的质量克拉克值除以该元素的原子量,通过计算得出各种元素的"原子克拉克值"。也就是说,如果将它们的质量百分比换算成原子百分比,进而换算为体积百分比的话,可见 O 的体积可占地壳体积的 93% 以上。这样看来地壳上元素丰度的差异是惊人的。而为什么有这样的差异,其根本原因是其原子核的结构和稳定性。元素周期表上,随着原子序数(Z)的增加,大核内质子间的斥力增加大于核力的增加,原子核内结合能力降低,则原子核趋向不稳定,元素丰度也自然降低。元素丰度高的元素分布于元素周期表的前端,愈后则丰度愈趋于降低。在宝石矿物中的一些常见元素,自然也主要是元素周期表中的丰度最大的和较大的元素,依次排列为:氧(O)、硅(Si)、铝(Al)、铁(Fe)、钙(Ca)、钠(Na)、钾(K)、镁(Mg)和钛(Ti)、氢(H)、碳(C)、氟(F)、铍(Be)、铬(Cr)、铜(Cu)、锆(Zr)等。地壳中分布最广的 8 种元素如表 2-10-5。

表 2-10-5 地壳中分布最广泛的 8 种元素(据 Mason,1966)

元素	质量克拉克值	原子克拉克值	离子半径	体积百分比
O	46.60	62.55	1.40	93.77
Si	27.72	21.22	0.42	0.86
Al	8.13	6.47	0.51	0.47
Fe	5.00	1.92	0.74	0.43
Ca	3.63	1.94	0.99	1.03
Na	2.83	2.64	0.97	1.32
K	2.59	1.42	1.33	1.83
Mg	2.09	1.84	0.66	0.29

注:表中原子克拉克值数值是仅根据质量克拉克值最大的前 8 种元素的原子因数所作的计算结果。

宝玉石矿物的形成不管与元素的相对数量有关,而且也为地球化学性质所决定。有些元素的丰度值很低,但它趋向于集中形成独立宝玉石矿物种,也可富集成矿,如 Au、Ag、Sb、Bi 等,可称为"聚集元素"。另外有些元素丰度虽然较上述元素高,但趋于分散,不易聚集成矿,或很少形成独立矿物,只是常以微量混入物赋存与其他矿物中,如 Ga、In、Rb、Cs 等,这些被称为"分散元素"。另外有资料称,在 $1m^3$ 的岩石里,可分析出周期表上所有的元素,包括各种丰度大小的、各种稀有的和分散的元素。只不过有的含量甚微而已。这是事实,稀有的分散的元素确系以微量的存在于各种岩石中。

再看宝石矿物的化学成分,可以分为两种类型:一类是由同种元素的原子相结合的单质,如钻石成分为碳(C)、自然金成分为金(Au)等;另一类是由各种元素组成的化合物,化合物又可以分为简单化合物如萤石(CaF_2)、石英(SiO_2)和复杂化合物如镁铝石榴石($Mg_3Al_2[SiO_4]_3$)、白云石($CaMg[CO_3]_2$)等。从化合物的类型看,可以分为以下几类。

(1) 自然元素大类形成单质宝石矿物(如钻石 C)。

(2) 硫化物大类(如黄铁矿 FeS_2)。

(3) 氧化物大类(如石英 SiO_2)。

(4) 含氧盐大类。包括:①硅酸盐类(如橄榄石 $(Mg,Fe)_2[SiO_4]$),这一大类中的宝石矿物最多;②磷酸盐类(如磷灰石 $Ca_5[PO_4]_3(F,Cl,OH)$);③硫酸盐类(如重晶石 $BaSO_4$);④碳酸盐类(如方解石 $CaCO_3$)等。

(5) 卤化物大类(如萤石 CaF_2)等。

(二) 宝石矿物化学成分的表示方法

宝石矿物化学成分的表示方法有两种:一种为实验式,另一种为晶体化学式。

1. 实验式

实验式只表示宝石矿物的组成元素的种类及其数量,如祖母绿为 $Be_3Al_2Si_6O_{18}$ 或用氧化物表示为 $3BeO \cdot Al_2O_3 \cdot 6SiO_2$。它不能反映原子在宝石矿物中的结合情况及结构特点。因此只有当某一宝石矿物的结构研究不够、结构不清(往往是新发现的新矿物)或在某种专门需要的情况下,才用这种实验式来表示。

2. 晶体化学式

晶体化学式又称结构式,或简单地称为化学式,它是以化学全分析的结果和 X 射线结构分析资料为基础,并以晶体化学的基本原理为依据计算出来的,如上述祖母绿的晶体化学式应为 $Be_3Al_2[Si_6O_{18}]$,它不仅能反映组成宝石矿物元素的种类及其数量比,而且还能反映宝石矿物结构的特点及元素间的结合关系。如上所述的祖母绿的晶体化学式既表明了其成分中有阴离子团 $[SiO_6O_{18}]^{12-}$ 的存在,又表明其与阳离子 Be、Al 相结合的关系。晶体化学式的表示方法如下。

(1) 将阳离子写在前面,复盐中按碱性由强到弱顺序排列;阴离子和阴离子团写在后面,阴离子团用[]括起来,如海蓝宝石 $Be_3Al_2[Si_6O_{18}]$。

(2) 呈类质同象关系的离子,需括在"()"内,用","分开,含量多的离子写在前面。如镁橄榄石的化学式为 $(Mg,Fe)_2[SiO_4]$,以表示含镁为主。

(3) 附加阴离子写在阴离子或阴离子团之后,如磷灰石的化学式为 $Ca_5[PO_4]_3(F,Cl,OH)$。

(4) 含水化合物的水分子写在化学式的最后面,用"·"隔开,如含水量不固定时,可以

$n\mathrm{H_2O}$ 或 "aq" 表示。如蛋白石的化学式可写作 $\mathrm{SiO_2 \cdot nH_2O}$ 或写作 $\mathrm{SiO_2 \cdot aq}$。

九、包裹体

宝石矿物晶体中的包裹体，简称包体。它是在宝石晶体形成过程中，捕获的一些与宝石晶体本身成分无关的物质。如在水晶中常有液态包体，或其他矿物（如金红石、绿帘石等）固态包体。晶体中的包体一般有大有小，有的肉眼可见，有的要在放大镜或显微镜下放大检查时才能看到，它在宝玉石中普遍存在。对包体要注意观察其类型，大小及所占的比例，颜色，形状，气、液、固态百分比，分布状况等。天然宝石可有天然矿物包体，人工宝石则无天然矿物包体。但是可能有人工合成时因混落进容器中的碎屑物质而形成的白色、面包渣状不透明的熔质包体。

包体成分不计入所在矿物的化学成分之内。

（一）天然宝玉石中的包体

天然宝玉石中的包裹体从成因上可分为先生型、同生型和次生型。

1. 先生型

先生型是在宝石晶体形成前就已存在的，是在宝石晶体生长过程中所俘获。它常是圆钝形的或侵蚀状的，也可有尖锐的或棱角状的。这是包体在生成主体宝石的环境中局部熔蚀的结果。

2. 同生型

同生型是和宝石晶体一起同时从相同的熔体或溶液中结晶出来，如石英晶体中的石英晶体、钻石中的橄榄石等。同生包体一般呈尖锐状及棱角状。同生液相包体、气体及液体、液体及固体、气体和固体等皆有，它揭示了晶体形成于溶液之中，所以它提供了晶体生长过程的化学环境、温度、压力等重要信息。宝玉石中常能观察到的其他同生特征是双晶（如刚玉和长石类的双晶）和色带（如某些蓝宝石和紫晶中的色带）等。

3. 次生型

次生型是在主体宝石形成后形成的包体。它多是由于化学条件的改变，液态包体结晶出熔，外来物质掺入到晶体裂隙中或辐射引起的结构破坏等因素形成。例如针状金红石包体是刚玉等晶体出熔时形成的。石英中的铁锰质树枝体即是外来物质渗入石英裂隙中产生的。

也有根据包体的成因，将包体分为原生包体和次生包体。

（1）原生包体为宝石矿物在成矿溶液中生长时把母液包含在晶体内，从成矿介质中同时晶出成气液包体，如绿柱石中的晶体多沿 C 轴方向平行排列，有的包体还有着与绿柱石相似的六方柱面形状。这与绿柱石的结构有关。

在石英晶体中的这类包体，多呈不规则状分布，很少有沿 C 轴方向平行排列的，在垂直 C 轴切面上也可见到少数偶有呈六边形者。这与石英的六方柱晶面发育有关。

（2）次生包体从形成时间上看是属于后生。它是在晶体形成后受构造运动影响产生的裂隙，晚期成矿溶液充填裂隙时形成。这种包体可与晶体的外部连通，如图2-10-5(a)所示。

原生包体平行于晶体生长面和系统边缘排列，而次生包体沿一个以上世代的愈合裂隙分布。

在检测宝石过程中通常是将包体分为固态包体，气态包体，液态包体，气液两相包体，气液固三相包体。生长现象包括双晶、色带和旋涡状痕迹等。

（1）固态包体可以是宝石主体的同种矿物，也可以是与宝石不同的矿物。宝石矿物中的常见包体，如表2-10-6所示。有呈针状、毛发状的包体（如水晶中的针状、毛发状金红石包体）；也有呈管状者称之为管状包体；有片状者称之为片状包体（如水晶中的绿泥石片状包体）或呈晶体状（如水晶中的尖晶石包体）等如图2-10-5(b)。

表2-10-6 宝石中最常见的包体

宝石主体	包体
金刚石	橄榄石
刚玉、石榴子石、尖晶石	磷灰石
刚玉、祖母绿、石英、尖晶石	方解石
金刚石、橄榄石	铬透辉石
石榴子石、橄榄石、蛇纹石	铬铁矿
祖母绿、石英、尖晶石	白云石
绿柱石、刚玉	长石
石英	针铁矿
金刚石、石榴子石、黝帘石	石墨
玛瑙、托帕石、堇青石	赤铁矿
绿柱石、拉长石	钛铁矿
刚玉、祖母绿、石榴子石、石英	云母
金刚石、红宝石、橄榄石、石英、尖晶石	橄榄石
祖母绿、蓝宝石、石英	黄铁矿
绿柱石、石英、托帕石	石英
红柱石、刚玉、石榴子石、石英	金红石
红宝石、橄榄石、蓝宝石	尖晶石
祖母绿、石英	电气石
刚玉、石榴子石	锆石
刚玉、橄榄石	玻璃
刚玉、金刚石、石英	石榴石

（2）液态、气态和固态包体是指晶体内的空洞中可被气体、液体充填，或被气体、液体和固体所充填，故有气液两相包体和气液固三相包体。一些次生弥漫状带也可被称为"指纹包体"。

（3）严格地说生长现象不属于包体，而是一种宝石的内部特征。它是由于晶体稳定生长速度的间断造成的，这可以是晶体溶液化学成分的变化或环境温度的改变所引起。天然宝石中主要的生长现象是双晶、色带、色斑和旋涡状现象等，这些常可作为宝石形成方式的研究依据。

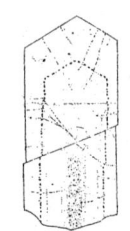

(a) 原生包体和次生包体　　(b) 石英中的原生尖晶石包体

图 2-10-5　石英中的包体

（二）合成宝石和仿制宝石中的包体

人工宝石材料中常有气泡、圆形、棱角形、烟雾状、扭曲包体，或串珠状、小管状孔洞、弥漫状熔质俘房体(有时称窗纱状包体)，或滴状、球形物。典型的是铂金片，它来源于人工制造的铂金器皿，还有的有尘埃状"面包屑"包体。如今合成金刚石中含有铁或铁镍熔剂的包体，使合成金刚石具有天然金刚石所不具有的磁性。玻璃制品中球形、拉长形、管状形气泡最多，但它们往往是分散的不规则排列，而天然宝石中的气泡则往往是比较集中的分布。水晶中的常见气液包体，合成宝石可有助熔剂包体等如图 2-10-6 所示。

当前对宝石的优化处理已颇为常见，这些人工宝石或宝石材料皆以无天然矿物包体为特点。这也是天然宝石矿物与人工宝石的重要区别。

有些较大的包体人的肉眼可以看见；小的可以用 10×、20× 放大镜观察到；很小的包体，精确测定还是要靠宝石显微镜进行观察。

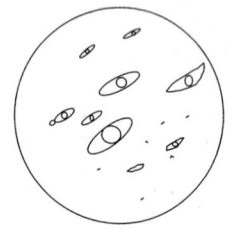  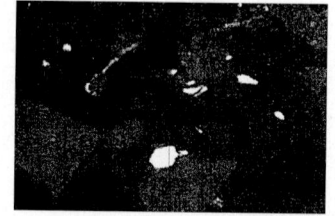

(a) 水晶中的气液二相包体　　(b) 合成红宝石中的平行条带状助熔剂包裹体　　(c) 合成红宝石中的铂片和未熔助熔剂包体

图 2-10-6　水晶、合成红宝石中的包体

第三章 宝石及宝玉石材料的物理性质

宝石及宝玉石材料的物理性质是由它的成分和内部结构构造所决定的、在一定外界环境下表现出来的性质。根据这些性质来认识宝玉石、研究宝玉石、鉴别宝玉石和利用宝玉石。宝玉石材料及成品也是根据这些性质来评价的,所以研究其物理性质是研究宝玉石的基本内容之一。

宝石和宝玉石材料的物理性质主要包括光学性质、力学性质及其他如电、磁、热等方面的性质。

第一节 宝石及宝玉石材料的光学性质

一、光学性质的直观特征

由于宝玉石对光进行吸收、折射和反射而导致各种性质,直观的特征如颜色、光泽、透明度等。

(一) 颜色

物体呈现颜色是对可见光选择性吸收的结果,可见光波波长在 390~760nm 之间。其间波长由长到短,依次显示红、橙、黄、绿、青、蓝、紫色,它们的混合色就呈现白色。可见光中各种色光波长的大致范围及其对应能量值如图 3-1-1 所示。

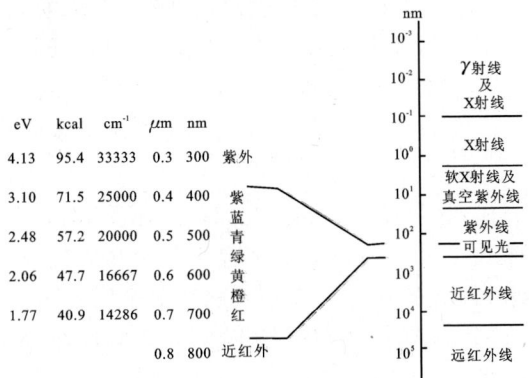

图 3-1-1 可见光中各种色光波长的大致范围及其对应能量值(1kcal=4 186.8J,1eV=1.602×10^{-19}J)

凡能组成白色或灰色的任意两种或两个波段的光谱色,彼此互称补色。各种可见光的波长及其补色如表 3-1-1。

表 3-1-1 矿物吸收的颜色及观察到的颜色

吸收光		观察到的颜色	吸收光		观察到的颜色
波长/nm	颜色		波长/nm	颜色	
400～425	紫	黄绿	560～580	黄绿	紫
425～455	深蓝	黄	580～595	橙黄	深蓝
455～490	蓝	橙	595～647	橙	蓝
490～500	蓝绿	红	647～670	红	蓝绿
500～560	绿	玫瑰红			

颜色取决于矿物对白光的吸收、反射和透射。如果对白光中各种不同波长的光,普遍而均匀地全部吸收则呈现黑色,均匀地部分吸收则呈灰色,基本上都不吸收则为白色或无色。如果只选择吸收某波长的色光而反射出或透过另一些色光,则呈现表 3-1-1 中的互补的颜色,例如吸收了紫光,则呈现黄绿色等。

宝石和宝玉石材料的颜色,根据颜色成因的不同,可分为自色、他色和假色。

1. 自色

自色是宝玉石、宝石材料自身的成分、结构、化学键等性质导致的颜色。所以自色比较固定,具有重要的鉴定意义。其颜色的起因主要有以下几点。

(1) 离子内部的电子跃迁。这主要发生在一些过渡型离子上,因为过渡型离子具有未填满的 d 或 f 电子亚层。在晶体结构中过渡金属离子受周围配位体的静电场作用,原来同一能级的 d 或 f 亚层发生分裂,使离子外层轨道重新排列,形成新轨道的能量差正在可见光的范围之内。这就需要吸收一定波长的可见光,以维持新的轨道状态,因而呈现颜色。这种电子在一个离子内部的轨道间跃迁(即 d-d 跃迁或 f-f 跃迁),故称离子内部电子跃迁。如红宝石(Al_2O_3)因晶体结构中 Al^{3+} 被 Cr^{3+} 置换,发生 d-d 跃迁,其能量差相当于蓝绿色光的能量,所以当受到自然光照射时蓝绿色光被吸收,宝石则呈其补色而现红色。

所谓的过渡型离子,是指居于周期表中部的 Ti、V、Cr、Mn、Fe、Co、Ni、Cu、及 TR、U 等,这些都是可以使宝石、宝玉石材料呈色的离子,因而称其为"色素离子"。可以说凡在宝石或宝玉石材料中,含有这类离子时没有不呈色的。主要色素离子及使其致色后矿物的颜色,列于表 3-1-2 中。

(2) 离子间的电子转移。这是在一定能量光波的作用下,电子可以从一个离子轨道跃迁到另一个离子轨道上,伴随电子的转移或电荷转换引起对光的强吸收,因而呈现颜色。很多过渡型离子都有两种或两种以上的价态。当相邻两个离子以不同价态同时存在于一种晶格中时(如 Fe^{2+}、Fe^{3+};Ti^{3+}、Ti^{4+}),电子转移则易于发生,需要吸收的光能极大,其吸收可延展到可见光区,因而使宝石矿物呈色,如蓝闪石的蓝色则是由 Fe^{2+}、Fe^{3+} 间的电子转移(或电荷转换)所引起的。

(3) 色心。在宝玉石矿物的晶体结构中会出现缺陷,如位空、位错、填隙等,如图 3-1-2 所示。这种缺陷的存在使电荷产生处于平衡状态,电子则易于迁移。当光能作用于晶体时,电子即受到激发而选择吸收其某种波长的光能而产生电子跃迁,颜色就因此而产生。这类晶格缺陷就称为色心。常见的由一个阴离子空位和一个受它约束的电子构成电子色心(或称 F 色心)。如萤石(CaF_2)中 F 缺席,造成空位,被捕获的电子所占据,如图 3-1-3 所示,即形成电子色心,使萤石往往呈现紫色。如果由低价阳离子置换高价离子,电子则相对缺失形成位空,则称空穴色心(或称 V 色心)。如烟水晶中微量的 Al^{3+} 置换了 Si^{4+} 而形成电子空穴色心,使之呈现烟色。

表 3-1-2 主要的色素离子及宝石矿物的颜色

离子	宝石矿物颜色	实例	离子	宝石矿物颜色	实例
Ti^{3+}	紫	钛辉石	Fe^{2+}	绿	橄榄石、阳起石
Ti^{4+}	褐红	榍石	Fe^{3+}	红	赤铁矿
V^{3+}	绿	钒榴石		褐	褐铁矿
Cr^{3+}	红	刚玉(红宝石)	Co^{2+}	桃红	钴华
Cr^{3+}	绿	绿柱石(纯绿宝石)	Ni^{2+}	绿	硅镁镍矿
Mn^{2+}	玫瑰红	菱锰矿、蔷薇辉石	Cu^{2+}	绿	孔雀石、绿松石
Mn^{3+}	红	锰帘石		蓝	蓝铜矿、胆矾
Mn^{4+}	黑	软锰矿			

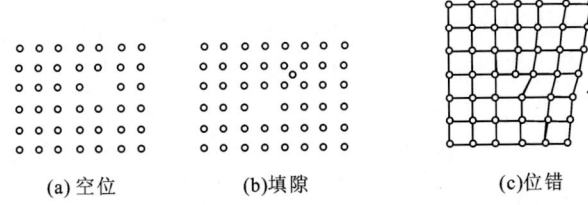

(a) 空位　　　(b) 填隙　　　(c) 位错

图 3-1-2 空位及填隙

又如在同一个晶体中,如果同时存在几种不同的色心,数量也不相同的情况下,则会导致呈现不同的颜色,因而同一种宝石矿物的某种晶体可以有不同的颜色,如萤石可呈现红、绿、紫等几种颜色。

其他如天河石的绿色、含硫方钠石的玫瑰色等很多宝石矿物是色心致色。当这类宝石矿物受到阳光照射或受到高温时,有可能使色心消失而褪色。若再以 X 射线辐射,还可以再形成色心而恢复其原来的颜色。

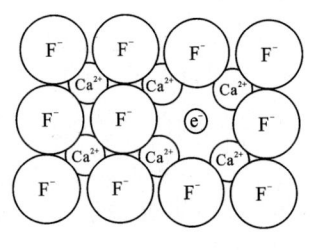

图 3-1-3 萤石的 F 心

其他如电子云的重叠、离子的强烈极化都可引起颜色的产生。

2. 他色

他色是指与宝石矿物本身成分、结构无关的外来机械混入物如气泡、有色物质微粒、碳质、有机质包体等引起的颜色。例如纯净的水晶无色透明,如含大量气泡则呈乳白色;玉髓因含了赤铁矿而呈红色。

他色的意义在于有的可以反映宝石生成时的环境,如黑色碧玺因富含铁,表示其生成时的温度较高;含锰的碧玺呈粉红色,表示其生成温度较低。

3. 假色

假色是由于光的反射、干涉等物理原因引起的颜色,如晕色、锖色、变彩等。

(1) 晕色。某些透明的矿物如透明的水晶、冰洲石等,由于内部裂隙或解理面,对光的层层反射,引起光的干涉,产生彩虹一般的颜色称为晕色。

(2) 锖色。这往往是一些不透明的矿物。如一种观赏石叫斑铜矿,经风化所产生的氧化薄膜,引起反射光的干涉作用,使矿物表面产生蓝、靛、紫等。

(3) 变色。某些透明或半透明的宝石矿物,当转动或从不同角度观察时,可呈不同颜色的变化称为变色。引起变色的原因,往往是由于宝石矿物内部含有微细的叶片状包裹体,对光发生干涉和反射的结果。如拉长石呈现蓝色、绿色、金黄色等递变的色彩。

值得注意的是,由于宝玉石或宝石矿物的成分、结构、键型是复杂的,引起颜色的变化因素也是复杂的,一种颜色的产生可能由多种因素所引起,如蓝宝石(Al_2O_3)常因含少量的 Fe 和 Ti,颜色的产生可能由 d-d 电子跃迁和离子间的电荷转移综合引起,即由 Fe^{2+}、Fe^{3+}、Ti^{3+}、Ti^{4+} 的 d-d 电子跃迁和 $Fe^{2+}+Ti^{4+}/Fe^{3+}+Ti^{3+}$ 的电荷转移,产生了对红光的强烈吸收,从而形成深蓝或蓝绿色。

4. 色调

色调常用于辅色,即微微呈现出来的颜色,如红柱石为带有红色色调的灰白色等。

5. 色带

颜色在晶体上呈带状或块状不均匀分布的现象,这往往是晶体在生长过程中由于介质成分或生长环境的变化造成。如碧玺晶体颜色可由中心向外呈不同颜色的带状分布。

6. 条痕色

条痕是指宝石矿物粉末的颜色。即在白色不带釉子的素瓷板上擦划可留下粉痕的颜色。条痕色可以除去假色,减弱他色,呈现出比宝石矿物更稳定的自色颜色,所以有一定的鉴定意义。

7. 颜色的描述方法

(1) 采用色谱标准色,如紫水晶、黑碧玺等;

(2) 颜色前冠以形容词,如深红、浅蓝、淡绿;

(3) 颜色前冠以实物作对比,如玫瑰红、海蓝、橘红等;

(4) 二字法,即宝石矿物呈现两种色谱之间的过渡色,这就要用两种颜色的复合词来描述,习惯上是把后者表示主色,前者表示辅色,如橄榄石呈黄绿色,黄绿色即表示绿色为主,而微带黄色;

(5) 标准颜色比较法,即为利用一些已制成的标准颜色谱(如孟塞尔颜色系统柱,Munsell color system)、标准颜色卡(又称宝石颜色评估系统,Gem dialogue color communication system)等,用对比的方法定出颜色,以进一步达到准确描述颜色的目的。但这些方法使用得较少,并不普及。只见于用于对彩钻颜色级别的测定上,目前还只限于国外的少数单位应用。

颜色对宝石、宝玉石材料来说都是特别重要的,它决定着宝石的价值。人们欣赏宝石,往往首先是由欣赏其亮丽的颜色开始;人工改造它,也往往是改造其颜色或颜色的对比度。

(二) 透明度

透明度指宝石或宝玉石材料透过可见光的程度。一般根据透光程度的不同分为透明、半透明和不透明。

(1) 透明。为宝石或宝玉石材料在 0.03mm 厚的晶体薄片或碎片能使光线通过,通过它可清晰地透见其他物品。其条痕色往往为白色或接近白色的浅色,如水晶、冰洲石等。

(2) 半透明。为宝石或宝玉石材料在 0.03mm 厚的晶体、玉石薄片或碎片边缘,可见有光亮或透见其他物品,但模糊不清。其条痕往往为彩色,如锡石及一些玉石。

(3) 不透明。为宝石或宝玉石材料在 0.03mm 厚的薄片上不能透光,如黑碧玺、黑曜石等。宝石及宝玉石的透明度一般与对光的吸收密切相关。它还受光的强度、物体的厚度、气泡、包裹体、杂质、裂隙及矿物集合方式的影响。应该知道,自然界无绝对透明,也无绝对不透明,故此只是一个相对的概念而已。

(三) 光泽

一般宝玉石矿物的光泽是指宝玉石矿物的表面对光的反射能力。光泽的强弱用反射率(R)来表示,反射率是指光垂直入射矿物表面时的强度(Io)与反射光强度(Ir)之比,即 $R=Ir/Io$。矿物反射率的大小主要取决于折射率(N)和吸收系数(K)。不透明矿物的反射率为:

$$R=\frac{(N-1)^2+K^2}{(N+1)^2+K^2}$$

而对于透明矿物而言,因其吸收系数(K)很小,故可忽略不计,即得:

$$R=\frac{(N-1)^2}{(N+1)^2}$$

这说明矿物的折射率和吸收系数越大,反射率越高,光泽就越强,按照反射率的大小可将一般矿物的光泽分为 4 级,即金属光泽、半金属光泽、金刚光泽和玻璃光泽,后三者又统称为非金属光泽。在珠宝玉石中玻璃光泽最为常见。

(1) 金属光泽的 $R>25\%$,呈金属般的光亮,其条痕色往往为黑色或绿黑色、灰色等,不透明,如黄金、白银、铂金等。

(2) 半金属光泽又称亚金属光泽,$R=19\%\sim25\%$,呈弱金属般的光泽,不透明,条痕彩色,如乌刚石等。

(3) 金刚光泽,$R=10\%\sim19\%$,呈钻石般的光亮,是非金属光泽中最强的光泽,透明至半透明,条痕为无色或浅色。最典型的如金刚石。

(4) 玻璃光泽,$R=4\%\sim10\%$,如同玻璃般的光亮,往往透明至半透明,条痕一般呈现白色或无色。在珠宝玉石中绝大部分(几乎 90% 以上)为玻璃光泽,在自然界也最为普遍,诸如水晶、萤石、红宝石、蓝宝石等皆是。几个宝石矿物的光泽与折射率、反射率及透明度之间的关系列于表 3-1-3 中。

以上提及的几种光泽皆是在光滑的平面上反光的结果,如果不是光滑的平面,如表面不平、多孔状或集合体等,几经折射和散射,会影响反射光的光量,并产生如下列的一些特殊光泽(或称作变异光泽)。这些特殊的光泽往往是与一些实物的光泽相类比而得称。这在珠宝玉石上也是很常见的。

(1) 丝绢光泽为纤维状集合体的透明矿物表面呈现丝绢状的光亮,如虎睛石等。

(2) 油脂光泽、松脂光泽和沥青光泽都是在矿物不平的断口上产生。如在无色透明的宝石矿物断口上,则呈现油脂光泽,如水晶;在黄褐色矿物的断口上则呈现松脂光泽,如琥珀;在黑色矿物断口上则呈现沥青光泽,如黑曜石等。

表 3-1-3 几种宝石矿物的光泽与折射率、反射率及透明度之间的关系

光泽度等级	矿物实例			
	名称	折射率 N	反射率 $R/\%$	透明度
玻璃光泽	萤石	1.434	3.1	透明
	石英	1.514	4.5	透明
	黑色角闪石	1.80	8.2	半透明
金刚光泽	锆石	1.95	10.2	半透明
	金刚石	2.419	14.2	透明
	雌黄	2.81	22.5	透明
半金属光泽	铬铁矿	2.11	12.4	不透明
	黑钨矿	2.42	14.2	不透明
	赤铁矿	3.00	14.0	不透明
金属光泽	辉锑矿	4.06	39.0	不透明
	辉钼矿	4.4	42.0	不透明
	自然金	0.39	85.1	不透明

(3) 蜡状光泽多为隐晶质矿物或胶态矿物呈现的一种光泽,如宝玉石中的蛇纹石等。

(4) 一些具层状构造或具极完全解理的透明矿物,由于光的连续反射则呈现出如同珍珠或贝壳壁一般柔和的光泽称珍珠光泽,如珍珠。

光泽是具有异向性的,同一宝石矿物在相同单形晶面上光泽相同,在不同晶面上光泽可以不相同,例如宝石矿物中的鱼眼石在(001)晶面上呈珍珠光泽,在(110)晶面上则呈现玻璃光泽。所以光泽也是鉴定宝石的标志之一。

(四) 发光性

发光性是物体受外加能量的激发能发光的性质。根据不同的外加能量的激发源可分为以下几种:由可见光、红外光、紫外光的激发而发光者称"光致发光";由电子束激发而发光者称"阴极射线发光";由 X 射线、γ 射线等的激发而发光者称"辐射发光";由热能激发者称"热致发光"。此外还有"电致发光",摩擦、打击、化学能皆可引起发光。只能在外部能量作用的同时发光的称为荧光。也就是外部能量作用一旦停止,发光体则停止发光,如萤石的荧光性。外部能量移去后仍能继续发光的称磷光,如磷灰石的磷光性。

发光的机理大致为:当物体中的元素或离子的外层电子吸收了较高的外加能量后,则由较低能量的基态跃迁到较高能量的激发态,而后当电子分阶段返回基态时,则以能量与之相

当的可见光发射出来,即显示了发光性。大多数纯净的矿物是不发光的。实验证明,一些宝石矿物的发光性总是直接与晶体缺陷及杂质元素有关。这种能引起发光的微量杂质元素称"激活剂"。它们在矿物晶格中的含量是小于1%的,甚至只有千分之几至万分之几。这种微量杂质激活剂主要都是过渡型元素,其中以稀土元素和锕系元素最为重要,因为它们在外层 d 或 f 轨道上皆有未填满的不成对的电子存在,所以易受外在能量的激发后发出可见光。例如在方解石($CaCO_3$)中含有微量的杂质元素 Mn 而引起白色方解石发鲜红色的荧光;含微量稀土杂质的萤石则发出黄色荧光;一些含微量铕(Eu)元素的、含微量钐(Sm)元素的,可使矿物分别发出淡黄色、深红色的荧光。此外方柱石、白榴石的发光则与含有铀(U)元素有关等。

如果某一种宝石矿物含有多种激活剂,各种激活剂又形成极不相同的组合,同种宝石矿物也可发出强度不同、颜色各异的光。

宝石矿物发光的颜色、强度与所含杂质的含量、种类有极大的关系,而且随所用能源的激发波长不同而有所不同。即便是同一种宝石矿物,产地不同,发光的颜色也可以有差别。如白钨矿,在紫外线照射下可发出天蓝色的荧光,这种白钨矿可含钼(Mo)0.5%左右;如果含 Mo 为 0.96%~4.8%,发出的荧光可呈黄色;含 Mo 高达 4.8%以上,所发出的荧光可为乳白色。

同种激活剂在不同宝石矿物中还可引起不同颜色的发光。作为杂质存在的过渡型元素也不一定在任何矿物中都是激活剂,甚至它有时可以使发光体不发光反而成了"猝灭剂"。还有的含激活剂过多时由于失去局部能级的作用,又会影响宝石矿物发光,甚至使其不发光。

研究宝石矿物的发光性有助于了解所含微量元素的情况,进一步探讨有关宝石矿物的矿床类型,提供应用及成因方面的信息。

(五)宝石矿物直观光学性质间的关系及能带理论

1. 宝石矿物的光学性质

宝石矿物的光学性质,包括了颜色、透明度、光泽、发光性,这些性质对宝石的价值来说起到决定性的作用。人们之所以青睐、收藏、视为珍宝,不外乎都是从这几个方面出发的。

颜色、透明度、光泽和发光的性质之间存在着一定的联系,可以表 3-1-4 简单示意。而内在的成因机制最好用能带理论来解释。

表 3-1-4 光学直观性质之间的简单关系

透明度	透明—半透明—不透明			
颜色	非金属色		金属色	
条痕	白色—浅彩色		深彩色—黑色或金属色	
光泽	玻璃光泽	金刚光泽	半金属光泽	金属光泽

2. 能带理论的应用

下面采用能带理论将宝玉石矿物的直观光学性质予以联系,统一、简单探讨其内在机制。

能带理论(Energy bands theory)是一种量子力学模型,是分子轨道理论的进一步发展。能带模型有两种:一种是价带在能带的下部、导带在能带的上部,导带和价带之间称禁带,如图 3-1-4(a)所示,随各种不同宝石矿物的键性不同而有不同的禁带宽度。另一种是没有禁带,导带和价带部分地发生重叠,如图 3-1-4(b)所示。

当自然光照射到宝石矿物上时,矿物则吸收能量使电子从价带向导带迁移,所需能量的大小为禁带的宽度(即价带顶部与导带底部的能量差)所决定,即禁带越宽,电子跃迁的所需能量就越大,这种能量间隔可以 ΔEg 表示。所以不同的宝石矿物禁带宽度不同,即呈现的颜色也不同。这可以有以下几种情况。

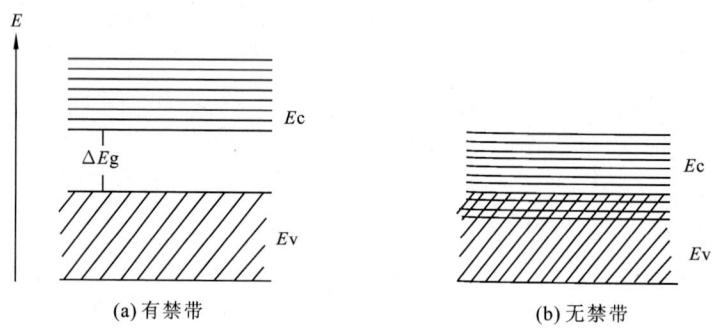

图 3-1-4 能带模型示意

斜线(Ev)部分为价带;横线(Ec)部分为导带;空白部分为禁带(能量间隔 ΔEg),E 为能量

(1) 矿物的禁带宽度小($\Delta Eg < 1.77eV$),价带与导带甚至重叠。$E=0$ 说明能量间隔小于可见光的能量。可见光中的各色光都使电子跃迁,各种波长的光皆被大量吸收,宝石矿物则呈现不透明。跃迁到导带上的电子易回落到价带。回落时电子的大部分能量仍以光的形式辐射出来,所以具有很强的反射能力,致使呈现金属光泽和颜色,如自然金和黄铁矿等一些硫化物;如果矿物对各色光大致呈均匀吸收后再辐射,这就要看反射率的大小不同,而分别呈现出银白、钢灰、铁黑等金属色。

(2) 如果矿物禁带的宽度中等($\Delta Eg = 1.77 \sim 3.10eV$),能量间隔在可见光区范围之内,矿物就可以选择吸收能量比本身 ΔEg 大的各种有色光,使电子跃迁而呈现颜色,呈透过色光的混合色。很多宝石矿物都属于这种类型。

(3) 矿物禁带宽度较大($\Delta Eg > 3.10eV$),能量间隔比可见光的能量大,可见光的能量不能使电子跃迁,光则不被吸收而大部分透过,致使矿物呈无色透明。一些非金属矿物,特别是透明宝石矿物大都属于这一类型,如无色透明的钻石 $\Delta Eg = 5.5eV$。

(4) 如果有些杂质元素加入到宝石矿物之中,在禁带中可形成局部能级,则矿物的颜色发生变化。如钻石中有氮(N)的加入则呈黄色,有硼(B)的加入则呈现蓝色。

(5) 通常把能引起矿物发光的杂质元素称为"激活剂"。有些组分纯净的矿物晶体中存在了激活剂,尤其是与宝石矿物本身成分不等价的激活剂进入晶格时,它将使宝石矿物晶体价带与导带之间产生新的局部能级。这好像是在禁带中架起一个能级"阶梯",缩短了电子跃迁的距离,使跃迁电子得以逐级回跳。但在其回跳过程中,将受激发时的所得能量以可见光的形式释放,致使晶体发光。如果矿物晶体的价带和导带之间的间隔过大,大到大于可见光的能量,电子在受激发跃迁时的所需能量一定也很大,跃迁电子在回到价带时所释放的能量也就很大,即大于可见光的能量,所以这种宝石矿物晶体就不发射可见光。因此大多数组分纯净的矿物是不发光的,只有含有微量元素的宝石矿物才有可能发光。

(6) 含有激活剂的矿物晶体,又可分为两种情况。

第一种情况是使晶体在禁带中靠近价带顶部形成一个附加能级,如图 3-1-5(a)所示。当晶体受到高能辐射时,在价带或局部能级的部分电子因受激发进入导带,如图中跃迁1和2,而留下很多空穴。价带中较高能态的电子去填补这些空穴,而它又留下新的空穴,产生了空穴转移,同时进入了导带的电子也自由移动,形成所谓的自由电子。如图3-1-5(a)中跃迁1使晶体离子化,产生自由电子与空穴心对。受激发电子在导带中也不稳定而跳回局部能级或价带,与空穴复合,如图3-1-5(a)中的跃迁4,释放出相当于可见光的能量,则产生短时间的发光——荧光现象。

第二种情况是如果有些激活剂使晶体在禁带中,靠近导带形成一个附加能级,如图3-1-5(b)受激发,价带电子跃入导带外(跃迁1),还有的跃入局部能级中(跃迁2),被晶体缺陷(陷坑)所滞留,这些电子要靠热和光的激发才能跳出陷坑,再跃入导带(跃迁3)。当辐射停止后,由于陷坑的类型和杂质的影响,位于导带的电子不断地回到价带,与其空穴复合(跃迁4),这种不断复合、不断地发出一定波长的可见光即为磷光现象。

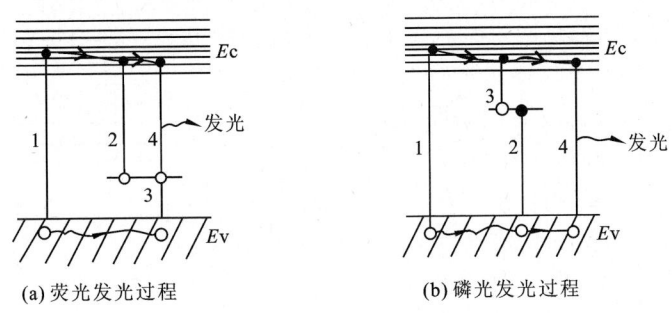

图3-1-5　发光机理示意图

Ev为价带;Ec为导带;短横线为附加能级;空心圆表示空穴;实心圆表示电子;
箭头表示电子跃迁或转移;波状线表示空穴或电子在晶格中自由移动

(7) 有由于可见光、红外光、紫外光等光的激发而导致发光的,也有由于X射线、阴极射线或热能激发导致发光的,发光种类很多。常见的如紫外光激发宝石矿物的发光可以发出不同颜色的荧光。矿物不同、成分不同、结构不同或同种矿物成因不同,发光中心的种类、深度或能带间的能量差则不同。所以需要用不同波长的紫外光给予最大程度的激发,方能使各种不同的宝石矿物发光,这对金刚石、白钨矿的检测具有重要的意义。

此外,还有以阴极射线为激发源,使宝石矿物发光。也有热发光,即以热为激发源使宝石矿物发光等很多的发光种类。

(8) 所有这些发光现象,都是由电子-空穴复合过程所致。电子与空穴复合处即为发光中心。而有些宝石矿物如金刚石发光只有一种颜色,也有一些宝石矿物可以发几种颜色或几种不同强度的光,其原因为这些宝石矿物具多种激活剂或几种激活剂的不同组合。即便同种激活剂在不同宝石矿物中也可以引起不同颜色的发光。也不是所有过渡元素都是激活剂,也有些过渡元素因含量多了,却又失去作为能级的作用,反而不使宝石矿物发光,甚至还可以使发光体不发光,这种过渡元素就不是激活剂,反而被称为猝灭剂。由此可见,发光、不发光情况是复杂的,必须以实践、数据为证,并正确地加以运用。

利用能带理论不仅可以应用到宝石矿物学方面,以阐明宝石矿物的颜色、透明度、光泽及发光性等光学性质和它们之间的关系,还可进一步阐明宝石矿物的电学、热学性质。热发光可以在医学、环保、陨石、考古和核试验等领域得以应用,在地学上成功地解释地核、地幔高压条件下矿物的性质。它也是半导体物理学的基础,是研究结晶固体中电子运动的一个主要的也是极其重要的基础理论。

(六) 宝石及宝玉石材料的一些特殊光学效应

某些宝石或宝玉石材料具有包裹体、双晶、管状排列结构或微细的球状结构等,在光线的作用下则发生光的干涉、散射或衍射等现象,使宝石或宝玉石材料呈现出一些特殊的光学效应,增加了这些宝石的奇特感,提高了这些宝玉石的价值,也成为重要的鉴定特征。常见的特殊光学效应有猫眼效应、星光效应、晕彩效应、变彩效应、变色效应、砂金效应及火彩、游彩现象等,现分述如下。

1. 猫眼效应

猫眼效应为弧面宝石在光线照射下,出现可以移动的纤维状光带,犹如猫的眼睛的虹膜现象。这是由于宝石晶体中有纤维状气态、液态或固态包体呈平行密集排列,若垂直纤维状包体的延长方向切割、琢磨成弧面宝石,当光线照射到该纤维包体上,一条纤维就是一个反射光点,无数平行纤维的光点连起就形成了光带,当转动宝石时光带也随之平行移动,如图 3-1-6 所示。自然界中有很多具猫眼效应的宝石。这种猫眼光带越灵活、越清晰、越亮丽越好。

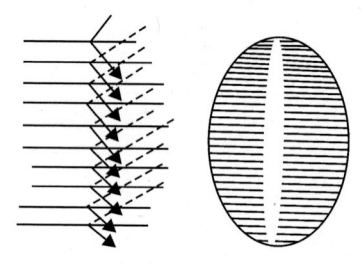

图 3-1-6　宝石的猫眼效应成因示意
(据李兆聪,1991)

如碧玺、水晶、海蓝宝石等有些就有猫眼效应。一般在具有猫眼效应的宝石之前,经常冠以宝石矿物的名称,如碧玺猫眼、石英猫眼、海蓝宝石猫眼等。

2. 星光效应

星光效应是指弧面宝石在光线照射下,宝石表面呈现互相交会的交叉光线亮带,犹如夜空中的星光。这是因为宝石晶体中有平行晶面密集排列的管状或针状矿物包体或管状孔隙,当平行纤维包体的展布面(垂直晶体的 C 轴)截取宝石原料,琢磨成光洁的弧面后,入射光与交织的包体发生定向反射,交会在一起的反射光就呈星光效应。如透辉石戒面可出现四射星光,如图 3-1-7(a)所示;又如红宝石、蓝宝石常可出现六射星光,如图 3-1-7(b)所示。在这当中①可见包体与晶面平行;②包体与 3 个水平晶轴平行;③每条星光光带与引起它的包体垂直。如果在同一平面上出现另外的包体群分布在第一套三组包体群之间,当宝石切磨成弧面后就会出现十二射星光,如图 3-1-7(c)所示。其成因如图 3-1-7(d)、图 3-1-7(e)和图 3-1-7(f)所示,这可为双晶所致。

如星光红宝石、星光蓝宝石上就皆可能出现星光效应。星光效应受宝石结构的严格控制,一般四射星光发生在四方晶系、斜方晶系,六射星光、十二射星光发生在三方晶系、六方晶系。还有些宝石琢磨成圆珠,当光线通过后也会出现星光,为光在通过时因透射照亮包体而引起,这种星光有人称之为透星光(Di-asterism)。如蔷薇石英、铁铝榴石上可出现。也还有些宝石有定向排列的包裹体,但数量较少不足以形成星光,当把这些宝石切磨成小面型后,偶尔也可见到这些包体中反射出来的光,这种光称为丝光,例如有的刚玉就具有这种现象。

3. 晕彩效应

当光线进入某种透明或半透明宝石时,由于微小颗粒或结构的不规则而发生内散射,使

第三章 宝石及宝玉石材料的物理性质

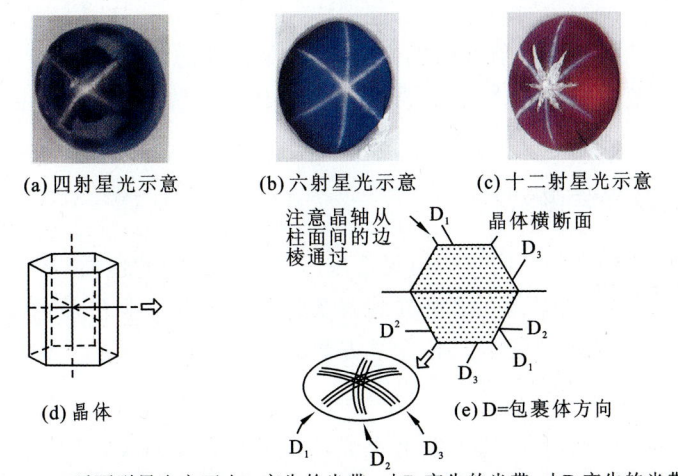

(a) 四射星光示意　　(b) 六射星光示意　　(c) 十二射星光示意

(d) 晶体

(e) D=包裹体方向

(f) 弧面型星光宝石由D_1产生的光带，由D_2产生的光带，由D_3产生的光带

图 3-1-7　星光效应产生示意图
（据英国宝石协会《宝石学教程》，1992）

宝石呈现的乳光或波状式浮光谓之晕彩，如由薄片状出溶物引起的月光石的晕彩。也可因光波因薄膜反射或衍射而发生干涉作用形成晕彩。也有使某些光波减弱或消失，另外一些光波加强而产生连续光谱颜色的现象，如拉长石的晕彩。

4．变彩效应

光线从某些特殊的结构反射出来时，由于光的干涉或衍射作用而产生的一系列的颜色，当方向不同颜色随之变化的现象称之变彩，如欧泊的变彩效应等。

也可以将月光石的晕彩称做月光效应，将晕彩与变彩效应合并统称为变彩效应。变彩效应可分为主要由光的干涉作用引起的变彩（如拉长石变彩）和主要由光的衍射作用引起的变彩（如欧泊石变彩）等。

5．变色效应

变色效应为宝石在不同光源照射下呈现不同颜色的现象。如金绿宝石在日光照射下呈绿色，在白炽灯光照射下呈紫红色，其原因为金绿宝石有两个透光区：一个绿色波段、一个红色波段。日光中蓝绿色光偏多，透过的光为蓝绿色光，故在日光照射下蓝绿色加浓，而使宝石呈现出蓝绿色；白炽灯光中红色光偏多，所以在白炽灯照射下，透过的光为红色加浓，而使宝石呈现红色。

6．砂金效应

如果透明宝石内部含有许多不透明的固态包体（如黄铁矿或细小云母片等），由于这些包体对光的反射作用，而呈现许多点点反光，犹如水中的砂金，故称砂金效应，如砂金石。

7．火彩（色散值）

当白光照射到透明物质的倾斜平面（如刻面宝石）时，因光的分解（色散）而使宝石呈现光谱色闪烁的现象称火彩。色散值是反映材料色散强度（即火彩强弱）的物理量。理论上用该材料相对于红光（$B=686.7\text{nm}$）的折射率与紫光（$G=430.8\text{nm}$）的折射率的差值来表示。差值越大，色散强度越大，即火彩越强。

8. 游彩

凡宝石的反光带随光源的入射方向发生游动者,如上述的猫眼效应、星光效应、呈波状闪光的月光石效应等可统属于游彩之列,游彩是一种通俗的叫法,也是一些宝石上具有游动闪光现象的统称。

二、光的性质及光学测试技术

在以上章节中所述的都是肉眼直接可见的宝玉石光学方面的性质,在认识宝玉石和鉴别宝玉石时仅凭这些是不够的,必须在直观的观察基础上再测得光学方面的数据。这类数据又必须用专门的仪器测试,因此首先要具备光学方面的基础知识。

(一) 光的基本性质

为了说明一些光学现象,有必要了解有关光的性质的两个理论,即量子(或粒子)理论和波动现象。量子理论是把光看成是量子或光子的不连续能量束;波动理论则认为光是沿垂直传播方向振动并传播能量的电磁波。波动犹如在水中看到的现象,它似漂浮的树叶只是随着通过的波作上升或下降运动,而波在向前运移,两个相邻波峰(或波谷)之间的距离为波长 λ,上下的位移是波幅,图 3-1-8 即是简单的波动图示。以下即以波动理论为基础解释有关光学方面的问题。

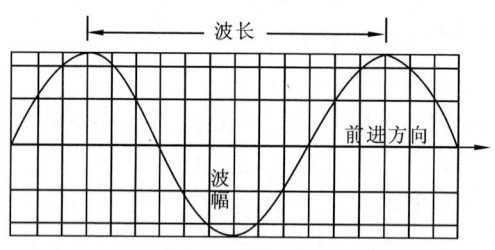

图 3-1-8　简单的光波动图示

(二) 光的反射和折射

当一束白光从光疏介质(一般如空气)进入光密介质(如宝石)时,一部分光将进入宝石,另一部分光就在宝石表面反射,如图 3-1-9 所示。

这部分反射的光,将产生入射角以 i 表示和反射角以 i' 代表。如果设一条和反射面垂直的假想的线称法线,i 和 i' 都是这条法线和反射面之间的夹角。进入宝石内的光线会从入射光方向向反射面的法线弯曲或折射。该法线和折射光线之间的夹角称折射角(r 代表),它总是小于入射角 i。两种介质的光密度差和入射角决定光折射的程度,光密度的差越大,入射光的入射角越大,则折射的程度也就越大,如图 3-1-10(a) 和图 3-1-10(b) 所示。

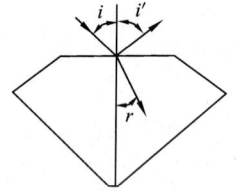

图 3-1-9　反射光和折射光
(对反射光而言 $i=i'$,对折射光而言 $r<i$)

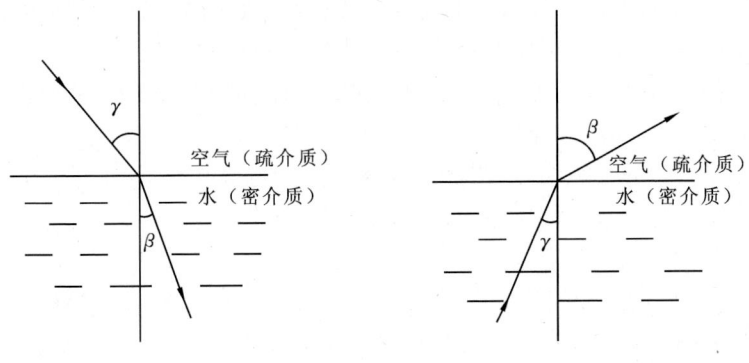

(a) 光由光疏质向光密质传播　　(b) 光由光密介质向光疏介质传播

图 3-1-10　光密度与折射程度

1. 折射率

根据斯涅耳定律,不同的两种介质入射角的正弦与折射角的正弦之比为一常数,即 $\sin i$ 除以 $\sin r$ 是个常数,该常数即称做折射率,以 R_1 表示或表示为 n。

例如:设光线 a 入射到钻石表面,如图 3-1-11(a)所示,$i=60°$,$r=21°$;光线 b 也入射到钻石表面上,如图 3-1-11(b)所示,其 $i=30°$,$r=11.94°$,则:

光线 a　　$R_1=\sin60°/\sin21°=0.866\,0/0.358\,3=2.417$

光线 b　　$R_1=\sin30°/\sin11.94°=0.500\,0/0.206\,9=2.417$

这说明虽以不同角度射到钻石表面的光线的折射程度不同,但钻石本身的折射率不变。

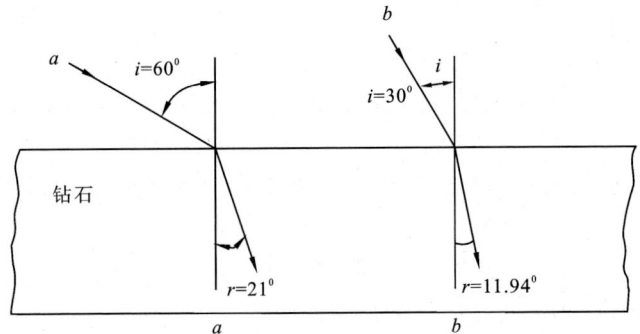

图 3-1-11　以不同的角度入射到钻石表面的光线的折射程度不同,但每种情况下 $\sin i/\sin r=2.417$

在真空中,光的最大传播速度是 300 000km/s,当光穿过任何光介质时,它的速率会依介质的光密度的大小按一定比例衰减,因而可以用光在真空中的速率 V 和光在介质中的速度 v 的比值来代表折射率,即 $R_1=V/v$。如果以在真空中的光速 $V=1$ 作为基本单位,实际上在空气中的光速和在真空中的光速差不多一样大小,即 $V=0.999\,7$(几乎等于1),故以此即可作为基本单位,这样就可以得出宝石在空气中的折射率 $R_1=1/v$,或者说等于速率的倒数。

如此说来,介质中光传播的速度愈大,则该介质的折射率越小,相反若介质中光传播的速度越小,则该介质的折射率愈大,即介质的折射率与光在介质中的传播速度成反比,即 $V_i/V_r=N_r/N_i$。进一步说明,光在真空中的传播速度最大,在其他各种液态固态介质中(或者说在宝石中)光的传播速度总是小于真空中光的传播速度,故晶体(宝石)的折射率总是大于1。

从图 3-1-10(a)和图 3-1-10(b)还可以看出 N 值大小反映介质对光波折射的能力,N 值愈大,折射线越折离原入射线的方向而更加靠近法线,即表明该介质使光线偏折的能力越强。

总的来说 N 值还是决定于介质的微观结构(即宝石晶体的内部构造),并可宏观地反映介质(尤其是宝石晶体)的微观结构,因此它对鉴定透明宝石矿物是个尤其重要的光学常数,它往往还能测定已镶嵌宝石的特点,所以极为重要。

2. 光的全反射及全反射临界角

如前所述,一部分进入光密介质的光由光疏介质到光密介质,光将朝向法线折射,如图 3-1-10(a)所示。而如今若把光从光密介质传播到光疏介质,如图 3-1-10(b)所示,光则也变为背离法线折射,同时光的入射角 i 也将小于折射角 r,如图 3-1-12 所示。

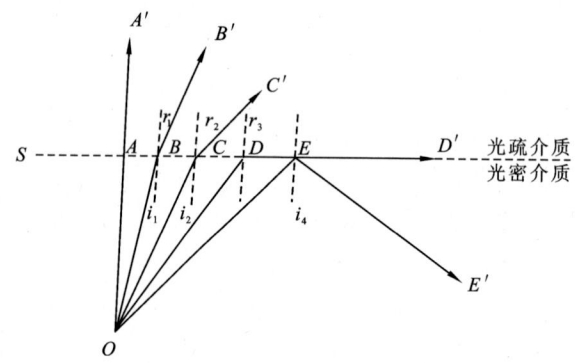

图 3-1-12　光的全反射及全反射临界角
S.分界面;O.总光源;(OA、OB、OC、OD、OE).光入射线;(BB′、CC′、DD′).光折射线;
EE′.光反射线;i.入射角;r.折射角;∠AOD.全反射临界角

图中 O 为总光源,从 O 光源发出的 OA、OB、OC、OD、OE 等一系列的光线向 S 面入射,OA 垂直界面,即 $i=0,r=0$,不发生折射,AA′光线沿 OA 原方向射入光疏介质中。如光线穿过玻璃($R_1=1.52$)。入射光线倾斜越大则折射角越大,折射面越来越偏离法线,当光线的入射角大到一定程度,折射角等于 90°时(光线 D)折射的光线则平行于界面传播。这时的入射角称作"临界角"(∠AOD)。如果入射角更大,大于临界角,如图中 E 光线,$r>90°$,则入射的光线不再发生折射而全部反射回入射的介质中,即不再进入光疏介质(空气),而全被反射回玻璃中,成为全反射。遵守反射定律,入射角和反射角是相等的。($i=r$)这一现象则称为光的全反射,与 $r=90°$ 相应的入射角称全反射临界角。以图 3-1-13 为例,设图中光疏介质的折射率为 n_1;光密介质的折射率为 n_2,$n_2>n_1$,全反射临界角为 φ,其关系可用下列公式表示:

$$\frac{\sin\varphi}{\sin 90°}=\frac{n_1}{n_2} \qquad n_1=n_2\sin\varphi$$

如果 n_2 值已知,即可计算出 n_1 值,测定宝石的折射仪就是根据这一原理制成的。而当 n_1、n_2 值已知时,也可计算出全反射临界角的 φ 值。这一关系可用于宝石的加工中,根据所加工宝石的折射率值,计算出最佳的刻面角度,使刻面对光全反射而产生较光亮的效果。

(三)折射率的测定

测定折射率的方法很多,现择其要者简述如下。

1. 折射仪测定折射率法

使用折射仪测定折射率是最常用的方法。

(1) 折射仪的工作原理。不论哪种型号的折射仪都是利用了光的全反射、临界角的原理测定宝石矿物的折射率。如图 3-1-13 所示。

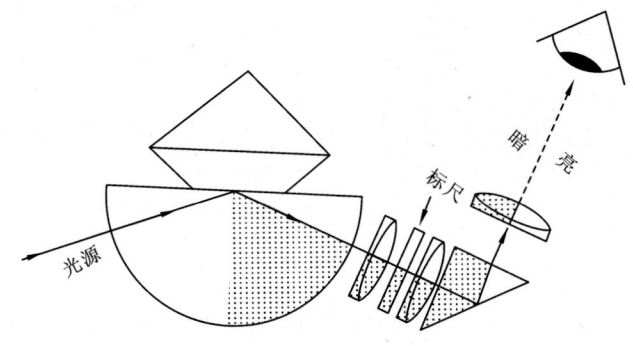

图 3-1-13 折射仪工作原理

利用光从折射仪的后面射入,穿过玻璃半球。入射角大于玻璃半球和欲测定宝石矿物之间的临界角的光就会发生全反射,通过标尺进入视域。有些入射角小于临界角的光则在界面处进入宝石矿物,所以在仪器的标尺上相当于临界角的位置可见到半明半暗的分界线,这个界线是由临界角值而定。已知 $n(宝石)=n(玻璃)\sin\alpha$ (α=临界角),折射仪的玻璃半球的折射率为固定值,故可依其临界角值计算出所测宝石的折射率。折射率值表示在该折射仪标尺上,可以直接读出,如图 3-1-14(a)、图 3-1-14(b) 和图 3-1-14(c) 所示。

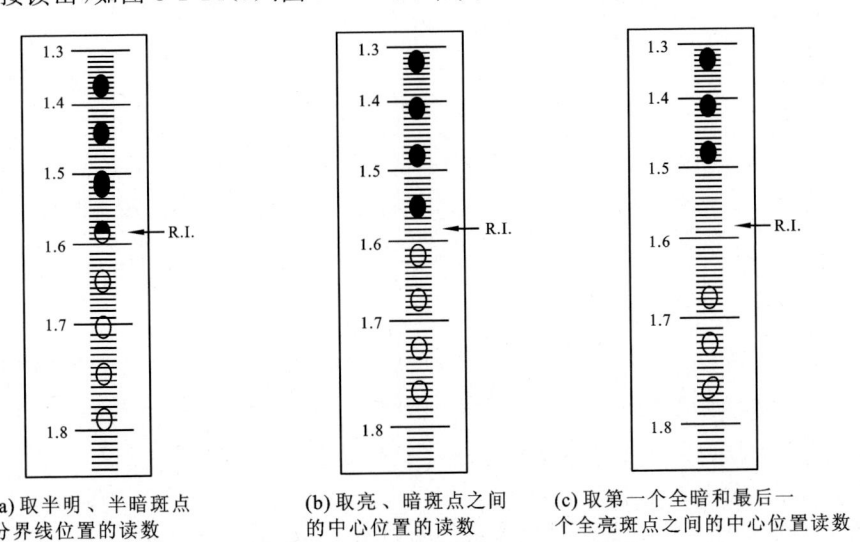

(a) 取半明、半暗斑点分界线位置的读数
(b) 取亮、暗斑点之间的中心位置的读数
(c) 取第一个全暗和最后一个全亮斑点之间的中心位置读数

图 3-1-14 在折射仪标尺上读取折射率值

折射仪的种类、型号很多,常见的有美国生产的 GIA 复式 II 型宝石折射仪及中国地质大学生产的宝石折射仪等,如图 3-1-15(a) 和图 3-1-15(b) 所示。

(2) 折射率油。在所测的宝石与仪器表面之间要滴以折射率油,折射率油又称接触液。由于宝石样品放在折射仪上时,不免有空气薄膜夹于样品与棱镜之间,影响了样品与棱镜紧

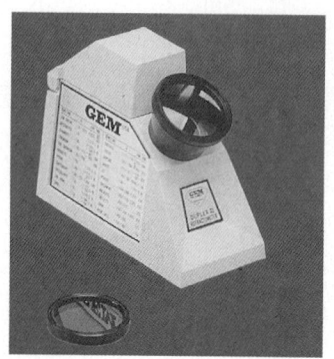 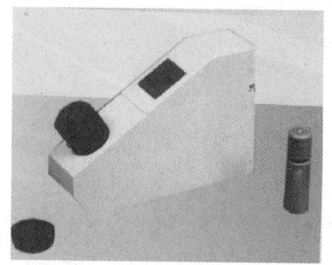

(a) 美国GIA生产的复式Ⅱ型折射仪　　(b) 中国地质大学生产的宝石折射仪

图 3-1-15　折射仪

密的光学接触。滴折射率油可使宝石样品的面与仪器上的玻璃表面有良好的光学接触,以获得准确的读数。折射率油的折射率与工作台玻璃的折射率相近,而稍大于常测宝石的折射率。折射率油一般为二碘甲烷(折射率为1.742),二碘甲烷+硫溶液(折射率为1.78),二碘甲烷+硫+四碘乙烯(折射率为1.81)。如果折射率油的折射率为1.81,则可用于一般宝石矿物折射率的测定。如果折射率油的折射率大于1.81,则有毒性和腐蚀性,需控制使用。常用的折射率油除二碘甲烷之外,其他常用的折射率油如表3-1-5。

表 3-1-5　常用折射率油及其折射率

液体名称	折射率	液体名称	折射率
蒸馏水	1.33	苯	1.50
乙醇	1.36	丁香油	1.53
丙酮	1.36	二溴化甲烯	1.54
戊醇	1.41	溴苯	1.56
丙三醇	1.46	三溴甲烷	1.60
橄榄油	1.48	一碘化苯	1.62
甲苯	1.49	一溴化酚类	1.66
三甲苯	1.49	二碘甲烷	1.74

(3) 使用折射仪测定折射率的操作方法及步骤。

测定折射率的操作步骤如下。

A. 先将欲测的宝石及折射仪的工作台清洗干净。

B. 选好欲测样品较大、较平的刻面,然后打开光源,使标尺上的光线明亮。

C. 往折射仪工作台玻璃上滴一滴折射率油。

D. 将宝石的大而平的刻面朝下,放于折射率油上,用手(或棉签棒)轻轻推入折射仪工作台玻璃中心。

E. 盖上折射仪的上盖。

F. 如果被测样品(宝石)是较大一些的,眼睛则需靠近目镜,要看清内标尺上的刻度;如为小刻面宝石,观察内标尺上的刻度则要远离目镜(30~45cm),并上下移动头部,观察镜内标尺的阴影,阴影半明半暗的分界线处的读数即为其折射率值。

G. 光源如果采用单色光(黄光),则刻度尺上明暗阴影分界处的读数即为所测宝石的折射率。光源如为白色光,则在黄色阴影窄带处的读数为所测宝石的折射率。

H. 测试结束,用手(或棉签棒)轻轻将宝石移至金属台,然后慢慢取下。

I. 将折射仪工作台及其上的玻璃和所测宝石清洗干净。

J. 如果欲测样品是弧面宝石则须采用点测法(又称斑点法),其操作程序为:先清洗干净折射仪的工作台,选较好的抛光面(弧面),打开光源,滴一滴(适量的)折光率油于工作台的玻璃中心,使宝石的弧面顶朝下置于折光率油滴上(最好先使宝石长轴方向与折光仪工作台长轴方向一致);然后在距目镜30~45cm处上下移动头部观察,在标尺的滴斑具半明半暗的分界线处的读数则为其折射率值。如弧面不好或抛光很差,可能出现由暗到明的不同滴斑,这时可以取最全亮到最全暗之间的中间值,作为其折射率。当然,这种取值可能是近似值,如图3-1-14所示。

K. 关于玉石折射率的测定。玉石是矿物的集合体,测定其折射率较为复杂,如若玉石中的各矿物颗粒粗大而分布不均者,则需先认准所测对象,究竟是个别矿物的还是玉石整体的折射率;如果玉石的组成矿物微小,而且在玉石中分布比较均匀,则可测其近似的折射率值。其方法仍如前所述:即先找一较好的抛光面,滴以折射率油,置于折射仪工作台软玻璃中央,观察者可距目镜30~35cm处观察,目光要垂直其视野平面,可看一条灰色分界边,此分界边的读数即是该样品的折射率。

L. 如果视域刻度尺全暗,则说明所测宝石的折射率大于折射仪上测定折射率的范围(>1.8)。

M. 如果读数不清晰,可移动一下样品(宝石)的位置或光源的位置反复再测。

(4) 测折射率时应该注意的事项。

A. 不要用铁镊子取放样品,以免损伤工作台上的软玻璃。

B. 折射率油滴量要适当,过多则易于使样品漂起,尤其对碎粒小宝石样品,易于漂起离开软玻璃;过少则不能形成样品与折射仪间的光学接触。

C. 利用折射仪还可测出均质体与非均质体、双折率、轴性与光性符号、一轴晶、二轴晶等。

2. 油浸法测定折射率

用油浸法测定折射率,首先要了解什么是宝石矿物的突起。突起是在镜下被观察的宝石好像高低不同,实际同在一平面上。这种感觉是由于宝石矿物的折射率与树胶折射率不同而引起,二者相差越大则宝石矿物突起越高,如图3-1-16所示。

其测定方法为:

① 先将矿物砸碎,用显微镜观察。将矿物碎

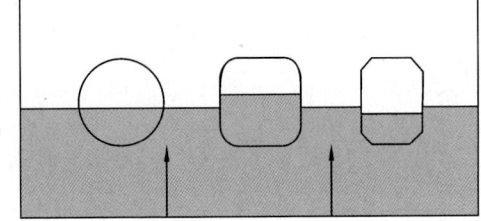

图3-1-16 油浸法测定折射率

粒浸没在浸油中,浸油的折射率是已知的,一般为1.41~1.78(校正间隔为0.01)。

② 如果矿物碎粒轮廓清晰,即表明宝石矿物的折射率与浸油的折射率有差别,相差越大

则宝石矿物突起越高(突起是围绕矿物颗粒的黑边,黑边愈大突起越高)。

③ 提升镜筒矿物稍脱离焦点,在矿物边缘将出现一条亮线,称"贝克线",此线总是向折射率高的介质移动。如果提升镜筒贝壳线移向矿物,则说明矿物颗粒的折射率高于浸油;如果提升镜筒贝克线移向浸油介质,则说明浸油的折射率高于矿物的折射率。

④ 根据折射率的谁大、谁小来连续调整不同折射率的浸油,直到不出现贝克线,同时矿物颗粒的边缘基本上看不到或看不清楚为止,此时浸油的 IR 即为矿物的 IR。

这种砸碎样品的破坏性实验在珠宝鉴定中是不可取的,只有对那些经济价位低的宝石材料或玉石材料方可考虑采用。

另一种改进了的测试方法:使用一些易于得到的折射率油(如上所述),测试时先将宝石放入特制的盘子中的油浸槽里的浸液中,盘子被固定在一张白纸之上,可使黑色的卡片从其下方经过,如果卡片的边透过宝石和液体以直线形式单独出现,则宝石和该浸油液体折射率相等;如果宝石的折射率低于浸油的折射率,则通过宝石看到的卡片边排在透过相邻液体看到的卡片边的上面;如果宝石折射率高于浸油折射率,则暗边首先进入液体然后才进入宝石,即排在卡片边的下面。如图 3-1-17 所示。

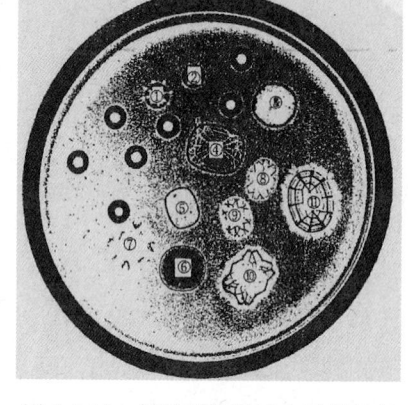

图 3-1-17 折射率油测试宝石折射率
①合成金红石;②白色锆石;③白色蓝宝石;
④金绿宝石;⑤粉红色尖晶石;⑥褐色硼铝镁石;
⑦绿色锂辉石;⑧硅铍石;⑨硼铍石;⑩碧玺;⑪黄晶

3. 相对突起法测定折射率

为了测定一些折射率超出折射仪范围的宝石或合成宝石,可用相对突起法,即将宝石的台面朝下置于二碘甲烷中,然后用单色强光从上往下照射,将宝石投影在浸油液槽下的一张白纸上,观察其宝石的阴影不同,而定出系某种宝石,如图 3-1-18 所示。

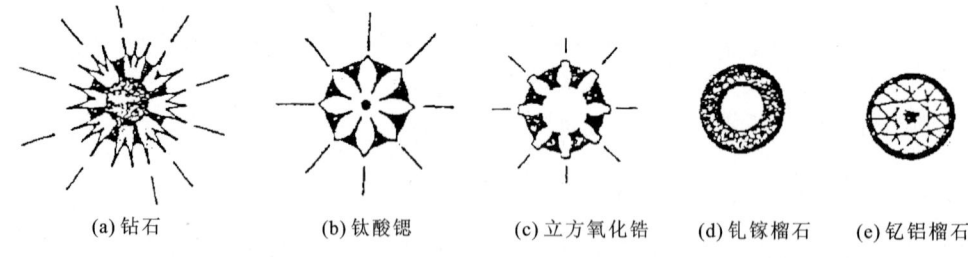

(a) 钻石　　(b) 钛酸锶　　(c) 立方氧化锆　　(d) 钆镓榴石　　(e) 钇铝榴石

图 3-1-18 大小和琢型相似的圆钻及其仿制品浸在二碘甲烷中时的阴影图像

如将宝玉石放入盛有一溴萘(一溴萘的折射率为 1.66)的溶液中,用透射光照射,从上面观察,若宝玉石边界不见,则此宝玉石的折射率与 1.66 相等;若宝玉石的边界有一黑圈,则此宝玉石的折射率大于 1.66,黑圈越清晰、越亮,宝玉石的折射率越高;若宝玉石的边界有一亮圈,则此宝玉石的折射率小于 1.66,亮带越清晰、越宽,此宝玉石的折射率越低,如图 3-1-17 所示。这种方法更有利于检测翡翠等与 1.66 折射率相近的宝玉石。

4. 显微镜直接测试法

此法适用于高折射率的透明宝石。可在宝石显微镜下利用微尺测量,测其视厚度和真厚度之比而得出折射率。测试步骤为:先将宝石用胶泥固定在显微镜载物台上,也可放在锁光圈上或用宝石夹夹住,用压平机使宝石台面与载物台平行,使用最大倍数镜头,先对准台面准焦,记录微尺读数 A,再准焦于宝石的亭部的尖部得读数 B,读数 $A-B$ 即为视厚度;然后将宝石移开载物台,再准焦于载物台表面得读数 C,$A-C$ 即为宝石的真厚度数(宝石真厚度也可用精密的卡尺量出),该宝石的折射率可按下式计算出,即:

$$IR = \frac{宝石的真厚度}{宝石的视厚度} = \frac{C-A}{A-B}$$

此法也可用于与折射仪物台玻璃不能直接成光学接触的宝石样品,当然用此法所测定的折射率是个比较粗略的数值。A、B、C 三次数据的准焦面示意图如图 3-1-19 所示。

5. 反射仪测定法

这种仪器的制作原理为将一束光(一般是红外光)直接射入到水平抛光面上,测量反射回来的光的百分比。由于将读数通过按不同宝石材料的反射率和折射率制定的数据表来体现,因而这种仪器称做"反射折射仪"。所测宝石的折射率范围为 1.450～2.999,精度可到 0.008,尤其当所测宝石的折射率大于 1.81 时,采用此仪器测试最为有效。仪器可用宝石反射仪,如图 3-1-20 所示。

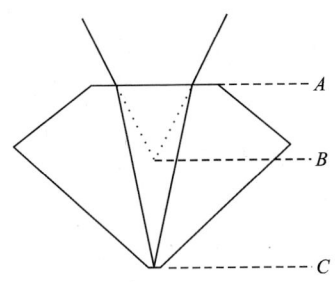
图 3-1-19 显微镜测定宝石折射率时的三次准焦面

图 3-1-20 宝石反射仪(Reflectivity meter)

该反射仪主要用于测试折射率超过标准折射仪极限的高折射率宝石(如合成蓝宝石、合成尖晶石、锆石、合成立方氧化锆、人造钛酸锶、钻石或是合成碳硅石)的近似折射率,仪器顶部有反射图表,可根据测试出来的结果进行对照。

(四)反射率的测定

如上所述,使用折射仪检测宝玉石的折射率,测试范围可因所用折射仪棱镜和接触液的不同而异。在通常情况下折射仪只能测折射率在 1.35～1.81 之间的样品。如果是超过这一范围极限的高折射率,则要用反射仪测量其反射率,即利用反射原理测量从宝玉石表面返回的光亮,因为宝玉石矿物的反射率与折射率之间存在着一定的近似线性关系。前面在光学性质的直观特征光泽一节中已有提及,即:已知宝玉石矿物的折射率,可依反射率(R)=反射光线的强度/入射光线的强度=$(n_1-n_2)^2/(n_1+n_2)^2$ 来计算。式中:n_1 为宝石的折射率,n_2 为宝玉石周围介质的折射率(空气的折射率为 1)。计算宝玉石矿物的反射率,也可由宝玉石矿物的反射率换算出宝玉石矿物的折射率。一些常见宝石的折射率和反射率如表 3-1-6 所示。

表 3-1-6　常见宝石的折射率和反射率

宝石名称	N	R
黄玉	1.61～1.64	4.46～5.88
尖晶石	1.71～1.73	6.86～7.15
刚玉	1.76～1.77	7.58～7.73
锆石	1.92～1.99	9.93～10.96
钻石	2.417	17.23
合成立方氧化锆	2.15	13.33
合成碳硅石	2.65～2.69	20.29～20.97
人造钇铝榴石	1.834	8.66
人造锗镓榴石	2.03	11.55
人造钛酸锶	2.41	17.09

使用反射仪应注意所测样品中的包裹体的影响；表面要清洁，无污染的杂质；样品至少要大于测试孔；最好能从几个方向反复测量取平均值。另外当前很多反射仪都已经把反射率换算成了折射率，但其测量精度较差，误差往往在 5% 左右。

宝玉石矿物的折射率、反射率是很重要的鉴定依据，测定的方法也非常之多，除上述各项之外，还有利用阿贝折光仪、利用吉莱折光仪等测定。

（五）光的干涉、衍射及散射

如果有两束光的振动方向、频率及位向相同（或位相差恒定），即可发生干涉。图 3-1-21 为振幅和频率相同，振动方向又一致的两束光相干涉。

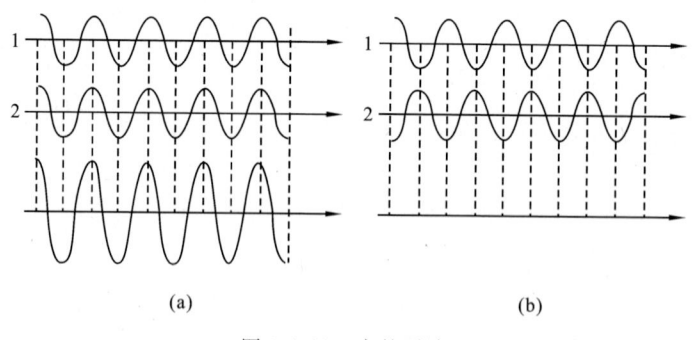

图 3-1-21　光的干涉

图 3-1-21 中的光波 1、光波 2 相遇于同一介质中，光波 1 与光波 2 的波峰、波谷同方向重叠时，则产生的干涉波具有双倍的振幅，此为相长增强，干涉结果为光亮度增强，如图 3-1-21(a)所示；如果这两束光波振动方位完全相反，即光波 1 的波峰与光波 2 波谷反向重叠，电磁场互相抵消，则产生相消删除，即光波 1 及光波 2 的干涉结果使光亮度减为 0，如图

3-1-21(b)所示。这种相差恒定、波长相同、传播方向相同的两束或两束以上的光在同一介质中相遇时,在交叠区产生相长增强或相消删除的现象称为光的干涉作用。由光的干涉作用产生的颜色称为干涉色。两束光的光程差的大小,决定干涉色具体的颜色。干涉色的色级级序越高,颜色越浅,干涉色条带之间的界限也越不清晰。

一般常见的白色宝石表面薄膜上的彩色纹理和因膜而产生的彩色纹理,是由光对薄膜干涉所引起,其干涉作用是由薄膜底层反射的光与薄膜顶部反射的光的叠加而产生。干涉形成的颜色,也要看两束光的光程差的相对大小。当光程差为光波半波长的偶数倍时,两束光相长增强;当光程差是半波长的奇数倍时,两束光相消删除。如果这两束光为单色光,则因干涉作用出现明暗相间的条带;如两束为复色光时,则出现彩色。这种干涉色的具体颜色与薄膜厚度、折射率和入射光的性质有关,但薄膜不均匀时平行光线可以相同的入射角入射,形成不同的波程差,而造成不同波长的光的干涉。如宝石矿物中由于宝石矿物的解理或裂隙的存在而产生干涉现象,形成晕彩。又如一些无色透明的宝石矿物的破裂面上,当光通过其裂隙中空气薄膜层时发生干涉,从薄膜底部反射的光与薄膜层顶部反射的光相叠加,而产生彩色干涉色所形成的晕彩。

当光线在传播中遇到障碍物时,则改变直线传播方向,称为光的绕射或光的衍射。通常当光通过狭缝后在屏幕上可见亮度均匀的光斑。狭缝缩小,光斑也会变小,但当缩小到一定程度时,光斑又开始变大。如果原来光源为单色光,光斑变为明暗相间的条纹;如果原来的光源为白色光,光斑会变为彩色条纹。条纹的界线也变为不清,因为这是以平面波的形式传播的光,改变传播方向后,产生的子波也发生干涉,产生干涉条纹及颜色效应。

通常根据衍射原理设计的衍射光栅(光学性能的衍射屏),将白光(复色光)分解成浅色有色衍射光谱,这可用于鉴定宝石用的分光光度计。也可利用光的衍射原理,说明宝石的变彩效应,如欧泊的变彩效应等。

当光的传播介质不均匀时,就会使光线向四面八方散开射去,这种现象称为光的散射。当介质的均匀性被破坏,不均匀尺度达到波长数量级时,这些不均匀介质小块之间在光学性质上(如折射率等)就有较大差别,受到光波的作用,它们就成为不同强度的次波源,这时除了按光学规律直线传播的光线之外,在其他方向就会出现散射光,这样看来散射光又如同是衍射作用形成的。如果介质中团块的大小大于波长的数量级,散射则如同在这些团块上的反射及折射。散射的强度和颜色多与不均匀微粒的大小及光波波长有关。如与可见光(400~700nm)相比,比可见光波长小的微粒会引起散射;当微粒大小在1~300nm时,对可见光的散射强度与波长成反比;波长短的蓝光比波长长的红光的散射要强,可产生蓝到紫的散射,如某些月光石的蓝色;如果大于或接近可见光波长的微粒引起的散射则多呈现白色,如不透明的白色石英;如果散色微粒在$1\lambda \sim 2\lambda$之间时,散射光才可能呈现红、绿等各种颜色(这种在宝石中较为少见);散射微粒大于700nm时,这种散射可使宝石产生乳光,如月光石、芙蓉石、蛋白石等。

(六) 色散

当太阳光照射玻璃棱镜时,常常可观察到五光十色的现象,这就是色散造成的。其原理为当光从空气中入射到光密介质时,它的运动速度随着波长的不同而有所不同。波长最长的是红光,它具有最大的速率,被折射的程度最小;波长最短的是紫光,它具有最小的速率,被折射的程度最大,如图 3-1-22 所示。所以宝石的折射率是红光比紫光的小。这种光谱色的分离被称为光的色散。

有的宝石色散度高,有的宝石色散度低。所以它是检测宝石的又一重要数据。

色散度通常用 430.8nm 的蓝光和 686.7nm 的红光分别测同一个宝石的折射率,折射率之间的差值即为该宝石的色散值。

常见宝石的色散度为:钻石 0.044、水晶 0.013、绿柱石 0.014、蓝宝石 0.018、合成立方氧化锆 0.060、钛酸锶 0.190。色散度不但可用于检测宝石,而且增加了宝石的美感。转动钻石时可发出五光十色的闪光,就是由色散形成的。常见宝石的色散度如表 3-1-7 所示。

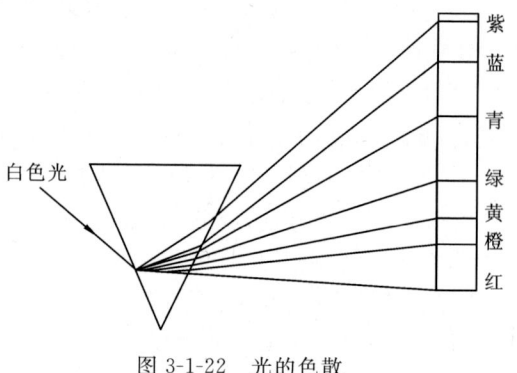

图 3-1-22 光的色散

表 3-1-7 常见宝石的色散度

宝石名称	色散度	宝石名称	色散度	宝石名称	色散度
水晶	0.013	橄榄石	0.020	钻石	0.044
绿柱石	0.014	尖晶石	0.020	钆镓榴石	0.045
黄玉	0.014	镁铝榴石	0.022	榍石	0.051
锂辉石	0.017	锰铝榴石	0.027	钙铁榴石	0.057
电气石	0.017	钇铝榴石	0.028	立方氧化锆	0.060
蓝宝石	0.018	锆石	0.038	钛酸锶	0.190

各种磨好的宝石均有色散,如图 3-1-23 所示,而色散的程度各不相同,这决定于它本身的色散度及颜色,颜色深的宝石往往影响其色散。

(七)自然光与偏振光及光在均质体和非均质体中的传播特点以及偏光仪的应用

1. 自然光与偏振光

按照波动理论,光是在垂直于光波传播方向的平面内,作任何方向的振动,而且是对称的。或者说光的传播方向与光的振动方向是互相垂直的,自然光就是在垂直光波传播方向的平面内可以任意方向振动,直接从光源发出的光,如太阳光、灯光等都是自然光,如图 3-1-24

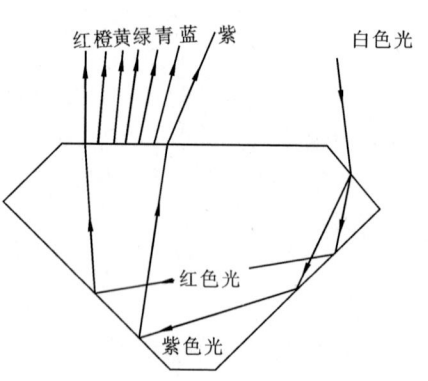

图 3-1-23 宝石的色散

(a)所示。这种自然光如果经过反射、双折射或偏光片以后,改变了光的振动方向,使它成为只限制在一个固定的方向振动的光波,这种光波为平面偏光,如图 3-1-24(b)所示。也称其为偏振光或偏光,如图 3-1-25(c)所示。

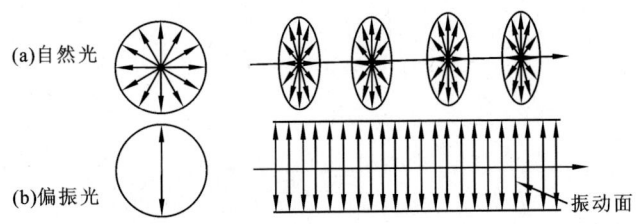

图 3-1-24　自然光和偏振光振动特点的示意图

2. 均质体和非均质体

当光线通过气体、液体、非晶质体(如玻璃、欧泊)及等轴晶系的所有宝石晶体时,光在各个方向上进行速度是相等的,所以只有一个折射率,这类物体称均质体。如天然玻璃折射率为 1.490、金刚石的折射率为 2.417。自然光射入均质体后基本不改变光波的振动特点和振动方向。当光线通过除等轴晶系以外的其他各晶系的晶体时,光进行的速度则随不同结晶方向而变化。因此,折射率在不同方向上一定范围内有所改变。这类宝石矿物晶体则称非均质体。

3. 光在均质体和非均质体中的传播特点

自然光射入非均质体改变入射光波的振动特点,偏光入射非均质体时则改变入射光的振动方向,而在中级晶族中只有一个沿 Z 轴的方向不改变振动方向和振动特点,这一方向在非晶质体中称光轴。在中级晶族中有 1 个光轴,称一轴晶;在低级晶族中有 2 个光轴,称二轴晶。在非均质宝石中一轴晶有两个折射率 N_e 和 N_o,二轴晶族中有 3 个折射率,分别为最大的 N_g、中等的 N_m、最小的 N_p。

当光进入非均质体,除光轴方向之外,其他方向振动的光都变成两个互相垂直的平面偏振光,这两条光各有其速度和传播途径,振动方向互相垂直。一种是振动方向与光轴方向垂直,各方向折射率相等,称为常光,以"o"表示;另一种是在包含光轴的平面内振动,振动方向平行光轴和光波传播方向所构成的平面,其折射率值随振动方向不同而改变,称为非常光,以"e"表示,如图 3-1-26 所示。图中所示为自然光通过冰洲石时分解成的振动方向互相垂直的、传播速度不同的、折射率不相等的两种偏光(P_e、P_o)。这一现象称双折射。宝石矿物的双折射以双折射率值表示。双折射率也叫重折率,等于其折射率的最大差值。即:重折率 = 最大折射率 − 最小折射率。

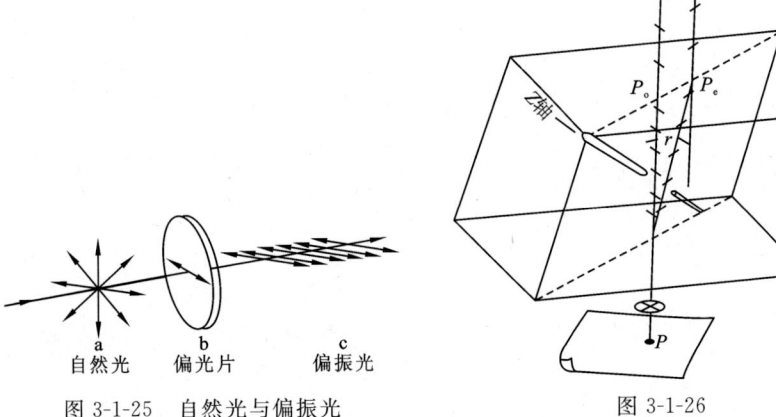

图 3-1-25　自然光与偏振光

图 3-1-26

如红宝石为非均质体一轴晶,有 2 个折射率,$N_e=1.770$,$N_o=1.762$,其双折率则为 $1.770-1.762=0.008$;又如橄榄石为二轴晶,有 3 个折射率,$N_g=1.690$,$N_m=1.672$,$N_p=1.654$,其双折率则为 $N_g-N_p=0.036$。

当光垂直 C 轴入射,e 光平行 C 轴,o 光和 e 光速率差最大,折射率是速率的倒数,所以其双折率也最大。常光方向的折射率以 ω 表示,非常光方向的折射率以 ε 表示,如果 $\omega>\varepsilon$,则称负光性,光性符号为"-";如果 $\varepsilon>\omega$ 则称正光性,光性符号为"+"。

4. 偏光仪的应用

测定宝石矿物的这些光学数据,最常用的是偏光仪。偏光仪的类型很多,其结构原理大同小异。比较简单的是内置光源偏光仪,如图 3-1-27 和图 3-1-28 所示。

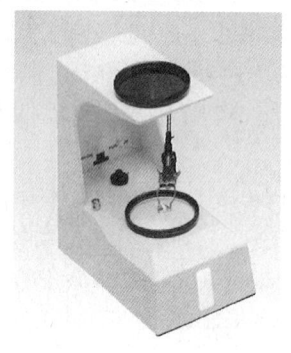 

图 3-1-27 直臂台式偏光仪　　图 3-1-28 曲臂台式偏光仪

一般常见的偏光仪,是由一个镜臂支持着上下两个偏光片及一个光源灯泡,下偏光片将透过的光沿前后方向振动,上偏光片将透过的光沿左右方向振动,合在一起称正交偏光。在下偏光片之上还装有一个可自由转动的玻璃片,以放置欲测样品。检测时先接通电源,转动上偏光片,使其振动方向与下偏光片振动方向垂直,视域全黑,如图 3-1-29 所示。

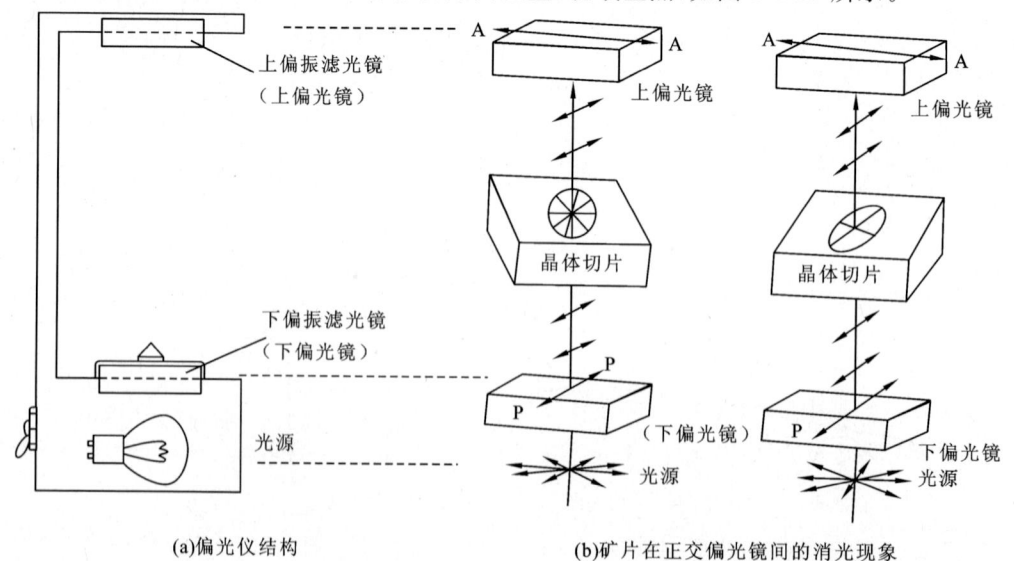

图 3-1-29 偏光仪结构与正交偏光、消光现象对照

(1) 均质性和非均质性的测定。其方法为先将欲测的样品(宝石),置于偏光片上方可转动的玻璃片上。①将其转动 360°,如果宝石样品全黑(视域内无光线),则说明此宝石样品为均质体,属等轴晶系或非晶质体,如图 3-1-30 所示。②将宝石样品转动 360°,有四次暗(消光)四次亮的现象,则所测样品为非均质体。

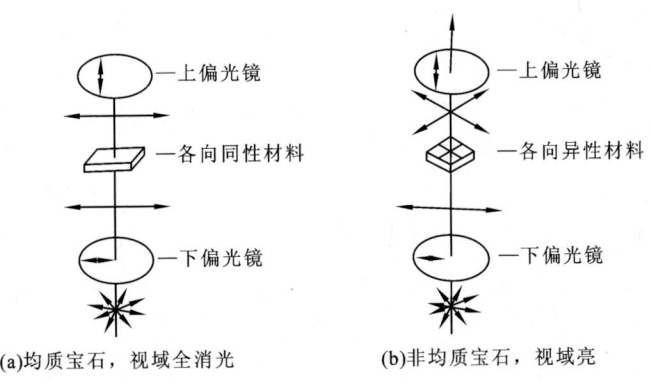

(a)均质宝石,视域全消光　　(b)非均质宝石,视域亮

图 3-1-30　偏光仪下均质体和非均质体的测定

(2) 消光角的测定。消光是指下偏光片的振动方向和晶体的一个振动方向一致时,透过晶体的光线(o 或 e 光线)上偏光片全吸收,这时视域全黑,晶体即处于消光位。若把晶体从消光位转动开,视域又逐渐变亮。转动 45°时达到最亮,再转动 45°又处于消光位,视域变暗,故旋转 360°即出现四暗四亮。

A. 有关消光方面有"消光角"一词,消光角一般是以结晶轴或晶面符号与光率体椭圆半径之间的夹角来表示,如角闪石在(010)切面上的消光角表示为 $N_g \wedge Z = 30°$。也不是所有宝石矿物都要测定消光角。它虽有鉴定意义,但只限于单斜及三斜晶系的矿物切片,这只是一个重要的光学数据而已。

B. 在测定过程中,如果视域始终明亮,不见消光现象,这可能是因为所测材料(宝玉石)是由很多微小晶体组成的集合体,当各晶体排列方向不同时,宝石转动中很多晶体处于非消光位,所以视域始终是明亮的。这些材料往往是玉髓、翡翠等玉石之类。

C. 有些有聚片双晶的宝石,在测试过程中有的双晶个体处于消光位,有的不处于消光位,所以它也不会消光,如刚玉类、长石类宝石就有这种现象。

D. 还有的宝石在正交偏光下转动时不是所有材料显示同一暗色,而是有受定向的压力(形成过程中变质作用)的影响而具有异常双折射,转动时产生从暗到亮的闪光或显示斑纹状、蛇曲状或格子状,故称为"异常消光"。这种情况可先将其转到最亮的非消光位,然后转动上偏光片 90°,使上下偏光片振动方向平行,若宝石亮度增加,则为异常消光,属均质体宝石;若宝石亮度不变甚至变暗,则为非均质体宝石,如图 3-1-29 所示。再根据一轴晶中 N_o、N_e 之最大差值或二轴晶中 N_g、N_p 之最大差值计算出该宝石样品的双折率。

这种带有内置光源的小型偏光镜体积小、结构简单、使用方便、携带方便。但是由于光源功率小,亮度不够,而且经常用于观测宝石成品,如宝石球体(珠子)、戒面或雕刻品之类,用起来往往不能达到检测的目的。将它用于一些较薄的、较透明、色浅的宝石样品的简单测试还是可以的。

从理论上讲，用这种小偏光仪还可测定晶体的光性正、负等其他光学性质，但实际情况中，也不过仅测均质、非均质及消光等易测项目。

所以，当需精确、综合地检测一些宝石、玉石材料时，在有条件的情况下，还是经常使用偏光显微镜。

（八）光率体的一般概念

比较透明或半透明的宝石矿物在偏光镜下的表现，主要是与折射率的大小和光波在晶体中的振动方向有关。为了区别不同宝石矿物在晶体中光的传播特点，即偏光振动特点和折射率之间的关系，还需要借助于光率体的概念，以深刻理解之。

光波在晶体中传播时，光波振动方向与相应折射率值之间的关系用一种光性指示体——"光率体"表示。设想当光线自晶体中心起，沿光波的各个振动方向按比例截取相应的折射率值，把各线段的端点联系起来，所构成的是一个球体。它虽然是抽象的，但是它在光性矿物学领域中起着极其重要的作用。各类宝石矿物晶体的性质不同，所构成的光率体形状也各有不同。以上所述的晶体有关光学性质，都可以表现在光率体上。它可以综合地解释光学性质，也可以在偏光显微镜上实际测试。

1. 均质体的光率体

光波在均质体中传播，各方向速度相等，即折射率相等，因此均质体的光率体是一个正圆球体。其任何方向的切面均为一个圆切面，圆切面的半径即为均质体的折射率值。均质体光率体如图 3-1-31 所示。

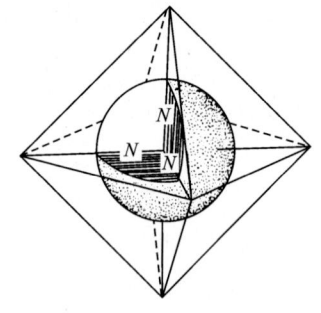

图 3-1-31 均质体的光率体

2. 一轴晶光率体

一些中级晶族宝石矿物晶体，水平结晶轴单位是相等的，所以水平方向的光学性质也是相同的。这类矿物有一个最大折射率和一个最小折射率可分别以 N_e、N_o 表示，其他折射率则变化于 N_e、N_o 之间，可以符号 N_e' 表示。光波振动方向平行 Z 轴时，折射率值为 N_e；振动方向垂直 Z 轴时，折射率值为 N_o；斜交 Z 轴时，折射率值即为 N_e'，N_e' 值的大小变化于 N_e、N_o 之间。振动方向接近 Z 轴时，N_e' 接近 N_e；振动方向接近垂直 Z 轴时，N_e' 接近 N_o。

可见一轴晶光率体为一个以 Z 轴为旋转轴的椭圆球体。而且它有正负之分。如果该旋转轴为长轴，光波平行光轴的折射率比垂直光轴的折射率大，即 $N_e > N_o$，则称正光性光率体，这种宝石矿物则称正光性，如图 3-1-32(a)所示。反之，如果光波平行光轴振动的折射率比垂直光轴振动的折射率小，即 $N_e < N_o$，则称负光性光率体，相应的这种宝石矿物称负光性，如图 3-1-32(b)所示。

当光波沿 Z 轴入射时不发生双折射，以垂直 Z 轴振动的折射率为半径构成一个垂直 Z 轴入射光波的圆切面。光波垂直光轴入射则发生双折射，分解形成两种偏光：一为垂直 Z 轴即所称的常光 N_o，另一为平行 Z 轴的称非常光 N_e。

N_e 与 N_o 分别代表一轴晶矿物的最大与最小折射率值，称"主折射率"。

N_e 与 N_o 的差值为一轴晶的最大双折射率。

在偏光显微镜下我们所看到的各方向的光率体切面不外下例 3 种情况。

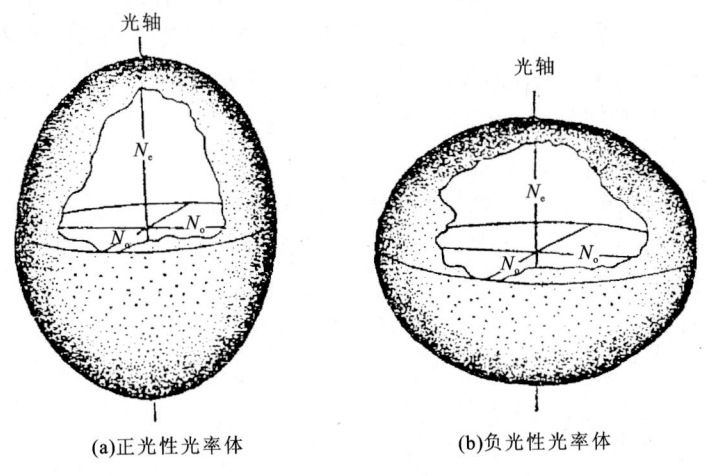

(a)正光性光率体　　　　(b)负光性光率体

图 3-1-32　一轴正负光率体

(1) 垂直光轴（⊥Z 轴）的切面[图 3-1-33(a)]为圆切面，半径等于 N_o。光波垂直入射时不发生双折射，折射率＝N_o，双折射率等于零。一轴晶光率体只有一个这样的切面。

(2) 平行光轴的切面[图 3-1-33(b)]为椭圆切面，其长短半径分别为 N_o、N_e，长半径 N_e、短半径 N_o 为正光性，长半径 N_o、短半径 N_e 为负光性。光波垂直这种切面（即垂直光轴）入射，光线发生双折射，分解形成两种偏光，其振动方向分别平行椭圆切面的长短半径，折射率值分别为椭圆切面的长短半径 N_e、N_o，双折射率为二者之差，为一轴晶宝石矿物的最大双折率。

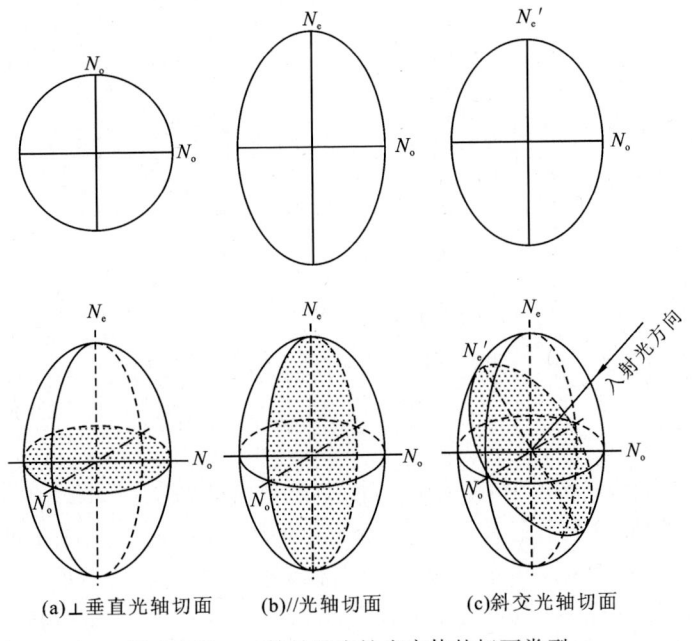

(a)⊥垂直光轴切面　　(b)//光轴切面　　(c)斜交光轴切面

图 3-1-33　一轴晶正光性光率体的切面类型

（3）斜交光轴的切面[图 3-1-33(c)]仍为圆切面,其长短半径分别为 N_o、N_e'。光线垂直从这种斜交光轴的切面入射,发生双折射,分解形成两种偏光,其振动方向分别平行于椭圆切面的长短半径,折射率为 N_o、N_e',双折率为二者之差,其大小则变化于零与最大双折率值之间。一轴晶在任何斜交光轴椭圆切面的长短半径中一定有一个是 N_o。如果是正光性其短半径为 N_o,如果是负光性其长半径为 N_o。

总的来看,光波沿光轴入射,垂直入射光波的光率体切面是一个圆切面。它不发生双折射,也不改变入射光波的振动方向,双折率为零。光波沿其他方向入射,垂直入射光波的切面为一个椭圆切面,椭圆的长短半径分别为入射光波发生双折射后而分解成两种偏光的振动方向,长短半径分别代表两种偏光相应的折射率值。长短半径之差即为双折率。

在一轴晶光率体垂直光轴切面的双折率为零,平行光轴切面的双折率最大。除此之外,其他方向的双折率在二者之间递变。现综合于图 3-1-34 之中。

3. 二轴晶光率体

二轴晶光率体是一个三轴不等的椭球体。低级晶族的斜方、单斜及三斜晶系的宝石矿物属之。这类矿物都有 3 个主折率：N_g、N_m、N_p。其他的折射率值变化于 N_g、N_m、N_p 之间,可以用 N_g'、N_p' 代表(图 3-1-35)。

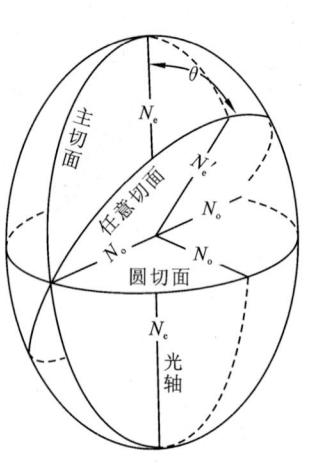

图 3-1-34　一轴晶正光性光率体 3 个切面图示

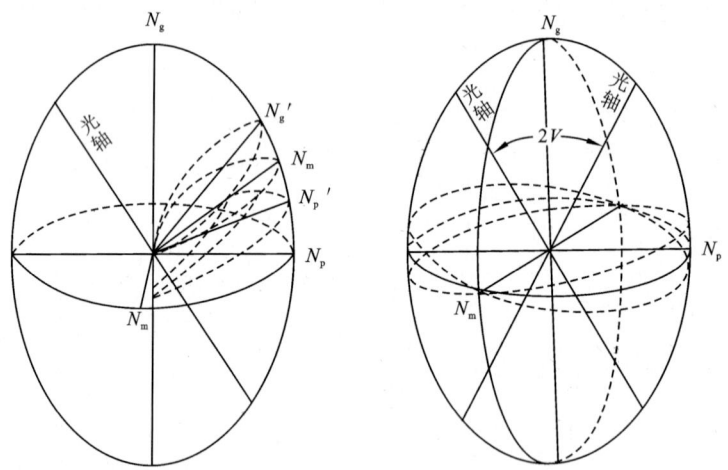

图 3-1-35　二轴晶光率体的圆切面及光轴图示

当光波沿矿物 Z 轴方向入射,会发生双折射,形成两种偏光：一平行 X 轴振动,另一平行 Y 轴振动。依此可构成一个垂直 Z 轴入射的椭圆切面,当光波沿 X 轴方向入射也同样可构成一个垂直 X 轴的椭圆切面,同样当光波沿 Y 轴入射也可构成一个垂直 Y 轴的椭圆切面。将这 3 个椭圆切面依它们在空间的位置联系起来即构成一个三轴不相等的椭球体,如图 3-1-35 所示,成为三轴椭球体光率体。三轴椭球体中就有 3 个互相垂直的轴,称主轴,即 N_g 轴、N_m 轴、N_p 轴,包括 2 个主轴的切面称主切面,二轴晶光率体有 3 个互相垂直的主切面即

N_g、N_p 面，N_g、N_m 面，N_m、N_p 面。

通过 N_m 轴在光率体的一边，即 N_g 轴与 N_p 轴之间，可作一系列的切面。它的半径皆为 N_m，另一个半径的长短则在 N_g、N_p 之间变化，但它们之间总存在一个 N_m 圆切面，由图 3-1-35 亦可看出。

同样在光率体的另一边可找到另一个圆切面，光波垂直于这两个圆切面入射时不发生双折射，这两个方向就是二轴晶矿物的光轴，可用符号 OA 表示，如图 3-1-36(a) 和图 3-1-36(b) 所示。

在二轴晶光率体中通过光率体中心只能截出这两个圆切面，也就是只有两个光轴（故称二轴晶）。两个光轴之间的夹角称光轴角，锐角夹角用符号 2V 表示。二光轴之间的锐角等分线用 Bxa 表示，二光轴之间的钝角等分线用 Bxo 表示。

二轴晶的 3 个主轴折射率 N_g、N_m、N_p 的大小值决定了二轴晶矿物的光性符号。N_m 值接近 N_p 值时 $N_g-N_m>N_m-N_p$，为正光性（＋），N_m 较接近 N_p，以 N_m 为半径所作的两个圆切面较靠近 N_p，所以两个光轴之间的锐角等分线 Bxa 即为 N_g 轴[图 3-1-36(a)]；N_m 值如接近 N_g 值即 $N_g-N_m<N_m-N_p$ 时为负光性（－），Bxa 即为 N_p 轴[图 3-1-36(b)]。

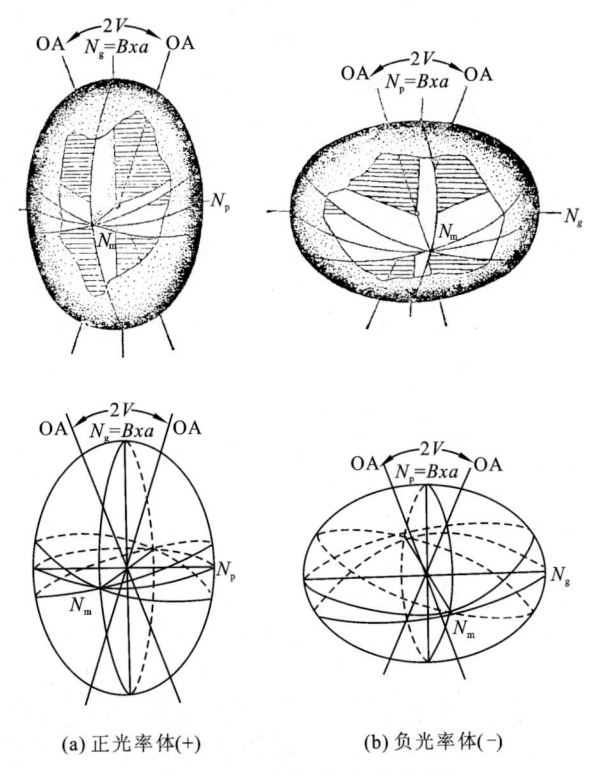

(a) 正光率体(+) (b) 负光率体(-)

图 3-1-36 二轴晶正、负光率体

这样看来光性符号也可以依 $Bxa=N_g$，$Bxo=N_p$ 时为正光性（＋）；$Bxa=N_p$，$Bxo=N_g$ 时为负光性（－）。

2V 的大小可大致以下列公式计算：

$$(+) \tan V \approx \sqrt{N_m-N_p/N_g-N_m}$$

（一）$\tan V \approx \sqrt{N_g - N_m / N_m - N_p}$

二轴晶光率体的主要切面有垂直光轴的、平行光轴的、垂直 Bxa 的、垂直 Bxo 的和斜交的几种，分别简述如下。

(1) 垂直光轴的切面为圆切面，其 N_m 为半径，如图 3-1-37(a)所示。光波沿光轴入射，即垂直这种切面入射，不发生双折射，也不改变入射光的振动方向，其折射率为 N_m，双折率为零。

(2) 平行光轴的切面为椭圆切面，其长短半径分别为 N_g、N_p，如图 3-1-37(b)所示。光波垂直于这种切面入射，即沿 N_m 入射时发生双折射，分解为平行 N_g 及 N_p 的两种偏光，其折射率值分别为 N_g、N_p，$N_g - N_p$ 为双折率，是二轴晶最大折射率。

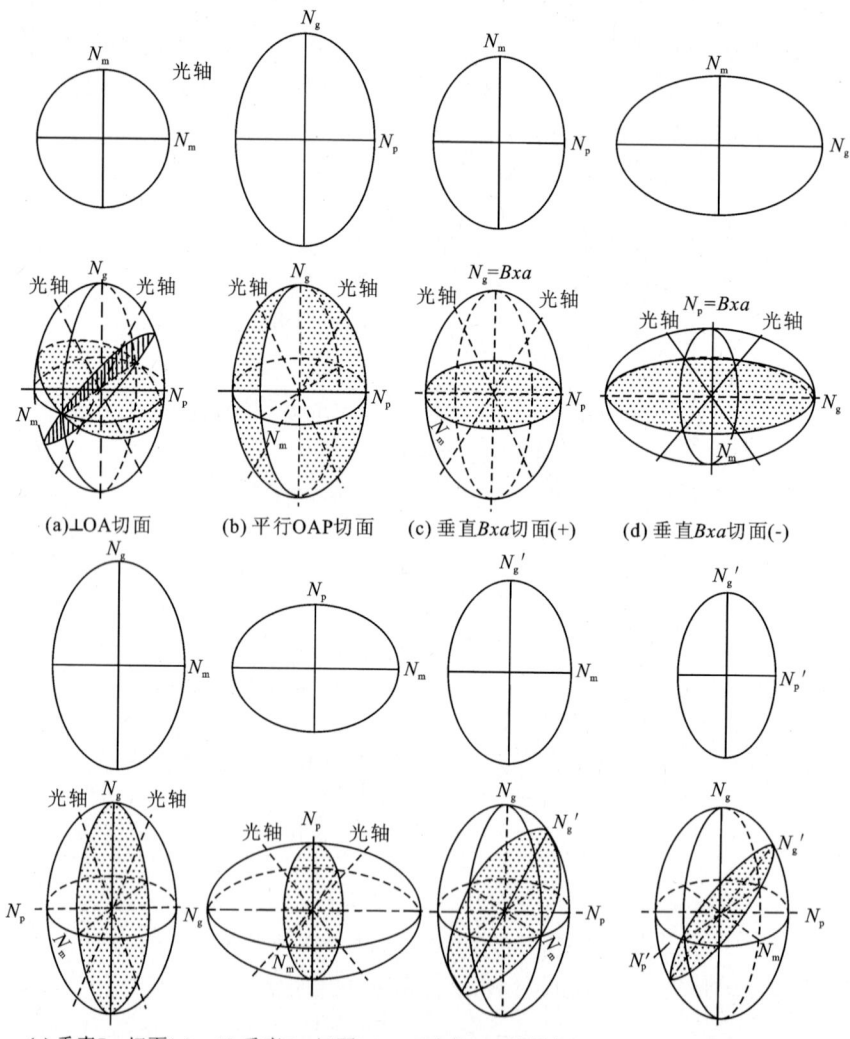

图 3-1-37 二轴晶光率体的主要切面

(3) 垂直 Bxa 的切面为椭圆切面，正光性晶体相当于 $N_m N_p$ 主轴面，如图 3-1-37(c)所示；负光

性晶体相当 $N_g N_m$ 主轴面,如图 3-1-37(d)所示。垂直于这种切面的入射光也就是沿 Bxa 方向入射时,发生双折射,分解成平行 N_m、N_g 轴或 N_m、N_p 轴,两个振动方向的偏光,折射率值分别为 N_m、N_p 或 N_m、N_g。双折率等于 $N_m - N_p$ 或 $N_g - N_m$,大小介于零到最大值之间。

（4）垂直 Bxo 的切面为椭圆切面,正光性晶体相当于 $N_g N_m$ 主轴面,如图 3-1-37(e)所示;负光性晶体相当于 $N_m N_p$ 主轴面,如图 3-1-37(f)所示。光波垂直于此种切面入射,即沿 Bxo 方向入射时,发生双折射,分解形成平行 N_m 与 N_g 轴的或 N_m 与 N_p 轴的两种振动方向的偏光,折射率分别等于 N_g、N_m 或 N_p、N_m,双折率等于 $N_g - N_m$ 或 $N_m - N_p$ 其大小介于零到最大值之间。但是不论其光性是正还是负,垂直 Bxo 切面的双折率总是大于垂直 Bxa 切面的双折率。

（5）斜交切面是指既不垂直光轴也不垂直主轴的切面。这种切面在光率体中可有无数个,它们皆为椭圆切面。这种切面大致可分为两类。第一类,垂直主轴面的斜交切面,这种斜交切面的椭圆半径有一个主轴 N_m、N_p 或 N_g；另一个半径为 N_g' 或 N_p'。上述垂直光轴的圆切面实际上是这一类切面中的特殊类型。在任意切面中比较重要的为垂直光轴面的即 N_g、N_p 面的斜交切面,如图 3-1-37(g)所示。在其椭圆长短半径中总有一个是 N_m,另一个则为 N_g'、N_p' 半径。第二类,任意斜交切面的椭圆长短半径分别为 N_g'、N_p',如图 3-1-37(h)所示。光波垂直于这些斜交切面入射时发生双折射,分解形成两种偏光,其振动方向分别平行其椭圆的长短半径方向,折射率分别等于长短半径、双折率等于长短半径之差,大小变化于零与最大值之间。

4.光性方位

光性方位是指光率体主轴在晶体中与结晶轴之间的空间方位关系。它在不同晶系中有所不同。

（1）在中级晶族,四方、三方、六方晶系为一轴晶光率体。不论晶体光性的正负,其光轴与晶体的高次对称轴（Z 轴）一致。如图 3-1-38(a)和图 3-1-38(b)所示。

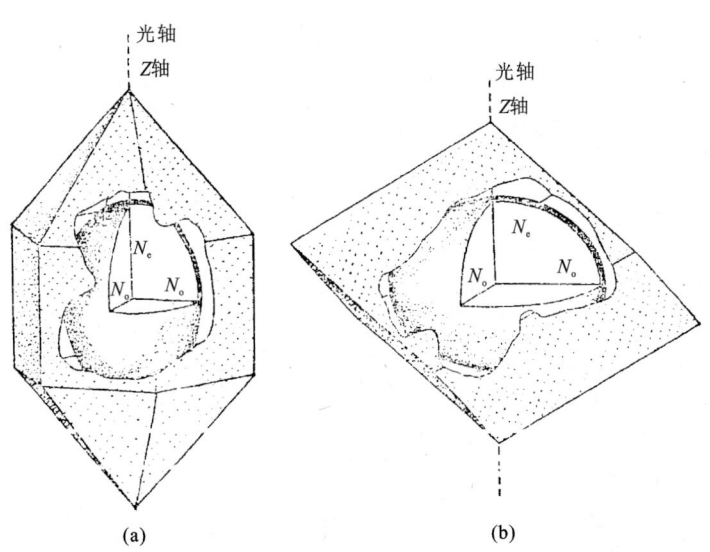

图 3-1-38　中级晶族宝石矿物的光性方位

(2) 在低级晶族,斜方、单斜、三斜晶系为二轴晶光率体,具有 3 个互相垂直的对称轴、3 个对称面、1 个对称中心。如斜方晶系,其光性方位是光率体的 3 个主轴与晶体的 3 个结晶轴重合,至于哪个结晶轴与哪个主轴相重合随各个不同宝石矿物而异。如黄玉:X 轴 $=N_p$、Y 轴 $=N_m$、Z 轴 $=N_g$,如图 3-1-39(a)所示。

单斜晶系晶体,对称要素为 L^2PC,Y 轴为二次轴可与光率体的 3 个主轴之一重合,与其余 2 个主轴斜交,至于哪个主轴与 Y 轴一致,其余 2 个主轴与 Z 轴或 X 轴斜交角度多少,因矿物不同而异。如透闪石:$Y=N_m$、$Z \wedge N_g=15°$,如图 3-1-39(b)所示。

三斜晶系,只有一个对称中心,与光率体的对称中心相当,故晶体的 3 个结晶轴与光率体的 3 个主轴斜交,交角因宝石矿物不同而异。如图 3-1-39(c)为斜长石(An35)的光性方位示意。

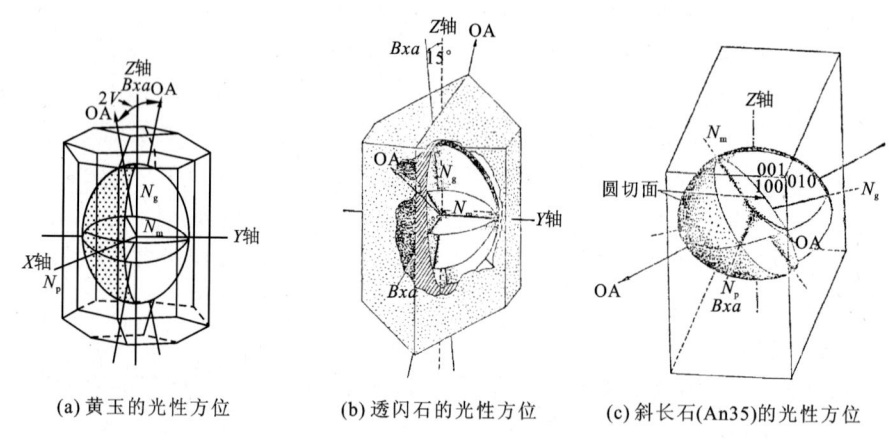

(a) 黄玉的光性方位　　(b) 透闪石的光性方位　　(c) 斜长石(An35)的光性方位

图 3-1-39　黄玉、透闪石和斜长石的光性方位

(九) 关于光率体色散

由于白色光是由 7 种单色光组成,不同的色光在同一个介质中的传播速度不同,其折射率的大小不等,光率体大小形状和晶体中的位置均可发生变化,这些变化称光率体色散。各不同晶系晶体的光率体色散不同。在均质体中各单色光光率体均是圆球体,仅其半径大小不同而形状位置不变。各种宝石矿物的折射率色散强弱不同,通常以紫光与红光的折射率差值表示。如金刚石色散强,$N_v=2.451$,$N_y=2.407$,差值为 0.044;萤石色散弱,$N_v=1.437$,$N_y=1.431$,差值为 0.006;等等。

在一轴晶中各种单色光的主轴折射率 N_o、N_e 随光波波长而变,其改变的又不完全一致,所以光率体的大小和形状可发生变化。

在二轴晶中各色光波的主轴折射率大小发生改变,其 N_g、N_m、N_p 大小的变化不一,因而各色光波光率体的大小、形状可发生改变,光率体在晶体中的位置是否改变,在各晶系中又有所不同,所以二轴晶光率体色散比较复杂。

在宝石矿物中大多数色散比较弱,光率体色散并不明显,除少数宝石矿物(如方解石)的色散较强(能引起某些光学性质发生变化)外,一般在镜下观察中对它可忽略不计。

(十) 宝石矿物晶体光学性质的综合观察及偏光显微镜的应用

偏光显微镜是带有偏光装置,而且从理论上讲,能将物体放大到几千倍的仪器,它与一般显微镜所不同的主要是有两个偏光镜,(一个上偏光镜,一个下偏光镜),两者的振动方向可使其互相垂直(一般下偏光镜左右,上偏光镜前后,振动方向二者正交),其上有不同倍数的目镜(一般有 6×、8×等),接近载物台有不同倍数的物镜(3.2×为低倍、10×为中倍、45×为高倍),物镜倍数与目镜倍数的乘积即为放大倍数。目镜与上偏光之间有勃氏镜,为更清晰地观察细小矿物的干涉图而设,它可以上下左右移动。载物台上有刻度,载物台下有下偏光镜,其下还有聚光镜及反光镜,另外还附有石膏板等各有关补色附件(详见后)。

不过用偏光显微镜不是直接观察样品,而是首先要将所测样品切磨成薄片,再进行观察。偏光显微镜一直是一个很权威的检测晶体光学性质的常规仪器。

不同国家不同厂家出产的偏光显微镜虽外观上有所不同,但是原理、功能上大同小异。现以莱兹产 MK 型偏光显微镜为例,简单说明其装置,如图 3-1-40(a)所示,偏光显微镜的构造系统(按一般偏光显微镜观察锥光时的设置)如图 3-1-40(b)所示。

它的优点是利用一台偏光显微镜几乎能测定该样品所有的光学性质、数据;缺点是需要切磨薄片,不能对宝石矿物直接进行观察(有的碎小的透明的宝石矿物也可直接观察到)。切薄片往往有局限性,不一定能代表整体宝玉石,需要多切几片,而且在一些显著变化的部位都要切。因此需再以统计学的方法纵览全局,有时还要切定向薄片,以弥补其不足。

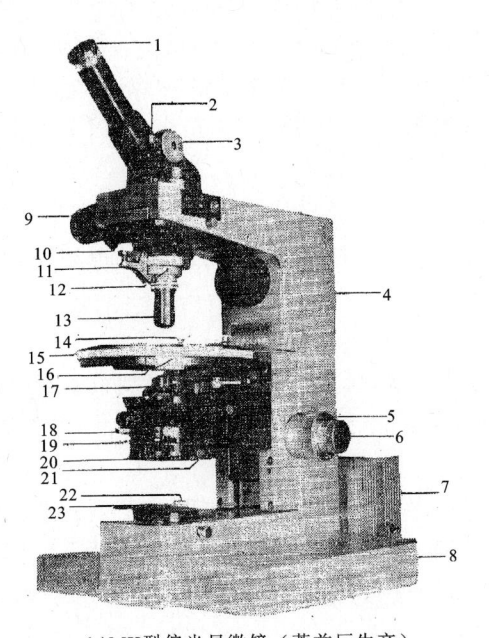 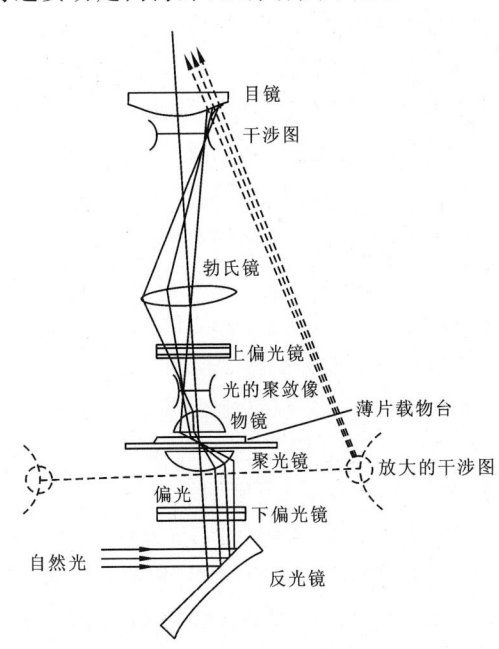

(a) MK 型偏光显微镜(莱兹厂生产)　　(b) 偏光显微镜的构造系统

图 3-1-40　MK 型偏光显微镜

1.目镜;2.针孔光阑控制杆;3.勃氏镜控制器;4.镜臂;5.粗动调焦螺旋;6.微动调焦螺旋;7.照明灯;8.镜座;9.上偏光镜;10.试板孔;11.物镜夹;12.物镜中心校正螺丝;13.物镜;14.薄片夹;15.载物台;16.载物台固定螺丝;17.聚光镜;18.聚光镜中心校正螺丝;19.锁光圈(光阑);20.下偏光镜;21.下偏光镜固定螺丝;22.聚光镜控制器;23.滤色片

1. 薄片的磨制

要先将试样(宝玉石料)用小型切割机切成小块薄片,用加拿大树胶粘到载玻璃片上,再把其面磨平磨薄到 0.01～0.03mm，再用加拿大树胶粘盖，盖好盖玻璃片即完成制片，如图 3-1-41 所示。图 3-1-42 为琥珀薄片在偏光显微镜下的图像。

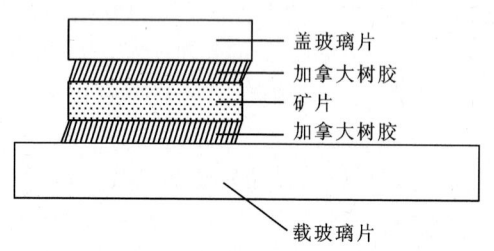

图 3-1-41　岩石薄片制作示意图（厚度放大）

图 3-1-42　偏光显微镜下照片：（举例）
琥珀嵌布于石英、长石晶粒之间
（黑色者为琥珀，白色者为石英，灰色棱角状者为
长石；正交偏光，视域直径 1.8mm，40×）

2. 偏光显微镜及偏光显微镜的使用方法

开始先要选好目镜与物镜镜头，再将制备薄片紧夹于载物台上，转动升降螺旋对准焦距，转动反光镜调节照明到视域最亮，然后校正显微镜的载物台旋转轴、物镜中轴和镜筒中轴使其在一条直线上。只有这一系在一条直线上旋转载物台，视域中心十字交点的物像才不会动，其周围物像随绕中心作圆周旋转运动。可随时移动薄片找到要观察的物像，将要观察的宝石矿物移到视域中心处，再校正好上下偏光镜，使其振动方向东西南北正交，并且分别与目镜十字丝平行，即可进行观察。

3. 单偏光镜下晶体的光学性质的观察

单偏光就是只用一个偏光（通常是用下偏光），推开其他部件，上部用低倍目镜和中低倍物镜，下部将反光镜对好光源，使视域达到最明亮。

单偏光镜下能够观察、测定的主要项目有以下几个。

（1）形态。一个颗粒由不同方向切，可切出不同形状，所以在镜下就要多观察甚至结合标本样品而定。一般常见的形态除有各种柱状、片状、粒状之外，还可有针状、板状、纤维状、网状、放射状、球粒状、不规则块状等。

（2）解理。观察解理的完整程度、组数，更要多观察一些切面，综合判断。要测解理的夹角，测定方法为：先选择合适切面，使一组解理平行目镜十字丝，载物台上读数（设为 a），再旋转载物台使另一组解理平行竖丝，再读载物台上现在的读数（设为 b），两次读数之差（即 a 与 b 之差）即为所测解理之夹角。

（3）颜色。均质体宝石矿物各方向的颜色及颜色深浅相同。当然厚度大者颜色深。

（4）多色性及吸收性。非均质体宝石矿物因光的振动方向不同表现在偏光镜下各方向的颜色及颜色深浅不同。颜色不同为"多色性"，深浅不同为"吸收性"。一轴晶有 2 个主要颜色，分别与 N_e、N_o 相当；二轴晶矿物有 3 个主要颜色，分别与光率体三主轴 N_g、N_m、N_p 相当。一般一轴晶平行光轴或二轴晶平行光轴面切片的颜色最明显，现以电气石为例说明之，如图 3-1-43 所示。电气石平行 Z 轴的多色性，垂直光轴切片不具多色性，其他方向切片多色性明显程度介于两者之间。另外薄片越厚多色性越明显。

观察多色性仍需要多观察几个视域相对比较、统计确定。

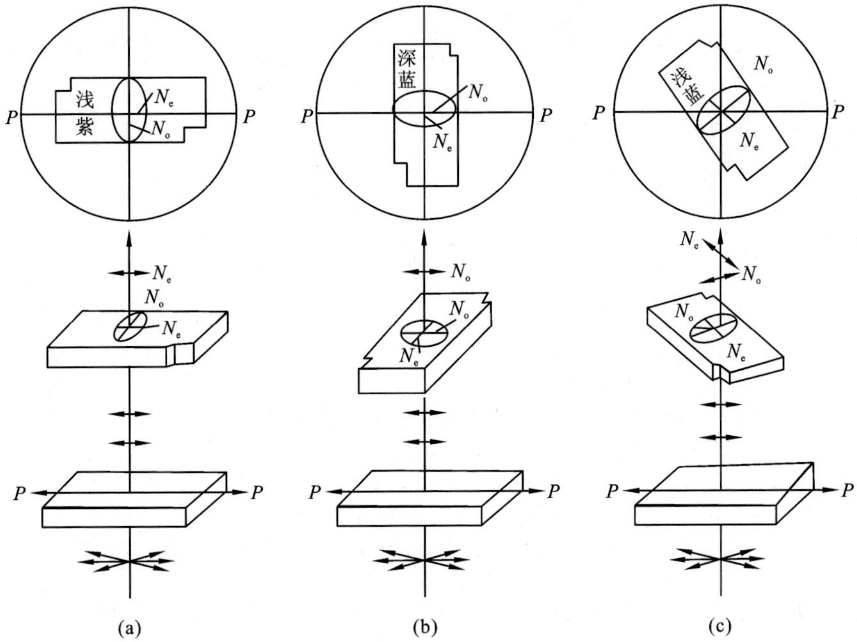

图 3-1-43　电气石平行 Z 轴切片的多色性与吸收性

光的振动方向平行 N_e，平行 N_e 方向振动的偏光进入电气石后沿 N_e 方向振动，对光波选择吸收后，综合形成透出电气石的色光，电气石呈现浅紫色，如图 3-1-43(a)所示。

下偏光的振动方向平行 N_o 方向振动的偏光进入电气石后沿 N_o 方向振动，对光波选择吸收后，混合形成透出电气石的色光，电气石呈现深蓝色，如图 3-1-43(b)所示。

下偏光的振动方向斜交 N_e、N_o 方向振动的平行 PP 振动方向的偏光，分解形成两种偏光：一种振动方向平行 N_e，另一种振动方向平行 N_o。因而电气石的颜色也显示浅紫与深蓝两种颜色的过渡(呈浅蓝色)，如图 3-1-43(c)所示。

即 N_e=浅紫色，N_o=深蓝色(为多色性公式)。

N_o 的颜色比 N_e 的颜色深，表示光波沿 N_o 方向振动总吸收强度大。

即 $N_o > N_e$(为吸收性公式)。

(5) 宝石矿物边缘与贝克线。折射率不同的宝石矿物，在接触处可以看到比较黑暗的边为矿物边缘，在这一边缘附近还可看到一条比较明亮的线，升降镜筒时这条线会移动，这条线就是贝克线。矿物边缘与贝克线都是因宝石矿物的反射、折射作用而产生。如果折射率大的宝石矿物盖在折射率小的上面，或折射率小的盖在折射率大的上面，在其接触处，光线要向折射率高的一方折射，两者的差值越大则接触的边界越粗、越黑暗。在接触界线的另一边形成贝克线，提升镜筒时，贝克线向折射率高的矿物移动；下降镜筒贝克线向折射率低的矿物移动。观察贝克线，可判断两相邻宝石矿物折射率的大小。缩小锁光圈使视域变暗，贝克线更清晰。

(6) 宝石矿物糙面与突起。在单偏光镜下有的宝石矿物表面光滑，有的表面呈麻点状，为糙面。因矿物折射率与盖在上面的加拿大树胶折射率不同，经反射、折射所引起(也有的与表面磨光程度有关),二者差值愈大糙面愈清晰,其形成原因如图 3-1-44 所示。

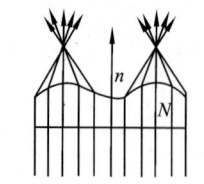 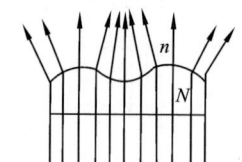 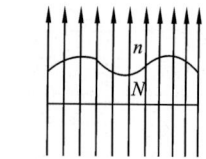

(a)矿物折射率>加拿大树胶的折射率　　(b)矿物折射率<加拿大树胶的折射率　　(c)矿物折射率=加拿大树胶的折射率
　　　　$N>n$　　　　　　　　　　　　　　　　$N<n$　　　　　　　　　　　　　　　　$N=n$

图 3-1-44　糙面形成原因

由于这一原因,看起来不同矿物有不同高度,有的高、有的低,此谓突起。同样矿物与加拿大树胶的折射率差值愈大,则突起愈高,矿物的折射率大于加拿大树胶的折射率为正突起;反之为负突起。浅蓝色细线在矿物一边,黄色细线在加拿大树胶一边为正突起;反之为负突起。提升镜筒贝克线向矿物一方移动为正突起;向加拿大树胶一方移动为负突起,如图 3-1-45 及表 3-1-8 所示。

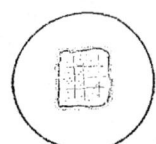 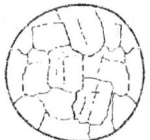 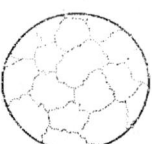 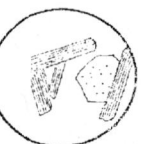 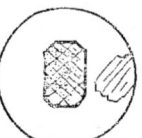 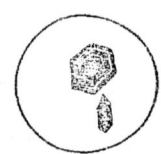

(a)负高突起　　(b)负低突起　　(c)正低突起　　(d)正中突起　　(e)正高突起　　(f)正极高突起

图 3-1-45　突起等级示意图

表 3-1-8　突起等级及边缘特征简表

突起等级	折射率	糙面及边缘特征	实例
负高突起	<1.48	糙面及边缘显著,提升镜筒,贝克线移向树胶	萤石
负低突起	1.48~1.54	表面光滑,边缘不明显,提升镜筒,贝克线移向树胶	正长石
正低突起	1.54~1.60	表面光滑,边缘不清楚,提升镜筒,贝克线移向矿物	石英、中长石
正中突起	1.60~1.66	表面略显粗糙,边缘清楚	透闪石、磷灰石
正高突起	1.66~1.78	糙面显著,边缘明显而且较宽	辉石、十字石
正极高突起	>1.78	糙面显著,边缘很宽	榍石、石榴石

还有双折率很大的矿片,在转动载物台时,突起高低可发生变化,称为闪突起,这一现象较为少见,但常见矿物方解石就有这种情况。

在单偏光镜的观察中,有很多如颜色、形态等不用偏光镜肉眼也可以观察到。当然在偏光镜下、载物台上则更稳定,放大后可以看得更清楚。看宝石戒面、饰品或一些宝玉石材料,可以更清楚地看到包体,包体的颜色、轮廓、性质等尤为清晰。

4. 正交偏光镜下晶体光学性质的观察

除用下偏光镜外,再推入上偏光镜,并使上、下偏光镜的振动方向互相垂直,即构成正交偏光。由于上、下偏光镜振动方向互相垂直,所以如果上、下偏光镜间不放矿片,则视域全黑;若在上、下偏光镜间的载物台上放置矿片,则由于矿片上矿物的性质和切片的方向不同,而出现消光或光的干涉现象。

(1) 关于消光、干涉色及补色器。

A. 消光。如前所述,在正交偏光间呈现黑暗是为消光,矿片为均质体或非均质体垂直光轴的因其光率体切面是圆切面,不发生双折射,矿片呈现消光,旋转载物台 360°,消光现象不变,为全消光。而如果是非均质体其他方向的矿片,旋转载物台一周时,矿片上的光率体椭圆半径与上、下偏光镜的 PP、AA 振动方向有 4 次平行机会,故出现 4 次消光,消光现象可参看图 3-1-29(b)。但上、下偏光镜的振动方向已知,故可推断出矿片上光率体的椭圆半径的位置,矿片上不发生消光的位置,即与上、下偏光镜振动方向斜交时矿片光亮,而且发生光的干涉作用。

B. 干涉色。非均质体的光率体椭圆半径 K_1、K_2 与上、下偏光镜振动方向 PP、AA 斜交时,下偏光镜平行 PP 的偏光进入矿片后发生双折射,分解成平行 K_1、K_2 的两种偏光,如图 3-1-46 所示。K_1、K_2 的折射率不相等,$nK_1 > nK_2$,在矿片中的传播速度不相等,K_1 为慢光,K_2 为快光,二者则产生光程差 R,但 K_1、K_2 透过矿片在空气中传播时,传播速度又相同,故以相同光程差到达上偏光镜,两者又与上偏光镜的振动方向 AA 斜交,K_1、K_2 进入上偏光镜时又分解成 K_1'、K_2' 和 K_1''、K_2'',成为 4 种偏光,但其中的 K_1'' 和 K_2'' 的振动方向垂直上偏光镜的振动方向 AA,因而不能透过上偏光镜,只有 K_1'、K_2' 可以通过,成为频率相同、光程差固定、在同一 AA 平面上振动的两束光。所以两者会发生干涉,干涉的结果则完全决定于两偏光之间的光程差。而光程差又为矿物的性质、切片的厚度和切片的方向所决定。这又都与宝石矿物的双折率有关。但不同矿物的最大双折率可以不同,同一矿物切片方向不同,双折率也不相同。如前所述,平行光轴面或光轴的切面双折射率最大,垂直光轴或光轴面的切面双折射率最小。其他方向切面的双折射率介于其最大和最小之间。

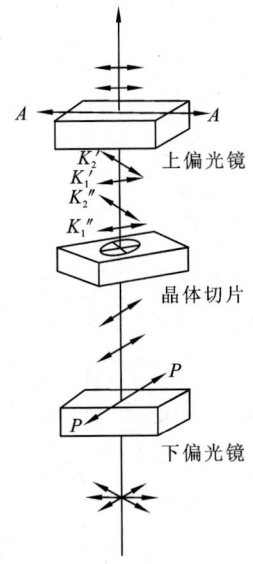

图 3-1-46 矿片上光率体椭圆半径与上、下偏光镜振动方向斜交时,光波透过晶体切面情况

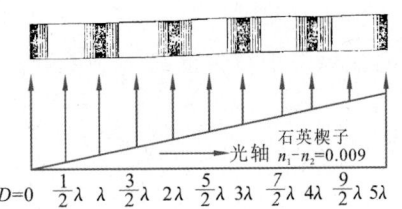

图 3-1-47 用单色光波照射石英,在正交偏光镜间出现的明暗条带

在正交偏光间,将石英楔插入试板孔(是偏光显微的附件,该石英楔成楔形一头薄逐渐变厚,光程差逐步增大),如图 3-1-47 视域中即出现干涉色,这种干涉色是白光干涉的结果,是所有未被抵消的色光的混合。这种干涉色与以上所提到的单偏光镜下矿片的颜色不同,不可混淆。随着石英楔的慢慢插入,干涉色将由低到高出现变化,这种变化即构成干涉色的级序,可分为一级、二级、三级、四级等。又依干涉色级序、光程差、双折射率及薄片的厚度之间的关系制成色谱表如图 3-1-48。今将其干涉色色谱表及各级序的颜色特点,标示于图 3-1-49(有色图)之中。该表是根据光程差、薄片厚度、双折率三者的关系构成,若已知其中的两个数据,查表就自然可以得出第三者。

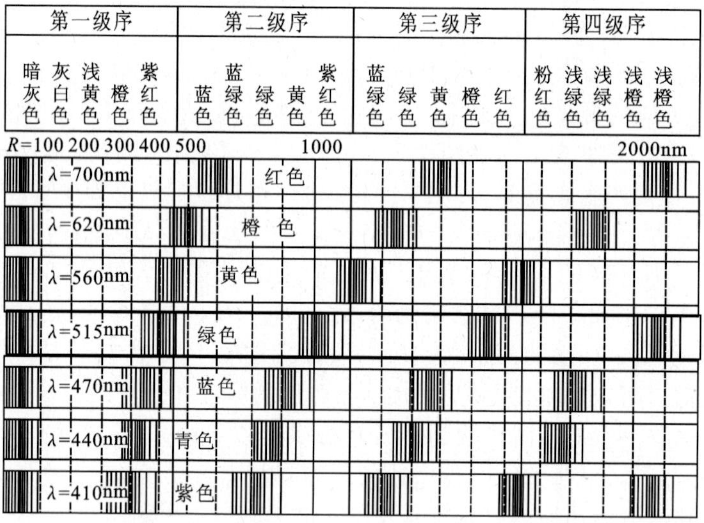

图 3-1-48　正交偏光间不同波长光波透出石英楔干涉所构成的明暗条带

值得注意的是有少数宝石矿物的双折率色散很强,呈现出色谱表上没有的干涉色,可称"异常干涉色";也有的二轴晶矿物因光率体色散而影响干涉色,表现为在消光位却有暗红、暗蓝出现,如钛辉石即是。还有干涉色级序特高的矿物,异常干涉色较难以辨认,颜色较深的宝石矿物如角闪石、辉石等的干涉色可受干扰和掩盖而难以观察其级序等。

C. 补色器。补色器是偏光显微镜的重要附件,用于在正交偏光间测定晶体光学性质。偏光显微镜里所附的补色器,是已知光率体椭圆半径名称及光程差的。当补色器推入镜内,如其光率体椭圆半径为同名半径相平行,总光程差等于两光程差之和,矿片之干涉色级序升高;异名半径相平行时,总光程差等于两光程差之差,干涉色级序降低(比原干涉色高的矿片低,比原来干涉色低的不一定低。如果 $R_1=R_2$,总光程差 $R=0$,则矿片理论上变黑)。

根据补色器(已知)来测定矿片光率体的椭圆半径名称及光程差,如图 3-1-50 所示。

第三章 宝石及宝玉石材料的物理性质

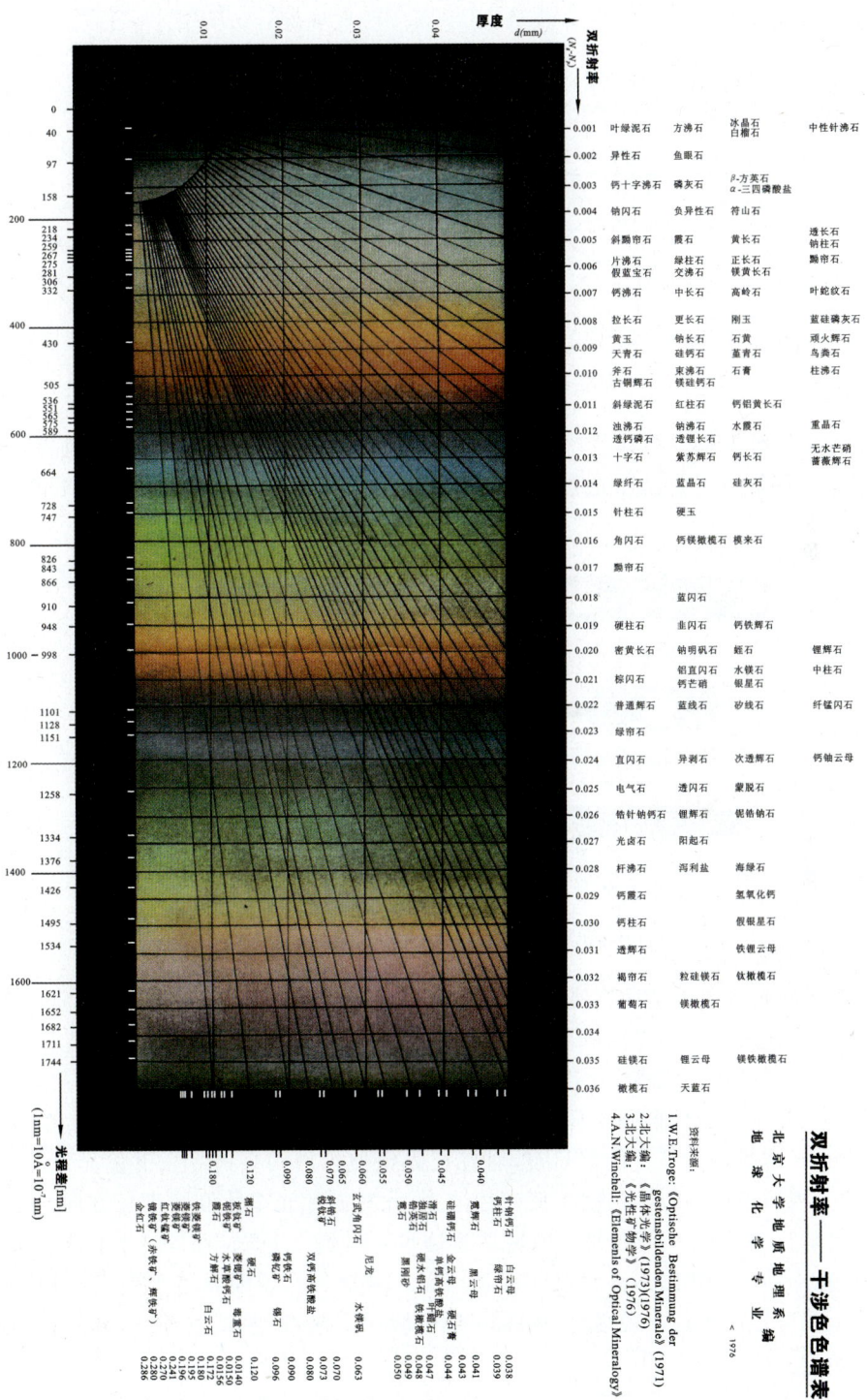

图 3-1-49 双折射率——干涉色色谱表

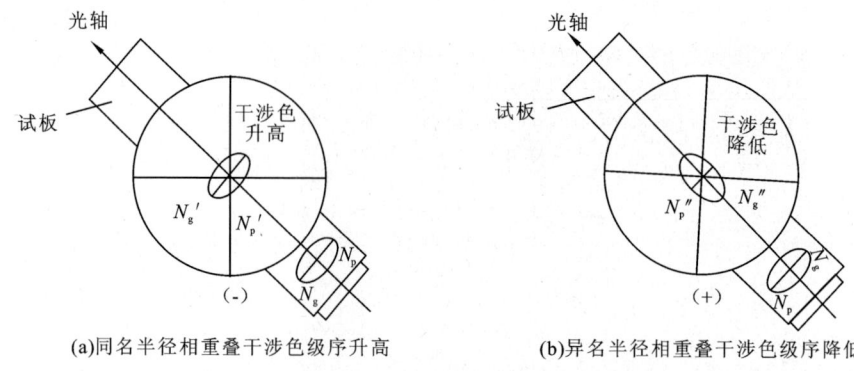

(a) 同名半径相重叠干涉色级序升高　　(b) 异名半径相重叠干涉色级序降低

图 3-1-50　补色法则示意图：插入试板

在偏光显微镜里所附的补色器有石膏试板、云母试板、石英楔及贝瑞克消色器等，如图 3-1-51 所示。这些补色器是已知光率体椭圆半径的名称及光程差的矿片，而且都已经注明在试板上。

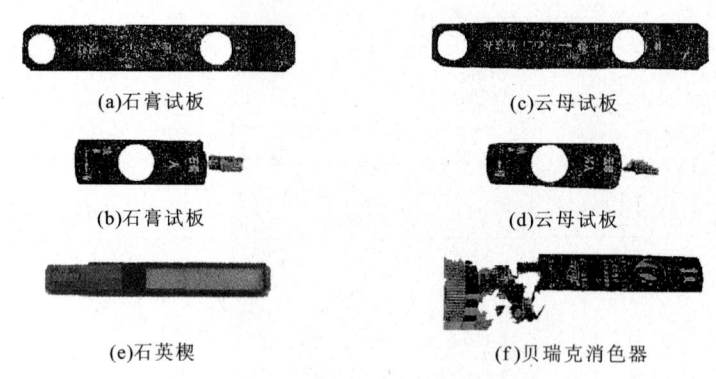

图 3-1-51　偏光显微镜里的补色器

(2) 正交偏光下主要光学性质的观察与测定。正交偏光镜下矿片光学性质的观察与测定，包括光率体椭圆半径的方向和名称，干涉色级序，双折射率，消光类型与消光角，晶体的延性符号，双晶及包裹体的观察、测定等。

A. 测定矿片上光率体椭圆半径的方向和名称。这主要是指对非均质体矿片的观察，具体测定方法为：先选中倍物镜及低倍目镜，对好反光镜使视域明亮，将上、下偏光镜振动方向垂直，置矿片于视域中心，转动载物台，使矿片消光，此时矿片光率体椭圆半径方向与上、下偏光镜振动方向平行，如图 3-1-52(a) 所示；转动载物台 45°[图 3-1-52(b)]，矿片干涉色最亮，然后入推试板，看干涉色。如图干涉色级序级低[图 3-1-52(c)]，说明异名半径相平行（试板上有半径名称），故可定出矿片半径名称；如果干涉色级序升高，说明试板与矿片同名半径相平行[图 3-1-52(d)]。

B. 观察和测定晶体的干涉色级序。选择干涉色最高的颗粒进行观察，一般是观察颗粒最外圈，如果边缘是一级灰白，向颗粒中心级序逐步升高，可见有几条红色细小条带，如有一条红带则干涉色为二级；如果有 n 条红带则干涉色为 $n+1$ 级；如果边缘不是一级灰白则采用加石英楔的方法，可先将矿片置于视域中心，转动载物台使其消光后，再转动载物台 45°，矿片上干涉色最亮时插入石英楔,如矿片上随石英楔插入而干涉色升高,说明石英楔与矿片上光率体圆切面与同名半径平行;再转动载物台90°,则为异名半径平行,干涉色必然降低,继续插入石英楔直至矿片灰暗,再慢慢抽出石英楔,观察在抽出过程中矿片干涉色共出现几次红色,如出现 n 次红色,即干涉色为 $n+1$ 级。

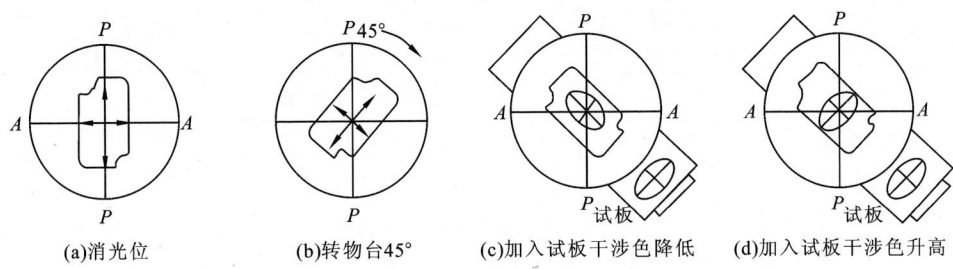

(a)消光位　　　(b)转物台45°　　　(c)加入试板干涉色降低　　　(d)加入试板干涉色升高

图 3-1-52　非均质体矿片上光率体椭圆半径方向和名称的测定

C.测定晶体的双折率。测定宝石矿物晶体的双折率,要在平行光轴(一轴晶)或平行光轴面(二轴晶)的切面上进行,这两种切片的干涉色都是最高,按光程差公式 $R=d(N_1-N_2)$,首先要测出薄片厚度及光程差即可定出双折率。利用石英楔或贝瑞克消色器,先定出干涉色级序,在干涉色色谱上即可求出相应的光程差,薄片厚度一般为 0.03mm,或精确地利用石英、长石在锥光下,根据干涉色或贝瑞克消色器测其光程差及最大双折率可求出其厚度。因同一矿物切片方向不同,双折率的大小不同,所以要测出最大双折率才有意义。

D.消光类型与消光角的测定。分3种消光类型:平行消光,如图 3-1-53(a)矿片消光时解理缝、双晶缝等与目镜十字丝平行;对称消光,如图 3-1-53(c)矿片消光时目镜十字丝为解理缝的等平分线;斜消光,如图 3-1-53(b)矿片消光时解理缝等与目镜十字丝斜交,在矿片消光时解理缝或双晶缝与光率体椭圆半径之间的夹角为消光角。

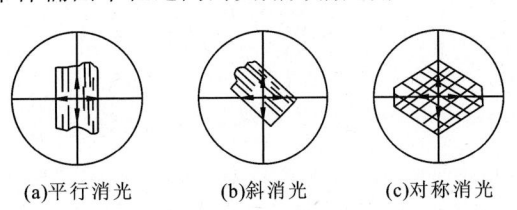

(a)平行消光　　　(b)斜消光　　　(c)对称消光

图 3-1-53　消光类型图示

一般一轴晶及斜方晶系的宝石矿物是不必测消光角的。只有单斜、三斜晶系的宝石矿物,测其消光角方有鉴定意义。

消光角测定的方法:首先要选择单斜晶系干涉色最高的,平行(010)切面或三斜晶系某些特殊方向的切面置于视域中心[图 3-1-54(a)];使解理缝或双晶缝与目镜十字丝竖丝平行,记载物台读数(设为 n_1);转动载物台[图 3-1-54(b)],使矿片到消光位,即矿片上光率体椭圆半径与目镜十字丝一致,记录载物台读数(设为 n_2),两次读数之差(n_2-n_1)即为该矿物之消光角;再转动载物台 45°[图 3-1-54(c)],即目镜十字丝与光率体椭圆半径成 45°角,插入试版,看干涉色级序升高或降低变化,即可测出光率体椭圆半径之名称[图 3-1-54(c)和图 3-1-54(d)]。如果用的是平行光轴面的切片,则长半径为 N_g,短半径为 N_p;如果不是采用的光轴面的切片,则长半径为 N_g',短半径为 N_p'(有的根据解理、双晶缝的性质,还可判断所代表的结晶方向)。

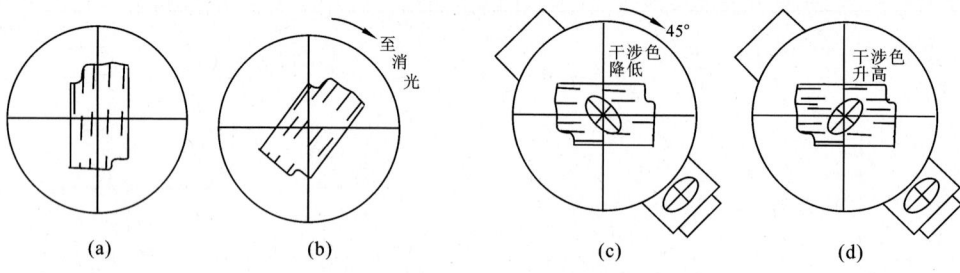

图 3-1-54 消光角的测定步骤

消光角的表示方法:如普通辉石//(010)面上的消光角,可表示为 $N_g \wedge Z = 50°$,因切面平行主轴面;而斜长石垂直(010)切面上的消光角,因切片不平行主轴面,就只能表示为 $N_g' \wedge (010) = 20°$。

E. 测定晶体的延性符号。主要是针对一些长柱状的矿物,如果其延长方向与光率体椭圆的切面长半径(N_g 或 N_g')一致(或其夹角<45°)者称正延性;如与短半径(或 N_p、N_p')一致或其夹角<45°者称负延性。但如果消光角为 45°,或延长方向与 N_m 一致,则正负不分。如图 3-1-55 所示。

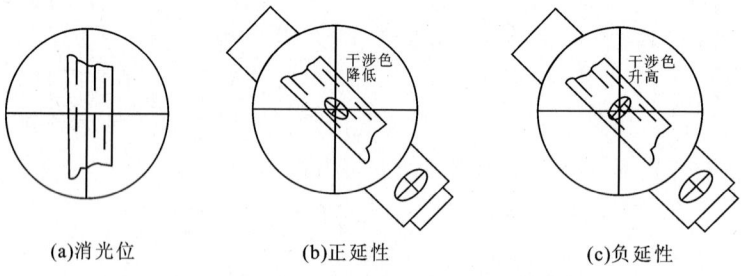

(a)消光位　　　　(b)正延性　　　　(c)负延性

图 3-1-55 延性符号的测定步骤

F. 在正交偏光镜间观察双晶。在正交偏光镜间,宝石矿物的双晶表现为两相邻单体呈一明一暗的现象,原因是两个单体一个围绕另一个旋转了 180°,如图 3-1-56 所示。

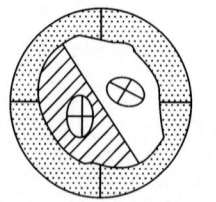 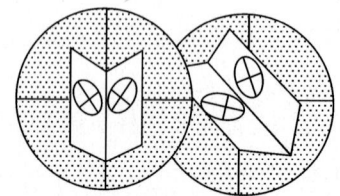

(a)双晶在正交偏光镜间的消光情况　　(b)双晶两单体上光率体椭圆切面与目镜十字丝间的关系

图 3-1-56 在正交偏光镜间观察双晶

宝石矿物双晶在正交偏光镜下的一些表现,一般与肉眼所见者同,而只是对一些小颗粒上的双晶观察可更为清晰而已。

G.在正交偏光镜间观察矿物包裹体。在正交偏光镜间观察包裹体,只不过是放大倍数更大、更清晰,可看出其轮廓;可利用偏光显微镜附件测微尺,测量包体的大小和小颗粒上的液态包体,更易于观察液态包体的流动现象;对固态包体可以进一步定出其矿物名称及其物理光学性质,对进一步研究包体的成因类型有重要意义。

5. 锥光镜下的干涉图图示及晶体光学性质

锥光是把偏光显微镜上的聚光镜、高倍物镜(40×,45×)、勃氏镜(或去掉目镜)都利用上,使透过下偏光镜的平行偏光变为锥形偏光束。这种锥形偏光束,除中央一条光垂直入射光片外,其余的都是倾斜入射光片,愈外倾斜角愈大,所经过的距离愈长,其中的偏光振动面是和下偏光镜的振动平行,如图 3-1-57 所示。在锥光镜下观察到的是偏光锥中各个方向入射光,通过矿片后到上偏光镜所发生的消光与干涉的总结果,这样构成的图像称之为干涉图。

图 3-1-57 通过聚光镜形成锥形偏光束

利用偏光显微镜的锥光镜形成的干涉图,主要可研究观察晶体的轴性、光性符号、光轴角的大小及对晶体准确的定向等。

由于均质体晶体各方向性质一致,对任何方向的光都不发生双折射,这自然在锥光下也不形成干涉图。对非均质体晶体就随轴性和切片方向而异。各不同晶族、不同轴性及不同切片方向锥光下的干涉图如图 3-1-58 所示(为清晰起见主要以黑白线条图示之)。

(1) 锥光镜下出现的干涉图。这一黑十字干涉图形是锥光下一轴晶垂直光轴切片的干涉图,同心圆状色圈愈外倾色圈级序愈高、色圈愈密。宝石矿物的双折率越高,矿片厚度越大,干涉色圈越多;宝石矿物的双折率越低,厚度越小,则色圈越少,折射率较小的干涉色,色圈则仅见一级灰色光环,如图 3-1-58(c)所示。

 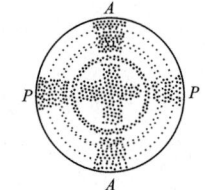 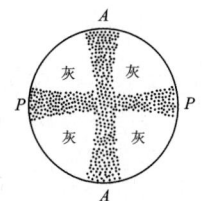

(a)镜下彩色　　(b)双折率大的矿片图示　　(c)双折率小的矿片图示

图 3-1-58　锥光镜下一轴晶垂直光轴切片的干涉图

这种一轴晶垂直光轴切片干涉图中 N_e' 与 N_o 的方位如图 3-1-59 所示。

出现这种黑十字干涉图时,可将石英楔慢慢插入试板孔,如果插入试板后 1、3 象限干涉色级序升高,说明同名半径平行 $N_e>N_o$;干涉色圈向内移动,同时 2、4 象限内干涉色圈向外移动,说明异名半径平行,则同样证明 $N_e'>N_o$,即为正光性[图 3-1-60(a)];如果情况相反,1、3 象限内色圈向外移动,2、4 象限内干涉色圈向内移动则为负光性[图 3-1-60(b)]。

测定光性符号一般在干涉图的色圈多时插入云母试板或石英楔,色圈少或只呈一级灰时则多用石膏试板。根据插入试板后的干涉图变化而定出光性符号。如图 3-1-61(a)和图 3-1-61(b)为插入云母试板后的变化,图 3-1-62 为插入石膏试板后的变化。

如果干涉图色圈又多又密,加入云母试板后情况不好分辨,可再换用石英楔或贝瑞克补色器。用贝瑞克补色器可看出随转动补色器色圈逐渐向内(或向外)连续变化的情况。

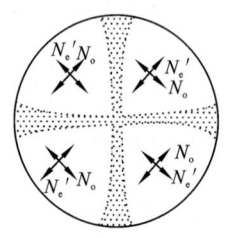

图 3-1-59 一轴晶垂直光轴切片
干涉图中 N_e' 与 N_o 的方位

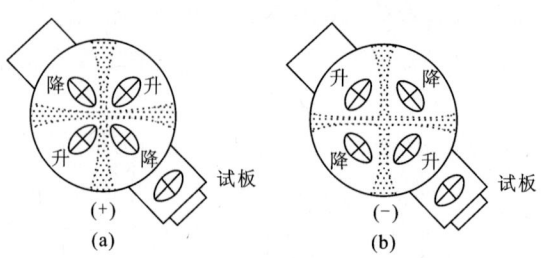

图 3-1-60 测定一轴晶光性符号

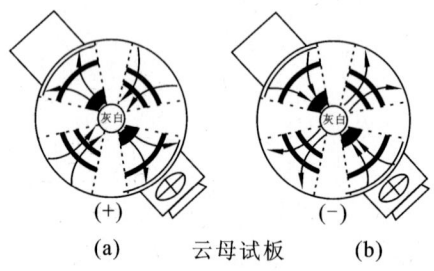

图 3-1-61 干涉色圈多的干涉图
插入云母试板后的变化

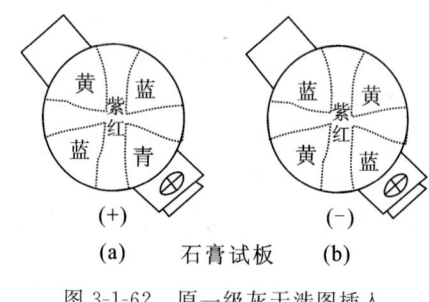

图 3-1-62 原一级灰干涉图插入
石膏试板后的变化

图 3-1-63～图 3-1-68 为一轴晶斜交光轴切片的干涉图,黑十字交点不在视域中心,干涉色色圈也不完整。黑十字交点虽不在视域中心,但仍在视域之内,说明光轴与薄片法线交角不大,旋转载物台,黑十字中心仍在视域内随之旋转,黑臂也上下左右移动,如图 3-1-63 和图 3-1-64 所示;黑十字交点在视域内只能见到一条黑臂及不完整的干涉色色圈,旋转载物台,黑臂仍作平行移动,如图 3-1-65,这可说明光轴与薄片法线交角较大。可以确定黑臂十字交点在视域外的位置,即顺时针旋转载物台黑臂向下移动[图 3-1-65(a)],说明黑十字中心在视域之外的右侧;黑臂向上移动,说明黑十字中心在视域外的左侧[图 3-1-65(b)];黑臂向左移动,说明黑十字中心在视域外的下方[图 3-1-65(c)];黑臂向右移动,说明黑十字中心在视域外的上方[图 3-1-65(d)]。这样确定黑十字的 4 个象限之后,即可测定光性符号,方法同前,如图 3-1-66(a)和图 3-1-66(b)所示。

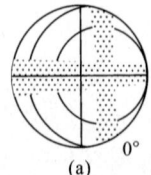 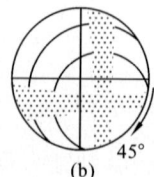 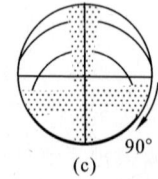 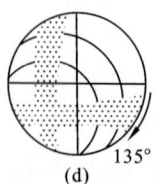

(a) 0°　　(b) 45°　　(c) 90°　　(d) 135°

图 3-1-63 一轴晶斜交光轴切片旋转物台,光轴与薄片法线交角较小,干涉图中黑十字在视域内移动

如果色圈少,仅见一级灰时,可加石膏试板,干涉图变化如图 3-1-67(a)所示;色圈多则加

云母试板,干涉图的变化如图 3-1-67(b)所示。

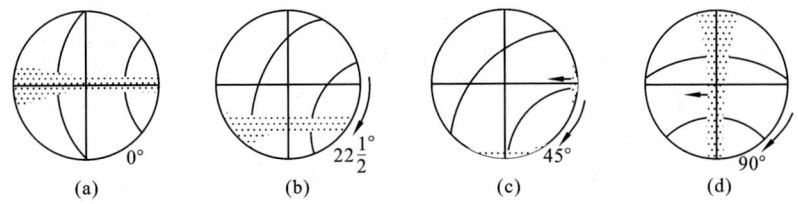

图 3-1-64　一轴晶斜交光轴切片,旋转物台,干涉图中黑臂移动

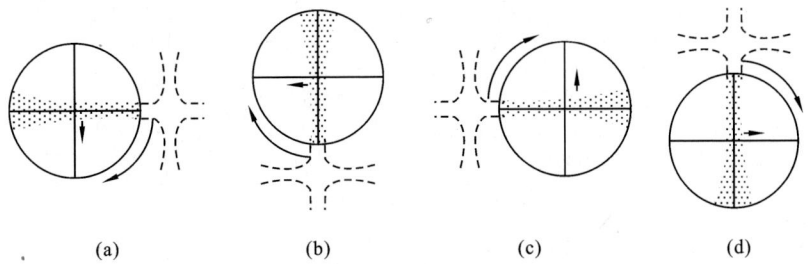

图 3-1-65　一轴晶斜交光轴切片干涉图,旋转物台,黑十字中心在视域之外移动
说明光轴与切片法线交角较大

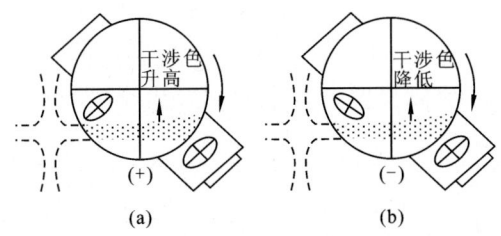

图 3-1-66　测定一轴晶斜交光轴切片干涉图上光性符号

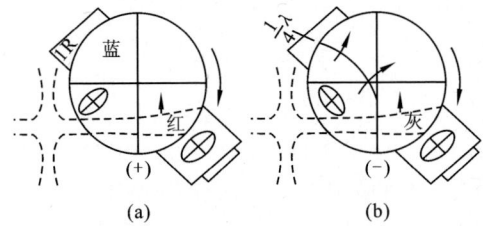

图 3-1-67　一轴晶斜交光轴切片干涉图,加入试板后的变化

如果干涉图黑臂较宽大,旋转载物台时可见弯曲的黑臂,在视域内移动如图 3-1-68(a)～图 3-1-68(f)所示,说明光轴与薄片法线交角很大,这种干涉图无法判断轴性。

图 3-1-69(a)中干涉图是一个大而模糊的黑十字,光轴与上、下偏光镜振动方向之一平行所致。旋转载物台黑十字即退出视域,因变化快,而有"闪图"之称。如果转动 45°,光轴与上、下偏光镜振动方向成 45°角时视域最亮,即光率体椭圆半径与上、下偏光斜交。

图 3-1-69(b)为宝石矿物双折率较大,相对的象限内呈双曲线形成的干涉色带,在光轴所

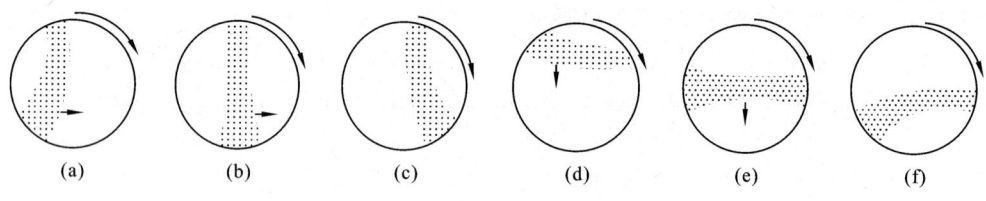

图 3-1-68　一轴晶大角度斜交光轴切片的干涉图

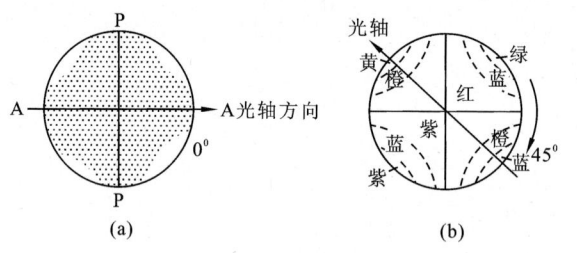

图 3-1-69　平行光轴切片干涉图

在的 2 个象限内,因 N_e 越远越短,所以双折率变小,因而可见干涉色由中心向两边逐渐降低,光轴两边的象限,干涉色由中心向外逐渐升高,这是由于越往外光程差越大之故。而当宝石矿物的双折率较低时,干涉色则为一级灰。即当光轴在 45°位置,视域最亮时插入试板,如干涉色降低说明为异名半径平行,$N_e=N_g$,为正光性(+),如图 3-1-70(a)所示;如插入试板后干涉色升高,说明为同名半径平行,即 $N_e=N_p$,为负光性(−),如图 3-1-70(b)所示(实际上如果光轴方向已知,不用锥光而在正交偏光下,同样可测出光性正负符号,方法同前)。

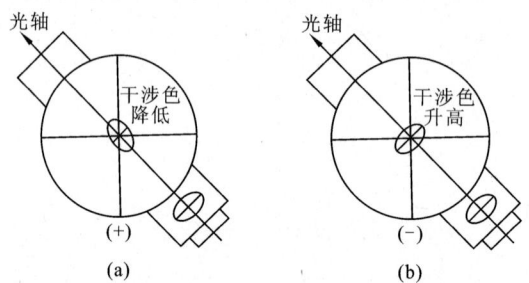

图 3-1-70　测定一轴晶平行光轴切片干涉图光性符号

锥光下二轴晶干涉图比一轴晶复杂,分五种类型的干涉图。先讲垂直锐角平分线(⊥Bxa)切面的干涉图。图 3-1-71(a)、图 3-1-71(b)和图 3-1-71(c)中间为一黑十字,黑十字交点位于视域中心,周边呈 8 字形色圈。黑十字的两个臂分别平行上、下偏光镜,振动方向为 AA、PP,这两个黑臂沿光轴方向较细,在光轴出露点上更细。垂直光轴方向的(即 N_m)较宽,两黑臂交点为 Bxa 出露点,两个光轴出露点 OA 向外干涉色级序逐渐升高,颜色逐渐变浅,色圈越多,双折率越大,矿片越厚干涉色圈越多;反之则少。

黑十字的 4 个象限内出现一级灰,则干涉图中两个黑臂宽度近于相等,如图 3-1-71(D)所示。转动载物台 45°时,黑十字分裂成两个弯曲黑臂,如图 3-1-71(B)和图 3-1-71(E)所示。其顶点为光轴 OA 出露点,两个 OA 的距离最远,其大小与光轴角(2V)的大小成正比。弯曲黑

臂顶点凸向 Bxa 出露点[图 3-1-71(B)和图 3-1-71(E)],两弯曲黑臂顶点代表两个光轴出露点,垂直光轴面方向代表 N_m 方向如图 3-1-71(B)和图 3-1-71(E)所示,再转动载物台 45°,此两黑臂又合成黑十字,但黑十字原来粗的变为细的,原来细的变为粗的[图 3-1-71(C)和图 3-1-71(F)]。再转动载物台至 135°,又同 45°,黑十字又分裂成两个黑臂,转至 180°就恢复原来图 3-1-71(A)和图 3-1-71(D)的特征。这种锥光下的二轴晶干涉图,由图形即可判断轴性及切片方向,但要 2V 较小(2V<80°时,也可以测定光性符号)。

要在光轴面与显微镜上振动方向 AA、PP 呈 45°夹角时测定,原因为干涉图有对称的两个弯曲黑臂[图 3-1-71(B)和图 3-1-71(E)],Bxa 在视域中心出露,弯曲黑臂顶点为光轴出露点,连线为光轴面与图面相交的迹线,通过 Bxa 出露点垂直光轴面的方向为 N_m 方向,在光轴面的迹线上两个弯曲黑臂顶点(光轴出露点)内外的光率体椭圆半径方位,因光性正负不同而异,如图 3-1-72(a)和图 3-1-72(b)所示。

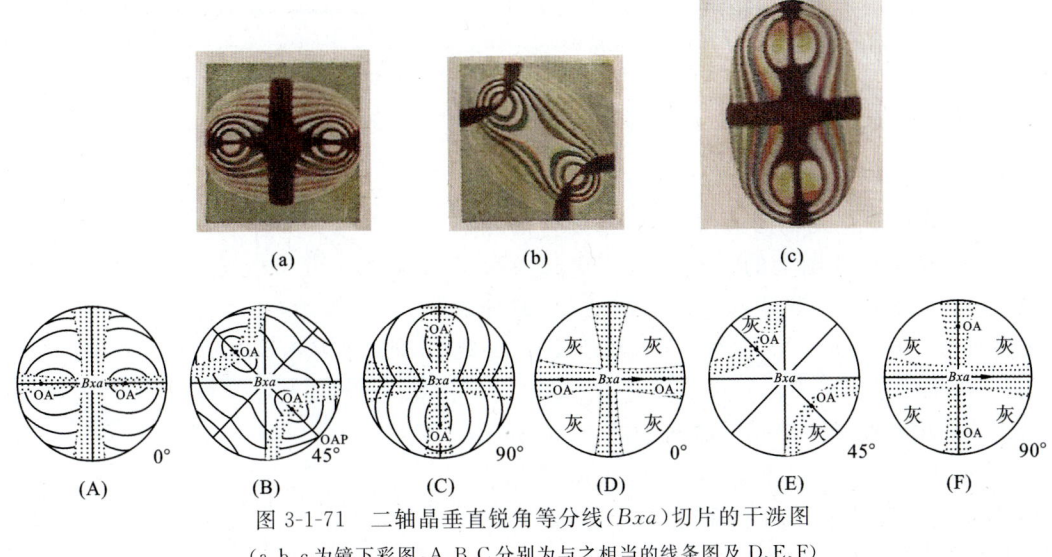

图 3-1-71 二轴晶垂直锐角等分线(Bxa)切片的干涉图
(a、b、c 为镜下彩图,A、B、C 分别为与之相当的线条图及 D、E、F)

二轴晶负光性垂直 Bxa 切片,偏光中央有一条光波沿 Bxa 入射,即沿 N_p 方向入射,如图 3-1-72(a)下为垂直此光波的光率体椭圆切面为 $N_g N_m$ 主轴面,其长短半径分别为 N_g、N_m;图 3-1-72(a)上为偏光中其他方向的光波皆斜交 Bxa 方向入射,在光轴面迹线的 Bxa 与光轴之间,垂直入射光波的光率体椭圆切面长短半径分别为 N_g' 和 N_m;图 3-1-72(a)上平面图中,光轴面迹线上 Bxa 出露点与光轴出露点之间的椭圆切面。垂直沿光轴光率体切面为圆切面,其半径等于 N_m,图 3-1-72(a)上及图 3-1-73,即弯曲黑臂顶点的圆切面,在光轴与 Bxo 之间垂直入射光的光率体,椭圆切面长短半径分别为 N_m 和 N_p',如图 3-1-72(a)上的弯曲黑臂凹方内的椭圆切面。

二轴晶正光性如图 3-1-72(b)所示,垂直沿 Bxa 入射光,光率体椭圆切面长短半径分别为 N_m 和 N_p。在 Bxa 与光轴之间垂直入射光波的光率体椭圆切面,长短半径分别为 N_m、N_p',在光轴与 Bxo 之间的椭圆切面,长短半径分别为 N_g' 和 N_m。

如此说来不论是正光性还是负光性,在干涉图上弯曲黑臂顶点内外,光率体椭圆切面的长短半径名称相反。两黑臂顶点之间与光轴面迹线一致的是 Bxo 投影方向,如图 3-1-73 所示。

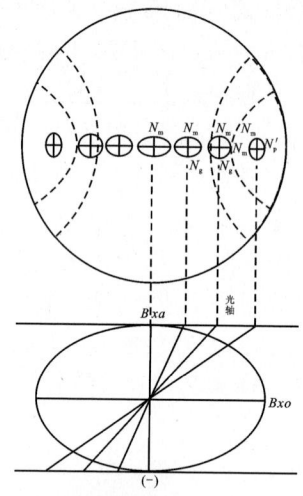
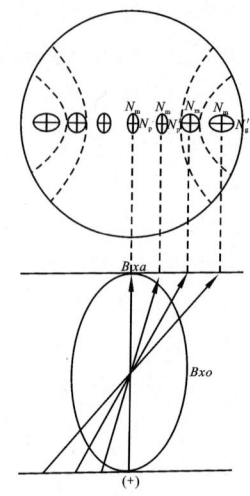

(a) 镜下二轴晶,垂直Bxa切片干涉图,下为沿光轴面的剖面图,负光性

(b) 镜下二轴晶,垂直Bxa切片干涉图,下为沿光轴面的剖面图,正光性

图 3-1-72　镜下二轴晶,垂直 Bxa 切片干涉图及剖面图

在黑臂顶点弯曲带之外,与光轴面迹线一致的是 Bxa 投影方向;垂直光轴面迹线的方向,黑臂内外都是 N_m。知道了干涉图上的 Bxa、Bxo、N_m 之后,可插入试板,根据黑臂内外干涉色的升降变化,即可确定光性正负。即 $Bxa=N_g$ 时为正(+);$Bxa=N_p$ 时为负(−),也就是测定 Bxa 是 N_g 还是 N_p 即可。

干涉图中弯曲带外都是一级灰干涉色,可加石膏试板;弯曲黑臂变为一级红,两弯曲黑臂顶点之间干涉色变为二级蓝,级序升高,是同名轴平行,为 $Bxo=N_p$;黑臂凹方由灰变黄,为色级降低,表示异名轴平行,为 $Bxa=N_g$,是为正光性(+),如图 3-1-74(a)所示。如果干涉色升降与之相反,即 $Bxa=N_p$、$Bxo=N_g$,则为负光性,如图 3-1-74(b)所示。

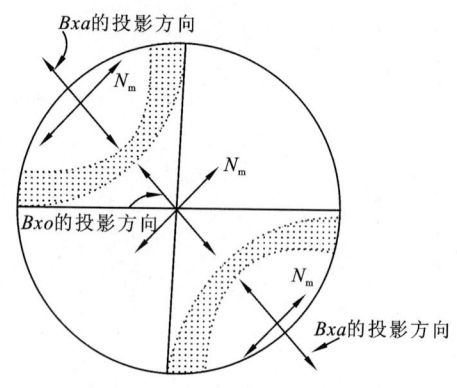

图 3-1-73　二轴晶垂直 Bxa 切片干涉图中,Bxa 与 Bxo 的投影方位

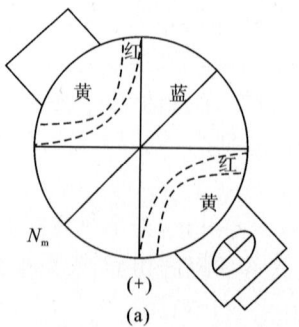
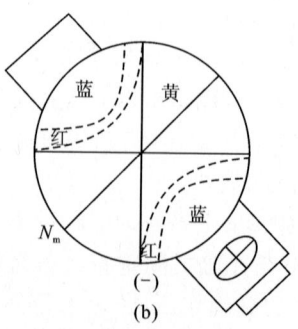

图 3-1-74　二轴晶垂直 Bxa 切片干涉图,弯曲黑臂范围以外仅见一级灰干涉色时,加入石膏试板后,干涉图变化情况

二轴晶干涉图的色圈多者,则可加云母试板。弯曲黑臂变为一级灰白,两弯曲顶点之间干涉色色圈向内移动(表示干涉色升高,即与试板同名半径相遇),即 $Bxo=N_p$;弯曲黑臂凹方出现 2 个小黑点,同时干涉色色圈向外移动,说明干涉色级序降低与试板异名轴相遇,即 $Bxa=N_g$,为正光性;如干涉色升降变化与上述情况相反,证明 $Bxa=N_p$,$Bxo=N_g$,即为负光性,如图 3-1-75(a)和图 3-1-75(b)所示。

2V 如果较大(>80°),则易与垂直 Bxo 切片相混,故不宜用它测定光性符号。

宝石矿物的干涉图光轴出露点在视域中心,当光轴面与上、下偏光镜振动方向之一平行时,只见视域内有一个直的黑臂和双折率较大时出现的干涉色圈,如图 3-1-76(a)所示。转动载物台黑臂开始弯曲,转到 45°,黑臂弯曲度最大,如图 3-1-76(b)所示,黑臂弯曲顶点为光轴出露点位于十字丝交点,黑臂凸向 Bxa 出露点。再转动载物台至 90°,则黑臂弯曲方向改变,变直,如图 3-1-76(c)所示。继续转动载物台至 135°,黑臂又改变方向变为弯曲,如图 3-1-76(d)所示,弯曲黑臂顶点位于视域中心在目镜十字丝的交点者方为垂直光轴的切片,不在中心则不是垂直光轴的切片。

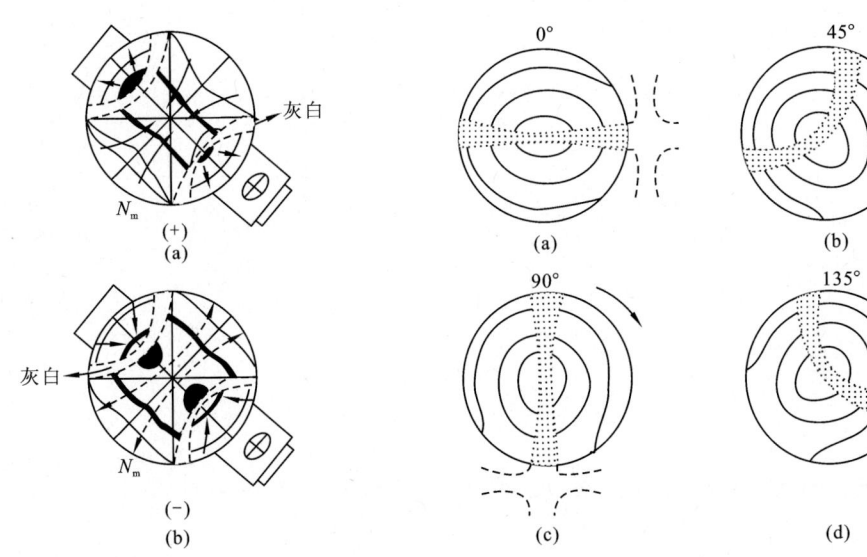

图 3-1-75 二轴晶垂直 Bxa 切片干涉图,色圈多,加入云母试板后干涉图变化情况

图 3-1-76 二轴晶垂直一个光轴切片的干涉图

这种干涉图除可以确定轴性与切片方向之外,也可以测定光性符号,即当光轴面与上、下偏光镜振动方向成 45°时,黑臂凸向 Bxa 出露点,找到 Bxa 出露点和另一黑臂在视域外的方位后,即可照垂直 Bxa 切片测定光性符号的方法,插入试板测定如图 3-1-77(a)和图 3-1-77(b)及图 3-1-78(a)和图 3-1-78(b)所示。

图 3-1-79 为二轴晶斜交光轴切片的干涉图。好像是垂直 Bxa 切片干涉图的一部分,黑臂、色圈都不完整。图 3-1-79 至图 3-1-81 乃二轴晶斜交光轴切片的干涉图,在镜下较为常见,它不与光轴垂直,也不与 Bxa 垂直,但又很接近于垂直,而是近于垂直它们的切片。

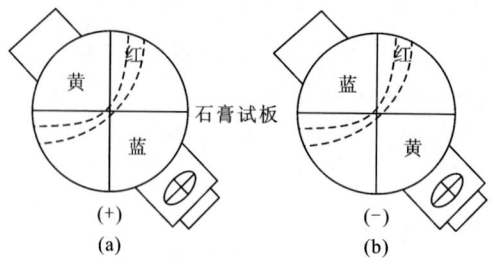

图 3-1-77　二轴晶垂直光轴切片干涉图,黑带范围外仅见一级灰干涉色时,加入石膏试板后干涉图的变化

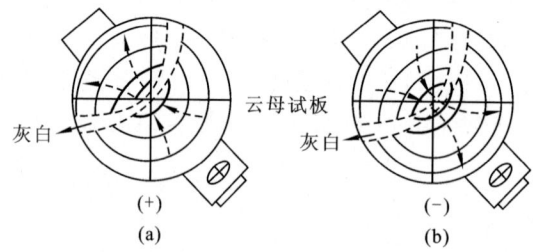

图 3-1-78　二轴晶垂直光轴切片干涉图,色圈多时,加入云母试板后干涉图的变化

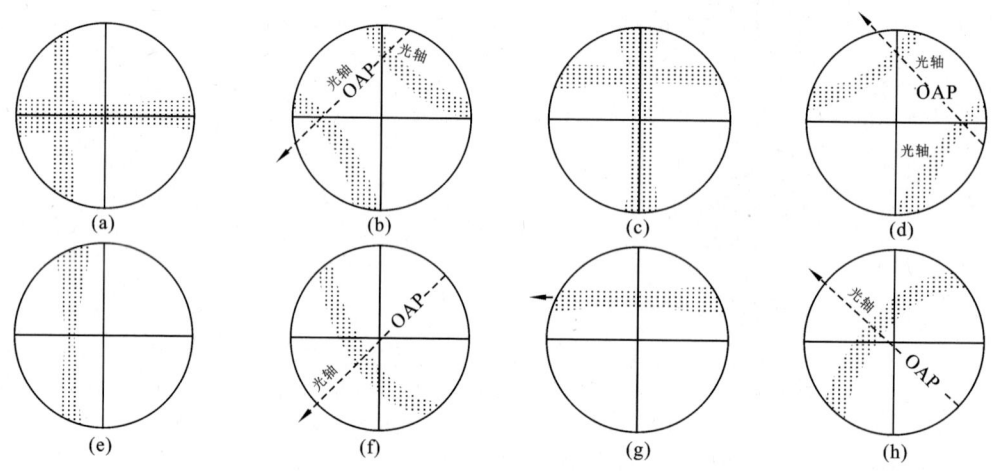

图 3-1-79　二轴晶斜交光轴切片的干涉图

[(a)、(b)、(c)、(d)为二轴晶近于垂直 Bxa 切片的干涉图;(e)、(f)、(g)、(h)为近于垂直光轴切片的干涉图]

在图 3-1-80(a)、图 3-1-80(c)、图 3-1-80(e)、图 3-1-80(g)中黑臂通过视域中心是直的,是垂直光轴面斜交光轴的(因光轴面与上、下偏光镜振动方向之一平行),如果转动载物台 45°,黑臂弯曲,出现图 3-1-80(b)、图 3-1-80(d)、图 3-1-80(f)、图 3-1-80(h)中的情形,黑臂弯曲顶点也不在视域中心,为光轴面与上、下偏光镜振动方向呈 45°角所致。黑臂弯曲顶点如果还位于视域之内[图 3-1-80(b)和图 3-1-80(d)],说明光轴倾角不大;如果黑臂顶点已不在视域之内[图 3-1-80(f)和图 3-1-80(h)],则为光轴倾角较大所致。又如图 3-1-81 所示,黑臂不在视域中心,而是偏到视域一边则说明是光轴面与光轴都斜交的切片,说明光轴面与上、下偏光镜振动方向之一平行。黑臂是直的,如图 3-1-81(a)、图 3-1-81(c)、图 3-1-81(e)、图 3-1-81(g)所

示,转动载物台 45°黑臂开始弯曲,黑臂顶点也不在视域中心,为光轴面与上、下偏光镜振动方向又呈 45°角,若出现图 3-1-81(b) 和图 3-1-81(d),弯曲的黑臂顶点在视域中心,说明光轴倾角不大;如出现图 3-1-81(f) 和图 3-1-81(h),弯曲黑臂又偏到一边,顶点也不在视域之内,则为光轴倾角较大所致。

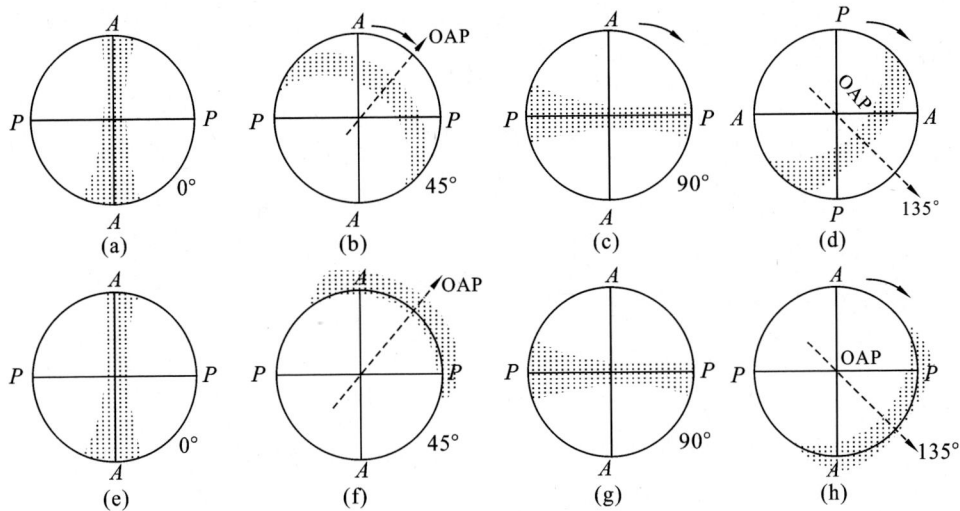

图 3-1-80 二轴晶垂直光轴面、斜交光轴切片的干涉图

[(a)、(b)、(c)、(d)为光轴斜交角度较小的干涉图,光轴出露点在视域内;
(e)、(f)、(g)、(h)为斜交角度较大的干涉图。图中虚线箭头指向 Bxa 出露点]

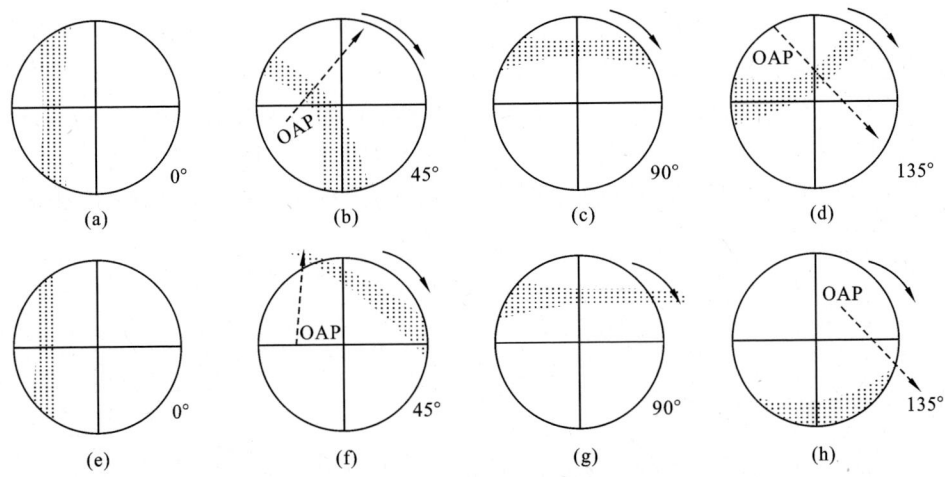

图 3-1-81 二轴晶斜交光轴面及光轴切片的干涉图

[虚线箭头指向 Bxa 出露点,(a)、(b)、(c)、(d)斜交角度较小,(e)、(f)、(g)、(h)斜交角度较大]

这种斜交光轴切片的干涉图,除可用于确定轴性及切片方向之外,也可以测定光性符号。即把它看做是垂直 Bxa 切片干涉图的一部分,转动载物台看黑臂弯曲顶点凸出的方向,按黑臂顶点凸向 Bxa 的出露点,找 Bxa 出露点在视域外的方位,再按照垂直 Bxa 切片干涉图测定光性符号的方法,插入试板进行测定。

垂直钝角等分线（⊥Bxo）切面的干涉图。这一干涉图的特点是一粗大的、较模糊的黑十字，黑十字的4个象限都可出现一级灰，如图3-1-82(a)所示，是光轴面与上偏光镜振动方向之一平行所致。如果出现色圈说明双折率高，这实际上只看见了干涉图中央的一部分，是想象的扩大了的视域。转动载物台45°，黑十字即分裂变为两个双曲线形黑臂，如图3-1-82(b)所示。这时因为很多光率体椭圆半径与PP、AA斜交，黑臂分裂，两个黑臂顶点距离最远，而后退出视域之外，如图3-1-82(c)所示。

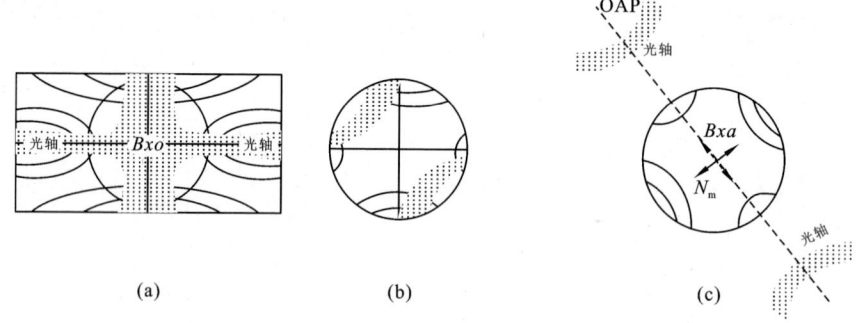

图3-1-82　二轴晶垂直钝角等分线（Bxo）切片的干涉图

这时要看$2V$（光轴交角）的大小，如果交角大，则光轴间锐角与钝角大小相近。⊥Bxo与⊥Bxa两种切片的干涉图相近似不易区别。如果两光轴交角较小则两光轴间钝角大，在⊥Bxo的干涉图上，两光轴出露点距离大，再转动载物台黑十字退出得更快，这就使⊥Bxo的干涉图无法与平行光轴的切片干涉图相区别。只有当黑臂退出视域时，继续转动载物台使两弯曲黑臂靠近，转动载物台90°时，又出现大而模糊的黑十字，这样再转动使其再分离。利用这种垂直钝角等分线的干涉图，仍然可以确定轴性、切片方向和光性符号。即当载物台转动至光轴面与上、下偏光镜振动方向成45°交角时，视域中心为Bxo的出露点。与垂直Bxa切片干涉图相反，在两弯曲黑臂之间与光轴面连线一致的是Bxa投影方向。垂直光轴面连线方向即是N_m，加入试板看其干涉色级序与垂直Bxa切片干涉图干涉级序的升降变化也就正好相反。所以光性符号即可测出。

如图3-1-83(a)中这样粗大的黑十字干涉图，转动载物台黑十字迅速分裂成闪图。转动至45°时视域最亮，为Bxo、Bxa与偏光镜振动方向AA、PP斜交，平行时出现黑十字，如出现干涉色即说明双折率较大，如图3-1-83(b)所示。Bxa方向2个象限中干涉色低；Bxo方向2个象限中干涉色与之相同或稍高。

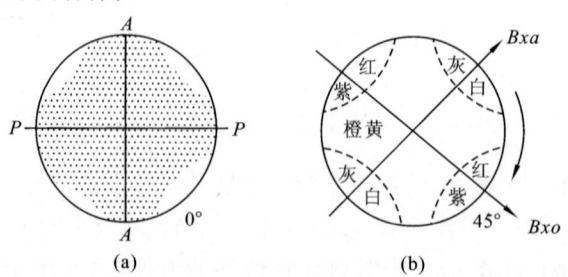

图3-1-83　在锥光下二轴晶平行光轴面切片的干涉图

这种干涉图只可用作测切片方向,如在视域最亮时,视域中心为 Bxo,在 2 个象限连线为 Bxa 时,它的干涉色较低,已知 Bxo 后即插入试板,测出此 Bxo 是 N_g 还是 N_p,即可得出光性符号。

(2) 测定光轴角(2V)的方法一般有如下几种。

A. 在锥光下垂直 Bxa 切片的干涉图上,测量当光轴面与 PP、AA 成 45°夹角时,两弯曲黑臂上光轴出露点之间的距离 $2D$,如图 3-1-84(a) 和图 3-1-84(b) 所示,还要测一个显微镜透镜系统的一个 K 值(常常是用已知矿物光测定出来)。再根据浸油折射率,按公式 $sinV = D \cdot N / K \cdot N_m$ 计算,依此亦可根据 $2D$、K、N_m 值在专门图解中查出,这一方法误差可到 5°~8°。

B. 后来加以改进,除测量两光轴出露点之间的距离外,再测出干涉图视域的直径($2R$),利用物镜的数值孔径($N \cdot A$),不需要再测定 K 值。最后按简化公式 $\dfrac{2D}{2R} = \dfrac{N_m \cdot sinV}{N \cdot A}$ 计算。

式中,$2D$、$2R$ 可用目镜分度尺在干涉图中直接测出,如图 3-1-85 所示。$N \cdot A$ 在每个物镜上都已标出,N_m 值可测出或在矿物突起上估计,根据此式可计算 V 值。

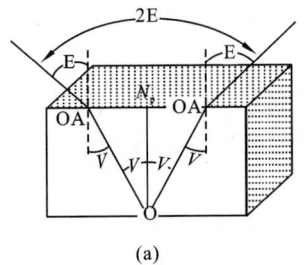
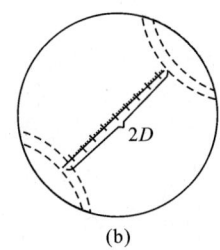
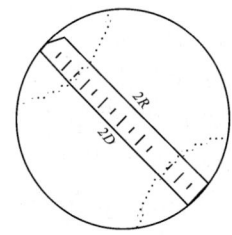

图 3-1-84 利用垂直 Bxa 切片干涉图测定 $2V$ 原理　　图 3-1-85 用目镜分度尺测定 $2D$ 和 $2R$ 示意图

此法所测 $2V$ 误差仍在 5°左右,但又不适用于 $2V$ 大的干涉图,因为 $2V$ 大了弯曲黑臂移至视域之外无法测得 $2D$ 值,故也很难应用。

C. 逸出角法测定 $2V$。首先是要干涉图中的黑十字平行于目镜十字丝(即零位),记下载物台方位角读数为 M_0 [图 3-1-86(a)],转动载物台黑十字分裂成两个黑臂,其中一个黑臂的中线与视域边缘相切,记下所示载物台方位角读 M_{II}(因黑臂在 II 象限逸出,与其边缘相切),$M_{II} - M_0$ 得逸出角 δ_{II},如图 3-1-86(b) 所示;继续向同方向转动载物台,得第四象限方位角读数 M_{IV}、逸出角 δ_{IV},$M_{IV} - M_0$ 得 δ_{IV};黑十字回到 0 位,再向反方向转动同样得 δ_I 和 δ_{III},最后将此 4 个 δ 平均得 δ_1;再向任意方向转动 90°,再按上述方法得 δ_2,然后再平均即 $\delta = (\delta_1 + \delta_2)/2$,所得 δ 值查专门的图表(凯姆 δ-V 鉴定表,Kamb,1958),即可得出 V 值。这一方法可用于 $2V$ 较大的垂直 Bxa 或 Bxo 切片的干涉

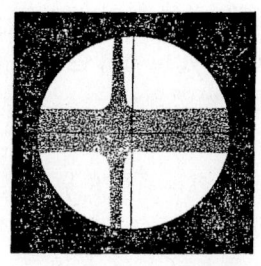
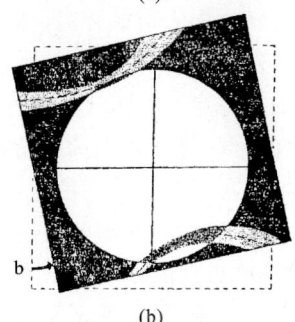

图 3-1-86 逸出角测定方法示意图

图。用此法测定 2V 值,误差也在 2°～5°,因很难准确判断黑臂中线与视域边缘相切的点位。

D. 光轴角(2V)的估计方法。在垂直一个光轴切片的干涉图中,当光轴与上、下偏光镜振动方向成 45°相交时,干涉图中光轴角愈大,黑臂愈直。如果 2V=90°,黑臂成直线状;2V=0°时,黑臂弯曲成 90°。所以 2V 在 0°～90°之间时,黑臂弯曲也在 90°与直臂之间。用这一原理可目估光轴角,如图 3-1-87(a)所示。

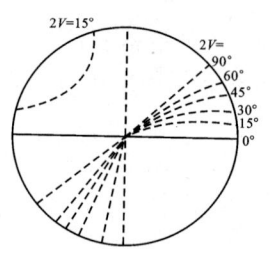 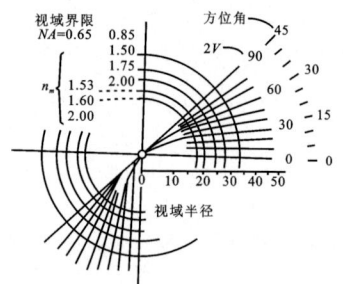

(a)垂直光轴切片干涉图,根据黑带弯曲度估计2V角(N_m=11.60,物镜60倍)　　(b)垂直光轴切片干涉图2V鉴定图

图 3-1-87　垂直光轴切片干涉图

这一方法非常简单,也很常用,但误差也是很大的。

现在又有人加以改进,绘制了鉴定图表,如图 3-1-87(b)所示。

图中标明了物镜数值孔径(N、A),不同 N 的值所对应的视域界限、视域半径度数是光孔角的一半,以及 2V 值及相应的弧度方位角。这些皆有助于估计判断 2V 的大小。

E. 在前所讲述的二轴晶光率体中根据其光性的正负,可以概略地以下列简化式求 2V:

正光性:$\tan V = (N_m - N_p)/(N_g - N_m)$

负光性:$\tan V = (N_g - N_m)/(N_m - N_p)$

依此,求得两个光轴的夹角(2V)。目前这还是比较可行的。

(3) 锥光镜下的色散现象。一轴晶在锥光镜下色散不明显,在此仅介绍二轴晶由于色散所引起的光学现象。

二轴晶由于晶系不同也不一样。

A. 斜方晶系的色散。又称光轴色散,可在垂直 Bxa 切片的干涉图或垂直光轴的切片的干涉图上见到。如果红光光轴角>紫光光轴角(即 $r>v$),如图 3-1-88 所示,则红光光轴的出露点距离 Bxa 出露点远,紫光较近。由于下偏光镜透出的振动方向平行 PP 的白光波,因沿红光光轴方向入射矿片时,不发生双折射,所以在红光光轴出露点红光从白光中消失,其余各色主要发生双折射,在矿片中产生一定光程差,以其中紫色光的最大,到达上偏光镜后,在红色光轴出露点上显示浅蓝色。同样道理,平行 PP 振动的白光光波,沿紫色光轴入射矿片,紫光不发生双折射,紫光从白光中消失,其余光波不同程度的加强,又以红橙色最强,因而在紫色光轴出露点上显褐红色。当光轴面与上、下偏光镜振动方向以 45°相交,在黑臂弯曲凸处显示褐红色边、凹处显示蓝色边,如图 3-1-88(b)所示。如果光轴面与上、下偏光镜振动方向之一平行,则色散现象不明显,如图 3-1-88(a)所示。如果红色光光轴角<紫光光轴角($r<v$),则与上述现象相反,即在黑臂弯曲凸处呈浅蓝色边,凹处呈红褐色边。斜方晶系的光轴色散,黑臂两侧的色边宽窄相等,而且大都不明显。薄片厚者色散现象比较清楚。

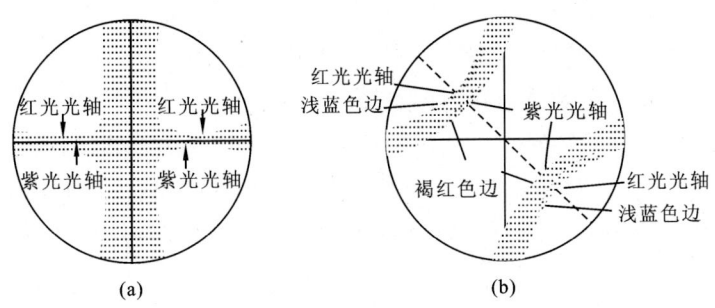

图 3-1-88　二轴色散($r>v$)

B. 单斜晶系的色散现象。根据光率体与结晶轴的关系可有 3 种情况的色散。①平行色散。在垂直 Bxo 切片的干涉图中，为 Bxo 平行 y 轴，各色光的光轴面沿 Bxo 旋转所致，如图 3-1-89 所示。红光光轴与紫光光轴面平行，在黑臂的两侧色边平行分布。②倾斜色散。倾斜色散为黑臂两边出现宽窄不同的色边，如图 3-1-90(a) 和图 3-1-90(b) 所示。为光率体主轴 N_m 平行 y 轴，光轴面平行(010)时，不同色光的 Bxa 及光轴都在光轴面上移动，在 $\perp Bxa$ 切片干涉图中，光轴面与上、下偏光镜振动方向成 45°相交时所致。③交叉色散。交叉色散为在 $\perp Bxa$ 切片的干涉图中，呈现在黑臂两侧色散边呈交叉分布，如图 3-1-91(a) 和图 3-1-91(b) 所示。因 Bxa 平行 y 轴光轴面绕 Bxa 旋转，红、紫两光轴面以 Bxa 为交线呈交叉分布而形成。

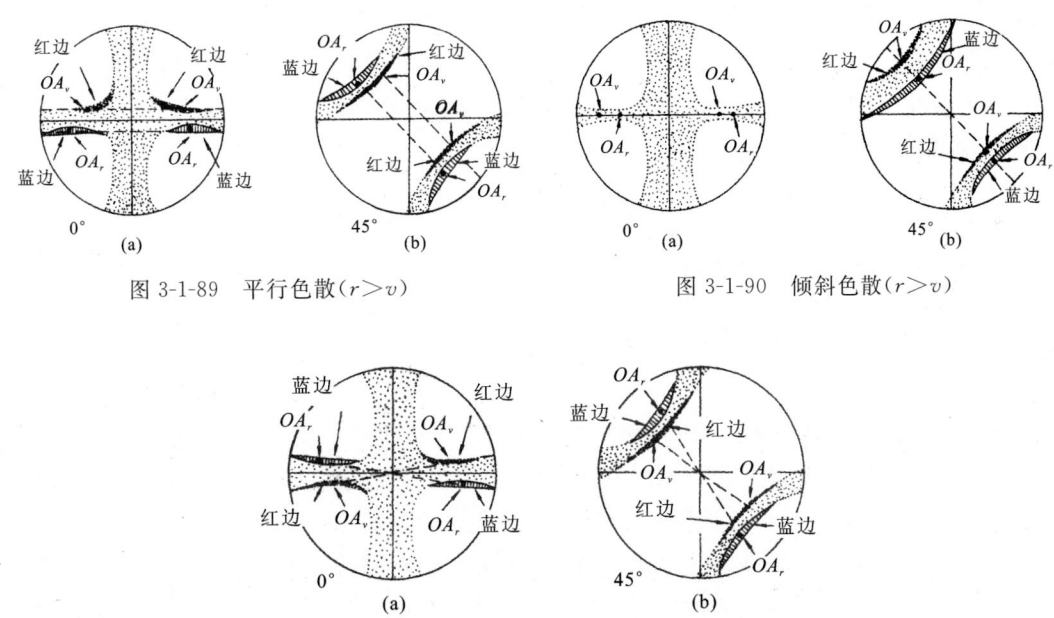

图 3-1-89　平行色散($r>v$)　　　　图 3-1-90　倾斜色散($r>v$)

图 3-1-91　交叉色散($r>v$)

C. 三斜晶系的色散。在 $\perp Bxa$ 或 $\perp$ 光轴切片干涉图中，黑臂两侧色边分布不对称，主要是由于三斜晶系的 3 个结晶轴与光率体的 3 个主轴都是斜交的，所造成的色散现象也较为复杂，形成的是不对称色散。

6. 矿物颗粒大小及含量的测定

在检测宝玉石时,尤其是在玉石检测中,常需要对其中的颗粒大小及含量比例作出测算。这对宝玉石的工艺性能及分类常有重要的意义。

(1) 对宝玉石薄片中矿物颗粒大小的测定。矿物颗粒大小称为粒度。粒度常用矿物颗粒表面积、直径来表示。一些粒状矿物用粒度的平均直径来表示;一些板状、柱状或不规则状的矿物则需要测出其最大直径和最小直径。常用的测量方法,在偏光显微镜下观察有下列几种。

① 直接观测。在偏光显微镜的目镜中,有的有目镜分度尺,这种分度尺是固定在目镜中;有的是单独在螺杆上移动。测量时,首先要选好合适倍数的物镜,利用显微镜的附件目镜分度尺,认清每一小格所代表的实际长度,用物台微尺进行测量。

物台微尺是镶在一小玻璃薄片中,成圆形的小微尺,一般 2mm 分为 200 格(每一格为 0.01mm)。也有的为 1mm 分成 100 格(一格仍为 0.01mm)。如图 3-1-92 所示。

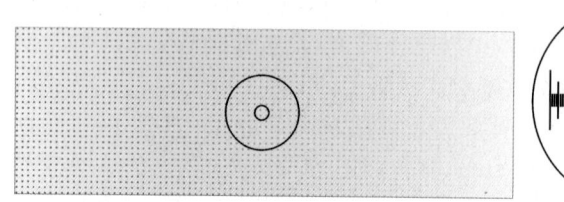
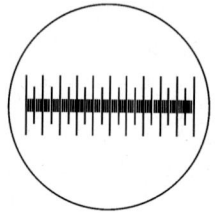

图 3-1-92　物台微尺

测量时首先放物台微尺于载物台上,对准焦距,使目镜分度尺与物镜维持平行,使二者 0 对 0,看两个微尺的分割线再次成为重合的部位,如目镜微尺为 24 小格与物台微尺 25 小格相当,则目镜分度尺每小格所代表的实际长度为:

$$目镜分度尺每小格的实际长度 = \frac{物台微尺格数}{目物分度尺格数} \times 0.01\text{mm}$$

即: $\frac{24}{25} \times 0.01\text{mm} = 0.0096\text{mm}$,再移动岩石薄片或移动目镜分度尺,使矿物颗粒对准分度尺,看矿物颗粒所占的格数。例如,为 15 格则 $0.0096 \times 15 = 0.144\text{mm}$ 即为该矿物颗粒的直径。

② 其他还有用图像分析仪自动测量,或用数字显示粒度测定仪等诸多方法。

至于测量的误差,主要是看颗粒的形状及均匀程度,因而需要多测一些颗粒取其平均值。

(2) 矿物含量的测定。宝玉石中,尤其是玉石中矿物所占的体积百分比称为含量。但是在偏光显微镜下,薄片上所见到的只能是面积的百分比。测定方法很多,主要有:人工面积测定法,需要利用目镜方格网与机械台,安装在显微镜上进行测试;也有的用六轴计机台;还有的利用电动点计数器;或用图像分析仪。当前仪器皆与电脑相连接,很多都是自动测定。这些方法大部分都要有仪器配合,在利用偏光显微镜的同时,为了方便随机用目测对比法,即用一套图案作标准,进行目估其矿物的百分含量,这是最简单便捷的方法。但要注意矿物的大小不同、形状不同、颜色不同,需注意分开。现将其一部分百分含量图案附于后,以供参考,如图 3-1-93 所示。

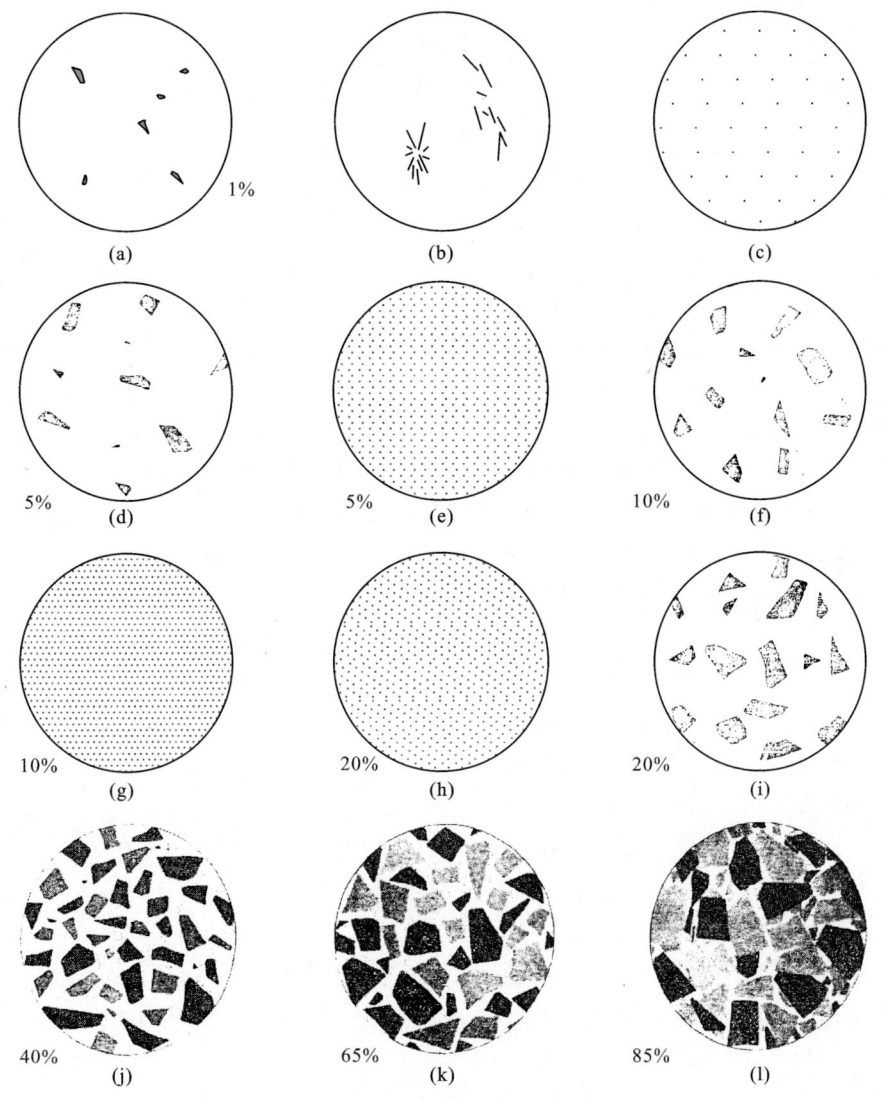

图 3-1-93　玉石薄片中矿物百分含量图案

（十一）宝石的多色性及二色镜的应用

1. 宝石的多色性

光通过非均质体宝石时，有的方向几乎是全被吸收，有的方向几乎是全不被吸收，而且不同波长的光在不同振动方位上，被吸收的程度也不尽相同。由此引起的颜色的变化为"多色性"。如一轴晶宝石，有 O 光线和 E 光线，因而它可显示两种颜色，可称宝石的二色性。随颜色变化，折射率也相应的变化，平行光轴的入射只有一种 O 光线的颜色；入射光偏离光轴越远，E 光线的颜色就变得越清晰，当光线垂直光轴时，即纯粹是 E 光线的颜色。例如：红宝石是三方晶系一轴晶，O 光引起紫红色、深红色，E 光引起淡红、红色。吸收公式可写作 $O>E$ 或 $\omega>\varepsilon$。二轴晶有 3 个主要的光线振动方向，所以有 3 种颜色不同的多色性，分别由 3 个振动方向的光所引起。又例如：坦桑石属斜方晶系二轴晶，有 3 个主要方位振动的光，分别产生蓝色、紫色和黄绿色。

观察宝石的多色性时,应注意透过宝石的光未被散射,即主要是单晶,不能是集合体。另外宝石必须是透明的有色宝石。晶体内杂质不能太多,杂质多了会影响透明度产生散射。多色性的产生仅可说明该宝石是非均质体,但不能判别轴性,三色性的出现可以说明该宝石是二轴晶。还有的多色性颜色的差别只是色调的不同,因而观察多色性要仔细、慎重。

2. 关于二色镜的原理及应用

如前所述利用偏光镜可检查多色性,首先在正交偏光之间转动宝石,使之处于消光位,然后推开上偏光镜,观察宝石的颜色,再转动宝石90°,在转动过程中如果是具有多色性的宝石,就能看到宝石的不同颜色或同种颜色不同色调的变化。

若将一块偏光片切开,使其透光的方向互相垂直组合在一起[图3-1-94],利用这种偏光片,就可同时观察到2种颜色。将这种组合的偏光片置于光源之上,将宝石置于其中心点上,即可观察2种颜色的出现,再调转测面(转90°),观察另一个测面的2种颜色,几种颜色中除去相同的,如剩下3种不同的颜色,即三色性。也就是每个宝石均应从3个不同的方向观测,如只有2种颜色就是二色性,有3种颜色就是三色性。具二色性的宝石是一轴晶或二轴晶,具三色性的宝石一定是二轴晶。可见二色镜是检测宝石多色性的轻便小型仪器。

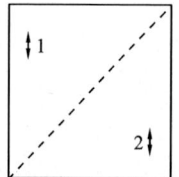 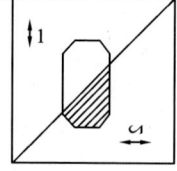 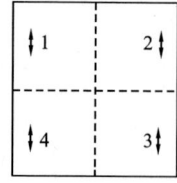 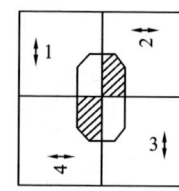

(a) 偏光片沿对角线切开,并且将块2翻转过来与块1粘合起来

(b) 偏光片被切成4小块,并将块2和块4按图示方向旋转90°再粘合而成

图 3-1-94 经切割、粘合并用于观察二色性的方形偏光片

二色镜的样式虽然很多,但原理都是一样,目前最常用的是方解石二色镜。该仪器的结构为一个金属管,管内装有一长方形的方解石(冰洲石)解理片,管的一端具有长方形或方形的窗口,另一端装了一个透镜,如图 3-1-95 所示。冰洲石二色镜、二色镜构造如图 3-1-96 所示。

 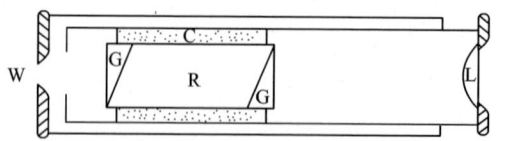 

图 3-1-95 二色镜外形

图 3-1-96 二色镜的切面示意图

[一个方解石菱面体解理块(R)被固定在一个木质座(C)上,外套以金属管。将玻璃棱镜(G)粘在方解石两端,以帮助光线透过。该示意图的右侧是窗口中的双影(W),即通过透镜(L)观察到的影像]

因为方解石具强的双折射,通过二色镜能看到方形小孔的双影现象。若将一具有多色性的宝石置于亮光源上进行观察,则出现两个影像有不同的颜色。由于光线通过宝石振动方向

是互相垂直的,尽管两个影像是来自宝石的同一部分,当光垂直入射时二色性最强,所以应使光从几个方位透过宝石,而且在每个方位上都应该转动宝石,以寻找最清晰的观察效果。

应该注意的是如果使用偏振片类的二色镜时,首先要区别宝石的颜色与多色性的颜色。

检测多色性必须是有色、透明或半透明的单晶宝石。玉石则没有多色性的问题。

(十二)滤色镜及其应用

英国查尔斯科技学院等联合设计的滤色镜有查尔斯镜之称。由于在20世纪中叶,滤色镜是用来区分祖母绿和合成祖母绿,所以又有祖母绿镜的叫法。后来因为它可以区分绿色翡翠的颜色是天然还是人工染色,因而有些商家常戏称它为"照妖镜",如图3-1-97所示。

滤色镜是由两片胶质滤光片组合而成。通过滤色镜对光的选择性吸收,它只允许红色光和黄绿色光通过,用这一性能在滤色镜下观察宝石的两种不同颜色,可检测某些绿色及蓝色宝石,区分它是原色还是人工染色。例如翠绿色的祖母绿在滤色镜下,由于是Cr离子致色,宝石的绿色光波被滤色镜吸收,因而呈现红色到粉红色。其他与祖母绿相似的天然绿色宝石在滤色镜下则不呈红色。

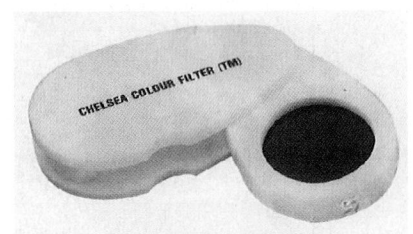

图3-1-97 查尔斯滤色镜

后来人们用滤色镜区别翡翠是天然翠绿色还是染色。天然绿色的翡翠在滤色镜下仍为绿色,而人工染色的翡翠则往往呈现红色。最近又由于染色剂的改变,有的人工染色翡翠也可以照样呈现绿色。用重铬酸钾、硫酸铜+碘化钾染色的翡翠在滤色镜下呈现红色,而用其他一些无机染色剂则大不相同,因而这就大大地降低了滤色镜的使用范围。目前滤色镜只是一种可作为参考的测试技术。现将不同有色宝石在滤色镜下呈现的颜色列于表3-1-9。

表3-1-9 不同宝玉石在查尔斯滤色镜下呈色简表

宝玉石名称	在查尔斯滤色镜下的呈色
祖母绿	淡红色—微红色—棕红色
橄榄石	绿色
绿色电气石	绿色、含铬者呈鲜红色
绿色萤石	微红—淡红色
变石	红色
绿色锆石	淡色、粉色
绿色海蓝宝石	黄绿色
绿色翡翠(A)货	一般无变化(绿或灰绿)
绿色蛇纹石	粉红色、红色
钙铁榴石(翠榴石)	粉红色
绿玉髓	绿色
蓝色蓝宝石	无变化或呈黑绿

续表 3-1-9

宝玉石名称	在查尔斯滤色镜下的呈色
蓝色尖晶石	无变化或偶带红色
合成祖母绿	亮红色
绿色钇铝榴石	深红色—浅红色
绿色钆镓榴石	深红色—浅红色
合成绿色尖晶石	无变化或呈绿色
合成蓝绿色尖晶石	红色
染色绿玉髓	红色
着色绿玛瑙	暗红色
染色石英岩	粉红色
染色绿翡翠	暗红色、粉红色
染色蛇纹石玉	粉红色、红色
改色蓝色黄玉	无变化或微呈绿色
合成蓝宝石	绿蓝色较暗
绿色宝石赝品或祖母绿仿制品	无色或绿色

注：因染色剂不同，在查尔斯滤色镜下的呈色可有变化。

滤色镜最好在反射光白色强光源下使用。将滤色镜靠近眼睛，距宝石样品 30～40cm 的距离进行观察为宜。

（十三）紫外荧光灯及其应用

检测宝玉石用的紫外荧光灯，其外观如图 3-1-98 所示。图为一台式箱形紫外光灯，箱上有紫外线光口、紫外线灯、滤光片、放宝玉石样品的窗口及观察用的窗口，箱内为黑色暗箱。使用时首先将宝玉石样品洗净置于箱内，并尽量将宝玉石靠近紫外光源，距离是固定的，观察宝玉石的荧光现象，要注意产生的颜色及强度。通过切换开关，先在长波下观察，再在短波下观察。宝玉石样品也要调换方向反复观察，如果都不发光则该宝玉石属于惰性；反之则具有荧光性；如果关掉紫外荧光灯该宝玉石还在继续发光者，为具有磷光性的宝玉石。

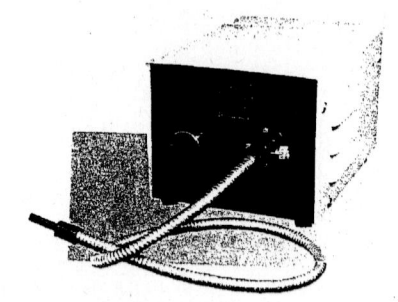

图 3-1-98　台式紫外灯

应该注意的是：①切勿用眼睛直视荧光灯，否则会伤害眼睛；②切勿用手触动所测的宝玉石，因手上、皮肤上有油性，油会发荧光影响观察；③要注意所发荧光是出自宝玉石内部还是表面，是宝玉石本身发出的还是由有色包裹体或外部混入物造成的。

紫外荧光分析只能作为辅助手段参考数据，不是检测的依据，但一般还是很常用、很必要的方法。

（十四）吸收光谱仪（分光镜）及其应用

光谱类分析是用以检测样品中的元素及其含量的。物质光谱的产生方法很多，目前以使用发射光谱、吸收光谱、荧光光谱等较为普遍。

1. 发射光谱

发射光谱是在电弧的高温下,原子中的电子由基态被激发到较高的电子能级上,原子发射出的特征波长的光被分解形成光谱。每种原子(化学元素)都有特征波长的光谱,因而对一般物质有着重要的鉴定意义。这种方法虽仅需要微量的试样,但还是属于破坏性的实验,所以在检测宝玉石上采用得较少。

2. 吸收光谱

吸收光谱是研究光从物质透射或反射而形成的光谱。常是连续所有波长的光谱谱图,如图 3-1-99 是蓝宝石的吸收光谱,是观察其某种波长谱线的黑带或细线的分体排列,这种特征的吸收图谱,在鉴定宝石上有重要的意义。它除对钻石、锆石、红宝石和石榴石等有效之外,还可以区分天然宝石与合成宝石。但是随着宝石材料生产技术的不断提高,合成宝玉石与天然宝石的区分难度也不断增加,所以利用吸收光谱有时也不能完全解决问题。

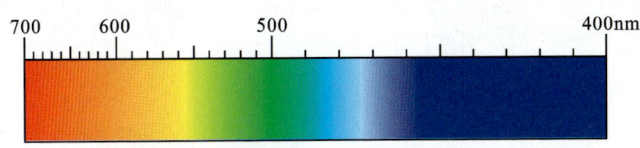

图 3-1-99　蓝宝石特征吸收光谱

3. 分光镜

当前研究宝玉石的吸收光谱的简便小型仪器是分光镜。分光镜也叫分光光度计或吸收光谱仪、直视光谱仪等。

分光镜顾名思义是可将光线分离开来成为可见光光谱的仪器。分光镜的结构也很简单,是套在一起的两个套管:内为滑管,装有透镜、一组棱镜及目镜;外套管的一端有可控制进光量大小的调节狭缝和标尺(图 3-1-100)。

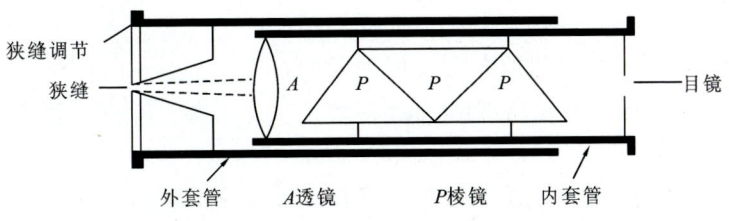

图 3-1-100　分光镜的构造示意图

当自然光进入管内,即被分解为连续的可见光谱——红、橙、黄、绿、青、蓝、紫色。从宝石透射过来或反射过来的光波中,有的波长的光被宝石吸收了,在分光镜中见到相应的被吸收谱带和(或)吸收线,这样一些宝石含有其各自的致色元素被吸收后就出现了特有的吸收谱带和(或)吸收线,所以通过分镜就可查明其所含元素、致色元素或人工加色元素的种类,从而分光镜就有了重要的检测宝石的用途。

根据其大小和结构,可分为手持式分光镜和台式分光镜;按其结构构造性能可分为棱镜式分光镜和衍射光栅式分光镜。

(1) 手持式分光镜。其往往是小的筒型,如图 3-1-101(a)所示,可见到筒中的连续光谱。

手持式分光镜多数通常为棱镜式分光镜,这种分光镜上没有光波刻度尺。光栅式分光镜不太好用,不为人们所取。通常叫它小光谱,使用它需要用强光源,使光透过宝石或从宝石表面反射过来进入分光镜。手要拿稳,分光镜在宝石样品之前几毫米到几厘米处即可进行观察。有人主张为了保持分光镜平稳不动,而将分光镜固定在一个支架上,光源也固定地置于其下;也有人主张将宝石样品放在偏光显微镜上,推出上偏光镜取下目镜,将手持式分光镜放在镜筒上进行观察,效果较好。使用手持式分光镜可调节分光镜下端的狭缝和滑管的焦距,观察蓝色波段吸收谱时向外拉;观察红色波段吸收谱时向内推,则会清晰地看见其黑色吸收谱带及(或)黑色吸收线,估计其间距及位置。

有的手持式分光镜体积大,而且标尺比较好用,如图 3-1-101(a)~图 3-1-101(d)所示,用法相同。

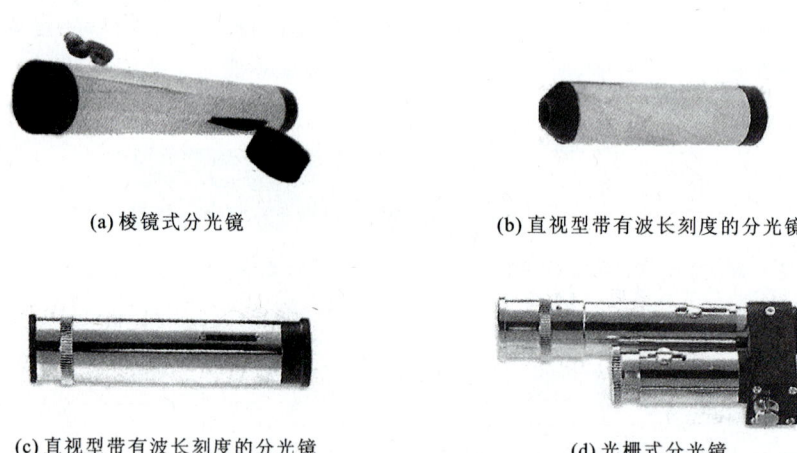

(a) 棱镜式分光镜　　　　　　(b) 直视型带有波长刻度的分光镜

(c) 直视型带有波长刻度的分光镜　　(d) 光栅式分光镜

图 3-1-101　几种常见的分光镜

(2) 台式分光镜。台式分光镜如图 3-1-102 所示。使用时首先将样品放于锁光圈上,根据样品的大小调节锁光圈,对于比较透明的宝石要用透射的方法,让光线透过样品进入分光镜,调节好光源的位置和距离,使更多的光线进入宝石样品,通过变阻开关调节光线的强度,对浅色宝石光源要比对深色宝石光源稍弱;然后闭合分光镜下端的狭缝,再慢慢打开,直到能见到完整的光谱,对透明度好的宝石样品狭缝要近于闭合,透明度差的样品狭缝要开大,通常在狭缝刚刚闭合的瞬间,最易观察吸收光谱;最后调

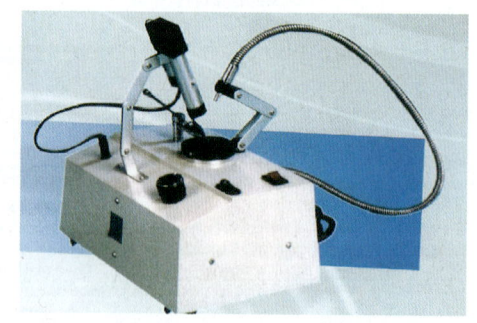

图 3-1-102　台式分光镜外观

节分光镜的焦距,观察蓝端的吸收光谱可将滑管向外推则清晰,观察红端的吸收光谱可将滑管向里推则比较清晰。对于透明度较好的宝石样品可将滑管向外拉使光波刻度尺聚焦,从而读数清晰;对于透明度较差的宝石样品,只能用表面反射法观察,即将样品置于分光镜平台上,使光线斜照宝石表面反射到分光镜中,再按透射法调节分光镜狭缝和滑管的焦距而进行观察。

4. 要注意的问题

不论使用哪种分光镜都要注意以下几点：①样品要尽量大些，谱线方能清晰；②样品要尽量选择透明度好的；③样品颜色越深，光谱越清晰；④浅色的可从长轴方向透射观察；⑤对深色半透明宝石则应从短轴方向透射观察；⑥测试时不可以手持样品，因人的血液会产生波长为592nm的吸收线干扰观察；⑦尘埃、脏物也会在色谱上产生暗色水平吸收线；⑧另外还要在测试之前，先用放大检查看看是否为二层石或三层石，应找准测试对象以免出现错误结果；⑨所用的照明器亮度要强而温度不能太高，温度高了也会使谱线模糊，所以要随时注意降温或使用冷光源。

5. 特征吸收谱线

关于一些不同色素离子的特征吸收谱线，及几个主要宝石的吸收谱线举例于图3-1-103中。

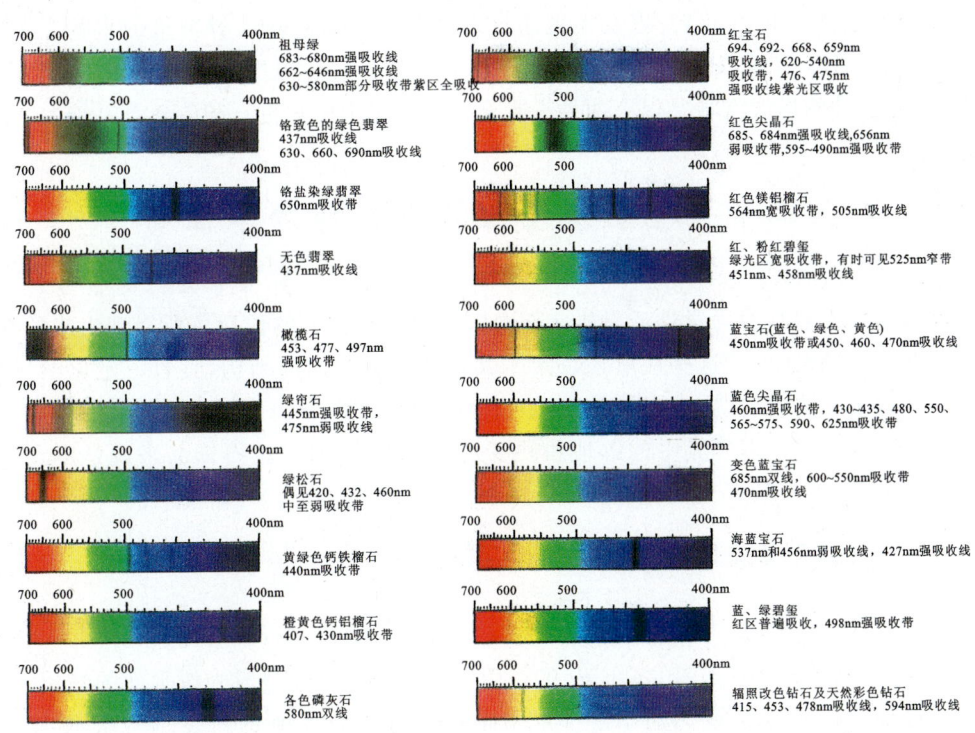

图 3-1-103　常见宝石特征吸收光谱

6. 同种金属离子致色的宝石

同种金属离子致色的宝石吸收光谱的特征是相似的；而不同金属离子致色的宝石，它吸收光谱的特征则不相同。

（1）铬（Cr）。在透明或半透明的宝石中，铬致色者多呈红色或绿色。不论是红色宝石还是绿色宝石在可见光谱中的紫、蓝、橙（黄）色光波区，可见有宽的暗色吸收带，在红色光波段一般有2~4条吸收线。如祖母绿、变石、红宝石、红色尖晶石和翡翠等，都是由铬致色，其反光效果都比较好。但因Cr含量不同，在可见光吸收光谱中的吸收带和（或）吸收线是稍有差

（2）铁(Fe)。铁元素对可见光的吸收性较强,因而由铁致色的宝石往往较暗。而铁的含量不同,价态不同,所以它又可使宝石呈现不同的颜色。如由铁和铬致色的红宝石,颜色显暗红;由铁和钛致色的蓝宝石,颜色呈暗黑蓝色;由铁致色的宝石,如金绿宝石、铁橄榄石、绿电气石、海蓝宝石、蓝色尖晶石等,其吸收光谱在红色区、黄色区、紫色区均有灰色吸收带,在蓝色至青色光区有数条黑色吸收线,在蓝色光区尤其较为集中。

（3）锰(Mn)。锰的吸收光谱在紫色区和蓝色区,有宽的吸收带。如蔷薇辉石、菱锰矿、粉红色电气石等一些粉红色宝石多为锰致色。

（4）钴(Co)。钴致色的宝石的吸收光谱是在黄色区和橙色区有3条宽的吸收线,在红色区和紫色区有灰色的吸收带。含钴的宝石往往呈现带红的靛蓝色,从不同方向观察可见有红色闪光出现。合成变石往往是用钴作致色元素的。

（5）其他元素。如含铀(U)的吸收光谱只是在蓝色—红色光区有密集的平行黑色吸收线;稀土金属钕(Nd)和镨(Pr)的吸收光谱与铀的有些相似,只不过是较铀的吸收谱线相对较为灰暗,赶不上铀的谱线清晰。以上两种吸收谱线分别用于检测锆石和磷灰石时较为常见。

第二节　宝石及宝玉石材料的力学性质

宝石及宝玉石材料的力学性质是指宝石及宝玉石材料在力的作用下所表现出来的性质。主要是解理、硬度和密度。这些性质还决定于其化学成分和内部结构,具有一定化学成分和一定结构的晶体,其物理性质表现了晶体的对称性和异向性。人们研究其力学性质依然是为了区别和鉴定宝玉石。但是其中的解理和硬度是破坏性的,对宝玉石饰品来说是不允许的。只有在允许的情况下,对宝玉石材料方可以实验。

一、解理、裂开及断口

(一) 解理

解理是宝石矿物受力（敲打、挤压等）的作用后沿一定方向分裂成光滑平面的性质。分裂而成的平面称为解理面,当受力后不沿一定方向分裂,形成的不平的断裂面则称"断口"。解理既然是沿一定方向分裂,它就一定具有方向性,这个方向可以是晶体结构中质点密度最大的方向,也可以是内部结构中阴阳离子电性中和面的方向等。总之解理面的方向是沿晶体结构中连接力量较弱的方向产生的。

根据解理的完全程度可分为以下几种。

（1）极完全解理:出现在薄板状、片状晶体,为在外力作用下极易裂成薄片的性质,这在宝石矿物中不多见。

（2）完全解理:在外力作用下易形成解理块,解理面也比较平滑,如方解石的解理。

（3）中等解理:在外力作用下可产生明显的解理,解理面不太连续也不太光滑,解理面上有断口出现,如普通辉石、长石等的解理。

(4) 不完全解理：在外力作用下不太容易裂出解理面，解理面小而不平整，常见不平整的断口，如磷灰石的解理。

(5) 极不完全解理：在外力作用下很难出现解理面，有解理而实际上不容易见到，只有在某些情况下，才表现出一定方向的破裂面，在碎块上也见不到解理面，而断口明显，如水晶就有这种性质。

各种解理等级的特征如表 3-2-1 所示，在实际生活中遇到的宝石矿物经常还有以上 5 种解理之间的过渡状态。如萤石的解理即介于完全解理和中等解理之间，在描述时写为中等到完全则较为确切。

表 3-2-1　各解理等级特征

解理等级	解理出现的难易程度		解理面的平滑程度	断口的发育程度
极完全	易	易撕裂成薄片	最平滑	最差
完全		可裂成解理块，不能成薄片	平滑	
中等		不易	中等	
不完全		难	差	
极不完全		最难或不出现	最差	最发育

观察解理面应该注意解理面与晶体定向的关系，以定解理的方向，同时也应该注意解理面与晶面的区别。

晶面是晶体最外层的表面，可以受击破而不存在。晶面一般看上去不干净、不新鲜而且常常有凹凸现象，或不太平整，有的还具有晶面条纹或各种纹饰。

解理面是在晶体内部（指表面之内）受力以后产生的平面，受力以后可连续平行出现，看上去面平整而新鲜、光滑、明亮，甚至可出现阶梯状解理面或解理纹，表面无纹饰。解理面与晶面的区别如表 3-2-2 所示。

表 3-2-2　解理面与晶面的区别

晶面	解理面
一般比较暗淡	一般比较新鲜、光亮
一般不太平整，常有凹凸不平或有晶面花纹	比较平整可出现规则的阶梯状解理面或解理纹
为晶体外表的面，被击后即碎裂	存在于晶体内部受力后可连续出现互相平行的平面

由表 3-2-1 可以看出解理面完全的程度与断口的发育程度，其难易程度互为消长。也就是说，一个晶体上，如被解理面包围越多，则断口出现的越少。如萤石、方解石解理发育，在其晶体上要发现断口是比较困难的。平行于不同单形的解理面其完整程度也可以不同。如长石平行{001}解理完全，而平行于{010}有两组解理中等。不同宝石矿物的解理方向和完全程度不同；也有的解理方向组数相同而解理的夹角不同。如辉石平行{110}有两组解理，其夹角分别为 87°和 93°；角闪石平行{110}的两组解理，其夹角分别为 124°和 56°。这是肉眼区别辉

石与角闪石矿物的重要依据。解理的表示方法为以结晶体的单形符号表示方向（及组数），前加平行符号即可，如上述的辉石解理可表示为∥{110}#，或在右上角加"#"号以示解理之意。常见宝石矿物的解理，如表3-2-3所示。

晶体的解理是严格受晶体的内部结构控制的，所以它同样体现出了晶体的异向性和对称性。例如平行立方体方向的解理，就有3组互相垂直的理解面，如图3-2-1(a)所示；平行八面体方向的解理，就有4组等同的解理面，如图3-2-1(b)所示；平行菱形十二面体方向的解理，就有6组等同的解理面，如图3-2-1(c)所示；同理，平行菱面体方向、斜方柱方向、底面方向的解理，相应的有3组、2组和1组解理面，如图3-2-1(d)、图3-2-1(e)和图3-2-1(f)所示。解理对宝石检测、加工有直接的影响，它固然是可作鉴定的依据，但会对加工带来不利。首先要看清楚解理是否在晶体的破裂口上，是否有一系列呈阶梯状的平面。解理是沿内部格子构造中互相平行的面网裂开的，所以往往是呈阶梯状出现。有解理的晶体加工时，就有可能因受力而沿解理破碎成为废品。

如在加工黄玉时，要使黄玉的台面与∥{001}#的完全解理面呈5°～12°的夹角[(图3-2-2(a)和图3-2-2(b)]，否则在细磨抛光时会产生粗糙面和不均匀的抛光面。

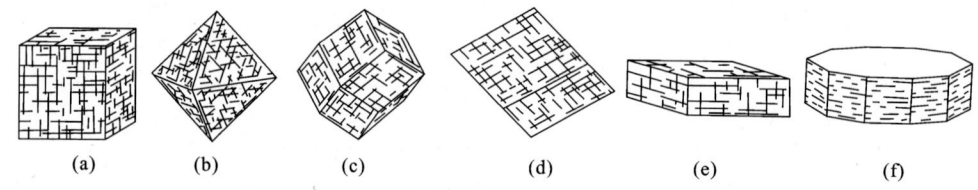

图3-2-1 解理对称性和异向性的表现

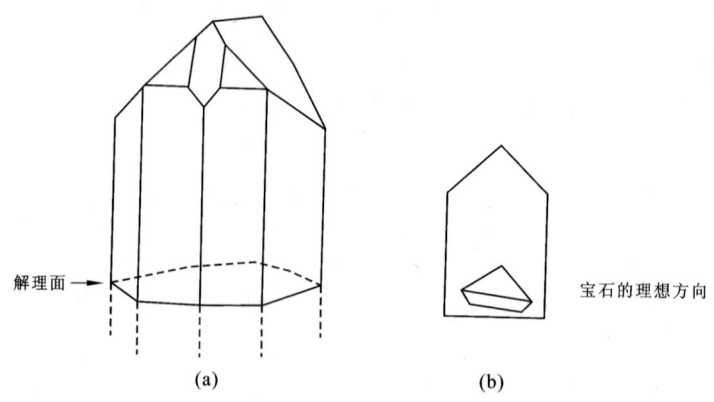

图3-2-2 黄玉晶体及其解理方向

表 3-2-3　几种常见宝石矿物的解理

晶系	宝石矿物	解理				
		方向	组数	等级	分布图	夹角
等轴	萤石	//{111}四向	4组	完全		109°28′16″ 70°31′44″
四方	金红石	//{110}二向	2组	完全		90°
三方	方解石族	//{10$\bar{1}$1}三向	3组	完全		74°55′
六方	石墨	//{0001}一向	1组	极完全		
斜方	重晶石	//{001}一向 //{210}二向	3组	完全 中等		(001)∧(210)=90° (210)∧(210)≠90°
单斜	闪石族	//{110}二向	2组	完全		124°或56°
单斜	辉石族	//{110}二向	2组	中等		93°或87°
单斜	正长石	//{001}一向 //{010}一向	2组	完全 中等		90°
三斜	斜长石	//{001}一向 //{010}一向	2组	完全 中等～完全		86°24′～86°50′

（二）裂开

裂开产生的原因和表现都不同于解理，裂开是在某些宝石矿物上由于包体夹层或双晶接合面形成的，也有的为在地质作用过程中，受到外力的作用而产生的结构软弱面。因受外力作用后，沿一定结晶方向分裂成大致平整的平面称为裂开。如红宝石、蓝宝石矿物材料具有平行$\{10\bar{1}1\}$的裂开，有的还有平行$\{0001\}$的裂开。它与解理有所不同，其不同点为：解理与宝石矿物晶体的结构有关，可发生在一定结晶结合力弱的方向，外观上解理纹之间呈等距离的直、细条纹，同一种宝石矿物不论产地、产状如何都会具有相同的解理；而裂开只发生在某些固定方向，外观上裂开纹距离不均等，不太平直，也不是同种宝石矿物一定都具有，不同产地、不同产状的还可以有些差异。解理与裂开的区别如表3-2-4所示。

表3-2-4 解理与裂开的区别

解理	裂开
(1)与矿物的晶体结构有关，可发生在与一定结晶方向相平行的任意位置(只要平行于结合力弱的结晶方向，在任意两面网间均可产生解理)	(1)受包裹体夹层的分布、双晶接合面位置的控制，只发生在一定结晶方向的某些固定位置(即包裹体夹层及双晶面所在的位置)
(2)平行的解理纹之间可呈等均距离	(2)平行的裂开纹之间不呈等均距离
(3)同一种矿物的任何标本(不管其产地或产状有何不同)皆有之	(3)并非同一种矿物的任何标本皆有，只有包裹体夹层呈层状分布或有双晶接合面存在的标本才有
例如，方解石$\varparallel\{10\bar{1}1\}$的解理	例如，刚玉$\varparallel\{10\bar{1}1\}$的裂开

（三）断口

断口也叫破口，它是随受力的方向而产生的破裂面。断口无固定的方向性，在非晶质体及晶质体上皆可发生。断口常随物质不同而有着一定的形态，所以也有一定的鉴定意义。常见的断口有以下几种。

1. 贝壳状断口

断口面的形状如同贝壳，几乎呈圆形，具不太规则的弧形条纹，为一比较圆滑的曲面，如图3-2-3所示。这种断口出现在玻璃及水晶类之上。还有一种类似贝壳状而弧形条纹很不规则的断口，如橄榄石、石榴石之类的断口归于此类之中。

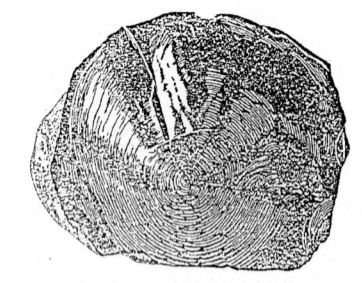

图3-2-3 黑曜石（天然玻璃）的贝壳状断口

2. 参差状断口

断口面呈参差状，面不规则，有人称此种断口为不规则断口。

3. 锯齿状断口

断口如同尖锐的锯齿，一些金属类矿物如自然金等的断口即是。一些非金属玉石类矿物集合体，由于纤维状构造也会形成这种断口。如软玉等的断口即属此。

4. 土状断口

土状断口为一些土状粗糙的断口面，如绿松石等具有这种断口。断口与解理完全的程度互为消长,即解理愈完全断口愈难出现;解理愈不完全,断口就愈显著。

二、硬度

硬度是宝石及宝玉石材料抵抗刻划、压入或研磨的能力。这种能力主要取决于晶体内部质点间连结力的强弱。它与化学键的类型及其强弱有密切的关系。一般是具有典型共价键的宝石矿物硬度最大(如金刚石);具离子键的硬度比较大(如红、蓝宝石及各种宝石类矿物);其他如金属键、分子键等的矿物,硬度则小。进一步说,在宝石矿物的晶体内部结构中,离子电价的高低、离子半径的大小、阴阳离子间的距离、吸引力的大小、配位数的多少和质点间排列的紧密程度都影响着硬度的大小和变化。不同宝石矿物其结构、成分不同而硬度不同,所以硬度是鉴定宝石及宝玉石材料的重要依据之一。

(一) 摩氏硬度

在普通检测中一直沿用摩氏硬度,摩氏硬度是 1822 年由德国学者 Friedrich Mohs 提出的。其方法为选用 10 种常见矿物(这 10 种矿物几乎皆属于宝石矿物)作为 10 个硬度标准等级,互相刻划定出相对硬度,故称"刻划法",这 10 种矿物被称为摩氏硬度计。摩氏硬度计为:硬度 1——滑石;硬度 2——石膏;硬度 3——方解石;硬度 4——萤石;硬度 5——磷灰石;硬度 6——正长石;硬度 7——石英;硬度 8——黄玉;硬度 9——刚玉;硬度 10——金刚石。

当前市场上将这 10 种硬度的标准矿物分别镶在 10 支笔杆尖端,注明摩氏硬度数字的笔称硬度笔,装入盒中销售。如图 3-2-4 所示。

矿物硬度的符号一般用 H 来表示。为表明摩氏硬度又用 H_m 表示,以与另一种维氏硬度相区别。

例如某未知宝石矿物能刻动方解石(不能被方解石刻动)而又能被磷灰石刻动,所以该未知宝石矿物的硬度介于 3~5 之间,可定为 $H=4$;又如某宝石矿物能刻动正长石,又可被石英所刻动,则此宝石矿物的硬度介于 6~7 之间,可定为 $H=6.5$;又如一未知宝石矿物可以自身的棱角刻动刚玉,而又可以为刚玉所刻动,则此矿物可定为 $H_m=9$。

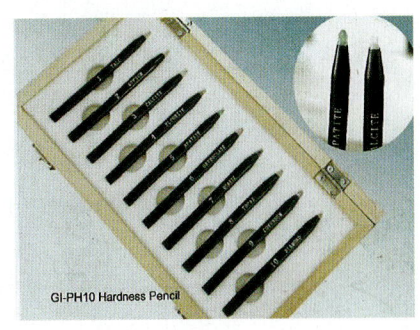

图 3-2-4 硬度笔(10 支装)

(二) 维氏硬度

精密地测定宝石矿物的硬度一般用显微硬度计,为测定其压入硬度(有人称为绝对硬度)。目前应用较广的是维克(Vicker)法,又称维氏法。其方法为在宝石矿物的磨光面上,以金刚石锥加上一定的重量负荷压入磨光面,在磨光面上则显现四方锥压痕凹坑,然后测量压痕的对角线长度(也就是压痕的大小),如图 3-2-5 所示,查表即得每平方毫米上宝石矿物的硬度值,也称维氏硬度,可以 H_v 表示。

计算公式为:

$$H_v = 2\sin\frac{\alpha}{2} \cdot \frac{p}{d^2}\left(\frac{\text{kg}}{\text{mm}^2}\right) = 1.854\ 4\ \frac{p}{d^2}\left(\frac{\text{kg}}{\text{mm}^2}\right)$$

式中,H_v 为显微硬度值,单位为 kg/mm^2;p 为角锥上加的负荷,质量单位为负荷;d 为压痕的对角线长度,单位为 mm;α 为金刚石角锥相对面夹角,为 $136°$。要测量很多个 d 值,然后取平均值,以弥补测量长度的肉眼误差和磨光面上的细微变化。

应用维克压入法测定硬度比刻划法测量宝石矿物的硬度较为精确。在应用时还可以换算成摩氏硬度(图3-2-6)。目前常见的测显微硬度仪器为赫鲁晓夫型硬度计。摩氏硬度(H_m)与维氏硬度(H_v)之间可以比较粗略地转换,如图3-2-6(a)和图3-2-6(b)所示。转换关系为:$H_m = 0.675 \sqrt[3]{H_v}$;$H_v = 3.25 H_m^3$。

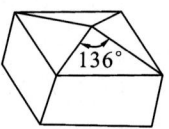
(a) 维氏压头

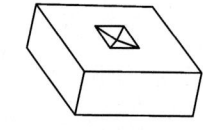
(b) 压痕形态

图 3-2-5　维氏压头及其压痕形态

但这一计算关系不适用于金刚石,因为摩氏硬度不是硬度间隔等同的数字关系。

摩氏硬度与其他的硬度实测数值关系如表3-2-5所示。

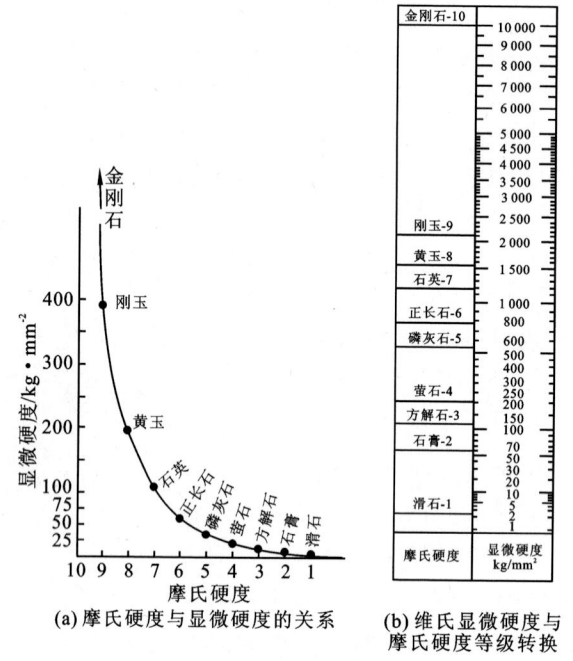

图 3-2-6　摩氏硬度与显微硬度、维氏显微硬度之间的转换关系

表 3-2-5　摩氏硬度与其他硬度对比

标准	1	2	3	4	5
矿物	摩氏硬度/H_m	维氏硬度/H_v	罗氏相对研磨硬度/H_L	Mohs-Woodel 硬度/H_w	诺普硬度/H_k
滑石	1	47	0.03	1	0
石膏	2	60	1.04	2	62
方解石	3	136	3.75	3	135
萤石	4	200	4.20	4	163
磷灰石	5	650	5.40	5	430~490
正长石	6	714	30.8	6	560

续表 3-2-5

标准	1	2	3	4	5
矿物	摩氏硬度/H_m	维氏硬度/H_v	罗氏相对研磨硬度/H_L	Mohs-Woodel硬度/H_w	诺普硬度/H_k
石英	7	1 181	100	7	170～790
黄玉	8	1 648	146	8	1 250
刚玉	9	2 085	833	9	1 600～2 000
金刚石	10	6 000	117 000	42.5	5 500～69 500

检测硬度的方法还有很多，如1935年Charls Woodel修正了的摩氏硬度。他是以标准化磨蚀法为基础，对摩氏硬度作了修正，修正后的数据可称Mohs-Woodel硬度，以H_w表示。如表3-2-5中4所示。还有罗氏相对研磨硬度，是以石英为100来计算的，可以H_L表示，如表3-2-5中3所示；也还有诺普(Knoop)硬度，以H_k表示，如表3-2-5中5所示。

这些方法各有其特点，虽然也比摩氏硬度精确合理些，但是人们在检测硬度过程中常用的还是传统的、比较简便的摩氏硬度。

检测宝玉石矿物硬度应该注意以下几点。

(1) 摩氏硬度计中10种矿物硬度大小并不连续，也不成相等比例间隔。如硬度为8的黄玉并不是硬度为4的萤石的2倍，如果将摩氏硬度值与维克硬度值作比较，由图3-2-6可明确看出两者的关系及摩氏硬度的不均匀性。

(2) 摩氏硬度一般只表示到0.5，而无0.1、0.2、0.3等小数。

(3) 摩氏硬度方法简便，易被人们所接受，而还有更简单的方法是用指甲(H_m=2.5)、小刀(H_m=5.5)或玻璃(H_m=5.5)及石英(H_m=7)来划分，如硬度大于小刀，小于石英，表示H_m=5.5到7之间，用6～6.5来粗略地表示，一般不用H_m，只用H来表示。

(4) 有矿物经过风化，表面硬度降低，所以测量硬度须选择新鲜表面以免出现错误。另外也要注意，一些新鲜的光滑表面易于擦滑，切不可误认为硬度过大。

(5) 硬度刻划属破坏性实验，切勿用于宝石或宝玉石成品、饰品表面。用显微硬度仪测试压痕坑极小，在显微镜下才能看到，所以一般不影响宝玉石材料外观，但是也要在必要和允许的情况下方可考虑使用。

(6) 一些棱直角尖、光亮的表面，如戒面之类，往往是硬度大的表现；光亮平滑的表面上有细擦痕纵横，甚至重者失去光泽，为硬度较小的象征。

(7) 硬度既然和宝石矿物晶体的内部结构紧密相关，它就存在有异向性。如金刚石在(111)晶面上的硬度为最大，而在(110)晶面上的硬度次之，在(100)晶面上的硬度为最小，其原因为随不同晶面的质点排列密度不同而异。又如有的宝石矿物在同一晶面上随方向不同而硬度不同。如在第九章中所述的有"二硬石"之称的蓝晶石晶体(详见第九章蓝晶石)即是。

三、密度与相对密度

宝石和宝玉石材料的密度也和其他物理性质一样，反映了宝玉石的物质组成和晶体结构。宝石矿物的密度是指宝石矿物单位体积的质量,其表示单位为 g/cm³。计算宝石矿物的密度是以水为标准,水的密度为 1g/cm³。宝石矿物的相对密度和密度在数值上是相同的,只不过从意义上讲相对密度是指宝石矿物在标准大气压下 4℃时与同体积水的质量之比。相对密度可以用 D_m 表示。本书中对宝玉石的描述皆用的是相对密度,为简便起见皆以"密度"二字表示。相对密度决定于其化学成分和内部结构,这主要与其化学组成元素的原子量及在内部结构中的排列紧密程度有关。原子量越高,密度越大,如自然重金属的密度最高可到 23,非金属与轻金属化合物的密度一般皆小于 3.5。原子量及离子半径的大小也直接影响着密度,如原子量大相对密度随之加大。在类质同象置换中密度常随成分种类及含量的变化而变化,如镁橄榄石($Mg_2[SiO_4]$)-铁橄榄石($Fe_2[SiO_4]$)系列中当镁原子为原子量较大的铁原子所置换时,则密度也随之增大,由镁橄榄石的 3.27,增至铁橄榄石的 4.4。在原子周期表上同族元素自上而下,原子量相对增大,而原子(离子)半径也在增大,因此原子(离子)体积及间距随之增大,这会引起其相对密度减小。当原子量增加所引起的密度升高,不能抵消由于半径增大所引起的密度降低时,尽管原子量增大,密度也不一定增大。如方解石($CaCO_3$)与菱镁矿($MgCO_3$),Ca 的原子量为 40.08,Mg 的原子量为 24.32,其相对密度菱镁矿(2.9~3.1)大于方解石(2.6~2.9),其原因为 Ca^{2+} 的离子半径(0.108nm)大于 Mg^{2+} 的离子半径(0.088nm)所致。

另外,在宝石矿物结构中紧密堆积的程度也直接决定着密度,堆积越紧密,密度会愈大,如金刚石碳的配位数为 4,结构极为紧密,其相对密度为 3.47~3.56;石墨的成分同为碳,但其结构松弛,碳的配位数为 3,所以其密度也仅有 2.09~2.23。影响密度的还有温度和压力,无疑温度高,结构松弛,配位数降低,易于形成密度小的宝石矿物;压力大则有利于形成密度大的宝石矿物。

在日常工作中常把密度分为三小级。

(1) 重量级:密度大于 4 的,如一些贵重金属,如自然金(15.6~19.3)等。

(2) 中量级:密度在 2.5~4 之间,这类宝石矿物最多,如水晶(2.65)、金刚石(3.52)等。

(3) 轻量级:密度在 2.5 以下,如石膏(2.3)、琥珀(1.08)等。

检测宝玉石密度的方法有很多,最简单的莫过于用手掂量,掂在手中有重的感觉者常为重量级,一般感觉者为中量级,有轻的感觉者为轻量级,这靠的是经验,是非常粗略的,极不精确而又常用。

比较常用的测量宝石矿物密度的方法有静水力学法及重液法。

(一) 静水力学方法

如果宝玉石在空气中的质量为 p(单位为 g),在温度为 4℃的水中的质量为 p_1(单位为 g),则 $p-p_1$ 相当于同体积水的质量,故宝玉石矿物的相对密度(D_m)可表示为:

$$D_m = \frac{p}{p-p_1}$$

由于水具有较大的表面张力,在测定时会形成误差,故测试时往往采用其他液体,如乙醇、二甲苯、四氯化碳等,如表 3-2-6 所示。这些液体的密度不等于 1,测定时需要按公式校正。

表 3-2-6　若干液体在不同温度下的密度（g/m³）

乙醇		二甲苯		四氯化碳	
密度	温度/℃	密度	温度/℃	密度	温度/℃
0.837	7	0.839	6	1.630	3
0.830	16	0.829	16	1.610	13
0.829	18	0.824	22	1.599	18
0.827	19	0.819	27	1.589	23
0.821	21	0.814	32	1.579	28
0.817	26	0.809	37	1.569	33
0.810	32	0.804	42	1.559	38

例如，一宝石质量为 4ct，在 28℃的四氯化碳中的质量是 2.42ct，由表 3-2-6 查得 28℃时四氯化碳的密度是 1.579，代入公式，得出该宝石的相对密度：

$$D_m = \frac{4}{4-2.42} \times 1.579 = 3.997$$

查表即得此宝石矿物为刚玉。

用静水力学法测定密度用的仪器一般有克拉比重天平及双盘天平。

克拉比重天平是一种单盘电动天平。天平盘上有 2 个秤盘和装试液的玻璃杯，一个秤盘在空气中；另一个可浸没于液体中，分别用以测宝玉石在空气中的质量和在液体中的质量，所测数据代入公式即可。

所称宝石体积大者可用换装试液的大容器、大天平测得，如图 3-2-7(a)所示。

双盘天平如图 3-2-7(b)所示，即先将宝玉石测出在空气中的质量，然后再放入液体中称出其质量，将此两数据代入公式即得。

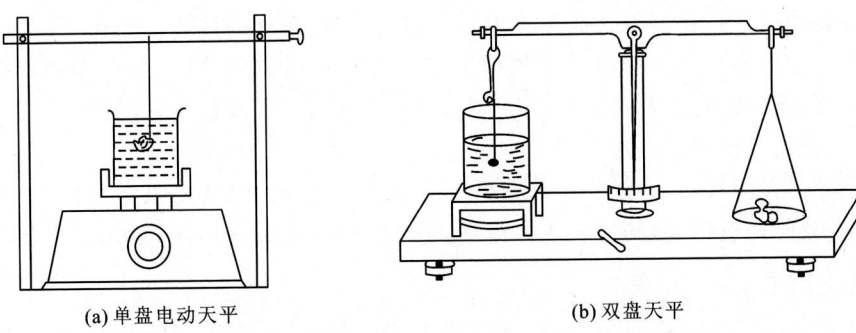

(a) 单盘电动天平　　　　(b) 双盘天平

图 3-2-7　单盘电动天平和双盘天平的改装

一般测宝玉石的密度也可以用如下方法，即用克拉比重天平类似的办法。

宝石的质量在空气中先测出，宝石在水中的质量则可利用一个支架、一段细铜丝、一个烧杯、一个支托直接在托盘天平上测出，方法如图 3-2-8 所示。

（1）第一次称出样品在空气中的质量 p_1，第二次称出样品在溶液中的质量 p_2，把两次的读数进行计算。

$$D = \frac{p_1}{p_1 - p_2}$$

式中，D 为宝石密度；p_1 为宝石在空气中的质量；p_2 为宝石在水中的质量。

（2）如果用其他液体测定，则必须应用下列公式：

$$D = \frac{p_1}{p_1 - p_2} \times d$$

式中，D 为宝石密度；p_1 为宝石在空气中的质量；p_2 为宝石在水中的质量；d 为所用液体的密度。

测试中要注意：秤盘要在中心，歪斜则不正确，必须要调整好再测。宝玉石样品要在测前擦拭干净，按操作键使秤盘重量归零，然后将宝玉石放在空气秤盘上，按操作键测得在空气中的质量（p_1），然后再将宝石放入液体秤盘中，按操作键，测出天平上的数据则为宝石在水中的质量

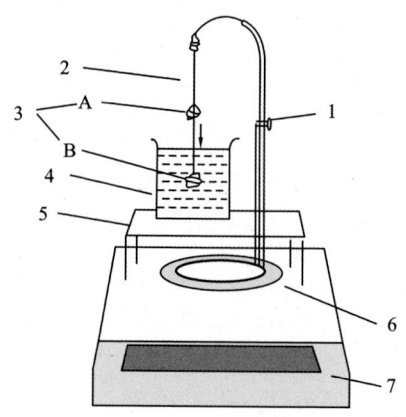

图 3-2-8 宝玉石密度的测定方法
1.支架升降螺；2.细铜丝；3.样品 A 在空气中，B 在溶液中；4.烧杯；5.支托；6.天平托盘；7.天平

（p_2），宝玉石在空气中质量减去在液体中质量的差值 A（即 $p_1 - p_2$），代入公式，宝玉石密度 $D_m = (p/A) \cdot X$（液体密度），单位为 g/cm^3。

不论是用克拉比重天平还是用双盘天平，都必须先将天平处于零位。先测宝石在空气中的质量，再测其在液体中的质量（不能先测在液体中的质量，以免宝石上面沾上液体，使质量变大），要随时测量环境温度，根据温度相应的溶液密度值代入公式。测前还要仔细观察样品的纯净度，样品不纯会造成很大误差，另外多孔的、不致密的宝石则不宜应用本法测试。

（二）重液法测试

首先要具有一套密度不同的重液，通常使用的有：饱和盐水溶液（密度为 $1.13g/cm^3$），三溴甲烷（密度为 $2.9g/cm^3$），二碘甲烷（密度为 $3.33g/cm^3$），克来里奇液（密度为 $4.15g/cm^3$）。

这几种重液可以按比例与其他溶液相混合，制成各种密度的液体。如在三溴甲烷中加乙醇稀释可配制出密度为 $2.5\sim2.9$ 的系列密度液；二碘甲烷加二甲苯稀释可制成密度为 $2.9\sim3.33$ 的系列密度液；克来里奇液加水，可配制成密度为 $3.33\sim4$ 的系列密度液等。这种不同重液有不同的、固定的稀释剂。这样即可将宝玉石样品放入混合重液中，作指示剂看其悬浮情况。如样品漂浮在溶液面上，说明其密度小于重液；沉于重液之底，说明该样品密度大于此重液；悬浮于重液的任意位置，其密度才与重液密度相当。图 3-2-9 为祖母绿的密度测试。

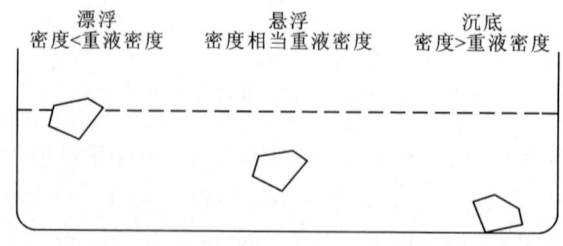

图 3-2-9 重液法测定样品密度

使用重液法测试密度应该注意重液多为黄色色调，对有孔隙的宝石（如欧泊、珊瑚）及各种具猫眼效应的宝石，易于因渗进颜色影响宝玉石的色泽，则不宜使用该法；对易溶解的有机宝石及合成或人造塑料制品及二层、三层石等因易被重液溶解也应避免使用。使用过的重液应密封避光保存好，以便下次继续使用。重液有挥发性，工作环境应尽量减少空气流通。重液还具不同程度的毒性，所以测试时应予以防范，连续作业时间不宜过长。

对宝玉石作密度的测定是很重要的。应用最多的还是静水力学法。用该法做密度的测试是无损的检测，所以在鉴定工作中既重要又简单，但关键是所测数据一定要准确。一般是以保留小数点后两位数为准。有条件的情况下应该多测几次、多得一些数据，取其平均值，以务求准确。

常见宝玉石的密度列于表 3-2-7 中。

其实在工作中有很多测密度的精密仪器可直接测试，这类仪器大多用在金属、贵金属的检测上。

表 3-2-7 若干宝玉石的密度

宝玉石名称	密度/g·cm^{-3}	宝玉石名称	密度/g·cm^{-3}	宝玉石名称	密度/g·cm^{-3}
锆石（高型）	4.6~4.8	粉色黄玉	3.53	绿松石（伊朗、埃及）	2.8
锰榴石	4.15	榍石	3.52	绿松石（美国）	3.1
镁铁尖晶石	4.0~4.2	钻石	3.52	绿松石（中国）	2.7
锆石（低型）	3.9~4.1	水钙铝榴石	3.47	珍珠	2.70~2.75
红宝石、蓝宝石	3.99~4.10	黝帘石	3.34	祖母绿	2.71
钙铁榴石	3.82	橄榄石	3.27~3.48	石英	2.66
镁铝榴石	3.78	翡翠	3.25~3.40	珊瑚	2.60~2.70
金绿宝石	3.73	锂辉石	3.18	玛瑙	2.60
人造尖晶石	3.63	萤石	3.18	月长石	2.57
钙铝榴石	3.61	电气石	3.07	黑曜岩	2.40
铁铝榴石	3.61	软玉	2.90~3.10	玻璃	2.30~4.50
尖晶石	3.60	绿柱石	2.80	欧泊、火欧泊	2.10、2.00
黄玉	3.53~3.56	青金石	2.80	琥珀	1.08

第三节 宝石及宝玉石材料的其他性质

一、电学性质

电学性质主要包括物体的导电性、压电性和热电性及摩擦生电的性质。

(一) 导电性

宝石矿物的导电性是指宝石矿物对电流的传导能力,这往往与宝石矿物内部晶体化学中化学键的类型有关。如具有金属键的矿物由于晶体结构中自由电子的存在而导电。如自然金、自然铜都具有良好的导电性。具有部分金属键的则成为半导体。金属键越少导电性就越弱。宝石矿物中很少金属键,所以宝石矿物绝大部分都是非导电体。也有例外,如天然的蓝色金刚石是导电的,而人工辐照的蓝色金刚石不导电,所以可用电导仪表区分天然蓝色钻石和辐射改色钻石。

(二) 介电性

介电性指电的非导体或半导体在外电场中被极化的性质。介电性的强弱通常用介电常数(电容率)的大小来表示。介电常数的大小与离子极化和自由电子的存在密切相关,一般宝石的介电常数都很大,而且皆为正数。如刚玉为 6.7~8.1,黄玉为 7.4~9.5,镁铝榴石为 12.5,金红石为 31~42 等。自然金属这类导体的介电常数可以认为是无限大。各种宝石材料的介电常数可以用专门仪器测出。

(三) 压电性

压电性是某些矿物晶体在受机械力(压力或张力)的作用下,因变形效应呈现荷电的性质。宝石矿物压电性发生在没有对称中心的晶体,具有极性轴的晶类中,如石英晶体沿 L^3 或 L^2 所在平面切取定向薄片,它在压力或张力作用下能在相反的方向产生正、负相反的电荷,即受压时产生正电荷的位置在受张力拉伸时产生负电荷,如图 3-3-1 所示。当受压力及张力交替作用时,就能产生交变电场,这种效应称压电效应,这实质上是将机械能转变为电能;反之具压电性的薄片,在交变电场中时,也会产生一张一缩的机械振荡,将电能转变为机械能的性质,称为电致伸缩。当交变电场的频率和压电性矿物本身机械振动的频率一致时,就会产生特别强烈的共振,如水晶(对称 $L^3 3L^2$)、电气石(即碧玺 $L^3 3P$)等。矿物晶体的压电性,在现代科学技术中已广泛应用。

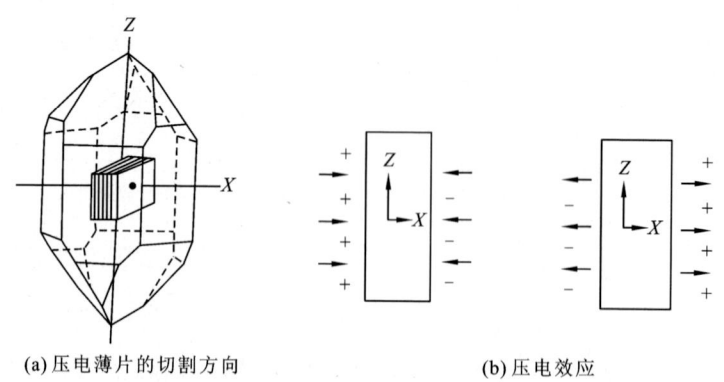

(a) 压电薄片的切割方向   (b) 压电效应

图 3-3-1 石英压电性薄片的切割方向及其压电效应

(四) 热电性

热电性为当温度变化时,在晶体的某些结晶方向产生电荷的性质。如电气石晶体加热到一定温度时,它的 C 轴一端带正电,另一端带负电。已热的晶体,如果冷却下来则正负极产生变号,热电性只存在无对称中心具极性轴的矿物晶体中,如电气石,异极矿等。这种性质已用于红外探测技术。

（五）摩擦生电

摩擦生电为物体经摩擦而产生静电的现象。是产生正电还是负电则因物质本身及与之摩擦物的不同而异，在公元前 600 多年，人们就发现琥珀摩擦生电的现象，产生电荷后它可以吸引纸屑或一些较轻的物质。其实大多数矿物都有不同程度的这种表现，如近代石化树脂、塑料等也有这种现象。

二、热导性

不同宝石及玉石的导热性不同，每种物质具有的每秒钟通过一定厚度物体的热量为一常数，称为热导率。常见宝石的热导率如表 3-3-1 所示。

表 3-3-1　常见宝石的热导率

宝石	热导率	宝石	热导率
银	44.2	尖晶石	（定为）1
铝	21.7	石墨	0.81
金	31.0	金红石	0.54
金刚石	70.7～212.0	锆石	0.48
刚玉	2.65		

在宝石矿物的检测中，常利用这一热导性检测宝玉石，最常利用的是热导仪检测金刚石（详见后第四章关于钻石检测几种仪器）。

三、脆性与韧性

脆性为宝石矿物受力后易于破碎的性质。这与硬度不可混淆。硬度大的矿物亦可具有脆性。如自然界最硬的金刚石硬度最大、脆性也很大。在切割过程中就常有碎裂现象。有的脆性小的宝玉石往往韧性很大。韧性是受外力撞击不易碎的性质，一般黑金刚石韧性最大，其他如翡翠、刚玉、软玉之类韧性也较大。质地坚韧，大块以锤击之往往将锤弹起而不碎，则为韧性的表现。这类具韧性的宝玉石往往是很好的雕琢材料。

现将宝石矿物韧性的相对大小列于表 3-3-2。

表 3-3-2　宝石矿物韧性的相对大小

宝石	韧性
黑金刚石	10（最大）
翡翠、刚玉	8
钻石、水晶、绿柱石	7.5
橄榄石	6
祖母绿	5.5
黄玉、月光石	5
玛瑙	3.5
锂辉石	3

四、延展性

延展性是物体受外力后不易碎裂而易成薄片或拉长成细丝的性质。自然金属具有良好的延展性,以小刀刻之可留下光亮的痕迹,如易于拉成细丝或砸成薄片的自然金、自然银等。

五、吸附性

吸附性指宝石表面对一些油、水、试剂杂物吸附的能力。如金刚石就有很强的吸油性。磨好的钻石表面往往经手指接触后,则吸收手上的油脂而变得不光亮,这一性质有利于选矿和鉴定。

六、磁性

磁性是指一些宝石矿物受外磁场吸引或排斥的性质。一般排斥的力量极其微弱,所以磁性往往是仅指吸引的性质。磁性主要是由宝石矿物所含元素的原子或离子外层轨道上有无不成对的电子所决定。一般将磁性分为3个级别。

1. 强磁性

强磁性也称铁磁性,在宝石矿物中具有强磁性的很少,只有铁胆石等,常出现可被磁铁(永久性磁铁)吸引的现象。一些含有磁铁矿包裹体的宝石矿物(如辉石、尖晶石、石榴石等)和一些金属饰品(如铂金项链)中含铁过多时,也会有被磁铁吸引的现象。

2. 弱磁性

弱磁性也叫电磁性或顺磁性。永久性磁铁不能吸引,而可被强电磁铁所吸引。很多宝石矿物会出现这一现象,如普通辉石、普通角闪石及某些电气石、橄榄石、翡翠、软玉、蓝宝石、金刚石等。其产生原因是这类宝玉石矿物含有 Fe、Co、Ni、Ti、V、Cr 等过渡元素,在电子结构中其3d层及第二过渡系列的4f和第三过渡系列的5f轨道上,皆有未填满的不成对电子存在。由于电磁铁的磁场强度不同,这种电磁性还可分为很多等级。利用这一性质,可广泛地用于矿物分析和宝石矿物的分选。所说的过渡元素又都是致色离子,所以这类宝玉石矿物常是有色的。

3. 无磁性

无磁性即不能被强磁性电磁铁吸引的性质。这类宝玉石矿物常见的有水晶、黄玉、黄铁矿等。

4. 逆磁性

逆磁性即矿物在外磁场作用下被永久磁铁所排斥的性质。因磁化方向与外磁场方向相反,磁化率也很小,甚至为负值所致,如方解石。

我国在4 000多年前就已认识到磁性,利用磁铁矿创制的指南针成为我国古代四大发明之一。磁性如今已更多地应用到尖端工业、地质勘探等诸多科学领域,在宝石矿物的鉴定和分选上也有着重要的意义。

第四章 对宝石及宝玉石材料的放大检查和分析测试

当前人工合成宝石、处理过的宝石、宝石仿制品、伪品皆走进市场,宝玉石新产地、新品种也不断被发现,因此检测方法也必须不断更新,对宝玉石的鉴定及研究工作就更加重要。而目前对宝玉石的鉴定方法及研究方法涉及的面又非常之广。现将一些常见的、主要的及比较有效的方法作简单的介绍。

第一节 对宝石及宝玉石材料的放大检查

一、肉眼观察及放大镜等辅助工具的应用

根据宝玉石的外部特征作肉眼观察是最基本的、最简单的往往也是最重要的。有的行家用肉眼观察就可作出判断;但由于当前处理技术的复杂性,大部分必须在肉眼观察的基础上再进一步指导作分析测试,以取得数据为准。

每检测一个宝石或一块玉石,开始总是要观察其形态及一些直观上的特征,如光泽、颜色、解理、断口及其他一切所能见到的外部特征。观察这些内容往往就要用放大镜来配合,再进一步观察宝玉石的内部特征。除需要借助于放大镜之外,有的还要用宝石显微镜。

外部特征的检查,还要看有无细小的破裂纹、裂缝,表面是否光滑,有无缺陷等。此外也可为估测宝石硬度提供信息,有的可直接测试硬度;有一些宝石及玉石、贵重饰品则不能直接做硬度测试,只能从宝石表面特征中看到宝石的棱、边、角、尖磨钝变圆的程度,变圆者说明硬度较小,或说明该材料曾经过热处理,因为经过热处理的宝玉石趋向于脆性增大,易受磨损使棱、边、角、尖变钝。

另外还要注意有无有色或无色涂层、有无裂隙孔洞充填,是否属优化处理的宝玉石。

观察表面特征也要注意是否为仿制品、雕刻品或浇铸的玻璃或塑料制品。一些浇铸制品往往具有极平滑的刻面、钝而圆滑的交棱,无刀痕、凹面、扭曲或其他铸模痕迹;有的出现凸出的接合脊面,这是两个面合成的残留物;也有的出现破了气泡的半圆形空洞等等。

以上这些现象也都需借助于放大镜或显微镜观察才最清楚。在这些放大检查的基础上,需进一步进行必要的仪器分析测试。

(一) 放大镜

放大镜是日常生活中人们很熟悉的用品,种类也很多,根据不同的用途有不同的样式,最常见的有手柄放大镜、折叠式放大镜、头盔放大镜、筒式放大镜、台式放大镜等。但常用于观

测宝石的则是一种能曲折的小型放大镜(图 4-1-1)。这种放大镜一般能放大 10 倍(10×)、20 倍(20×)、30 倍(30×)不等,根据其放大效果以 Hastings 三合镜观察宝石为较好,它可以消除球面差,如图 4-1-2 所示。

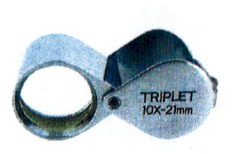   

(a) 三层镜片的珠宝放大镜　　(b) 折叠式放大镜　　(c) 头盔放大镜(可调节倍数)　　(d) 手柄式载灯放大镜

图 4-1-1　几种不同的放大镜

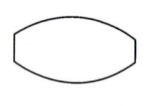 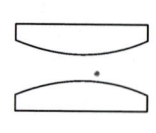 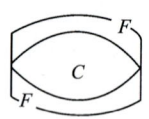

(a) 双凸镜　　　　(b) 双组合镜　　　　(c) Hastings三合镜

图 4-1-2　放大镜的结构

Hastings 三合镜由 3 个部分组成,两个玻璃凹凸镜粘结到一个冠状的双凸镜上,这样可使三合镜有了平直的视域,基本上消除了线性失真(球面失真)和彩色边缘效应(色像差)。5×、10× 和 20× 放大倍数的 Hastings 三合镜放大效果极佳,图像清晰。但在使用时放大倍数越大,放大镜就应该距离宝石或玉石越近,这给照明带来不便。随着放大倍数的加大,视域和景深(能同时聚集的区域)也随之变小。最常用的还是 10× 放大镜,世界上皆以用 10× 放大镜为标准的仪器观察钻石的净度和切工。用 10× 放大镜一般距离眼睛在 2.5cm 左右,随每人视力不同而异。照明用侧光,使用时要注意首先将待测的宝石或玉石擦拭干净,也要将放大镜擦干净,一只眼靠近放大镜观察,但要两只眼都睁开,切忌一只眼看,另一只眼用力紧闭,这样既不美观也易于使眼睛疲劳。

这种放大镜体积小、携带方便、观察放大效果好,工作时应与小型照明器配合使用,但终究还是不及宝石显微镜更为有效。

在肉眼观察及应用放大镜的同时,还需要利用下列辅助工具。

(二) 聚光电筒

如图 4-1-3 所示,聚光电筒有足够的亮光,可以清楚地在放大镜下观察宝石表面特征。另外也可以使电筒置于宝石的背后,通过透光看宝石的某些内部特征,如包体、杂质及瑕疵等。

(a) 笔式聚光电筒　　(b) 一般聚光电筒　　(c) 紫外灯手电筒　　(d) 强光手电筒

图 4-1-3　常用的聚光电筒

（三）镊子

因是用镊子夹住宝石，所以镊子又称石夹，如图 4-1-4 所示。如果是看一标准圆钻形的宝石或钻石，可先将宝石或钻石的台面朝下，用镊子钳住宝石的腰部，手腕可自由旋转，在放大镜下多方向观察宝石，这可避免手拿对宝石或钻石的污染。

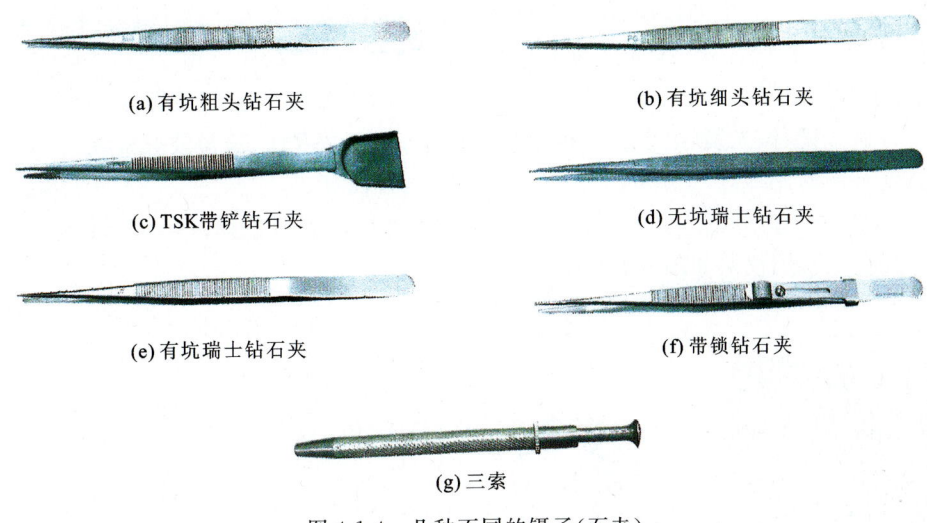

图 4-1-4　几种不同的镊子（石夹）

（四）照明器

观测宝石照明是很重要的，除聚光电筒之外往往用比较固定的钻石灯、冷光源、光纤灯、宝石灯、钻石分级灯、紫外灯、质检灯等一些不同类型的照明灯，如图 4-1-5 所示。

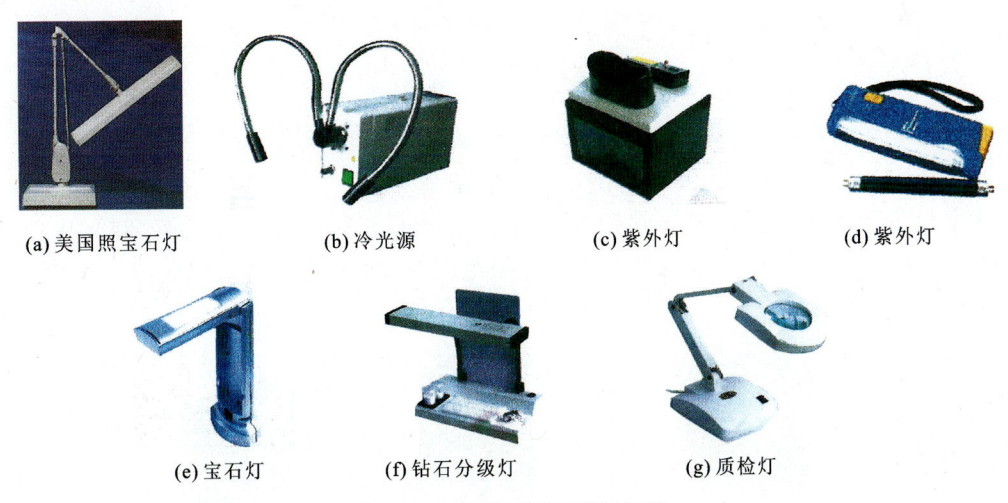

图 4-1-5　几种不同的照明设施

这些灯的共同特点是：亮度大而较适中，光线柔无颜色干扰，而且色温合适。以有曲臂可转动方向、可调节焦距、可任意弯曲最为方便。观察钻石必须要使用专门的钻石灯，市场上还有钻石分级灯。钻石分级灯的叫法显然是不恰当的，它不能完全显示 4C 标准，但它是模拟日光、均匀稳定的冷光源,适合观察钻石或有色宝石。它有半透明、高度任意可调的置物盘,以减少钻石与有色宝石来自不同刻面的反射光,有的还配备有适合观察钻石荧光的长短波紫外灯。

（五）宝石鉴定箱

可以把它看做是一个可移动、携带方便的小型宝玉石实验室。在这个小箱中有几个必需的鉴定仪器,一般来说小型的鉴定箱配有放大镜(10×)、二色镜、滤色镜、手持式分光镜、小偏光镜、聚光手电、镊子等。但也有比较大型的鉴定箱,除配备有上述小仪器及小工具之外,还配备有宝石显微镜、偏光镜(附干涉透视镜)、折射仪、分光光度计、长短波紫外光灯、日光型冷光源和亮度可调的光纤灯,也有的带有热导仪和莫桑石仪等。

不同厂家生产有不同大小、不同内容的鉴定箱,可根据需要选择。一个比较大型的珠宝鉴定箱应配备的常用仪器如图 4-1-6 所示。

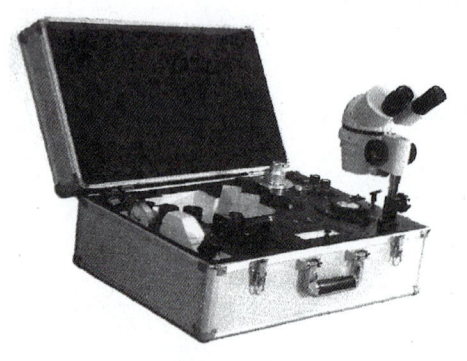

箱内包括
1.宝石显微镜　9.折射率油
2.折射仪　　　10.克拉秤
3.放大镜 10×　11.冷光源
4.偏光仪　　　12.热导仪
5.双波长紫外灯 13.镊子
6.钻石比色计　14.宝石卡规
7.手持式分光镜 15.摩氏硬度计
8.二色镜　　　16.聚光手电筒

图 4-1-6　珠宝鉴定箱及应包括的简易设备

（六）宝玉石观察研究实验室的其他有关用品

根据需要常设置有称重量、测量大小的仪器、试剂和一些清洁用品。

1. 称重

主要是各种天平和克拉秤。常用的如各种电子天平称量范围精度有 200g/0.01g 到 5 000g/0.01g 不等,常用的克拉秤高精度的称量范围为 250ct 精度到 0.01ct 或 250ct 精度到 0.005ct 不等,如图 4-1-7(a)、图 4-1-7(b)和图 4-1-7(c)所示。

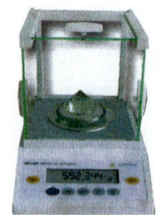  

(a) 克和克拉可转换电子天平　　　(b) 磅　　　(c) 电子天平

图 4-1-7　几种常见的天平

2. 测量大小

测量大小的通常有卡尺、钻石卡尺（测量范围为 0～20mm）、宝石卡尺、电子数显卡尺（0～150mm）、珍珠卡尺（测量范围为 0～25mm）、钻石、宝石测量仪表卡尺（0～10mm）等，如图 4-1-8 所示。

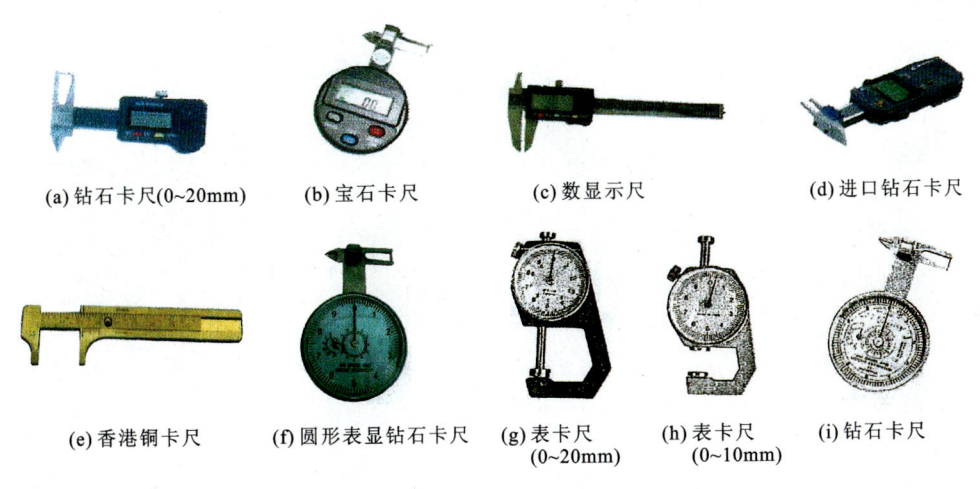

图 4-1-8　几种常用的卡尺

3. 试剂

试剂通常有酒精、丙酮、二甲苯、三氯甲烷等有机溶剂及盐、盐酸、硫酸、硝酸等酸类和试纸等。

4. 清洁用品

清洁用品通常有超声波清洗机、中性清洗液、鹿皮、宝石擦拭用品等，如图 4-1-9 所示。

此外，除常用的电脑、打印机、复印机等之外，还有专业的相机及相机接口（与显微镜连接作镜下照相之用）、钻石需用的比色石（多为合成立方氧化锆代用钻石比色石，如图 4-1-10 所示）、分盘石、石铲等。

鉴定室、实验室可配备的物品还可以有很多，皆须根据需要及条件而设置。

(a) 超声波清洗机

(b) 首饰清洗机

图 4-1-9　超声波清洗机

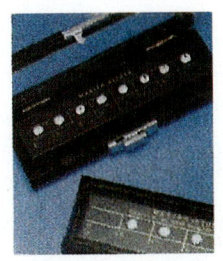

图 4-1-10　合成立方氧化锆代用钻石比色石

二、宝石显微镜的应用

不同厂家生产的宝石显微镜，不同的型号有不同的特点。但是都大同小异，一般最常用的是双筒的宝石显微镜,它的优点是有不同的放大倍数,视域广阔,最适合于宝石工作者应用。主要组成为通过两个独立的光学筒道,在筒道的目镜前方有与之匹配的物镜和棱镜,以重现宝石的影像,使所观测的宝石更有立体感、双目观测更舒适。显微镜的放大倍数等于物镜倍数和目镜倍数的乘积。往往是几个物镜装在一个可转动的盘上,根据需要可随时改变。观察宝石一般放大 10×、20×、30×、45× 或更大皆可。几种不同款式的宝石显微镜,如图 4-1-11 所示。

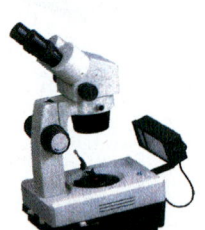

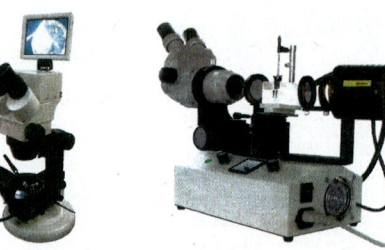

(a) 宝石显微镜　　(b) 多功能宝石显微镜　(c) 宝石视频显微镜　　(d) 水平式油浸显微镜

图 4-1-11　几种常用的宝石显微镜

有多种功能的宝石显微镜可提供几种照明技术,同时提供了暗场照明和亮场照明(即透射光)。某些照明器装有高强度的钨丝灯,带有变阻开关,可控制光源距离,光源之上安有锁光圈,控制从下方进入的光量,可根据个人的视力调节目镜。有的具有顶部荧光光源、可调整的目镜、固定可旋转的底座和宝石夹。这种宝石显微镜配合偏光器,既可检测二色性和代替偏光镜测试光性,也同其他显微镜一样具有主体臂、装有粗调和微调螺旋及倾斜螺钮、载物台等,使用非常方便。

宝石显微镜最宜于放大检查宝石的外部特征(包括宝石表面的刻痕、蚀像、破损、气泡等)和内部特征(包括包体的种类、形态、数量、双晶、生长纹、颜色变化等),检查拼合石,观察多色性、双折射率大的宝石后刻面棱的重影,测定宝石近似折射率(近似值)和测量宝石大小、刻面间的夹角及干涉图等。如果除去目镜,换上照相机就可以进行显微照相,所以它是宝石工作者不可缺少的"助手"。

第二节　对宝石及宝玉石材料的分析测试

一、化学分析方法

化学分析是用以确定宝石矿物化学成分的方法,可分为定性分析和定量分析。初步鉴别宝石矿物时,常可采取一些简易的化学分析法,如点滴分析、显微化学分析、染色、光谱分析等是快速的分析方法,并且只能定性分析(这类简易方法有专门书籍讲述)。如果要定量的检测,则需要作化学定量全分析。

化学定量全分析是比较传统的方法,所采取的程序较为复杂,所需样品多、时间长,但精确度很高,尤其对检测或研究硅酸盐宝石矿物,是极其重要的。

作定量的化学全分析,分析内容有 SiO_2、TiO_2、Al_2O_3、Fe_2O_3、P_2O_5、Cr_2O_3、FeO、MgO、CaO、MnO、K_2O、Na_2O、H_2O^+(化合水)、H_2O(吸附水)14 项之多。此外还可根据分析项目的特殊要求,增加分析一些含量较低的成分,如 ZrO_2、V_2O_5、B_2O_3、Ce_2O_3、Y_2O_3、CuO、CoO、NiO、SrO、BaO、BeO、Li_2O 等。分析结果得出各组分含量百分比。含量百分比的总和应该等于或接近100%,其误差不得大于1%,即不得高于101%、小于99%。如果超出这一误差范围,可用差入法分配到各组分之中。

化学定量全分析的结果是计算宝石矿物的实验式和化学结构式的依据。

二、物理学分析方法

鉴定和研究珠宝玉石的物理学方法很多,这里仅就有关的几种常用方法略加介绍。重点讨论电子显微镜法、红外光谱分析法、X 射线衍射分析、激光拉曼光谱分析、X 射线荧光光谱分析法等。

(一) 电子显微镜法

电子显微镜包括透射电子显微镜(简称透射电镜)和扫描电子显微镜(简称扫描电镜)。电子显微镜是应用已久的检测手段,透射电镜能在同一试样上把形貌观察与结构分析结合起来,而且以观察形态为主,同时也能作成分分析等多性能微区分析。透射电子显微镜与光学显微镜对比,如图 4-2-1 所示。

当前与宝石矿物关系更密切的是扫描电镜。扫描电镜是以电子束在试样上扫描时产生二次电子,经处理后即可得到样品表面的立体图像。因而可得到高分辨率的微形貌,同时定出微区多元素组分的定性及定量分析。扫描电镜的分辨率为 4~7nm,最大放大倍数可到几十万倍,具有高分辨率和极高的放大倍数,图像清晰、制样简便为扫描电镜的最大特点。现以琥珀的扫描电镜照片为例,如图 4-2-2 所示。

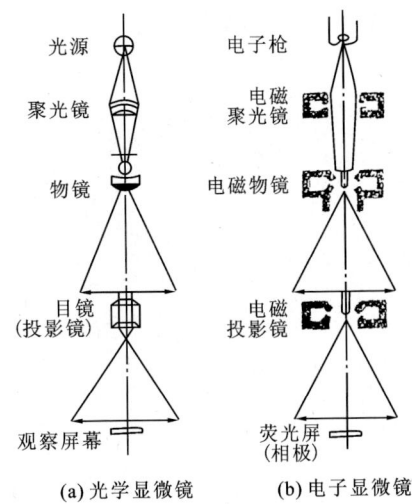
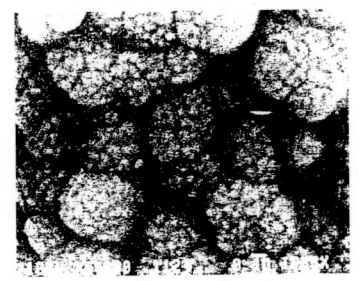

图 4-2-1 透视电子显微镜与光学显微镜的原理对比　　图 4-2-2 扫描电镜 54 000× 下琥珀肾状胶粒堆积

（二）红外光谱分析

物质在红外线照射下，引起分子中振动能级（电偶极矩）的跃迁而产生的吸收光谱，为红外吸收光谱。被吸收的特征频率取决于物质的化学成分和内部结构，即组成分子的原子质量、键力以及分子中原子分布的几何特点，所以每一种物质都有自己的特征吸收谱。以波数频率（cm^{-1}）或波长（nm）为横坐标，以百分吸收率或透射率为纵坐标，则得出该物质的红外吸收谱图。图 4-2-3 为琥珀的红外吸收光谱图。

红外光谱分析，不仅用于化学组成的分析，而且用于分子结构的基础研究。可以根据谱图中吸收峰的位置和形状特征来判断未知宝石矿物的结构类型。依照特征吸收峰的强度来测定混合物中各组分的含量。可以在硅酸盐、磷酸盐、碳酸盐及部分硫化物类矿物和有机宝玉石矿物中，检查成分中水的存在形式、阴离子团、类质同象混入物及同质多象变体等。目前常见的红外光谱仪有傅里叶变换红外光谱仪（图4-2-4）或光栅式红外光谱分析仪，可配红外显微镜使用。所采取的方法要根据检测的样品进行选择：①如果是薄至中等厚度的珠宝玉石原

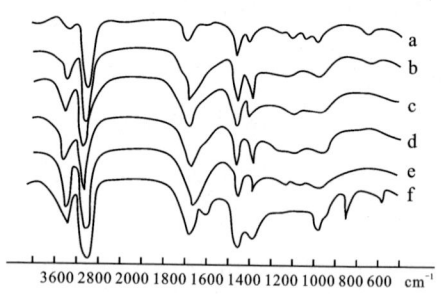

图 4-2-3 琥珀的红外光谱
a.白色琥珀(样品号:C01);b.黄色琥珀(样品号:C02,C03);
c.褐色琥珀(样品号:C04);d.橙色琥珀(样品号:C05,C06);
e.红色琥珀(样品号:C07,C08);f.黑色琥珀(样品号:C09)

料或成品，可用直接透射法；②如果要测较大的抛光平面，可用直接反射法；③如果为原石、玉石雕件等，可用粉末透射法；④如果要测微区的反射和透射光谱，可用显微红外光谱法，样品规格最好按仪器的要求而定。

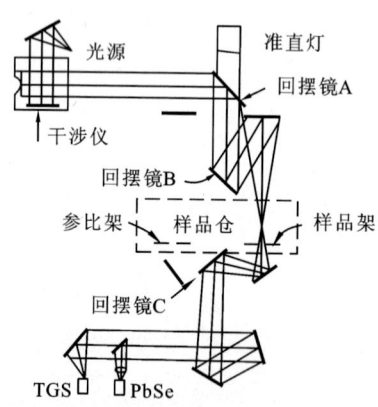

(a) 傅里叶变换光谱仪结构示意图

(b) 傅里叶红外光谱仪外观

图 4-2-4 傅里叶红外光谱仪

红外光谱各分析法具有无损样品（除粉末透射法对样品有微损外）、测谱快捷的特点，当前适用于鉴别翡翠的 A、B、C 货，判断钻石的类型，用于一些相似的宝玉石矿物及一些贵重饰品的检测，是研究和检测宝玉石非常重要的手段。

傅里叶变换红外光谱仪可用于宝玉石的红外吸收光谱的测试，具有扫描速度快、信号强、灵敏

度高的优点。它是很常用的检测宝玉石的一种大型先进仪器。它还有一个特殊的用途,即对作旧的古玉进行检测。用本红外光谱利用"漫反射"红外附件作出的谱图,可显示指纹区内人为的用高温烘烤、强酸腐蚀等方法作旧出现的假沁、假牛毛纹等。如利用 Si—O、Si—O—Si 的伸缩和弯曲振动等红外吸收谱带,即可证实该古玉器的原玉石成分,有利于展示该器物的本来面目。

(三) 电子探针分析

电子探针也叫 X 射线显微分析仪,用来探测微区域内成分及结构、区分微米级的特征。它是利用加速电压高能入射电子束作用于样品表面产生的特征 X 射线的波长和强度来实现的。利用电子枪发射出来的电子束,直径小于 $1\mu m$,电子束为激发源,对样品微区进行轰击,该微区将会产生特征 X 射线、二次电子、被散射电子、阴极荧光及吸收电子等信息,然后可将这些信息进行收集、处理,以研究探讨样品微区的化学成分、结构及表面形貌特征。

还可作点分析,分析样品上某一个点微区的特征;也可作线分析,分析样品上一条直线的电子束扫描,得出在这一条直线上组分的变化;还有面分析,分析在样品某一微区表面范围内的元素分布状态及形貌。

所谓微区,即指样品上的探测区范围可小到 $100\mu m^2$,它所分析能定性的元素为周期表上的 Be~U 的范围。一般能定量的为 Na~U 的范围。当样品中所含的组分在 1% 左右它就能作出分析,而且分析的相对误差在 1%~2% 的范围以内。这就体现了电子探针应用范围广而精确度高的特点。但是一个矿物样品或一块玉石的成分不一定均匀,用电子探针所测的微区结果绝不能以点带面,更不能代表整体的成分,所以一定要多测几个点。另外它也不能检测元素在宝石矿物中的存在状态(是混入物杂质还是类质同象),所以最好与透射电镜、红外光谱、X 射线分析等相互配合使用。

如果在电子探针分析的同时配备光学显微镜,那么观察的同时又可进行分析,这样就可以避开包裹体、连生矿物或杂质,易于找到理想的分析区域。

分析这样小的微区,既有利于分析细小矿物或组分复杂的样品,也更有利于分析包裹体,给包体定性并进行成分变化对比。

微区之小不为肉眼所见,所以做探针分析不会破坏样品,做过探针的样品照样还可再做别的测试。做电子探针的样品要求表面光滑、大小适度,一般不大于 20mm。因此,探针分析拥有既不破坏样品又能继续保存样品的特点,因而可用于检测珠宝、玉石、珍品或饰品,还可以作为检测古物珍品的有效方法。

总之探针既可分析微区的成分、结构和形貌特征,又能快速准确地确定出探测对象(这仅是限于微区),所以它的用途极为广泛。将成分结构及形貌用在宝石矿物学上,可鉴定宝石矿物种属、探讨宝石矿物包体,利用不同地区产状的宝玉石、不同包体进而研究宝石矿物的生成环境和生长条件及其变化。探针分析可区别宝玉石饰品是天然还是合成品,分出优化品或处理品,查明微量元素的赋存状况等。所以探针是一个行之有效的检测珠宝玉石及古器物的好方法。图 4-2-5(a) 和图 4-2-5(b) 为电子探针结构示意图及仪器外观。

(四) X 射线衍射分析

X 射线分析长期以来在鉴定矿物和研究晶体结构方面起了极其重要的作用,也已经被广泛地应用到了各相关领域。

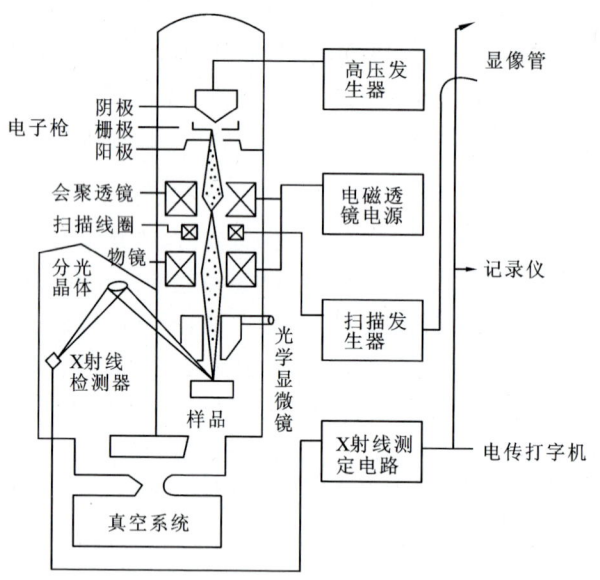

(a) 电子探针结构示意图　　　　　　(b) 电子探针仪器外观

图 4-2-5　电子探针仪及外观结构示意图
（据北京大学鉴定中心）

X 射线是一种波长很短的电磁波。X 射线射入晶体之后可产生很多现象,其中的衍射现象对研究晶体结构最有意义。由于 X 射线的波长与结晶物质内部原子(或离子)间的距离是属于同一数量级的,当一束 X 射线穿过结晶物质时,便按照布拉格公式产生衍射。每一种结晶物质都有自己所特有的化学成分和晶体结构,因此当 X 射线通过结晶体后就会产生特有的衍射图,记录和分析这种衍射图[图 4-2-6(a)]就可以鉴定出宝玉石矿物的物质成分,推断它的内部结构。

X 射线在晶体中的衍射,形式上看做是面网对 X 射线的"反射"。图 4-2-6(b)中的各黑点代表原子(或离子),1、2、3 是一组平行的面网,其间距是 d,若 X 射线 S_0(波长为 λ)沿与面网成 θ 角方向入射,并在 S_1 方向产生"反射"线时,根据光学原理,只有它们的行程差(Δ)等于波长的整倍数时,光波才能互相叠加而增强。由图 4-2-6(b)可看出,相邻面网在 S_1 方向衍射的 X 射线行程差为 $DB+BF=2d\sin\theta$,当它等于波长的整数倍时才能产生衍射,即产生衍射的条件是 $n\lambda=2d\sin\theta$(式中 $n=1,2,3,\cdots$整数,称衍射级次),此为布拉格方程式。

若有一组面网,其符号为 hkl,间距为 d_{hkl},布拉格方程式可转换写成:

$$d_{hkl}=\frac{\lambda}{2\sin\theta_{hkl}}$$

X 射线波长是已知的,衍射角 θ_{hkl} 可用试验方法确定,面网间距 d_{hkl} 即可求出。

为得到衍射线的方向和强度,进而确定晶体的对称、空间格子类型、晶胞参数及晶体中原子的排列,可以用不同 X 射线照相方法。

X 射线分析的具体方法种类很多,基本方法有单晶分析和粉晶分析两种。

1. 单晶分析

单晶分析利用矿物单晶体或其碎片为样品,晶体大小一般小于 1mm,进行照相,还可有

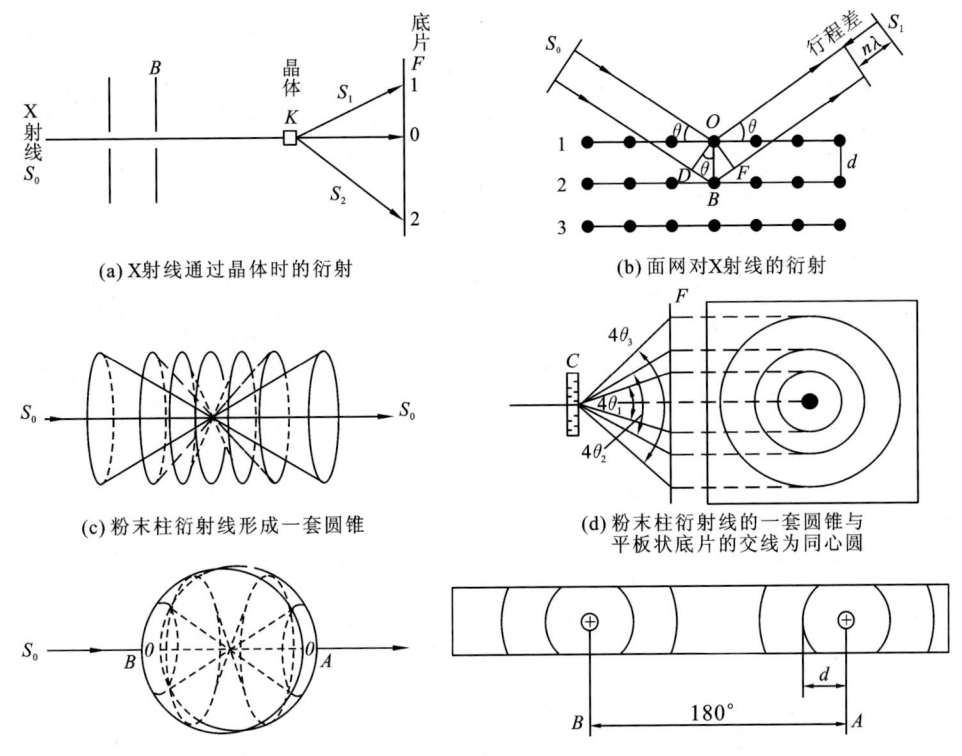

图 4-2-6　X射线衍射分析

照相法和衍射仪法。单晶分析有以下几种方法。①劳埃法:初步确定晶体对称作晶体定向;②旋转法:主要测定晶胞参数,确定衍射指数,求晶格类型和空间群,确定原子排列方式;③回摆法:主要确定晶体对称,晶体定向;④华盛堡法:主要测定轴长、轴角,确定空间群;⑤旋进法:主要测晶胞参数,确定空间群;⑥甘多菲法:测得粉末图。

单晶法适合于作宝石矿物单晶或其碎片、碎粉等单晶材料,其中的劳埃法可用于检测天然珍珠、养殖珍珠及其仿制品。

2. 粉晶分析

粉晶分析采用粉末状多晶为样品,所以又称粉末法。按照分析技术不同又可分为粉晶照相法和粉晶衍射仪法。

(1) 粉晶照相法是利用X射线的照相效应,用感光底片记录粉末样品所产生的衍射线。这是1916年由法国物理学家德拜(Debye)和雪尔(Scherrer)发明,所以又称德拜法。用此法拍摄的粉末照相称德拜图。此法是将宝石矿物样品制成粉末,颗粒大小在0.001mm左右,做成圆柱状粉末柱,然后将其安置在圆筒机内的轴线上旋转,同时将具有一定波长的X射线垂直粉末柱穿过,由于晶体各面网所产生的衍射线,形成许多顶角不同的以S_0为轴的圆锥,如图4-2-6(c)和图4-2-6(d)所示。这些圆锥形衍射线,照在长条形底片上就感光成为德拜图,如图4-2-6(e)所示。德拜图由一系列对称的感光强度不同的弧线组成,不同物质其弧线的数目、分布距离及黑度(感光强度)不同。根据弧线间距可测出θ_{hkl}进而计算出面网间距d_{hkl}。根据弧线黑度可估计各衍射线相对强度 $\frac{I}{I_0}$，不同物质有不同的 d 和 $\frac{I}{I_0}$ 值，可与已知矿物的 $\frac{I}{I_0}$ 值对比，定出未知矿物的种数、名称，或获得这些衍射数据后，查阅有关矿物 X 射线的鉴定表（JCPDS 卡片或其他专门鉴定表），对照表上标准的衍射数据，即可得出鉴定的宝石矿物名称。

（2）粉晶衍射仪法。这一方法是利用 X 射线的电离效应或荧光效应，用辐射探测器和计数器来测定并记录衍射线的位置和强度，以获得衍射数据。用此法得出的图谱称衍射图，不需要通过照相。衍射仪是自动记录按计数器所测的衍射强弱，可自动画出相应的衍射峰和背景图，其中每一个衍射峰代表一组面网。每一组面网的面网间距可直接打印在峰之上；其衍射强度与峰高成正比。若以最强的峰作为 100，与其他峰相比，可确定相对强度，还可测定绝对强度。衍射峰所对应的 2θ 值对应地标在谱线之下，如图 4-2-7 所示。

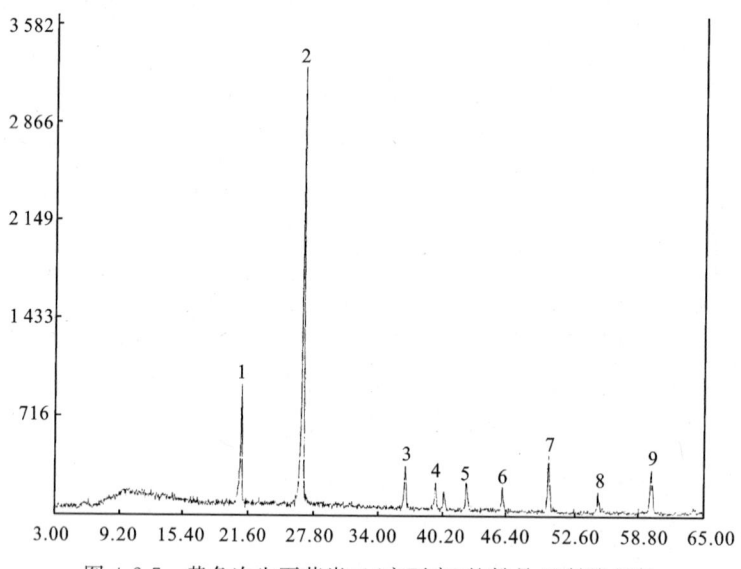

图 4-2-7 黄色次生石英岩玉（广西产）的粉晶 X 射线衍射

粉晶衍射仪法，比德拜法准确度较高，分辨能力较强，操作方便，记录图谱所需的时间短、精确度高，用计算机控制操作和进行数据处理，可直接获得衍射数据，对矿物的定性、定量都十分有效。这一快速简便的方法，有利于检查各种宝玉石首饰，已得到广泛应用。但此法对仪器稳定度要求高、样品用量度较大、设备较复杂、成本相对较高，所以它并不能完全取代德拜法。

（五）激光拉曼光谱分析

当光透过透明—半透明物质时，除一部分光被吸收外，另一部分则发生散射。散射光中有一种非弹性的拉曼散射光，它能提供分子振动频率，定出分子固有的振动频率，判别分子的对称性、分子内部作用力的大小和一般分子动力学的性质。

为了加强光的强度方向性和单色性，入射光源采用激光，故检测宝玉石选用激光拉曼光谱仪。简易工作系统示意图，如图 4-2-8(a)所示。拉曼散射是由入射光和物质内原子、分子的运动相互作用造成的，由样品的拉曼光谱即可得到被测物质内部分子、原子的振动性。各种宝石有各自不同特征的拉曼光谱，因而拉曼光谱可用于测定宝石的品种。

现代拉曼光谱仪除普通常用的具有中等分辨率的拉曼光谱仪之外，还有分辨率更高的拉曼光谱仪即显微拉曼光谱仪。显微拉曼光谱仪是将拉曼光谱仪组装在显微镜上，成显微拉曼探针,简称拉曼探针,其系统如图 4-2-8(b)所示。

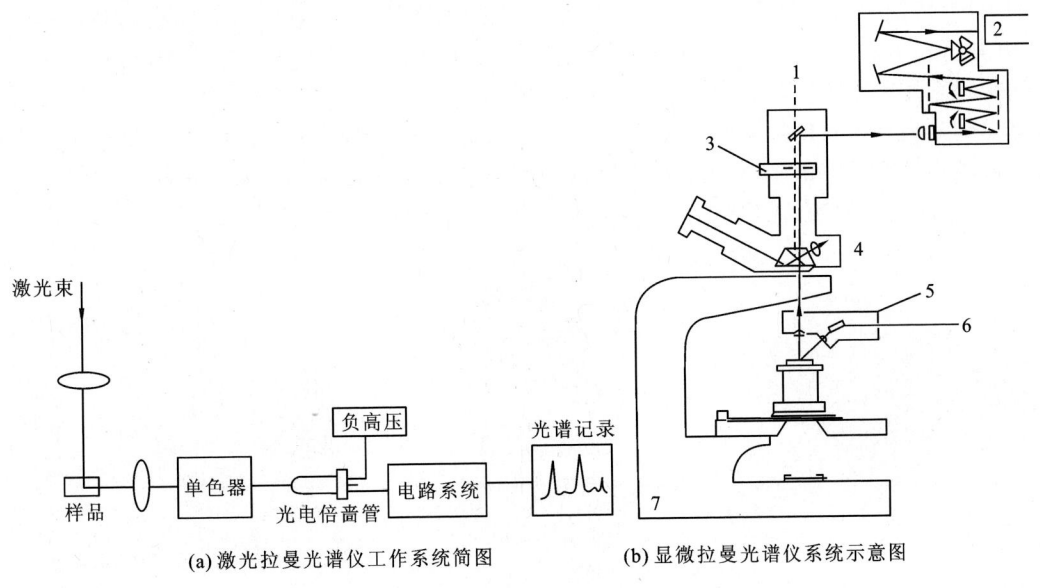

(a) 激光拉曼光谱仪工作系统简图　　　(b) 显微拉曼光谱仪系统示意图

图 4-2-8　拉曼光谱仪

1.照明器;2.多道分析器;3.测量范围光圈;4.棱镜;5.反光镜照明器;6.激光源;7.显微镜

激光拉曼光谱仪检测宝玉石是无损检测,常可用于测定宝玉石中的包体及充填物,进一步研究包体。它还可以检测珠宝玉石的微区组分,检测古玉,区别天然品或合成品、优化处理品或仿制品,检测各种金属镀膜、染色、注胶及有效地区分宝玉石的相似品种,如区分钻石和与其相似的合成立方氧化锆、碳硅石等。图 4-2-9 为琥珀的激光拉曼光谱图。

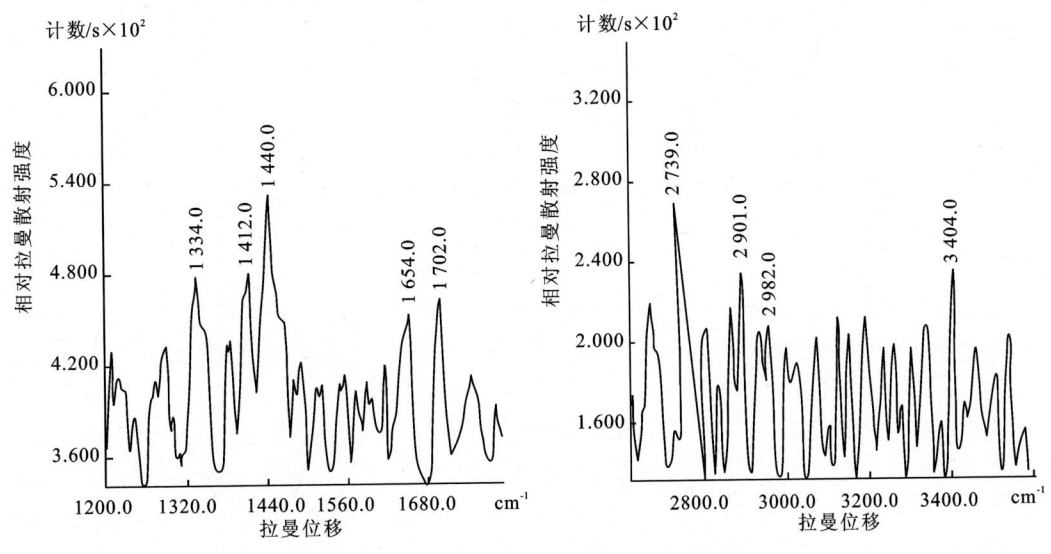

图 4-2-9　琥珀(抚顺产)的激光拉曼光谱

因为大型拉曼光谱仪设备较复杂,价格也较昂贵,所以最近有一种经过改进的较为轻便的(只有 2kg 多)便携式拉曼光谱仪 Inspector 面世。它可以检测固体等形态的物质,其独特的化学结构所对应产生的拉曼指纹图谱可立即识别出相关物质。数据可以通过无线蓝牙技术或 USB 传输到相应的软件上，自动搜索相匹配的光谱图，从而鉴定未知物质和确定不同化合物的数量。该光谱仪含 450 多种矿物的谱图数据库，还可无线扩展，便于鉴定未知宝玉石，因而可将它用于宝玉石的鉴定和分类、分子结构与化学计量研究、考古科学，也可以用在材料研究尤其是碳纳米管的细微结构识别及金属有机化合物的测量等方面。通过蓝牙无线数据传输可实现远程（100m 范围）控制，还可以加配连接数字显微镜实现微区分析。它最适合于野外应用，实为一快速、无损的鉴定好手段，其外形如图 4-2-10 所示。

(a) 光谱仪外形（一）　　　(b) 光谱仪外形（二）　　　(c) 野外应用情况

图 4-2-10　便携式拉曼光谱仪（据深圳市海泰仪器设备有限公司）

（六）X 射线荧光光谱分析法

这一分析方法是利用 X 射线荧光光谱仪，产生 X 射线荧光光谱。当宝玉石等物质中元素的原子受到高能辐射激发后，则放射出该原子所具有的特征 X 射线。根据这种 X 射线的特征及强度，可测定宝玉石样品的化学成分，确定元素种类及其含量的多少。

仪器类型有大型、小型和轻便型之分，以大型 X 荧光光谱仪用途最广，灵敏度高，干扰少，各种形态、各种大小的宝玉石样品皆可分析，无破坏性。它可分析元素周期表上从 $Na(Z=11) \sim U(Z=92)$ 的 80 多种元素。尤其对稀土、锆、铬等元素皆可测定。新型的仪器甚至可测定硼、碳等超轻元素。它不仅可用于常量元素的定性、半定量、定量测定，亦可用于微量元素的测定。在珠宝玉石中，测出主要元素和微量元素确定其含量后，以含量之比可推断是天然宝石还是人工合成宝石；对比不同微量元素或痕量元素的含量可以推断不同产地和产状。尤其对金、银、铂等贵金属首饰可确定其含量而定出成色。X 荧光光谱仪器外观如图 4-2-11 所示。

目前这类仪器还较复杂且昂贵，只能测样品表面，甚至有时还不够精确。我国自行设计制造的手提式放射性同位素 X 射线荧光分析仪，则有着轻便和操作简便的特点，应用也逐渐更为广泛。

另外还有一种 EDX-LEX 荧光光谱金属分析仪，也是有效检验珠宝、黄金、特种合金及一些稀有金属的仪器。该仪器可测定固体、液体和粉末，可分析测量从铝到铀的数十种元素，可测金属戒指的内表面，同时分析金属花色首饰的各个部位。如选配测量 ROHS 软件，即可测出金属中有害元素的含量（到 10^{-9}）。该仪器适用于珠宝检测、珠宝加工、贵金属倒模和回收，其外观如图 4-2-12 所示。

分析范围：30%~99.99%
测量时间：60~300s
测量精度：0.1%~99.99%
测量范围：Au,Ag,Cu,Zn,Ni,Pd,Rh,Cd,Ru,Pt

图 4-2-11　X荧光光谱仪
(Specialized Precious Metals Tester,据胜林珠宝仪器深圳公司)

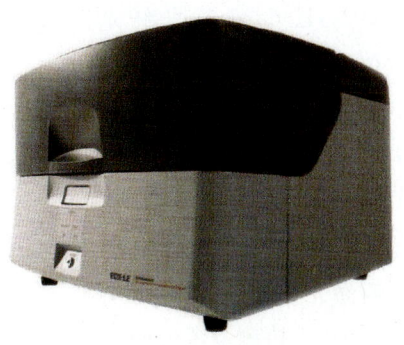

图 4-2-12　X荧光光谱贵金属分析仪
(据深圳市海泰仪器设备有限公司)

（七）阴极发光仪

阴极发光仪是利用阴极射线管发出的具有较高能量的电子束激发宝石矿物表面，因不同宝石矿物的成分、结构、所含的微量元素不同，发出光的波长不同，颜色强度不同，鉴别宝石矿物。由于电子束具有比紫外线更高的能量，激发力强，这就可以使许多在紫外线下没有荧光的宝石矿物也具有明显阴极发光，同时可以进而研究矿物结构中的缺位、微量的杂质离子、配位体及价态等。阴极射线发光常被人们用于对宝石杂质成分及含量的测定，可以区分合成钻石和天然钻石，尤其因钻石处理前的阴极发光（为黄色）和高温高压处理后钻石的阴极发光（为蓝色）不同，是一个检测钻石的重要仪器。其同时也能检测区分合成宝石和天然宝石，特别应用于钻石、祖母绿、红宝石、蓝宝石及翡翠等的检测。

它能测定宝石杂质、成分及含量，提供宝石生成环境的物理化学变化信息；研究宝玉石矿物的内部结构，探讨生成环境及生长过程；尤其可根据宝石的阴极发光图的不同，明显地检测天然钻石与合成黄色钻石及绿色翡翠等不易区别的宝石矿物。阴极射线发光，对宝玉石缺陷中心发光机理的研究亦有重要的意义。阴极发光仪有着简便、快捷、无损样品和成本较低的优点，已在宝玉石鉴定中开始广泛应用。仪器外观如图 4-2-13 所示。

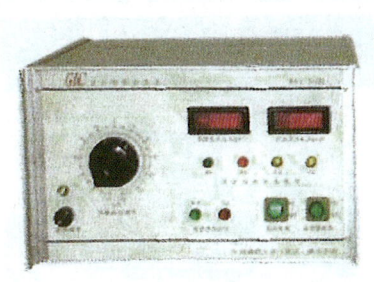 

专门为宝石学研究设计，由高压发生和控制系统、真空控制系统、样品室和观察显微镜组成。

图 4-2-13　宝石阴极发光仪
(Gemstone Cathode Luminescing Meter,据胜林珠宝仪器深圳公司)

一般阴极发光仪是由高压发生器、高压控制系统、真空控制系统、真空泵、样品室和观察显微镜等组成,配合计算机使用。

(八) GEM-3000 光纤光谱仪

该仪器是基于反射测量的全波长光谱分析仪,其波长范围可从紫外到近红外光,能有效地检测数百种宝玉石的光谱反射特征曲线。其中可对小样品和任何形状的样品进行检测,可增加探头对大于 200mm 的大样品进行检测,可用于对染色珍珠、红珊瑚、红宝石、蓝宝石、翡翠和天然钻石及合成钻石等的鉴别与检测,如图 4-2-14 所示。

(九) 宝石激光诱发光谱仪(LIBS)

宝石激光诱发光谱仪,可快速、灵敏、无损测试,能同步检测 90 个不同化学元素,也可用于材料学、环境检测及考古研究等领域。仪器如图 4-2-15 所示。

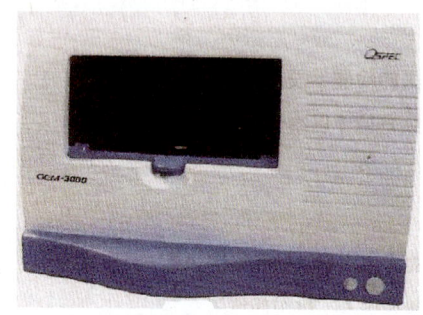

图 4-2-14　光纤光谱仪

图 4-2-15　激光诱发光仪

[据中国地质大学(武汉)珠宝学院]

(十) 激光等离子体质谱仪(LA-LCP-MS)

激光等离子体质谱仪是一种对无机元素和同位素的分析技术,几乎能分析出化学元素周期表上的所有元素。由于不同物质、不同元素的质谱不同及不同含量谱线强度不同,其可用来检测宝石的成分及含量,也可以检测宝石样品中的微量元素和痕量元素。其对探讨宝石的优化处理情况和产地,尤其对检测 Be 扩散处理红蓝宝石较为有效。该仪器特点为:分析样品用量少、速度快,但是对样品也有轻微损耗,而且常常在宝石表面留下燃烧斑痕或烧蚀坑。

(十一) 与检测钻石有关的几种仪器

随着钻石业的迅速发展,市场上钻石仿制品及合成品、处理品的涌现,使专门检测钻石的仪器也不断增多。现简单地列举如下几种。

1. 热导仪与莫桑石仪

利用其热导率的相对大小可辅助鉴定宝玉石。当前常用的测试仪器为笔式热导仪和圆形手握式热导仪,如图 4-2-16 所示。

(1) 笔式热导仪的应用。笔式热导仪又称钻石笔,因为它一直是区分钻石和其仿制品的有利工具。自出现了碳硅石后,它才不再是唯一测定钻石的仪器。

热导仪的操作方法如下。①先打开热导仪开关,上红色指示灯亮,进行预热,等待下指示灯亮(也有只有一个指示灯的)。②据室温和样品大小,按热导仪上规定,调出数量合适的彩

(a) 钻石测试笔式热导仪

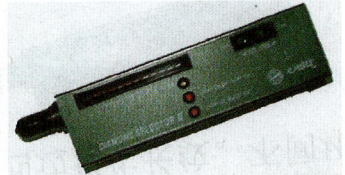
(b) 国产钻石测试笔

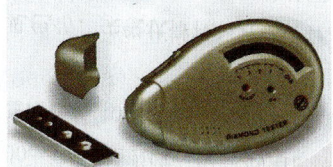
(c) 手握式测钻热导仪

图 4-2-16　几种不同的热导仪

色格。③手指捏住热导仪前后电极,使热导仪针头垂直接触样品(如圆钻型钻石只需垂直台面)。④格上升至红区并发出"滴滴"响声为热导率高的材料,如钻石或莫桑石(碳硅石)以及最近出现的合成钻石。如彩格不能升至红区,说明热导率低,即不是钻石或碳硅石。

(2) 莫桑石仪的应用。莫桑石仪的类型也很多,现以新加坡产的 Presidium PMT11 型热导测试仪为例加以说明。它利用了电导率的测试技术原理,与热导测试仪配合使用。

操作方法如下。①待测宝石必须洁净、干燥,勿用油污的手触摸宝石。②调节开关到 ON 的位置,指示灯亮,开始启动。③一只手拿宝石,一只手拿仪器,大拇指捏仪器一面,其余手指压捏另一面锯齿状电极部位。④将伸出的测试仪针头与宝石面垂直,轻微加压。⑤若所测为莫桑石,视窗内指示红灯,有的同时亮而发出"嘟嘟"声响;如果不是莫桑石而是钻石,则绿灯亮。⑥可连续测试至测试完成。⑦如果忘记关机,稍一会它还会发出"滴滴"声音提醒。⑧值得注意的是,有的含杂质较多而导电的钻石,也有这种反应,故此仪器只能区别莫桑石与无色(或白色)钻石。

为了方便起见,现今常常是测钻石的热导仪与测莫桑石的莫桑石仪结合一起,一笔两用,这种钻石与莫桑石两用测试笔如图 4-2-17 所示。

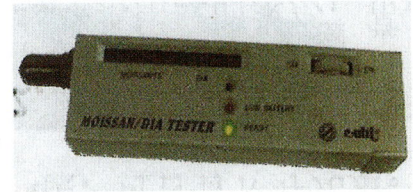
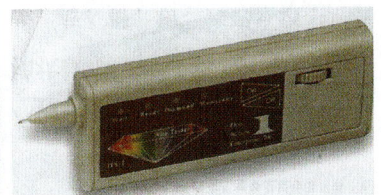

图 4-2-17　莫桑石测试仪

2. 钻石测定仪(DiamondSure™)

钻石测定仪是用于测定是否为天然钻石的仪器,主要是将抛光过的钻石放置在探针上,台面朝下,通过度量其吸收光谱来观察结果。本仪器可检测 0.10～10ct 的无色—浅黄色抛过光的钻石,尤其对天然黄色钻石和黄色合成钻石的鉴别最为有效,不适用于其他宝石或钻石的处理品和仿制品。对简单镶嵌过的首饰上的钻石可以检测是其特点。

3. 钻石观测仪(DiamondView™)

钻石观测仪是依据天然钻石与合成钻石不同的荧光图谱而制造。合成钻石在短波紫外光下呈现其生长区结构特征,与天然钻石有不同的荧光图谱,即将已抛光过的钻石置于紫外光下时,电脑显示屏上出现紫外图谱,经过操作处理显示屏上会自动出现磷光图谱。通常无色天然钻石磷光性弱,高温高压合成钻石磷光性强而且持续时间长,易于将二者区分。如果在钻石测定仪(DiamondSure)上测试之后安排这一测试进一步检测最好,可以把它看做是钻石测定仪(DiamondSure)的最好补充测试。

这种钻石观测仪(DiamondView™)包括显示屏、电脑、照相装置、真空夹持镊子及其他辅助元件等,如图4-2-18所示。

4. 钻石显微镜(D-SCOPE HRD钻石显微镜)

专门检测钻石的钻石显微镜,如HRD钻石显微镜,具有钻石分级特性,可观测钻石内的包裹体或瑕疵,甚至观测钻石的颜色及钻石的切面抛光,也有观测钻石荧光的功能,并配有测量目镜以测量切工比例组合及完美的暗域照明以观测最小的内含物,如图4-2-19所示。

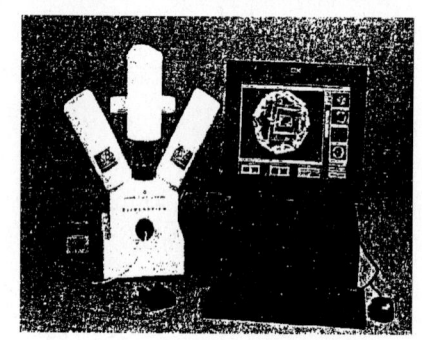
图4-2-18 钻石观测仪

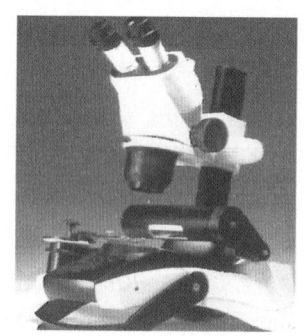
图4-2-19 D-SCOPE HRD钻石显微镜

5. 天然钻石/合成钻石鉴别仪(D-SCREEN 天然钻/合成钻鉴别仪)

该仪器是专门区分天然钻石和合成钻石的鉴别仪,可以快速判断是天然钻石还是HPHT合成改色钻石,同时还能区分钻石的颜色D—J和0.2~10ct以内的质量,仪器小巧便于携带,如图4-2-20所示。

6. 台式反射折射复合测试仪

这种测试仪(Presidium Duotester)是新加坡等地出产的检测钻石及人工仿钻石的仪器。主要是由热导仪及反射率仪两部分组成,是利用热导率检测钻石,达不到热导区的则是人工仿钻石或钻石的代用品,再以反射率区分具体是什么代用品。人工合成立方氧化锆、合成无色蓝宝石、合成尖晶石、人造钛酸锶、人造钆镓榴石(GGG)、人造钇铝榴石(YAG)及高温处理过的高型锆石(High Zircon),这7种人工宝石都是无色透明的,很像钻石,是最常见的人工仿钻石或钻石代用品,在仪器中附有这7种人工仿钻石的反射率数据表格及样品,测试的样品可以与之对比,以定出所测样品的具体名称。

测试时要注意:保持仪器针头垂直测试面,测试的样品要抛光光滑、清洁,轻拿轻放避免擦划。

这种仪器由热导仪与反射仪结合为一体,所以使用方便,能很快地检测出钻石或常见的7种仿钻石的名称。测试仪照片如图4-2-21所示。

图 4-2-20　D-SCREEN 天然钻/合成钻鉴别仪

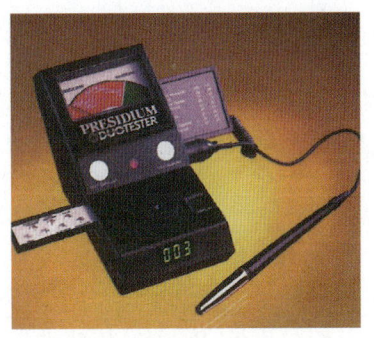
图 4-2-21　台式反射折射复合测钻仪
（据劳尔宾有限公司深圳店）

7. 钻石切工比例分析仪

该仪器是专门检测钻石切工比例的重要仪器，其测量范围为：单镜头为 0.10~1.25ct，双镜头为 0.10~4.5ct，三镜头为 0.10~15ct。它能够测量分析 GB/T16554—2010 要求的所有切工分级项目。测量精度、线性精度为 $16\mu m$，角度为 $0.2°$，切工分析测量软件中可分析的参数有质量、直径、冠角、冠高、亭角、亭深、底尖尺寸、底角偏离中心尺寸、台面尺寸、台面偏离中心尺寸、总深、腰棱厚度和其他相关特性。同时它可测量圆钻型、祖母绿形、椭圆形、马眼形、公主方形、梨形、三角形和心形等多种形状。在切工分析测量软件中还可有自动重切功能，可添加各类包裹体和内含物，能真实地显示刻面视频显示，有的还可以加火彩度测量软件等。仪器外观如图 4-2-22 所示。

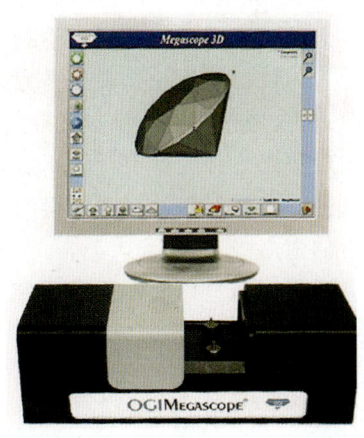
图 4-2-22　CUT 全自动钻石切工
比例分析仪

关于钻石的分析研究现在已经甚为广泛和深入，各种新仪器也不断出现。除以上所述者外，最近出现有亮度镜 R 分析仪，可测定每一颗钻石的亮度、火彩和闪光，表示这一颗钻石的光效应，检测出每颗钻石的闪光美丽程度，将钻石的火彩称为实际光学参数的数字化读数；有专门的钻石—莫桑石分析仪利用光折射的原理区分钻石和莫桑石；有紫外荧光检测仪专门观察宝石荧光的性质；还有水比重测试仪用于检测黄金白银等诸多仪器，在此不胜枚举。随着珠宝研究的深入，诸多新仪器、新方法不断出现，可根据不同的目的和要求选择使用。

第五章　宝玉石的人工合成、优化及处理

目前科学技术高度发达，合成宝石、人造宝石、优化宝石、处理宝石等应运而生。珠宝市场上宝石的合成品、仿制品、优化处理品、人造宝石等皆不断涌现。合成品比天然的更亮丽、价格更便宜，也深受人们的欢迎。在国外，人们更注重款式、外观，花钱不多，佩戴一段时间则更换新款、新品种；中国人则更喜欢真材实料的天然品，注重收藏、保值，不仅自己佩戴还要传给下一代再佩戴，故将合成品或优化处理品说成是假货，甚至误传戴"假货"会对身体不好、有损坏健康、降低身价等的弊病。

天然宝石资源长期以来不断被开采，慢慢地将会趋向枯竭，价值也将越来越高。所以长远地看，合成品、优化处理品终究会在市场上逐渐替代天然品。何况人工合成宝石的技术不断改进，合成宝石的质量也不断提高，优化处理方法也在不断创新。合成宝石、优化处理宝石的出现势必弥补天然宝石的不足，也不断地丰富着人们的生活。人造宝石、合成宝石是近百年来随着科学技术发展而取得的一项重大成果，当前还在不断地创新、试制和改进着，有着强有力的生命力。

现将目前世界上人工合成宝石的几种方法，及优化处理宝石的几种主要手段分别简述如下。

第一节　人工合成宝石的几种主要方法

早在18世纪之前，人们就在探索合成宝石。最早可以追溯到1837年，法国的马克·高丁(Gaudin)就已经开始着手实验，后又几经各国的科学家实验改进。在1902年，法国人维尔纳叶(Verneuil)首先应用焰熔法成功地合成了红宝石。后来越来越多的专家学者及专业机构不断改进合成方法，降低成本，提高质量，使合成品与天然宝石的化学成分、内部结构、物理性质更加相似或相同。人工合成宝石主要是从溶液中培养，并在高温、高压下通过同质多象的转变来制备。具体方法很多。当前主要有焰熔法、水热法、冷坩埚熔壳法、高温超高压法、化学沉淀法等，现分别简述如下。

一、焰熔法

因最早是由法国人维尔纳叶首先合成成功，所以人们也称其为维尔纳叶法。其合成宝石的方法为利用氢氧火焰所产生的高温，将合成宝石化学组成所需要的粉末原料熔融，使其熔体下落在支架上的结晶杆顶端的籽晶上，在散热条件下结晶杆慢慢下降，使得呈梨形的结晶体再向下冷却而结晶成晶体，结晶体下降速度与梨形体生长同步，故生长成有一定长度的宝

石晶体。又因梨形晶由于热应力的作用,易开裂,故需经过高温退火处理方成为宝石。

这种方法的特点是:生长速度快,生产成本低。它主要用来合成红宝石、星光红宝石、蓝宝石、星光蓝宝石、各色尖晶石、合成金红石、人造钛酸锶等。焰熔法装置如图5-1-1所示。人工合成的红宝石梨柱状晶体,如图5-1-2所示。

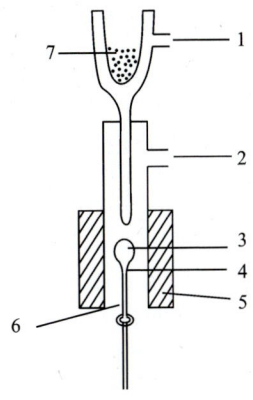 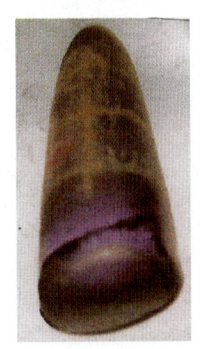

图 5-1-1　焰熔法生长晶体示意图　　　　图 5-1-2　焰熔法合成的红宝石
1.O_2;2.H_2;3.梨晶;4.晶种;5.炉;6.结晶杆;7.原料

这种焰熔法合成的宝石,具有颜色鲜艳、均匀的特点。但因为它在形成的过程中始终无水的加入,所以在包体中只有气相包体而无气液两相包体。由于是环带形式生长,所以可见弧形生长纹和其垂直生长的气泡,在未熔的面包渣状包体和晶体中出现裂开扭曲,有的还会含有杂质等。

我国自20世纪50年代开始用焰熔法合成刚玉宝石,60年代正式投产,现在已能生产出合成星光红宝石、蓝宝石、尖晶石、金红石、人造钛酸锶等,并不断地改进生产技术,使其合成品进入了不少高科技领域。

二、水热法

水热法也称热液法,晶体是在高温、高压下从过饱和热水溶液中培养晶体生长的方法。主要适用于一些在室温下溶解度较低而在高温下溶解度较高的材料。其可看做是在实验室里模拟地质上热液成矿的过程,因而该法是受温度、压力、介质浓度和pH值的控制,在一密封的高压斧中进行。具体的方法是将原料放在高压斧底部,斧体中充满渗有矿化剂(如碳酸钠)的水,上部支架上悬挂有要合成宝石的"籽晶"。现以合成水晶为例:高压斧底放压碎的石英纯净碎粒,支架上悬挂着厚1mm左右的水晶薄片作晶芽,然后由高压斧底部加热,温度、压力升高,石英逐渐溶解于水中,成为过饱和溶液,向上扩散,当扩散到上部晶芽附近时,因上部温度低,溶液渐变为过饱和,溶液中的SiO_2则围绕着晶芽结晶。当生长到一定大小时,即成为可利用的水晶。生产装置如图5-1-3所示,如加入致色离子元素物质,则可产生橙、黄、绿、紫等各种颜色的水晶。如在原料中加入微量铁元素,再经过紫外线辐照可产生紫色。用这种水热法除合成水晶外还可合成祖母绿、红宝石、蓝宝石、海蓝宝石、石榴石及多种硅酸盐宝石矿物晶体。但其生产过程速度缓慢、生产周期长、生产成本高、产品的价值也较昂贵。尽管如此,这种产品的质量还是很好的,非常接近天然宝石,所以为人们所喜爱,也给鉴别带来一定的困难。

  这是一个历史悠久的合成方法，最初在19世纪人们就成功合成水晶，到1950年美国Bell实验室才开始大量生产。

  用水热法合成的宝石，主要是合成水晶及刚玉类宝石，其特征为皆有气液包体及片状籽晶。水晶的籽晶片往往在晶体中心，合成刚玉则呈气泡群，具纹理色带，晶形多板状，晶面有花纹，有的出现裂开。合成水晶则有凹面型、多面体或花絮状双晶，握在手中无凉感。

  我国的水热法合成水晶技术，开始于1958年，经过不断地改进和提高，目前已达到世界先进水平，可生产各种颜色的水晶及用于光学、压电和国防工业等的各种水晶产品。

  关于水热法合成红宝石、蓝宝石，其方法和合成水晶基本相同，但合成红宝石要用Cr^{3+}和Al_2O_3为原料，要求温度更高些(要在500℃以上)；合成蓝宝石则要用除Cr^{3+}以外的钛(Ti)、钴(Co)、镍(Ni)等元素，其晶体生长也与红宝石相似。

  水热法也可合成祖母绿、海蓝宝石等。

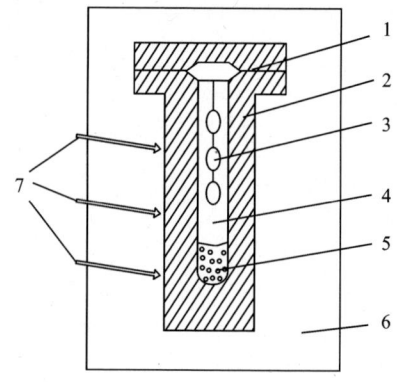

图 5-1-3 水热法生成晶体装置示意图
1.密封环；2.高压斧；3.籽晶挂在金属丝上；4.溶液；5.原料；6.保温炉；7.热电耦

三、助熔剂法

  顾名思义，助熔剂法就是借助于熔剂的作用，使在高温下才能熔融的物质在低温下加速原料的熔融。助熔剂法也被称为高温熔融液生长法，又称盐熔法或熔剂法，是自19世纪以来出现的生长宝石晶体的方法。这一方法是指对一些合成宝石熔点高的原料，加入助熔剂降低原料的熔融温度，形成熔融液，然后通过缓慢降温或在恒定温度下蒸发熔剂，使熔融液处于过饱和状态，宝石晶体得以从中生长出来。这一方法很像自然界的岩浆分异结晶成矿过程。

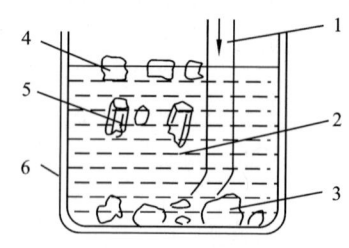

图 5-1-4 埃斯皮克助熔剂法生长祖母绿晶体示意图
1.加料用锡管；2.熔融液；3.Be、Al、Li料；4.SiO_2；5.生长成的祖母绿单晶；6.铂坩埚

  用这一方法可合成祖母绿、红宝石以及人造钇铝榴石(YAG)、人造钆镓榴石(GGG)、金绿宝石、蓝宝石、尖晶石等。助熔剂法生长晶体的装置，如图5-1-4所示。

  用助熔剂法合成的宝石，最突出的特点是或多或少地存在有各式各样的包裹体，如助熔剂包体、未熔化的熔质包体、坩埚金属材料包体、结晶相包体、固态包体，这些包体对晶体也存在有不同程度的危害性，但也提供鉴定上的信息。

  这一方法的优点是生长温度低，设备简单，可以制造出成分比较复杂的宝石，产品质量高，更接近天然宝石。可是其缺点是在生产过程中对温度控制要求极其严格，生产周期长、生产成本也高，所以应用也常常受到限制。

四、提拉法

提拉法生长宝石晶体是1917年丘克拉斯基首先发明的,所以又称丘克拉斯基法。这一方法的主要原理是将原料放在耐高温的坩埚中加热熔融,后调整炉温,使熔体上部处于稍高于熔点位置处,籽晶放在籽晶杆上使它能接触到坩埚中熔体表面,待籽晶表面稍熔,则降低温度到熔点后提拉,使籽晶杆移动变为缓慢上升,使熔体的顶部处于低温,在籽晶上结晶,这样不断旋转、提拉,圆柱状晶体形成。提拉法生产装置如图5-1-5所示。提拉法是一种利用籽晶在熔体中生长出晶体的方法。其优点是生长时间短,借助于放大镜或显微镜观察,提拉法合成的晶体内有气泡群和笤帚状包体,有的可有拉长的气态包体和弧状不均匀条纹。在一定条件下有的还可见有白色云雾状物。用此法生成的人造钇铝石榴石(YAG)晶体甚为洁净。其特点为易见气泡,生长的晶体一般极少缺陷而品质较好。提拉法可生产合成无色蓝宝石、红宝石、蓝宝石、星光蓝宝石、星光红宝石、变石、人造钇铝榴石(YAG)、人造钆镓榴石(GGG)等。

五、熔体导模法

熔体导模法也可称作定型晶体生长法,或简称导模法。它可以控制晶体生长出特定的形状。合成宝石晶体的装置与提拉法相似,但是导模法是将金属毛细管模具置于坩埚底部。籽晶通过毛细管口与熔体接触,按模具顶端截面形状提拉出所需的形状的晶体。导模法晶体生长装置如图5-1-6所示。

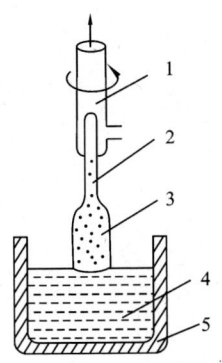

图5-1-5 提拉法生长宝石晶体示意图
1.提拉棒;2.籽晶;3.晶体;4.熔体;5.坩埚

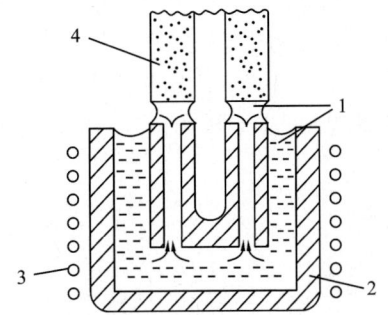

图5-1-6 导模法晶体生长装置示意图
1.熔体;2.坩埚;3.线圈;4.晶体

这一方法合成的宝石晶体,可根据要求直接由熔体中控制出大小合适的板、片、柱、丝等所需要的形状的晶体。若生长环境稳定、成分均匀,则控制出晶体的颜色也均匀,色彩鲜艳。通过该法控制出符合形状要求的晶体,可节约材料磨耗,减少不少工序,降低许多成本。

熔体导模法是20世纪60年代才发展起来的,是一种比提拉法更先进的合成宝石技术。用导模法主要合成出金绿猫眼宝石、红宝石、无色蓝宝石等。用这一方法生长出来的晶体一般不存在未熔化的原料包体,但可有导模金属固态包体或籽晶痕迹及气态包体,常呈不均匀分布。熔体导模法可生长出无生长纹的、光学均匀性好的、颜色均匀的理想晶体,这些特点也正好与一般的天然晶体相区别。

六、冷坩埚熔壳法

冷坩埚熔壳法是在 20 世纪 70 年代,由苏联科学家亚历山大罗夫等人为生产钻石的仿制品立方氧化锆(CZ)专门设计的一种新方法。这一方法的最大特点是不对坩埚直接加热,而是由包在坩埚外的高频线圈向坩埚内发射高能电磁波,电磁波透过坩埚加热内部的原料氧化锆(ZrO_2),使之熔融,坩埚外有水冷系统,使表层不熔,即原料熔化时坩埚却保持冷却状态。故紧贴在坩埚内壁的原料不熔,为一层固态氧化锆,形成一层未熔壳,相当于坩埚,起到了坩埚的作用;其中部的原料融化,同时下底座下降,下降过程中再降温,使之逐渐冷却结晶。因此冷却是从容器底部开始,立方氧化锆晶体生长开始于底部,成柱状晶体平行地向上生长,直到所有的熔体结晶完为止。坩埚熔壳法生产装置如图 5-1-7 所示。

这种冷坩埚熔壳法,也简称"冷壳法",主要是用这一方法生产立方氧化锆晶体。自从 1976 年前苏联将这一方法生产的立方氧化锆作为钻石的仿制品推向市场,就深受欢迎。合成立方氧化锆与钻石的主要区别为热导率更低、密度更大(可到 $10g/cm^3$)、硬度更低($8\pm$)。但合成立方氧化锆比钻石洁净,而切磨面上常有磨痕。因苏联人在市场上大量销售,我国曾有人叫这种合成立方氧化锆为"苏联钻",也称做"水钻"。继苏联之后,美国、瑞士等国也相继生产这种"水钻"。我国也于 1982 年开始研制,1983 年投产,目前已可大量生产各种颜色的合成立方氧化锆,产量在世界上已名列前茅。

七、区域熔炼法

区域熔炼法,又分有容器的和无容器的两种熔炼方法。在此仅介绍无容器熔炼法,它是宝石晶体生长的常用方法,又称"浮区法"。浮区法是把原材料烧结或压制成棒状,再用上下两个卡盘将其固定,将烧结棒垂直地放入保温管,使其旋转并下降,移动加热器使棒状材料熔融,熔融部分处于漂浮状态,依靠表面张力不使液体下坠,使其得以净化重新结晶生成单晶。其生产设备装置如图 5-1-8 所示。

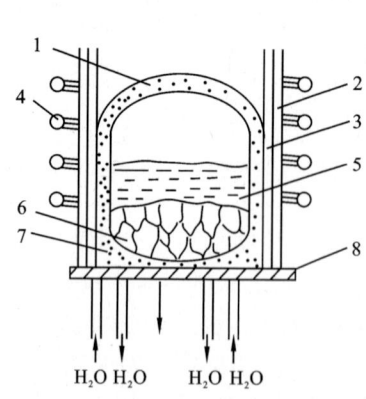

图 5-1-7　熔壳法晶体生长设备示意图
1.熔壳盖;2.石英管;3.水冷用铜管;4.高频线圈;
5.熔融体;6.晶体;7.未熔的原料;8.水冷座

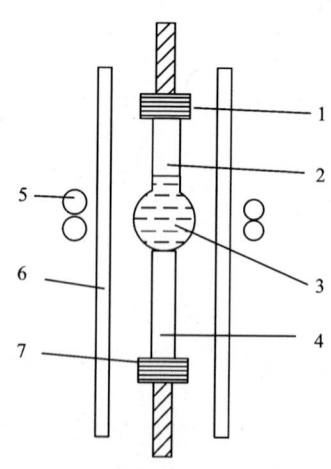

图 5-1-8　一种区域熔炼法生长晶体示意图
1.上卡盘;2.烧结棒;3.熔融体;4.晶体;
5.高频加热圈;6.石英保温管;7.下卡盘

这一方法的特点是无容器,减少了杂质污染,所以生产出来的宝石在一定程度上可以无错位、无包体等结构缺陷。由于重新分配了原料中的杂质,可利用一个或几个熔区在同一方向上的重复烧结而净化。还可利用这种使其均匀化的过程,将需要加进的成分均匀地掺入到晶体中,达到晶体颜色均匀的效果。

主要使用区域熔炼法生产人造钇铝石榴石(YAG)。虽然此法也能生产高质量的变石和刚玉类宝石,而且合成的这类宝石具有纯度较高、内部洁净、荧光性强、分光镜下谱线较少的特征,但是如果晶体生长过程中工艺条件突变,也会合成出生长纹混乱、颜色呈现不均匀的质量较差的晶体。再者由于生产成本昂贵,此方法比较少用。

八、合成金刚石及翡翠的高温超高压法

(一) 金刚石的人工合成方法

这一方法是在高温(一般指500℃以上)、超高压(一般指$1.0×10^9$Pa以上)的条件下进行,现在又称高温高压法(HTHP),即使粉末熔融、相变进而合成宝石的方法。

人工合成金刚石的方法很多,成功的方法主要有静压法、动力法和亚稳定区域内生长法等。很多方法用于科学试验和工业生产。合成宝石级金刚石目前主要使用静压法中的晶种触媒法。概括而言,当前多是以石墨(成分为C,与金刚石成分相同,内部结构不同,成片状,$H_m=1$)为原料,在高温、超高压下与氧隔绝的环境中制造而成。也可以说合成金刚石的过程就是石墨转变为金刚石的过程。这一过程是先将石墨制成金刚石粉,然后由金刚石粉再合成金刚石。由于科学技术不断提高,方法也不断改进,对它的合成早从1823年至今一百年来一直未间断过。1955年,美国通用电气公司曾宣布用高温、高压技术成功地合成了金刚石。首次由石墨转变成小粒、黑色、不透明的金刚石。但是这种合成金刚石只能在工业上用作磨料。1970年该公司又生长出了克拉级大小的超级金刚石;1980年戴比尔斯公司也合成了超大的金刚石,用于高科技工业,未作销售;1990年苏联科学院西伯利亚分院首先宣布利用分裂球(Split-sphere,或称BARS装置)成功地合成出了重1.5ct、不同颜色的金刚石。因而通常所说的合成宝石级金刚石,应该是指压带法和分裂球无压装置(BARS)法。

1. 压带法合成金刚石

简单地说,压带法合成金刚石的生产是在生长舱内进行。合成金刚石的生长舱如图5-1-9所示。

该生长舱分上下两部分,在舱中心放置合成钻石粉作为碳源,两端放籽晶,在籽晶与碳源之间放触媒,触媒通常为金属铁或镍。舱外为碳管加热棒,加热使舱内产生高温,而且要使舱内上下部分的温度不同(即不同的温度梯度),中心部位温度最高,相对的上、下端部位温度较低。升高温度使金属触媒熔融,逐渐使顶部金刚石粉结晶成细小的金刚石晶体,舱底部有少量金刚石晶核。金属熔融体中的碳扩散到底部的金刚石晶核上而沉淀,直到中心区的金刚石粉全部沉淀到底部已有的少量晶核上。实验证明,舱体中部与端部在相差30℃/cm时,晶核就会慢慢长大成宝石级的金刚石晶体。这一过程温度要保持在1 370℃,压力为$6.0×10^9$Pa,需要一周方可生长出5mm大小的宝石级金刚石,约1ct重的单晶。在合成过程中可加微量致色元素,如加入氮可使金刚石晶体呈黄色,加硼则呈蓝色。

2. "BARS"法合成金刚石

图 5-1-10 为改进了的"BARS"法合成钻石生长舱的截面示意图。

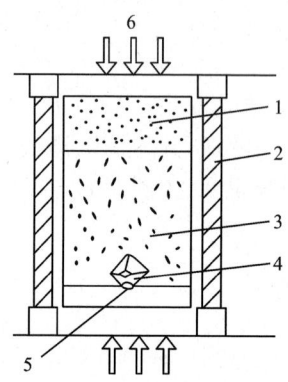 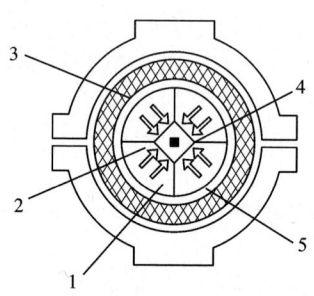

图 5-1-9 压带法合成金刚石生长舱示意图
1.合成金刚石粉；2.碳加热棒；3.金属触媒；
4.生长中的钻石晶体；5.籽晶；6.加压

图 5-1-10 "BARS"法合成钻石生长舱的截面示意图
1.球截体；2.八面体活塞；3.压力罐；4.反应舱；5.产生压力的液体

"BARS"法合成钻石工艺是美国 Gemesis 公司在俄罗斯 BARS 技术的基础上改进了的新 BARS"分离体"装置。该装置采用将液体注入到压力罐内产生液压的方法,使球体装置的 8 个部分结合,由 6 个活塞形成的八面体上产生压力,八面体内有一个立方体生长舱,其中装有加热设备、籽晶、钻石粉及金属熔剂等。

这一方法生产条件为:温度在 1 350～1 800℃、压力在 5.0～6.5GPa 条件下进行的。碳原子在热区通过熔剂在温度梯度推动下,向舱体冷端扩散,在籽晶上沉积结晶成为金刚石单晶。所以这一方法也叫温度梯度合成法。根据资料称,这种改进后的生产装置只需要 80h 即可形成 3.5ct 的钻石晶体。这种改进了的装置操作简单而且转动安全,可以控制晶体形成过程中的温度和压力,保持稳定的晶体生长环境,也便于对样品进行装卸。设备的使用寿命长,无形中提高了生产效率,也易于维护。

这种合成钻石因含铁而具磁性,颜色也往往带些浅黄色或黄色色调,而且颜色还常不均匀,甚至有的还可见有沿八面体棱平行的色带。据资料报道,现已有改进的与天然钻石相似的无色合成钻,这确实是鉴定上的又一道难题。我国于 20 世纪 60 年代开始自行设计制造;1963 年投产合成金刚石至今,虽有众多厂家,但大多数还是生产的工业用金刚石。

(二)翡翠的人工合成方法

经研究得知,天然翡翠是在高温超高压条件下形成的,所以人工合成翡翠也要模拟这种条件。大体上是将化学试剂按比例配方混合,使其在高温条件下熔融成非晶态的翡翠玻璃,然后再将这种翡翠玻璃在高温超高压(加温 900～1 500℃、加压 2.5×10^9～7.0×10^9 Pa)条件下处理,使其转化成为翡翠晶质结构。值得注意的是翡翠的颜色多种多样,欲达到多种呈色的目的,必须在配料中添加致色离子为着色剂。如加氧化铬可获得翠绿色、绿色,加氧化锰可使之呈紫色,加氧化铁可呈浅黄、黄褐色等。如果再加不同含量的一种或几种致色元素就可得到丰富多彩的颜色,而且合成翡翠的颜色的深浅、质地、透明度也与元素离子的种类、含量、浓度有关。如加氧化铬量由 0.01%～10% 从少到多变化时,翡翠玻璃料的颜色也可以由浅黄

→黄绿→绿→橄榄色不等。但在含铬量小于0.7%时则是透明的,大于0.7%则不透明。

用这一方法虽能合成翡翠,但合成方法、温度、压力、环境变化很难控制,所以人工合成翡翠的方法仍然处在研究改进阶段。

用这一方法即使合成出了翡翠,也往往是颜色不正、透明度差、质地干、不易见到翠性,与天然翡翠之差别甚大。

九、化学沉淀法

化学沉淀法主要包括化学液相沉淀法和化学气相沉淀法。合成的宝石主要有欧泊、绿松石、青金石、金刚石膜和碳硅石等。

(一)化学液相沉淀法

1. 合成欧泊

用高纯度的有机硅化合物,通过水解等工艺使其转化为含水的二氧化硅小球体,再在一定酸碱度的溶液中进行沉淀,进一步压实、烧结,最后合成出达到宝石级的欧泊。不过这种欧泊颜色多为黄绿色,多有彩斑,有的可见到波纹状、鳞片状结构,与天然欧泊仍有不同。

2. 合成绿松石

用 Al_2O_3 和 $Cu_3(PO_4)_2$ 以化学沉淀法进行合成,绿松石合成品有含黑色铁线的,也有不具铁线的,其颜色、形貌皆很接近天然的高档绿松石,多呈蓝色或淡绿蓝色,易见微小的小球体。

3. 合成青金石

同样以化学沉淀法合成的青金石,不但其化学成分和结构与天然青金石相同,而且也有含黄铁矿和不含黄铁矿两种。这种合成品多为蓝色和紫蓝色,不透明,仔细观察亦异于天然青金石。

4. 合成孔雀石

先配制铜氨络离子 $[Cu(NH_3)_4]^{2+}$ 与制成的碳酸铜($CuCO_3$)混合,缓慢加热,使铜离子沉淀,铜氨络离子分解,放出 NH_3 气体及 CO_2,分压加大,再控制分压则获得孔雀石晶体。同时控制铜的浓度以使结晶出来的孔雀石颜色有深浅不同的变化,形若孔雀尾羽,条带清晰,美观异常。可用差热分析法鉴别合成孔雀石和天然孔雀石,得出合成孔雀石为两个吸收峰,天然孔雀石仅一个吸收峰。

(二)化学气相沉淀法

化学气相沉淀法(CVD)主要是合成碳硅石及金刚石膜。

早在1893年爱德华·阿杰森(Edward Acheson)就曾在无意中合成了 SiC。几经改进用以合成碳硅石,现在称为"阿杰森法"。这种方法大致是以石油焦碳等与锯末、沙子、盐等混合置于石墨棒周围,再对石墨棒通电,使温度达到2 700℃,可获得碳硅石。到1955年,莱利 Lely(美国)采用气相沉淀法获得碳硅石晶体。后经逐步改进又提高为近于无色、透明,又能达到大个宝石级的碳硅石。合成方法为在一密封的石墨坩埚中装 SiC 材料的空腔圆柱体,加热至2 500℃可生长成 SiC 单晶。这一方法被称为莱利法,可以说是碳硅石粉末直接升华在晶种上结晶而成。碳硅石与钻石甚为相似,尤其在首饰的成品上,肉眼鉴别可依其有无双棱,与钻石、合成立方氧化锆区别之。另外可以用专门的莫桑石检测仪加以区分。碳硅石在我国广州、深圳等地早有生产,唯颜色等方面还存在不少问题,故只能用于工业而不能作饰品之用。

化学气相沉淀法还可以合成金刚石膜,这一方法是以低分子 CH_4、C_2H_2、C_6H_6 等碳氢化合物为原料,所产生的气体与氢气混合,在一定的温度、压力条件下发生解离,生成碳离子,在电场中金刚石或 Si、SiO_2、Al_2O_3、SiC、Cu 等非金刚石衬底上生长出金刚石薄膜层。以金刚石为衬底生长金刚石薄膜层的化学气相沉淀法,有人称之为"外延生长法"。这种金刚石多晶薄膜的化学气相沉淀法,往往以 CVD 表示。我国经过长期的研究实践,在 1995 年已成功地制造出了黑色金刚石多晶薄膜产品,进入珠宝市场,并不断取得可喜的进展。

人工合成晶体的方法,随着科学技术的不断发展也在不断改进和创新。以上所提到的几种方法和内容,只不过是截止到 21 世纪初所应用的一些方法的梗概,这些方法中的许多细节有不少牵扯到国外一些公司的专利、新技术和新方法,为了商业目的不可能全部公开。所以以上内容也是很不完全,仅提供有关珠宝检测者们知假辨真、真假对比,珠宝界人士作参考及人工宝石生产厂家作为开拓创新路子的启迪而已。

人工合成宝石发展历程简表如表 5-1-1 所示。

表 5-1-1　世界人工合成宝石发展历程简表(据何雪梅、沈才卿《宝石人工合成技术》,2005)

年份	发明者及改进者	方法	人工宝石品种
1902	维尔纳叶(法国)	焰熔法	合成红宝石
1908	斯佩齐亚(Spezia)(意大利)	水热法	合成水晶
1908	帕里斯(Paris)	焰熔法	合成蓝色尖晶石
1910	维尔纳叶(法国)	焰熔法	合成蓝宝石
1920		水晶胶合	souda 拼合祖母绿(三层)
1927		醋酸纤维素	仿珍珠
1928	理查德·纳肯(德国)	助熔剂法	合成祖母绿(1ct)
1931		绿柱石拼合	souda 拼合祖母绿(三层)
1934	埃斯皮克(Espig)(德国)	助熔剂法	合成祖母绿
1936		丙烯酸树脂	仿紫晶、祖母绿、红宝石等
1940	查塔姆(Chatham)(美国)	助熔剂法	合成祖母绿
1943	理查德·纳肯(德国)	水热法	合成水晶
1943	劳本盖耶(Laubengayer)和韦茨(Weitz)	水热法	合成红宝石
1947	美国林德公司	焰熔法	合成星光红、蓝宝石
1948	美国 National Lond 公司	焰熔法	合成金红石
1950	美国 Bell 实验室和 Clevite 协会	水热法	合成水晶商业化生产
1950	罗琳(Ronlin)(法国)	助熔剂法	Lennix 2000 祖母绿
1951	迈克(Merker)(美国)	焰熔法	人造钛酸锶

续表 5-1-1

年份	发明者及改进者	方法	人工宝石品种
1951		尖晶石拼合	souda 拼合祖母绿（三层）
1953	瑞士 ASEA 实验室	高温超高压	合成金刚石（工业级）
1955	美国 GE 公司	高温超高压	合成金刚石（工业级）
1955	莱利（Lely）（美国）	气相沉淀法	合成碳硅石
1957	怀亚特（Wyart）和斯卡微卡（Scavincar）	水热法	合成祖母绿（小颗粒）
1958	劳迪斯（Laudise）和鲍尔曼（Ballman）	水热法	合成红宝石及绿色、无色蓝宝石
1958	科恩（Cohen）和霍奇（Hodge）	水热法	烟色水晶
1958	尼尔森（Nielsen J W）	助熔剂法	YAG、GGG、YIG
1959	斯切帕诺夫（苏联）	熔体导模法	白色蓝宝石
1959	西赫伯（Tsihober）等	水热法	合成紫晶
1960	莱奇莱特纳（Lechleitner）（奥地利）	水热法	合成祖母绿
1960	美国、苏联	气相沉淀法	合成金刚石多晶薄膜
1960	斯切帕诺夫（苏联）	熔体导模法	合成红、蓝宝石、猫眼石等
1962	德卡里（Sdecarli）	爆炸法	合成金刚石（细粒）
1963	中国科学院物理所	静压法	合成金刚石（工业级）
1963	吉尔森（Gilson）（法国）	助熔剂法	合成祖母绿（高纯度）
1963		助熔剂法	卡善合成红宝石（有籽晶）
1964	利纳雷斯（Linares）	晶体提拉法	YAG
1964	波拉迪诺（Poladino）和罗特（Rotter）	晶体提拉法	白色蓝宝石
1964	梅（May）和沙阿（Shat）	水热法	白色蓝宝石
1965	美国林德公司	水热法	合成祖母绿（商业化生产）
1966	伍德（Wood）和鲍尔曼（Ballman）	水热法	蓝水晶
1967	米尔（Mill）	水热法	YAG（颗粒小）
1967	中国	水热法	合成水晶
1967	蔡斯和斯默尔（Smer）	助熔剂法	白色蓝宝石
1968	克拉斯（Class）	浮区法	YAG
1969	罗林（法国）	熔壳法	合成 CZ（小晶体）
1970	美国通用电气公司	高温超高压	合成钻石（宝石级金刚石）
1970	中国	晶体提拉法	YAG 和 GGG
1971	拉贝尔（Labell）（美国）	导模法（EFG）	白色蓝宝石
1972	吉尔森（法国）	化学沉淀法	合成欧泊、绿松石

续表 5-1-1

年份	发明者及改进者	方法	人工宝石品种
1972	奥西科(Osikol)等(苏联)	熔壳法	合成CZ
1976		拼合法	玻璃拼合三层(仿月光石)
1978	中国上海硅酸盐研究所	高温超高压	合成金刚石单晶
1980	南非戴比尔斯实验室	高温超高压	合成钻石(3颗5ct以上)
1980	J.O.晶体公司(美国)	助熔剂法	合成红宝石
1981	王崇鲁(中国)	晶体提拉法	白色蓝宝石
1983	中国	熔壳法	合成CZ
1986	霍萨克(Hosake M)和米亚特(Miyata)	水热法	合成玫瑰色水晶
1986	经和贞和胡秀云(中国)	水热法	合成彩色水晶
1987	王崇鲁(中国)	熔体导模法	合成红宝石猫眼
1987	Equity Finance 公司(澳)	水热法	布朗(Biron)合成祖母绿
1989	中国广西宝石研究所	水热法	合成祖母绿
1990	列别德(Lebeder)(苏联)	水热法	合成海蓝宝石
1990	南非戴比尔斯实验室	高温超高压	14.2ct 合成钻石
1990	中国上海	常压高温	玻璃猫眼和稀土玻璃产品
1990	王崇鲁(中国)	熔体导模法	合成变石猫眼
1992	中国	焰熔法	彩色合成刚玉、合成尖晶石
1993	中国广西宝石研究所	水热法	合成红宝石
1994	北京永奥人工宝石研究所	常压高温	人造金星石、绿松石、珊瑚
1995	中国	微晶玻璃法	玻璃瓷珠仿猫眼
1995	中国	气相沉淀法	黑色多晶合成金刚石
1996	中国西南技术物理研究所	晶体提拉法	绿色YAG仿祖母绿
1997	英国 Gree 公司	气相沉淀法	无色宝石级碳硅石
1999	北京华隆亚阳公司	低压高温法	人造夜光宝石
2001	中国广西宝石研究所	水热法	合成祖母绿(接近天然)

第二节 宝玉石的优化与处理

近代由于新技术的发展,人们由宏观认识进入到了微观领域,可以有意识地去合成、改造、改变和改善宝玉石的物理性质。有报导说市场上的彩色宝玉石有75%是经过优化或处理的。还有人认为刚玉类红、蓝宝石经过改善的可超过90％。最近也有人认为翡翠类宝玉石优化处理过的有可能高于这个数字。有专家调查统计后发现市场上优化处理过的翡翠饰品可达95％以上。无论这些数字正确与否，都说明随着宝玉石相关领域中科学技术的发展，人工改造、改变、改善天然宝玉石的工作已经普遍深入展开。

优化处理改造、改变、改善宝玉石，主要是改变其颜色、透明度或其他物理性质。原理是根据宝玉石矿物的形成机理、成矿条件、人工模拟天然形成过程，而致使宝玉石矿物的物理性质得到改变，或者用染色、涂层、填充等方法加以改造、改善。人们通过各种人工优化处理等手段，弥补天然产品的不足和缺陷，或进一步提高使其更完美、更亮丽，从而增大宝玉石的实用意义和经济价值。也正是因为与经济价值挂钩，所以不少公司为一些新的优化处理手段申请专利。具体工艺过程、技术内容是不对外公开的，所以在很多文献中有些资料难以查找。在此仅就当前所众知的略加叙述。

一、热处理

热处理为对样品进行加热处理。通过人工控制温度和氧化还原条件，改善或改变珠宝玉石的颜色、净度，甚至有的可以改变其光学效应（如星光猫眼等）。具体方法是把要改造的宝石放置于高温炉中加热，通过采取不同的热处理条件，使宝石内部所含的致色离子的含量、价态发生变化，而使宝石的物理性质得以改变。如对蓝宝石的改善是通过宝石中所含的铁（Fe）和钛（Ti）离子价态或含量的变化而进行的；对含有 Fe 和 Ti 的浅色或无色刚玉，在还原条件下加热处理，以使 Fe^{3+} 还原为 Fe^{2+}，使颜色加深或使无色者呈现蓝色；如果是深黑蓝色蓝宝石，在氧化条件下加热处理，使 Fe^{2+} 氧化为 Fe^{3+}，则可使其蓝色变浅。中国山东产的深蓝色蓝宝石颜色变浅就是采用的这一技术。不论热处理哪一种宝石，都要考虑加热升高温度或降温的速率，考虑达到的最高温度和最高温度应持续的时间，另外还要考虑到加热炉内氧化还原环境的调节，及对炉内压力的控制。即如何控制常压、加压还是减压，以及用什么材料配合加热的宝石，要添加什么化学试剂等，皆是要考虑的。应该明确不同宝石其加热工艺过程不同，同一宝石不同产地也可以有所不同。这些都需要经过科学试验，确定最佳方案。现将有关的几种宝石热处理后的颜色变化及热处理的环境机制列于表 5-2-1 中以供参考。

表 5-2-1　几种热处理过宝石颜色变化及处理过程的环境机制

宝石名称	热处理前的颜色	热处理后的颜色	热处理环境/机制
红宝石	红、粉红	大红、红	氧化 $Fe^{2+} \rightarrow Fe^{3+}$
蓝宝石(含 Ti 乳白蓝宝石)	褐、黄、灰、蓝、深蓝、乳白	蓝、金黄、浅蓝、无色、微蓝	还原 $Fe^{3+} \rightarrow Fe^{2+}$；$Fe^{2+}\ Ti^{4+} \rightarrow Fe^{3+}\ Ti^{3+}$ 氧化 $Fe^{2+} \rightarrow Fe^{3+}$（电荷转移） 还原　高温
锆石	黄色	无色	氧化
托帕石(含 Cr)	褐黄	粉红色	低温
海蓝宝石	黄、蓝绿	粉红、蓝	还原、低温 $Fe^{3+} \rightarrow Fe^{2+}$
钻石	白	白色级提高 (有的可出现黄绿、粉红)	高温、高压

续表 5-2-1

宝石名称	热处理前的颜色	热处理后的颜色	热处理环境/机制
碧玺	灰蓝、紫蓝	蓝、绿	
水晶	紫	黄或绿	
玉髓	褐、黄	红、暗红、橙红	
琥珀	黄	金黄、浓橙	氧化 $Fe^{2+} \rightarrow Fe^{3+}$

二、放射性辐照处理

放射性辐照处理通常用的是钴60电子加速器或反应堆等放射源，通过γ射线、高能电子、中子、质子氘核等对宝石进行辐照，使被辐照宝石产生结构缺陷，出现色心，从而引起物理性质（如颜色）变化，使宝石品质得到改变。在线性加速器方法中，采用线性加速器产生高能电子处理宝石，则变化后的颜色均匀性比较差，因能量高而宝石受热不均，所以易爆裂。而且宝石还易存在有放射性残余对人身体不利，故需要搁置一段时间再佩戴。核反应堆法，是利用其产生的高能中子处理宝石，宝石变化后的颜色均匀，但也产生放射性残余，只有γ射线仪常用的是钴60或铯137作γ射线源，因放射性较低，除颜色均匀外，辐射后的饰品一般也无放射性的问题，无需搁置就可直接饰用。这些辐照产生的色心所引起的颜色受热也可产生逆向反应，一些特别不稳定的色心，受日晒可以变回来，温度越高褪色越快。所以在进行这种辐照处理时，常附加热处理以稳定色心，使颜色不易再变回。辐照处理的宝石在市场上常见的有蓝色黄玉、粉红色黄玉及黄水晶等。几种常见的辐照改色宝石如表5-2-2所示。

表 5-2-2 几种常见的辐照改色宝石

宝石名称	辐照前颜色	辐照后颜色
绿柱石	无	蓝、金黄
黄玉	无	蓝
水晶	无	茶色
锆石	无	棕黄、棕红
锂辉石	无	绿、蓝、粉红、紫红
蓝宝石	无色、粉红	黄、橙红
钻石	褐、黄、无色	红、绿、蓝、金黄
碧玺	浅粉红	红、橙黄
珍珠	白、黄	绿、浅灰蓝、灰黑
紫锂辉石	粉红	深绿

三、扩散处理

扩散处理是在高温下在宝石表面进行离子交换。扩散处理是将宝玉石置于高温高压条件下,对宝石进行处理,使致色离子进入珠宝玉石的浅表层,以产生颜色或加深颜色,有的宝石还会产生星光或猫眼等效应。其处理方法首先是要调整好微量元素的比例,加热,使不同氧化物产生不同颜色,如添加铁、钛氧化物产生蓝色,铬氧化物产生红色,镍的氧化物产生黄色,过量的钛可使宝石产生星光。扩散极慢,仅渗透几微米。如用铁、钛、铬等金属离子粉末混入加热,则因不同物质热扩散速率不同,而所需的时间长短不同,一般需要几天才渗透 $1\sim 2\mu m$。宝石表面留下色斑,是离子交换留下的颜色薄层,所以既要再轻抛光又不可抛光过重,否则会将色层抛掉。观察扩散处理的蓝宝石可通过油浸和放大见到扩散层,在宝石的表面裂纹和周围空隙中常沉淀为深色色料,颜色仅限于表面。在油浸下观察可见较深颜色线或高突起。整个宝石呈色不均匀,刻面有深有浅,由扩散层厚度不均匀引起,腰围处多无色,腰围清晰可见。在二碘甲烷中易见清晰的刻面结合部,宝石整体也会常出现一个清晰的蓝色轮廓。未经过扩散的天然宝石则看不到刻面界限,整体边缘也不清楚。最常见的是对刚玉类宝石的扩散处理。对红、蓝宝石扩散处理除可改善颜色外,有的还可以出现星光效应。

四、染色、着色处理

染色处理常用有机染料浸泡或填充宝玉石。其颜色一般是沿着裂隙缝微小孔隙渗入宝石内部。染色的颜料溶剂一般为油。被染色的材料往往是具有天然孔隙或裂纹的材料,如玉髓、玛瑙、石英、大理石、岫玉、翡翠、珊瑚、象牙、欧泊、珍珠、绿松石、青金石、绿柱石、红宝石等。若材料无合适孔隙或裂纹还可以人工制造孔隙或裂纹。如染色石英,可先将石英加热,再骤然冷却,即可使石英产生微小裂纹,后再浸泡于染料中。如用的是有机染料,即可使石英产生颜色,多为红色或绿色。但这种染色品的颜色往往比较妖艳、不自然,而且易褪色。用紫外荧光或吸收光谱皆易检测出来。

如果是用无机颜料浸泡或填充,颜色也是沿着裂隙缝微小孔隙进入宝石内部,可称其为着色处理。着色宝玉石所用的颜料溶剂是水或醇,故有"水染"之称。颜料可与宝石内部的化学组分发生部分的化学反应,或被宝石所吸附,因此颜色比较稳定。这种着色品常见的有着色玛瑙(红、蓝、绿、黄、黑色等)、着色大理石、着色绿松石、翡翠、石英等。

五、填充处理

填充处理包括玻璃填充、注蜡、注油、塑料填充或其他聚合物等固化材料注入,充填于宝玉石中。主要是充填于多孔隙的珠宝玉石或珠宝玉石的表面缝隙、空洞中。目的是除去宝石的破绽,也可使宝玉石材料硬度增强、稳定性增加,以提高宝玉石的价值。例如:①注油、注胶。注有色油或无色油于宝石表面孔隙中,其目的是改善外观。如在祖母绿表面注油、充填以掩盖裂隙。用超声波或蒸气清洗均可去油,但有合成树脂则不易去掉裂隙中的注油。②注蜡。使蜡浸入到宝石表面孔隙中,如绿松石表面可注油或上蜡以改善外观、掩盖裂隙、增强光亮程度;欧泊因脱水而产生裂隙,可注蜡,以增强光彩掩盖裂纹。在多孔隙的绿松石中注入有色或无色树脂,可使绿松石变得更为坚固。在白垩状的蛋白石中,充填有色聚合物则提高了该低档蛋白石的经济价值,看来也甚为美丽。③天然黑欧泊注入黑色塑料或黑硅质染料可使黑欧泊更靓丽夺目,看来更透明。对大理石、皂石亦可如此处理,增加其美观度。④填充处理。这主要用于翡翠、钻石和红宝石等,为先用酸浸泡,以溶解出可溶物质,增加空隙,后充填无色透明的高分子聚合物或与处理宝石物性相近的无机物,以增加酸浸后的牢固性、增强亮度、掩盖缺陷。用这种技术充填处理的宝玉石有红宝石、蓝宝石、祖母绿、绿松石、石英、青金石、欧泊、电气石、钻石和翡翠等。

另外市场上还常有重异物充填,如用黄色合金铸造成的仿古元宝、吉祥物体,为用密度较大的铅锡充填,外镀一层极薄的铜粉或18K金冒充的金制品。内用铅、锡或重石料,外用水泥制成的石狮等伪陈列品亦属此类充填处理。

六、漂白处理

一般采用氯气、过氧化氢、次氯酸、亚硫酸盐等具漂白作用的化学制剂,多半是对有机质宝石等进行浸泡漂白,其目的是使珠宝玉石的颜色变浅或除去杂质、增加白度。常用于对暗色或带绿色色调的珍珠进行漂白。黑色贝壳、珊瑚可漂白成为微带褐色色调的"金黄色";年代久的暗色象牙也可漂白如新;带暗黄的褐色虎睛石可漂白成浅色的虎睛石。可以漂白的宝石一般有玉髓、珊瑚、象牙、硅化木、翡翠、虎睛石等。漂白处理也皆可用于其褪色。

七、高温高压处理

高温高压处理是将宝石置于高温高压的环境条件下,对宝石进行处理,其目的主要是改善或改变宝石的颜色。此法主要是用于处理钻石,前面已经提到在高温高压下对钻石的处理,在此仅进一步明确高温高压法,是在接近钻石生长的高温高压条件下使钻石结构中产生褐色空位,及在间隙原子间进行调整,使之互相抵消,以消去褐色而提高色级。当前常进行的处理是使 I_a 型钻石变为黄色或黄绿色彩钻,使 II_a 型钻石原来的褐色消失以提高色级。

八、覆膜处理

覆膜处理是将宝玉石的部分或全部表面涂一层薄膜,所以又有人称之为涂层。也有用镀或衬的方法将膜覆盖于珠宝玉石之上,其目的是减少宝玉石表面的漫反射,以使其表面产生晶莹亮丽的光泽。另外还可以掩盖宝玉石表面的瑕疵或缺陷,即提高强度或使其产生特殊的光学效应。覆膜材料往往是无色或有色石蜡、清漆、合成树脂等。覆膜的厚度一般为 $0.1\mu m$ 左右,无色涂层掩盖表面缺陷或瑕疵,常用在多晶质宝玉石上,如软玉、天河石、大理石、蛇纹石、青金石、绿松石、翡翠等。如颜色较白的翡翠,涂上一层翠绿色的胶,干燥后形成一层翠绿色的薄皮,易使人误认为是翠绿色的翡翠。在蜡中加黑色颜料涂制绿松石铁线也较为常见。

如果是用镀的方法则又可称为镀膜,如金刚石的镀膜等。金刚石的镀膜早已为人们所关注,近几十年来一直有人在探索如何用一些蓝色到紫色的物质涂于品质较差的带浅黄色的钻石之上,以提高色级,甚至假冒彩钻。目前科学技术已发展到采用真空溅射喷镀、气相沉淀等先进技术,在钻石上形成超薄镀膜,通过增加其补色以抵消其黄色调,也有以一层蓝色或紫色钻石膜掩盖钻石上原有的黄色。这种镀膜是难以用物理或化学的方法(用丙酮)将其除掉的,镀膜后可以提高色级也更加亮丽,还多少增加些质量,是一项欺骗性很强的技术。这一喷镀技术现已广泛地应用到一些普通常见的宝石上。在一些宝石的表面喷镀金属薄膜可产生虹彩效应。市场上经常见到的带有晕彩的水晶项链、手链,带有晕彩的各种装饰用品,晕彩托帕石制品,晕彩珍珠、贝壳类制品等都是这类处理方法制成的。这一覆膜处理技术也可用于琥珀、珍珠、金刚石、玉髓、翡翠等。

九、箔衬处理

箔衬是将一非透明材料粘贴在宝石的背面,或以涂膜的方式涂在宝石的背后,也有的涂于宝石的亭部以增强其宝石的亮度色彩,再以封闭式镶嵌使人难以发现,也有的从台面可以看到不平坦的起伏,这些都是粘贴不紧密所致,如能发现粘合剂的痕迹则更是箔衬处理无疑。这种处理也可以看作是拼合石的另外一种。

(1) 宝石的背部箔衬。是将一种非透明的、反光强度强的材料(如金属箔等)贴在宝石的背面或亭部,用以增强反射光能力,增加宝石的亮度,还有的可以改善星彩效应、星光效应等,反射出非常耀眼的光亮。

(2) 宝石的背部涂有色薄膜。大部分是为了增强宝石的色彩或掩盖在一些裂纹及缺陷。如在一些有裂纹的绿柱石的背面,涂上一层绿色薄膜以仿祖母绿。这在检测工作中都应十分注意,尤其对封闭式镶嵌或有粘合剂痕迹或异常的光谱现象等都要多加怀疑,仔细观测,以揭露真假。

十、激光钻孔处理方法

激光钻孔处理方法是一种用激光束和化学药品除掉宝石内部的包体或杂质的方法。在处理宝石时,向着宝石体内的包体打一孔道,以消灭掉杂质或包体。钻孔留下的孔道痕迹称"激光痕",呈管状或漏斗状激光痕亦称激光孔道,外部留有孔道口。

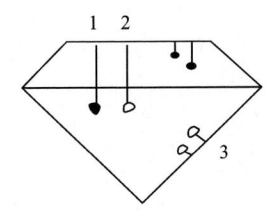

图 5-2-1　激光打孔示意图
1.用激光处理钻石中的暗色包体;
2.由钻石台面向下打孔到包体;
3.由钻石亭部刻面打孔

这一方法经常用以除去钻石内部的深色包体,以提高钻石的净度。这在有的宝石上也可以发现,有的可有几道激光痕,如图 5-2-1 所示,甚至可在宝石上看到几道激光孔口,可以看到开口的部位和痕迹。值得注意的是钻孔多半都是打在钻石上不易被人发觉的部位。最近发展地尤其先进,可以靠激光束聚焦所产生的热能将包体去掉,再用氢氟酸洗涤后充填,甚至一孔多用,打掉一个包体群,即借助于此一包体到另一包体之间的内部反射而毁灭几个包体。这就大大地提高了钻石的净度等级。

十一、宝石的拼合处理

拼合是将两块或两块以上的材料经人工拼合在一起成整体相的宝石。这可以是天然高档材料与天然低档材料的组合,也可以是天然材料与人工材料的组合,或人造材料与人造材料的组合;可以是二层的拼合,也可以是三层的拼合。还有小材料拼合成大材料,或在底部加衬。因而拼合石是多种多样的,其目的是提高宝石的直观效果。

根据组合的材料、结构等方面的不同,可将拼合宝石分为以下 3 种类型。

(一) 二层石

二层石是由两部分材料通过粘结或熔接拼合在一起,根据这两层材料的不同还可再细分。

(1) 两块材料都是天然宝石,甚至有的就是同一种天然宝石,有人称其为真二层石,如钻石与钻石拼合在一起,由小块变成了大块,如图5-2-2(a)所示。

(2) 如一块天然欧泊与另一块天然玉髓拼合在一起而提高了欧泊的光学效果,如图5-2-2(b)所示,这种拼合石有人称其为半真拼合石。又如钻石与一些价值较低的天然材料的拼合,可以是天然钻石作冠部,而合成立方氧化锆或合成尖晶石作亭部。

(3) 如果是拼合二层石的两部分全由与仿制品不同的材料组成,如冠部用合成无色石榴石,亭部用玻璃制成假钻或假彩钻的二层石,则被称做假二层石。如图5-2-2(c)所示。

(二) 三层石

三层石是由3部分材料,通过粘结或熔合拼合在一起成整体相。根据材料的不同,也有不同的类型。

(1) 3块材料都是天然宝石粘结或熔合在一起成为拼合石,还可能是同一种天然宝玉石,则有人称之为真三层石,如3片翡翠料粘结拼合在一起。此外如绿松石、青金石也可以粘结,如果是两块无色或浅绿色的绿松石中间夹一浓绿色粘胶而无形中加深了颜色,改善了外观,这种情况有人称其为半真三层石,如图5-2-2(d)所示。

(2) 3层材料中两块或一块是天然石,而一块或两块是合成品,或有一块是玻璃可粘结成拼合石,有人称其为半真三层石。如冠部为钻石,腰部为无色合成尖晶石,亭部为玻璃,还有的为红蓝宝石、欧泊石,石榴石等的三层石组合,如图5-2-2(e)所示。

(3) 3个部分完全为不同的仿宝石,再用绿色胶粘合,上下两块合成尖晶石,而冒充祖母绿,则有人称其为假三层石,如图5-2-2(f)所示。

(三) 复合宝石

在市场上常见的复合宝石,是用真的天然宝石同玻璃或水晶胶合而成,在二层石中最为多见,上层是宝石、下层是玻璃;还有上层是黑欧泊、下层是玻璃或合成水晶;也有把一片黑欧泊夹在无色透明的玻璃或水晶之中,成为三层石。在三层石中很多情况是将两片宝石材料,用有色胶粘合,因此必须特别注意观测。

(四) 其他拼合石

除上述者外还可以有多种多样的拼合石。如星光拼合石,是由带星光效应的宝石作冠部,亭部用玻璃或合成水晶类作底,可显现更强的星光效应;还有用玻璃或合成水晶作冠部,底部用金属刻图案花纹佛像、观音等衬底,看起来也十分美观、耐人寻味,如图5-2-3(a)和图5-2-3(b)所示。

拼合石是范围很广的、种类很多的优化处理方法,一般凡折射率相近、颜色相同的两种宝石都可以往一块拼合。由于这类拼合能获得较大的经济效益,市场上以次充好、以小充大甚至以假充真的现象屡屡发生。如现在市场上出现了冠部为钻石,亭部用合成蓝宝石、合成无色尖晶石、水晶或合成立方氧化锆、碳硅石等的拼合石充当大钻石。宝石检测工作者及消费者们应格外注意。现将常见的拼合石列于表5-2-3。

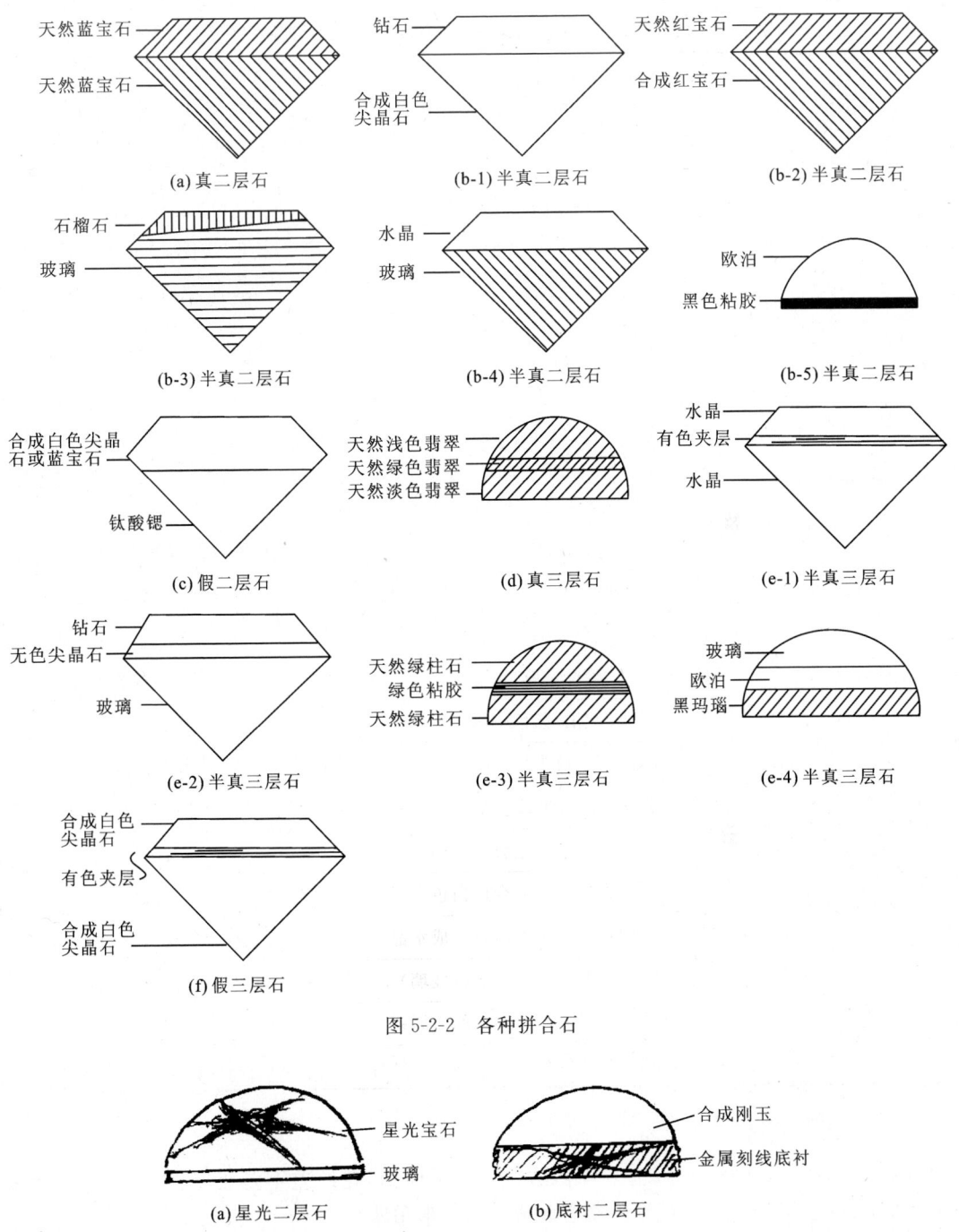

图 5-2-2　各种拼合石

图 5-2-3　星光二层石及底衬二层石示意图

表 5-2-3　几种常见的拼合宝石及充当物品示意表

二层石	真二层石	钻石/钻石(劣质)	仿优质大块钻石
		蓝宝石/蓝宝石	仿优质蓝宝石
		欧泊/黑玉髓	突出变彩效应
	半真二层石	钻石/合成白色尖晶石	仿优质大块钻石
		蓝宝石/合成蓝宝石	仿优质蓝宝石
		红宝石/合成红宝石	仿优质红宝石
		合成蓝宝石(或合成尖晶石)/合成立方氧化锆(或合成碳硅石)	仿钻石
		石榴石/玻璃	改进颜色,提高价值
		欧泊/黑色玻璃	突出火欧泊变彩效应
	假二层石	合成尖晶石/人造钛酸锶	仿钻石
		合成水晶/玻璃	仿钻石(或白色宝石)
三层石	真三层石	翡翠/翡翠(绿色)/翡翠(深色)	充当高档翡翠
	半真三层石	钻石/无色尖晶石/玻璃	充当钻石
		绿松石/深绿色胶/绿松石	充当祖母绿
		玻璃/欧泊/黑色玉髓	扩大变彩效应
		水晶/绿色胶夹层/水晶	仿祖母绿
		绿柱石/有色胶(深色、深绿色夹层)/绿柱石	仿祖母绿
		无色玻璃(或塑料)/粘胶层/贝壳	仿欧泊
	假三层石	合成无色尖晶石/有色夹层/合成白色尖晶石	仿有色(或白色)宝石
		合成水晶/玻璃(或有色塑料)/合成水晶	仿有色(或白色)宝石
	其他	星光宝石/彩色胶/玻璃(或彩色玻璃)	加强星光效应,改变颜色
		合成刚玉/无色胶/带有刻面花纹的金属衬底	仿星光宝石或带有装饰纹的宝石
		水晶粉(或贝壳粉)用绿色(或其他颜色)粘合	仿祖母绿或其他绿色(彩色)宝石

（五）平面拼合

即用几块宝石或仿宝石、玉石等粘贴在一个平面上,花纹差不多相连接,拼合成大块饰品。图 5-2-4 所示为鲍鱼贝壳粘贴拼合而成的双凸形吊坠。

（六）识别方法

识别这种拼合、夹层、箔衬石需注意以下几点。①需要侧视观察有无拼合迹象;②观察相近两层材料是否性质一致;③在各个方向找出胶合后的接触痕迹,两块拼合的接触界限往往是直线接触;④观察花纹的连接关系;⑤在可能的范围内作不同部位的折射率、硬度及整体的密度检测,全面观察其光学特征、花纹、色彩特征、紫外荧光、不同层的材料荧光性等,综合考虑则易于识别。

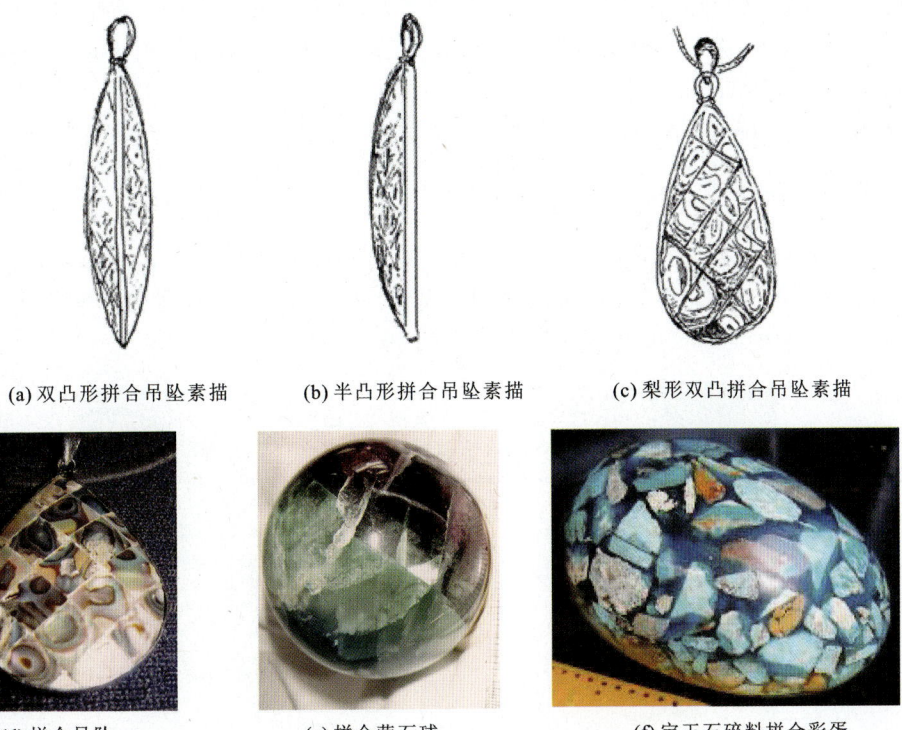

图 5-2-4 拼合饰品及拼合工艺品

十二、宝石的再造处理

天然宝石的碎块、碎屑,通过人工将其熔接或压结在一起成整体相,谓之再造宝玉石。目前常见的有琥珀、水晶、绿松石、青金石的再造品等。其中最常见的为琥珀的再造品,这主要是由于琥珀的熔点低,熔结在一起比较容易,故这种再造品非常普遍。

再造的琥珀,早在 20 世纪 40 年代,苏联、波兰、法国、英国等一些盛产琥珀的国家即开始研制。主要是用压制法将其碎粒琥珀压成大块琥珀,在不断改进过程中逐渐掺加色料、香料以提高琥珀的质量。

我国抚顺在煤层中产有大量的琥珀,以碎小的颗粒最多,在选煤过程中有的予以分离,大部分直接与煤炭同时运出,进厂进炉燃烧掉。抚顺本为一所老的露天开采矿区,煤的产量很大,煤层中夹有大量琥珀,所以琥珀碎粒也几乎布满煤矿区内各地段。约在 20 世纪 60 年代已有人任意扫取,经过提纯,去其杂质,再在一定温度下,压制成整体的大块琥珀。

再造的琥珀与原琥珀成分基本相同,只不过去其杂质,增加了致色剂、香料和植物油等。

放大检查可见再造品有明显的流动构造、夹层等,常含有"未熔物"和气泡,有的可见出原碎块原料之间的界限。最近的技术又不断改进,使其已不见上述特征,更均一透明,如图 5-2-5 所示。人工还仿造天然琥珀中的生物,在再造过程中加入现代的虫、蚊、蚁、蜜蜂、植物残骸等,更使再造品生动逼真,以冒充天然琥珀。但天然琥珀中的小蚊、蚁常常因挣扎而伸直其腿脚；再造品中人工加入的蚊、蚁则是呈蜷曲状，动物翼却多为张开状。

琥珀再造品的密度约为 1.068g/cm³，稍低于天然琥珀，在偏光镜下可看出异常的双折射。天然琥珀是均质性，整体消光，遇高温即变黑。在紫外荧光下，短波照射再造品为强的带有白栗状的亮蓝色，有的还可见到粒状结构。

其他如再造水晶、再造绿松石、再造青金石等都应引起人们的关注，鉴赏时应仔细观察。

十三、岩粉压模

岩粉压模也称做岩粉压制，是将一些宝玉石材料碎屑、粉末，用有色胶或无色胶粘结压实，仿制成各种雕刻品。常见的如绿松石、大理石、白玉、滑石、动物骨骼粉等的压制品，在市场上每每有所销售，图 5-2-6 为岩粉压制的仿象牙雕。

图 5-2-5 再造琥珀（内有现代昆虫蜜蜂）

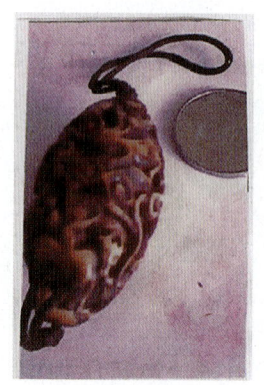

图 5-2-6 岩粉压制吊坠

其他还有压块处理，主要是处理小碎块如绿松石等，压制加胶用环氧树脂处理，如压块绿松石磨制的手镯饰品还是很受人们欢迎的（图 5-2-7）。

在优化处理过程中，还经常用清水洗涤，或用盐酸、草酸、王水、丙酮、甲醇、乙醇等酸类作洗涤剂，目的在于除去在加工过程中沾染的油垢。但在市场上出售的成品又往往表面涂油、涂蜡以保护其饰品的表面光泽，并增加其光亮。柜台里也常放一杯水使其蒸发，以起到维持湿度，保护成品不致干裂和保护饰品表面之功效。

图 5-2-7 压块绿松石手镯（据林晓冬）

以上简述了优化处理常见的几种方法，但实际上在处理过程中往往不是单用一项，而是综合使用。如高温处理，也常常伴有高压等。又如处理翡翠往往是先用酸浸泡，作漂白处理，去掉翡翠中的杂质，翡翠出现微孔隙，结构变为疏松，然后再作充填处理，注胶、注环氧树脂，有的还再加入着色剂。经处理后，种、色都差的翡翠变为色艳种亮的漂亮货。

优化处理的方法多种多样，也常因不同宝玉石和不同目的而异。这里所介绍的仅是目前一些常见的优化处理方法，随着科学技术的发展、市场的需要与利润的追求还将会有更多、更妙的方法不断产生。但是魔高一尺、道高一丈，识别、检测技术也会应运而生，不断地改进和提高。

第六章　宝玉石的加工、琢磨与首饰镶嵌制作

第一节　宝玉石加工的发展简述

宝玉石的加工琢磨是与人类的历史、文明、科学进步分不开的。从人类活动一开始,原始人就知道在打猎的余暇在海边捡贝壳,在山上捡石子为玩物,将石片戴在身上、头上为首饰。有的人为了方便挂戴而将其穿孔成串,大的可琢开,甚至进一步削平、磨圆。这实际上已经是原始的对石料的加工的开端。随着人类的进步、知识的增长,加工技巧也随之前进。所以到了新石器时代,大约至今四五千年之前人们就能认识到玉与石之不同,将玉石加工琢磨成应用的器物。从出土的河姆渡文化遗址中就可见到用萤石等磨制的装饰品。由此可见,加工琢磨技术是随着人们对宝玉石器物的需求而快速发展的。随后出土的文物如良渚、红山等众多的文化遗址中出土的器物中逐渐出现琢磨出的不同的形制、不同的纹饰,到了商朝加工技术已很成熟,唐朝的加工技术已甚为精湛。著名的鸡丝毛雕已经是可以雕出细如发丝的精细作品,纹饰也有十几种。宋朝已出现了镂空雕。元朝有了富有民族生活气息的雕刻。明清时代由于皇室贵族对珠宝玉石的宠爱,对琢磨工艺自然是高标准、高要求,另外也出现了仿古器,仿的就是造型、纹饰、工艺技法,实际上是将现有的工艺技法与古时技法相融合,在切、蹉、琢、磨上进一步提高。近代随着科学技术的大发展,宝玉石学成为一个学科上的独立分支,宝玉石首饰设计、宝玉石加工技术也随之成为独立的学科分支,涉及到了历史、文化、服饰、商贸等学科领域。宝玉石之可贵不仅是石质的可贵,同时融有加工技术、工艺技法、造型设计的可贵。这个自古以来受人们喜爱的宝中之宝,更添加了贵中之贵。或者说一件石质一般的作品,由于造型美、工艺精、取材独特或巧色有术,大大提高了自身的价值。

宝玉石的加工就是指对宝玉石的琢磨。琢是将宝玉石石料切割成理想的形状或大小,以便进一步去磨;磨则是去掉棱、圈形、粗磨、细磨和抛光等。

自然界一些稀有的石材或造型奇特的石料,不用琢磨或少加修饰即可作观赏石或收藏品。有些有规则外形的结晶体,色泽艳丽、鬼斧神工,也不需要经过琢磨加工即可供观赏、收藏或陈列。但是绝大多数的宝玉石材料必须经过琢磨方成器物,琢磨成饰品和各种艺术品,方能充分地展现诱人的魅力。中国有句古语谓"玉不琢,不成器",就是这个道理。

第二节　宝玉石加工及琢磨款式

琢磨的宝玉石款式，一般又可分为凸面琢型宝石、刻面琢型宝石和其他琢型的宝玉石等。现简述如下。

一、凸面型宝石的琢磨

凸面琢型也称为弧面琢型、素面型、蛋面型，是具有弯曲表面的最早使用的款式。在我国也是最早流行的、具有传统历史的款式。凸面型又可分为如下几种基本琢型。

单面凸弧面型[图 6-2-1(a)]：只有一个拱曲抛光的表面，是一个未经抛光的底面，这个拱曲顶面的高低可在较大的范围内变化。

双凸弧面型[图 6-2-1(b)]：为顶面和底面都琢磨成凸弧面，两面突出的高度可相同也可不相同，但往往顶面较高而突出，底面凸出的曲率略小，如天然星光红宝石和猫眼石等常采用这一琢型。

小扁豆弧面型[图 6-2-1(c)]：这也是一种双凸弧面型，往往其厚度较薄，顶底弧面较平缓且大致相等，形似小扁豆。

空心弧面型[图 6-2-1(d)]：具圆顶状曲面，底面被挖空或为凹面。这种琢型常适用于深色宝石，如铁铝榴石。为了使通过的光量增多，以减轻颜色而增加亮度，即使是被挖空的凹面也要经过抛光。

凹面弧面型琢型[图 6-2-1(e)]：是为了显示宝石的某些光学效应，而在弧面顶上再琢出一凹面，底面是平的。这种琢型现在已比较少见。

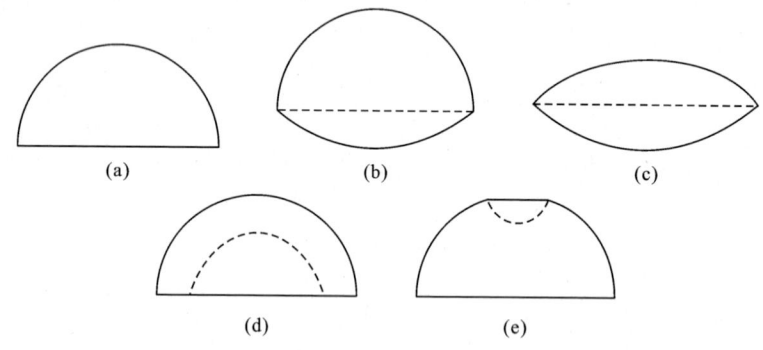

图 6-2-1　单面凸弧面型

凸面琢型的形态有圆形、椭圆形、水滴形或梨形、长方形、方形、心形、橄榄形等。

凸面琢型多用于透明度较差、不透明或半透明的宝玉石，如翡翠、绿松石、玉髓及具有特殊光学效应的宝石，如星光红宝石，星光蓝宝石，有猫眼效应、星光效应的宝石和月光石、欧泊及各种玉髓等。一些具有美丽花纹的、或颜色对比鲜明的特别是不透明的宝石，往往都采用这种琢型，所采取的形态则以椭圆形最为常见。

这种凸面琢型在加工工艺中，一开始的设计非常重要，特别是对一些具有星光效应、猫眼效应的宝石，要使星光中心点或猫眼的亮带尽可能地居于宝石凸面的中心，尽量使宝石表面弧度大些,才会使星光或猫眼线显得清晰;如果凸面弧度太小,其星光或猫眼线变粗,甚至模糊不清。

二、刻面型宝石的琢磨

刻面型为凸面型之后发展起来的,因为刻面型宝石的光亮程度不只是在于抛光的好坏,更重要的是面与面之间的角度。

(一) 刻面型宝石的琢磨

首先要考虑到折射和内反射。研究得知,利用折射率临界角和全反射的原理,可使刻面宝石的亮度更大,以至达到闪闪发光。其原理为当光线照射到宝石上,穿过宝石以大于临界角的角度达到底刻面时,产生全反射现象,将光线全部反射回来。如果宝石底刻面的角度与折射率恰好相对应,则从宝石台面射入的光线大部分会发生两次全反射而全部反射回来,使得宝石特别光亮,如图 6-2-2(a)所示;如果宝石切磨的比例不当,入射的光线会从宝石的底刻面折射出去,即所谓的"漏光",如图 6-2-2(b)和图 6-2-2(c)所示,这种漏光的宝石其颜色和光亮程度都会减弱。

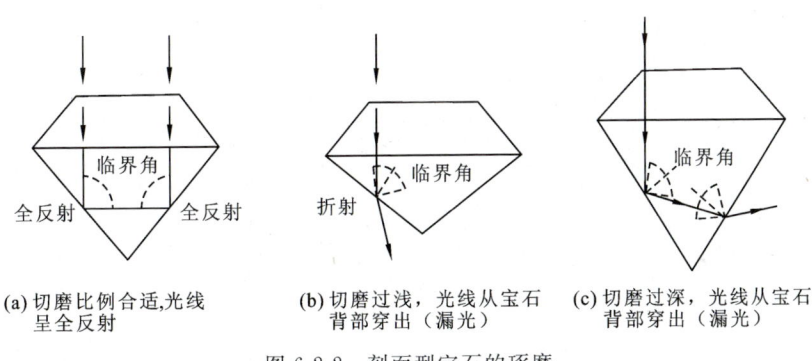

(a) 切磨比例合适,光线　　(b) 切磨过浅,光线从宝石　　(c) 切磨过深,光线从宝石
　　呈全反射　　　　　　　　　　背部穿出(漏光)　　　　　　背部穿出(漏光)

图 6-2-2　刻面型宝石的琢磨
(据 Hurlbut,1991)

大多数刻面型宝石都是由 3 个主要部分组成。上部为冠部,中部为腰部,下部为亭部,如图 6-2-3 所示。最上部的面称为台面,冠部与腰部水平面的夹角称为冠部角,如图 6-2-3 中的 α 角;亭部与腰部水平面的夹角称亭部角,如图 6-2-3 中的 β 角。如果 α 角琢磨大了,则冠部加厚;如果亭部 β 角大了,则亭部变深。相反如 α 角与 β 角切磨小了,则宝石变薄。颜色与光线的行程有关,行程越大颜色越深。如切磨比例正确的宝石,颜色往往略深于切磨得过薄的宝石。即具有较深亭部的宝石颜色会显得略深,而光亮程度就会稍差。

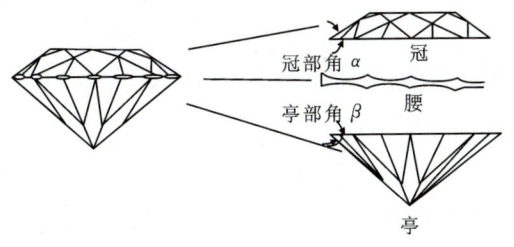 

图 6-2-3　刻面型宝石的各部分名称与圆钻型裸钻对照

宝石的折射率增大，则临界角减小。依此可以减小主冠面与亭部刻面之间的角度而仍保持宝石的光亮程度。所以高折射率的宝石就其相对厚度而言，可以磨得较薄一些。如此说来琢磨刻面型宝石，其冠部与亭部之间的夹角就成为极其重要的控制因素。现将 Siukankas (1962) 根据不同宝石折射率，所提出的各种宝石的经验数据范围，转载于表 6-2-1 之中，以供参考。

表 6-2-1　几种刻面宝石的冠部角与亭部角（据 Sinkankas, 1962, 简化）

宝石学矿物名称	冠部角	亭部角	宝石学矿物名称	冠部角	亭部角	宝石学矿物名称	冠部角	亭部角
钻石	34.5°	41°	磷灰石	40°	40°	石英	40°～50°	43°
锆石	35°～40°	41°～42°	重晶石	40°	40°	玻璃	40°～50°	43°
锡石	30°～40°	37°～40°	石榴石	40°	40°	钠沸石	40°～50°	43°
金红石	30°～40°	41°	符山石	40°	40°	透锂长石	40°～50°	43°
人造金红石	34°	37°～40°	锂辉石	40°	40°	方解石	40°～50°	43°
人造钛酸锶	30°～40°	40°	透闪石	40°	40°	黝帘石	43°	39°
绿帘石	40°	40°	蓝铜矿	40°	40°	紫苏辉石	43°	39°
透视石	40°	40°	菱锰矿	40°	40°	钙霞石	42°	43°
顽火辉石	40°	40°	菱镁矿	40°	40°	天兰石	43°	39°
透辉石	40°	40°	文石	40°	40°	绿松石	43°	39°
红宝石	40°	40°	天青石	40°	40°	黑曜石	40°～50°	43°
蓝宝石	40°	40°	白钨矿	40°	40°	玻璃陨石	40°～50°	43°
金绿宝石	40°	40°	琥珀	40°～50°	43°	孔雀石	43°	39°
尖晶石	40°	40°	长石	40°～50°	43°	欧泊	40°～50°	43°
黄玉	40°	40°	方柱石	40°～50°	43°	堇青石	40°～50°	43°
碧玺	40°	40°	蛇纹石	40°～50°	43°	蔷薇辉石	40°	40°
橄榄石	40°	40°	萤石	40°～50°	43°	矽线石	40°	40°

（二）刻面宝石常见的琢型

刻面宝石是最早以钻石的八面体结晶体为基础，切磨出了琢型切工，后来不断改进并致以科学的计算，利用了光的折射与反射，使这类琢型充分体现宝石的亮度和火彩。

根据不同的形态可以分为以下几种款式琢型。

1. 玫瑰花型

早在 6 世纪之前就已经出现由八面体→桌型→侧面看大致为一圆锥形→由 24 个三角形小面规则排列而成的图形，玫瑰花型（Rose cut）形状如图 6-2-4 所示。

2. 圆多面型

圆多面型（Brilliant cut）也称圆钻型（Round dinmond cut）。是 17 世纪发展起来的，一开始是用于钻石的琢磨，经过不断改进发展至今，一些有色宝石也多采用此种琢型。现代采用的圆钻型切工，曾是 1914 年由马歇尔·托尔可夫斯基利用折射、反射的原理计算出各小面的切磨角度,曾被称为美国式切工,如图 6-2-5(a)所示。又在 1940 年由艾普洛进行了改进,称欧洲圆钻型切工,如图 6-2-5(b)所示。另外有类似的上海切工,如图 6-2-5(c)所示。直到 1970 年在斯堪的纳维亚一些国家开始流行了一种 Scan D N 标准圆钻型切工,如图 6-2-5(d)所示,是现代钻石和宝石加工最常见、最流行的琢型。

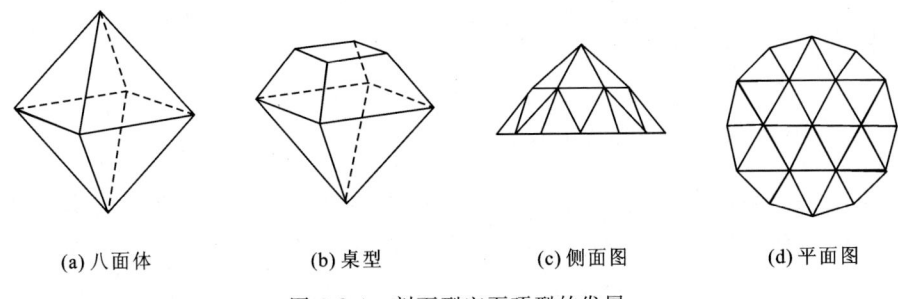

(a) 八面体 (b) 桌型 (c) 侧面图 (d) 平面图

图 6-2-4 刻面型宝石琢型的发展

这种圆钻型外形看呈圆形,冠部有 33 个刻面,亭部有 24 个刻面,共 57 个刻面。如果底尖部分磨出一个底面则共有 58 个面。

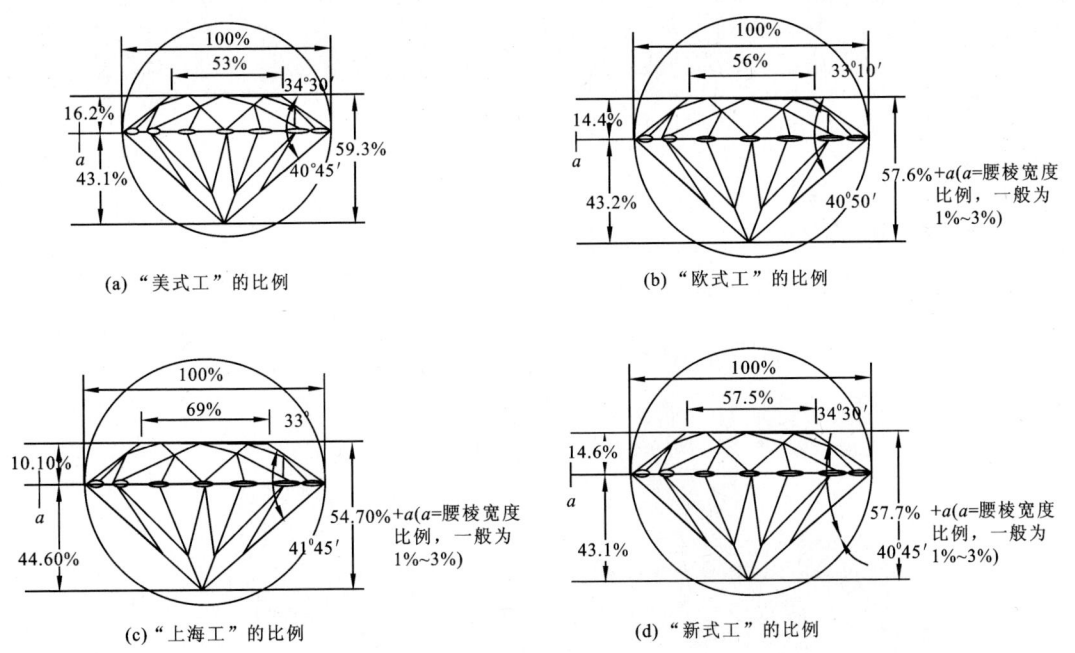

(a) "美式工"的比例 (b) "欧式工"的比例

(c) "上海工"的比例 (d) "新式工"的比例

图 6-2-5 圆多面型的不同切工比例示意图

圆多面型可使一些刻面对光线进行反射而呈现异彩,还可使另一些刻面因折射而增加火彩。产生最大全反射的角度不能同时产生最大火彩,这种琢型为金刚石及大多数无色或彩色透明宝石,特别是高色散宝石所采用。但为了尽可能地表现宝石的火彩和闪光,仍在不断改善。在不同的国家和地区也各采取不同的角度和比例。

圆多面型在钻石款式设计中最为广泛应用,由于科学地计算了面、角间的比例折射率数据,所以其亮丽效果是最好的。其各部名称如图 6-2-6 所示。

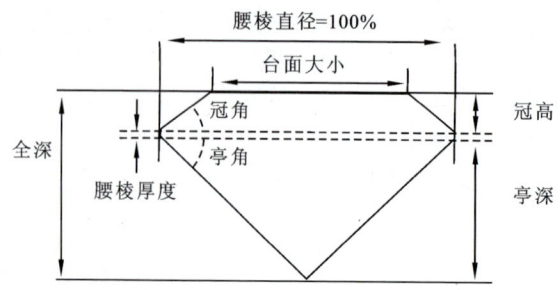

图 6-2-6　圆多面型琢型钻石的比例及主要各部分称谓

值得提出的是，最近几年来出现的八箭八心切工很受人们的欢迎，其实这是在圆多面型的基础上发展起来的一种切工，称八心八箭丘比特圆形切工，如图 6-2-7（a）和图 6-2-7（b）所示。

(a) 八箭图案

(b) 八心图案

(c) 一般切工的变形、散乱图案

图 6-2-7　丘比特切工

此外还有不断改进的欧伊切工（OE CUT）等都可称其为新款式。

具有八心八箭切工的钻石饰品，要用专门观察心箭切工的功能镜[图 6-2-8(a)和图 6-2-8(b)]才能看到；不具八心八箭切工的钻石饰品一般则为变形、散乱的图案，如图 6-2-7(c)所示。

(a) 切工镜—Heart and Arrow Loupe

(b) 高级切工镜—Happy Eggs

图 6-2-8　专门观察八心八箭切工的功能镜

心箭琢型与圆钻是一致的，其琢磨工艺都要具有极佳的精度和对称性，圆钻的各部分比例都要非常准确，因而也呈现着极高的亮度和火彩。用功能镜由钻石的台面向亭部方向观察，可见到对称的八个箭，如图 6-2-7(a)所示；由亭部向钻石台面方向观察，可见到对称的八个心，如图 6-2-7(b)所示。因此人们也常称其为八箭八心。为了磨出八箭八心，除按上述要严格遵守各角度及完美的对称性之外，还要使比例和角度符合下列条件，如表 6-2-2 所示。

应该强调的是,磨出的钻石的对称性一定要完美,如果有任何一点小的偏离,都有可能破坏这一心箭的效果。图 6-2-7(c)所示为一般切工在功能镜下不具备完整心箭的变形、散乱图案。

圆多面型琢型还有许多异型(又称变形),呈各种外形,如长方形、椭圆形、梨形、心形、橄榄形等,如图 6-2-9 所示。对于一些较大个的宝石,小刻面的总数可以增多,以增加其光亮的程度,对有色宝石增加小面还可以增强颜色。但是对钻石而言,有超过 58 个面的切工存在,但并不多见。如最近出现的帝王切工就有 98 个刻面,如图 6-2-10 所示。还有 81 个刻面的梅花钻,其冠部有 33 个切面;亭部有 48 个切面,即下腰面 32 个,亭部主刻面 16 个,冠部中心可见亮丽的梅花形。这些也已受到广大消费者们的青睐。

表 6-2-2　八箭八心切工的比例和角度

台宽	54%～58%
冠高	14%～16%
亭角 β	34°～35°
冠角 α	40.8°～41.1°
腰厚	2.5%～3%
亭深	43%

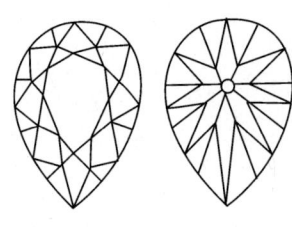
(a) 梨形

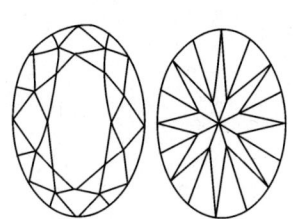
(b) 椭圆形

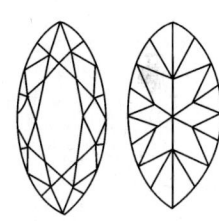
(c) 橄榄形

图 6-2-9　圆钻型的变形款式
(据 Hurlbut,Switzer,1979)

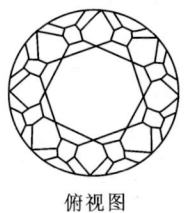
俯视图

侧视图

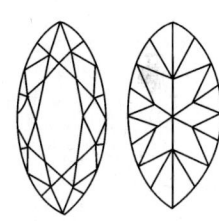
仰视图

图 6-2-10　98 个切面的切工

3. 阶梯琢型

阶梯琢型(Step cut)亦称祖母绿型。这一琢型为一近长方形轮廓,有一个较大的顶刻面,周围为平行环绕排列的梯形小面,截去四角而成,如图 6-2-11 所示。

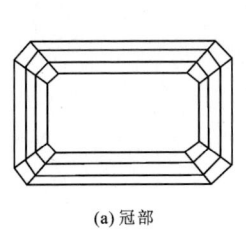
(a) 冠部

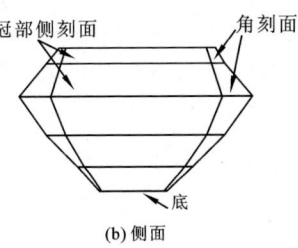
(b) 侧面

(c) 亭部

图 6-2-11　祖母绿型

这主要用于祖母绿宝石和颜色艳丽的、透明宝石的琢型,如红宝石、蓝宝石、金绿宝石、碧玺等。切磨成阶梯状主要是为了展现其颜色。切磨的比例一般由其颜色的深浅和原石的形状而定,阶梯数目随原石的大小而定。其外形有方形、长方形、三角形、风筝形、梯形、菱形、五边形、六边形或其他多边形等,如图 6-2-12 所示。

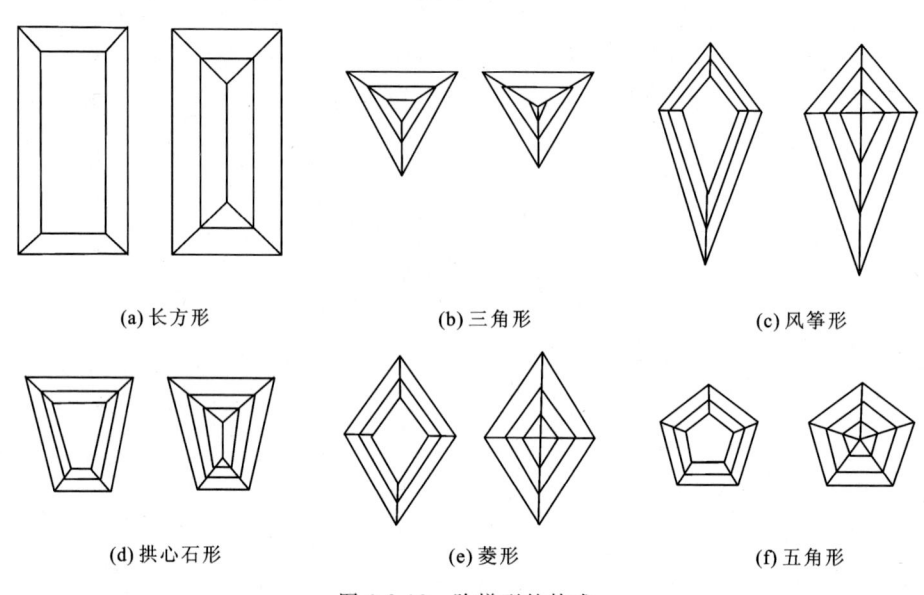

图 6-2-12　阶梯型的款式

4. 剪形琢型

剪形琢型(Scissors cut)又称剪刀琢型或交叉琢型,是阶梯状琢型的改进型。剪形琢型中,围绕台面周围的是三角形小面,如图 6-2-14 所示。它提高了宝石的亮度和颜色,也造成亭部底端有光的漏失。这种琢型可采取机械加工,易见其长方形态的不平行,但不易看出三角形刻面的不准确。这种琢型多用于低档有色宝石,如合成有色尖晶石等。

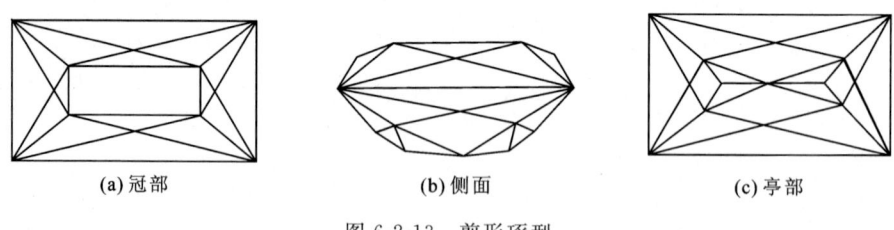

图 6-2-13　剪形琢型

5. 混合琢型

混合琢型(Mixed cut)常具有一个圆多面型的冠部和阶梯状的亭部,如图 6-2-14 所示。为了保持宝石的质量,通常将阶梯状的亭部切得比较深,这就使得宝石的光学效应欠佳,也增加了镶嵌上的困难。这种琢型适合于琢磨折射率低的有色宝石。这种切工常为斯里兰卡等地的宝石匠人所采用。

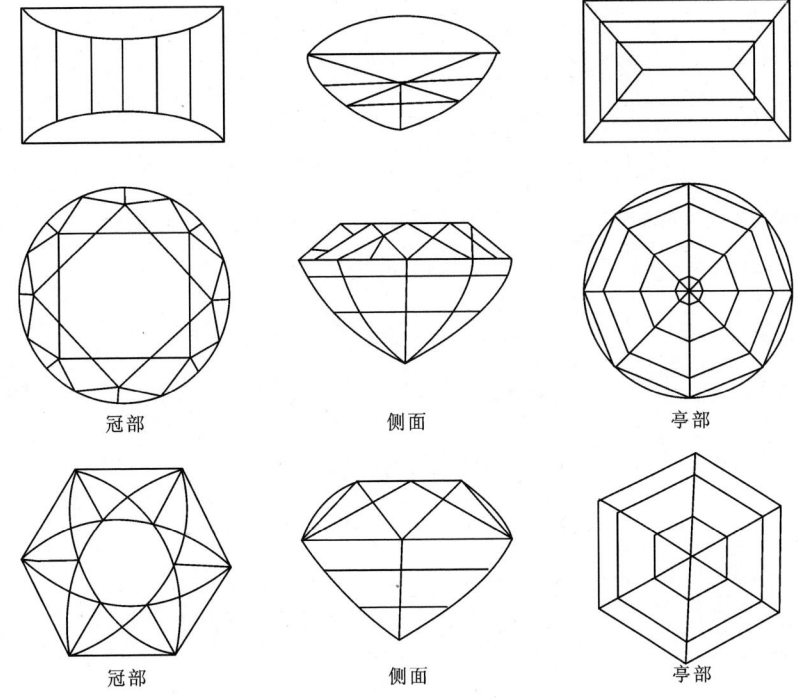

图 6-2-14　混合琢型（交叉琢型）

6. 自由型

自由型（Informal Shape）又称为"随型"。这种琢型主要是根据宝石原石的形状、个人的需要和颜色的利用等而确定，不是按固定的或对称的造形去切磨，而是随意地模仿一些鸟、兽、鱼、虫或植物去琢磨。常见的有刻面圆形、生肖动物、民间传统的"避邪""致富"之物等。这种琢型常常用以制作成手链、吊坠或座件、摆件、皮带扣等。有人将一些任意形状称异型，如图 6-2-15 所示。其实异型仍为随型，唯明显地表现不对称图案而已。

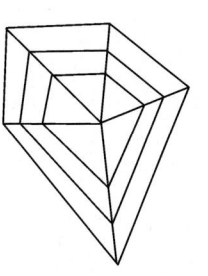
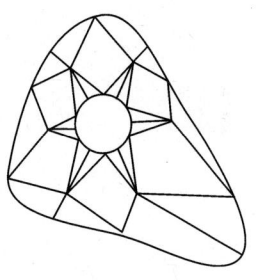

图 6-2-15　异型（不对称图形）

另外提供一些国内外的琢型以供参考，如图 6-2-16 所示。

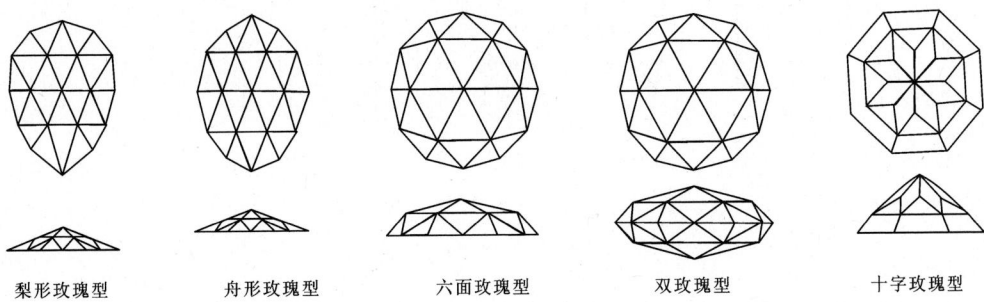

梨形玫瑰型　　舟形玫瑰型　　六面玫瑰型　　双玫瑰型　　十字玫瑰型

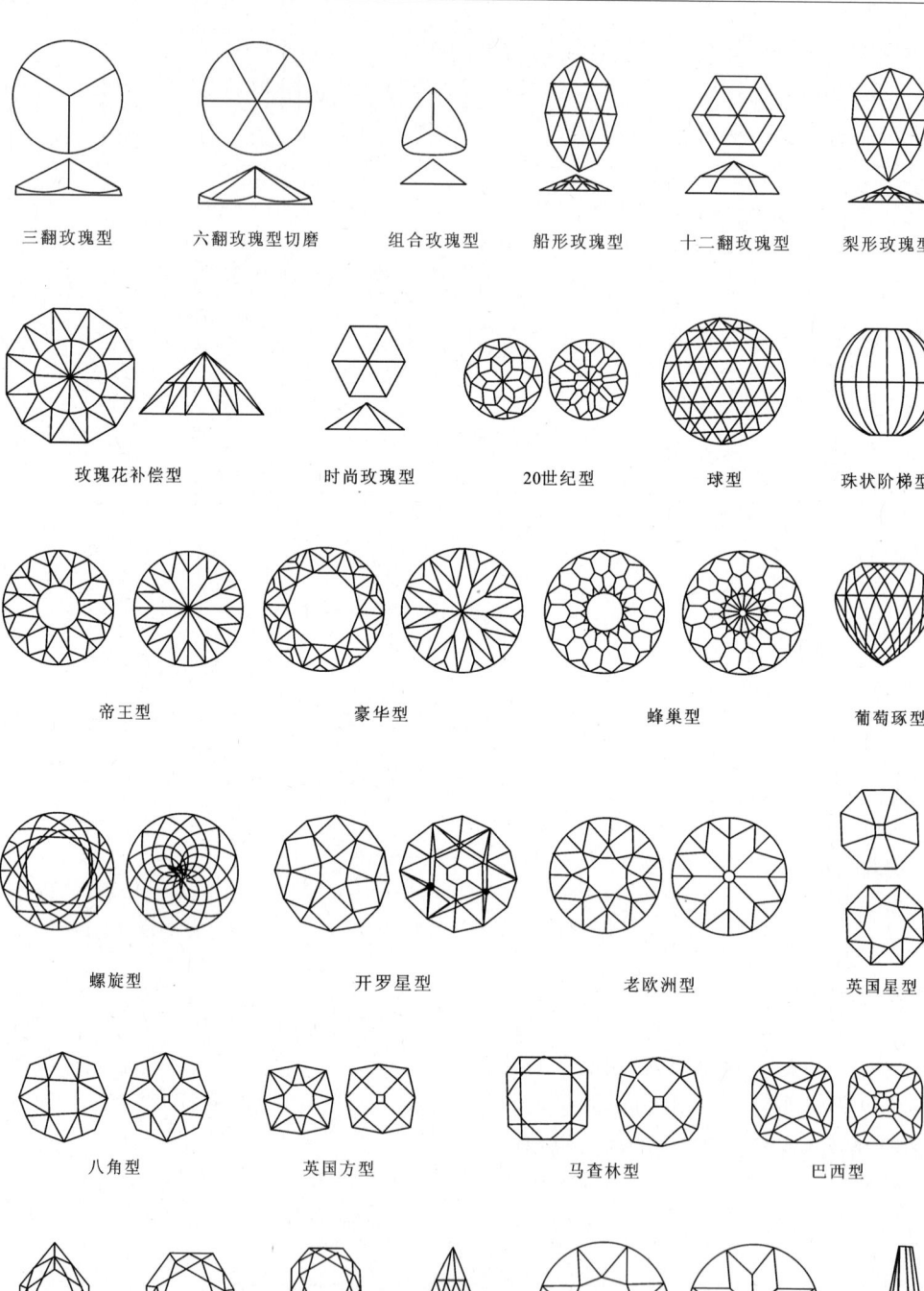

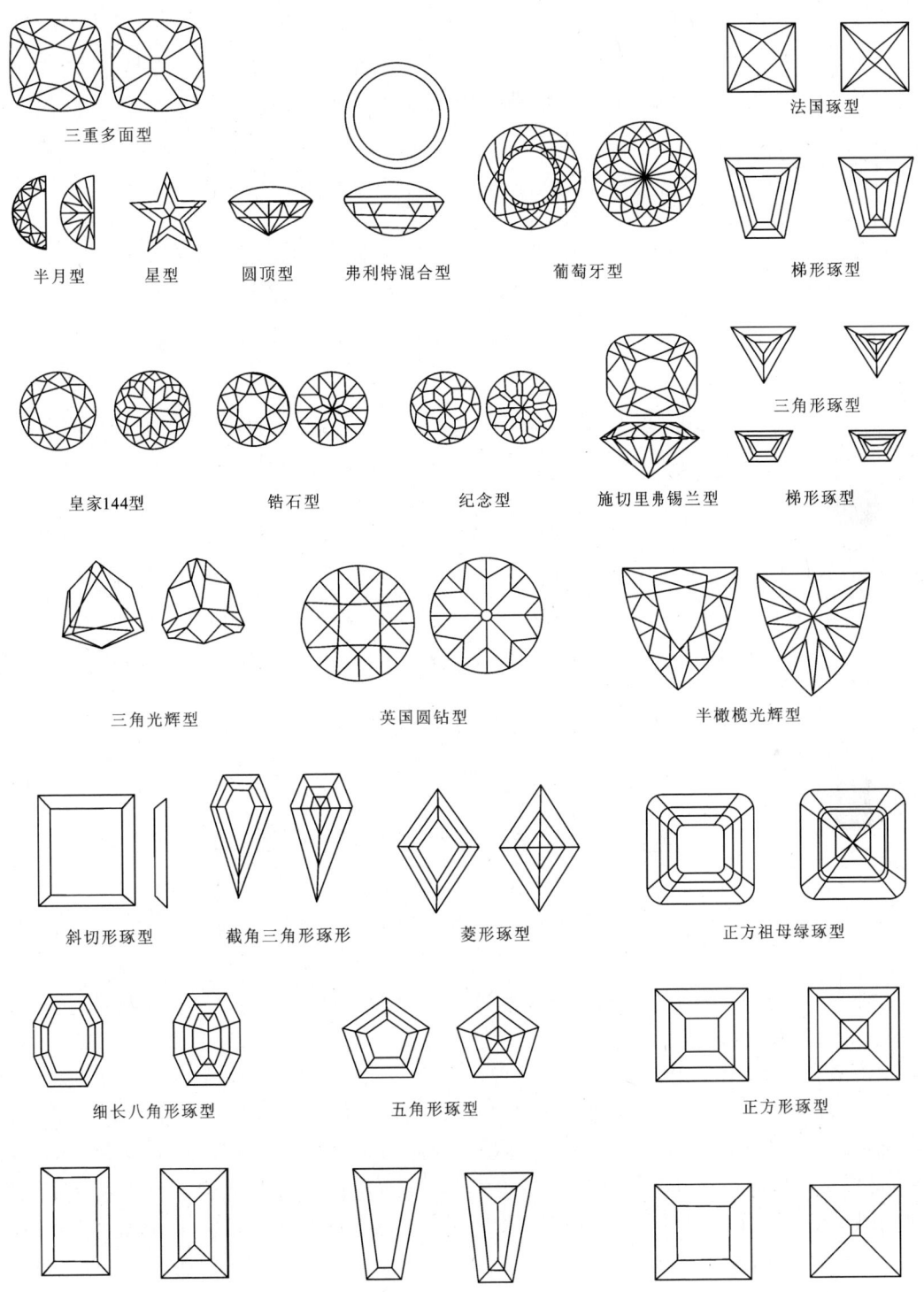

图 6-2-16 国内外的部分琢型图案

(三) 光面型琢型

这种光面型只有磨，没有切琢，没有刻面，而是平滑的光面，因此常用以作珠子，所以有人称其为珠型(Bead cut)，如圆形珠、正圆形珠、椭圆形珠、扁圆形珠、正方形、三方棱柱、四方棱柱、五边棱柱、六方棱柱、三角形、多角形及一些不规则平面组成的形状。这些多用于制作手链、项链或吊坠等饰品如图 6-2-17 所示。

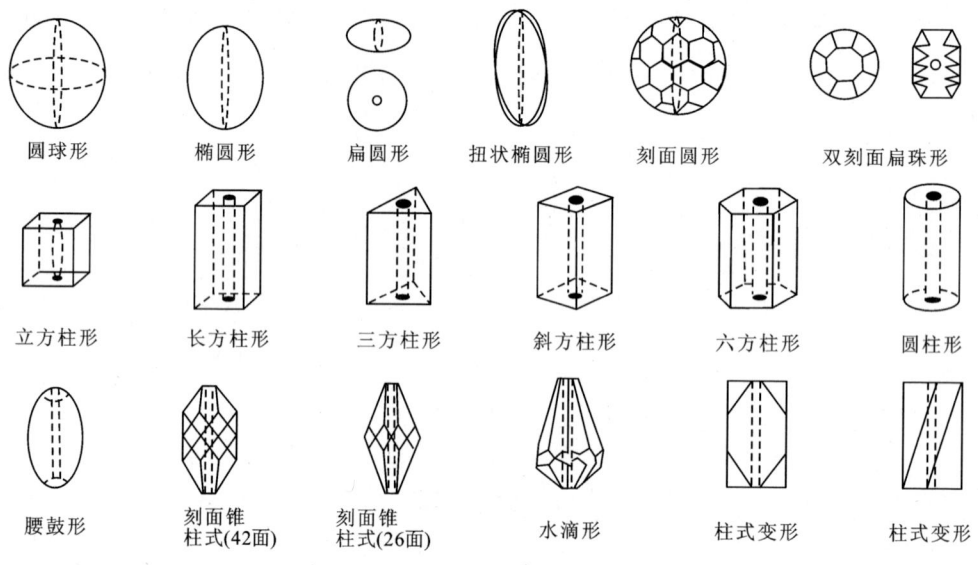

图 6-2-17　几种圆珠、扁珠和棱珠光面型琢型

第三节　宝玉石的加工工艺

一、刻面型宝玉石的加工工艺

一般先经过设计，按设计方案开始琢磨，琢磨的大概顺序为：出坯→上杆→圈形→冠部研磨→冠部抛光→转换方向后再上杆→亭部研磨→亭部抛光→后期处理。

所谓出坯，即将原石分割成小块，随后即上杆。粘杆的粘端不同(图 6-3-1)，随粘接琢型宝石不同而选择使用。把毛坯顶面与粘杆轴垂直粘接，坯料中心线与粘杆轴线重合，将粘杆宝石毛坯预热后可校正角度。然后圈形，在研磨盘磨出宝石毛坯料的腰部、形状和冠部的基本面，要使毛坯顶面准确地垂直腰面，随即可将宝石冠部在研磨机上研磨，可按台面→冠部主刻面→星小面→上腰面的顺序进行研磨。然后即可用抛光盘换下研磨盘，涂上抛光粉进行冠部抛光，如图 6-3-2 和图 6-3-3 所示。

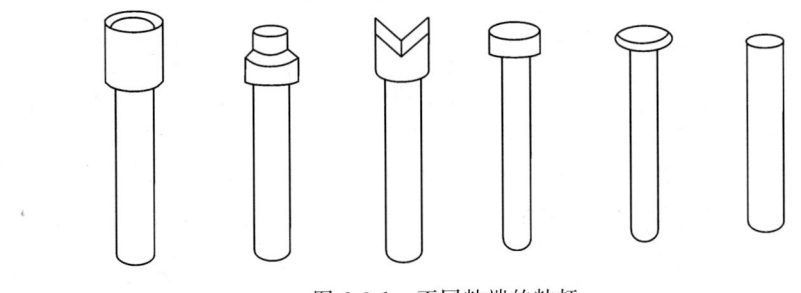

图 6-3-1　不同粘端的粘杆

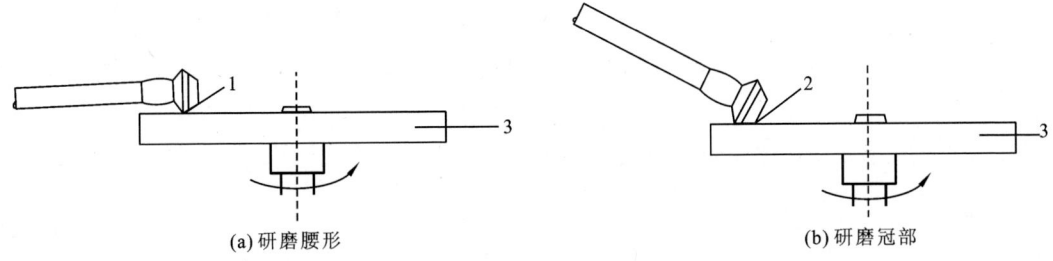

(a) 研磨腰形　　　　　　　　　　(b) 研磨冠部

图 6-3-2　宝石圈形

1.宝石腰部；2.宝石冠部；3.磨盘

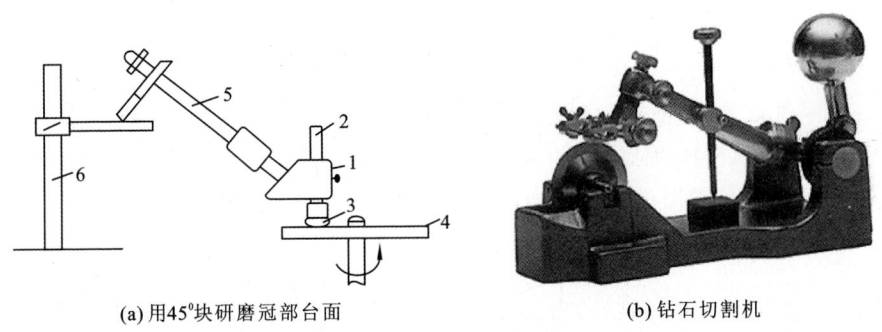

(a) 用45°块研磨冠部台面　　　　　(b) 钻石切割机

图 6-3-3　钻石切割机

1.45°块；2.粘杆；3.宝石坯料；4.磨盘；5.夹具；6.托架

　　下一步是要将宝石坯料翻转，仍然要在酒精灯上加热，取下宝石坯料，将其坯料粘接于粘杆上即再上杆，操作要借助于粘结架，使毛坯顶面与粘杆轴线垂直、坯料中心线与粘杆轴线重合，后进行亭部研磨，亭部研磨除无台面外与冠部研磨基本相似，逐步磨出亭部的各个小面。要注意亭部的各小面对准冠部的小面，然后如同对冠部抛光一样，对亭部的小面再进行抛光。如亭部底尖有破损，可再磨出一个底尖小平面（无破损也可不出现该小平面）。最后进行后期处理，即将宝石和粘杆在酒精灯上加热融胶去胶，也有的用清洗剂洗净宝石表面，即工序完成。

二、标准圆钻型钻石的加工工艺

　　钻石、宝石的刻磨加工工艺属于相关专业的范畴，在此不作详细叙述。但是应该知道的是,加工行业发展至今已出现两个大的独立行业,一个是钻石的加工,一个是除钻石加工之外的一切所有其他宝石的加工。虽然这两个行业在加工技术方面有许多相似之处,例如都是首先经过款式的设计,钻石则要经过劈开(劈钻)或有的需要锯开,然后需经打圆(粗磨),即将钻石粘在支架上进行手工或机械研磨。其他宝石也是要在确定设计款式的基础上进行切削或切割,然后将切割过的宝石进行打磨。最后一道工序对钻石来说是磨面,也就是对刻面的琢磨和抛光,其他宝石也同样是对打磨好的刻面或凸面进行抛光。但是由于钻石的硬度最大,晶体形状也有所不同,所以钻石加工和宝石加工所用的工具、工艺各有不同,加工技术、工艺也就存在着一定的差别。钻石加工顺序如下。

(1) 首先要对毛坯原石进行分选。

(2) 根据毛坯的形状进行设计。

(3) 对毛坯原石进行分割,所采用的分割机往往不同,一般是用锯钻机、激光分割机或钻石切割机,如图 6-3-3(b)所示。

(4) 圈形:采用车钻机切磨钻石毛坯的腰棱。

(5) 上杆:将圈形后的毛坯亭部粘于粘杆上。

(6) 使粘杆与磨盘垂直,切磨、抛光钻石坯料的台面。

(7) 将粘杆装于机械手或八角手上,进行磨削冠部小平面,调整角度以使其与冠部主小平面磨削角度相一致,按顺序磨 8 个主小面。

(8) 再磨冠部星小面,即调整一下角度(星小面切磨角度比主小面的切磨角度要小),随即依序磨出 8 个星小面,再调整角度(上腰棱小面切磨角度比主小面的切磨角度要大),依序再磨出上腰 16 个棱小面。

(9) 按顺序进行抛光,依次为先抛星小面,再抛主小面,后抛上腰棱小面。

(10) 然后取下旧粘杆再上新杆,用新粘杆粘接其冠部,为了便于观察,可露出腰棱,将新粘杆上卡,调整位置,使要磨的亭部小面与已磨好的冠部小面互相对准。再调整角度,依序磨出亭部主小面和腰棱小面。如图 6-3-4 和图 6-3-5 所示。

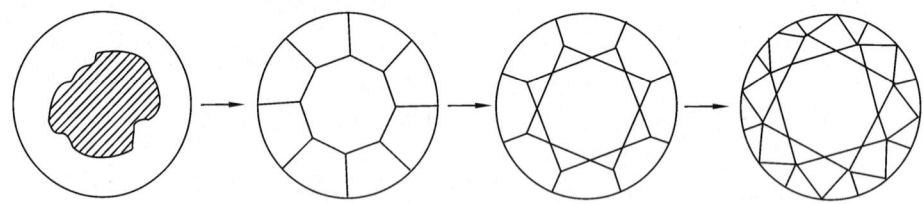

图 6-3-4 标准圆钻型冠部研磨顺序

(11) 依先抛亭部小面再抛下腰棱小面的顺序进行抛光。

(12) 对腰棱部位还可作抛光,最后进入后期处理,即从粘杆上取下钻石进行清洗。一定要将钻石表面的粘结物清洗干净,为了去掉表面污物,也可将钻石先在碱性溶液中煮几分钟或在酒精溶液中泡几分钟,即可得到磨好的闪亮的裸钻。

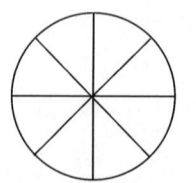 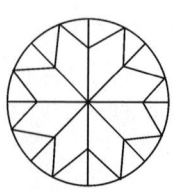

(a) 先磨亭部8个面　　(b) 再磨出16个腰面

图 6-3-5 标准圆钻型亭部研磨顺序

三、弧面型宝石的加工工艺

弧面型宝石加工较为简单,一般工序为:画线→下料→圈形→上杆→预型→细磨→抛光→后期处理。

开始的工作首先是用彩色铅笔(或铜线、铝线)在原石片料上按规格画出腰形轮廓,然后在切割机上切除轮廓以外的余料,这样就可以得出一个比所勾画的轮廓稍大一点的直线边的毛坯,再用砂轮磨去边角成与所圈轮廓相近的坯料。其下料过程如图 6-3-6 所示,要注意所圈腰面要尽量垂直于底面。然后将其上杆,使用火漆粘到粘杆的端面,再用砂轮磨出粘杆上毛坯的弧面造型。其预型过程如图 6-3-7 所示,这样预型已好即可细磨,细磨要用盘磨机、带磨机或轮磨机,除去预形外的残留,可使其更加圆滑,然后再进行抛光。抛光一般是用抛光粉在抛光机盘上进行。弧面型宝石加工后期处理,自然是先下杆再清洗,当然可作必要的底面修饰和最后的上蜡。

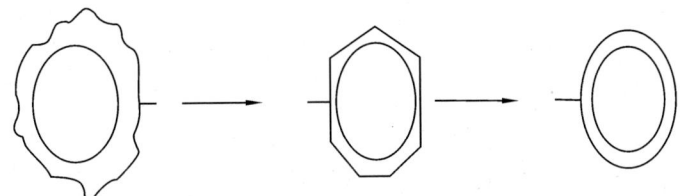

图 6-3-6　下料时的毛坯(去掉边角)

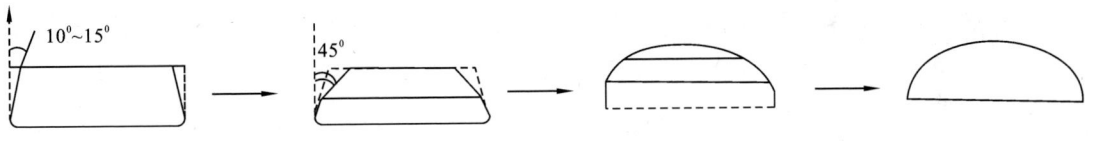

图 6-3-7　预形使其圆滑的顺序

四、珠型款式的加工工艺

珠型款式多适用于普通常见的宝玉石,如水晶、玛瑙或人工合成宝石之类,但也有的琢磨红、蓝宝石及翡翠等一些高档宝玉石的低档部分。加工的工序可简单地分为:开石→出坯→倒棱→粗磨→细磨→抛光→穿孔。很多小珠子是大块原石上下来的边角料磨成的。或先要把大料切小、把不规则的料用切割机将其切成近似立方体形状的坯料,再用砂轮磨削其棱角,使之近似圆珠状,然后进行倒棱。倒棱可以将较大批量的、近似圆球状的珠坯同时在砂盘倒棱机上进行,或在珠磨机、滚筒倒棱机上对一些较硬的材料进行倒棱。也有以单个的珠坯进行倒棱的,如磨大个的水晶球或萤石球,则需要以相应的方法,凭人工经验进行。

如果是大量倒棱过的珠坯,可再采用带上盖板的砂盘粗磨机或环槽盘磨机进行粗磨;单粒的则用钢管在轮磨机上手工粗磨;有条件的也可用圆球琢磨机进行。细磨与粗磨相似,只是其所用的为较细颗粒磨粒的环槽盘磨机、轮磨机或带磨机。下一步则是抛光。如果是批量的球珠抛光,经常是要用振动抛光机和滚筒抛光机,先进行粗抛再进行细抛,最后还要精抛,单个的球体则采用与弧面型抛光相似的方法完成。但对珠型来说大部分是要打孔的,打孔可采用钻床、超声波或激光打孔,根据情况也有的需要人工手钻对球珠进行穿孔。

穿孔时要注意孔位、孔径和孔口是否破裂,一般孔要穿过珠子中心,则孔正;不通过珠子中心则是偏斜孔,珠子则作废。对圆珠来说还经常要求过蜡,即用带孔的过蜡桶、石蜡溶器和加热炉,最后完成圆珠表面上蜡工序。

第四节　玉石的雕刻工艺

玉石的雕刻工艺是指通过一定的加工手段和设备将玉石琢磨成精美的工艺品,使它具有观赏价值和经济价值的双重性。

一、玉雕制作技法

玉雕工艺品制作技法可分浮雕、圆雕、首饰石三大类,与首饰有关的主要是浮雕,其他还有线刻与镂空雕。

(一) 浮雕

在玉雕工艺上浮雕是最重要的,归纳起来可有高浮雕和薄浮雕两种。高浮雕形体较厚,最薄点到最厚点面之间距离较大,有些接近圆雕的厚度,高浮雕又常常配与薄浮雕背景,以衬托主题,使远景、近景得到对比,如图6-4-1所示。

薄浮雕又称低浮雕。这种浮雕起伏不大,最高点和最低点之间距离较小,如图6-4-2所示。浮雕可通过凹凸起伏表现自然界中的风景以及动植物等,在玉雕工艺品中玉牌、玉仙子、花卉、器皿、屏风等较为常用。

图 6-4-1　高浮雕(翡翠摆件)

(a) 犀牛角雕

(b) 风景摆件

图 6-4-2　低浮雕

(二) 线刻

玉雕中有线刻即用线条来表示形象。线刻又分阴刻和阳刻:阴刻是在平面上刻有沟槽的线,是凹下的;阳刻是凸起的棱线,其工艺加工过程是将线的部分保留,其余部分用砣轧低以突出线条,如图6-4-3所示。

(a) 线刻（云雷纹玉饰—汉代）

(b) 阴刻：犀牛角

(c) 阳刻：黑琥珀玩件(清—乾隆)

图 6-4-3 线刻

（三）透雕

透雕又称镂空雕（图 6-4-4），是将图案画面的底子或背景用铊镂空，使形体出现立体感。这几种技法在玉制品中兼而有之，或在一个艺术品上同时出现，如图 6-4-5 所示。在表现透视上也有用散点透视或焦点透视（图 6-4-6），处理方法也是多种多样。以上这些技法工艺早已在我国历代古玉器、古艺术品上有所呈现。

图 6-4-4 透雕

图 6-4-5 浮雕与透雕同时使用

图 6-4-6 镂雕玉璧

二、玉石雕刻设计

宝玉石的切割或玉石的琢磨加工，一开始的设计是非常重要的。设计首先应该注意以下几点。

(1) 要最大限度地利用原材料，使其少出边角，能利用的部分尽量利用。不论是哪种加工雕琢，都要求产品的出成率要尽量地做到最大。计算出成率一般是：

$$出成率 = \frac{加工后成品的质量}{宝玉石原石的质量} \times 100\%$$

不同的宝石和玉石有不同的出成率,这又与原石形状、品质、设计水平和切磨工作者的技术直接有关。

（2）玉石雕刻尤其要巧妙地利用原材料的颜色、颜色的变化及质地,达到俏色的目的。

（3）宝玉石的加工、设计、琢磨都要躲开杂质、污点、绺裂,尤其是石料的节理、裂纹和颜色的变化等不能利用的部分。

（4）要突出重点,如将具有猫眼或星光效应的宝石或具有翠色的玉石颜色、质地的最佳部位等展现于最显眼的部位,可更显高贵。

三、玉雕加工工艺

玉雕加工工艺主要是指对玉器、工艺品、贝雕、浮雕或凹刻等的雕刻。玉雕加工工艺流程可简单地归纳为选料→设计→琢磨→抛光→上蜡等。

首先要对原石毛料进行审料,观察其块度大小、形状和玉质(包括颜色、颜色变化及分布、绺裂、节理及一些杂质或伴生物、石皮等),区分可利用部分和不可利用部分,根据可利用部分取材,再根据雕刻的种类而进行设计,设计其能否作饰品、作何种饰品或雕刻成何种摆件。其次在选材、设计的基础上把造型、纹饰直接绘在玉石上,勾画出大致的轮廓即粗绘,把粗绘好的轮廓线以外的部分用铡铊去掉,再用錾铊除去轮廓线外更小的部分,在玉石粗绘的轮廓内再进行细绘,这种细绘往往用线条符号表示。经过了细绘后方可进一步琢磨。

琢磨又可分为粗琢磨和细琢磨:粗琢磨是按细绘的轮廓线去皮、开料、活链、外壳初形(抠、表、划)和冲等操作；细琢磨则是对轮廓线内所设计的进行细加工。一般有錾、轧等操作,经过铡、錾后的玉料上如果还有小坑洼则用冲铊或磨铊以磨平坦。当然在设计内的部分还有的需要钻眼、钻膛(即打钻)、串膛、活环、下子口、顺活和上花等操作,也就是对一些内膛部分、设计内的间隙部分、花卉枝叶间的空隙部分必须靠打钻去其多余部分。这种琢磨工艺往往是在磨盘、刀具、镟轮下完成,有的还需要细部雕刻。

细工是指以上工序完成后进一步进行细加工,即所谓精刻细雕,除去微细的余料。细工工艺所使用的仍然是一套精细的轧铊、勾铊、钉铊、膛铊等小巧的工具。这当中还要细绘,绘出更细微的纹饰,如对人物要进一步绘出五官、衣纹等,花卉就要绘出枝叶甚至花瓣、叶脉等。细绘出来后,可以再作进一步修饰,最后细磨一遍,作一些细微的刻画。

经过了雕琢之后玉器的整个造型已完成,为了使它更亮丽就必须进行最后一道工序——抛光。所采用的设备主要是抛光机,根据玉石材料的不同,还可采用一些抛光工具和抛光粉,用力磨擦玉器表面,以使玉器光滑明亮。抛光过程中可先过胶去糙,即用铊子磨玉器上的糙面、用柳木制的铊子进行勒亮抛光或用布、线类拉动带子抛光,使玉器光滑明亮,视玉质的不同还可再采用水洗、酸洗、超声波洗等清洗方法,去掉表面污垢,增加玉器的美感；然后为了使玉器更光滑、柔润以及对玉器起到保护作用,还可以上蜡、过油,这可掩盖小型瑕疵,使人摸之有光滑、柔润之感；最后用熔蜡涂刷或采用煮浸方法上蜡以保护玉器作品。

四、玉镯的制作工艺

玉镯的加工工序是比较简单的,大致可分为:选料→片料设计及开料→设计及制坯→倒棱→细磨精磨→抛光上蜡。对一块原石,首先要观察其大小够不够磨出一个手镯或几个手镯。在够条件的基础上则可进一步确定开片方向,画好标志线在切割机上进行切片,在片料上勾画出手镯的最佳位置,随后用套料机进行制坯,先用内套钻头水冷却钻进,后用外套钻头钻进,则可制成手镯圆环(有的椭圆环状称贵妃镯)。取出圆环后用钩铊沟通其圆圈内环线,即磨制出成形的圆环(或椭圆环),磨制镯环及出坯示意图,如图6-4-7所示。在磨玉机上按顺序倒去棱角,后进行细磨和精磨,当磨到外圆弧光亮再对内圆弧也磨出光亮来(现有两种款式,一种为内外皆圆状称圆条,一种为外圆内平称扁条,如图6-4-8所示),后即可抛光。

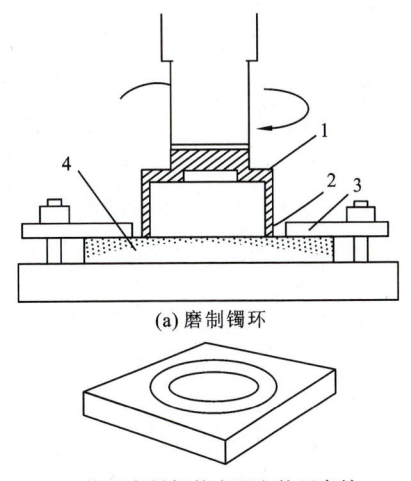

图 6-4-7 磨制镯环及出镯坯示意图
1.套钻头;2.电镀金刚石层;3.压板;4.宝石片料

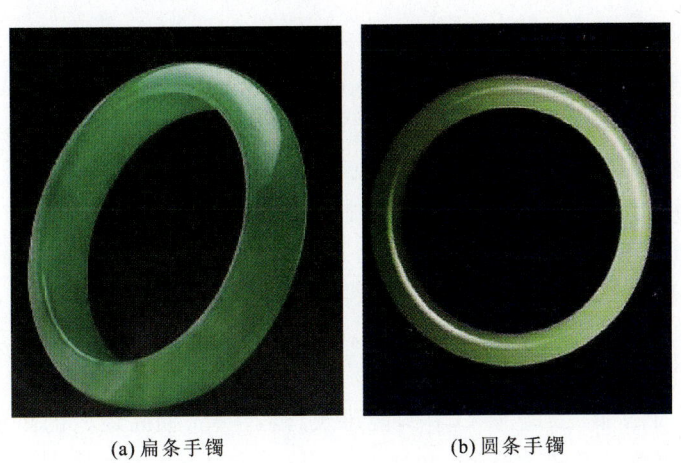

(a) 扁条手镯   (b) 圆条手镯

图 6-4-8 玉镯的两种款式

抛光多在万能磨玉机上用牛皮及金刚石微细粉进行反复水冲磨抛,直到表面光亮为止。还常再进行涂蜡,以使手镯更有滑润感和起到保护作用。

五、玉石工艺品雕刻工艺

玉石工艺品类大致包括:花卉、人物、鱼虫、兽类、器物等。

(一)花卉雕刻

主题表现枝、叶、花、果,为了坚固、便于放置和协调陪衬,有时配以花瓶、花篮或者云、鸟、山、水等,让景物和人物自然和谐搭配更为美观。花鸟经常一齐出现更显互动互应之感。

（二）人物雕刻

主题表现大人（古人、仕女、僧侣）、小孩（童子）、老人、寿星、观音、笑佛、钟馗等。有时也配以山、石、楼亭、殿阁。雕刻的人物要神采奕奕，有神有色。如童子要表现出顽皮可爱，观音要表现出慈祥温存，笑佛要表现度量宽宏，钟馗则要表现出凶恶，仕女要表现靓丽娇姿，尤其人物的眼神要锐利，各部分整体的比例都要协调，使之犹如一幅美丽的图画或应韵的诗歌。图6-4-9为深圳天彩祥和珠宝公司雕刻室，雕刻大师们正在精刻细雕。

图 6-4-9　深圳天彩祥和珠宝公司玉雕室之一角

（三）鱼虫及兽类

昆虫多为小动物、鱼类、飞禽走兽之类等，再配以青枝绿叶、树木、花卉，能使雕刻工艺品更有动感。大型动物则以十二生肖为主，常为传统雕法。另外还常有些民间传说中的避邪之物，如貔貅之类。这些据说有避邪护身之功、驱鬼捉妖之效。此类辟邪之物，由于人们只听其说未见其物，没有实物对比，也难雕，因而工艺造型无榜样、无标准可依。

（四）器皿及刻字

一些在古代较为常见的造型有香炉、青铜器、玉碗、玉杯、玉筷子及印章等。造型要古朴大方，又能仿古逼真，字体要清晰规整，刀法要流畅有力，如近代雕刻的夜光杯、田黄石玉玺。象牙雕、白玉雕、岫玉雕、独玉雕等大型玉雕则要气势磅礴、造型美观。在我国故宫博物馆珍藏有无数雕刻艺术珍品，无不记载着、展现着中国的东方艺术和源远流长的中国文化。

以上简单叙述了有关宝玉石的切割、琢磨及几种款式的加工工序。实际上每道工序都还有很多细节，如具体的毛坯形状、质量（包括硬度、颜色、颜色分布和绺裂等），特别是一块料上不同部分的取舍和所采用哪种机械对哪种石料的效率最佳，都有不同的处理，因此一些操作师傅们的经验也往往起着不可忽视的作用。

总之，对宝玉石的加工工艺要以节约能源及材料消耗、提高最大的出成率、提高加工效率、创作出尽善尽美的艺术品为原则。

第五节　珠宝首饰的加工制作及镶嵌工艺

首饰加工制作工艺，应该追溯到人类活动的一开始，在人类活动初期就有了对美的追求。早在旧石器时代的山顶洞人的洞穴中，就曾出土过石坠、石珠，其上还有孔眼，这可以说是最早、最原始的首饰加工工艺。这种早期的首饰制作主要用在对贝壳、骨头、石头等的琢磨、钻孔和雕刻上。

一、现代首饰的类型

当前首饰制作已发展到很高的水平,但是由于人们对美的追求也不断提高,还不断追求自我表现、突出自我风格和个性化,因而给首饰的设计及制作都提出了新的要求。

(一)当前首饰的类型

常见的可按饰品佩带的普通分类大致分为以下几种。

(1)戒指:戒指的款式各种各样,常见的如男戒、女戒、老板戒、豪华戒等。

(2)耳饰:包括耳环、耳钉、耳坠、耳钳等。

(3)链饰:包括颈链(又称项链)、手链、足链、腰链等。

(4)手镯:手镯除扁条、圆条之外还有刻花、素面等之分。

(5)其他如皮带扣、领带夹、各种头饰及各种胸饰,如胸花等。也有一些胸前的挂件与项链搭配形成链坠组合。还有一些纪念品或奖品性质的牌坠等。如今还在不断地出现各种饰品新款。

按材料进行分类则有以下几种。

(1)单纯的金属首饰。如黄金首饰、铂金首饰、钯金首饰、K白金首饰、银首饰、铜首饰、合金首饰(包括钛合金、镍合金等)。

(2)镶宝首饰。镶宝首饰是将各种有色及无色宝石、玉石、有机宝石、合成宝石、仿宝石镶嵌在金属托上,如银镶珍珠耳钉、K金镶钻戒指等。又如红宝石黄金戒指、钻石铂金戒指,形成各种组合及搭配,皆美轮美奂。总之首饰的制作工艺在不断地发展变化,创意革新永无止境。

二、珠宝首饰的加工制作工艺

首饰加工随着人类社会的进步,科学技术的不断发展,自古至今一直延续、不断改革及引进新技术,到目前已经发展到一定的成熟阶段,但纵观其首饰加工的方法,不外乎是人工手工制造、锻压制造和常用的失蜡浇铸制造等。

(一)手工制造

手工制造从最原始的时代开始,镶嵌加工首饰都是以手工为基础,不论是设计、制版、镶石或抛光都离不开手工,而且目前镶嵌一些高档的首饰还是离不开手工。

手工制造虽有效率低、费用高、不能用于批量生产的缺点,但它的优点很多,既能随意制定款式,还能使细微部分精益求精、最大限度地发挥创造力,表现首饰的内涵,可以尽量满足个性化和风格独特的要求。一般最适合于手工制作的材料为金银类金属物质。

(二)锻压方法

锻压方法,也称为冲压法。它是在冲压机上固定首饰钢质模具,将首饰用金属板在固定的模具上冲压,将压切好的金属坯,放入球磨机中抛光,最后再进行整修处理。由于冲力强、压力大,此种方法不适合于镶嵌珠宝首饰,仅可用于硬度较大的合金首饰,但它能进行批量生产,故一直在行业中应用。

(三)失蜡浇铸方法

现在最流行、最常用于贵金属珠宝首饰镶嵌的是失蜡浇铸方法。在介绍加工珠宝首饰的方法之前,还应该了解工艺流程和首饰的款式设计。

1. 首饰制作的工艺流程

目前,首饰制作工艺虽已发展到相当高水平的阶段,但不论采用什么形式的珠宝首饰镶嵌加工方法,都会遵循一个最基本、最概略、最主要的流程,即手工设计→制版→镶石→抛光→清洗修饰→打印记检验出厂。

2. 首饰设计

首饰制作的第一步,应该是首饰设计及绘制图案。设计决定制作。设计中应该注意的是:①设计的首饰首先应造型美观、大方、精巧可爱,使首饰能最大限度地表现出美的内涵;②要符合当前的流行时尚,能为社会一般大众所接受,甚至使人有向往和憧憬;③设计要使人佩戴舒适,不要有凸出棱角,不要有薄锐的毛边,以免伤人挂衣;④镶石设计既要突出显示宝石、又要牢固而不易脱落;⑤设计出的首饰要突出个性、突出风度,贵重宝石要能明显地显露;⑥要注重颜色的搭配,主要是宝石与金属托的色彩搭配,如钻石配以白色的铂金托架比配以黄色托架更为协调宜人;⑦整体设计要看起来给人以美感、和谐感和稳定感,例如不能使设计的立式佛或立式观音歪斜或似乎要歪倒,给人以各种不稳定、不对称、不协调的感觉;⑧绘图要表现立体、完美,应绘出图的正面、反面和侧面,或正视和俯视,尤其要表示各部位的结构,如有纹饰还要清楚地绘出纹饰线条,使施工者能看清设计要求,方能付之施工。在有了设计图纸的基础上,下一步方可开始加工制作。

3. 失蜡制造工艺

当前珠宝首饰主要的加工工艺有失蜡铸造工艺、电铸工艺和机械加工工艺等。一般认为失蜡浇铸工艺是最主要的。

早从商朝出现青铜器开始,应该说是首饰制造业正式开始的时代,失蜡铸造工艺即开始出现,最早是从蜂蜡制成的蜡模开始,用以制成阴模,最终制成了金属铸坯。可见,近代国际珠宝行业广泛采用的失蜡浇铸技术,已经是初具雏形的镶嵌加工技艺了。现今保留下来的一些古代的铜镜、铜鼎、铜车马等工艺品许多都是采用蜂蜡浇铸技术铸造出来的。其造型、纹饰都有惊人的呈现。最原始的蜂蜡浇铸技术随着时代的发展、科学技术的进步、不断改进代代相传下来,不断增加新活力、引进新技术方成为近代先进的首饰镶嵌加工工艺。目前这一加工工艺已经大部分采用了先进的真空离心铸造机、铂金真空铸造机、真空吸索铸造机、回转加压铸造机等浇铸设备。还有更多的高精机械仪器设备,不但使得镶嵌首饰更加精密,而且也大大提高了浇铸的成功率。

失蜡铸造工艺又称倒模,是目前贵重金属珠宝首饰生产的主要手段。它包括正压铸造、负压铸造、真空离心铸造和真空加压铸造。正压是指铸模内压大于外部,而负压则指铸模内压小于外部,在产量较高的要求下采取正压,产量较小或中等产量的情况下采用负压。实际上真空离心铸造属于负压铸造。真空加压因铸造过程也是内压小于大气压,所以也应属于负压铸造。其工序首先是制版,即先将银(或铜)制成首饰原形版类,原模用生硅胶包围,可用压模机加温加压制成硅胶膜,后割开胶模取出银(或铜)版原形后向中空的胶模中注蜡,蜡凝固后成为蜡模(蜡模也可用雕刻法制作);取出蜡模进行修整,后依序将一批蜡首饰模连接在一起即种蜡树;再放入套筒中注石膏浆,石膏硬化、烘干,形成石膏模将熔化金属进行浇铸,直至金属冷却,将石膏模放入冷水中炸洗,然后取出铸造件即首饰毛坯;对首饰毛坯要进行精细修理再浸酸清洗,剪下毛坯进行滚光后执模和镶嵌,再经过表面处理即成为成品首饰。执模是将滚光以后的首饰坯,以手工或机械进行整合、扣合、焊接、对粗糙面加工、修复首饰的铸件上的微小缺陷,如砂眼的修补等。执模过程要求把首饰修整得更美,要最大限度地表现首饰上宝石的亮丽,决不允许执模出来的首饰坯坑洼不齐、歪扭不整。

要注意的是,执模后的首饰要与原模版相同,造型要美观大方,制作要精细、首饰铸件表面应光洁,要对首饰铸件进行全面砂磨,不能留锉痕,不能留死角,各部位的焊接要牢固,不得有虚焊、漏焊、砂眼、毛边、钩刺、裂纹等缺陷。最后要打上首饰的品种印记、成色印记、厂名印记,打的位置要合适,印记往往打在戒指的内圈、吊坠的背后或坠鼻处、链类的接头处等,既要打在隐蔽处,又要字迹清晰、准确。

4. 对执模后的首饰铸件形体的基本要求

①如果是戒指类则需要圈圆而端正,有宝石的爪镶或钉镶位置要对称恰当。②耳环、吊坠都要焊正,而且耳针、耳环能扣合适宜、焊牢开口。③项链、手链、胸针等要链之间连接坚实又活动自如,严格按设计要求校正。④对胸坠、吊坠、胸花之类要坠鼻大小合适、部位适当、整体协调,展现出美观宜人。

5. 抛光

主要是对上述毛坯表面抛光。抛光有电化学抛光和机械抛光。电化学抛光生产效率高、操作简单,多适用于形状较复杂的饰品和细小的部件。机械抛光可分用回转式抛光机或振动式抛光机,回转式抛光机多用于小作坊或足金的抛光,而振动式抛光机抛力大、容量大、效率高,则多用于大批量首饰生产。值得注意的是加水量和珠量要合适,珠量应为机械容积的二分之一,水量应以淹没抛光珠为佳(水过少或无水会使饰品变黑,饰品应为珠量的十分之一,抛光粉只需加一小勺,珠形配比要根据饰品形状安排,防止抛光不均匀)。抛光机图片,如图6-5-1 所示。

①K 金件,形状简单的抛光时间稍长一些,形状复杂的抛光时间可少一些,男戒往往是要先车磨打再镶石。②足金件则以倒模后工件的效果而增减抛光工序。③银件可视工件抛光效果而定,或抛核桃粉后可不再车磨打。④铂金件可视角度位大者抛珠,沉箱时间可减少。

6. 镶嵌

也就是把珠宝玉石镶在首饰架托上,不同首饰类型镶嵌的方式方法也各不相同。也可以说镶嵌工艺就是用镶、锉、錾、掐、焊等方法将各种、各色宝玉石与金属架托组合在一起,制成精美的首饰或工艺品;镶石则是人工镶嵌的工艺,每件首饰的工艺好坏也都与操作师傅们的技术工艺水平有着很大关系。

首饰镶嵌的主要方法有爪镶、包镶、群镶、壁镶、钉镶、光圈镶、飞边镶、无边镶、打孔镶、绕镶、组合镶等。现分述如下。常见部分首饰款式如图 6-5-2 和图 6-5-3 所示。

(1) 爪镶是传统的镶嵌方法,是用较长的金属爪子(金属齿)来固定嵌紧宝石,有二爪、三爪、四爪、六爪之分。爪的遮挡宝石部分要少,要最大限度地突出宝石。爪镶主要用于弧面形、方形、梯形、随意形宝石的镶嵌,如图 6-5-3 所示。

(a)变频滚筒抛光机

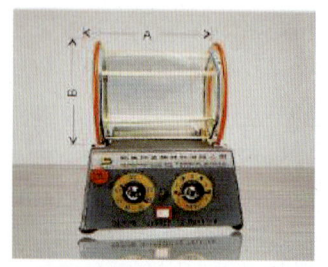
(b)中型滚筒抛光机(A=19cm,B=19cm)

(c)大型滚筒抛光机(A=30cm,B=24cm)

(d)大型震动抛光机（容量6.2 L）

(e)小型震动抛光机（容量3.0 L）

图 6-5-1　几种常见的抛光机

（据深圳市铭生实业有限公司资料）

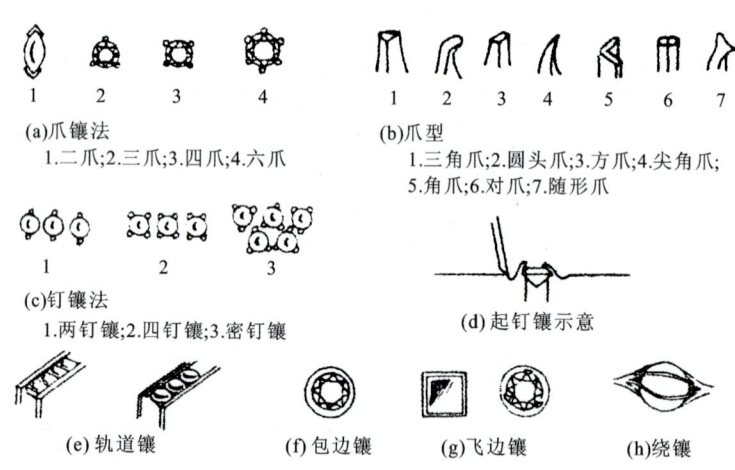

(a)爪镶法
1.二爪;2.三爪;3.四爪;4.六爪

(b)爪型
1.三角爪;2.圆头爪;3.方爪;4.尖角爪;
5.角爪;6.对爪;7.随形爪

(c)钉镶法
1.两钉镶;2.四钉镶;3.密钉镶

(d)起钉镶示意

(e)轨道镶　　(f)包边镶　　(g)飞边镶　　(h)绕镶

图 6-5-2　常见部分镶嵌首饰款式示意图

（2）包镶是用金属边将宝石四周都围住，沿宝石周边嵌紧，可分有边镶和无边镶。有边镶是在宝石周边，有一金属包裹，工艺上称"石碗"。无边包镶是在宝石周围包裹的金属，无一环状边，主要用于小颗粒宝石镶嵌，根据包裹宝石的范围可分全包镶、半包镶和齿包镶，其中齿包镶为马眼形宝石的镶嵌方法，只包裹住宝石的顶角，又称"包角镶"。半包镶即只包一半。包镶的特点是最稳固，对一些较大的素面有色宝玉石或马鞍戒等的镶嵌比较适用，也比较牢固，还便于浇铸制作。但它遮挡一部分宝玉石，所以不适合于用在宝玉石较小的首饰上。如图 6-5-4 所示。

(a) 圆爪　　(b) 三角爪　　(c) 三角爪　　(d) 方爪

(e) 四爪　　(f) 六爪

图 6-5-3　爪镶

（据陈诚、宁水清资料）

(a)全包镶　　(b)全包镶(钻石)　　(c)包镶

图 6-5-4　包镶

（3）群镶为小颗粒宝石或副石的镶嵌方法，根据其工艺的不同又可分为槽镶、起钉镶、齿镶和光圈镶等。槽镶是利用金属卡槽卡住宝石腰棱两端的镶嵌方法，所以有人也称它为壁镶，可根据款式利用圆形、方形、梯形等碎钻进行镶嵌，它在首饰上比较突出线条，可给人以高贵、华丽之感。如图 6-5-5 所示。

（4）壁镶又称轨道镶、卡镶、逼镶或夹镶，是在金属镶口两侧车出槽沟，将宝石夹在槽沟之中。这种镶嵌方法多用于粒度较小的宝石的群镶。这种镶嵌方法镶出来的首饰，看来更美观、更豪华，但镶嵌时一定要夹紧，稍有松动则易于脱落。

（5）起钉镶和齿钉镶是在镶口边沿铲出几个小钉固定住宝石，根据雕出的金属钉图案，可分为角钉、四方钉、梅花钉和五角钉等。但起钉镶起的钉较小，所以最适合镶副石，是副石群镶的重要方法。如利用已有的金属小齿在近根部来镶住宝石以此带钉，则称齿钉镶，效果比起钉镶要好。

（6）光圈镶又称抹镶、桶镶，有点类似包镶，是将宝石陷入金属环内，边部有金属包裹起来嵌紧，宝石外围有一个下陷金属环边，光照它犹如一个光环，故名光圈镶。光圈镶又可分为光圈镶和齿光圈镶，齿光圈镶是在金属环边上用手工雕出几个小齿来镶住宝石。

（7）飞边镶又称意大利镶，是包边镶与起钉镶结合的镶嵌方法。

（8）无边镶是指在首饰金属架托上有外围边，宝石间没有镶边。它是利用宝石与宝石之间、宝石与金属之间的挤压,彼此固定。这多用于方形宝石的群镶,是难度较高的一种镶嵌方法。

(9) 打孔镶是用首饰托(可用碟形金属石碗)加上焊接的金属针或小棍,来固定一些圆形的宝石,如珍珠、翡翠珠等。这种方法需将圆珠状宝石打通空或半孔,打通空可使宝石转动;在戒指上多打半孔,使棍或针插入到圆珠中,也有人称其为"插镶",可使宝石圆珠无任何遮挡,突出宝石的特征,如以群镶碎钻相称,更显亮丽。粘胶固定也十分牢固,但再卸下来较难。

(10) 绕镶是用金属丝将宝石缠绕住镶起来。这往往用在一些夸张型的艺术首饰上,尤其多用于随形宝石或珠形宝石的镶嵌上。

(11) 组合镶。将不同的镶嵌方式,组合在一件首饰上可称为混镶,也可称为组合镶。如在主石镶嵌中既有齿镶也有包镶,如心形、水滴形宝石的镶嵌中利用齿包镶嵌顶角,后侧用齿镶镶嵌;也可以在群镶中出现齿钉镶加槽镶等组合。组合不拘于传统格式,镶嵌形式也变化多端。当前首饰镶嵌的花样越来越多,组合镶除了出于镶嵌的需要之外,看起来也更给人以新颖、独特之感。如图 6-5-6 所示。

图 6-5-5 群镶

图 6-5-6 几种宝石组合而成的胸佩饰(组合镶)
(深圳泰源珠宝公司设计生产)

镶嵌,在首饰加工中是重要的一环,要求是要把宝玉石镶得牢固、端正、平直、副石不松动,宝石表面不得有划伤、碎裂痕迹,金属架托不能有裂纹,不得留有锉痕、铲痕等。现代首饰的镶嵌工艺往往变化多样,不断推陈出新,如运用梯方钻石的无边包镶,以蜡代替金属镶嵌的蜡镶工艺等皆为创新之举,但最终的目的都是要使宝玉石与金属架托紧密地连接为一体,呈现出整体艺术之美。千姿万态驱动着珠宝市场具有生机和活力,每件首饰都表现着美的内涵。

7. 电金

镶嵌过的首饰件要电金,即为了使首饰表面清洁亮丽,就要用双氧水、氰化钾进行炸色抛光,或者用打磨机、飞碟机等进行抛光。这种打磨抛光可弥补表面砂孔、锉痕,使稍有粗糙的首饰表面变为光亮,同时能检查,如发现有砂孔等问题可及时弥补。

打磨后的首饰件,其上还往往有打磨蜡或其他一些污物,经过除蜡这道工序则可使其更洁净。有的首饰件经过打磨后会暴露出疵点、缺陷或损伤,通过修理则可尽量地修理成合格首饰件,弥补其伤痕。

电金,实际上是在首饰件表面镀一层更加亮丽的镀膜,使首饰不仅更加亮丽,还提高了耐腐蚀性、耐磨性、耐氧化性,使其可以更长期地保持亮丽的色泽。

电金的方法有电白(镀铑)、电黄和笔(镀)电之分。最常见的如镀铑,即使表面更白而亮;

电黄,即表面镀的为 14K 金则呈红黄色,18K 金呈青金色,24K 金呈金黄色。电金后可以笔(镀)电,对有缺陷的部位进行修补。如检查出需要电金的部位,可以笔刷沾镀液镀层,笔刷、镀液都要保持洁净,绝不允许有尘埃落入,方能保证电镀质量。在电金前有些首饰件上不需要电金的部位,则用胶或指甲油涂上以覆盖住,以便于电金。后又要用丙酮将这些指甲油或胶层溶解,使其从首饰件上除去,即完成电金工序。

另外有的首饰还要进行喷砂,是为了使首饰件呈现亚光效果,以达到清理和修饰的目的。它是利用净化的压缩空气,将细砂粒喷向金属表面,而不需要喷砂的部位则需要涂胶(油)去覆盖,以完成喷砂工序的要求。

三、几个常见饰品的制作举例

(一)男装方戒

男装方戒制作流程为:首先制作一个平板圆环,再量取围边尺寸,在纸上画出展开图,将展开图贴在金属片(1.5mm 厚或适量)上,裁剪出两个对称的金属片,再用钳、钻把金属片弯制成围边并修整接缝,焊接两片围边;另用金属片制作一片同围边内边相符的围边,使戒面能镶入围边,用锉修整围边与圆环的接合面,当配合无缝隙时就可焊上围边与戒面;最后用锉修整掉多余的焊边,再打磨、抛光即完成,如图 6-5-7 所示。

(二)爪镶戒指

爪镶法因镶口的四周成开放状,可使光线从各个方向入射,在视觉上增大了宝石的尺寸。爪镶可用片、线制成,也可直接压或铸在饰品上,一般一粒宝石至少要 3 个爪才能镶牢,但常见的是四爪、六爪,爪多了影响美观。爪镶镶口的制作可在金属片上先用划针画好镶口的展开图,然后用线锯下图形,用窝铁或垫上铅块以合适尺寸的圆头锤敲击,即可形成爪型镶口。爪镶一般都是铸造成的,一系列的尺寸与形状可自行选择。镶石的方法都是一样,主要是把宝石放在镶口中,标记出镶嵌位置,取下宝石,用锉或钻针在爪上车出台阶,再把宝石放进镶口,修正爪的外缘以及爪的形状,安放好宝石,用镶石凿或钳夹紧镶口,抛光打磨后即完成,如图 6-5-8 所示。

(三)钉镶戒指

钉镶戒指的制作是将长方形厚 1.5mm、宽 6mm、长 57mm 的金属片退火,按手指粗细直径的 3.14 倍,将金属片裁成适当长度。现以 12 度戒指为例:用锉把金属片两端挫平直,制成圆环;修整接口两端至无缝隙,焊接好;把焊好的圆环套在戒指铁上,用锤敲打致圆;在戒指上用 1mm 的钻针,按田字形排列,钻出四个孔,孔间相距 2mm,将戒指粘在火漆棍上,再用挑钻将四个孔扩大到与宝石腰线一致,将宝石(或钻石)放入;用起钉铲在镶口四角对称地起出镶钉;再用平铲修饰镶口四周成田字形并刮亮,用吸珠钻修饰镶钉,打磨、抛光后即完成,如图 6-5-9所示。

(四)珍珠耳饰

珍珠耳饰的制作流程为:用划规在金属片上画一个半径 3mm 的圆,用线锯锯成圆片,用锉修整圆滑,并用锤和窝砧使金片锤成窝型,在窝中心钻一直径 0.8mm 小孔,将金线剪出约长 20mm,焊在小圆窝中心,另一边留作穿耳;再作耳夹,即用划规在金属片上画一个半径 3mm 的圆,用线锯出圆片,修整圆滑,另剪一片长 14mm 的金片,退火软化,然后用钳把片弯成

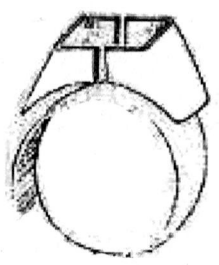
图 6-5-7 男装戒指

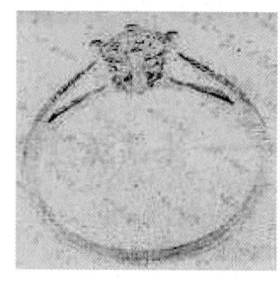
图 6-5-8 爪镶戒指

图 6-5-9 钉镶戒指

"V"形焊在圆片中心;用圆嘴钳将"V"形金片两端相对卷成圆圈,在中心钻一个直径 0.8mm 的小孔即可,要做两支上述配件,再用白矾煮洗,打磨抛光后用树脂胶把珍珠粘在托上即完成,如图 6-5-10 所示。

(五)花丝耳坠

花丝耳坠的制作流程为:先制作耳钩,将直径 1mm、长 120mm 的金线剪成两半,在线的一端弯一个小圆圈并把弯头焊死,将直径 0.5mm、长 60mm 的金线剪半,取出其中一根,缠在钢心上制成弹簧圈,然后把弹簧圈套在刚制作的金线上,并把金线弯成耳钩;再用直径 1mm 的金丝绕在直径约 5mm 的钢心上然后锯开,做成 4 个小圆圈,用花线做成螺旋盘配件,最外圈直径 20mm,线头反卷成一个小圈焊死;然后用小圈把耳钩和螺旋盘串在一起,并焊住接口金片,打磨抛光即完成,如图 6-5-11 所示。

(六)索链的制作

索链的制作流程为:按制作弹簧圈的方法缠绕出许多小圆圈,用纯银线对折拧住折的一头作为引导线;再用尖嘴钳把小圆圈一个一个、一反一正地套起来,以银线固定紧,使其不致松脱;当达到要求长度时,就把编织好的链平放在焊板上,在环的结合部点上焊粉,在一边全部点完后,一次焊好;一根链一般要点 6 面,也就是要焊 6 次,即可把整根链焊好;后再做头尾,索链的头尾可以做成圆盒扣或简单的 S 扣、W 扣。

以圆盒扣为例:可把索链的两端插入圆盒扣管中焊好,将整个链放入抛光机中抛光,即全部完成,如图 6-5-12 所示。

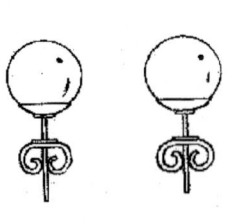
图 6-5-10 珍珠耳饰

图 6-5-11 花丝耳坠

图 6-5-12 索链

第七章　宝玉石矿物的成因产状及形成后的变化

宝石和玉石虽然属于矿物和岩石，但其是符合于珠宝首饰要求的矿物和岩石。所以阐述宝石矿物和玉石（矿物的集合体）的成因，仍然需要按矿物的成因角度作一般的叙述。

地球上形成的岩石，传统一直认为有三大岩类，即内生成因的岩浆岩（也称火成岩），外生主要是沉积成因的沉积岩（也称水成岩）和变质成因的变质岩。但是这只考虑到了地球上形成的岩石类型。研究宝玉石还应该考虑到地球以外外星成因的宇宙岩。它们与地球上三大岩类比较占量极少，但仍代表着一种成因类型。因此严格地说，地球上存在着四大岩类：即岩浆岩、沉积岩、变质岩和宇宙岩。

宇宙岩中有不少是可做宝石饰品的矿物，有的宇宙岩本身就属于观赏石。如陨石，又如陨石中的钻石，这种产状的钻石还很受人们的欢迎，也确实更珍贵，所以不能视而不见。在研究中，不能不考虑到宇宙岩和宇宙成因的矿物。

当然我们还是首先按常规先研究地球上成因的矿物。

众所周知，矿物是地壳中元素在各地质作用下形成的自然产物。研究宝石矿物的形成、变化的规律，必须与各种地质作用相联系，结合宝石矿物形成时的地质环境、物理化学条件及其经历的过程，来研究宝石矿物的成因及形成后的变化。随着矿物学，特别是宝石矿物学科的发展，对矿物成分、结构和物理、化学性质的研究，对矿物的包裹体、标型特征、同位素的研究，以及人工合成、成矿、成岩作用的模拟实验等都为宝石矿物成因提供了可靠的依据和信息。

第一节　形成宝玉石矿物的地质作用

形成矿物的地质作用按能量来源和物理化学条件的不同，可分为内生作用、外生作用和变质作用。

一、内生作用

内生作用形成的矿物，其能量来源产生于地球内部，主要是通过岩浆活动来体现。根据岩浆作用的不同，可分为：岩浆作用、伟晶作用、热液作用和火山作用。关于接触交代作用，按其能量来源和岩浆活动的关系，应归入内生作用的范畴，但考虑到传统的分类和变质的一面，而将其归入变质作用，这可与普通地质学、岩石学、矿物学系统保持一致。

（一）岩浆作用

通常认为岩浆是一种富含挥发性组分的硅酸盐熔融体。它处于地壳下10多千米的深处，在高温（650～2000℃）、高压（5×10^8Pa～20×10^8Pa）的条件下，有巨大的地质应力。其组分为O、Si、Al、Fe、Ca、Na、K、Mg等，造岩元素可占90%左右；挥发性组分占8%～9%，其中以H_2O为主，还有CO_2、H_2S、Cl、F、B等；其他组分占1%～2%，如V、Cr、Ti、Ni、Pt、Pd、W、Sn、Mo、Cu、Pb、Zn、Au、Ag、Hg、Sb等，这些元素在合适的条件下可富集成矿。岩浆自地壳深部向上运移，温度、压力随之降低，岩浆中的各种化学组分先后结晶成为矿物。不同地区、不同地壳运动时期的岩浆作用，岩浆的成分也各有差异，这决定于岩浆的多元性和岩浆的演化。由岩浆作用形成的岩石称岩浆岩，过去也曾有人称之为火成岩。由于结晶分异作用形成了成分类型不同的岩浆岩和岩浆矿床。

当岩浆逐渐冷却，矿物按一定顺序晶出。一般认为晶出的顺序按鲍温（Bowen N L）所综合归纳的反应系列顺序，如图7-1-1所示。依次左侧为Mg、Fe硅酸盐，主要是橄榄石、辉石、角闪石、黑云母等，Al^{3+}的作用逐渐增强；右侧为富硅铝的斜长石组成连续反应系列，由基性的培长石→中长石→碱性钠长石，然后是钾长石，Ca^{2+}、Al^{3+}的作用逐渐减弱，K、Na的作用相应地逐渐增加。硅酸盐主要是斜长石、正长石、微斜长石以及石英等造岩矿物。这些可在岩浆作用过程中形成不同的矿物组合，构成不同的岩石类型。按岩石中含SiO_2量的多少，又可将浆岩划分为超基性岩（SiO_2含量小于45%，如橄榄岩）、基性岩（SiO_2含量为45%～53%，如辉长岩）、中性岩（SiO_2含量为53%～63%，如闪长岩）、酸性岩（SiO_2含量为63%～75%，如花岗岩）以及超酸性岩（SiO_2含量大于75%）等。SiO_2含量近于中性岩而富含碱质者（K_2O+Na_2O）称碱性岩（如正长岩等）。其中的花岗岩最为人们所熟知，它是重要的石材和板材，尤其一些花纹美丽的花岗岩也最为人们所喜爱，例如内蒙集宁产的苔藓花岗岩，就是突出的一例，如图7-1-2所示。

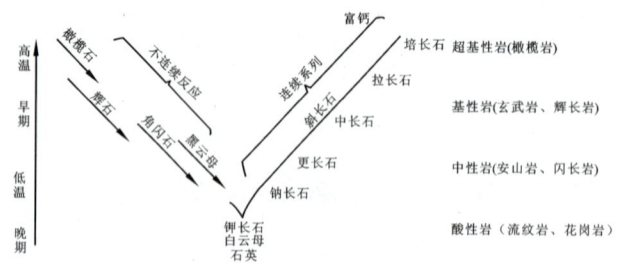

图7-1-1 鲍温反应系列与岩浆冷凝结晶过程中各种矿物的组合关系

图7-1-2 苔藓花岗岩（内蒙集宁产）

岩浆作用可形成很多宝石和玉石，如金刚石产于超基性岩中；橄榄石产于超基性岩及基性岩中；辉石、长石产于基性岩中；角闪石、长石产于中性岩中；石英产于酸性岩；正长石产于碱性岩中；钠长石亦产于岩浆岩中；等等。深成岩浆作用在封闭系统中进行，作用时间长而充分，故所产生的矿物组合具有连续性和过渡性，而构造变动和与围岩的同化作用使其复杂化。岩浆作用所形成的矿物、岩石，其特征一般是显晶质、粒状、块状或浸染状，晶粒大小比较均匀。

(二) 伟晶作用

伟晶作用形成的矿物岩石称伟晶岩。一般认为伟晶作用发生在地下 4km 深的部位，温度在 700～1 000℃之间，在岩浆结晶作用的末期进行。以残余熔融体和气液为主，含有碱金属铝硅酸盐和大量挥发性组分。晶出的主要矿物有石英、微斜长石、正长石、斜长石、白云母等造岩矿物及霞石等，分别组成花岗伟晶岩及碱性伟晶岩。伟晶岩中稀有元素的复杂氧化物及其硅酸盐、磷酸盐较多。伟晶岩中富集了离子半径过大或过小的元素，如碱金属和一部分碱土金属、稀有和稀土元素、放射性元素，以及 F、C、B、S、P、Cl 等，还有在深成岩浆作用阶段末期参加形成矿物的离子如 Nb、Ta、Sn、TR、U、Li、Be、Rb、Cs 等，及其组成的宝石矿物，如锂辉石、天河石等。

伟晶岩是在围岩压力大于残余岩浆内部压力的封闭系统中形成的，多呈脉状赋存于岩石裂缝中，如图 7-1-3 所示。所形成的矿物呈大个晶体出现，其中还有以长石和石英同时结晶，而呈规则连生如象形文字般的文象构造，并以常呈明显的带状分布为特征。文象结构如图 7-1-4 所示。

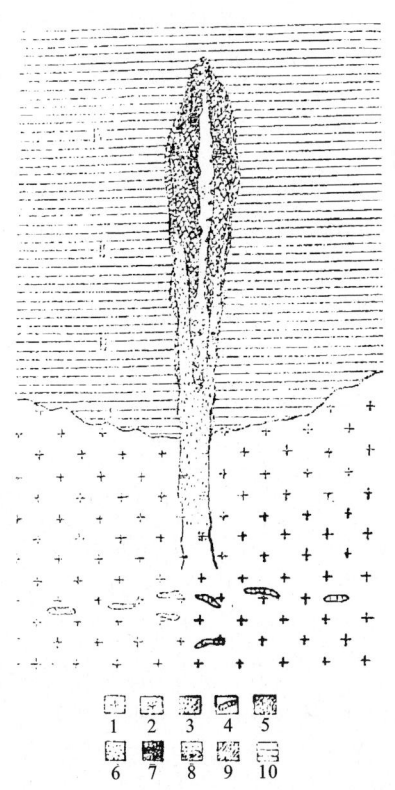

图 7-1-3 主要类型伟晶岩带状分布示意图
1、2.细粒与粗粒花岗岩；3、4.文象花岗岩；5.微斜长石带；
6.石英带；7、8、9.交代作用带(钠长石)；10.围岩

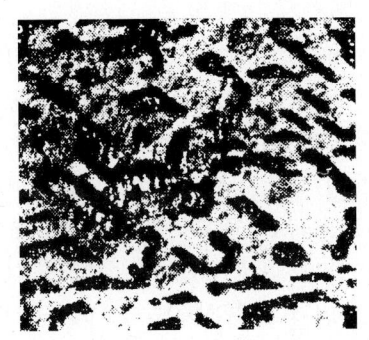

图 7-1-4 文象结构示意

伟晶作用所形成的宝石矿物很多，如绿柱石、祖母绿、金绿宝石、电气石、黄玉、水晶及锂辉石、天河石、锆英石、褐帘石等。

（三）热液作用

从矿物形成的角度来看，按照传统习惯，把热液看作是岩浆作用期后以水为主并含有各种金属物质、挥发性组分等更加富集的岩浆期后热水溶液。还可以有火山热液、变质热液、地下水热液等，下面只介绍岩浆期后热液。当其中的挥发性组分内压力大于外压力时，它就会离开岩浆母体，沿围岩裂隙上升。热液作用的温度为500～50℃，形成深度一般认为在地表下0.5～8km。温泉就是温度最低、出露地表的热液活动。在热液中直接结晶可形成热液矿物，也有的可以与围岩发生化学作用交代围岩，发生蚀变形成蚀变矿物。通常按热液作用形成温度将热液作用分为高温、中温、低温3种类型。

（1）高温热液作用型。形成温度在500～300℃之间，其中高于374℃（水的临界度）则称气化阶段，形成的矿物主要还是高温热液矿物，所以又称气化—热液型。矿物多形成于岩浆侵入体的顶部或附近围岩中。主要形成氧化物及部分硫化物，如黑钨矿、辉钼矿等。其中的宝石矿物如锡石、黄玉、电气石、绿柱石、萤石等，在其周边可产生强烈的围岩蚀变，产生云母、石英、长石等。

（2）中温热液作用型。形成温度在300～200℃之间。矿物多形成于侵入岩体的附近。主要形成硫化物，如黄铜矿、方铅矿、闪锌矿、自然金、黄铁矿等。其中宝石矿物及与宝石矿物密切相关的石英、萤石、重晶石等，与其周边围岩可产生绿泥石化形成绿泥石、方解石、白云石、云母等。

（3）低温热液型。形成温度在200～50℃之间，矿物形成于侵入体的较远部位。形成的矿物如雄黄、雌黄、辉锑矿、辰砂、自然银等。围岩中还可产生石英、沸石、高岭石、绢云母等。除硫化物外，宝玉石矿物还有蛋白石、重晶石、方解石、白云石、萤石等。

热液成因的矿物多呈矿脉出现，有时可见有晶洞，晶洞中常有结晶完好的宝石物晶体及观赏石，如我国赣南钨锡矿脉中就有这样的晶洞，其中的宝石矿物晶体亮丽多彩，美不胜收。

热液作用形成多种金属矿产，往往是各种金属矿的重要发源地。

（四）火山作用

火山作用形成火山岩，是指地下深处的岩浆沿脆弱地带上升到地表附近或喷发出地表的作用。所以说火山作用被看做是岩浆作用表现的另一种形式。火山作用形成的矿物是自岩浆熔融体或火山喷气中迅速结晶的。火山作用也可形成喷出岩或浅成侵入岩。根据其岩浆源的不同，也有超基性、基性、中性、酸性和碱性之分，可形成与岩浆成分相对应的各种喷出岩，如苦橄岩、玄武岩、安山岩、流纹岩、响岩等。其还可形成有高温相的矿物如透长石、高温石英，也可形成火山玻璃等。根据火山形成部位的不同，火山作用又可分为陆地火山、海底火山、潜火山等。其中最被关注的是陆地火山，为火山熔岩在地表面溢出或喷发。当岩浆通道被堵塞时，岩浆内压力越增越大，最后终于冲破堵塞而火山爆发。有时可将地壳深处形成的岩石或矿物带出，如金伯利岩呈岩筒或岩墙状，而其中就带有深部形成的金刚石。那些火山喷发或火山热液则可形成蛋白石、方解石、自然铜、沸石等，还有地表的火山岩及一些硫化物，如自然硫、雄黄、雌黄和岩盐，这些都是火山喷发升华的产物。火山成因的矿物岩石，由于在高温常压下迅速结晶，所以大部分颗粒细小，除呈玻璃质外，有的呈隐晶质或非晶质。火山岩多具有气孔，气孔中由于充填物的填充，而形成杏仁构造或以流动构造为特征。

二、外生作用

外生作用又称表生作用,其能量来源于太阳光、水分、大气和生物。作用是在常温常压条件下,在地表或近地表处进行的,主要包括风化作用和沉积作用。

(一)风化作用

风化作用是对原生的矿物进行改造和破坏的作用。风化作用包括物理风化、化学风化和生物风化。原生矿物经风化发生分解、破坏,形成新条件下稳定的矿物和岩石。不同矿物抵抗风化的能力不同,一般来说越早期结晶的矿物越不稳定。硫酸盐、碳酸盐易被风化;硅酸盐氧化物抗风化的能力较强,在地表条件下比较稳定。物理风化总对原生的矿物或岩石进行机械破坏。化学风化使在地表条件下不稳定的矿物和岩石发生化学分解。生物作用是指生物活动也会影响矿物的分解与合成。分解后的一部分易溶组分,如 K、Na、Ca 等形成真溶液或胶体溶液,被迁移到内陆湖泊或海洋中,沉积下来形成新矿物,也可富集成矿产;另一部分难溶解的组分,如 Si、Al、Fe、Mg 等残留在原地形成新矿物,组成"岩石风化壳"。

根据原岩成分和风化条件不同而形成不同的矿物组合,如一些硅酸盐在高湿度条件下,可由铁、铝的氢氧化物褐铁矿、铝土矿及高岭石、蛋白石、玉髓、硬锰矿等组成红土风化壳。各种酸性岩石在低湿度、温差大的干旱气候下的沙漠或半沙漠区,如硅酸盐、铝硅酸盐矿物风化后,可形成可溶性氯化物和硫酸盐,最后可形成石膏、硬石膏、芒硝、方解石、石盐、无水芒硝、硼酸盐、硝酸盐、盐华状矿物等。

一些原生金属硫化物,在风化作用下也同样变得不稳定,产生一系列新矿物。一般原生金属硫化物矿床,其上部从地表到地下水面的范围内,硫化物遭受强烈的氧化和水解,产生次生变化,称"金属硫化物矿床氧化带",又称"氧化富集带"。例如原生铜矿床,风化后在顶上部形成铁锰氧化物和氢氧化物组成的"铁帽"主要是褐铁矿,在氧化带形成褐铁矿、孔雀石、蓝铜矿等。由风化作用产生的一部分组分沿露头下渗至氧化带下部,地下水面以下,与原生金属硫化物或与围岩(石灰岩)发生化学反应,形成次生矿物,组成次生富集带,如辉铜矿、铜蓝、斑铜矿等一系列的铜矿物,使铜元素富集形成铜矿床次生富集带,如图 7-1-5 所示。孔雀石、蓝铜矿和斑铜矿都是宝石矿物,有的还是亮丽的观赏石。其成因大致如此。

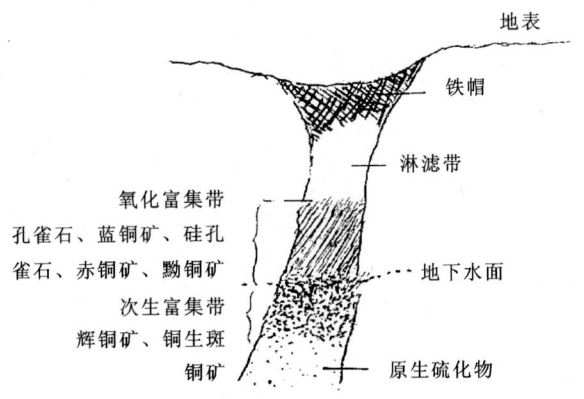

图 7-1-5 原生硫化铜矿床次生风化富集示意图

(二) 沉积作用

沉积作用为从原岩风化下来的风化产物，经冲刷搬运到合适的场所，再行沉积形成沉积岩。按沉积发生的方式和特点，又可分为机械沉积和化学沉积两大类。

(1) 机械沉积：一些物理、化学性质比较稳定的矿物和岩石，经风化作用将其破坏成碎块，由大到小，由粗到细，后被流水搬运到合适的河谷、湖泊或海滨，在合适的条件下沉积。包括泥、砂、砾石在内，矿物以石英含量最多，其次为长石，有时可含有密度较大、物理化学性质比较稳定的矿物，称为重砂矿物，如自然金、自然铂、金刚石、锡石、刚玉、锆石、磁铁矿、石榴石、橄榄石、独居石等。这些矿物中很多是宝石矿物，具有重要的经济价值。如果将这些矿物富集达到工业要求可供开采时，则称漂砂矿床，简称砂矿。

我国山东昌乐的蓝宝石、辽宁瓦房店的金刚石、东北漠河的大金矿都富集于砂矿床之中。漂砂矿床的矿物组合还往往是可作追溯原生矿的指示物。如发现有橄榄石、辉石等砂矿矿物，就有可能有自然铂及金刚石的存在，甚至有可能大致指出原生含矿岩为超基性岩，也可进一步追溯上游可能有金刚石的原生矿。宝石砂矿物的可能共生矿物和原生含矿岩石，如表 7-1-1 所示。

表 7-1-1　宝石砂矿物的可能共生矿物和原生含矿岩石

主要宝石 重砂矿物	共生矿物	原生含矿岩石
自然金	石英、黄铁矿及其矿化物	石英脉、矽卡岩
自然铂	磁铁矿、钛铁矿、铬铁矿铬尖晶石、橄榄石	超基性岩
金刚石	铬铁矿、磁铁矿、金红石、钙钛矿、钛榴石	超基性岩
锡石	黑钨矿、白钨矿、黄玉、电气石、绿柱石、萤石	石英脉、云英岩
红宝石、蓝宝石	硫化物、电气石、磁铁矿、石榴子石	锡石硫化物脉、矽卡岩
	磁铁矿、钛铁矿、电气石、锂云母、锂辉石	花岗伟晶岩
磁铁矿	电气石、锂辉石、锂云母、锡石	伟晶岩
锆石	钛铁矿、金红石、磷铁锡矿、磁铁矿	伟晶岩、花岗伟晶岩
绿宝石	金绿宝石、锂辉石、锂云母、黄玉、电气石、萤石、锡石、黑钨矿、似晶石	花岗伟晶岩
黑钨矿	锡石、白钨矿、黄铁矿、黄玉、电气石	石英脉、云英岩
白钨矿	石榴石、辉石、角闪石、锡石	矽卡岩
	黄铁矿、自然金	石英脉
独居石	钛铁矿、磁铁矿、金红石、石榴子石、电气石、十字石、蓝晶石	花岗岩、伟晶岩

(2) 生物化学沉积：生物有机作用，为生物从海水中吸收某些元素构成骨骼或躯壳，它们死后堆积经化学作用而成矿物。如珊瑚死后形成的隐晶质方解石，有孔虫堆积成的白垩，腕足类介壳组成生物碎屑灰岩，硅藻堆积而形成硅藻土。最近有人研究证明生物造矿作用很普遍，如各种细菌藻类吸收物质可以形成赤铁矿、自然硫、黄铁矿等。

(3) 胶体化学沉积与结晶化学沉积：为呈胶体溶液状态及真溶液状态被流水搬运的难溶

风化产物,到浅海边缘或湖泊沼泽中,受电解质或有机质影响而发生凝聚,可形成胶体矿物如赤铁矿或铝土矿。还有在干旱条件下在湖泊或浅海由真溶液直接结晶出来的,如在内陆湖、沿海泻湖或浅海直接结晶的石盐、钾盐、方解石、石膏等。大个的石膏晶体,往往是这种成因,有的也可成为观赏石。

在距离海岸线较远的氧气不足的深海区,有硅参加可形成鲕绿泥石、鳞绿泥石、海绿石、水锰矿等。在更远的深海区还原条件下,有机残骸分解出大量的 CO_2 和 H_2S,可形成菱铁矿、菱锰矿、锰方解石及少量黄铁矿、磁黄铁矿等低价态矿物组合。一些胶体成因的矿物常呈肾状、豆状、鲕状或致密块状等。

由沉积作用形成的沉积岩如砾岩、砂岩、粘土岩及石灰岩、磷块岩等大部分都呈层状、透镜状,由于其硬度偏低,故作宝玉石材料的较少,而作观赏石的较多。但是在砂矿床中有的却可能蕴藏着金刚石和红、蓝宝石等不少宝石矿物,不可忽视。

三、变质作用

变质作用是指地壳中已经形成的矿物及岩石,在地壳内部营力作用下所发生的结构、构造、矿物成分和组成的变化过程。变质作用形成变质岩。根据形成时的地质条件及物理化学条件,变质作用可分为接触变质作用和区域变质作用。

(一) 接触变质作用

接触变质作用发生于岩浆岩与围岩的接触带上,如图7-1-6所示。

当侵入体为酸性岩浆同碳酸岩类岩石接触时,在岩浆成因的溶液作用下,铝硅酸岩类与碳酸岩类岩石之间或溶液与碳酸岩类岩石之间,通过交代反应,产生一系列钙、镁、铁的硅酸盐矿物的作用,称接触交代作用。所产生的岩石称"矽卡岩"。

矽卡岩本身主要是在 400~600℃ 形成。深度一般认为在 1~4.5km 内,是在岩浆期后高温碱性溶液参与下,石灰岩同花岗岩或其他铝硅酸盐岩石等发生交代反应而成。溶液起着搬运

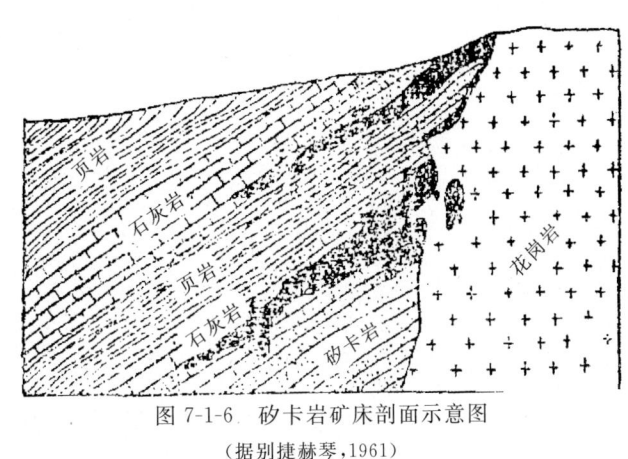

图 7-1-6 矽卡岩矿床剖面示意图
(据别捷赫琴,1961)

物质和参与交代的作用。形成矽卡岩时,SiO_2、CaO、Al_2O_3 是石灰岩和岩浆岩的原生组分,在交代前后总量基本不变,只有组分的局部迁移。在一定条件下所产生的矿物种类和成分,决定于这些原始组分的数量比。

早期形成的围岩如果是石灰岩所形成的矽卡岩,那么所构成的宝石矿物不含挥发性成分,如透辉石—钙铁辉石、钙铁榴石—钙铝榴石、方柱石、符山石、硅灰石和斜长石等,后期可产生透闪石、阳起石、绿帘石、绿泥石、方解石等。如果其围岩是白云岩或白云质灰岩则形成镁质矽卡岩,形成的矿物主要有镁橄榄石、尖晶石、透辉石、镁铝榴石、磁铁矿等,后期蚀变产生硅镁石、蛇纹石等,同时可形成钨、锡、钼、铜、铅、锌等硫化物,当大量硫化物出现时,这时即

相当于热液作用阶段。正因为与岩浆、伟晶、热液作用有相同之处,所以有人将接触交代作用归入内生作用中叙述。

由上可见,这种成因形成的宝石矿物很多,有价值的可以称之为"矽卡岩矿床"。

接触热变质作用是当岩浆侵入时,周围的岩石矿物受热的影响而引起的变质作用。温度可在350~1 000℃之间变化。温度范围变化较大的原因是与侵入体的大小、围岩与接触带的距离有关。当岩浆侵入到较低温度的围岩时,可产生接触热变质岩,常见的如石灰岩重结晶颗粒变粗变大成为大理岩,也可形成新的矿物,如泥质岩受接触热变质作用,可形成各种角岩;如温度较高、压力较大形成的高级变质可产生矽线石、正长石、刚玉等;在温度中等的中级变质中可形成石榴石、堇青石;在温度低、压力低的低级变质中可形成红柱石、堇青石等,这也可分别称其为"红柱石角岩""堇青石角岩"等。

(二)区域变质作用

区域变质作用是指由于温度、定向压力、静压力、原岩孔隙溶液以及H_2O、O_2、CO_2的分压等因素的作用,使原生矿物岩石在固态下发生变化的一种大面积变质作用。通常它发生于地壳的不同深度,往往与沉积物沉降到深带的大地构造运动、或其伴随的岩浆活动有关。一般认为愈向深带,定向压力愈减弱,静压力作用愈增强。根据温度、压力的不同可分为高级变质、中级变质和低级变质3个等级,它们各有不同的温度压力范围,如图7-1-7所示。

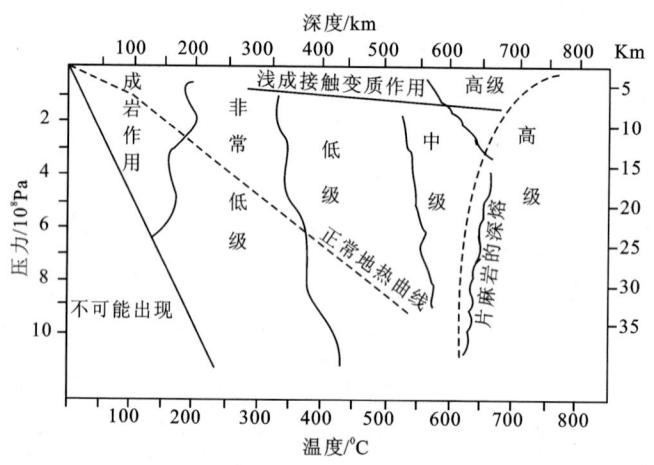

图7-1-7 不同级别区域变质作用的温度压力范围示意图
(据潘兆橹,《结晶学及矿物学》,1993)

原岩成分不同,同级的变质产物也不相同。一般低级区域变质矿物主要为白云母、绿泥石、蛇纹石、滑石、透闪石、阳起石、绿帘石等含OH^-的硅酸盐;中级区域变质矿物主要为黑云母、斜长石、角闪石、石榴石、石英、透辉石等;高级区域变质矿物主要为正长石、斜长石、堇青石、矽线石、辉石、橄榄石、刚玉、尖晶石等不含OH^-的高温高压下稳定的硅酸盐矿物组合。

区域变质的深度愈大,生成的矿物愈不含OH^-,且愈倾向于体积小、比重大的方向发展。

区域变质作用生成的宝石矿物,在定向压力起主导作用的条件下,一些片状和柱状宝石矿物或粒状矿物往往成定向排列,构成片理和片麻理构造,形成各种片岩或片麻岩,如石榴石片岩、片麻岩等。

另外在区域变质的片岩、片麻岩所构成的褶皱区的岩石裂缝中,常充填有非金属矿脉斜切片理或与片理近于正交,如图7-1-8所示。脉中生有晶形完好的宝石矿物晶体、晶簇,如水晶、方解石、冰长石、绿泥石、绿帘石、金红石、榍石等。这种矿脉首先见于阿尔卑斯地区,故称"阿尔卑斯型脉"。脉中可形成有价值的压电石英,这种脉中未曾有过金属硫化物矿物是其最大特点。其实在区域变质岩区这种矿脉是很常见的,应引起注意。

总结以上变质作用,形成的宝石矿物种类是很多的,数量也不少,应该说变质作用是形成宝石、玉石的主要地质作用。

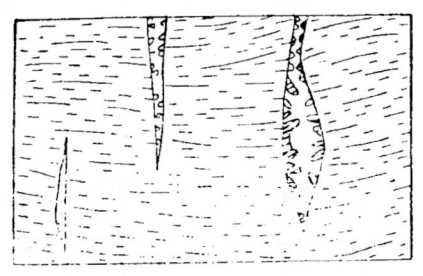

图7-1-8 阿尔卑斯型脉示意图
(据别捷赫琴,《矿物学》,1961)

第二节 宝玉石矿物的外太空成因

整个宇宙都是由永恒运动着的物质组成的,都在不停地运动着。地球上的物质与宇宙太空之间有着物质的交换,这种物质交换表现在:每年有很多陨石落到地球上,同样地球上也将一些地球物质颗粒、原子(主要是气态原子)及细小尘埃抛到地球之外的外太空、太阳系里。陨落到地球表面的陨石及宇宙尘埃等物质,在地球两极见到的较多,人们发现到的很少,因为很多陨石坠落到海洋或沙漠。铁陨石易于被人们发现,石陨石由于与地表上的岩石相似而不易于被发现。据天文科学家们统计,每昼夜落到地球上的陨石物质有 102~105 t 之多,其中约有 1‰ 成为陨石。每年有几千颗(甚至更多的)大小陨石落到地球上,每年地球质量因此而增加 $3×10^6 \sim 3×10^7$ t 之多(可能还不止)。还有流星体飞行受到破坏,在大气圈里形成宇宙尘埃,落到地球表面上的就更多。所以在地球表面上,除地球上地质成因的、人们公认的三大岩类(岩浆岩、沉积岩、变质岩)之外,还有占比例极少量的天体宇宙陨落到地球上来的物质,这是在地球上的另一种岩类的成因类型——外太空成因类型。

这一成因类型形成的物质主要是陨石、宇宙尘埃、月岩和其他星球上的物质,这类物质可称做宇宙岩。它们不属于地球上的三大岩类,但它们在地球上是存在的。

我们应该重视宇宙岩,尤其是陨石。陨石是人们最熟悉的,陨石里含有放射性元素钾,钾放射可蜕变成氩,以陨石中氩钾含量之比可推算出陨石的年龄。由此,人们可以进一步估算陨石和小行星的起源。俄国科学家弗尔斯曼曾对陨石成分作了研究,提出了宇宙统一性的学说。他认为这些天体的来源是相同的。当然这一学说在近代已受到了挑战。在陨石里也发现了地表上未曾见过的矿物,这说明有的陨石的生长条件与地球上还有差异。近来人类已有宇宙飞船飞往月球,探测器飞向太空,飞向月球或探测其他的星球。将来太空的物质也会更多地被带回到地球,所以宝玉石工作者及野外勘探工作者们应放眼宇宙,在研究可以作为宝石、观赏石收藏的各种物质时,不忽视对外太空成因的宇宙岩的研究。

每一块陨石都是人类探索宇宙的"指针",上面记录着太阳系形成的重要信息。陨石本身又是人们都喜爱的观赏石,还可做成首饰等饰品佩戴。山东曲阜孔子庙中就有好几块陨石观赏石(图7-2-1)。

陨石等宇宙岩天体物质不断地陨落到地球表面,随着地表上的温度、压力、介质条件的变化而变化,同时受到风化溶蚀,即受地表风化作用,逐渐被破坏,坠入到泥土中和泥土掺杂在一起,随着地球表面的物质一起经搬运、沉积,最终随着地表上的岩石碎屑物质进入到沉积物中。在这一过程中,宇宙岩天体物质自然也加入到地球上部岩石圈岩石的转换和物质循环中去,如图7-2-2所示。

图 7-2-1　山东曲阜孔子庙里的陨石观赏石
(高洪昌拍摄,2008)

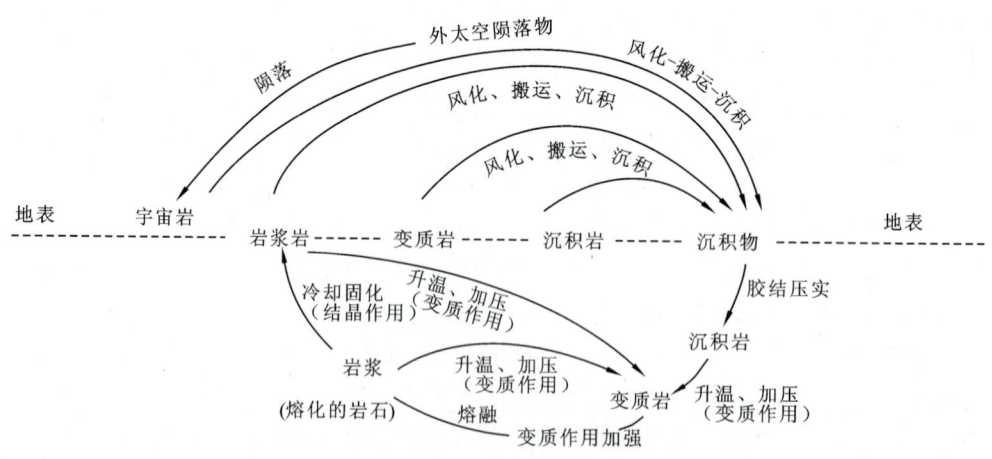

图 7-2-2　地球上部岩石圈的转换和物质循环的示意图
(据王徽枢,2011)

第三节 地球上宝玉石矿物形成后的变化

组成岩石、矿物的是化学元素,这些元素在不断地集中(结合)—分散—再集中—再分散……的运动、迁移之中。表现在矿物、岩石上,则是不论地球上的矿物或陨石中的矿物(陨落到地表),形成以后在地表上随着地质作用的进行和物理化学条件的改变,都会不断发生变化。变化的方式是多种多样的,为了说明这种变化,先将地球上的内生成岩、成矿过程中生成的矿物,称"原生矿物",如橄榄石、透辉石等;原生矿物变化以后形成的矿物,称"次生矿物",如蛇纹石等。地球上矿物经常发生的变化如下。

一、交代作用

交代作用指在地质作用过程中,矿物受外来溶液的作用,在等体积条件下发生组分上的交换,转变成为新的矿物的现象。如镁橄榄石在热水溶液的作用下被交代可形成蛇纹石,如图 7-3-1 所示。透辉石被交代可变为透闪石等。反应式为:

$$3Mg_2SiO_4 + SiO_2 + 4H_2O \rightarrow Mg_6[Si_4O_{10}](OH)_8$$
(镁橄榄石) (蛇纹石)

$$5CaMg[Si_2O_6] + H_2O \rightarrow Ca_2Mg_5[Si_4O_{11}]_2(OH)_2 + 3CaO + 2SiO_2$$
(透辉石) (透闪石)

橄榄石被蛇纹石交代如图 7-3-1 所示。

图 7-3-1 橄榄石被蛇纹石所交代
1.橄榄石;2.蛇纹石

二、溶蚀作用

矿物在后来溶液作用下,使原矿物部分的溶解称为"溶蚀"。矿物溶蚀后变圆变小,或在晶面上留下被溶蚀的痕迹称为"蚀象",如石英晶面上的三角形蚀像。

三、风化作用

原生矿物一旦暴露在地表,受到阳光、空气,特别是 CO_2、O_2、水分及生物化学的作用,可使物理化学性质比较稳定的矿物发生机械破碎,或引起化学组成和内部结构的变化,一些不太稳定的矿物更易于转变、分解或迁移或形成新的矿物。如果成分已变而晶形保持不变的称为"假象"。如黄铁矿转变为褐铁矿,但仍保持了黄铁矿晶形,这可称做褐铁矿的黄铁矿假象。风化作用可形成各种不同大小的、奇形怪状的观赏石,如图 7-3-2 所示。

图 7-3-2　风化成因的观赏石
（摄自深圳莲花山公园）

四、晶体结构的破坏与转变

晶体结构的破坏与转变包括同质多象的转变、晶质化与非晶质化等。尤其晶质化,是指已形成的非晶质矿物,在外界物理化学条件不断变化的情况下逐渐变为晶质的现象。如非晶质的火山玻璃,可逐渐转变为晶质的石英;同样结晶质的矿物在外界物理化学条件变化或受放射性的影响,可转变为非晶质体,如晶质锆石,因含放射性元素 U、Th、TR 等的影响,可转变为非晶质的水锆石。

综上所述,矿物的稳定性是相对的。矿物自形成开始就随着外界物理化学条件的变化而变化,不断地向适应于新条件的方向发展变化,一直到原生晶格破坏,新矿物形成。当宝玉石矿物的形成条件与所处的环境的物理化学条件相差愈大时,宝玉石矿物就愈不稳定。

一些宝石、玉石首饰佩戴的时间长了,会在光泽、颜色上发生一些变化,也是这个道理,可见变化是必然的,也是很自然的。

可见,珠宝玉石在自然界也是不断地变化着,只是有的变化快而明显(如珍珠变黄、绿松石变白),有的变化慢而不明显(如钻石、白玉)。因此,变是绝对的,不变是相对的。所以说自然界的物质都在永恒地运动着,这是一条不变的真理。

第八章　贵重宝玉石大类

目前，自然界已经发现的独立矿物有 3 500 多种。但是色泽艳丽、价值高贵、堪称为宝石的矿物不过百余种。这百余种当中，最珍贵、最诱人的珍宝（贵重宝石）只不过几十种。如钻石、红宝石、蓝宝石、翡翠之类，其余的虽属宝石范畴，但不一定很珍贵。本书按普通常见宝石大类、有机宝玉石大类、稀有宝石大类、外太空成因的宝玉石及观赏石大类、玉石大类分别予以叙述。还有些与之相关的砚石、印章石，它们很多成大块体出现，又常用于雕刻者则归入印章石、雕刻石及砚石大类。还有目前市场上常见的镶嵌宝石的贵金属如金、银、铂、钯等实为宝玉石饰品所托靠，也有的是重要的观赏石，则归入首饰常用贵金属及几种有关普通有色金属大类。另外目前还有很多人工合成宝石和人造宝石，在科学技术越来越发达，对它是无限制的，因此对它不作单独分类，但为了便于和天然宝玉石对比起见，故放于相关的天然宝石之后略加描述。

本书对每种宝玉石标天然宝玉石基本名称，后"（　）"中为其材料名称（玉石后为主要组成矿物名称），后为英文名称。

贵重宝玉石大类包括：钻石、红宝石、蓝宝石、祖母绿、金绿宝石、变石、猫眼石、翡翠、软玉及珍珠。只有这些天然贵重宝玉石的优质品种才能被称为"贵重宝玉石"。

第一节　钻石（金刚石）

钻石（Diamond）的宝石矿物学名或其材料名称为金刚石，金刚石主要由碳原子组成，为天然地质作用形成的天然矿物。达到宝石级的金刚石，经过加工琢磨后方可称为钻石。但是现在通常将宝石级未切磨的金刚石也称为钻石，将两者混称混用。

金刚石的英文名 Diamond，源自希腊文 adamas，为"坚硬无比"之意。我国佛教经典对金刚石的解释为"金刚不坏"，其意为任何物质都破坏不了它。它在自然界物质中属均质体，等轴晶系，硬度最大。它还具有很强的折射率和色散，所以一粒琢磨好的钻石，会发出极不寻常的亮光，谓之出"火"，最为人们所青睐。

据考证，人们对金刚石的开发和利用具有悠久的历史。大约在公元前 3 000 年，古印度发现了金刚石，并用它作佛像的眼睛；古埃及人用它作定情戒指；始建于公元前 585 年的缅甸"瑞光大金塔"，在其一个直径为 27cm 的金球上就镶有 5 449 颗金刚石；公元 1604—1689 年，一位名叫塔沃尼（Tavernier）的法国人曾 6 次往返于印度与欧洲的各王室之间，从事大量的钻石生意，从而推动了钻石的应用和发展。

我国对金刚石的利用也历史悠久。有文字记载的见于晋《起居注》谓："咸宁三年,敦煌上送金刚生金中,百淘不消,可以切玉,出天竺";东晋郭璞在注释《山海经·西山经》中曾指出:"今缴外出金刚石,石而似金,有光彩,可以刻玉";南京象山东晋墓里还发现有金刚石指环等。金刚石是自然界最硬的物质,除作为装饰品象征着永恒和永久不变之外,切磨好的钻石又有异常光亮而发出彩光,长期以来无疑是宝石之王,珍贵无比。不能用作首饰、达不到宝石级的金刚石可用在工业上,谓之工业钻。它在工业上主要是利用其高硬度、高强度作研磨剂,如镶在钻头上可以高效率钻进,或用作切割玻璃、岩石材料,也可以用于航空、航天、航海、仪表轴承等。

金刚石有Ⅰ型和Ⅱ型之分。Ⅱ型金刚石有良好的导热性及半导体性能,Ⅱ$_a$型金刚石可用作固体微波器、固体激光器、良好的红外穿透材料、空间技术中的卫星窗口材料和高功效红外器材;Ⅱ$_b$型金刚石可制作耐高温的整流器、耐高温三极管及耐高温的高灵敏温度计等,是空间技术和尖端工业上不可缺少的材料。

我国自1996年开始有了珠宝玉石国家标准《钻石分级》。2003年,中华人民共和国国家质量监督检验检疫总局发布的中华人民共和国国家标准《钻石分级》GB/T 16554—2003代替GB/T 16554—1996。2010年9月,中华人民共和国国家质量监督检验检疫总局、中国国家标准化管理委员会又发布了中华人民共和国国家标准《钻石分级》GB/T 16554—2010代替GB/T 16554—2003。该标准于2010年9月26日发布,2011年2月1日实施。在本书中皆按此规定描述并简称《分级》。

近几百年来有关金刚石的开采、加工、贸易、合成、装饰等方面的故事、传说、研究、记载很多,充分展现了金刚石在历史长河中的发展和金刚石(钻石)之可贵。

一、化学组成

无色透明的钻石由碳组成,可含有氮(N)、硼(B)、氢(H)等微量元素,带色的和不透明的混入物则有石墨、橄榄石、金红石、磁铁矿、小金刚石等包裹体。

钻石按其含氮、含硼量及氮的聚集状态分为Ⅰ型和Ⅱ型,又分别分为Ⅰ$_a$型、Ⅰ$_b$型和Ⅱ$_a$型、Ⅱ$_b$型。Ⅰ$_a$类型在所有的天然钻石级的金刚石中是最常见的,约占天然钻石产量的98%,有一小部分氮替代了邻近的碳原子,钻石从几乎无色到黄色,也有的可能是灰色或褐色,氮可以小片晶形式存在;Ⅰ$_b$类型金刚石在自然界中很少,在钻石级金刚石中不到1%,其含氮量少于Ⅰ$_a$型,氮以单原子替代碳原子,并以分散状形式取代碳原子而存在,钻石通常呈黄色;Ⅱ$_a$类型金刚石在自然界中很少见到,一般不含氮或含氮量极少,钻石通常是无色的;Ⅱ$_b$类型金刚石在自然界中极少见到,含硼是其特点,是一种半导体,钻石通常呈蓝色或灰色,少量呈无色。不同类型的钻石可以通过红外光谱仪、吸收光谱等有关图谱识别。Ⅰ型和Ⅱ型钻石对比如表8-1-1所示。

表 8-1-1　Ⅰ型和Ⅱ型钻石对比

类型		成分特点	在自然界出现情况
Ⅰ型 (含元素 N)	Ⅰ$_a$型	含 N 量较多,一般在 0.10%～0.30%,N 原子取代 C 原子,N 以原子形式存在于晶格中。	在自然界出现最多,一般可占钻石产量的 98%。
	Ⅰ$_b$型	含 N 量较少,N 以分散状形式取代 C 原子。	在自然界出现的量很少,约占产量的 0.1%(主要见于合成钻石中)。
Ⅱ型 (不含元素 N)	Ⅱ$_a$型	不含 N 或含 N 量极少,少于 0.001%,不含 B。	多出现在天然大钻石中,在一般钻石中很稀少。
	Ⅱ$_b$型	不含 N 或含 N 量极少,含 B。	在天然大钻石中很稀少,少量见于合成钻石中。

二、晶体结构

等轴晶系,立方面心格子。碳原子除位于立方晶胞的角顶及面中心外,将立方体平分为 8 个小立方体,并在其相间排列的小立方体的中心分布着碳原子。每个碳原子周围有 4 个碳原子围绕,形成四面体配位,整个结构可看作是角顶相连的四面体的组合[图 8-1-1(a)、图 8-1-1(b)]。碳原子间以共价键相联结,所以使钻石有高的硬度、高的熔点、不导电及高稳定性的特点。

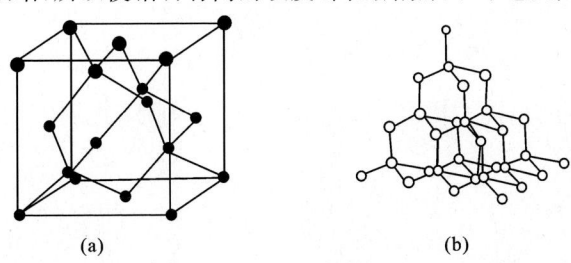

图 8-1-1　钻石的结构

三、形态

金刚石晶体的对称型 $3L^4 4L^3 6L^2 9PC$,也有人认为应属 $3L_i^4 4L^3 6P$,因有争议而未定。通常为粒状晶体,常见单形为八面体、立方体、菱形十二面体,少数是由上述单形与立方体、四六面体、六八面体或四面体、六四面体成聚形(图 8-1-2)。有的形成歪晶,如图 8-1-3 所示。

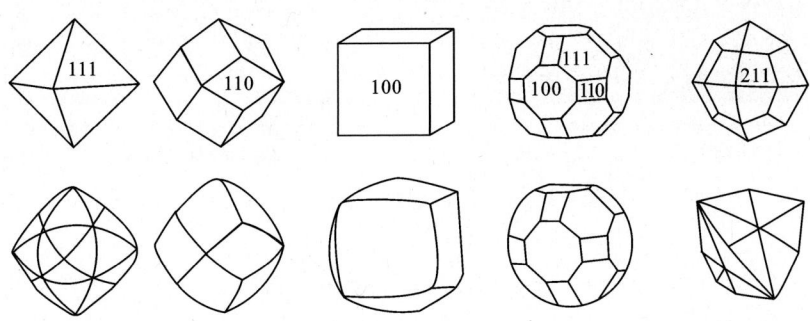

图 8-1-2　金刚石晶体

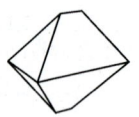 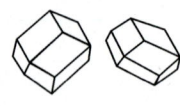 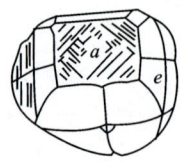 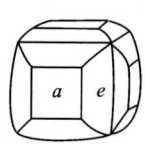

(a) 歪晶　　　　　　　　　(b) 常林金刚石

图 8-1-3　金刚石的歪晶及常林金刚石

晶面上常发育有阶梯状生长纹。由于溶蚀使晶面、晶棱弯曲，晶形常呈浑圆状，晶面上也常有三角形、四边形、网格状、锥状等蚀像或生长锥(图 8-1-4)。双晶依尖晶石律及片状双晶形成，如图 8-1-5 所示。

  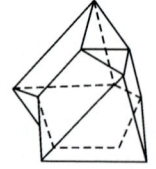 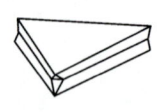 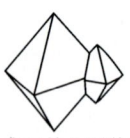

　　　　　　　　　　　　　　　　　　　　三角薄片双晶　　　成双晶八面体

图 8-1-4　金刚石的晶面蚀像　　　　　　图 8-1-5　金刚石的双晶

晶体一般大小如绿豆或黄豆，甚至更小，但也有大颗粒的。世界上过去发现的最大的金刚石重 3 106ct，产于南非。我国不同产地的几个金刚石原石形貌照片如图 8-1-6 所示。

(a) 各种晶体形态的金刚石(产自中国瓦房店)　　(b) 八面体金刚石(产自湖南沅水)

 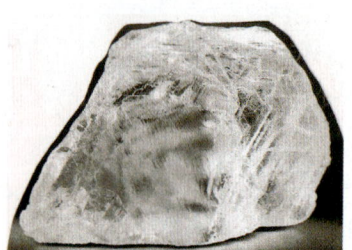

(c) 常林金刚石(重158.786ct，产自中国山东)　　(d) Ⅱ$_a$型507卡钻石胚"库里南遗产"(周大福珠宝公司收藏)

图 8-1-6　不同产地的几个金刚石原石

四、物理性质

1. 光学性质

(1) 颜色：天然钻石一般呈现无色，或微带深浅不同的黄色、淡黄色、淡褐色，也有的可见深黄、褐、灰、橙黄色及深浅不同的淡绿色、浅黄绿色、淡红色、粉红色、绿色、蓝色、紫色和黑色。一般除无色、白色、黑色者外，红、橙、黄、绿、蓝、青、紫、褐各色的钻石皆称彩钻。天然钻石晶体一般是呈现无色的，原因是它是禁带很宽的半导体，使可见光范围内不发生一切可能的吸收所致。带有颜色的钻石，致色原因可因结构中有 N、B、H 原子以杂质形式，进入钻石结构之中，形成各种色心，也有因错位、缺陷、色心引起。如当 N 原子代替部分 C 原子时，由于 N 原子外围为 5 个电子，C 原子外围为 4 个电子，代替后有剩余电子，这种剩余电子在禁带中形成新的能级，使禁带宽度减少，从而使得晶体能吸收可见光范围内的光能，因而使晶体呈现颜色。如果是孤立的 N 原子代替 C 原子，它可吸收能量高于 2.2eV（波长＜560nm）的入射光，这则使钻石呈现黄—褐色、棕色等，这往往是 I_b 型钻石颜色的成因。如果钻石内 N 原子可移动聚合在一起，它对 400～425nm、477.2nm 的光进行吸收，剩余的色光亦使钻石呈现黄色。如果钻石中含有微量的 B（w_B＜1‰）属 II_b 钻石，这些 B 则可使钻石呈现蓝色，少数含 H 的钻石也有呈现蓝色者。若在高温和异向压力之下钻石发生晶格变形，在这种晶体缺陷下晶体可呈现红色或紫红色钻石。若在长期天然辐射作用下，辐射线能量很大，使钻石结构破坏，而产生一系列新的吸收，使钻石呈色。如钻石受辐射时间长，辐射剂量大，则使钻石变为绿色、深绿色甚至黑色。因辐射而造成的晶格缺陷，有时也可使钻石呈现蓝色或黄褐色。

我国湖南沅水所产的金刚石有浅黄绿色、浅绿色、浅黄褐色、黄色、浅灰色等，是由两种色心，即放射性辐射损伤中心和 N 原子中心所引起。

(2) 光泽：钻石呈金刚光泽。

(3) 透明到半透明。

(4) 光性：均质体，偶见异常消光。在偏光显微镜下一般无色，亦可有黄、橙红、蓝绿、褐黑等色。除可见异常折射外，干涉色低，而颜色多种多样，少数呈一轴晶。

(5) 折射率为 2.417。

(6) 色散强度为 0.044。

(7) 紫外荧光无到强，蓝、黄、橙黄、粉色等，短波较长波弱。

(8) 在阴极射线下发蓝色或绿色光。

(9) 荧光钻石在 X 射线下一般呈现蓝白色荧光，也有极少数不发荧光。稳定性好，可利用这一特点进行选矿。

(10) 吸收光谱：一般无色到浅黄色的 I 型钻石，在紫色区 415nm 处有一吸收光谱；其他颜色的钻石在 453nm、466nm、478nm 处呈现窄吸收线。绿色到褐色的钻石在绿区 504nm 处有窄的吸收带；有的钻石可出现 415nm 吸收带，辐照改色的黄色钻石在 498nm、504nm 和 592nm 处都可能出现吸收带（图 8-1-7）。

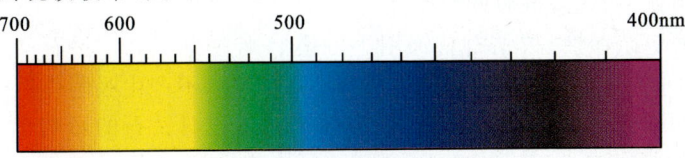

图 8-1-7　钻石的吸收光谱

(11) 天然钻石的阴极发光图谱可与合成钻石相区别。

(12) 在极少的情况下钻石偶有变色效应。

2. 钻石的力学性质

钻石的密度为 $3.52\pm0.01\text{g/cm}^3$。摩氏硬度为 10，在宝石矿物中硬度最高。但是，硬度是受晶体内部的原子排列所控制，所以它也具有异向性，精确地测试金刚石的硬度，可得知金刚石八面体硬度最大，立方体硬度最小。金刚石的晶面方向不同，硬度也不同（图 8-1-8），这对加工影响很大。我们应该了解到金刚石的哪些方向易于琢磨。它在鉴定方面也有重要意义，如对一个比较浑圆形态的金刚石，可依此初步判断定向。钻石具四组八面体{111}方向的中等解理，另外它还有{110}、{111}方向的不完全解理，如图 8-1-9 所示。

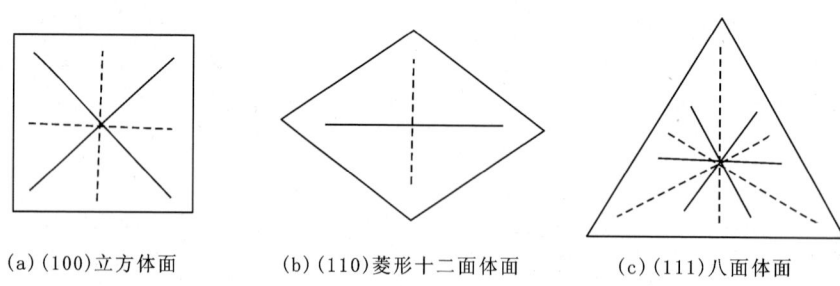

(a) (100) 立方体面　　(b) (110) 菱形十二面体面　　(c) (111) 八面体面

图 8-1-8　金刚石几种晶面上的硬度异向性

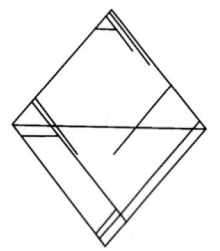 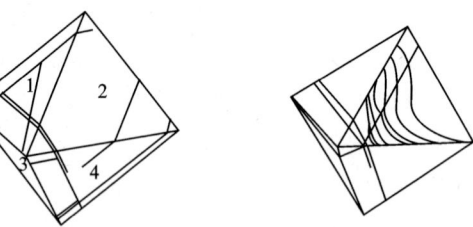

(a) 钻石平行八面体面的四组解理方向　　(b) 八面体解理面上的解理阶梯状纹饰也可见到内部原始解理纹

图 8-1-9　钻石八面体晶体中的解理及解理纹

3. 其他性质

(1) 热导性。钻石是热导性最强的，热导率为 $0.35\text{cal}/(\text{cm}\cdot\text{s}\cdot\text{℃})$。用热导仪测试就是利用它的这一特点。

(2) 导电性。I 型和 II$_a$ 型金刚石是非常好的绝缘体，II$_b$ 型金刚石则为优质高温半导体材料。

(3) 钻石还具有很强的抗磨性。摩擦系数小，其抗磨能力是刚玉的 90 倍。

(4) 钻石可高度抛光，而且每个小面都面平棱直、角尖。但是钻石还具有脆性，受外力冲击则易碎，在钻石加工中应多加注意。

(5) 钻石具磷光性，可发淡青蓝色磷光。

(6) 钻石表面有亲油性，故钻石首饰用手触摸后则显得不亮。钻石又有疏水性，所以滴一滴水在钻石表面，则水滴往往收缩在一起，为碳原子对水不产生吸附作用而引起。

(7) 钻石的膨胀性很小，膨胀率很低，若温度突然变化对钻石的影响也不大，尤其包体极少和无大裂隙的真空中，加热到 1 800℃瞬间，再快速冷却，也不会对钻石有太大影响。

(8) 钻石的熔点高（700℃以下无反应），在空气中燃点为850～1000℃，在氧中加热到650℃可逐渐变为二氧化碳。

(9) 钻石的化学性质稳定（甚至与王水也不起作用），有强绝缘性，抗酸性，抗碱性，在绝氧加压的真空中加热到1770℃会分解，加热到1800℃会变成石墨。

五、钻石的红外、紫外光下反应及对钻石类型的检测

根据氮（N）的存在形式，即N成聚集体存在而分为Ⅰ$_a$型和具顺磁性N的存在而分出Ⅰ$_b$型。如在一个颗粒的钻石中氮的分布不均，既有Ⅰ型区又有Ⅱ型区，或既有Ⅰ$_a$型区又有Ⅰ$_b$型区，谓之混合型。如我国辽宁产的钻石大多数为Ⅰ型，少数是Ⅱ型和混合型；贵州产的钻石则多数为Ⅱ$_a$型，少数为Ⅰ$_a$型和混合型。

1. 电子顺磁共振谱（EPR）测定

由于钻石晶体中含有顺磁N与EPR信号强度有良好的线性关系，可以利用EPR谱测定钻石中的N的浓度，以判断钻石的类型。

2. 钻石的红外光谱

Ⅰ$_a$型钻石在红外光谱上，有1175cm^{-1}、1365cm^{-1}、1370cm^{-1}、1282cm^{-1}吸收峰值，无1130cm^{-1}吸收或该吸收不明显；Ⅰ$_b$型钻石则在1130cm^{-1}处有特征的强吸收；Ⅱ型钻石在红外光谱的相应位置没有吸收峰（图8-1-10）。

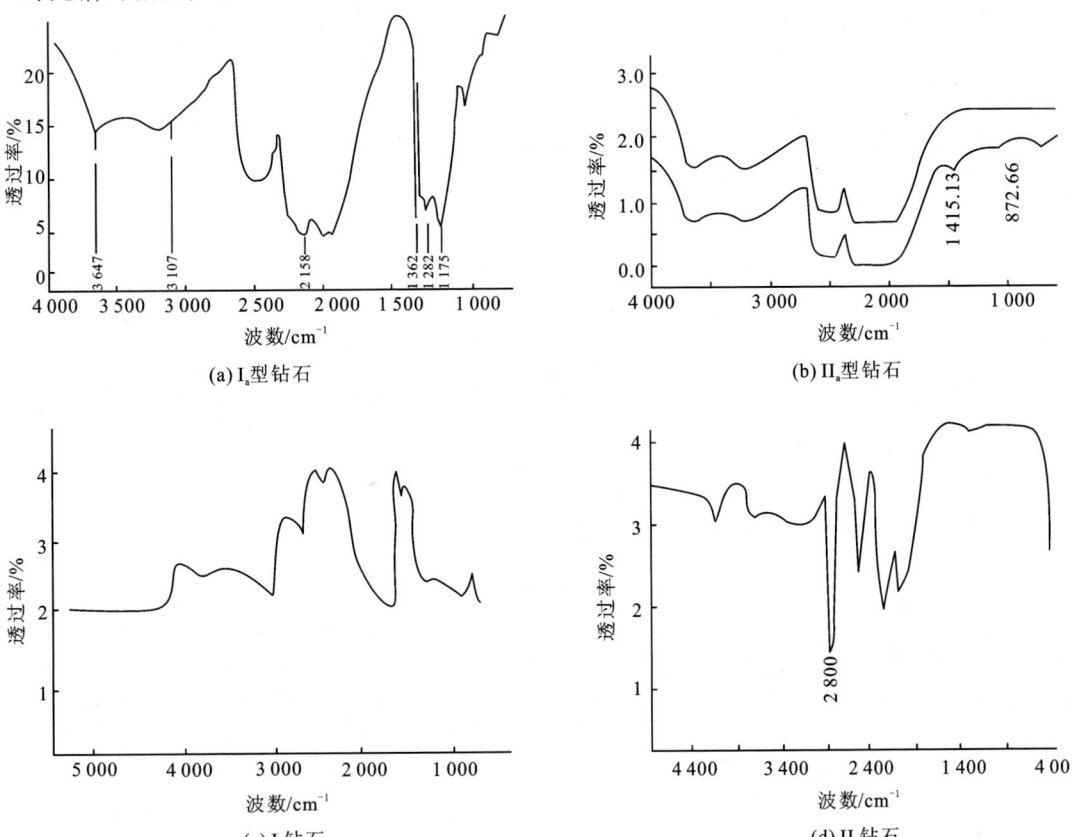

图8-1-10　各种类型钻石的红外光谱

3. 钻石的紫外吸收图谱

钻石的紫外吸收图谱为在双光束分光光度计上，波长200～400nm对钻石作紫外吸收图谱。可见Ⅰ型钻石与Ⅱ型钻石具有不同的谱线，如图8-1-11所示。

4. 紫外光反应

紫外形貌照相为采用氙灯作光源，以波长237nm的紫外光透过钻石晶体照相。可见，Ⅰ型钻石不透明，237nm紫外光不能通过，紫外形貌照片上呈现黑色；Ⅱ型钻石的照片上呈白色透明。

紫外线透射到Ⅰ型钻石上，300nm才被吸收，而Ⅱ型钻石到250nm即被吸收。可见，应用顺磁共振（EPR）谱、红外光谱、紫外吸收谱、紫外形貌照相以及拉曼光谱、吸收光谱都可以确定钻石类型，也有着研究鉴定的意义。

另外，根据颜色特点、荧光性及磷光性、导电性及导热性也可以区分钻石的类型（如表8-1-2所示）。

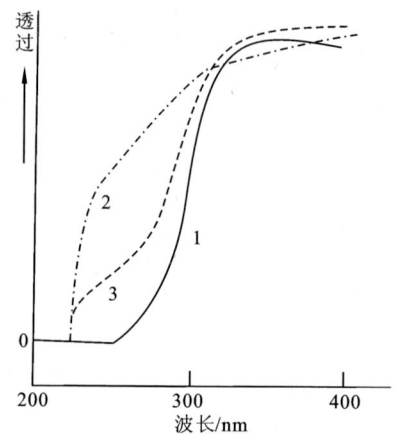

图8-1-11 钻石的紫外线吸收谱图
（1、2、3依次为Ⅰ型、Ⅱ型、混合型谱线）

表8-1-2 Ⅰ型和Ⅱ型钻石的物理性质特征

类型		颜色	荧光性	磷光性	紫外线反应	红外吸收峰值/cm^{-1}	导电性及导热性
Ⅰ型	Ⅰ$_a$型	无色—黄色系列	有蓝色荧光，有时有黄、红绿色		透射到300nm	1 175 1 365 1 370 1 282	不导电
	Ⅰ$_b$型	无色—黄色有时可为黄绿色及褐色	具有蓝色荧光，有时可红、黄、绿色		透射到300nm	1 130	不导电
Ⅱ型	Ⅱ$_a$型	无色—褐棕色有时可为粉红色	多数无荧光	紫外光照射后无磷光	透射到250nm		不导电导热性好
	Ⅱ$_b$型	蓝色，有时部分为灰色或其他颜色	多数无荧光	紫外光照射后有磷光	透射到250nm	2 800	半导体

六、钻石的肉眼鉴定、钻石与相似宝石的对比及简易测试

1. 钻石的肉眼鉴定

如果是晶体则多为八面体、立方体或二者的聚形。钻石的晶面上常有晶面花纹，如图8-1-12所示。钻石的最大特点是强金刚光泽，色散高，折射率高，硬度极大，粒度往往大小不一，小的居多，易吸附脂肪，用手触摸后可呈现出一层油膜而厌水。琢磨后的成品不漏光，有时在腰围上可见到平整的小晶面。

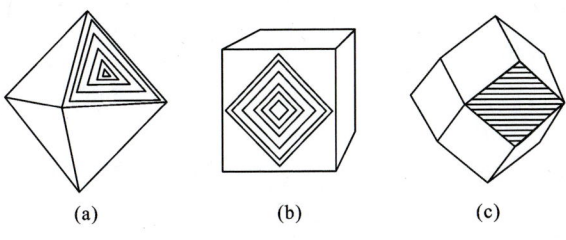

图 8-1-12　钻石晶面上的生长纹

钻石内部有清晰的色散,转动钻石可见到亭部底面上出现橙色和蓝色的闪光。

钻石切磨完善者,能使所有入射光都从台面反射出来,呈五光十色,光亮异常。如图 8-1-13 所示的钻石,谓之出"火",将台面对光线由背后看,没有光从亭部漏出。琢磨后的刻面钻石如将台面向下放置于白纸黑字之上,则从亭部侧面向下观察看不到黑色字划(图 8-1-14)。

若将钻石对准窗棱或电灯,则反射出来的影像不歪扭而很清晰。

钻石的硬度极高,故表面一般不见擦痕,以软布擦试后可呈现十分光洁靓丽的闪光。

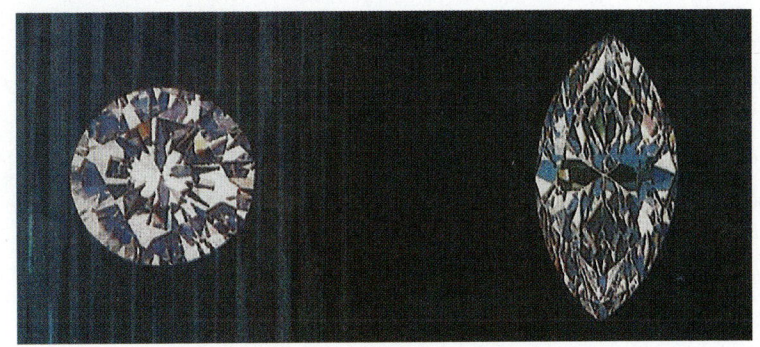

图 8-1-13　钻石的出"火"现象

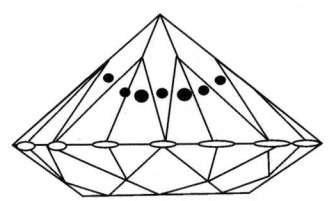 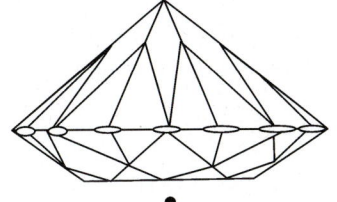

(a)置锆石于黑点之上,可见锆石亭部各小面都有反射黑点(假钻石)　　(b)置钻石于黑点之上,在钻石亭部各小面上不见黑点(真钻石)

图 8-1-14　真假钻石的区别

2. 钻石与相似宝石的对比及简易测试

(1)用热导仪测试:钻石为热的最佳导体,如果将尖晶石的热导率定为1,则钻石的热导率为70.7~212.0,故以热导仪测试最灵敏。依此可最有效地区别于合成碳硅石之外的立方氧化锆、钛酸锶、无色尖晶石等。

(2)钻石置于日光下暴晒后,会发出淡青蓝色的磷光,在 X 射线下大多数发蓝白色或浅蓝色的荧光,极少数不发荧光,在阴极射线下发蓝色或绿色光。

(3)硬度计测试:钻石的摩氏硬度为10,没有其他矿物可以超过它。依此钻石易与立方氧化锆等色散度高的物质相区别。

(4)钻石的密度为 $3.52g/cm^3$ 左右,合成立方氧化锆的密度为 $5.95g/cm^3$,可见钻石的密度远远小于和它极相似的合成立方氧化锆的密度。

(5)与钻石相似的合成碳硅石、合成金红石在10倍放大镜下可见到刻面棱的重影现象,而天然钻石则无。

(6)折射仪测试:钻石的折射率为2.417,超过折射仪的最大测定值1.81,因而只能用液体浸入法来观察,从而区别于无色蓝宝石和无色尖晶石。如果钻石与无色蓝宝石和人造尖晶石混在一起,则可将其一同放入二碘甲烷中进行区分。无色蓝宝石折射率为1.75,无色尖晶石的折射率为1.73,二者都接近二碘甲烷的折射率1.74,因此二者的轮廓在二碘甲烷中不清楚。而钻石的折射率为2.417,比二碘甲烷的高了许多,因此就会出现清晰的外形轮廓,这就能简单明了地将三者区别开来。

(7)色散:钻石以高色散发出彩色闪光,色散柔和,在标准圆钻型的底刻面上可见到蓝色和橙色的闪光,因而可以色散的强度区别于榍石、黄色闪锌矿、锡石、艳绿色钙铁榴石、锆石、人造钛酸锶、人造立方氧化锆、钇铝榴石、人造金红石等这些色散很强的物质。

图 8-1-15　天然钻石中的结晶包裹体

(8)包裹体法:用10×放大镜观测可见到钻石的包裹体。在宝石显微镜下可以看到更多包裹体,如石墨、铬尖晶石、镁铝榴石、绿色顽火辉石、磁铁矿、赤铁矿、小八面体金刚石晶体等。有这些包裹体,不仅说明该钻石是天然钻石,而且还可以研究钻石的不同产地(图 8-1-15)。常见的还有云雾状包体、点状包体等。

(9)放大检查中可见羽状纹、生长纹、内凹原始晶面、原石晶面解理、刻面棱线锋利。

(10)用导电性测试:II_a型钻石为非常好的绝缘体,II_b型钻石则为优质高温半导体。我们可依此将钻石与具导电性的合成碳硅石相区别。

七、人工合成钻石及钻石的优化处理

1. 天然钻石与人工合成钻石的比较

(1)人工合成钻石的物理性质与天然钻石大致相同,其区别方法为:合成钻石的颜色一般为黄色、淡褐色或淡棕色,成带状分布,晶体多为八面体、立方体和菱形十二面体、四角三八面体等的聚形。晶体中往往可见晶骸,晶面上有的可见树枝状纹,颜色不太均匀,可见沿八面体晶棱平行排列的色带;晶体中常含针尖状铁或镍铁合金或金属片,具中等磁性(用磁铁可以吸起),颗粒一般较小,最近经过不断改进和提高也有较大粒度的合成钻石生成。在长波紫外光照射下多呈惰性;在短波紫外光下具发光性但不均匀。发光性:LW下无荧光;SW下呈黄色—黄绿色,中—强荧光。中心荧光带绿,边缘荧光无色。

(2)无色—浅黄色天然钻石的可见光谱在415nm、452nm、465nm、478nm 处有吸收谱线;合成钻石则无415nm 吸收谱线。以红外谱来看,天然钻石有 $1\,130cm^{-1}$ 主峰及 $1\,282cm^{-1}$、$1\,365cm^{-1}$ 和 $1\,170cm^{-1}$ 峰;而合成钻石,只有 $1\,130cm^{-1}$ 强峰,不见弱峰。合成钻石的异常双折射极弱,干涉色变化也很不明显,并有导电性,这些皆可区别于天然钻石。

2. 优化处理钻石

(1) 辐照改色钻石:辐照改色处理常附热处理,天然蓝色钻石由硼元素致色,具半导体性,如在钻石两端加压就会有电流通过。辐照过的钻石,蓝色由晶格缺陷的色心造成,不具半导体性,加压也无电流产生。放大检查,在显微镜下油浸观察可见其颜色在表面富集,由表部向里颜色变浅,而且亭部有色带、色斑。其吸收谱可具594nm、669nm吸收线。辐照改色深绿色钻石741nm处有吸收峰(低温测量)。图8-1-16为辐照改色过的彩色钻石。在红外光谱中$H_1a(1\,450cm^{-1})$与$H_1b(4\,940cm^{-1})$或$H_1c(5\,170cm^{-1})$组合出现,为其重要特点。

(2) 涂层镀膜钻石:该钻石为在一些玻璃、锆石等物质上涂上或镀上一层碳质物质或一种与钻石相似的叫DLC的物质。DLC是一种非晶态硬碳膜,是非晶质体,可测。这种制品用热导仪测试,同样导热灵敏,只有配合密度测试或硬度、折射率等综合手段方能验出。放大观察可看出表面光泽较弱,达不到金刚光泽。但有时也有薄膜脱落,用小刀或针尖就能将薄膜刮掉。如能仔细观察钻石表面,可发现其镀膜表面为粒状结构,利用拉曼光谱仪测试,可见有与天然钻石不同的谱图。另外天然钻

图 8-1-16　各种辐照处理的彩色钻石

石的特征是在$1\,332cm^{-1}$峰的半高宽(FWHM)窄,钻石膜的特征峰在$1\,332cm^{-1}$附近,其半高宽略显宽,亦可见其差异(图8-1-17)。

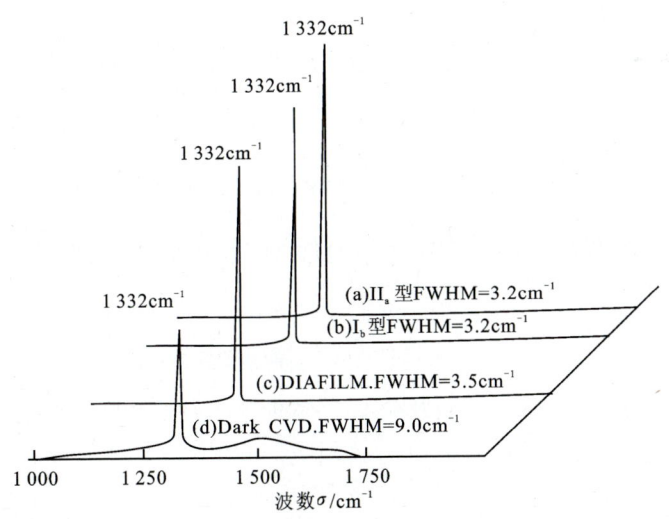

图 8-1-17　天然钻石与镀膜钻石拉曼光谱图(FWHM 为半高宽)
(a)II_a型天然钻石;(b)I_b型天然钻石;(c)优质镀膜钻石;(d)暗色镀膜钻石

(3) 充填处理:充填处理是1991年以色列发明的裂缝弥合的新工艺方法。弥合材料为光导纤维,是为工业需要而开发的一种类似玻璃的化合物。使用粘合剂工艺的地区主要是以色列、日本、菲律宾等。在显微镜下放大检查可见充填裂隙呈现闪光效应,暗域照明下呈橙黄或紫到紫红、粉红色等闪光;亮域照明下呈蓝到蓝绿、绿黄、黄色等闪光;转动样品,充填物颜色

和亮度也随之变化,充填物中可有残留气泡、流动构造、细小裂隙等。充填区域呈白色雾状,透明度降低可呈现不完全充填区现象。使用X荧光光谱仪(XRF)可检查出充填物中的重金属元素,如铅等。

(4) 激光钻孔:激光钻孔是指将有瑕疵的、净度较差的或有黑色碳质包裹体的钻石,用激光钻进法钻孔。用与钻石光学性质相近的物质充填这种微小孔隙,或用激光除去瑕疵、包裹体,则可改变钻石纯度、提高钻石色级,使钻石更美观。放大检查可见钻石内部白色的管状物,并在钻石表面有圆形开口,有的有弯曲状包体出露在钻石表面或弯曲状裂隙。少数还可见有填充物,或残留着未处理掉的黑色包裹体物质。

(5) 高温高压处理:这种钻石在日光灯下常可见到一种暗淡的绿光,有人称其为"氮效应"。钻石中有紧密排列的条纹而且带色,其表面常有裂隙,内部的包体有晕轮状裂隙,这皆为高压应力所致。有的 I_a 型黄色或黄绿色钻石经过 HTHP 处理,在长波紫外光下可显示绿色、蓝绿色或彩色荧光。放大检查可见雾状包体,或包体周围有羽状裂隙,其中还可有黑色石墨。作拉曼光谱(液氮低温 $-196℃$ 状态),可见较明显的图谱作参考识别。高温高压(HTHP)处理的钻石图谱如图 8-1-18 所示。

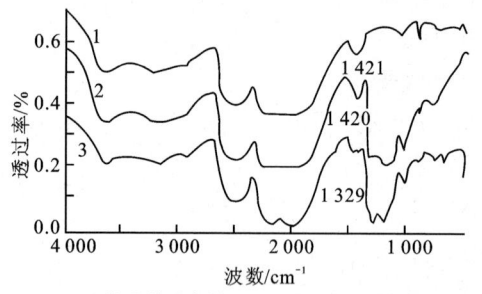 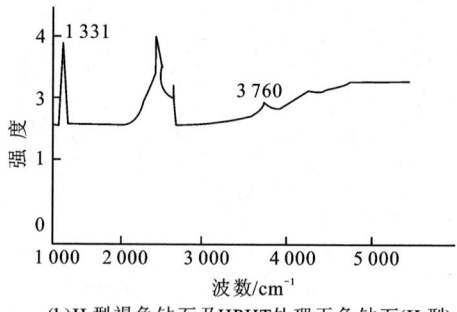

(a) 1.HPHT 处理的无色钻石;2.HPHT 处理的黄绿色钻石; (b) II_a 型褐色钻石及 HPHT 处理无色钻石(II_a 型)
3.HPHT 处理的蓝色钻石

图 8-1-18　HTHP 处理钻石的拉曼谱图

(6) 钻石和相似宝石及赝品的区别:可以色散、密度、折射率、双折射、硬度、晶体形态(晶系)对比,甚至用荧光、吸收光谱等方法区别之。

表 8-1-3　钻石及相似宝石的物理性质对比

宝石名称	摩氏硬度	密度/g·cm^{-3}	折射率	双折率	色散	其他特点
钻石	10	3.52	2.417	均质体	0.044	具天然矿物包体,导热性很好
合成碳硅石	9.25	3.22	2.648~2.691	0.043	0.104	晶棱呈双影线,有金属包体,导热性好
无色蓝宝石	9	4.00	1.762~1.770	0.008~0.010	0.018	金红石针状包体
合成立方氧化锆(CZ)	8.5	5.8	2.15~2.18	均质体	0.060	晶体内洁净,可含面包渣状未熔粉末或气泡,密度比较大

续表 8-1-3

宝石名称	摩氏硬度	密度/g·cm^{-3}	折射率	双折率	色散	其他特点
人造钇铝榴石（YAG）	8	4.50～4.60	1.833	均质体	0.028	晶体内洁净，偶见气泡
合成尖晶石	8	3.64	1.728	均质体	0.020	晶体内洁净，偶见气泡或未熔粉末，斑纹状异常消光
无色黄玉	8	3.53	1.619～1.627	0.008	0.014	横断面多呈菱形，具完全解理
无色水晶及合成水晶	7	2.66	1.544～1.553	0.009	0.013	可具多种包体，晶体包体，贝壳状断口，具牛眼干涉图
无色锆石	6～7.5	3.90～4.80	1.810～1.984	0.001～0.059	0.039	具矿物包体，刻面棱可具双影
人造镓锗榴石（GGG）	6～7	7.05	1.970	均质体	0.045	可见气泡或气液包体，密度大
人造钛酸锶	5～6	5.13	2.409	均质体	0.190	气泡少，色散强
玻璃	5～6	2.30～4.50	1.470～1.800	均质体	0.010～0.031	多圆形气泡和流纹

3. 钻石的改色

钻石改色是最普遍也是最重要的优化处理方法。由于改色的方法很多，最初常用的是在钻石表面涂上一层染色剂，如涂以蓝色高折射率的物质，以提高钻石的色级，甚至有的涂油彩、墨水等。现代常用的则是物理方法，主要有以下几种。

(1) 回旋加速器处理。回旋加速器处理是将质子、氘核、α粒子等亚原子的粒子放入回旋加速器中加速，钻石放于加速了的粒子通道上受辐射，则使钻石颜色变绿或暗绿，如时间过长，钻石颜色会变暗甚至变黑。其致色原因是钻石结构中的空位被活化，与其他缺陷相连接而形成 N-V-N、N3 中心，故可在吸收光谱中产生 496nm、503nm、595nm 吸收峰，若加热到 500℃～900℃，这种改变过来的绿色又可转变为黄色、橙色或褐色。但是由于加速了的粒子带电，故只能在钻石表层而不能穿入钻石的深部，所以开始有放射性，几个小时后即可消失。这种只在表层的颜色经抛光即可去掉，不抛光却可久留。

(2) 电子处理。电子处理是指用 Van de Graooff 发生器加速的电子使钻石产生蓝到蓝绿色，穿透深度可到 2μm，若将改色的钻石加热处理，可产生橘黄色、粉红色—红、紫红和褐色色调。其改色原因为钻石结构中产生辐射损伤，故在吸收光谱上可产生 637nm 强峰，523nm、575nm、593nm 弱峰，无放射性。

(3) 中子处理。中子处理为中子轰击核反应堆，在核反应堆中的钻石受轰击而产生绿色,如果轰击时间过长,钻石会变为黑色。中子不带电荷,可穿透钻石,同时与质子质量相同,可与一个原子相撞而使结构损伤,故可使整个钻石均匀变色。在500℃～900℃热处理时I_a型钻石可产生黄色、橙色、粉红色;I_b型钻石可产生粉红色、紫红色;II_a型钻石可产生褐色,颜色皆稳定而持久。吸收光谱上可出现596nm、503nm、595nm的吸收线。

(4) 高温高压处理:如前所述,用高温高压对钻石进行改色,与用高温高压合成钻石的原理相似。将褐色或净度较好的钻石置于高温高压环境中,可改变钻石色心,从而改善钻石颜色,提高钻石色级,将其改造成为无色或彩色钻。如I_a型钻石可处理呈艳绿色、黄绿色或黄色,II_a型钻石则处理呈无色或粉红色,II_b型灰色或褐色钻石则处理呈蓝色。这是美国通用电气公司长期研究的成果,是20世纪末科技进步的产物。

(5) γ射线处理:γ射线处理指用Co^{60}产生γ射线,使钻石颜色改变为蓝色和蓝绿色。颜色均匀且持久,但处理的时间相对较长。在吸收光谱上可见741nm吸收峰。

(6) 镭辐射处理:镭辐射处理后的钻石可呈绿色,颜色变化大,吸收光谱上见741nm吸收峰。而且带有残余放射性,值得注意。

为了查明钻石是否用这类物理方法改色了,首先要看蓝绿色钻石是否有741nm吸收峰,黄色钻石有无496nm、503nm、596nm吸收峰,红色钻石是否有637nm、503nm、575nm吸收峰,在近红外光谱仪惰性气体中加热到1 000℃时,595nm谱线消失,黄色钻石是否出现1 936nm和2 024nm谱线,则可予以判断。

另外,观察钻石表面特征,由台面看亭部是否有颜色呈伞状现象,腰棱处是否呈现深色色环现象和钻石表面是否呈扁平状或圆形褐色斑点等。还有天然蓝色钻石导电,而改色了的钻石不导电皆是其特点。

钻石是一种高贵的宝石,吸引了不少人在钻石研究上下功夫,进行各种优化处理。其方法除以上提到的之外,还有很多改色、增色、变色的方法,很多优化处理了的钻石在现代的条件下也有难以鉴别的。一些目前不能鉴别的钻石,有人采用在钻石的腰棱上刻字的方法加以明示,如目前美国宝石研究所(GIA)就在钻石的腰部刻以"GE POL"作为印记,代表是在高温高压下用GE POL法处理过的钻石,即将I_a型褐色钻石中的石墨升华而提高了钻石的色级,这种印记在鉴定钻石时可留意观察。

八、钻石经济评价的依据

常言道:黄金有价,宝玉石无价。而价值昂贵的钻石被世界各国的人们所喜爱,流通于各国宝石玉市场,因而也就破例地在各国都有了自己的评价标准。其评价的依据也都是以颜色(Colour)、净度(Clarity)、切工(Cut)、质量(重量)(Carat 即克拉,以 ct 表示)为依据,尤其从外文字可以看出第一个字母都是以C打头,故可称为4C标准。目前人们无形中把这个4C标准作为比较统一的标准,在还没有法定的全球统一的国际钻石分级标准之前,4C标准成了比较统一的标准,现将这几个方面分述如下。

(一) 颜色

钻石的颜色主要有无色(包括带蓝色色调的白色)、白色、淡黄色、黄色等。为了统一评价,各国都有相应的分级标准,如表8-1-4。标准以外的其它颜色,如红色、粉红色、绿色、蓝色等彩色钻石,属于钻石中的珍品,则按质另外论价。

在观察钻石的颜色及对颜色进行分级时还要考虑到钻石的荧光性。

表 8-1-4 全世界主要钻石颜色等级系统近似对照表

美国宝石研究所（GIA）	国际钻石委员会(IDC)国际珠宝联合会(CIBJO)	英国	德国	斯堪的那维亚半岛	中国 香港	中国 国标(2003)	肉眼观察
D	极白 Finest white	极亮白 Finest white	净水色 River	极罕白 Rarest white	100	100D	
E	极白 Finest white				99	99E	
F	极白 Fine white	亮白 Fine white	高级韦塞尔顿色 Top weseelton	罕白 Rare white	98	98F	一般肉眼观察无色
G					97	97G	
H	白 white	白 white	韦塞尔顿色 weseelton	白 white	96	96 H	
I	淡白 Slightly white	商业白 Commercial	高级晶镄色 Top crystal	淡白 Slightly tinted white	95	95 I	小于0.2ct的钻石感觉不到颜色，大颗粒钻石可感到有颜色存在
J					94	94 J	
K	微白 Tinted white	银白黄 Silver cape	高级开普色 Top cape	微白 Tinted white	93	93 K	
L					92	92 L	
M	一级黄 Tinted 1	微黄 Light cape	开普色 Cape	微黄 Slight yellowish	91	91 M	一般肉眼能感觉到具有颜色
N					90	90 N	
O	二级黄 Tinted 2	亮微黄 Cape	淡黄		89	<90<N	
P					88		
Q					87		一般人均能感到黄色的存在，而且会感到色调越来越明显
R					86		
S-Z	黄 Yellow	暗黄 Cape	黄 Yellow	黄 Yellow			

由表 8-1-4 可以看出，各国的分级系统是可模拟的。1996 年以前中国是采用数字表达，即首先分为 100 色的情况下 85 色以上的金刚石才用来琢磨钻石，直到现在香港还在沿用；85 色以下的则作为工业用钻。85 色至 92 色之间属黄色钻范畴，92 至 95 色属白色钻范畴，95 色以上属无色钻范畴。美国宝石研究所（GIA）、国际钻石委员会（IDC）以及英、德诸国，世界钻石生产、贸易的一些大公司，多采用世界上比较通用分类方法，即由 D（相当于中国的 100 色）到 Z。

1. 中国对钻石颜色的分级

中国分级的 100 色属特级无色白，无色透明，似冰，有的可见带有蓝色色调，这种足色的钻石极为少见；99 色为超级无色透明，似冰，但不见蓝色色调，相当于世界上比较通用的分级 E；98 色相当于 F 级，纯无色透明；97、96 色略出现似有似无的黄色色调，相当于世界上比较通用的 G 级、H 级；94 级、95 色，把钻石亭部朝上可见微黄色色调，冠部朝上则不见颜色，相当于世界比较通用的 I 级、J 级，这一色级的钻石在目前市场上流通最多；92、93 色亭部向上显微黄,而冠部朝上显似有似无的黄色色调,相当于世界上比较通用的 K 级、L 级;90、91 色则由任何角度都可以看出浅黄色,相当于世界上比较通用的 M 级、N 级。如颜色更明显的呈现比 90 色更深则称小于 90,这相当于世界上较通用的 O 级、P 级,一般已很少用作首饰钻。如一般人都能感到黄色或黄得更深则属我国香港分级的 86、87 色,一般 86 色以下为世界上比较通用分级的 R 级以下,GIA 分级的 S-Z,不能用作首饰钻。

2010 年颁布的国标《钻石分级》正式规定把钻石颜色划分为 12 个色级,即由 D—N 和 <N,相当于 100—90 和 <90,去掉了原 1996 年分级标准的文字说明。即按钻石颜色变化仍划分为 12 个连续的颜色级别,用字母 D、E、F、G、H、I、J、K、L、M、N、<N 来代表不同的色级,也可用数字来表示。详见表 8-1-4 和表 8-1-5。

表 8-1-5 钻石颜色级别对照表

钻石颜色级别		钻石颜色级别	
D	100	J	94
E	99	K	93
F	98	L	92
G	97	M	91
H	96	N	90
I	95	<N	<90

资料来源:国标《钻石分级》,2010。

2. 关于颜色分级的方法、进行分级时的环境、条件及应注意的事项

(1) 钻石的颜色分级不论采用传统的肉眼观察,还是采用比色法,都要在规定的环境下进行。即颜色分级工作应在无阳光直射的室内环境,比色时的环境色调应为白色或灰色。尤其灯光要用专用的白炽灯或荧光灯,不得用带有黄色的普通灯泡。如超出这一环境,要特别注意加以修正。比色石最常用的是一套标定颜色级别的标准圆钻型切工钻石(现在多数用合成立方氧化锆代替)样品,依次代表由高至低连续的颜色级别。比色灯为色温在 5 500～7 200K 范围内的日光灯。比色石的颜色级别代表该颜色级别的下限。比色板、比色纸为专门用作比色背景的无明显定向反射作用的白色板或纸。

另外,进行钻石颜色分级人员应该经过专门技术培训,具备分级技能。对同一样品应由 2～3 人同时进行分级以取得正确统一的结果。

(2) 每个色级都代表一个颜色变化范围,而不是一个点。在观察待分级钻石时,要将钻石的亭部朝上,沿钻石的最大长度(厚度)进行观察。不要由台面向下直接看,因为透过钻石台面所观察到的亮度,会掩盖细微的颜色色调。

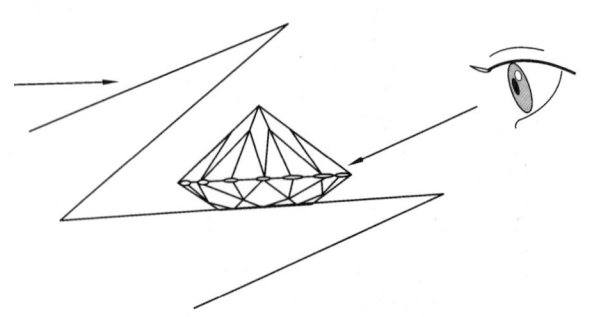

图 8-1-19 观察船形折叠纸中钻石示意

观察位置应稍高于钻石的腰棱,如图 8-1-19 所示。

(3) 肉眼观测是最简单的方法。最好用一张白纸折叠成船形,先将钻石擦洗干净,在钻石灯下将钻石放于折叠纸中进行观察。这种观测方法要快,第一眼特别重要,看久了则因眼

睛疲劳而看不确切。

（4）肉眼观测最好也同时应用分级，找一个标准的色级作参考，在选择一个方向作比较时，一般选 H 级（图 8-1-20），因 H 级从台面看或从亭部看都不易看出颜色来，可由它向无色方向过渡；或相反的向黄色方向过渡，可以它为标准考虑比较。

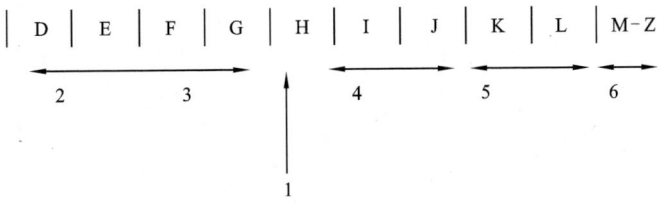

图 8-1-20　肉眼分色级示意

1.开始肉眼判断颜色的位置；2.看起来无色；3.看不出明显色调；4.可看出稍带色调；5.可看出色调；6.可看出颜色

（5）由于钻石的反光性强，影响颜色的判断，可以哈一口气在钻石上，在钻石上水气散开时的一刹那，观察最清楚。

（6）在用比色石对比观测时，用同等大小的钻石比色石最好。钻石对比比色石，找出与比色石相同的颜色饱和度即为该待分级钻石的颜色级别。

（7）如果待分级钻石颜色饱和度介于两比色石之间的颜色，则按较低的色级定为待分级钻石的颜色级别。

（8）如果待分级钻石颜色饱和度高于比色石的最高级别，则仍用比色石的最高级别为待分级钻石的颜色级别。

（9）如果待分级钻石颜色饱和度小于比色石的最小色级 N，则用<N 表示。

（10）用比色石比色时会觉得摆在左侧的钻石稍白一些，在比色石的右侧就稍黄一些，这是一种视觉差，有人称之为色差效应。

（11）用比色石比色时，一般看上去会出现 3 种情况：①待测钻石置于比色石之左而颜色稍深，置于比色石之右而颜色稍浅，即待测钻石与比色石时色级相同；②待测钻石置于比色石之左，颜色同比色石，置于比色石右侧时颜色稍浅，即待测钻石颜色级高于比色石，可定为同比色石的色级；③待测钻石在比色石左侧时颜色微深，放在右侧时与比色石相同，即待测钻石的颜色级低于比色石一个色级。

用比色石比色，钻石颜色的判断如图 8-1-21 所示。

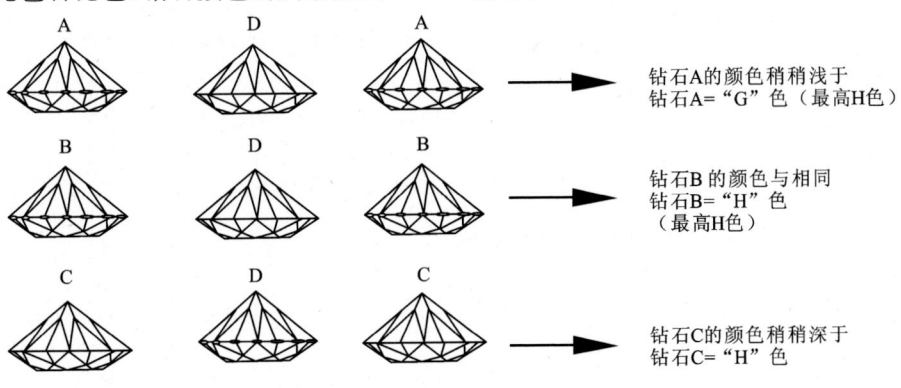

图 8-1-21　用比色石测点色级示意图

(12) 世界上最常用的比色石为美国宝石学院(GIA)的比色石。其由 9 粒组成,每粒代表一个色级的上限,如图 8-1-22 上。欧洲体系的国际珠宝首饰联盟(CIBJO)的比色石由 7 粒组成,每粒代表一个色级的下限。我国色级划分常用的是与欧洲体系相同,即每粒代表一个色级的下限(图 8-1-22 下)。

例如:以 G 色为例,我国的是指＜F⁻≥G,而 GIA 的 G 色则是≤G⁻＞H,这样一来同样一个样品,用这两套比色石比色(除颜色正好落在界限上外)正好错开一个级别。这也就是为什么检测一些钻石,定出的色级往往比 GIA 证书上定出的颜色稍有不同的原因。更确切地说 GIA 的比色石无 D 级,我们的 D 级相当于他们的 E 级,如图 8-1-22 所示。

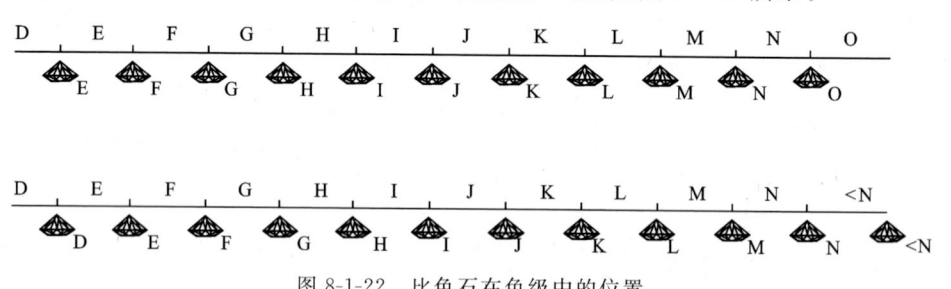

图 8-1-22　比色石在色级中的位置

HRD 为了更精确地划分颜色界限,又将每一个颜色级别划分为 3 个小级,如图 8-1-23 所示。即与比色石同色级的符号为"＝",稍高于比色石的符号为"＋",明显高于比色石的符号为"＋＋"。如 H 色进一步划分为:H、H＋、H＋＋3 个小级。这种表示方法在我国市场上经常采用。

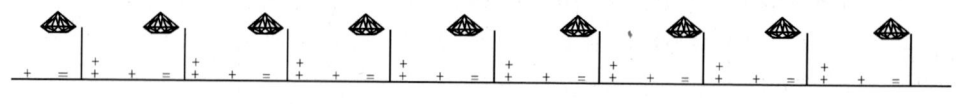

图 8-1-23　HRD 钻石颜色等级

(13) 注意事项如下:

A. 转动待测钻石颜色稍有变化,可以平均考虑。

B. 如果两粒不同大小的钻石比较颜色,往往大者定出的色低,原因是大钻石的厚度大。另外,两粒钻石都要观察同一位置方可。

C. 要观察钻石颜色集中的部位,即腰棱和亭部接近底尖色,如图 8-1-24 所示。由钻石底末向下到亭部 1/3 处可见反向映像。即稍高于钻石腰棱,并往反射线之下为观察对比颜色的最佳位置。

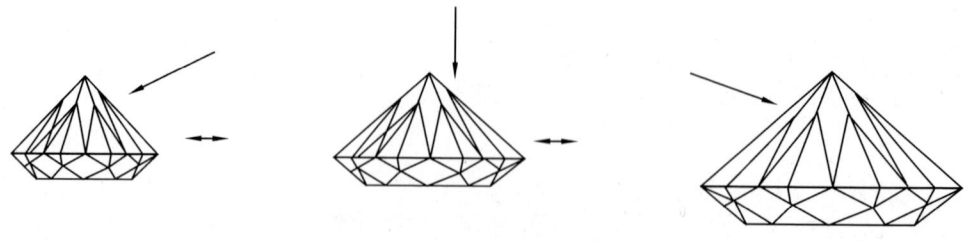

图 8-1-24　观察钻石颜色的最佳部位示意

D. 在日光下与在白炽灯观测钻石不同,因白炽灯光中含有更多的黄光,因而在观察钻石时是用统一的钻石灯。

E. 观察带有灰色、黄色、褐色的钻石时,人的眼睛往往更明显地看到灰色、褐色,所以在比色时应尽量采用透射光,以减少灰色、褐色色调的干扰。

F. 对一些花式切工的钻石,由于花式切工角度长度不同,进行比色时,应避开不同长度的方向,而寻找斜角方向,或寻找与比色石最相似的刻面位置。

G. 比色人员要有信心,相信自己的眼睛、经验和判断,保持良好的心态和最佳状态,这样比色方更为准确。

H. 比色工作是一项比较复杂的工作,影响因素很多,因此要尽量用相同的各种因素,在相同条件下进行比色,定出色级。用比色法对钻石进行颜色分级是目前最常用的,也是唯一认为最可靠的定性方法。目前还有人在研究另外的对钻石进行颜色分级的方法,即测量在钻石的反射光中黄光的含量,以进行对无色—黄色钻石颜色的定量含量分级,这也许是未来对钻石颜色分级的更准确的方法。

3. 镶嵌钻石的颜色分级

关于镶嵌钻石的颜色分级,我国曾于 1996 年结合钻石的品质等级提出了分级方案。随着实践的结果及市场的应用,在 2003 年又就颜色等级作了简化调整。

2010 年又颁布了新的国标《钻石分级》,规定镶嵌后的钻石采用比色法分为 7 个等级,其与未镶嵌钻石颜色级别的对应关系如表 8-1-6。这一分级比较简单,因考虑到已作镶嵌,去掉了小的分级及分级之间的过渡关系,大部分将两个分级合并在一起表示。对镶嵌钻石颜色的分级是市场上或民间最常用的,但是也往往出现一些镶嵌前后的差异。这主要是考虑到镶嵌架托的颜色对钻石颜色的影响。一般白色(无色)钻石用白色金属镶嵌,已经看出是带黄色的钻石则用黄色金属镶嵌。这样架托的颜色影响会小一些,甚至看上去还冲淡了钻石的颜色。如果对镶嵌钻石进行分级,在观察时就要考虑到钳夹钻石的镊子对钻石的影响,这些都成为修正钻石颜色的影响因素。如果用肉眼观察,可以一边夹住比色石,一边对准镶嵌钻石,尽量找相同的部位进行颜色比较[图 8-1-25(a)],也可以用已知色级的镶嵌钻石对比未知镶嵌钻石[图 8-1-25(b)]。

表 8-1-6 镶嵌钻石颜色等级对照表(据国标《钻石分级》,2010)

镶嵌钻石颜色等级	D—E		F—G		H	I—J		K—L		M—N		<N
对应的未镶嵌钻石颜色等级	D	E	F	G	H	I	J	K	L	M	N	<N

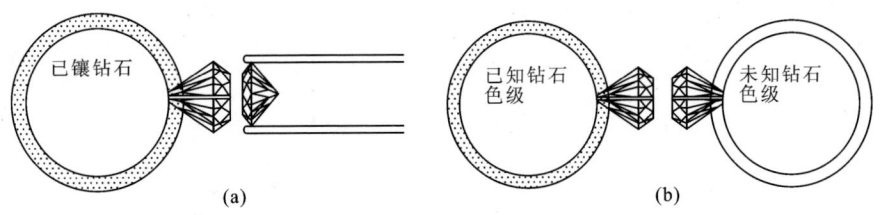

图 8-1-25 钻石色级比较

4. 彩钻

除无色、白色或黑色的钻石之外,红、粉红、橙、黄、绿、青、蓝、紫、褐色或其复合色(如黄绿色)等所有颜色或色调的彩色钻石,都可称为彩钻。这种钻石在色调或颜色饱和度(Saturation)上一般较深,即当台面朝上,可显示出明显的体色。在国外(根据英国宝石协会与宝石检测实验室)通常是按颜色的强度分级。颜色饱和度及色调的相互关系以图解示意(如图 8-1-26)。

图 8-1-26　颜色饱和度与色调关系图解
(据《钻石分级手册》,2007)

一般来说,我们对颜色的描述按前所指出的形容词法(如微绿、浅绿、淡绿、深绿等)、二色法(如黄绿色是绿为主色在后、色调在前)、对比法(如苹果绿等)描述之。值得注意的是彩钻之所以珍贵凭的是颜色。

定名彩钻时要综合性地表示出颜色、色调、颜色饱和度和亮度,如带黄色色调的淡绿色彩钻等。

在国际上通用的对彩钻评级是由美国宝石学院所制定的彩色钻石目视评级系统。通过对彩钻特征颜色的观察与孟赛尔色卡在标准照明和观测条件下的目视比较来评定颜色级别。这种评级包括主色色调及饱和度和亮度的综合。

今以蓝色彩钻为例:主色为蓝色;色调包括绿蓝、偏绿蓝、纯蓝和偏紫蓝等几个色调。颜色级别是饱和度和亮度的综和级别,一般有淡、很亮、亮、彩亮、彩、彩暗、彩深、彩浓和彩艳等。这颗蓝色彩钻的颜色即颜色级别加色调构成、如颜色色调为绿蓝;颜色级别为彩艳,就可定名为"彩艳绿蓝"色。

彩钻是很稀少的,根据统计,每十万粒钻石中才有一颗,所以备受人们喜爱。彩钻通常按颜色的强度分级,其价值取决于其稀有的程度和艳丽的光彩,在市场上也取决于需求的程度。有记载说,其价值最高可达普通钻石价格的 100 倍,但在目前,往往是以普通钻石价格的 5～10 倍进行交易。这也要看彩钻的颜色、4C 程度,如 4C 都相差不多的情况下,彩钻中以粉红色更为靓丽而珍贵,价格也相对较高;绿色的也很受欢迎,唯黄色的出现得相对较多。值得注意的是,经过染色处理的绿色彩钻出现的几率较大,故在鉴定时往往对绿色彩钻格外慎重。彩钻原石及首饰如图 8-1-27 所示。

彩钻稀有、彩钻珍贵、一些大型彩钻的价格就更难估算。例如 2014 年 6 月,一颗重达 122.52ct 的蓝色彩钻,在南非库里南钻石矿(Cullinan Mine)开采出来。这却是极为稀有的品种。因为天然蓝钻在天然宝石中就极稀少,超过 100ct 的就更为罕见。钻石开采商佩特拉钻石有限公司(Petra Diamonds Limited)将举行拍卖。据行内人士预测该钻石的拍卖价将超过 1 亿美元,图 8-1-28 为该 122.52ct 的蓝色彩钻。

图 8-1-27　彩钻原石及首饰

参考过去的记录,2013 年库里南矿出产的一颗 25.5ct 蓝钻原石售价 169 万美元。2014 年库里南矿出产的一颗 29.6ct 蓝钻原石售价 256 万美元(资料来源于《中国宝石》2014 年总第九十七期)。所以看来彩钻,尤其大型彩钻才是无价之宝。

5. 荧光强度级别划分

(1) 按钻石在长波紫外光照射下发出的可见光强弱程度,划分荧光强

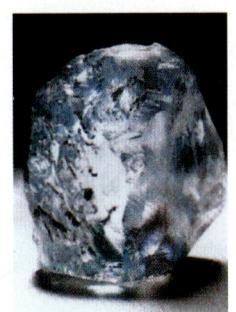

图 8-1-28　巨型蓝色彩钻

度级别。根据我国《钻石分级》(2010)中的规定划分如下:将荧光强度级别划分为强、中、弱、无 4 个等级。方法为用一套已标定荧光强度级别的标准圆钻型切工的钻石样品,该样品由 3 粒组成,依次代表强、中、弱 3 个级别的下限来对比样品。

(2) 荧光强度级别划分规则。待分级钻石的荧光强度与对比样品中的某一粒相同,则为该样品的荧光强度级别。若待分级钻石的荧光强度高于对比样品的"强",仍用"强"表示其强度级别;若低于对比样品中的"弱",则用"无"代表其级别。

(3) 待分级钻石荧光强度介于两粒对比样品之间,则用其中较低级别表示该粒钻石的荧光强度级别。

(二) 净度

一般所说的钻石净度,是指在 10×放大镜下所观察到的结果。为了方便,可使用放大镜,也可使用显微镜。使用显微镜也要用 10×放大,显微镜可以固定镜下图像,观察者可同时观察镜下图像,并记录或画图(左眼看显微镜下图像,右眼看记录,左手调节显微镜,右手记录或画图)。

用 10×放大镜观察净度,尤其是在观察钻石的内部特征时,应把钻石夹住,置于光束的边部,使进入钻石的光大部分从侧面穿过亭部,并对着较暗的背景照亮钻石的内部特征(此称暗

域照明),如图 8-1-29 所示。这样可更清晰地看到钻石内部的包裹体等物质。

在 10× 放大镜下观察到的结果,钻石的外部瑕疵和钻石的内部瑕疵分别称为钻石的外部特征和钻石的内部特征。钻石内部原有的缺陷,加工过程中对钻石造成的破坏,钻石中的杂质、包裹体、内凹原始晶面、空洞、棉、绺、裂或解理都是影响净度的方面。

外部特征(瑕)包括:原始晶面;表面纹理线;抛光纹;刮伤痕;烧伤痕;额外刻面;缺口;棱线磨损;击痕;激光痕

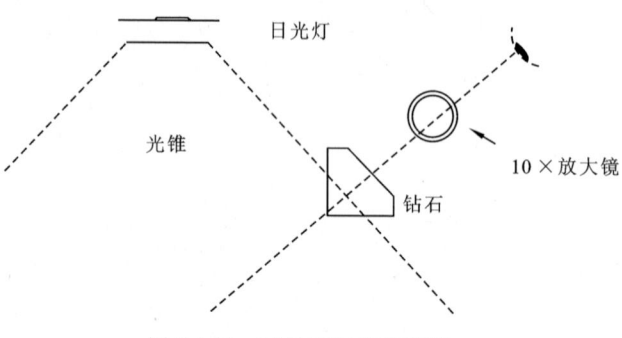

图 8-1-29 对钻石包体的观察

口等等。应该注意的是,在观察之前应该将钻石表面清洗干净。钻石表面往往会沾上一些灰尘、污点,应注意其位置是否移动,灰尘是否反映到相邻的刻面中。

内部特征(瑕)包括各种天然矿物包裹体,这是在内部最多见的瑕疵。天然矿物包裹体常呈晶体存在,据统计,已经知道的有 20 多种,如橄榄石、铬透辉石、石榴石、石墨等。他们有不同的颜色,如深色、浅色、黑色等,最多见的也是影响最大的是黑色包裹体。这些包裹体也可形成不同的形状,如点状、针状、斑状、瘤状、云雾状等。另外也包括内部纹理、内凹原始晶面、羽状纹、发状纹、空洞、解理纹等。解理纹是个比较严重的内部瑕疵,若沿解理劈开,钻石解理面将表现为阶梯状的平面。钻石是具有平行八面体的四组解理,一旦解理裂开,则成为加工中的致命伤。常见钻石的内、外部特征类型及符号详见表 8-1-7、表 8-1-8。现将世界钻石瑕疵等级系统作一对照,见表 8-1-9 所示。

表 8-1-7 常见钻石的外部特征类型及符号

名称	英文名称	符号	说明
原始晶面	natural	⟨N⟩	为保持最大质量而在钻石腰部或近腰部保留的天然结晶面
表面纹理	surface graining	∥∥	钻石表面的天然生长痕迹
抛光纹	polish lines	∥∥∥∥∥∥∥∥	抛光不当造成的细密线状痕迹,在同一刻面内相互平行
刮痕	scratch	﹀	表面很细的划伤痕迹
烧痕	burn mark	B	抛光不当所致的糊状疤痕
额外刻面	extra facet	⟨E⟩	规定之外的所有多余刻面
缺口	nick	∧	腰或底尖上细小的撞伤
击痕	pit	✕	表面受到外力撞击留下的痕迹
棱线磨损	abrasion	∕	棱线上细小的损伤,呈磨毛状
人工印记	inscription		在钻石表面人工刻印留下的痕迹,在备注中注明印记的位置

表 8-1-8 常见钻石的内部特征类型及符号

名称	英文名称	符号	说明
点状包体	pinpoint	●	钻石内部极小的天然包裹物
云状物	cloud	◌	钻石中朦胧状、乳状、无清晰边界的天然包裹物
浅色包裹体	crystal inclusion	◯	钻石内部的浅色或无色天然包裹物
深色包裹体	dark inclusion	⬤	钻石内部的深色或黑色天然包裹物
针状物	needle	\	钻石内部的针状包裹体
内部纹理	internal graining	∥	钻石内部的天然生长痕迹
内凹原始晶面	extended natural	⬠	凹入钻石内部的天然结晶面
羽状物	feather	⌒	钻石内部或延伸至内部的裂隙,形似羽毛状
须状腰	beard	⌢	腰上细小裂纹深入内部的部分
空洞	cavity	⌬	大而深的不规则破口
激光痕	laser mark	⊙	用激光束和化学品去除钻石内部深色包裹物时留下的痕迹,管状或漏斗状痕迹称为激光孔。可被高折射率玻璃充填

注:椐国际《钻石分级》,2010。

表 8-1-9 世界主要钻石净度分级系统近似对比

美国宝石研究所(GIA)	国际钻石委员会(IDC)国际珠宝联合会(CIBJO)	英国	德国	斯堪的纳维亚半岛		中国		10倍放大镜下观察特征
				<0.5ct	>0.5ct	原工艺标准(1966以前)	国家标准(2003)	
FI	IF	FI	IF	FI	FI	无瑕（完美无瑕）	LC	未见内部、外部特征 冠部不见额外刻面,原始晶面位于腰围内不影响腰部对称,内部生长线无反射现象,外部有极轻微瑕庇,轻微抛光后可除去
IF				IF	IF			
VVS₁	VVS₁	VVS	VVS	VVS	VVS₁	极微瑕（微微丝）	VVS₁	可见极微小外部、内部特征、极难观察到
VVS₂	VVS₂				VVS₂		VVS₂	很难观察到极微小的内、外部特征
VS₁	VS₁	VS	VS	VS	VS₁	一号花	VS₁	难以观察到的细小的内、外部特征
VS₂	VS₂				VS₂		VS₂	比较容易观察到的细小的内、外特征
SI₁	SI₁	SI	SI	SI	SI₁	二号花	SI₁	容易观察到的、明显的内、外部特征
SI₂	SI₂				SI₂		SI₂	很容易观察到明显的内、外部特征
I₁	PK₁	PK₁	PK₁	PK	PK₁	三号花	P₁	肉眼从冠部观察可见到明显的内、外部特征
I₂	PK₂	PK₂	PK₂		PK₂	四号花（大花）	P₂	肉眼从冠部观察可见到很明显的内、外部特征
I₃	PK₃	PK₃	PK₃		PK₃		P₃	肉眼从冠部观察可见到极明显的内、外部特征
		瑕明显						
		瑕严重等外品						

1. 净度分级

(1) 1996 年以前我国的分级为:无瑕指完美无瑕,在 10× 放大镜下不见任何瑕疵。与世界通用分级对比相当于他们(主要是国际分级)的 F 级、L 级(Flauxless,指完全洁净);其他还有极微瑕、一号花、二号花、三号花、四号花(也可称为大花);等等。

(2) 2003 年我国发布的《钻石分级》中规定,把钻石的净度分为 5 个大级和 10 个小级,净度级别分为 LC、VVS、VS、SI、P 5 个大级别,又细分别为 LC、VVS$_1$、VVS$_2$、VS$_1$、VS$_2$、SI$_1$、SI$_2$、P$_1$、P$_2$、P$_3$ 10 个小级别。

(3) 2010 年我国发布的国标《钻石分级》又把净度级别分为 LC、VVS、VS、SI、P 5 个大级别,并细分为 FL、IF、VVS$_1$、VVS$_2$、VS$_1$、VS$_2$、SI$_1$、SI$_2$、P$_1$、P$_2$、P$_3$ 11 个小级别(表 8-1-10)。

另外对于质量低于(不含)0.094 0g(0.47ct)的钻石,净度级别可划分为 5 个大级别。

(4) 净度级别划分规则。

表 8-1-10 钻石净度级别划分
(据国标《钻石分级》,2010)

大级别	小级别
LC	FL
	IF
VVS	VVS$_1$
	VVS$_2$
VS	VS$_1$
	VS$_2$
SI	SI$_1$
	SI$_2$
P	P$_1$
	P$_2$
	P$_3$
对质量低于(不含)0.094 0g (0.47ct)的钻石及镶嵌钻石可分为 5 个大级别	

LC 级:也有人称为无瑕级。

在 10× 放大镜下,第一种情况为钻石的内部和外部无任何瑕疵,可细分为 FL 级和 IF 级。

下列情况仍属 FL 级:

A. 额外刻面位于亭部,冠部不可见;

B. 原始晶面位于腰围内,不影响腰部的对称,冠部不可见。

在 10× 放大镜下观察为第二种情况,可定为 IF 级:

A. 可见其生长纹理,但无反光,无色透明,不影响透明度;

B. 可见轻微外部瑕疵,经抛光后可以除去者。

VVS 级:也有人称为极微瑕级。

在 10× 放大镜下,钻石具极微小的内、外部瑕疵,可细分为 VVS$_1$ 级、VVS$_2$ 级。

A. 钻石具有极微小的内、外部瑕疵,10× 放大镜下极难观察到,定为 VVS$_1$ 级;

B. 钻石具有极微小的内、外部瑕疵,10× 放大镜下很难观察到,定为 VVS$_2$ 级。

VS 级:也有人称为微瑕级。

在 10× 放大镜下,钻石具有细小的内、外部瑕疵,可细分为 VS$_1$ 级、VS$_2$ 级。

A. 钻石具细小的内、外部瑕疵,10× 放大镜下难以观察到,定为 VS$_1$ 级;

B. 钻石具细小的内、外部瑕疵,10× 放大镜下比较容易观察到,定为 VS$_2$ 级。

SI 级:也有人称为瑕疵级。

在 10× 放大镜下,钻石具明显的内、外部瑕疵,可细分为 SI$_1$ 级、SI$_2$ 级。

A. 钻石具明显的内、外部瑕疵,10× 放大镜下容易观察到,定为 SI$_1$ 级;

B. 钻石具明显的内、外部瑕疵,10× 放大镜下很容易观察到,定为 SI$_2$ 级。

P 级:也有人称为重瑕疵级。

从冠部观察,肉眼可见内、外部瑕疵,可细分为 P_1 级、P_2 级、P_3 级;

A. 钻石具明显的内、外部瑕疵,肉眼可见,定为 P_1 级;

B. 钻石具很明显的内、外部瑕疵,肉眼易见,定为 P_2 级;

C. 钻石具极明显的内、外部瑕疵,肉眼很易见或极容易见到并很可能影响钻石的坚固性,定为 P_3 级。

目前世界上的净度分级还不一致,主要是在净度很好的无瑕级和具有明显瑕疵的重瑕级方面有所差别,从表 8-1-7 来看,我国和 GIA、HRD、IDC、CIBJO 都不相同,但是最常见、常遇到的 VVS、VS、SI 级别划分上还是基本差不多的。

(5) 对质量低于(不含)0.094 0g(0.47ct)的钻石及已镶嵌钻石的净度分级:对质量小于 0.47ct 的钻石和镶嵌钻石的净度分级规定为在 10× 放大镜下只分 LC、VVS、VS、SI、P 5 个大级别,不分小级。对已镶嵌钻石作净度分级时,应考虑到那些比较隐蔽部位是否有瑕疵或小包裹体,尤其是爪镶戒指,应该特别注意爪下部位有无包裹体或炸裂现象等。

2. 净度级别的影响因素

(1) 瑕疵的数量。瑕疵,尤其是包裹体、纹理的数量越多,净度级别越低。

(2) 大小。包裹体越大,净度的级别越低。

(3) 位置。一般包裹体越居于钻石的中心部位越明显,甚至可反射到邻近的刻面上去,所以瑕疵越居中,其净度级别也越低。如果居于边部刻面之边缘,影响就会小一些。若被爪镶爪子压住,还往往不易被发现,所以瑕疵的位置是很重要的。

(4) 颜色及亮度。瑕疵的颜色越深越明显,净度级别越低;浅色者往往不易被发现或不太突出。瑕疵越亮越明显,尤其是一些纹理,反光强则易被看出。

钻石极少是无瑕的,尤其是钻石越大、净度就越低。另外一定要以 10× 放大镜为准,如果放大的倍数越大则所观察到的瑕疵就往往会越多。所以对钻石的净度观察只能统一在 10× 放大镜之下。

(5) 观察钻石净度利用的工具。如前所述,钻石净度观察主要是靠 10× 放大镜,这已经是全世界的基本准则,但是为了仔细固定的观察,也可以使用放大 10 倍的显微镜。如果使用显微镜观察净度,确定瑕疵的大小可采用 HRD 净度目镜微尺,如图 8-1-30 所示。

这种微尺上有大小不同的点、线、圈,可以直接测出瑕疵的大小,所以能更清楚地观察、描绘、记录钻石的内、外瑕疵特征。

(三) 切工

可根据钻石的对称性、刻面钻石的形状、各小面间的角度、比例关系、加工、光洁度和人为的损伤、抛光等方面评定钻石的切工。

如前所述,为了最大限度地在钻石上将入射光全部反射回台面,使之出"火",也就是最大限度地表现钻石的色散,美国塔克瓦斯基设计了圆钻型,称之为美国理想切工,后又经欧洲人进一步根据光的反射原理加以改进,故称欧洲型,也叫国际标准型或标准圆钻型(图 8-1-31)。这种比例关系的钻石型已广泛为人们所接受,如果不按这种角度切磨就会漏光,也就是钻石的台面不能将入射光全部反射回来。

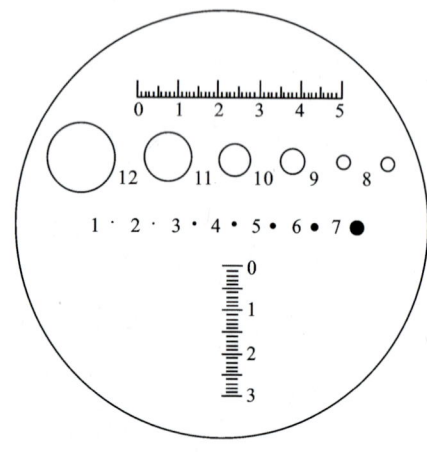
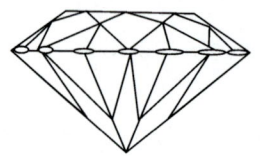

图 8-1-30　HRD 净度目镜微尺　　　　　　图 8-1-31　标准圆钻型钻石

1. 国际标准圆钻型

（1）国际标准圆钻型简称圆钻型，各部位和各个刻面的名称及比率分整个钻石为 57 个面，有底部小面的则为 58 个面，现将其各刻面的名称及比率表示如下（图 8-1-32）。

A. 名称。

① 腰以上称冠部，有 33 个刻面。

② 腰以下称亭部，有 24 或 25 个刻面。

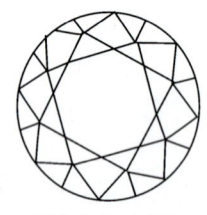

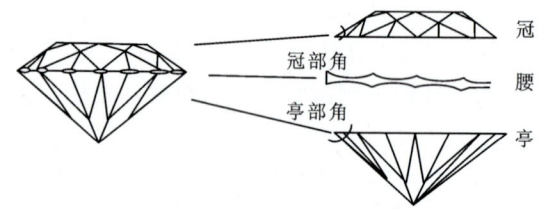

(a)标准圆钻型切工冠部、亭部俯视示意图　　　　(b)标准圆钻型切工侧视示意图

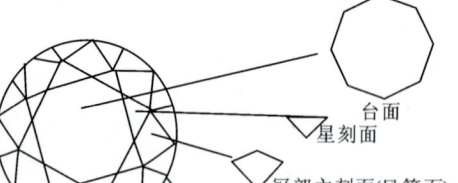
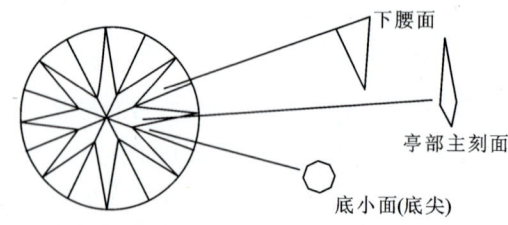

(c)标准圆钻型切工各刻面名称示意图

图 8-1-32　标准圆钻型钻石切工的各部分名称

③ 腰部为冠部和亭部之间的部分，在钻石中具有最大的圆周。具圆形水平面直径，最大的称最大直径，最小的称最小直径，二者之和的一半[（最大直径＋最小直径）×1/2]称平均直径。腰的圆周直径称腰棱直径。

④ 台面为钻石的最上部外表面,一般呈八边形刻面。
⑤ 冠部主刻面呈四边形的刻面,又称风筝面或者鸢面。
⑥ 星刻面为冠部呈三角形的刻面,居于冠部主刻面与台面之间又称星小面。
⑦ 上腰面为冠部呈近似三角形的刻面,居于冠部主刻面与腰之间,又称上腰小面。
⑧ 下腰面为亭部呈近似三角形的刻面,居于亭部与腰之间,又称下腰小面。
⑨ 亭部主刻面为居于亭部的四边形刻面,简称亭主面。
⑩ 底尖为钻石最底下的小面,即亭部主刻面的下交汇点,呈点状或小八边形刻面。有的钻石有,有的钻石无,无则为一尖尖。
⑪ 冠角为冠部主刻面与腰部水平面的夹角,通常以 α 表示。
⑫ 亭角为亭部主刻面与腰部水平面的夹角,通常以 β 表示。

B. 比率,又称比例,是指平均直径为 100%,其他各部分相对于它的百分比,也就是各部分相对于平均直径的百分比。

圆钻型钻石切工比率要素示意图如图 8-1-33 所示。

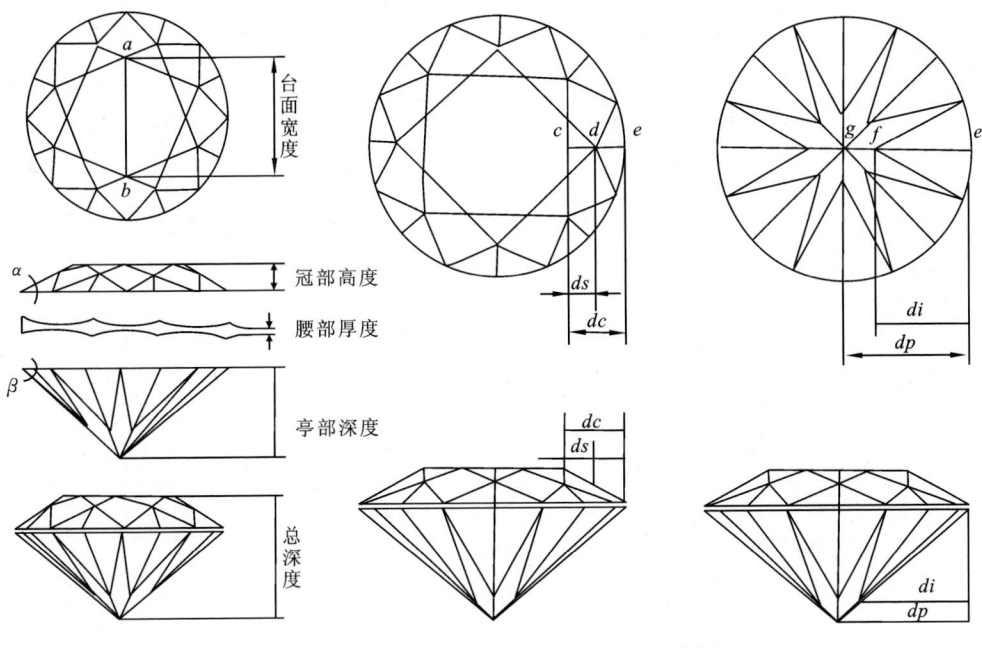

图 8-1-33 圆钻型钻石切工比率要素示意图

比率等级由下列各项度量表示:

$$台宽比 = \frac{台面宽度(ab)}{腰平均直径} \times 100\%$$

$$冠高比 = \frac{冠部高度(hc)}{腰平均直径} \times 100\%$$

$$腰厚比 = \frac{腰部厚度(hg)}{腰平均直径} \times 100\%$$

$$亭深比 = \frac{亭部深度(hp)}{腰平均直径} \times 100\%$$

$$全深比 = \frac{总深度(ht)}{腰平均直径} \times 100\%$$

$$底尖比 = \frac{底尖直径}{腰平均直径} \times 100\%$$

$$星刻面长度比 = \frac{星刻面顶点到台面边缘距离的水平投影(ds)}{台面边缘到腰边缘距离的水平投影(dc)} \times 100\%$$

$$下腰面长度比 = \frac{相邻两个亭部主刻面的联结点f到腰边缘上最近点之间距离的水平投影(di)}{底尖中心到腰边缘距离的水平投影(dp)} \times 100\%$$

(2) 对圆钻形切工的比例要求及分级标准。

A. 比率要求。圆钻型钻石切工首先要求各刻面的排列、组合的分布、比率关系和角度之间的关系正确。各部位切磨准确,钻石才会有很大的亮度(brilliance)和火彩(fire),它是透过冠部刻面看到的、光从宝石反射导致的明亮程度。

① 亮度,即使光从亭部刻面和冠部刻面表面反射的结果。

② 火彩指白光穿过切磨宝石倾斜刻面时,分解为其光谱色的现象,为钻石的重要特点,深受人们青睐。

从以上两点,我们也可大致判别钻石切工的好坏。如果切磨的台面大了,也就是冠部浅了,钻石将显示出较强的亮度,但火彩会降低[图8-1-34(b)、图8-1-34(e)];若台面大而薄或亭部过深,或台面小而厚都会漏光[图8-1-34(b)、图8-1-34(c)];若是台面小了,冠部深了,钻石将火彩增强,而亮度降低[图8-1-34(f)]。正确的比率切磨,才能使光线最大限度地返回,使钻石光亮而呈现火彩[图8-1-34(a)、图8-1-34(d)]。由此亦可见比率至关重要。

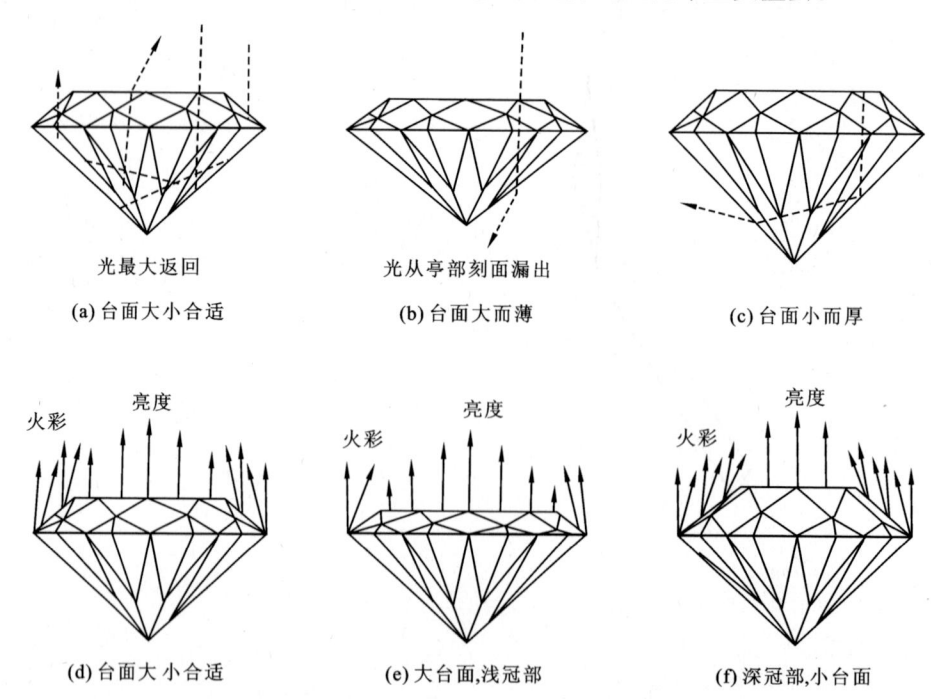

图8-1-34 标准圆钻型钻石切工与光线返回或漏出的关系

B. 对圆钻型钻石切工的分级。标准圆钻型钻石切工的最佳比率标准,各国颁布的皆有所不同,表 8-1-11 列出的是国际钻石委员会的分级标准,表 8-1-12 列出的是英国宝石协会与宝石检测实验室的圆钻型切工允许比例范围,表 8-1-13 列出的是美国 GIA 的圆钻型切工比例分级。这些圆钻型钻石切工比率分级标准各不相同,在此仅供参考。

表 8-1-11 国际钻石委员会钻石圆钻型切工分级标准

等级内容	差—中	良	优	良	中—差
台面宽度	<53%	53%~55%	56%~66%	67%~70%	
冠高	<9%	9%~10%	11%~15%	16%~17%	>17%
冠角	<27°	27°~30°	31°~37°	38°~40°	>40°
亭深	<39%	39%~40%	41%~45%	46%~47%	>47%
亭角	<38°	38°~39°	40°~42°	43°~44°	>44°
腰棱厚度		极薄	薄—中	厚	很厚
底尖宽度			<2%	2%~4%	>4%

表 8-1-12 英国宝石协会与宝石检测实验室圆钻型切工允许比例范围

等级 项目	一般	好	一般
冠角	27°~31°	31°~37°	31°~41°
亭角	38°~39°	39°~42°	42°~43°
台宽	67%~70%	53%~66%	51%~52%
冠高	9%~11%	11%~16%	16%~18%
亭深	40%~41%	41%~45%	45%~47%
全深	53%~57%	55%~64%	64%~67%

表 8-1-13 GIA 圆钻型切工比率分级

等级 项目	1	2	3	4
台宽比/(%)	53~60	61~64	65~75 或 51~52	>70 或 <51
冠角/(°)	34~35	32~34	30~32 或 37	<30 或 >37
腰厚	中~稍厚	薄或厚	很薄或很厚	极薄或极厚
亭深比/(%)	43	42 或 44	41 或 45~46	<41 或 >46
底尖	无~中	稍大	大	很大

(3) 我国对标准圆钻型的切工分级,分为比率级别和修饰度级别两个方面。

A. 比率级别。

① 比率级别的划分为按比率质量(台宽比、冠高比、腰厚比、亭深比、全深比、底尖比、冠

角及亭角、星刻面长度比、下腰面长度比等项目)作比率级别划分。在国标《钻石分级》(2010)中规定要依据各台宽比[各台宽比在《钻石分级》(2010)附录中有所划分,在具体应用时请参考,在此不作重复]对冠高比、冠角等各项确定各测量项目的对应级别。根据其测量结果好坏划分为:极好(EX)、很好(VX)、好(G)、一般(F)、差(P)5 个等级。

② 测量规格单位为毫米(mm),精确至0.01。各比率测量数值通常取整数。角度值单位为度(°),保留至0.2。

③ 比率级别划分中,以比率等级全部测量项目中的最低等级表示。也就是以一粒钻石的多个比率值中的等级最低级别代表其比率级别。

④ 影响比率级别的还有超重比例。这一影响体现为根据待分级钻石的平均直径,计算一般钻石的应有质量(重量)[见表 8-1-14 国标《钻石分级》(2010)中钻石建议克拉质量表,表 8-1-15 为一般常用钻石质量(重量)换算表],如果待测钻石超过这一质量,可计算出超重比例,查表得比率级别。

表 8-1-14 国标《钻石分级》中钻石建议克拉质量表

平均直径/mm	建议克拉质量/ct	平均直径/mm	建议克拉质量/ct
2.9	0.09	6.2	0.86
3.0	0.10	6.3	0.90
3.1	0.11	6.4	0.94
3.2	0.12	6.5	1.00
3.3	0.13	6.6	1.03
3.4	0.14	6.7	1.08
3.5	0.15	6.8	1.13
3.6	0.16	6.9	1.18
3.7	0.17	7.0	1.23
3.8	0.18	7.1	1.33
3.9	0.20	7.2	1.39
4.0	0.21	7.3	1.45
4.1	0.23	7.4	1.51
4.2	0.25	7.5	1.57
4.3	0.27	7.6	1.63
4.4	0.29	7.7	1.70
4.5	0.31	7.8	1.77
4.6	0.34	7.9	1.83
4.7	0.37	8.0	1.91
4.8	0.40	8.1	1.98
4.9	0.42	8.2	2.05
5.0	0.45	8.3	2.13

续表 8-1-14

平均直径/mm	建议克拉质量/ct	平均直径/mm	建议克拉质量/ct
5.1	0.48	8.4	2.21
5.2	0.50	8.5	2.29
5.3	0.53	8.6	2.37
5.4	0.57	8.7	2.45
5.5	0.60	8.8	2.54
5.6	0.63	8.9	2.62
5.7	0.66	9.0	2.71
5.8	0.70	9.1	2.80
5.9	0.74	9.2	2.90
6.0	0.78	9.3	2.99
6.1	0.81	9.4	3.09

注：计算得出的平均直径，按照数字修约国家标准，修约至 0.1mm，从上表查得钻石建议质量。

表 8-1-15　一般常用钻石质量(重量)(颗粒)换算参考表

平均直径/mm	粒重/ct	每克拉拥有的钻石(粒)数
1.3	0.01	100
1.7	0.02	50
2.0	0.03	33
2.2	0.04	25
2.4	0.05	20
2.6	0.06	16
2.7	0.07	14
2.8	0.08	12
2.9	0.09	11
3.0	0.10	10
3.1	0.11	9
3.2	0.12	8
3.3	0.14	7
3.5	0.16	
3.6	0.17	6
3.7	0.18	
3.8	0.20	5
3.9	0.22	
4.1	0.25	4
4.2	0.28	
5.15	0.50	2
5.9	0.75	

续表 8-1-15

平均直径/mm	粒重/ct	每克拉拥有的钻石(粒)数
6.5	1	1
7.1	1.25	
7.4	1.50	
7.8	1.75	
8.2	2.00	
8.5	2.25	
8.8	2.50	
9.05	2.75	
9.35	3.00	
9.85	3.50	
10.3	4.00	
11.1	5.00	
11.75	6.00	

B. 修饰度分级。修饰度(Finish)是指抛磨工艺优劣的评价。我国修饰度级别,可按修饰度好坏划分为:极好(EX)、很好(VX)、好(G)、一般(F)、差(P)5个等级。它包括对称性分级和抛光分级。对称分级也是根据对称的程度分为极好、很好、好、一般、差5个等级;抛光分级也根据抛光的好坏分为极好、很好、好、一般、差5个等级。

对称性分级和抛光分级中以较低级别为修饰度级别。

① 降低修饰度级别的对称性要素有:整个钻石腰围不够圆,台面偏心,底尖偏心,冠角不均,亭角不均,台面腰围不平行,腰部厚度不均,波状腰,冠部与亭部刻面尖点未对齐,刻面尖点不够尖锐,刻面缺失,刻面畸形,非八边形台面,额外刻面。

② 降低修饰度级别的抛光要素有:抛光纹,划痕,烧痕,缺口,棱线磨损,击痕,粗糙腰围,"蜥蜴皮"效应,粘杆效应。

一些图示可参见图 8-1-35。

C. 修饰度级别划分规则。按我国国标规定:根据钻石的比率级别和修饰度(对称级别和抛光级别)综合评价钻石的切工级别,查表 8-1-16 即可得出钻石的切工级别。

表 8-1-16 切工级别划分规则

切工级别		修饰度级别				
		极好 EX	很好 VG	好 G	一般 F	差 P
极好	EX	极好	极好	很好	好	差
很好	VG	很好	很好	很好	好	差
好	G	好	好	好	一般	差
一般	F	一般	一般	一般	一般	差
差	P	差	差	差	差	差

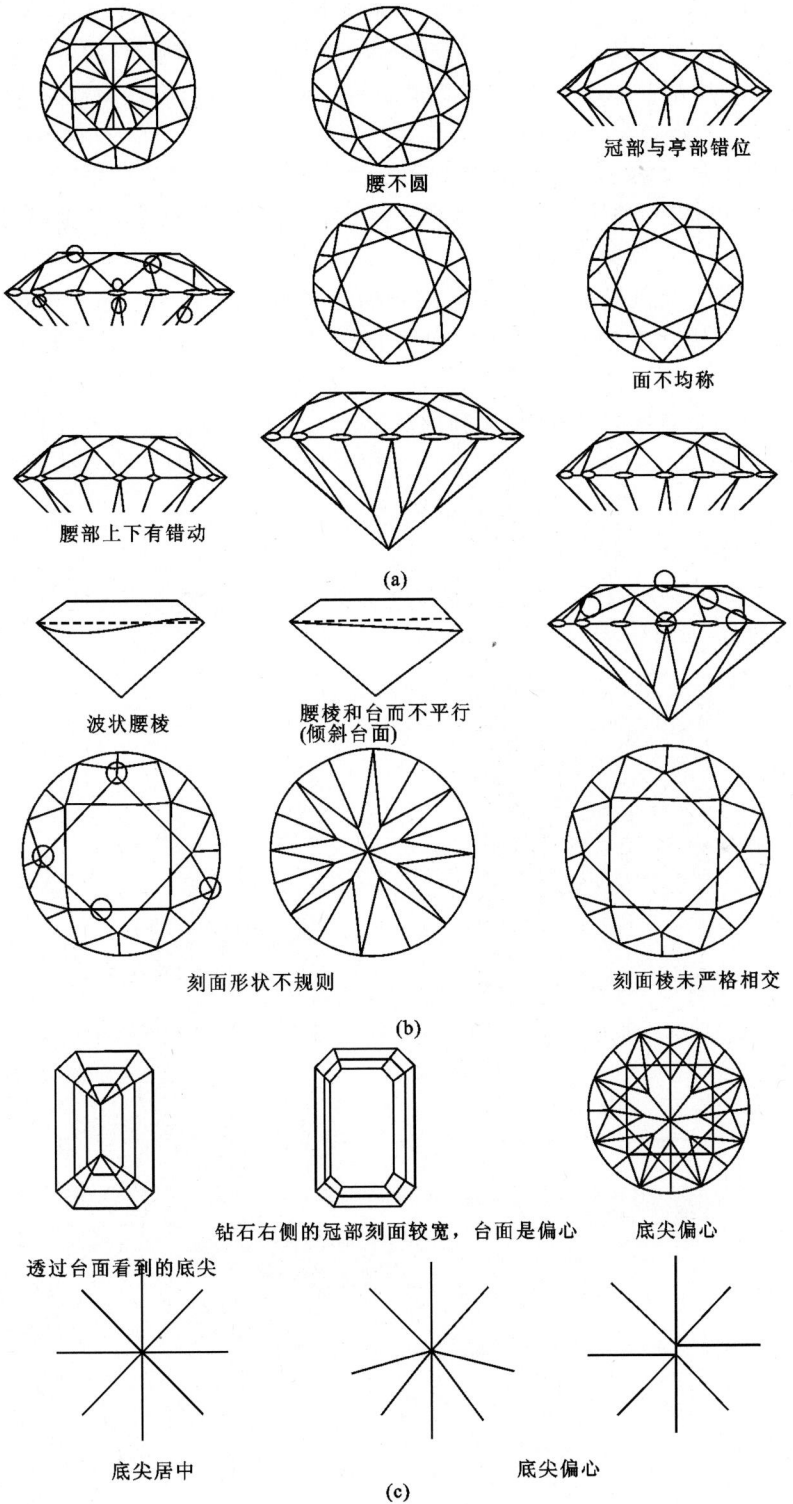

图 8-1-35 降低修饰度的示意图

(4) 对圆钻型钻石切工的检验。磨好的钻石须检查各刻面的排列、组合的分布和比例关系、角度之间的关系,甚至还要检查钻石的对称外观、刻面的抛光质量、面部的光滑情况和棱是否直、面是否平、角是否尖、交棱角度是否准确等。检查的方法除肉眼观察或用比率镜、微尺、卡尺度量外,也可以放在钻石标准形态比例仪或利用全自动切工测量仪检测,这样能清楚地发现不标准的地方,如冠部和亭部比例不合适,或角度、棱边不标准等毛病。

检查方法应尽可能地使用专门的仪器或工具,在没有仪器的条件下必要时可用目测。

A. 利用专门工具及仪器检查。

① 比例仪测量。比例仪在投影屏幕上有理想比率图,将分级钻石也投影在屏幕上,可比较出分级钻石与理想比率的异同。刻度上可直接读出偏差数据。比例仪如图 8-1-36(a) 所示。

② 微尺测量也称直接测量,为直接利用微尺测出数据。常用的有各种高精度的切工测量尺、卡尺、胶片微尺、台面量规、目镜微尺等。其中胶片微尺应用比较简便。目镜微尺是放在显微镜目镜中的微尺,获得的数据比较精确。

钻石切工测量尺、胶片微尺如图 8-1-36(b)、图 8-1-36(c)所示。

③ 钻石比例测定仪是自动化程度比较高的仪器,也是测量钻石切工比例的理想工具,准确度高,成本也高。如图 8-1-36(d)所示。

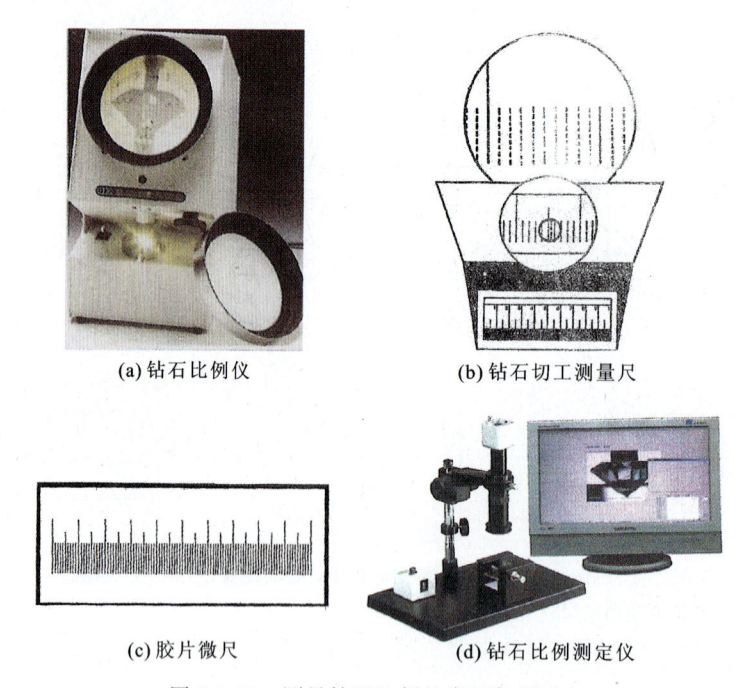

(a) 钻石比例仪　　(b) 钻石切工测量尺

(c) 胶片微尺　　(d) 钻石比例测定仪

图 8-1-36　测量钻石比例的常用仪器设备

B. 目测检查。在没有仪器的情况下,可在 10× 放大镜下直接目测,测量检查下列几方面。这种目测检测在《钻石分级》中已经取消,但在实际工作中还是可用的,在此提出此方法只作为参考。

① 检查台面比例可用尺子直接测量。台面比例=最长台面对角线的尺寸/平均腰部直

径的尺寸。如图 8-1-37(a)和图 8-1-37(c)所示,如台面最长对角线为 1.23mm,平均腰棱直径为 2.04mm,则台面比例为 1.23/2.04×100%=60%。此等台面比属很好的切工,而图 8-1-37(b)及图 8-1-37(d)则差。

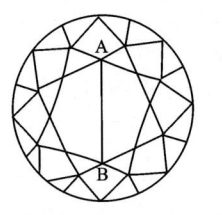 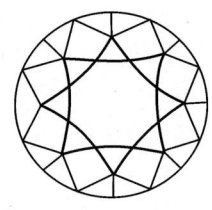 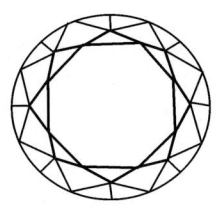 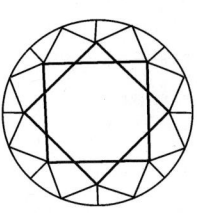

(a) AB为最长台面对角线(合适)　(b) 台面约为53%(小台面)　(c) 台面约为60%(大小合适)　(d) 台面约为67%(大台面)

图 8-1-37　台面大小比例示意图

② 冠部和亭部角度及比例测量。用镊子夹住腰部,目估冠部和亭部斜面与镊子的夹角,就是冠部或亭部的角度,如图 8-1-38 所示。

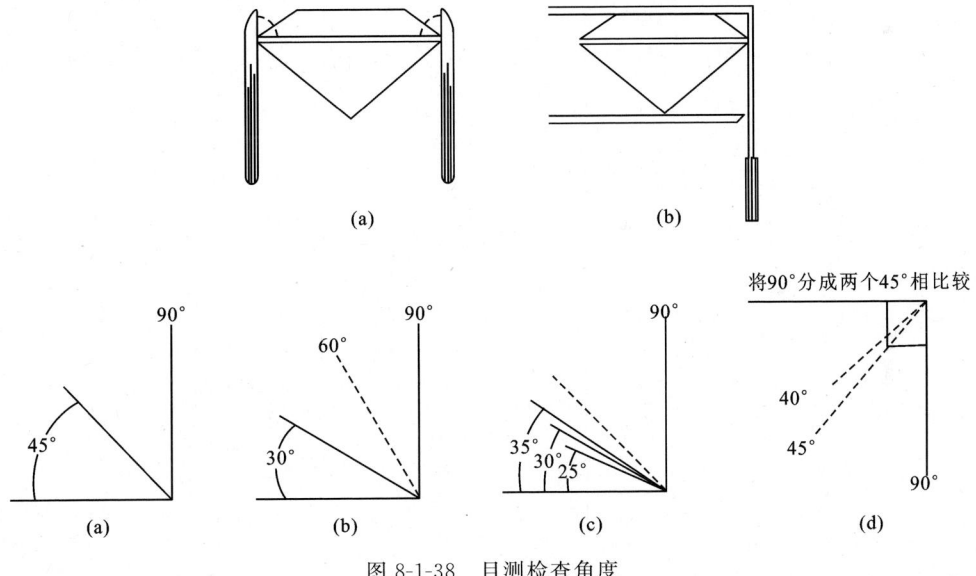

图 8-1-38　目测检查角度

③ 冠部和亭部的比例。目测腰围上下冠部和亭部的厚度,分别与腰围的直径(腰围直径为 100%)相比,估计占百分之几。测量方法为:在 10×放大镜下透过台面看亭部刻面上的台面及较深色映像,估计亭部的深线,一般圆钻型当亭角为 41°时,亭深比为 43%~44%。所看到的台面反映像为覆盖台面的 1/3;亭深比小于 40% 则显示"鱼眼效应",即可看到腰棱,如图 8-1-39 所示,说明亭部已经较深;若亭深比再深到全部覆盖整个亭部,则亭深比一定大于 47%,就太深了。

④ 腰部的厚薄。腰部厚薄影响质量和安全,过厚则显得呆板,影响折射效果,过薄则易于破损。还要四周厚薄一致,不能呈起伏状,可用镊子夹住腰部,让腰部平行眼睛进行观察,若看去腰部呈一条直线为合适;如果看出一定厚度,则说明腰部过厚,如图 8-1-40 中的 d、e、f、g 部分所示;如果看上去太锋利就说明太薄。图 8-1-40 中的 a 部分很容易破损,不安全。一

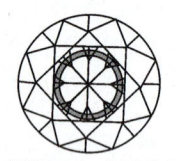  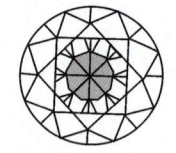 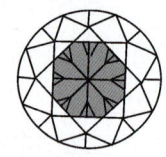

(a) 亭深37%，台面中所见腰棱的映像—"鱼眼" 钻石：亭部太浅
(b) 亭深43%，台面映像覆盖了亭部的1/3：理想
(c) 亭深47%，台面映像覆盖了亭部的2/3：稍过深
(d) 亭深50%，台面映像覆盖了整个亭部：太深（有时称为"钉帽"）

图 8-1-39　冠部与亭部的比例

般视颗粒大小，以图 8-1-40 中的 b、c 部分较为合适。在异型钻石（如祖母绿）琢形上，有的根本就没有腰棱[图 8-1-41(a)]；有的腰棱经过粗磨呈现粗磨面[图 8-1-41(b)]；也有的腰棱绕钻石被磨成刻面[图 8-1-42(c)]。所以，腰棱平滑而无光泽，最好的腰棱还是经过抛光而展现平滑光亮[图 8-1-41(c)]。查看腰棱可用专门的腰围镜，尤其要注意腰围的标记（图 8-1-42），用腰围镜则看得比较清楚。

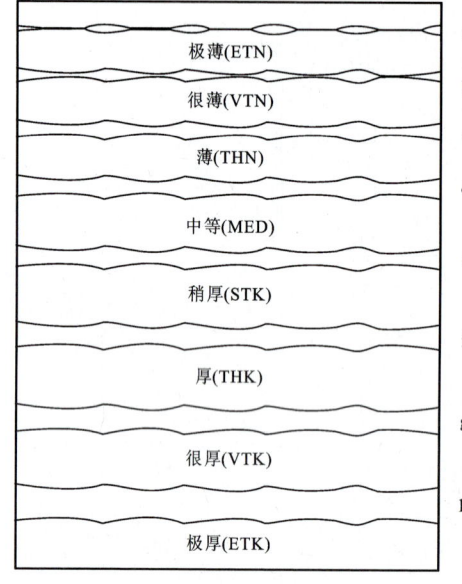

图 8-1-40　钻石的腰围厚薄示意图

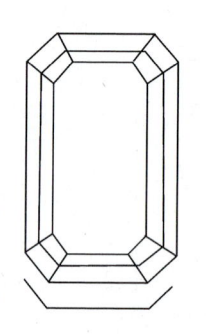 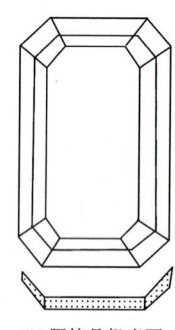 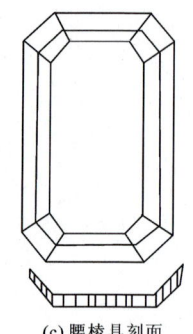

(a) 无腰棱　　(b) 腰棱具粗磨面　　(c) 腰棱具刻面

图 8-1-41　祖母绿琢型腰棱情况

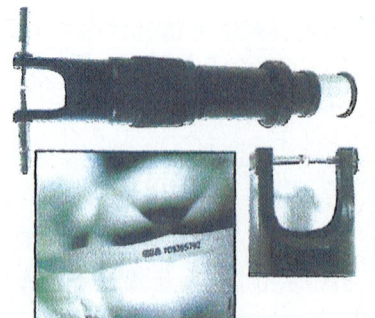

性能：夹住任何裸石，配合后方的目镜观看，使得腰围轻而易举的显现出来，还配有一个 10× 的目镜，使钻石腰围更清晰的呈现。不必反复地调节倍数的距离。可查看钻石腰围镭射标记及钻石腰围情况。

图 8-1-42　单目钻石腰围镜

⑤ 加工的光洁度和人工损伤主要看刻面上的抛光程度,可用 10×放大镜观察有无条纹状痕迹(抛光线),一般不应有琢磨细纹和人工损伤。但是由于抛光不当可造成烧痕,所以如果存在,就要看细纹的多少和损伤的程度。有的可见粗磨腰面、刻面腰面,比较好的腰面则光亮、平滑。判断腰部切工也是影响质量的重要方面。

这些在 10×放大镜下肉眼测量,都是可以观察到的。

2. 钻石的花式切工

关于钻石的花式切工。对常见的几种花式切工(图 8-1-43)的评价,同样参照上述标准圆钻型要求的对称性、加工光洁度和人为损伤等,结合具体情况而定。

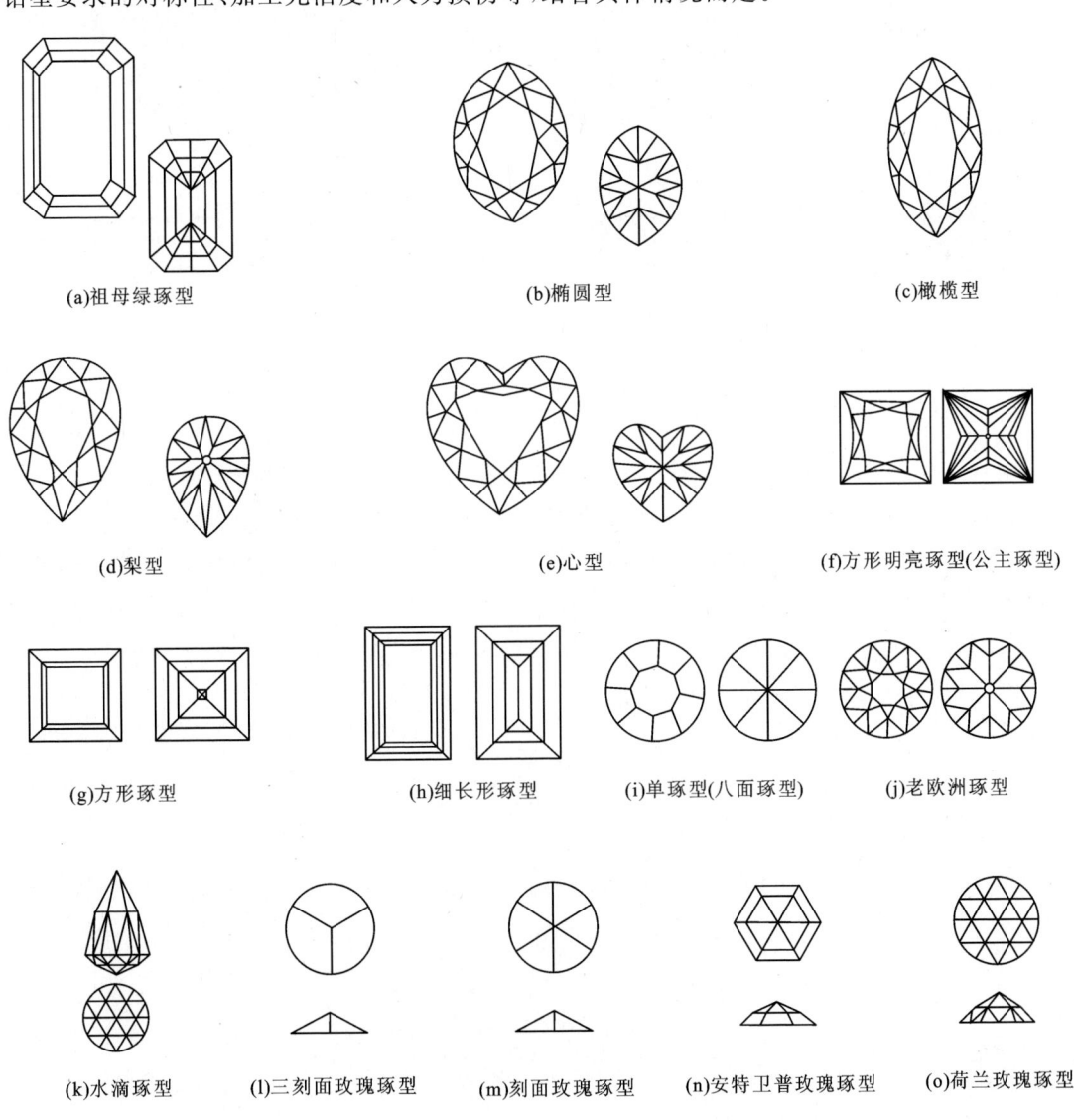

图 8-1-43 常见的几种花式切工

3. 八箭八心切工

切磨好的标准圆钻型钻石成品,用功能镜自台面向亭部观察,可见有放射状的 8 条箭自台面中心指向台边[如图 8-1-44(a)所示];反过来由亭部向台面方向观察,可见有 8 个大小相同的心[如图 8-1-44(b)所示]。这一切工要求有严格精度和对称性,不能有任何一点偏差,同时切磨要完全符合切工比例和角度的要求(见前第六章切工部分),如果切磨的比率不准确,则不能出现完整的八箭八心。

这种八箭八心切工,使钻石具有极高的火彩和亮度,是衡量钻石极佳品质的条件之一,非常受人们的青睐。

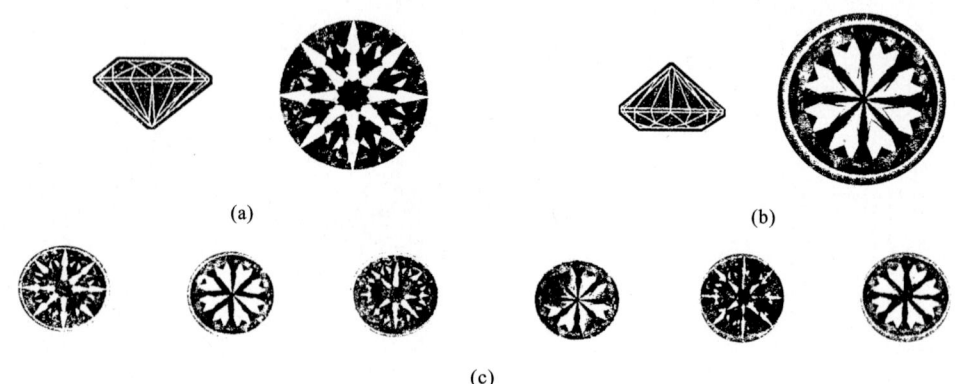

图 8-1-44　八箭八心切工

4. 钻石的出成率

钻石的出成率直接与钻石的切工有关,也直接关系着经济核算。它决定于金刚石(毛坯)的形状及加工师傅的技术高低。一般出成率多在 45%～46%。如果毛坯为薄的片、板状或条状等一些特殊形状,其出成率自然会很低;如果毛坯近于八面体形状,出成率就会高。八面体或近似八面体形状的金刚石原石,切磨圆钻形钻石出成率高;不规则八面体或八面体歪形的金刚石原石,可视情况切磨祖母绿型,钻石出成率会相对高些;一些板状、条状金刚石原石视具体情况切磨成心型钻石,出成率也会相对高些,如图 8-1-45 所示。

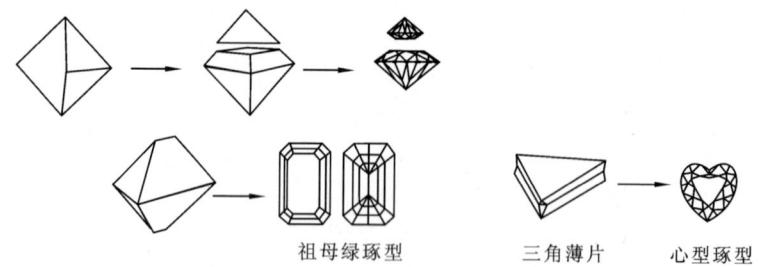

图 8-1-45　常见形状钻石毛胚较为合适的琢型

另外,如果具有瑕疵、明显解理或包裹体者都会不同程度甚至严重地影响出成率。对一些有加工经验的师傅可能出成率会高些,这要视具体情况而定。出成率可按下式计算:

$$出成率 = 钻石成品质量/毛坯质量 \times 100\%$$

但要防止盲目追求利润,为提高出成率而将钻石腰部加厚或冠部、亭部加深的做法,所以需要对切工进行严格的全面检查。

(四) 质量

质量以往叫重量。钻石使用的质量(重量)单位是克(g)。钻石贸易中所用单位仍为克拉(Carat 常以 ct 表示)。其表示方法为在质量数值后的括号内注明相应的克拉数,例如 0.200 0g(1.00ct)。

$$1.000\ 0g = 5.00ct(克拉)$$
$$1ct = 0.2g(克)$$

贸易中,分也很常用,分简写为 pt(point)。

$$1ct = 100pt(分)$$
$$0.01ct = 1pt(分)$$

其质量的称量,准确度应是 0.000 1g 精度的天平称量,数值保留小数点后第 4 位。换算克拉时保留至小数点后第二位。克拉值小数点后第 3 位,逢 9 进 1,其他可忽略不计。

测量钻石质量(重量)的方法,一般是直接用精密的天秤称重,市场上镶嵌的钻石饰品,已由镶嵌厂家在镶嵌之前称重,将其质量(重量)数作为印记打在首饰不显眼的位置处。如果没有印记,已经镶在戒指或吊坠上的钻石成品就不能随意取下来称重。有时流动性大的贸易,不便于随时带上天秤,因此,可以用测量的办法估算质量(重量)或用公式计算(这种以测量计算出来的质量往往不是十分精确,只可作为重要的参考数据)。

1. 标准型圆钻的质量换算

对标准型圆钻(58、57 个刻面的),磨得要比较标准,可测量其腰围直径,根据经验数字,就可换算出大致的质量,查表 8-1-15 即得。

根据这一表格数据,如果腰围直径不是表上的所列数字,或者腰围不圆,可以用插入法和多测几个数据取平均值,其计算公式如下:

标准型钻石的质量 = 腰围的平均直径的平方 × 深度 × 换算系数(0.006 1)。

深度是由台面到亭部锥尖的长度,或者说是钻石的高度。一般钻石的深度是腰围直径的 60%,所以,深度 = 腰围直径 × 60%。

2. 其他花式切工的钻石质量换算

现将其他各种不同形状花式切工的钻石质量的计算公式列举如下。

(1) 椭圆型钻:

钻石质量 = $[(长径 + 短径) \div 2]^2 ×$ 深度 $× 0.006\ 2$

(2) 祖母绿型钻:

钻石质量 = 长 × 宽 × 深 × 调整系数

祖母绿型钻长宽比率与调整系数的关系如表 8-1-17。

(3) 心型钻:

钻石质量 = 长 × 宽 × 深 × 0.005 9

(4) 榄尖型钻:

榄尖型钻长宽比率与调整系数的关系如表 8-1-18。

(5) 梨型钻:

表 8-1-17 祖母绿型钻长宽比率与调整系数的关系

长:宽	调整系数
1:1	0.008
1.5:1	0.009
2:1	0.010
2.5:1	0.010 6

钻石质量＝长×宽×深×调整系数

梨型钻长宽比率与调整系数的关系如表 8-1-19 所示。

表 8-1-18　橄尖型钻长宽比率与调整系数的关系

长：宽	调整系数
1.5：1	0.005 65
2：1	0.005 80
2.5：1	0.005 85
3：1	0.005 95

表 8-1-19　梨型钻长宽比率与调整系数的关系

长：宽	调整系数
1.25：1	0.006 15
1.50：1	0.006 0
1.66：1	0.005 9
2：1	0.005 75

3. 质量与价格的关系

钻石质量是决定钻石价格的重要因素。但是在一般情况下，品质（指颜色、净度、切工）相同的钻石，随质量（重量）不同，单价随之不同，其单价的增长，并非数学相加，而往往是以质量（重量）的平方乘以依一定质量而定的市场基础价向上增长，即：

钻石的价值＝质量(重量)^2×K(市场基础价)。

也就是说钻石的质量（重量）越高，单价越高。

钻石质量与价格的关系如图 8-1-46 所示。

值得注意的是，在钻石交易中，往往以 1ct 的单价为标准计算真实价值，而接近 1ct（即小于 1ct）的钻石（如 0.96ct）其价值则不能以（同等颜色、净度、切工）1ct 的钻石减去 0.04ct 的价格计算，而且比少于 1ct 的钻石价格少很多；而质量稍大于 1ct 的钻石（如 1.05ct），单价则以 1ct 的钻石为基础加上 0.05ct 的价格方为实际价格，如图 8-1-46 所示。2ct 的钻石则不是 1ct 钻石的 1 倍，而要另按 2ct 钻石的单价计算。

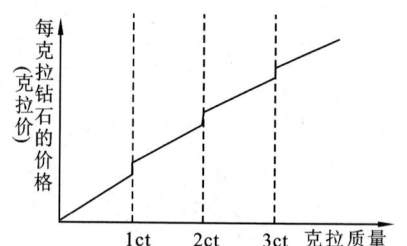

图 8-1-46　钻石质量与价格关系示意图

（五）4C 标准

评价一粒钻石要用以上所述的 Color（颜色）、Clarity（净度）、Cut（切工）、Carat（克拉质量）来综合评价，因为四项英文字母头全为 C，所以在市场上通俗称为 4C 标准。评价钻石通常以 4C 标准综合考虑，再决定其价值。钻石的 4C 标准图示如图 8-1-47 所示。但是如果 4C 中的一项特别突出，其价值就会很高。如质量特大就会很珍贵；若颜色突出，达到 D 级或净度极好（合成品例外），或切工很好都会提高其价值。

国外人士很注重切工，因为在其他条件相同的情况下，切工越好，则越亮丽。而我国特别是大陆人士则特别要求净度，认为 VVS 才是最好的钻石，实际上这是一个误区，应予以纠正。

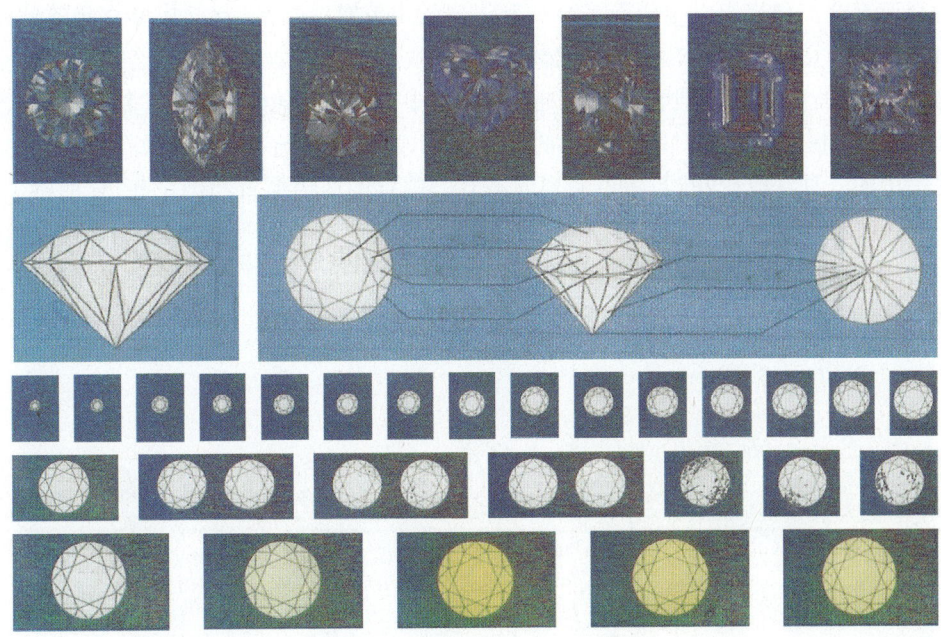

图 8-1-47　钻石的 4C 标准示意图

九、产状及产地

金刚石是在高温高压条件下形成的,产于超基性岩的金伯利岩(角砾云母橄榄岩)中。一般认为钻石在温度为 12 000～18 000℃、大气压力为 5 万～7 万个大气压的条件下,形成于地壳的深部 70km 以下。巨大的压力促使岩浆携带金刚石物质穿过岩层上升至地表附近,形成筒状岩管。这种所谓金伯利岩通常呈岩管、岩脉产出,也可呈喷发状态产出。如南非的金伯利岩岩管(图 8-1-48)、菲因舍岩管等近貌(图 8-1-49)。在金伯利岩中橄榄石、金云母、镁铝榴石、铬透辉石、铬尖晶石等矿物和金刚石形成共生或伴生组合。金刚石的工业矿床多富集在砂矿或半风化的金伯利岩岩筒或钾镁煌斑岩脉中。在外生条件下,含金刚石的原生矿床经风化、搬运可形成与砂在一起的砂矿,如我国湖南的沅水金刚石砂矿,其景观如图 8-1-50 所示。砂矿既是金刚石的重要来源,又是寻找金刚石原生矿的重要标志。

1. 金刚石原生矿

世界上绝大多数原生金刚石矿床,都属于此种金伯利岩类型。世界上最大的金伯利岩岩管,是 1905 年发现的南非阿扎尼亚的普列米尔岩管,在其中曾产出世界上最大的库里南金刚石。该岩管产出的宝石级钻石可占其钻石的 55%,还主要是 II 型的钻石。我国山东、辽宁、贵州产出的

图 8-1-48　南非金伯利岩管和戴比尔斯岩管,中间为金伯利城

金刚石都产于金伯利岩中。金刚石在金伯利岩岩管中较富;岩管产状又以陡立呈筒状或漏斗状产出的岩管含金刚石较多。在同一岩体中,往往块状金伯利岩比碎屑状金伯利岩含金刚石富;尤其含深源捕虏体越多则含金刚石越富;岩石中含橄榄石粗晶矿物越多,金刚石含量越高;同时随岩石中 MgO、Cr_2O_3 和 NiO 的含量增加,岩石中含金刚石性越好。金刚石是形成于上地幔中的一种深成矿物,与紫色系列的富 Cr 贫 Al 的镁铝榴石、富 Cr 和 Al 的铬尖晶石、富 Mg 和 Cr 的单斜辉石、钛铁矿及富 Mg 的橄榄石等高温、高压下形成的矿物密切伴生,因而在金伯利岩中,P(压力)、T(温度)的稳定区形成的矿物组合中的矿物越齐全,含量越多,金刚石也越丰富。

图 8-1-49　南非菲因舍岩管近貌

图 8-1-50　沅水主河道中沙洲尾部的矿段

2. 钾镁煌斑岩型金刚石矿床

钾镁煌斑岩型金刚石矿床于 1979 年在澳大利亚西部被发现,是一种金刚石矿床的新类型。它是一种超钾质的碱性超基性岩类。其成因为后期岩浆侵入到早期的火山岩中,侵入岩与火山岩紧密共生。常见的金刚石伴生矿物有橄榄石、单斜辉石、含 Ti 金云母、白榴石、角闪石、斜方辉石、富钾火山玻璃等。

3. 金刚石砂矿

有工业价值的金刚石砂矿主要是在第四系的冲积砂矿和滨海沉积砂矿中。砂矿主要分布在前寒武纪、晚古生代、中生代和新生代等各个地质历史时期的地层中,著名的如南非维特瓦特斯兰德,含金刚石砾岩;南非普列米尔和博茨瓦纳的奥拉博岩管上部的残积砂矿,都是金刚石砂矿的重要产地。金刚石砂矿是世界上钻石的主要来源,据估计产自金刚石砂矿的钻石占总产量的 60%,外生金刚石砂矿开采适合于大规模开发。

4. 存在于陨石中的金刚石

1886 年在俄罗斯东南部陨落的陨石中发现有黑色金刚石。在陨石中有黑色金刚石记载的,还有美国亚利桑那州和田纳西州、墨西哥、智利、匈牙利等地。我国最近也发现了清光绪年间流传的一颗金刚石,由六方金刚石和纤锌矿组成。呈天然形成的圆珠状,不透明,米黄色,重 43.03ct,具强磷光性。因该钻石可发磷光,故在我国又以"夜明珠"称之。经综合鉴定分析认为这颗金刚石是由外太空陨落而来,可暂定名为"陨石金刚石夜明珠"或称"陨石钻石夜明珠"。

据英国《每日邮报》(2012 年 8 月)报导,俄罗斯在西伯利亚东部地区一个直径超过 100km,叫"珀匹盖"的陨石坑内,有储量超巨大的钻石矿。不论这一报导的实际情况如何,但

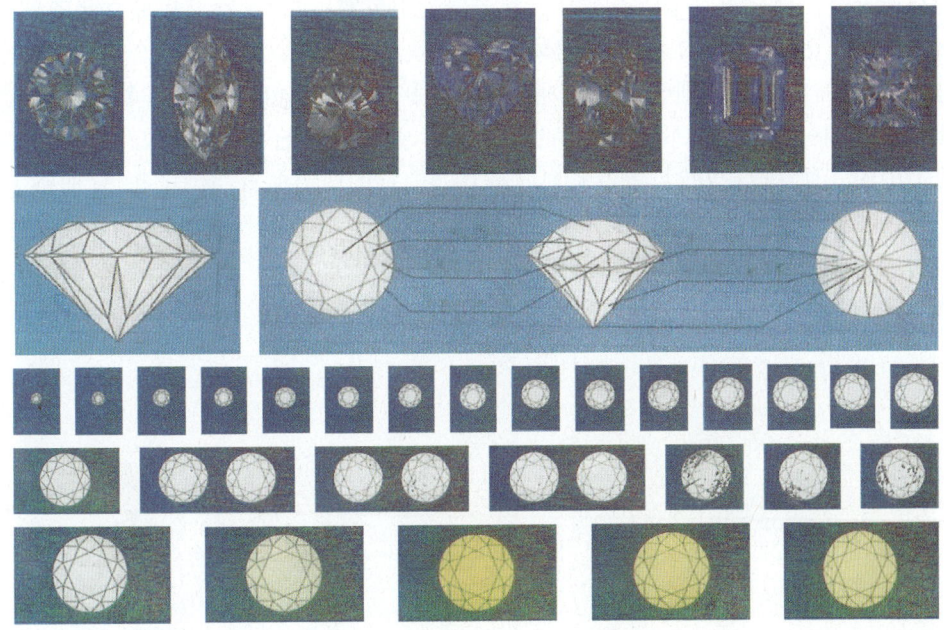

图 8-1-47　钻石的 4C 标准示意图

九、产状及产地

金刚石是在高温高压条件下形成的,产于超基性岩的金伯利岩(角砾云母橄榄岩)中。一般认为钻石在温度为 12 000~18 000℃、大气压力为 5 万~7 万个大气压的条件下,形成于地壳的深部 70km 以下。巨大的压力促使岩浆携带金刚石物质穿过岩层上升至地表附近,形成筒状岩管。这种所谓金伯利岩通常呈岩管、岩脉产出,也可呈喷发状态产出。如南非的金伯利岩岩管(图 8-1-48)、菲因舍岩管等近貌(图 8-1-49)。在金伯利岩中橄榄石、金云母、镁铝榴石、铬透辉石、铬尖晶石等矿物和金刚石形成共生或伴生组合。金刚石的工业矿床多富集在砂矿或半风化的金伯利岩岩筒或钾镁煌斑岩脉中。在外生条件下,含金刚石的原生矿床经风化、搬运可形成与砂在一起的砂矿,如我国湖南的沅水金刚石砂矿,其景观如图 8-1-50 所示。砂矿既是金刚石的重要来源,又是寻找金刚石原生矿的重要标志。

1. 金刚石原生矿

世界上绝大多数原生金刚石矿床,都属于此种金伯利岩类型。世界上最大的金伯利岩岩管,是 1905 年发现的南非阿扎尼亚的普列米尔岩管,在其中曾产出世界上最大的库里南金刚石。该岩管产出的宝石级钻石可占其钻石的 55%,还主要是Ⅱ型的钻石。我国山东、辽宁、贵州产出的

图 8-1-48　南非金伯利岩管和戴比尔斯岩管,中间为金伯利城

金刚石都产于金伯利岩中。金刚石在金伯利岩岩管中较富;岩管产状又以陡立呈筒状或漏斗状产出的岩管含金刚石较多。在同一岩体中,往往块状金伯利岩比碎屑状金伯利岩含金刚石富;尤其含深源捕虏体越多则含金刚石越富;岩石中含橄榄石粗晶矿物越多,金刚石含量越高;同时随岩石中 MgO、Cr_2O_3 和 NiO 的含量增加,岩石中含金刚石性越好。金刚石是形成于上地幔中的一种深成矿物,与紫色系列的富 Cr 贫 Al 的镁铝榴石、富 Cr 和 Al 的铬尖晶石、富 Mg 和 Cr 的单斜辉石、钛铁矿及富 Mg 的橄榄石等高温、高压下形成的矿物密切伴生,因而在金伯利岩中,P(压力)、T(温度)的稳定区形成的矿物组合中的矿物越齐全,含量越多,金刚石也越丰富。

图 8-1-49　南非菲因舍岩管近貌

图 8-1-50　沅水主河道中沙洲尾部的矿段

2. 钾镁煌斑岩型金刚石矿床

钾镁煌斑岩型金刚石矿床于 1979 年在澳大利亚西部被发现,是一种金刚石矿床的新类型。它是一种超钾质的碱性超基性岩类。其成因为后期岩浆侵入到早期的火山岩中,侵入岩与火山岩紧密共生。常见的金刚石伴生矿物有橄榄石、单斜辉石、含 Ti 金云母、白榴石、角闪石、斜方辉石、富钾火山玻璃等。

3. 金刚石砂矿

有工业价值的金刚石砂矿主要是在第四系的冲积砂矿和滨海沉积砂矿中。砂矿主要分布在前寒武纪、晚古生代、中生代和新生代等各个地质历史时期的地层中,著名的如南非维特瓦特斯兰德,含金刚石砾岩;南非普列米尔和博茨瓦纳的奥拉博岩管上部的残积砂矿,都是金刚石砂矿的重要产地。金刚石砂矿是世界上钻石的主要来源,据估计产自金刚石砂矿的钻石占总产量的 60%,外生金刚石砂矿开采适合于大规模开发。

4. 存在于陨石中的金刚石

1886 年在俄罗斯东南部陨落的陨石中发现有黑色金刚石。在陨石中有黑色金刚石记载的,还有美国亚利桑那州和田纳西州、墨西哥、智利、匈牙利等地。我国最近也发现了清光绪年间流传的一颗金刚石,由六方金刚石和纤锌矿组成。呈天然形成的圆珠状,不透明,米黄色,重 43.03ct,具强磷光性。因该钻石可发磷光,故在我国又以"夜明珠"称之。经综合鉴定分析认为这颗金刚石是由外太空陨落而来,可暂定名为"陨石金刚石夜明珠"或称"陨石钻石夜明珠"。

据英国《每日邮报》(2012 年 8 月)报导,俄罗斯在西伯利亚东部地区一个直径超过 100km,叫"珀匹盖"的陨石坑内,有储量超巨大的钻石矿。不论这一报导的实际情况如何,但可以看出外太空成因的金刚石，应引起人们的关注。

十、世界钻石的几个著名产地

纵观钻石的生产发展，古代所有的钻石一开始是来自印度淤积的沉积物中。应该说印度是世界上最早发现金刚石的国家。著名的大钻有"莫卧尔皇朝"（787ct）、"摄政王"（140ct）等。但在印度一直未发现原生金刚石矿，而且其产量也很低。1725年在巴西发现金刚石，也是来自淤积沉积物中。

第一批非洲金刚石于1866年在南非Vaul河沙中发现，1871年在金伯利市附近的金伯利岩矿脉中发现了金刚石。这个地区的金刚石首次在变质的金伯利岩中发现。金伯利市区的主要矿山首先是露天开采，随着开采越来越深，进而采用地下采矿的方法。露天开采到400～500英尺[①]深，在关闭前，最终挖到3 500英尺，自此南非金刚石有了名气。

随后在南非和非洲的其他地区逐渐发现了产金刚石的诸多地区。这些地区主要有扎依尔、加纳狮子山国、安哥拉、坦桑尼亚和纳米比亚（西南非），特别是最近在博茨瓦纳已开采的大型金刚石矿。多年来，非洲大陆生产金刚石占世界上产量的98%，随着苏联（包括"Mir"矿脉）和澳大利亚同它巨大的AK-1矿脉金刚石区的开采，这个数字已降到50%以下。1991年加拿大又发现了新的矿山。世界其他地方还有一些小规模的生产，如委内瑞拉、圭亚那、婆罗洲和印度尼西亚等。

20世纪80年代世界上金刚石的著名产地有澳大利亚、南非、扎伊尔、苏联、博茨瓦纳、纳米比亚、中非共和国、加纳、坦桑尼亚、安哥拉、南美及加拿大等。其中可能以澳大利亚在世界上的储量最大，已发现含金刚石的钾镁煌斑岩岩体150多个，年产量也最大，由1988年的3 500万ct增加到1998年的4 100万ct。但能达到宝石级金刚石较少，仅占5%。1988年扎伊尔年产量为2 300万ct，宝石级的占5%，居世界第二位；博茨瓦纳年产量1 500万ct，宝石级金刚石占19%，居世界第三位。苏联金刚石年产量1 200万ct，宝石级占26%；南非发现的金伯利岩管已有350多个，估计钻石储量可达2.5亿ct，年产量960万ct，宝石级占25%。已知的重要产地还有加纳等国，金刚石年产量虽低于50万ct，但质量好，宝石级金刚石含量可高达70%。

目前值得重视的产地除非洲、苏联及澳大利亚之外，就是加拿大的金刚石矿，它是在1990年加拿大的耶鲁佘夫市以北约360km处发现的。此地区已靠近北纬65°的湖泊地带，产状属于原生矿金伯利岩管类型，并已发现51个岩管，岩管中大多数都含有金刚石。所产钻石品质极佳，宝石级占30%～40%，无色透明，品位达2.5～100ct/100t，现在年产量已可达400万ct。这一矿山的发现，已引起世界钻石行业及地质界的普遍关注，认为这是金刚石开发史上的重大发现，是继澳大利亚之后的又一个金刚石大矿床。

金刚石是可用高度机械化、大型化开采的几种宝石矿之一，全球年产量约1亿ct。概略统计，其中仅20%能够琢磨成首饰及钻石。

从产状上看所发现的金刚石矿床，砂矿占75.7%，原生矿占24.3%。从应用上看基本分为两种：宝石级金刚石和工业用金刚石。宝石级金刚石是晶体很好的透明金刚石，工业用金

---

① 1英尺＝0.304 8m

刚石包括圆粒金刚石、圆粒工业金刚石和黑金刚石。圆粒金刚石广泛用于工业，是一种晶体不好的，由灰到褐色、半透明到不透明的晶体，圆粒工业金刚石是由许多小的金刚石晶体组成的一个球状体。黑金刚石是不透明的、黑或灰色、结构紧密的工业用金刚石类型。

十一、我国金刚石矿床资源概况

我国金刚石矿床以原生矿床为主，砂矿次之。已知矿床位于华北地台区，矿床为金伯利岩管或岩脉状产出。金刚石平均品位为数十至数百毫克每立方米。成矿时代以加里东期、华里西期和燕山运动期为主。主要矿产地为辽宁瓦房店复县和山东蒙阴矿田，砂矿型为第四系砂矿，主要分布于湖南、山东、辽宁3个省。

1. 辽宁瓦房店复县原生金刚石矿床

该矿床位于华北地台辽东台隆复洲复向斜内，含金刚石的金伯利岩侵入于太古代片麻岩与古生代地层中，受东北郯卢断裂控制，成矿岩浆活动发生于加里东期和华里西期，具3个金伯利岩带，共有岩管19条，岩脉57条，其中有工业价值的53条，分别位于矿床北部、中部和南部。矿带长几十千米，矿床品位为每立方米零点几至数百毫克不等。所产的金刚石晶体多呈八面体和菱形十二面体。每粒粒度为千分之几克拉至数十克拉。很多金刚石颗粒比较完整，粒度大小不等，多呈无色、黄色。根据部分矿体测定为Ⅱ型金刚石，含量为12%，其中Ⅱ$_a$型占90%以上。金刚石质地较好，见图8-1-6(a)。

辽宁瓦房店一带的金刚石矿床，目前被认为是我国最大的金刚石原生矿。也有砂矿，矿床紧靠金刚石原生带，其出产的宝石级金刚石储量大、品质好，产量中宝石级金刚石占到50%以上。

2. 山东蒙阴金刚石矿床

该矿床位于华北地台区鲁西台背斜中心部位，郯庐断裂带东侧，在长55km、宽18km范围内展布，有3条金伯利岩带，共含金伯利岩体、岩脉、岩管百余个，单个岩体长数百米至数千米。受东北向断裂带控制，金刚石品位变化较大，每立方米可由数毫克到数千毫克。金刚石颗粒大小不等，可从千分之几克拉到百余克拉，晶体以八面体和菱形十二面体为主，多呈无色、微黄或棕黄色。据测，1号岩管为Ⅱ型金刚石，占15%以上，其中Ⅱ$_a$型占75%。

山东沂沭河流域金刚石砂矿位于华北地台郯庐断裂带东南侧，与蒙阴原生矿相关。沂沭河全长近300km，形成于下游临沭地区和支流东汶河一带。山东于泉为代表性矿区，矿体赋存于第四纪残积层中，属阶地残余冲积砂矿型矿床。已探明4个矿体，单矿体长1 000~4 000m，宽100~1 000m，面积为0.5~2km²，金刚石平均品位很高。

3. 湖南沅水金刚石砂矿

该矿床为1950年前后发现，砂矿居于扬子地台的古隆地区，沿沅江断续展布。沅江全长约1 047km，有7条支流，沿江发育六级贯通阶地，第四系砂粒层中赋存有金刚石，以细谷和细谷阶地型砂矿为主，形成常德丁家港、麻阳、武水等矿床。常德丁家港矿区面积180km²，由数十个矿体组成，其中主矿体5个，单矿体面积1~7km²，含金刚石平均品位为每立方米几个毫克，并含有黄金、锆石及钛矿物等与之共生。本区所产的金刚石也多以八面体、菱形十二面体出现，晶体多很完整，晶棱宽，金刚光泽强，而粒度小，多浅色透明，表面溶蚀不严重，质量较好。所发现的为Ⅱ型金刚石，全部为Ⅱ$_a$型。

本区以品位低、分布零散、质地好为特点。宝石级金刚石可达到40%左右，据悉还不断有彩色钻石出现，值得关注。

另外，贵州镇远县有金刚石矿，为原生矿，所产的金刚石约60%属II_a型金刚石，少量为II_a型和混合型金刚石。虽然唯产量甚少，但是远景还是很可观的，目前尚在近一步开发、勘探、查明之中。

20世纪60年代以来发现的金刚石矿点除以上所述之外还有西藏、新疆、广西等省（表8-1-20）。

表8-1-20 国内其它金刚石矿点

省（自治区）	矿点	省（自治区）	矿点
江苏	新沂市城岗（砂矿）	内蒙	四子王旗
安徽	淮北（砂矿）六安大别山	辽宁	丹东 铁岭
湖北	随州大洪山 京山六房咀（砂矿）	黑龙江	烟筒山
湖南	麻阳武水	新疆	巴楚塔里木西北 墨玉县喀拉喀什河（砂矿）
广西	融安融水（砂矿）三江（砂矿）平果罗沙子（砂矿）	西藏	安多东巧 曲松罗布
		贵州	镇远（原生、金伯利岩型）

纵观以上我国金刚石矿产地，目前认为辽宁质地最佳，湖南其次，山东第三。但山东和辽宁曾发现了多颗巨粒金刚石，如著名的常林金刚石和蒙山1号等都是产自山东。也有人认为我国可供开发利用的产地不足，金刚石的品位偏低，仅是质量较好而已。

十二、世界较大金刚石历史发现记载略述

世界上传统地将百克拉以上的金刚石都起有专门的名称，并载入世界名钻。

世界上最大的钻石，根据过去的记载为1905年发现于南非的库里南，重达3 106ct，这颗大钻石经过3个熟练工人切磨了8个月的时间，将其分割成4颗大钻和101颗小钻。最大的库里南Ⅰ号，也称"非洲之星"，质量为530.2ct，磨出74个面的水滴型钻石，镶在英国国王的权杖上；库里南Ⅱ号质量为317.4ct，镶在英国国王的王冠上；库里南Ⅲ号，质量为94.40ct，现在在英国女王后冠的尖顶；库里南Ⅳ号，质量为63.7ct，镶在英国女王后冠的边部。切割后的库里南共磨出1 064ct钻石，据称其余质量成碎屑消耗。

1893年，在非洲又发现了第二大金刚石，质量为995.2ct，定名为"高贵无比"，更好之意。1972年在塞拉利昂又发现了质量为968.8ct的第三大金刚石，称"狮子山之星"，又称"塞拉利昂之星"，至今陈列在塞拉利昂博物馆里。另外还发现有一粒艳丽的深蓝色彩钻，质量为45.52ct，是世界上最出名的彩钻。这颗彩钻有着传奇的经历，最后落到了华盛顿博物馆。它价值连城，在转手的过程中，主人甚至招来了杀身之祸。在一些历史小说中，关于钻石的传奇故事不胜枚举，这也说明了钻石之可贵已早为人知。

世界上大金刚石（>100ct）的发现有记录的如表8-1-21，切磨好的大钻石如表8-1-22。

表 8-1-21　世界上发现的大金刚石（＞100ct）一览表（按年代顺序排列）

发现年代	质量(ct)	发现地
1650	793	印度
1701	410	印度
1835	440	印度
1850	350	巴西
1880	429.5	南非
1884	469.0	南非
1888	428.5	南非
1893	995.2（目前已知的世界第二）	南非
1895	650.25	南非
1900	503	南非
1905	3 106（目前已知的世界第一）	南非
1908	337	南非
1910	375	南非
1910	375	南非
1923	609.25	南非
1924	416.25	南非
1928	412.5	南非
1934	726	南非
1937	381.25	中国（金鸡钻石）
1937	324.9	巴西
1938	726.6	巴西
1938	354	巴西
1939	455	巴西
1941	400.65	巴西
1943	328.34	巴西
1945	770	印度
1946	409	巴西
1951	511.25	南非
1954	426.5	南非
1960	600	巴西
1967	601.25	索莱托
1969	436	巴西
1972	968.9（目前已知的世界第三）	南非
1977	158.78	中国（常林钻石）
1981	124.27	中国（陈埠一号）
1983	119.01	中国（蒙山一号）

表 8-1-22 世界著名金刚石（>50ct）摘录（按重量顺序排列）

产出时间	质量(ct)	定名	颜色	切磨款式	产出地
1905	530.20	库里南Ⅰ	无色	梨形	南非
1905	317.40	库里南Ⅱ	无色	长方钻	南非
1650	280.00	大莫卧尔	无色	玫瑰形	印度
1835	277.00	尼扎姆	无色	圆拱形	印度
1895	245.35	朱碧丽	无色	钻石形	南非
1880	228.50	维多利亚	黄色	钻石形	南非
1918	205.00	红十字	黄色	方形	南非
18世纪前	189.60	奥洛夫	无色	玫瑰形	印度
	185.00	光之川（伊朗）	粉红色	玫瑰形	印度
1884	184.50	维多利亚	无色	椭圆形	南非
	183.00	月亮	黄色	钻石形	南非
	152.16	黄色伊朗	黄色	长方钻	南非
1642	150.00	光之川（达卡）	无色	长方钻	印度
1701	140.5	摄政王	无色	长方钻	印度
15世纪前	137.27	弗洛朗廷	黄色	双玫瑰形	印度
1853	128.80	南方之星	无色	长方钻	巴西
1878	128.50	泰菲尼	黄色	钻石形	南非
	127.02	葡萄牙人	无色	祖母绿形	巴西
1934	125.65	琮克尔	无色	祖母绿形	南非
1304	108.93	光之山	无色	椭圆形	印度
	104.15	大菊花	古铜色	梨形	南非
	94.80	东方之星	无色	梨形	印度
1905	94.40	库里南Ⅲ	无色	梨形	南非
	88.70	沙赫	无色	棒形	印度
	84.00	爱神	无色	梨形	印度
	70.21	幽灵之眼	无色	长方形	印度
1893	69.68	埃希尔王	无色	梨形	南非
	67.89	德兰士瓦	橙黄色	梨形	南非
1905	63.70	库里南Ⅳ	无色	方形	南非
1880	56.60	甫特露戴丝	无色	祖母绿形	南非
	55.00	桑西	无色	心形	印度

我国现存的最大钻石，重 158.78ct，1977 年发现于山东临沭常林地区，故名"常林钻石"[图 8-1-6(c)]，是世界百克拉以上名钻的第三十四位；1981 年又发现"陈埠一号"钻石，重 124.27ct；1983 年发现"蒙山一号"钻石，重 119.01ct。可见，我国产大钻石的可能性是很大的。

据记载,我国发现的最大的钻石于1936年产出于山东沂沭河畔、金鸡岭一带,故取名为"金鸡金刚石"。该金刚石呈金黄色,重281.25ct。时值日寇侵华期间,其被日寇掠夺。

在民间相传关于金刚石的记载还有很多,可见我国产出的大钻石也不只这些,只不过受社会环境的影响,不得其知而已。

十三、钻石市场概述

长期以来世界钻石市场主要由英国的戴比尔斯(De Beers)公司控制。该公司于1880年创办于南非,总部设在伦敦,经过一百多年的发展,现已成为拥有几百名钻石鉴定高级专家、在世界各大钻石贸易加工中心都设有分支机构的庞大垄断集团。通过它的中央销售机构(CSO,现已改组为DTC)收售世界钻石,控制了不少世界钻石市场。世界钻石市场的价格经常有所变化,所以有国际钻石报价表可以参考。如美国纽约Rapaport国际钻石报价表,在钻石贸易中是比较普遍用于参考的。Rapaport对标准圆钻型钻石的价格每周发布一次。现附一份钻石国际、国内市场报价表以供参考(图8-1-51)。

在我国国内有的钻石公司自制钻石报价表(图8-1-52)提供消费者购置钻石时参考。这虽是地方性的、短时间之内该公司的钻石价格,但是它却能反映出该所在地区的钻石行情及变化,这一举措对钻石市场贸易还是有益的。

在钻石贸易方面,美国是最大的钻石消费国,每年进口钻石几百万克拉。最近几年美国对钻石的需求比较稳定。切工方面有悠久历史的是比利时的安特卫普(Antwerp),也是著名的钻石贸易中心,享有"世界钻石之都"的美称。比利时、以色列和俄罗斯的钻石切工一直处于领先地位。其他主要的钻石贸易城市有特拉维夫、曼谷、纽约、孟买、约翰内斯堡等地。中国香港的钻石市场近年来也发展迅速,将成为新兴的钻石贸易中心之一。

另外,市场情况(据英美资源公司发布蒋子清译)以控制世界钻石市场的戴比尔斯公司为例,2014年毛坯钻的开采量达到3 260万ct,他们预计2015年可增到3 400万ct左右。2014年戴比尔斯公司钻石总体销售额为71亿多美元,钻石单价持续稳定于198美元/ct,平均价格指数比已往上涨了5%左右。这基本上反映了世界钻石市场的概况。

我国金刚石矿业起步较晚,1970年前只零星开采少数砂矿。20世纪70年代后,几座原生矿山陆续投产,辽宁矿山、山东矿山开始启动,目前年产量已相当可观。我国金刚石矿产地还有湖南、贵州、新疆等20余处,有希望产金刚石的地区还有吉林、黑龙江、江苏、安徽、湖北、西藏等地区。我国金刚石储量根据初步估算约在几千万克拉以上,可能居世界第9~10位。

由于目前天然金刚石远远不能满足消费者的需求,所以人工合成金刚石工业迅猛崛起。近年来我国不断提高天然金刚石的产值,提高出口换汇能力,减少因进口金刚石而引起的贸易逆差。据《中国海关统计年鉴》(中华人民共和国海关总署,1990),1990年我国金刚石出口量为几万克,出口额为几千万美元,除供我国香港之外,还出口到泰国、比利时等国家。进口量为十几万克,进口额为几千万美元,在贸易额上看来大致平衡。而金刚石的进口量要大的多,而且有很多进口量还难以统计进去。为此,加强地质找矿,提高人们热爱的天然金刚石的生产能力实属当务之急。

图 8-1-51　2009 年 9 月的一份钻石国际市场报价表

沃尔钻*GIA 裸石报价表**(0.30ct-2ct)

30 分	IF	VVS1	VVS2	VS1	VS2	SI1	SI2
D	20963	17281	17000	16500	16131	14463	13906
E	15969	15500	15225	14700	14344	13594	12900
F	15306	15225	14681	14300	13750	13350	12794
G	15044	14875	14300	13906	13438	12938	12375
H	14681	14300	13906	13500	12938	12650	12075
I	13438	13350	13200	12650	12375	12075	11500
J	12363	12238	12100	11419	11125	10806	10238
K	10213	10013	9900	9244	8700	8438	7875

40 分	IF	VVS1	VVS2	VS1	VS2	SI1	SI2
D	23581	19888	19238	18900	18488	17244	15575
E	19081	18763	18375	17850	17000	15588	14513
F	17813	17719	17325	16800	16313	14513	13438
G	17281	16913	16600	16469	15769	13975	12900
H	16400	16275	16125	15769	13438	12938	12363
I	14175	14006	13813	13438	13050	12363	11825
J	13325	13125	12750	12363	12238	11288	10750
K	11275	10106	10000	9738	9450	9138	8500

50 分	IF	VVS1	VVS2	VS1	VS2	SI1	SI2
D	39694	31450	27656	26650	25419	21500	18275
E	29313	26100	25506	24500	23063	19713	16600
F	25650	25506	25000	23500	22038	19031	16313
G	23963	23100	22219	21525	21250	17738	15050
H	22500	22306	21250	20963	19888	17050	14850
I	19988	19475	18594	18275	17200	15400	13750
J	16088	15888	15406	15050	13975	13750	13200
K	13125	13000	12300	12075	11825	11550	11000

60 分	IF	VVS1	VVS2	VS1	VS2	SI1	SI2
D	41325	35275	30606	28600	27563	23000	19550
E	33919	31175	28488	26950	25313	21850	18400
F	29925	28819	26875	25263	24188	20125	17250
G	26325	25200	23906	23100	22750	19181	16275
H	23400	22844	22750	22425	21506	18406	16031
I	20500	19950	18813	18488	18000	18675	14531
J	16500	16275	15769	15575	14625	14375	13800
K	13825	13650	12750	12506	12238	12075	11500

70 分	IF	VVS1	VVS2	VS1	VS2	SI1	SI2
D	46994	42000	36450	33719	32025	27825	23625
E	37925	36500	33919	31263	29569	25938	22575
F	33750	33500	30750	29213	27494	24900	21525
G	31350	31000	28700	26650	24900	22825	19950
H	29738	28500	26456	24381	23100	21525	18375
I	24063	23206	22550	21525	20231	18675	15563
J	19013	18731	17425	16400	16081	15044	14006
K	15881	15306	14175	13163	12813	12300	11275

80 分	IF	VVS1	VVS2	VS1	VS2	SI1	SI2
D	56650	48300	41400	37781	35456	31138	26438
E	45100	41063	37688	34694	32419	29063	24994
F	39150	37688	34500	32775	30806	27900	23831
G	35475	34100	31500	29900	27900	25575	22088
H	32025	31350	29006	26731	25575	23831	20344
I	26563	25556	25025	23888	22669	20281	17438
J	20475	20119	19125	18000	17825	16675	15525
K	17250	16856	15750	14625	14375	13800	12650

90 分	IF	VVS1	VVS2	VS1	VS2	SI1	SI2
D	72200	59000	51500	45100	40425	37625	33325
E	56788	51500	47000	40488	38325	34938	31713
F	48281	48175	43575	38850	36656	33863	29563
G	43594	43050	38388	36225	34000	31713	27950
H	39844	39313	36656	33863	32250	29906	26950
I	32813	32550	31713	29563	27950	27188	24200
J	26663	26456	26031	25263	24725	23925	21450
K	22000	21788	20750	20663	19656	18813	17200

1ct	IF	VVS1	VVS2	VS1	VS2	SI1	SI2
D	130163	97888	82456	71488	63800	50050	42656
E	84406	75938	64681	60375	54825	46219	38606
F	70719	64681	60900	56175	50600	45100	37950
G	57813	57000	53950	48913	46219	42413	35888
H	50363	49800	47281	43818	41869	39050	34650
I	40850	39994	38906	37350	35794	34238	30606
J	33306	32725	32175	31600	30750	29569	28013
K	27831	26919	26719	26469	25506	24688	22713

1.5ct	IF	VVS1	VVS2	VS1	VS2	SI1	SI2
D	159900	116025	100425	88500	77500	57500	46500
E	113588	97988	85419	81000	71888	56700	45563
F	98475	84338	74063	70875	64294	54169	43000
G	78975	73500	65175	60750	58219	52394	41513
H	64681	61763	56194	54469	51875	48300	39900
I	51350	50625	47588	46169	44094	41869	35794
J	43313	41475	40000	39463	36900	34756	31644
K	34169	34069	33500	33313	31775	29569	26975

2ct	IF	VVS1	VVS2	VS1	VS2	SI1	SI2
D	286313	209000	184875	157688	125138	95000	74219
E	189625	172656	153188	137500	106150	90094	69750
F	172656	148750	132813	116906	103500	81563	64688
G	132638	120713	105000	94063	85369	73406	59813
H	102000	98281	92969	84281	72600	63750	53156
I	77563	76325	69513	65100	59325	53813	48688
J	59450	56375	54988	52500	49406	45563	40500
K	48450	46075	44756	43450	42538	42000	36750

3EX	× 1	3VG	× 0.94
EX VG EX	× 0.98	GD EX EX	× 0.88
EX EX VG	× 0.98	GD EX VG	× 0.88
EX VG VG	× 0.98	GD VG EX	× 0.88
VG EX EX	× 0.96	GD VG VG	× 0.86
VG EX VG	× 0.95	GD GD GD	× 0.86
VG VG EX	× 0.95		

本报价表由 深圳市尊珠宝首饰有限公司 提供
2014年8月11日
*沃尔是指本公司名称
**价格是人民币(元)

图 8-1-52 国内(深圳市金至尊珠宝首饰有限公司 2014 年 8 月 11 日)的一份钻石报价表

十四、钻石的鉴定证书

近几年来由于合成钻石及钻石的仿制品、假冒伪劣品皆混入市场,所以在钻石贸易中往往需要有权威的、科学的、公正的检测钻石的单位,对钻石的品质给予鉴定,并出示鉴定结果的证明——即钻石鉴定证书。在我国《钻石分级》中已有明确规定,钻石分级证书中的主要内容(样品状态、测试条件允许时)要有:①证书编号;②检验结论;③质量;④颜色级别,即荧光强度级别;⑤净度级别,即要列出内部特征和外部特征;⑥切工,即形状/规格,对标准圆钻型规格的要表示出最大直径×最小直径×全深,同时比率级别包括全深比、台宽比、腰厚比、亭深比、底尖比或其他参数,还要列出修饰度级别,包括对称性级别、抛光级别;⑦检验依据;⑧签章和日期。另外还有可选择的其他内容,如颜色坐标、净度坐标、净度素描图、切工比率截图、备注等。在世界上不少国家也都有鉴定单位的鉴定证书。目前人们比较公认的、流行的、常见的有美国的 GIA 证书及比利时的 HRD 证书和金伯利进程证书。我国国内除不少省市自治区都有地方性的证书以外,还有不少是海内外承认的鉴定单位所出示的证书。鉴定证书是钻石的"身份证",对购置钻石、钻石贸易及钻石收藏是很有必要的,不可忽视。

美国 GIA 证书见图 8-1-53,比利时的 HRD 证书见图 8-1-54。金伯利进程证书,是国际上针对钻石毛坯进出口贸易的管理制度。为生产钻石毛坯的国家产地运输出口时,每一批钻石都需要有他们国家出口机构签发的金伯利进程证书,否则是禁止流通的。我国为履行国际义务,防止非洲钻石贸易冲突、非法贸易,维护非洲地区的和平与稳定,根据联合国大会第 55/56 号决议《金伯利进程国际证书制度》的要求,以及有关法律规定,实行该制度并制定了有关文件。国家质检总局作为这一制度的实施管理机构,由出入境检验检疫机构负责对进出口毛坯钻石的相关项目进行核查检验。

十五、钻石的合成品及相似品种

人工合成的钻石称合成钻石。市场上最常见的除合成钻石外,还有与钻石最相似的合成立方氧化锆和合成碳硅石。这几种合成品的价值不高,不属于贵重宝石,但是它们的形貌和某些性质与钻石最相似,所以有人依此以假充真。为了检测、实用和对比方便起见,在此分别简述。

1. 合成钻石(Synthetic Diamond)

其材料名称可叫合成金刚石,为瑞典通用电气公司(ASEA)实验室于 1953 年以高温超高压法最先合成,但颗粒极小,质量也很差,只能用于工业。前苏联及美国通用电力公司、英国戴比尔斯公司、日本 Sumitomo 电力实业公司等都曾宣布宝石级金刚石合成成功。但目前世界上一些工业发达的国家所生产的主要还是工业用金刚石,而且多采用高温超高压合成法及低压合成法、高速合成法等合成。1990 年前苏联科学院西伯利亚分院宣布可合成 1ct 以上的不同颜色的宝石级金刚石。美国利用其技术主要生产宝石级黄色金刚石,产量稳定。据悉目前市场上的合成钻石还是主要来自俄罗斯。中国的合成金刚石开始于 20 世纪 60 年代,于 1963 年投产。

现在我国合成工业级金刚石年产量为 12 亿多克拉,居世界第一位。值得注意的是近十几年来 CVD(化学气相沉积法)生长钻石,美国 Apollo 公司用其同质外延技术可成长出钻石单晶,可能生长钻石单晶厚膜。这种 CVD 合成钻石很受世界关注。

〔化学组成〕化学式:C。

GIA Laboratories
Bangkok Carlsbad Gaborone
Johannesburg Mumbai New York
www.gia.edu

5355 Armada Drive | Carlsbad, CA 92008-4602
T: 760-603-4500 | F: 760-603-1814

GIA REPORT 2111200869

October 12, 2009

Shape and Cutting Style .... **Round Brilliant**
Measurements .... **6.36 - 6.39 x 4.02 mm**

Carat Weight .... **1.01 carat**
Color Grade .... **J**
Clarity Grade **VVS2**
Cut Grade .... **Very Good**

Finish
  Polish .... **Excellent**
  Symmetry .... **Excellent**
Fluorescence .... **None**
Comments:
Internal graining is not shown.
Surface graining is not shown.

COLOR SCALE: D E F G H I J K L M N O P Q R S T U V W X Y Z

CLARITY SCALE: FLAWLESS, INTERNALLY FLAWLESS, VVS1, VVS2, VS1, VS2, SI1, SI2, I1, I2, I3

CUT SCALE: EXCELLENT, VERY GOOD, GOOD, FAIR, POOR

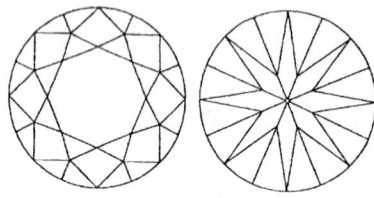

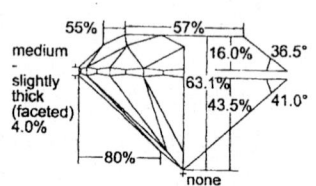

Profile to actual proportions

210101595140

KEY TO SYMBOLS
  Cloud
  Natural

Red symbols denote internal characteristics (inclusions). Green or black symbols denote external characteristics (blemishes). Diagram is an approximate representation of the diamond, and symbols shown indicate type, position, and approximate size of clarity characteristics. All clarity characteristics may not be shown. Details of finish are not shown.

IMPORTANT LIMITATIONS ON BACK
© 2006 GEMOLOGICAL INSTITUTE OF AMERICA, INC.

图 8-1-53　美国 GIA 珠宝鉴定证书样

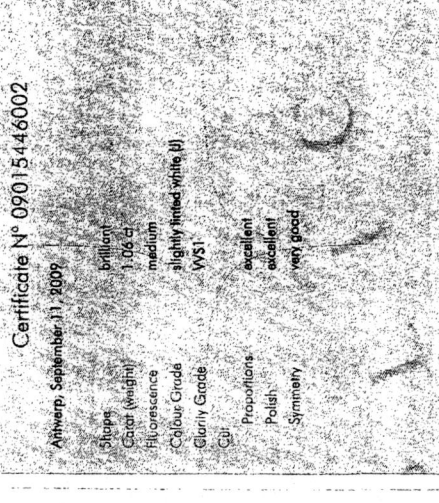

图8-1-54 比利时HRD珠宝鉴定证书样

合成钻石除主要成分为碳之外,可含有 N、B、H 等元素。

〔形态〕等轴晶系,高温高压合成者称 HPHT 合成钻石,多为立方体、八面体、菱形十二面体和四角三八面体等单形组成的聚形,常具有阶梯状或不规则状生长纹。

气相沉淀法合成钻石(简称 CVD)呈板状,{111}、{110}不发育。

〔物理特性〕金刚光泽,常为黄色、蓝色、橙色、粉色、无色、褐黄色等。

结晶质,均质体,偶见异常消光,无多色性,折射率 2.417。在正交偏光下只具极弱的异常双折射,干涉色变化不明显。长波紫外荧光 HPHT 合成钻石常呈惰性,在短波紫外荧光下,呈无至中的淡黄色、橙黄色、绿黄色,颜色可以不均匀分带,或局部有磷光现象。CVD 合成钻石在长波紫外荧光下呈惰性或弱的橘黄色,短波下呈弱橘黄色或惰性,有的可见生长纹。其在常温下无特征吸收光谱,液氮低温状态下有的可有 658nm 的吸收带,500nm 以下全吸收,但缺少 415nm 吸收线的存在。

合成钻石具{111}四组中等或完全解理,硬度 10,密度 $3.52(\pm 0.01)g/cm^3$。

〔鉴别特征〕放大检查,HPHT 合成钻石可见色带或色块,有尖锐状微粒,片状、针状金属包体,黑色包体,四边形生长纹。可见定向排列或分散的长圆形铁或铁镍合金触媒的包体,有时具金属外观。

CVD 合成钻石可见点状包体,有的沿一个方向分布,或散乱无序分布。

导热性高,阴极发光下或短波紫外线照射下,HPHT 合成钻石可见明显的四边形生长纹。不同环带还可发不同颜色的荧光。CVD 合成钻石多呈弱橘黄色或惰性,有时有生长条纹。

〔CVD 合成钻石的检测案例〕

近几年来在市场上尤其在我国广东深圳常有 CVD 合成钻石出现。如在 1912 年 6 月的一天,国家珠宝宝石质量监督检验中心深圳实验室收到一批送检的裸钻,就检验出了其中有些是 CVD 合成钻石(沈美冬、兰延等,2012)。这种钻石重量都在 0.24～0.60ct 之间。多数为 0.30ct 左右。颜色主要介于 G～J(略带灰色色调)和 I～J 之间,净度在 VS、VVS 范围,具有不规则深色包体及羽状纹。紫外线荧光下短波强于长波,长、短波皆呈惰性,弱—黄绿色,中等—黄绿色。

(1) 在钻石确认仪(Diamond Sure™)测试:测试均显示:"请进一步检测(Ⅱ)"。所有无色Ⅱ型天然钻石、Ⅱ型合成钻石。在经过这种钻石确认仪后都会显示排查结果,需进一步详细检测分析。

(2) 红外光谱测试:红外吸收光谱测定,在室温下进行,使用 FT—IR 傅里叶变换红外光谱(Nicolct 6700.美国)测试,确认样品为Ⅱ型"钻石"。

(3) 在钻石观测仪(Diamond View™)测试,可见绿蓝色荧光,而且可观察到一些特殊生长纹理,呈层状结构和波纹状结构,如图 8-1-55(a)、图 8-1-55(b)。

(4) 用激光拉曼光谱仪液氮温度下进行测试,可见 736.6nm 和 736.9nm 双发光线,有些样品出现 637nm、575nm、而且 637nm 强于 575nm。如图 8-1-55(C)。

这种钻石该深圳实验室即定名为 CVD 合成钻石。

依据国家标准 GB/T 16554—2010 钻石分级,对合成钻石以及 HPHT、辐照、覆膜等处理钻石,只能出鉴定证书,不能出分级报告证书。

第八章　贵重宝玉石大类　　261

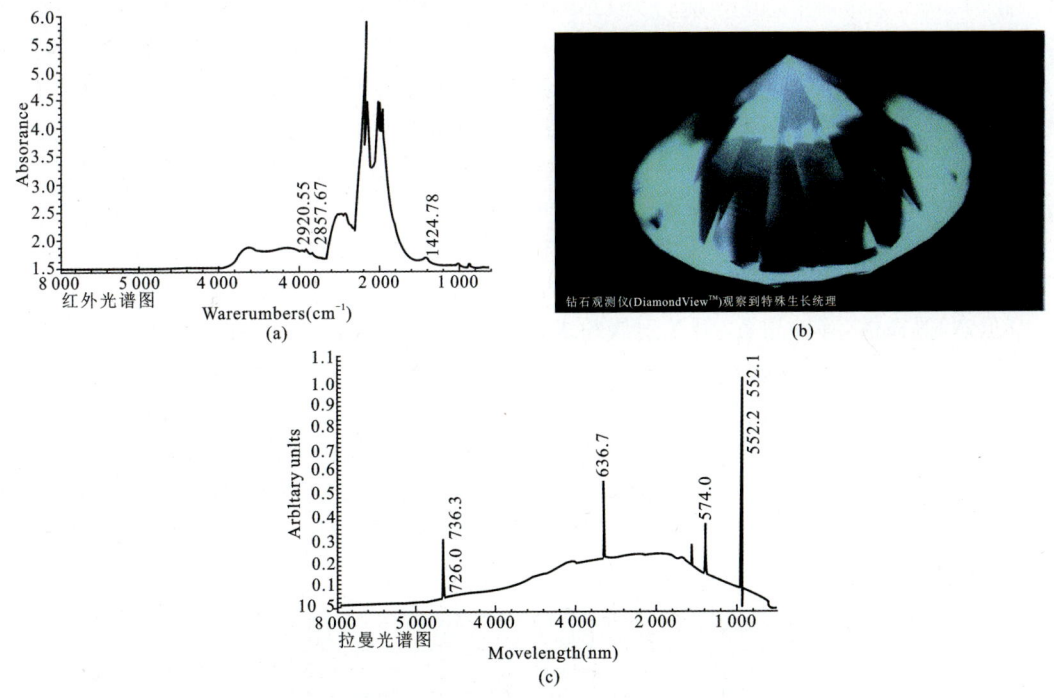

图 8-1-55　CVD 合成钻石的
(a)红外光谱图；(b)钻石观测仪下特殊生长纹理；(c)拉曼光谱图

〔优化处理〕主要是辐照处理(附热处理)或 HPHT 处理可改变合成钻石的颜色。

另外，还有一种合成彩钻，谓泰罗斯合成钻(Tairus Synthetic Diamond)，是俄罗斯科学院和泰国曼谷拼谷(Pinky)公司合资，以 BARS 法生产黄色及蓝色钻石。黄色者经过辐射再热处理可变成红色和粉红色。目前美国 Gemesis 公司生产的黄色、蓝色彩钻，在每颗钻石腰部都用激光刻有 Gememis 制造及编号，以保障消费者权益。其实，这种刻字可以经轻抛光磨掉，仍避免不了以假充真。近年来，彩钻产量逐渐增加。彩钻重一般为 1~2ct，据悉还可生产更大的彩钻。

市场上常见的仿钻石或钻石代用品很多，如合成立方氧化锆、合成碳硅石、无色蓝宝石、无色托帕石，甚至用无色水晶和玻璃等，但是最相似于钻石的莫过于合成立方氧化锆和合成碳硅石。

2. 合成立方氧化锆(Synthetic Cubic Zirconia)

合成立方氧化锆以前也有人称为"人造立方氧化锆"。它是在 1969 年，由法国科学家罗林等人利用高频电源加热冷坩锅法首先合成，后经前苏联科学院研究改进，1976 年推向市场。晶体本为无色透明，只有加某些致色剂后，才可获得各种颜色。

合成立方氧化锆按英文名可缩写为 CZ。因属等轴晶系故又称"等轴氧化锆"，也有因为是前苏联用冷坩锅法熔壳合成而称"苏联钻"，又因曾为 1976 年由瑞士德杰瓦(Djevtith)公司合成而称"德杰瓦石(Djevalite)"。这些皆为立方氧化锆的商品名称。商品名称中某些彩色的则称为 C—OX 等。

我国于 20 世纪 70 年代已试制成功，1983 年投产。我国生产合成立方氧化锆的地方很多。我国2005年9月年总生产能力为12 300t左右,但因开工率不足实际生产量为6 000t左右,用以磨制成的合成立方氧化锆颗粒约120亿粒/年,已居世界第一位(陈汴琨,2008)。因为合成立方氧化锆有比钻石还高的色散和与钻石相近的折射率,所以成了钻石最理想的代用品,有的甚至冒充钻石。但其密度稍大于钻石,硬度也稍低于钻石,热导仪上无法达到红色区而且不出现嗡鸣声,所以还是易于与钻石相区别。为此,在我国曾有"水钻""俄罗斯钻""假钻石"等之称。

〔化学成分〕化学式:ZrO_2,有少量氧化钇(Y_2O_3)或氧化钙(CaO)等稳定剂及多种致色元素。

〔形态〕晶质体,等轴晶系,用X射线粉末衍射分析,内部构造为立方结构,块状。

〔物理性质〕除无色者之外可以有粉、蓝、黄、橙、红、紫和褐等各种颜色。

均质体,亚金刚光泽,透明,折射率2.15(±0.30),色散强(0.058~0.060),强~中等,紫外荧光因颜色不同而异,无色者对长波光发中至强的带绿色的黄色至带黄色的橙色荧光;对短波光发弱至中的橙黄色荧光。有的晶体在短波下有荧光,有的则不发荧光。合成立方氧化锆块体内部洁净,偶尔含有未熔氧化锆包裹体,有的呈面包渣状包体和气泡。常见的合成立方氧化锆块体材料如图8-1-56所示。

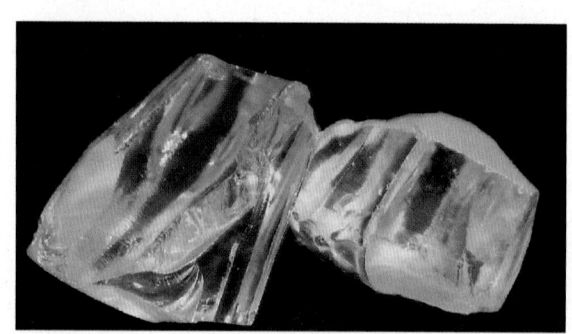

图8-1-56 常见的合成立方氧化锆块体(材料)

合成立方氧化锆具贝壳状断口,硬度8~8.5,密度5.80(±0.20)g/cm³,韧性好。

化学性质稳定,具耐酸、耐碱、抗化学腐蚀的良好性能。

〔鉴别特征〕合成立方氧化锆的典型特征是高密度、高色散,浸于亚甲基碘化物中有相对凹凸和阴影图案。由于其硬度高,所以抛光性好,放大观察,通常除可含有未熔氧化锆残余呈面包渣状、气泡之外,晶体非常洁净。合成立方氧化锆极似钻石,与钻石比较,钻石有细小包体,刻面交棱锐利,有时腰围上还可见有小晶面,而合成立方氧化锆则特纯净,晶棱上有的可见磨痕。一般用热导仪将合成立方氧化锆与钻石相区别(在热导仪上不出现热导区)。另外,钻石具有亲油性,用油笔在刻面上划线,线条连贯。而立方氧化锆亲水,在刻面上划线,线条不连贯。还可以在白纸上画红色字,后将刻面宝石的台面向下放置,从顶向下看,看到红色曲线者为合成立方氧化锆;看不到红色曲线者为钻石。合成立方氧化锆的密度比钻石大,差不多大小的两块晶体,合成立方氧化锆有明显的重感觉。

这些方法虽都有效,但最好还是综合运用方为准确。

3. 合成碳硅石(Synthetic Moissanite)

1893年爱德华·阿杰森首次合成SiC,称"碳化硅"。1904年化学家亨利·莫桑首先在陨石中发现天然 SiC,为纪念他的功勋又定名为"莫桑石"。

直到 1980 年,俄罗斯的戴依洛夫(Tairov)等人合成出 SiC 大晶体,方应用于宝石领域。经逐渐改进,1995 年,美国诗思公司在高温常压下合成出了颜色、透明度较好的大颗粒宝石级 SiC 晶体,应用于首饰,大量进入市场。在中国市场上合成碳硅石有"碳硅石""莫桑石""莫依桑石""合成莫桑石""摩星石""美神钻""美神莱"等不同商业名称。我国现正式将其定名为"合成碳硅石"。合成碳硅石是化学气相沉淀法生产出来的。而我国山东大学晶体材料研究所付芬于 2007 年用升华法在 1 800～2 600℃的温度和 10GPa 压力条件下,成功合成了最大到 0.147m 的碳硅石。

莫桑石是众所周知的研磨材料,商业上也称 Carborundum 和 Norbide。以前它偶尔被琢磨成宝石。由于它具有高的导热性,所以用常用的检测钻石的热导仪无法识别(在普通热导仪上也可以出现红区)。有些不法商人就因此而按钻石价格出售,一度也有很多客户按钻石购置。

一开始合成的碳硅石颗粒较小而颜色偏黄,有蓝绿色调。当前市场上的碳硅石已改进为无色透明,甚至还见有 1ct 以上的成品。现已有莫桑石的莫桑石仪专门检测。

〔化学成分〕化学式:SiC。

〔形态〕晶质体,六方晶系,块状。

〔物理性质〕常呈无色或微带浅黄、浅绿色调,亚金刚光泽,光性为非均质体,一轴晶正光性,折射率 $N_o=2.648$,$N_e=2.691$,双折率 0.043,色散为 0.104(钻石为 0.044)。在长、短波紫外光下均惰性,少数对长波光发出无至橙色荧光。极少数在短波光下呈弱橙色荧光,无磷光性,极少数在 X 光下呈中至弱黄色荧光。颜色为蓝绿色者,与某些人造钻石相类似,很像 $Ⅱ_b$ 型钻石。未见特征吸收光谱或低于 425nm 弱吸收。红外光吸收特征光谱为 1 800 cm^{-1} 以下吸收,2 000～2 600 cm^{-1} 区域内有几条强吸收峰,可以与钻石和合成立方氧化锆作参考性区别。其导热性及导电性强,热导仪测试也可发出鸣响。其具强韧性和强稳定性,可稳定于 1 700℃空气中及 2 000℃真空范围内。

无解理,硬度 9.25 左右,密度 3.22(± 0.02)g/cm^3。

〔鉴别特征〕莫桑石具强色散,导热性强,放大观察可见金属球状(呈线状排列)、白色点状、丝状包体(大致与 C 轴平行)。有的可见气泡,有的可见云雾状、分散点状包体。双折射现象明显,肉眼观察底尖部位晶棱处可见明显的重影。我国付芬合成的碳硅石为六方晶系,具六次对称性,呈无色、茶黄色、黄色、粉色及各种绿色,折射率 2.65,色散度为 0.104,摩氏硬度为 9.25～9.50,密度为 3.52g/cm^3。在 10× 放大镜下从台面看腰棱可见双影,在显微镜下可见管状包体,在偏光显微镜下可见消光现象。

利用其导电性,专门有针对性的莫桑石仪可与钻石区别开来。但它也确实很像钻石,当通过热导仪后往往被人忽略,故检测钻石时应格外小心。

值得注意的是合成碳硅石是半导体材料,导电性受其杂质(N、Al 等)含量的控制,利用导电性检测只能检测出某一些具导电性的材料。另外有一种根据合成碳硅石在紫外区吸收的不同而设计的 590 型合成碳硅石检测仪,对检测合成碳硅石颇为有效,但它不能正确指示大于 17ct 的合成碳硅石以及含包体过多的不透明者。它的晶体生长技术要求较高,单炉产量又少,所以其性价比还比不上合成立方氧化锆。用它来仿钻石一般认为也是比不上合成立方氧化锆。

4. 人造钛酸锶(Strontium Titanate-artificial Product)

人造钛酸锶于 1951 年由美国迈克(Merker)用焰熔法制成,是一种无天然对应物的宝石。

该宝石制成后随即投放市场,作钻石的代用品,唯硬度偏低。

人造钛酸锶的商品名称有寓言石(Fabulite)、锶钛石(Starilian)之称。

〔化学成分〕化学式:$SrTiO_3$。

〔形态〕晶质体,等轴晶系,块状。

〔物理特性〕一般为无色或绿色,透明,玻璃光泽至亚金刚光泽,均质体,无多色性、无双折射率,折射率 2.409(钻石为 2.417),色散 0.190。一般对长波和短波紫外光皆呈惰性,吸收光谱不特征,放大观察时极少能看到气泡。硬度低,所以抛光性差。

无解理,具有贝壳状断口,摩氏硬度 5~6,密度 $5.13(\pm 0.02)g/cm^3$。

〔鉴别特征〕钛酸锶的鉴别特征是它的高密度、极高色散(约为钻石的 4 倍),即便在小刻面上也能看到彩色"出火"现象。浸于亚甲基碘化物中,有相对凹凸的阴影图案。由于它硬度低,故总存在抛光痕迹,并在刻面宝石的腰围处有磨盘擦痕。台面上有磨损,放大检查还常可见到气泡。

5.人造铌酸锂(Lithium Niobate;LN)

铌酸锂是一种人造宝石的材料,在美国已上市,而且大量涌入市场,商品名称为"Linobate",是用提拉法生长出来的单晶体。

化学式:$LiNbO_3$,为锂的铌酸盐。纯者无色透明,有的微带黄色色调,可加入致色剂而呈色。一般加入铁呈红色,加入镍呈黄色,加入铬呈绿色,加入钴呈蓝色。其折射率为 2.21~2.30,双折射率为 0.090,色散 0.120,硬度 5.5,密度 $4.64g/cm^3$。可用来作钻石的代用品,色泽艳丽者也可作为其他贵重宝石的代用品。

人工方法生产出来的铌酸盐单晶除铌酸锂之外,还可有铌酸钾、铌酸钡钠、钽铌酸钾等。其中优质艳丽者可作多种天然宝石的代用品。

我国也已研制成功,而且产品质量甚佳。

第二节 红宝石和蓝宝石(刚玉)

红宝石、蓝宝石(Ruby and Sapphire)、钻石、珍珠和翡翠,是自古以来人们认为的、大自然所赋予的"四大珍宝"。红宝石和蓝宝石都是刚玉质(Corundum)的宝石。在刚玉质的宝石中,除红色的宝石级的称红宝石外,其他一些宝石级的刚玉皆称做蓝宝石。目前为了区别起见,人们在蓝宝石之前冠以颜色,如黄色蓝宝石、绿色蓝宝石等。

人类对红宝石、蓝宝石的开发与利用具有悠久的历史。就世界范围而论,在古代的埃及、希腊、罗马的寺院里、宫殿里都有着许许多多的红宝石和蓝宝石。著名的如公元前 585 年建造的缅甸"瑞光金塔",其上就镶有红宝石和蓝宝石共 2 317 颗,历史上伊朗国王的王冠上曾因镶有大量珍宝而闻名。如法第·阿里国王的王冠上就镶有 1 500 粒红宝石及其他珍宝。又如俄国沙皇、英国女王等的王冠上也都镶有大量的红宝石、蓝宝石。

我国历史悠久,对红宝石、蓝宝石的认识亦甚久远。中国古代将红宝石、蓝宝石称为"光珠"。如《后汉书·西南类传》称:"永平十二年(公元 69 年),哀牢王柳貌遣子率种入内属,出铜、铁、铅、锡、金、银、光珠、水精、琉璃，""天子嘉之，即以为永昌太守。"这说明我国可能最早在东汉时代已经认识红宝石、蓝宝石了。自此以后各朝代的历史记载中都不断出现，如元代的陶宗仪所著《辍耕录》中有"红亚姑""青亚姑""黄亚姑""白亚姑"的记载。"亚姑"乃阿拉伯语中红宝石类宝石的译音，直到现在阿拉伯商人还称红宝石为"亚姑"。明朝的刚玉质宝石产地为"宝井"，即今缅甸的抹谷(Mogok)，当时属云南永昌府孟密宣抚司，这在《滇德·羁縻志》《明史·地理志》等文献中均有记载。后又称红宝石类宝石为"红刺"，如清擅萃的《滇海康衡志》称"以红刺为上品"，这说明在明清时代已视红宝石为珍品。

清代亲王至一品官顶戴的标志为红宝石，三品官为蓝宝石。北京博物院现收藏的国宝级珍品中，红宝石、蓝宝石制作的工艺品有多件，美不胜数。在慈禧太后的殉葬物中已知有红宝石杏 60 枚、红宝石枣 40 枚、红宝石佛 27 尊、红宝石朝珠一挂，各种形态的红宝石、蓝宝石饰物共计 3 790 粒，蓝宝石可达 68ct 以上者十几粒，约重在 17ct、18ct 者则不计其数。

红宝石和蓝宝石的材料皆称为刚玉，也就是说达不到宝石级别称刚玉，达到宝石级方称红宝石、蓝宝石。现将刚玉的性质统述于下。

一、化学组成

刚玉的化学式为 Al_2O_3，成分中有时含有 Si、Fe^{2+}、V^{5+}、Ti、Mn、Cr、Co、Ni 等混入物取代 Al，所含混入物明显地导致了晶体的颜色、透明度、密度等物理性质的变化。

二、晶体结构

刚玉的晶体结构特点是 O^{2-} 作六方最紧密堆积，堆积轴垂直于三次轴，Al^{3+} 充填于 O^{2-} 形成的八面体空隙的 2/3，$[AlO_6]$ 八面体的棱连接成层[图 8-2-1(a)]。Al 为六次配位，O 为四次配位，在平行三次轴方向以共面或共角顶相连接，构成两个实心 $[AlO_6]$ 八面体和一个空心氧围成的八面体，相间排列成柱状[图 8-2-1(b)]。$[AlO_6]$ 八面体沿 C 轴呈三次螺旋状对称[图 8-2-1(c)]。故刚玉有离子键向共价键过渡的性质，表现出一系列的共价键物理性质特征。

三、形态

刚玉属三方晶系，对称型 $L^3 3L^2 3PC$，呈完好的桶状、双锥状或短柱状、板状晶体，常可见六方柱、六方双锥、菱面体、平行双面，在柱面上和锥面上常有斜向条纹，集合体呈分散的粒状或致密块状。晶体还常出现聚片双晶和交叉状双晶[图 8-2-2(a)，图 8-2-2(b)，图 8-2-2(c)]。

四、物理特性

质纯的刚玉为白色或无色，含杂质者常可呈红、粉红、橙、褐、蓝、绿、紫、黄、棕、灰、黑等色。含 Fe、Mn 多者呈褐色，较为常见。一般色泽美丽达到宝石级的，含 Cr^{3+} 者红色，称红宝石；含 Fe^{2+}、Ti^{4+} 者呈蓝色，称蓝宝石；其他如含 Co、Ni 和 V 者呈绿色；含 Fe^{2+}、Fe^{3+} 或微细分布的碳质元素者呈黑色而透明，还可具星光，有黑星石之称；含 Ni 者呈黄色。另外某些蓝宝石还有变色效应，即日光灯下呈蓝紫色、蓝绿色，在白炽灯下则呈现紫色或紫红色。如缅甸、泰国、斯里兰卡、中国等产的蓝宝石中有时可见。这种变色现象亦为含 Cr、Fe、Ti 等微量

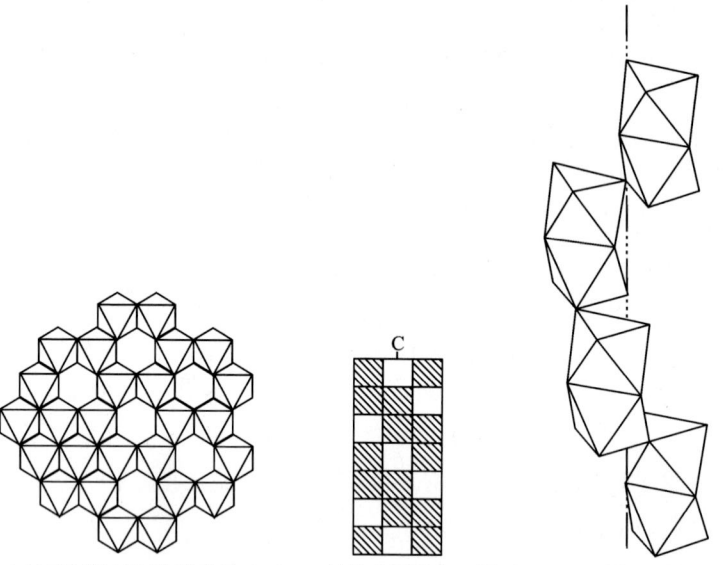

(a)⊥C轴的[AlO₆]八面体层　(b)∥C轴的八面体交互排列　(c)八面体沿C轴呈三次螺旋对称

图 8-2-1　刚玉晶体结构不同的表示方法

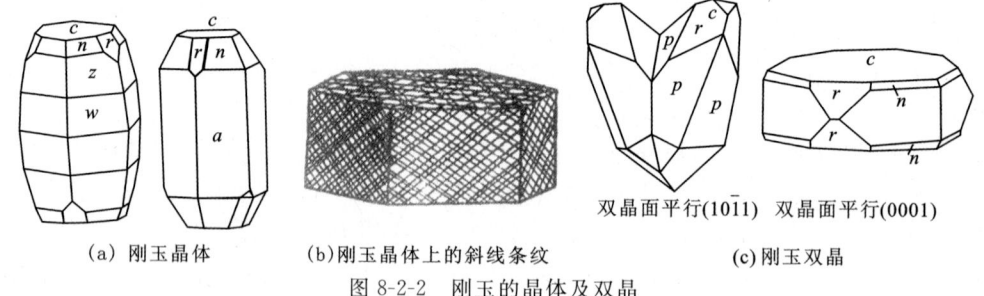

(a) 刚玉晶体　　　　(b)刚玉晶体上的斜线条纹　　　双晶面平行($10\bar{1}1$)　双晶面平行(0001)
　　　　　　　　　　　　　　　　　　　　　　　　　　　　　　(c)刚玉双晶

图 8-2-2　刚玉的晶体及双晶

元素所致。也有的如坦桑尼亚产的刚玉可能因含 V 而使其变色。有关一些色素离子与刚玉颜色的关系大致如表 8-2-1 所示。

斯里兰卡的蓝宝石颜色是由色心造成。红宝石和蓝宝石呈玻璃光泽至金刚光泽,在裂开面上呈珍珠光泽或星彩效应,透明或半透明,无解理,因双晶关系可产生平行底面或平行菱面的裂开。由于其晶体结构为离子键向共价键过渡,这种紧密结合的晶体化学特点,使得晶体的硬度很高,摩氏硬度为 9,仅次于钻石,相对密度也很大,为 $4.00(\pm0.05)\mathrm{g/cm^3}$,通常随 Cr_2O_3 含量的增高而增大。熔点高为 2 000~2 050℃,化学性质比较稳定,不易被腐蚀。

红宝石、蓝宝石戒面如图 8-2-3 所示。

在偏光显微镜下,宝石呈无色、玫瑰红、蓝或绿色,一轴晶,负光性,但是常具备异常的二轴晶光性,折射率 1.762~1.770(+0.009,−0.005),双折率 0.008~0.010,色散 0.018。二色性显著,如红宝石为紫红色—橙红色;蓝宝石呈带浅紫色的蓝色和带绿的蓝色,紫色或紫罗兰色,黄色及淡黄色,褐色,黄褐色或橘黄色及无色,绿色、黄绿色等。

表 8-2-1　刚玉中所含色素离子与颜色的关系

着色剂	含量(%)	颜色	着色剂	含量(%)	颜色
Cr_2O_3	0.01～0.05	浅红	Fe_2O_3	1.5	蓝
Cr_2O_3	0.1～0.2	桃红	TiO_2	0.5	
Cr_2O_3	2～3	深红	Co_3O_4	1.0	绿
Cr_2O_3	0.2～0.5	橙红	V_2O_5	0.12	
NiO	0.3		NiO	0.3	
TiO_2	0.5	紫	NiO	0.5～1.0	黄
			Cr_2O_3	0.01～0.05	金黄
			NiO	0.5	
Fe_3O_4	1.5		V_2O_5		蓝紫(日光下)
Cr_2O_3	0.1				红紫(灯光下)

图 8-2-3　红宝石、蓝宝石及黄色蓝宝石戒面

　　在长波紫外光照射下,红宝石的荧光从弱到强,从红色到橘红色;在短波紫外光照射下,呈惰性或荧光较弱,从中等红色到橘红色。蓝宝石一般不发光,而泰国、柬埔寨、澳大利亚产的蓝宝石可见有绿色至蓝色荧光。粉红色的蓝宝石在长波紫外光照射下荧光较强,呈橘红色;在短波紫外光照射下荧光较弱,呈橘黄色。这种荧光性是由于含铬所致。天然蓝宝石常对紫外光呈惰性。但克什米尔、斯里兰卡和蒙塔那的蓝宝石在长波紫外光照射下呈红色到橘黄色的荧光。经热处理过的蓝宝石在短波紫外光照射下呈白垩般带黄的绿色荧光。黄色的蓝宝石常显惰性。产于斯里兰卡的天然颜色的蓝宝石,在长波紫外光照射下,呈中等橘红色至橘黄色荧光;在短波紫外光照射下,呈暗红色到橘黄色的荧光。紫罗兰色及变色的蓝宝石在长波紫外光和短波紫外光照射下呈中等至深的红色。中国产的变色蓝宝石在短波下呈暗红色,长波下呈惰性。无色的蓝宝石在长波紫外光和短波紫外光照射下,呈中等红色至橘黄色的荧光。绿色、棕色及黑色的蓝宝石一般呈惰性。

　　红宝石的吸收光谱在694nm和692nm处,作为荧光线出现,显示出很强的双线。在668nm和659nm处,都为特征吸收谱。从620nm到540nm有较宽吸收谱带,不过深红色较清楚,浅色红宝石此谱带不太清楚。附带吸收线为在476.5nm及475nm处有很强的双线。

在468.5nm处有条弱线,紫光区全吸收。红宝石的吸收光谱如图8-2-4所示。

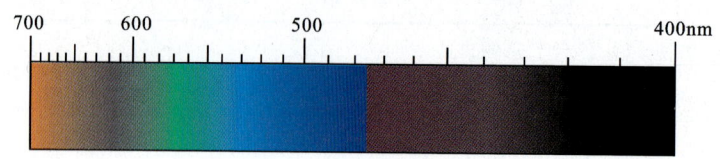

图8-2-4　红宝石吸收光谱

泰国产的某些紫红色的红宝石还在451.5nm、460nm和470nm处出现铁线。红宝石可具星光效应,极少数还可具有猫眼效应。

红宝石、蓝宝石等不同品种皆含Fe、Cr、Ti、V等微量色素离子,并因其种类及含量不同而导致不同的吸收光谱。

这类刚玉型晶体结构的宝石矿物作红外光谱,其光谱图如图8-2-5所示。

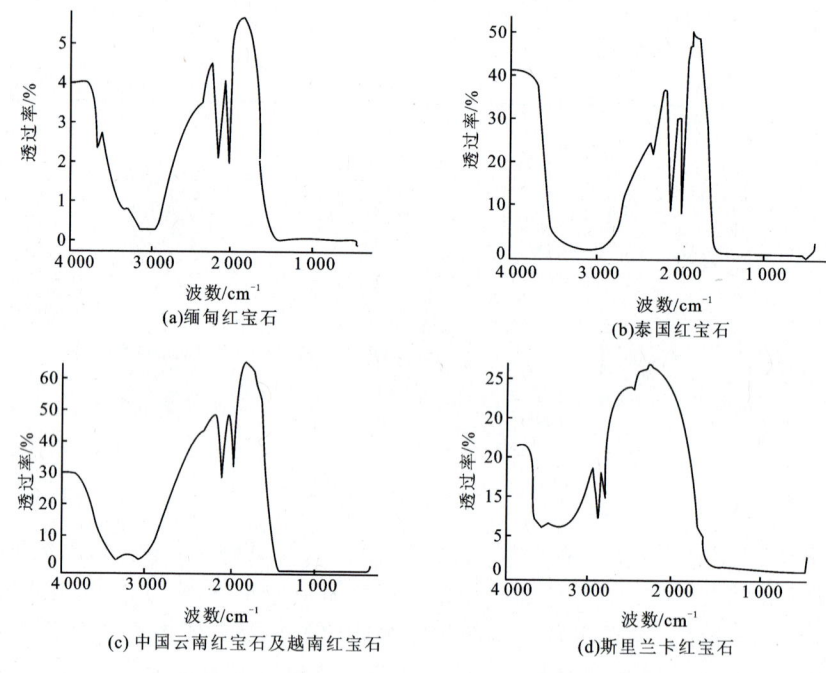

图8-2-5　不同产地刚玉型晶体的红外图谱

五、鉴别特征

1. 红宝石的鉴别特征

1) 不同产地红宝石的特征

(1) 缅甸抹谷产的红宝石的鉴别特征。优质者呈鸽血红色,次为玫瑰红色、粉红色。常出现平直的色带,颜色不均匀,多色性明显,肉眼在不同方向观察即可见到两种不同的颜色。聚片双晶发育,可以有百叶窗式双晶纹(图8-2-6)。有的可见沿三组聚片双晶面裂开形成裂理。缅甸红宝石如图8-2-7所示,其含有如下几种包体及裂理。①纤维状金红石包体:可在红宝石六方柱面上观察到成平行纤维状排列,如图8-2-8所示。②乳白色絮状包体:为纤维状金红石呈不规则密集堆积而成,如图8-2-9所示。③弥漫状气液流体包体:在红宝石中呈现星散状分布,如图8-2-10所示。④指纹状气液包体:为气液包体呈指纹状集聚而成,如图8-2-11所示。⑤颗粒状固态包体:为方解石、榍石、赤铁矿等,呈粒状分布,颗粒棱角圆滑可能因受熔融所致。⑥其他还有负晶、生长纹、生长色带、双晶纹等。⑦星光红宝石:为纤维状金红石包体,当切磨成弧面红宝石时,可见六射星光(图8-2-12),偶有十二射星光。⑧其他尚有窗纱状、羽状包体赋存于合成红宝石中。

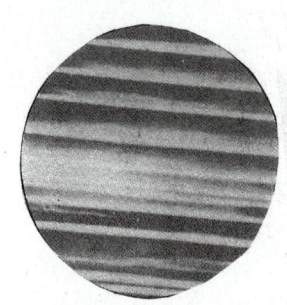

图8-2-6　缅甸红宝石中的百叶窗式双晶纹

图8-2-7　红宝石(缅甸产)

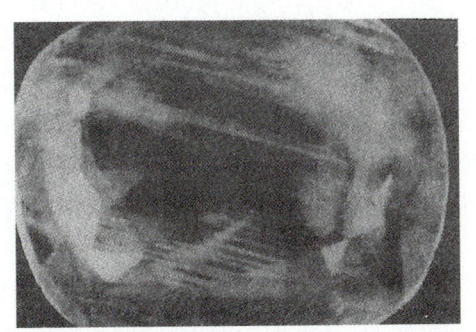

图8-2-8　缅甸红宝石中的丝绢状金红石包体

图8-2-9　红宝石的乳白色絮状包体

(a)二相流体包体　　　(b)指纹状包体

图8-2-10　天然红宝石中的弥漫状气液流体包体

图8-2-11　缅甸蓝宝石中的指纹状液态包体

缅甸红宝石在紫外光灯照射下有红色荧光,呈红色、半透明状。

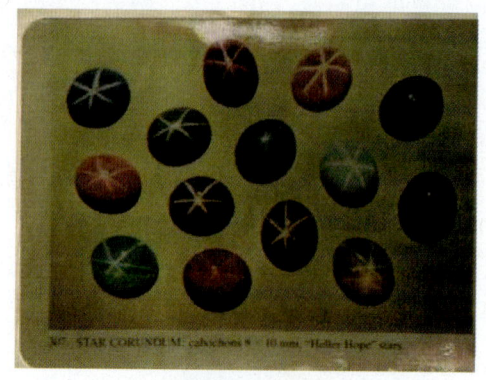

(a) 星光红宝石　　　　　　　　　(b) 各色星光红、蓝宝石

图 8-2-12　星光红宝石及各色星光红、蓝宝石

(2) 斯里兰卡红宝石的鉴别特征。斯里兰卡所产的红宝石的特征与缅甸产的红宝石相似,大都颜色较浅,透明度较好,其包体中尚有锆石及磷灰石等几种特征矿物。①锆石包体:呈四方柱及四方双锥状,周围有彩色、褐色、放射性形成的晕圈。②磷灰石包体:呈六方柱及六方双锥状或呈六边形断面,棱角圆滑,分布疏密不均。③金红石包体:呈长柱状,看来较缅甸红宝石中的金红石晶体更为细长。④在紫外光灯照射下有红色荧光,呈红色半透明状。

(3) 泰国尖竹纹红宝石的鉴别特征。颜色比缅甸和斯里兰卡产的红宝石深,呈带褐色的红色或玫瑰红色,色带和生长纹更平直,聚片双晶发育,常见指纹状包体,不见丝绢状金红石包体,而且包体较少,在紫外光灯下呈弱的红色荧光或无荧光。

(4) 坦桑尼亚红宝石的鉴别特征。红宝石中因含铁较多,而颜色较暗,在紫外光灯下呈弱的红色荧光或无荧光性。

(5) 越南红宝石(图 8-2-13)。越南开采出来的红宝石约 30% 属上等品质、40% 属中等品质、30% 属低等品质。越南红宝石颜色类似于缅甸红宝石,又不同于泰国红宝石,偏向粉红色是其特征。

(6) 中国红宝石(图 8-2-14)。中国红宝石主要产于云南,比较著名的产地如沅江一带,质量有的超过缅甸红宝石,色泽极佳,也有的颜色中红带粉,一般 1～3cm 不等,大者可达 20ct 以上。云南红宝石产于河床冲积层中,有粒径 0.5～1cm 者,颜色佳美,呈透明度高的晶体,有的品质很好。黑龙江、山东及海南岛所产的红宝石一般颜色较暗。新疆所产红宝石的颜色由粉红到中红,绢丝状包体多,透明度差,仅可用作素面宝石。

2) 红宝石与相似红色宝石的区别

与天然红宝石相似的宝石有红色尖晶石、红色碧玺、红色锆石、红色镁铝榴石、红柱石和蔷薇辉石等。

(1) 天然红宝石与红尖晶石、镁铝榴石的区别。天然红宝石具二色性,属三方晶系。红色尖晶石、镁铝榴石皆为等轴晶系,常常可见尖晶石的八面体晶形和镁铝榴石的四角三八面体或菱形十二面体晶形,无多色性,在镜下为均质体(旋转 360°不出现亮光),其他如硬度、密度、折射率及包体也有所差异。

  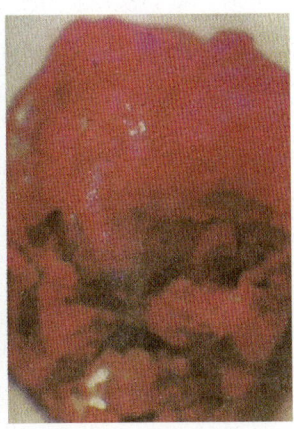

图 8-2-13　越南红宝石　　　　　图 8-2-14　中国云南红宝石

（2）天然红宝石与红色碧玺、粉红色绿柱石的区别。三者虽都具多色性，但碧玺的双折射率大，用放大镜由刻面宝石戒面的台面向底部观察，可见双棱。天然红宝石与红色绿柱石则不明显，如果放入三溴甲烷中，因红碧玺、红绿柱石的折射率与三溴甲烷的折射率接近，故轮廓边界线不明显，而且浮在上面，红宝石者立即下沉，且轮廓清晰。包体方面，红色碧玺和红色绿柱石中有与天然红宝石不同的管状、星点状气液包体和片状云母包体。

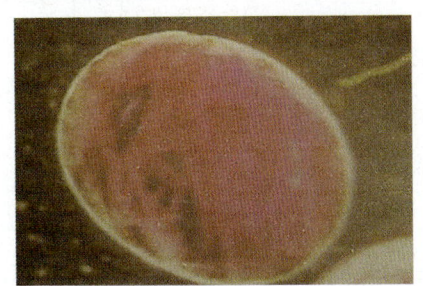

图 8-2-15　合成红宝石中的窗纱状、羽状包体

（3）天然红宝石与合成红宝石的区别。合成红宝石颜色均一，无瑕疵或很少瑕疵，块大。天然红宝石色带生长纹平直，合成红宝石则生长线成弧形。合成红宝石无天然矿物包体，可有窗纱状、羽状包体和圆形或梨形气泡（图 8-2-15），一般荧光性特强（少数有弱者），在紫外光灯下呈透明的红色，仅在台面方向可见二色性。合成红宝石与天然红宝石的红外图谱亦有所差异，合成红宝石红外图谱如图 8-2-16 所示。

（4）天然红宝石与红色玻璃的区别。红色玻璃为非晶质体，颜色均一，无二色性，可见圆形气泡包体，有的还可见到流动构造，或表面有浇铸的痕迹，天然红宝石则否。

值得注意的是，在观察以上所述特征的基础上，最好再做一些硬度、密度、折射率等常数的测定，以确定其种属。

关于天然红宝石与相似红色宝石的物理特性对比，择其要者列于表 8-2-2 中。

3）优化处理过红宝石的特征

（1）扩散处理。①放大检查，铬扩散的红宝石，可见裂隙或缺陷、凹坑处、边缘有颜色明显集中；铍扩散的红宝石可见表面微晶化，锆石包体有重结晶现象。②油浸放大检查，可见颜色在刻面棱线处集中，呈网状。③铬扩散红宝石折射率值可高达 1.788～1.790，甚至还可超过折射仪上的极限。④表层所扩散的元素（如铍等）含量异常高，由表层向内颜色浓度逐渐减少。

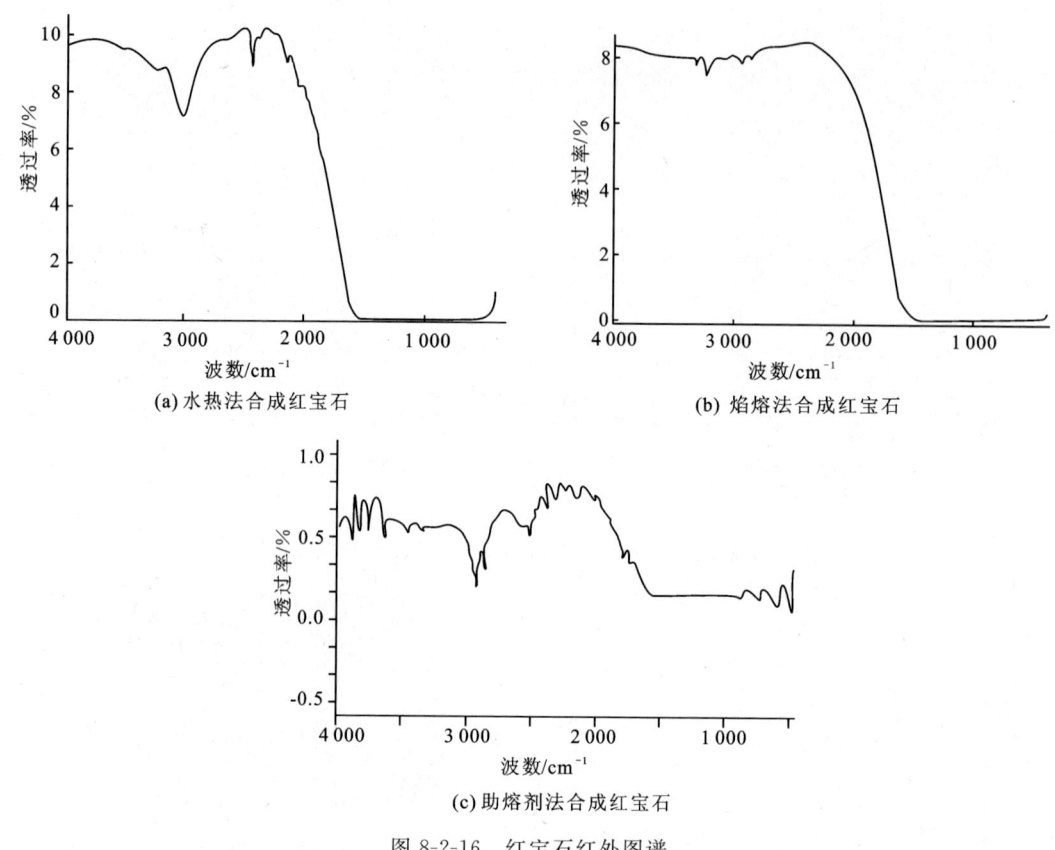

图 8-2-16　红宝石红外图谱

表 8-2-2　红宝石与相似红宝石的物理特性对比

宝石名称	晶系	形态	颜色	光性	多色性	折射率	硬度(H)	密度(g/cm³)
红宝石	三方	柱状、桶状	红、橙、淡红	一轴(一)	二色性强、弱	1.762～1.770	9	4.00(±0.05)
红色尖晶石	等轴	八面体	红、粉红	均质体	无	1.700～1.725	8	3.60
红色镁铝榴石	等轴	菱形十二面体、四角三八面体或聚形	红、橙红	均质体	无	1.741～1.714	7～8	3.50～4.30
红色碧玺	三方	复三方柱状	红、淡红	一轴(一)	中－强	1.624～1.644	7～8	3.06
红柱石	斜方	柱状	淡红	二轴(一)	强三色性	1.634～1.643	7～7.5	3.13～3.60
蔷薇辉石	三斜	板状、块状等集合体	浅红	二轴(±)	中－弱	1.733～1.747	5.5～6.5	3.5
红色锆石	四方	四方柱、四方双锥	红、橙	一轴(十)	中	1.925～1.984	7.5	3.90～4.73

(2) 热处理。可见宝石表面被部分熔融,在固体包体周围出现片状、环状应力裂纹,丝状、针状包体呈不连续的白色云雾或微小点状,负晶外围呈溶蚀状或浑圆状,也可产生双晶纹

和指纹状包体。

（3）浸有色油。表面可见油迹,颜色集中于裂隙中,可见流动纹,紫外光下呈橙色、黄色荧光。

（4）染色处理。颜色集中于裂隙中,表面光泽弱,紫外光下呈橙红色荧光,红外光谱出现染料吸收峰。

（5）充填处理。10×放大镜下可见裂隙或表面空洞中有玻璃状充填物、残留气泡,光泽弱,可用红外光谱或拉曼光谱测定其成分、结构与红宝石有所不同。

染色处理为化学着色,是将着色剂充填到裂隙中;充填处理则是在红宝石裂隙中充填玻璃和树脂,由于这种充填物的不同也可使二者相区别。如为高铅玻璃充填,可见其网脉状或斑块状裂隙分布,出现蓝－蓝紫色闪光,这表明强蓝色荧光或分析出铅的含量过高。红外光谱测试,可出现 $2260cm^{-1}$、$2600cm^{-1}$ 吸收峰。

2. 蓝宝石的鉴别特征

世界不同产地的蓝宝石各有其不同的特点。蓝宝石与红宝石如果是同一产地、同一成因,就会有很多共同点。

蓝宝石的形态及物理性质在论述红宝石的章节中已有过对比叙述。它的特点是化学成分除为 Al_2O_3 之外,还含有 Fe、Ti、Cr、V、Mn 等元素,为三方晶系,晶体主要为六方柱状、桶状,少数呈板状或片状。蓝宝石一般为除红色之外的蓝色及各种颜色的刚玉质宝石,如蓝绿、黄橙、粉紫、绿黑甚至无色。它们的共同点是颜色不均匀,色带及生长纹平直,如图 8-2-17 所示。而且,其颜色深浅不一,呈平行六方柱面排列,裂理沿双晶面裂开,聚片双晶发育可见百叶窗式双晶纹,一轴晶,负光性,二色性很强。折射率为 1.762～1.770（＋0.009,－0.005）,双折率为 0.008～0.010。紫外荧光蓝色者长波呈无—强橙红,短波呈无—弱橙红。粉色者长波呈强橙红,短波呈弱橙红。橙色者一般无,有的长波下可呈强橙红。黄色者长波呈无—中橙红、橙黄,短波呈弱橙黄。紫色、变色者长波呈无—强红,短波呈无—弱红。无色者呈无—中红—橙。黑色、绿色者无。热处理的蓝宝石有的有弱蓝或弱绿白色荧光。蓝宝石吸收光谱如图 8-2-18 所示。

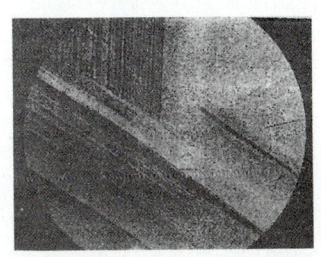

图 8-2-17　蓝宝石中平直色带

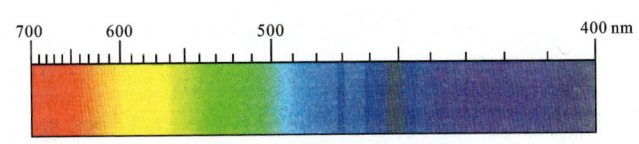

图 8-2-18　蓝宝石吸收光谱

蓝宝石的特征吸收为 451.5nm 的铁线。产自澳大利亚及泰国、柬埔寨和尼日利亚的暗蓝色蓝宝石、高铁蓝宝石在 450nm、460nm 及 471nm 处有 3 条吸收带,如图 8-2-18 所示。中国产的变色蓝宝石可见 450nm 吸收带,而未经处理过的斯里兰卡蓝宝石只在 450nm 处有弱线。克什米尔蓝宝石及经热处理的蓝宝石经常没有特征谱线或仅在 450nm 处有弱线。富铁的黄色及绿色的蓝宝石与富铁蓝宝石有同样的谱线。黄色及绿色的蓝宝石有特征的 451.5nm 的铁线,而斯里兰卡产的含铁少的蓝宝石铁线则无或弱。紫色蓝宝石的光谱为红宝石和蓝宝石两种吸收光谱的组合。

将蓝宝石放大检查可见色带,负晶,气液包体,针状、雾状、丝状包体,指纹状包体,矿物包体,双晶纹等,具变色效应、星光效应(可见六射星光,偶见十二射星光)。

1) 不同产地蓝宝石特征

(1) 缅甸、斯里兰卡和克什米尔产的蓝宝石,成分中含钛,呈现鲜艳的蓝色,具绢丝状金红石包体和指纹状液态包体,所切磨成的素面宝石可产生六射或十二射星光,属优质宝石。

① 克什米尔蓝宝石,颜色呈矢车菊蓝(即微带紫的靛蓝色)。色鲜艳,蓝得透,蓝得可爱,有雾状包体的呈乳白色反光,属最优质的蓝宝石,但近年来产量极微。

② 缅甸抹谷蓝宝石与红宝石产于同一地区,也与红宝石有很多共同点,如丝绢状金红石包体,平行六方柱面排列成60°、120°交角,可产生六射(图8-2-19)或十二射星光。有指纹状液态包体,有刚玉、尖晶石、磷灰石、铀烧绿石等固体包体颗粒。

图8-2-19 具六射星光的蓝宝石

③ 斯里兰卡产的蓝宝石和红宝石产自同一矿区,特点相同,并和缅甸蓝宝石相似,但其纤维状金红石包体,纤维细而长,可呈现六射星光。呈不定形层状的或指纹状的液态包体和锆石、磷灰石及黑云母等的固态包体,大部分色浅而通透,如图8-2-20所示。

(a) 斯里兰卡蓝宝石戒面　　(b) 斯里兰卡的蓝宝石　　(c) 产自斯里兰卡的各色蓝宝石

图8-2-20 斯里兰卡蓝宝石及其戒面

(2) 中国、澳大利亚、泰国产的蓝宝石,成分中含有Fe和Ti,而且铁较多,蓝宝石的颜色深,有的已呈暗黑色而达不到宝石级。一般刻面宝石的反光效果较差,很多需经过加工处理后方可用作饰品,如图8-2-21所示。

① 中国蓝宝石。

A. 昌乐蓝宝石。中国蓝宝石主要产于山东昌乐[图8-2-22(b)],产量也最大,呈六方桶状晶形,晶体棱角有熔融现象,粒径一般在1~2cm以上,大者可达数千克拉,因含Fe、Ti量较高而颜色较深。山东的蓝宝石中包体极少,仅见有黑色固态包体、

图8-2-21 含铁和钛较多的蓝宝石戒面
(山东蓝宝石)

指纹状包体。平直色带明显,聚片双晶不发育,生长线清晰,不少学者、厂家专门研究了该深色蓝宝石的褪色问题,已收到很大成效。但有个别经过改色褪色的蓝宝石,带有灰色感,而黑色固态包体裸露明显。不过山东昌乐也产有黄色、金黄色蓝宝石,既美观又稀有,非常受人们的青睐,如图 8-2-22 所示。

图 8-2-22 不同品种的山东蓝宝石戒面

根据朱而勤先生(1968)对山东蓝宝石的品种分类,首先将其分属于两大类、五个系列。即普通蓝宝石大类,是本区主要类型,约占本区产出总量的 95% 以上。本大类又可分为蓝色蓝宝石系列、艳色蓝宝石系列、星光蓝宝石系列。蓝色蓝宝石系列为本区主要品种,可占总产量的 85% 以上,其特点为颜色正、绺裂少、品质优良、透明度好、反光性强。艳色宝石系列品种最多,除橙、黄、绿、浅蓝单色者外,还有在同一粒宝石上出现几种颜色,或一种颜色被另一种色块所包围,如一种红或黄颜色可被蓝、绿蓝色块所包围,构成红心状。星光宝石系列包括单星光及双星光,所谓双星光,是由两套星光的星线彼此相交 30°的十二射星光宝石。另一大类为特异蓝宝石大类,此大类产量极少,约占产量的 1% 以下,因其具有独特的画面或艳丽的彩色而价值昂贵。此大类又可分为画意蓝宝石系列和艳丽蓝宝石系列。特异蓝宝石可多种色彩共存于一石,而且色彩灵活,有色散性"火彩",可产生变色现象,还有的从不同方向观察,可见幻景画象,变化莫测,故有"魔彩蓝宝石"之称。经研究认为,特异蓝宝石皆属包体致使光线反射的星光效应,是一种由不同的光学作用所引起的奇异光学现象,其实质均为金红石包体所致。如图 8-2-23(a)和图 8-2-23(b)所示。

山东昌乐地区蓝宝石赋存于碱性玄武岩,其可能来自不同的岩浆岩,因此岩石含有富铝、富钛、富铁等化学成分有差异的岩石,产出的刚玉也继承了母岩的成分特征。昌乐方山—乔山地区为富钛玄武岩分布区,故多产星光蓝宝石。当温度降低时,过量的钛从刚玉中熔离,钛呈金红石充当了蓝宝石的包体。

B. 黑龙江蓝宝石。颗粒细小,颜色鲜艳,呈透明的蓝色、浅蓝色、灰蓝

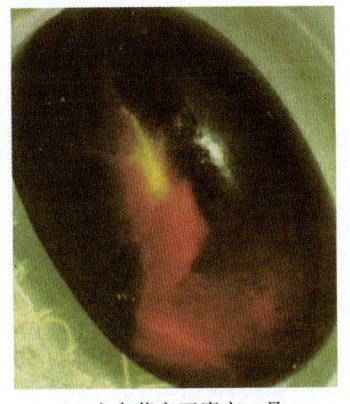 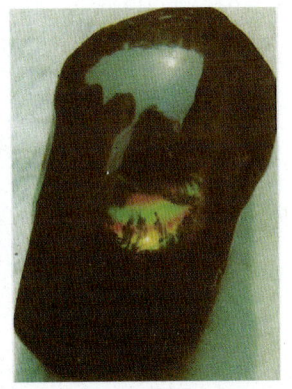

(a) 山东蓝宝石魔宝二号   (b) 山东蓝宝石魔宝一号

图 8-2-23 山东蓝宝石

色、淡绿色、玫瑰色等。一般不含或很少含有包体，可直接切磨成小规格的戒面。

C. 江苏蓝宝石。薄板状，呈蓝色、淡蓝色、绿色，透明，晶体有沿轴面裂开的现象。

D. 海南岛和福建蓝宝石。这两地所产蓝宝石相似，一般粒径小于5mm，稍大一些的颗粒外围则往往有白色包皮，呈较深蓝色、透明，具极少的气液包体和平行的双晶纹，有时晶体中有较多的裂隙和金红石包体。

E. 我国产的变色蓝宝石成分中含有铬、铁、钛等，透明度较好而且很少有瑕疵及裂纹。颜色在日光下呈蓝色，灯光下呈暗红色[图 8-2-24（a）、图 8-2-24（b）]。颗粒较小，一般粒径为2～3cm，放大检查可见针状、指纹状包体，产于砂矿中。

② 泰国蓝宝石。该蓝宝石呈蓝色、深蓝色，也有的呈淡灰蓝色。三组聚片双晶发育，裂理沿双晶面裂开，晶体中不见丝绢包体。指纹状液态包体发育，经常有黑色固态包体，周围有荷叶状展布的裂纹是其特征。

③ 澳大利亚蓝宝石。澳大利亚产的蓝宝石含铁量高，宝石颜色暗，呈近于炭黑的深蓝色，也有的呈黄色、褐色或绿色。其含星点状包体，宝石特点很多与中国产蓝宝石相似，大部分需要改色，质量较差，所以其价格也往往便宜很多，且产量很大。

(a) 变色蓝宝石在日光下呈蓝色、蓝灰色　　　(b) 变色蓝宝石在灯光下呈暗红色、褐红色

图 8-2-24　变色蓝宝石

（据赵光赞、刘麟，2008）

2）蓝宝石与相似蓝色宝石的区别

蓝宝石与相似蓝色宝石的物理特性择其要者对比，如表 8-2-3 所示。

表 8-2-3　蓝宝石与相似的蓝色宝石的物理特性对比

宝石名称	晶系	形态	颜色	光性	多色性	折射率	硬度(H)	密度(g/cm³)
蓝宝石	三方	柱状、桶状	蓝、蓝紫	一轴（一）	二色性强、弱	1.762～1.770	9	4.00
蓝色尖晶石	等轴	八面体	蓝色	均质体	无	1.700～1.725	8	3.60
蓝锥矿	六方	柱状、板状	蓝—蓝紫	一轴（+）	强	1.757～1.804	6～7	3.61～3.69
蓝晶石	三斜	柱状、放射状	蓝—深蓝	二轴（一）	中等	1.716～1.731	4～5 6～7	3.68
蓝色坦桑石	斜方	柱状、粒状	蓝紫色	二轴（+）	强 蓝—绿	1.691～1.700	8	3.10～3.45
蓝色堇青石	斜方	柱状	蓝	二轴（±）	明显 蓝—紫—黄	1.542～1.551	7～7.5	2.56～2.66

(1) 蓝宝石与蓝色尖晶石的区别。尖晶石的颜色比较均一,呈微带灰色色调,等轴晶系,呈八面体状晶形。且尖晶石为均质体,无二色性,晶体中有较多的气液包体和八面体小晶体。

(2) 蓝宝石与蓝色电气石(即蓝色碧玺)的区别。蓝色碧玺的晶形为复三方柱,具纵纹,其断面近似三角形的弧面六边形,颜色为带绿的蓝色,晶体中多存在有较多的裂纹,有空管状气液包体,双折率大,在底刻面棱面处可见双影,具极明显的二色性。

(3) 蓝宝石与蓝锥矿的区别。蓝锥矿粒度小,呈蓝色到紫色,具强二色性,双折率大,色散强,在短波紫外光中有亮蓝色荧光。该矿的唯一产地是美国的加利福尼亚州,产量甚小,在市场上很少见到。

(4) 蓝宝石与加热处理过的蓝色锆石的区别。蓝色锆石呈鲜艳的蓝色,具强色散,双折率高、吸收光谱线密集排列。

(5) 蓝宝石与坦桑石(含钒黝帘石)的区别。坦桑石经热处理后呈靛蓝色,颜色不均,具明显的三色性(深蓝、紫红、黄绿),密度、硬度较蓝宝石低,在吸收谱中无铁的吸收线,在市场上较常见到,而且很受欢迎。

(6) 天然蓝宝石与合成蓝宝石的区别。合成蓝宝石颜色均一,内部洁净,一般无包体,往往可见圆形气泡,将合成蓝宝石放在白纸上或放入白杯子的水中,可见色带多呈弧形。天然蓝宝石的生长线或色带是平直的,合成蓝宝石生长线呈弧形弯曲。在刻面宝石的台面上合成蓝宝石可见二色性,而天然蓝宝石需从腰围方向观察才能看到二色性。

(7) 蓝宝石与人造尖晶石的区别。人造尖晶石颜色艳丽、均一,因含 Co 而致色,所以在灯光下或日光照射下,会由亭部底刻面上反射出红色光。在查尔斯滤色镜下呈现红色,为均质体。

(8) 蓝宝石与含钴蓝色玻璃的区别。含钴蓝色玻璃为非晶质,呈均质体,无二色性,折射率低,含有圆形气泡。含钴蓝色玻璃在查尔斯滤色镜下呈红色,因由玻璃溶液浇铸而成,故在玻璃赝品表面常有浇铸痕迹,棱角比较圆滑,不见机械琢磨的痕迹。

3) 优化处理过的蓝宝石鉴定方法

(1) 扩散处理的蓝宝石。

① 使用查尔斯滤色镜观察其为中到强的红色或粉红色。鉴定扩散处理的蓝宝石的方法为将宝石浸没在二碘甲烷中(日常也可使用水),宝石浸没在水中从不同方向进行观察,可见雾状外观,深扩散处理的蓝宝石较为清澈,光泽更强。刻面宝石的刻面接合部、腰部和宝石的尖底部颜色较为富集,在二碘甲烷中用漫射光观察,可见颜色在接合部位富集形成"蜘蛛网"状。

② 放大检查。由于各刻面抛光程度不同,因而在扩散处理蓝宝石上各刻面的颜色深浅不同,在其腰围呈现"黑圈"(但要注意一些腰围很厚的天然蓝宝石也可能出现"黑圈",勿混淆)某些扩散处理的蓝宝石,在抛光面的坑穴、表面裂隙中颜色较为富集。扩散沿裂隙进行,尤其是到达表面的裂隙,抛光后在宝石表面可呈一蓝线。油浸或散射光放大检查,可见颜色呈网状分布,铍扩散蓝宝石则不明显。扩散处理过的星光蓝宝石可见短针状包体在表面富集,星线又细又直,表层有白色絮状物。铍扩散蓝宝石可见表面微晶化,锆石包体有重结晶现象,钴扩散蓝宝石可见表面有浅蓝色斑。

③ 用紫外可见光谱仪检测深扩散处理的蓝宝石时,在其蓝宝石的吸收光谱中,表现为比

原来浅色蓝宝石 565nm 为中心的吸收峰增加,而不存在其他特征的吸收峰。有些扩散处理过的蓝宝石在短波紫外光下,可见有蓝白或蓝绿色荧光。

④ 已往扩散处理蓝宝石是用铁、钛作致色剂在高温下进行扩散处理,使无色或者浅色刚玉表面产生蓝颜色,而近来又以钴作致色剂,使宝石产生鲜艳的钴蓝色,但这种钴致色的蓝宝石往往颜色不均,故很少使用。另外用铍扩散的处理方法,使刚玉质宝石变为黄、橙、红、蓝等多种色调,一般由表及里浓度递减,但其扩散深度可至整个宝石变色。欲鉴定该扩散宝石所扩散的元素,如铍扩散,测定铍的含量即可。

⑤ 合成蓝宝石具有与深扩散处理蓝宝石相近的吸收谱线(即不见 Fe^{3+} 的吸收峰),而合成蓝宝石在紫外可见光谱上的最大特征是在短波紫外区透过性较高,可以此作为区别合成蓝宝石、天然蓝宝石以及深扩散处理蓝宝石的有效特征。有些扩散处理的蓝宝石可无 450nm 吸收带。钴扩散蓝宝石可见 Co 的特征吸收带。如图 8-2-25(a)、图 8-2-25(b) 所示。

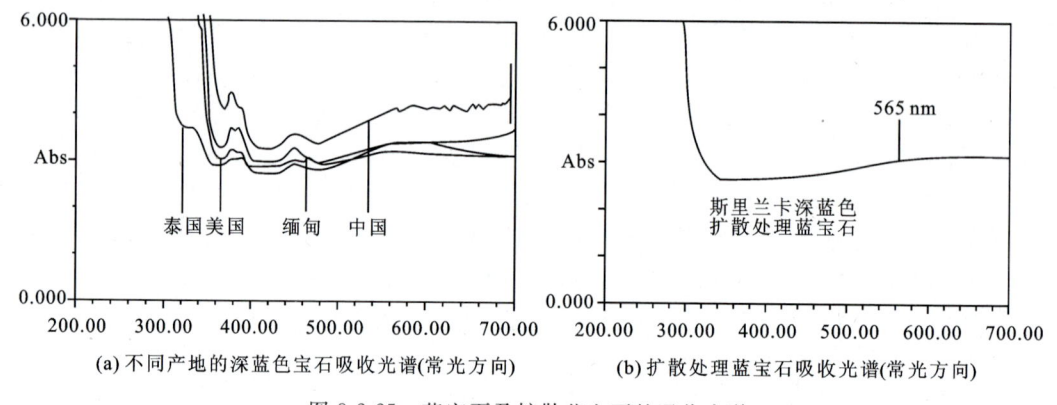

图 8-2-25 蓝宝石及扩散蓝宝石的吸收光谱

(2) 热处理。经过热处理的蓝宝石表面或晶体可见有局部熔融,针状包体和丝状包体不连续或有微小点状,固体包体周围出现裂纹,指纹状包体增多且沿裂理分布,负晶外围被熔蚀,有的在短波下还可呈现弱蓝绿色荧光。

经过热处理的蓝宝石如图 8-2-26 所示。热处理后的蓝宝石吸收光谱如图 8-2-27 所示。

图 8-2-26 经热处理后的粉红橘黄色蓝宝石的戒面

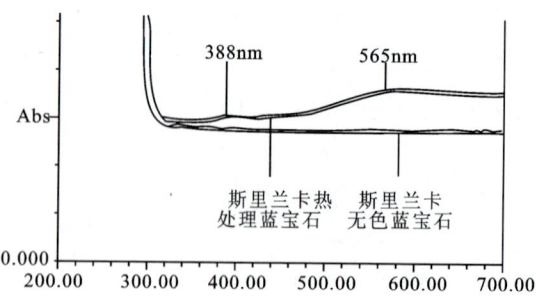

图 8-2-27 斯里兰卡无色蓝宝石及热处理蓝色蓝宝石吸收光谱(常光方向)

(3) 染色处理。染色的蓝宝石放大检查,可见颜色集中于裂隙中,多色性和吸收光谱出现异常。染料还可以引起特殊的荧光。

(4) 辐照处理。无色、浅黄色和某些浅蓝色蓝宝石,经辐照后可产生深黄色或橙黄色,但极不稳定,故不易检测。

3. 星光红宝石、星光蓝宝石和合成星光红宝石、合成星光蓝宝石的鉴别

天然的红宝石星光、天然的蓝宝石星光和合成红宝石的星光、合成蓝宝石的星光成因都是由丝绢状平行纤维包体引起的。但是天然的星光宝石的星线,在星线交会处较粗些,而在边部较细,所以常常形成一个光线密集的中心光点。人工合成的星光宝石的星线则细而均一,十分清晰。天然宝石的六射星线往往不太明显,需在强光或单一光源照射下,才看得清晰;而人工合成星光宝石的星线在室内的自然光下,即可看得清晰。另外,天然星光宝石星线往往不能达到整个宝石边缘,而人工合成的星光宝石的星线可达到(图8-2-28)。

优质的天然星光红宝石和星光蓝宝石,要求通透,即透明度好、星线明显、星光居宝石中心点、星线完全、星光清晰,使人有星光来自宝石内部之感。色泽美丽、瑕疵不明显,如果再有明显的星光四射,则更增加了宝石的魅力。优质的天然星光红宝石和星光蓝宝石属于优质红、蓝宝石。

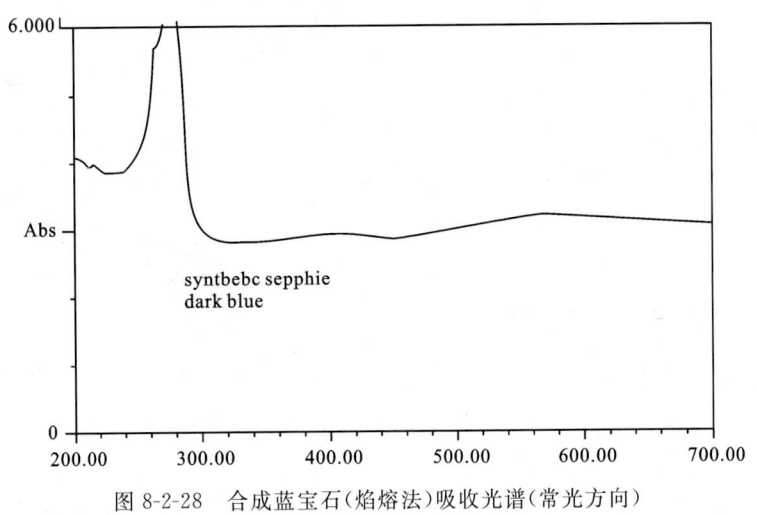

图 8-2-28　合成蓝宝石(焰熔法)吸收光谱(常光方向)

六、关于红宝石、蓝宝石的评价

在论述钻石的章节中,提到了对钻石评价的四大要素为颜色、净度、质量和切工对红宝石、蓝宝石而言,这几个因素也是很重要。如果是镶嵌首饰,则其首饰的整体造型和其上宝石的切工、镶工都应该成为评价的因素。

红宝石的颜色最重要,以鸽血红色为最佳,依次为玫瑰红色和粉红色。通常缅甸红宝石颜色最为鲜艳,透明度较高,其价格也较高。

蓝宝石则是印度克什米尔产的矢车菊蓝为最佳,其次是深蓝色、浅蓝色、绿色和黄色的蓝宝石。

目前,鸽血红红宝石及矢车菊蓝宝石已极少见到。斯里兰卡的淡色蓝宝石常为人们所青睐。而缅甸、泰国产出的蓝宝石较多,其次是斯里兰卡、越南和柬埔寨。澳大利亚产的蓝宝石价格较便宜。而星光红、蓝宝石,中国产出的魔彩宝石、黄色蓝宝石及缅甸、泰国的星光蓝宝

石,皆较为珍贵。

红宝石、蓝宝石的各种饰品如图 8-2-29 所示。

图 8-2-29　红、蓝宝石组合成的各种饰品(选自深圳泰源公司设计作品)

七、产状及产地

红宝石和蓝宝石的宝石矿物原料是刚玉。形成刚玉的矿床成因有岩浆型、伟晶岩型、变质型和砂矿型。

岩浆成因的矿床主要产于碱性玄武岩等基性火山岩中,为刚玉在地壳深部结晶,随玄武岩浆喷发到地表。世界上很多蓝宝石矿床都是这种成因,如澳大利亚的新南威尔士州的蓝宝石矿床和我国山东原生蓝宝石矿床等。

伟晶岩型的矿床有坦桑尼亚的翁巴塔尔红、蓝宝石矿床。

变质岩型的矿床有缅甸抹谷的红、蓝宝石矿床,是区域变质形成。属于这一类型的还有俄罗斯及巴基斯坦的红、蓝宝石矿床。另外,斯里兰卡及美国和我国新疆一带还有产于片岩及片麻岩中者。接触交代作用形成的矿床有斯里兰卡的康迪山等地区的蓝宝石矿床,为正长岩与大理岩的接触带,形成了世界上著名的帕德马刚玉。著名的克什米尔蓝宝石,即产于花岗伟晶岩与白云岩化石灰岩的接触带,蓝宝石产于伟晶岩的长石中,或伟晶岩与云母片岩的接触带,为气成热液交代长石而成,形成有蓝色略带紫色的"矢车菊蓝宝石",是世界上最著名的蓝宝石。

还有坦桑尼亚坦噶城和俄罗斯的乌拉尔地区的红蓝宝石矿床,矿床位于超基型岩体内,在斜长石和云母组成的岩脉中,为热液蚀变而成。南非、印度、美国及我国的青海、安徽等地区皆有这一类型的刚玉产生。产于变质岩中的刚玉,为石灰岩变质成大理岩,石灰岩中的Al_2O_3集聚结晶而成。

肯尼亚、坦桑尼亚、莫桑比克等地所产红、蓝宝石和一些彩色宝石,通常与新生代到更新世的火山岩,尤其与碱性玄武岩有关。为区域变质带中的产物。

由于刚玉的硬度大且化学性质比较稳定,所以常富集于砂矿中。砂矿成了优质红、蓝宝石的主要来源。如上所述,各原生矿附近都有相应的次生砂矿。

高质量红宝石最出名的产地是缅甸的抹谷(Mogok),产于变质石灰岩风化的土壤中。泰国红蓝宝石产于靠近柬埔寨边界的东部,由玄武岩分解而产生的黏土中。中国山东昌乐的蓝宝石也大量开采于原生矿附近的砂矿。

美国蓝宝石的重要产地在蒙塔那。在密苏里河附近的河砂中的几种颜色好的小晶体,早在砂金开采时就被发现了。但可回收的蓝宝石只有少量。继蓝宝石砂矿发现之后,又发现了煌斑岩型蓝宝石矿床,蓝紫色的、片状的晶体存在于煌斑岩的岩脉中,往往有镁、铁尖晶石与之伴生。

中国刚玉质红、蓝宝石在山东、海南、江苏、福建、新疆、内蒙、河北、山西、陕西、四川、云南等省都有发现。

1. 山东的蓝宝石

山东的蓝宝石产于山东东部的昌乐、潍坊、临朐一带的新生代玄武岩出露区,有原生矿和砂矿两种。蓝宝石的母岩为第三纪碱性玄武岩,此岩风化后即形成了蓝宝石砂矿。蓝宝石砂矿产量大于原生矿,目前是全国最主要的蓝宝石产地。

经研究表明,山东蓝宝石主要致色离子为Fe^{2+}、Fe^{3+}、Ti^{4+}、Cr^{3+}、V^{5+}等。致色离子氧化物最高可达1.5%,深色蓝宝石的含量普遍高于浅色者。蓝宝石吸收一定光能就会发生电子跃迁即:$Fe^{2+} \rightarrow Fe^{3+}$;$Ti^{4+} \rightarrow Ti^{3+}$,结果使蓝宝石呈现蓝色。据邹进福等研究表明:$(FeO+Fe_2O_3)/TiO_2$和$Fe^{2+}/Fe^{3+}$的比值越高,从Fe离子跃迁到Ti离子的电子数越多,故其颜色越深。因为昌乐蓝宝石的这一比值高,所以颜色偏蓝、偏黑。昌乐蓝宝石多具较好的六方晶形,呈桶状、浑圆粒状、六方短柱状,大者可达30mm,一般有5～10mm。沿$\{0001\}$和$\{10\bar{1}1\}$有裂开,通常有深蓝、蓝黑、蓝、蓝绿、褐、黄等色。二色性不明显,反射率低。玻璃光泽,半透明—微透明,摩氏硬度8.5。维氏硬度1 936.5kg/mm²,密度3.98～4.1g/cm³。在透射光下多色性明显,黄色蓝宝石几乎不显二色性。一轴晶,负光性。由于其颜色深而透明度又差,故其经济价值不高。

2. 海南的刚玉质红宝石和蓝宝石

海南的刚玉质红宝石和蓝宝石产于文昌蓬莱,在第三纪玄武岩风化后形成的残积、坡积砂矿中。还有的产于冲积、洪积砂矿中。至于蓬莱一带的红宝石产于残积、坡积矿床中,亦与蓝宝石、锆石、磁铁矿、钛铁矿等共生。红宝石多为不规则圆柱状,偶见六方柱状。具溶蚀现象,多裂纹,沿裂纹有褐铁矿浸染。粒径2～3mm。以玫瑰红色为主,其他尚有淡紫、紫红、褐红诸色。玻璃光泽,透明—半透明。折射率$N_o=1.762\,5$,$N_e=1.753\,8(\pm 0.000\,5)$,双折率为0.008 7,密度为3.96～3.97(± 0.02)g/cm³,压入硬度为2 655.6～2 698.7kg/mm²,摩氏硬度为9。海南文昌、蓬莱蓝宝石除产于残积、冲积、洪积层外,还有少量产于风化玄武岩的火山碎屑岩中。蓝宝石成锥状、桶状、六方柱状、不规则粒柱状等,一般大小为3~10mm,最大可达30mm。蓝颜色深浅不同,同一晶体上,颜色亦有深蓝、浅蓝、蓝绿、蓝灰变化。折射率为 $N_o=1.7647~1.7699$,$N_e=1.7526~1.7636$,有的具微弱多色性。密度为 $3.98~4.00g/cm^3$,摩氏硬度为8.5~9,压入硬度为2316~2747 kg/mm^2。深蓝色蓝宝石折射率相对较大,而且具有多色性和吸收性,但蓝灰色者则相反。据石桂华、张如玉研究认为,该区与红、蓝宝石共生的矿物,有锆石磁铁矿、钛铁矿、铬铁矿等,还有铌钽稀土矿物为其特点,这可以说明物源区来自地壳深部。其蓝宝石储量之大,可能居全国首位。

3. 江苏的刚玉质宝石

江苏的刚玉质宝石以蓝宝石为主,主要分布于六合县,第三纪偏碱性橄榄玄武岩中,赋存于橄榄玄武岩中风化后形成的残积、坡积砂矿和冲积、洪积砂矿中。矿体呈似层状、透镜状,厚数厘米至数米不等(茆训海、郑子骊,1989),有锆石、镁铁尖晶石、镁钛磁铁铁矿、镁铝榴石等与之共生。蓝宝石晶形多为不完整的六方短柱状、碎片状、桶状,最大颗粒为 $2mm×7mm×22mm$。蓝宝石以蓝色为主,亦有浅蓝、深蓝之分,也有呈绿、黄、褐色者。该蓝宝石不但颗粒较小而且色不鲜艳,还有的被一层黑灰色、黑色或无色尖晶石薄膜所包裹。晶体呈玻璃光泽—珍珠光泽,多半透明。折射率蓝色者 $N_o=1.772$,$N_e=1.763$,黄色者 $N_o=1.772$,$N_e=1.761$,双折率为0.009±。在显微镜下观察,每个颗粒都有明显的蓝、浅蓝、乳白色相间的环带构造。具有似星光的六条放射线也是其特点。该蓝宝石在长短波紫外线照射均呈惰性,摩氏硬度为8.5~9,压入硬度为2296~2405 kg/mm^2,具脆性,储量亦相当可观,唯其粒度较小。另外,江苏其他地区超基性岩体内的块状镁铝榴石矿体中,亦发现有红宝石矿化现象,同样是粒度较小。因蓝宝石储量可观,其同样被视为我国重要的蓝宝石产地。

4. 安徽的刚玉宝石

安徽刚玉宝石发现于霍山一带,矿床位于大别山古老隆起区,矿体赋存于片麻状刚玉黑云母二长岩中,呈柱状、长条状,与碱性长石、更长石、黑云母共生。刚玉主要为蓝紫色、玫瑰色。折射率 $N_o=1.773~1.776$,$N_e=1.762~1.763$,色散为0.006,硬度为9,密度为 $3.88~3.90g/cm^3$,裂理发育。最近还发现有六射星线的红色宝石,值得注意。

5. 福建的刚玉质宝石

福建的刚玉质宝石为蓝宝石,产于明溪现代河床、河漫滩或阶地砂砾层中,有晶形完好的桶状晶体,也有浑圆状及碎屑状者,颗粒一般为3~8mm,大者可达30mm,呈深蓝、浅蓝、黄绿等色,颜色较深,透明度差,质量不好,唯颗粒较大,与锆石、镁橄榄石、石榴石等共生故尚可利用。

6. 新疆的刚玉质宝石

新疆的刚玉质宝石为红宝石和蓝宝石,产于阿克陶县的硅线石、黑云母二长片麻岩中。刚玉晶体以六方柱状为主,也有粒状、桶状者,粒径大者可达2.5~3mm,呈紫色、无色或淡紫、紫红、淡蓝等色,半透明,产于中、高温相变质矿床。据《中国地质矿产报》报道,天山山脉海拔6000多米处的古生代地层与火山岩的接触变质处,发现有具多色性的变质蓝宝石,晶形呈六方柱状,色蓝紫,具蓝紫—黄的多色性,日光下呈紫色,灯光下呈红色或紫红色变色效应。南天山大理岩中,玫瑰红色红宝石块度可到 $1cm×1.5cm$,重1~2ct,晶体完美,质量较好,晶体中的包体为金红石、黑云母等。

7. 河北的刚玉质宝石

河北的刚玉质宝石有板城的绿刚玉和灵寿的红刚玉。板城的绿刚玉产于花岗伟晶岩中;

灵寿的红刚玉产于古元古界五台群变质岩系中,蓝宝石呈六方柱状、桶状,晶体可长 1~20cm,色绿,被包裹在长石斑晶中。据考证,清朝光绪年间就已被开采。灵寿的红宝石长 5~30mm,优质者也可作宝石,有电气石与之共生。

8. 山西的刚玉

山西刚玉发现于孟县。在太古界阜平群含硅线石,产于石英集合体钾长片岩及硅线石、石英集合体砂砾岩中,刚玉多呈柱状及粒状,一般为 0.5~10cm,大小不等,呈棕褐色,与硅线石共生,亦存在于当地砂矿中。

9. 西藏的蓝宝石

西藏的蓝宝石发现于拉萨地区,红宝石发现于曲水,晶体粗大,含宝石级刚玉量大,是极有希望的开发区。其他如江西、甘肃、青海、四川、云南、辽宁、吉林、黑龙江等地也都有所发现。很多矿点尚在勘探之中。我国的红、蓝宝石的前景还是甚为可观的。

八、芭柏石(Padparadscha)

芭柏石为蓝宝石的红色变种,产于斯里兰卡的天然鲜艳粉红色蓝宝石。芭柏石的名称来源于英文名称的译音。也有人译作"巴特帕拉德石",为锡兰语"莲花"之意。当粉红色蓝宝石加热到 1 500℃时,也可获得这种颜色的蓝宝石,所以很快出现了"合成芭柏石"。相传它对人有医疗作用,可以清洁人身体的各个器官,它既美观又稀有,所以成为了一种珍贵品种。后来在坦桑尼亚的乌姆巴(Umba)河谷也有发现。

九、红宝石和蓝宝石的合成品种

红宝石和蓝宝石的合成品种有合成红宝石和合成蓝宝石(Synthetic Ruby and Synthetic Sapphire)。

人们模仿制造宝石的思想已有几百年了,早在 1819 年克拉克(Clarke)就曾作过探索。1902 年法国化学家维尔纳叶等人成功地运用焰熔技术合成出第一颗红宝石。1910 年维尔纳叶又以焰熔法合成蓝宝石。1943 年劳本盖耶(Laubengayer)和韦茨(Weitz)用水热法合成红宝石。1947 年美国林德公司(Lende Company)用焰熔法合成星光红、蓝宝石。后经过诸多研究改进,用助熔剂法、提拉法、水热法、导模法都可合成红、蓝宝石。至此即可大批量生产合成刚玉(Synthetic Corundum)。加入少量各种金属氧化物,合成刚玉便会呈无色和各种颜色。

我国于 1958 年以氢氧焰熔法生产出刚玉彩色晶体并正式投产,随后用提拉法、助熔剂法、水热法等合成的红色刚玉及星光刚玉等,也逐渐投入市场。

2005 年我国合成红、蓝宝石年产已达 235t,再加上些地方性的、用焰熔法生产的总量可达 430 多吨,将跃居世界前茅。

1. 合成红宝石(Synthetic Ruby)

合成刚玉可采用焰熔法,也可采用丘克拉斯基法、晶体提拉法和区域熔炼法、助熔剂法、水热法合成红宝石,加以琢磨即可用于首饰。

〔化学组成〕化学式:Al_2O_3。

化学成分为三氧化二铝,可含有 Cr 等元素。助熔剂法合成的还可含有 Pb、Pt、Ni、W、La、Mo、Fe、V、Ti 等助熔剂成分。水热法可含 Ca、As、K 等元素。

〔形态〕合成红宝石属三方晶系,焰熔法生产者呈棒状,助熔剂法生产者呈菱面体状,水热法生产者呈板状。

〔物理特性〕合成红宝石颜色呈红色、橙红色、紫红色,玻璃至亚金刚光泽,无解理,可具星光效应。

〔鉴别特征〕合成刚玉与天然刚玉有着相近的物理和化学性质,表现为:一轴晶,负光性,折射率 $N_o=1.770, N_e=1.762(+0.009,-0.005)$,双折射率为 $0.008\sim 0.010$,色散为 0.018,硬度为 9,密度为 $4.00(\pm 0.05)\mathrm{g/cm^3}$。

放大观察可发现:①焰熔法生产者,生长纹呈弧形,有白色面包渣状氧化铝粉末、未熔或残余物包体,有气泡;②助熔剂法合成者,有断断续续的气泡群,粘滞状、指纹状包体、束状、纱幔状、球状、水滴状助熔剂残余,六边形或三角形铂金金属片;③水热法合成者,具树枝状生长纹色带、金黄色金属片,无色透明的纱网状包体或钉状包体,也有指纹状、面包状包体或云烟状裂隙,偶见籽晶片和气泡。

荧光特性和谱线特征:长波紫外荧光强,呈红色或橙红色;短波中至强,呈红色或粉红色、粉白色。吸收光谱:用红外光谱检查可见 694nm、692nm、668nm、659nm 吸收线,$620\sim 540$nm 吸收带,476nm、475nm、468nm 吸收线。紫光区吸收:水热法合成的红宝石 $3\,800\sim 2\,800$nm 范围内有明显的吸收,这可以和天然红宝石相区别。

圆气泡是焰熔法合成刚玉的特征,在弱光照射下,它们通常呈亮针状。冷却时由于收缩变化,它们有时会变大。经过改进,现在许多这种合成品已不再有气泡。其他特征表现为生长纹弯曲或弯曲的颜色分带,生长纹弯曲是由于熔融水钠矾石越过生长的刚玉的弯曲顶部所造成,色带则是由于致色离子的不均匀分布而成。弯曲生长纹常见于合成红宝石以及加钒的变色蓝宝石中,弯曲蓝色分带见于蓝色或紫色的合成蓝宝石中,而弯曲黄色带可见于黄色、橙色刚玉材料中。

沿晶面结合的裂缝,有时见于旧焰熔法合成的刚玉中。这是快速抛光导致发热引起的,有人认为是原始生长时所致。因为它们在琢磨好而抛光不好的天然刚玉中偶尔可见。

许多天然红宝石和大多数合成红宝石在长波、短波紫外光照射下发强红色荧光,为致色离子铬的存在所致。在短波光下,焰熔法合成红宝石比其相应的天然品荧光效应稍强一些,这种测试需对比观察。

助熔剂法合成红宝石及粉色、蓝色和红橙色蓝宝石具有助熔剂指纹状包体、大熔剂包体和铂片,这些特征与助熔剂法合成的祖母绿和变石相似。还有的采用稀土添加剂,使助熔剂合成红宝石的某些部分对长波紫外光呈现黄色荧光。

为克服焰熔法和提拉法合成红宝石有明显弧状生长纹和气泡,故又研制水热法。它是以天然宝石晶片为晶种,可成长出带六边形生长条纹和天然宝石结构相近的大块晶体,可磨出 $5\sim 8$ct 以上宝石戒面。在美国、俄罗斯、印度、瑞士等许多国家都有这种红、蓝宝石上市。还有用熔体提拉法、熔体泡生法和熔体热交换法研发的无色蓝宝石,可生长出几十千克的大单晶。

所谓"再造或再生红宝石",据称是将天然红宝石碎粒在高温下熔结起来的,有的还加氧化铬以改善颜色后使其重新结晶而成,有的还未全部再结晶,故形成由玻璃质胶结的红宝石碎片。这种方法再造的红宝石往往有旋涡痕迹和大气泡,目前已很少应用。

合成星光红宝石是 1947 年美国林德公司最先制造,其方法为在红、蓝宝石合成过程中加氧化钛再加热处理而成(详见合成蓝宝石)。

2. 合成蓝宝石(Synthetic Sapphire)

合成蓝宝石早在 1910 年用焰熔法首次获得成功,经过改进,现在已经可以合成几千克重的蓝宝石晶体,但是往往颜色不均匀,外层蓝中心色浅。目前所采用的助熔剂法、水热法及提拉法合成蓝宝石皆获得成功。

〔化学组成〕化学式:Al_2O_3。

化学成分为三氧化二铝,可含有 Fe、Ti、Cr、V 等元素。

〔形态〕合成蓝宝石属三方晶系,焰熔法生产的呈梨形、大者呈萝卜状,助熔剂法生产的呈板状、菱面体形,水热法生产的亦呈板状。

〔物理特性〕合成蓝宝石常呈蓝色、白色、绿色、紫蓝(变色)、粉色、黄色、橙色或无色,因而有合成白色蓝宝石、绿色蓝宝石、红紫色蓝宝石、橙绿色蓝宝石、变色蓝宝石等之分。玻璃光泽,多色性呈蓝色、绿蓝色;绿色:绿、黄绿;变色:紫、紫蓝;粉色:粉、粉红;橙黄色:黄、橙黄。焰熔法合成的蓝宝石属一轴晶,呈负光性。折射率为 1.762～1.770(+0.009,−0.005),双折率为 0.008～0.010。色散为 0.018,无解理,硬度为 9,密度为 4.00(+0.10,−0.05)g/cm³。紫外荧光:①蓝色者长波无荧光,短波具弱至中荧光,蓝白色或黄绿色;②绿色者长波具弱荧光,呈橙色,短波呈褐红色;③粉色者长波具中至强荧光,呈红色,短波呈粉红色;④黄色者短波呈非常弱的红色;⑤无色者至弱蓝白色在长、短波下为无荧光;⑥变色蓝宝石的紫外荧光在长、短波下皆呈中等的橙红色。

吸收光谱:①蓝色者无吸收线,助熔剂法合成的蓝宝石可有 450nm 弱吸收线;②绿色者有 530nm 和 687nm 吸收线;③橙色、紫色、粉色者分别有 690nm 吸收线,650nm、670nm 吸收线,580～510nm 宽吸收带;④变色者有 474nm 吸收线。

〔鉴别特征〕放大观察可见:焰熔法合成的蓝宝石,具弧形生长纹,有气泡及未熔面包渣状的金属残余物;助熔剂法合成的,具指纹状包体、束状、纱幔状、球状、液滴状助熔剂残余物,六边形或三角形金属片;水热法合成的蓝宝石,具树枝状生长纹、色带、金黄色金属片、无色透明的纱网状包体或钉状包体;提拉法合成的蓝宝石常有拉长的气泡、位错和弯曲生长纹、钨、铂等金属包体。合成的蓝宝石可具星光效应、变色效应及很少见到的猫眼效应。

3. 合成星光红宝石及合成星光蓝宝石(Synthetic star ruby and synthetic star sapphire)

1947 年,美国林德 Linde 公司最先合成红色和蓝色星光刚玉。后来日本、德国及以色列的一些公司也相继生产这些产品和其他颜色的同类产品。星光材料的制造采用焰熔法,即在炉料中加入 0.1%～0.3%氧化钛,然后刚玉再次被加热或悬吊,在高温(1 100～1 900℃)下进行几小时至几天。氧化钛通过热处理成晶块,慢慢冷却,使氧化钛从晶体中析出,结晶成细小的金红石针晶。和天然星光刚玉一样,由于刚玉的结构特征可使金红石针晶相交成 120°的三组方向排列,产生星光效应。但金红石针晶比天然的小多了,必须用至少 50× 的放大镜才能观察到。

我国在 20 世纪 80 年代也合成星光红、蓝宝石,也是以焰熔法合成的,所以它也常呈现着一般焰熔法合成红、蓝宝石的特征。

在亮光源照射下,合成星光刚玉含有微小气泡,呈暗色斑点并含有白色金红石粉末分散包体。这可与天然品相区别。由于它的透明度减少,因而需以光照射才能看到。更透明的合成星光红宝石可能会显现弯曲的生长纹。各色半透明材料,一般基于弧形面可显示出弯曲的同心生长纹。星线细而长,看起来不均匀,交汇点清晰、不见加宽加亮现象,星光亮而不柔和,有浮于表面的感觉。

4. 合成蓝宝石变石(Synthetic Sapphire Alexandrite)

1979 年美国生产出了具有变色效应的蓝宝石。它是以氧化钒作为着色剂合成的,在日光下呈绿色,在灯光下呈紫红到紫色。这与变石的变色效应相同,故有"似亚历山大石"之称。也有人将它作为变石的代用品。我国对这种合成变色蓝宝石也早已能批量生产。

第三节 绿柱石、祖母绿、海蓝宝石(绿柱石)

祖母绿和海蓝宝石(Emerald and Aquamarine)都是绿柱石质(Beryl)的宝石,在宝石矿物学上统属绿柱石(Beryl)。

人们称自然界绿柱石质的宝石为"绿宝石"。绿柱石质宝石矿物中,除绿柱石本身就是工业上的含铍原料外,晶体好的是重要的观赏石。绿柱石宝石矿物中最出名的要算祖母绿。祖母绿素有"绿色宝石之王"的盛誉,有人将它与钻石、红宝石、蓝宝石一齐被誉为"四大珍宝"。祖母绿是含铬的翠绿色绿柱石,如果是含铁的天蓝色绿柱石则称海蓝宝石,还有绿到宝石级或观赏石级的绿柱石也是受人们喜爱的宝石品种。故以下分别描述绿柱石、祖母绿和海蓝宝石,既然它们统属绿柱石,所以都按绿柱石加以描述。

早在公元前4 000多年的巴比伦,市场上便有祖母绿出售。迦勒底王国的妇女们很喜欢佩戴祖母绿饰品。在古希腊,祖母绿被称为"绿色的石头"和"发光的石头",人们还把它献给"维纳斯"女神作为高贵的珍宝。据考证最早的祖母绿矿山是在埃及,在公元前2000多年已被开采。当时的埃及女王克列奥普特拉很喜爱佩戴祖母绿首饰。古罗马人也喜爱祖母绿,老普林尼评价:祖母绿在一切宝石里仅次于金刚石和珍珠而居第三位。《圣经》里也提到了绿宝石。在中世纪,人们迷信地认为海蓝宝石能给佩戴者以远见卓识的能力,并能催眠,可医治眼疾,还可除恶压邪。

相传中国古代已有祖母绿,是由波斯经丝绸之路进入的。因波斯语祖母绿为Zumurud,故译为祖母绿。有文字记载的是元代陶宗仪的《辍耕录》,将其称为"助木剌"。到了清朝,《清科藏》提到"祖母绿,亦名助木绿,以内有蜻蜓翅光者真",这乃是对祖母绿的鉴别,意指其中的瑕疵。海蓝宝石的英文名称为Aquamarine,来自拉丁语"海水"之意,意指如海水一般蓝色的宝石。

海蓝宝石在清代已用来制作别子、吊坠、朝珠、壶盖、小花素件等艺术品。

一、化学组成

绿柱石的化学式为$Be_3Al_2[Si_6O_{18}]$。

绿柱石为含铍的铝硅酸盐,可含Fe、Mg、V、Cr、Ti、Mn及Na、K、Li、Rb、Cs等碱金属微量元素。

二、晶体结构

绿柱石属六方晶系,为硅氧四面体组成的六方环,垂直C轴平行排列,上下两环错动25°,由铝及铍连接,均分布在环的外侧,在环中心平行C轴有宽阔的孔道,可以容纳大半径的离子:K^+、Na^+、Rb^+、Cs^+以及水分子等(图8-3-1)。由于成分中所含金属元素致色离子的不同,则颜色不同,从而出现不同的品种,如:祖母绿(Emerald)为含铬、铁、钛、钒等元素的翠绿色绿柱石,优质者价值高贵;海蓝宝石(Aquamarine)为含铁、钛的天蓝色绿柱石;铯绿柱石(Morganite)是一种含铯、锂或锰的绿柱石,呈玫瑰红色;金色绿柱石(Helildor)原来自希腊语的"太阳",是一种含铁呈金黄色、淡柠檬黄色的绿柱石;暗褐色绿柱石(Dark brown berya)是一种含钛铁矿的、可具星光效应的绿柱石(表 8-3-1)。

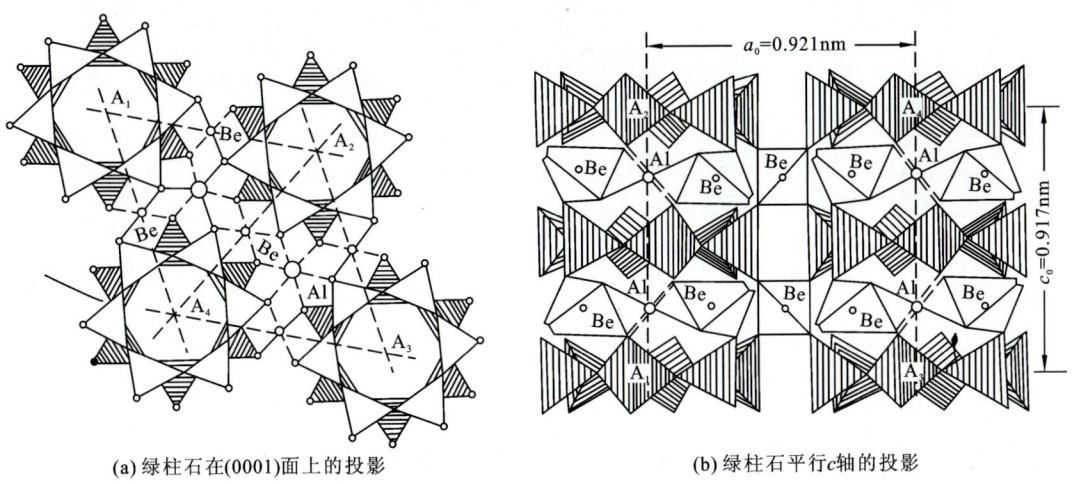

(a) 绿柱石在(0001)面上的投影　　　　(b) 绿柱石平行c轴的投影

图 8-3-1　绿柱石的晶体结构图

表 8-3-1　绿柱石中的致色离子

颜色	致色离子	典型宝石矿物
纯绿、蓝—绿色	Cr 或 Cr+V	祖母绿
其他绿色	$Fe^{2+}+Fe^{3+}$	绿色绿柱石
天蓝色	$Fe^{2+}+Ti$	海蓝宝石
黄色、金黄色	Fe^{3+}	金色绿柱石
粉红色、玫瑰红色	Mn+碱金属	铯绿柱石
红色	Mn	红色绿柱石
无色	碱金属	无色绿柱石

三、形态

晶体多呈长柱状，富含碱的晶体，呈短柱状或发育成板状，柱面上常有平行 C 轴的条纹，不含碱的比含碱的绿柱石柱面上条纹更明显，如图 8-3-2 和图 8-3-3 所示。

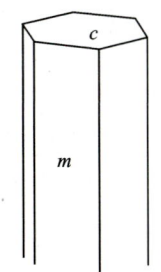 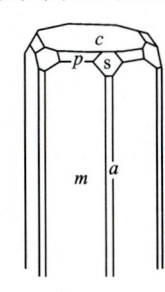 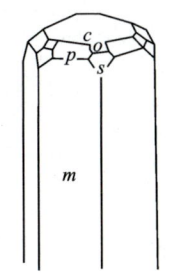 

图 8-3-2　绿柱石的晶体

    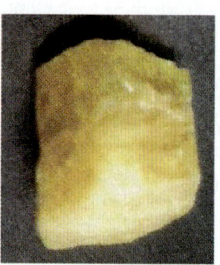

(a) 绿柱石晶体（中国新疆）　(b) 海蓝宝石晶体（中国云南）　(c) 海蓝宝石晶体（美国加利福尼亚）　(d) 海蓝宝石晶体（巴基斯坦）　(e) 黄色绿柱石晶体（中国新疆）

图 8-3-3　几种不同产地的绿柱石晶体

四、物理性质

绿柱石为玻璃光泽,透明到半透明。颜色是划分几种绿柱石的基础。

绿柱石常见的颜色为无色、绿色、黄色、浅橙色、红色、粉色、蓝色、棕色、黑色。粉红色绿柱石可称为摩根石。海蓝宝石则呈绿蓝色至蓝绿色、浅蓝色,一般色调较浅,祖母绿呈浅至深绿色、蓝绿色、黄绿色。

光学特性:非均质体,在偏光镜下无色,透明,一轴晶负光性,具多色性。因颜色不同而多色性不同,一般绿柱石黄色者呈弱绿黄色和黄色或不同色调的黄色。

摩根石呈弱至中等荧光,浅红和紫红色。

海蓝宝石呈弱至中等荧光,蓝色和绿蓝色、不同色调的蓝色。

祖母绿呈中等至强荧光,蓝绿、黄绿（表 8-3-2）。

表 8-3-2　不同品种的绿柱石的颜色和多色性

名称	颜色	多色性	强度
祖母绿	纯绿色	蓝绿/黄绿	弱—清晰
钒绿柱石	绿—淡绿	淡绿、蓝绿/黄绿、无色	弱—清晰
海蓝宝石	浅蓝、蓝	淡蓝、绿/无色、淡黄、绿	清晰
海蓝宝石	蓝	蓝/无色、淡黄、淡蓝	清晰
铯绿柱石	粉红	粉红/浅蓝、粉红、黄、粉红	弱—清晰
红绿柱石	红	黄—红、红/粉红、紫红	清晰
黄绿柱石	黄	黄绿、绿、黄、淡黄/黄	弱—清晰
金绿柱石	金黄	多变	
紫绿柱石	紫		

折射率为 1.577~1.583（±0.017）,双折率为 0.005~0.009。

其紫外荧光通常较弱。无色者呈无至弱荧光、呈黄色或粉色;黄绿色者一般无荧光;摩根石则呈无至弱荧光,呈粉色或紫色;海蓝宝石在紫外荧光下无色;祖母绿一般无色,但长波下也可呈弱荧光和橙红、红色,短波下呈弱荧光,呈橙红、红色（较长波弱）。吸收光谱:通常绿柱石为无或弱的铁吸收,某些强蓝色绿柱石可具 688nm、624nm、587nm、560nm 吸收带;而海蓝宝石的吸收光谱则为 537nm 和 456nm 弱吸收线,427nm 强吸收线,并可依颜色变深而加强;祖母绿的吸收光谱为 683nm 和 680nm 强吸收线,662nm 和 646nm 弱吸收线,630～580nm 部分吸收带,紫区全吸收(图8-3-4)。绿柱石的包体多为固态矿物包体,气液两项包体,气液、固液气体或管状包体,也可见有猫眼效应,极少见有星光效应。

一组不完全解理,平行于平行双面,断口贝壳状,摩氏硬度 H=7.5～8,密度为 2.72(+0.18,−0.05)g/cm³。

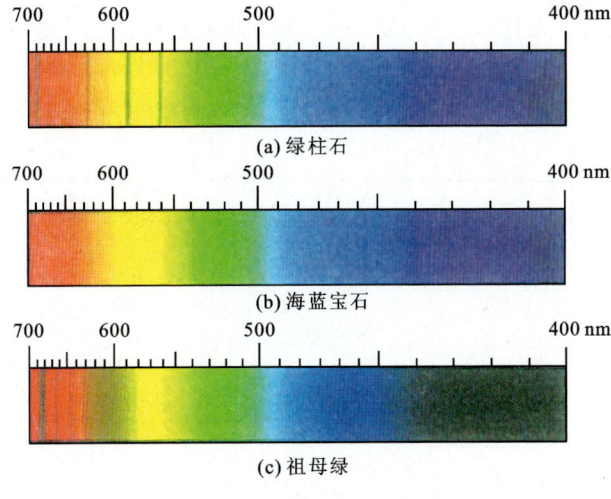

图 8-3-4　绿柱石的吸收光谱

五、鉴别特征

1. 绿柱石的鉴别特征

绿柱石属六方柱状晶形,以呈现各种绿色和硬度高为特征,以解理不发育区别于黄玉。与相似的黄玉、天河石、磷灰石、浅色电气石之对比如表 8-3-3。

表 8-3-3　绿柱石与黄玉、天河石、磷灰石、浅色电气石的主要区别

性质\种类	绿柱石	黄玉	天河石	磷灰石	浅色电气石
形态	六方柱状,柱面有纵纹	斜方柱状,柱面有纵纹	板柱状晶体,无条纹	六方柱状	横截面呈球面三角形,柱面有纵纹
解理	//{0001}不完全	有{001}完全解理	有{001}、{010}完全解理	//{0001}不完全	//{0001}裂开不平
硬度	>石英	>石英	<石英,>小刀	<小刀	>石英

绿柱石的红外光谱如图 8-3-5 所示。由红外光谱可看出绿柱石与合成绿柱石的红外光谱有所差异。

2. 祖母绿的鉴别特征及分级

1) 祖母绿的鉴别特征

祖母绿具有翠绿色,透明,含铬和铁的多少决定其质的优劣。一般翠绿色祖母绿含 0.15%～0.30%氧化铬,深翠绿色含 0.5%～0.6%氧化铬。含氧化铁少或不含氧化铁则颜色鲜艳,透明度好;含氧化铁过多(>0.60%)则颜色变暗(图 8-3-6)。

天然祖母绿在查尔斯滤色镜下呈粉红色,在二色镜下多色性不明显。不同颜色、不同产地的祖母绿,其折射率、密度、荧光反应、包体等皆有所不同,各有其特征,如表 8-3-4。

哥伦比亚祖母绿呈淡翠绿色至深翠绿色(图 8-3-6),以契沃尔矿所产的世界闻名。其色

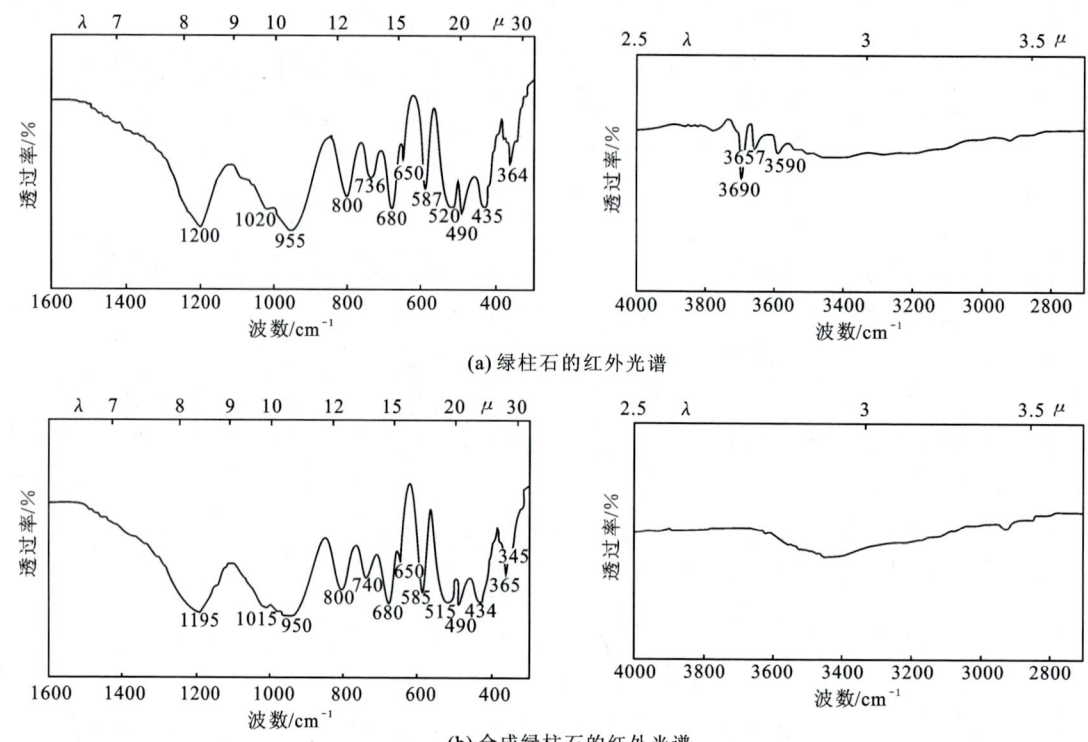

图 8-3-5 绿柱石和合成绿柱石的红外光谱

（μ 为波长单位，即 μm，下同）

彩亮丽、质量最佳，色稍带蓝的翠绿色，呈玻璃光泽，断口贝壳状，在长波紫外光下不发或发弱粉红色荧光，在查尔斯滤色镜下呈粉红色，二色性不显著。包体具气液固三相，包体边缘呈锯齿状，其中包有 CO_2 气泡、液态 NaCl 及立方体状石盐。因石盐的折射率与祖母绿接近，所以突起不突出，纤细的管状包体和高密度排列将影响宝石的透明度。有的还有褐色薄膜或液态薄膜充填裂隙，呈树枝状。哥伦比亚的木佐矿区产的祖母绿则具有黄褐色粒状氟碳钙铈矿包体(图 8-3-7)，突起高，易见。其他如黄铁矿、水晶、铬铁矿、磁黄铁矿、辉钼矿等，皆为本区祖母绿中常出现的包体。祖母绿中还可有方解石、云母、电气石、阳起石、透闪石、赤铁矿等包体。裂隙常较发育为其特征。

图 8-3-6 哥伦比亚祖母绿

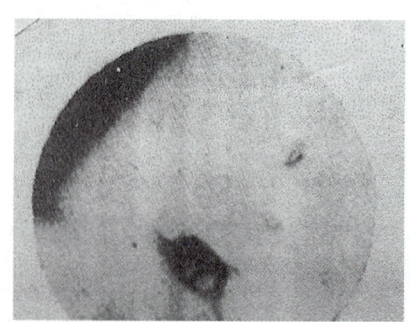

图 8-3-7 祖母绿中的氟碳钙铈矿包体

苏联乌拉尔祖母绿,又称西伯利亚祖母绿,颜色稍黄,或呈具黄色色调的绿色或褐色。其包体有:竹筒状绿色或褐色、长柱状阳起石或片状黑云母,如量多而密集则显褐色。巴西祖母绿呈淡黄绿色、绿色,透明度差,一般呈不规则乳滴状气液包体或平行排列的管状包体,如果密集排列琢磨后可显猫眼效应。其他包体有片状黑云母、粒状磁铁矿等。

我国新疆所产的祖母绿呈蓝绿色,在查尔斯滤色镜下微显红色,折射率 $N_o = 1.588 \sim 1.589$, $N_e = 1.580 \sim 1.581$,双折射率为 $0.007 \sim 0.008$,在长、短波紫外光下均呈惰性,具二相或三相包体,有的呈锯齿状、指纹状,有清晰的平行 Z 轴方向的生长纹,密度为 $2.72(+0.18,-0.05)\text{g/cm}^3$(图 8-3-8)。

图 8-3-8 我国新疆产的祖母绿原石

表 8-3-4 不同产地祖母绿的物理性质及包体等特征对比

产地		颜色	折射率	双折率	密度/g·cm^{-3}	紫外荧光		查尔斯滤色镜下反应	包体及其他
						LW	SW		
哥伦比亚	挈沃尔	蓝绿	1.573~1.579	0.005~0.006	2.69~2.71	强红	强红	强红	气液固三相包体、黄铁矿、铁质氧化物等
	木佐	翠绿微蓝	1.970~1.580	0.005~0.006	2.70±	强红	强红	强红	气液固三相包体及黄铁矿、方解石、氟碳钙铈矿
俄罗斯乌拉尔		绿带微黄	1.580~1.588	0.006~0.007	2.71~2.75	无		红	晶簇状、丝状、阳起石,具垂直长轴方向裂理
印度卡里古门		浅绿—深绿	1.585~1.595	0.007	2.73~2.74	无	无	暗绿、微红	逗号状包体、黑云母片状包体
阿富汗		淡蓝绿、淡绿	1.574~1.588		2.68~2.74			绿、浅红	多相包体、铁质氧化物包体
巴基斯坦		蓝绿、暗绿	1.588~1.600	0.005~0.007	2.75~2.78			淡粉红	管状包体、云母、硅铍石等多种矿物包体
巴西		绿、翠绿	1.575~1.582	0.009	2.67~2.75	无	无	红	云母、方解石、白云石、钠长石、石英、黄铁矿等包体
津巴布韦桑达瓦纳		深绿	1.584~1.590	0.006	2.744~2.768	无	无	微微红	针状、放射状、透闪石、云母、石榴石、长石、赤铁矿等
澳大利亚波那		深绿	1.572~1.578	0.005~0.007	2.69±			微微棕粉红	钉状气液包体、阳起石、锡石、毒砂晶体

续表 8-3-4

产地		颜色	折射率	双折率	密度/ $g \cdot cm^{-3}$	紫外荧光 LW	紫外荧光 SW	查尔斯滤色镜下反应	包体及其他
南非柯布拉		浅绿—深绿	1.586~1.593	0.007	2.75±			淡红、暗绿	三相包体、云母、辉钼矿等
美国北卡罗里纳		绿、深绿	1.580~1.588	0.008	2.73±	有	无	淡红、红	石英、长石等包体
加拿大		蓝绿	1.579~1.591	0.007~0.008	2.70~2.76	无	无		二相或三相包体、有黄铁矿、铬铁矿、碳酸盐矿物
奥地利哈巴克托		深绿	1.584~1.591	0.007	2.72~2.76	红—无	红—无	红—浅红	柱状、透闪石、阳起石、云母等
马达加斯加		蓝绿	1.580~1.591	0.008~0.009	2.68~2.71				二相或三相负晶、愈合裂隙、色带、针状透闪石、阳起石等
中国	新疆	蓝绿	1.580~1.589	0.007~0.008	2.69~2.74	无	无	微微红	二相或三相包体有的呈锯齿状,具指纹状包体平行 Z 轴生长纹
中国	云南	翠绿、浅绿、黄绿	1.582~1.588	0.006	2.71±			微红绿	三相包体、白色管状,色带、黑电气石、云母、黄铁矿等

我国云南麻栗坡产的祖母绿(图 8-3-9)属花岗伟晶型和气化热液型,与绿柱石、微斜长石、白云母、黑电气石、萤石等共生。其祖母绿为翠绿色、浅绿色或黄绿色,有些晶体颜色呈环带状,即内部浅绿色向外变为绿或翠绿色,玻璃光泽,透明至半透明,极少有猫眼效应,折射率为 1.582~1.588,双折率为 0.006,在查尔斯滤色镜下呈微红色,有的带绿色,紫外线短波下发弱紫红色荧光。三相包体呈白色管状,有的有色带,包体中有黑色电气石、云母、黄铁矿等,密度为 2.66~2.74g/cm³。

不同产地的祖母绿其红外光谱亦大同小异,如哥伦比亚产的祖母绿和巴基斯坦产的祖母绿红外光谱图基本相同。与祖母绿相类似的绿色宝石的物理性质等的对比如表 8-3-5 所示。

图 8-3-9 我国云南产的祖母绿

表 8-3-5 祖母绿及类似的绿色宝石的物理特性对比

品种	光性	折射率	双折率	硬度	密度/g·cm^{-3}	查尔斯滤色镜反应	其他
祖母绿	一轴(一)	1.577~1.583	0.005~0.009	7.5~8	2.72±	红或绿	包体多,含三相包体
铬透辉石	二轴(+)	1.675~1.701	0.026	5.5~6	3.29±	绿	重影,505nm 吸收线
绿色蓝宝石	一轴(一)	1.76~1.77	0.008~0.009	9	4±	蓝绿	具裂理,气液二相包体
绿色铬钒钙铝榴石	均质体	1.740±	0	7~7.5	3.61±	红、粉红	黑色固态包体
翠榴石	均质体	1.888	0	6.5~7	3.84±	绿	强色散,含马尾丝状石棉包体
绿色碧玺	一轴(一)	1.624~1.644	0.020	7~8	3.06±	绿	二色性明显,具双影
绿色翡翠	集合体	1.66		6.5~7	3.34±	绿	具翠性,纤维交织结构
绿色萤石	均质体	1.434	0	4	3.18±	绿	具完全解理,强淡蓝色荧光
淡蓝绿色磷灰石	一轴(一)	1.634~1.638	0.004	5~5.5	3.18±	绿	六方柱状、粒状
合成祖母绿	一轴(一)	1.560~1.567	0.003~0.004	7.5	2.65~2.66	红	多羽状纱状包体、二相包体,有的见色带
合成绿色尖晶石	均质体	1.728	0	8	3.64±	红或绿	气泡,弧形生长纹,洁净
人造绿色钇铝榴石	均质体	1.833	0	8	4.50~4.60	红	偶含气泡,内部洁净

祖母绿、合成祖母绿及其赝品的区别在于合成祖母绿的颜色浓艳,有较强的红色荧光,在查尔斯滤色镜下呈现鲜明的红色。天然祖母绿可具三相包体,包含阳起石、云母等天然矿物。合成祖母绿则仅可见到不透明的团状白色未熔化的熔质包体、银白色不透明尖角形的铂片包体或柱状硅铍石包体等。

还有二层石或三层石仿制品,是用绿色胶粘合两层淡色绿柱石成三层石,或用优质祖母绿和劣质绿柱石粘合成二层石。其鉴别方法为观察宝石腰围处是否有粘合痕迹或观察粘合层面上是否有明显的气泡。

2) 祖母绿的分级

不同产地祖母绿的质量不同,其价格差异很大。一般按颜色、透明度、净度、重量可将祖母绿分为三级。

(1) 一级品:深翠绿色、翠绿色、带蓝的蓝绿色、透明度好、包体少、裂隙少(不超过总体积的 5%)。

(2) 二级品:深翠绿色、翠绿色、带蓝的蓝绿色、透明度较好、包体较少、裂隙较少(不超过总体积的 10%)。

(3) 三级品:深翠绿色、翠绿色、蓝绿色、半透明、裂隙多(可占到总体积的 15%)。

祖母绿具脆性，在琢磨、镶嵌时需特别小心，不宜过热，亦不能用超声波清洗，避免产生或扩大裂纹。

祖母绿主要是用来做戒面等饰品，祖母绿所磨成的长方形戒面即称为祖母绿型戒面，在市场上颇受欢迎。祖母绿型戒面如图8-3-10所示。

3. 海蓝宝石的鉴别特征

海蓝宝石是呈天蓝色、绿蓝色，颜色有深有浅的绿柱石。由Fe^{2+}致色，皆为玻璃光泽，

图 8-3-10　祖母绿型戒面

具弱到中蓝、绿色深浅不同的二色性，折射率为 1.560～1.600（±0.017），双折率为 0.005～0.009，无荧光，包体较少，可见有液体包体、气液两相包体或气液固三相包体，也可平行 Z 轴方向排列成管状，管中空或充满液体的细长管状，如密集排列，琢磨后可出现猫眼效应。也有由无数气泡包体密集在一起，呈半透明雪花状；或较细小，而肉眼难辩认。云母包体成片状较易观察，密度为 2.67～2.90g/cm³。海蓝宝石、绿柱石与相似宝石在物理特性的区别，见表8-3-6。

表 8-3-6　海蓝宝石与相似淡蓝色宝石的物理特性对比

宝石种类	硬度	密度/g·cm⁻³	折射率	双折射率	多色性
海蓝宝石	7.5	2.67～2.90	1.560～1.600	0.006	二色性明显
蓝色锆石	7.5	4.69	1.926～1.985	0.059	二色性明显
蓝色黄玉	8	3.59	1.610～1.620	0.010	二色性明显
蓝色尖晶石	8	3.63	1.728	无	无
淡蓝色玻璃	6	2.37	1.50	无	无
蓝色磷灰石	5	2.90～3.10	1.630～1.667	0.002～0.005	二色性明显

一般海蓝宝石与蓝色的黄玉、改色的黄玉、改色的锆石很相似，其区别主要是密度不同，黄玉和锆石密度大，放入三溴甲烷中会立即下沉；而海蓝宝石密度小，则浮于上面。用放大镜观察棱角处，黄玉和锆石显双影；海蓝宝石则不明显，尤其锆石的双影清晰，还具有较高的色散可区别之。

六、优化处理

1. 绿柱石的优化处理

1）辐照处理

辐照处理是指使无色、浅粉色的绿柱石变为黄色（250℃以下稳定）或蓝色，常不易检测。辐照产生的钴蓝色绿柱石有中心谱带位于 688nm、624nm、587nm、560nm 的吸收带。

2）覆膜处理

覆膜处理是指在浅色或无色绿柱石表面覆以绿色薄膜，放大检查时可见有部分薄膜脱落。无色或浅色绿柱石再覆以合成祖母绿薄膜，放大检查可见表面网状裂纹，侧面观察，则可看出粘合现象。

3）热处理

热处理常用于对摩根石除去其黄色色调，而变为纯粉红色，400℃以下稳定，不易检测。

2. 祖母绿的优化处理

1）浸无色油

浸无色油者在达表面的裂隙上呈无色或淡黄色反光，在长波紫外光下呈黄绿色或绿黄色荧光。热针接近可有油析出，用红外光谱可测定有机物、油的吸收峰。

2）浸有色油

浸有色油者达表面的裂隙呈绿色反光，长波紫外光下呈黄绿色或绿黄色荧光，用丙酮棉签擦拭，有绿色油析出，可以用红外光谱测定其有机物、油的吸收峰。如染色处理，放大检查可见颜色在裂隙处集中。

3）充填处理

祖母绿在加工琢磨过程中，时常会降低透明度，使用一种无色的油或合成胶结树脂浸透到祖母绿里，可恢复其透明度，这种充填过的祖母绿在达表面的裂隙处有"闪光效应"，以棉签沾丙酮擦拭可溶解其充填物，也可用热针熔融其充填物。在红外光谱上可见 $2\,800\sim3\,000cm^{-1}$，$3\,036cm^{-1}$，$3\,058cm^{-1}$ 附近的有机物吸收。其发光图像可见充填物。

如发现祖母绿首饰为封闭式金属托镶嵌，就要仔细观察宝石亭部外缘是否镀有绿色薄膜。放大检查可见有部分薄膜脱落。这种镀绿色薄膜的谓之"箔衬作假"。

因祖母绿一般裂隙发育，所以常有向里注油以掩盖裂隙而增强绿色的现象。这需要我们放大观察裂隙处的干涉色，如果把宝石缓缓加温，可能会有油珠流出，这是注油的结果。另外，这类祖母绿在紫外线下会发黄色荧光。

3. 海蓝宝石的优化处理

比较常见的优化处理为热处理，即由铁致色的绿色海蓝宝石，加热后可转变成蓝色，稳定，不易测出。另外还有充填处理，即用树脂等充填表面裂隙或孔洞，放大检查可见表面光泽变弱，裂隙或孔洞可偶见气泡或"闪光效应"，用红外光谱测试，可见树脂类有机物吸收峰。

七、产状及产地

绿柱石大量产在花岗伟晶岩中，晶体生长多在伟晶岩的晶洞内。也有的在云英岩及高温热液矿脉中，常与石英、钾长石、微斜长石、白云母等共生，也有的与钠长石、锂辉石等共生。蚀变岩中的绿柱石与铁锂云母、白云母、黄玉及日光榴石、硅铍石、蓝柱石和金属硫化物共生，极少见于云母片麻岩和片麻岩中。优质的海蓝宝石主要产于巴西和尼日利亚等附近地区。其他产海蓝宝石、绿柱石的著名产地有美国、马达加斯加、我国新疆等地。

粉色绿柱石主要产于马达加斯加、巴西、美国、俄罗斯、莫桑比克等地，金色绿柱石主要产于巴西、马达加斯加、美国、纳米比亚等地，红色绿柱石主要产于美国等地。

祖母绿多产在花岗侵入体交代超基性岩的边缘及接触带内。据研究，祖母绿中的钒和铬来自超基性岩，属热液交代成因类型，与绿色绿柱石共生。这一成因类型的祖母绿主要产于俄罗斯、南非、津巴布韦等国。

最著名的祖母绿宝石产地是哥伦比亚，在穆索（Muzo）和契沃尔（Qirvor）地区有几座矿山，在那里已找到许多尺寸较大的、优质的祖母绿宝石。祖母绿产在伴有碳酸盐化和钠长石化的低温热液脉内,穆索的祖母绿赋存于黑色页岩中的方解石脉和白云石脉中,祖母绿中的钒和铬可能还是来自黑色碳质页岩。就质量来说,哥伦比亚祖母绿最佳,世界90%的优质祖母绿来自该地区。

世界各地的海蓝宝石多产于伟晶岩中,以糖粒状钠长石化伟晶岩中的海蓝宝石和各色绿柱石较为富集。

我国已在二十几个省内发现绿柱石矿藏,其中主要在新疆,其次为云南和内蒙。另外,甘肃、河南、湖南、广东、广西等地均有所发现。

新疆绿柱石主要产于阿尔泰[图8-3-3(a)],其次为东西准葛尔、西昆仑山、天山等地。其成因类型可分为岩浆型、花岗伟晶岩型、气化高温热液型和砂矿型。其品种以海蓝宝石为主,此外还有绿色绿柱石、金色绿柱石、黄色绿柱石、玫瑰红绿柱石、水胆绿柱石、猫眼绿柱石等。有的晶体较大,色泽艳丽,质量较好,少量具猫眼效应,与石英、白云母、长石等共生。新疆产的祖母绿观赏石如图8-3-8所示。黄色绿柱石如图8-3-3(e)所示。

甘肃绿柱石发现于阿克塞、肃北等地的花岗伟晶岩中。内蒙古绿柱石分布于阿拉善左旗、乌拉特前旗、中旗、化德等地,主要为花岗伟晶岩型和气化高温热液型,与金绿宝石、锡石、绿碧玺等共生。

云南绿柱石[图8-3-3(b)],分布于滇西、滇南,主要是花岗伟晶岩型,次为气化高温热液型。尤其哀牢山宝石矿带含海蓝宝石、水晶、黄宝石等的晶洞伟晶岩,长约18km,为云南出产宝石的主要矿带。此外,如青海、河南、山西、湖南、福建、四川、西藏等各地区的花岗伟晶岩中也都有不同规模的绿柱石赋存。

八、绿柱石、祖母绿的合成品及仿制品

1. 合成绿柱石(Synthetic Berly)及合成海蓝宝石(Synthetic Aquamarine)

合成绿柱石常用助熔剂法或水热法。海蓝宝石为水热法合成。水热法合成海蓝宝石为前苏联新西伯利亚的雷载(Lebeder)于1990年合成成功。

〔化学组成〕化学式:$Be_3Al_2Si_6O_{18}$。

成分中还常含有Fe、Ni、Mn、Zn、Cu、Ga和Rb。红色者还可含有Ti、Cr。水热法合成海蓝宝石不含Mg和Na,呈天蓝色的合成海蓝宝石都含Fe、Ni、Cr等元素。

〔形态〕合成海蓝宝石属晶质体,六方晶系。助熔剂法合成的海蓝宝石为六方柱状,水热法合成的为板状。

〔物理性质〕合成绿柱石多为红、紫、粉、浅蓝,海蓝宝石为海蓝、天蓝、等色。玻璃光泽,光性为一轴晶负光性。多色性红色者强,紫红、橙红;红紫色者强,橙红、红紫。蓝色、天蓝色者都为弱至中等的蓝色。助熔剂法合成的折射率通常为1.568~1.572;水热法合成的折射率多为1.575~1.581。双折率通常为0.004~0.006,水热法合成的海蓝宝石可达0.007~0.008。色散为0.014。合成绿柱石和合成海蓝宝石在长波及短波紫外荧光下皆呈隋性。其吸收光谱为:585nm、560nm吸收线,545nm吸收带,530nm、500nm弱吸收带,435~465nm宽吸收带。一组解理,硬度为7.5~8,密度为2.65~2.73g/cm³。

〔鉴别特征〕放大观察,助熔剂法合成的绿柱石往往还存在有助熔剂残余(呈面纱状、网状或滴状),或铂金片、硅铍石晶体、均匀的平行生长面。水热法合成的绿柱石则可见树枝状生长纹、钉状包体、硅铍石晶体、金属包体、无色籽晶片、平行管状两相包体或平行线状两相包

体,并有扭曲的羽状痕和纱絮状、针状包体等。

用红外光谱分析,助熔剂法合成的绿柱石不见水的吸收峰,水热法合成的海蓝宝石在红外光谱下,只能见到Ⅰ型水的吸收峰等。

2. 合成祖母绿(Synthetic Emerald)

合成祖母绿,其材料名称也叫合成绿柱石。

祖母绿早在1848年就已经合成成功,但直至1934年,其粒度和质量才达到宝石级的要求。助熔剂法合成祖母绿为法国和日本公司所采用。

奥地利人Vechleitner,于1961年发明了合成祖母绿的水热法工艺。目前澳大利亚等国都采用水热法生产合成祖母绿。美国、俄罗斯、瑞士和中国都能生长出大块合成祖母绿宝石。

中国在20世纪80年代,已开始水热法、助熔剂法研制。广西桂林宝石研究所采用温差水热法试制成功,1993年开始投产。

〔化学成分〕合成祖母绿的化学式为 $Be_3Al_2Si_6O_{18}$。

〔形态〕合成祖母绿属晶质体,六方晶系,助熔剂法生产的呈六方柱状,水热法生产的为板状。

〔物理性质〕颜色经常为中等至深绿色、蓝绿色、黄绿色。玻璃光泽,其光学性质为非均质体,一轴晶,负光性。其具有中等绿和蓝绿色的多色性,助熔剂法生产的折射率为1.561~1.568,水热法生产的折射率为1.566~1.578,色散为0.014。助熔剂法生产的双折率为0.003~0.004,水热法生产的双折率则为0.005~0.006。无解理,硬度7.5~8,水热法生产的密度为2.65~2.73g/cm³;助熔剂法生产的密度为2.65~2.69g/cm³。助熔剂法合成的祖母绿以无水吸收峰为特点。

大多数助熔剂法合成的祖母绿具有比天然祖母绿低的折射率和密度。然而,法国吉尔森(Gilson)公司的产品与天然祖母绿相近,水热法生产的也是如此。

现将几种不同方法合成的祖母绿差异对比于表8-3-7中。

表8-3-7 不同合成法的祖母绿差异表

类型		折射率	双折射率	相对密度/g·cm^{-3}
助熔剂法	恰塔姆	1.560~1.563	0.003	2.65
	吉尔森	1.563~1.566	0.003	2.65
	莱尼克斯	1.562~1.566	0.004	2.65
	吉尔森"N"	1.571~1.579	0.006~0.008	2.67~2.70
水热法	林德	1.567~1.578	0.005~0.007	2.67~2.69
	莱特雷特那	1.570~1.605	0.005~0.010	2.65~2.73
	镀层祖母绿	1.566~1.575	0.005	2.65~2.73
天然祖母绿		1.567~1.600	0.005~0.010	2.67~2.78
助熔剂法		1.560~1.566	0.003~0.004	2.65~2.66
水热法		1.566~1.605	0.005~0.010	2.67~2.73

助熔剂法合成祖母绿,大多对紫外荧光长波光发弱至中等红色或强红色荧光(长波较强),对短波光相似但有更弱一些的显示。苏制材料对长波光发荧光,但对短波光呈惰性。而

助熔剂法吉尔森(Gilson)"N"型对两者呈惰性。水热法合成祖母绿一般对两种光皆发中至强红色荧光。澳大利亚毕郎公司用水热法生产的祖母绿(Biron)产品例外,这是由于含钒使得它对长波光和短波光皆呈惰性。大多数天然祖母绿也都是如此。但该产品颜色鲜艳、质地透明、晶形完美,常含有羽状、钉头状包体和螺旋状细裂纹,有"毕郎祖母绿"之专称。

天然祖母绿和助熔剂法合成祖母绿的区别还在于长波光的透射上,前者对小于300nm的光不能透过,且不能透射253.7nm的长波紫外光,而后者则可透射该波长的紫外光。就吸收光谱而言,除助熔剂法吉尔森型具427nm铁吸收线外,其他吸收同天然祖母绿。

〔鉴别特征〕包裹体对鉴别天然祖母绿和合成祖母绿颇为有效。就哥伦比亚的祖母绿而言,天然的祖母绿中含有黄铁矿、氟碳钙铈矿及方解石等天然矿物包裹体和气液包体,而助熔剂法合成品则常常含有特别小的助熔剂残余(呈面纱状、网状、有的呈滴状、羽毛状、纱状或束状包体),或合成硅铍石的六面晶体、铂金片等均匀的平行平面生长面,也有的以两种包体形式存在。水热法合成祖母绿的包体包括"钉头(Spicules)"状,即合成硅铍石晶体、"钉尖"气液两相包体、树枝状生长纹,呈棉絮状、针状、羽毛状等(图8-3-11)。也有硅铍石晶体、金属包体、无色仔晶片、铂金片以及平行线状微小的两相包体、平行管状两相包体等。以红外光谱测试,水热

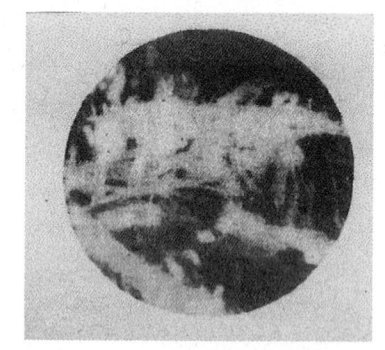

图 8-3-11 合成祖母绿羽毛状包体

法合成的祖母绿与助溶剂法合成的祖母绿的红外谱图有所差异,如图 8-3-12(a)和图 8-3-12(b)所示。助熔剂法合成的祖母绿不见水吸收峰。

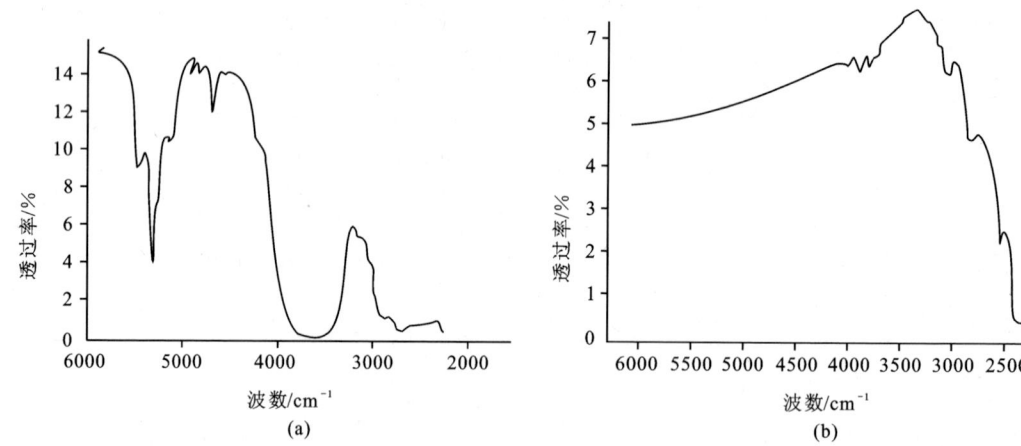

图 8-3-12 水热法合成祖母绿的红外图谱(a)及助溶剂法合成祖母绿的红外图谱(b)

还有一些合成祖母绿充当天然祖母绿。这种合成品由前苏联用热液法生产,颜色多种多样,为宝石研究者所常见。它们与热液法合成祖母绿有着相似的包裹体,其鉴定方法可以用紫外荧光、折射率、密度、红外图谱等综合识别。

另外我国陈庆汉等(1997)用提拉法研制成功一种合成仿祖母绿宝石。它是以 YAG 为基质,以 Cr^{3+} 为主的过度金属离子为着色剂,生产出的产品在外观上很接近天然祖母绿,其吸收光谱及荧光性亦与天然祖母绿相似。其光性为:均质体,折射率1.833,密度4.55g/cm³,摩氏

硬度 8.5,呈艳绿色,玻璃光泽,滤色镜下呈暗红色,是与天然祖母绿难以区别的优质仿祖母绿材料。现已研发降低其成本的新工艺,且获得专利,待向市场推广。

3. 人造铝酸钇(Yttrium aluminate)

铝酸钇是一种人造宝石的材料,是采用提拉法生长成为单晶体。

化学式为 $YAlO_3$,即钇的铝酸盐。纯者无色透明,以致色剂的不同可呈现各种艳丽的颜色,属斜方晶系,折射率 1.938,具双折射。硬度 8~8.5,可用它来作钻石的代用品,色泽艳绿者也可作祖母绿等的仿制品。

第四节 金绿宝石、变石及猫眼石

金绿宝石(Chrysoberyl)的名称来自希腊文 Shryso,为金黄色之意,这一名称代表了它的金黄绿色的颜色特征。变石(Alexandrite)是指具有变色性能的金绿宝石。它在日光下呈绿色,在灯光下呈红色。猫眼石(Cat's-eye)是指具有猫眼效应的金绿宝石。所以可以认为变石和猫眼石,同为金绿宝石的变种。有些晶体可同时具有变色效应与猫眼效应。说到猫眼效应,原是指所有宝石都可具备的一种光学效应,是广义所指。而有些学者认为只有金绿宝石猫眼,才堪称猫眼,故金绿宝石猫眼,又称猫眼石,是狭义的猫眼石。

人类对金绿宝石的认识和利用已久,早在古代的狮子国,也就是现代的斯里兰卡,就曾有产金绿宝石猫眼的记载。公元 1830 年俄国人在乌拉尔山的托卡瓦加祖母绿矿山发现了具有变彩效应的金绿宝石,是日正值沙皇 21 岁的生日,故又将这种具变色效应的金绿宝石命名为"亚历山大石",如今称为"变石",也有人称它为"翠绿宝石"。

中国人对猫眼的认识,始于元朝,当时人们认为猫眼石与猫儿死后埋于深山化为双睛有关。

一、化学组成

金绿宝石的化学式为 $BeAl_2O_4$。

其化学成分中除含铍铝之外还经常含有铁、钛、铬等。

二、形态

金绿宝石属斜方晶系,晶体呈柱状、板状和假六方三连晶六边形扁锥状,如图 8-4-1 所示。

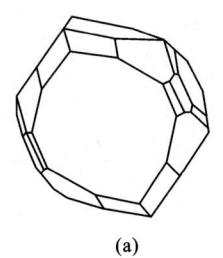
(a)
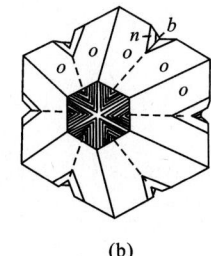
(b)
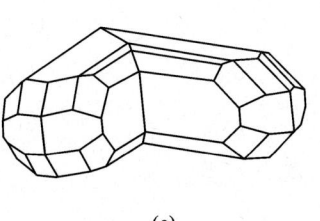
(c)
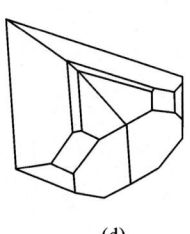
(d)

图 8-4-1 金绿宝石的晶体及双晶
(a)金绿宝石的晶体;(b,c,d)金绿宝石的双晶

三、物理特性

金绿宝石呈棕黄色、黄绿色、绿黄色、灰绿色、黄褐色至褐色,还偶尔有浅蓝色。猫眼主要为黄色、黄绿色、褐色和褐黄色,一般情况下金绿宝石呈浅茶水色、亮的褐黄和绿黄色(图8-4-2)。金绿宝石呈透明至半透明,玻璃光泽,非均质体,二轴晶,正光性,折射率为 1.746~1.755（＋0.004,－0.006）,双折率为 0.008~0.010,多色性为黄绿色、橙黄色、黄、绿和褐色、浅紫红色。摩氏硬度 8~8.5,密度一般为 3.73（±0.02）g/cm³,具贝壳状断口。

图 8-4-2　金绿宝石猫眼

四、鉴别特征

将金绿宝石放大检查还可见指纹状包体、丝状包体,透明的还可见到双晶纹、阶梯状生长面等。紫外荧光长波无,短波紫外光照射下,黄色、棕色和绿黄色的金绿宝石呈惰性或呈黄绿色。从黄色、棕色和多种绿色(包括变石)宝石的特征吸收光谱图(图 8-4-3)可见,金绿宝石具有 445nm 较强的吸收谱带,这是由于亚铁的原因所致,变石则具有 680nm、678nm 强吸收线,665nm、655nm、645nm 弱吸收线,580nm 和 630nm 之间有部分吸收带,476nm、473nm、468nm 处有弱吸收峰,为紫光区吸收。极少数可具星光效应。金绿宝石的红外图谱如图 8-4-4。

图 8-4-3　金绿宝石的特征吸收光谱

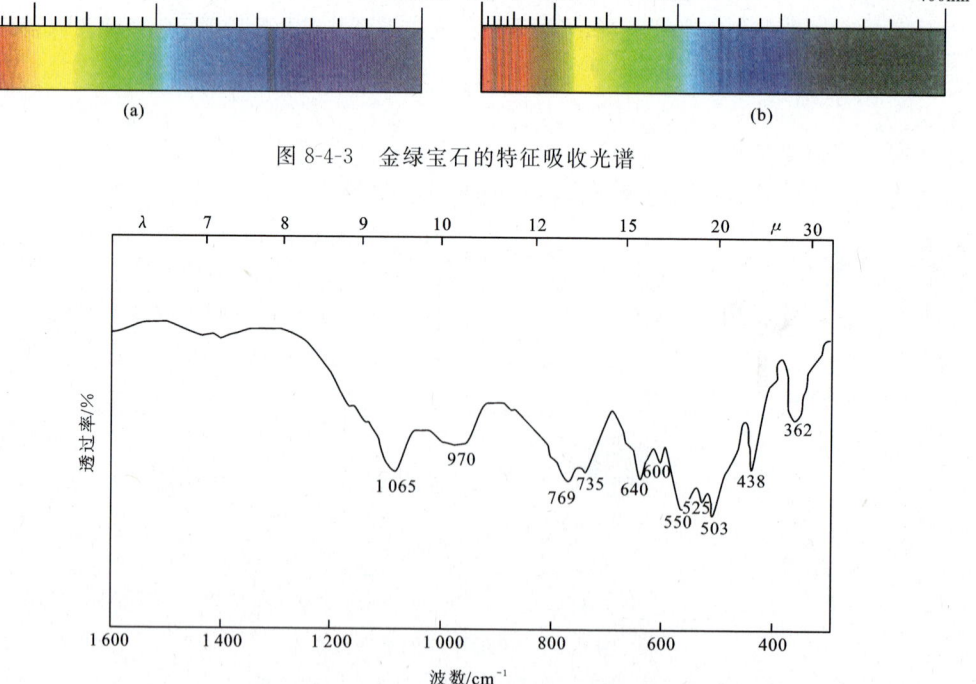

图 8-4-4　金绿宝石的红外图谱

猫眼石具明显猫眼效应和变色效应,变石则具明显的变色效应,也可具有猫眼效应,金绿宝石则极少见有星光效应。金绿宝石猫眼的颜色变化如图 8-4-5。

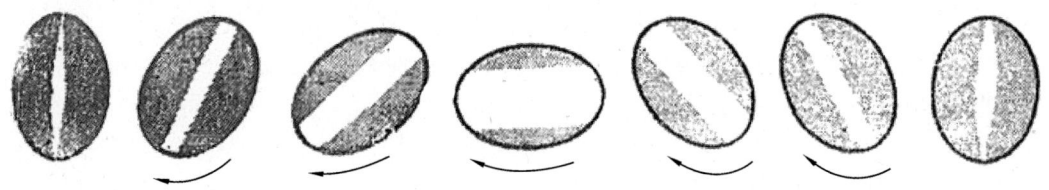

图 8-4-5　金绿宝石猫眼的颜色变化示意图

金绿宝石易与其他黄绿色至绿黄色的宝石相混,变石也易与合成变石、合成猫眼变石、合成变色蓝宝石以及合成变色尖晶石相混。表 8-4-1 为变石与相似变色宝石的物理性质对比。

表 8-4-1　变石与相似变色宝石的物理性质对比

宝石名称	硬度	密度/g·cm^{-3}	折射率	多色性
变石	8～8.5	3.73	1.746～1.755	三色性较强
合成变色蓝刚玉	9	3.99	1.761～1.770	二色性强
合成变色尖晶石	8	3.63	1.727	无
红柱石	7.5	3.15	1.635～1.645	多色性强
合成变石	8.5	3.73	1.746～1.755	多色性强

合成变色蓝宝石颜色变化为在日光照射下,为带灰色的、带绿色的蓝色;在白炽光照射下,为紫色。放大镜下常显示刻痕,有时带有气泡。合成变色尖晶石肉眼看与变石很相似,但折射率较低,无多色性,且各向同性。这些具变色性的宝石皆可以依据它的折射率、双折率、光性及密度来鉴定。

五、金绿宝石的变种——变石和猫眼石

1. 变石

变石为金绿宝石的含 Cr 变种。

〔化学成份〕变石的化学式为 $BeAl_2O_4$,可含 Cr、Fe、V 等元素。

〔形态〕变石属晶质体、斜方晶系,晶体呈板状或短柱状。

〔物理性质〕变石的颜色在日光下一般呈黄绿、灰绿、褐绿至蓝绿色,在白炽灯下呈橙红、褐红至紫红色。变石呈玻璃光泽,断口呈油脂光泽。变石为非均质体,二轴晶,正光性,具多色性,可为较强的三色性,α—紫红色,β—橙黄色,γ—绿色。折射率为 1.746～1.755(+0.004,−0.006),双折率为 0.008～0.010。在长波紫外荧光和短波紫外荧光下皆为无至中、紫红色。变石的吸收光谱较复杂,由于它多色性很强,使得透过石头光发生方向变化。其吸收谱线说明了在日光及人造白炽光灯光下所看到颜色变化的原因。变石含有一定的铬,在 580～630nm 处的黄绿色处吸收光谱有宽的色带。一般吸收紫色部分,在红色区域 680.5nm、

678.5nm 具有强吸收线,665nm、655nm、645nm 具有弱吸收线,580nm 和 630nm 之间部分吸收带,及蓝色区域 476.5nm,473nm、468nm 为 3 条弱吸收线,紫光区吸收。透射光的红色和蓝绿色光谱几乎相等。金绿宝石和变石的吸收光谱如图 8-4-4 所示。

因为日光对蓝色、绿色相对集中,故在日光下呈黄绿、褐绿、灰绿至蓝绿色;而白炽光具有更多的长波光,故在白炽灯光下呈橙红、褐红至紫红色。摩氏硬度为 8~8.5,密度为 3.73($\pm$0.02)g/cm³,具三组不完全解理。

〔鉴别特征〕变石的很多性质与金绿宝石相同。最主要的还是要靠变色效应和猫眼效应来鉴别。放大检查,可见指纹状包体和丝状包体。

变石具有自然界任何宝石无可比拟的变色性。变石与相似变色宝石的物理性质比较,如表 8-4-1。对变石的评价以色美、变色效应显著者为佳。

2. 猫眼石

猫眼石的矿物名称为金绿宝石,它是金绿宝石具猫眼效应的变种。

〔化学成分〕猫眼石的化学式为:$BeAl_2O_4$,成分中可含有 Cr、Fe 等元素。

〔形态〕猫眼石属晶质体、斜方晶系,常呈粒状、板状假六方三连晶。

〔物理性质〕颜色黄至黄绿、灰绿、褐至褐黄。变石猫眼呈蓝绿色和紫褐色,但甚为少见。

猫眼石呈玻璃光泽,属非均质体,二轴晶,正光性。多色性为三色性,即弱的黄色、黄绿色和橙色。折射率为 1.746~1.755(+0.004,-0.006),点测法 1.74±,双折率为 0.008~0.010。在紫外荧光下无色,变石猫眼呈弱至中红色。吸收光谱为 445nm 处有强吸收带。摩氏硬度为 8~8.5,密度为 3.73($\pm$0.02)g/cm³,产地不同可稍有不同,具一组不完全解理。

〔鉴别特征〕猫眼石含丝状包体、指纹包体、负晶,具猫眼效应及变色效应是其最大特点。在鉴别时需注意以下几点。

(1) 猫眼石的丝绢状包体有的是金红石,有的是空管。由于这些管状包体细长而密集,所以猫眼效应特别明显,在漫射光源下也特别清晰,为其他猫眼所不能比拟的。另外,如用单光源从猫眼石侧面照射,可见其颜色有所不同,左侧呈蜜黄色,右侧呈乳白色;如果左侧呈乳白色,则右侧呈蜜黄色(图 8-4-6)。精确测定需要测其密度、折射率、硬度等。

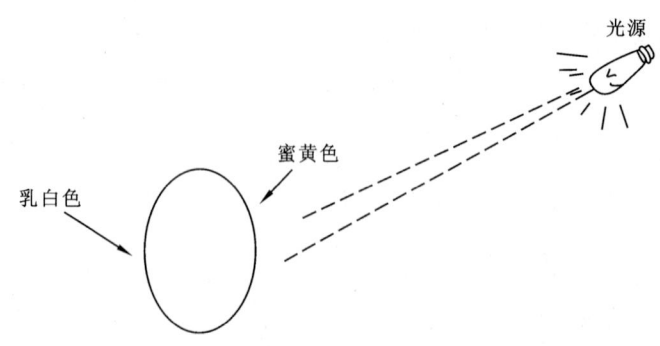

图 8-4-6 变石猫眼在单点照射下的颜色变化示意图

(2) 猫眼石与人造猫眼石的区别在于:人造猫眼石的弧形顶端同时出现 2~3 条亮带,用放大镜看其两侧有六边形蜂窝状结构,硬度为 5 左右,相对密度为 2.16g/cm³,而天然猫眼石在弧形顶端仅出现一条亮带,放大镜下亦不见蜂窝状结构,而且硬度、密度皆较大。

〔优化处理〕有的猫眼石经辐照处理,可改善颜色和猫眼效应,不易检测。

〔评价〕猫眼石的经济评价标准为:棕黄色为佳品,其次为淡黄绿色、白黄色、白绿色、灰色为最差。亮线应在弧面中央,亮线要细、窄而清楚、灵活,琢磨形状要按正确比例琢磨,这样猫眼效果将更好。

〔产状及产地〕金绿宝石产于花岗岩、伟晶岩及云母结晶片岩中,与其他宝石矿物伴生于冲积砂矿床中。变石是在1833年发现于乌拉尔山脉的Takovaya,而且最优质的变石在历史上也是产于该处。斯里兰卡的宝石砂矿中产生了一些优良猫眼,以及一些优质的变石。巴西是黄色至绿色的金绿宝石、猫眼和变石的产地。

缅甸、津巴布韦和赞比亚也有变石资源。在美国的缅因、康奈狄克、纽约及科罗拉多也发现不够宝石级的金绿宝石。

中国的金绿宝石主要见于新疆和内蒙等地。新疆的金绿宝石产于阿勒泰花岗伟晶岩的石英云母集合体带内,与石英、白云母、绿柱石、电气石、钠长石等共生。内蒙的金绿宝石发现于乌拉特前旗的稀有金属花岗伟晶岩中,与绿柱石等共生。其他如四川、湖南、河南、福建等地也均有发现。

六、金绿宝石、变石、猫眼的合成品种

1. 合成金绿宝石(Synthetic Chrysoberyl)

〔化学成分〕合成金绿宝石化学式为$BeAl_2O_4$,可含有Fe、Cr等元素。

〔形态〕合成金绿宝石属晶质体,斜方晶系,晶体多呈板状。

〔物理性质〕颜色多为较浅的黄色、黄绿色、灰绿色、黄褐色到褐色。玻璃光泽。光性为非均质体、二轴晶、正光性,具黄色、绿色和褐红色多色性。折射率为1.746~1.755(+0.004,-0.006),双折率为0.008~0.010。在紫外荧光下长波呈无色,短波下呈黄色、绿黄色,宝石为无至黄绿色。黄色和绿黄色宝石吸收光谱为具445nm吸收带。无解理,摩氏硬度为8~9,密度为$3.73(\pm0.02)g/cm^3$。

〔鉴别特征〕放大检查可见有三角形、六边形的铂金属片助熔剂包体。合成金绿宝石系由助熔剂法合成。

2. 合成变石(Synthetic Alexandrite)

合成变石,其材料名称为合成金绿宝石,在1973年由美国加里福尼亚的Danvile合成。

合成变石工业上采用助熔剂法、丘克拉斯基法区域熔炼法,目前用熔体导模法可生长出合成金绿猫眼石等宝石晶体。合成品与天然品性质极为相似。在白炽光下其颜色为带紫色的红色,在日光下为带蓝色的绿色,这种颜色变化与天然材料是一致的。尽管合成品的折射率、密度和双折率比天然材料稍低,但差异甚微。最有效的测试方法是根据紫外荧光和包裹体检测。

〔化学成分〕合成变石的化学式为$BeAl_2O_4$。

〔形态〕合成变石属晶质体、斜方晶系,呈短柱状。

〔物理性质〕合成变石在日光下呈蓝绿色,白炽灯光下呈褐红色至紫红色。玻璃光泽至亚金刚光泽。光性为非均质体,二轴晶,正光性。多色性强,为绿色、橙色、紫红色。折射率为1.746~1.755(+0.004,-0.006),双折率为0.008~0.010。色散为0.018。紫外荧光下长波、短波皆为中等至强红色荧光。吸收光谱在680nm、678nm处有强吸收线;665nm、655nm

和645nm处有弱吸收线;580nm、630nm之间部分吸收;476nm,473nm,468nm三处具3条弱吸收线,紫光区吸收。合成变石无解理,硬度为8.5,密度为3.73($\pm$0.02)g/cm³。合成变石具变色效应和猫眼效应。不同方法生产的合成变石,往往有细微的性质差异。天然和合成变石的性质对照,如表8-4-2。

表8-4-2 天然变石和合成变石的性质对比

性质 种别	折射率		双折率	密度/g·cm⁻³
	α	β		
天然	1.746	1.755	0.008~0.010	3.71~3.75
助熔剂法	1.742	1.751	0.007~0.009	3.73
晶体提拉法	1.740	1.749	0.007~0.009	3.715

〔鉴别特征〕放大观察可见,助熔剂法生产的合成变石具纱幔状包体、残余助熔剂(常呈带红的褐色),或留有铂金坩埚容器而残留下坩埚里的金属铂片,呈三角形或小块状、微粒等。还可有平行生长纹。提拉法生产的则有针状包体、弯曲的生长纹。区域熔炼法生产的则往往有气泡或旋涡结构。

天然变石对长波、短波紫外光一般呈弱红色荧光;助熔剂法合成变石呈中至强红色荧光;而丘克拉斯基法和区域熔炼法生产的则呈强红色荧光。在检测时最好对比测试。

无论是合成变石还是合成猫眼变石都已大量投入生产,合成变石用Grochralsk拉伸法生产,其折射率和双折射率均较低。比自然光相对较强的紫外荧光,也有极少见的束状,在放大情况下可见夹层。助熔剂法合成变石也有较低的折射率和密度以及比自然光强的紫外荧光,放大可呈现出原生和次生的助熔剂残骸及铂包裹体。合成猫眼变石在放大时有"波长超前"波动图形及在表面有种弱的、黄白的短波紫外光荧光,下层有弱的橘黄色的荧光。

对变石的评价以色美、变色效应显著者为佳。

3. 合成猫眼石(Synthetic Alexandrite Cat's-eye)

早在20世纪60年代开始发展起来的熔体导模法生长晶体技术,目前已经可生产出合成变石猫眼石。它是既有变色效应,又具猫眼效应的金绿宝石。

〔化学成分形态及物理性质〕合成猫眼石的化学式为$BeAl_2O_4$。这种合成品的原料中掺入了铬和钒,属斜方晶系,晶质体,半透明,折射率为1.745~1.755,双折率为0.007~0.009,色散为0.018。摩氏硬度为8.5,密度为3.70~3.72g/cm³。

长波光照射时,合成品发中红色荧光;短波光照射时,合成品在表面附近发弱的、白垩般的黄色荧光,下部发橙红色荧光。放大观察可见到不平整间隔极小的起伏、平行的色区生长特征,也可以观察到极小的白色颗粒。导模法生长的晶体常呈半透明,长波和短波紫外光皆呈强红色,可见较多的气态包体和未熔的材料包体,偶见生长条纹和坩埚材料、绝缘材料等杂质包体。

合成品的猫眼,亮线往往清晰而平直,在戒面上可贯通两端到底(到戒面边缘)分布,易于观察鉴别。

玻璃仿金绿宝石猫眼在20世纪80年代后期由美国Calhag公司研制成功,我国在90年代初期研制成功。目前我国玻璃质仿猫眼的产量约为1 200t,已是世界首位。

第五节 翡翠(硬玉)

翡翠[Jadeite(feicui)]是以硬玉为主的矿物集合体,有人直接称"硬玉",又称"翡翠玉"。因主要产于缅甸,故也称"缅甸玉"。又因为缅甸的翡翠为我国云南人所发现,故亦有"云南玉"之称。

翡,赤羽雀也;翠,青羽雀也。这是东汉年间许慎在《说文解字》中对"翡、翠"两字的解释。后来这两个原本形容鸟羽的字转用到描写红色和绿色饰物上。到了宋朝,把这两个字又合并,用来描述绿色的碧玉,其实这时所指的玉,只是一种软玉。由于翡翠主要是绿色和红色,因而"翡、翠"两字逐渐变为今天以硬玉为主的矿物集合体的专称。可见这些名称上的历史沿革都是来自中国。这是因为在元、明、清各朝代时,缅甸翡翠产地长期隶属中国。远在我国丝绸之路开发以前,我国的蜀道就是南亚大陆的通道,在这条驿道上云南的腾冲就是重要的前沿驿站。腾冲是翡翠的加工、营销集散地。根据记载,明朝大旅行家徐霞客于1638—1639年曾在腾冲亲眼目睹了翡翠的加工及贸易胜况,并记载在他的游记之中。据考证,早在明朝永乐年间1403年左右,由于明朝国富民安,经济繁荣,大力开拓云南边疆,则使云南西部的腾冲一带得以发展,尤其珠宝贸易更为昌盛。

人类对翡翠的认识、开发和利用更具有着悠久的历史。早在石器时代,硬玉就用来制作刮刀、凿子等工具。后来就逐渐被用作装饰品和宗教用品,如日本出土的属于"绳夊文化"中期的佩玉中就有硬玉块状耳饰及硬玉大珠(鱼形玉饰)。在对墨西哥南部的尤卡坦半岛、危地马拉、洪都拉斯、哥斯达黎加、巴拿马等地进行考古发掘时,曾发现了大量的翡翠,在马雅文化或更早时期,其作为能治腰痛和肾病的石头。在13世纪人们就开始在缅甸北部乌龙河流域一带开采砂矿中的翡翠。自此,缅甸成为世界上优质翡翠的著名产地。直到1871年才在该区发现原生矿。

我国对翡翠的认识和利用方面,考古证实具有悠久的历史。如在山东曲阜西夏候新石器时代晚期遗址里,出土有硬玉制作的镞形器。吉林大安渔场汉墓出土有翡翠饰物,先秦书籍《逸周书·王会解》曾称:"仓吾翡翠,翡翠者所以取羽。"大约在汉代"翡翠"才被用作玉石名称。清代已大量开始利用翡翠,对翡翠进行加工。在慈禧太后的殉葬物中就有很多翡翠饰品,如翡翠西瓜、翡翠甜瓜、翡翠荷花、翡翠玉佛、翡翠白菜及蝈蝈等皆栩栩如生。可见,我国对翡翠的取材、加工、造型、巧色已达到相当高的技术水平。

现代我国很多学者对翡翠作了专门测试及大量的研究工作,取得了可喜的成果。我国的国家资料监督检验检疫总局、中国国家标准化管理委员会于2009年6月1日首次发布(2010年3月1日实施了GB/T 23885—2009中华人民共和国国家标准《翡翠分级》。如今世界上只有缅甸翡翠产量最大,其中高档的翡翠质量最好,能达到宝玉石的首饰级别,具观赏、收藏价值,更有重要的经济意义。目前各国市场上的珠宝商店经销的也都是缅甸翡翠。我国国标《翡翠分级》也首次对缅甸翡翠进行了分级。所以以下内容以缅甸翡翠为主,加以叙述。

一、矿物及化学组成

翡翠的主要组成矿物是硬玉(钠铝辉石)。它在翡翠中的含量大于50%,有的甚至可达到99%,所以传统的翡翠的化学式以钠铝辉石的化学式$NaAl[Si_2O_6]$为代表。成分中还常含有

Ca、Fe、Mg、Mn、Cr、V、Ni、Ti、S、Cl 等微量元素,但也有翡翠成分中硬玉小于50%者。如含绿辉石、钠铬辉石等,其含量也有的超过50%,形成翡翠不同的种别。

组成翡翠的次要矿物,除上述矿物之外,常为次要矿物的有钠长石、角闪石,还有少量的透闪石、透辉石、霓石、霓辉石、沸石、金云母、铬铁矿、赤铁矿、褐铁矿及针钠钙石等。组成翡翠的矿物及其化学组成(概略)示意如表 8-5-1。

表 8-5-1　组成翡翠的矿物及其化学组成简表

矿物名称	化学式	主要化学组成/%±	晶系	颜色	折射率(平均±)	密度/g·cm^{-3}	摩氏硬度
钠铝辉石	$NaAlSi_2O_6$	Na_2O 15.4 Al_2O_3 25.2 SiO_2 59.4	单斜	无色	1.666	3.3	7
钠铬辉石	$NaCrSi_2O_6$	Na_2O 13 Cr_2O_3 20 SiO_2 55	单斜	绿色	1.74	3.4～3.5	5.5
绿辉石(有人称钙铝辉石)	$(Ca,Na)(Mg,Fe^{2+},Fe^{3+},Al)Si_2O_6$	CaO 17 Al_2O 10 SiO_2 58 Na_2O 8 MgO 8 FeO 3	单斜	蓝灰	1.7	3.4	6
钠长石	$NaAlSi_3O_8$	Na_2O 12 Al_2O_3 20 SiO_2 68	单斜	无色	1.53	2.6	6～6.5
角闪石(碱性角闪石)	$Na_3Mg_4(Fe,Al)[Si_4O_{11}]_2(OH)$	NaO_2 8 MgO 18 FeO 3 Al_2O_3 5 SiO_2 58	单斜	黑色	1.62	3.1～3.2	6～6.5
沸石 方沸石(主要是方沸石、钠沸石)	$Na[Al,Si_2O_6]_2·H_2O$ $Na_2(Al_2Si_3O_{10})·2H_2O$	Na_2O 13.5 Al_2O_3 23.5 SiO_2 54.5 H_2O 8.2	方沸石等轴,钠沸石斜方	白色	方沸石 1.48 钠沸石 1.47～1.49	方沸石 2.24～2.29 钠沸石 2.2～2.5	5～5.5

组成翡翠的主要矿物和次要矿物由于种类和比例的不同,决定了翡翠的不同品种;由于所含微量杂质元素的种类及比例的不同,决定了翡翠不同的颜色。

组成翡翠的矿物比较复杂,不同矿物、不同比例都变化较大。类质同象置换现象也比较普遍,所以形成的翡翠岩就比较多样,颜色变化更是多种多样。今根据翡翠中所含主要矿物和次要矿物的不同,结合市场上常见的不同翡翠种别及大致特点予以分类(表 8-5-2)。

文中的这种分类首先是将真正的翡翠划为一类称翡翠类。这一类翡翠中钠铝辉石的含量都在 90%以上,有的种属含量可达 98%,故可称其为纯翡翠。纯翡翠一般无色,若其中含有 Cr_2O_3 则可成为艳绿色的高翠。其他因所含微量杂质元素的不同,呈现不同的颜色,而划分出不同品种。

将与翡翠接近的种属归为另一类,可称近翡翠类,它们仍然是翡翠,但成分与真正的翡翠是有差别的。其硬玉含量一般在 50%以上,次要矿物大部分为过渡类型或类质同象关系,造成的种属典型如铁龙生,钠铝辉石的含量在 50%～98%之间,钠铬辉石的含量在 50%以下,可看作是纯翡翠和干青之间的品种;又如油青种,其成分处于纯翡翠与绿辉石墨玉之间,成分中虽钠铝辉石的含量也在50%以上,但绿辉石含量相当高(可在30%~50%);飘兰花种成分介于纯翡翠与斜长石之间。其成分中除含大量硬玉之外,还含有角闪石、钠长石、绿辉石等,绿辉石的含量为10%~30%不等;墨翠的成分则是介于铁龙生与油青种之间的品种,钠铝辉石含量也在50%以上,而且含Cr、Fe量较高,在日光下呈黑色,透光下呈绿色。翡翠的几个主要种别化学组成之间的关系,按照朱中一教授的意见制出图8-5-1以大致示意。

似翡翠类则不算是翡翠,因为它们不论在成分上或形貌上与翡翠皆不相同,但是它们的成分中有的也含少量的硬玉,形貌上有的也像翡翠,在市场上人们往往把它和翡翠混为一谈,所以在此也加以介绍。如水沫子,其成分以钠长石为主,钠长石含量高达85%以上,还含角闪石、绿辉石和少量的硬玉。因其在成因上和外观上与翡翠有些相关,所以有人也把它归入翡翠的系列之中。它的商业价值并不低(市场上的水沫子手镯,2008年一般标价2~3万,有的售人民币几万元)。一支水沫子手镯售价有的比中低档翡翠还高。可见把它归翡翠之中不无道理。

表8-5-2 翡翠按矿物的组成大致分类

分类	主要矿物	次要矿物	翡翠系列种别
翡翠类 (纯翡翠品种)	钠铝辉石 (硬玉)	角闪石 绿辉石 钠长石	绿色及无色系列:老坑种、 白地青、花青、马牙种、广片、豆种、 金系种及翠系种 红色、黄色及紫色系列:红翡、黄棕翡、芙蓉系、藕粉种、紫罗兰 白色系列:透水白、干白
近翡翠类 (近似翡翠成分 或其过渡品种)	硬玉	钠铬辉石 角闪石	铁龙生
	钠铬辉石	角闪石	
	硬玉 绿辉石	角闪石 钠长石	飘兰花
	硬玉	绿辉石	
	硬玉	角闪石 钠长石	巴山玉
	硬玉	绿辉石 钠长石	油青
	绿辉石	硬玉	
	绿辉石	硬玉 钠长石	蓝水
	绿辉石质硬玉	绿辉石 钠长石 沸石	
	硬玉	绿辉石质硬玉	墨翠
	绿辉石	硬玉 角闪石	
	钠铬辉石	绿辉石	
似翡翠类 (翡翠的 相关品种)	钠铬辉石 绿辉石	硬玉 角闪石	干青(钠铬辉石玉)、摩奇石(莫西西)、九一矿
	钠质角闪石	硬玉	闪石玉
		钠铬辉石	钠铬辉石闪石玉
	钠长石	硬玉 角闪石 绿辉石	水沫子

根据 GB/T 23885—2009《翡翠分级》中,翡翠(Jadeite,Feicui)主要由硬玉及其他钠质、钠钙质辉石(钠钙辉石、绿辉石)组成,具有工艺价值的矿物集合体,可含少量角闪石、长石、铬铁矿等矿物。按翡翠的这一定义,本书中所提到的翡翠种别(除水沫子、闪石玉外)都应该为翡翠。本书对翡翠种别的划分仅可作为参考。

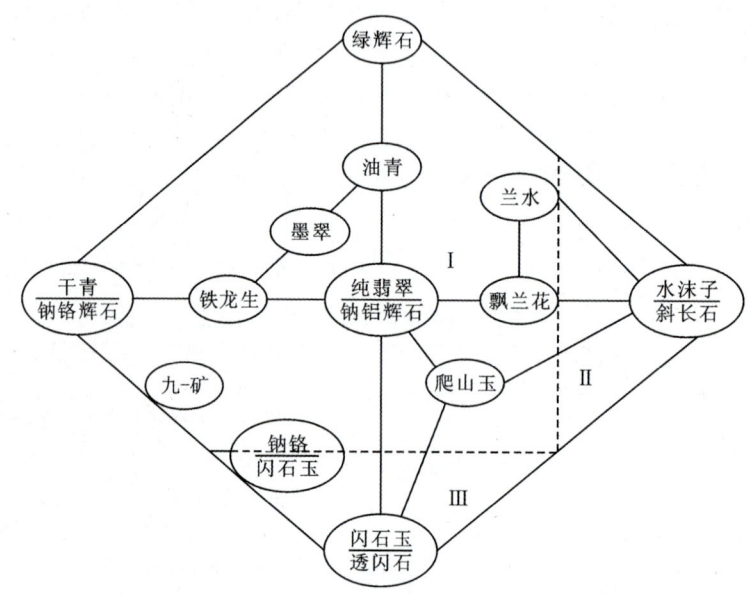

图 8-5-1　翡翠的几个主要种别化学组成之间的关系示意
(按 GB/T23885—2009 翡翠分级,示意图虚线以内(Ⅰ)应为翡翠)

二、形态

硬玉为单斜晶系,肉眼可见的自形晶体比较少见,一般为柱状或板状,具简单双晶和聚片双晶。作为在翡翠中最常出现的粒状或纤维状集合体,多呈致密块状、蚝状、片状,偶呈柱状集合体。通常见到的皆为块状致密块体,有的为组成浑圆状的砾石。块状满绿翡翠珍品原石如图 8-5-2 所示。

三、物理性质

图 8-5-2　一块块状满绿翡翠原石
(广东省揭阳市杨美翡翠旗舰店收藏)

1. 颜色

以主要组成矿物硬玉而论,含量极高的翡翠,质较纯者无色或白色;含致色离子者则呈各种色调的绿色,如翠绿或祖母绿色、绿、苹果绿、黄绿、绿蓝及褐、红、黄、橙、紫、紫罗兰、蓝、灰、黑等色。一般含 Fe、Cr 者多为绿色,含 Fe^{3+}、Fe^{2+}、Ca、Ti、Mg、Mn 者多为各种紫色,含暗色矿物或包体多者则多呈黑灰色(图 8-5-3)。

翡翠的绿色,直接决定着翡翠的价值,翡翠的名称来源也说明翠绿色的重要性。虽同为绿色,但又各有所不同,有些珠宝界的同仁及商家认为翡翠的绿色还可以按与实物对比的方法给予称谓,一般可划分出几十种到上百种不同的绿色。现为实用起见将其常见的各种绿色主要品种略述如下。图 8-5-4 为常见的几种不同绿色翡翠饰品。

图 8-5-3　常见的几种不同颜色的翡翠饰品

图 8-5-4　常见的几种不同的绿色翡翠饰品

(1) 玻璃艳绿：浓艳的绿色，其透明度高，色均匀而纯净明亮，绿得使人爱不释手，是最佳品种，称"帝王绿"。

(2) 艳绿：浓艳的绿色，透明度差，仍为佳品。

(3) 玻璃绿：鲜而亮的绿色，但不够浓艳，透明度仍然很高，可为较佳品种。

(4) 宝石绿：色似祖母绿的绿色，透明度差，有的比祖母绿的颜色浅。

(5) 阳俏绿：翠绿色，绿而不浓，无黄色色调。

(6) 黄杨绿：绿色带黄色色调，如初春黄杨鲜嫩的芽叶。

(7) 浅杨绿：浅黄绿色，比黄杨绿色稍浅。

(8) 鹦哥绿：如鹦哥羽毛般的娇艳的绿色，往往绿中带蓝，带有黄色色调。

(9) 葱心绿：如同嫩的葱心般的绿，微具黄色色调。

(10) 豆青绿：如同青豆一般的绿色，常"十绿九豆"之说来说明此品种比较多见。

(11) 菠菜绿：如同菠菜叶一般的绿色、暗绿色。

(12) 瓜皮绿：绿中带青，如同瓜皮般的绿色。

(13) 瓜皮青：青中有绿，绿中带青，如同瓜皮般的青色。

(14) 丝瓜绿：带有丝络的，如同丝瓜皮一般的青绿色。

(15) 蛤蟆绿：又称"蛙绿"，绿中带蓝、带灰、有豆状绿色或深绿色色斑，色不均匀。

(16) 匀水绿：均匀的浅绿色。

(17) 江水绿：颜色均匀，有些暗的绿色，有混浊现象。

(18) 灰绿：带灰的绿色。

(19) 灰蓝：带灰的蓝色。

(20) 油绿：带灰蓝色调的绿色，色暗绿而不鲜艳。

(21) 油青：比较暗的、带青色的暗绿色。

(22) 墨绿：黑中透绿的墨绿色，表面看呈黑色，透光看呈绿色。价值高贵的翡翠颜色除以上各种不同的绿色之外，还有紫色、红色、黑色、白色、无色等。

(23) 紫罗兰：主要为浅紫色、紫色，有的鲜艳夺目，美不胜观。

(24) 藕粉色：如同莲藕一般的淡紫色、紫红色。

(25) 褐红色：如同红玛瑙一般的红色带褐。

(26) 红褐色：颜色为褐色带红，多局部出现。

(27) 黑褐色：多见于原料的表皮，俗称"狗屎地"，但这种表皮的内部常有高绿色存在，故俗有"狗屎地出高翠"之说。

(28) 黑色：常称此黑色为"脏"或"苍蝇屎"，多数呈星点状出现。

(29) 灰色：除灰色者外多作为色调出现，如灰绿色、灰白色等。

(30) 白色：特别白的翡翠，价值也很可观。

在全绿色的翡翠上，见一点或一细条略深一些的绿色，这条绿色为渐变到相对较浅的绿色称为"色根"。一般天然翡翠的天然颜色都有色根，染色的则无色根。其他各色也是如此。所以色根为判断翡翠绿色颜色真伪的标志。如图8-5-5为翠绿色翡翠上的绿色色根。

图 8-5-5　翠绿色翡翠上的绿色色根图

对翡翠的其他颜色而言,红色者称红翡,黄色者称为黄翡,其他还有橙红色者等各种颜色经常出现,也可作为绿色品种的伴色。如春带彩即紫色与绿色相伴出现(图 8-5-5)。伴色为翡翠雕刻品巧色的基础。紫色翡翠单独出现也深受人们的喜爱。紫色翡翠也称紫罗兰,亦有深、浅、浓、淡之分。浅色者犹如春天香椿树的嫩芽,故又称"椿色"(也称"春")。一般紫色翡翠又可分为粉紫色翡翠和茄子色翡翠:粉紫色翡翠呈淡紫色,颗粒粗、棉絮多,种水好的较少,豆种居多;茄子色翡翠颜色较深很像紫茄子的颜色,常带有蓝色色调,色较暗,但颗粒较细而均匀,多以糯化地呈现。紫色翡翠的颗粒粗大者多种水也差,在翡翠赌石毛料中有"十椿九垮"之说,意思是如果翡翠赌料切开后有紫色者则不会赌赢,十有九输。质量好的紫色翡翠常引人注目,其高档料价格昂贵,尤其是紫色饰品具有很高的价值。常见的紫色翡翠饰品如图 8-5-6。

(a)翠绿色翡翠上的春带彩

(b)翡翠磨光面上的春带彩

图 8-5-6　翡翠上的春带彩

2. 质地

翡翠的质地也称地子或地张。地子的原意是指除绿色以外部分的统称。地子的好坏表现在颜色、石性和水头上。颜色指其色调,石性指其有无棉绺、石花或纹理,水头指其透明的程度等。所以地子的概念是很全面的,它包含着整个翡翠的各个方面。与地子极相近的、密切相关的就是种。"种"实际是就结构和透明度而言。借助放大镜,肉眼观察,可见到闪闪发亮的粒状或纤维状的硬玉等矿物的解理面。在珠宝界称其为翠性,是翡翠特有的标志。也俗称为"雪片""苍蝇翅"或"蚊子翅""沙星"。翡翠中硬玉等矿物颗粒的大小、形态、分布决定了翠性。往往晶粒大者,翠性差;晶粒小者,翠性好。翠性差的质地粗糙,透明度差;翠性好的质地细腻,透明度好。透明度俗称"水头"。

  翡翠的结构与构造常是"种"的决定性因素,是翡翠品质的重要标志。质地疏松,粒度较粗且粗细不均匀,杂质矿物、含水量较多,裂隙、微裂隙较发育,透明度不一定差而质量、硬度往往有所下降者称"新种"(也称"新坑种");结构细腻致密,粒度细而均匀,微小裂隙不发育,硬度,质量皆较高,是质地较好的翡翠,称"老种"(或称"老坑种""老厂"等)。也有人把早期(成岩期)形成的颗粒粗、透明度差的称"新种",晚期形成者称"老种"。所以对"种"的理解各专家尚不一致。同样多数人认为老坑料属次生矿床是颗粒总体较细,经流水搬运至低处形成;质量总体要比原生矿床的新坑料要好。还有新老种翡翠,介于新种与老种之间,是残积在山坡,未经搬运或未经远距离搬运的翡翠原石。翡翠中天然的裂开称"裂",复合或充填了物质的称"绺",两者统称绺裂。绺裂可有原生的(与原石同时形成)和后期的绺裂(成岩后生成)。原生的可为后期热液活动所修复,有的还被充填了热液矿物;后期的则肉眼可见。绺裂影响着原石的价值,它可切断绿色条带或被绿色充填,往往在原石表面形成沟凹,是用料时的重要考虑因素。

  在翡翠中由纤维状晶体密集堆积,形成透明度较差的白色斑,珠宝界称之为"石花"。有些由钠长石等形成的斑状、条带状、丝状、波纹状半透明的或微透明的白色矿物,以及由霞石、方沸石及一些气液包体等形成的白棉,是翡翠中的杂质,影响翡翠价值。

  最常见的翡翠质地品种也是商业上常用的质地名称。

  (1) 玻璃地:结构细腻、韧性强、透明到半透明、玻璃光泽、无杂质如同玻璃,无柳、无棉或石花,俗称"水头"(实际上为翡翠透明的程度),好的称玻璃地即指"水头"好者,为最佳品种。

  (2) 冰地:透明程度稍逊于玻璃地,形若冰,有的有少量杂质或绺裂。

  (3) 蛋清地:如同鸡蛋清一般的质地,玻璃光泽,透明度稍差,可以把它看做是混浊的玻璃地品种。

  (4) 糯米地及翻生地:形若蒸熟的糯米般细腻,半透明,如质地稍粗则形若未蒸的生米粒,有人称之为翻生地。

  (5) 豆地:具有肉眼可见的晶体颗粒,半透明到不透明,一般质地较粗糙。有的可具石花,往往是豆青色的品种。

  (6) 油青地:质地细腻,具油青色,色较暗,也可为豆青色、灰青色、蓝青色,半透明,透明度较差,是老坑翡翠的主要地子色,往往出现于油青品种之中。

  (7) 瓷地:白色,半透明到不透明,如同瓷器。

  (8) 干地:也称白干地,白色,不透明,光泽暗淡,不太美观。

  (9) 乌地:也有"狗屎地"之称,褐色、黑褐色、不透明,不美观,是翡翠中最差的质地,不被人们青睐。

  不同颜色、不同质地的翡翠饰品如图 8-5-7 所示。

(a) 紫罗兰色(长寿佛公)
(一片翠绿巧雕在笑佛胸前寓意平安长寿)

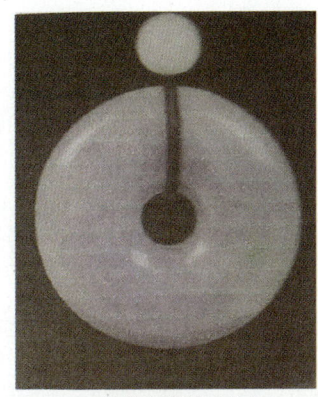
(b) 茄紫色翡翠平安扣
(寓意可保平安)

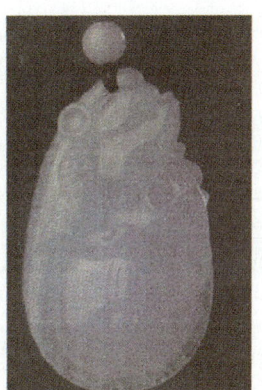
(c) 水糯种春色翡翠挂件
(雕刻成貔貅寓意辟邪、如意、发财)

(d) 淡紫色翡翠耳坠
(尽显时尚高贵)

(e) 水糯种紫色吊坠
(雕成蝙蝠围绕玉兰花上寓意玉堂富贵)

(f) 紫罗兰翡翠伴随着淡淡的翠色手镯
(质地细腻是难得的春带彩)

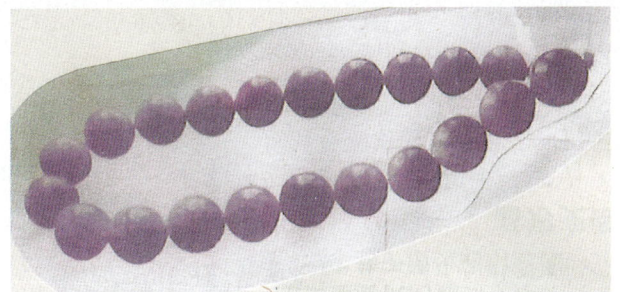
(g) 紫色水糯种圆珠串成的珠链
(珠玉质地细腻,色泽均匀,大小一致,粒粒显现华丽典雅,尊贵大方)

图 8-5-7 常见的几种不同紫色的翡翠饰品

3. 其他性质

翡翠为玻璃光泽,有的为油脂光泽。折射率为 1.666～1.680(±0.008),点测法为 1.66,多色性无,双折射率不可测,硬度为 6.5～7,密度为 3.34(+0.06,-0.09)g/cm³,与二碘甲烷的密度相似。所以,大部分翡翠在二碘甲烷中呈悬浮状态。硬玉具两组完全解理,解理交角 87°左右。集合体可见微小的解理面闪光,即前文所提的"翠性"。断口为粒状或参差状。极少数翡翠还可有猫眼效应。翡翠的翠性如图 8-5-8 所示。

图 8-5-8　不同颜色不同质地的翡翠饰品

4. 红外光谱特征

翡翠的红外光谱特征如图 8-5-10(a)所示,翡翠的拉曼光谱特征如图 8-5-9(b)所示。

5. 可见光吸收光谱

较浓的绿色、翠绿色翡翠,在吸收光谱的红色区有 630nm、660nm、690nm 3 条由铬引起的吸收线,并且具有称"阶梯状"的特征。位于中间 660nm 的一条最为明显,颜色较浅的翡翠,红光区的铬吸收线可能不够明显,但可见 660nm 吸收线及阶梯状吸收

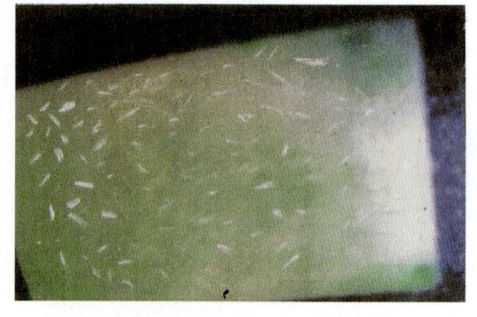

图 8-5-9　翡翠的翠性素描示意图

边。在蓝紫光区也有强吸收,437nm 吸收线可能因被掩盖而看不到。白色到淡绿色翡翠,在吸收光谱的紫光区可见到 437nm 的吸收线,这可能是铁离子造成的。灰绿色的翡翠或绿辉石翡翠在红光区则看不到吸收线,而只能看到 437nm 吸收线。钠铬辉石玉则因透明度不好而看不见吸收光谱。

翡翠的吸收光谱,如图 8-5-10(c)和图 8-5-10(d)所示。

6. 查尔斯滤色镜下特征

查尔斯滤色镜下,绿色的翡翠仍为绿色。只有处理过的翡翠,才可能变为红色。

7. 偏光显微镜下特征

偏光显微镜下翡翠呈无色,部分硬玉偶带有多色性,N_g—浅黄,N_m—无色,N_p—浅绿,中—高正突起,干涉色为一级黄白至二级中部。在横断面上呈对称消光,柱面上呈斜消光,另一柱面则呈平行消光,正延性,$2V(+)=68°\sim72°$。翡翠在偏光显微镜下可见其矿物成分及结构特征如图 8-5-11 所示。

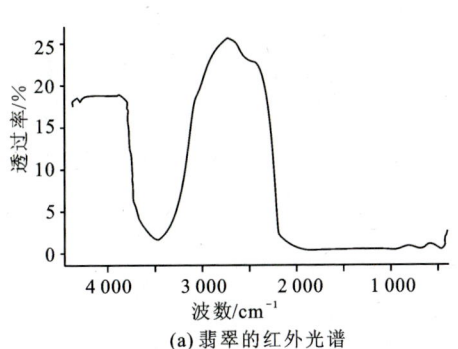
(a) 翡翠的红外光谱

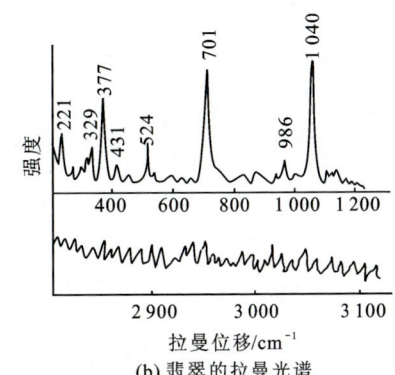
(b) 翡翠的拉曼光谱

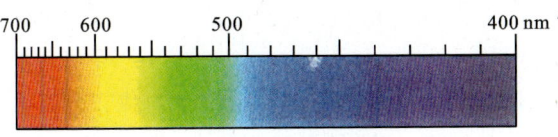
(c) 绿色翡翠的吸收光谱

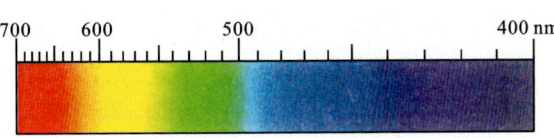
(d) 无色翡翠的吸收光谱

图 8-5-10　翡翠的几种光谱

(a) 翡翠薄片在偏光显微镜下由纯钠铝辉石组成的交织结构，钠铝辉石呈自形晶体。具生长环带(据赵明开照片)
正交偏光　34×

(b) 翡翠在偏光显微镜下的原生全自形结构(据赵明开照片)
正交偏光　30×

(c) 半自形柱状变晶结构(据张金富2014照片)
正交偏光　30×

(d) 他形粒状变晶结构(据张金富2014照片)
正交偏光　34×

(e) 翡翠在偏光显微镜下有后期翡翠脉充填微粒翡翠的梳状结构，可见钠铝辉石向脉中心生长(据赵明开照片)
正交偏光　34×

(f) 他形粒-齿状变晶结构(据张金富2014照片)
正交偏光　30×

图 8-5-11　翡翠在偏光显微镜下的矿物成分及结构特征

8. 荧光性

淡绿色玉石通常对长波紫外光和短波紫外光呈现惰性,但对长波光可产生一种弱的白色荧光。浅黄硬玉对长波光通常也呈惰性,也可能产生弱的绿色荧光。白色玉同样为惰性,只对长波光发出弱的黄色光。天然淡紫色硬玉对长波光可产生弱白棕红色光,而染色淡紫色硬玉则发出一种中强的橙色光,对长波光反应要比短波光反应更强烈。多数深色硬玉对紫外光呈惰性。

四、翡翠的鉴别特征

鉴别翡翠时,弄清翡翠本身的特征至为重要。

(1) 天然翡翠具很自然、很协调的各种颜色。这表现在颜色不均匀,在豆绿、油青、藕粉色、白色、灰色的底子上,伴有各种浓淡不同的黑色或绿色,在绿色的底子上也有浓淡之分。

(2) 天然翡翠具有明显的翠性,在光滑面上仔细观察或放大检查,在星点、针状、片状闪光(翠性)中皆可见到粒状变晶结构或纤维状变晶交织结构,还可见到清楚的斑状变晶交织结构至粒状变晶纤维结构,即一粒粒稍大的变斑晶和变斑晶周围纤维状交织的小晶体。变斑晶两端稍尖,如同眼球,和纤维状延长方向一致,大致呈定向排列堆积在一起。

(3) 翡翠中有细小的、透明度较差的白色团块,为纤维状晶体交织在一起的"石花",也可有黑色的固态包体。

(4) 翡翠以高的密度、高的折射率,与相似的天然玉石,如绿色软玉、蛇纹石质玉、石英岩质玉、独山玉等相区别。因为这些玉石的密度小,在三溴甲烷中往往漂浮或悬浮,而翡翠则因密度大立即下沉。翡翠的折射率皆高于各种玉石。翡翠中的黑色矿物包体多受熔融,颗粒边缘呈松散的云雾状。另外翡翠外观呈玻璃—珍珠光泽,经过抛光,极其明亮,这些皆可与其他天然宝玉石相区别。

(5) 除白色者外,有色翡翠上往往颜色不均匀,有的深浅不一,有的浓淡有别,特别是有的呈绿色细脉状的翠根,为翡翠的重要鉴别特征。

鉴别翡翠还要依据光泽、硬度、密度、折射率数据等综合考虑。表 8-5-3 为翡翠与相似玉石的对比表。

(6) 仪器检测是最重要的鉴定方法,也是最重要的鉴定依据。在大型仪器中以红外光谱仪最为有效、应用也最为方便,是现在检测翡翠最常用,也是人们最信任、最有效的手段。至于其他仪器测试可根据设备情况具体采纳。

此外用 X 射线衍射粉晶分析等都是具有重要意义的检测手段。

表 8-5-3 翡翠与相似玉石的对比

玉石名称	颜色	硬度	密度/g·cm^{-3}	折射率	外观特征
翡翠	各种绿色及黄褐色、紫灰白诸色	6.5～7	$3.34\binom{+0.06}{-0.09}$	1.666～1.680 (± 0.008)	色均或不均匀,变斑晶交织结构,具星点或片状闪光

续表 8-5-3

玉石名称	颜色	硬度	密度/g·cm^{-3}	折射率	外观特征
软玉	白、绿、黄、黑、青、褐	6~6.5	2.95$\binom{+0.15}{-0.05}$	1.606~1.632 $\binom{+0.009}{-0.006}$	质地细腻 纤维交织结构 黑色固体包体
蛇纹石质玉	黄绿、黑绿	2.5~6	2.57$\binom{+0.23}{-0.13}$	1.560~1.570 $\binom{+0.004}{-0.070}$	细粒片状或纤维状结构 有黑点、黑块
石英岩 (东陵石)玉	绿或淡绿 色均一	7	2.64~2.71	1.544~1.553	等粒状结构 可见铬云母或绿泥石小片
独山玉	白、绿、黑、褐 色杂不均	6~7	2.7~3.09	1.560~1.700	色不均匀,粒状结构
钠长石玉	无色、灰白、灰绿、灰绿白	6	2.60~2.63	1.52~1.54	纤维或粒状结构
蓝田玉	深浅不同的绿色 色杂	3	2.7±0.05	1.486~1.658	粒状结构,具解理,遇酸起泡

五、对翡翠品质的观察及评价

翡翠是玉,而"玉无价"。应该说玉是以美论质,以质论价。美是无法定量的,所以评价玉是比较困难的。尽管如此,在市场上仍然相对地要对玉给出几项评价的标准。就一般情况而论,翡翠是以色、种、水、净度(瑕、裂、棉)、质量(体积、大小),如果是饰品还要考虑工艺等,综合考虑判别出大致的价值范围。现就如何观察以上几项及评论价格高低分述如下。

1. 色

翡翠的颜色各种各样,有学者统计认为不下数百种之多,其实这并不夸张。除了常见的 7 种光谱色,还要加上不同的色调及不同色调的叠加。也有人认为仅绿色这一种颜色就可以演变几十种甚至几百种其他颜色。在此大致地将颜色分别评述如下。

翡翠的颜色可以以光谱七色(红、橙、黄、绿、青、蓝、紫)为基础,再加上灰色、白色、黑色、无色。无疑翡翠是以绿色为最珍贵,也最复杂,最受多数人喜爱。

(1) 绿色翡翠。传统的翡翠的绿色有"三十六水、七十二豆、一百零八蓝"之说。因为未见这些数据的分析资料,在此不作评论。但广泛流传的对翡翠以绿色评价"正、阳、匀、浓"之说还是值得遵循的。所谓"正"是指光谱的颜色,不偏、不斜、不带其他色调的叠加。"阳"应该是指翡翠颜色突出,明亮可见,显现清晰,给人以优越感,好比人们常说的"洋气"。"匀"是指颜色分布均匀,不似星星点点、成块成片、深深浅浅,而是均匀如一。"浓"是指饱和度充足。有人还提出加个"和"字,即柔和性;绿色在地子上要表现得自然舒畅。这个"正、阳、匀、浓、和"虽是针对绿色翡翠而言,其实将它用于红色、紫色等各种颜色的翡翠也是合适的。因为如前所述颜色是由成分中的色素离子及结构所决定的,所以颜色的变化规律也是如此。如绿色的品种中的艳绿色价值最高,翠绿色次之。从成分上分析,绿色翡翠中如含铁小于 0.8% 则色正,稍多则偏黄,再多(含铁1.2%左右)则绿色偏蓝,如超过1.5%则偏灰。红色及黄色翡翠品种(翡)则分别与成分中含赤铁矿或褐铁矿有关,即含有赤铁矿高者色红,含褐铁矿者色黄。符合"正、阳、匀、浓"的红翡价值也属于高档货。

(2)紫色翡翠。偏红者称"红春",偏蓝者可称"紫春"。紫色则是由微量锰致色而成。翡翠中的紫罗兰也常受人们青睐,价格昂贵。

(3)无色翡翠。玻璃地的无色翡翠也是翡翠中的佳品,为很多人所喜爱,价格也甚为昂贵。但无色翡翠不得有任何明显杂质和星星点点的黑点,一定要无色透明方可做成价值高贵的饰品。

(4)黑色翡翠。这类翡翠其实往往不是真正的黑色,而是看起来黑,在强光透射下出现绿色、墨绿色,有的还呈现出翠绿色。它把可爱的翠绿色藏在庄重的黑色之中蔽而不露。黑色的墨翠其主要矿物也是硬玉,含Fe、Cr较高所致。而有的黑色翡翠通过透光后呈现蓝灰色,则价值逊于墨翠。

(5)白色翡翠。往往出现于瓷地、干地,所以价值不高。

(6)灰色翡翠。由于不美、不靓而为人们所厌,被称为翡翠中的败色。

在一件翡翠饰品或雕件上有两种颜色者叫"双色"或"金银色",有3种颜色者称"福禄寿",如果有黄有绿,则称做黄加绿[图8-5-12(a)]。翡翠颜色的多样性是巧色的基础[图8-5-12(b)]。

(a) 黄加绿翡翠玩件　　(b) 巧色翡翠挂件(变色龙)

图 8-5-12　翡翠饰品雕件的多色和巧色

现将翡翠中的绿色大致示意由价值高向低排列,如表8-5-4。

2. 种

人们传统地把翡翠的粒度与透明度结合称种,并认为细颗粒、透明度好的称"老种",为种好;颗粒粗、透明度差者称"新种",较差。甚至很多人单纯地认为翡翠的颗粒度越细,则透明度越好。实际翡翠的透明程度应与翡翠的结构和组成矿物晶体中的杂质元素种类及含量有关。如翡翠中角闪石、钠铬辉石多了或铁多了时会影响翡翠的透明度,使透明度变差。

表 8-5-4　绿色翡翠价值高低示意

翡翠的主体色	描述	价值
艳绿	绿色正、浓、阳,给人以鲜艳之感。	高 ↑ ↓ 低
翠绿	绿色正、浓、阳,给人稍有暗的感觉。	
阳绿	绿色鲜艳,微有黄色色调,浓度比翠绿色稍浅。	
豆青绿	稍带蓝色色调的绿色。	
浅绿	各种色调的浅绿色,稍偏黄,偶带灰褐色调。	
淡绿	各种色调的淡绿色,稍带灰褐色调。	
墨绿	带灰褐色调的绿色,给人以深绿色之感。	
油青	灰绿色、灰蓝绿、灰褐绿给人以深墨绿之感。	

另外早期(岩浆期)形成的一般颗粒较粗、透明度较差即称"新种";晚生成的颗粒较细而透明度较高,即称"老种"。对种的表示与价值的关系如表 8-5-5。

表 8-5-5　翡翠的种与价值的关系示意

种(粒度)	结构	粒度/mm	特征(在未抛光面上观察)	价值
老种 (有人称细种)	隐晶质	<0.1	10×放大镜下看不见结晶颗粒	高 ↑ ↓ 低
	微晶结构	0.1~0.5	10×放大镜下可见长柱状晶体的交织结构	
	细晶结构	0.5~1	肉眼可见细长柱状晶体的交织结构	
新种 (有人称粗种、麻种)	中粒结构	1~3	肉眼可见细小解理面(苍蝇翅)	
	粗粒结构	>3	有明显的小解理面(苍蝇翅)	

注:参考严阵,2008,稍作修改。

3. 水

种、水有着密切的关系,平时我们常将两者放在一起考虑。如玻璃地往往细粒—微粒;水地则又比玻璃地常稍粗一些,为中—粗粒;石地则是纯粹为粗粒结构,但瓷地又是较为细粒,所以他们的关系不是线性规律的,因而不能作为规律理解。

翡翠的水主要指的是透明度,也就是指翡翠透过可见光的能力。由于翡翠的不同种类,它可由透明到不透明。透明度(水)好的翡翠给人以柔润感,透明度(水)不好的翡翠给人以呆板、石质感。

传统上是以用灯光打照翡翠,看光线渗入翡翠的深度。大致来讲,光线渗入达到 9mm 则称 3 分水,即常说的 1 分等于 3mm,2 分水等于 6mm。依此推算翡翠的透明度,可划分出透明、半透明和不透明等几个等级。方法如图 8-5-13 所示。

由于无法实际测量其渗入距离,所以只能估计。这看来好像是个定量的方法,但又不是真正的定量方法,主要还是靠经验而为。也可以用聚光灯侧面的侧光宽度来估算光线渗入的深度,大致为:

侧光宽度=光的进入深度的 1/2±。

(a) 实际观察　　(b) 在翡翠切面上用聚光手电筒照射观察
入射光渗入深度与侧光宽度的大致关系
（参考严阵，2008）

图 8-5-13　翡翠的水的估算方法

详细的分级可参阅国标《翡翠分级》中对无色翡翠、绿色翡翠作的透明度分级。在此所指的均是传统的、常用的办法和通俗的表示方法。

翡翠的透明度（水）的分级大致表示如下（表 8-5-6）。

表 8-5-6　翡翠的透明度（水）的分级（过渡）示意

水头	透明度	光线进入深度(cm)±	翡翠底子名称	翡翠的颜色	价值
很好	非常透明	>10（相当3分水）	玻璃底 ｜ 冰底 ｜ 糯化底 ｜ 冰豆底 ｜ 粉底 ｜ 豆底 ｜ 瓷底 ｜ 石(干)底	无色 浅色	高（质优）
好	较透明	10～5			
一般	半透明	5～2 相当于（接近2分水）			
稍差（水不足）	微透明	2～1 相当于（不到2分水）		有色	
差（水短）	稍微透明	1～0.1 相当于（不到1分水）			
干	不透明	<0.1			底（劣质）

翡翠的透明度主要决定于组成矿物的透明度，如含钠铬辉石越多，透明度越差；含钠铝辉石越多透明度越好。这也还要看矿物的组织结构及所含杂质元素的情况等，如含铬铁矿越多越影响其透明度（水）。

4. 净度

"净度"一词，一般用在钻石上，在翡翠中不太常用。尤其不能包括裂纹和裂隙，不过用在翡翠及一些宝玉石上也还是能说明有关瑕、裂等一些问题（详可参阅国标《翡翠分级》中的规定，它在翡翠的质地项目中提出了净度分级）。这里所指的净度包括翡翠玉表面及内部的特征。如黑斑、黑点、杂色色带、棉、石花，还包括石纹、裂纹等。这些现象都会给翡翠带来降低其价值的不良影响。

1) 黑斑、黑点

黑斑、黑点在翡翠中常呈点状,称癣,也有斑状或带状的黑色者。黑斑、黑点多是铬铁矿被硬玉交代的残余或角闪石团块。它们多呈星点状成堆或孤立分散分布,是一些角闪石或绿辉石造成的斑块。如在白色为主体的翡翠上出现,尚影响不是太大,而出现在有色的翡翠上则造成逊色。

2) 杂色斑或色带

在翡翠上除作为底色出现的之外,还出现除绿色以外的色斑或色带。一般属于脏色。脏色降低翡翠的价值。

3) 瑕与裂

瑕往往指的是翡翠中的杂质,有白有黑,白的多称棉,黑的多称癣。

(1) 棉和石花。棉是白色或灰白色的絮状团块,多是由钠长石或沸石类矿物组成。黑色的"癣"是由角闪石类矿物组成,粗粒斑晶则称石花。石花往往也呈团块状,多半是由于后期充填或交代作用形成,主要成分是钠铝辉石。如果呈细小分散状形式分布在翡翠中往往不易被发现(有时称"芦花");如果明显地存在于翡翠中,使人一眼可见,则成为有害之物,有人称之为"石脑"。特别是呈网状的白棉会大大降低翡翠的美观和价值。

(2) 石纹。石纹有大有小,有多有少,有时指的是些小裂纹,有时呈白色的小石纹,分布于翡翠中颗粒之间,量多则会对透明度产生影响。如果是大的石纹,甚至呈波浪状则往往是翡翠受动力变质作用而造成的,对翡翠价值的影响就比较大。

石纹与裂纹是不同的,裂纹是未愈合的裂隙。石纹在透射光下不明显,光线仍可穿透,而在反射光下表面上则不见痕迹;裂纹在透射光下,光不易穿透,在反射光下在表面清晰可见,重者以手触摸即可感觉得到。它在翡翠上存在,会大大降低其价值,人们称之为"破烂货"。

5. 质量

这里是指重量而言,众所周知重量越大,也就是同种品质(色、种、水、净度等相同)的情况下,尤其是毛料,块度越大越重,价值会越高。

对首饰成品而言则不同,一般首饰是有标准大小范围的,超过了范围则质量反而越大越笨重,越大越失去了意义。

图8-5-14 为翡翠毛料交易中心众买家在观察一大块翡翠的场景。

根据翡翠的颜色、种水、质地综合定出的常见翡翠名称如图8-5-15所示。

首饰一般是以件计价,价格仍然是依翡翠的品质而定。例如手镯用料较大,要求也高,价值往往也高,但是手镯大小是有一定尺寸的,不可能是越大越值钱。手镯上不能有黑点、黑斑、瑕疵、棉、裂等,否则价格降低。

图8-5-14 翡翠毛料交易中心众买家在观察一大块翡翠

图 8-5-15 常见翡翠名称

戒面的体积虽小,但要求高,往往更要求色、种、水、浓、正、阳、匀。玉质越好品质越高,则更高贵,更受人们喜爱。而一些品质差的材料只可用作鸡心、怀古、玉扣之类等雕花制品,不论大小价格就低多了。

无论是手镯、戒面还是雕花花牌,每种材料即使用料大小相同,质量相差不多,品质不同价格还是会悬殊很大。目前一些老坑、玻璃种、艳绿色符合正、浓、阳、匀的手镯,一支可以卖到几百万人民币,最高的可达上千万人民币;而水头差、质地干、颜色不美瑕疵多的手镯虽与上述的百万元一支的有相似的大小质量,但常常几百元甚至几十元即可出售。

一个高档艳绿色、种水好,色正、阳、浓、匀的戒面,可售价几万到几十万元。体积小、用料少,但品质超众的戒面与同样大小的品质差的戒面相比,其价值相差万倍以上。但是如果品质相同的两个戒面,则自然是用料多的(大的),价格高一些。由此可见,戒面的大小是影响其价格的重要因素,而戒面的品质则是影响其价格的决定性因素。两者是有着紧密关联的。

6. 翡翠的工艺评价

如前所述是翡翠本身的性质或者说是品质,非人力所为,是天然的由组成矿物的种属和各矿物种的比例及成分中的杂质元素和结构构造所决定的,是内在因素。而工艺则是人为的,由工艺师的技术水平和工具所决定的,是外在因素。

内因通过外因起作用。也就是说一块品质很好的毛料,要有高水平工艺师设计出好的造型,雕刻出的成品才能把翡翠料所具备的内在美的内涵充分地展现出来,如果有好的工具更会锦上添花。所以,好料必须要有好工,才能刻出好的饰品。

工艺水平的评价内容如下。

(1) 看设计是否能充分地利用毛料达到最大出成率,能更好地利用品质最好的部分,设计出最优美的造型。

(2) 看设计中的巧色。在整体优美的造型中能设计出有创意的、有情趣的巧色,能巧妙地应用不同的颜色部分,使之既自然又美观,才是一流的好工。

(3) 躲开瑕疵,除去不美的部分,甚至挖掉那些"败色"的部分或者巧妙地掩盖瑕疵,以提高整体质量。

(4) 要加工精细,刀刀有力,线条连续流畅,处处干净利索,弧面圆滑,不留刀痕。

(5) 比例要协调,有对称性的绝对对称(对专门以不对称为美者例外),应严格要求,一丝不苟。

(6) 面该平的要平,该弯的要弯。线该直的要直,该曲的要曲。交点处该尖的要尖,但要注意尖角不能摸起来割手,即便是在不平坦的纹饰处也不能有割手之感。

(7) 抛光要求精细,不能留有桔皮纹,要磨出亮度来(有人称磨出玻璃光泽来),不能磨出沙眼,不能坑洼不平。摸起来要光滑,看起来要亮丽。

(8) 如果亮度不足,线条不畅,看上去呆板,摸上去刺手是对料的浪费,乃废品也。

用以上几点评价工艺是很重要的。好料没有好工艺则浪费好料,料不好而工艺好还可以补救一些料的不足,提高成品的价值。图 8-5-16 皆为工艺佳品。图 8-5-17 为一般常见的翡翠工艺品。

(a) 台北故宫翡翠白菜(菜身洁白,寓意吉祥)

(b) 翡翠白菜与百灵鸟(巧色奇妙,色彩鲜明,造型生动,寓意深刻)

(c) 满载而归(冰糯种翡翠摆件,为麒麟拉车载满石榴、佛手、葡萄。为镂空雕刻之佳作)

(d) 世外桃源(大块冰种翡翠,设计巧妙,全镂空雕琢,雕工细腻,层次分明,艺术性极强的获奖作品)

(e) 卧虎呈龙(芙蓉种春带彩翡翠摆件,为三层雕,上层为春色雕飞龙,下雕卧龙,中间翠绿部分雕龙纹和一条小龙,为一巧雕佳作)

图 8-5-16　翡翠的几件工艺佳作

(a) 坐莲观音胸坠（芙蓉种，水足色艳，细腻晶莹）
(b) 连中三元吊坠（高冰种雕成三个福豆，寓意福到）
(c) 富贵万代挂件（雕刻成蝙蝠怀抱大葫芦，谐音"福，禄"富贵万代之寓意）
(d) 伉俪同偕巧色挂件（寓意和谐幸福）

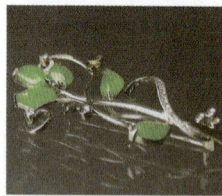  

(e) 幸福音符胸针（翡翠配钻石，嵌有玫瑰金蝴蝶，特显高贵）
(f) 珠链（铂金手链上镶有红、绿、紫七颗艳丽的翡翠，寓意七星伴月）
(g) 耳坠（老坑水种翡翠嵌成耳坠，显现风铃韵意）

(h) 水种翡翠怀古
(i) 花青种翡翠印章
(j) 花青种翡翠扳指

  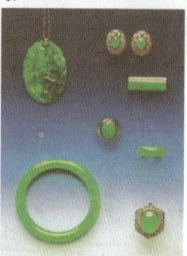

(k) 巧色翡翠摆件
(l) 手链
(m) 满翠手镯、挂件、戒面、耳钉等

(n) 不同色调的红色翡翠戒面
(o) 三色翡翠手镯(前)及水种手镯(后)

图 8-5-17　一般常见的一些翡翠作品

六、翡翠皮壳的特征与鉴别

翡翠原石有原生矿和次生矿之分,翡翠在地质搬运过程中经风化作用形成风化皮壳,称为原石外的"皮壳"。一些无皮的原生矿常成作新坑,成矿后长期受风化作用形成次成矿为带皮的翡翠原料。

水搬运磨成近似圆形的砾石,有风化皮壳者称籽料,是流水搬运过的砂矿料,是产于河床的卵形砾石,也叫老坑玉;无风化皮壳者称山料,是指没有风化表皮而未直接经受风化作用的、直接由山上开采出来的料,也叫新坑玉如图8-5-18所示。

图 8-5-17　翡翠的籽料与山料

无皮壳者称明料[图8-5-19(a)]。

因有皮壳者,不能直接进行观察测试它的颜色,也无法评估其品质,欲对内部好坏进行推断,实即"隔皮猜瓜",故有"赌料"之称,如图8-5-19(b)～图8-5-19(d)所示。

图 8-5-19　翡翠的明料、赌料及赌料观察

翡翠籽料的外皮即皮壳,通常人们常把一些好的玉石皮壳予以确认相比定名。常见的皮壳品种有:白盐沙皮、黑乌沙皮、黄盐沙皮、黄梨皮、笋叶皮、杨梅沙皮、水翻沙皮、石灰皮、铁锈皮、腊肉皮、老象皮、田鸡皮和洋芋皮等。这些名称有助于我们对皮壳的认识。不论籽料或赌

料都要观察皮的特点,以推断内部玉质。另外我们经常也可作如下分析。

(1) 粗皮子呈皮黄色、土黄色、棕黄色、米黄色,皮厚质粗,可能看出矿物的粒状结构,在产地称"新坑料"。这种料往往透明度低,硬度较小。一般对黄色外皮壳者称黄皮子(图8-5-20)。

(2) 细皮子,皮深色较多,如黑色或黑红色、红褐色,如同树皮,有的像枣皮。这种皮光滑而细、薄、坚实,紧靠近皮内有一薄的红色层,其内的玉质往往比较细腻、透明度好、致密而坚硬,称"老坑料"。

也有的对黑色外皮壳者称黑皮子,图8-5-21为利用黑皮子雕成的雕件。

图8-5-20 利用翡翠的黄色皮俏色雕成蝙蝠,内为紫罗兰雕成葫芦吊坠　　图8-5-21 利用翡翠的黑色皮,俏色雕成的野兽座件

(3) 沙皮子为介于粗皮子和细皮子之间的、细的、沙粒性的皮,故又称"新老坑料"。这种皮的内部玉质变化较大,不易推断。

(4) 伪造皮:为在不太好的籽料上,贴上一层细腻、褐红色外皮。鉴别方法为:在皮上轻轻敲打,如果是贴皮,则成片脱落;如果是真皮,则呈粉末状脱落。这要仔细观察皮的粗细、颜色是否均一、光洁、绺裂及贴面结合缝等。

(5) 染色皮是一种染了色的皮,有时染色之后再褪色,与原籽料皮很难分辨,鉴别的方法是看看籽料是否开了很多门子(有意磨开的破口,为使人能清楚的看到皮里部分),各门子的颜色是否完全相同,如果颜色皆一样,就有染色的可能,应注意对比。

(6) 观察皮子的目的是为了了解籽料的整体玉质,如果看到绿色翡翠条带,这条绿带又穿过籽料,则肯定在籽料内部有绿;如果是大面积的成片绿色,则往往是仅在表面有绿,宝石界朋友总结的"宁买一线,不买一面"的道理就在于此。如果一条绿带凸出少高于料面,这说明绿色带为硬玉,因为硬玉的硬度大于绿色的透辉石、钙铁辉石和霓石,相对硬度大了就耐风化,所以较凸出;如果不是凸出,而相反是凹下的绿色条带,那就往往是透辉石、钙铁辉石、霓石等造成,所以又有"宁买一鼓,不买一脊"之说。

(7) 皮壳上有的可以看到皮子内部的绿色的外在表现,谓之"松花"。松花的绿色自然是越绿越好,这可说明赌料的内部有绿。如果在皮子上出现有细砂条带或块状细砂表皮,有人称此为"蟒",有的成蟒带[图8-5-22(a)]。蟒常是判断内部绿颜色有无和浓淡的重要方面。如果蟒上再有松花那就更好了。

(8) 在观察翡翠籽料时,还可看到其皮上有大大小小的灰黑色斑,有的只在皮上,有的深

(a) 翡翠皮壳上的蟒带

(b) 癣加绿

(c) 含有大量癣的翡翠

(d) 翡翠的白雾

(e) 翡翠的红雾

图 8-5-22 翡翠的皮壳和雾

入到体内,一些行家称此斑为"癣"。有的料有癣有色,也有的有癣无色。癣还可根据其颜色细分为黑癣、白癣、癞癣(如蛤蟆皮)等。图 8-5-22(b)和图 8-5-22(c)为癣加绿。其中图 8-5-22(c)为有大量癣的翡翠。

(9) 观察翡翠石料要注意绺裂。有人称大者为裂,小者为绺。不论这种裂纹大小对玉石来说都是有害的。尤其是贯通整个石料则危害更大。它直接影响取材、影响价值,甚至影响美观。

(10) 在料的表皮与内部之间还常有一层过渡带,行家称此为"雾",颜色有白、红、黑,如图 8-5-22(d)和图 8-5-22(e)所示,这也常是观察研究翡翠(籽)料真假和品质的重要参考标志。

(11) 翡翠的皮壳也是翡翠玉石的一部分,不少能工巧匠们,巧妙地利用皮壳制作出精美的作品。图 8-5-23 为利用翡翠皮子的巧雕。

(12) 有些玻璃、塑料制品,冒充翡翠,以假充真。针对这种现象,我们可根据玻璃、塑料的硬度低(玻璃 5.5±,塑料 2~3)、密度低(玻璃 2~3g/cm^3,塑料 1~2g/cm^3)、及玻璃为贝壳状断口、塑料握在手中有热感等特征识别。即便外表加上假皮也还是易于区别的。

七、翡翠的相近品种及类似品种

翡翠的相近品种是指成分上与翡翠相近或过渡的品种,如铁龙生、爬山玉等。它们的成分中硬玉还占一定的比例,还可属于翡翠的范畴。

1. 翡翠的相近品种

1) 铁龙生

铁龙生主要成分是硬玉,可占 95% 以上,以含铬致色。成分中含有镁、铁、钙等元素,色为鲜艳的绿色,结构致密,透明度差(水头差)。铁龙生原属翡翠的一个种,但由于化学组成中其他矿物含量的变化而使其硬度、密度、折射率异于翡翠又近于翡翠。质地粗糙而色绿浓郁,以其薄片作成的饰品仍艳绿可观(图 8-5-24)。

图 8-5-23 飞龙在天

图 8-5-24 铁龙生

(本作品原为边角余料,但设计师异想天开地将翡色外皮雕琢成一条腾飞的蛟龙。色彩鲜艳、气势澎湃,是变废为宝的优秀佳作,深圳天彩祥和翡翠公司产品)

2) 爬山玉

爬山玉也称"八三玉"(图 8-5-25),1983 年产于缅甸北部的斯玛地区,可以说是一种新翡翠。其主要矿物组成为硬玉(含量在 90%±)、斑晶,其余为透辉石、钠长石、闪石,闪石有透闪石化现象。原石杂质多、透明度差、结构粗(结晶粗大而疏松),摩氏硬度常常为 6,颜色比较丰富,有淡紫、浅绿、绿或蓝灰等色。其折射率为 1.66±,密度为 3.25~3.11g/cm³,玻璃光泽,呈绿色斑状、块状、条状分布。色不鲜艳且偏灰蓝(飘灰兰花)、半透明(水头干)、质地不致密,有的抛光后出现凹陷,但不明显。裂纹较多,敲击声发闷而不清脆。观察其底,可见(1)底偏红、偏紫;(2)底为淡绿色;(3)底较干、带黑色、黑灰色斑块。以(1)(2)类情况最多,也最常见如图片 8-5-25。紫外光下无荧光反映;分光镜下,在 437nm 处出现吸收谱线。

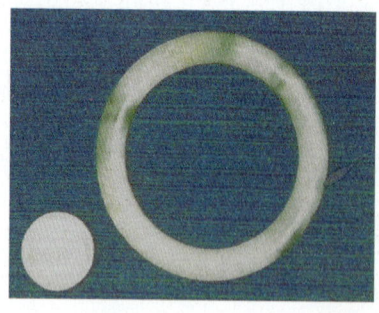
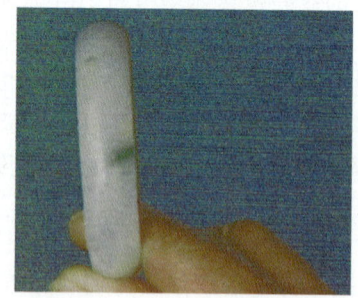

图 8-5-25 爬山玉

爬山玉与翡翠 B 货相似,可依爬山玉的似斑状变晶结构、表面光洁、翠性明显、飘灰兰花、色实在、玻璃光泽明亮、敲击声音发闷以及爬山玉自身所具有的色形特征区别于 B 货翡翠。相对的 B 货翡翠则结构已被破坏松散,表面有微细砂眼且翠性模糊,绿色飘浮不实在。B 货翡翠光泽带有蜡状,较沉闷。在红外光谱分析中,B 货翡翠因有外来充填物,而会出现异物振动峰。爬山玉的红外光谱图与 A 货翡翠一致。

这样看来,爬山玉若不进行人工处理是不能用作饰品的,处理后的爬山玉则色彩鲜艳、透明度好。市场上最流行的翡翠B货往往是先经酸洗再注胶的爬山玉。

3) 油青翡翠

油青翡翠的颜色较暗,带有灰色或蓝色色调,色有浅有深,闷而不艳。透明度一般较好,常呈比较细的纤维状结构,表面呈似油脂光泽,给人以油脂感,故称"油青"。质量有高有低,成分中除有硬玉之外,还含有绿辉石及闪石类矿物。所制成的饰品,档次不高,但仍有一定的消费群体(图8-5-26)。

图 8-5-26 油青翡翠

4) 绿辉石翡翠

成分中主要是绿辉石及硬玉,不含铬而含铁。在镜下可见绿辉石沿解理或硬玉的边缘交代,交代程度有多有少(10%~80%)。成分中含铁、钙较多,相互间有类质同象的置换现象。表面暗绿色,折射率为1.67,水头好,质较细,摩氏硬度小(5~6),密度及折射率均小于翡翠,薄者呈绿色,厚者呈黑色,所以有"墨翠"之称(图8-5-27)。

2. 翡翠的类似品种

翡翠的类似品种是指翡翠的相关品种。它不是翡翠,不属于翡翠之列。成分中有的也有硬玉,但含量极少,有的根本没有硬玉,如钠铬辉石玉、钠长石玉等。

1) 钠铬辉石玉(干青)

钠铬辉石玉的成分中除硬玉之外含大量钠铬辉石,还含有铬铁矿及角闪石类矿物,物理性质与翡翠不同,色黄绿、深绿及墨绿。其含杂质多具裂纹,不透明而很干,故在市场上有"干青"之称。硬度下降为5.5~5.6,密度较高为3.4g/cm³左右,折射率较高为1.74左右,因成分中各种矿物组合的比例不同,其物理性质也有些变化。虽呈粒状结构,但其透明度仍然较差,只有切成薄片方可看出较鲜艳的绿色。因为广东人常用它来做薄的饰品,所以又有"广片"之混称。图8-5-28为钠铬辉石玉饰品。

图 8-5-27 绿辉石翡翠(墨翠)

(a) 钠铬辉石玉手镯

(b) 挂牌

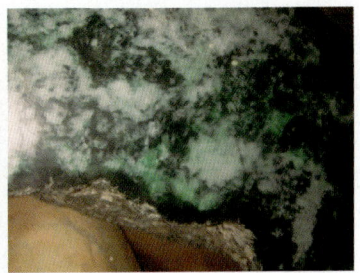
(c) 飘花干青磨光面

图 8-5-28 钠铬辉石玉饰品

2) 莫奇石(莫西西)

1962年瑞士学者格布林博士在缅甸莫西西小镇发现莫奇石,也曾被当地群众称为"Maw sit sit"而得名。根据欧阳秋眉女士的研究,这种鲜绿而不透明的玉石成分是很复杂的。她认为它是一种蚀变的岩石,矿物成分有辉石类、闪石类及钠长石,也有铬铁矿、绿泥石等,每种矿物比例的变化不超过60%,所以它的物理性质在各个部分也都有变化。

莫西西石是一种鲜绿色带黑斑的多晶集合体,其形貌很像孔雀石。本不能把它列入翡翠玉之中,但是为了商业需要它已进入翡翠市场(图8-5-29)。

图 8-5-29　莫奇石(莫西西)饰品

3) 闪石玉

翡翠矿床中闪石类矿物是很常见的,它在不少种别的翡翠成分中,也常作为次要矿物出现。闪石类矿物包括角闪石、阳起石、透闪石、镁钠闪石、蓝闪石等。它往往是交代早期形成的辉石而存在,但也有的角闪石构成角闪石质玉(图8-5-30)。

角闪石质玉呈黑色,密度很小,为 $3.00g/cm^3$ 左右,硬度为6,折射率变化较大,主要为1.62左右。这种黑玉也只能归入翡翠的类似类别,不能算作翡翠。如果在其成分中含有一定数量的钠铬辉石,则称钠铬辉石闪石玉。角闪石一般在翡翠中称为黑色的瑕疵,有时可见其长柱状,成集合体或团块状出现,成为有皮翡翠中的"癣",是翡翠的污点。

4) 九一矿

九一矿是个含有硬玉的品种,并含有钠铬辉石、铝钠闪石等矿物。因1991年在缅甸市场首次出现而得名。钠铬辉石、铝钠闪石呈细纤维状交织变晶结构,一般在反射光下呈黑色;在透射光下呈墨绿色,以强玻璃光泽为特点。

图 8-5-30　闪石玉饰品

5) 钠长石玉(图8-5-31)

其成分中主要为钠长石,含量可达90%,其次为硬玉和阳起石等(翡翠的主要成分为硬玉,最多含量可达99%),所以"钠长石翡翠"这一名称是否合适值得磋商,但是这一玉石的外观、色形特征也确实很像翡翠,而且现在已以翡翠的名义进入市场,所以现仅在其翡翠章节中给予提出,目的是为了与翡翠相区别。

钠长石玉一般为翠色偏蓝、偏灰暗,翠呈丝状或星点状,翠色少见,透明一半透明,很像翡翠的蛋清地、冰地甚至玻璃地,翠成"飘兰花"。其密度为 $2.60\sim2.63g/cm^3$,硬度为 $6\pm$,折射率为 $1.52\sim1.54$,点测法为 $1.52\sim1.53$,敲击声沉闷。因此,与翡翠的区别为较翡翠色偏蓝、偏灰暗,不见翠性,水好、质软、击之声闷,其折射率、密度、硬度都比翡翠小,光泽比翡翠弱,为极细粒集合体组成,有时有纤维状结构。由钠长石组成的这种岩石,还可看到一条条的聚片双晶,这就更易与翡翠相区别。其成因产状与翡翠相似。

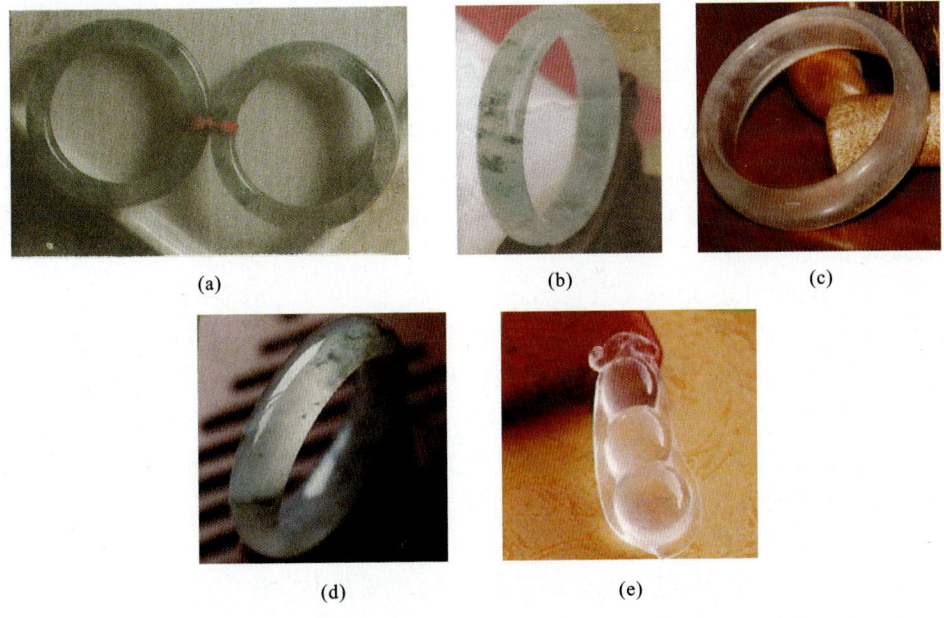

图 8-5-31　翡翠的类似品种:钠长石玉雕成的各种手镯及福豆(水沫子)

产于缅甸的密支那地区的翡翠矿产中,可有块状的原生矿,也有砾石状的次生矿。当地人称之为"水沫子石",但它不是翡翠。

6) 钙铝榴石

不能把产于缅甸的、一些呈鲜绿色的石头,就统统把它列入翡翠之中,钙铝榴石就是个例子。它出现在缅甸,被称做"不倒翁"。也有出现在青海、新疆等地的钙铝榴石被称做"青海翠",但它不是翡翠。

钙铝榴石属等轴晶系,多呈菱形十二面体、四角三八面体,呈鲜绿色或不均匀的斑状绿色,颜色深浅不一,折射率高 1.740(+0.020,−0.010),硬度为 7~8,密度为 3.61(+0.12, −0.04)g/cm^3,在滤色镜下有的呈现红色,无解理、无翠性,成分中无硬玉。

对这些成分、结构上与翡翠无关的绿色石头,应将其彻底地与翡翠分开。

另外值得提出的是曾有"硬钠玉"一词,其矿物组成亦为钠长石和含铬辉石,钠长石含量可达 85%~90%,密度为 2.665±,折射率为 1.53±。虽然其钠长石含量相同,光学常数相似,但因其主要矿物组成不同,次要矿物组成有差异,故还是不能列入翡翠行列中。

八、市场上翡翠的常见品种分级及档次划分

1. 分级

一般宝石界根据翡翠的颜色、透明度、结构的差异,大致将翡翠分为四大类(这主要是适应商业的需要和目前的市场实际情况)。

1) 第一类:特级

特级又称帝王玉(Imperial),是翡翠中的上等优质品。颜色翠绿纯正、浓艳、均匀、水头足,即玻璃地、质地细腻、无杂质、无裂纹、呈纤维结构,是地道的老种,产量仅占年总产量的

5%,不见单独产出,主要分布在第二大类商业玉中,其重量以克拉计算,价格和其他大类相比,可高出十几万倍以上。

2) 第二类:商品级

商品级又称商业玉(Commercia),颜色较杂,除绿色外还有其他各色,颜色不均匀、浓淡不一,透明度由透明—半透明—不透明,结构从均匀到不均匀,包括所有老种、新种、新老种,是翡翠中最常见的一类,属于高档玉料和首饰料,其制品遍布世界各地的宝玉石商店,但比帝王玉的颜色浓艳和均匀程度稍差。

3) 第三类:普通级

普通级也称普通玉(Utility),这一大类包括所有无色翡翠、藕粉色、豆绿色、白色、质地细腻的、微透明到不透明的翡翠,基本上同商业玉,可做高、中档玉料或首饰料,也是玉雕制品的主要原料。

4) 第四类

这一类包括一些杂色或各种颜色的翡翠,质地不细腻、不透明、无水,较好的可作玉雕料或低档制品料,价格很低属地摊货。

2. 关于品种、档次划分

市场上翡翠的品种繁多,品种划分也不太一致,主要是以"颜色、质地或种、水"统一综合考虑,互相衬托而划分。

1) 老坑种

老坑种呈均匀的翠绿色,色正、阳、浓、匀,晶粒细而难见翠性,以纤维交织变晶结构为主,呈玻璃光泽,半透明—透明,质地细腻,纯净无瑕疵,商界俗称"老坑玻璃种",是翡翠中的上品,甚至有的可谓极品。

2) 冰种翡翠

冰种翡翠无色或少色,质地与老坑种有相似之处,十分细腻,唯外层表皮光泽明亮,半透明至透明,通透如冰。有的带有絮花状或断断续续的蓝色则称"蓝花冰",是翡翠中的中上等或中等品种(图 8-5-32)。

(a) 老坑冰水翡翠挂件　　(b) 冰种飘兰花翡翠挂件　　(c) 老坑阳绿翡翠玩件

图 8-5-32　不同种的翡翠挂件

3) 蓝水种

蓝水种色淡或灰蓝色,光泽、透明度、玉质结构皆略低于老坑玻璃种,有些与冰种相似,比较通透,具细粒到纤维变晶结构,主要由绿辉石组成。内部可见少许纹理或少许暗裂石纹。偶见极少杂质、棉柳,可谓质量稍差的老坑种。蓝水种应属翡翠的中上等。有优质者亦可达到上等品。其中无色的称"清水",具浅色均匀绿色色调的称"蓝水",具均匀的紫色色调的称"紫水",清水、蓝水、紫水皆为较上等品。

4) 紫罗兰

紫罗兰俗称为"椿"或"春"。它亦有高、中、低档之分。紫色一般较浅,为中到粗粒状结构,在黄光下色加深。按其翡翠紫色的深浅可分为粉紫、茄紫和蓝紫。粉紫者色均匀,质地细腻,透明度较好,无暇者为佳品,若有绿色色调者更为上品;茄紫次之;蓝紫更次之。

5) 白底青

白底青的斑状绿色分布于微透明或不透明的白色底子之上。放大观察可见表面有孔眼或凹凸不平,质地较细,多为纤维结构,一般属中档翡翠(图 8-5-33)。

6) 花青

绿色呈不规则疏密不均的脉状分布,颜色有深有浅,底色可为淡绿、灰色等。质地有粗有细,半透明或透明度很差,主要为纤维或中到细粒结构。结构较粗,如豆者则称"豆地花青",应属中档或中低档翡翠(图 8-5-34)。

(a) 花青种料(观赏石)　　(b) 芙蓉种花青翡翠挂件

图 8-5-33　白底青糯种翡翠挂件　　图 8-5-34　几种不同种别的翡翠挂件

7) 红翡

鲜红至橙红色或深红色,具玻璃光泽,透明至半透明状,中至细粒结构,一般属中档或中低档翡翠,如红色艳丽质地细腻者,也可为高档翡翠,多产于风化表层之下,或裂隙之中,颜色可受铁浸染所致。

8) 黄棕翡

黄棕翡是呈黄—棕黄—褐黄的翡翠,其颜色可能受褐铁矿浸染所致。粗、中、细粒结构皆有,透明至不透明,以褐黄色者最差,档次也往往最低。

9) 豆种

豆种呈深浅不一的青色,晶体颗粒较大,多呈短柱状,晶粒粗,看来很像绿豆,表面也较粗糙。豆种光泽、透明度较差,有粗豆、细豆、糖豆、冰豆、彩豆、豆青之分,是翡翠当中的常见品种,应属低档翡翠。

10) 芙蓉种

芙蓉种呈纯正的淡绿色,有的其底子略带粉红色,在10×放大镜下可见粒状结构,但硬玉晶粒的界线模糊。表面呈玻璃光泽,半透明,颜色深者较受欢迎,若其中分布有不规则深绿色者则称花青芙蓉种,为中档或中高档的翡翠。

11) 马牙种

马牙种多为绿色底子带青色色调。绿中有白色丝条,有的可见白棉或绿色斑,质地较细,不透明,光泽如同瓷器,为中档翡翠。

12) 藕粉种

浅的粉红色、紫红色、绿色翠居于其上,质地细腻,在10×放大镜下可见细粒的硬玉晶粒,晶粒间界线清楚,属中档—中低档翡翠。

13) 广片

广片为暗绿或黑绿色,强光透射为高绿(深绿)色,反光下呈墨绿色。半透明,内部有黑点或黑斑,成分中 Cr_2O_3 含量可达 $1\%\sim3\%$。质地粗糙,水头较干。如果切薄片厚度到1mm左右,则可显艳绿色,所以必须切成薄片方能制作饰品。广片因流行于广东一带而得名,属中档翡翠。

14) 翠丝种与金丝种

翠丝种与金丝种呈绿色、黄色、翠色,呈丝状或条带状、脉状分布,几乎平行排列于浅色翡翠之中,又有人称绿色者为"翠丝种",黄色或绿色、黄色相伴者为"金丝种"。金丝种又结合地子分为:玻璃地金丝、冰地金丝、芙蓉地金丝、豆地金丝等。翡翠中硬玉皆呈纤维状定向排列,韧性很高,以绿色艳、条带宽者为佳,应属高档翡翠。

15) 油青种

油青种为色暗如油的翡翠,有的具暗蓝色或灰色色调,透明度一般较好(水好),纤维状结构较细腻。光泽有些似油脂状。灯光下呈蓝灰色色调(不带绿色色调),系成分中含 Fe^{2+} 所致;有的油青翡翠则为蓝绿色色调,灯光下可见绿色色调,则为成分中含微量铁及铬所致,属中高档翡翠。

另外有一种油青翡翠变种亦为暗绿色至浅灰蓝色,而且水头好,但摩氏硬度小(5.5~6),相对密度、折射率均异于翡翠,质地细、色地喜人,很受人们欢迎。因其主要成分为绿辉石,故有"绿辉石翡翠"之称。这种也属中高档翡翠。

16) 透水白种

透水白种呈无色或带乳白色色调,质地细腻,透明—半透明,成分纯,含硬玉可达97%,属高档翡翠。

17) 巴山玉

因1983年大量进入市场,所以巴山玉又有八三玉之称。其常为白、浅绿、绿、蓝灰、淡紫等,颜色多种多样、杂质多、透明度较差、结构粒度粗而松散、硬度低(6左右)、有的水头也较差,用作饰品时必须先经过处理,这就构成市场上所谓的"B货"。原石为中低档(主要为低档)翡翠。

18）干白种

干白种呈白色，透明度差、水头干，是质地差而不润的翡翠。颗粒很粗的肉眼可见。干白种属低档翡翠。

19）铁龙生

铁龙生也称做天龙生。颜色呈深浅不一的绿色或鲜绿色，透明度很差（水头差），有的部分可具白花、黑点，应属中低档翡翠。

20）墨翠

墨翠呈深黑色，强玻璃光泽，细纤维状交织变晶结构，以透射光观察可见墨绿色，应为中低档翡翠。

21）干青

色黄绿、深绿至墨绿，常有杂质裂纹，粒粗，不透明而很干，主要由钠铬辉石组成，市场上称其为钠铬辉石玉。硬度小（5.5～6），按传统定义它已不属于翡翠玉种（现在市场上也已将它纳入翡翠类之中）。

22）莫子石

莫子石又称"莫奇石"，因产于缅甸的摩西西，故又有"摩西西"之称。主要成分为钠铬辉石，呈暗绿至黑绿色，有的呈鲜绿色。因成分中还含有少量蛇纹石、角闪石及微量的铬铁矿，所以密度高（2.84～3.51g/cm³），折射率也高达1.745，有的还可见到球粒状钠铬辉石。市场上将其纳入普通翡翠品种。

23）水沫子

严格说来，水沫子不属翡翠，是一种钠长石玉，主要成分为钠长石，有的像冰地翡翠一般的透明，颜色呈灰、黄、白色，硬度低（6～6.5），脆而易碎。无色透明者属中高档品种，不透明者属低档品种。

24）花牌料

花牌料指含有翠绿色部分、分布不均的翡翠原石。翠色也偏浅、偏灰或偏暗，有的含杂质较多，其中翠绿色部分占得多者价值高，绿色占得少者价值低，应属中档翡翠料。

以上所述的缅甸翡翠种别，只限于常见、常用者，还有很多俗称、混称，如辉玉、翠乌玉等无法全部包括进来。至于市场上出现的一些翡翠的假冒品种，如玻璃、塑料、仿制品等，不在此翡翠品种划分之列。

九、翡翠的优化处理

翡翠是人们最喜爱的宝玉石，其高档品种尤为珍贵，所以其优化处理方法也是最多的，被优化处理了的品种在市场上也是最多见的。但是有些新方法尚不得而知，在此仅就常见的几种方法简述如下。

1. 酸浸泡

酸浸泡是指用硫酸或盐酸浸泡，仅对翡翠的表面有弱的腐蚀以改善外观。

2. 热处理

热处理指将翡翠热处理后改善成棕红、棕黄色，多用于无色或浅微黄色的翡翠。翡翠为先加热后再快速浸泡于染料中,染料沿热胀冷缩的细小裂隙向里渗透而呈色。

3. 漂白浸蜡处理

该方法指先用酸洗,再用蜡浸,以改善颜色和透明度。漂白浸蜡处理后可见翡翠表面上出现蜡状光泽,而内部结构受到破坏,在红外图谱中出现蜡峰。

4. 漂白充填处理

漂白充填处理后可使翡翠的光泽变为蜡状或树脂状,密度降为 $3.00\sim3.34g/cm^3$,折射率为 1.65(点测),紫外荧光为无或黄绿、蓝绿色。内部结构变为松散,翡翠的表面呈桔皮状构造,呈深浅不一的沟渠状构造,抛光面上可见显微微细裂纹。用红外光谱检测,可出现 $2\,400\sim2\,600cm^{-1}$ 和 $2\,800\sim3\,200cm^{-1}$ 强吸收峰。

5. 染色处理

经过强烈酸浸以后的翡翠,再进行染色,翡翠可见染料沿颗粒缝裂呈网状分布,如为铬盐染色的绿色翡翠其吸收光谱常具 650nm 吸收带(图 8-5-35)。这在查尔斯滤色镜下有的不显颜色,有的则呈现红色,无色根。如果是染成紫色者则可见紫色染色品同样是无色根,颜色分布于表层,均匀,不同颜色界线有不明显的特点。

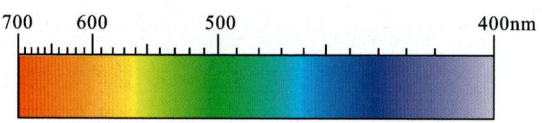

图 8-5-35 铬盐染色的绿色翡翠其吸收光谱

6. 覆膜处理

覆膜处理指淡色或淡灰色翡翠覆上一层绿色膜,使其呈现艳绿色。覆膜处理后的翡翠折射率低,放大检查可见表面光泽变弱,无颗粒感,甚至局部可有薄膜脱落,在边部有的还可以见到覆膜与翡翠体的接合面。

在实用过程中,往往是根据处理的目的和原石情况,采取以上几个方法联合使用,以达到优化处理的目的。

十、翡翠的人工处理及检测

翡翠在国外有 A 货、B 货、C 货之分,在我国则无此规定。这在目前是国外的叫法,也是我国一些市场商家的叫法。为应用起见,在此仅仅作一简述。

1. 翡翠的 A 货、B 货和 C 货

(1) A 货指天然的,未经任何优化处理的原料或琢磨加工过的成品。但 A 货可以经过传统的温和的表面酸洗或墩蜡处理,未改变翡翠原来的成分、结构和性质,仍属纯天然的翡翠。

(2) B 货指翡翠在加工过程中用酸浸、漂白、浸蜡处理。根据酸浸漂白的强弱,可分为弱腐蚀和强腐蚀两种:①弱腐蚀对翡翠的破坏仅限表面,对翡翠的内部破坏性不大;②强腐蚀即使翡翠的内部结构受到很大程度的破坏,有的甚至除去翡翠中原有杂质及一些可溶性成分,然后必须再注进一些增强固结的胶质聚合物以填补加固。对翡翠来说除去了黑斑,增加了透明度,提高了原来绿色的美感,使其看上去更加绿的纯净,但没有经过人工加色。这已经改变了翡翠原来的面貌。这种原料和成品,在市场最为多见。

(3) C货往往是无色或很浅的颜色、或色不正或污斑很多的翡翠,有的先经过除去黑斑,增加了透明度,提高了绿色变为B货后再染色,使其颜色更鲜艳。因此,这种货往往称做B+C。也有的直接染色,不论用酸浸漂白与否,充胶或不充胶,凡人工染色的翡翠,统称C货。

可见B货和C货都改变了翡翠原来的成分和结构,只是表面上提高了翡翠的色感。

当前有的翡翠不充胶而充蜡,或既不用胶也不用蜡而用水玻璃(硅质物)或用纳米级铝质物、硅质物等充填。手段方法繁多。

(4) 对翡翠表面上蜡、注油,这是为了掩盖天然翡翠的裂隙,增加表面的光亮度,使颜色更加亮丽多彩,但无形中也对翡翠起了一定的保养作用。这可用放大镜或热针识别。

2. 对B货翡翠的处理及检测

(1) 除掉天然翡翠的污点主要是用化学方法,因常见的一些在地表条件下形成的黄色、褐色及黑色铁、锰氧化物及碳酸盐类矿物,都可溶于强酸,因此制作B货翡翠主要是先用酸浸泡,将样品洗净,然后放入酸中(可以是浓硫酸或浓盐酸)浸泡,酸类的选择要根据矿物成分,至于浸泡的时间则要看效果,可以是几天或半月。

(2) 浸泡过后,则充填在翡翠中的杂质矿物被溶解,使翡翠变得结构松散,须用配制与翡翠颜色相同的树脂充填胶结,一般常用环氧树脂胶或进而掺入硅胶,使其与翡翠硬度相同,抛光后则可与翡翠平滑一致。

针对这种B货的形成,识别的方法可以下列几方面作为参考。

① B货。酸处理过的翡翠表面,会留下凹凸不平的溶蚀坑,如同橘子皮一般,所以有人称此为"橘子皮结构"。也有的为了掩盖这些表面溶蚀坑而再作一次抛光,这就要仔细观察面上的凹下部分,那些抛光抛不到的地方,仍可保留着酸溶蚀的现象。

② B货。在放大镜下或宝石显微镜下观察,可见有气泡,为所填胶中的气泡。

③ B货。在宝石显微镜下观察,酸腐蚀过后的翡翠结构松弛,大颗粒之间有裂隙,大斑晶矿物错位、变形、断裂现象明显可见。晶体排列变为杂乱,结构也变得很不清晰。

④ B货。在镜下可见原纤维结构的翡翠,纤维有断裂、原切截纤维的碳酸盐细脉被溶蚀掉以后的空隙,及纤维的定向连续性的破坏或纤维间断现象。

⑤ B货。翡翠中的片状矿物,经酸溶蚀将碳酸盐矿物溶掉后,有片状矿物翘起的现象。

⑥ 充填于B货翡翠中的树脂、胶合物折射率低($N=1.54\sim1.65$),故使翡翠的折射率也低于原1.666,而降为1.65以下。

⑦ B货。因翡翠的结构变为松弛,密度减小,裂隙中又充入了密度较小的树脂。一般B货密度仅在3.20左右或更低(A货为$3.24\sim3.43g/cm^3$)。放入二碘甲烷中,因二碘甲烷密度为$3.33g/cm^3$,故使其上浮。

⑧ B货。因表面被酸溶掉不透明的黑斑,再充入较透明的树脂,故使其通透,而内部酸未触及到则仍为混浊,造成B货表面通透,内部混浊的现象。

⑨ A货。A货翡翠为玻璃光泽,B货翡翠因结构疏松变为树脂光泽。B货、B+C货翡翠因充胶合物而变为蜡状光泽,看上去有呆板的感觉。

⑩ B货。翡翠因结构松弛,受酸溶蚀之后反光减弱,所以翠性已很不明显。

⑪ 原生翡翠绿色(或紫色)与白色质地之间色调协调自然,可以有色根;经酸溶掉污斑后的B货颜色变为艳丽,但绿色(或其他颜色)与白色质地之间的界线截然分明,无过渡色,看上

去很不协调,也很不自然,犹如化了妆的人脸。

⑫ A 货。A 货翡翠手镯相互轻轻碰撞可发出清脆的金属般的悦耳的响声,B 货或 B+C 货翡翠手镯声音则发闷而不脆。

⑬ A 货、B 货翡翠表面常可见微细裂隙,但 A 货上的细微裂隙主要是原生裂隙受构造影响形成的,故多呈直线延伸。如有几条裂隙往往大致呈平行状态,而不互相连通、不见宽窄变化、裂隙比较规整,也常有外来的天然物质充填。

B 货翡翠与 A 货翡翠相反,其微细裂隙是人为所致,故裂隙往往呈弯曲状,时有宽、窄或互相连接贯通,交叉处有变宽现象,而且裂隙不规整,裂隙内多无天然物质充填。另外,有的还常出现龟裂纹,则更说明是 B 货翡翠无疑。

⑭ 用侧光观察 A 货与 B 货;B 货表面具网状结构(图 8-5-36)在紫外光灯照射下,B 货因有树脂充填而显很强的白色荧光,如果蜡为充填物的则有浅黄色荧光;A 货翡翠无荧光或有弱的荧光;B 货树脂充填物越多处,白色或蓝绿色斑点状荧光越强。

(a) 天然翡翠(A 货)的反光面反光较为平滑,组织亦紧密

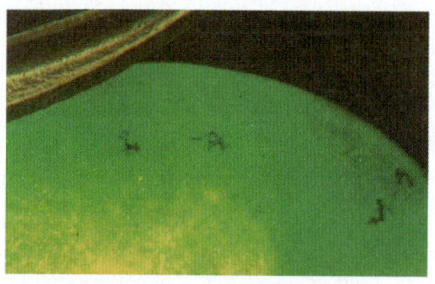

(b) 漂白翡翠(B 货)以侧光观察出现蜘蛛网状的细纹

(c) 漂白翡翠(B 货)以侧光观察,白色部分(漂白)出现较为粗糙的丝状组织

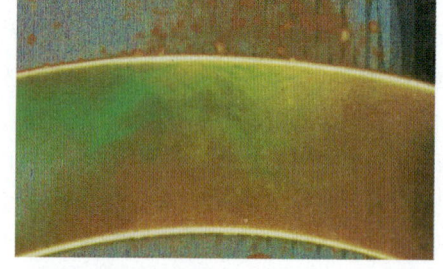

(d) 经漂白处理的翡翠褐黄色底色还原时出现的棕黄丝网纹现象

图 8-5-36　A 货与 B 货翡翠的表面现象

⑮ B 货。翡翠因树脂充填,用火烧时有异常气味,而且颜色有变黄、变褐现象。

⑯ 在紫外荧光长波照射下:B 货翡翠、B+C 货翡翠出现不同的荧光色,该荧光色是整体的、均匀的[图 8-5-37(a)]。紫外荧光下,是鉴别天然翡翠与处理翡翠石常用的、比较有效的、简单的方法。但是,这一方法不是绝对的(据李祖明、胡楚雁,2009)。天然翡翠在一些质地粗糙或紫罗兰翡翠上,也可产生整体的或局部的荧光[图 8-5-37(b)、图 8-5-37(c)]。B+C 货翡翠如果染色较深,染料还会掩盖紫外荧光,而使人不易看出紫外荧光的颜色[图 8-5-37(d)]。

第八章　贵重宝玉石大类　　339

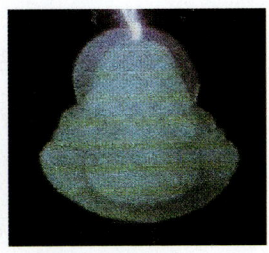
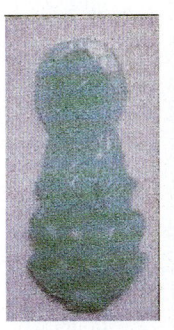
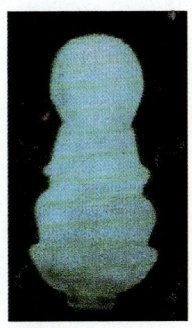

(a) B货小佛出现明显的紫外荧光　　　　　　(b) 翡翠B+C货(左)及其紫外荧光(右)

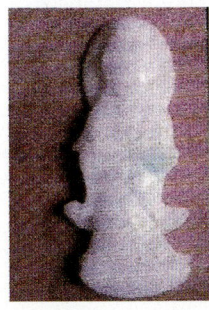
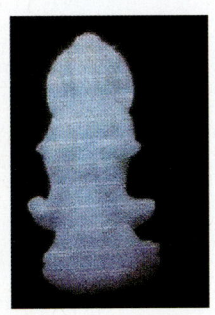

(c) 质地粗糙的紫罗兰翡翠观音(左)及出现的整体紫外荧光(右)　　(d) 染料掩盖了紫外荧光的戒面

图 8-5-37　紫外光下翡翠的 A 货、B 货、B+C 货的表现

一般常见的 A 货、B 货、B+C 货手镯，直观的比较示意，如图片 8-5-38 所示。

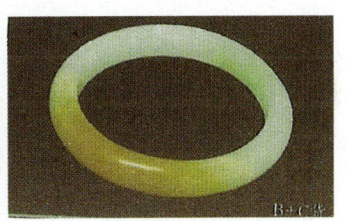

(a) A货手镯　　　　　　　(b) B货手镯　　　　　　　(c) B+C货手镯

图 8-5-38　翡翠 A、B、B+C 货示意图

⑰ 仪器分析。a.用红外光谱仪分析测试：B 货翡翠显微裂隙中有有机物，成分往往是环氧树脂，即一种碳氢化合物，在红外吸收谱带中会有所显示(在 2 800~3 200 cm^{-1} 区间可有几个特征吸收峰即 2 873 cm^{-1}、2 928 cm^{-1}、2 967 cm^{-1}、3 038 cm^{-1}、3 057 cm^{-1})，依红外谱图鉴别翡翠的 A 货、B 货是最常用而且比较迅速、准确、有效的无损鉴定方法[图 8-5-8(a)]为天然翡翠的红外光谱图及图 8-5-39 为优化处理翡翠的红外光谱图。b.用激光拉曼光谱仪测定：B 货翡翠中一般因用树脂充填，故在拉曼谱带中会出现 1 114 cm^{-1}、1 183 cm^{-1}、1 606 cm^{-1}、2 869 cm^{-1}、2 905 cm^{-1} 和 3 070 cm^{-1} 6 条强谱带，依次判别其为 B 货翡翠。如图 8-5-9(b) 为天然翡翠的拉曼光谱图及图 8-5-40 为优化处理翡翠的拉曼光谱图。c.用电子探针进行分析，如果有硫酸、盐酸或其他酸类在翡翠的残留成分中，则更易于判别是否属 B 货翡翠。d.X 射线

粉晶分析：在衍射图上有明显的无定型衍射晕，衍射线强度变差、背景变差，往往是翡翠沿颗粒边缘或解理裂隙处有非晶质化现象所引起，是为 B 货。e.利用阴极发光显微镜：由于高能电子束的轰击，根据出现蓝绿色充填物判断为 B 货翡翠。

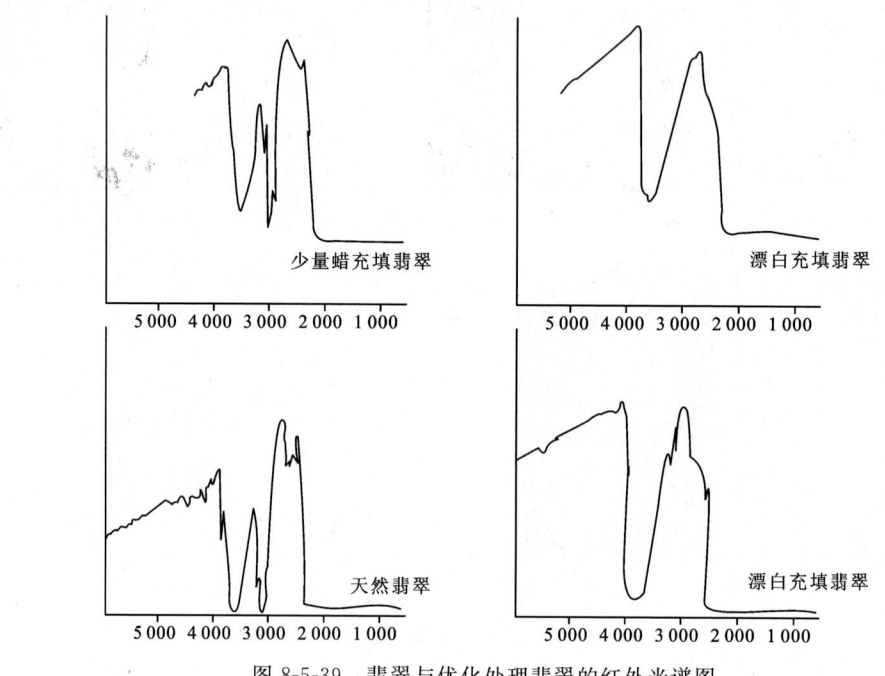

图 8-5-39　翡翠与优化处理翡翠的红外光谱图

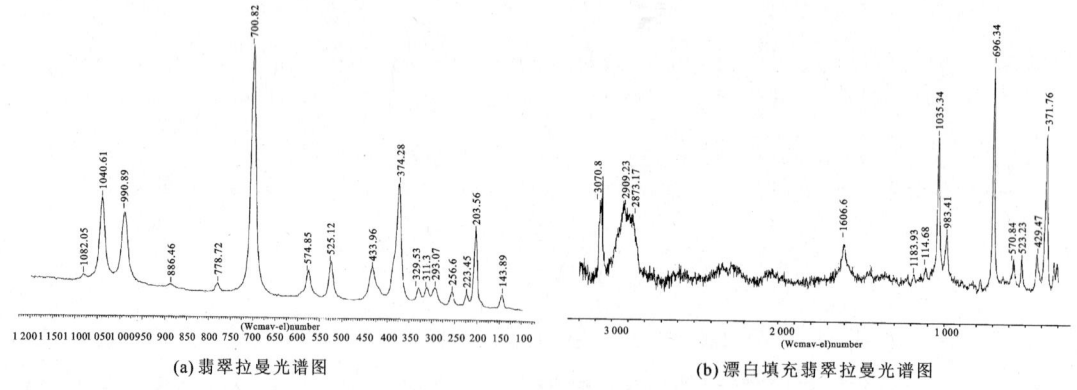

图 8-5-40　翡翠与漂白充填翡翠的拉曼光谱图

3. 对 B+C 货翡翠的处理及检测

一般所指的 C 货翡翠，多属于人工上色的翡翠，主要是白色翡翠染上绿色或将浅绿、淡绿色的翡翠再染绿色以使其颜色变深，多采用染色剂加热染色或电镀。改色多通过高能粒子的轰击而改变颜色。

C 货翡翠往往是将一些种干、含有暗色杂质、结晶颗粒粗糙的白色或浅色翡翠，先用强酸浸泡处理除去杂质变为 B 货，后再染色注胶处理变为 C 货，所以 C 货翡翠很多是 B+C，因而

C货翡翠也具有B货翡翠的特征。但是也有由A货直接染色使其变为C货的。

对这种C货或B+C货翡翠的识别，现提供下列几方面作为参考。

（1）颜色分布不均、不同颜色界线不明显、颜色不正，看来漂浮在表面上，往往在裂隙处或凹下处颜色较深，甚至有点状染料残余。有高能粒子轰击改色的翡翠则切开后，呈环带状绿色（染成紫色的翡翠则为紫色）围绕表皮分布。染色的颜色发邪，或很不协调，颜色混浊、呆板，很不自然，无色根。

（2）表面不亮而有些毛糙，光泽欠佳，网状裂隙明显，有弯曲网状纹密集分布。

（3）绿色染色翡翠在查尔斯滤色镜下早些时候用的有机染色则呈现红色或白色；现在很多用无机染色，在查尔斯滤色镜下则颜色无显著变化，但如果出现红色说明必为染色品。

（4）在一溴萘中，翡翠原石的折射率与一溴萘相近，所以轮廓不清，这种轮廓不清的常常为A货。如果是有颜料染色，因颜料与胶类皆有比一溴萘相差较多的折射率，所以轮廓清楚，则通常为B货或B+C货。

（5）染色的翡翠用火烧，立即变色、变淡。天然翡翠在900℃～1 000℃熔融，B货则在400℃即碳化变色，而且树脂充填的越多变得越快。在日光下长时间曝晒也会使颜色变黄。有一种土办法，即在炽热的油锅中煎炸，染色翡翠立即变色，这实际上是属高温处理。这类破坏性实验只可用于原材料，绝不可用于首饰。

（6）A货翡翠在分光镜下，红区内有铬的吸收谱线，人工染色的翡翠在红区内则有较宽的模糊吸收带。翡翠A货与B货的简易鉴别特征如表8-5-7。

表8-5-7　翡翠A货与B货的简易鉴别特征

项目	翡翠A货	翡翠B货
颜色	颜色自然，有色根	颜色漂浮，不自然，无色根
光泽	玻璃光泽、亮丽	光泽近似蜡状或树脂状
色泽感	清晰亮艳	色泽呆板、色很均匀、纯净
质地	柔润	翠与地子之间不协调、不柔润
表面特征	细腻致密，光洁明亮有翠性	可见砂眼、凹坑、气泡、结构松散
轻轻敲击	声音清脆，有钢音（适用于手镯）	声音闷，若沙哑音而不清脆
密度	3.34g/cm^3，在二碘甲烷重液中下沉	降为3.00g/cm^{3}左右以下，在二碘甲烷重液中漂浮
折射率	1.666	降为1.65以下
荧光	长波紫外光下无荧光或弱荧光	长波紫外光下发蓝白色荧光
火烧	无显著变化	有异味，颜色变黄

几件高档的翡翠收藏品如图8-5-41所示。图中所标出的部分价格是20世纪90年代的价格，现在已上涨几倍甚至到几十倍了。这主根是由于国际市场供给短缺及购买力过盛所致。尤其在中国翡翠玉是传统文化的一部分，和翡翠玉被看作是财富和地位的象征以及有些不法商人也乘机故意炒作漫天要价，所以出现甸出产翡翠令的情况下，翡翠玉也仍然呈现上涨的趋势。要注意的是越是高档翡翠玉，越是无限疯狂无度。

(a) 玻璃艳绿满绿翡翠项链，估价1800万元人民币（云南蒋晓黎收藏）

(b) 满绿翡翠手镯，估价3500万元人民币（吴锡贵收藏）

(c) 苹果绿夹祖母绿翡翠鼻烟壶，1993年10月在香港以310万元港币售出

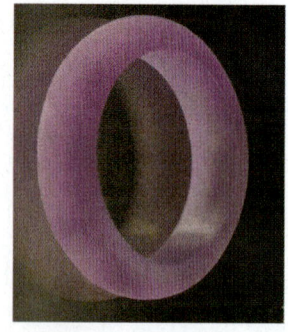

(d) 玻璃种高档翡翠，吴旭标收藏，估价1000万元人民币

(e) 高档紫罗兰翡翠手镯（广东揭阳阳美翡翠旗舰店产品）

(f) 高档满绿翡翠戒指（广东揭阳阳美翡翠旗舰店产品）

(g) 高档满绿翡翠胸坠（广东揭阳阳美翡翠旗舰店产品）

(h) 高冰种紫罗兰翡翠摆件，认购价800万元人民币（深圳天彩祥和公司产品）

(i) 老坑种满绿翡翠双面雕挂件，认购价260万元人民币(深圳天彩祥和公司产品)

(j) 老坑翠绿翡翠挂件，认购价180万元人民币(深圳天彩祥和公司产品)

图 8-5-41　高档翡翠收藏品举例

4. 对翡翠作假的鉴别

翡翠是极其贵重的宝玉石，为谋取暴利而以次充好、以假充真、弄虚作假的现象，无所不在。作假的办法很多，以下为几个实例。

（1）覆盖、覆膜作假。覆盖是将一透明无色的玻璃或硬塑料皮覆盖于一质量很差的翡翠料洞上，洞内灌以翠绿色颜料或油漆，由上部通过玻璃观察极似色好、水头好的翡翠，仔细观察可见玻璃周围有结合缝，揭开玻璃可见彩色油漆类颜料。这种作假多用于赌料或籽料的开门子处。

(2) 覆膜作假是将绿色塑料薄膜覆盖于劣质翡翠上,看上去很像水好、色好的翡翠,仔细观察可见覆盖的塑料膜与翡翠接触处有结合缝,缝的地方用热针测试可熔,用荧光照射可见塑料发出蓝色的强荧光。这种作假也是多用于赌料或籽料的开门子处。

(3) 玻璃仿翡翠毛料,一般是用微晶玻璃粘假皮仿高档翡翠赌料,或用微晶玻璃擦假皮仿高档翡翠,这种在赌料表面就会有玻璃的特征:①皮壳表面比较光滑不太有沙感;②刻划皮层会脱落;③沙皮内无过渡层;④内部颜色均匀无色根;⑤以手握之无凉感;⑥比较轻无坠手感;⑦硬度较低等。如果是用透明玻璃錾假皮仿高档翡翠则表面还可出现人工敲錾痕迹,有比较规则的小坑点,看来处处也都比较透明。如果是用乳化玻璃仿高档翡翠赌料,还可见有小圆气泡和漩涡纹之特点等(胡楚雁,2014)。

(4) 粘结处理翡翠,这种用胶粘结处理的翡翠表面看去具天然翡翠的特征(朱红伟、李婷、黄准,2014,对白底青种粘结样品的观察),在宝石显微镜下可见粘结处的胶体残留物,胶体内部有气泡,在 LW 紫外线照射下,粘结处的胶体发强蓝白色荧光(图 8-5-42),用红外光谱测试,可见粘结处有胶体的红外谱图,可识别之。

作假的方法还有很多,在此难以尽述。

关于翡翠仿制品的鉴别,有以下几种情况。

(1) 将石英岩染色充当翡翠者。绿色颜料皆附着在粒状颗粒之间,用硫酸铜、碘化钾、重铬酸钾作染色剂的石英岩,在查尔斯滤色镜下大都呈

图 8-5-42　粘结处理翡翠手镯

粉红色,其密度、折射率均比翡翠低,石英岩中的黑色矿物晶形完好,颗粒边缘无熔融现象。

(2) 绿色玻璃充当翡翠。这类制品很像翡翠,但其为均质体,颜色单调,具贝壳状断口,常含气泡,可见螺旋纹状构造,其折射率为 1.54,密度为 2.648g/cm^3,均低于翡翠,易于区别(图 8-5-43)。

　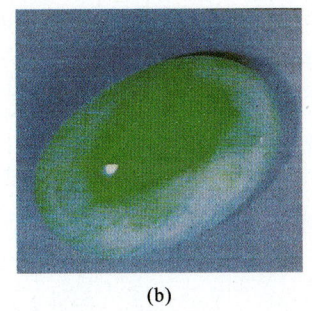

(a)　　　　　　　　　　(b)

图 8-5-43　仿翡翠玻璃制品

(3) 拼合石仿制品。二层石仿制品为比较好的翡翠粘合在绿色差、透明度差的翡翠上,制成二层石戒面。三层石仿制品是将顶底为翡翠,顶部透明度好,中间放绿玻璃,三者粘合。其特征为:a.粘合层中有气泡;b.用放大镜观察可见接合缝;c.将三层石戒面放入水中,可见顶

底两部分颜色不同;d.顶部为无色翡翠时从上面看可见颜色不在表面;e.用聚光手电照可见光被中间层挡住;f.将这种拼合石放入60℃温水中,粘合层中会有气泡冒出。

(4).在国外用不透明或半透明的玻璃或未上釉的烧瓷仿制翡翠,呈绿色,加工后的小玉件色像翡翠,但质地呆板,性脆而不致密、无韧性、无翠性、无亮丽感。用天然石作代用品的,则有葡萄石、符山石、坦桑石和钙铝榴石等。葡萄石为绿色,质地细腻,具纤维状结构,韧性较大,硬度为6~6.5,密度为2.80~2.95g/cm³;符山石,为绿色,致密块体,优质者蓝绿色,硬度为6~7,密度为3.40(+0.10,-0.15)g/cm³,美国称其为"加利福尼亚石",挪威称其为"青符山石"。在蓝色集合体中有粉红色符山石(锰黝帘石),有些像翡翠,中国青海产的乌蓝翠,部分有符山石的成分,半透明、翠绿色,但颜色不均匀。有用坦桑石仿翡翠,坦桑石为黝帘石绿色集合体块,色暗绿,硬度为8,密度为3.35(+0.10,-0.25)g/cm³。还有独山玉、蓝绿色的符山石,硬度为6~7,质地很像翡翠,故称"南阳翡翠"。另外,绿色和翠绿色的钙铝榴石也可作翡翠代用品,其硬度为7~8,密度为3.61(+0.12,-0.04)g/cm³,在非洲有"德蓝士瓦翡翠和南非翡翠"之称。这些都是很像翡翠而不是翡翠的宝玉石。

翡翠的A、B、C货与常见的几种相似品种、仿制品种的性质特征对比如表8-5-8。

表8-5-8 翡翠的A、B、C货与常见的几种天然玉石、仿制品种性质特征比较

名称	颜色	硬度	密度/g·cm⁻³	折射率	特征	种类
翡翠A货	绿、黄阳绿、水绿等色	6.5~7	3.33	1.66	颜色纯正、色泽艳丽可见色根	天然硬玉
翡翠B货	绿、蓝绿等	6.5~7	3.33	1.66	颜色呆板、表面有砂眼、凹坑	人工处理
翡翠C货	绿、蓝绿等	6.5~7	3.33	1.66	颜色呆板、漂浮、无色根	人工加色处理
玻璃种翡翠	多白色(无色)绿、紫色	6.5~7	3.33	1.66	强玻璃光泽、抛光面光泽强、粗糙面易见翠性	天然硬玉、较少杂质和絮、细腻通透
钠长石玉(水沫子)	多白色(无色)也有绿、黄、灰色	6	2.6~2.7	1.52~1.54	弱玻璃光泽、较透明、毛料具鳞片状解理面闪光	天然钠长石并与硬玉伴生
石英岩玉	多白色也有红、橙、黄、绿、灰、褐、黑色	7	2.65	1.54	表面玻璃光泽,断口油脂光泽,通透、明亮	天然石英矿物集合体,成分SiO₂
镀膜硬玉	绿、浅绿	6.5~7	3.33	1.66	颜色均匀、呆板、表面镀膜可刮去	表面镀膜
马来西亚玉	绿色	7	2.7	1.54	颜色呈网格状、无色根	染色绿石英岩
澳洲玉	绿色	7	2.65	1.54	颜色嫩绿、均匀、无翠性	隐晶质SiO₂

续表 8-5-8

名称	颜色	硬度	密度/g·cm^{-3}	折射率	特征	种类
爬山玉	蓝、蓝绿	6.5	2.7	1.53	水头好，绿色呈丝状、偏蓝、偏暗	以钠长石为主的玉种
钙铝榴石	黄绿、浅黄绿色	7～8	3.6	1.74	黄绿、翠绿色、滤色镜下变红、粉红	石榴石系列矿物
独山玉	绿、褐、白等杂色	6～7	2.7～3.09	1.56～1.7	色杂、灰蓝绿色调、不鲜艳、水短	黝帘石化斜长岩
贵翠	浅绿、蓝绿、色杂	6.5～7	2.63	1.54～1.55	蓝淡绿色、无翠性	细粒石英岩
乌兰翠	蓝绿	6～7	3.5	1.734	暗绿色、光泽暗淡、敲击声沉闷	含铬尖晶石矽卡岩
脱玻璃化玻璃	绿色	5	2.4～2.5	1.50～1.52	绿色、半透明、有丝状物、有圆气泡	脱玻璃化使非晶质部分结晶

十一、成因产状及产地

翡翠形成于低温高压的条件下，在富钙、镁而贫铁的还原环境中。翡翠主要产于缅甸（其产量约占世界总产量的95％以上）。产翡翠的缅甸地区自侏罗纪到第三纪以来，经过多次大的构造运动。缅藏板块经历过几次板块碰撞的俯冲，岩浆活动频繁，断裂极其发育，为一低温高压的变质带，超基性岩及其他一些岩浆岩沿裂隙侵入，为生成硬玉矿床的母体。

1. 缅甸乌龙河流域的翡翠矿床

该地区是世界翡翠的主要产地，13世纪开始就在这里采砂矿型翡翠砾石，直到1871年才发现原生矿。矿区内为蛇纹石化橄榄岩、角闪石化橄榄岩和蛇纹岩，同时还分布有蓝闪石片岩、阳起石片岩和绿泥石片岩。原生翡翠矿床，就产于蛇纹石化橄榄岩的岩体中及片岩的接触带内。原生硬玉矿床所产均为新坑玉。

砂矿位于缅甸北部，为冲积砂矿。这些砂砾沿乌尤河及其支流河谷分布，主要集中在马蒙、潘马、坎西和卡杰冒一带。可直接从河床中采出翡翠岩漂砾和卵石，这些漂砾和卵石表面一般都有一层黄色皮或黑色皮，块体大小、质量好坏不一，常出特级翡翠。产于现代河床冲积、洪积、冰积层中的翡翠往往皮薄，磨圆度好，也有特级翡翠产出，多在帕岗、后江等地（图8-5-44）。

此地因其所产翡翠质量优等而负有盛誉，闻名于世。

2. 哈萨克斯坦伊特穆隆达矿床

该区位于哈萨克斯坦巴尔喀什市以东110km处，赋存于秋尔库拉姆蛇绿岩套构造带的蛇纹岩中。矿体集中于超基性岩体的顶部和巨大围岩捕虏体附近。翡翠岩主要是细粒和中粒，颜色呈浓绿、浅灰和暗灰色，带绿色斑点和细脉，呈透镜状、岩株状、柱状，有翡翠组成的大矿脉。有些翡翠矿脉外侧为绿辉石、顽火辉石，主要矿物成分为硬玉及少量绿辉石（据张睿、施光海，2012）。翡翠呈玻璃光泽，不透明，结晶颗粒粗，质地不细腻，水头差，不宜做饰品，只能做雕刻石料。

3. 美国克列尔克里克矿床

该矿床位于圣贝尼托县圣安德烈斯断裂附近,翡翠岩赋存于新伊德里亚蛇纹岩体上。其翡翠原石质量较差。

4. 危地马拉曼济纳尔翡翠矿床

该矿床位于埃尔普罗格雷索省麦塔高河谷的曼济纳尔附近。翡翠矿床产于蛇纹石化橄榄岩中,与钠长石、白云母、碱性角闪石等伴生。

5. 中国翡翠矿产的概况

中国有没有翡翠矿产,尚无定论。但近几十年来在青海、甘肃、云南等地,都发现有硬玉或与硬玉类似的玉石。

（1）青海的硬玉质玉石发现于北部祁连山和柴达木盆地西北缘。玉石为暗绿色,产于蓝闪石榴辉岩中,与蓝闪石、石榴石、石英、绿帘石、金红石等共生。其中硬玉呈灰白色、黄白色、浅褐色,玻璃光泽、致密块状,硬度6～7,又可分为花斑玉、硬白玉、粉玉三种。花斑玉在白色底子上呈现出绿花纹或斑点、云雾,属质地较好的硬玉质岩。

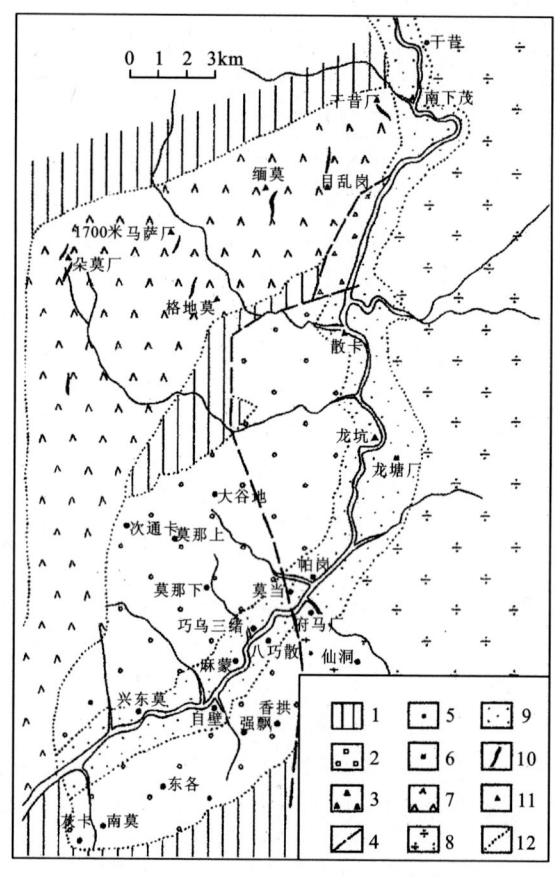

图 8-5-44　缅甸翡翠产地分布略图
1.蓝闪石结晶片岩;2.第四纪更新含翡翠巨砾砾岩层;3.石炭纪—二叠纪硅镁集块岩;4.深大断裂;5.第四纪砾岩层翡翠矿床;6.第四纪砂砾岩层翡翠矿床;7.蛇纹石化橄榄岩(翡翠母岩);8.第三纪砂岩、泥岩、页岩、砾岩层;9.现代沙流冲积砂砾层;10.原生翡翠矿床矿脉及走向;11.原生翡翠矿床;12.不整合地层界线

（2）甘肃的硬玉质玉石发现于临洮之东的马御山一带。玉石为砂矿,玉石表面有杂色皮,主要由硬玉及纤闪石组成,含微量榍石。新鲜玉石呈翠绿、黄绿色,半透明,硬度6.5～7,质地致密、细腻、坚韧。能否作为硬玉质玉亦待研究。

（3）云南的盈江之西发现了"油青翡翠",又称"龙门玉"。其玉质尚待进一步研究。

十二、合成品及代用品

（一）合成翡翠

人工合成翡翠为高温超高压法合成,是先将硅酸钠和硅酸铝等按比例配方,在高温下熔融成非晶态翡翠玻璃,后在高温超高压条件下进行脱玻化处理,使其转化成翡翠结构,然后加入不同致色离子而使产品呈现不同颜色。这种合成翡翠的特点为:无天然翡翠所具有的翠性,无毡状结构及纤维交织结构;结构不致密、颜色不正且呆板、透明度差,为半透明至不透明,看上去发干,折射率为1.66±,摩氏硬度为6～7,密度为2.9～3.3g/cm³。合成翡翠大部分在查尔斯滤色镜下呈红色(极少数为绿色)。在紫外荧光长波、短波下皆呈惰性。这种合成翡翠的意义在于表明了人工合成多矿物材料的可能性,也填补了合成翡翠的空白,但无太大商业价值。合成品如图 8-5-45。

图 8-5-45　合成品翡翠

(二) 马来西亚玉 (Malaysian Jade)

马来西亚玉又称"马来玉",也有叫"吕宋玉"。实际上它是国际上出现多年的"埃莫利石"(Imori Stone),也叫"变玉"或"准玉"(Meta Jade)。日本人称其为"改良玉"。它是冒充翡翠的染色石英岩,是仿半透明至不透明宝石的玻璃品种,仿天然翡翠的效果尚好(图 8-5-46)。

马来玉系由缅甸于 1988 年传入中国市场。

〔鉴别特征〕马来玉呈浓艳的翠绿色或深绿色,色调多不均匀,以手摸之无凉感,玻璃光泽,断口呈贝壳状,折射率为 1.54 左右,密度为 $2.68\pm0.02\text{g/cm}^3$,硬度为 5.5~6。

图 8-5-46　马来玉戒面

放大镜下观察,颜色分布具流线,有的见网格状,有气泡,表面有因冷却收缩而形成的凹面和不平坦状及浑圆状角棱,图 8-5-37 马来亚玉戒面不见人工琢磨痕迹,表面上有时可见半球状裂隙。

在查尔斯滤色镜下观察,显红色或不显红色者皆有,光性特殊而多变。

虽有人认为准玉或埃莫利石是马来玉的别称,但其实它们和马来玉既相似,又不完全相同。埃莫利石是经脱玻化处理的玻璃制品,其折射率为 1.50~1.51,稍低于马来玉,密度因成分而异,有的为 2.66~2.75,一般为 2.70~2.72,不太常见玻璃制品的气泡。

埃莫利石受"脱玻化"部分出现晶体,用放大镜透射观察,好像是蕨类植物片一般的图像,也有放射状、针状和树枝状包裹体。正因为有这种"脱玻化",而易使人们误认为是天然石英质玉。

十三、翡翠的鉴定证书

当前珠宝市场一片繁荣,翡翠货品几乎占领了大半个市场。货品中有 A 货、B 货、B+C 货,还有翡翠、翡翠的相似品种及仿翡翠品种,所以需要有鉴定(分级)证书。鉴定(分级)证书基本内容应该包括以下几个方面:

①证书编号;②鉴定结果(名称);③实物照片;④质量;⑤颜色级别;⑥透明度级别;⑦质

地级别;⑧净度级别;⑨工艺评价;⑩鉴定者(审核人签章)、鉴定单位(地址、电话、网址);⑪鉴定日期。

证书中还可选择的内容有:饰品名称、规格、品质特征(颜色、形状、分布特点及典型内外部特征等)描述、放大检查、商贸俗称、备注等(参考国标《翡翠分级》,2009)。

当前翡翠的鉴定证书中,在有条件的检测单位,还可附有本货品经过红外光谱(或其他仪器)检测的图谱以供证实。

第六节 软 玉

软玉(Nephrite)是相对硬玉而言,因为它的硬度为6~6.5,比硬玉稍软一点。但实际上二者的化学成分与结构根本不同,即软玉为透闪石和阳起石的隐晶致密块体,硬玉是以钠铝辉石为主要组成矿物的玉石,硬玉属辉石族辉石质玉,软玉属角闪石族角闪石质玉。

软玉是人类历史上最早开发利用的天然玉石。软玉在自然界分布较硬玉广。据考证,埃及人早在公元前5 000到4 000年就用玉,这玉主要是软玉。史前欧洲人曾用玉作斧头、刮刀、兵器,美洲人如危地马拉、墨西哥人等亦利用软玉。后来软玉又被人们认为是能镇惊、驱邪、逢凶化吉、延年益寿的宝玉石。新西兰和毛利人在公元1350年前后就家家藏玉,玉不离身以保平安。

我国是世界上开发和应用软玉最早的国家。从新石器时代开始就把软玉作为饰品,甚至在距今5 000~3 500年,曾出现了"玉器时代",中原大地,掀起了光辉的玉石文明。汉、明时期,尤其是清朝,玉器制品达到鼎盛时期,玉雕技术高超,形成我国独特的艺术风格。我国成为世界上的"玉石之乡",其所用玉石主要是软玉。外国人所指的"中国玉"或"玉"大都是软玉。

新疆和阗玉,为方便起见现写作和田玉(也有时二字混用),古今中外驰名。和田玉是我国玉中的优质软玉,我国很多出土文物中都有和田玉制品。如新疆若羌罗布淖尔出土的新石器时代的玉斧、陕西神木石峁龙山文化遗址出土的用墨玉、青玉制作的镰刀和玉斧等。另外也有很多有关和田玉的历史记载和传说,如相传在虞舜时代居住在昆仑山一带的西王母曾亲赴中原献白玉环,根据《山海经·西山经》中记载"黄帝乃取峚山之玉荣,而投之钟山之阳"。经专家考证,此"峚山""钟山"所指乃现今新疆昆仑山的密尔岱山、于阗南山。河南安阳殷墟出土了非常精细的青玉盘。战国末期李斯写给秦王政的《谏逐客书》中记载着"今陛下致昆山之玉,有随和之宝"。《吕氏春秋·重己篇》亦载有"昆山之玉"。《史记·赵世家》则阐述了人们对"代马胡犬不东下,昆山之玉不出,此三宝者亦非王有已"的担心。众所周知,秦朝以来历代王朝将和田玉已一直视为帝王玉,象征皇权的玉玺亦多为和田玉制作而成。

又如清朝著名作品500多千克重的"会昌九龙图"和"大禹治水山子"等一些软玉作品皆造型独特、技术精湛、驰名中外,展现着中华民族光辉灿烂的"东方艺术"和"民族玉文化"。

由此可以看出,大约在公元前千年之久,已经有昆仑山一带(或说新疆西部)的昆山玉石进入中原大地了。又据考证,这种古代的昆山玉分布于昆仑山的北麓,自西向东有沙东(古代称叶尔羌玉矿)、叶城、皮山(古代称密尔岱山玉矿)、墨玉(古代绿玉河、乌玉河)、和阗(古代的白玉河)、于阗(古代于阗玉)等县一带皆为产玉之地。

一、化学组成

软玉为钙、镁、铁的硅酸盐组成的玉石,杂质元素主要为铜、铍、铬、镍、钴等。软玉的矿物组成以透闪石、阳起石为主并含有少量透辉石、绿泥石、蛇纹石、滑石、黝帘石及方解石、石墨、磁铁矿等。

透闪石(Tremolite)的化学式为 $Ca_2Mg_5[Si_4O_{11}]_2(OH)_2$,阳起石(Actinolite)的化学式为 $Ca_2[Mg,Fe]_5[Si_4O_{11}]_2(OH)_2$,因而有人将软玉的化学式写作 $Ca_2(Mg,Fe)_5[Si_4O_{11}]_2(OH)_2$。

世界上几个产软玉的国家所产软玉的化学成分如表 8-6-1 所示。

表 8-6-1 世界上几个产软玉的国家所产软玉的化学成分

成分 $w_B/\%$	透闪石理论值	中国新疆	西伯利亚乌拉尔	美国阿拉斯加	新西兰	巴西	澳大利亚	波兰	美国怀俄明
SiO_2	59.169	57.31	57.00	58.11	55.00	59.79	56.00	57.58	54.10
TiO_2	—	—	—	—	0.04	0.23	—	0.10	0.10
Al_2O_3	—	0.56	1.42	0.24	0.90	0.88	0.78	1.35	3.30
MnO	—	—	—	痕量	0.19	0.10	—	0.15	0.20
CaO	13.805	13.30	13.19	12.01	11.80	12.52	12.40	0.10	10.30
MgO	24.808	22.69	21.39	21.79	21.80	21.31	20.30	20.65	20.30
FeO	—	0.73	1.89	0.38	3.80	0.96	(7.91)	4.02	(12.30)
Fe_2O_3	—	0.11	1.76	5.44	1.60	0.33	—	0.15	—
Na_2O	—	0.42	0.75	—	0.20	—	0.35	0.07	0.12
K_2O	—	0.12	0.27	—	0.20	0.06	0.16	痕量	0.20
H_2O^+	2.218	3.56	2.72	—	3.16	2.10	—	2.61	—
H_2O^-	—	0.18	—	1.78	1.66	0.32	1.89	—	—
CO_2	—	0.19	—	—	—	—	—	—	—
总计	100.000	99.17	100.39	99.75	99.85	101.95	99.60	99.83	100.80

资料来源:据邓燕华,《宝(玉)石矿床》,1992。

二、形态

作为软玉的主要成分的透闪石为单斜晶系,晶体常呈柱状、针状,为晶质集合体,也常呈纤维状、束状、放射状集合体。阳起石常以呈放射状为特征。纤维状的透闪石和阳起石,在一起形成颜色深浅不同的、隐晶致密块状体成为软玉。

三、物理特性

透闪石呈白色、灰白色,阳起石呈浅绿、灰绿色。二者组成的软玉因透闪石含量不同,种别颜色也有所不同。一般软玉为玻璃光泽至油脂光泽,半透明至不透明,纤维状结构者呈丝绢光泽,有的还具有猫眼效应,在镜下可见软玉为非均质集合体(透闪石为二轴晶负光性)。多数软玉品种折射率为1.606～1.632(+0.009,−0.006),点测法为1.60～1.61。单晶折射率为N_g=1.624～1.64、N_m=1.615～1.630、N_p=1.600～1.619,双折率为0.021～0.029,$2V$=81°～85°。有色晶体多色性明显。软玉对长波光和短波光呈惰性,其吸收光谱不特征,在500nm处有一模糊吸收谱线。优质绿色软玉可在红区有模糊的吸收线。某些软玉的吸收光谱不特征,689nm处可呈有双重吸收光谱,在498nm和460nm处有两条模糊不清的吸收光谱带。软玉的硬度为6～6.5,密度为2.95(+0.15,−0.05)g/cm³。

由透闪石、阳起石组成的软玉则多呈白、灰白、灰绿、浅黄、黄绿、绿、暗绿、黑等色。成分中以透闪石为主,不含铁或含铁很低组成的软玉则为白色至浅绿色;由含铁较高的阳起石为主组成的软玉则为绿色至褐绿色。一般白色者可称白玉,深绿、灰绿色、青色者可称青玉,介于白玉和青玉之间者称青白玉,皆属软玉。若软玉中含石墨、磁铁矿、铬铁矿等杂质多,则使软玉呈黑色。这类杂质少者则呈黑色点状分布。新西兰绿玉或菠菜玉是一种深灰绿的玉石。墓葬玉为古代随葬品,由于长时间埋于地下,受地下水浸蚀而使表面变为棕色或粉白色(构成古玉的沁色也可由人为产生)。软玉原石如图8-6-1。软玉的红外光谱图如图8-6-2。

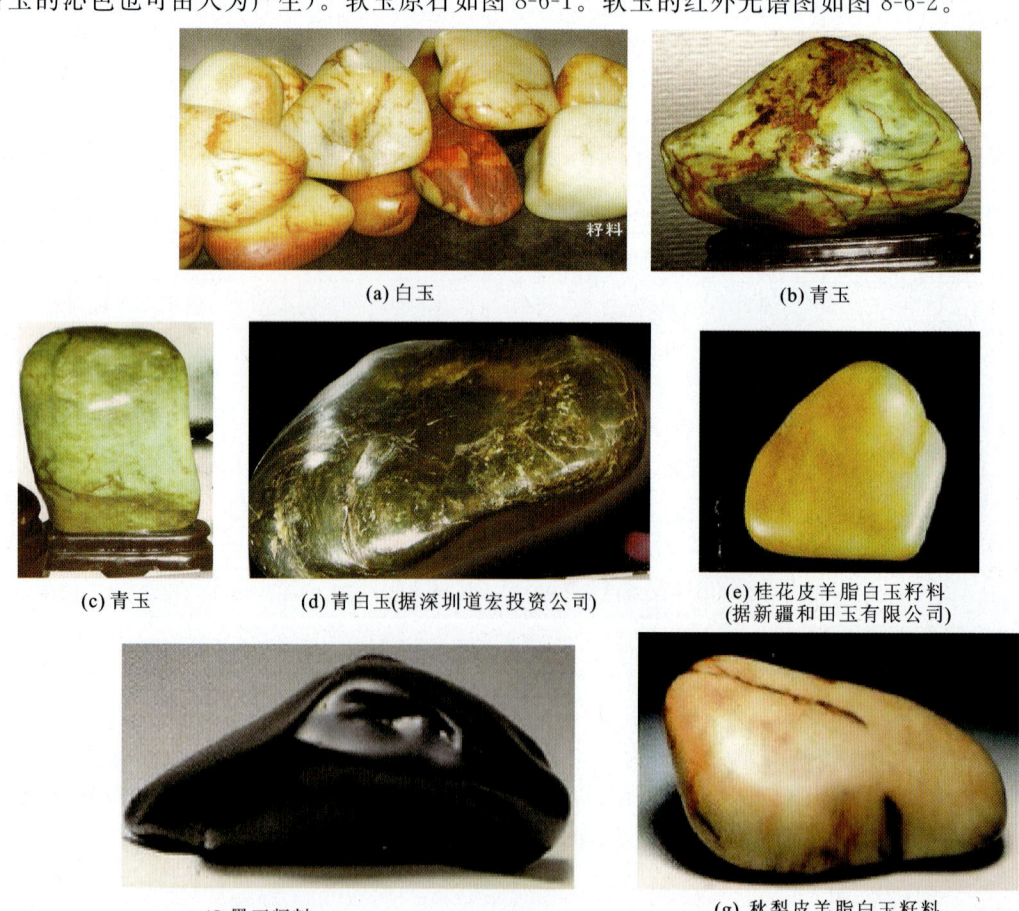

(a) 白玉　　　　　　　　　　　　　　　(b) 青玉

(c) 青玉　　　(d) 青白玉(据深圳道宏投资公司)　　　(e) 桂花皮羊脂白玉籽料(据新疆和田玉有限公司)

(f) 墨玉籽料　　　　　　　　　　　(g) 秋梨皮羊脂白玉籽料

图8-6-1　软玉原石种别

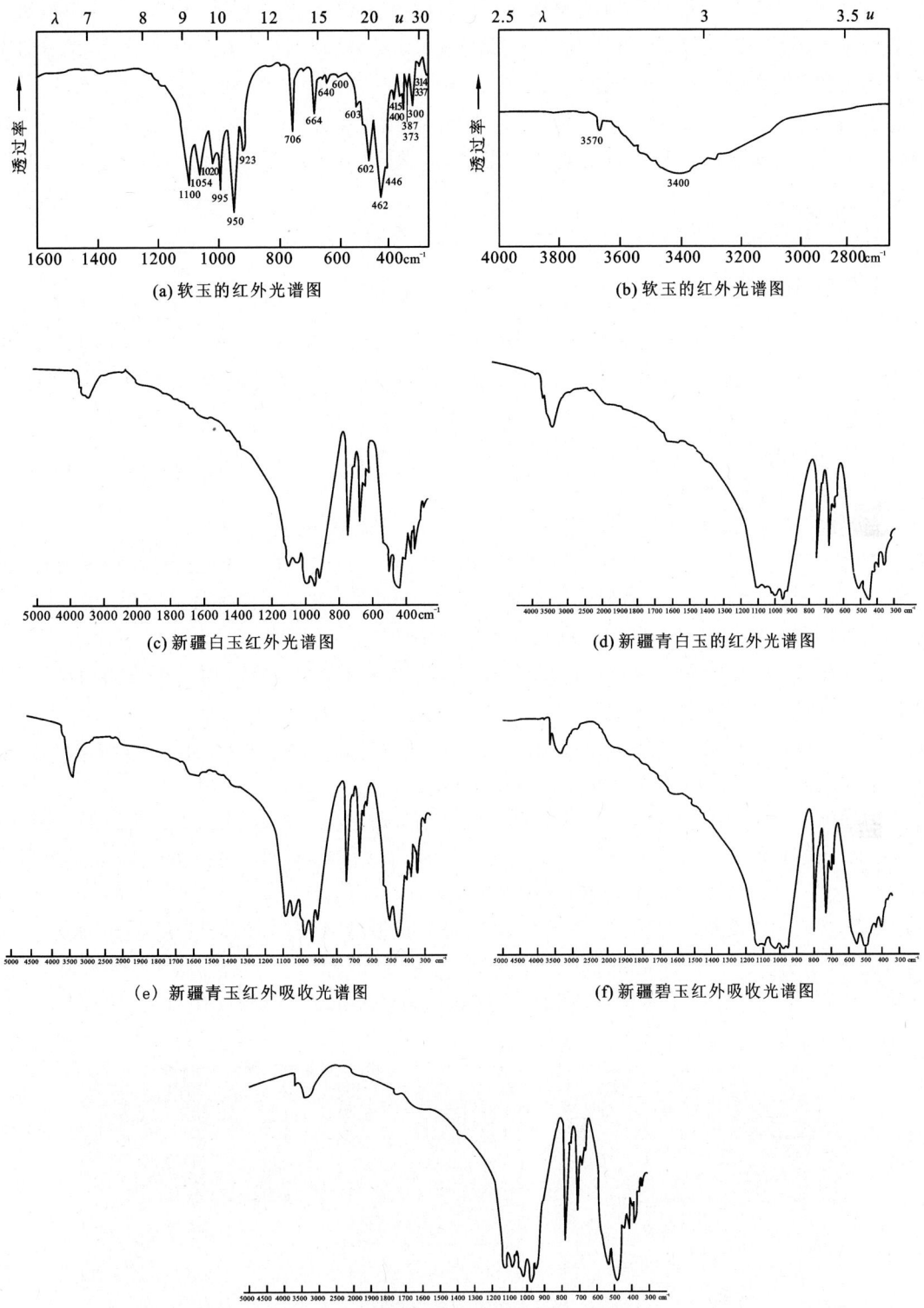

图 8-6-2　软玉的红外光谱图(据杨汉臣等,1985)

白玉与软玉的红外图谱峰值基本相同,只是在 400cm^{-1} 峰较强[图 8-6-2(c)]。新疆的青白玉与软玉的红外图谱比较,基本相同,只是在 400cm^{-1} 峰弱为肩[图 8-6-2(d)]。新疆的青玉与软玉的红外图谱比较,不同处为 310cm^{-1}、400cm^{-1}、600cm^{-1} 峰弱为肩[图 8-6-2(e)]。新疆碧玉与软玉的红外图谱比较,不同处为 3 650cm^{-1} 峰强,310cm^{-1}、400cm^{-1} 峰弱为肩(很弱)[图 8-6-2(f)]。新疆糖玉与软玉的红外图谱比较,缺 600cm^{-1},而出现 660cm^{-1}、723cm^{-1} 峰[图 8-6-2(g)]。

这种图谱的差异皆因软玉不同、种别不同、成分不同所引起。

四、鉴别特征

软玉的特点是颜色均一,具油脂-蜡状光泽、光泽滋润、柔和、光洁如脂、质地细腻,手摸有滑感及油腻感,韧性大,不易碎裂,状如凝脂。在玉器成品的抛光面上,有的可明显地看出像花斑样的纤维交织结构。放大观察更可明显地看出纤维交织结构及黑色固态包体。

1. 软玉的种别及其识别特征

软玉主要有以下几种:

(1) 白玉。白玉为呈白色的软玉,有的可微带灰、绿、黄色色调。白玉包括羊脂白、梨花白、雪花白、象牙白、鱼肚白、鱼骨白、糙米白、鸡骨白等。其中以羊脂白玉为最佳品。白玉为白色,透闪石含量可达 95%,质地致密细腻、光泽滋润柔和,可具油脂光泽,有透明感,一般所称的白玉润泽程度稍逊于羊脂玉。白玉也是软玉中的上品。

(2) 青玉。青玉呈淡青绿色,有时呈绿带灰或黄绿、蓝绿色。青玉为中国传统的叫法,亦指深绿带灰色或鲜绿带黑色玉。

(3) 青白玉。青白玉介于青与白玉之间,为白中显灰绿色调,成分中除含 90% 左右的透闪石外,还含 10% 左右的阳起石及绿帘石等矿物。

(4) 碧玉。碧玉呈绿、鲜绿、深绿、墨绿色,有时为暗绿色。此碧玉并非石英质的玉髓,也不是 SiO_2 质的碧玉,只是与它们重名。此碧玉颜色和结构皆不均一,矿物成分主要为阳起石,次为透闪石,并常含有绿帘石、磁铁矿等杂质。

(5) 黄玉。这里所说的黄玉不是宝石矿物中的黄玉(托帕石),只是与其重名。此黄玉可分为黄、蜜蜡黄、栗黄、秋葵黄、黄花黄、鹅蛋黄、米黄、黄杨黄等色,质地细腻,柔润如脂,为优质黄玉,是玉中的上品。若有黄色不均一、质量差、褐铁矿存在者,往往是地表水中的氧化铁渗滤到白玉的缝隙中造成的(图 8-6-3)。

 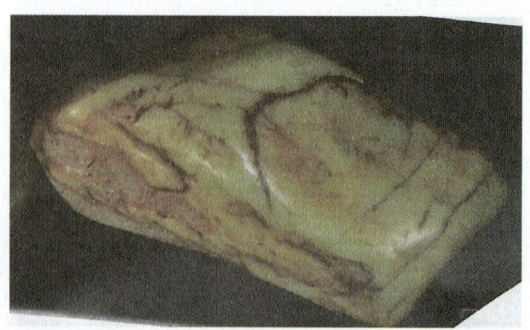

图 8-6-3　黄玉中黄色不均一、质量差、有褐铁矿存在

（6）墨玉。这里所说的墨玉不是翡翠类中的墨玉，只是与其重名。墨玉为呈黑色、墨黑色、深灰色、灰黑色的软玉，有时呈青黑色，往往与青玉相伴生，其光泽比其他玉石暗淡，即使在一块黑玉上，也会带有青色或白色条带。成分中主要含分散的碳质或石墨，质地细腻，蜡状光泽，但颜色发黑，故不常用作饰品。

（7）糖玉。它是呈血红色或红糖红、紫红、褐红、黄褐、褐色的软玉，以血红色者价值最高，多在青玉和白玉中居次要地位，但如果红得艳丽，亦被人们所喜欢。

（8）花玉。在一块软玉上如呈现多种颜色者称花玉。如果各色构成一定的图案，则更为可观。如虎皮状者称"虎皮玉"、花斑状者称"花斑玉"，有的形成可利用图案的称"巧色玉"等。

2. 软玉与相似玉石的区别

与软玉相似的玉石，如颜色单一的翡翠、蛇纹石质玉、白色大理岩、石英质玉等，一般区别方法为：原料可依硬度和密度，成品可依结构和光泽区别之。

与软玉相似玉石的对比如表 8-6-2 所示。

表 8-6-2 与软玉相似玉石的对比

名称	光泽	硬度	密度/g·cm^{-3}	结构
软玉	玻璃—油脂光泽	6～6.5	2.9～3.1	毡状交织结构，无透明斑晶，多纤维状矿物交织成疏密不等的花斑
翡翠	玻璃光泽至珍珠光泽	6.5～7	3.25～3.34	变斑晶交结结构，大矿物透明晶体为斑晶，围绕在周围的纤维呈半透明状
蛇纹石玉	蜡状光泽	2.5～5.5	2.44～3.18	蛇皮状花斑，具不均一的纤维交结状结构
石英质玉	玻璃光泽	7	2.65	等粒结构，具鳞片状云母
阿富汗玉	准玻璃光泽，断口油脂光泽	3	2.73	透光下可见纹理，紧密排列的方解石组成，质地细腻，色泽柔润具韧性
俄罗斯白玉	玻璃至油脂光泽	6～6.5	2.95	片柱状变晶结构，颗粒较粗，略带瓷性，而缺油性

市场上常见的白色玉石很多，最难区别的往往是新疆白玉与青海白玉和俄罗斯白玉。由于新疆白玉品质较佳、价值较高，所以有人以青海白玉冒充。简单地说，青海白玉与和田玉相比较为通透，透明度较高，使人有玻璃感觉，另外柳花斑也较多，水纹（俗称玉筋）也多，呈条条道道出现，表面粗糙。料石多呈不规则块状、棱角较多，一直未发现籽料。俄罗斯料主要呈白色，质地多为灰白色、奶白色、缺乏油性，玉质呈云絮状纹理、团块状、混浊，给人以干、死、僵的感觉，与和田玉比较其缺乏油性为最大区别。这样归纳起来除纹路差别外，青海料通透、油性差，俄料通透、不润又不油，只有新疆料才既通透、油性好又温润。

比较难以区分的是加利福尼亚玉（一种符山石）、钙铝榴石、滑石、蛇纹石、葡萄石、天河石和绿玉髓。长期以来称这些不透明绿色岩石也为"玉"的叫法与真正玉石相混淆。这些绿色、浅绿色岩石的应用很广，特别在雕刻方面，必须非常仔细地加以识别。

与软玉相似的常见者还有鲍温玉（误称新玉或朝鲜玉），它是一种半透明的黄绿色到绿色的蛇纹石，其硬度为5.5～6，比大多数蛇纹石硬度更大，而折射率为1.52～1.54，密度为2.50～2.60g/cm^3。

另外还有些雕刻材料与软玉相似,如:叶绿泥石玉(奥地利玉)是一种复杂的非晶质绿泥石,其折射率接近 1.57 或 1.58,密度约 2.70g/cm³,摩氏硬度为 2.5;图章石(Agalmatolite)包括寿山石、青田石等,是一种软的、蜡状的、致密的白云母和叶蜡石的变体,折射率为 1.55～1.60,密度为 2.50～2.90g/cm³,摩氏硬度为 1～3;还有钠黝帘石是一种通常含有一定量黝帘石的长石和变种,其折射率接近 1.70 或 1.71,低达 1.50,后者指长石,密度约 3.30g/cm³,摩氏硬度为 6.5。它通常为绿色和白色掺杂。白色长石,也相似于白玉,但其对长波光产生红色荧光可区分之。另外还有不纯铬云母,是一种铬云母与黏土物质的混合物,也很像软玉,但是其折射率为 1.58 左右,密度约 2.90g/cm³,摩氏硬度为 3,皆可与软玉相区别。

3. 和田玉及羊脂白玉(Hetian Jade and Suet White Jade)

据考证,和田玉在古代有昆山玉之称。现今众人皆知,和田玉产自新疆的和田县一带,但是古代既称其为昆山玉,就说明它应该产自新疆的昆仑山一带,因而其分布面积显然比人们所认识的大得多。羊脂白玉是白玉中的上等品,已达到如羊脂般的油润光泽。

其化学组成主要为透闪石(据杨汉臣等,1985),含量可高达 99% 以上,有的含有微量磷灰石、磁铁矿、榍石、黑云母等。也有资料认为透闪石含量为 95%,阳起石为 2.2%,绿帘石为 2%,伴生矿物有透辉石、蛇纹石、绿泥石等。透闪石在偏光镜下可见纤维变晶交织结构或者毛毡状结构,图 8-6-4 所示为镜下照相。

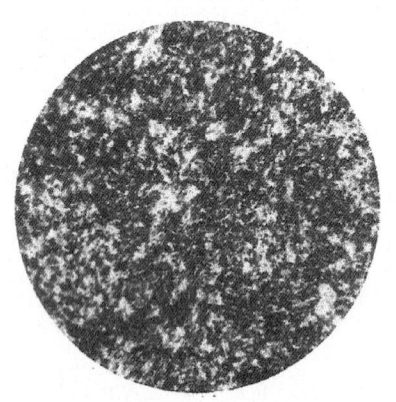 

(a) 新疆合田羊脂玉纤维变晶交织结构 (b) 新疆白玉长柱状闪石集合体
    正交偏光15×   正交偏光15×

图 8-6-4　透闪石偏光镜下照相

物理性质方面,和田玉呈白色、青白、青、黄绿、青绿、灰绿、黑色等。透明至微透明,有极少数透明、玻璃光泽、蜡状光泽、质地细腻、光泽滋润柔和,颜色均一,光洁如脂,具韧性,不易碎裂,在抛光面上可见纤维交织结构。光泽滋润如脂者,称"羊脂白玉"或称"羊脂玉",是软玉中的佳品,也是和田玉中之冠,自古有"白璧无瑕"之美誉。羊脂玉是居于白玉之上的品种,其摩氏硬度为 5～6,密度为 2.90～3.30g/cm³。

如果化学成分中透闪石含量为 93%～95%,其他为斜黝帘石、斜绿泥石、磷灰石、磁铁矿、白钛矿等,则可具变斑状纤维蒿状变晶结构。也有资料认为其透闪石为 89.2%,而阳起石、绿帘石含量增多,分别到 6.0%、3.3% 者,则成为灰绿至淡绿色的"青玉"。介于白玉和青玉之间者,则称青白玉,颜色亦呈带灰绿色调的白色,与白玉无明显差别。

第八章　贵重宝玉石大类

(a) 新疆青玉(赤壁图山子)

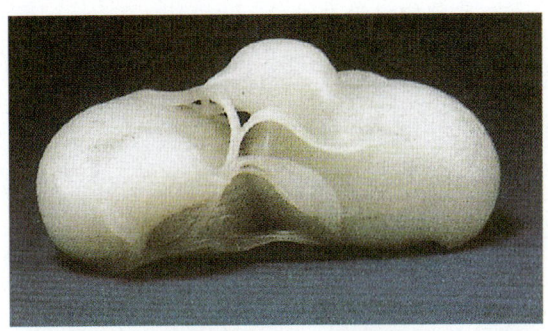
(b) 新疆白玉(壳穗双鹌鹑)

(c) 羊脂玉福灵如意摆件

(d) 羊脂玉寿上加寿挂件

(e) 羊脂玉籽料和谐花插

(f) 黄玉松树笔筒

(g) 青玉释迦牟尼佛像
(据新疆和田玉有限公司)

(h) 白玉少女雕像

(i) 白玉象鼎

(j) 白玉羊尊

(k) 白玉仙人奔马

图 8-6-5　我国新疆白玉、羊脂白玉、青玉雕刻品及饰品图示

4. 软玉的评价及分级

通常根据其颜色、质地、裂纹、杂质及质量大小等作为评价软玉的标准。

软玉以白色、质地细腻、无裂纹、无杂质者为优质品,另外块度愈大愈好。尤其是白色如脂、质地极其细腻、光泽滋润有透明感、具油脂光泽(俗称油性)的羊脂玉为极品,是价值最高的软玉。依次为纯白玉,即带有青、黄、绿、灰等色调的白玉。鲜绿色碧绿玉价值高于暗绿色和浅绿色碧绿玉。

现以新疆和田盛产的和田玉进行标准分级,作为评价的依据。

① 颜色。艳丽、均一、柔和者有白玉、青玉、墨玉(色灰至灰黑呈黑白相间的条带)、碧玉(菠菜绿色颜色不均)、黄玉(浅黄色)等皆是。其中以乳白色的羊脂玉为最上品,俗称油性(油脂光泽)极好。

② 质地坚韧、细腻、光洁者为好。

③ 瑕、柳要求要少,无裂隙者为佳。

④ 块度越大越好,一般 10kg 以上的块度为特级品,2kg 以上者为一级品。

中国白玉常可分为如下三等。

一等品:洁白色、质地细腻,无裂纹,无杂质,块重大于 5kg 者。

二等品:较白色、质地细腻,无裂纹,无杂质,块重大于 3kg 者。

三等品:青白色、质地较细,无裂纹,稍有杂质,块重大于 2kg 者。

羊脂玉因更为珍贵,则不按此分级,即使块度较小也比普通白玉珍贵,且价值特高。

五、优化处理

1. 浸蜡

对软玉可以无色蜡或石蜡充填表面裂隙,用热针可熔,用红外光谱分析可见有机物质的吸收峰。

2. 染色处理

对软玉可以染成绿色,这种染过色的软玉可见染料沿颗粒之间分布,以吸收光谱测试,可见在 650nm 处有吸收带。

六、产状及产地

1. 世界上产出软玉的国家

世界上产出软玉的国家,除中国之外,有俄罗斯、波兰、意大利、法国、加拿大、美国、墨西哥、巴西、澳大利亚、新西兰、津巴布韦等。

(1) 俄罗斯的软玉主要产于西伯利亚,色由白到黑,赋存于辉石岩类岩石的接触带。贝加尔湖区、伊尔库茨克南有冲积型砂矿,软玉产于河床中。

(2) 波兰的软玉分布于西里西亚的蛇纹岩与"白色岩"之间,与钠长石、角闪石、石榴石、绿帘石、葡萄石、石英等共生。

(3) 意大利的软玉主要分布于北部亚平宁山脉塞斯特利——雷万特及蒙特罗索一带的蛇纹岩与辉长岩的接触带。

(4) 法国的软玉产于哈茨的橄榄岩和辉长岩的接触带及图林根的蛇纹岩中。

(5) 加拿大的软玉原生矿产于蛇纹岩化的超基性岩与燧石、石灰岩接触带,与透闪石、滑石、石榴石共生。如不列颠哥伦比亚省的佛雷塞河畔乃是。又如弗雷塞河、茫特奥格登的软玉则产于冲积型砂矿中。

（6）美国的软玉产于华盛顿州、俄勒冈州、阿拉斯加的玉山、怀俄明州、威斯康星州等地的蛇纹岩和前寒武纪变质岩中，并有冲积型软玉砂矿产于加利福尼亚蒙特雷沿海。

（7）朝鲜半岛的软玉。据报道朝鲜半岛上产有透闪石质软玉，开采已久，但它正好赋存于"三八线"上。"三八线"是韩国与朝鲜现今的分界线，如果矿体正跨两国交界线，应如何开采尚不得而知。

2. 中国的软玉分布

中国的软玉主要分布于新疆，其次是西藏、四川、广西、青海、辽宁、甘肃、福建、台湾等地。

（1）新疆的软玉主要分布于昆仑山、天山、阿尔金山。昆仑山是中国软玉的主要产地，称"昆仑玉"或"和田玉"，有原生矿与次生矿两种；天山的软玉产于玛纳斯县，位于超基性岩带，称"玛纳斯玉"或"准噶尔玉"；阿尔金山的软玉产于超基性岩体与围岩的接触带附近，当地称之为"金山玉"。

玛纳斯县产的碧玉，产于玛纳斯河的砾石中，简称"玛河碧玉"，都是籽料（未见山料），呈暗灰绿色，表面呈青绿色到暗绿色，颜色有的深浅不均，有黑点称"矿物斑"，透光下呈靓丽的绿色，但产量很低。

和田玉产于新疆和田县，根据资料分析，可分布于和田县及其附近地区，以至于延至昆仑山北麓一带，即西起帕米尔高原的塔什库尔干，中经沙车、叶城、和田、于田，东至罗布泊西南的且末一带。除且末矿外其他矿藏多为小型矿点。只有且末一带所产的青玉、青白玉、白玉产量较高，又专称为"且末玉"。且末产的和田白玉、青玉、青白玉如图8-6-6。

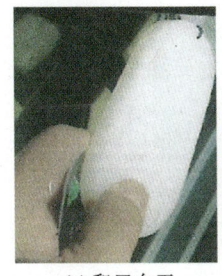
(a) 和田白玉

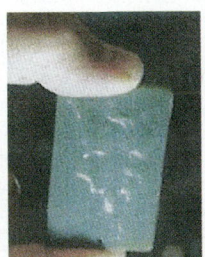
(b) 青玉

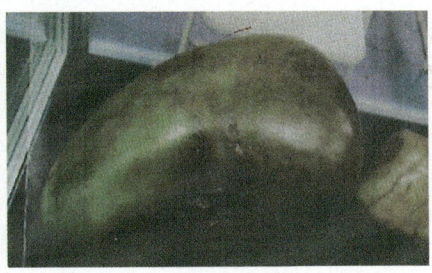
(c) 青白玉

(d) 和田碧玉

图 8-6-6　且末产的且末玉工艺品

和田、于田地区的软玉矿床，为软玉赋存于花岗岩、花岗闪长岩与镁质大理岩的接触交代带内，伴生矿物有尖晶石、镁橄榄石、透辉石、金云母等，矿体呈不规则脉状、囊状、透镜体状，以白玉和青玉为主，是我国白玉和青玉的重要产地。

其产出情况可分为3种类型：

① 山玉，或称山料，即原生矿，产于酸性侵入体与镁质碳酸盐类岩石的接触带；

② 山流水，指山玉被流水冲到山下，玉石表面比较平滑，属山麓堆积形成物；

③ 仔玉，又称籽料，为流水搬运、冲刷而堆积成的砂矿床，呈大小不一的卵石状，磨圆度很好，光滑浑圆，其外往往有红色、红褐色薄皮，质地颇佳，开采方便，距离原生山玉较远，主要分布于喀拉喀什河、玉龙喀什河中，属冲积砂矿型。这类玉石往往质地最佳，价值也最高，是目前优质的雕刻原料（图8-6-7）。

由于近千年来的长期采掘,目前原料有枯竭之势,产量也日益减少,因此羊脂玉、白玉等的价格猛增,尤其在2008年奥运会将其定为纪念品材料之后更是名声大振,价格一提再提。爱玉、玩玉的人士也日益增多。羊脂玉早已成为玉中极品,作为中华民族玉文化的瑰宝,将中国玉文化不断地发扬光大。

  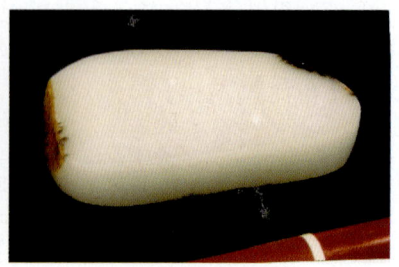

(a) 新疆和田玉籽料　　　　(b) 籽料的红色薄皮　　　　(c) 带红色皮羊脂白玉

图 8-6-7　新疆和田玉籽料及籽料的红色薄皮

莎车—塔什库尔干矿床是花岗闪长岩与白云质碳酸岩接触交代矿床,以青玉为主,是我国青玉的主要产地。

且末矿床为片麻状花岗岩与大理岩接触交代矿床,软玉产在接触带上,以青白玉为主,现在越来越被重视,已成为我国当前重要的白玉矿产地。

我国新疆的软玉砂矿,主要是冰川砂矿和冲积砂矿,开采方便,是软玉的重要来源。

(2) 四川省石棉县产的软玉,赋存于酸性侵入岩与蛇纹岩的接触带上,所产为碧绿玉。

(3) 青海软玉发现于柴达木的西北缘及祁连县等地。柴达木西北缘的软玉为透闪石玉,呈黄绿、灰绿、暗灰绿色,具油脂光泽至蜡状光泽,摩氏硬度为4~6,有绿花玉、绿斑玉、绿条玉等品种。祁连县的软玉在中元古界片岩、片麻岩夹透闪石大理岩中,玉石主要由透闪石和方解石组成,呈白色,玻璃光泽,硬度为5。

(4) 贵州罗甸白玉(图8-6-8),玉质洁白细腻润滑,有人认为可与和田白玉相媲美,故称其为"罗甸和田玉"。

在罗甸附近的另一矿区还产有黑褐色斑点状断线的纹饰白玉,亦很美观,颇受人们欢迎(图8-6-9)。

 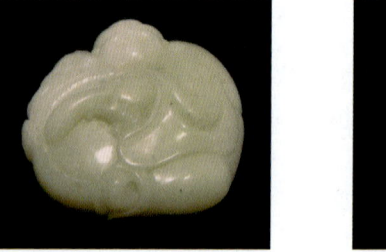 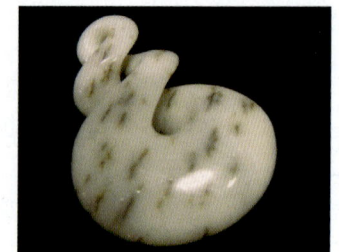

图 8-6-8　罗甸白玉　　　　　　　　图 8-6-9　罗甸纹饰白玉

(5) 我国台湾的软玉,又称"台湾翠",产于花莲县丰田乡。软玉主要由透闪石组成,与铬铁矿、铬铁尖晶石、磁铁矿、石榴石、绿泥石、黄铜矿等伴生。软玉呈暗绿至黄绿色,优质者透明度好,硬度为6.5,密度为2.96~3.04g/cm^3,有石棉包体,同时还产出具猫眼效应的透闪石软玉,称"台湾闪玉",因产于台湾丰田所以又称其为"丰田玉"。后来丰田玉成了台湾玉的代名词。该玉产地出露岩石为一套中—浅变质岩,主要由云母石英片岩、绿泥石石英片岩、绿泥石片岩及蛇纹岩构成。软玉矿体呈层状、似层状,产于蛇纹岩上、下盘,部分呈透镜状赋存于蛇纹岩中,矿脉呈不规则分布,围岩多滑石化及透闪石化。优质软玉一般产在蛇纹岩的断层处,与透闪石化密切。具有猫眼效应的软玉根据台湾沈眉、方子亮(2012)的研究,将其分为普通软玉、闪玉猫眼和蜡光软玉三种,其中以闪玉猫眼最为珍贵。台湾闪玉猫眼多为绿色、绿黄色、黑绿色、黑色,很像西伯利亚闪玉猫眼。西伯利亚猫眼色调灰绿,光泽较弱,透明度较好,猫眼效应多没有台湾闪玉猫眼眼线清晰、灵活。而台湾闪玉多存有易裂性,故加工时需特别慎重。我国台湾闪玉品种如图 8-6-10。

 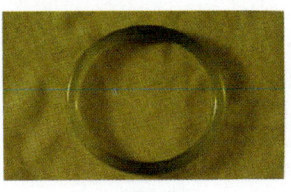 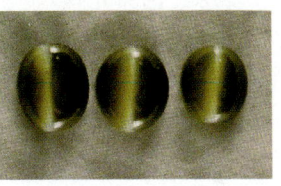

(a) 普通软玉　　　　　(b) 蜡光软玉　　　　　(c) 闪玉猫眼

图 8-6-10　我国台湾闪玉种别

(据沈眉、方子亮,2012)

我国台湾闪玉久已世界闻名。唯该矿山矿体小、矿脉不规则、开采难度大产量低,玉石加工困难。如今再想寻求一颗优质玉石已极为难求,尤其闪玉猫眼更极为珍贵稀有矣!

七、软玉的鉴定证书

珠宝玉石的鉴定证书,是它的"身份证",不论交易、收藏还是购置都应该具备。目前我国国标中对软玉尚未有证书规定,但在珠宝市场上已很流行,因为人们都知道经过仪器检测的物品才是使人放心的物品,也是有正确定名的物品。

现将我国国家珠宝玉石质量监督检验中心所鉴定的一份(带有红外图谱)和田玉的证书附于后,以供参考(图 8-6-11)。

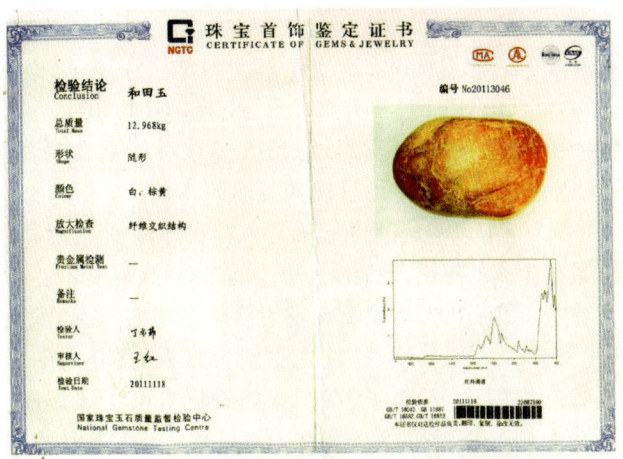

图 8-6-11　玉石鉴定证书样

八、仿制品

仿软玉玻璃

由于仿软玉玻璃在市场上经常出现,李平(2010)曾对它作过研究。

〔主要成分〕玻璃(或称 NaAlSiO 质玻璃)成分中含有少量萤石及石英。

〔形态〕仿软玉玻璃属均质体、非晶质块状。

〔物理特性〕仿软玉玻璃呈白色、灰白色、棕黄色,亚玻璃光泽,折射率为 1.50(点测),无解理,贝壳状断口,摩氏硬度为 6.5,密度为 $2.46\sim2.47g/cm^3$。白色部分有浅粉红色荧光,灰白色部分有淡粉红色荧光,棕黄色部分无荧光。

〔肉眼观察〕可见呈他形粒状细—中粒结构,在镜下可见有似蕨叶状结构。

〔鉴别特征〕外形很像软玉,由于添加了致色剂而似青白玉或糖料,但密度低、透光性强、呈他形粒状结构的特征可与软玉相区别。以红外光谱、能谱与 X 射线衍射分析亦可识别之。

仿青白玉玻璃手镯(图 8-6-12)。

 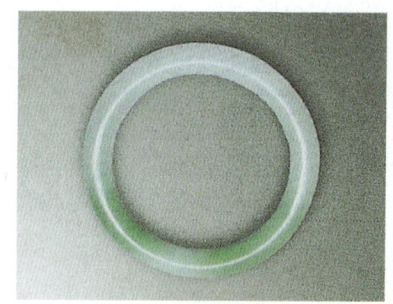

(a) 仿白玉玻璃手镯　　　　　　(b) 仿青玉玻璃手镯

图 8-6-12　仿软玉手镯

第七节　珍　珠

珍珠(Pearl)一词由拉丁语的 Pernula 演变而来。

珍珠包括天然珍珠(Natural Pearl)和养殖珍珠(Cultured Pearl)。

珍珠可能是人类使用的第一种宝石材料,原始人类在海岸觅食时,就发现了具有彩色晕光而洁白的珍珠。它无需任何的加工便可呈现其美丽的本性。

据科学家们研究,距今 2 亿年以前,自然界已有珍珠存在,但个体很小,只有约 0.1mm。美国科学家考查结果认为珍珠最早生成的年代,是地质历史上的三叠纪(距今 2 亿 4 千万年)。

根据历史记载,早在公元前 4000 年埃及人就用珍珠制成装饰品,妇女们用牛奶调珍珠粉涂擦身体。公元前 3 世纪珍珠才流入欧洲,首先受到希腊人、罗马人的喜爱。在古罗马帝国的富豪中,珍珠是最受人欢迎的珍宝,男子、女子竞相攀比自己所佩戴的上等珍珠,妇女佩戴着珍珠入睡,寝室和马蹄上到处都镶着珍珠。在十五六世纪,西方君主、爵士、妇女等都将珍珠用作个人饰物,形成了所谓的"珍珠时代"。

据称我国是世界上最早发现并使用珍珠的民族。新石器时代的原始人,在海边、河湖、江边,已发现珍珠,并作为饰品。

早在 4 000 年前,珍珠就成为向宫廷献贡的珍品。在公元前 1 000 多年前的《诗经·尔雅》中就有关于珍珠的记载。《海史·后记》曾记载如下:禹定各地贡品"东海鱼须鱼目,南海鱼革玑珠大贝"。商朝也有类似的文字记载。我国采珠业据有关史料记载,开始于汉朝,距今有 2 000 年的历史。明朝宋应星《天工开物》中记载了我国采珠的方法,这说明在宋朝(960~1279 年)人们就开始养殖珍珠。明弘治年间(1488—1505 年)我国珍珠最高产量达 2.8 万两(500 克=16 两)。珍珠除供国内皇室、官吏使用以外,也被输入国际市场,部分用于药材。1628 年在波斯湾曾采到一颗大珍珠,重 605ct,被命名为"亚洲之珠",是当时最大的一颗珍珠。100 多年以后一位波斯王曾将这颗珍珠送给乾隆皇帝,后在八国联军侵略中国时被盗走,1918 年在香港市场上出现,被一位法国神父买走,现存于法国。1934 年在菲律宾曾有一巨蚌夹住幼童之腿,使幼童溺水死亡,而在这个巨蚌中却取出一颗长 241mm,宽 139mm,重 31 750ct 的特大珍珠,这是世界上最大的珍珠,被命名为"真主之珠"。据说此珠价格高达 408 万美元,经过辗转周折,现存于美国旧金山。据阿雷姆资料,称世界著名的大珍珠"希望珍珠"(Hope Pearl)收藏于大英博物馆(不列颠博物馆),长 5.8cm,最大周长 11.43cm,重 1 800 格令(海水珠)(1 格令=0.05g=0.25ct)。另有一颗重 93 格令,圆形半透明(淡水珠),称"王后珍珠",产于美国新泽西州,靠近佩特逊区。"海岸奇迹"珍珠,重 1 191 格令。"拉佩里林娜"珍珠,重 111.5 格令,产于亚洲,据称原在中国皇帝王冠上,后被掠走,现存于莫斯科。

中国人养殖珍珠世界弛名,在养殖中也曾养殖出大粒的珍珠,如 1986 年、1987 年在白蝶贝中就养殖出了直径为 26mm×21mm,质量为 8g 及直径为 30mm×25mm,质量为 15g 的大珍珠。

神话中常提到神仙珍珠,如夜明珠、避水珠、避风珠等,所以以珠为宝。《广东新语》中记载:越俗以珠为上宝,生女为珠娘,生男为珠儿,缘珠之字,由此而起。又如成语"掌上明珠"皆为言其心爱之意。

没有哪个统治者的宝库中不存有大量珍珠的,如印度巴罗达市 Gaekwak 宝库中一个饰带上就有 100 排珍珠,价值百万美金。一位皇帝的王冠上就镶有 1 800 颗珍珠。珍珠更是女王们的宠物,中国清朝的慈禧太后酷爱珍珠,并且吃珍珠粉,盖珍珠被,穿珍珠衣,临终时嘴里还含了一颗大珍珠;英国女王伊丽莎白一世和凯瑟琳德迪斯是最著名的珍珠爱好者;前英国首相玛格丽特·撒切尔夫人也特别喜爱珍珠,并认为珍珠是使女人仪表优美的珍品。可见珍珠魅力无穷。图 8-7-1 为几种不同颜色的圆粒珍珠(放大)。

图 8-7-1　不同颜色的圆粒珍珠(放大)

一、珍珠的形成

珍珠主要形成于贝蚌类的体内,自然界就有70多种贝蚌内可以形成珍珠。但是能够形成量大而质优珍珠的不过六七种。海产的有马氏珠母贝、白蝶珠母贝(也称大珠母贝)、黑蝶珠母贝、企鹅珠母贝和解氏珠母贝等;淡水产的有三角帆蚌、皱纹冠蚌、珠母珍珠蚌、池蝶蚌等。

在海水中所采用的软体动物称贝,在淡水中所采用的软体动物称蚌。

如今海水养殖所采用的贝为以下几种。

(1) 马氏珠母贝。马氏珍珠贝两壳隆起,壳面是褐色,珍珠层在壳内呈带虹彩的银白色,其软体部位靠后,受核率高,所养出的珍珠占海水珍珠产量的85%~90%,而且珍珠的质量好,是当今世界上主要养殖珍珠的贝类。

马氏珠母贝分布较广,在我国广西、广东、海南,尤以广西北部湾沿海的合浦、广东大亚湾一带最为著名。

(2) 白蝶珠母贝。其又称大珠母贝,形体如盘子,壳面黄褐色,壳内珍珠层厚,存核率低,易于培育出大珍珠,经济价值较高,不便于大规模生产,主要分布于我国台湾、澎湖、海南等地海域。

(3) 黑蝶贝。黑蝶贝呈黑褐色,可育出黑珍珠,在我国分布于广东雷州半岛、台湾、广西涠州等地。

(4) 企鹅珍珠贝。企鹅珍珠贝呈黑色,适用培育大型附壳珠,在我国分布于广东、广西、海南陵水、台湾等地。

(5) 解氏珠母贝。又称扁贝,褐色,主要育出黄色珍珠,所生产的无核珍珠主要为药用,在我国分布广泛,主要为广东、广西、福建、海南沿海等省。

如今淡水养殖中所采用的蚌为以下几种。

(1) 三角帆蚌。壳大,育出的珍珠在淡水养殖中质量最佳,珍珠表面光滑细腻,色泽靓丽,形状较圆,但生长速度较慢。主要分布于我国河北、山东、江苏、安徽、浙江、湖南、湖北、江西等省。

(2) 皱纹冠蚌。又称鸡冠蚌,蚌呈黄绿—黑色,培育的珍珠白—粉红色,椭圆—长圆形,生长速度快,是淡水珠中最常用的一种,广泛分布于我国东北、华北、华中、中南诸省。

(3) 背瘤丽蚌。又称珠蚌,壳厚而坚,壳内珍珠呈瓷白色,是制纽扣和珠核的材料,在华北、华中、华南分布较为广泛。

(4) 珠母珍珠蚌。又称蛤蜊,壳面呈褐—黑色,分布于东北诸省的河川溪流之中,耐寒,故多为日本、俄罗斯所采用。

(5) 池蝶蚌。分泌能力强,育出的珍珠质量较好,是现代日本的主要淡水育珠蚌。

因为贝蚌类能够分泌碳酸钙,碳酸钙所形成的方解石和文石小晶体呈球状体放射状,有同心层构造。核心为微生物或生物碎屑、砂粒、病灶,人工养殖珍珠的核心则往往是贝类小球或贝、蚌的外套膜。珍珠就是由于贝类外套膜的分泌而成。贝壳也是由于外套膜的分泌而形成的。外套膜生长在贝壳内部的两边,外套膜的细胞以几何级分裂增长。这样看来珍珠的形成犹如贝壳的形成一样。贝壳的结构以马氏珠母贝为例,如图8-7-2所示。

贝壳由里到外大致分为3层:最内为珍珠层,又称"光辉层",由外套膜的外表面外侧细胞分泌而成,它主要是呈叶片状的文石和方解石,随时间而长厚;第2层称"棱柱层",又称"角柱

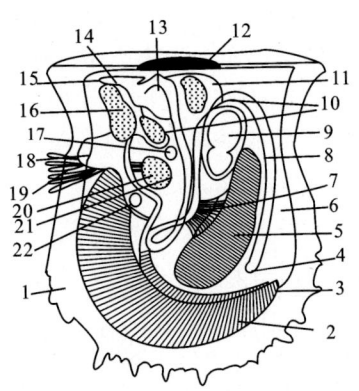

图 8-7-2　马氏珠母贝解剖示意图

1.贝壳;2.鳃;3.鳃底;4.肛门;5.闭壳肌;6.外套膜;7.收足肌;8.肠;9.心脏;10.消化盲囊;11.生殖巢;
12.咬合;13.胃;14.食道;15.口;16.唇瓣;17.插核处;18.足;19.足系;20.收足肌;21.生殖巢;22.插核处

层",基本是由角柱状的方解石和文石组成;第 3 层也就是最外的一层,称"角质层",或称"贝壳层",是由一种角质型硬质蛋白组成,抗酸抗碱性能很强,起着保护贝蚌体的重要作用。

这 3 层以中间的棱柱层最厚,但它生长到一定厚度就只扩大生长面积,不再增长厚度。棱柱层和珍珠层两者主要是由方解石和文石组成,棱柱层是以方解石为主,结晶颗粒比较粗糙;珍珠层是以文石为主,结晶颗粒比较细腻,表面比较光滑,而且通透、光泽明亮。这皆与方解石和文石的性质有关。

方解石和文石的比较如表 8-7-1。

表 8-7-1　方解石和文石的比较

矿物 性质	方解石	文石
化学式	$CaCO_3$	$CaCO_3$
晶系	三方	斜方
光性	一轴(—)	二轴(—)
折射率	1.486～1.658	1.530～1.686
双折射率	0.172	0.156
硬度	3	3～4
密度	2.69～2.71g/cm³	2.93～2.95g/cm³
结构		

由表 8-7-1 可见两者成分相同,但晶系不同,也就是说其内部结构不同,所以表现的物理性质不同,是形成同质两相的两种矿物。

形成珍珠贝蚌的最外层为角质层,保护着内部的软体,如果有另外的物质,同时夹带一外套膜进入贝体,外套膜细胞即分裂增生,将异物完全包裹,形成珍珠的核心部分。外套膜继续分裂增长,即形成棱柱层和珍珠层成为一个以异物为中心的珍珠囊。经过多次分泌后珍珠黏液层层重叠,即形成珍珠。但棱柱层和珍珠层之间并无明显的界限,而且有的在进行养殖手术时如将外套膜边缘切除干净,则生成的珍珠也就缺少角质层。图 8-7-3 为天然珍珠的形成示意图,图 8-7-4 为养殖珍珠的形成示意图。

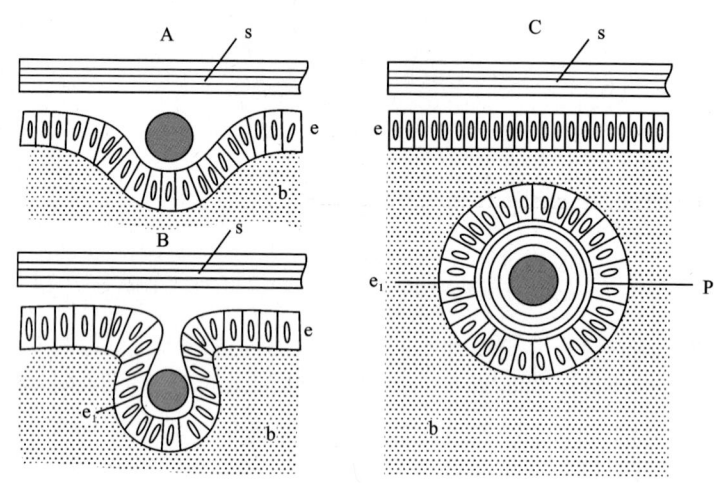

图 8-7-3 天然珍珠的形成过程

●.外来异物;s.贝壳;e.外套膜的上皮组织;b.外套膜的结缔组织;e_1.珍珠囊;P.珍珠层

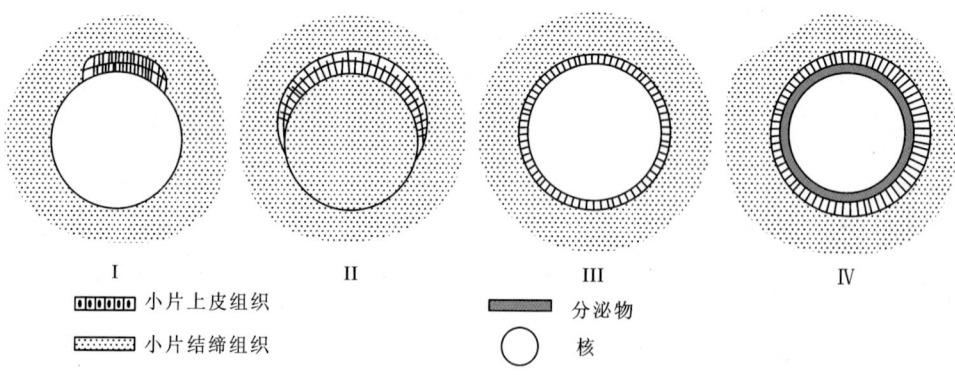

图 8-7-4 养殖珍珠的形成过程示意图

Ⅰ.殖入外套膜小片;Ⅱ.外套膜小片上皮组织增生;Ⅲ.小片上皮组织包围了珍珠核,小片结缔组织补吸收;
Ⅳ.外套膜小片的上皮组织形成包围珍珠核的珍珠囊,并分泌珍珠质形成珍珠

目前市场上的珍珠几乎全是养殖珍珠。养殖珍珠如果是在海水中养殖,则往往是有核养殖;在淡水(湖泊、江、河)中养殖,也往往是有核养殖(也有无核养殖)。所以形成的珍珠就有有核和无核之分,或有核养殖和无核养殖并用。

二、珍珠的化学成分及矿物组成

珍珠的化学成分包括无机成分和有机成分,无机成分主要为碳酸钙和碳酸镁,两者可占 91% 以上。此外还有氧化硅、磷酸钙、三氧化二铝、三氧化铁等。有机质主体为壳角蛋白和多种有机色素，占4%左右。珍珠组成物质的百分比并不十分固定，具不同种类和质量的珠母贝所产生的珍珠，其化学成分含量都有所不同（表8-7-2）。

表8-7-2 珍珠的化学成分

类别 成分/%	天然珍珠	优质海水珍珠	优质淡水珍珠	劣质淡水珍珠
无机成分	91.49	92.67	96.51	97.31
有机成分	6.39	7.07	2.65	3.18
水分	1.78	0.66	0.29	0.96
合计	100.66	100.40	99.45	101.45

注：第一类、第三类据赵前良，1993；第二类据周佩玲，1994；第四类据马红艳，1995。

综合各学者分析研究的数据，可看出珍珠无机成分的含量一般在91%～96%之间，有机成分的含量大致在2.7%～7%之间，水的含量大致在0.2%～0.5%之间。

珍珠中的无机成分碳酸钙主要是指斜方晶系的文石（或称"霰石"）和三方晶系的方解石，多呈放射状集合体。海水珍珠中有方解石和文石，淡水珍珠中主要是文石，其含量最多可占到95%以上，方解石较少，少于5%。有机成分可简单地视为CH化合物，呈非晶态。一般珍珠贝类外套膜部分细胞分泌的壳角蛋白，其介壳质即角质为珍珠角质，或硬蛋白质和各种有机色素。有机色素可能是使珍珠致色的物质。壳角蛋白中含甘氨酸、天门冬氨酸、丙氨酸、丝氨酸、谷氨酸等十六七种。天然海水珍珠的成分中还可含有较多的锶、硫、钠、镁等微量元素，而锰等微量元素相对较少；天然淡水珍珠的成分中锰等微量元素相对较多，锶、硫、钠、镁相对较少。

珍珠的化学分析如表8-7-3。

表8-7-3 珍珠的化学分析

成分 /%	碳酸钙	碳酸镁	$Ca_5(PO_4)_3Cl$	三氧化二铝+ 三氧化二铁	二氧化铝	水	有机质	总计
马氏贝中天然珍珠	89～71	7.22	0.35	0.54	0.54	0.89	0.89	100.14

注：据《中药大词典(E)》，1985。

三、珍珠的结构

珍珠分有核珍珠和无核珍珠，二者的结构有所不同。

1. 有核珍珠的结构

有核珍珠的珍珠层是由文石和角质蛋白垂直层面互相垂直排列，呈同心圆状生长层，中心为巨大的珠核，贴着珠核表面的次内层为无定形的基质层。马氏珍珠贝和大珠母贝珍珠的基质层稍厚为有机质，有的混有无机物结晶颗粒，为珍珠囊的早期分泌物。其外为棱柱层，由方解石组成，在贝壳中大量存在，厚薄不一。文石层是大量存在的，许多文石晶质薄层与壳角蛋白薄膜交替累积形成珍珠的主要成分。此层愈厚，珍珠质地愈优。珍珠的最外层，为近似透明的、以$CaCO_3$为主的、有机成分增多的一层，其厚度一般为100～200μm，但不稳定，有的珍珠缺失此层。它犹如珍珠的外衣，它的厚度、排列和微量元素的种类直接影响着珍珠的质量和颜色，优化处理珍珠都是改变这一层的物理性质。如图8-7-5(a)所示。

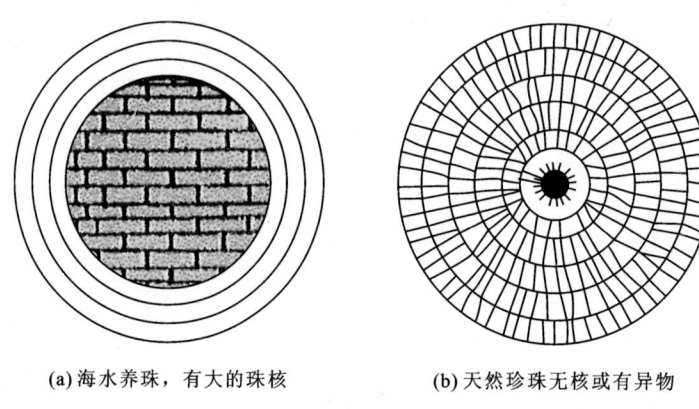

(a) 海水养珠，有大的珠核　　(b) 天然珍珠无核或有异物

图 8-7-5　天然珍珠与养殖珍珠的横截面结构示意图

2. 无核珍珠的结构

传统地认为，无核珍珠是天然珍珠或人工淡水无核养殖珍珠，几乎全由珍珠层构成，中心没有珠核，可以有异物。优质淡水无核养殖珍珠在圆心附近的碳酸钙层状结晶，是蚌围绕异物层层分泌的结果。如图8-7-5(b)所示。

文石晶体大小均匀，呈不规则多边形板块状规则排列，形成珠层叠合而成的同心环。这种围绕核心的圈层，愈多、愈厚，愈表现出珍珠特有的颜色愈靓、光泽愈强。由珍珠的剖面可见其为同心圆层状结构，最中心为珠核，外为珍珠层。

珍珠层是在生长过程中珠母贝分泌的分泌物，存在于珠核或异物上，可形成有机质（角质蛋白）和碳酸钙结晶。一般天然珍珠和淡水无核珍珠的珍珠层很厚，有核珍珠的珍珠层较薄。

珍珠层可大致分为3部分：①有机质层也称无定形基质层，紧贴珍珠核；②棱柱层也称方解石结晶层（马红颜，1999），呈放射状、疏状排列，壳角蛋白在柱体之间；③珍珠质层又称文石结晶层，是珍珠的主要成分，晶体多呈六方板状。每层之间有胶质蛋白粘结，如图8-7-6。

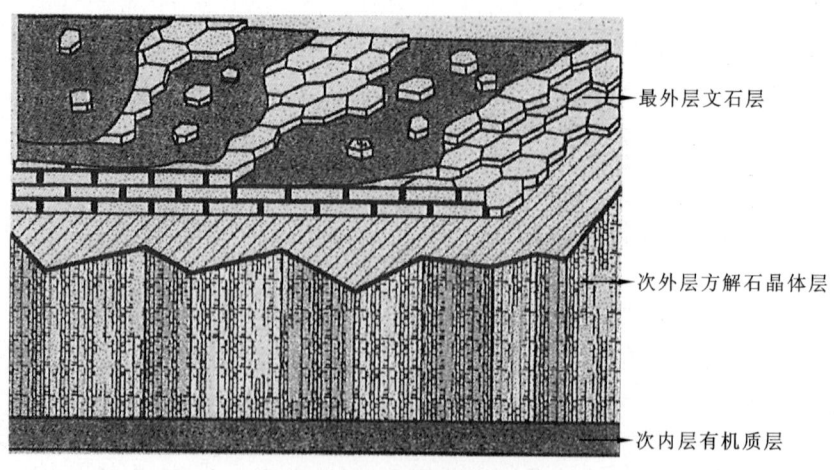

图 8-7-6　珍珠结构模式

四、珍珠的形貌

珍珠的化学成分、内部结构和形成决定了珍珠的表面形貌,所形成的贝蚌、分泌物的性质、形成时间长短和水域水质都影响着珍珠的表面形貌。

珍珠一般是圆形或近于圆形,表面光滑。但在显微镜下放大观察,就可发现珍珠表面并不平滑,更常常出现很多"层断"或沟纹、斑点、刺、瘤等瑕疵,或薄层堆积留下的花纹。如圈层状、花边状、不规则条纹状等纹饰及孔洞,极少有很理想的完全光滑的表面(人工合成的可有光滑表面),如图8-7-7,图8-7-8所示。

在电子显微镜下观察,可见由碳酸钙结晶层成台阶状,每层有六方板状的结晶体和胶态有机物质平行连接而成松散不平的表面。

  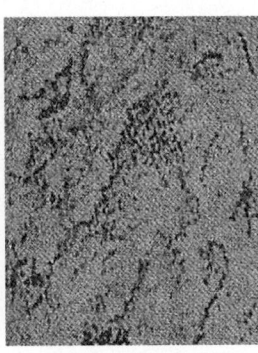 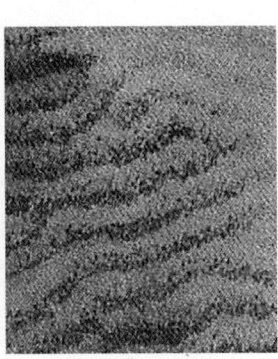

(a)珍珠的表面花纹　　(b)有条纹表现为均一状态的珍珠表面　　(c)具有不规则条纹的珍珠表面　　(d)具有平行条纹的珍珠表面

图8-7-7　珍珠的表面纹饰[据(日)小林新三郎,1966]

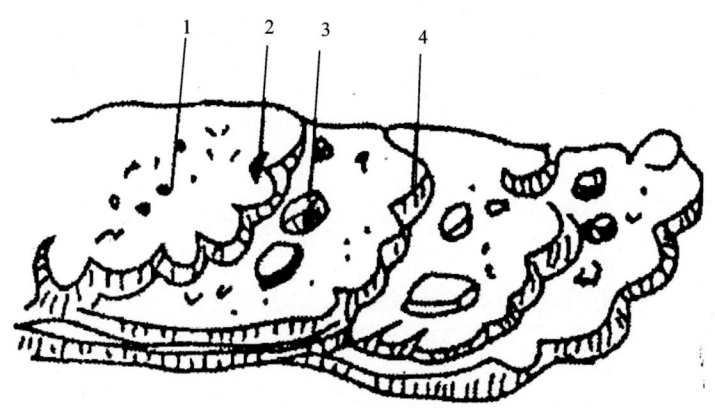

图8-7-8　珍珠表面条纹层理(据潘炳炎,1994)
1.珍珠层薄层;2.文石晶层;3.游离的文石晶体;4.薄层边缘(即条纹的纹理)

五、物理特性

1. 珍珠的颜色

(1)浅色。白色珍珠,在白色的质地上呈现的颜色有白色、乳色、奶油色到亮黄色、亮玫瑰色（在白色的质地上有粉红色）、乳玫瑰色和杂色（在奶油色的质地上有玫瑰色）、蓝色或绿色等多种颜色。此外还有比较奇特的颜色，如本体为奶油色，伴有玫瑰色与蓝绿色，三者合成灿烂夺目的珠光。其中红的玫瑰色和白的玫瑰色最为高贵。

（2）深色。黑珍珠，在黑色质地上，出现有灰、古铜、暗蓝、草绿、绿等色。价值最高的是一种黑色伴有金属色或绿色衬托的珍珠。有色珍珠，不是黑色或白色的珍珠，而通常带有蓝色的质地，以及纯红、紫、淡黄、丁香紫、蓝、绿等色，这多出现于淡水珍珠。

还有一种因珍珠层对光的衍射，造成晕彩艳丽的颜色。如同一质地色，其表面大范围内颜色不均，称"双色珍珠"。或珍珠表面具平行纹状者多呈白色，而具旋涡状曲形纹者又多呈黄色，甚为可观。

珍珠色彩的形成与成分中所含的金属元素有关，一般含铜和银多者珍珠多呈黄色、金色及奶油色，含钠和锌多者珍珠多呈粉红色和肉红色。还有人认为白色珍珠含 $MgCO_3$ 多，银色珍珠含有机物质多等。

2. 珍珠的光泽

当光线照到珍珠层上，由于层层排列的角质和文石折射率不同，波长也不同，反射回的光波就会相互叠加或减弱，这种光的干涉造成了珍珠所特有的柔和而又带红色晕彩的珍珠光泽。一般珍珠光泽如同无色玻璃相叠加由上向下垂直观察所呈现出的光泽，而珍珠所呈现的这种由特殊生物结构而成因的光泽，正体现了它的高贵之处。

3. 珍珠的其他物理性质

（1）半透明至不透明，大多不透明。

（2）紫外荧光照射下呈黑色者和天然珍珠，长波，有弱至中等红色、橙红色或黑红色荧光；其他颜色的养殖珍珠呈无至强浅蓝、淡黄、淡绿或粉红色荧光。

（3）X射线照射下，天然海水珍珠无荧光，养殖珍珠有弱到强的淡黄白色荧光。

大多数有核养殖珍珠可呈现出强的浅绿色、浅蓝、黄、粉红荧光和磷光。如日本琵琶湖无核人工养殖珍珠，发强荧光和磷光。天然珍珠除澳大利亚珍珠发微弱的荧光之外，其余天然珍珠均不发光。

（4）折射率。天然珍珠为 1.530～1.685（点测法为 1.60±0.02）；养殖珍珠为 1.500～1.685，多为 1.53～1.60。

（5）密度。墨西哥的天然海水珍珠密度为 2.61～2.85g/cm³，淡水珍珠密度为 2.66～2.78g/cm³，很少超过 2.74g/cm³。海水养殖珍珠密度为 2.72～2.78g/cm³。淡水养殖珍珠密度低于大多数天然淡水珍珠。

（6）摩氏硬度为 2.5～4.5（养殖珍珠为 2.5～4）。

（7）遇 HCl 起泡。珍珠溶于酸，表皮易破裂损伤，时间长了可脱水同时变黄、皮裂。过热燃烧变为褐色，表面受摩擦有砂感。

（8）天然珍珠吸收光谱不特征。黄色海水珍珠紫外光下可见吸收光谱，在 300～385nm 和 385～460nm 处有吸收谱带，而且前者强度大于后者。养殖珍珠，特别是黑珍珠光致发光（PL）图谱在 600～700nm 处有 3 条特征谱带。紫外光下可见吸收光谱在 400nm、498nm、698nm 附近有 3 条特征吸收谱带。

(9) X射线衍射。天然珍珠呈六次对称衍射图像,有核珍珠呈四次对称衍射图像(仅在一特殊方向上呈六次衍射图像),如图 8-7-9 所示。

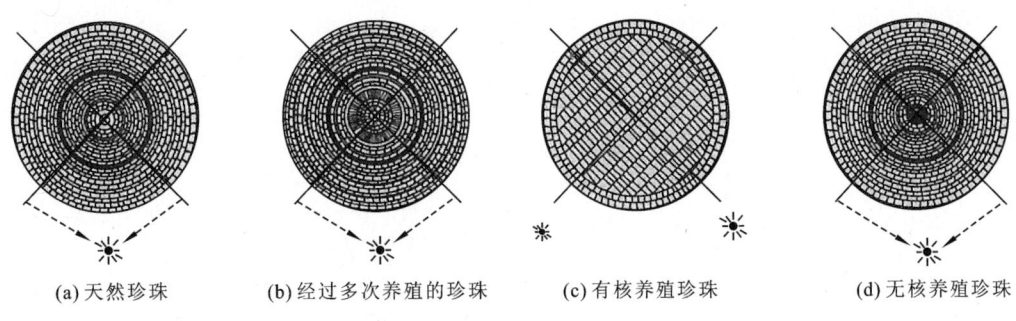

(a) 天然珍珠　　　(b) 经过多次养殖的珍珠　　　(c) 有核养殖珍珠　　　(d) 无核养殖珍珠

图 8-7-9　珍珠的 X 射线衍射图示

(10) X 射线照相。用 X 射线照相,天然珍珠在照片上从中心到外壳皆显同心层状结构,无核养殖珍珠显空心及外部同心圆层状。有核养殖珍珠可见中心有明亮的核及核外暗色同心圆层状结构。这可清楚地揭示珍珠的内部结构,也可作为鉴别珍珠的种类及形成的依据。

(11) 红外光谱分析可测出珍珠的成分大部分为文石,其他还有有机物和水分等。

(12) 差热分析可测出珍珠成分中的文石矿物的分解温度及杂质较多。

六、鉴别特征

1. 天然海水珍珠与淡水珍珠的区别

天然珍珠是指在海水的贝类软体动物中天然形成的珍珠,往往是生物碎屑、砂粒或病灶形成的核心。以往观察海水珍珠与淡水珍珠,是以有核还是无核为标准。海水珠内有一圆核,故珍珠生长成圆形;淡水珍珠则无核,所以一般珍珠极少有圆形。而如今淡水珍珠也可插以圆核,也可生长成圆形珍珠。所以依有核、无核或外形上的圆与不圆区别是海水珠还是淡水珠就只能作为参考。而海水珍珠色黄白者多,往往是粒圆、核心小,其圆截面由表面至核心,所见到的皆是层层的珠层,即珠层厚、较透明、光泽好。

较准确的方法是用 X 荧光能谱技术鉴别。可见海水珍珠中含有 Sr 元素高于淡水珍珠,Sr/Ca 可以作为判断珍珠类别的参考指标。珍珠的定性检测,测试结果推算 EDX-LE 的 Sr/Ca 参考判断指标为(兰延等,2010):

　　　　　　　海水珍珠　　　　　　淡水珍珠
　　　　　　　0.32～0.56　　　　　　0.11～0.25

2. 海水养殖珍珠

海水养殖的珍珠由珠母做核(贝壳小球、贝蚌外套膜),外有一层层的珠层,可形成圆形珍珠。

3. 淡水养殖珍珠

淡水养殖的珍珠往往是人工插入的贝壳小球或贝蚌外套膜细胞片分泌而成。由于一开始就分泌珍珠基质,所以看来核心似乎为一空心。淡水无核养殖的珍珠,又称"琵琶珠"或"琵琶湖珠",其中心是空心,珍珠形态各异,多为圆形和不规则状。

4. 母蚌

野生的天然母蚌越来越少，多数为人工培育幼苗（田蚌），要在阴暗、较清洁的水域里经过3～5年的生长期，长大到直径8～10cm，方可人工插核。每个母蚌可插30～50粒珠核或采用外套膜小片为核，每个母蚌可插入数十片，可在气候温暖的季节手术，以适合母蚌的外套膜伤口愈合，生长四五年可长出无核珍珠。但是在生长期间如环境变化或护理不当也可能死亡，死亡后的珍珠称为"死珠"，外观上看失去光彩，不能作为饰品。

5. 天然珍珠和养殖珍珠的区别

一般天然珍珠在强光源下转动可见比较均一的结构，不见入射光的反射现象，透明度差，多呈凝胶般的半透明状，表面稍微有点光滑。海水的或淡水的人工养珠有核，在强光源下见灰白相间的条带状珠层排列，截面观察中心为珠母核围绕珠核的层状珍珠层，在珠层与珠母的接触处往往有一条褐色界线，珠层较薄（一般为0.5～2mm±），用针拨动可见其有鳞片状粉末。人工养珠的透明度较好，呈胶凝状半透明，因入射光由珠核反射回来，增加了珠层的亮度。人工养珠表面凹凸不平，放大观察可见珍珠质厚呈薄层同心放射状结构，表面微细层纹、珠核可呈平行层状，珠核处泛白色冷光。琵琶珠往往隐约可见其空心处呈光亮现象。

养殖珍珠往往有一个较大的珠核。该珠核多是用淡水蚌壳磨成，它的密度也常大于天然珍珠，所以如果在密度为2.713的重液中测试则天然珍珠多数会漂浮，而海水养殖珍珠则多数会下沉。但密度的变化范围都比较大而且不太固定，利用密度方法测试也只能作为参考。

珍珠有核无核虽不是鉴别上的唯一关键，但仍然是一个重要的参考依据。观察有核无核除直接观察或放大检查、内窥镜观察等方法之外，还有一个简单的办法，即将珍珠放入磁场，凡会稍有转动一定角度者则为有核珠（当有核珍珠转动到珠核贝壳层的横纹与两极方向一致时则停止转动），在磁场中不动者为无核珠。这对正圆珠比较有效，也要反复变动珍珠的方向，多作几次测试，方能得到比较准确的效果（图8-7-10）。天然珍珠与养殖珍珠的区别如表8-7-4。

用内窥镜法直接观察光线通过有孔珍珠后的情况判断有核无核（详见[优化处理鉴别方法4]）。

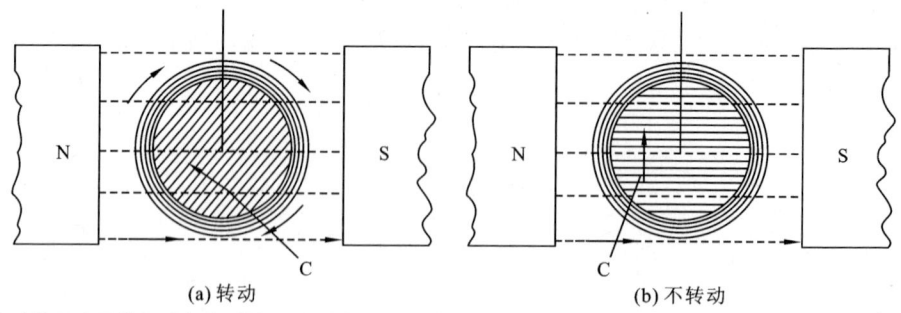

(a) 转动　　　　　　　　　(b) 不转动

(a)当珠核贝壳层横纹垂直的C轴与NS方向斜交时，珍珠发生转动，转动到C轴与NS垂直(b)则珍珠不再转动

图8-7-10　圆珠放于磁场内

表 8-7-4　天然珍珠与人工养殖珍珠对比

项目	天然珍珠	人工养殖珍珠
核	一般有核,核为异物,病灶成核心,多近于圆形	一般无核,为手术插入细胞片分泌而成,非圆形或圆形
外形	不规则,直径较小	多圆形,椭圆形,水滴形,直径大
质地	细腻,结构均一,珍珠层厚,珠光强,半透明,光泽强	质地松散,珠光不强,光泽不如天然珠,珍珠层较薄,表面常有凹坑,透明度较好
强光透射	看不到核及核层条带,无条纹效应	可看到珠核,核层条带,转 360°两次闪光,核多呈现条纹效应(有核珍珠)
密度/g·cm^{-3}	<2.713(80%漂浮)	>2.713(90%下沉)
X 荧光反应	在 X 射线下多不发荧光(除澳大利亚银光珠外)	在 X 射线下发荧光,磷光(蓝紫,浅绿)
X 射线衍射	劳埃图中出现假六方对称图案的斑点	劳埃图中出现假四方对称图案的斑点,仅有一个方向出现假六方对称图案的斑点
X 射线照相	照片的底片色调均匀,有明暗相间环状图形或近中心弧形	底片上明亮珠核或空洞,和相对较暗的珍珠层组成,还可显示珍珠核的平行条纹(有核珍珠)
内窥镜法测试	当光从针端射入,另一端镜上可看到光的闪烁	当光从孔的一端射入,另一端镜上看不到光(因光沿珍珠核折射)
紫外线射影法测试	阴影颜色较均匀、一致	在核层与光线垂直时产生深色阴影,仅周边颜色较浅
磁场反应	珠在罗盘中不动	有核养殖珍珠会转动,当珠层理平行磁力线,转动停止(此法仅适用于正圆珠)
出现几率	少	多(绝大多数都是)

七、珍珠的分类

现按珍珠的形成、物理性质及产地等将珍珠作如下分类。

1. 按形成分类

根据珍珠的形成可分为天然珍珠大类和养殖珍珠大类。

(1) 天然珍珠大类指在自然环境下的野生贝蚌内形成的珍珠,这类珍珠已极为罕见,又可将其分为天然海水珍珠类和天然淡水珍珠类。

① 天然海水珍珠类为海水中珍珠贝天然形成的珍珠,亦称盐水珠。

② 天然淡水珍珠类为天然淡水中形成的珍珠,包括淡水珠和湖珠。

A. 淡水珠:淡水中珍珠贝自然产出的珍珠,指江、河中产出者。

B. 湖珠:湖水中珍珠贝自然产出的珍珠。湖珠旧有"美人湖珠"和"草仔湖珠"两种,美人湖珠形圆,表皮细腻,俗称"紧皮",透明度差,不够滋润,如果圆上有腰线者称"腰线珠";"草仔湖珠"为普通湖珠,多呈铅灰色,光泽暗淡,不够细腻。

(2) 养殖珍珠大类是指由人工在贝蚌内培育而成的珍珠。珍珠的养殖是获取珍珠最重要的手段,又可将其分为海水养殖珍珠类和淡水养殖珍珠类。

另外养殖珍珠也可分为:无核养殖、有核养殖、再生珍珠、附壳珍珠。养殖珍珠是最重要、最普遍的,现概述如下。

① 无核养殖是指人工将珍珠贝外套膜切成小碎片,置入另一成年贝的外套膜中,细胞增殖,形成珠囊,后围绕珠囊,形成珍珠液,层层叠加沉淀,形成珍珠。珠大而圆,光泽强可形成优质珍珠。

② 有核养殖是指人工在江河湖泊中养殖,用淡水蚌壳制成珠母核,一般磨成圆形或其他形状,然后取来未成年珍珠贝的外套膜后再插入一成年珍珠贝中,同时插入一小片外套膜表皮,使其贴紧珍珠核表面,分泌增殖细胞,形成珠囊,囊外不断沉淀珍珠液,则形成大而圆的珍珠。

这种插核技术最适合于海水养殖,目前也已在淡水养殖实验中应用。

③ 再生珍珠是指在采珍珠时刺破珍珠囊,取出珍珠,再将养育珍珠的蚌放回水中,其伤口愈合后珍珠囊上皮细胞继续分泌珍珠液所形成的珍珠。这种方法有节省蚌源、操作简便、珍珠生长周期短、产量高、经济效益大的优点。但珍珠不一定规则圆滑、表面光泽差,往往不宜作装饰品用。

④ 附壳珍珠是指把任意形状的异物插入贝壳外套膜中,使其附着在贝壳的内壁上,在异物之外则分泌珍珠液,即形成所为的佛像珠、半圆形珠等珍珠。这种珍珠需要从壳上锯下来,即可作装饰之用。

2. 按质地颜色分类

珍珠按质地颜色可分为白珠、黑珠、杂色珠。杂色珠有蓝绿珠、紫珠、绿珠、正红珠、淡黄珠、丁香紫珠等。

3. 按光泽分类

(1) 老光珠是指时间长久了的珍珠或饰用长久的珍珠。色泽变暗、变黄者称"老光珠"。

(2) 新光珠是指颜色纯白、光泽明亮的珍珠,包括产于广东的"广新珠"、产于印度的"孟买珠"等。

4. 按形状分类(主要是中国的分法)

(1) 精圆珠指洁白、粉白、极度的圆、滚圆、光泽强、细腻、皮紧的珍珠,为珠中之上品。珠在平整的圆盘上自行不停的滚动者为"走盘珠",质量最佳。

(2) 木压珠指普通圆形珍珠,圆度和性质仅次于精圆珠。

(3) 扁圆珠指扁圆形珍珠。

(4) 馒头珠指上圆下平,形似馒头的珍珠。

(5) 坠形珠上尖、下圆、体长,似乳滴状,俗称"奶坠",似茄子(长茄子)状者称"茄坠"。

(6) 随形珠具有上述形状以外的各种形状,这类珍珠的体积一般都很小。

(7) 双子珠指形如哑铃状,两珠大小一样并相连的珍珠。这种珍珠主要产于鳗鱼之中。

(8) 马牙珠,体长形,似马牙状。

(9) 半圆珠指半圆形者。

(10) 环带珠指成环带状的珍珠等。

5. 按珠的大小分类(现已不太常用)

(1) 大珠：质量>5ct,亦称颗粒珠,粒径在3cm以上。

(2) 厘珠：质量>0.5ct,粒径在1cm以上。

(3) 毛头：质量>0.05ct,粒径在1mm以上。

(4) 扣珠：质量<0.05ct,粒径在1mm以下。

6. 按产地分类(在市场上是常用的)

(1) 合浦珠。合浦珠是我国广西合浦所产的海水珍珠。珍珠质优、形圆、光泽强,堪称世界之冠。据历史记载合浦采珠始于东汉顺帝年间,由于管理不善产量时起时落,直到解放后,方重新加强管理改善养殖,成为中国海水珍珠最主要的产地,也是世界上著名的珍珠产地。

(2) 太湖珠。太湖珠为产自我国江浙太湖一带的淡水养殖珍珠,由三角帆蚌所产,珠本身个圆而柔润、表面光滑、光泽艳丽,为人们所喜爱。太湖也是我国产珠的重要基地。太湖珠在安徽、湖南、江西、四川等地的江河湖泊之中皆有产出。

(3) 南洋珠。南洋珠指缅甸、印尼、菲律宾、澳大利亚、马来西亚及我国的海南岛一带南海海域所产的珍珠。其中产于澳大利亚的有澳洲珠之称,为一呈银白色的珍珠,多产自白螺贝,所产的珍珠个大、色白、形圆、光泽强,是珍珠的著名产地。

(4) 南海珠。该珠产于密克罗尼西亚(西太平洋群岛)和波利尼西亚(中太平洋群岛)。这里产出的珍珠一般粒大(大者可到7 100格令),很圆。塔希提岛(南太平洋)是大珍珠的著名产地。这些地区的珍珠,多呈白色,有的光彩夺目,也有黄、灰和黑色。具有灰色底的珍珠光泽为其特征。

(5) 东方珍珠。又称东珠,产于亚洲波斯湾如伊朗、阿曼、沙特阿拉伯海岸一带海域。该区产珠也甚为有名,按记载已有2 000多年历史。东方珍珠也曾有波斯珠之称,闻名于世。所产珍珠粒径较小(<12格令),呈白、奶白、淡绿色,密度为$2.68\sim2.74g/cm^3$,质量甚优。

产于印度和斯里兰卡之间的马纳尔湾的称马纳尔珠。该地采海水珍珠贝中的珍珠已有2 500年历史,现在只有零星产出。马纳尔珠呈乳白—苍白色,有时见蓝色色调、绿和丁香紫色色调,质量也很好。

(6) 日本珠。也称东珠,日本海水养珠多是以马氏贝养殖,也甚有名气。在中国、韩国、斯里兰卡也有生产。所产珍珠粒大、色白或带绿色色调,形状圆滑,密度为$2.66\sim2.76g/cm^3$。

(7) 琵琶珠。它是日本琵琶湖所产的淡水珍珠。珠的表面光滑,但多呈椭圆形,曾为淡水珠中的有名产品。

(8) 委内瑞拉珠。这种珍珠产于委内瑞拉的海水里,是一种牡蛎中的珍珠,乳白—褐色,也有黑色者。白色珠具美丽的彩虹色,透明如玻璃,密度为$2.65\sim2.75g/cm^3$。

(9) 塔希提珍珠。这种珍珠产自赤道附近玻利尼西亚的塔希提,塔希提珍珠最黑、最亮,为名贵的黑色珍珠。具有绿色色调及金属般光泽的塔希提珍珠,属名贵产品。

(10) 墨西哥珠和巴拿马珠。它们皆为小型海珠产地,在商业上不太重要。

(11) 斯里兰卡和马德拉斯珍珠。这种珍珠呈白色或浅奶油色,伴有绿色、蓝紫色的奇异暗淡色彩。

(12) 拉巴斯珍珠。这种珍珠常常呈暗—灰黄色,也有与波斯珍珠相似者。

其他还有美国珍珠、蓝珍珠、泥珍珠、法国珍珠等,这些定名往往不够妥当,产量亦极少,也很少见到。

7. 按方向分类

我国有人按方向分类，将珍珠划分为东、西、南 3 类：合浦珠称"南珠"，黑龙江、辽宁等地所产的珍珠称"东珠"，西方国家所产的称"西珠"。

此外，有些学者不分海水珠和淡水珠，而是按照珍珠在贝蚌体内的生长状况将其分为 3 类：①游离珠，即珍珠在贝蚌体内，不与贝壳相连者，外围全被珍珠层包裹，是完整的珍珠体；②附壳珍珠，即珍珠紧贴于贝壳之上，因此珍珠有一个面与贝壳相连，呈半圆形者称"半边珠"，也称"马比珠"；③聚合珠，是两颗以上的珍珠被有机质、棱柱层、珍珠层混合围裹在一起，形成一个珍珠团者。

总之，由于行业需要、用途不一或质量需要不同，出现了很多不同的分类。

(a) 广西合浦珍珠

(b) 珍珠项链

(c) 珍珠串成的摆件—珍珠塔

图 8-7-11　珍珠饰品

八、优化处理

1. 漂白处理及增白处理

现在市场上投放的珍珠一般都经过漂白。珍珠经漂白后除去了原珍珠上的杂质污点，颜色更白，为人们所喜爱。还有人在漂白的基础上，给珍珠添加增白剂以改善颜色。

2. 染色处理

天然的黑珍珠，别具一格，也很珍贵。染色的珍珠和天然的珍珠相比颜色上有差异：天然的黑色珍珠往往略带彩虹般闪亮的深蓝黑色，或呈带有青铜色调的黑色；染色的珍珠则颜色均一，为黑色或灰黑色，呈弱的珍珠光泽。如将其用稀盐酸（5%±）擦洗，则在布上可留下黑色痕迹，在表面凹处及孔中可见染料，用蘸丙酮的棉签可擦拭出染料，银盐染黑者可检测出银反应。将染色黑珍珠放大检查可见色斑，表面有点状沉淀物，有 PL 光谱、紫外光下可见吸收光谱，与天然黑珍珠光谱不同，海水染色黄珍珠紫外光下可见吸收光谱在 365nm 处无或具弱吸收谱带，在 427nm 附近可能有强吸收谱带。

3. 辐照处理

辐照处理指将养殖珍珠辐照处理成黑、绿、蓝、灰等色。放大检查，珍珠质层可见辐照晕斑。其拉曼光谱多具有强荧光背景。

4. 仿珍珠赝品

另外有一些仿珍珠赝品，如珠粒中心充蜡、中心为玻璃、塑料，外层为珍珠精液等仿制赝品。赝品与珍珠（不论天然的或养殖的）相比，赝品珍珠相互摩擦，皆光滑无阻感；而天然的或养殖的珍珠相互摩擦,比较有涩感。其原因是珍珠表面往往珍珠层不平或有晶化的小晶芽凸出,因而无滑感。这是两者最大的区别。另外,这类赝品为玻璃、塑料制品,均不溶于酸,密度也与珍珠不同,在偏光镜下珍珠为非均质体,赝品为均质体,易区别之。

九、优化处理珍珠的鉴别方法

仿珍珠与天然或养殖珍珠的区别比较简单。但区别天然与养殖珍珠,尤其是它们都未被打孔时,较为困难,因为两者表面材料一样。某些检测(如密度、烛光、放大)可以采用,但它们总不是最终判断的依据。过去曾用内窥镜检测打过孔的珍珠,目前使用的已经较少。同样可使用 X 光衍射图。X 射线照相和 X 光荧光的综合使用是较为有效的鉴别手段。

1. 密度检测法

因为养殖珍珠母核大,因此天然与养殖海水珍珠之间存在密度差异。在密度为 2.713 g/cm³ 的溶液中,多数天然海水珍珠上浮,而多数养殖珍珠下沉。

2. 烛光测试法

这种测试法是将单个珍珠置于类似于光纤光源的强光源之上进行测试。若是养殖珍珠,母珠的平行层经常可见;若是天然珍珠,将会显示从边缘至中心渐暗的现象。此法对单个珍珠不完全可靠,但能提供一些有关信息。

3. 钻孔的测试法

此种测试法较为简单,采用小型放大镜或显微镜。养殖珍珠外层较薄(通常小于 1mm),该层与母珠的分界经常可见。但天然珍珠有时也有类似结构。

4. 内窥镜法

这种有趣的仪器(已不太使用)用呈 45°角的镜子顺着长度方向反射空心针来探测带孔珍珠的内部结构。在 X 光方法使用之前,它被视为最可靠的工具。

单镜和双镜方法都可使用。由双镜法可以看出,当针到达天然珍珠中心时,从第一面镜子上反射一束光,随着同心层到达第二面镜子,在显微镜上看见一束亮光。养殖珍珠由于它的中心平行层结构,就不存在这种现象。图 8-7-12 为内窥镜法鉴别珍珠示意图。

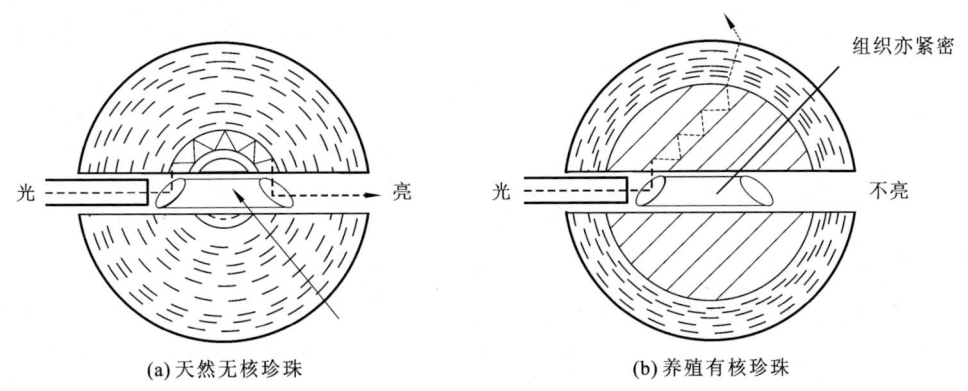

图 8-7-12 内窥镜法鉴别珍珠示意图

5. X 光衍射法

此法用 X 光穿过珍珠,胶片便可记录其衍射图形。天然珍珠中所有文石晶体由中心径向排列,X光与晶体长度方向平行,这个方向是斜方晶系文石的C轴,为斜方晶系特征在X光衍射图上的反映。对于一个方向的X光,天然和养殖珍珠具有类似的图形。这种方法虽可靠但慢而繁琐,目前较少采用。

6. X光衍射图法

这种方法类似于医学和牙科学中使用的方法,是指将单个或整串珍珠放在一张感光胶片上,让X光广泛照射,胶片就会感应被测物不同部位对X光的不同透明度。由于珍珠角质层对X光透明,可显示出一条黑线将母核和珍珠层分开。不同于养殖珍珠,它还可显示几种层次的透明度。

7. X光荧光法

用上述相同的X光照射珍珠而观察其荧光特性,是一种有效的辅助测试方法。所含淡水母核的海水养殖珍珠,都在X光下发出荧光。

8. 改色

天然和养殖珍珠都可以通过脱色来去除珍珠角质的黑点(或显示珍珠层)或使其变浅,这种处理方法无法检测,但已广泛使用且获得认可。

天然和养殖珍珠也可通过着色来改变其颜色,有时将孔眼放大便可见着色。通过使用蘸丙酮的棉球可检测出改色黑珍珠和其他着色过的珍珠。此外,原色天然黑珍珠对长波光发弱至中等红色—橙红色荧光,而着色的黑珍珠一般呈惰性。

9. 仿制品

仿珍珠是指用类似亮漆的物质(其中有一些悬浮物为圆形包体),漆干时产生类似珍珠的外观的珍珠。其表面平滑,没有图像。而天然珍珠有分层现象,可在显微镜下观察,甚至用牙咬来感觉识别之。仿制品珠核有3种:填蜡、固体玻璃、母珍珠。常用包体材料是从鱼鳞箔中提取的鸟尿环晶体作悬浮物,有时称为珍珠箔。塑料仿珍珠也已产出,流入市场或作装饰物之用。用塑料的特征可识别之。现提供几项识别仿制品与珍珠的方法,可综合参考使用。

具体识别方法:①以手触摸珍珠有凉爽感,仿珍珠则滑而不凉;②两粒珍珠互相摩擦,珍珠有涩感,仿珍珠不涩只滑;③牙咬亦觉光滑,表面易出现牙印者为仿制品;④珍珠串成的项链往往粒粒有别,且每粒都有珍珠光泽和珍珠变彩,而仿制品则粒粒相同,又圆又亮,无珍珠光泽;⑤对仿制品加热则有异嗅味,对珍珠加热则无异嗅味;⑥把珍珠置于稍高处将珠粒丢下,其弹跳高度一般都能反跳20cm左右,且可连续反弹,而仿制品则只能反跳10～15cm的高度,且连续反跳能力很弱;⑦将珍珠放于丙酮溶液中轻微摇动,一般珍珠光泽不变,而仿制品则失去光泽,放于盐酸中则珍珠溶于盐酸,仿制品则一般不溶;⑧有的珍珠(南珠)会发出淡蓝色荧光,仿制品则一般无反应。

10. 薄皮珠

值得提出的是,出现了一种薄皮珠,个大、粒圆、珍珠层极薄,佩戴不久由于温度的变化胀缩不均,外皮(珍珠层)即自行脱落,露出胚胎(珠核)。这是由于养殖者蓄意作假,利用大个母珠为核,植于蚌中,养殖很短时间即取出,按大粒珍珠出售,谋取暴利。这种薄皮珠,往往会自然脱皮,检测时触目可见。未脱皮者,可利用以上相对密度、烛光放大观察等检测手段识别之。

十、珍珠的评价

评价珍珠,在一般人的思想上仍有传统观念,认为天然产的海水珍珠最好。但天然海水珍珠极为罕见,价格也最为昂贵。现在市场上的珍珠几乎全是人工养殖的。对这种养珠应以下列几个方面作为评价依据。

(1) 颜色以白色者为佳。如果白色再稍带玫瑰红或浅的淡粉色珍珠更受欢迎,蓝黑色带金属光泽者为最优。黄色者为劣等,但金黄色者又为人们所喜爱。

(2) 光泽应以强珍珠光泽为佳。强珍珠光泽往往呈现彩虹般的晕色,微显金属光泽,颇为艳丽,为上品。

(3) 颗粒越圆越值钱,以精圆者最好。但也有人喜爱形状奇特的珍珠,所以某些异型珠亦可为人们所喜欢。

(4) 珠粒越大越珍贵,价值往往与质量的平方成正比。但目前珍珠多以圆的最大直径为标准,其单位以毫米计算,故其质量显得无直接意义。

(5) 珍珠的光洁度。透明度好、质地好者为佳。有无瑕疵主要看珍珠表面瑕疵的大小、颜色、位置及影响光滑、洁净的情况。

(6) 仔细观察珍珠层厚度,珠层厚者光泽强、靓丽,所以珍珠层厚者为优。

(7) 珍珠还有一种性质即弹性。这种弹性可能与珍珠的层状结构及介壳质的含量有关,其含量多的珍珠层厚,则弹性大。如将珍珠向上抛起落下时,珍珠弹跳比较高的为优质。

(8) 带有钻孔的珍珠(如项链上的珠粒),钻孔的两端要对称,孔要通过珠粒中心,粗细要均一、细致,孔要不偏不斜。

(9) 在一些珍珠饰品上的搭配珍珠,要求搭配得当、质量均一、大小均匀、孔不偏斜且珠不歪扭。

以上这些评价依据在 2008 年的国标《珍珠分级》中已作了形状、光泽、光洁度、珠层厚度及质量等级的分级(详可参考《珍珠分级》国标,2008)。

十一、珍珠质量的一种专门计算方法

珍珠质量一般是以珍珠喱为计算单位,又称"格令",现在已较少使用。其方法为,1ct 等于 4 珍珠喱。在日本,质量单位为"莫梅",1 莫梅等于 75 珍珠喱或 18.75ct(仅用于珍珠),1g 等于 20 珍珠喱(格令)或 5ct。

当前天然珍珠或人工养珠,圆形的最多,以圆珠为标准,只要量一下它的最大直径,便可估计出它的质量(表 8-7-5)。

表 8-7-5　圆珠的直径及对应的质量

直径/mm	质量/珍珠喱
1	0.02
5	3.50
6	6.00
7	9.75
8	14.50
9	19.50
10	28.00

根据以往的资料所知,世界上天然海水珍珠的生产国家和地区有波斯湾诸国、马纳尔湾、委内瑞拉、墨西哥、红海、日本等。天然淡水珍珠的产出国家和地区有苏格兰、英格兰、威尔士、爱尔兰、法国、德国、奥地利、密西西比河及其支流、亚马逊河流域、孟加拉国等。世界上的养殖珍珠产地主要是中国和日本,海水养珠主要为日本的三重、长崎、广岛、神户等县。其中三重县为世界优质海水养珠的著名产地。淡水珍珠养殖主要是日本列岛中部的琵琶湖。还有塔希提岛、澳大利亚、印度尼西亚、菲律宾、泰国、缅甸等。我国是最早养殖珍珠的国家,早在宋朝(960—1279年)已经开始。其养殖的技术,乃中国唐宋时期传给日本。我国目前仅淡水养殖一项年产量就在一两千吨,为世界之最,无核淡水养殖珍珠质量也已达到或超过世界先进水平。

中国的天然海水珍珠,主要产于北部湾及广东沿海,如钦州湾龙门港、防城港、东兴市、合浦县等地。天然淡水珍珠主要产于华南各县。海水养殖珍珠,也主要是北部湾及南海。世界驰名的(广西)合浦珠,又称"南珠"或"廉珠",其内主要含有钙、碳、氧等元素,并有镁、钠、钾、磷和微量的锌、铁、铜、锰、铬、镍等对人身体有益的元素。其他还有钦州湾、北海市合浦县及海南、湛江、惠阳、汕头等地,均有海水养珠产出(图8-7-13和图8-7-14)。

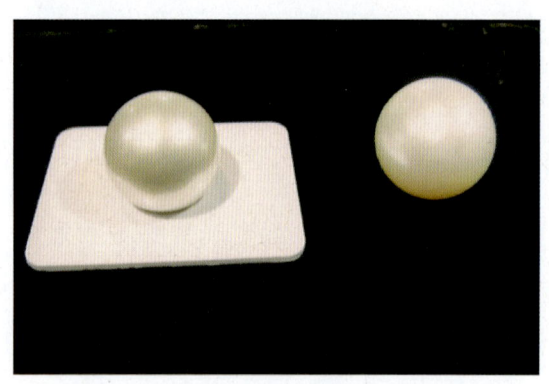

图 8-7-13 澳大利亚产的两粒海水珍珠

图 8-7-14 广东湛江汕头一带产的两粒珍珠
(左)直径 18.8mm (右)直径 17.6mm

自1965年我国培育出第一批合浦珠母贝的人工苗起,至1979年在海南的三亚市建立了中国科学院海南热带海洋生物实验站,研究大珠母贝及养殖珍珠,至今已能从人工育苗开始进行大规模养殖,培育大珠母贝第二、第三代养珠。我国的淡水养珠及淡水无核养珠,主要分布于南方各省,尤其以江苏、浙江等淡水珠培育地最佳。安徽、上海、江西、湖北、湖南等地皆盛产之。

另外,不是世界各地都可以生产珍珠。从以上珍珠的生产国和地区可以看出,珍珠生长应该有一个合适于珍珠贝、蚌生长的环境,养殖海水珍珠从气候条件看以热带、亚热带、气候温暖的浅海水域环境为宜,风浪较小的海域、较稳定的环境最为合适。

淡水养珠除气候温暖的条件外,在湖泊、池塘或小溪流中养殖,环境亦要稳定,而且要含泥砂量少,水质以中性或微酸、微碱性为宜,水深以不超过4m或4m左右最为适合。

十二、仿制品

如前所述有珠粒中心充蜡、中心为玻璃、塑料及人工仿制品等赝品,简述如下。

1. 充蜡玻璃仿制珍珠

这种仿制珍珠为空心玻璃小球中充蜡,其密度一般低于 $1.5g/cm^3$,明显地轻于珍珠,用针拨动表皮硬,内部软,表面光滑。

2. 实心玻璃仿制珍珠

这种仿制珍珠为将玻璃珠浸泡在"珍珠精液"精液中而成,稍放大即可看出最外层为一层"珍珠精液"薄层,用针拨动,无粉末脱落,而可见成片的脱落物。

3. 塑料镀层仿制珍珠

这种仿制珍珠为在塑料球外镀一层"珍珠精液",表面用放大镜观察,可见有均匀分布的丘疹状物,用针挑拨,可有成片状的脱落物,为鳞片状粉末脱落。

国际珠宝市场上以实心玻璃仿珍珠最为常见。尤其以西班牙的马约里卡公司的产品最为有名。其中的核为一种乳白色的铅硅酸盐玻璃,外部涂的是"珍珠精液",可使这种仿珍珠呈玫瑰色、奶油色、葡萄酒色、灰色等。珠粒呈浑圆形,与海水珍珠极为相似,也深受欧美人士的宠爱。

4. 人工仿珍珠

人工仿珠最初出现在 1656 年,由法国人嘉昆(Japuin)仿制成功,曾称为"罗马仿珠"。近代仿珠种类越来越多,有的是以塑料、贝壳、玻璃等材料为核原料,外面涂以青鱼鳞提取的"珍珠精液",是鸟嘌呤石溶于硝酸纤维溶液中形成的一种液态物,"珍珠精液"涂上后则其看来有珍珠的色泽。也有用碱式碳酸钙和云母细粉等制作的涂层于玻璃、塑料球之上而充当珍珠的。这些仿制品的共同特点是看来色泽亮丽而颗粒等大、无珍珠之感觉、手握之无凉爽感、互相摩擦无沙涩感而光滑异常;以针拨刻可成片或薄层脱落,密度变化大,一般在 $1.5\sim3.2g/cm^3$ 之间;放大检查可见气泡或涡旋纹、粒状结构等,不溶于盐酸,紫外光下无荧光。这类珍珠大量镶于服装或艺术品之上,易识别之。

5. 马约里卡珠

马约里卡珠是用铅硅酸盐为原料制成的小球,为透明—不透明的玻璃珠,外涂以"珍珠液"。常见的有白色、灰色、奶油色、灰黑色、黑色等,光泽很强,折射率为 1.48,密度为 $2.67g/cm^3$,摩氏硬度为 2~3,表面光滑,可制成多种形式的圆、半圆、心形等珠粒。这应该属玻璃制品的范围,它却用于仿海水珍珠。其检测方法仍可以其玻璃的特性来观察,如具气泡、具涡旋纹,以任意两粒珠子摩擦感到非常光滑,毫无沙涩感。

这种仿制品产自西班牙的马约里卡公司,故名马约里卡珍珠。

6. 仿制黑珍珠

仿制黑珍珠实际上还是人工仿的珍珠,只不过有黑色涂层,也就是在珍珠的优化处理中提到的镀膜、染色所致。这种黑珍珠以充蜡玻璃、实心玻璃及塑料玻璃(有实心、空心之分)、贝壳为核等,珠外涂以黑色层,有的涂一层,有的涂两层。由于黑珍珠比普通珍珠价值较高,所以使其变黑的方法也很多,最常见的还是染色黑珍珠,对这类仿制品鉴别方法与其他仿珍珠相同。

十三、珍珠的鉴定证书

珍珠的鉴定证书(分级)大致应该包括以下内容：

(1) 证书编号；

(2) 鉴定结果(名称：表明海水养殖珍珠或淡水养殖珍珠)；

(3) 珍珠等级(养殖珍珠或饰品中养殖珍珠等级)；

(4) 颜色；

(5) 大小；

(6) 形状级别；

(7) 光泽级别；

(8) 珍珠层厚度级别(无核养殖珍珠除外)；

(9) 光洁度级别；

(10) 总质量(g)；

(11) 匹配性级别(如果涉及，内容为眼孔、毛边等情况)；

(12) 检测人及审核人签名、检测单位(地址、电话、网址)、盖章；

(13) 检测日期；

(14) 备注(参考国家标准《珍珠分级》，2008)。

十四、佩戴珍珠饰品的注意事项

根据珍珠的化学成分、物理性质特点，佩戴珍珠应注意以下几点。

(1) 佩戴珍珠饰品要防止珍珠受热，尽量不要使珍珠与香水、粉底霜、润肤油等化妆品接触，也尽量不要与过多汗液接触，更不要长时间与硬物、粗结构织品磨擦，这些都会损伤珍珠的精美外观。

(2) 珍珠饰物受热会破裂变褐，遇酸会严重腐蚀珠粒。

(3) 如长期接触香水、汗液或游泳池中的水皆可损害珍珠表面，使其失去光泽。所以每天佩戴过后最好用肥皂水清洗、晾干。

(4) 佩戴珍珠项链最好经常变换方向，变换接头子母端，因珍珠接触皮肤的部分不断改变可延长珍珠的寿命。

(5) 比较贵重的一些珍珠项链，为防止珠粒间的相互磨擦，可在珠粒间用绳结隔开，这还可避免线断各珠粒整串脱落。

(6) 避免强烈振动、挤压，以免引起珍珠内部或外部破碎。

(7) 每当珍珠变黄时，可置于1‰~5‰的稀盐酸中略加浸泡，待其黄皮被溶，迅速取出，用清水洗净、擦干，珍珠即可重放光彩。不过此方法在使用过程中稀盐酸的浓度难以掌握，家庭中不要使用，可在珍珠工厂或实验室中应用。

(8) 珍珠的壳基质含有水，珍珠壳质量越大，脱水分越快，则越容易变黄破碎或出现明显裂纹。如能保存在一定温度、湿度的环境下(如放在暗处避免珍珠脱水)，可持续几代人使用。

第九章 普通常见宝石大类

第一节 水晶（石英）

这一类宝石包括水晶[Rock Crystal(Quartz)]及紫晶、黄水晶、烟水晶、墨晶、绿水晶、芙蓉石、水胆水晶、发晶等。

无色透明的石英称做水晶。据考证，古代印度人、埃及人、阿拉伯人、波斯人，早在5 500年前就会磨制水晶。古希腊人认为水晶是水根据神的旨意而变成的石头。古希腊哲学家亚里士多德，将水晶命名为"晶体"，认为水晶是"水"的化石。在古希腊的神话中，水晶充满着传奇色彩，认为紫水晶是紫衣少女变成的。水晶以其纯净、透明、坚硬之特征，被古今中外人士喻为心地纯洁、坚贞不屈的象征。

中国古代人们称水晶为"水精""水玉""玉晶""千年冰""菩萨石""放光石"等。在距今50万年前的古人类文化遗址中就有水晶饰品出土。河北平山战国时代中山国遗址里出土有水晶环，山西长治分水岭东周墓出土有水晶珠，吉林大安汉墓出土了紫晶等。这皆说明我国对水晶开发利用的历史悠久。在故宫博物院收藏的大量珠宝玉石中更有水晶朝珠、水晶如意等水晶制品多件。在中国最古老的一部矿物学书籍《山海经》（成书于春秋末战国初，即公元前475年前后）中就有对水晶的记载，其后范晔《后汉书》、李时珍《本草纲目》(1596年)、宋应星《天工开物》等著作皆有关于水晶的记载。

在所有宝石矿物中，没有一种比得上石英的产地多、品种全的特点。它生成于火成岩、沉积岩和变质岩中，在某些岩石中以单一矿物存在。由于硬度较高(7)、缺乏良好解理、化学性质稳定，所以石英构成了砂砾层和海滨砂的基本组合。

火石作为石英细粒变种是人类利用的第一种矿物，我国古代称其为燧石，也称打火石，因两块燧石撞击可出火星以取火。火石在工具和武器上的应用，使人类开始走向通往文明之路。后来，石英的彩色变种无疑被首次用于"宝石"，既作个人饰品，又具魔幻性。国外有关矿物最早的一部著作是《Theophrastus》，在大约公元前300年写成。在该著作的"论石头"章节中，对石英及其变种作了详细的描述。尤其是红玉髓被认为是古代用得最广的宝石矿物。

用作宝石的石英被分为两组：一组是结晶变种（石英）；另一组是细粒、微晶至隐晶变种，其物理性质虽然不同，但宝石学将其归类为玉髓。然而，所有石英的主要化学成分和晶体结构都一样，其差异在于形成方式、粒度、引起颜色和色彩变化的杂质各异。

石英的化学成分是SiO_2，它有一系列（十多种）的同质多象变体，如低温石英（α-石英）、高温石英（β-石英）、低温鳞石英（α-鳞石英）、高温鳞石英（β-鳞石英）、低温方石英（α-方石英）、高温方石英（β-方石英）、柯石英、斯石英等。这些同质多象变体的热力学稳定范围，如图 9-1-1 所示。由图中可以看出斯石英和柯石英稳定在高压条件下，所以这两种石英只产生在陨石超高速撞击地球而形成的陨石坑中。最近（2008）在火星陨石（Shergotty）中又发现有塞石英（Seifertite），皆为受强烈冲击产生超高压条件下使石英发生同质多象转变而成。另外也可形成于地球上的金伯利岩的榴辉岩中。

这些变体中最常见的是低温石英（也称 α-石英）和高温石英（也称 β-石英）。还有含水的非晶质变体蛋白石。一般常说的"石英"应为 α-石英和 β-石英的总称。通常未加特别说明的"石英"即指 α-石英，现重点地将常见的 α-石英作如下叙述。

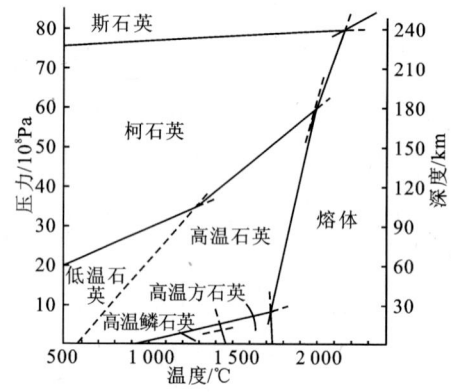

图 9-1-1　SiO_2 同质多象变体的热力学稳定范围
（长虚线代表可能的次级有序转变；短虚线代表单变反应曲线的亚稳定范围）

一、α-石英

1. 化学组成

α-石英的化学式为 α-SiO_2。α-石英含 Si 46.7%，O 53.3%。

二氧化硅几乎存在于所有的宝石矿物中，无色石英具有稳定的物理和化学性质，通常含 SiO_2 近于 100%，是自然界最纯的一种化合物。类质同象混入物少见，除含有微量元素外，可含有极微量的 Ti、Fe、Al 等元素，并常有机械混入物或各种气、液、固态（如阳起石、金红石等）包体。其微量元素造成色心引起石英颜色的变化。

2. 晶体结构

石英的晶体结构特征为一个 Si（硅）被四个 O（氧）所包围，组成硅氧四面体[SiO_4]。四面体以螺旋形式排列，α-石英的硅氧四面体排列呈三次对称，属三方晶系，如图 9-1-2(a)所示；β-石英的硅氧四面体排列呈比较规律的六方形，呈六次对称，属六方晶系，如图 9-1-2(b)所示。其排列形式为每三个四面体为一组，在逆时针方向一个比一个高，组成双轨螺线形排列。石英的两种变体中 Si 离子投影于（0001）面上的排布方式如图 9-1-2(b)、9-1-2(c)、9-1-2(d)所示。逆时针上旋的螺旋方向称右旋，反之称左旋。表现在石英外部形态上，有左形和右形之分。但形态上的左右形与结构上的左右形相反。

第九章　普通常见宝石大类　　383

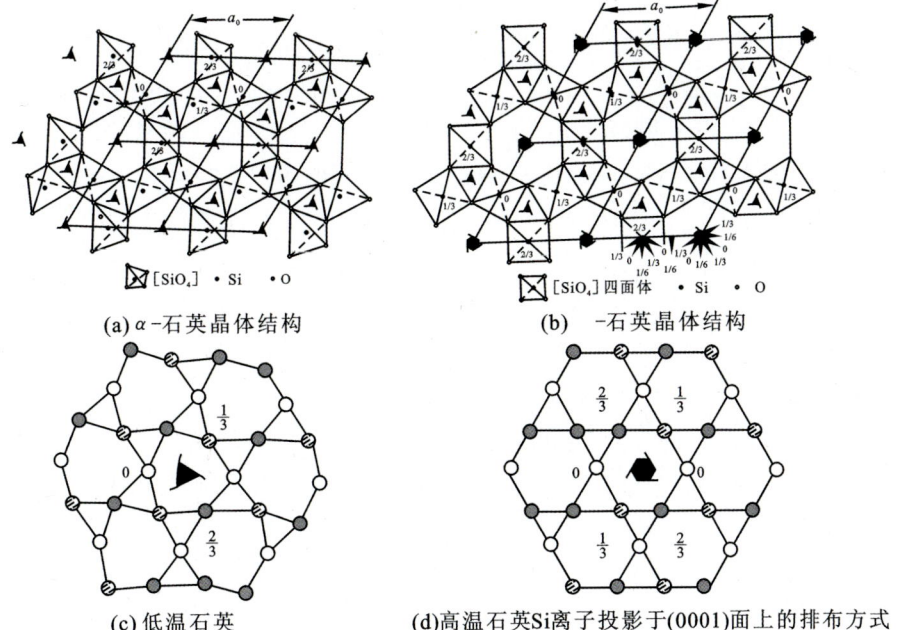

图 9-1-2　石英晶体的结构

3. 形态

α-石英属三方晶系，晶体的对称型为 $L^3 3L^2$，常发育成完好的晶体（图 9-1-3～图 9-1-4）。

图 9-1-3　各种晶形的水晶晶体

图 9-1-4　各种颜色的水晶

晶体呈柱状，柱面有横纹。集合体呈晶簇状或块状，晶体上下不对称，常见单形有六方柱 $m\{10\bar{1}0\}$，菱面体 $r\{10\bar{1}1\}$、$z\{01\bar{1}1\}$、三方双锥 $s\{11\bar{2}1\}$，三方偏方面体 $x\{5\bar{1}6\bar{1}\}$（右形）、$\{6\bar{1}5\bar{1}\}$（左形）等。石英属低对称晶族，既无对称面，又无对称中心，图 9-1-5 为石英晶体，晶轴为极性轴。菱面体 r 一般比 z 发育，其晶体形态并由正向（r）和负向（z）菱面体决定。两个菱面体如果同时发育，但当它们的大小差不多时则显示出六方形状。而区别 r 和 z 则需要靠不同的光亮程度和蚀像、花纹加以区分。石英也可以因生长环境不同而出现各种不同形态（如歪晶）

(图 9-1-6)。虽然多数石英在岩石中呈不定形颗粒状,但是,石英在地壳中大量存在,发育良好的晶体也普遍有之。单晶粒度小至显微粒度,大至重达几吨。判断晶体的左右形非常重要,简单常用的方法是看晶体上 x 面的位置即可得知。如图 9-1-7(a)、(b)中 x 面位于菱面体 r 下方(即 m 面)柱面的左上角为左形,位于右上角为右形;小 s 面上的斜纹指向左上方者为左形,指向右上方者为右形(图 9-1-6 所示的 s 面)。α-石英的双晶较为普遍,主要有道芬、巴西两种穿插双晶。

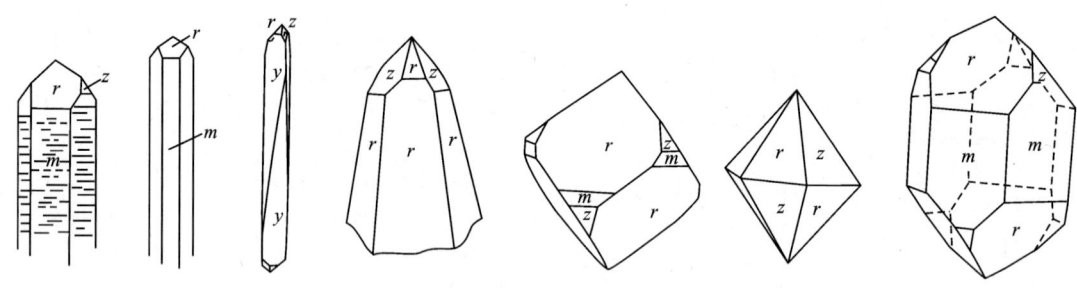

图 9-1-5　石英晶体

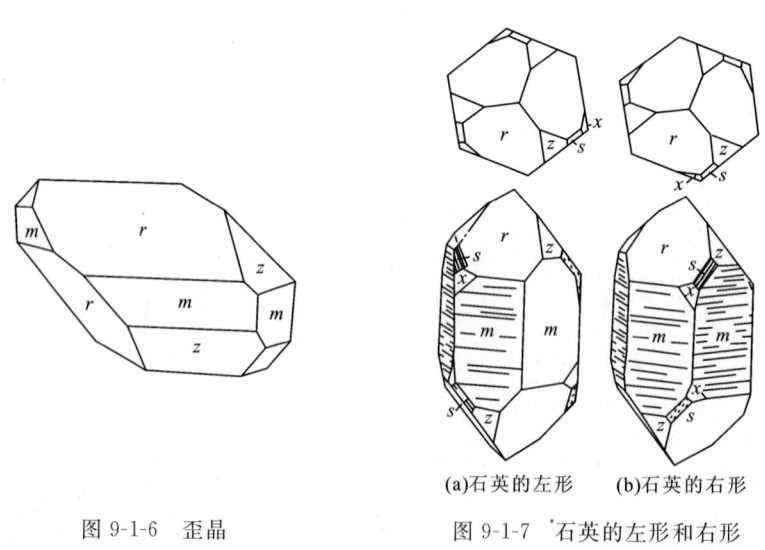

图 9-1-6　歪晶　　　　图 9-1-7　石英的左形和右形

(1) 道芬双晶为两个左形或两个右形晶体结合而成。双晶轴为 Z 轴(L^3),双晶接合面不规则,这可根据两相邻 m 面上皆出现 x 面、柱面上横纹不连续、缝合线呈弯曲状及垂直 L^3 切面上的蚀象为复杂弯曲的不规则状等识别之,如表 9-1-1(a)所示。

(2) 巴西双晶为一个左形与一个右形晶体结合而成。双晶面为 $(11\bar{2}0)$,双晶接合面规则,可根据在同一个柱面(m)上出现两个 x 面、柱面上横纹不连续、缝合线呈平直的折线,在垂直 L^3 的切面上蚀像为复杂的折线、断口上可见规则的人字形双晶纹等识别之。参见表 9-1-1(b)。巴西双晶可在正交偏光片之间显示。

其他还有日本律双晶,一般较少见到,如表 9-1-1(c)所示。

第九章 普通常见宝石大类

表 9-1-1 石英道芬双晶、巴西双晶及日本双晶

(a)道芬双晶	(b)巴西双晶	(c)日本双晶
x 面或 s 面的分布绕 C 轴相隔 $60°$ 出现,皆左形或皆右形 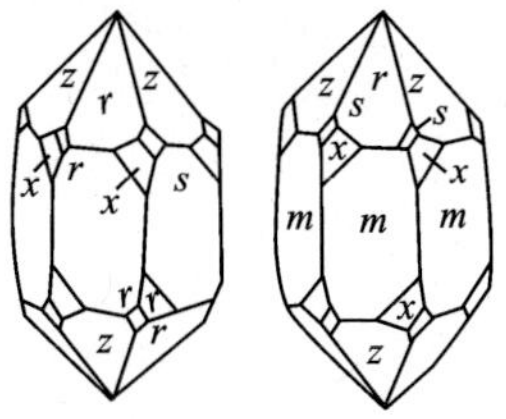	x 面或 s 面的分布为一左一右成左右反映对称分布 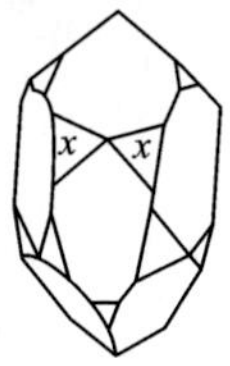	由两个石英单体依三方双锥 $\{11\bar{2}2\}$ 晶面为接合面形成 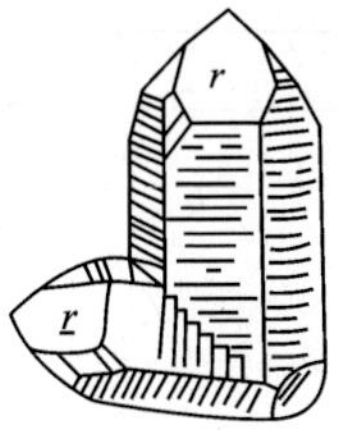
缝合线的特点: 晶面花纹不连续,缝合线弯曲 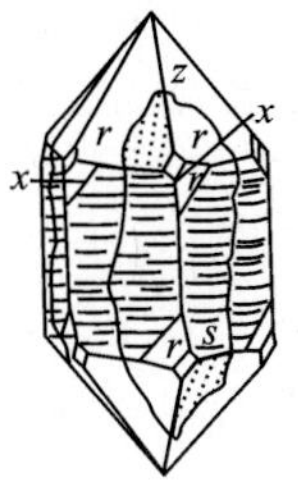	缝合线的特点: 晶面花纹不连续,缝合线较直 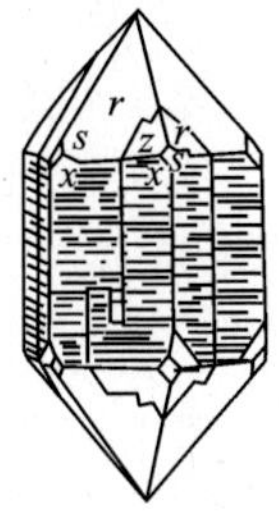	(d)石英双晶上的缝合线 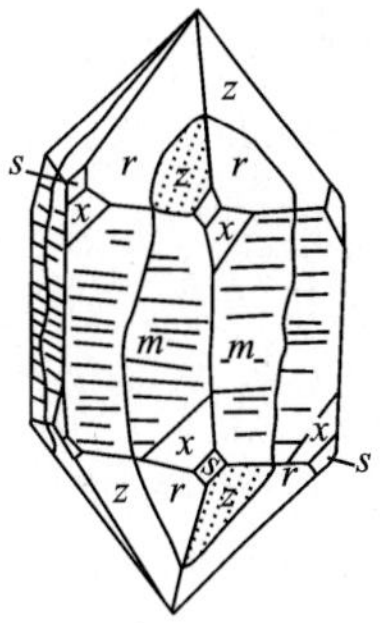
蚀像:弯曲花纹呈不规则状 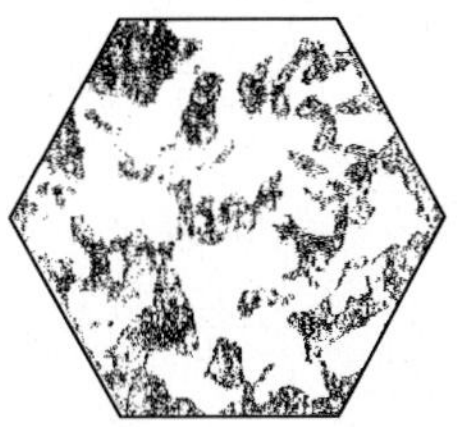	蚀像:花纹复杂呈折线状 	

集合体形态,可分显晶质和隐晶质两类:显晶质可呈粒状、晶簇状、致密块状;隐晶质可呈钟乳状、结核状、肾状、鲕状、皮壳状等。隐晶质集合体称玉髓或石髓。根据其颜色的不同又可以分为红玉髓、绿玉髓、黄玉髓、蓝玉髓、紫玉髓、黑玉髓,也有光玉髓、缟玉髓、条纹玉髓、斑点玉髓、血玉髓等不同种别。

4. 物理特性

纯者无色透明,一般有乳白色、灰白色等,无色透明者称水晶。颜色变化很大,常因含杂质不同或存在色心而形成各种不同的颜色,如紫色者多含有铁离子、粉红色者多含钛及氢氧化物,有些带色水晶可能由包体而呈色。

晶体为玻璃光泽,断口呈油脂光泽。玉髓变种为蜡状至玻璃光泽。透明至几乎不透明。单一变种将在以后描述(各色水晶及各种晶体形状如图 9-1-3 及图 9-1-8)。

(a)黄水晶晶簇　　(b)绿水晶晶簇　　(c)水晶晶簇　　(d)紫水晶晶簇　　(d)钟乳状光石髓

图 9-1-8　各种水晶晶体形状

一轴晶正光性,可有"牛眼"干涉图,粗晶变种折射率 $N_o=1.544$,$N_e=1.553$,双折率为 0.009,抛光良好的玉髓表面 $N_o=1.535$,$N_e=1.539$,双折率为 0.004,但常常点测折射率为 1.53 或 1.54,色散为 0.013。多色性:正常吸收为 $N_e<N_o$,但也有 $N_e>N_o$ 者。紫晶呈弱至中等紫色和红紫色,烟晶呈弱褐色和带红的紫色出现在暗的烟晶中,浅和较深的黄褐色出现在浅色烟晶中;蔷薇水晶呈弱至中等粉红色;黄水晶呈很弱的黄色或橙色。

蔷薇水晶对长波光呈惰性或发出弱紫色荧光,砂金石对长波和短波光发出弱的灰绿色或红色荧光,紫晶对长波紫外光偶尔显示弱蓝色反应,紫玉髓变种对长波和短波紫外光发出弱至中等黄绿色荧光,其他变种呈惰性。含铬云母包体的砂金石一般在 682nm 和 649nm 附近有谱带,用铬基染料染成绿色的玉髓可能在 670nm 和 645nm 左右显示极细的谱带。

石英晶体可见一极不完全解理,方向大致为 $(10\bar{1}1)$,而一般则认为是无解理,断口面呈油脂光泽,为贝壳状;微晶和隐晶变种为贝壳状不平整至粗粒状断口。摩氏硬度:石英为 7,玉髓为 6.5～7。密度:晶体为 2.66(+0.03,−0.02)g/cm³(常压下温度每升高 1 ℃,密度约减小 0.000 1g/cm³),玉髓变种为 2.60(+0.10,−0.05)g/cm³,并具强压电性和焦电性。石英还可具有星光效应,为六色星光,常见于淡粉色石英中,也可有猫眼效应。除氢氟酸外石英不溶于其他酸。加热至 573℃ 则结构转变为六方晶系的 β-石英。

在水晶晶体中常有不同大小、不同形状的气、液、固包裹体及负晶等。如肉眼可见的液体包裹体即为水胆水晶。也有固态包裹体,如针状电气石、毛发状、纤维状金红石、阳起石等即称发晶。也可有粒状的尖晶石或片状的云母或绿泥石,成为绿色包体称绿幽灵。含金云母包裹体或金属矿物(如赤铁矿)者,即出现美丽的闪光称砂金石。

5. 品种

(1)水晶(Rock Crystal)。水晶可称做无色透明的石英,呈棱柱状,颗粒小者只有几个毫米,大者比一个成年人还粗大,个别的可达几十吨重。但是一般其最小断面直径为 1～6cm,在 1cm 左右的直径者往往用途不大,直径为几个厘米的水晶则可磨成戒面或作吊坠摆件等饰品用,而大于 6cm 则可作眼镜片或更多的用途,价格则比小于 6cm 者贵得多。水晶还可成晶簇状的水晶集合体,如造型美观,则价值更高。过去欧美用于宝石的水晶,常有"钻石"之称。如称做"阿拉斯加钻石"的实际上是产于阿拉斯加的水晶。可以偏光性和硬度等将水晶与钻石相区别。图 9-1-9 为水晶佛像、水晶戒面和水晶手链。

(2)紫晶(Amethyst)。紫晶成分中的 Fe^{3+}、Mn^{2+},加热到 230℃～260℃ 可褪色变为黄色水晶,至 400℃ 可完全褪色。颜色从淡紫到深紫。紫色色带往往平行晶面呈带状分布,可看到紫色色带与无色色带交替出现。紫晶中常含氧化铁包体。有些紫晶在二色镜下出现多色性:

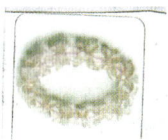

图 9-1-9　水晶佛像、水晶戒面及各色水晶手链

N_e＝淡蓝色、N_o＝淡红至紫色。紫水晶经热处理可变为黄晶,有的加热还可变为绿色石英,但在市场上最多见的还是深紫色的紫晶,多为人工合成。

巴西还常产一种大个的紫水晶、黄水晶结核体,剖开后为漂亮的水晶洞,如图 9-1-10 所示。

(a)紫晶洞　　　　(b)紫水晶聚宝盆　　　(c)黄晶晶洞

图 9-1-10　各种水晶晶洞

紫晶洞、黄晶洞是重要的观赏石,可从以下几个方面判断好坏:①晶洞愈大、整体造型愈好、价值愈高;②晶洞中晶族晶粒愈大愈好;③颗粒大小愈均匀愈好;④颗粒颜色愈深、愈均匀愈好;⑤整个晶洞造型愈对称、愈美观愈好;⑥晶洞边部往往有玛瑙边者好,该边宽窄适宜,抛光后愈靓丽者愈好;⑦在晶洞中往往还有方解石、白云石或黄铁矿晶体浮生,颜色互相衬托则别有风趣,更成为引人入胜的观赏石。

另外,还有玛瑙结核抛开后成玛瑙洞,直径大小一般在 10～20cm 不等(有的更大),市场上称之为聚宝盆,有人将其用作烟灰缸或用于观赏的摆件,属常见的观赏石[图 9-1-10(b)]。

(3)黄水晶(Citrine)。淡黄色至深黄色,由含 Fe^{2+} 所致,可呈深浅不同的黄色,也有人误称其为"黄宝石"或"黄晶"。天然黄水晶非常少见,大多是与水晶簇或紫晶伴生。它也可以称为大的水晶结核,剖开后成为黄晶洞观赏石,在市场上常见[图 9-1-10(c)]。黄水晶做手链很受欢迎,但市场上的黄水晶多半是由紫晶经热处理而成。一些黄色透明、肉眼不见杂质、不见包裹体、不见瑕疵者,绝大多数都是人工合成。

(4)烟水晶(Smoky Quartz)。烟黄色至褐黑色,色深者亦称"墨晶"。光谱分析中未见明显的杂质,黑色是由受辐射线作用影响,所产生的游离 Si 而引起。当 Al 代替 Si 增加时颜色加深。烟黄色至褐色者,在我国称为"茶晶",茶晶有时也包括深黄色的水晶。加热可使褐色变浅,甚至褪掉褐色而转变为绿黄色至无色,再受辐照又可恢复变褐。烟晶具深浅褐色的二色性,可具气液固三相包体,包体为金红石、电气石等。现在市场上的烟晶多为经过辐照的水晶，最多见的还是人工合成品。烟水晶磨成的眼镜片可避风沙、防烈日曝晒，为人们生活中常应用。戴上这种水晶墨光眼镜有凉爽和美感，所以很多人喜爱。用 X 射线或热辐射也能将烟水晶处理成黄宝石一般美丽。

(5) 绿水晶(Green Quartz)。绿水晶是指呈绿至黄绿色的水晶，有时有绿色矿物或(绿泥石等)黏土物质进入到水晶之中，造成各种风景般的图案，市场上称其为绿幽灵。当前市场上的绿色石英，多半是加热紫水晶使其变为黄水晶的中间产物。天然绿水晶极其少见[图 9-1-8(b)]。

(6) 蔷薇水晶(Rose Quartz)。蔷薇水晶又称芙蓉石，为粉红色至淡粉红色的石英。单晶少见，多为致密块状。因石英中含钛、铁或锰而致色。若呈良好的晶形，透明，则称红晶，属名贵品种，往往产于伟晶岩中。有一些晶体，因含针状纤维金红石，垂直 C 轴相交呈 120°分布。如果垂直 C 轴琢磨成弧面型宝石，即可出现六道放射状星光，称"星光蔷薇水晶"，很受人们的欢迎。

(7) 蓝水晶(Azure Quartz)。蓝水晶是带蓝色色调的石英，由其所含的细微的青石棉、蓝线石等蓝色矿物经丁德尔散射效应产生，多呈云雾状块体，较少可分布于变质岩和火山岩中。我国安徽省曾发现，因含蓝色萤石而呈淡蓝色的石英岩。而市场上所见到的蓝水晶大都是由钴致色，人工合成。

(8) 乳石英(Milky Quartz)。乳石英呈块状、乳白色、半透明，因含大量细分散的气液两相包体、细微裂隙或孔洞所致。

(9) 草入水晶(Grass Quartz)。草入水晶因含针状金红石晶簇而得名。

(10) 虹彩水晶(Iris Quartz)。虹彩水晶即因水晶中含有某种成分(或矿物)而引起了石英具有晕彩、彩虹色的水晶。

(11) 闪光水晶(Arenturine)。水晶中含云母片或赤铁矿，使水晶呈现红黄色至淡黄色，这些包裹体矿物闪耀着光芒。闪光水晶也被称做"金星石"或"砂金石"。

(12) 水胆水晶(Bile of Water)。水胆水晶指水晶晶体中具有肉眼可见的水包裹体者。有的包体水在晶体中受摇晃可以动荡。但当前有人利用钻孔将水注入，时间稍长水蒸发即成为"无水水胆"，无水后令收藏者感到遗憾。

(13) 发晶(Hair Quartz)。发晶为包含有针状或发丝状某些矿物包裹体的、肉眼清晰可见的水晶。一般有下列几种(图 9-1-11)。

(a)发晶　　　　　　　(b)发丝及绿泥石包裹体　　　　　　(c)石英发晶

图 9-1-11　石英的发晶及包体

A. 金红石发晶。在透明的水晶体中，包含杂乱的淡红褐色至金黄色针状金红石包体，国外有"维纳斯发晶石"之称。

B. 电气石发晶。在透明的水晶体中,包含有不规则分布的黑色、黑绿色针状电气石包裹体。我国于1980年在新疆发现电气石发晶。

C. 阳起石发晶。在透明的水晶体中,包含有针状或长细柱状阳起石包裹体,阳起石在水晶体中呈放射状或束状分布。中国广东省曾有阳起石发晶产出。

D. 金丝发晶。在透明的水晶体中,包含有自然金金丝状包裹体,闪耀着美丽的金丝光泽,呈现耀眼的金色光芒,是一种极其珍贵而罕见的品种。

发晶也有人工合成及天然之分:人工合成的往往发丝整齐成束,有定向排列;而天然的则发丝紊乱,无一定方向排列。发晶的"发"字原为发丝之意,后被转意发达、发财之谐音,这更大大地提高了其身份和价值。

(14) 发光水晶(Luminescence Quartz)。发光水晶为具有强烈发磷光现象的、比较特殊而少见的水晶,俗称"水晶发光石""水晶夜明珠"。

(15) 星光水晶。除星光蔷薇水晶外,还有因含某些矿物(主要是金红石)的针状包体,而使水晶呈现星光效应。

(16) 猫眼水晶。或称水晶猫眼,是含平行石棉纤维所致。用这种材料磨成的弧面型(或素面型)宝石戒面猫眼效应特别清晰。但它与猫眼石相比水晶猫眼较粗,赶不上金绿宝石猫眼的靓丽。

此外还有猫眼石和鹰眼石及一些隐晶质的石英品种,如玉髓、玛瑙、碧玉、燧石等。

6. 鉴别特征

透明石英变种具有恒定的折射率和密度,这些特征与独特的光的干涉现象是区分它们与同类宝石矿物的依据。

石英(水晶)是在地壳上分布很广的宝石矿物,应该注意观察的是:①根据水晶一般为"六方柱"状的晶形,无色透明、无明显的解理及硬度为7等特征易识别之;②对有色水晶则应观察其颜色的均一性及有无色带和包裹体、杂质等情况,同时应该仔细观察有无发晶或水胆的存在;③发晶则应鉴定其发晶的矿物类型,发丝是杂乱排列还是成束整齐排列,还要注意是否有双晶和星光特征,特别是石英单晶,要观察 x、s 面的出现位置及聚形纹是否连续,以定其有无双晶及双晶类型;④对水晶成品,应注意观察是合成水晶还是天然水晶,如有天然矿物包裹体或杂质则属天然水晶,如质地通透无任何杂质,则应注意是否为合成品;⑤合成品往往有大量分散圆形气泡或金属碎屑物质,天然水晶中也常有大小不等的气泡,而水晶中的天然小气泡往往成密集状分布,小气泡多为椭圆形或不规则状,可与合成品的的气泡相区别;⑥双折率和硬度可使石英与玻璃区分开;⑦在可能的范围内除常规测量其密度、硬度、折射率、光性外,还应该利用红外光谱(图9-1-12)区别各色水晶是天然还是合成的,以及与相似矿物相区别。水晶和相似宝石的物理特性对比如表9-1-2所示。

7. 优化处理

(1) 热处理:①使暗色紫水晶颜色变浅;②可去除烟灰色色调;③紫水晶加热可变为黄色或绿色水晶;④有的烟水晶加热后可变为带绿色色调的黄水晶。

石英类宝石经常热处理后颜色稳定,不易检测。

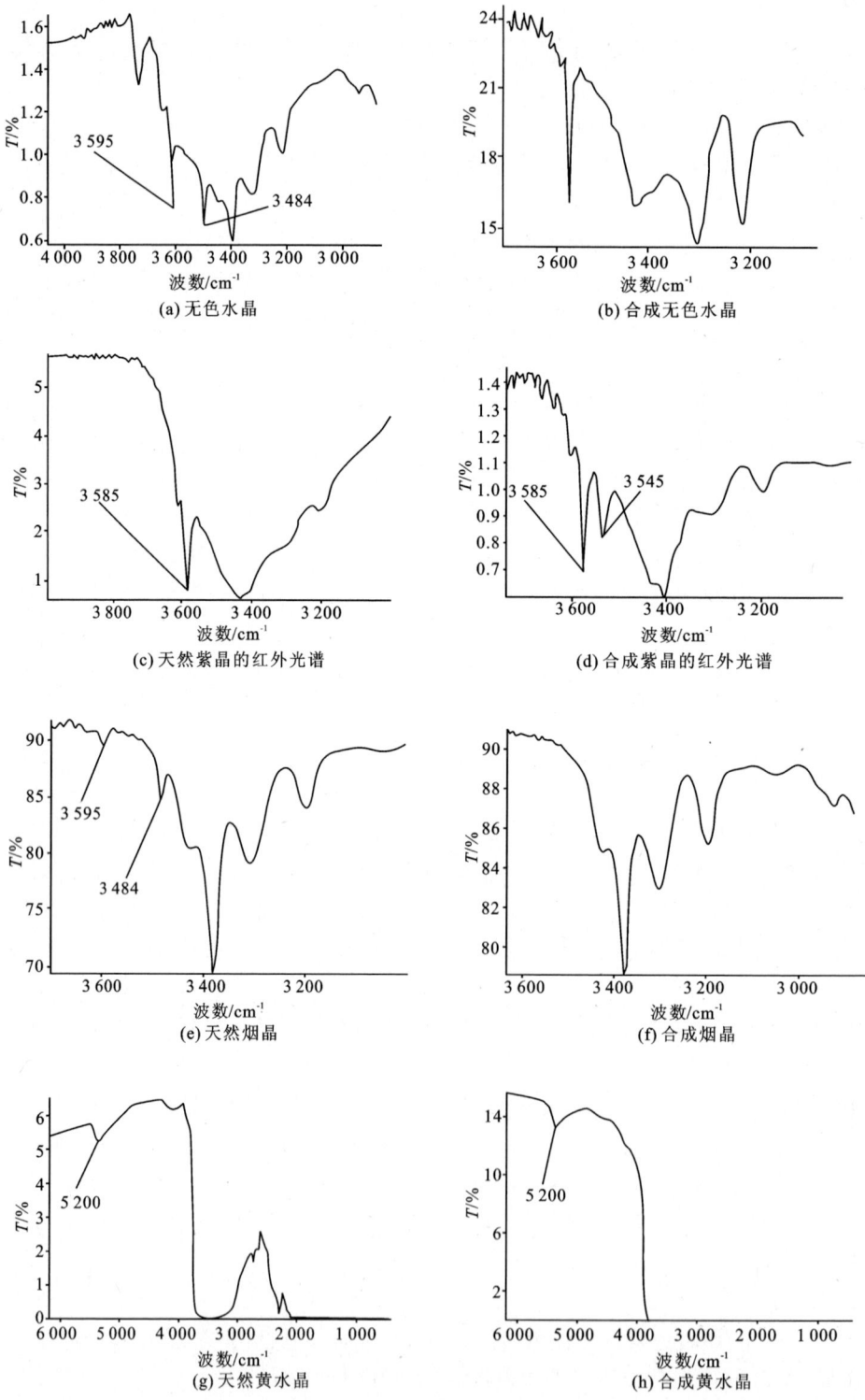

图 9-1-12 水晶的红外光谱图

表 9-1-2　水晶和相似宝石的物理特性对比

宝石名称	折射率	双折率	密度/g·cm^{-3}	硬度	其他
水晶	1.544~1.553	0.009	2.66	7	玻璃光泽,无解理,贝壳状断口
金刚石	2.417	无	3.52	10	色散强,导热率高,具发光性,硬度极大
玻璃*	1.470~1.700	无	2.30~4.50	5~6	玻璃光泽,无解理,多气泡
萤石	1.434	无	3.18	4	多具荧光、磷光性,有色带,四组完全解理
方解石	1.486~1.658	0.172	2.70	3	三组完全解理,多菱面体晶形,强双折射
紫晶	1.544~1.553	0.009	2.66	7	紫色,玻璃光泽,无解理,多巴西律双晶
锂辉石	1.660~1.676	0.014~0.016	3.18	6.5~7	紫色,具四射星光,或猫眼效应,两组完全解理夹角近垂直
黄玉	1.619~1.627	0.008~0.010	3.53	8	一组解理完全,很多处理成蓝色
锆石	1.875~1.909	0.001~0.059	3.90~4.73	7.5~8	晶体多呈四方双锥,无解理,多色性弱
堇青石	1.542~1.551	0.008~0.012	2.61	7~7.5	多双晶,蓝、紫、绿、白、黄各色
重晶石	1.636~1.648	0.012	4.50	3~4	三组中等至完全解理,包体多,比重大

注：* 不属宝石类。

（2）染色处理是指将水晶淬火炸裂,将颜色染料浸入裂纹中,可用放大检查或紫外荧光测定。

（3）辐照处理:①水晶经辐照后可转变成烟晶;②芙蓉石经辐照后可转变为深色。辐照后颜色皆稳定,不易检测。

（4）充填处理是指用树脂等有机材料充填水晶的表面孔洞或裂隙,放大检查可见光泽减弱,沿裂隙有"闪光效应",裂隙或孔洞偶见气泡。红外图谱出现有机物吸收峰。

（5）覆膜（喷涂）处理是喷涂在水晶体表面的一层金属薄膜,使水晶体变为似金属光泽的晕彩,成蓝绿色或蓝色。市场上的钛宝石即是喷涂钛薄膜的水晶。这种喷涂处理,可以改善宝石的颜色和光泽,并提高宝石的透明度和外观,但有时可见薄膜脱落。根据喷涂后宝石未变的原有性质及外观特征易检测之。

8. 产状及产地

石英的产状非常广泛,产地也非常普遍。水晶主要是产于伟晶岩、矽卡岩、某些火成岩外带的碳酸盐中和阿尔卑斯型脉中。世界上最著名的产地是巴西、阿尔卑斯山、马达加斯加、乌拉圭、俄罗斯等地。中国的水晶大部分产于伟晶岩和中酸性岩的接触带。

紫晶主要产于伟晶岩和火山岩中。当前市场上的紫晶,主要产于南非和巴西。俄罗斯的乌拉尔山,盛产质量好的紫晶。赞比亚、斯里兰卡、墨西哥和马达加斯加皆产紫晶。美国虽产紫晶,但优质者少。在巴西、美国、马达加斯加、纳米比亚等地,还产有一种白色和紫色相间的紫晶,色带呈环带或条带状,有时也有黄色相间,常与紫晶共生。

巴西的黑色暗绿色珍珠岩中的紫晶洞,颇受人们的欢迎,市场上也很普遍。

黄水晶产出较少,市场上流通的黄水晶大部分是合成品或由紫晶或茶晶经过热辐射处理而成。处理过的水晶虽保留了原紫晶的色带,但缺少黄水晶那种微弱的多色性。某些热处理的紫晶,来源于巴西产的一种"绿色水晶"。少量天然的黄水晶产于有紫晶的地区。

烟水晶最著名的产地是瑞士境内的阿尔卑斯山,产出有完整而美丽的晶体。此外还有前苏联、巴西、马达加斯加和苏格兰的凯恩高姆山,墨晶的英文名称即来源于此。

中国的水晶分布较广,诸如江苏、海南、广西、湖南、湖北、河南、福建、江西、浙江、安徽、山西、内蒙古、辽宁、吉林、黑龙江、陕西、青海、新疆、四川、贵州、云南、西藏等省,其中几个主要产地及产状如下。

1) 重要产地

(1) 江苏东海、沐阳、新沂等县,盛产水晶。东海素有"水晶之乡"之称。所产优质水晶,块大、无色、透明、很少有缺陷。这一地区所产的水晶皆属砂矿类型,闻名全球。

(2) 海南的水晶主要分布于屯昌、白沙等地,以屯昌羊角岭储量最大,闻名世界,属矽卡岩型成因。

(3) 广西水晶产于上林大新、灵川、龙胜、资源、钟山、玉林、百色、凌云、田阳、德保等县,尤其分布于凌云一带的为原生水晶矿,其他皆主要为砂矿。

(4) 内蒙古水晶矿分布于巴林右旗、二连浩特、乌拉特中旗、阿拉善左旗等地,主要产于花岗伟晶岩型及矽卡岩型中,质量亦佳。

(5) 辽宁水晶分布于义县、阜新等地。义县的水晶产于前震旦纪粗粒斜长角闪岩中,为石英脉型;而阜新的水晶则个大、晶形完整、无色透明、质地优良,属优等品种。

(6) 陕西水晶分布于洛南、安康等地,亦有粒径大、无色透明等特点,属热液石英脉型。

(7) 青海水晶产于昆仑山、南天山、东天山,东西准噶尔界山、阿尔泰山等地,水晶亦个体较大,如阿克陶、克拉玛依、轮台等地所产皆属花岗伟晶岩型,少数为热液石英脉型。

(8) 四川的水晶主要产于汶川、乾宁、丹巴、康定、峨眉、九龙等地,主要为热液石英脉型。

其他如新疆、西藏、贵州、云南等省的水晶亦多为花岗伟晶岩型、热液石英脉型及砂矿型。

2) 中国的紫晶

产地主要是:①山西盂县、静乐、五台、繁峙、灵丘等县,为紫水晶石英脉,属花岗伟晶岩型;②内蒙古紫晶分布于乌拉特前旗、固阳、兴和等地,主要为花岗伟晶岩型,少量为热液石英紫晶脉;③山东沂水、河南南阳发现的紫晶皆为热液石英脉型;④云南紫晶分布于元阳、金平等地,紫晶颜色正而浓,颗粒粗大,透明度好,属花岗伟晶岩型;⑤青海紫晶主要分布于唐古拉山与烟晶、墨晶、无色水晶等共生,属矽卡岩含紫晶石英脉型;⑥新疆的紫晶分布于阿尔泰、西昆仑山、天山等地,与红发晶、白发晶、无色水晶等共生,为花岗伟晶岩型,少数为石英脉型,如克拉玛依一带的紫晶即属此类型。

3) 黄水晶

黄水晶产于新疆、内蒙古、云南等地的花岗伟晶岩中,新疆的黄水晶发现于天山、昆仑山等地,与无色水晶、烟晶、茶晶、紫晶、发晶等共生。

4) 绿水晶

绿水晶发现于江苏东海，属砂矿型。

5) 烟水晶

烟水晶发现于内蒙古、甘肃、青海、新疆、浙江、福建等地的花岗伟晶岩中。内蒙的分布较广，见于林西、西乌珠穆沁旗、兴和、固阳、察哈尔左翼中旗等地。甘肃的发现于西部阿克塞一带，与墨晶、紫晶、绿宝石、锰铝榴石、黄宝石、天河石等共生。

6) 茶晶

茶晶发现于内蒙古、山西、黑龙江、福建、河南、新疆、云南等省，内蒙古的茶晶分布于乌拉特中旗、东乌珠穆沁旗一带，其成因为花岗伟晶岩型。

7) 墨晶

墨晶主要分布于内蒙古、甘肃、青海、新疆、福建等地的花岗伟晶岩中。内蒙古的墨晶发现于兴和、察哈尔右翼中旗、西乌珠穆沁旗等地的花岗伟晶岩中。

8) 发晶

当前中国的发晶产于广东、新疆、内蒙古等地。①广东的主要发现于廉江县的含发晶石英脉中，其发丝主要是阳起石、透闪石、绿帘石、硅灰石、金红石等，呈白、绿、红、棕等色，发晶含量丰富。②新疆的发晶发现于天山、昆仑山等地的花岗伟晶岩中，与烟晶、茶晶、黄水晶、墨晶共生；③内蒙古的发晶产于阿拉善左旗，与无色水晶、茶晶、天河石等共生，属花岗伟晶岩型。此外云南哀牢山、西藏南部都有发晶发现。

9) 水胆水晶

水胆水晶在云南元阳、河南高城、辽宁、新疆等地都有发现。

以上各产地的各种颜色的水晶，优质者都用作工艺品材料及装饰品、艺术品等。

二、β-石英（β-Quartz）

β-石英为 α-石英的高温同质多象变体。

1. 化学组成

β-石英的化学式为 $\beta\text{-}SiO_2$。

2. 形态

β-石英属六方晶系，对称型 $L^6 6L^2$，常见晶形完好，主要单形为六方双锥 $r\{10\bar{1}1\}$，六方柱 $m\{10\bar{1}0\}$，柱面不发育，呈近似八面体状（图9-1-13）。晶体一般较小，或呈分散粒状。双晶为双晶面平行 $(21\bar{3}3)$ 或 $(21\bar{3}1)$，如图9-1-14所示。

3. 物理特性

β-石英呈灰白色、乳白色，玻璃光泽，断口呈油脂光泽，摩氏硬度为7，密度为 $2.51\sim2.54\text{g/cm}^3$。

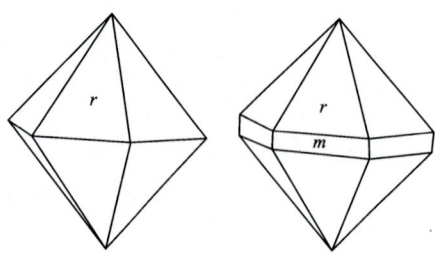
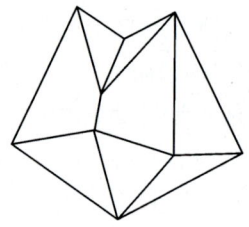

图 9-1-13　β-石英晶体　　　　　图 9-1-14　β-石英双晶

4. 产状及产地

β-石英主要产于酸性岩浆岩中,也常呈斑晶产于酸性喷出岩中,但很多已转变为 α-石英,成为保留 β-石英外形的副象。

在我国主要产于山东省泗水县,王新淦 1951 年发现并提供了样品,献给北京地质学院博物馆,产出的当地称八角石,为人们所喜爱的观赏石。

三、水晶的合成品

合成水晶(Synthetic Quartz)

人工合成水晶最早是 1845 年开始,第二次世界大战期间由于军工原料、电子工业的需要,促使其大为发展。1950 年美国 Bell 电话实验室和 Clecvite 协会、英国通用电子集团公司等成功地合成了无色石英,采用水热法大量生产。这种合成"晶体"一般未大量用作宝石,因为其价格至少和自然界的天然水晶相当。在 20 世纪 80 年代后期合成水晶发展更迅速。这是因为大块的无包裹体的天然石英越来越少,而需要量越来越大,所以现在蓝、绿、黄、紫以及黄紫双色和烟色合成石英皆成本降低,大量生产。

我国 20 世纪 50 年代后期开始研制合成水晶,60 年代合成品进入市场,70 年代已可大量出口。1992 年我国生产合成彩色水晶,有紫、绿、蓝、黄、金黄、褐诸色,水晶也随之发展。我国合成水晶最大的厂家在浙江某地,仅 1995 年就年产 650t,而且还能生产十多千克的大个水晶。

尤其是合成紫水晶(Synthetic amethyst),虽在 20 世纪 70 年代为苏联合成,但我国现在已可大批量生产。图 9-1-15 为人工合成的紫水晶板状晶体。

图 9-1-15　人工合成的板状紫水晶

1. 化学组成

合成水晶的化学式为 SiO_2。

2. 形态

合成水晶属三方晶系,三方板柱状晶体,晶体常具"鹅卵石"结构。

3. 物理性质

合成水晶呈玻璃光泽,无色、紫、黄、绿黄、灰绿和钴蓝色(天然水晶中未曾发现),透明,无解理,硬度为 7,密度为 2.66(+0.03,-0.02)g/cm³,非均质体,一轴晶正光性,多色性:呈不同色调、不同深浅的紫、黄、粉、褐蓝、绿黄、灰绿色。折射率为 1.544~1.553,双折率为 0.009。紫外荧光:长波无,短波无至弱紫色。吸收光谱一般不特征。钴蓝色者具 640nm、650nm 吸收带,550nm、490~500nm 吸收带。合成紫水晶红外光谱,具有 345.5cm^{-1} 吸收带。

4. 鉴别特征

颜色均匀、透明,不见杂质、瑕疵,以手握之有不太凉的感觉。合成水晶体的中心往往有片状籽晶核。放大观察,可见面包渣状包体。在垂直于种晶板面可见气液两相针状包体;具圆形或拉长气泡、位错、腐蚀隧道及生长条纹等缺陷、籽晶架的脱落物或锥辉石、石英的微晶粒包体;平行于种晶板面可见色带,与种晶板面成直角具应力裂隙,不见巴西律双晶。

彩色合成石英是晶芽基础上生长起来的,晶芽在未琢磨的晶体中可能见到,但在加工过的宝石中很难发现。其色彩浓艳,而且分布均匀、无瑕。合成紫晶,紫色带蓝色调。合成紫水晶和合成黄水晶,在高倍镜下可见平行籽晶板面的细而密集的生长纹,有的肉眼亦可见这种色带或生长纹。

由于珠宝首饰业及无线电工业的大量需要,天然水晶远远不能满足,因而我国人工合成水晶工业迅猛发展。目前我国年产量已达 1 760t 左右,是世界第一位。

第二节 欧泊(蛋白石)

Opal 源于梵文 upala,意指"石头"或"贵重的宝石"。欧泊(Opal)的矿物学名称"蛋白石",为天然含水二氧化硅,现代中国工艺美术界把"欧泊"作为蛋白石质宝石的总称。但也有人认为其仅指具有变彩和猫眼效应的蛋白石。

欧泊石多为半透明至几乎不透明的普通欧泊,且不具有变彩效应。本书涉及的只是稀有的、珍贵的欧泊,包括具有变彩效应的和不一定有变彩效应的某些透明至半透明欧泊。普林尼 2000 年前就对欧泊作过准确描述:"红宝石的火,紫水晶的紫色,绿宝石的海绿色,所有色彩不可思议地组合在一起发光。"从普林尼时代起,欧泊常与钻石等价。但在 19 世纪初叶,产生了一种迷信,认为欧泊石是不祥之物。从此,欧泊石的价值与产量锐减。但现在这个迷信几乎被人们淡忘,欧泊再度成为重要宝石之一。

中国对蛋白石的认识也很久远,在山东曲阜西夏候新石器时代文化遗址里,就发现有用嫩绿色蛋白石制成的手镯,乳白色蛋白石制成的骨节状小管等饰品。

一、化学组成

欧泊的化学式为 $SiO_2 \cdot nH_2O$。

含水二氧化硅,化学式中 n 表示不定量水,通常水的重量占 3%~10%,有时高达 20%,折射率和密度随水含量增加而降低。

二、结构及形态

欧泊基本上属非晶质。欧泊内部质点存在近似晶体排列的现象。故有人将欧泊归入玉石中。经 X 射线研究表明,虽然蛋白石是非晶质的,而有的蛋白石,如黄蛋白石中的硅却呈规则的排列。它不是原子在三维空间规则排列的晶体结构,而是二氧化硅球粒呈六方或立方最紧密堆积(图 9-2-1),气体或水分子填在空隙之中。在普通蛋白石中呈整齐堆积的部分所占很少甚至没有,而在贵蛋白石中,这种有规律的堆积却占极大的比例(图 9-2-2)。各种大小的 SiO_2 圆形球粒,在不同的蛋白石中直径不同,其变化范围在 150～300nm 之间。从这些晶面上衍射或折射产生的光学现象,使欧泊美丽多彩、更富魅力。

 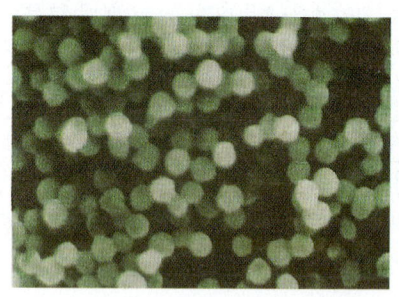

图 9-2-1 蛋白石中 SiO_2 小球的堆积   图 9-2-2 欧泊的电子显微镜扫描拍摄的 SiO_2 排列

三、物理性质

欧泊呈玻璃光泽至树脂光泽,透明至几乎不透明。从颜色上看,任何主色都可能有不同的描绘。常见的、色泽各异的欧泊为以下几种。

(1) 白欧泊(White Opal)。半透明,主色为白色,具有变彩效应。

(2) 黑欧泊(Black Opal)。半透明至不透明,主色为黑色、暗灰色或其他暗色,浅至中等灰色,有变彩。

(3) 彩色欧泊(Harlequin Opal)。简称"五彩石",是一种具有斑块状多色变彩效应的欧泊。与晶质欧泊石一样,主色为较深的各种色彩,以绿色、黄绿色为主要变彩。图 9-2-3 为绿色、黄绿色变彩的贵蛋白石。

图 9-2-3 绿色、黄绿色变彩的贵蛋白石

(4) 火欧泊(Fire Opal)。透明至半透明,主色为红、黄、橙、或褐色,有(或无)变彩。

(5) 樱桃色欧泊。它是主色为樱桃红色的火欧泊。

(6) 欧泊骨、木、贝化石。欧泊置换了这些有机物。

此外,有些资料提到欧泊散布于脉石之中,而称为脉石欧泊或基质欧泊(Matrix opal),意指填充在脉石孔隙或孔洞中的欧泊。产欧泊的大国为澳大利亚。将很薄层的欧泊与底部深色脉石一起衬托切磨为"Boulder Opal",有学者译为漂砾欧泊;薄层欧泊与底部劣质欧泊一起切磨为"Potch Opal"可译为衬底欧泊(作者译),欧泊还有很多有关的品种名称,往往因不同商业需要而定。各种颜色的欧泊及欧泊的变彩如图 9-2-4 所示,图 9-2-5 为欧泊的原石。

由于欧泊变彩,显示不规则双折射。欧泊折射率为 1.450(+0.020,-0.030),火欧泊可到 1.37,一般为 1.420～1.430,均质体,火欧泊可见异常消光,无多色性。

黑欧泊对长波和短波紫外光呈惰性。白欧泊可呈惰性,也可以对长波和短波紫外光发中

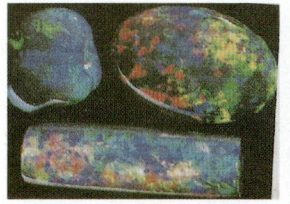

图 9-2-4　各种颜色欧泊及欧泊的变彩

等白色至浅蓝、绿或黄绿色荧光，也可以发磷光。火欧泊可呈惰性，可对两种光发中等褐绿色荧光，也可以发磷光。一般欧泊紫外荧光为无至强，呈绿色或绿褐色，具磷光。

硬度为 5～6.5，密度为 2.15（+0.08，-0.16）g/cm³，无解理，贝壳状至不平整断口。

四、鉴别特征

放大检查：可见欧泊的色斑呈不规则片状，边界平坦而模糊，表面呈绢丝状。

图 9-2-5　欧泊的原石
（据澳宝城市）

变彩是欧泊的特有效应，但合成和塑料仿制品也有变彩效应。在极少数情况下偶见猫眼效应。仿制品的变彩色斑呈蜂窝状结构，有许多名称，如"蛇皮""蜥蜴皮""鸡笼"或"蜂窝"。塑料仿欧泊还可通过其低密度和硬度、略高的折射率来鉴别。

图 9-2-6 为绿色欧泊的吸收谱。绿色欧泊一般在 470nm、660nm 处有吸收线。天然欧泊的红外光谱如图 9-2-7 所示。

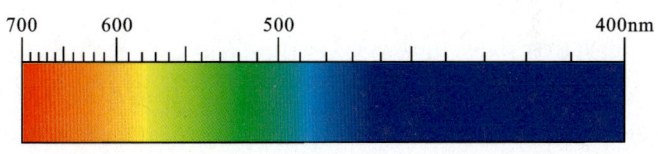

图 9-2-6　绿色欧泊的吸收谱

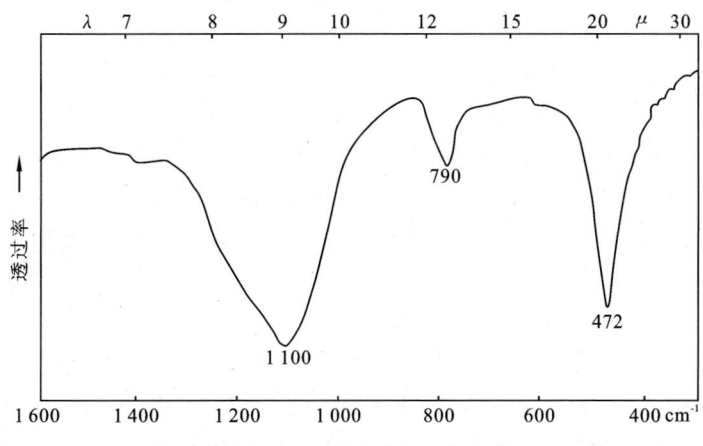

图 9-2-7　天然欧泊的红外光谱

五、优化处理

改善欧泊表面用的是多孔塑料浸渍树脂和表面油,以防脱水裂化,也有使白亚质材料具有黑色背景和弱变彩的方法。化学方法或充填处理都影响了结构,降低了价值。各种详细工艺及检测,皆因具体改善方法不同而异。

(1) 注油处理:为改善外观可注以无色油或无色非固化材料后可见异常晕彩及闪光效应,一般注油处理。材质也会出现油脂光泽(欧泊为玻璃光泽),用热针触及会有油或蜡渗出。

(2) 染色处理:以染料染色后在空隙中呈微粒富集,遇水会失去变彩。

(3) 塑料充填:为改善外观注入有色或无色塑料,相对密度变低,为 1.90,特征包体有黑色细纹或不透明金属小粒,或黑色小块,透明度比天然欧泊高,用热针触及会产生辛辣般的塑料味。

(4) 糖酸处理:放大观察可见一些色斑呈小碎块;在彩片或球粒空隙中有黑点状炭质染剂。

(5) 烟处理:用针头触及可见有黑色物剥落,手摸之有黏感。

(6) 拼合处理:用黑色材料作底衬以改善变彩,这可放大观察,用针尖刻划,即可看出。如果把薄层的欧泊粘到另一种材料上成二层石,二层石底部多用黑玛瑙或其他岩石;如将欧泊夹于上下两层其他材料中间则成为三层石,三层石顶部多用无色水晶或玻璃,中间用比较上等的欧泊,底部用质量较差的欧泊或硅质物作衬粘合在一起。欧泊三层石如图 9-2-8 所示。其检测方法可以注意观察结合边部色泽的变化及粘胶的气泡,或用细针刻划粘胶的硬度以区别之。

图 9-2-8　欧泊三层石

六、产状及产地

欧泊石发现于近地表矿床中,可以从温泉、浅成热液或地面水的硅质溶液中形成,常与石英、方石英等共生。它在岩石空洞中作填充物,也可交代火山岩中的木质或其他有机物。在火山岩气孔中蛋白质是胶体沉积脱水而成,并可变为玉髓质 SiO_2,在外生条件下,由硅酸盐矿物特别是超基性岩中的硅酸盐矿物分解出来的 SiO_2 溶胶就地凝聚或被带入湖海中,被生物吸收形成放射虫等的骨骼,放射虫死后沉积成硅藻土,或直接沉淀而成蛋白石。蛋白石可逐渐老化,变为隐晶质玉髓或结晶质石英。蛋白石硅化木就是由普通蛋白石形成的。

据考证,古代最上等欧泊宝石产于印度,但从罗马时代到 18 世纪后期,匈牙利的一个地区(现属于斯洛伐克)成为主要产地。如今澳大利亚是欧泊的生产大国。澳大利亚欧泊的首次发现是在 1872 年,位于昆士兰,继而是新南威尔士的白悬崖地区(1899 年)。后来南澳大利亚和西澳大利亚也相继发现。在上述地区皆存有变彩欧泊石。

当前中国市场上以澳大利亚的欧泊较多,只有少量非洲欧泊。墨西哥的克雷塔罗州有几处重要的火欧泊产地。在巴西皮奥伊州发现有商业价值的黄欧泊,它从矿区采出时为多孔材料,然后用塑料注入法处理。印度尼西亚、非洲和洪都拉斯也发现了变彩欧泊。图 9-2-9 为巴西产的一种黄色欧泊。

非洲埃塞俄比亚产有欧泊。该地产出的欧泊透明度较好,但变彩不是很好,或很少有点变彩。埃塞俄比亚欧泊如图 9-2-10 所示。埃塞俄比亚的欧泊产于阿姆哈拉区赋存于三叠世玄武岩顶部,凝灰岩的孔洞或裂隙中,原生的多呈各种单一颜色的体色或呈不同颜色的色带(陈发文,2012)。玻璃光泽,透明度好,吸附性、吸水性弱,变彩少。次生的欧泊分布于沉积物中,颜色色调复杂多样,具各种较淡的体色和明显的变彩效应,多半透明,玻璃光泽为主,色多蓝白、淡绿、浅黄、淡蓝、红、绿等变彩,折射率多为 1.42～1.43,密度稍小,多为 1.8～1.9,硬度亦较小,多为 5～5.5。一般颗粒较小,为碎片。

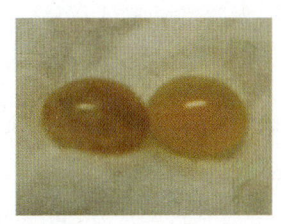

图 9-2-9 黄色欧泊(巴西产)

图 9-2-10 埃塞俄比亚的欧泊
(王冬收藏)

在美国,宝石级欧泊石发现于内华达州汉姆包托县的维尔京山谷。质量虽然较好,但有缩水趋势,产生网裂纹,因而该材料主要用来制作蛋白石组合体。

中国的蛋白石矿产主要分布于河南、内蒙古、陕西、宁夏、云南、安徽、江苏、河北、辽宁、黑龙江等地。但其中很少有达到宝石级的蛋白石,只有用作玉雕或石雕材料。

[附] 合成品及仿制品

(一) 合成欧泊(Synthetic Opal)

合成欧泊又称为"合成蛋白石",1974 年首先由吉尔森(Gilson)公司合成出第一块美丽的白欧泊石,两年后,合成出黑欧泊石。合成欧泊自 20 世纪 70 年代起商业化。其产品后来包括合成白欧泊、合成黑欧泊、加钴的深蓝色合成欧泊,以及主色为红、褐、橙色的火欧泊。80 年代合成主色为深蓝色的欧泊石和主色为带褐色的橙色欧泊石。日本也于 80 年代开始有欧泊石生产。市场上欧泊商品主色原为白色、黑色和无色,由于不断改善,目前已有绿、黄绿、红黄诸色,其合成欧泊与天然欧泊更为接近。

1. 化学成分

合成欧泊的化学式为 $SiO_2 \cdot nH_2O$。

2. 形态

合成欧泊为非晶质体,块状。如图 9-2-11 所示。

图 9-2-11 合成欧泊

3. 物理特性

合成欧泊可呈白色、黑色、灰色、深蓝色及橙色体色,玻璃光泽至树脂光泽,呈均质体,可有光性异常,无多色性,折射率为 1.43～1.47,无双折率。在紫外荧光下白色欧泊:长波,中等,蓝白色至黄色;短波,弱至强,蓝色至白色,无磷光。黑色欧泊:长波,无;短波,弱至强,黄色至黄绿白色,无磷光,无解理,摩氏硬度为 4.5～6,密度为 1.97～2.20g/cm³。

4. 鉴别特征

合成欧泊也具变彩效应,所以合成欧泊与天然欧泊的性质类似。

(1) 放大观察,可见变彩色斑呈镶嵌状结构,边缘呈锯齿状,每个镶嵌块内可有蛇皮状、蜂窝状、阶梯状结构,称为"蜂窝状"(图 9-2-12)、"鸡茸毛"或"蜥蜴皮"。这种独特的结构可通过其顶部入射光和(或)透射光观察到。白欧泊可能显示柱状结构,当呈直角观察其表面变彩以高倍放大和直接透射光照射时,某些合成欧泊显示树枝状结构。

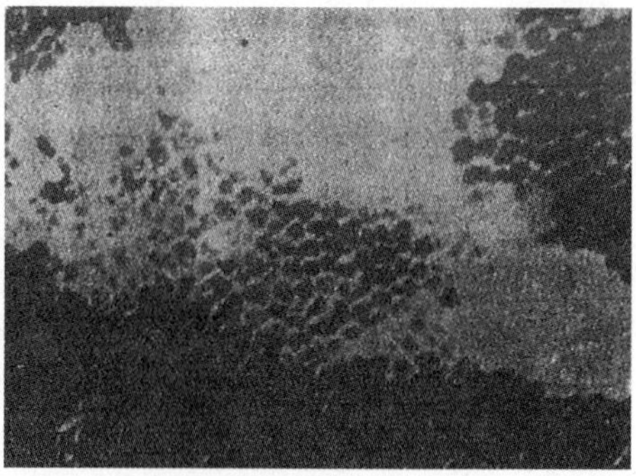

图 9-2-12　合成欧泊的六边形蜂巢状结构

(2) 合成欧泊一般密度较低,如黑、白欧泊密度为 2.06g/cm³,天然欧泊密度为2.15g/cm³,可区别之。

(3) 对紫外光的透明度不同。合成欧泊石对紫外光的透明度比天然欧泊石大得多。检测方法为:将未知欧泊石、已知天然欧泊石和合成欧泊石置于相纸上,让长波光照射 2～3s。如果在曝光纸上,未知欧泊比已知欧泊透射更多的紫外光,则它是合成品。

(4) 对紫外光的磷光性测试。天然欧泊石对长波光发荧光和典型的磷光。合成白欧泊石可能发荧光但无磷光。

(5) 红外光谱分析。合成欧泊在 3 700cm^{-1} 附近有吸收峰,天然欧泊在 5 000cm^{-1} 附近有吸收峰,可区别之。

(二) 仿欧泊(Imitation Opal)

最简便的仿欧泊是玻璃、塑料、拉长石、火玛瑙或其他材料仿制而成。其与天然欧泊有点相似,为用高折射的金属色彩箔,将金属彩箔夹在未凝结的玻璃层之间,扭歪玻璃,使金属箔成起伏不平的不规则表面,则呈现出多色变彩。这种粗陋的制品易被人们识破。还有用珍珠母或贝壳镶入光亮的塑料或玻璃之中者,猛一看有点像欧泊,放大观察时便可发现典型玻璃仿制品的气泡。它与欧泊还可通过其高折射率(1.49～1.51)和高密度(2.41～2.50g/cm³)来鉴别。

日本产的仿欧泊的商品名称为 Opalite(不纯蛋白石)和 Opal Essence(蛋白石之精)。它呈半透明乳白色,变彩逼真,硬度为 2.5,密度为 1.21±0.01 g/cm³,折射率为 1.50 或 1.51,对长波光发强烈的蓝白色荧光,对短波光表面似白垩的蓝白色荧光,放大时呈现"蜂窝"或柱状结构。它是一种典型的塑料制品,虽形象逼真但仍具有塑料特性,可识别之。

也有拉长石仿欧泊的,这可依拉长石有解理及其金属色体以区别之,用火玛瑙仿欧泊可依其具较欧泊大的折射率来区别。

第三节　赤　铁　矿

赤铁矿(Hematite)这一名称来自希腊语,意为"像血一样",因为它的条痕(即粉末色)为褐红色、棕红色或樱桃红色。早在公元前 63 年, 一位巴比伦作家提到,米特里载特斯王在他的私人宝石收藏中有许多赤铁矿,当时人们认为赤铁矿是有效的护身符。那时人们相信佩戴赤铁矿的人可使君主乐意倾听他们的祈求,在诉讼的判决中能作出对他们有利的决定。

赤铁矿是重要的铁矿石,黑色赤铁矿可冒充"黑色钻石"。赤铁矿圆形珠子可当做"黑色珍珠",穿成项链在市场出售。赤铁矿最常见的用途是制作浮雕和凹雕等工艺品,具金属光泽的、靓丽的晶体集合体,可做观赏石收藏。

一、化学组成

赤铁矿的化学式为 Fe_2O_3。除主要成分为氧化铁外,常含混入物 Ti、Mn、Al、Fe^{2+}、Ca、Mg 以及少量的 Co 等,往往具有金红石、钛铁矿等包裹体。在隐晶质致密块体中常有机械混入 SiO_2 和 Al_2O_3。纤维状或土状者含水。

二、形态

赤铁矿属三方晶系,呈六边形菱形晶体(图 9-3-1、图 9-3-2),可依($10\overline{1}1$)成聚片双晶、依(0001)为穿插双晶。完好的晶体比较少见,常呈在(0001)晶面上有带三角形条纹的板状、粒状,隐晶质者呈致密块状、鲕状、豆状、肾状等集合体。也有片状、鱼鳞状,具金属光泽者,称为"镜铁矿"。细小鳞片状或贝壳状镜铁矿集合体为"云母赤铁矿",依(0001)连生的镜铁矿集合体称为"铁玫瑰",表面光滑明亮的红色钟乳状赤铁矿集合体称为"红色玻璃头"。

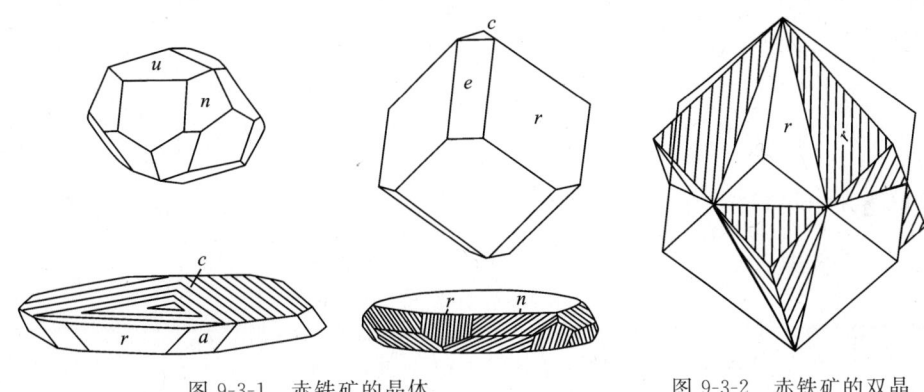

图 9-3-1 赤铁矿的晶体　　　　图 9-3-2 赤铁矿的双晶

三、物理特性

赤铁矿呈钢灰色—铁黑色,不透明,金属光泽,一轴晶,负光性,折射率为 2.940～3.220(−0.070),双折率为 0.28,集合体不可测,没有解理,断口呈参差状,密度为 4.90～5.30g/cm^3,宝石级赤铁矿的密度范围为 5.20(+0.08,−0.25),硬度为 5～6,具韧性,可溶于盐酸。无紫外荧光,吸收光谱不特征。

四、鉴定特征

赤铁矿以樱桃红或棕红色条痕(即粉末色)、高密度、无磁性为特征,易与磁铁矿、钛铁矿相区别。赤铁矿的红外图谱如图 9-3-3 所示。

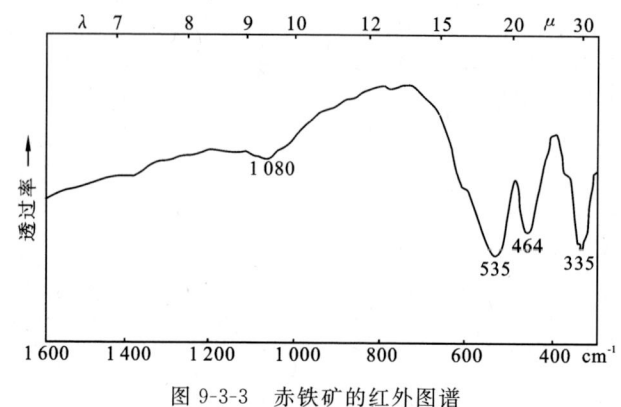

图 9-3-3　赤铁矿的红外图谱

五、产状及产地

赤铁矿产于沉积型或沉积变质型矿床。虽然作为铁矿石的赤铁矿在很多国家都有数百万吨储量,但可作宝石观赏石的结晶矿物仅在很少的几个地方出现。其中最重要的产地是英国的昆布兰,也有一些产自意大利的厄尔巴岛以及挪威、瑞典和巴西等地。

中国赤铁矿分布甚广,可作宝石、观赏石的赤铁矿主要产自河北宣化、甘肃镜铁山、安徽繁昌等地的铁矿山中。

第四节　乌钢石(针铁矿)

乌钢石(Goethite)的矿物学名称为"针铁矿",可被磨成圆珠做成项链、手链在市场上出售。

一、化学组成

乌钢石的化学式为 $Fe_2O_3 \cdot H_2O$。除主要成分为三氧化二铁之外,还含有水分,有时含有 SiO_2、FeO、Al_2O_3、TiO_2、MgO、MnO 等。含有不定量的吸附水者称为"水针铁矿"。

二、形态

乌钢石属斜方晶系,晶体呈针状、柱状,晶面具纵纹,有的呈薄板状,也有呈致密块状或鲕状及结核状者。只有致密块状的可作手链、圆珠、装饰品材料(图 9-4-1)。

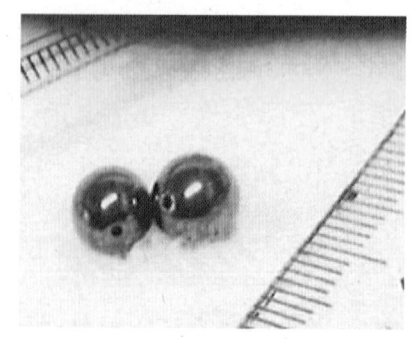

图 9-4-1　乌钢石(针铁矿)

三、物理特性

乌钢石呈红色、暗褐色至黑色,金刚光泽至亚金属光泽,非均质体,二轴晶,负光性,常不透明,无多色性,折射率为 2.26～2.298,双折率为 0.138,无紫外荧光。吸收光谱不特征。放大观察可见纤维状结构。在稀少的样品上偶见有猫眼效应(称乌钢石猫眼)。乌钢石无解理,具锯齿状断口,摩氏硬度为 4～6。密度为 $4.28g/cm^3$。

针铁矿的红外图谱如图 9-4-2。

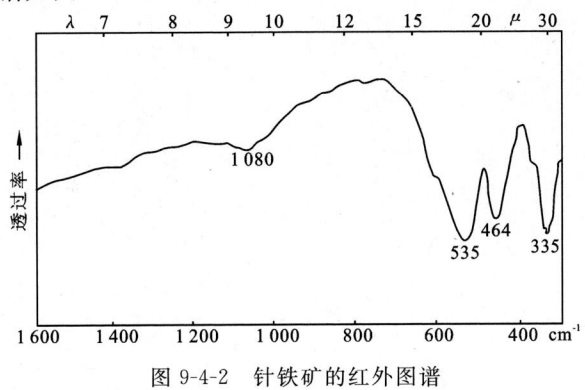

图 9-4-2 针铁矿的红外图谱

四、产状及产地

乌钢石主要形成于外生条件下,由含铁矿物经氧化和分解形成盐类,再经水解作用而成,常与赤铁矿、方解石等共生。

第五节 金 红 石

金红石(Rutile)的英文名称来自希腊文"rutilus",为红色的意思。

一、化学组成

金红石的化学式为 TiO_2。其为钛的氧化物,成分中常含有 Fe、Zn、Cs、Nb、Ta 等。Nb、Ta 含量多者称铌钽金红石,铁含量多者称铁金红石。

二、形态

金红石属四方晶系,晶体呈柱状、长柱状或针状,有时可见依(101)成肘状双晶、三连晶或环状双晶。晶体如图 9-5-1,双晶如图 9-5-2。实际晶体(图 9-5-3)在晶体上沿延长方向有条纹。集合体呈致密块状。细小针状晶体有的可被包裹在水晶晶体之中,甚为可观。

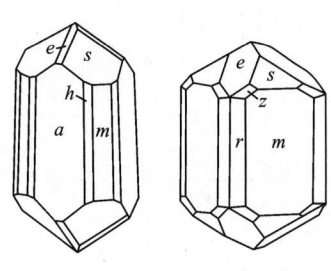

图 9-5-1 金红石晶体

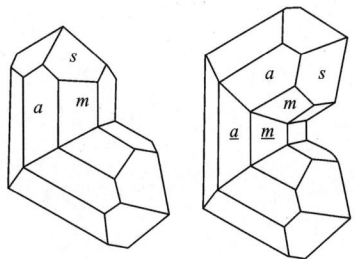

图 9-5-2 金红石双晶

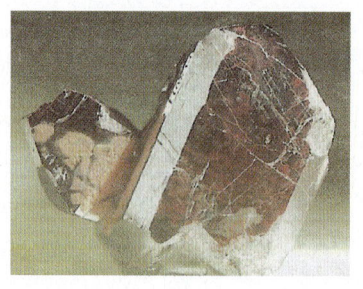
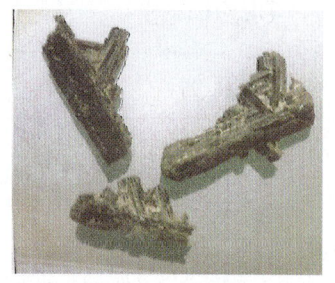

图 9-5-3　金红石实际晶体

三、物理特性

金红石呈暗红或褐红色、橘黄、黄，含 Fe 高或含 Nb、Ta 者呈黑色。金刚光泽，铁金红石呈半金属光泽，透明至半透明，折射率非常高，$N_e=2.901\sim2.903$，$N_o=2.605\sim2.616$，双折率也很高，为 $0.287\sim0.294$，色散特别强，为 0.300，一轴晶，正光性，多色性为褐色—黄色、暗红色—暗褐色，铁金红石为黄色、褐色、绿色、红褐色、灰色，紫外光下荧光呈惰性，具平行$\{110\}$完全解理，平行$\{100\}$中等解理。摩氏硬度为 $6\sim6.5$，密度随成分而异：金红石纯者为 $4.23g/cm^3$，一般为 $4.2\sim4.3g/cm^3$，铁金红石为 $4.3\sim4.6g/cm^3$，铌、钽金红石为 $5.6g/cm^3$。具半贝壳状至参差状断口，性脆。将金红石磨成刻面型宝石，有比钻石更强的闪亮出"火"性能。只有具微褐红色的透明晶体，且色散高、出"火"程度也高的，可琢磨成刻面宝石，铌、钽金红石不太适宜作饰品。

四、鉴别特征

依四方柱状晶体，肘状双晶、暗红色或褐色及完全的解理易识别之，再依其非常高的折射率、双折率、强色散与相似宝石原料相区别。金红石的红外图谱如图 9-5-4 所示。

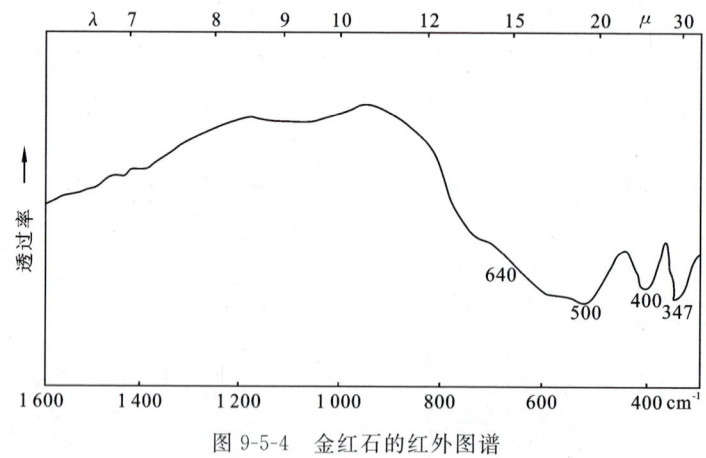

图 9-5-4　金红石的红外图谱

五、产状及产地

金红石是变质作用形成的、重要的含钛矿物，产于云母片岩、角闪片岩、片麻岩和变质石灰岩、白云岩、花岗岩中,与赤铁矿、锆石、石榴石等共生。也有的产于高温热液金红石石英脉中,与赤铁矿、磁铁矿、霞石、黑云母、钠闪石等共生。金红石化学性质稳定,亦见于砂矿中,主要产地有挪威、俄罗斯、瑞士、美国、墨西哥、英国、玻利维亚、西班牙、澳大利亚等。美国的乔治亚州的石英脉中,产出有数磅的大金红石晶体,极为可观。另外,毛发状金红石被包裹于水晶之中形成发晶,有的金光闪闪可成为上等收藏品。

图 9-5-5　合成金红石祖母绿型戒面

中国的金红石分布较广,原生矿主要分布于云南、湖北、安徽、山西、陕西、河南、四川、浙江、山东等地,河南省的金红石产于西峡。

此外,金红石砂矿主要分布于湖南、广东、广西、福建、安徽、江苏、山东等省。

［附］合成品

合成金红石于1947年由美国林德公司用焰熔法合成,其色散为0.330,大于钻石色散,故比钻石更为出火。其无色者往往可用作钻石的代用品。合成金红石折射率为$2.616\sim2.903$,有无色、蓝色、绿色、褐红色等。其相对密度为$4.26(\pm0.03)$g/cm^3,摩氏硬度为$6\sim7$,可与钻石相区别。图9-5-5为合成金红石祖母绿型戒面。

第六节　锡　　石

锡石(Cassiterite)源于希腊词"锡"。锡石是提炼锡的主要矿物原料,具有较高的光泽和色散度,因而可作很吸引人的刻面宝石。其晶体偶尔也被收藏家收藏。

一、化学组成

锡石的化学式为SnO_2。虽然纯的氧化锡是白色或无色的,但由于其中存在Fe、Ni、Ti等元素,通常显棕色至黑色,含铁越多,颜色越深。

二、形态

锡石属四方晶系,晶体呈双锥柱状、双锥状,有的呈针状,可有肘状双晶(图9-6-1、图9-6-2)。集合体常呈不规则粒状,也有葡萄状或肾状者。

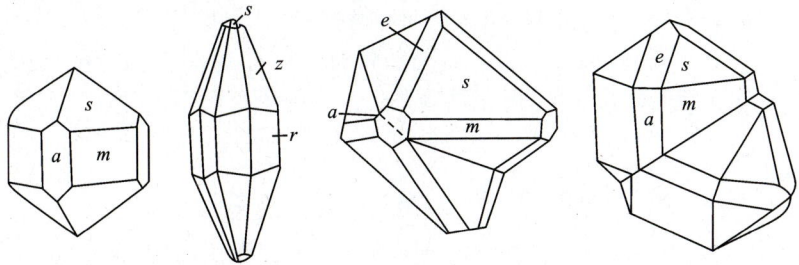

图 9-6-1　锡石晶体及双晶

三、物理特性

锡石呈金刚光泽至亚金刚光泽,透明至几乎不透明,颜色通常是暗棕色至黑色,也有黄棕色、黄色或具有棕色条带的无色者,非均质体,一轴晶,正光性,折射率 $N_o = 1.997$,$N_e = 2.093$ ($+0.009$,-0.006),双折率为 $0.096 \sim 0.098$,色散度为 0.071,在较浅色的锡石中可观察到其色散作用。对于棕色、浅棕色和暗棕色者,多色性很弱。

断口不均匀至不明显的贝壳状,硬度为 $6 \sim 7$,密度为 $6.95(\pm 0.08) \text{g/cm}^3$。解理平行 $\{110\}$ 不完全,有脆性,一般无磁性,含铁多者具电磁性。

图 9-6-2 锡石的实际晶体

四、鉴别特征

锡石的晶形、双晶、颜色、硬度等均与金红石相似,但锡石的密度大,解理较差,折射率较金红石小。锡石以其大的密度和高的双折率与相似的锆石相区别。锡石颗粒在锌板上加一滴 HCl,过 $2 \sim 3$ min 便可见锡石颗粒表面盖上一层锡白色的锡薄膜。这是既简单又有效的鉴定锡石的方法。放大观察,常见色带,强的双折射线。锡石的红外图谱如图 9-6-3 所示。

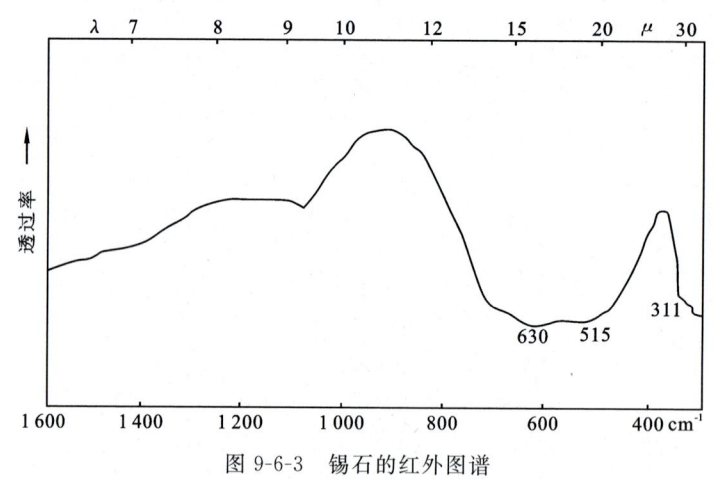

图 9-6-3 锡石的红外图谱

五、产状及产地

锡石通常存在于中、高温型矿脉中,也存在于交代矿床、花岗伟晶岩和流纹岩中。大多数可利用的锡石产于玻利维亚、西班牙、纳米比亚和英格兰。

我国云南个旧盛产锡石,闻名于世。云南的锡石矿床有锡石-硅酸盐型、锡石-硫化物型、锡石-伟晶岩型,分别与硅酸盐矿物、硫化物等共生。我国还有四川、广西、江西等地亦产之。

第七节 尖 晶 石

人类对尖晶石(Spinel)的认识与利用历史相当悠久,公元 1415 年,一颗重约 170ct 的红尖晶石被称为"黑太子红宝石",当做红宝石镶在英国王冠上;一颗重400ct以上的切磨后的尖晶石,于1762年被镶在俄国沙皇皇冠上(图9-7-1)。19世纪在伊朗制成的一台纯金镶宝石的地球仪上,镶嵌的红宝石其实也是尖晶石。

据考证,清朝皇族封爵和一品官帽子的红色宝石顶子也几乎都是红色尖晶石充当红宝石。可见尖晶石一直受人们青睐,尤其红色尖晶石多为女性饰物,蓝色、绿色者多用作男性饰物。有些块大的或内部缺陷多的往往作雕刻之用。

章鸿钊在其《石雅》中对尖晶石论证"琅玕之为巴刺愈明矣"。"巴刺"又称"巴拉斯红宝石",章鸿钊还称之为"斯壁尼石(Spinel)"。"琅玕"、"巴刺"、"斯壁尼石"等均指宝石级尖晶石。如果章鸿钊的考证属实,我国对尖晶石宝石的认识,最晚在战国时代就开始了。

红色尖晶石是宝石。它经常与红宝石混淆,这是由于过去一些人对它的认识不够而误称的。如红宝石尖晶石、巴拉斯红宝石等。在历史上很多所谓的"红宝石",也许就是尖晶石。在英国的王室珠宝中,英皇冠首饰的"红宝石"与"帖木尔红宝石"就是两个误称的例子。这种历史上宝石

图9-7-1 俄国沙皇皇冠上的尖晶石

名称错误的现象,直至近代都还常常存在。例如,尖晶石与刚玉一样,具有多种颜色,在砂矿中又与刚玉密切共生,所以两者容易混淆。

尖晶石类矿物是由成分变化范围很大的一系列固溶体组成,除特别注明者外,以下描述都是对镁尖晶石而言。

一、化学组成

镁尖晶石的化学式为 $MgAl_2O_4$。

镁铝氧化物。尖晶石的总化学式可写成 AB_2O_4,A组阳离子主要为二价元素:Mg^{2+}、Fe^{2+}、Mn^{2+}、Zn^{2+}、Ni^{2+}、Co^{2+}、Cu^{2+}等,B组阳离子主要为三价(少量四价)元素:Al^{3+}、Fe^{3+}、Cr^{3+}、V^{3+}、Ti^{4+}等。两组离子类质同象代替非常复杂和普遍,因而形成尖晶石族几种矿物,常见如下:

(1) 尖晶石($MgAl_2O_4$);
(2) 铁尖晶石($FeAl_2O_4$);
(3) 锌尖晶石($ZnAl_2O_4$);
(4) 锰尖晶石($MnFe_2O_4$);
(5) 镁铁尖晶石($MgFe_2O_4$);
(6) 锌铁尖晶石($ZnFe_2O_4$)。

透明的宝石级尖晶石成分几乎接近于 $MgAl_2O_4$。包裹体中的尖晶石常有八面体晶体,或是负晶或铁尖晶石的固态包体,排列成"指纹"图案。尖晶石中复杂的类质同象代替,可产生许多尖晶石变种(或亚种),这些变种又常与产状有关。如在富铬的有关超基性岩中多为镁

铬尖晶石 $Mg(Al,Cr)_2O_4$，在与金刚石有关的金伯利岩中则多为含铬镁高的铬镁尖晶石 $Mg(Cr,Al)_2O_4$。

二、形态

尖晶石属等轴晶系，对称型为 $3L^4 4L^3 6L^2 9PC$，常见八面体晶形，有时与菱形十二面体和立方体成聚形，可沿八面体方向构成依（111）为双晶面和接合面的双晶。这种双晶称尖晶石律，如图 9-7-2。

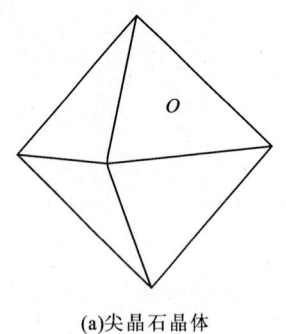
(a)尖晶石晶体

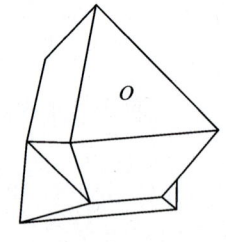
(b)尖晶石的双晶

(c)红色尖晶石的八面体实际晶体

图 9-7-2　尖晶晶体及双晶

三、物理特性

尖晶石呈玻璃光泽至亚金刚光泽，透明到几乎不透明。典型的颜色包括：红色、粉红色、橙红色、蓝色、紫红色、黄、橙黄、绿色、褐色、紫色、黑色，无色者亦存在。橙色到橙红色材料有时称为"火焰尖晶石"。可以看到典型的带红色的深褐色至紫色或几乎黑色的星光。因颜色的不同而分为以下几种。

（1）无色尖晶石：较少见。

（2）红色尖晶石：因含 Cr 所致。

（3）橙黄色尖晶石：如含少量 Fe^{3+} 则呈带黄色色调的绿色。

（4）绿色尖晶石：含少量的 Fe^{3+}、Zn 等。

（5）蓝色尖晶石：因含 Fe^{2+}、含 Zn^{2+} 可呈蓝色，含 Co 则呈天蓝色。

（6）褐黑色尖晶石：因含 Fe^{3+}、Cr^{3+} 可呈红褐色或紫色，黑色者较稀少。

（7）变色尖晶石及带有星光的尖晶石：因很多尖晶石颜色会变化，白天呈灰蓝色，晚上在白炽光下呈紫色，因而又有变色尖晶石之种别。

（8）星光尖晶石为褐红、灰黑尖晶石中有针状包体所致，可呈现六射或四射星光，在一些球形的尖晶石中最为常见。各种颜色的尖晶石如图 9-7-3 所示。各种尖晶石的物理特性如表 9-7-1 所示。尖晶石饰品如图 9-7-4 所示。

图 9-7-3　各种颜色的尖晶石

表 9-7-1 各种尖晶石的物理特性表

物理性质	镁尖晶石	镁铁尖晶石	锌尖晶石	铁尖晶石
颜色	红色、淡红色、淡绿、天蓝、无色	绿色、褐色	绿色、黑色、蓝色	黑色
硬度	8	7.5～8	7.5	7.5
密度/g·cm^{-3}	3.58	4.0～4.2	4.62	4.39
折射率	1.715	1.782	1.805	1.83
多色性	无	无	无	无

(a)蓝尖晶石戒面　　(b)蓝尖晶石戒面　　(c)绿尖晶石戒面　　(d)红尖晶石戒面

图 9-7-4　蓝、绿、红尖晶石戒面

尖晶石为均质体，无多色性，折射率为1.718(+0.017,-0.008)，无双折射率。蓝色和黑色尖晶石属于镁锌尖晶石，是尖晶石与锌尖晶石之间的过渡，具有较高的价值，即与刚玉一个档次，可表现出不规则的双折射，色散为0.020。

在长波紫外光的照射下，红色、粉红色、橙色尖晶石发出由弱到强的红色或橙色荧光；在短波紫外光的照射下呈惰性或发出弱的红色或橙红色荧光。接近无色或浅绿色尖晶石在长波紫外光照射下发出无至中的红橙色至橙色的荧光，其他颜色的尖晶石一般呈惰性。红色与粉红色尖晶石是由于含有痕量铬元素的缘故。吸收光谱显示了很窄的光带，在685.5nm 到684nm 强吸收谱线呈陡势，在656nm 呈弱吸收带，595nm 到490nm 呈强吸收谱带。在光谱的红色区域，一些颜色鲜艳的尖晶石显示出 5 条明亮的谱线。蓝色、紫色尖晶石由于金属铁的存在而在460nm 左右表现出很强的吸收谱带，而在 430～435nm、480nm、550nm、565～575nm、590nm、625nm 亦有吸收带。一些稀有而色美的蓝色尖晶石由于钴的存在而显蓝色，其吸收光谱与钴的波长434nm、460nm 到 480nm 密切相关。尖晶石的吸收光谱见图 9-7-5。

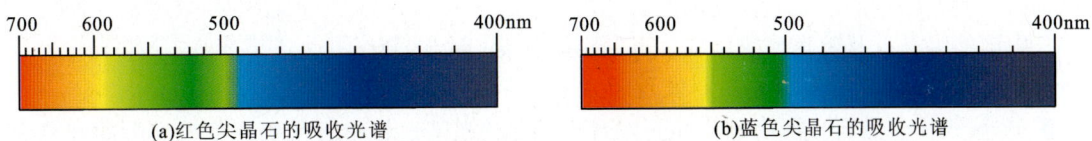

(a)红色尖晶石的吸收光谱　　(b)蓝色尖晶石的吸收光谱

图 9-7-5　尖晶石吸收光谱

解理不完全，贝壳状断口，摩氏硬度为8，密度为3.60(+0.10,-0.03)g/cm^3，黑色者近于4.00g/cm^3。几种常见的尖晶石物理性质见表9-7-1。

四、鉴别特征

尖晶石常呈八面体晶体,易于识别。

尖晶石易与刚玉相混,但其折射率较低,且为单折射。尖晶石的折射率与密度在红色石榴石范围之内,红色石榴石也是单折射,但荧光性的存在可将它与其他矿物相区分。红色石榴石呈惰性,通过对包体的吸收谱线的仔细研究(见石榴石)亦能区分。尖晶石的折射率与红色石榴石相近,但红色石榴石有很浅的颜色。比较少见的浅绿色尖晶石与钙铝红色石榴石颜色相似,但前者的折射率稍低,可区别之。

如放大观察,可见细小八面体负晶,成单体或呈指纹状分布。有的被方解石、白云石充填,有的还可以见到石墨、石英、磷灰石等包体。缅甸所产的尖晶石可能有雾状包体及榍石包体。斯里兰卡所产的尖晶石中还可见有锆石晶体,其周围还有带褐色的斑点。

另外,在偏光镜下浸油观察可见沿八面体的生长带及生长纹。

大多数合成尖晶石有多种颜色,其中有好几种为天然尖晶石所没有。带紫色的暗蓝色尖晶石易与蓝宝石混淆,浅蓝色尖晶石易与海蓝宝石混淆,浅绿蓝色尖晶石易与锆石混淆,暗绿色尖晶石易与橄榄石或碧玺混淆。但是,天然尖晶石没有合成的尖晶石那样又浓艳又均一的颜色。

合成尖晶石内部干净,一般无包体。虽含有气泡,但比不上合成刚玉所含的气泡多。这些气泡或圆或长,看上去像不规则的细线,或有角度的细线,后者有时易与负晶相混淆。弯曲生长线很少见。蓝色合成尖晶石通过查尔斯滤色镜时显红色,而大多数天然蓝色尖晶石显深灰色(包括钴改色材料带紫色的蓝色尖晶石)。含铬的合成红色尖晶石在紫外光下发红色荧光,强于天然的红色尖晶石。一般合成尖晶石与相同颜色的天然尖晶石相比,有较强的紫外荧光。

五、产状及产地

尖晶石是变质矿物,宝石级尖晶石通常是石灰岩的接触变质产物。由于它的硬度较高、解理不发育,又具有稳定的物理化学性质,故可产于砂矿中。

早在中世纪就产出了优质红尖晶石,为冲积砂矿型。若干大颗粒优质尖晶石皆出于此种产状。著名的宝石级尖晶石产于阿富汗。其他如缅甸抹谷、斯里兰卡、泰国等皆有尖晶石与刚玉及其他冲积砂矿物密切共生。最近,在坦桑尼亚河畔的冲积矿床中,也发现了与刚玉共生在一起的尖晶石。在中亚的苏联帕米尔山脉发现有优质的尖晶石粉红色晶体。肯尼亚、尼日利亚、巴基斯坦、越南、美国也有产出。

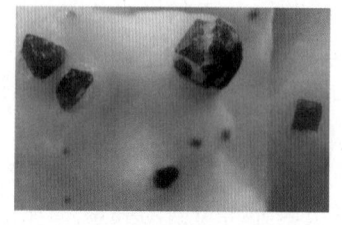

图 9-7-6 生长在变质岩上的红色尖晶石小晶体

中国的尖晶石及矿化现象已在江苏、福建、河南、河北、新疆、云南等地发现。江苏的尖晶石发现于六合一带的蓝宝石砂矿中,属镁铁尖晶石。河南的尖晶石发现于豫北的超基性岩中。生长在变质岩上的红色尖晶石小晶体见图9-7-6。

[附] 合成品

合成尖晶石(Synthetic spinel)

1915年法国人维纽易首先用焰熔法合成尖晶石。焰熔法生产的合成尖晶石主要不是用来仿天然尖晶石,而是以不同颜色的尖晶石分别仿相似宝石。如蓝色尖晶石用来仿蓝宝石、海蓝宝石和热处理蓝锆石,无色尖晶石用来仿钻石。其他颜色,包括各种绿色至带黄色的绿色,用来仿橄榄石、碧玺、祖母绿和金绿宝石等。加钴改色的烧结合成尖晶石用来仿青金石,而云雾状合成尖晶石用来仿月光石。焰熔法合成的尖晶石晶体中常有一拉长的异形气泡。

我国在陕西省的汉中、江苏的苏州、天津等皆可大量生产这种合成品。

1. 化学组成

合成尖晶石的化学式为 $MgAl_2O_4$,也可写成 $MgO·Al_2O_3$。因此,天然尖晶石含有等比例的氧化镁(MgO)和氧化铝(Al_2O_3),即 1∶1。焰熔法合成尖晶石中 $Al_2O_3∶MgO$ 为 2.5∶1,甚至可高达 4∶1。成分中可含有 Fe、Co、Cr 等元素。

2. 形态

合成尖晶石属等轴晶系,内部晶格常发生畸变,呈不规则外形。

3. 物理特性

合成尖晶石呈无色、浅至深蓝色、浅至深绿色、红色、黄色、紫色、暗蓝色(作仿青金石),玻璃光泽,光学性质为均质体,常具光性异常(晶格畸变),无多色性,折射率焰熔法为 1.728(+0.012,-0.008)、助溶剂法为 1.719(±0.003),无双折率。

合成尖晶石的紫外荧光依颜色不同而异:①无色者,长波呈无至弱的绿色荧光,短波呈弱至强的绿蓝色、蓝白色荧光;②蓝色者,长波呈弱至强的红色、橙红色、红紫色荧光,短波呈弱至强的蓝白色或斑杂蓝色、红色至红紫色荧光;③绿色、黄绿色者,长波呈强的黄绿色或紫红色荧光,短波呈中至强的黄绿色、绿白色荧光;④变色者,长、短波呈中等的暗红色荧光;⑤红色者,长波呈强的红色、紫红色至橙红色荧光,短波呈弱至强的红色至橙红色荧光。

合成尖晶石的吸收光谱仍以颜色不同而不同:①红色者,688nm 吸收线,695nm 吸收带,680~690nm 吸收带;②变色者,525~660nm 吸收带,690nm 吸收带;③仿青金石者,455nm 吸收带,515~560nm 吸收带,650~680nm 弱吸收带;④灰蓝色者,590nm 吸收带,640nm 吸收带,550~560nm 弱吸收带;⑤粉色者,640~700nm 强吸收带;⑥深蓝色,550nm 强吸收带,570~600nm 强吸收带,625~650nm 吸收带;⑦绿色、绿蓝色者,425nm 吸收带。

合成尖晶石无解理,摩氏硬度为 8,密度为 3.64(+0.02,-0.12)g/cm^3。

4. 鉴别特征

焰熔法生产的尖晶石很洁净,偶尔可见弧形生长纹、气泡。助熔剂法生产的尖晶石可见残余助熔剂,呈滴状或面纱状,有的还有金属薄片。合成的尖晶石比多数天然尖晶石的折射率和密度都高。铝含量的增加可引起异常双折射。所以合成尖晶石常具有异常消光和异常干涉色。这是合成尖晶石的重要特性。另外,合成尖晶石还可有变色效应。焰熔法合成的尤其是一些蓝色的合成尖晶石,在紫外光下长波显红色荧光,短波出现白色荧光。

合成尖晶石中的特征包体,虽不常有,但可作为与天然品鉴别的特征之一。这些包体呈圆形,焰熔法合成的多异形气泡包体,或呈细长的、线状的、有角度的气泡。助熔剂法合成的包体为熔剂充填的孔洞和愈合裂隙。其他一些物理性质也和天然尖晶石非常相近。唯在稀有的红色变种中极少见到弯曲生长纹。

第八节 黑曜石

黑曜石(Obsidian)属于天然玻璃。凡自然作用下形成的玻璃(不是人工的)都应该属于天然玻璃。主要是火山喷出的熔岩迅速冷却所形成的。如黑曜岩就是火山玻璃。黑曜石,也可称做黑曜岩。黑曜石这一术语,源于普里尼(Pliny)。他在埃塞俄比亚,首先对黑曜石作了描述。黑曜石在远古时代已经用来制作箭头及其他锋利的武器、工具、珍宝以及艺术品等。

一、化学组成

黑曜石的主要成分为 SiO_2,可含多种杂质。黑曜石是一种具流线的玻璃。典型的样品应有下列成分:SiO_2 76.8%,Al_2O_3 12.1%,Fe_2O_3 0.6%,FeO 0.8%,MgO 0.8%,CuO 0.6%,Na_2O 3.8%,K_2O 4.9%,H_2O 0.1%。几乎全由玻璃质组成,通常有石英、长石等微晶、斑晶、簇晶。

二、形态

一般呈不规则块状,有很多种变种,如条带状、呈波状起伏的条带状、缟状平直的平行条带。还有菊花状为黑色基质中分布着白色二氧化硅斑块、呈球状的小块浑圆状黑曜石(称黑曜石球),还有含有许多微小的高反射率包体而呈现耀眼的星点状光泽者。图 9-8-1 为黑曜石(包括有方石英)。

图 9-8-1 黑曜石
(包括有方石英)

三、物理特性

黑曜石呈玻璃光泽,透明至不透明。色彩类型为由灰色到黑色、暗棕色,同样可呈褐黄色、橙色或红色、浅绿色、蓝色、紫色。折射率为 1.490(+0.20,−0.010),无双折率。放大检查可见拉长气泡、流动构造。黑曜石有似针状包体或晶体包体,光学性质为均质体,常见异常消光,具贝壳状断口,硬度为 5~6;密度为 2.40(+0.10,−0.07)g/cm^3,随气泡和包体的多少而变。

四、种别划分

黑曜石多种多样,其不同的名称已经说明了其主要的特征。种别划分大致如下:
(1) 雪花状黑曜石。
(2) 菊花黑曜石。
(3) 火焰黑曜石。
(4) 金黑曜石。
(5) 银黑曜石。
(6) 彩虹黑曜石。
(7) 带状黑曜石。

(8) 缟纹状黑曜石。

(9) 猫眼黑曜石。

五、鉴别特征

黑曜石通常呈黑色,含有其他天然玻璃雏晶呈雪花状(有的呈菊花状)者被称为雪花状黑曜石(或菊花状黑曜石)(图9-8-2)。辉黑曜石是一种暗棕色至黑色的材料,从反射光中能显示银状至金星状似太阳石的效应,有火焰黑曜石、金黑曜石、银黑曜石之称。彩虹黑曜石为内部破裂中能反射出彩虹般的色彩。具有不同色泽的纹带或很细密的缟状纹带者分别称带状黑曜石、缟纹黑曜石(图9-8-3)。还有具猫眼效应的黑曜石称猫眼黑曜石。这些颜色深而靓丽的品种都是做饰品或工艺品的材料。

图9-8-2 雪花黑曜石原石

图9-8-3 纹带黑曜石饰品(排链)

黑曜石总是包含大量的微细夹层,即晶粒。它们通常或多或少均匀分布,但亦可集中于边层之中。除晶体包体、似针状包体外,圆形或扁长的气泡也时常出现,易与人造玻璃、黑玛瑙相混淆。黑曜石与后者的鉴别主要从破裂面、玻璃状光泽来区别。

六、产状及产地

黑曜石分布很广,最著名的产地位于冰岛,少数产地在墨西哥。在美国、意大利、新西兰、希腊等地,黑曜石主要分布于西部诸州。最有名的是位于怀俄明州黄石国家公园中的黑曜石崖。此外还有科罗拉多州、加利福尼亚州等地。

除上述黑曜石之外,由火山喷出的熔岩迅速冷却而形成的玻璃还有在俄罗斯鄂霍茨克海的马里卡那河见到的一种黑色至褐色的流纹质黑曜石,风化后呈球粒状。这种也见于美国和墨西哥,称珍珠岩。

还有见于澳洲昆士兰弗森德河附近的一种海蓝色至蓝绿色和褐色者,主要是在玄武岩的冷却边缘部位,称玄武岩玻璃(Basalt Glass)。

这类在世界各地的火山成因的玻璃及黑曜石各有不同的特点,并且种类很多。如印度尼西亚、土耳其、墨西哥、菲律宾、冰岛产有绿色黑曜石,墨西哥、印度尼西亚、澳洲、美国、菲律宾产有彩虹黑曜石,这些皆是天然的火山玻璃。

我国黑曜石主要分布于中新生代酸性火山岩区,即东南沿海各地。

我国河北省兴隆产有与其相似的菊花状流纹岩,也应该是具有工艺价值的类似材料。

第九节 锆 石

锆石(Zircon)又叫"锆英石",也有人称做"风信子石"。据考证,早在古希腊时就很受人们喜爱,相传曾为犹太主教佩戴的宝石之一,被称为"夏信斯"。"风信子石"的由来可能与此有关。直到现在,中国香港、日本等地还常用此名。在中世纪传说佩戴红锆石可使人聪明、富有才能,帮助人们驱疫除邪,为人催眠,甚至还可使人发财,等等。

锆石一般有3种存在形式:即高型,也称α-型;中间型,也称β-型;低型,也称γ-型。下面描述的主要为常见高型锆石。

一、化学组成

锆石的化学式为$Zr[SiO_4]$,为锆的硅酸盐,成分中常有Ca、Mg、Mn、Fe、Al、P、Nb、Ta、Ti、Hf、U、Th、TR及H_2O等混入物。一些混入物达到一定含量时可形成许多变种。如花岗岩中的锆石含Hf最富(HfO_2含量最高可达24%),富含Hf者称铪锆石。由于含放射性元素,因而晶体产生晶面弯曲,称曲晶石,而含水呈胶态者称水锆石。可能所有锆石最初都是由普通α-型转化而来。

二、形态

锆石属四方晶系,对称型L^44L^25PC,晶形呈四方双锥状、柱状、板状。常见单形有四方柱$m\{110\}$、$a\{100\}$,四方双锥$p\{111\}$、$e\{101\}$,复四方双锥$x\{311\}$。可依(011)形成膝状双晶,但很少见。锆石的形态与结晶时的介质环境密切有关。在碱性或偏碱性的花岗岩中,锆石的锥面发育,柱面不发育,呈短柱状或四方双锥状,如图9-9-1所示;在酸性花岗岩中锆石的柱面及锥面均较发育,晶体呈柱状,如图9-9-2所示。在基性岩、中性岩或偏基性的花岗岩中除可见到柱面之外,往往会出现复四方双锥,而锥面发育很差或不出现。

三、物理特性

高型锆石的颜色通常是黄色—绿色、棕绿色、橙色至棕色、棕红色至橙红和深红色。将棕红色晶体在空气中加热至大约900℃左右时可以变成无色或者金黄色,而在还原条件下加热时,则其晶体变成无色或蓝色。多数无色和金黄色的锆石和所有的蓝色锆石都是通过加热处理产生的。高型锆石通常是透明的,在诸多锆石变种中成分最纯。未经过变化的变种,因其较高的折射率、较高的相对密度、较高的色散而叫做高型。低型锆石的颜色范围为棕绿色至黄绿色,带有模糊的纹理。棕色或黄色的晶体不常见(图9-9-3)。

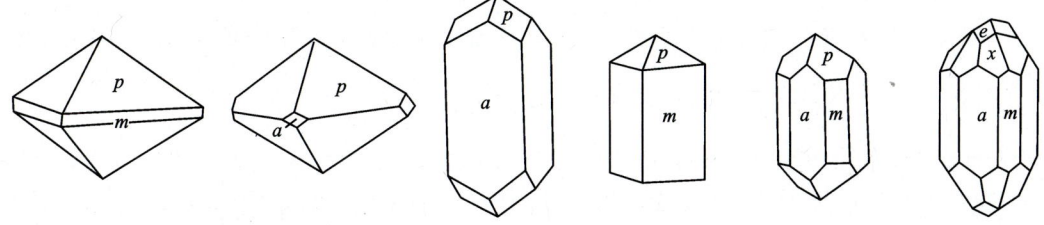

图 9-9-1　锥面发育的锆石晶体　　　　　　图 9-9-2　柱面发育的锆石晶体

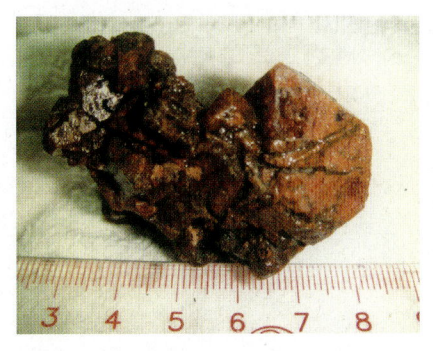

图 9-9-3　褐红色锆石晶体

1. 颜色

一般常见的颜色为无色、蓝色、绿色、黄色、褐色、橙色、红色、紫色等。玻璃光泽至金刚光泽。锆石的物理特性如表 9-9-1 所示。各色锆石戒面如图 9-9-4 所示。

图 9-9-4　各色锆石戒面

表 9-9-1　锆石的物理特性表

品种	颜色	密度/g·cm^{-3}	折射率	双折射率	摩氏硬度	荧光
高型锆石	无色、红褐色、蓝色	4.60～4.80	1.925～1.984(±0.040)	0.059	7～7.5	强,红色
中型锆石		4.10～4.60	1.875～1.905(±0.030)	0.030		
低型锆石	绿色、暗褐色	3.90～4.10	1.810～1.815(±0.030)	0～0.005	6	无

2. 光性特征

一般为非均质体,一轴晶,正光性,多色性一般较弱,多色性的颜色表现为不同色调的体色。

3. 折射率

某些低型锆石的折射率低,实际上是非晶质的,但也有极少数是二轴晶。高型锆石的折射率 $N_o=1.925\sim1.984$,$N_e=1.984\pm0.040$;中型锆石的折射率 $N_o=1.875\sim1.905$,$N_e=1.905\pm0.030$;低型锆石的折射率 $N_o=1.810\sim1.815$,$N_e=1.815\pm0.030$。双折率从高型锆石的较高值 0.059 变到低型锆石的 $0\sim0.005$。中型锆石的则介于其间。

4. 色散

各种锆石的色散度高型的最大是 0.038。因为有较高的双折率,人们可以观察到其背部的双影。而且,必须从几个方向对锆石进行观察,因为只有从与光轴垂直的方向观察才能看到明显的效果。

5. 多色性

在蓝色、无色到棕黄色的锆石中,蓝色的多色性最强;蓝色、棕黄色至无色,橙色和棕色的多色性呈弱至中;棕黄色和紫棕色的很弱;红色的中,紫红色至紫褐色;在绿色和黄绿色中,以绿色的多色性较弱。

6. 紫外荧光

红色、橙红色的锆石对短波紫外光可能不敏感,或者发黄色至棕色荧光;黄色、橙黄色和无色的锆石可能对长波、短波紫外光不敏感或显黄色至橙色荧光;棕色的锆石通常对长短波光呈惰性,但也可以发很弱的红色荧光;蓝色的锆石通常对长波光呈惰性,但也可能发浅蓝色的荧光,短波则无;绿色锆石长短波皆无。

7. 吸收光谱

吸收光谱随锆石的产地和其变成非晶质的程度而变化。一般可见 $2\sim40$ 条吸收线,最特征的为 653.5nm 吸收线(图 9-9-5)。某些经加热处理的蓝色和无色锆石在 653.3nm 处显示一条弱的谱线,而低型的绿锆石通常在 653nm 处显示扩散的、模糊的中间带。其他的锆石则显示在整个光谱范围内均匀分布的谱线。可见到 691nm、683nm、662.5nm、660nm、621nm、615nm、653.5nm、659nm、589.5nm、562.5nm、537.5nm、515nm、484nm、406nm 和 432.5nm 处的谱线。各型锆石的吸收光谱(图 9-9-6)。

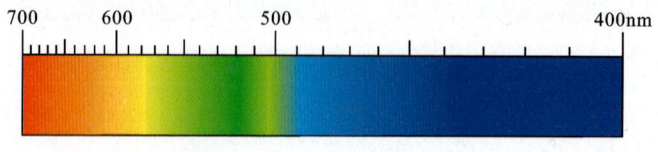

图 9-9-5 各色锆石的吸收光谱

8. 其他

解理不发育,具贝壳状断口,摩氏硬度为 $6\sim7.5$,密度在 $3.95(\pm0.05)\sim4.73\text{g/cm}^3$ 之间,多数在 $3.90\sim4.73\text{g/cm}^3$ 之间。

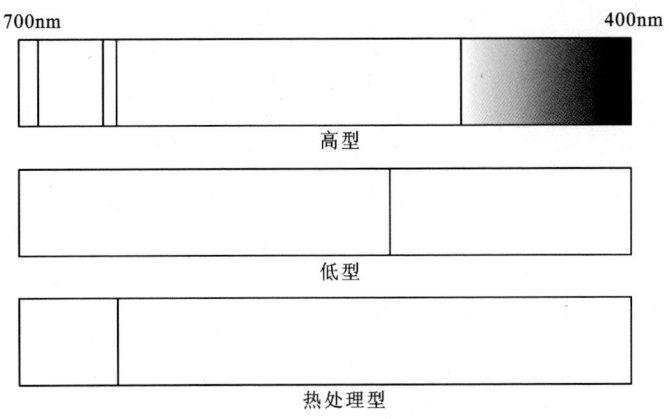

图 9-9-6 各型锆石的吸收光谱

四、鉴别特征

锆石以四方短柱状、四方双锥状晶形、大的硬度、金刚光泽为特征。与金红石的区别是锆石硬度大,且金红石具完全解理以及 Ti 反应亦可区分之。与锡石区别是锆石密度小,锡石有锡反应。与独居石区别是锆石具四方柱形状和较大的硬度。

外表上锆石易与金绿宝石、刚玉、尖晶石(包括天然的和人工合成的)、榍石、黄玉、绿柱石和玻璃相混淆。可是,锆石与这些宝石矿物的不同在于,它具有较强的光泽、较高的折射率(通常超过折射仪的范围)和较高的密度。锆石与金刚石的不同在于它具有较高的密度、双折射率和色散。它们的光谱性质也具显著差别。锆石与相似宝石的区别如表 9-9-2。

表 9-9-2 锆石与相似宝石的区别

宝石品种	色散度	双折射率
锆石	0.038	中等 0.059
钻石	0.044	无
榍石	0.051	高 0.082～0.135
合成金红石	0.380	极高 0.287

放大检查,高型锆石可见愈合裂隙、矿物包体、重影明显;中低型锆石可见平直的分带现象,含絮状包体,性脆,棱角易磨损。

某些经热处理后的蓝色和无色的锆石,含有细小的白色絮状包裹体。典型的低型锆石上有一强的乳白色棱角形晶带,并常含有棱角形的骨架状包裹体。

检测锆石亦可用红外光谱。红外图谱如图 9-9-7。

五、优化处理

1. 热处理

几乎所有的无色、蓝色锆石都是热处理产生的,也可以产生红、棕、黄等色,通常比较稳

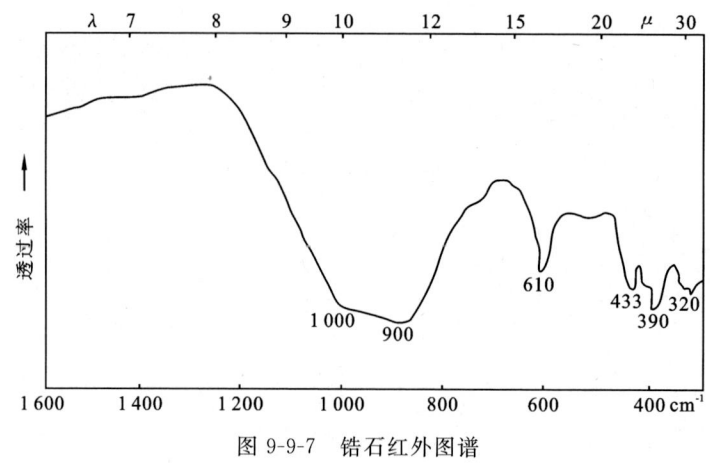

图 9-9-7　锆石红外图谱

定,少数抛光后会有所变化。

许多由于热处理引起了颜色变化。某些锆石经金刚石琢磨,后经过热处理则产生裂缝、猫眼效应。热处理增加了锆石的脆性,常产生擦伤面。

市场上出现的锆石大都经过了高温处理。经加热处理后的锆石,往往由浑浊变为清澈,颜色变为无色、蓝色和金黄色。有的无色者去充当钻石。这种假品可以用热导仪检测,易于检测出与钻石的不同。

2. 辐照处理

无色的锆石经过辐照处理可变为深红、褐红、紫色、橘黄色,蓝色锆石辐照处理后可变成红—红褐色,不稳定,不易检测。

3. 放射性元素

锆石中含有放射性元素 UO_2 可高达 5%,还含 Th、TR(尤其是 Y)、Hf 等。这些元素的放射性破坏了晶体的结构,使晶体变成了非晶质。晶体结构的破坏导致物理和光学性质的改变,硬度、密度、折射率变小,有时颜色变成绿色。结晶变异锆石常常被晶质锆石所包裹,因而多是非晶质的原始晶体矿物的假象。当加热到高温(1 450℃)时,中型锆石又恢复到晶体状态,且原来的物理性质和光学性质也可恢复。

六、产状与产地

锆石是一种碎屑宝石矿物,主要从砾石中回收。作为宝石级的锆石,最重要的产地是泰国、柬埔寨和老挝及缅甸。高型锆石主要产于泰国和柬埔寨的砂矿中,在斯里兰卡和澳大利亚也发现大量的和细小红色的、无色的锆石。中国在黑龙江、福建、海南、新疆、辽宁、江苏等地皆发现有宝石级的锆石。

黑龙江穆棱地区宝石级锆石属高型锆石(艾昊、陈涛、张丽娟等,2011)。锆石自形程度较好,形态以柱状为主,发育单形四方柱和四方双锥,颗粒大小不一,晶体表面常见溶蚀、磨蚀坑。颜色以红褐色为主,少数呈无色和浅黄色,透明至半透明,金刚光泽至玻璃光泽,有的样品具有油脂光泽。折射率大于 1.78,密度为 4.7~4.9g/cm³,在紫外灯下,红褐色锆石在长短波下均显示弱的荧光,浅黄色和无色锆石显示强黄色荧光。一些锆石巨晶产自当地玄武岩的冲积层中。

福建的锆石发现于明溪、清源一带的第四纪河床堆积物和陆地下部的砂砾层中,有白锆和红锆两种,与蓝宝石、橄榄石、镁铝石榴石等共生。海南的锆石发现于文昌蓬莱一带的残积坡积和冲积红土层中,及风化的玄武岩和火山碎屑岩中,与蓝宝石、红宝石等共生。新疆产的锆石也有红锆和蓝锆两种,发现于阿尔泰的花岗伟晶岩和南天山拜城黑英山的碱性伟晶岩中。其他在辽宁、江苏、江西等地的砂砾层或砂矿中均有发现。

[附] 合成锆石

合成锆石首先由法国人于1890年合成成功。其化学组成为硅酸锆,还能溶于很多溶剂中,所以常用水热法合成,用钒或稀土元素致色,具有紫色至黄色的二色性。合成品的晶体太小,可合成3mm×2mm的紫色立方晶体,无法用于商业用途,仅有科学意义,故未能进入宝石市场。

第十节 橄 榄 石

Peridot(橄榄石)源于13世纪,英语称Peridoe或Peridota。

橄榄石是带绿色的橄榄石(Olivine)矿物的宝石品种。其名称又叫贵橄榄石(Chrysolite)和"夜祖母绿"。前者意指黄绿色金绿宝石,而后者属于误称。

古埃及人在公元前已将它用来制作饰品。古罗马人将橄榄石称太阳的宝石。他们认为橄榄石能除邪恶、降妖魔,给人们带来光明。他们把橄榄石镶在首饰上以作防身、护身之用。

近代人认为橄榄石柔和艳丽,使人看了心情舒畅,所以把橄榄石称为"幸福之石"。

一般以色泽艳丽、橄榄绿色者为好。晶体中无包裹体、杂质少、颗粒大者(一般3~6ct)为佳品。

一、化学组成

橄榄石的化学式为$(Mg,Fe)_2[SiO_4]$。

橄榄石(Olivine)是指处于Mg_2SiO_4和Fe_2SiO_4之间的完全固溶体(为连续的类质同象系列),折射率和密度随铁含量增加而增大。按橄榄石中Mg、Fe的含量可划分为(根据A、N文契)镁橄榄石、贵橄榄石等6个亚种,表9-10-1为橄榄石的亚种划分。

表 9-10-1 橄榄石的亚种划分

橄榄石亚种名称	镁橄榄石分子$Mg_2[SiO_4]$/%	铁橄榄石分子$Fe_2[SiO_4]$/%
镁橄榄石	100~90	0~10
贵橄榄石	90~70	10~30
透铁橄榄石	70~50	30~50
镁铁橄榄石	50~30	50~70
铁镁橄榄石	30~10	70~90
铁橄榄石	10~0	90~100

自然界以 $Mg_2[SiO_4]$-$Fe_2[SiO_4]$ 系列最为重要。中间宝石矿物橄榄石 $(Mg,Fe)_2[SiO_4]$ 及 $(Fe,Mg)_2[SiO_4]$ 最为常见。其他还有锰橄榄石等。以下按 $Mg_2[SiO_4]$ 叙述之。

成分中除 Mg、Fe 呈完全类质同象代替之外,还有 Fe^{3+}、Mn、Ca、Al、Ti、Co、Ni 等次要的类质同象代替,或成为类质同象混入物存在。

二、晶体结构

橄榄石的晶体结构为氧离子平行于(100)面呈近似六方最紧密堆积,Si 离子占据其四面体空隙,Mg^{2+}、Fe^{2+} 离子充填于八面体空隙中。硅氧四面体彼此不直接相连,在阳离子(Mg^{2+}、Fe^{2+})的包围中间呈孤立的岛状结构。由于硅氧四面体三向等长,无明显方向性,且为阳离子交错排列,结构均匀紧密,因而橄榄石呈斜方晶系,为近于三向等长,呈粒状,折射率高,密度、硬度都比较大。

三、形态

橄榄石属斜方晶系。晶体常为棱柱状、短柱状或厚板状,常见单形为:平行双面 $a\{100\}$、$b\{010\}$、$c\{001\}$,斜方柱 $m\{110\}$、$l\{120\}$、$d\{101\}$、$n\{011\}$、$g\{021\}$ 及斜方双锥 $o\{111\}$。完好的晶体少见,通常是粒状集合体(图 9-10-1)。

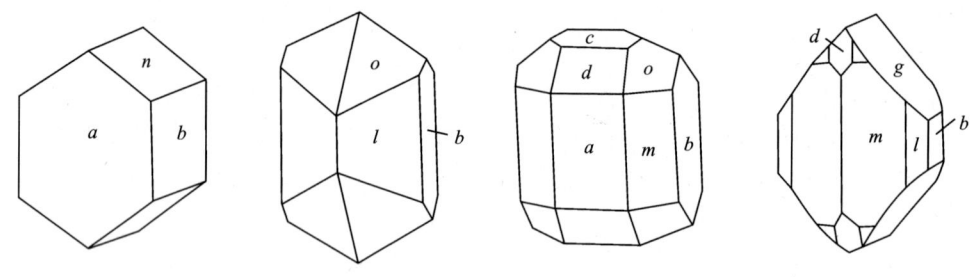

图 9-10-1　橄榄石的晶体

四、物理特性

镁橄榄石为白色、带黄的绿色至带绿的黄色及带褐的绿色至带绿的褐色。很多宝石级橄榄石一般为中等色调的黄绿色,即橄榄绿。随成分中 Fe 的含量增高而颜色加深,可到墨绿或黑色。玻璃光泽,断口为玻璃光泽至亚玻璃光泽,透明至半透明。

光学性质为二轴晶正光性(或负光性)。多数橄榄石折射率 $N_p=1.654$、$N_m=1.672$、$N_g=1.690\pm0.020$,双折率为 $0.035\sim0.038$,常为 0.036,光轴角 $90°$,色散 0.020。多色性为呈弱的绿黄色和绿色。橄榄石对紫外荧光长波和短波呈惰性。由于含铁,吸收光谱在 453nm、477nm、497nm 处显示特征强吸收谱带。

橄榄石具中等或不完全解理,常为贝壳状断口,摩氏硬度为 $6.5\sim7$,宝石级密度为 $3.34(+0.14,-0.07)g/cm^3$。

橄榄石原石见图 9-10-2,橄榄石的吸收光谱见图 9-10-3,橄榄石的红外光谱见图 9-10-4。

第九章 普通常见宝石大类

图 9-10-2 橄榄石原石

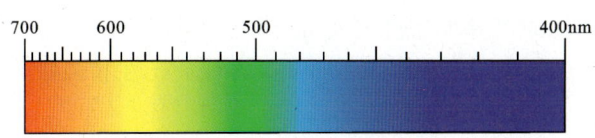

图 9-10-3 橄榄石的吸收光谱

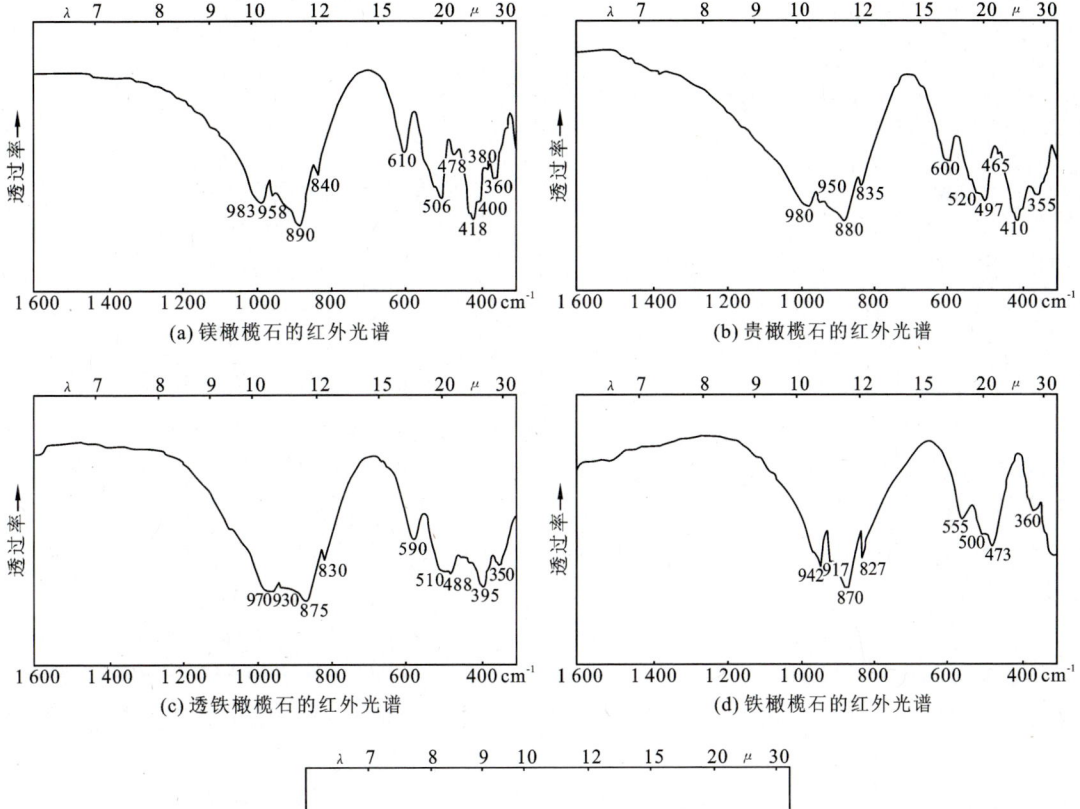

(a) 镁橄榄石的红外光谱

(b) 贵橄榄石的红外光谱

(c) 透铁橄榄石的红外光谱

(d) 铁橄榄石的红外光谱

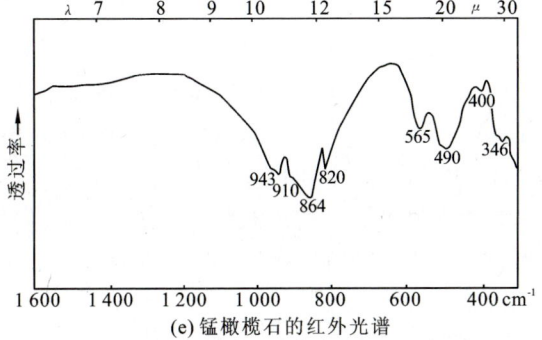

(e) 锰橄榄石的红外光谱

图 9-10-4 橄榄石的红外光谱

五、鉴别特征

虽然橄榄石的橄榄绿色是最主要的鉴别特征,但琢磨好后仍会与某些宝石有相似之处,如与金绿宝石、锆石、石榴石和合成尖晶石等相似,这些都有较高的折射率和密度。碧玺的折射率、双折率和密度较低;透辉石双折率低;莫尔道玻璃石和玻璃都是均质体;硼镁铝石折射率相近,但密度和双折率更高,具有负光性和强吸收谱线。橄榄石与相似黄绿色宝石的物理性质对比如表9-10-2。

表9-10-2 橄榄石与相似黄绿色宝石的物理性质

宝石名称	颜色	密度(g/cm³)近似值	折射率近似值	多色性	硬度
橄榄石	黄绿色	3.34	1.654～1.690	三色性不明显	6.5～7
金绿宝石	黄色、淡黄绿色	3.73	1.746～1.755	二色性不明显	8.5
钙铝榴石	淡黄绿色	3.61	1.740	无	7～7.5
透辉石	淡绿、褐绿色	3.29	1.675～1.701	三色性中等	5.5～6
硼铝镁石	淡黄色、褐色	3.47	1.668～1.707	二色性强	6～7
电气石	黄绿、褐绿色	3.06	1.624～1.644	二色性明显	7～7.5
玻璃	黄绿色	2.30	1.50	无	5～6

扎贾巴德岛的橄榄石可含有红褐色黑云母包体。缅甸的橄榄石可含有微粒片状黑云母包体。美国圣卡路斯的常有带负晶、液态包裹体或中心有天然玻璃包裹体(称"小百合"包体)。圣卡路斯的橄榄石中包裹体还有尖晶石、镁铬铁矿、铬铁矿、黑云母和透辉石。据报导曾有星光效应者,但极为少见。

检测中应注意黄绿色玻璃制品冒充橄榄石,这可以硬度、解理、光性来区别。

六、产状及产地

橄榄石的成因主要有岩浆型和变质型。橄榄石是基性、超基性岩浆岩的主要造岩矿物,也是地幔岩的主要组成矿物之一。它还是石陨石的主要组成矿物。宝石级的橄榄石主要为岩浆成因类型。宝石级橄榄石的传统产地主要是扎贾巴德岛域的红海岛,离埃及约80km。橄榄石发现于该岛的最东端,晶体赋存于裂隙或晶洞之中。橄榄石矿物在许多地区均以小块晶体产出,较著名的还有澳大利亚、巴西、肯尼亚、坦桑尼亚、挪威和斯里兰卡。美国的橄榄石产于新墨西哥、圣卡路斯印第安人保护区、亚利桑那州,后者已成为当今世界上最大的宝石级橄榄石来源地。大粒、优质的橄榄石也产于缅甸。

归纳起来在上述产地的矿藏产出类型有5种:①金伯利岩型,如俄罗斯、坦桑尼亚、南非等地;②玄武岩型,如美国、中国;③阿尔卑斯型橄榄岩,如埃及;④超基性岩-碱性侵入岩型,如苏联科拉半岛;⑤砂矿型,如中国等。

中国河北省张家口地区万全一带盛产橄榄石,主要是新近纪中新世汉诺坝碱性玄武岩。宝石级橄榄石为镁橄榄石,赋存于碱性橄榄玄武岩发育的尖晶石橄榄岩类岩石中,呈粒状,粒径为1～30mm,甚至更大。颜色鲜艳呈淡黄绿、黄绿色至浓黄绿色,呈玻璃光泽,半透明至不透明,属中国产的优质橄榄石,驰名中外。橄榄石饰品如图 9-10-5 所示。

图 9-10-5　橄榄石饰品

山西省天镇一带产橄榄石,为基性超基性火山碎屑岩中的二辉橄榄岩,与透辉石、铬尖晶石等伴生为贵橄榄石,呈黄绿色,透明度好,晶形完整,达到宝石级。有极少数为孔雀绿色,也可作宝石之用。

目前我国吉林省蛟河市大石河一带盛产橄榄石。橄榄石赋存于新近纪上新世碱性玄武岩中,属镁橄榄石,板柱状晶体,粒径为 5～20mm,最大达 50mm 以上。色黄绿、草绿、翠绿,透明至半透明,亦属优质宝石级橄榄石,产量大,已遍及中国各宝石市场。

云南马开等地的新近纪火山角砾岩中发现有橄榄石,呈黄绿色、橄榄绿色,玻璃至油脂光泽,透明,质纯,与铬镁铝榴石、铬透辉石、铬尖晶石、锆石等共生。

海南省文昌、蓬莱等地发现有橄榄石,赋存于新近纪玄武质二辉橄榄岩、辉橄岩中,黄色至浅黄色,透明至半透明,产量较少。

辽宁宽甸上更新统火山喷发岩中发现有橄榄石,为贵橄榄石,粒径为 0.1～10mm,呈黄绿色、淡黄绿色,透明至半透明,产量不大。

橄榄石是组成陨石的主要宝石矿物。

橄榄石受热液作用和风化作用,容易蚀变为蛇纹石,所以很多橄榄石已成蛇纹石残晶或假象。当受强烈风化还可形成菱镁矿和蛋白石等。

[附] 合成镁橄榄石(Synthetic Forsterite)

很久以前美国联合碳化物公司,采用焰熔法合成镁橄榄石获得成功。在其成分中加放有 N、V 等致色剂,因而使合成品有透明靓丽的绿色或蓝色,成为合成品中的佳品,但至今未见上市。镁橄榄石的仿制品却多为玻璃制品,这可能与工序和成本有关。

第十一节　石　榴　石

石榴石(Garnet)在市场上常称做"紫牙乌"。相传其名来源于阿拉伯语。古代阿拉伯语中的"牙乌"或"亚姑"含有红宝石之意。红色者称"红牙乌"或"红亚姑",蓝色者称"青牙乌"或"青亚姑"。而石榴石中红色者确似红宝石,而且红里透紫,有的明显地呈紫红色,故称"紫牙乌"。也有人认为石榴石的晶体形状如石榴子,故称"石榴石"。人类对石榴石的认识和利用已有悠久的历史,拉丁语为 grandtus,意为"颗粒",因为石榴石也确实常以单个颗粒晶体产出。镁铝榴石源于希腊语,意为"似火"。镁铁榴石源于希腊词 rhodon,意为"玫瑰"。铁铝榴石起名于 Alabanda,该地古代就有琢磨和抛光好的石榴石,锰铝榴石起名于首次发现该矿物的 Bavaria 的 Spessart 区。Malaia 是班图语,意为"离家出走",有时译为"骗子"。钙铝榴石由其植物——醋栗而命名,意指其呈浅绿色。钙铝榴石源于希腊语,意为"次等的",因为其硬度较低。钙铁榴石一词是为了纪念葡萄牙矿物学家"Andrada"而命名。翠榴石意指其呈翠绿色。

《圣经》里称石榴石为红宝石。几千年来各色紫牙乌被认为是信仰、坚贞和纯朴的象征。传说它还有治病救人的功效。旅游者佩戴紫牙乌,可以走远路,还可以保护人们的荣誉和增强体质,确保在途中平安无事或刀枪不入等。世界上盛产红紫牙乌的国家为捷克斯洛伐克。其中宝石级的镁铝榴石,被称为"波希米亚红宝石"。

中国最晚在明朝已认识和利用石榴石。曹昭《格古要论》中记载了石榴石,曰:"石榴子,出南蕃、类玛瑙、颜色红而明莹,与石榴肉相似,故曰石榴子,可镶嵌用。"故宫博物院收藏有中国历史上遗留下来的紫牙乌,使人观后有肃穆之感。近代我国诸省几乎都有发现,其中以新疆所产者最佳。

一、化学组成

石榴石的化学式为 $A_3^{2+} B_2^{3+} [SiO_4]_3$。

石榴石宝石矿物的化学通式为 $A_3 B_2 [SiO_4]_3$。

这里 A 代表二价阳离子 Ca^{2+}、Mg^{2+}、Fe^{2+}、Mn^{2+} 及 V^{3+}、K^+、Na^+ 等,B 代表 Al^{3+}、Fe^{3+}、Cr^{3+}、V^{3+}、Ti^{4+}、Zr^{4+} 等。由于 B 类离子半径相互很接近,所以很容易产生类质同象代替。由 A、B 两类离子的两两组合,可以出现两个重要系列的石榴石。现选择其要者叙述如下。

1. 铁铝石榴石系列:$(Mg、Fe、Mn)_3 Al_2 [SiO_4]_3$
  (1) 镁铝石榴石 $Mg_3 Al_2 [SiO_4]_3$;
  (2) 铁铝石榴石 $Fe_3 Al_2 [SiO_4]_3$;
  (3) 锰铝石榴石 $Mn_3 Al_2 [SiO_4]_3$。
2. 钙铁石榴石系列:$Ca_3 (Al、Fe、Cr、V、Ti、Zr)_2 [SiO_4]_3$
  (1) 钙铝石榴石 $Ca_3 Al_2 [SiO_4]_3$;
  (2) 钙铁石榴石 $Ca_3 Fe_2 [SiO_4]_3$;
  (3) 钙铬石榴石 $Ca_3 Cr_2 [SiO_4]_3$;
  (4) 钙钒石榴石 $Ca_3 V_2 [SiO_4]_3$;
  (5) 钙锆石榴石 $Ca_3 Zr_2 [SiO_4]_3$;
  (6) 水钙铝榴石 $Ca_3 Al_2 [SiO_4]_{3-x} (OH)_{4x}$;
  (7) 翠榴石 $Ca_3 \{Fe, Al, Cr\}_2 [SiO_4]_3$;
  (8) 桂榴石 $Ca_3 \{Al, Fe\}_2 [SiO_4]_3$。

上述所列为端员组分的矿物,此外还有锰石榴石、铁石榴石、镁铬榴石、钛榴石等。由于 A、B 离子中及其相互间的类质同象代替广泛发育,所以在自然界纯端员组分的石榴石很少发现。大部分为过渡型的固溶体。例如,组合系列在铁铝榴石和镁铝榴石、铁铝榴石和锰铝榴石、钙铝榴石和钙铁榴石之间,然而,取代只限于含钙石榴石(钙铝榴石和钙铁榴石)和含铝石榴石(镁铝榴石、铁铝榴石和锰铝榴石)(表9-11-1)。另外,广泛的类质同象代替可形成某些变种,如钙铁石榴石含 Ti 多时则称"黑榴石"或称"钛榴石"。

表 9-11-1 石榴石族矿物的理论化学组成

组分	镁铝榴石	铁铝榴石	锰铝榴石	钙铬榴石	钙铝榴石	钙铁榴石	水钙铝榴石
SiO_2	44.8	36.4	36.4	35.9	40.0	36.5	27.57
Al_2O_3	25.4	20.5	20.5		22.7		18.52
Cr_2O_3				30.6			
Fe_2O_3							3.70
FeO		43.3				31.5	0.15
CaO				33.5	37.3	33.0	38.39
MnO			43.0				0.08
MgO	29.8						2.13
合计	100.0	100.2	99.9	100.0	100.0	101.0	90.54

二、晶体结构

石榴石的晶体结构为孤立的[SiO_4]四面体,由阳离子 Al^{3+}、Fe^{3+}、Cr^{3+} 等所组成的八面体连结。以钙铝榴石的晶体结构看[SiO_4]四面体为[AlO_6]八面体所连结,而 Ca 填充于畸变的立方体空隙,配位数为8(图9-11-1)。可见1个[AlO_6]八面体与周围6个[SiO_4]四面体共用角顶相连结,与1个畸变立方体共棱。每个氧与1个 Al 和1个 Si 及2个较远的 Ca 相连,这就使得石榴石晶体结构比较紧密。可以看出沿 L^3 方向最紧密,化学键力最强,所以石榴石的硬度比较大,相对密度也较大。钙铝榴石中,Ca 呈八次配位,需要压力不大,因此在接触变质条件下形成。而 Mn、Fe、Mg 一般需要六次配位,而当呈八次配位时,则需要在压力增高的条件下形成,所以钙铝榴石形成于中级区域变质条件,而镁铝榴石只能在极高压力下于榴辉岩或金伯利岩中形成。

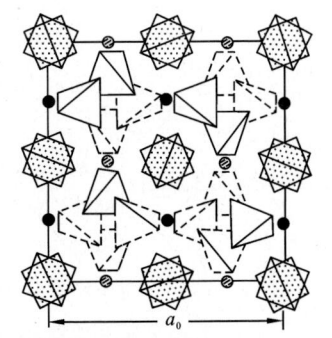 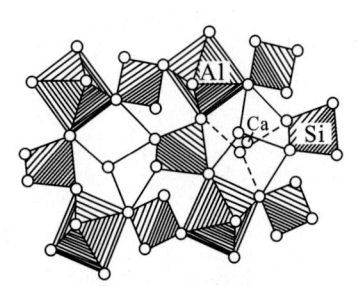

(a)钙铝榴石晶体结构以配位多面体形式表示的投影图(Ca未表示出) (b)钙铝榴石晶体结构表示出三种配位体的连结方式

图 9-11-1 石榴石的晶体结构

三、形态

石榴石属等轴晶系,对称型 $3L^4 4L^3 6L^2 9PC$,常呈完好的晶体。常见单形为:菱形十二面体 $d\{110\}$、四角三八面体 $n\{211\}$ 或两者的聚形,有时还可出现六八面体 $s\{321\}$。晶面上常有平行四边形长对角线的条纹,石榴石常呈歪晶。这些石榴石大都具有相同的结构及形态,彼此成分及性质也相似。不同石榴石的化学成分及变化与成因有密切的关系,这将在其产状中叙述。石榴石集合体为粒状或致密块状,石榴石的晶体如图 9-11-2、图 9-11-3。

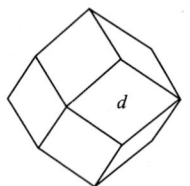 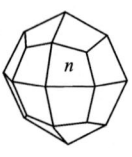 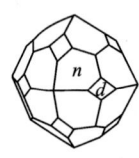 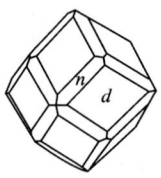 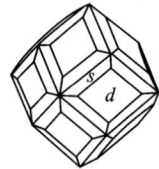 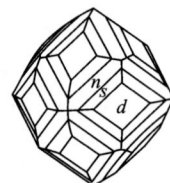

图 9-11-2 石榴石晶体

四、物理特性

石榴石的颜色各种各样,常呈深红色、红褐色至褐黑色(表 9-11-2)。它受成分的影响(如钙铬石榴石因含 Cr 而呈现绿色),但未看出严格规律性。石榴石呈玻璃光泽至亚金刚光泽,且断口油脂光泽,均质体,常见异常消光,无多色性,无双折射率,紫外荧光一般没有,也有的近于无色、黄色或浅绿色,钙铝榴石可呈弱橙黄色荧光。

图 9-11-3 石榴石实际晶体

表 9-11-2 石榴石的主要物理性质及成因产状

种名	颜色	折射率	密度/g·cm⁻³	主要成因产状
镁铝榴石	紫红、血红、橙红、玫瑰红	1.714～1.742	3.582	角砾云母橄榄岩(金伯利岩),蛇纹岩,橄榄岩,榴辉岩
铁铝榴石	褐红、棕红、橙红、粉红	1.760～1.820	4.318	区域变质岩为主,其次花岗岩,火山岩
锰铝榴石	深红、橘红、玫瑰红、褐	1.790～1.814	4.20	伟晶岩,锰矿床,花岗岩
钙铝榴石	红褐、黄褐、蜜黄、黄绿	1.730～1.760	3.67	矽卡岩,热液
钙铁榴石	黄绿、褐黑	1.855～1.895	3.84	
钙铬榴石	鲜绿	1.820～1.880	3.90	超基性岩,矽卡岩
钙钛榴石	深褐、深红褐	1.890～2.010		碱性岩(碱性伟晶岩和碱性火山岩)
钙钒榴石	翠绿、暗绿、棕绿	1.821	3.68	碱性岩,角岩
钙锆榴石	暗棕	1.94	4.0	碱性岩,伟晶岩
水钙铝榴石	绿色、蓝绿色、白色、粉色、无色	1.670～1.730	3.15～3.55	接触变质岩

解理平行{110}不完全或无,摩氏硬度为7～8,有脆性,因脆性往往引起晶体内裂纹发育,在镜下可见。密度为3.5～4.30g/cm³,密度大小往往与阳离子有关,一般含铁、锰者密度大,随这些阳离子含量的增加而密度增大。各种石榴石的包体特征及吸收光谱如表9-11-3所示。

表 9-11-3　各种石榴石的包体特征

品种	包体特征	吸收光谱
镁铝榴石	针状包体,不规则状、浑圆状晶体包体,有呈70°、110°相交的针状金红石包体	564nm宽吸收带,505nm吸收线,含铁者可有440nm、445nm吸收线,优质者可有红区铬吸收
铁铝榴石	针状包体(通常很粗),锆石具放射晕圈以及不规则浑圆状低突起晶体包体,星光铁铝榴石有呈70°、110°相交的针状金红石包体	504nm、520nm、573nm强吸收带,423nm、460nm、610nm、680～690nm弱吸收线
锰铝榴石	波浪状,不规则状和浑圆状晶体包体及羽毛状气液包体	410nm、420nm、430nm吸收线,460nm、480nm、520nm吸收带有时可有504nm、573nm吸收线
钙铝榴石	短柱状或浑圆状晶体包体、热浪效应。星点状黑色固态包体	铁致色的桂榴石(Hessonite)可有407nm、430nm吸收带
钙铁榴石、翠榴石	纤细放射状(马尾状)石棉包体	440nm吸收带,也可有618nm、634nm、685nm、690nm吸收线

1. 镁铝榴石(Pyrope)

镁铝榴石以 $Mg_3Al_2[SiO_4]_3$ 为主。

纯镁铝榴石是无色的,但它总是含有铁,而且常含有一些铬,从而显橘红色、红色和浅紫红色。镁铝榴石和锰铝榴石极少情况下在一起,其颜色可以变化,在日光下呈绿色,在白炽灯下显紫红色。

大部分镁铝榴石宝石为均质体,有时可见非均质性。折射率约为1.714～1.742,常见1.74。密度为3.78(+0.09,−0.16)g/cm³。由于镁铝榴石和贵榴石完全一致,因而它实际上是红色的铁铝榴石。它们之间没有严格的划分,可以由折射率和密度的不同来区分。其摩氏硬度为7～7.5,色散为0.027,在长波光和短波光下无变化。它的吸收光谱是在576nm、527nm、505nm处有宽线或564nm处有一吸收带,从400nm到约445nm有吸收线,细小的带色石榴石(含铬)在红光687nm处显细微的吸收谱线,如图9-11-5(a)所示。镁铝榴石中典型的包体是针状金红石、圆形镁橄榄石晶体。

镁铝榴石易与红宝石、人造红宝石、尖晶石、碧玺、玻璃相混淆,可由折射率、密度、光学性质和光谱进行区分,镁铝榴石与尖晶石折射率、密度相近,皆为均质体,但多数红尖晶石在紫外线下发荧光,镁铝榴石不发荧光,在吸收光谱和其特性上也有不同。

最出名的镁铝榴石产地是在捷克。优质镁铝榴石在金伯利矿脉也曾被发现,特别是在南非的金伯利、澳大利亚、坦桑尼亚、缅甸、巴西、美国、墨西哥和俄罗斯皆有发现,现在包括斯里兰卡、印度、坦桑尼亚和津巴布韦在内皆为重要产地。图9-11-6为镁铝榴石饰品。

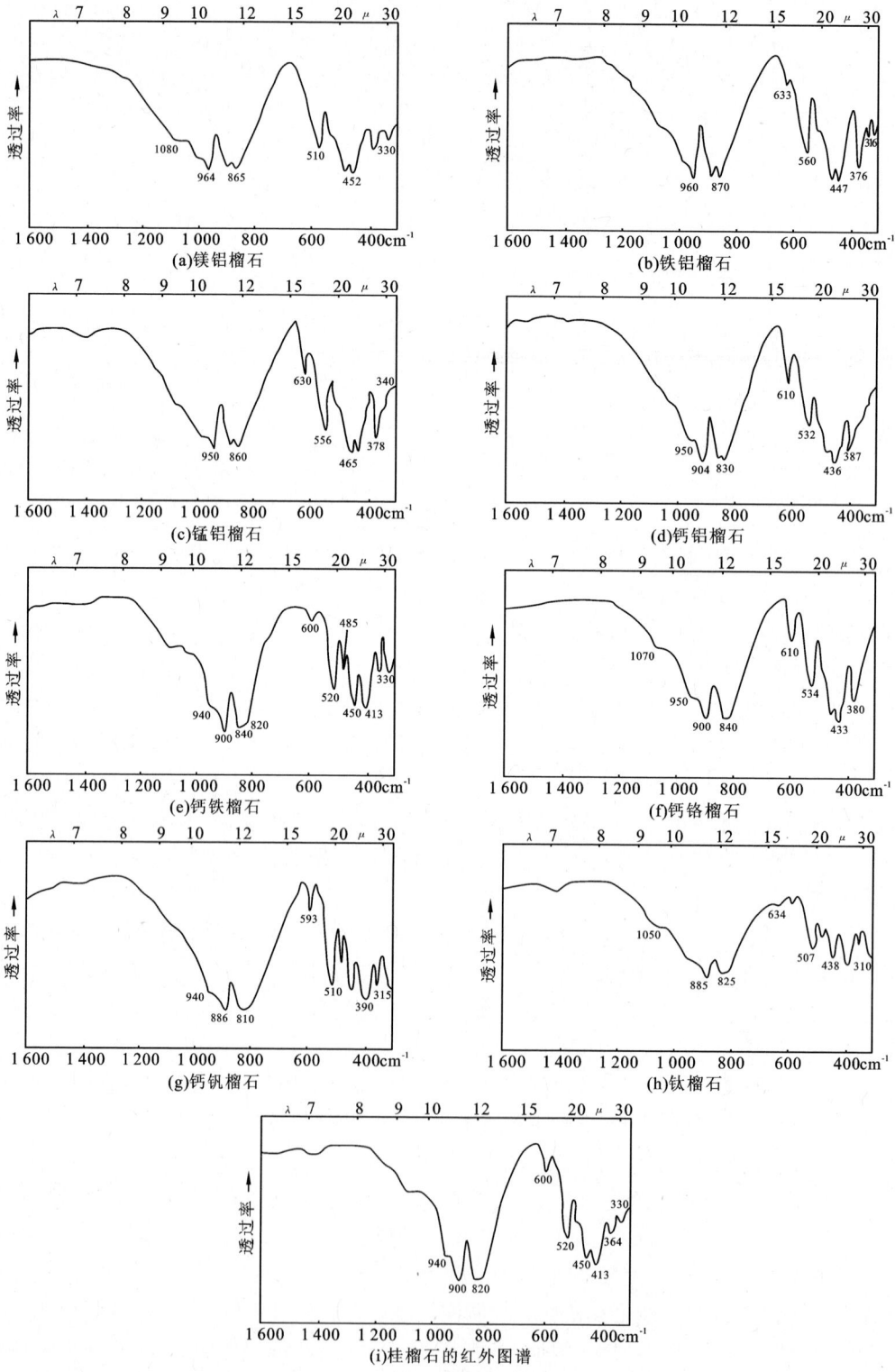

图 9-11-4　各种石榴石的红外图谱

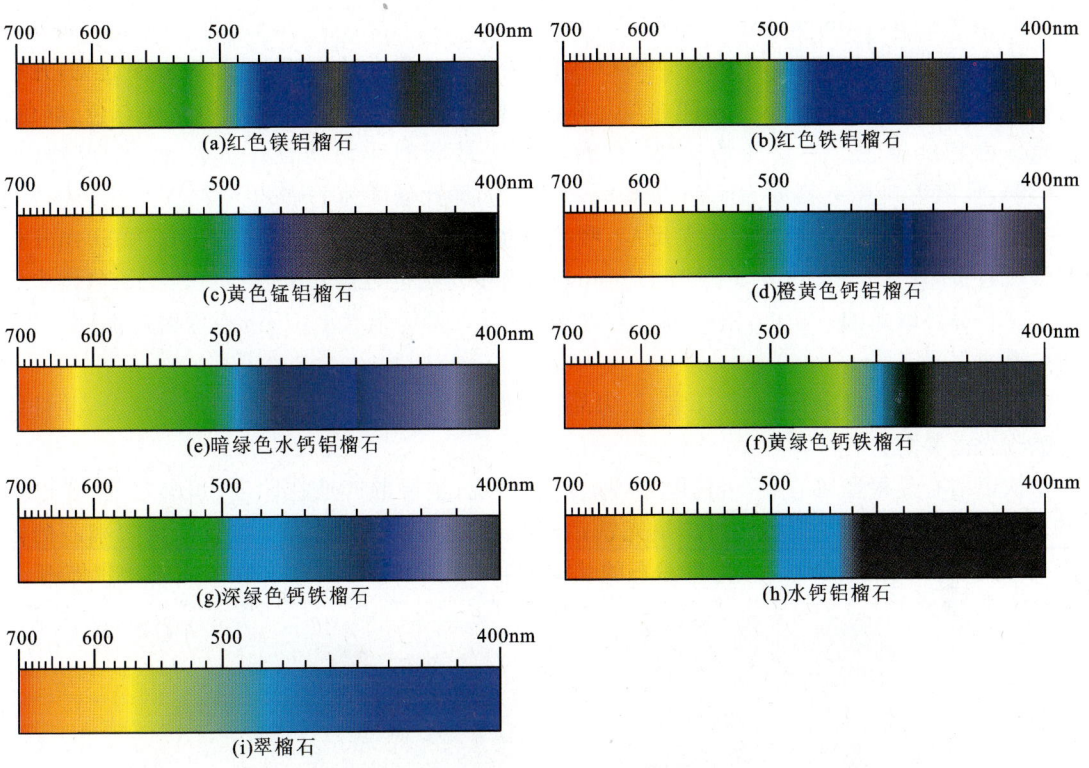

图 9-11-5　各色石榴石的吸收光图谱

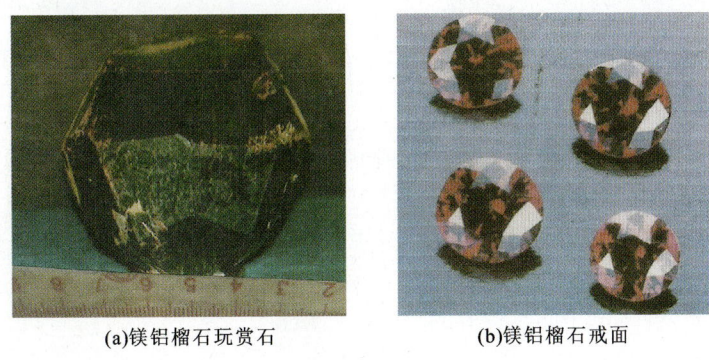

(a)镁铝榴石玩赏石　　(b)镁铝榴石戒面

图 9-11-6　镁铝榴石饰品

2. 镁铁榴石(Rhodonite)

镁铁榴石又称红榴石，化学式为$(Mg、Fe)_3Al_2[SiO_4]_3$。红榴石是由浅到淡紫红的石榴石，是镁铝榴石和铁铝榴石的混合。镁铝榴石和铁铝榴石的产地不同，它们的百分比也不同。红榴石的特性介于镁铝榴石和铁铝榴石之间，折射率为 1.76(+0.010，-0.020)，色散为 0.026，密度为 $3.84\pm0.10g/cm^3$，硬度为 7~7.5。红榴石对长波光和短波光无变化，吸收光谱与铁铝榴石相似，典型的包体是粗针状金红石晶体、锆石晶体和圆的磷灰石晶体。有时来自东非的红榴石可看到(针状)纤维晶体，这种材料被琢磨成弧面，可见六射星线或四射星线。

3. 铁铝榴石（Almandite）

铁铝榴石又称贵榴石，以 $Fe_3Al_2[SiO_4]_3$ 为主。自然界无纯铁铝榴石，为方便起见，凡靠近铁铝榴石—镁铝榴石固溶体系列的端元称铁铝榴石，颜色范围从深橘红色至褐红色、红色、浅紫红色和红紫色。主要为均质体，有的可呈现微弱的非均质性。折射率为 1.790（±0.030），色散为 0.024，密度为 4.05（+0.25，-0.12），摩氏硬度为 7～7.5。

铁铝榴石对长波光和短波光无反应，吸收光谱常显 3 个，在 573nm、520nm 和 504nm 处有强吸收带，在 680～690nm、610nm、460nm 和 423nm 处也可显弱吸收线。典型的包体中有粗金红石晶体或角闪石晶体，锆石有放射晕圈，含有大量纤维状金红石，当琢磨成弧面时，显四射或六射星光线。

铁铝榴石易与红宝石、人造红宝石、尖晶石、玻璃相混淆，由折射率和密度可区分，并且能以吸收光谱鉴别。

铁铝榴石是很普通的宝石，且世界各地都有发现，重要的产地在印度、坦桑尼亚、津巴布韦、马达加斯加、斯里兰卡和巴西。星光铁铝榴石产自印度和美国。图 9-11-7 为贵榴石的内含物。图 9-11-8 至图 9-11-10 为贵榴石的几种饰品。图 9-11-11 为生长在原石上的贵榴石。

图 9-11-7　贵榴石的内含物

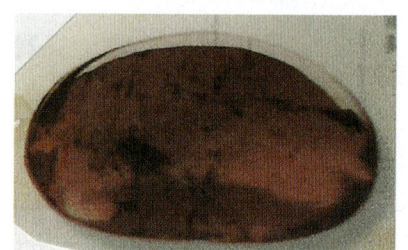
图 9-11-8　戒面上可见的黑色杂质

图 9-11-9　常见的铁铝榴石项链

图 9-11-10　贵榴石耳坠

图 9-11-11　生长在原石上的贵榴石

4. 锰铝榴石（Spessartite）

锰铝榴石的化学成分以 $Mn_3Al_2[SiO_4]_3$ 为主。宝石级锰铝榴石是不常见的，但诱人的透明橘黄色至橘红色石榴石为人所知，颜色像钙铝榴石，且这两种石榴石不易用肉眼区分。

锰铝榴石的折射率为 1.81（+0.004，-0.020），色散为 0.027，密度为 4.15（+0.05，-0.03）g/cm³，摩氏硬度为 7～7.5。

锰铝榴石在长波光和短波光下无变化。此种矿物中的锰对颜色起主要作用。显示吸收线在 410nm、420nm 和 430nm 处，有时合并成某一区域，在吸收区 400nm 到 430nm 范围内。

强吸收带在 460nm、480nm 和 520nm 到弱吸收线 504nm 和 573nm 处,典型的包裹体不规则,也有波浪状或浑圆状晶体包体,细微次要的包体由气液两相组成。

锰铝榴石与桂榴石(Hessonite)、钙铝榴石、马来亚石榴石、其他黄色至褐色宝石,如锆石、闪锌矿、黄玉、石英、绿宝石、蓝宝石和金绿宝石相混淆。除桂榴石、马来亚石榴石和闪锌矿外,所有这些都是非均质体,锰铝榴石是均质体(有时也见有微弱的非均质性)。

锰铝榴石是普通的矿物。这种宝石级材料的主要产地是缅甸、斯里兰卡、马达加斯加和巴西。在美国的维吉尼亚州和加州也曾被发现过。

5. 镁锰榴石(Magnesia Blythite)和变色石榴石

其主要由镁铝榴石和锰铝榴石二者混合成分组成。化学式表示为:$(Mg,Mn)_3Al_2(SiO_4)_3$,呈浅至深带粉红的橙色或带红、黄的橙色。有变色效应的异种称"翁巴榴石(Umbalite)",产于东非的奥姆巴(Umba)河谷。变色石榴石在日光下呈带绿的蓝色或带蓝的紫红色,呈蓝色色调;在白炽灯下为红色。这两种石榴石折射率为 1.760 (+0.020,−0.018),密度为 3.81 (+0.04,−0.07)g/cm^3,摩氏硬度为 7~7.5,在长波光和短波光下无变化,有很弱的吸收线,在 410nm、420nm 和 430nm 处,加上一些附加线的组合在 460nm、480nm、504nm、520nm 和 573nm 处,变色石榴石有相似的光谱,主要的不同是在 570nm 处的强带。

镁锰榴石可以由折射率、密度和光谱与其他颜色相似石榴石相区分。变色石榴石与变石、变色蓝宝石的鉴别是依其光性为均质体区别之。

6. 钙铝榴石(Grossularite)

钙铝榴石的化学成分以 $Ca_3Al_2(SiO_4)_3$ 为主。

在珠宝贸易中,钙铝榴石不是很出名,但作为一种黄色至橘红色至棕橘色宝石,多年来得到广泛使用。其颜色多数是透明的,明亮的绿色至浅黄绿色的,称做铬钒钙铝榴石,也有亮黄色至近似无色材料的。

钙铝榴石的折射率为 1.740(+0.020,−0.010),色散为 0.028,相对密度为 3.61(+0.12,−0.04),摩氏硬度为 7~7.5。几乎无色至亮绿色者在长波光范围能发出一弱的橘色荧光。在短波光下发出一弱的橘黄色荧光。黄色宝石在这两个波长内能发出弱的橘色荧光。钙铝榴石在 461nm 处具吸收带。

钙铝榴石有其自己的特性。它呈圆形,晶体包括磷灰石和方解石,具"热浪"效应,在铬钒钙铝榴石中典型的包裹体是褐铁矿斑点和石墨包体。

钙铝榴石可同黄玉、锰铝榴石、石英、绿宝石、蓝宝石和金绿宝石相混淆,但由其折射率、密度、均质体、包体特性可区分开来。铬钒钙铝榴石也能同翠榴石混淆,它们都能以折射率和包体来分辨。铬钒钙铝榴石也能同合成类、复合宝石类相混淆,区分它们可基于包裹体特性和合成类宝石特性以及荧光反应、双折射等。

钙铝榴石是一种普通矿物,产地遍布世界各地,含量少,重要的来源是斯里兰卡的宝石砂矿。

7. 铬钒钙铝榴石(Tsavorite)

有音译为特察沃石,市场上出现的还有沙弗莱石之称。是含铬和钒(V_2O_5 约 1.6%)的钙铝榴石变种。化学式可写作 $Ca_3(Al,Cr,V)_2[SiO_4]_3$。最早发现于肯尼亚的特察沃国家公园而得名,含铬多者称钙铬榴石(Uvarovite)$Ca_3Cr_2[SiO_4]_3$;含钒多者称钙钒榴石(Goldmanite)

$Ca_3V_2[SiO_4]_3$。铬钒钙铝榴石常有褐铁矿、石墨、磷灰石、石棉等包体。颜色由淡绿到草绿,也有的呈亮绿色,或红色、褐色者。有的还出现变色效应:白天翠绿色;灯光下呈微蓝色,折射率在 1.74±,硬度 7。钙铬榴石组成中常有铝、铁代替铬。等轴晶体,晶体呈菱形十二面体 {110},四角三八面体 {211},或两者的聚形。深绿色至鲜绿色、蓝绿色、颜色随铁含量的增加而变深,$N = 1.885 \sim 1.798$,密度 $3.900 \sim 3.712 \text{g/cm}^3$,偏光显微镜下呈绿色、常呈弱非均质体。产于超基性岩中与铬铁共生,亦产于矽卡岩中。主要产于芬兰、俄罗斯的乌拉尔地区与翠榴石共生,法国、挪威、美国、南非,我国西藏、陕西也有产出,唯颗粒太小,只有少量达到宝石级。钙钒榴石晶形常为等轴晶系八面体 {111}。我国湖北产的一般为椭圆形,球状或不规则粒状,翠绿色、多含碳质包体,因而呈暗绿色、棕绿色、条痕灰白微带绿色色调,玻璃光泽、透明到微透明,在显微镜透射光下,呈鲜艳的翠绿色,碳质包体呈放射状,如车轮形态。均质体,高突起,$N > 1.750$。硬度 6.5,密度 3.68g/cm^3,具弱磁性。加拿大魁北克产的铬钒钙铝榴石,主要产于接触变质岩中。我国湖北产的钙钒榴石为在燕山期花岗岩的外接触带,与寒武系含钒碳质板岩及角岩中。此外,还可产于碱性岩中。它可用来生产优美的宝石(图 9-11-12)。一般颗粒较小(3~5mm)是其不足。

(a) 钙钒榴石饰品戒面　　(b) 钙钒榴石原石　　(c) 铬钒钙铝榴石

图 9-11-12　铬钒钙铝榴石饰品

8. 桂榴石(Hessonite)

桂榴石的化学成分为 $Ca_3(Al,Fe)_2[SiO_4]_3$,又称铁钙铝榴石,是钙铝榴石的含铁变种。它是一种黄色—褐黄色—红橙色的石榴石。密度为 $3.5 \sim 3.7 \text{ g/cm}^3$,折射率为 $1.742 \sim 1.750$,具"热浪"效应,在 430nm 和 407nm 处具吸收带,主要产于斯里兰卡和捷克、巴西等地。

9. 水钙铝榴石(Hydrogrossular)

水钙铝榴石又称水绿榴石,是钙铝榴石的含水变种。化学式为 $Ca_3Al_2[SiO_4]_{3-x}(OH)_{4x}$,其中 (OH) 可置换部分 $[SiO_4]$。它属等轴晶系,常呈块状集合体产出。它的颜色包括绿色至浅蓝绿色,也有粉色、白色和灰色或无色,常因含 Cr 而呈绿色,因含 Mn 而呈粉红色。抛光面呈玻璃光泽,断口为油脂—玻璃光泽,光性为均质体,无多色性,常由透明至几乎不透明,具深棕色至黑色包裹体。其绿色材料用于仿造绿色玉,有时用"美洲玉"和"德兰士瓦玉"来称之。将水钙铝榴石以玉称之也不无道理,因为它常是多矿物集合体,所以可以将它归入玉石类中。其折射率为 1.720(+0.010,-0.050),多因含水而折射率降低,无解理,密度为 3.47(+0.08,-0.32) g/cm^3,摩氏硬度为 7,在长、短波紫外光下无变化。水钙铝榴石的吸收谱为 400~460nm,其他颜色的由于含符山石,吸收光谱可在 463nm 附近。放大检查可见有深色点状包体,在查尔斯滤色镜下呈粉红色—红色。它常与符山石共生,可作鉴定时的参考。但它又最易与符山石相混淆,可以水钙榴石为等轴晶系均质体,符山石为四方晶系一轴晶相区别之。

水钙铝榴石又很像翡翠,常有非洲翡翠之称。它也易与绿色玉石、软玉和蛇纹石等相混淆,通常由折射率、密度和吸收光谱、红外光谱来区分。以它的橘色荧光和X光也可以与符山石区分开。

它主要产于接触交代的矽卡岩中,与符山石共生。也有的产出与超基性岩有关。大部分像绿玉的水钙铝榴石来自南非、加拿大、美国和俄罗斯,中国青海亦产之。

10. 钙铁榴石(Andradite)

钙铁榴石的成分以 $Ca_3Fe_2[SiO_4]_3$ 为主,可含少量的 Ti 等。钙铁榴石颜色变化从黄至绿、棕至黑色,深绿色至黄绿色变种称翠榴石。翠榴石的颜色是由少量的 Cr 代替晶体结构中的 Fe 而产生,钙铁榴石的不透明黑色者称为黑榴石,偶尔能够见到。

11. 翠榴石(Demantoid)

翠榴石成分为 $Ca_3(Fe,Al,Cr)_2[SiO_4]_3$,是钙铁榴石颜色优美的绿色含铬变种。颜色较深,价值昂贵,是石榴石中最受宠爱的宝石。折射率为 1.888(+0.027,-0.033),色散为 0.057,色散很高,大于锆石,密度为 $3.84±0.03 g/cm^3$,摩氏硬度为 6.5~7。翠榴石在长波和短波紫外光下无变化,但通过查尔斯滤色镜出现浅红色。通常其吸收光谱在约 440nm 的紫色部分有很强的吸收带,深绿色者在 690nm、685nm、634nm、618nm 处有谱线。

翠榴石包裹体非常有特点,无需进行测试,往往是黄色至白色石棉纤维,呈放射状者称为"马尾巴"包裹体。

翠榴石易与铬钒钙铝榴石、祖母绿、橄榄石、碧玺、尖晶石、榍石和绿色 YAG 混淆,可以折射率、密度、光性、光谱及"马尾巴"包裹体等特性区别之。

翠榴石主要产于俄罗斯乌拉尔山脉。黄色至浅绿黄色钙铁石榴石产于意大利、瑞士。有些翠榴石还产自美国加州的圣贝托(San Banite)地区。

12. 黄榴石(Topazolite)

黄榴石的化学式为 $Ca_3Fe_2[SiO_4]_3$,是钙铁榴石的另一变种。其颗粒比翠榴石还小,可能有猫眼效应,折射率一般为 1.887,密度为 $3.75~3.85g/cm^3$。

13. 黑榴石(Melanite)

黑榴石也是钙铁榴石的另一含 Ti 多的变种,故又称钛榴石,呈黑色,偶尔用来代替黑色玛瑙和煤玉。作为宝石,无太大价值。

14. 钙铬榴石(Uvarovite)

钙铬榴石化学成分以 $Ca_3Cr_2[SiO_4]_3$ 为主。钙铬榴石具有明亮的深绿色晶体,常与铬矿物共生,为俄罗斯乌拉尔山和芬兰所产。但它的晶体太小,不便琢磨,如果能大些,就会成为惹人喜爱的宝石了。

五、产状及产地

石榴石形成于各地质作用,与成矿关系密切。它本身硬度大、解理不发育、物理化学性质稳定,在砂矿中也易于保存和富集。各类石榴石的主要成因产状列于表 9-11-2 中。石榴石的密度有着特殊的找金刚石矿的意义:如我国山东含金刚石的金伯利岩中的镁铝榴石,密度大多为 $>3.75g/cm^3$;贫含金刚石的金伯利岩中其密度较少 $>3.75g/cm^3$;而在不含金刚石的金伯利岩中的镁铝榴石其密度仅个别大于 3.75，凡非金伯利岩的超基性—基性岩中的紫色系列镁铝石榴石，其相对密度全部<3.75g/cm³。这样一来石榴石的这一密度值具有重要的找矿和研究成因的意义，特别是对金刚石的找矿勘探来说意义非常重大。一般钙铁榴石系列主要产于矽卡岩、热液矿床、碱性岩和某些角岩中；钙铝榴石系列主要产于岩浆岩、伟晶岩、火山岩和区域变质岩中。又由于它的硬度大，化学性质稳定而分布于砂矿中。石榴石受风化后可变为绿泥石、褐铁矿等次生矿物。

中国石榴石分布较广，主要产于新疆、甘肃、青海、陕西（西安）、内蒙古、山西、河北、辽宁、黑龙江、吉林、江苏、山东、贵州等二十几个省区。如我国新疆阿尔泰的花岗伟晶岩和甘肃阿克塞的花岗伟晶岩中产有锰铝榴石，新疆也有产在矽卡岩中的桂榴石，四川产有铬钙铝榴石，云南产有含铬的镁铝榴石。但各省所产的石榴石都是以铁铝榴石最多。水钙铝榴石除国际上的产地之外，中国青海、内蒙古等地都有产出，而且是世界上的著名产地。

[附] 相近似的人造品种

人造石榴石，具有像石榴石一样的晶体。但是它不含硅，这点与天然石榴石不同。天然石榴石分子式为 $A_3B_2Si_3O_{12}$。例如，镁铝榴石中，$A=Mg$，$B=Al$。而在合成石榴石中，如同 A 和 B 的原子被置换，硅也被置换了似的。

例如：

YAG	$Y_3Al_2Al_3O_{12}$
YIG	$Y_3Fe_2Fe_3O_{12}$
GGG	$Gd_3Ga_2Ga_3O_{12}$

YAG 和 GGG 是美艳的无色仿钻石；YIG 为黑色，一般不用作宝石材料。

YAG 有许多商品名，如洋钻（Diamonair）、林德仿钻石（Linde Simulated Diamond）。YAG 可采用助熔剂法和焰熔法制造，大规模生产还是采用丘克拉斯基（Czochralski）法。1970 年我国就是用此方法研制 YAG 和 GGG，并很快获得成功而大量投产的。

（一）人造钇铝榴石（Yttrium Aluminium Garnet，简称 YAG）

人造钇铝榴石，由于外文的名字前三个字母分别为 Y、A、G，所以也简称人造 YAG。钇铝榴石在自然界无对应矿物，有称天然钇铝榴石者实际上是含钇的锰铝榴石。

1. 化学成分

化学式为 $Y_3Al_5O_{12}$。为使成分中出现不同颜色可加 Co 呈蓝色，加 Cr 呈绿色，加 Mn 呈红色，加 Ti 呈黄色等。

2. 形态

人造钇铝榴石属晶质体，等轴晶系，块状或梨形晶。

3. 物理特性

其常呈无色、绿（可具变色）、蓝、粉红、红、橙、黄、紫红等色，透明，玻璃光泽至亚金刚光泽，为均质体，无多色性，折射率为 1.833(±0.010)，色散为 0.028。在紫外荧光下，长波下无色者呈无至中等橙色，短波下呈无至橙红色；粉红色、蓝色者无荧光；黄绿色者呈强黄色，可具磷光；绿色者具强荧光，长波下呈红色，短波下呈弱红色。只有浅粉色及浅蓝色者具 600～700nm 多条吸收线。无解理，硬度为 8，具贝壳状至不平整断口，密度为 4.50～4.60g/cm³。

4. 鉴别特征

放大观察，用提拉法制造的非常洁净，偶尔可见拉长气泡及细的弯曲生长纹；用助熔法制造的除内部洁净外，偶见气泡和未熔的助熔剂包体。用浮区法制造的则除内部洁净外，尚可见杂乱的生长纹或颜色不均匀现象。

人造钇铝榴石在透射光下，显弯曲生长纹和红色。高密度、单折射率、色散中等（约为钻石的 0.6 倍）、浸于亚甲基碘化物中有相对凹凸的阴影图案为其特征。人造 YAG 用来仿钻石，加铬的绿色 YAG 用来模仿翠榴石等。图 9-11-13 为人造 YAG 戒面。

图 9-11-13　人造 YAG 戒面

（二）人造钆镓榴石（Gadolinium Gallium Garnet，简称 GGG）

人造钆镓榴石，由于外文名称的前三个字母分别为 G、G、G，所以又简称人造 GGG。1970 年作为钻石的仿制品出现，中国也随之大量生产。

GGG 采用提拉法（Czochralski）生产，其商业名称有"3G""Triple G"和"Galliant"。

1. 化学成分

人造 GGG 的化学式为 $Gd_3Ga_5O_{12}$。

2. 形态

人造 GGG 属晶质体，等轴晶系，块状。

3. 物理特性

人造 GGG 通常呈无色至浅褐或黄色，玻璃至亚金刚光泽，均质体，折射率为 1.970～2.030，色散为 0.045。它对长波光呈惰性，但在短波光下发中至强、带粉色的橙色荧光。无解理，具贝壳状断口，摩氏硬度为 6～7，密度为 7.05（+0.04，-0.10）g/cm³。

4. 鉴别特征

GGG 的鉴别是以其极高的密度、单折射率、长波无荧光、强色散、浸于亚甲基碘化物中有相对凹凸的阴影图案识别之。放大检查可见有气泡、包含三角形金属板状包体、铂（或铱）晶片、微小气液包体等。用提拉法生产的内部洁净，偶见拉长气泡及细而密集的弯曲生长纹；导模法生产的除内部洁净外可含气泡，而一般无裂隙。如果长期在日光下曝晒，可变为褐色，造价又高，故较少生产。

第十二节 托帕石(黄玉)

黄玉(Topaz)是从希腊语 topazos 或 topazion 而来。也有说它是根据红海上的一个产橄榄石的岛屿取名的。

黄玉这个名称在珠宝商与消费者之间的认识存在混淆。古代,所有黄色玉石称为黄玉。但是现在,该名称仅指下面所描述的含氟的铝硅酸盐。黄晶以前指黄石英,经常误称为"石英黄玉""苏格兰黄玉""假黄玉""马德拉黄玉"。这是述语的混淆。还有人甚至把带棕色的石英、烟晶也误称为"烟黄玉"。

民间流传的"黄宝石"是指自然界一切呈黄色的宝石。工艺美术界所称的"黄宝石"包括黄水晶、黄玉、黄色软玉等。目前我国学术界已将黄宝石专指黄玉或黄晶(Topaz)。市场上为了避免混淆,而将黄玉或黄晶称为"托帕石"或"托帕斯"。矿物学界上仍然称之为"黄玉"。

黄宝石因美丽的黄色、高透明度及硬度很大而备受人们喜爱。据说古希腊国王曾把一颗 16.8ct 的黄宝石当钻石镶在自己的王冠上,炫耀自己。另外相传古代印度,士兵在战场上受了重伤,军官就拿黄宝石给他含在嘴里维持生命。近代有人认为黄宝石是友谊之石,即为和平、友爱、友谊长存的象征。

一、化学组成

黄玉的化学式为 $Al_2[SiO_4](F,OH)_2$,可含有 Li、Be、Ga 等微量元素。粉红色的可含 Cr。F 与 OH 之比不是固定的。氟的存在趋向于使黄玉密度加大,使折射率降低,而 OH 的存在则相反。

二、形态

黄玉属斜方晶系,对称型 $3L^23PC$,晶体呈短柱状,常常有多个晶面(图 9-12-1)。有的可到 140 余种。常见单形有:斜方柱 $m(110)$、$l(120)$、$f(021)$;斜方双锥 $n(111)$、$o(221)$、$p(223)$、$q(431)$;平行双面 $c(001)$、$b(010)$;等等。柱面上带有纵纹。经常呈不规则粒状、块状集合体。晶体大小不等。图 9-12-2 为观赏石上的黄玉晶体。

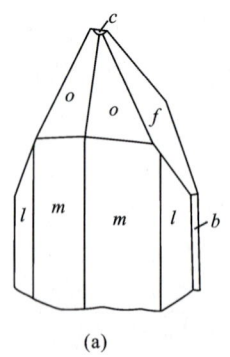
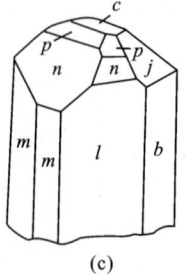

(a)　　　　　　(b)　　　　　　(c)

图 9-12-1　黄玉晶形

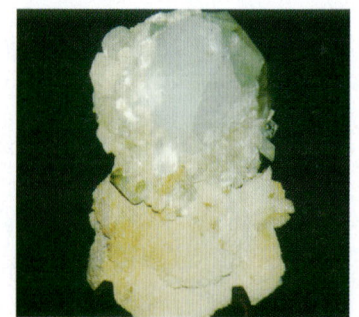

图 9-12-2　黄玉晶体

三、物理特性

黄玉呈玻璃光泽，透明，颜色有黄色、橙色、褐色、粉红色、红色、紫红色、蓝色、无色或微浅蓝绿色。很多褐色晶体在日光照射下褪色，变为浅蓝色。黄玉指的是从带褐色的黄色至黄棕色这一范围的黄玉。帝王黄玉指的是带红色的橙色黄玉。人工辐射可以产生褐色，但并不稳定。许多无色黄玉经人工辐射后（经常接着要加热），产生各种蓝色。产生的各种蓝色在大量的商品名称中称为伦敦蓝、超蓝、钴蓝、极蓝及天蓝。从巴西的欧罗普雷托发现的橙褐色晶体，当加热到450℃左右时，变为无色，而当冷却时，又变为浅粉红色至紫红色。这种现象似乎取决于最初颜色的深浅。天然的粉红色至红色黄玉已在巴基斯坦被发现。

图9-12-3为黄玉饰品。

图9-12-3　黄玉饰品

光学特性为二轴晶正光性，折射率 $N_p=1.619$、$N_m=1.622$、$N_g=1.627(\pm 0.010)$。对无色、浅蓝色、浅绿色的黄玉来说，折射率的最小值与最大值接近1.609和1.617，对黄色至褐色与粉红色至红色黄玉来说，折射率的最大值与最小值接近于1.629与1.637，双折射率从0.008到0.010变化，有多色性。黄色黄玉有带褐色的黄色、黄色、橙黄色，褐色黄玉有褐色和黄褐色，红色与粉红色黄玉有浅粉红色、橙红色至黄色，绿色黄玉有蓝绿色和浅绿色，蓝色黄玉有不同色调的蓝色。所有黄玉多色性为由弱到中等。色散为0.014。

黄色、褐色、粉红色至红色黄玉都富含羟基，在长波紫外光的作用下，发出无、弱至中等的橙黄色、黄色、绿色荧光；在短波紫外光照射下，反应较弱的为橙黄色、黄色、绿白色。一些粉红色黄玉发出带绿色的白色荧光。蓝色与无色黄玉含氟量大，因此在长波紫外光的作用下，发出更弱的、颜色相似的荧光。只有橙褐色的黄玉经加热处理后，产生粉红色，显示出可见的吸收光谱，在波长682nm左右，有一条弱的光带。

解理完全，具贝壳状断口，硬度为8，密度为$3.53(\pm 0.04)g/cm^3$。黄玉与相似宝石的密度比较见表9-12-1。黄玉极少有猫眼效应，仅限于某些蓝色和黄橙色样品。

无色、蓝色与褐色的黄玉经常有空洞，空洞内含有两种（有时是三种）不混溶液体，其中一种是二氧化碳，有时空洞内充满液体。黄玉通常有两相或三相包体的存在（图9-12-4），有矿物包体或负晶。

巴西黄玉中的两种不混溶的液态包体

图9-12-4　黄玉的包裹体

四、鉴别特征

可依其柱状晶形、晶体的横断面为菱形,柱面有纵纹,解理{001}完全,硬度高,与相似的石英相区别。而且黄玉的折射率、较高的密度等皆为鉴别特征。与黄玉相似的宝石有石英、红柱石、金绿宝石、钙铝榴石、碧玺、刚玉(天然的与合成的)、锂辉石、合成尖晶石、玻璃等。在比较罕见的宝石中,易与黄玉混淆的有赛黄晶、磷灰石、方柱石、似晶石、蓝柱石、正长石、拉长石等。黄玉及与黄玉相似宝石的对比如表 9-12-2 所示。

表 9-12-1 黄玉与相似宝石的密度和在重液中情况的比较

宝石矿物种	密度/g·cm^{-3}	在重液中	
		三溴甲烷 2.9/g·cm^{-3}	二碘甲烷 3.32/g·cm^{-3}
黄玉	3.53	下沉	下沉
赛黄晶	3	悬浮或缓慢下沉	浮
海蓝宝石	2.72	浮	浮
电气石	3.06	悬浮或缓慢下沉	浮
磷灰石	2.9~3.1	悬浮或缓慢下沉	浮
石英	2.66	浮	浮
红柱石	3.17	下沉	浮

表 9-12-2 黄玉及与黄玉相似宝石的对比表

矿物种	形态、性质、特征	光性	颜色	折射率	双折率	多色性	密度/g·cm^{-3}	包体
黄玉	斜方、柱面有纵纹	二轴(+)	无、黄、蓝	1.649~1.627	0.008~0.010	弱~中 黄—橙蓝	3.53	二相、三相包体
石英	三方、柱面具横纹	一轴(+)	无、白紫	1.544~1.553	0.009	弱~中 紫、黄粉、红、橙	2.66	气、液、固
赛黄晶	斜方、柱顶呈楔形	二轴(±)	无、黄、褐、粉	1.630~1.636	0.006	弱	3	气、液、固
长石	单斜、三斜、双晶、解理发育	二轴(—)	无、黄、褐	1.524~1.533	0.005~0.008	无或弱	2.5~2.7	
红柱石	斜方、柱断面有黑十字	二轴(—)	粉红、黄、绿	1.634~1.643	0.007~0.013	强 黄褐、褐、绿、橙	3.17	粒状磷灰石、针状金红石
磷灰石	六方、硬度低,密度低	一轴(—)	无、黄、蓝、绿	1.634~1.638	0.002~0.008	蓝色者强,其他颜色者弱 黄—无至极弱	3.18	气、固、负晶

红柱石、碧玺及玻璃的外观和折射率与黄玉最相似。玻璃为均质体。碧玺为三方晶系，密度也低得多，双折射率较高，多色性较强。红柱石的密度较低，具有非常独特的多色性。磷灰石、磷铝钠石、赛黄晶的折射率与黄玉相似，但以密度低得多可以区别。应用红外光谱检测黄玉还是比较有效的。红外光谱图如图9-12-5所示。

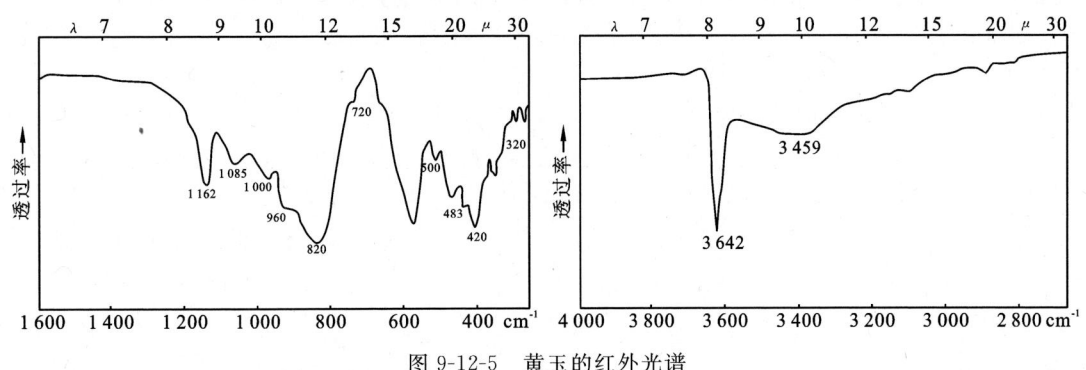

图 9-12-5 黄玉的红外光谱

五、优化处理

1. 热处理

黄色、橙色和褐色加热后转变为粉红或红色，稳定不可测。

2. 辐照处理

无色者可转变为深蓝或褐绿色，经常热处理产生蓝色；黄色、橙色、褐绿色者可经辐照颜色变为更深，也可以除去杂色，多数不可测。

3. 扩散处理

无色者经扩散可形成蓝色、蓝绿色。放大检查可见在刻面棱线处颜色集中。

4. 镀膜处理（何雪梅等，2007）

早期镀膜为喷溅或涂层，可使无色黄玉呈现粉色、橘黄色和红色色调，或绿色、蓝绿色、蓝色。目前的新技术一是在含有过渡金属元素粉末的环境下对宝石进行热处理；或是先在宝石样品上沉积膜层后进行热处理。膜层成分多是钴、钴的氧化物、镍、钛或其他金属及其氧化物。镀膜后使无色黄玉改变颜色，提高颜色亮度，呈现彩色，提高抗腐蚀性能，使宝石更具有观赏性和使用价值。

早期镀膜可使黄玉呈明显的晕彩，在刻面宝石的交棱处可见膜层脱落，易被划动，膜层不均匀、易见到凹凸不平的龟裂纹，光泽比天然黄玉较弱，色泽呆板而且不自然。经加热处理的镀膜，则光泽强，颜色鲜艳逼真。由于镀膜只在亭部，因而可见一宝石的亭部与冠部不同的折射率。镜下可见亭部颜色比冠部深的现象。

值得注意的是，市场上出现的几乎所有中等至深蓝色黄玉，其颜色基本上是人工处理以及辐射后的加热处理（取决于辐射方式）造成的。很多粉红色黄玉都经过加热处理，以去除黄色至褐色的色源。

六、产状及产地

黄玉是在熔岩固化的最后阶段，在释放出的氟蒸气作用下形成的，是高温、具挥发性组分的典型气成热液矿物。主要产于花岗伟晶岩及气化热液矿脉中。在流纹岩与花岗岩的孔洞中曾发现过黄玉。它是花岗伟晶岩脉的特征矿物。黄玉与碧玺、锡石、磷灰石、萤石、绿柱石、石英、云母、长石等密切共生。由于硬度高、耐磨损、化学稳定性强,所以常见于砂矿中。

贵重的黄橙色到橙棕色黄玉,其最重要的产地是巴西的欧罗普雷托附近的矿床。这里产出的黄玉与石英共生。其他著名产地有西伯利亚,曾发现过大个的浅色晶体。

在乌拉尔山发现了浅蓝色晶体;在巴西米纳斯吉拉斯州、巴基斯坦都发现了粉红色到红色晶体;在日本、墨西哥的圣路易斯波托西州、斯里兰卡、缅甸的宝石砂矿中,发现过大块晶体;在纳米比亚发现了无色到浅蓝色晶体;在津巴布韦发现了优质蓝色晶体;在尼日利亚的锡矿山,发现了无色的晶体与水晶伴生;斯里兰卡发现的无色黄玉犹如辐射过的蓝色黄玉一样。在尼日利亚、美国的科罗那多州、犹太州、加利福尼亚州的香克萨斯和新罕布什尔州都有黄玉产出。

世界上产黄玉的国家虽多,但最著名的还是巴西,其次是德国、俄罗斯、澳大利亚等国。

中国已在内蒙古、山西、甘肃、新疆、四川、云南、广西、广东、湖南、江西、福建等地均有发现。内蒙古是主要的产地,产于二连浩特、察哈尔左翼中旗、集宁、阿拉善左旗等地花岗伟晶岩的水晶洞中,黄玉与绿柱石、萤石、白云母等共生。甘肃的黄玉发现于阿克塞、肃北等地的花岗伟晶岩中,与海蓝宝石、天河石、碧玺等共生。新疆是著名的黄玉产地之一,黄玉主要分布于阿尔泰地区和奇台、哈密雅满苏铁矿以北的花岗伟晶岩及阿尔泰其他地区花岗伟晶岩晶洞中。黄玉晶体较完整,呈淡黄、金黄、橘黄等色,透明度高,大者可重7kg以上,与绿柱石、萤石、水晶等共生。江西钨铍矿床中的黄玉,属气成高温热液型成因,与白云母、绿柱石等共生。四川的黄玉发现于丹巴,云南的黄玉分布于哀牢山。福建明溪一带的砂矿中,所产无色透明的黄玉,一般大者4cm×2cm。在将乐、清流、连城等地的石英脉型钨矿床中有大量黄玉产出,晶体大者长可到10cm,直径1~2cm,无色或呈浅玫瑰红色、酒黄色、浅棕色,透明度均好,是重要的宝石级黄玉矿床。

第十三节 红 柱 石

红柱石(Andalusite)来源于西班牙的安大路西亚省,又称为空晶石。空晶石来源于希腊字母 ohi,指晶体中心有黑十字图案或各种各样的炭质黑心。

红柱石已经成为生产火花塞或其他高质量折射率材料的重要工业矿物。今天,虽然在珠宝中很少见到它,但是由于其多色性高,又有的成为菊花状,所以还是深受人们的喜爱。

一、化学组成

红柱石的化学式为 Al_2SiO_5,属铝硅酸盐,可含有 V、Mn、Ti、Fe 等元素。红柱石与蓝晶石和矽线石三者的化学成分同为 Al_2SiO_5,但内部结构各不相同,是典型的同质多象变体。三者在结构上的不同在于 Al 的配位数不同。蓝晶石晶体结构中 Al^{3+} 的配位数为 6,其结构式写作 $Al_2[SiO_4]O$;红柱石中 Al^{3+} 的配位数一半为 6,另一半为 5,结构式应写作 $AlAl[SiO_4]O$;矽线石中 Al 的配位数一半为 6,另一半为 4,其结构式应写作 $Al[AlSiO_5]$。三者结构的不同是生成条件不同造成的。蓝晶石生成于高压下,矽线石生成于高温下,而红柱石生成于中温低压条件之下。三者的生成和稳定范围如图 9-13-1 所示。红柱石中红色部分含少量的铁，绿色品种含有少量的锰。含锰的亚种称锰红柱石。

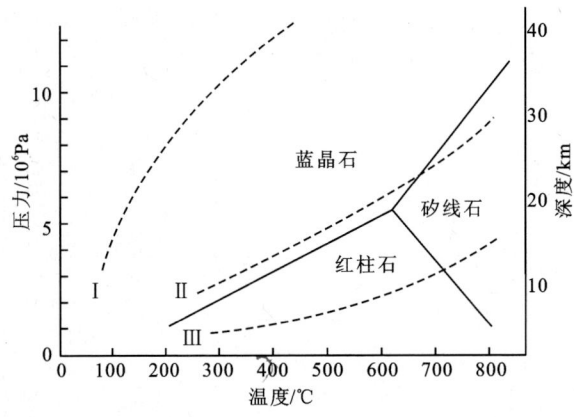

图 9-13-1 　Al$_2$SiO$_5$ 矿物的稳定范围
Ⅰ.典型高压变质；Ⅱ.中压变质；Ⅲ.低压变质

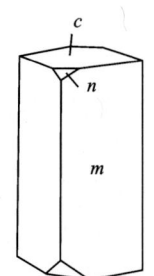

图 9-13-2 　红柱石的晶体

二、形态

红柱石属斜方晶系，晶体呈柱状，对称型 $3L^2 3PC$（图 9-13-2），横断面近正方形（假四方形）。主要单形有斜方柱 $m\{110\}$、$n\{101\}$ 及平行双面 $c\{001\}$。某些红柱石由于捕获炭质包裹体，并作定向排列，断面上可呈规律的黑十字或其他图案（图 9-13-3）。这种红柱石，称为空晶石，集合体常呈放射柱状，或平行状。其呈放射状者形若菊花，故也称为菊花石（图 9-13-4）。

(a) 红柱石横断面具十字形黑心

(b) 红柱石横断面的几种十字黑心形状

图 9-13-3 　红柱石的黑十字

三、物理特性

红柱石呈玻璃光泽，半透明至不透明，大多数宝石材料是半透明的，颜色通常是不带褐色的绿色，或带黄色的绿色和褐黄色，也有很多为玫瑰红色或肉红色。由于很强的多色现象，通过宝石顶部可看见两种颜色。红柱石还有棕色、绿色、粉红色，很少出现紫色。新鲜断面呈浅红色，为含 Mn^{3+} 及 Fe^{3+} 的类质同象混入物所致。一般常呈带红色调的灰白色。光学特性为二轴晶负光性，折射率 $N_p=1.634$、$N_m=1.639$、$N_g=1.643\pm 0.005$，双折率为 $0.007\sim 0.013$，$2V=85°$，色散为 0.016，多色性很强，α 从棕红色至棕黄色，β 和 γ 从棕绿色至黄绿色。

红柱石对于长波紫外线呈惰性，但短波紫外线可以发出中度绿色到黄绿色的荧光。绿色、淡红、褐红的红柱石，在紫区有 436nm、445nm 吸收谱带，棕色宝石、绿色宝石在 525nm 呈绿色陡谱线,在549.5nm和517.5nm处的吸收谱线不明显。就总体而论,在蓝紫色区有很强的吸收谱带。

红柱石具一组平行{110}中等解理,断口不平整,似贝壳状,摩氏硬度为7～7.5,密度为$3.17 \pm 0.04 g/cm^3$,空晶石变种的密度值更低。

四、鉴别特征

根据斜方柱状晶形、柱面常有纵纹、硬度高及具一组解理,尤其常呈肉红色和黑十字包体可识别之。

因为肉红色和绿色的红柱石与碧玺不仅外观相似,而且具有相似的折射率、密度和多色性,所以不易辨别。碧玺的双折率很高,是一轴晶,而红柱石是二轴晶。红柱石与黄晶也易混淆,二者具有相似的折射率,但黄晶具有更高的密度,光性符号是正的,而红柱石是负的。

红柱石的吸收光谱为在436nm和较弱的445nm处有吸收线(图9-13-5)。红柱石的红外图谱如图9-13-6所示。

在红柱石中,常见针状金红石晶体,空晶石含有黑色的炭质包体。

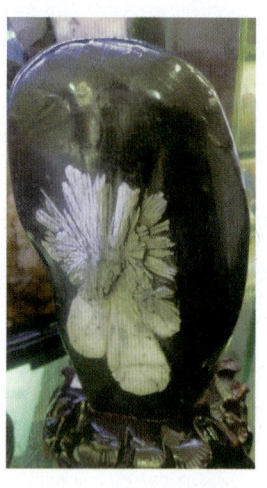

图9-13-4 菊花石摆件

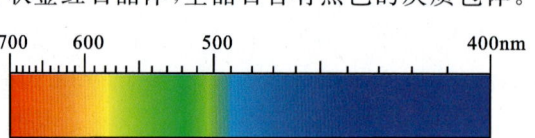

图9-13-5 红柱石的吸收光谱

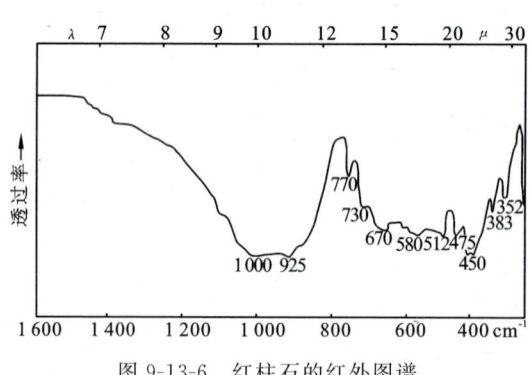

图9-13-6 红柱石的红外图谱

这种包体以规则的方式排列在细长晶体的断面上,形成十字形等各种图案,与红柱石相似宝石矿物的物理特性对比见前黄玉部分的表9-12-1和表9-12-2。

五、优化处理

热处理:由一些绿色加热产生粉色,稳定,不可测。

六、产状及产地

红柱石为变质成因的宝石矿物。富铝岩石在低温低压条件下产生,通常见于板岩、片岩之中,与石英、石榴石、堇青石等共生。红柱石亦见于泥质岩和侵入岩的接触带,成热变质矿物。因为红柱石很坚硬,化学性质稳定,所以可存在于砂矿中。这种成因的红柱石产自斯里兰卡的宝石砂矿和巴西的冲积砂矿中。红柱石的主要产地为巴西和美国,巴西产富镁的绿色品种,美国产于加利福尼亚、科罗拉多州、新墨西哥州、宾夕法尼亚州、缅因州和玛莎诸塞州等地。其他还有东非、西班牙、斯里兰卡、缅甸。比利时还产有铁离子致色的蓝色红柱石。

我国北京西山菊花沟产有红柱石放射状集合体,系产于泥质岩热变质的角岩中。湖南浏阳在300多年以前就发现有这种珍稀的带花石头,直至现在才作为观赏石开发利用。其他的如山东、河南、新疆,都发现有红柱石矿床,而且储量可观。

[附] 合成品

合成红柱石(Synthetic Andalusite)是在450～650℃的温度下合成成功的,颜色有红、紫、黄、绿诸色,也很美观,但在市场上尚未见到。

第十四节 蓝 晶 石

蓝晶(Kyanite)石的英文名称源于希腊语 Kyanos,意指"蓝色"。

蓝晶石是一种较少见的宝石矿物,宝石级晶体更为稀有,与矽线石和红柱石形成3个同质多象变体,如前红柱石中所述。即三者成分相同而在不同环境下形成了3种不同的宝石矿物。这3种同质多象变体,在一般情况下蓝晶石产于高压变质带,亦可产于压力较大的中温变质的较低温部分。

一、化学组成

蓝晶石的化学式为 Al_2SiO_5。

二、形态

化学成分中含有 Cr、Fe、Ca、Mg、Ti 等元素。三斜晶系,通常沿板状晶体的 C 轴方向伸长(图9-14-1),呈柱状或板状晶形,常见单形为:平行双面 $a\{100\}$、$b\{010\}$、$c\{001\}$、$m\{110\}$、$l\{1\bar{1}0\}$、$p\{0\bar{1}1\}$。常见双晶,双晶面(100)或(12̄1),有时可呈放射状集合体。

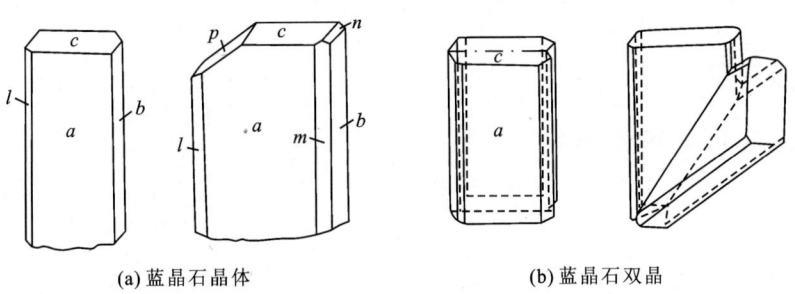

(a) 蓝晶石晶体   (b) 蓝晶石双晶

图 9-14-1 蓝晶石晶体和双晶

三、物理特性

晶面玻璃光泽，断口玻璃至珍珠光泽，透明至半透明。颜色通常是浅至深蓝色至绿色。宝石矿物经常以蓝色或绿色和无色成带状分布，同样，也可呈黄色、褐色、灰色至无色等。有无色和深浅不同色调的蓝晶石，颜色的加深可能与 Fe_2O_3、TiO_2 等的含量增加有关。由于电子的跃迁而产生了蓝色的透射光和反射光。光学特性为二轴晶负光性，折射率 $N_p=1.716$、$N_m=1.724$、$N_g=1.731\pm0.004$，双折率为 $0.012\sim0.017$，光轴角 $82°$，色散为 0.020，多色性为中等，α 无色、β 紫蓝色、γ 暗蓝色。很多蓝晶石对长波紫外线下发弱红色荧光，短波紫外线下无荧光。其吸收光谱为在 445nm 和 435nm 处有弱吸收谱带，如图 9-14-2 所示。

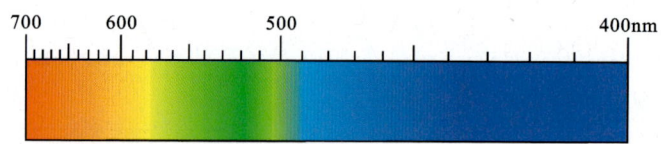

图 9-14-2　蓝晶石的吸收光谱

一组解理平行 $\{100\}$ 完全，另一组解理平行 $\{010\}$ 中等，参差状断口。硬度：平行 C 轴方向 $4\sim5$，垂直 C 轴方向 $6\sim7$（图 9-14-3）。因有两个不同的硬度，故又称二硬石。密度为 $3.68(+0.01,-0.12)\text{g/cm}^3$，性脆。

蓝晶石戒面、牌链等饰品如图 9-14-4。

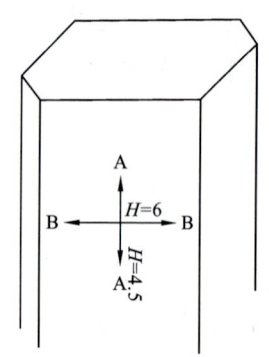

图 9-14-3　蓝晶石晶体的硬度
AA($H=6$)与 BB($H=4.5$)方向硬度不同

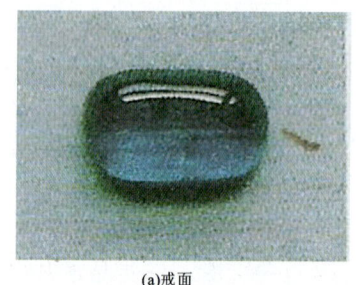

(a)戒面

(b)手链

图 9-14-4　蓝晶石饰品

四、鉴别特征

蓝晶石与尖晶石的区别是它有双折射，与蓝宝石的区别是它有较低折射率，与黝帘石的区别是它有较高折射率。蓝晶石的良好解理和柱状、纤维状外形是其特征。蓝晶石的红外图谱如图 9-14-5。可有固体矿物包体、色带，又有两种硬度及产于区域变质岩中，故对蓝晶石较易于鉴别。

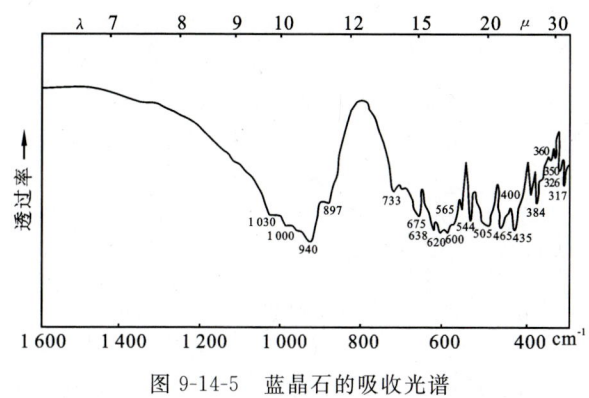

图 9-14-5 蓝晶石的吸收光谱

五、产状及产地

蓝晶石作为中温高压下的区域变质作用的产物,是结晶片岩中的典型变质矿物,多由泥质岩变质而来,赋存于片麻岩中,与铁铝榴石和十字石等共生。蓝晶石产于瑞士、印度、缅甸、肯尼亚、巴西和美国。

在我国西藏珠穆朗玛峰下的区域变质岩中有大量蓝晶石晶体产出,呈长柱状,颜色极其美丽,往往为登山队员所采集。

其他还有四川丹巴地区为淡蓝色的蓝晶石,广泛分布于片岩中。一些无色、蓝色和深蓝色的蓝晶石,则分布于变质分异作用形成的石英脉及该石英脉与片岩接触带附近,与石榴石等共生。

第十五节　矽线石(硅线石)

矽线石(Sillimanite)是由耶鲁大学化学教授本杰明·西里曼所命名。

因通常呈纤维状和块状集合体,故名矽线石。其外观像硬玉,特别是白色至灰色,或微褐绿色者,更像劣质硬玉。另外有一种罕见的透明至半透明的矽线石呈微紫蓝色至微灰蓝色,有的还有猫眼效应,如图 9-15-1 所示。有的矽线石呈淡蓝色,又很像斯里兰卡蓝宝石和堇青石。

矽线石是重要的宝石材料,它与红柱石、蓝晶石形成 3 个同质多象变体。

图 9-15-1 矽线石原石及猫眼戒面
(据香港纽约宝石有限公司)

一、化学组成

矽线石的化学式为 $Al_2[SiO_4]O$。与红柱石、蓝晶石的化学式相同,都是硅酸铝,可含有 Fe、Ti、Ca、Mg 等元素。

二、形态

矽线石属斜方晶系,通常呈纤维状、长柱状,断面呈近似于正方形的菱形或长方形,常呈块状集合体。晶面具细的条纹。晶体往往较小,一般切磨好的矽线石多在 5 ct 以下。

三、物理特性

颜色呈灰色、白色、微褐绿色、微紫蓝色、微灰蓝色、黑色等,透明至半透明,玻璃光泽至丝绢光泽,二轴晶正光性,呈非均质集合体。折射率为 $1.659\sim1.680(+0.004,-0.006)$,双折率为 $0.015\sim0.021$,色散为 0.015。多色性:灰白色不明显,蓝色者则多色性强,呈无色、淡黄色、蓝色。蓝色透明晶体呈现红色荧光。其他颜色的矽线石则呈惰性。光谱中有 410nm、441nm、462nm 弱吸收线。

具平行{010}一组完全解理,断口参差状。密度为 $3.25(+0.02,-0.11)\text{g/cm}^3$,摩氏硬度为 $6\sim7.5$。放大观察可见金红石、尖晶石、黑云母等包体,还可见到纤维状结构,故具猫眼效应。不受酸的腐蚀。

由于解理发育,切磨比较困难,故市场上流通较少。

四、鉴别特征

透明的矽线石以折射率和密度与蓝宝石和堇青石相区别。以密度与硬玉相区分,具猫眼效应者以颜色、折射率及特征吸收谱区别之。阳起石猫眼多绿色,眼线扩散,还有乳白蜜黄色,折射率为 $1.62\pm$,具 505nm 吸收线。碧玺猫眼则呈蓝绿色、红褐色,折射率多为 1.64;磷灰石猫眼则呈黄绿色、褐绿色者多,折射率为 1.63,具 580nm 双线光谱,可识别之。矽线石的吸收光谱如图 9-15-2,矽线石的红外图谱如图 9-15-3 所示。

图 9-15-2 矽线石的吸收光谱

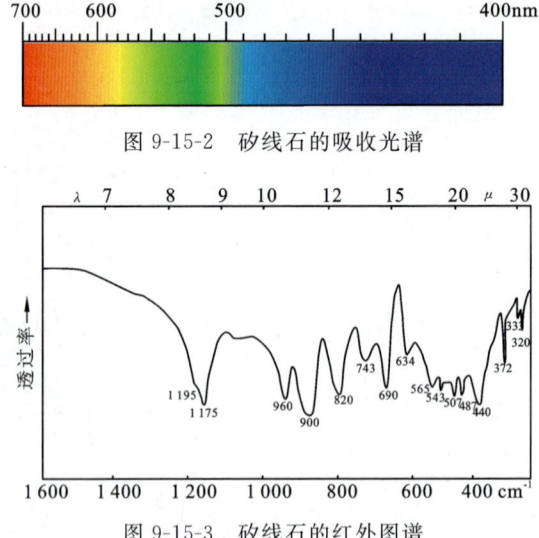

图 9-15-3 矽线石的红外图谱

五、产状及产地

矽线石通常产于变质矿床中,是典型的高温变质宝石矿物,由高铝的泥质岩经高级区域变质作用而成。尤其常见于花岗岩和铝质岩的接触带及片岩、片麻岩中,与红柱石、石榴石等共生。矽线石不易风化,化学性质稳定,故可见于砂矿床中。已发现的宝石级矽线石见于缅甸和斯里兰卡的砾石层中,呈砾石状产出。

在美国的爱达荷州则有块状和纤维状矽线石产出。斯里兰卡和印度的马德拉斯产黄绿及淡紫矽线石猫眼。肯尼亚亦产出有宝石级的矽线石。中国在河北、吉林、黑龙江、江苏、安徽、浙江、青海、新疆等省亦有发现。

[附] 合成品

近年来合成矽线石(Synthetic Sillimanite)已经上市,主要是用高岭石加氟在 900℃ 和上万个大气压下合成成功的。

第十六节 绿 帘 石

绿帘石(Epidote)源于希腊语,意指"增加",因为它平行长轴方向晶面发育得较多。

绿帘石是一种分布广泛和较常见的宝石矿物,仅在少数地区发现宝石级的晶体,多数绿帘石颜色太暗,不能加工成吸引人的宝石。

一、化学组成

绿帘石的化学式为 $Ca_2(Al,Fe)_3[SiO_4]_3(OH)$,是含有铁的铝硅酸钙。固溶体系列包括不含铁的斜黝帘石至有铁置换铝的绿帘石。颜色的深度、密度和折射率均随铁含量的增加而增加。斜黝帘石是 Al 取代了 Fe 的缘故。

二、形态

绿帘石属单斜晶系,晶体随 B 轴方向延长,如图 9-16-1 所示,呈柱状或柱状集合体,常见单形:平行双面 $a\{100\}$、$c\{001\}$、$l\{101\}$、$r\{102\}$、$e\{101\}$;斜方柱 $m\{110\}$、$o\{011\}$、$n\{11\bar{1}\}$。平行 B 轴晶带上的晶面有纵纹发育。该宝石矿物也有细粒状和纤维状集合体,还可依(100)成聚片双晶。

三、物理特征

颜色从浅色至很暗的绿色、棕色、黄色、黑色,以黄绿色为主,玻璃光泽至油脂光泽,透明至半透明,二轴晶负光性,折射率 $N_p=1.729$,$N_m=1.739$,$N_g=1.768(+0.012,-0.035)$,双折率为 $0.019\sim0.045$,光轴角为 $70°\sim90°$。折射率、双折率和光轴角均随铁含量的增加而增加。多色性强,吸收 $N_m>N_g>N_p$,N_p 呈浅黄色至浅绿色,N_m 呈黄色至绿黄色,N_g 呈绿色。色散为 0.030,通常对紫外荧光长波光和短波光呈惰性。吸收光谱通常在 445nm 处有一

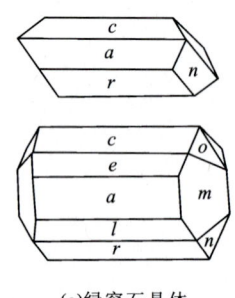

(a)绿帘石晶体　　　　　　　　(b)绿帘石实际晶体

图 9-16-1　绿帘石晶体

条强的吸收谱带,有时在 475nm 处有一条弱的吸收谱带(图 9-16-2)。在棕黄色、深绿色绿帘石上往往有 475nm 吸收谱带,如图 9-16-3 所示。

一组平行{001}完全解理及{100}不完全解理,因而导致矿物多呈板片状,不平整至贝壳状断口,硬度为 6~7,密度为 $3.4(+0.10,-0.15)\text{g/cm}^3$,随 Fe 含量增加而密度增大。

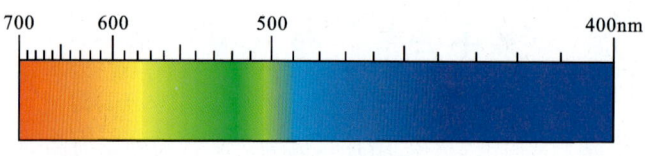

图 9-16-2　绿帘石的吸收光谱

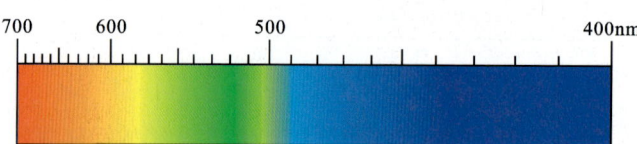

图 9-16-3　棕黄色、深绿色绿帘石的吸收光谱

四、鉴别特征

该类矿物多数呈黄色—绿色,某些绿色和棕色的绿帘石宝石矿物色调太暗,几乎像黑色。它有柱状晶形,晶面上具纵纹,明显的解理多于橄榄石、角闪石等,可与之区别。它尤其具有像电气石一样强烈的多色性,但电气石的折射率、密度和色散度均比它低。根据双折率、光学特性和光谱也可以将它与符山石区别开来。绿帘石遇盐酸可部分溶解,遇氢氟酸可快速溶解。绿帘石的红外图谱如图 9-16-4 所示。放大观察可见气液两相包体或固体矿物包体。风化后颜色变浅。

五、产状及产地

绿帘石主要在中温热液阶段产生,广泛见于变质岩和受热液作用的各种岩浆岩和沉积岩中,大都受风化变为淡黄绿色。绿帘石常常出现在辉石和角闪石这些暗色矿物的蚀变岩中,但大多数绿帘石晶体(具有宝石价值的)常在石灰岩的变质矿床中。好的晶体产于澳大利亚、以色列和法国。

由石英、粉红色的长石和绿色的绿帘石组成的绿帘石化花岗岩,用作装饰材料,甚为美

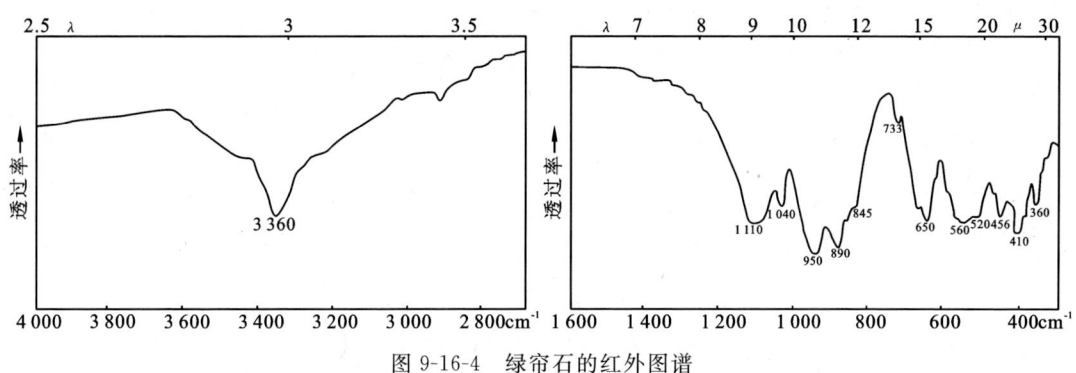

图 9-16-4　绿帘石的红外图谱

观。主要产地还有奥地利、意大利、挪威等。

我国的绿帘石分布非常广泛，但具宝石价值的较少。有宝石价值的主要有河北涉县，产于符山石矽卡岩型铁矿床中，与阳起石、斜长石等共生。河南安阳、河北武安等地所产的绿帘石亦产自矽卡岩型铁矿中，河南安阳所产的绿帘石个体较粗大。其他如陕西商洛、湖南等地亦有发现。

第十七节　黝帘石

黝帘石(Zoisite)[坦桑石(Tanzanite)]原为矿物学名称，20 世纪 70 年代在坦桑尼亚发现蓝色—紫色透明宝石级晶体。故又称为坦桑石。

黝帘石一般有 3 种类型：一种是蓝色黝帘石或经热处理去掉褐绿色至灰黄色呈蓝色、蓝紫色，透明的黝帘石亦称坦桑尼亚石；另一种为粉红色黝帘石，为透明至半透明，因含锰而产生的浅红或浅紫红色块状集合体，亦称锰黝帘石；还有白色黝帘石带有微灰绿色或黄绿的致密块体，主要是由黝帘石、钠长石、绿帘石、石英、绢云母等组成，亦称钠黝帘石。除坦桑尼亚石可作宝石外，其余两种大多数只能用来作玉雕石料或装饰材料。锰黝帘石(Thulite)由于带有粉红色，使用已久。

一、化学组成

黝帘石的化学式为 $Ca_2Al_3[SiO_4]_3(OH)$，也有写作 $Ca_2Al_3[SiO_4][Si_2O_7]O(OH)$。其化学组成比较稳定，仅有极少量的 Al 代替 Si，含有 Fe、Mg、Mn、Ti、Cr、V 等微量元素。

二、形态

黝帘石属斜方晶系，晶体呈柱状或板柱状，沿 B 轴延伸，其横断面近似六边形。平行于 B 轴的晶面上常具条纹，亦呈柱状、粒状集合体。黝帘石晶体如图 9-17-1 所示。

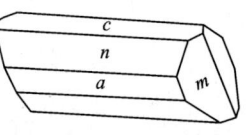

图 9-17-1　黝帘石晶体

三、物理特性

黝帘石呈褐绿蓝色，玻璃光泽，透明—半透明。单一晶体的黝帘石可以是灰色、褐色、黄色或绿色，而含锰黝帘石是透明至几乎不透明的粉红色，中间有灰色或白色的条纹。黝帘石中的红色者多呈红色晶体存在。其颜色随结晶方向及种属而变化,绿色的多为 N_p 显紫红色,N_m 显强蓝色,N_g 显黄色至绿色;褐色的多呈绿色、紫色、蓝色;而黄绿色的多为蓝色、黄色、绿色、紫色。

光学特性为二轴晶正光性,折射率 $N_p=1.691$、$N_m=1.693\sim1.697$、$N_g=1.700$(±0.005),双折率为 $0.008\sim0.013$,$2V=53°$,色散为 0.021,对长波和短波紫外荧光呈惰性。蓝色黝帘石的吸收光谱在 595nm 和 528nm 处显示吸收谱带,黄色黝帘石在 455nm 处显示较弱的谱带。如图 9-17-2 所示。

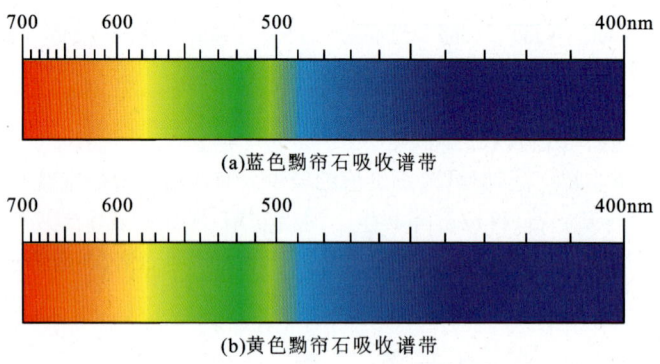

图 9-17-2　黝帘石吸收光谱

解理平行{100}完全、{001}不完全,断口不平坦至贝壳状,硬度为 8,密度为 3.35(+0.10,-0.25)g/cm³。

四、鉴别特征

用肉眼观察容易将黝帘石与蓝色至紫色的蓝宝石相混淆,但黝帘石具有较低的折射率、密度和硬度,是二轴晶,具有较强的多色性,易与之区别。黝帘石也可以根据折射率和密度与堇青石相区别。黝帘石的红外图谱如图 9-17-3 所示。

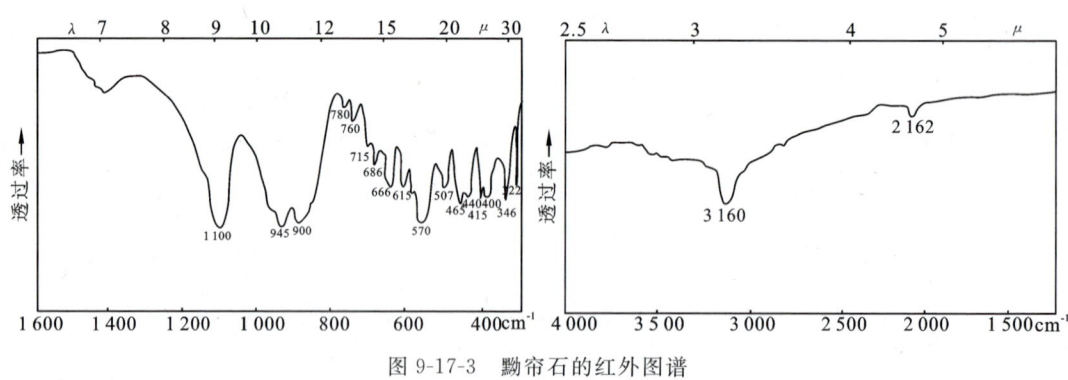

图 9-17-3　黝帘石的红外图谱

放大观察具石墨、阳起石、十字石等矿物包体和气液两相包体。极少情况下可见猫眼效应。

大多数作宝石的坦桑尼亚石都经过热处理,使成分中的变价元素出现变化而改变,即热处理使绿色变黄色、蓝色、紫色至蓝紫色,但颜色较稳定,不易检测。

五、产状及产地

黝帘石主要是区域变质和热液蚀变的产物。坦桑尼亚产的黝帘石晶体赋存于片岩相接触的变质石灰岩中。产地为坦桑尼亚和肯尼亚。坦桑尼亚也产有红色宝石级黝帘石。红色锰黝帘石产于奥地利、意大利、挪威、澳大利亚和美国,白色钠黝帘石主要产于意大利、瑞士和中国。中国在云南、河南、台湾等地皆有所发现。蓝色黝帘石饰品如图9-17-4所示。

(a)戒面　　　　　(b)吊坠

图9-17-4　蓝色黝帘石饰品

(西安王镭收藏)

第十八节　董青石

董青石(Iolite)源于希腊文 violet,意为"紫色的石头"。另外一个董青石的名字为Cordierite,是为了纪念法国地质学家Cordier(1777～1861年)而得名。

透明的蓝色、紫色董青石可磨成蛋形戒面,较透明的可加工成刻面宝石。董青石片透明的可用于航海。在云雾天气通过董青石多色性观察天空的偏振光,可确定太阳位置以辨明方向。

一、化学组成

董青石的化学式为$(Mg,Fe)_2Al_4[Si_5O_{18}]$。成分中有镁和铁的置换,也常含有$H_2O$及K、Na、Ca、Fe、Mn等。大多数董青石是富镁的,富铁的较为少见。密度和折射率常随含铁量增加而增加。

二、形态

董青石属斜方晶系,晶体呈短柱状,但很少见,常出现双晶,有时可见呈假六方的晶体,在岩石中呈似圆形的横断面,或呈不规则粒状,如图9-18-1所示。常出现的单形有斜方柱{110},斜方双锥{112}、{011},平行双面{001}、{010}。依(110)或(130)形成双晶。

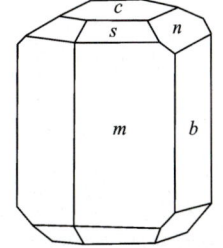

图9-18-1　董青石晶体

三、物理特性

董青石呈玻璃光泽,透明至半透明,颜色由浅蓝色、深蓝色至紫色,也有一些呈无色、带黄的白色、灰色、绿色和褐色。很少有星光、游彩或金星效应。光学特性为二轴晶负光性(有时是正光性),折射率 $N_p=1.542$、$N_m=1.546$、$N_g=1.551(+0.045,-0.011)$,双折射率为 $0.008\sim0.012$,$2V=40°\sim90°$,折射率随 Fe 的增多而变大。色散为 0.017。多色性很强,N_p 是从无色至黄色,N_m 是从蓝紫色至紫色,N_g 是从半蓝灰色至蓝色。当平行于 C 轴方向观察时,可看到最深的颜色。对长波紫外光和短波紫外光呈惰性,无荧光性。吸收谱带较弱,而且随结晶方向而变化,在 426nm、645nm 处有 2 条弱的吸收谱线。如图9-18-2所示。董青石具星光效应、猫眼效应,极少有砂金效应。董青石吸收光谱如图 9-18-2 所示。

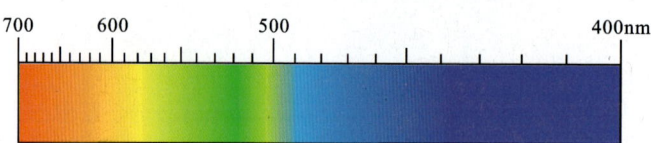

图 9-18-2 董青石吸收光谱

董青石具一组平行{010}完全解理,断口通常呈贝壳状至不平坦状,摩氏硬度为 $7\sim7.5$,密度为 $2.61(\pm0.05)\text{g/cm}^3$。密度亦随 Fe 的含量增大而变大。放大观察,可见有气液两相包体及颜色分带现象。

董青石蓝紫色戒面如图 9-18-3 所示。

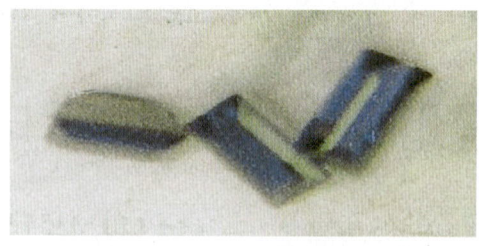

图 9-18-3 董青石戒面

四、鉴别特征

董青石的多色性是典型特征。它和紫水晶易于混淆。董青石多为蓝色和紫色,而紫水晶多为带红色的紫色,而且紫晶为一轴晶正光性,常具有较低折射率和密度。董青石也易与蓝宝石、尖晶石和坦桑石(黝帘石)相混淆。其多色性、折射率和密度皆高于董青石,易区别之。董青石具贝壳状断口,颜色、光泽等又很像石英,其可根据产状、晶形与石英相区别。

董青石中可含有细小片状、平行排列的氧化铁(针铁矿、赤铁矿)包裹体。当这种包裹体量大时,垂直于刻面方向观察,可看到红色闪亮星光,这种宝石被称做"血滴董青石(Bloodshot)"。

五、产状及产地

董青石是一种存在于片麻岩、片岩和接触变质岩中的典型变质矿物。在变质岩中与硅线石和尖晶石伴生,也可产于花岗岩和伟晶岩中。董青石产自缅甸、马达加斯加、美国、加拿大、法国、纳米比亚、格陵兰、苏格兰、英格兰、坦桑尼亚、巴西、芬兰、挪威和斯里兰卡,但主要来自印度的金奈。宝石级的董青石主要呈卵石状,产于砂矿床中。在中酸性岩中可见到高温董青石的斑晶,又称"印度石(Indialite)",首产于印度。

第十九节 碧玺(电气石)

Tourmaline 来源于古僧加罗语"Turmali",含有"混色石头"之意。17 世纪巴西向欧洲出口了碧玺(Tourmaline),人们称之为巴西祖母绿。18 世纪人们发现了碧玺有吸引或排斥轻物质的能力,如吸引灰尘或草屑,故荷兰人称它为"吸灰石"。在我国碧玺又称"碧沥桤""碧况""碧霞玺""碧霞希",为自然界色泽艳丽、透明无瑕的电气石。

碧玺是一个矿物族,它包括锂电气石(Elbaite)、钙锂电气石(Liddicaatite)、褐碧玺(Dravite)等。但是,在宝石学上,碧玺当做单一宝石,是为了便于鉴别,所以一概叫做碧玺(Tourmaline)。碧玺由于鲜艳的颜色、多种多样的形状而备受人们青睐。碧玺原石如图 9-19-1(a) 所示。

(a)碧玺原石

(b)碧玺晶体

图 9-19-1 结晶良好的单晶

一、化学组成

电气石宝石矿物是极其复杂的硼硅酸盐。图 9-19-2 是表示环状结构的一部分,由该图看出,电气石存在多种元素的离子。其化学式长期以来未曾确定。当代的大部分学者基本同意一个化学通式即 $XR_3Al_6B_3Si_6O_{27}(OH)_4$,其中 X 和 R 表示较重要的可变的成分。因广泛的类质同象代替可确定几个端员组分,即锂电气石(Elbaite)(X 为 Na,R 为 Al,Li)形成 $Na(Li,Al)_3Al_6[Si_6O_{18}][BO_3]_3(OH,F)_4$;镁电气石(Dravite)(X 为 Na,R 为 Mg)形成 $NaMg_3Al_6[Si_6O_{18}][BO_3]_3(OH)_4$;黑电气石(Schrl)(X 为 Na,R 为 Fe)形成 $NaFe_3Al_6[Si_6O_{18}][BO_3]_3(OH)_4$ 及钠锰电气石(Tsilaisite)(X 为 Na,R 为 Mn)形成 $NaMn_3Al_6[Si_6O_{18}][BO_3]_3(OH)_4$。也有的学者认为 Ca 置换 Na,形成钙锂电气石(Liddicoatice)应为一端员矿物。普通电气石大多为黑色的铁电气石,在这种电气石中,X 主要是 Na,R 为 Fe、Mg。

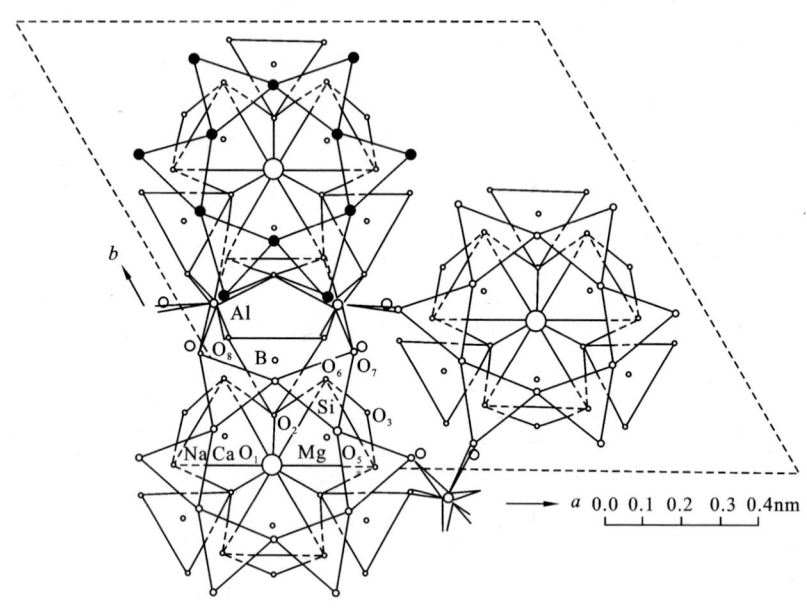

图 9-19-2　电气石的晶体结构

如前所述,R 这个组分还有痕量的铬以及钒,从而产生鲜艳的纯绿色。近来还发现有铜可以产生带蓝的绿色;锰产生粉红色至红色;铁则产生蓝色至绿色。化学式多以 $(Na,K,Ca)(Al,Fe,Li,Mg,Mn)_3(Al,Cr,Fe,V)_6[BO_3]_3[Si_6O_{18}](OH,F)_4$ 表示。今以此式暂作为一常见的通用化学式。电气石的成分以含 B 为特征,可称做一含硼硅酸盐宝石矿物,而且类质同象置换甚为普遍,所以此宝石矿物的化学组成不太固定,应因种而变。

二、结构

电气石属三方晶系,晶体结构的基本特点为硅氧四面体组成复三方环,成平面三角形。Mg 的配位数为 6(其中有两个是 OH^-),组成八面体,与 $[BO_3]$ 共氧相连,在硅氧四面体的复三方环上方的空隙中,有配位数为 9 的一价阳离子钠分布,之间以 $[AlO_5(OH)]$ 八面体相联结,如图 9-19-2 所示。故电气石为三方晶系,复三方形断面,柱状晶体,属硼硅酸盐类。

三、形态

碧玺为三方晶系,晶体的对称型为 $L^3 3P$,常呈柱状晶体,常见单形 $m\{10\bar{1}0\}$、六方柱 $a\{11\bar{2}0\}$、三方单锥 $r\{10\bar{1}1\}$、$o\{02\bar{2}1\}$ 及复三方单锥 $u\{3\bar{2}51\}$ 等。如图 9-19-3(a)~图 9-19-3(c) 为电气石晶体,图 9-19-3(d) 为电气石柱面与 C 轴平行的条纹。三方柱的 3 个面与六方柱的 6 个面相互交截,呈球面三角形断面,如图 9-19-3(d) 所示。

晶体两端晶面不同(分别属于不同的三方单锥)。在其他矿物中未曾发现这样的横断面,因而可作为一个鉴别特征。碧玺晶形对称性不强,没有水平对称面,也没有对称中心,属低对称晶类。出于同样的原因,C 轴是异极轴。因此,晶体两端具有不同形状的晶面。这种晶体称为半面象(Hemimorphic)。虽然电气石可呈放射状晶族、放射柱状、棒状、针状、粒状或呈

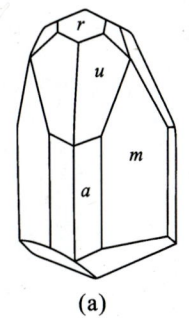 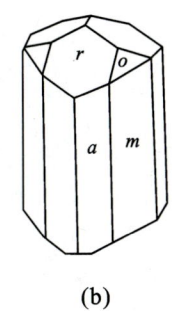 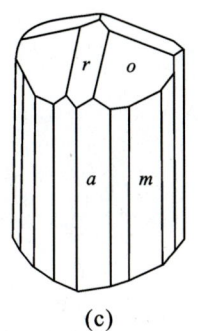 

(a)　　　　　　　(b)　　　　　　　(c)　　　　　　　(d)

图 9-19-3　电气石的晶体

大块集合体产出,但大多数宝石材料是结晶良好的单晶(图 9-19-1)。

有时,碧玺生长为平行的细长柱状集合体。琢磨成的弧面宝石有的显示猫眼效应。碧玺的猫眼效应大都是由大量平行于其 C 轴的管形空洞引起的。

四、物理特性

碧玺呈玻璃光泽,透明至几乎不透明,颜色变化极大,颜色、密度与光学性质随着化学成分变化而变化。通常被琢磨成宝石的各种颜色碧玺有相应的名称。有时,这些品种基本是与锂电气石、镁电气石等端员成分相关。非洲发现的宝石级褐碧玺来源于一种镁电气石(即钠镁碧玺)。常见的彩色变种有:红碧玺(Rubellite),包括带有褐色、橘黄色或紫色色调的粉红色至红色品种;绿碧玺,包括呈带蓝的绿色至带黄的绿色的绿碧玺(Verdelite)。红色和粉红色碧玺是非常受人们欢迎的。美丽的纯海绿色的铬碧玺(Chrome Tourmaline),有时却是钒而不是铬的颜色;蓝碧玺(Indicolite),呈带紫色至带绿的蓝色;无色碧玺(Achroitc),无色;黑碧玺(Schorl)一般指黑色电气石;镁电气石(Dravite)也是一种宝石矿物的名称,有时用于黄色至褐色的碧玺。在一个碧玺晶体上有两种或两种以上颜色的称做双色碧玺、三色碧玺。图 9-19-4 为双色碧玺。西瓜碧玺指中心为紫色至红色,且有绿色或黑色外围的碧玺。电气石在同一晶体内外(或不同部位),或两端皆可呈双色或多色。图 9-19-5 为碧玺猫眼,图 9-19-6 为不同颜色的西瓜碧玺,图 9-19-7 为不同颜色的碧玺原石。

图 9-19-4　双色碧玺(一端为绿色,另一端为红色)

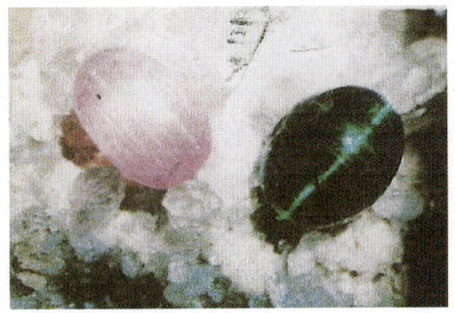

图 9-19-5　碧玺猫眼

光学特性为一轴晶,负光性,折射率 $N_o=1.644$、$N_e=1.624(+0.011,-0.009)$,双折射率通常为 $0.018\sim0.020$,深色的电气石可高达 0.040。肯尼亚的典型红色镁电气石,双折射

(a)西瓜碧玺的晶簇　　(b)西瓜碧玺　　(c)绿碧玺　　(d)黑碧玺

图 9-19-6　西瓜碧玺原石呈不同颜色

率大约为 0.031。多色性是可变的,但通常中至强,N_o 总是大于 N_e,一般随体色而异,即一个方向深于体色而另一个方向浅于体色。由于能强烈地吸收光线,深色者(如绿色锂电气石)常是平行光轴琢磨台面;而浅色者(如粉红色电气石)可垂直光轴琢磨台面,可见呈现明显而深些的色彩。色散一般为 0.017 左右。

大多数碧玺对长波与短波紫外光无反应,某些粉红色、红色电气石在长、短波紫外光下呈很弱的红色至紫色的荧光。蓝色与绿色电气石通常在红区普遍吸收,在 498nm 左右有强的吸收带;粉红色至红色电气石在绿光区的吸收带很宽,在 458nm、451nm 吸收线和 525nm 窄带(图 9-19-8)。

(a)红碧玺　　(b)绿碧玺　　(c)蓝碧玺

(d)西瓜碧玺　　(e)西瓜碧玺(广东·王钶收藏)

图 9-19-7　不同颜色的碧玺原石

断口呈贝壳状至平坦,无解理,硬度为 7~8,相对密度为 3.06(+0.20,-0.06),深色含铁

第九章 普通常见宝石大类

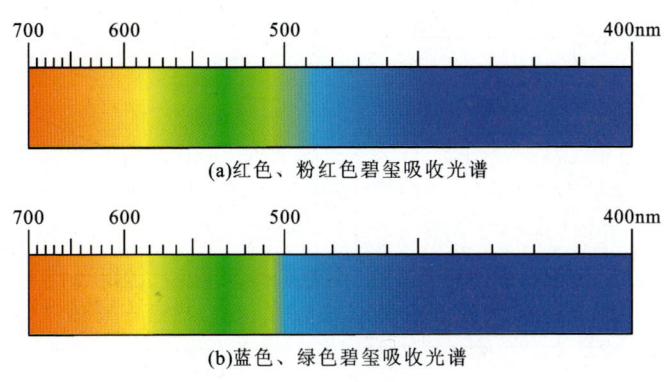

(a)红色、粉红色碧玺吸收光谱

(b)蓝色、绿色碧玺吸收光谱

图 9-19-8　碧玺吸收光谱

高的电气石相对密度也高,可具猫眼效应和变色效应(很稀少),具有强的压电效应与热电效应。

绿色及蓝色电气石包体较少或含有不规则的丝状的两相流体包体;红色、粉红色碧玺可含大量充满液体的扁平状、不规则管状包体,平行线状包体,或者为被气体充填的裂隙(图 9-19-9),这些裂隙平行于 C 轴排列,显现出强的反射力。

图 9-19-9　碧玺中管状包体

五、鉴别特征

碧玺材料可根据柱状晶形、柱面纵纹、球面三角形断面和硬度高、无解理等特点与近似的宝石矿物相区别。对成品则以较高的双折射率(约 0.02)和强的多色性与其他折射率相近的宝石相区分。

碧玺中深蓝色透明晶体很少见,它有较高的双折率(大约 0.031),但为二轴晶体,表现出很强的三色性。碧玺的红外图谱如图 9-19-10 所示。粉红色碧玺与相似粉红色其他宝石的对比如表 9-19-1。西瓜碧玺及一些碧玺饰品如图 9-19-11 所示。

表 9-19-1　粉红色碧玺与其他粉红色宝石鉴别比较

宝石名称	硬度	密度/g·cm^{-3}	折射率	双折射率	多色性
淡红色蓝宝石	9	3.99	1.760	0.008	强二色性
淡粉红色尖晶石	8	3.59	1.715	无	无
淡粉红色黄玉	8	3.53	1.630	0.008	二色性明显
红色绿柱石	7~7.5	2.80	1.590	0.008	二色性明显
淡紫水晶	7	2.65	1.540	0.009	二色性明显
淡紫锂辉石	5.5~6	3.29	1.665	0.014	二色性明显
淡红色电气石	7	3.01~3.06	1.625~1.640	0.018	强二色性

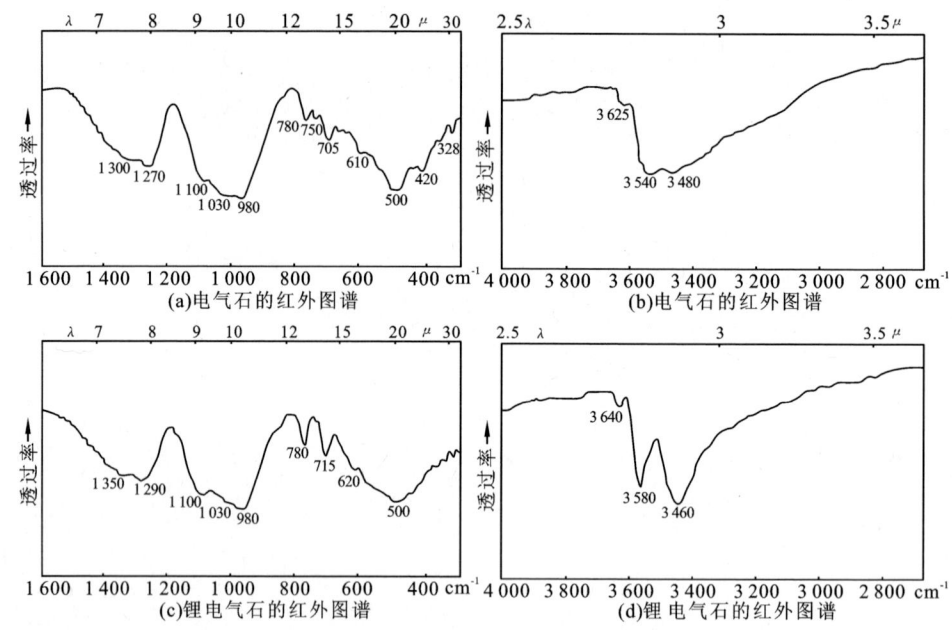

图 9-19-10 几种不同电气石的红外图谱

六、优化处理

1. 充填处理

碧玺的裂隙发育，包裹体多，在加工时易碎裂故出成率很低，有的只有 5% 左右。为提高出成率而在加工前进行充胶处理，可增加碧玺原料的粘合度、透明度和强度。通过放大检查，从多个角度、多个方向观察碧玺与胶的光泽不同，便易识别。用紫外光观察虽有碧玺与胶的不同荧光（碧玺发蓝绿色，有机物胶为蓝白色），但有时被掩盖难以分出，故需要用红外光谱 $2\,965cm^{-1}$ 为主要鉴定特征峰识别之。检测时最好将以上 3 种手段综合并用。

对一些劣质碧玺可采用激光打孔，再充进树脂以改善外观和耐久性。放大观察可见表面光泽变化，偶尔还可见到气泡。

其他优化处理办法还很多，如浸入无色油、用染色剂染色等。

2. 热处理

热处理指将暗色碧玺加热使颜色变浅，透明度增加，有真空热处理、密封热处理、氧化还原热处理等不同方法。选择不同升降温度处理可获得不同颜色，如使各色深色碧玺变浅，成为各种颜色的浅色。如深绿色、深蓝色、深黄绿色者，可变为浅绿色、浅蓝色、浅黄绿色的靓丽碧玺，而且都较稳定。

3. 辐照处理

用高能射线辐照那些无色、淡色或多色的碧玺，可使其变色，如淡红色变为深红色、淡绿色变为粉红色、双色变为紫色、无色者也可变为红色。但是不稳定，再热处理还会褪色。

4. 镀膜处理

镀膜处理多半是对无色或接近无色的碧玺进行镀膜，镀膜后可使光泽增加至亚金属光泽，颜色变得鲜艳，在折射仪上多只可见一个 1.70 左右的大折射率，而不见特征的吸收光谱。

图 9-19-11　常见的小碧玺饰品（深圳李金诺珠宝公司提供）

七、产状及产地

电气石成分中富含 B、F、OH 等挥发性成分,是典型的气成矿物。主要产于伟晶岩及高温气化热液矿脉,或其蚀变围岩中,与石英、黄玉、锂辉石等共生。也见于矽卡岩中,或呈碎屑矿物出现于砂矿床中。主要产地为马达加斯加,产有巨大的锂电气石晶体,其中很多具显著的平行色带。意大利产有无色碧玺。产碧玺的地区还有纳米比亚、莫桑比克、阿富汗的努尔斯坦、俄罗斯的乌拉尔山脉等。在斯里兰卡、缅甸有存在于冲积矿床中的碧玺。巴西的米纳斯吉拉斯生产大量的宝石及碧玺。20 世纪 80 年代后期,在巴西发现了新的矿产地,其颜色包括鲜艳的蓝绿色至暗蓝绿色、暗紫蓝色及紫色之间的过渡色等。化学分析发现,蓝绿色组分是由铜的存在所引起,而粉红色组分(发紫蓝色至紫色)是由镁的存在所致。

1959 年美国在加利福尼亚州、缅因州等地区,生产了大量细颗粒的商业碧玺,还在圣地亚哥生产了大量宝石级碧玺。1972 年在缅因州的矿山新发现了宝石级的碧玺。缅因州的矿山为世界上高质量绿碧玺与红碧玺的产地。

中国人利用碧玺最晚在元代,可能是从缅甸输入的。明朝、清朝都有关于碧玺的记载。明万历二十年(公元 1592 年),杨荣派张国臣赴京上书在孟密开采碧玺诸宝之事。在清朝末年慈禧太后的大量殉葬物中,她脚下就踏有一朵碧玺莲花,重 36 斤多。21 世纪 50 年代以来,随着地质勘探工作的开展,已在新疆、甘肃、内蒙古、河南、广东、四川、云南、西藏等地发现了宝石级电气石,其概况如下。

(1) 新疆是中国碧玺的主要产地。碧玺产于阿尔泰富蕴等地,主要产于花岗伟晶岩矿床中。晶体往往较大,多为红、蓝、绿、黄、紫、黑等色,也有的无色透明。阿尔泰地区的花岗伟晶岩中产出有铁(镁)碧玺、锰(锂)碧玺,分别称黑碧玺、蓝碧玺、绿碧玺、红碧玺。锂碧玺,呈玫瑰色、深浅不同的桃红色分别称"双桃红"(深红者)及"单桃红"(浅红色者)。有时同一个晶体上,外环为绿色或蓝色,核心为玫瑰色(称西瓜碧玺)。或有一个柱状晶体上一端红、另一端绿等多色碧玺。天山中段、西昆仑山的花岗伟晶岩中也产有色泽艳丽的优质碧玺。

(2) 内蒙古的碧玺产于乌拉特中旗角力格太等地。

(3) 云南碧玺产于保山、贡山、福贡等地,呈单体或集合体产出,有各种颜色。云南碧玺皆见于稀有金属花岗伟晶岩中,以翠绿色者为佳品,亦有各种绿色、蓝色、桔色、黄色及红色者,其皆为质地优良的品种。

(4) 西藏的彩色碧玺发现于波密、林芝、乃东、错那等地的花岗伟晶岩型矿藏中,与绿柱石、锰铝榴石等共生。

此外,广东、广西、四川、云南、山西、河北、福建、江西、湖北、湖南等地均有不同颜色的碧玺零星被发现。

[附] 合成电气石(Synthetic Tourmaline)

合成电气石前曾有借熔融天然碧玺形成的玻璃体,经热处理再结晶而产生的合成碧玺,其晶体细小不适于作宝石用。而原苏联曾报道过合成了绿色的宝石级碧玺,但宝石市场上还未曾见到。

现在合成碧玺一般认为是在富镁富钙的环境中用水热法合成,具颜色均匀、结晶体内极为干净的特点,因其密度一般仅为 2.7～3.0g/cm³,较天然碧玺密度低,依此可识别之。

第二十节 角闪石类宝石

角闪石(Amphibole)一词来自希腊文 Amphibolos,是由阿羽依(Hatüy,1801)首先提出来的,其原意为"多解的"或"含糊不清的",说明其成分及外形的多样性。近几十年来,已研究确定角闪石的矿物种和变种(亚种)超过 100 余种,所以角闪石是一个族,称"闪石族"。晶体内部结构为双链式,链状双链平行 C 轴延长排列,链间主要是通过 Mg^{2+}、Fe^{2+}(有时为 Mg^{3+}、Fe^{3+})及 Ca 相连,如图 9-20-1(a)所示。链内结合力强,链间结合力较弱,解理必然沿链间形成,解理的方向与内部结构的关系如图 9-20-1(b)所示。从图中可以看出,∥{110}解理两组成近于 60°和 120°(实际为 56°及 124°)相交,如图 9-20-1(c)所示。这是闪石族宝石矿物的特点,可用它区别于相似的辉石族。

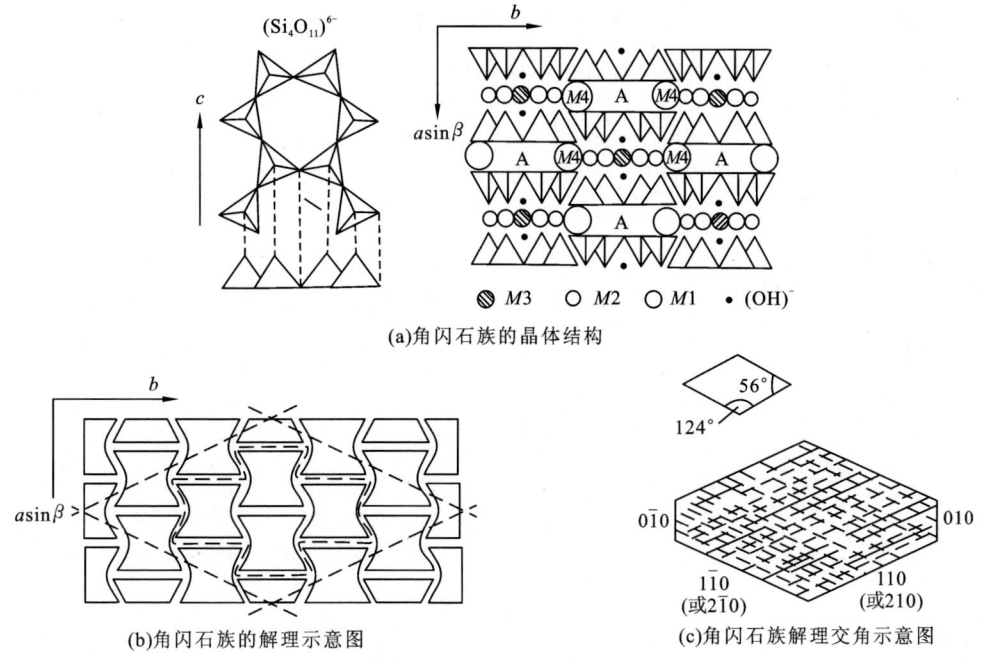

图 9-20-1 角闪石解理产生方向的示意图

在此,出自宝玉石角度的需要,仅对该族中比较常见的普通角闪石、透闪石和阳起石这三者在成分上的关系进行阐述。

透闪石中的 Mg 如果有 Fe 的进入,置换 $Ca_2Fe_5[Si_4O]_2(OH)_2$ 分子在 0～20% 范围之内者,称"透闪石";在 22%～80%者称"阳起石";达到 80%以上者则称"铁阳起石"。

如果透闪石中的 Si 被 Al 和 Fe^{2+} 所代替并有 Na 的加入,则成为普通角闪石,其颜色和密度皆随 Fe 含量的增加而加大。

其中阳起石、透闪石等主要组成人们所喜爱的软玉。透闪石猫眼更是人们所喜欢的宝石。

一、普通角闪石(Hornblende)

1. 化学组成

化学式为 $Ca_2Na(Mg,Fe^{2+})_4(Al,Fe^{3+})[(Si,Al)_4O_{11}]_2(OH)_2$。成分较为复杂,类质同象置换广泛。

2. 形态

普通角闪石属单斜晶系,晶体常呈柱状,常见单形有斜方柱及平行双面,横断面呈假六边形,可依(100)形成接触双晶,常成细柱状、纤维状集合体(图9-20-2)。完整的晶体,可成为人们所喜爱的观赏石,或某些观赏石上的共生矿物。

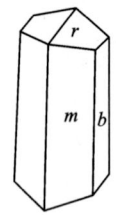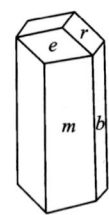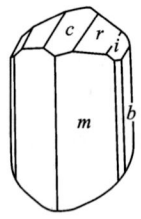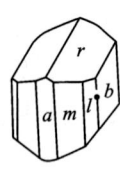

图 9-20-2　普通角闪石晶形

3. 物理特性

普通角闪石呈深绿色至黑绿色,玻璃光泽,为二轴晶负光性,折射率 $N_g=1.638\sim1.701$、$N_m=1.630\sim1.691$、$N_p=1.620\sim1.681$,双折率为 $0.018\sim0.020$,$2V=53°\sim85°$,具明显多色性,N_g 呈浅绿色、蓝绿色、红褐色,N_p 呈无色、浅黄褐色,N_m 呈浅黄绿色、浅绿褐色。

平行{110}两组完全解理,夹角为 124°、56°。图 9-20-3 为角闪石晶体的断面形状及解理纹。有时可见有{100}裂开,系由聚片双晶造成。摩氏硬度为 5~6,密度为 $3.1\sim3.3g/cm^3$。

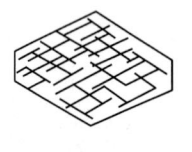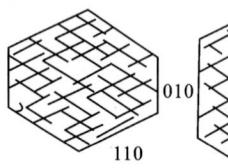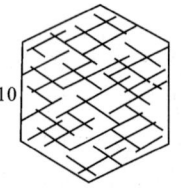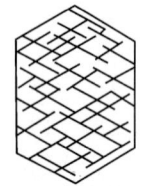

图 9-20-3　角闪石的解理交角

4. 鉴别特征

普通角闪石的颜色近于黑色,呈长柱状晶形,两组完全解理,夹角为 124°、56°。柱状晶体的断面形状及解理纹如图 9-20-3 所示。上述各项特征加上其产状可将其和与之相似的辉石类及相似的宝石矿物相区别。

5. 产状及产地

普通角闪石产于岩浆作用形成的各种中酸性侵入岩及区域变质岩中。它不仅可以是中酸性岩浆岩的主要组成矿物,而且也可以是区域变质岩中的重要矿物。它组成了角闪岩、角闪片岩、角闪片麻岩,受热液蚀变易形成绿帘石、绿泥石等。世界上宝石级角闪石发现于加拿大巴芬岛的白云质大理岩中,与天青石、透辉石等共生。中国的湖北、台湾等地曾有发现。

二、透闪石(Tremolite)

1. 化学成分

透闪石的化学式为 $Ca_2Mg_5[Si_4O_{11}]_2(OH)_2$，成分中可有少量的 Na、K、Mn 代替 Ca，F、Cl 代替(OH)。

2. 形态

透闪石属单斜晶系，晶体常呈柱状或细粒状。常见单形为斜方柱，平行双面发育，如图 9-20-4 所示。

集合体常呈柱状、纤维状、放射状，有时可见隐晶质致密块体，可有{100}，偶见{011}聚片双晶。

3. 物理特性

透闪石呈白色或灰色、浅绿色、淡紫色、褐色。含 Mn 者呈粉红色，玻璃光泽至丝绢光泽，透明至半透明。折射率 $N_g=1.622\sim1.640$，$N_m=1.612\sim1.630$、$N_p=1.599\sim1.619$，双折率为 $0.002\sim0.023$，二轴晶负光性，$2V=83°\sim86°$。具明显多色性，呈淡黄绿色、浅绿色。呈橙色或粉红色荧光，吸收光谱不特征，有的可见 437nm 吸收线，或 684nm、628nm 吸收线，极少见有猫眼效应。透闪石的红外图谱如图 9-20-5 所示。

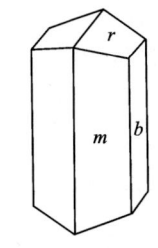

图 9-20-4　透闪石晶体

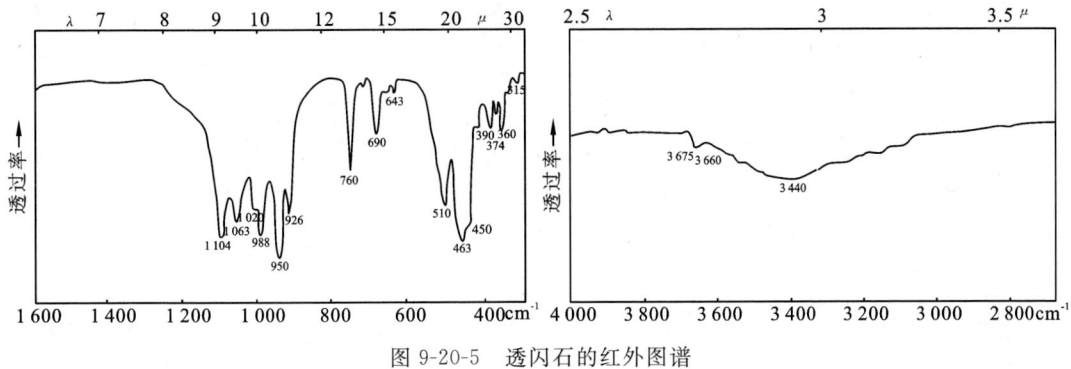

图 9-20-5　透闪石的红外图谱

两组解理中等，解理夹角为 124°、56°，摩氏硬度为 5~6，密度为 $3.02\sim3.44g/cm^3$，可随含 Fe 量增加而增加，以形态、颜色和解理区别于相似宝石矿物。

4. 产状及产地

透闪石为接触变质矿物，常见于石灰岩、白云岩与岩浆岩的接触带，为接触变质而成，也可产于结晶片岩中。

世界出产透闪石的国家有加拿大、美国、缅甸、坦桑尼亚、赛拉利昂、意大利、奥地利、瑞士等。美国纽约州产透明的透闪石晶体，加拿大的魁北克产灰绿色透明晶体，缅甸出产的还有透闪石猫眼。

中国台湾出产绿色透闪石猫眼，另外湖北、广东、陕西、甘肃等地也都有发现。透闪石除作猫眼宝石之外，还可作雕刻材料。

三、阳起石(Actinolite)

1. 化学组成

阳起石的化学式为 $Ca_2(Mg,Fe^{2+})_5[Si_4O_{11}]_2(OH)_2$。将其化学式与透闪石的化学式比较,可以把阳起石看做是含铁的透闪石。

成分中含 FeO 一般为 6%～13%,Mg—Fe 间可形成完全类质同象代替。

2. 形态与物理特性

图 9-20-6　阳起石晶簇

阳起石属单斜晶系,晶体多扁平状,以常呈放射状集合体为特征,如图 9-20-6 所示,基本上与透闪石相同。但因含铁而使颜色加深,呈深浅不同的绿色、黄绿色、浅褐色、黑色等。透射光下呈浅绿色或无色,玻璃光泽、半透明者多。光学特性为二轴晶负光性,具微弱多色性,N_g 呈绿色、浅绿色,N_m 呈黄绿色,N_p 呈浅黄色。折射率 $N_g=1.640\sim1.705$、$N_m=1.630\sim1.697$、$N_p=1.619\sim1.688$,双折率为 $0.021\sim0.027$,$2V=65°\sim83°$,紫外荧光下表现惰性。吸收光谱为可具 503nm 吸收线。阳起石具两组完全解理,断口参差状,摩氏硬度为 5～6,密度较大为 $3.1(+0.01,-0.05)g/cm^3$ 左右,可具猫眼效应。阳起石的吸收光谱如图 9-20-7 所示。阳起石的红外光谱如图 9-20-8 所示。

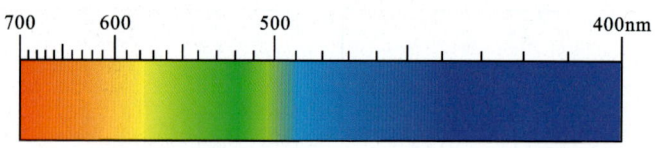

图 9-20-7　阳起石吸收光谱

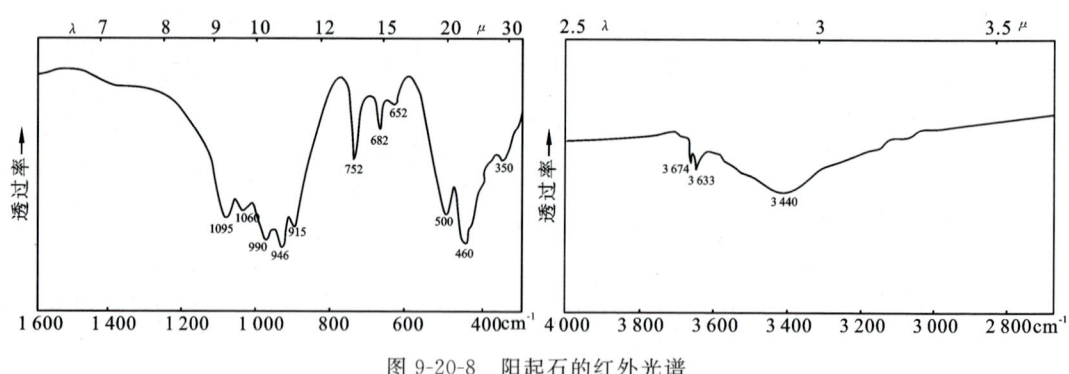

图 9-20-8　阳起石的红外光谱

放大检查可见纤维状结构。可依形态、颜色及解理识别之。

3. 产状及产地

阳起石的产状与透闪石相似,常见于矽卡岩中。也有见于热液成矿或火山岩的热液蚀变中。在变质的千枚岩、绿色片岩、片麻岩中及在区域变质作用的泥质大理岩中均可见到。

阳起石在世界上的产地有马达加斯加,产出优质暗绿色透明晶体;坦桑尼亚产绿色透明晶体。其他产地还有美国加利福尼亚等。

中国台湾、湖北、安徽、辽宁、河北、新疆等地均有发现。

阳起石常见于观赏石上，或与其他矿物共生，也可作雕刻材料。

第二十一节　辉石类宝石

辉石类(Pyroxene)和角闪石类矿物，在地壳内分布非常广泛，是重要的造岩矿物。也有很多见于陨石中，为外太空成因产物，其中不少可作宝石的材料。其分类与主要辉石族矿物及亚族划分如表9-21-1所示。

辉石类矿物的内部构造成单链式结构。链与链之间主要通过 Mg^{2+}、Fe^{2+}，有时为 Fe^{3+}、Al^{3+}、Ti^{3+} 及半径较大的 Ca^{2+}（有时为 Na^+）相连。链内的结合力强，链间的结合力较弱，解理必然沿链间产生。解理方向与内部之间的关系如图9-21-1和图9-21-2所示。由图可以看出，其两组解理的交角近于90°（实际上是87°、93°），这是辉石类宝石矿物所共有的特征，也是区别于角闪石族宝石矿物的重要方面。斜方辉石晶体如图9-21-3所示。其中硬玉是组成翡翠的主要宝石矿物，在翡翠章节（如本书第八章天然贵重宝玉石大类翡翠章节）中已有叙述。其余辉石类矿物中与宝石有关的主要是普通辉石、透辉石与铬透辉石、顽火辉石、紫苏辉石、锂辉石等。在此仅就这几种与宝石有关的辉石加以叙述。

一、顽火辉石(Enstatite)

顽火辉石的名称源于希腊语，由于它的难选性质，而意指"反对者"；古铜辉石的命名则是因它具有像古铜色一样的光泽而来；紫苏辉石的名称源于希腊语，指"非常"和"强"之意，因为它的硬度比与其相似的角闪石要大。

顽火辉石，与硬玉和透辉石相似，是硅酸盐中属单链结构的辉石族成员，分布广泛，构成橄榄石和玄武岩类岩石。

1. 化学组成

顽火辉石的化学式为 $(Mg,Fe)_2Si_2O_6$，可含有Ca、Al、Mn、Ni等元素。Mg与Fe的类质同象代替可达1∶1，当Fe含量为0～5%时，则称顽火辉石；在5%～13%之间则称古铜辉石；大于13%则为紫苏辉石。很少有纯粹的硅酸镁，通常含有杂质铁元素，在Mg∶Fe=1∶0～1∶1的范围内，亚铁可以任意置换镁。

2. 形态

顽火辉石属斜方晶系，常呈短柱状，晶形较好的单体少见，通常呈块状、纤维状和板状。

3. 物理特性

典型的颜色是暗红棕色至棕绿色或黄绿色，很少有灰色、绿色、黄褐色或无色（古铜辉石是古铜色），透明或不透明。纤维状者可产生古铜状光泽，纤维状集合体，显半金属光泽，有的可见玻璃光泽，解理面上呈珍珠状光泽。

表 9-21-1 主要辉石族矿物及亚族划分

依结构和成分划分的亚族	依成分划分的亚族	矿物名称和化学式	空间群
斜方辉石亚族	镁铁辉石亚族	原顽火辉石 $Mg_2[Si_2O_6]$	$Pbcn$
斜方辉石亚族	镁铁辉石亚族	顽火辉石(En)$Mg_2[Si_2O_6]$—斜方铁辉石(Fs)$Fe_2[Si_2O_6]$系列 　顽火辉石 $En_{100-90}Fs_{0-10}$ 　古铜辉石 $En_{90-70}Fs_{10-30}$ 　紫苏辉石 $En_{70-50}Fs_{30-50}$ 　铁紫苏辉石 $En_{50-30}Fs_{50-70}$ 　尤莱辉石 $En_{30-10}Fs_{70-90}$ 　斜方铁辉石 $En_{10-0}Fs_{90-100}$	$Pbca$
单斜辉石亚族		单斜顽火辉石 $Mg_2[Si_2O_6]$—单斜铁辉石 $Fe_2[Si_2O_6]$系列矿物种的划分与斜方辉石系列相对应	$P2_1/c$
单斜辉石亚族		易变辉石 $(Mg, Fe^{2+}, Ca)(Mg, Fe^{2+})[Si_2O_6]$	$P2_1/c$
单斜辉石亚族	钙辉石亚族	透辉石 $CaMg[Si_2O_6]$—钙铁辉石 $CaFe[Si_2O_6]$系列 　透辉石 　次透辉石 　低铁次透辉石 　钙铁辉石	$C2/c$
单斜辉石亚族	钙辉石亚族	普通辉石 $(Ca, Mg, Fe, Al)_2[(Si, Al)_2O_6]$	$C2/c$
单斜辉石亚族	钙辉石亚族	深绿辉石 $Ca(Mg, Fe^{2+}, Fe^{3+}, Al)[(Si, Al)_2O_6]$	$C2/c$
单斜辉石亚族	钙辉石亚族	锰钙辉石 $CaMn[Si_2O_6]$	$C2/c$
单斜辉石亚族	碱性辉石亚族	绿辉石 $(Na, Ca)(Mg, Fe^{2+}, Fe^{3+}, Al)[Si_2O_6]$	$P2/n$ 或 $C2/c$
单斜辉石亚族	碱性辉石亚族	硬玉 $NaAl[Si_2O_6]$	$C2/c$
单斜辉石亚族	碱性辉石亚族	霓石 $NaFe^{3+}[Si_2O_6]$	$C2/c$
单斜辉石亚族	碱性辉石亚族	霓辉石 $(Na, Ca)(Fe^{3+}, Fe^{2+}, Mg, Al)[Si_2O_6]$	$C2/c$
单斜辉石亚族	碱性辉石亚族	锂辉石 $LiAl[Si_2O_6]$	$C2/c$
单斜辉石亚族	碱性辉石亚族	陨铬辉石 $NaCr[Si_2O_6]$	$C2/c$

光学特性为二轴晶正光性,折射率为 1.663～1.673(±0.010),双折率为 0.008～0.011,光轴角 $2V=60°～80°$。绿色的顽火辉石多色性弱,但棕色的顽火辉石多色性强,呈 α 粉红色至红色或棕色、β 黄色、γ 绿色。其中铁(Fe)含量越高,上述各指数和光轴角就越大。在紫外荧光下,顽火辉石对长波光和短波光皆呈惰性,吸收光谱在 505nm 处有一条特征强吸收谱线,在 550nm 处的特征吸收谱线较弱。棕褐色半透明的顽火辉石可具有猫眼效应。顽火辉石的吸收光谱如图 9-21-4 所示。

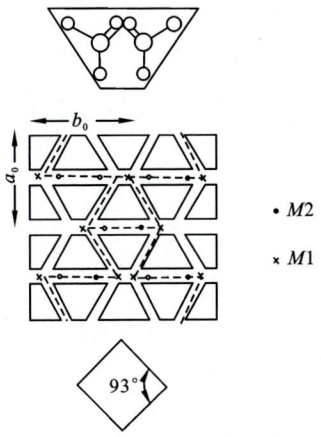

图 9-21-1 辉石类的内部结构

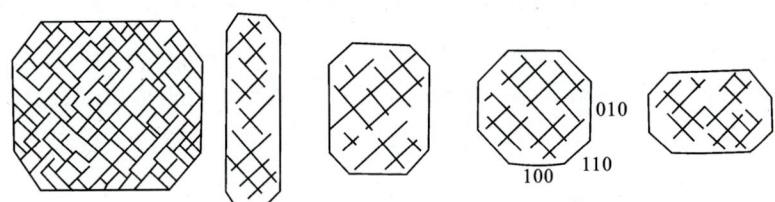

图 9-21-2 辉石类宝石矿物的横断面形状及解理纹

平行{110}两组完全解理,以 87°和 93°相交,具平行{100}及 {010}的裂开,断口呈参差状,摩氏硬度为 5～6,密度为 3.25 (＋0.15,－0.02)g/cm³,亦随含 FeO 的增高而增大。

4. 鉴别特征

顽火辉石容易同金绿宝石、电气石、橄榄石、锆石、透辉石、柱晶石和斧石相混淆。顽火辉石的折射率和密度使它与多数上述矿物相区别。其较低的双折率使它和橄榄石及透辉石相区别。其光谱和光性特征使其和柱晶石相区别。其光谱和多色性使其和斧石区

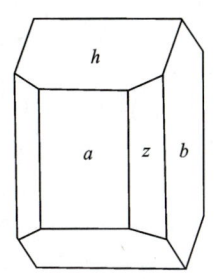

图 9-21-3 斜方辉石晶体

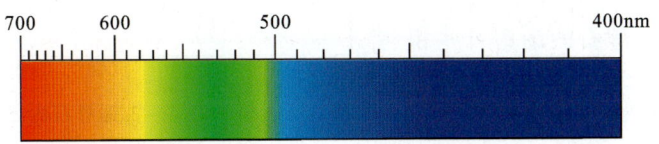

图 9-21-4 顽火辉石的吸收光谱

别开。根据晶体的近似正方形的断面和解理近于直角相交的特征可与角闪石类矿物相区别。顽火辉石的红外光谱如图 9-21-5 所示。

在偏光显微镜下放大观察可见气液包体、纤维状包体、矿物包体,而含大量定向包体时可形成猫眼。在含铁较多的晶体中,细小的板状包裹体可以产生游彩。

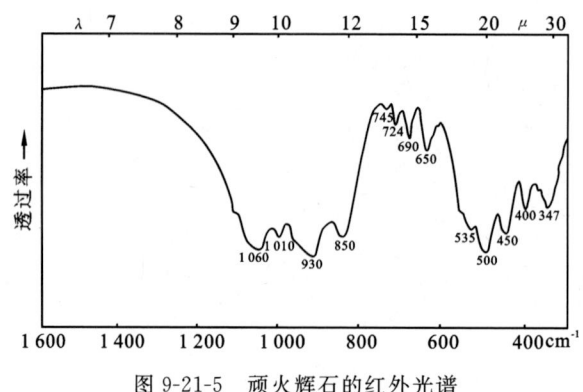

图 9-21-5 顽火辉石的红外光谱

5. 产状及产地

顽火辉石主要产于富镁的基性或超基性火成岩中,如缅甸的抹谷以产有顽火辉石著称;南非的金伯利岩中产有含铬绿色顽火辉石,与金刚石伴生。顽火辉石也见于深变质的粒变岩中,后期蚀变易形成纤蛇纹石。宝石级的顽火辉石类,大多数产在水冲蚀的小砾石砂矿中。顽火辉石的著名产地为缅甸、坦桑尼亚和斯里兰卡。古铜辉石产于印度。我国吉林所产的顽火辉石与橄榄石等伴生。另外顽火辉石在美国亚利桑那、奥地利等地也有产出。

二、古铜辉石(Bronzite)

古铜辉石因有比较显著的古铜色而得名,它也是辉石类斜方辉石亚族中的一个重要宝石矿物。

古铜辉石的化学式为$(Mg,Fe)_2[Si_2O_6]$,是顽火辉石与斜方铁辉石类质同象系列中的中间成员。

古铜辉石属斜方晶系,颜色常呈淡褐色,貌似青铜。折射率 $N_g=1.680\sim1.703$、$N_m=1.672\sim1.698$、$N_p=1.665\sim1.686$,重折率为 $0.009\sim0.012$,$2V=90°$左右,密度为 $3.30\sim3.43g/cm^3$,其他与顽火辉石基本相同。古铜辉石的红外光谱如图 9-21-6 所示。从红外图谱上看,古铜辉石与紫苏辉石的图谱有些相似,而古铜辉石的红外图谱则与之大不相同,这也是检测古铜辉石与相似宝石矿物的有利条件。

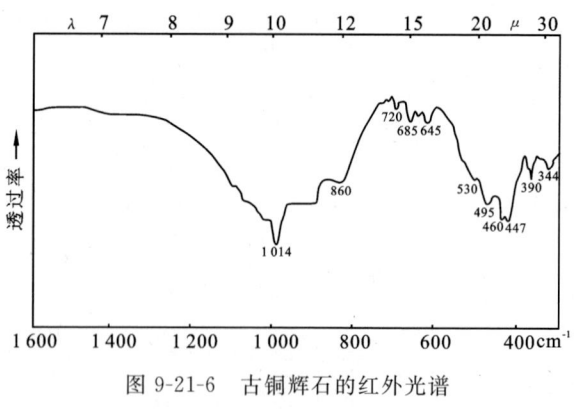

图 9-21-6 古铜辉石的红外光谱

古铜辉石产于印度迈索尔邦,所产的古铜辉石具有四射星光,有"星彩古铜辉石"之称(Star Bronzite)。奥地利的斯蒂利亚亦产之。它是很受人们欢迎的宝石。

三、紫苏辉石(Hypersthene)

紫苏辉石,同样为辉石类斜方辉石亚族成员。其化学组成为$(Mg,Fe)_2[Si_2O_6]$,属斜方晶系,晶体呈短柱状。常为绿色至带绿的黑色,有的为带褐的黑色,玻璃光泽。沿解理面含有板钛矿、针铁矿、赤铁矿等细分散鳞片状包体,因而可具有闪烁效应。光学特性为二轴晶负光性,折射率 $N_g=1.683\sim1.731$、$N_m=1.678\sim1.728$、$N_p=1.673\sim1.715$,双折率为 $0.10\sim0.16$,随含铁增加而增高。多色性较强,一般呈淡绿色至浅黄色至淡红色,在透射光下看边缘部位则可见紫苏辉石呈褐红色。紫苏辉石的红外图谱如图 9-21-7 所示。硬度为 $5\sim6$,密度为 $3.30\sim3.50\text{g/cm}^3$,具相交近于 90°的解理,含铁

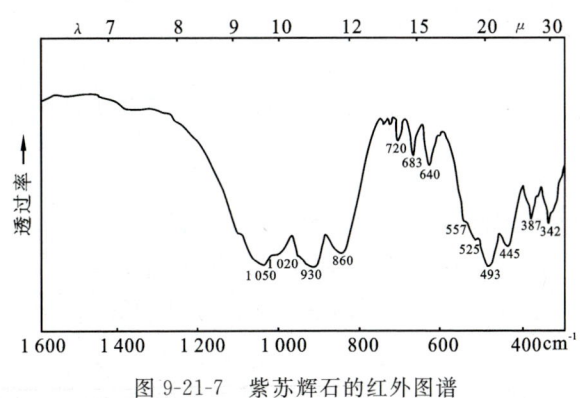

图 9-21-7　紫苏辉石的红外图谱

多者具弱磁性。放大检查可见气液两相包体、纤维包体、矿物包体,还可有四射星光的猫眼效应。解理不发育,抛光性能良好。产于玄武岩中的黑色巨晶,产出于富含铁质的基性火成岩中,如辉长苏长岩、粗面岩、安山岩等,也可作为宝石材料。紫苏辉石亦见于辉石角闪石片麻岩、石榴石片麻岩中。世界产地为印度迈索尔(Mysore),晶体呈褐色透明,密度为 3.8g/cm^3,较其他产地的紫苏辉石稍高,为宝石级原料。其他如挪威、格陵兰、德国的巴伐利亚及北美等地也有产出。中国河北张家口及河南、辽宁、黑龙江等省也都有发现。透明晶体具闪烁效应者,即使不透明或微透明也可磨制成人们所喜爱的戒面。

四、透辉石与铬透辉石(Diopside and Chrome Diopside)

1. 化学组成

透辉石的化学式为 $\text{CaMg}(\text{SiO}_3)_2$,是一种钙镁硅酸盐,成分中常含 Fe、Mn、Cr、V、Ni、Zn 等。成分中的 Mg 可被 Fe 完全代替,而成钙铁辉石,如成分中含有少量的 Cr,则称铬透辉石。颜色随含铁量的增加而变深,可出现绿色或暗绿色,甚至黑色。

2. 形态

透辉石属单斜晶系,晶体呈短柱状、柱状,集合体为粒状或致密块状,如图 9-21-8 所示。

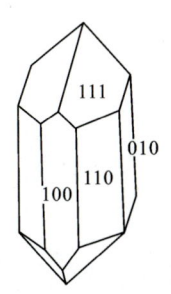  

图 9-21-8　透辉石晶体

3. 物理特性

透辉石呈无色或白色、淡绿色、灰绿色、暗绿色、褐色、淡红褐色、黄色、淡黄色、灰色、黑色等。

透辉石呈玻璃光泽,透明至半透明,加工成蛋面型宝石后,可具猫眼效应和(四射)星光效应。在星光宝石中一条星光细而明显,另一条较宽而模糊。在反射光下,用放大镜即可见到很多形若金属的包体星点,因而也称做"猫眼透辉石"(图9-21-9)或"星光透辉石"。光学特性为二轴晶正光性,折射率为1.675～1.701(+0.029,−0.010),点测法为1.68±。双折率为0.024～0.030,含铁多者折射率则变大。多色性弱至强,三色性明显为浅至深绿色。透辉石在紫外光长波照射下一般呈惰性。绿色透辉石长波呈绿色,短波无。透辉石的吸收光谱为在505nm处有吸收线;铬透辉石在690nm有双线,另外在670nm、635nm处也有吸收线。如图9-21-10和图9-21-11所示。因具解理,故加工时横切可避免裂开。摩氏硬度为5～6,密度为3.29(+0.11,−0.07)g/cm³。俄罗斯的铬透辉石的吸收谱,用紫外光可见近红外分光,光度计测定在440nm与650nm位置上有Cr^{3+}双峰。透辉石的红外图谱如图9-21-12所示。

(a)透辉石猫眼

(b)透辉石猫眼

(c)透辉石戒面

图9-21-9 透辉石饰品

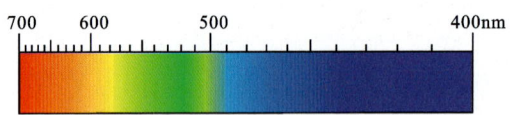

图9-21-10 透辉石的吸收光谱

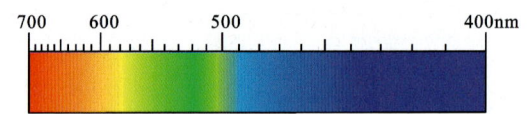

图9-21-11 铬透辉石的吸收光谱

4. 鉴别特征

透辉石以其颜色、晶形、柱状集合体形态为特征。放大观察,可见气液两相包体、纤维包体及矿物包体。有的可看到定向排列的管状包体(由此可形成星光及猫眼)。透辉石易与顽火辉石、绿帘石、碧玺等相混淆,这主要靠光性及密度、产状、解理等区别之。矽卡岩中的透辉石呈浅灰绿色粒状晶体,主要靠其解理区别于符山石。

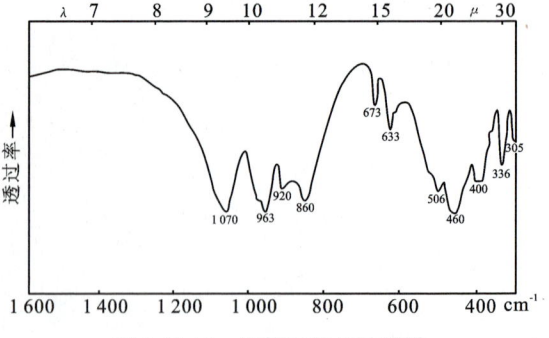

图9-21-12 透辉石的红外图谱

5. 产状及产地

自然界的透辉石可分布于各种火成岩中,尤其在基性和超基性岩中较为普遍。在接触变质的矽卡岩中,透辉石与石榴石、符山石、硅灰石等共生。变质岩中也有透辉石赋存。

世界上产出宝石级透辉石的国家有:缅甸、斯里兰卡、印度、加拿大、美国、马达加斯加、南非、意大利、奥地利、俄罗斯、芬兰、瑞典、澳大利亚等地。缅甸抹谷和斯里兰卡的砂砾岩中产有黄色、淡绿色猫眼透辉石;斯里兰卡、印度产透辉石猫眼、星光透辉石;加拿大的安大略产绿色透辉石,魁北克产红褐色透辉石;美国纽约州产绿色透明晶体;加利福尼亚的乔治城产绿色透辉石;马达加斯加产绿色、黑绿色透辉石;俄罗斯产优质深绿色的透辉石晶体等。产自美国纽约、肯尼亚、俄罗斯的透辉石戒面如图 9-21-9(c)所示。

我国新疆、陕西、青海、内蒙古、河北、辽宁、吉林、黑龙江、山东、江苏、安徽、四川等省均发现有透辉石,不少地方都能达到宝石级,如新疆昆仑山西部、南天山的碱性岩与大理岩的接触带,都见有宝石级的透辉石,晶形完好,长 1~3cm,最长可到 15cm,呈绿色至淡绿色,透明度良好。在哈密的被称为"哈密王"。四川西部发现的透辉石可达到宝石级,呈翠绿色,有"四川翠"之称。

透辉石成分中如含 Cr_2O_3 则称铬透辉石。颜色仍为绿色;如成分中还含有少量的铁,则为深绿色;如透明度好,粒度稍大(>3mm)则为宝石级的铬透辉石;如带有蓝色色调,则更美丽、更稀少,价值更高。

铬透辉石常为带黄色色调的绿色。硬度有的可达 5.5~6.5。据报道铬透辉石中含 Cr_2O 约在 0.1%~1.14% 之间。

铬透辉石宝石内部广泛存有裂纹,一般在 1~2mm 以下,影响不大,颜色有黄、黄绿、绿带黄、绿、绿带蓝等色。这些色泽直接影响着价值。用它们磨成各种规格的戒面或镶嵌各种款式的吊坠等饰品,很受人们的欢迎。

宝石级的铬透辉石主要产于缅甸、加拿大、意大利、美国的加州和纽约州、芬兰、奥地利、俄罗斯等地。南非的金伯利岩中产很美丽的铬透辉石。俄罗斯的西伯利亚碱性超基性岩体内的伟晶岩中产宝石级的铬透辉石。芬兰的奥托库姆普产精美的深绿色铬透辉石。

我国河北张家口地区,中新世汉诺坝玄武岩中发现了次铬透辉石,其晶体呈短柱状、粒状,粒径为 4mm 左右,颜色为翠绿色、深绿色、浅绿色等。云南马关的新近纪次火山角砾岩岩筒中发现了铬透辉石,其晶体粒径为 0.5~10cm,呈浅绿色至黑色,微透明至半透明,与铬镁铝榴石、橄榄石等共生。

铬透辉石饰品如图 9-21-13 所示。

(a)绿色铬透辉石饰品

(b)绿色铬透辉石饰品

(c)铬透辉石戒面

图 9-21-13　铬透辉石饰品

五、普通辉石(Augite)

1. 化学组成

普通辉石的化学式为 $(Ca,Mg,Fe^{2+},Fe^{3+},Ti)_2[(Si,Al)_2O_6]$,成分比其他辉石都要复

杂，成分中还常有 Cr、Ni、Na、Mn 等，Fe、Al 的含量较高，有 Al 代替，Si 的含量可大于 75%。含 Ti 高的称"钛辉石"，其 TiO_2 含量一般可达 3%～5%，有的甚至高达 8% 以上。

2. 形态

普通辉石属单斜晶系，晶体常呈短柱状，可依(001)和(100)形成接触双晶或聚片双晶。普通辉石常呈粒状集合体，如图 9-21-14 所示。

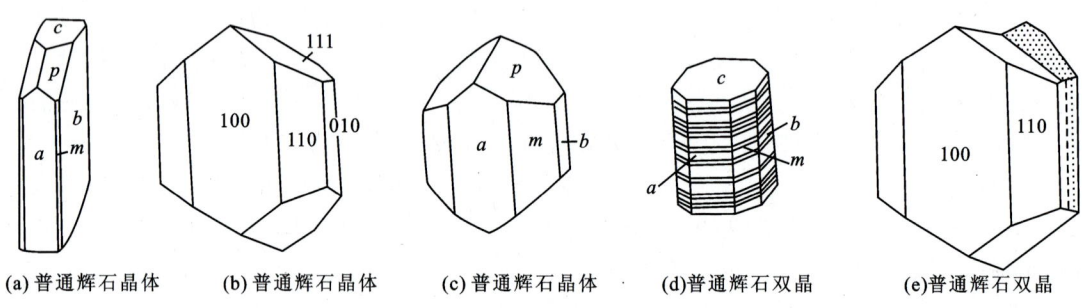

(a) 普通辉石晶体　　(b) 普通辉石晶体　　(c) 普通辉石晶体　　(d) 普通辉石双晶　　(e) 普通辉石双晶

图 9-21-14　普通辉石晶形

3. 物理特性

普通辉石呈绿黑色，褐色、紫褐色、灰褐色至褐黑色，透明至半透明，玻璃光泽。光学特性为二轴晶正光性，折射率为 1.670～1.772，双折率为 0.018～0.033，多色性为强—弱，可具浅绿色、浅褐色、绿黄色三色性，紫外荧光下长短波皆呈惰性，具中等程度平行{110}的两组解理。解理交角近 90°（即分别为 87° 及 93°），解理面上可呈珍珠状光泽。其晶体的断面多呈八边形，近似四边形，断面上两组解理正交清晰可见。有时可具{010}、{100} 裂理。摩氏硬度为 5.5～6，密度为 3.23～3.52g/cm³，垂直柱状晶体琢磨，有时可出现四道星光或辉石猫眼。如图 9-21-15 所示。

4. 鉴定特征

晶体及双晶形态、解理和颜色可作为识别特征。普通辉石易与红柱石、蓝宝石、碧玺、柱晶石等相混，可依密度、解理、折射率等区别之。岩石中的辉石一般晶体很小，柱体很短，常呈粒状，不能作宝石之用。有些颗粒大的，可以琢磨成素面宝石戒面。普通辉石的红外图谱如图 9-21-16 所示。

图 9-21-15　普通辉石带有四道星光的戒面

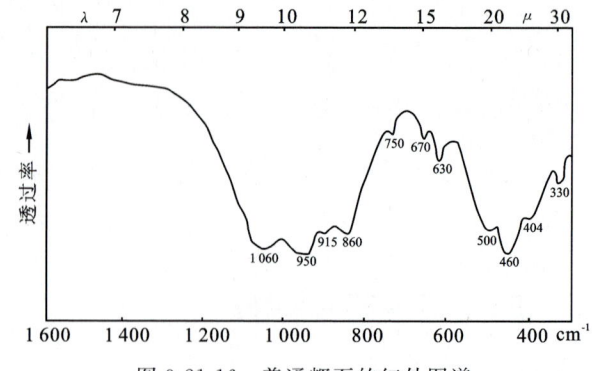

图 9-21-16　普通辉石的红外图谱

颜色常带褐色色调，解理交角近于 90°，以此与角闪石类宝石矿物相区别。多色性弱至强,有三色性,浅绿色、浅褐色、绿黄色等皆为其特征。

5. 产状及产地

普通辉石为基性岩(辉长岩、玄武岩)及超基性岩(如辉石岩)的主要矿物。在凝灰岩中可见有发育较好的晶体,在变质岩和接触交代岩中亦常见之,可与绿帘石、绿泥石、方解石相伴生。蚀变后也可变为绿帘石及绿泥石等。

世界产地为纳米比亚、德国、俄罗斯、美国、日本。中国主要产地为河北省张家口及河南、辽宁、黑龙江等。

六、锂辉石(Spodumene)

锂辉石一词出自希腊语,意为"有色的灰",指普通矿物的灰色。紫锂辉石是纪念美国矿物地质学家 George Fkunz 而命名。翠绿锂辉石是根据 Hidden 的名字命名的,他曾任发现该矿物的矿山总工程师。

锂辉石是最轻金属——锂的主要矿石。透明晶体,可以琢磨成粉红色、黄色、绿色宝石,大个晶体极为美观,可作观赏石。

1. 化学组成

锂辉石的化学式为 $LiAl[Si_2O_6]$,为含锂的硅酸盐,化学组成比较稳定,可含有稀有元素、稀土元素和铯的混入物,也可含有 Fe、Mn、Ti、Ga、Cr、V、Co、Ni、Cu、Sn 等微量元素。成分中含 Cr 多的翠绿色称"翠绿锂辉石",成分中含 Mn 多的紫色称"紫锂辉石"。

2. 形态

锂辉石如是单斜晶系的锂辉石,又称"α-锂辉石"。另外还有四方晶系的锂辉石,称"β-锂辉石"(图9-21-17)。晶体呈柱状,沿 C 轴延伸,有平行于 C 轴的条纹,横断面呈正方形。有的可形成巨大的晶体(长达16m),很多晶体晶面具凹痕,为形成后受溶解所致。可依(100)形成双晶,集合体呈(100)发育的板柱状、棒状,也可呈致密的隐晶质块体。

3. 物理特性

锂辉石呈无色、灰白色、淡褐色、灰绿色、粉红色至带蓝色的亮紫色、绿色、黄色、蓝色(很少见)。开采出来的深色锂辉石宝石,特别是紫锂辉石,在光的作用下可逐渐褪色,最后变得无色。锂辉石呈玻璃光泽,透明至半透明,解理面微显珍珠光彩。光学特性为二轴晶正光性,折射率为 $1.660\sim1.676(\pm0.005)$,双折射率为 $0.014\sim0.016$,$2V=58°$,色散为 0.017。深色者对射线有较强的吸收能力,其中 $N_g>N_m>N_p$。紫锂辉石:N_g 为紫色,N_m 浅紫色,N_p 接近无色;翠绿锂辉石:N_g 浓绿色,N_m 为带蓝色的绿色,N_p 为浅黄绿色。原石通常沿垂直于 C 轴的面琢磨,光垂直于该面作用具有最大的吸收峰,颜色最深。

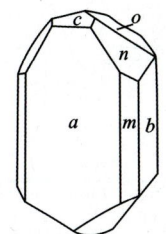  

图 9-21-17　锂辉石晶体

紫锂辉石在长波紫外光照射下,发出中—强的粉红色至橙色荧光,而在短波紫外光照射下,则发出弱的类似其颜色的荧光。一些带黄色的绿色锂辉石在长波紫外光的作用下发出弱的橙黄色荧光,而在短波紫外光照射下发出的光更弱。

由于铁的存在而显黄绿色的锂辉石吸收谱线的波长为438nm和433nm,且翠绿锂辉石具有清楚的铬的谱线,波长分别为690nm、686nm、669nm、646nm,另加接近620nm的宽谱带,如图9-21-18所示。

锂辉石可呈现星光效应和猫眼效应。

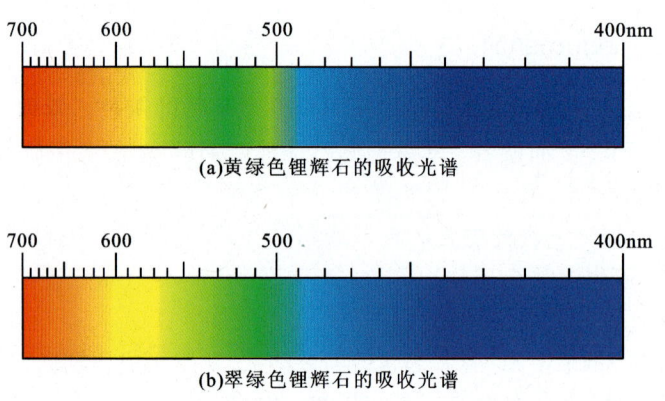

图9-21-18 锂辉石的吸收光谱

锂辉石具两组平行{110}完全解理,夹角为87°,具{100}、{010}裂开,亚锯齿状断口,摩氏硬度6.5~7,密度为$3.18\pm0.030g/cm^3$,具脆性。

4. 鉴别特征

紫锂辉石的特征是具有浅粉红色至带蓝色的紫色,其他颜色的锂辉石与石英、绿柱石、黄玉相似。但所有这些宝石都具有较低的折射率。石英与绿柱石密度较低,但黄玉的密度比锂辉石要高。锂辉石与硅铍石相似,区别在于二者的光学特征不同,锂辉石是二轴晶,而硅铍石是一轴晶。对蓝柱石与锂辉石的鉴别须借助于双折射率及密度。锂辉石有气液两相包体,有的具管状包体及矿物包体。

粉红色玻璃与粉红色合成尖晶石,与紫锂辉石的颜色相似,后两者皆是均质体,易区别之。锂辉石的红外图谱如图9-21-19所示。锂辉石戒面如图9-21-20所示。

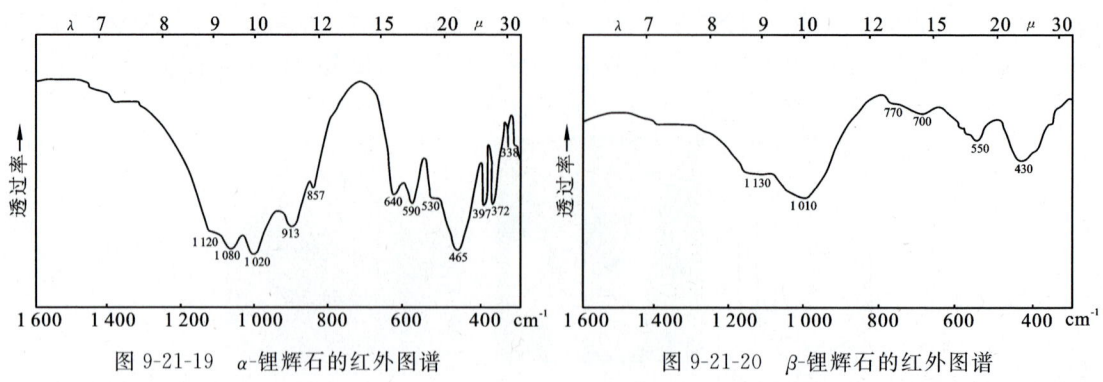

图9-21-19 α-锂辉石的红外图谱　　图9-21-20 β-锂辉石的红外图谱

5. 优化处理

辐照处理可使无色或近于无色的锂辉石转变为粉色、紫色调，或转变为暗绿色。

人工辐射使紫锂辉石产生暗绿色，与翠绿锂辉石极相似，其颜色不稳定，加热或光照后可褪色。中子辐射过的锂辉石产生亮黄色，可区别于天然的锂辉石。这种辐照过的产生了橙色、黄色、黄绿色的锂辉石，具残留放射性，但是很稳定，且不易检测。

6. 产状及产地

锂辉石作为宝石晶体仅存在于富锂的花岗伟晶岩中，与其他锂矿物共生。19世纪70年代，在巴西见到了黄色透明晶体宝石级锂辉石。1879年深绿色锂辉石晶体发现于美国，与祖母绿共生。19世纪粉红色锂辉石—紫锂辉石发现于加利福尼亚伟晶岩中。当前，巴西是黄色与黄绿色锂辉石及紫锂辉石的主要产地。巴西所产的颜色更浅，绿色也更鲜艳，辐射后显绿色。其他还有马达加斯加、阿富汗等地也生产大量锂辉石，紫锂辉石、含铬绿色翠绿锂辉石皆为色泽绚丽的锂辉石晶体。锂辉石具脆性，易碎，故不存在于砂矿中。

锂辉石在1 000℃、压力 12×10^8 Pa下稳定，也可在900℃、压力 8×10^8 Pa下稳定，如果600℃时压力可降至 5.7×10^8 Pa 也可稳定。此压力指示地面下20km深度，因此可推断锂辉石伟晶岩的形成深度可能在20km左右。

锂辉石在后生作用下，Li会大量流失，转变为蒙脱石、多水高岭石、拜来石和石英等，但保留锂辉石原来的形态，形成锂辉石假象。

中国新疆、河南、湖南、四川等地皆发现有宝石级的锂辉石。在新疆阿尔泰和西昆仑地区的花岗伟晶岩中的锂辉石晶体无色，也有呈淡黄色、淡绿色、翠绿色、淡紫色及玫瑰色者，半透明至完全透明，与锂云母、磷锂锰矿、彩色电气石、绿柱石、铌钽铁矿、磷钙钍矿及白云母、锆石等共生。河南所产的锂辉石赋存于稀有金属花岗伟晶岩中，呈绿、淡绿、褐、淡白等色，与碧玺、绿柱石、石榴石等共生。

第二十二节　长石类

长石(Feldspar)种类很多，是地壳中分布极广的矿物，也是重要的造岩矿物。据统计岩浆岩中长石可占60%，变质岩中长石可占30%，沉积岩中可占10%。许多岩浆岩的种属是根据长石的种类和含量确定的。长石类的各种矿物个体一般较大，色泽艳丽的都可以作为宝石材料或雕刻石。

长石主要是K、Na、Ca的硅酸盐，其基本组分有K[AlSi$_3$O$_8$]以 Or(OrThoclase)表示，Na[AlSi$_3$O$_8$]以 Ab(Albite)表示，Ca[Al$_2$Si$_2$O$_8$]以 An(AnorThite)表示。由于类质同象代替的关系，这3种组分按不同比例可混溶成各种固溶体而形成各种长石。这种固溶体的混溶关系如图9-22-1所示。

(1) K[AlSi$_3$O$_8$]-Na[AlSi$_3$O$_8$]系列，即钾长石和钠长石系列，或称 Or-Ab 系列，由于K、Na之间的分子半径相差较大(37%)，所以只能形成有限的类质同象代替。Or 与 Ab 只能在600℃以上高温环境下可形成固溶体，低温下则发生固溶体离溶，形成条片状规则连生，称"条纹长石"。如图9-22-2所示。

(2) Na[AlSi$_3$O$_8$]-Ca[Al$_2$Si$_2$O$_8$]系列，即钠长石和钙长石系列，或称 Ab-An 系列，Na、Ca

间的离子半径相近(仅差2%),所以可形成完全类质同象。An与Ab在多种温度下都可以混溶,在低温时混溶性减小,虽然也发生少量离析,但是量甚微,所以说这一系列是比较稳定的。

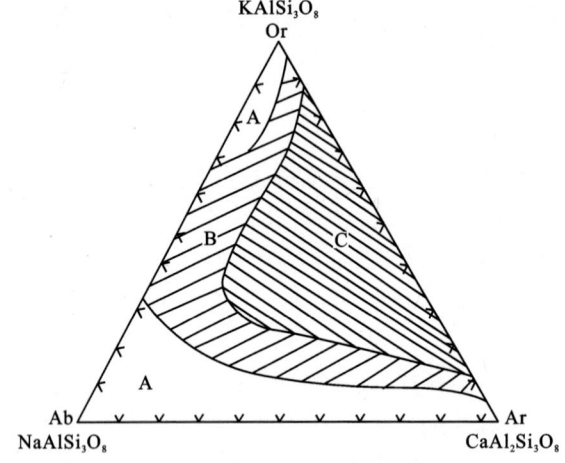

图9-22-1　长石三组混溶成各种固溶体
注:A区在任何温度下混溶,
B区仅在高温下混溶,C区不混溶区

图9-22-2　条纹长石示意图(素描1:5)

(3)钾长石和钙长石几乎在任何温度下都不相混溶。天然的一般长石中都常含有第3种组分,但含量很少(一般不超过5%～10%)。图9-22-3为正长石的骨架状结构。

长石类矿物的晶体结构与石英很相似,系硅氧四面体通过4个角顶彼此相连,形成三维空间连续延伸的骨架状结构,如图9-22-3所示。每一硅氧四面体角顶的4个氧皆为相邻的2个四面体所共有,即 Si:O=1:2。与石英不同的是硅氧四面体中的硅,一部分被铝所代替,出现了多余的负电荷,所以要有 K、Na、Ca、Ba 等阳离子加入进行补偿,形成 $K[AlSi_3O_8]$、$Na[AlSi_3O_8]$、$Ca[Al_2Si_2O_8]$ 等。在矿物学中有正长石、斜长石、钡长石等类别之分。与宝石有关的主要是正长石和斜长石两类中的品种,今择其要者简述于后。

一、正长石亚类

正长石亚类又称为"钾钠长石类",主要为Or与Ab混溶而成,而且以Or为主,包括透长石、正长石、冰长石、微斜长石、歪长石等。它们的化学成分基本是 $K[AlSi_3O_8]$,只是钠长石、微斜长石、歪长石中还有一定数量的钾,所以称它"钾长石"为宜。这里是为了照顾到传统的称谓,仍称它为正长石。除微斜长石、歪长石属三斜晶系外,其余均为单斜晶系。图9-22-3为长石的一些常见结晶习性。图9-22-4为常见长石双晶。

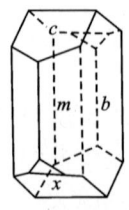 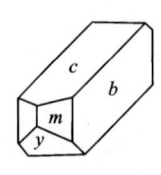 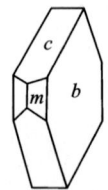 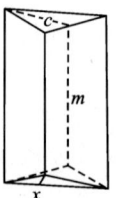

(a)正长石　　(b)正长石(沿x轴延长)　　(c)透长石　　(d)冰长石

图9-22-3　长石的一些常见结晶习性

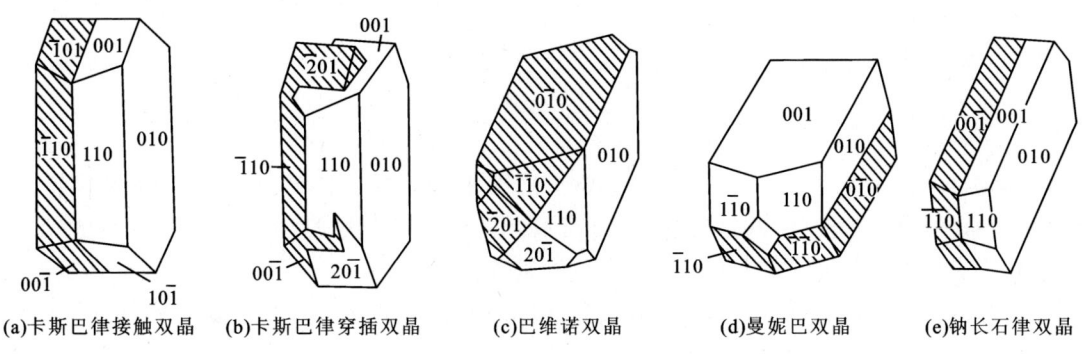

(a)卡斯巴律接触双晶　(b)卡斯巴律穿插双晶　(c)巴维诺双晶　(d)曼妮巴双晶　(e)钠长石律双晶

图 9-22-4　常见的长石双晶

1. 透长石(Sanidine)

(1) 化学组成。透长石的化学式为 $K[AlSi_3O_8]$，含有 $Ab 20\%\sim50\%$，温度降低时易离溶形成条纹长石。

(2) 形态。透长石属单斜晶系，对称型为 L^2PC，主要单形有斜方柱，平行双面。晶体常沿 X 轴伸长呈柱状，或平行 Z 轴呈短柱状，也有发育为板状，如图 9-22-4 和图 9-22-5 所示。

(3) 物理特性。透长石呈无色透明、条痕白色，玻璃光泽，解理完全，互相垂直成 $90°$，硬度为 6.5，密度为 $2.56\sim2.62 g/cm^3$，二轴晶负光性，$2V=0°\sim44°$，$N_g=1.525\sim1.531$、$N_m=1.523\sim1.530$、$N_p=1.518\sim1.525$。透长石的红外图谱如图 9-22-5 所示。

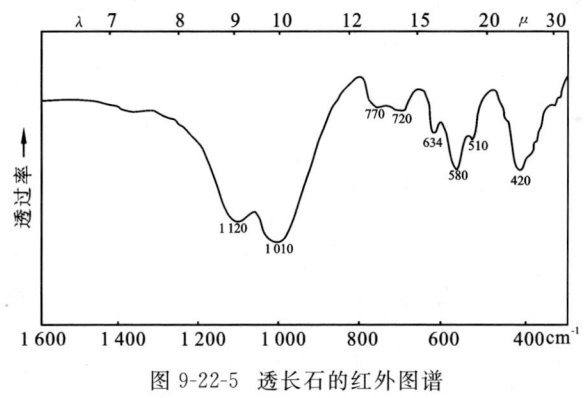

图 9-22-5　透长石的红外图谱

(4) 鉴别特征。透长石很像石英，但透长石为板状，石英呈粒状。透长石有两组相交为 $90°$ 的完全解理，石英解理不发育。透长石具卡式双晶，石英则无。在显微镜下，透长石为二轴晶负光性，为负突起，$2V$ 很小，似一轴晶。而石英正突起，为一轴晶正光性。透长石与正长石的区别在于透长石表面光滑，$2V$ 很小，产于喷出岩及浅成岩；而正长石表面多浑浊，$2V$ 很大，在 $60°$ 左右。以上所述特征可区别之。

(5) 产状及产地。世界上宝石级优质的透长石主要发现于挪威，呈深橙色的晶体。中国宝石级的透长石见于辽宁宽甸第四纪玄武岩的包体中，晶体呈板状、粒状，粒径为 $0.5\sim2cm$，呈无色或淡黄褐色，半透明至透明，与石榴石、橄榄石等共生。此外在福建西部也有宝石级的透长石发现。

2. 正长石(Orthoclase)

(1) 化学组成。正长石的化学式为 $K[AlSi_3O_8]$,可含 Ab20%~50%,温度降低时易离溶成为条纹长石。

(2) 形态。正长石属单斜晶系,对称型为 L^2PC,主要单形有斜方柱 $m\{110\}$、平行双面 $b\{010\}$、$c\{001\}$、$x\{101\}$、$y\{201\}$等。晶体常呈沿 X 轴伸长的板柱状、平行 Z 轴的短柱状,或 $\{010\}$发育的板状,如图 9-22-3 及图 9-22-6 所示。集合体呈粒状或块状。正长石常形成双晶,常见的有卡斯巴双晶[图 9-22-4(a)、(b)],巴维诺双晶[图 9-22-4(c)]及曼尼巴双晶[图 9-22-4(d)]。这 3 种双晶的类型要素及特点出现情况如表 9-22-1。

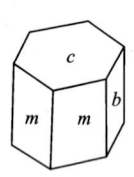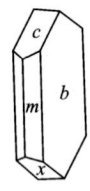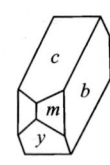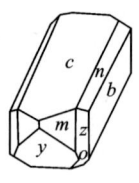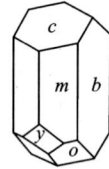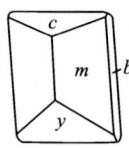

图 9-22-6　正长石晶体

表 9-22-1　长石的主要双晶

双晶律名称	双晶要素		双晶特点	出现情况
	双晶轴	双晶接合面		
钠长石律	⊥(010)	(010)	聚片双晶	最常见,仅在三斜晶系长石中出现
曼尼巴律	⊥(001)	(001)	简单双晶	较少见,在变质岩中较常见
巴维诺律	⊥(021)	(021)	简单双晶	罕见,多见于火山岩中,在斜长石系列中少见
卡斯巴律	[001]//C 轴	通常为(010)	简单双晶	常见

(3) 物理特性。正长石常呈肉红色、浅黄色、玫瑰红色、灰白色、白色、淡褐色、黑色或无色,无色透明者称"冰长石"(是正长石低温热液变种)。正长石呈玻璃光泽,透明至半透明,为二轴晶负光性,折射率 $N_g=1.524\sim1.533$,$N_m=1.523\sim1.530$,$N_p=1.519\sim1.526$,双折率为 0.005~0.008,常具猫眼、星光或晕色效应。其吸收谱图为在蓝区和紫区有铁的吸收谱,在 420nm 强吸收带,448nm 处有弱吸收带,在紫外分光光度计下,可见到近紫外区具 375nm 强吸收带。在紫外光下长、短波均现弱呈红色荧光。在 X 光下呈强橙红色。

解理平行$\{001\}$完全,平行$\{010\}$中等,两组解理交角为 90°,故名正长石。摩氏硬度为 6~6.5,密度为 $2.5\sim2.7g/cm^3$。

(4) 鉴别特征。根据肉红色、解理正交成 90°及硬度为 6 等易识别之。正长石的红外图谱如图 9-22-7 所示。

(5) 产状及产地。正长石常产于酸性、碱性、中性的火成岩中,如花岗岩、正长岩、粗面岩、二长岩、花岗闪长岩、伟晶岩等,与斜长石、黑云母、石英、角闪石、霞石等共生。在某些变质岩如花岗片麻岩、正长片麻岩中,正长石也是主要的矿物。在某些碎屑岩如长石砂岩及砂矿中往往也含有一定数量的正长石。正长石受热液蚀变可形成绢云母、叶蜡石，受风化作用易分解生成高岭石等。

宝石级正长石分布于斯里兰卡、缅甸、马达加斯加、挪威、格陵兰等地。斯里兰卡和缅甸产灰绿色、黄色及无色猫眼正长石和白色猫眼正长石，马达加斯加产黄色透明正长石，格陵兰产褐色透明正长石大晶体等。中国在辽宁、山西、湖南、山东等省亦有所发现。

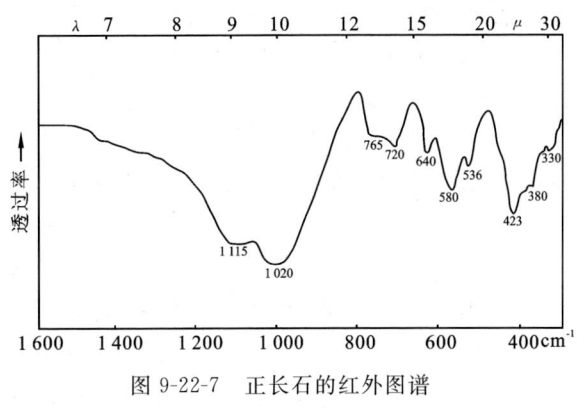

图 9-22-7　正长石的红外图谱

3. 冰长石(Adularia)

冰长石为钾长石的低温变种。

(1) 化学式。冰长石的化学式为 $KAlSi_3O_8$，成分中含 Na 较一般钾长石低。

(2) 形态。冰长石属单斜晶系，呈柱状晶形，单晶 $\{110\}$ 特别发育，致使横断面呈菱形。如图 9-22-4(d)所示。

(3) 物理特性。冰长石呈无色、乳白色，透明，为二轴晶负光性，折射率 $N_g = 1.524 \sim 1.526$、$N_m = 1.522 \sim 1.524$、$N_p = 1.518 \sim 1.520$，双折率为 0.006，摩氏硬度为 $6 \sim 6.5$，密度为 $2.55 \sim 2.63 g/cm^3$，可具晕彩及晕色。

冰长石的红外图谱如图 9-22-8 所示。

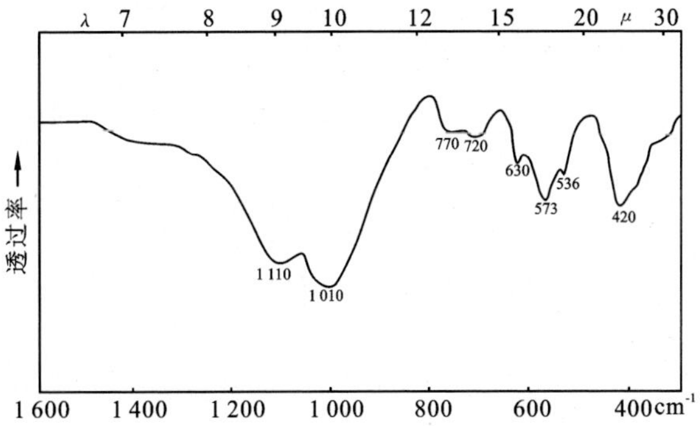

图 9-22-8　冰长石的红外图谱

(4) 产状及产地。冰长石常出现于低温热液矿床中，世界上产见于瑞士及美国。我国的冰长石产于新疆。

4. 微斜长石(Microcline)

(1) 化学组成。微斜长石的化学式为 $K[AlSi_3O_8]$。成分同正长石，但其含 Ab 较少，通常为 $20\% \sim 30\%$，是 Or 和 Ab 的高温固溶体，当温度降低即发生离溶，形成 Or 与 Ab 规则连生的条纹长石。有的含 Rb_2O 可达 $1.4\% \sim 3.5\%$，同时含 Cs_2O 可达 $0.2\% \sim 0.6\%$。含铷的亚种称"天河石"。

(2) 形态。微斜长石属三斜晶系，对称型为 C，晶体主要呈短柱状或厚板状，常呈粒状或致密块体。微斜长石除可具卡斯巴、巴维诺、曼尼巴双晶之外，还可以具有一种独特的格子状双晶。钠长石律双晶，接合面平行 $\{010\}$ 呈简单接触双晶，也可为聚片双晶，如图 9-22-9 所示。肖钠长石律双晶，接合面为 $(h0l)$，与 y 轴平行而与 (001) 斜交，可为简单接触双晶，也可为聚片双晶。两者的双晶面在 (001) 上的迹线近于正交，因而形成格子状复合双晶(图 9-22-10)。

这种双晶肉眼看不太清晰，只有在偏光显微镜下看才很清楚。

产于伟晶岩中的微斜长石，还有一种较为奇特的结构，被称为"文象结构"。它是由石英和微斜长石或正长石的规则连生，从表面上看犹如古代的象形文字，故得此称谓。这可能是在岩浆残余熔体中,石英与长石同时结晶而成。

(3) 物理特性。微斜长石呈白色、灰色、浅黄色或淡红色至褐灰色,大多还是肉红色,加热至270℃即可褪色。微斜长石呈玻璃光泽,折射率为1.518～1.530,双折率为0.005～0.008,具晕色及晕彩。微斜长石有{110}和{001}两组完全解理,此两组解理交角为89°40′,比正长石的90°交角微斜不过20′,故称微斜长石。摩氏硬度为6～6.5,密度为2.55～2.63g/cm³。

(4) 鉴别特征。微斜长石与正长石十分相似,但可依其格子双晶区别之。格子双晶如图9-22-10所示。

微斜长石的红外图谱如图9-22-11所示。

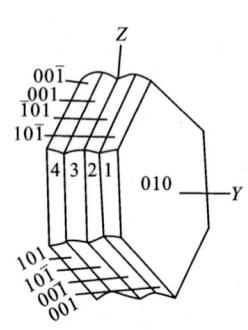

格子状复合双晶

图9-22-9 钠长石双晶和卡斯巴双晶相结合成卡钠双晶　　图9-22-10 镜下40×素描示意

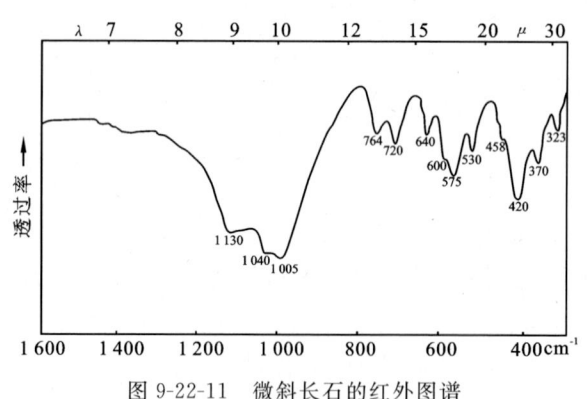

图9-22-11 微斜长石的红外图谱

(5) 产状及产地。微斜长石是花岗伟晶岩中的主要矿物,与石英成文象结构紧密共生,形成温度低于正长石。它可以成特大(甚至为几吨重)的晶体出现。

5. 天河石(Amazonite)

天河石为含铷含铯的绿色微斜长石,又称"亚马逊石"。这一名称是西班牙人为了纪念印度人发现微斜长石而采用。

(1) 化学组成。天河石的化学式为$K[AlSi_3O_8]$,经常含有20%～30%的Ab(当Ab组分级超过Or组分时,则称钠微斜长石)。天河石中含Rb_2O可达1.4%～3.3%,Cs_2O可达0.2%～0.6%。

(2) 形态。天河石属三斜晶系,晶体呈短柱状或板状,通常呈半自形至他形的片状、粒状或致密块状,双晶很发育,常呈似纺锤状的格子状双晶(有人认为是色斑)。

(3) 物理特性。颜色呈美丽均一的绿色或蓝绿色,玻璃光泽,解理面珍珠光泽,透明至半透明,与正长石极为相似,但两组解理交角不是90°,而是89°40′,斜了20′。摩氏硬度为6～6.5,密度为2.56(±0.02)g/cm³,折射率为1.522～1.530(±0.004),双折率为0.008(通常不可测),为二轴晶负光性或正光性。

不含 Rb、Cs 者即为微斜长石,其颜色为肉红色及白色、红色、浅黄色、浅红色等。天河石加热至270℃开始褪色。

(4) 鉴别特征。天河石具格子双晶区别于正长石,具完全解理区别于绿柱石及绿色磷灰石,并因其美丽的绿色、蓝绿色而叫天河石。

天河石的红外图谱如图 9-22-12 所示。天河石饰品如图 9-22-13 所示。

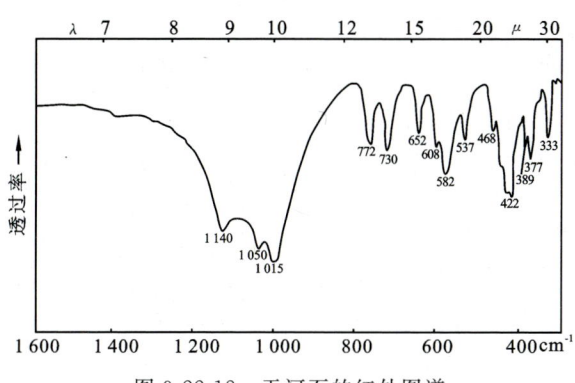

图 9-22-12　天河石的红外图谱

图 9-22-13　天河石饰品

(5) 优化处理。天河石表面可覆以蓝色或黑色薄膜,以产生晕彩。放大检查可见薄膜脱落,也可浸蜡于裂隙中,用热针可熔蜡,用红外光谱也可测定。辐照处理可使白色微斜长石变为蓝色天河石,但很少见,也不易检测。

(6) 产状及产地。宝石级的天河石主要产于伟晶岩中,尤其是各种花岗伟晶岩中,与石英、微斜长石、斜长石、白云母、黄玉、电气石、绿柱石等共生。世界上许多国家的伟晶岩中均发现有天河石,其中著名的有美国、俄罗斯、印度、日本等。美国的天河石呈浓天蓝、淡蓝绿等色,非常美丽。在科罗拉多地区还分布有富集天河石的"矿囊"。

中国天河石的利用已有悠久的历史。在陕西出土有西周时代的天河石艺术品,呈小玉片状,两面皆抛光。阿尔泰山的稀有元素饰品岩中产有天河石;哈密地区也有的天河石在花岗岩的块体带内,与条纹长石、石英、黑白云母等共生。天河石产于中细粒花岗岩及黑云母花岗岩中,与微斜长石、斜长石、黑白云母、榍石、磷灰石、磁铁矿等共生,形成组合。花岗伟晶岩岩脉、花岗细晶岩脉中的天河石与绿柱石、烟水晶等共生。如今中国的新疆、甘肃、内蒙古、山西、福建、湖北、湖南、广东、广西、云南、四川等省皆有天河石产出。

二、斜长石亚类

斜长石亚类是由钠长石分子 $Na[SiAl_3O_8]$ 以(Ab)代表和钙长石系列矿物的总称。通式

可写作 $(100-n)\text{Na}[\text{AlSi}_3\text{O}_8]+n\text{Ca}[\text{Al}_2\text{Si}_2\text{O}_8]$，其中 $n=0\sim100$（相当于 An 分子%），通常只写 An 分子百分含量，即可表示某一些长石成分，如 An_{10} 就代表了成分为 $\text{Ab}_{90}\text{An}_{10}$ 的斜长石。根据 An 分子的百分含量可将斜长石划分为 6 个品种，即钠长石、奥长石、中长石、拉长石、培长石、钙长石。不同斜长石随 Ab 及 An 相对含量而异。如表 9-22-2 斜长石品种划分所示。现再将斜长石的各品种分述如下。

表 9-22-2　斜长石品种划分

斜长石品种名称	钠长石(Ab)分子含量/%	钙长石(An)分子含量/%
钠长石(Albite)	100～90	0～10
奥长石(Oligoclase)	90～70	10～30
中长石(Andesine)	70～50	30～50
拉长石(Labradorite)	50～30	50～70
培长石(Bytownite)	30～10	70～90
钙长石(Anorthite)	10～0	90～100

1. 斜长石(Plagioclase)

(1) 化学组成。化学式可以 $\text{Na}_{1-x}[\text{Ca}_x(\text{Al}_{1+x}\text{Si}_{3-x})\text{O}_8]$ 表之，其中 $x=0\sim1$，如上所述一般可看作是由端员矿物钠长石和钙长石组成的类质同象系列的总称。这类斜长石分别是酸性、中性及基性岩的主要造岩矿物。一般由酸性斜长石到基性斜长石 SiO_2 递减。因此也可以根据 An 的含量将它们粗略地分为酸性斜长石(An 含量为 0～30%)、中性斜长石(An 为 30～70%)及基性斜长石(An70～100%)。

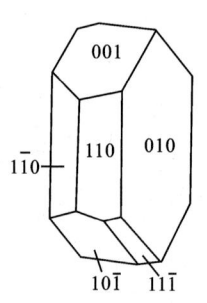
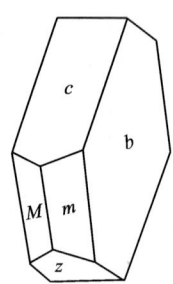

图 9-22-14　钠长石晶体

这类斜长石的成分、内部结构、形态、性质都很相似，以肉眼或在 10× 放大镜下很难分辨，故常笼统地称为"斜长石"。

(2) 形态。斜长石属单斜晶系，对称型为 C，晶体常沿 (010) 为板状或扁柱状。斜长石晶体如图 9-22-14 和图 9-22-15 所示。常见双晶为聚片双晶。斜长石中的常见双晶如表 9-22-3。各种斜长石的品种划分、物理性质比较如表 9-22-4。

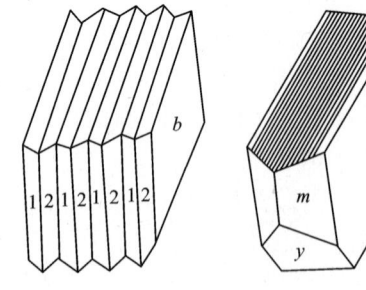
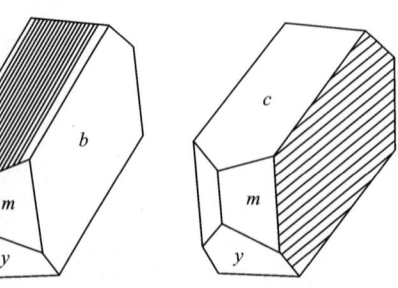

图 9-22-15　斜长石的聚片双晶及双晶纹

表 9-22-3　斜长石中的常见双晶

双晶律名称	双晶要素		双晶类型	出现情况
	双晶轴	接合面		
钠长石律	⊥(010)	(010)	聚片双晶	最常见在三斜晶系
卡斯巴律	//Z 轴，即[001]	通常为(010)	简单双晶	常见
肖钠长石律	//Y 轴，即[010]	(h0l)	简单或聚片双晶	较常见在三斜晶系
钠长石—卡斯巴律	⊥[001]或⊥C 并包含在(010)内	(010)	复合双晶	较常见

表 9-22-4　各种斜长石的品种划分、晶体物理性质比较

名称	An、Ab 分子含量/%	折射率	双折率 (N_g-N_p)	密度/$g \cdot cm^{-3}$	±2V 度数/°	其他
钠长石	$Ab_{100-90}An_{0-10}$	$N_g=1.539\sim1.542$ $N_m=1.533\sim1.537$ $N_p=1.529\sim1.533$	0.009～0.010	2.60～2.63	(＋)77～83	可具月光、晕色效应，产于酸性火成岩，变质岩中
奥长石（更长石）	$Ab_{90-70}An_{10-30}$	$N_g=1.542\sim1.552$ $N_m=1.537\sim1.548$ $N_p=1.533\sim1.545$	0.009～0.0075	2.65～2.75	(＋)83～ (－)83	可具日光、月光、晕色效应，产于酸性火成岩，变质岩
中长石	$Ab_{70-50}An_{30-50}$	$N_g=1.552\sim1.562$ $N_m=1.548\sim1.558$ $N_p=1.545\sim1.555$	0.0075	2.65～2.75	(＋)83～77	产于中、基性岩中
拉长石	$Ab_{50-30}An_{50-70}$	$N_g=1.562\sim1.573$ $N_m=1.558\sim1.568$ $N_p=1.555\sim1.563$	0.007～0.010	2.65～2.75	(＋)77～ (－)86	可具月光、日光、猫眼变彩效应，产于基性、超基性岩中
培长石	$Ab_{30-10}An_{70-90}$	$N_g=1.573\sim1.584$ $N_m=1.568\sim1.578$ $N_p=1.563\sim1.572$	0.0095～0.012	2.74	(＋)86～ (－)79	产于超基性岩中，也产于陨石、月岩中
钙长石	$Ab_{10-0}An_{90-100}$	$N_g=1.584\sim1.588$ $N_m=1.578\sim1.583$ $N_p=1.572\sim1.575$	0.012～0.013	2.74～2.76	(－)77～ (－)79	产于基性侵入岩及火山岩中，某些陨石中

(3) 物理特性。斜长石一般为灰白色、白色，有的略带黄、绿、灰等各种色调。斜长石透明至半透明，玻璃光泽，解理平行{010}完全、{001}中等，两组解理斜交(交角86°或94°左右)，与正长石相比是斜了，故名"斜长石"。硬度为6～6.5，密度为2.6～2.76g/cm³。

如果大致观察可见颜色、折射率、密度都是由钠长石向钙长石递增，颜色也逐渐加深。

(4) 鉴别特征。区别斜长石与正长石主要靠光性、聚片双晶纹、颜色及产状。一般情况下，一块原石上，出现肉红色及白色两种颜色的长石时，往往白色者为斜长石，肉红色者为钾长石；如果晶体上可看到聚片双晶纹时，则为斜长石。正长石及斜长石的对比如表 9-22-5 所示。

表 9-22-5　正长石及斜长石的对比

	正长石	斜长石
肉眼观察	1.晶面上无双晶,有时在同一断面可见有反光程度不同的两部分(卡式双晶) 2.两组解理(001)∧(010)=90° 3.晶体形态常呈粗短柱状 4.颜色为肉红色或白色 5.常与石英、黑云母等共生,产于浅色岩石中,如花岗岩、正长岩、伟晶岩等 6.染色试验:将小块正长石置于 HF 酸中浸蚀 1~3min,再在 60%的亚硝酸钴钠浸液中浸蚀 5~10min,显柠檬黄色	1.底面及解理面上常见密集的聚片双晶纹 2.两组解理(001)∧(010)交角约为 86° 3.常呈板状 4.常为白色、灰色、偶见红色 5.常和普通辉石、橄榄石等共生,产于深色岩石中,如辉石岩、橄榄岩等 6.按左法,不染色或呈浅灰色
镜下观察	1.负低突起 2.次生变化多成高岭石,变化后表面带浅褐色(由于氧化铁的析出) 3.绝无钠长石双晶及卡钠双晶,微斜长石具铬子双晶,正长石常具卡式双晶 4.常具条纹构造 5.常成他形大晶体,包裹小斜长石	1.折射率大于碱性长石,正或负低突出 2.次生变化多成绢云母,变化表面带浅灰色 3.具钠长石双晶或卡钠双晶,简单双晶少见 4.很少见条纹构造,而有环带构造,蠕虫状石英 5.常呈小自形晶体被包于大的碱性长石之中

另外鉴定钾长石与斜长石时,还可用一种染色方法,在欲测岩石的磨光面上滴一滴 HF,腐蚀数分钟后,用清水洗干净,再滴以 30%的亚硝酸钴钠溶液,数分钟后再冲洗干净,染成黄色者为钾长石,不染色者为斜长石。如果是石英,则光洁如镜,似乎对它无浸蚀作用。

用此方法除可分出钾长石和斜长石,显现两种长石的分布外,还可以初步估计两者的相对含量。

斜长石种别的宝石鉴定除可研究了解其中的月光、猫眼、变彩、晕色效应之外,还可有利于对岩石的分类、定名。

不同牌号斜长石的折射率如表 9-22-4 所示。

这类长石类的宝石常可有一些比较特殊的光学效应,如晕彩效应、星光效应、猫眼效应、砂金效应等。

(5) 优化处理。其优化处理的办法也很多,如覆膜,即在表面覆盖以蓝色或黑色薄膜,人为地使其产生晕彩,这在放大检查时可见薄膜脱落。另外有浸蜡,即将蜡充填入解理或裂开的裂隙,这只有用热针或红外光谱测定。还有用辐照处理的,即使白色的微斜长石变为蓝色天河石,且不易检测。斜长石中各品种的红外光谱如图 9-22-16 所示。现将钾长石与斜长石的鉴别特征列于表 9-22-5 中,作为鉴定时的参考。

(6) 成因及产状。长石是岩浆岩中的重要矿物,斜长石又是长石中分布最广的矿物,是基性、中性和酸性岩及其伟晶岩的主要组分,在区域变质岩中形成结晶片岩、片麻岩及混合岩。斜长石也常见于砂岩等碎屑岩中。

值得注意的是,在陨石中有斜长石,多是以培长石为主的钙斜长石。培长石也较多地存在于月岩中。

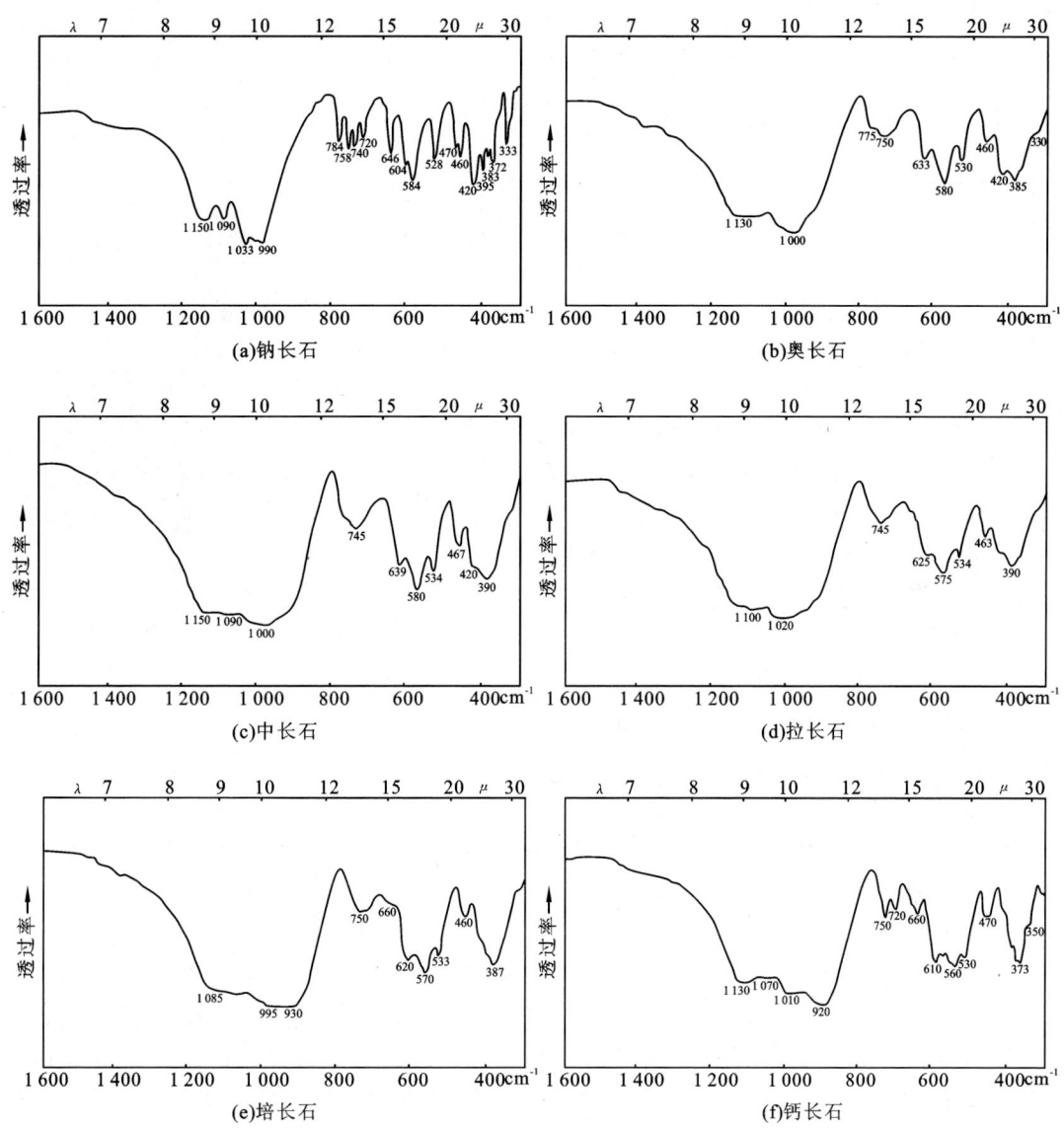

图 9-22-16　斜长石中各品种的红外光谱图

斜长石经热液蚀变,易变为绿帘石、绢云母等。基性的钙斜长石较酸性斜长石更易变化,变为蒙脱石及高岭石。酸性斜长石相对稳定,钠长石最稳定。

各种斜长石的品种划分已列于表 9-22-4 中,现再对与宝石直接有关的拉长石、月光石、日光石进行介绍。

2. 拉长石(Labradorite)

(1) 化学组成。拉长石的化学式为 $(Ca,Na)[Al(Al,Si)Si_2O_8]$,属斜长石的一种。

(2) 形态。拉长石属三斜晶系,晶体呈板状,多呈块体出现,晶洞中的可呈叶片状。

(3) 物理特性。颜色呈灰白色、灰黄色、白色、橙色至棕红色、棕色、绿色,具晕彩效应,由晕彩中亦可见到蓝色、绿色、橙色、黄色、红色、紫色晕彩,转动块体,可见一部分明、一部分暗,明暗交替出现。两组中等解理不正交,解理面上常呈美丽的蓝色、绿色、红色变彩。硬度为 6~6.5,密度为 2.70(±0.05)g/cm³,折射率为 1.559~1.568(±0.005),双折率常为 0.009,色散强为 0.012,放大检查可见双晶纹及晕彩。晕彩产生的原因为钛铁矿的微细状包体沿(010)平行排列所致,也有人认为与聚片双晶间光的互相干涉有关。拉长石如图 9-22-17 所示。

(4)产状及产地。最新发现的拉长石、日光石,具砂金效应,可能为高钙斜长石,颜色呈浅黄色、橙红色,有的为绿色,透明至半透明,因晶体内部有金属矿物包体,故产生砂金效应。俄罗斯所产的拉长石色彩较多,以鲜蓝色为主,其他尚有黄绿色、橙黄色、绿色、褐色、红色等。芬兰产的一种拉长石具鲜艳的晕彩效应,有"光谱石"(Spectrolite)之称。紫外光下有的呈弱荧光,X 光下可见绿色荧光。美国、墨西哥、澳大利亚发现有透明的拉长石。美国发现的浅黄色至无色品种则无晕彩效应。墨西哥和澳大利亚的则具蓝色晕彩,并有针状包体。

图 9-22-17 拉长石块体观赏石

市场上的拉长石以亮蓝色晕彩和黄绿色晕彩为主,以蓝色、黄橙色、粉红色、红色者为贵,黄绿色者价值较低。

世界上著名产地为加拿大、马达加斯加、芬兰、前苏联、美国、墨西哥、澳大利亚、德国等。加拿大的产地为拉布拉多(LaBrador),它曾产出大个的宝石级拉长石、变彩拉长石等。这也就是 Labradorite 名字的由来。

中国的宝石级拉长石在湖北神农架及内蒙等地区皆有产出。

3. 月光石(Moonstone)

月光石及日光石皆可出现变彩、晕色效应。它可出现在钾长石族长石中,也可出现在斜长石族长石中。

月光石又名"月长石",是指具有类似月光一般游光的长石,自古以来深受人们的喜爱。人们都认为佩戴月光石会带来好运,并能唤醒心上人温柔的感情,给予未来无限憧憬。印第安人认为月光石是神圣的石头。中国唐代末年杜光庭的《录异记》称:"侧而视之色碧,正而视之色白。"1927 年章鸿钊在其《石雅》中提出:又有月光石一种,亦长石之类,而以属于冰长石者为尤多。其内有无数平行结晶薄片,互相映射而放蓝白或珍珠光彩。又如秋月清辉,湛然莹洁,故名月光石。

(1)物理特性。现今宝石学中的月光石一般是指呈无色或白色,玻璃光泽,半透明至透明,带有月白色或乳白色反光的长石质宝石。以呈蓝光、游彩灵活者为佳,游彩在蛋面宝石正中者为好,整个宝石呈半透明者为佳品,图 9-22-18 为月光石戒面。月光石具两组完全解理,断口可呈油脂光泽。

其他还有略带橘红色的粉红月光石、浅绿色的草绿月光石,以及猫眼月光石、星彩月光石等。就月光石成分而论,尚有冰长石月光石、钠长石月光石、拉长石月光石等。更长石月光石,为二轴晶正光性(或负光性),折射率为 1.518~1.526(±0.010),双折率为 0.005~0.008,硬度为 6~6.5,密度为 2.58(±0.03)g/cm³。

(2)鉴别特征。可依其解理、双晶纹、气液两相包体、聚片双晶等识别之。月光石以月光般柔和的淡蓝色乳光为特征。放大观察以含蚯蚓状包体、指纹状包体、针状包体为特点。

（3）产状及产地。世界上出产宝石级月光石的国家有瑞士、斯里兰卡、印度、缅甸、美国、墨西哥、巴西、澳大利亚、马达加斯加、坦桑尼亚等。如瑞士的亚达拉（Adula）山脉产冰长石月光石，斯里兰卡的冰长石麻粒岩岩脉中产白色、蓝色的冰长石月光石，其南部的冲积砂矿中，也有月光石产出。

图 9-22-18　月光石戒面

中国已在内蒙古、河北、安徽、四川、云南等地发现月光石。内蒙古的月光石，发现于古老花岗伟晶岩脉的长石石英块体带和石英块体带中，与微斜条纹长石连生或共生。四川的月光石发现于丹巴的花岗伟晶岩脉中，与水晶、绿柱石、天河石等共生。云南的月光石发现于哀牢山变质带，与天河石冰长石等共生。

4. 日光石（Sunstone）

日光石又称"日长石""太阳石"，是指宝石表面通常具有橙红色、金黄色、火红般的反光。日光石是一种闪烁着火焰般光芒的长石质宝石，也称"金星石""星彩长石"。产生"金星"或"星彩"的原因为晶体内含有星散状或含定向排列的细微小片赤铁矿、云母等包体所致，此为砂金效应。图 9-22-19 为日光石戒面。图 9-22-20 为日光石手链。

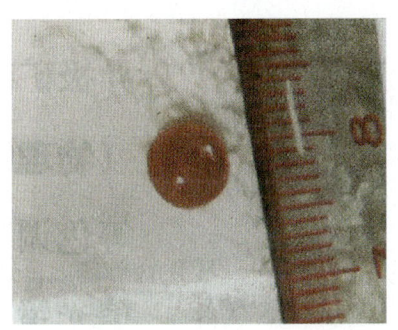

图 9-22-19　日光石戒面

图 9-22-20　日光石手链

根据物质成分、结晶状况、成因等，可将长石质日光石分为以下两种。

（1）透长石日光石。它是属于钾长石中长石的种属，为无色透明的厚板状正长石，因含微小的赤铁矿、针铁矿包体而呈金黄色或火红的闪光。

（2）更长石日光石。它是属斜长石的种属，呈板柱状，聚片双晶发育，含微小鳞片状镜铁矿或针铁矿包体而呈现棕红色或金黄色火焰状闪光。

此外还有人认为日光石为拉长石。也有人认为日光石不仅限于拉长石，也可出现于钠长石中。

日光石的密度一般为 $2.65(+0.02, -0.03) \mathrm{g/cm^3}$，折射率为 $1.537 \sim 1.547(+0.004, -0.006)$，双折射率为 $0.007 \sim 0.010$，放大观察常见红色或金色板状包体，具金属质感，以具砂金效应为特征。

世界上产出日光石的国家有挪威、美国、加拿大、俄罗斯、印度、缅甸、马达加斯加等。挪威的日光石产于片麻岩石英脉中,为呈深红色、橙色的日光石。美国加利福尼产橘红色砂金石。美国新泽西州、犹他州和加拿大拉布拉多、前苏联贝加尔湖等地皆产优质日光石。印度和马达加斯加的伟晶岩中也产出日光石。

人造砂金石与以上所提的日光石极为相似,区别在于天然日光石中的金色、黑色赤铁矿、针铁矿包体,没有人造砂金石那样密集。仿造砂金石(Limtationbold-stone)是用铜粉和褐色玻璃烧制而成,有"假砂金石"之称,质地不同,易区别之。人造砂金石如图9-22-21所示。

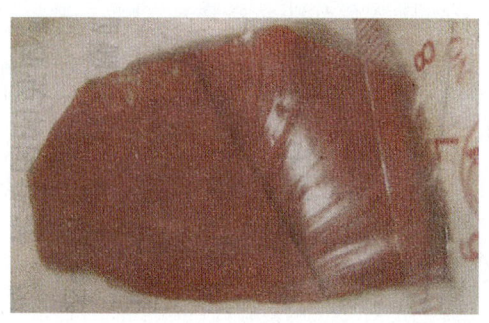

图9-22-21 人造砂金石

第二十三节 方 钠 石

方钠石(Sodalite)在矿物学上属似长石类矿物,曾作为宝石及装饰品。作刻面宝石的单个晶体很少见。

一、化学组成

方钠石的化学式为$Na_8[AlSiO_4]_6Cl_2$,为含氯的钠铝硅酸盐,成分中微量的Na可被K和Ca所代替,K和Ca的含量一般不超过1%。

二、形态

方钠石属等轴晶系,晶体呈菱形十二面体(图9-23-1),但比较少见。常见单形有{100}和{110},可依(111)形成双晶,通常为粒状、集合体块状及结核状。

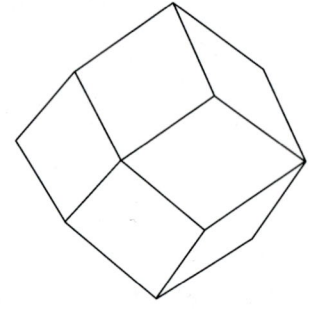

图9-23-1 方钠石菱形十二面体

三、物理特性

方钠石通常为深蓝色至带紫的蓝色。常常具有白色,或很少见到灰色带黄色、灰色带绿色、白色及粉红色纹理或色斑。方钠石具玻璃光泽至油脂光泽,透明至半透明,均质体,折射率为1.483(±0.004),无多色性。蓝色方钠石在短波紫外光及长波紫外光的照射下不发光,短波呈淡粉色荧光、斑块状荧光,也有的在长波下呈橘红色荧光,无特征谱线。

方钠石具中等菱形十二面体解理(6个方向),很少在晶体上看到。断口为不平坦或平整至亚贝壳状,摩氏硬度为5~6,密度为2.25(+0.15,-0.10)g/cm³,遇盐酸可被浸蚀。

四、鉴别特征

方钠石类似天青石,但一般呈现更多的紫色,透明度更高,可不含或少含黄铁矿包体。折射率与密度较低,用这一特征可以与蓝色的碧玺区别,放大检查可见白色细脉。某些方钠石可在紫外光下发橘红色荧光,可与相似的霞石、长石相区别。在滤色镜下还可呈现红色,遇 HCl 可分解,高温可熔,易识别之。

方钠石的红外图谱如图 9-23-2 所示。紫方钠石戒面如图 9-23-3 所示。

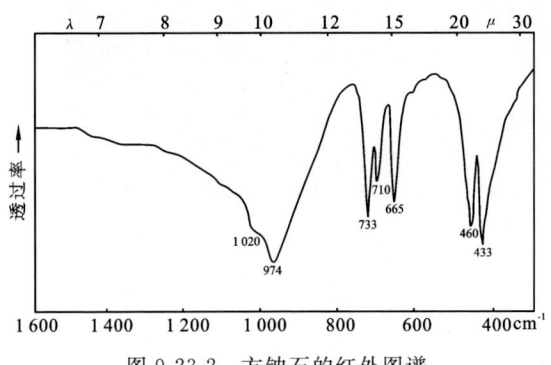

图 9-23-2 方钠石的红外图谱

图 9-23-3 紫方钠石戒面

五、产状及产地

方钠石一般产于富钠贫硅的碱性岩中,如在霞石正长岩以及有关的碱性岩及霞石正长伟晶岩中,与霞石及透长石、钙霞石、黑榴石等共生。美国缅因、魁北克、哥伦比亚、加拿大安大略、纳米比亚曾发现过带紫色的蓝色方钠石。在意大利威苏威山、俄罗斯乌拉尔山、德国、挪威等地也曾产出过方钠石。最近,在巴西的巴伊亚有所发现。

中国的方钠石发现于四川南江坪河一带,与霞石、磷灰石构成方钠石化磷霞岩,当地称之为蓝纹石。其他如新疆、安徽等地亦有发现。

第二十四节 方 柱 石

方柱石(Scapolite)源于希腊语"Scapos",意为"坚轴",是指晶体的习性,为 Upper Burma 所发现。

方柱石作为一种矿物,早有记载,但直到 1913 年人们才在缅甸发现宝石级方柱石。该宝石矿物方为人所知。

一、化学组成

方柱石的化学式为 $(Na,Ca)_4[Al(Al,Si)Si_2O_8]_3(Cl,F,OH,CO_3,SO_4)$。

方柱石没有固定的化学组成,而是一种从钠柱石 $Na_4[AlSi_3O_8]_3Cl$ 到钙柱石 $Ca_4[Al_2Si_2O_8]_3(CO_3,SO_4)$ 的中间产物。其为一复杂的固溶体,而类质同象代替系列中,两端元组分未见有超过 80% 者。随钙柱石钙的增加,折射率、双折率和密度都有所增加。

二、形态

方柱石属四方晶系,通常呈不规则的斜方柱状晶体(图 9-24-1),沿 C 轴方向延长,呈长柱状或纤维状。常见单形为四方柱 $a\{100\}$、$m\{110\}$、$n\{210\}$、平行双面 $c\{001\}$ 及四方双锥 $r\{111\}$、$z\{131\}$、$w\{331\}$ 等,晶面上常有纵纹,集合体常呈粒状或块状。

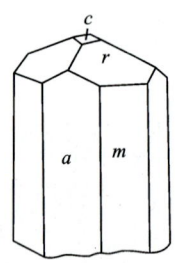
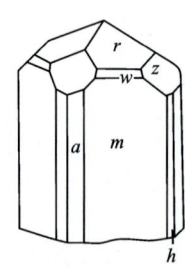

图 9-24-1 方柱石晶体

三、物理特性

颜色呈无色、粉红色、橙色、黄色、绿色、蓝色、紫罗兰色和紫色。方柱石可具猫眼效应,玻璃光泽,透明至半透明(图 9-24-2)。海蓝色者称"海蓝柱石",为一轴晶负光性,折射率为 1.550～1.564(+0.015,−0.014),双折率为 0.004～0.037。随着折射率增加,双折率增加。色散为 0.017,呈多色性,粉红色、紫罗兰色和紫色者,中等到强;蓝色、蓝紫色、黄色者,弱到中等,呈不同的黄色色调。方柱石对长波光和短波光随产地和颜色发出不同的紫外荧光。黄色或无色者荧光通常为粉红色至橙色。有些粉红色方柱石的吸收光谱在 663nm 和 652nm 处有吸收谱线,如图 9-24-3 所示。

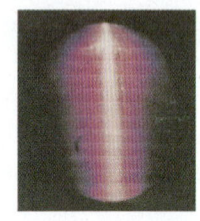
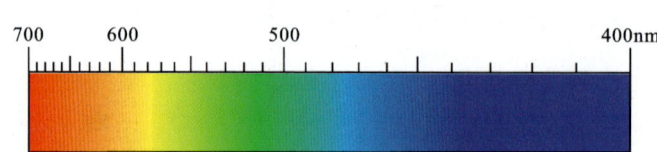

图 9-24-2 方柱石猫眼　　图 9-24-3 粉红色方柱石的吸收光谱

方柱石具一组平行$\{100\}$中等解理,及平行$\{110\}$不完全解理,典型亚贝壳状断口,摩氏硬度为 6～6.5,密度为 2.60～2.74g/cm^3,向钙柱石方向增大。

四、鉴别特征

肉眼观察方柱石易与黄玉和碧玺混淆,可依据方柱石的低折射率和低密度来辨别。它也易与绿柱石混淆,它们同在一个折射率序列上重叠,但可根据方柱石较高的双折率及解理相区别。方柱石还易与共生的黄晶、紫晶、各种石英混同,可通过不同的光学特性区别。如石英呈正光性,方柱石负光性。此外,紫色方柱石外形与紫晶非常相似,但方柱石折射率和双折率一般较石英低,显微镜下也能见到方柱石的解理面而石英无解理可区别之。

方柱石的红外图谱如图9-24-4所示。

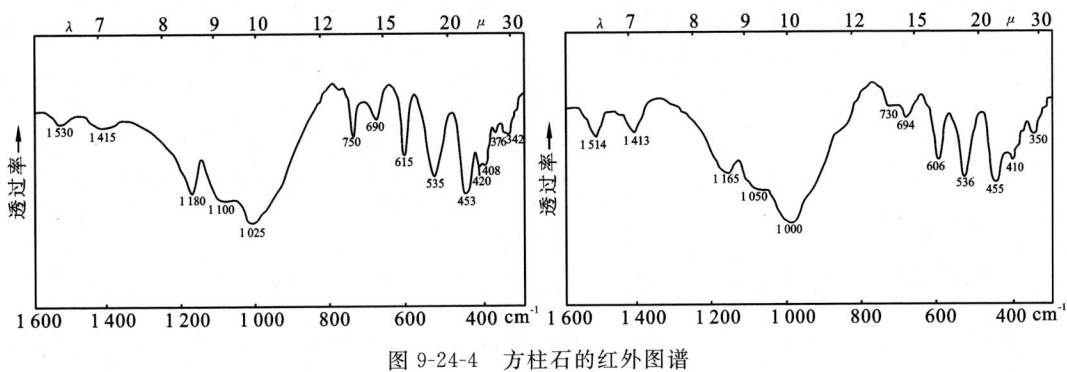

图 9-24-4　方柱石的红外图谱

某些方柱石含有与 C 轴平行的管状包体、气液两相包体、针状包体、固体包体，负晶，琢磨后可呈现明显的游彩、猫眼效应。

五、优化处理

方柱石经过辐照处理可使无色或黄色的方柱石变为紫色，但不稳定，且易遇光褪色。

六、产状及产地

方柱石为气成作用产物，除在伟晶岩中有少量产出外，在火山岩孔隙中有发育良好的无色方柱石晶簇。方柱石又是一种变质矿物，常见于酸性和碱性岩浆岩与石灰岩或白云岩的接触交代矿床中，与石榴石、透辉石、磷灰石等共生。方柱石有交代斜长石的现象，而方柱石经热液蚀变，可变为绿帘石、钠长石、沸石、云母等，再经风化即可变为高岭石。宝石级方柱石产于缅甸、马达加斯加、巴西、坦桑尼亚、印度、莫桑比克。大多数有猫眼的方柱石产于缅甸和中国新疆。

我国新疆的方柱石，产于阿克陶苏巴仁什地区，为岩浆交代黑云母斜长片麻岩与含透闪石白云岩接触交代而成，与榍石、透辉石等共生于矽卡岩中。该区的残积坡积物中也有方柱石存在。

第二十五节　磷　灰　石

磷灰石（Apatite）来自希腊语，意思是"欺骗"，因为作宝石的磷灰石容易与其他矿物相混淆。

在我国民间磷灰石俗称为"灵火"，人们认为佩戴它可以心旷神怡，因而深受人们的喜爱。它是一种产量丰富的矿产，主要是用来作磷肥的原料。其颜色虽然多种多样，但其硬度太低，所以很少用来作宝石。在摩氏硬度计中是 5 的标准硬度代表。

一、化学组成

磷灰石的化学式为 $Ca_5(PO_4)_3(F, Cl, OH)$。在磷灰石矿物族中，类质同象代替复杂，阴、阳离子和离子团均可发生等价和异价的类质同象置换。所以化学成分的变化范围较宽，如有 Ca 被 Sr 代替、$[PO_4]$ 被 $(SO_4)^{2-}$、$(SO_4)^{4-}$、$(VO)^{2-}$ 代替，以及附加阴离子的成分也常有变化。按附加阴离子的不同，而可分为以下几个亚种：

氟磷灰石(Fluorapatite) $Ca_5[PO_4]_3F$

氯磷灰石(Chlorapatite) $Ca_5[PO_4]_3Cl$

羟磷灰石(Hydroxylapatite) $Ca_5[PO_4]_3(OH)$

碳磷灰石(Carbonate-apatite) $Ca_5[PO_4,CO_3(OH)]_3(F,OH)$

其中最常见的是氟磷灰石，也就是常称的磷灰石，具有宝石价值的也是氟磷灰石。成分中还常含 Mn、Fe、Na、K、Ba、Sr、Y、Ce、Th 等，其中的 Ca 可被 Ce 等稀土元素和微量元素 Sr 等作不完全类质同象置换。

二、形态

磷灰石属六方晶系，六方柱状晶体，主要单形为六方柱 $m\{1010\}$、$n\{1120\}$、六方双锥 $x\{1011\}$、$s\{1121\}$、$u\{2131\}$ 及平行双面 $c\{0001\}$。磷灰石较少呈短棱柱形或板状，集合体呈粒状和致密块状者多见(图 9-25-1)。

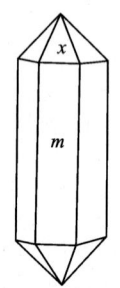 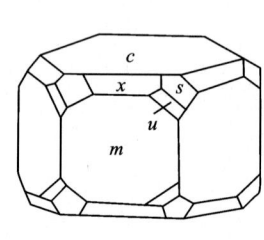 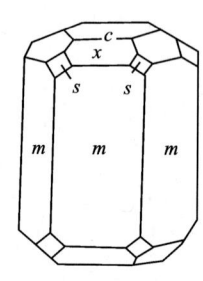 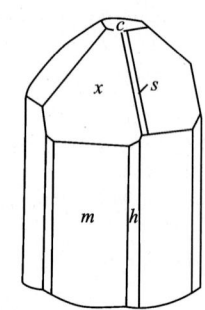

图 9-25-1　磷灰石晶体

三、物理特性

颜色包括黄色、浅绿色、黄绿色、蓝色、褐红色、粉红色、浅紫色和无色。磷灰石呈玻璃光泽，断口具油脂光泽，透明至半透明。绿色的磷灰石称"黄绿磷灰石"。也有的因含有机质而呈深灰色或黑色，无杂质者无色透明，较为少见。

磷灰石为一轴晶负光性，折射率为 1.634～1.638(+0.012，-0.006)，双折率为 0.002～0.008，多为 0.003，其中氯磷灰石双折率最低为 0.001、氟磷灰石为 0.004、羟磷灰石为 0.007、碳磷灰石可到 0.008。色散率为 0.013。仅在蓝色磷灰石中多色性强，有蓝色和黄色至无色。其他磷灰石亚种则多色性很弱。黄色磷灰石对长波紫外荧光和短波光发紫红色荧光。蓝色的磷灰石对两种波长均发蓝色荧光。绿色的磷灰石通常发绿黄色荧光。而紫色的磷灰石对长波光发绿黄色荧光和对短波光发浅紫色荧光。黄色和无色的磷灰石和从黄至绿色的具猫眼效应者，在可吸收光谱的 580nm 处显示一条强的的双重线。在 520nm 附近由于存在稀土元素，可能出现一些混合吸收谱线。蓝色的磷灰石则显示一些较宽的谱带，在 512nm、491nm、464nm 处的谱带最强，如图 9-25-2 所示。

磷灰石具两组不完全解理，平行{0001}及平行{1011}，断口呈贝壳状至不平整，摩氏硬度为 5～5.5，密度为 3.18(±0.05)g/cm³，可具猫眼效应。

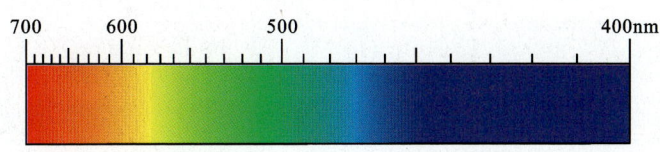

图 9-25-2 各色磷灰石的吸收光谱

四、鉴别特征

磷灰石被放大观察,可见气液两相包体、固体矿物包体及负晶。矿物包体多为方解石、电气石、赤铁矿等。

没有加工的磷灰石很像绿柱石和黄玉,而磷灰石硬度低,故易区分。加工后的磷灰石由于具有很低的双折率和密度,可以与黄玉、电气石、绿柱石、红柱石等相区别。黄玉的密度为 $3.53\pm \mathrm{g/cm^3}$。双折率为 $0.008\sim 0.010$,比磷灰石高,而且黄玉无特征吸收谱。红柱石为二轴晶,具很强的多色性,磷灰石为一轴晶,除蓝色者具多色性外,其他颜色的磷灰石多色性极弱。绿柱石的折射率为 $1.577\sim 1.583(\pm 0.017)$,密度为 $2.72(+0.18,-0.05)\mathrm{g/cm^3}$,比磷灰石低。碧玺的折射率为 $1.624\sim 1.644(+0.011,-0.009)$,双折率为 $0.018\sim 0.040$,通常为 0.020,暗色可达 0.040。可用光谱将猫眼磷灰石和猫眼电气石相区别,用折射率、密度和光学特征可以将磷灰石与金绿宝石区别开来。磷灰石的的红外图谱如图 9-25-3。磷灰石饰品如图 9-25-4 所示。

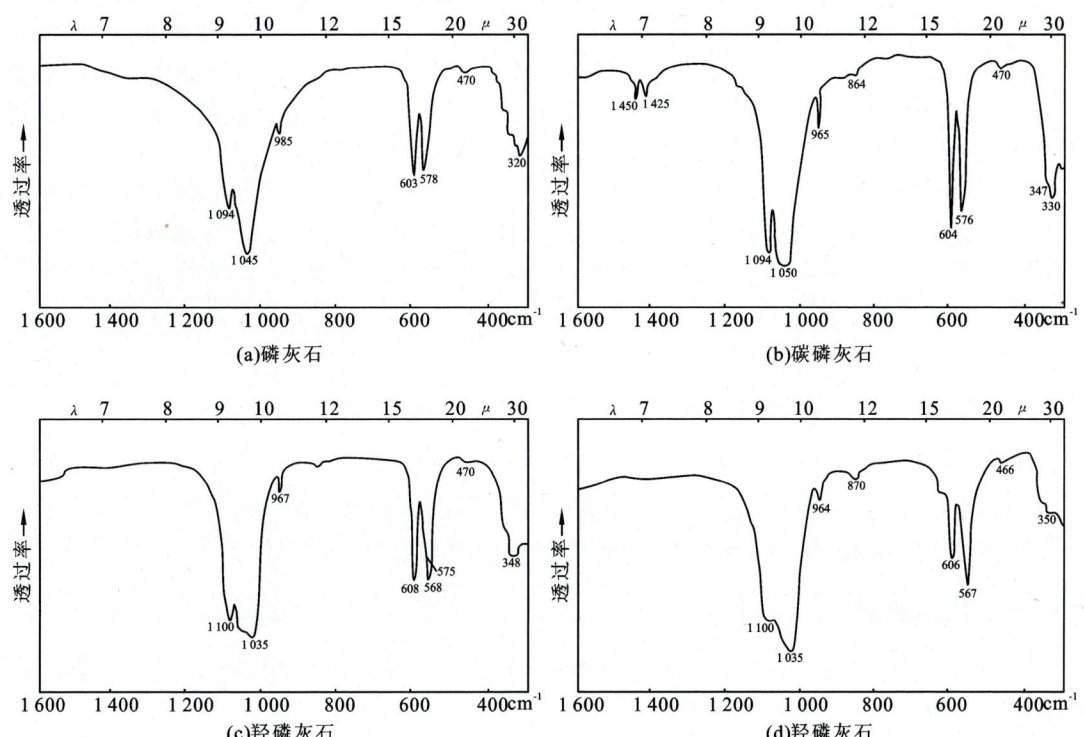

图 9-25-3 几种磷灰石的红外图谱

(a) 磷灰石饰品　　　　　　　　　　　(b) 磷灰石猫眼(印度产)

图 9-25-4　磷灰石饰品

五、产状及产地

磷灰石的成因多种多样，其中以岩浆岩型、沉积岩型为主。磷灰石可以在各种岩浆岩中作为副矿物存在，但只有在基性岩或碱性岩中方可大规模出现。只有在伟晶岩中才有大个有宝石意义的晶体产出。磷灰石在马达加斯加、缅甸抹谷、巴西和斯里兰卡的砂砾岩中发现具有宝石质量的蓝色磷灰石。黄绿晶体磷灰石产于西班牙、墨西哥、加拿大、巴西和中国，而蓝绿色的磷灰石晶体则产于挪威、南非。在墨西哥大量存在结晶良好的绿黄色磷灰石品种。绿色磷灰石产地较多，如印度、缅甸、西班牙、马达加斯加、莫桑比克。绿色磷灰石猫眼主要产自巴西，而蓝色磷灰石猫眼则主要产于缅甸和斯里兰卡。黄色猫眼磷灰石产于斯里兰卡、坦桑尼亚、中国等地。巴西具有宝石质量的优质绿色磷灰石。有的绿色磷灰石产自加拿大的安大略和魁北克。在德国、美国的缅因州、加利福尼亚的圣地亚哥州和南达科他州发现有紫色结晶的磷灰石。其他还有缅甸、中国、意大利、法国等产的无色磷灰石，加拿大产的褐色磷灰石等。

中国新疆所产的磷灰石是在可可托海的花岗伟晶岩中，晶体呈蓝紫色，透明至半透明，质量较好。甘肃阿克赛一带的花岗伟晶岩中也发现有宝石级磷灰石，呈蓝色、微蓝色至绿色。山东金岭镇产有红色磷灰石，属接触变质带的产物。其他如内蒙古、河北、云南、江西、福建等地也都有所发现。

第二十六节　白钨矿(钨酸钙矿)

白钨矿(Scheelite)的英文名称是以瑞典化学家 Scheele 的名字命名的。

白钨矿是含钨的矿石。但偶尔发现的透明晶体也当作宝石，大个的晶体还可作为观赏石。

一、化学组成

白钨矿的化学式为 $CaWO_4$，为钙的钨酸盐。大多数白钨矿含有钼和微量稀土元素铈、镨和钕的混入物。

二、形态

白钨矿属四方晶系，晶体通常呈四方双锥状或板状，一般是块状、粒状等，如图 9-26-1 所示。白钨矿的大个晶体如图 9-26-2 所示。

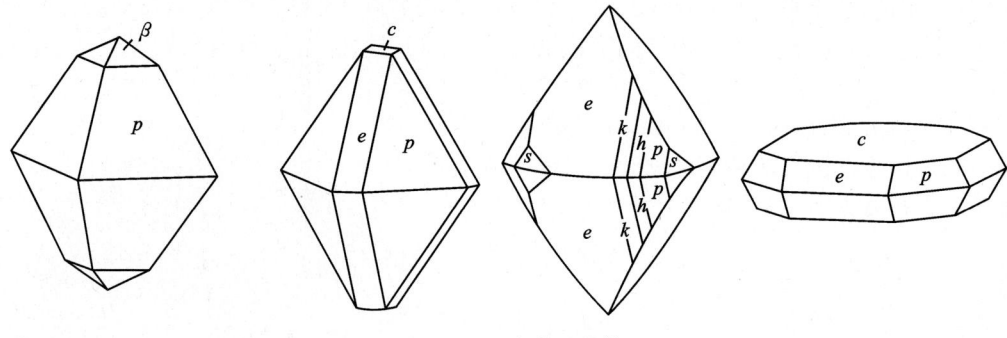

图 9-26-1 白钨矿晶体

三、物理特征

颜色有无色、白色、浅黄、橙黄、黄色、绿色、橙色、褐色、红色,呈亚金刚光泽,透明至半透明。

白钨矿为一轴晶正光性,折射率 $N_o=1.918$、$N_e=1.934\pm0.003$,双折率为 0.016,色散为 0.038。橙黄色者具弱的二色性。白钨矿一般对长波紫外荧光呈惰性,而对短波光发强至中等蓝色荧光。这是一个突出的特征,为铈、钕稀土元素混合物的存在所致。

解理平行{111}中等,平行{101}不完全。一般呈亚贝壳状至不平整断口,硬度为 4.5~5,密度为 6.00（+0.12,−0.10）g/cm^3,性脆。

四、鉴别特征

高密度、高折射率、亚金刚光泽、对短波光发强烈荧光是白钨矿的显著特征。但是用丘克拉斯基（Czochralski）法合成的白钨矿与天然白钨矿具有相同的性质而难以区分。一般合成品不呈现天然矿物包裹体和直的生长纹,但可看到弯曲的生长线和气泡。白钨矿的红外图谱如图 9-26-2 所示。

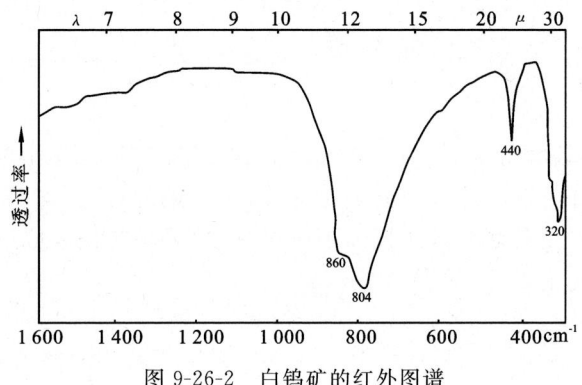

图 9-26-2 白钨矿的红外图谱

五、产状及产地

白钨矿是一种高温矿物,主要生成于石灰岩邻近花岗侵入岩的接触交代矽卡岩矿床中,在伟晶岩及高温热液矿床中也有发现。颜色淡而透明的宝石级白钨矿比较少有。无色透明晶体产自美国加州加利福尼亚,亚利桑那州有褐色的白钨矿,橙色者产于犹他州,结晶良好的晶体产于英国的康沃尔郡。其他产地还有德国、意大利、墨西哥的索诺拉、斯里兰卡、芬兰和瑞士。

中国江西南部钨锡矿区、湖南漂塘香花岭等矿区皆盛产白钨矿。江西南部矿区见到的白钨矿产于黑钨矿热液石英脉中,其产量少于黑钨矿,在伟晶岩脉中也有少量存在。原生矿附近的砂矿中亦有产出。

我国四川平武绿柱石伟晶岩中,不断发现有大个的白钨矿完整晶体。2003年笔者曾发现了一个28kg的大型白钨矿完整晶体,实属举世罕见。它与白云母、水晶、绿柱石等共生。几克至几十克左右的中等大小的晶体不在少数,但颜色偏黄,应该是观赏石中的优质品,图9-26-3为一个白钨矿的特大晶体。

图9-26-3 一个特大白钨矿晶体(四川平武产)

[附] 合成品

合成白钨矿(Synthetic Scheelite)于1963年用焰熔法合成成功,合成品呈白色,因加有不同的致色剂,使合成白钨矿可呈现不同的颜色,如黄、褐、紫、绿等色,在X光、紫外光下也表现出不同颜色的荧光。合成白钨矿用于宝石者比较少见。

另外,在天然的白钨矿中,还常有以类质同象置换形式存在的钼钨酸钙矿。1972年人工合成了钼钨酸钙矿(Synthetic Powellite),其化学式为 $Ca(Mo,W)O_4$,四方晶系,彩红色,一轴晶正光性,折射率 $N_e=1.984$、$N_o=1.974$,双折率为0.010,在长短波紫外光下均呈绿色荧光,可以区别于天然品。天然的白钨矿在短波紫外光下发黄色荧光,摩氏硬度为5.5,密度为 $4.34g/cm^3$,可作标本及很好的收藏品。

第二十七节 重 晶 石

重晶石(Barite)属硫酸盐矿物。其化学成分中的Ba与Sr可成完全类质同象置换,即一个端员为 $BaSO_4$ 称"重晶石",另一个端员为 $SrSO_4$ 称"天青石"。含Pb量较多(Pb可达17.8%)时称北投石,因产于我国台湾北投温泉而得名,是重要的化工原料,也是钻井泥浆的加重剂。亮丽的晶体可作宝石,成晶簇者可作观赏石。

一、化学组成

重晶石的化学式为 $Ba[SO_4]$,可含有Sr、Pb、Ca等。

二、形态

重晶石属斜方晶系,晶体常成板状,有的可呈柱状、粒状、纤维状集合体,或成同心带状的钟乳状、结核状等。重晶石晶体如图 9-27-1 所示。实际晶体如图 9-27-2 所示。

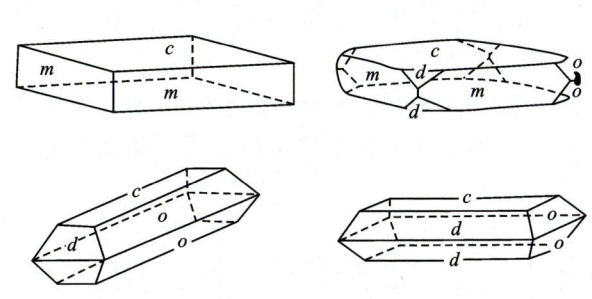

图 9-27-1 重晶石晶体

图 9-27-2 重晶石的实际晶体

三、物理特性

纯净的晶体无色,透明至微透明。一般的重晶石呈白色、无色、红色、黄色、绿蓝色和褐色,透明至半透明,玻璃光泽,解理面呈珍珠光泽,为非均质体,二轴晶正光性,多色性无至弱,因颜色不同而异。折射率为 1.636~1.648(+0.001,−0.002),双折率为 0.012,$2V=37°$。在紫外荧光下,偶尔可见荧光和磷光,呈弱的蓝色或浅绿色,未见吸收谱。

重晶石具三组完全解理,摩氏硬度为 3~4,密度 4.50(+0.10,−0.20)g/cm³,是密度比较大的宝石矿物。

四、鉴定特征

放大观察往往可见很多气液两相包体。可依其密度大、板状晶形、三组中等或完全解理,解理块体多呈菱形,解理间的夹角呈 90°,与 HCl 不起作用区别于碳酸盐类宝石矿物。以 HCl 浸湿后,染火焰成黄绿色(钡的焰色),可与天青石(Sr 染火焰成深紫红色)相区别。硬度小、密度大的特征也可与长石类相区别。

重晶石的红外图谱如图 9-27-3 所示。

五、产状及产地

重晶石主要产于低温热液矿脉中,与石英、萤石等共生。或与方铅矿、闪锌矿、黄铜矿、辰砂等共生,也有少数外生沉积而成,或赋存于火山岩的空洞中。宝石级的重晶体主要产于美国的南达科他州、科罗拉多州,加拿大的安大略省、不列颠哥伦比亚省和新斯科舍省,以及英国、法国、挪威和捷克等地。我国湖南、湖北、青海、江西

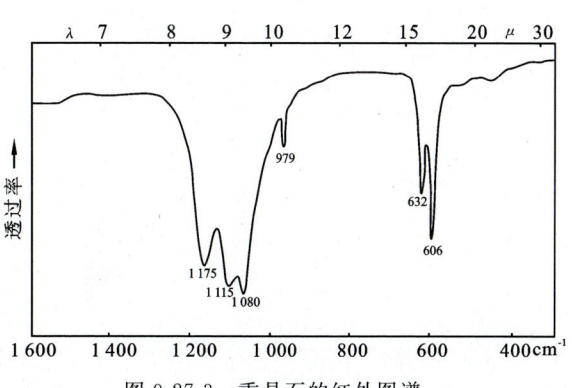

图 9-27-3 重晶石的红外图谱

有巨大的热液重晶石矿脉,产于沉积岩中的重晶石多成结核状及块状出现。

第二十八节 天 青 石

天青石(Celestite)因颜色常呈天蓝色而得名。蓝色者较为珍贵,次为黄色、绿色及无色透明者,亦很受人们的喜爱。天青石由于硬度小,故不能做首饰,是主要的观赏石及收藏品。

一、化学组成

天青石的化学式为 $Sr[SO_4]$。为硫酸锶,Sr 与 Ba 可作完全类质同象置换,其 Sr 含量大于 Ba,亦可有少量 Ca 代替 Sr,还可有 Pb、Fe 等元素混入。

二、形态

天青石属斜方晶系,常呈板状晶体,也可呈柱状、粒状、钟乳状、结核状集合体。

三、物理特性

常见颜色为浅蓝色、无色、黄色、橙色或绿色,玻璃光泽,透明至半透明,非均质体,二轴晶正光性,多色性弱,常因颜色而异,折射率为 1.619～1.637,双折率为 0.018,$2V=50°$。通常无紫外荧光,有时在短波紫外光下可呈弱的蓝色或黄色荧光,甚至有时有蓝白色磷光,吸收光谱不特征。

天青石具三组完全解理,摩氏硬度 3～4,密度为 3.87～4.30g/cm^3,具脆性。

四、鉴别特征

放大观察,可见有矿物包体及气液两相包体。根据其天蓝色及与重晶石相同的性质和光性,易识别之。天青石的红外图谱如图 9-28-1 所示。天青石戒面如图 9-28-2 所示。

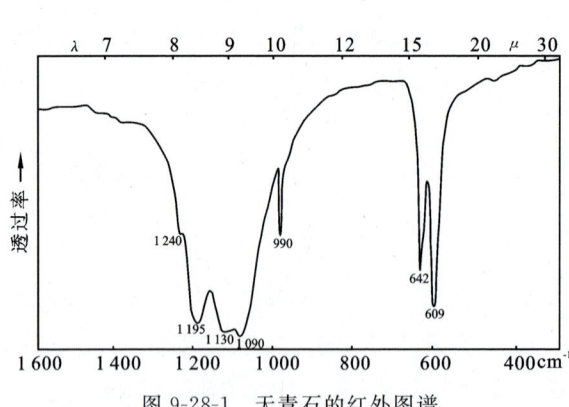

图 9-28-1 天青石的红外图谱

图 9-28-2 天青石戒面

五、产状及产地

天青石由外生沉积形成,主要产于白云岩及白云质灰岩表层中,也有少量为热液作用形成。我国的天青石产于沉积岩中,形成透镜体,往往在矿床中表现出一定的沉积顺序,从下到上为:碳酸盐—天青石—石膏。我国湘西所产的为热液矿床中的天青石。天青石也很少在基性喷出岩中作为洞穴填充物出现。世界上宝石级的天青石晶体主要产于美国德克萨斯的蓝帕萨(Lampasas),为蓝色,加拿大安大略所产天青石为橙色,其他还有纳米比亚的楚梅布、美国的马达加斯加等地。我国的蓝色天青石产于江苏、陕西等地,其菊花石中的"花"即为方解石化了的天青石。

第二十九节　石膏与硬石膏

石膏经缓慢加热,便析出部分结晶水成为硬石膏,但若把水加入这种经焙烧的石膏中,它即重新结晶或"凝固"构成熟石膏。"石膏"的名称来源于古希腊的"Gypsos",通指焙烧矿或熟石膏。

石膏不用作宝石材料,因为它硬度很低(2)。然而,由于硬度低,它很容易被制作加工。多少年来,人们把它制成各种容器、缸、罐和各种装饰材料。在古希腊,雪花石膏已被应用,有把它磨成串珠和圆型廉价宝石的,也有用来作粉盒、首饰盒的,等等。

一、石膏(Gypsum)

1. 化学组成

石膏的化学式为 $CaSO_4 \cdot 2H_2O$,是一种含水硫酸钙矿物。

2. 形态

石膏属单斜晶系,晶体呈粒状、板状、长柱状或针状,可有燕尾双晶。晶体(图9-29-1)及双晶如图9-29-2所示。巨大的透明石膏晶体,为透明无色变种,是主要的观赏石,为收藏家们所收藏。中国河南李长岭曾收藏有长达几米的大晶体。集合体有雪花石膏、纤维石膏,皆由平行的石膏纤维组成(图9-29-3)。但其硬度太低,色调也很快变暗,又不鲜艳,故不适于做宝石。晶体大者都是很好的观赏石。如新疆沙漠中生产的板片状石膏(图9-29-4),市场上称之为"沙漠玫瑰"。

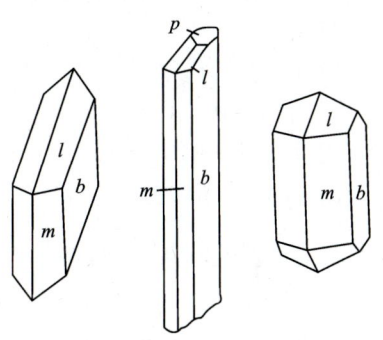

图 9-29-1　石膏的晶体

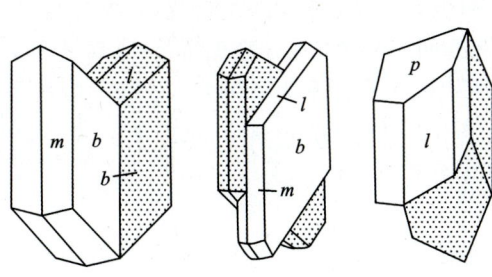

(a)石膏的双晶　　　(b)石膏的燕尾双晶

图 9-29-2　石膏的双晶

图 9-29-3　纤维石膏块体　　　　　图 9-29-4　板片状石膏（沙漠玫瑰）

(a)大板片　　(b)小板片

3. 物理特性

光泽从蜡状至亚玻璃状（半玻璃）、半透明至几乎不透明，晶体无色，纤维石膏呈白色，雪花石膏呈白色或灰色，但不纯的则可能呈微红色、浅褐色、微黄色或浅紫色。

石膏为二轴晶正光性，折射率 $N_p=1.520$、$N_m=1.523$、$N_g=1.529\pm0.001$，双折率为 $0.009\sim0.010$，$2V=58°$，色散为 0.005，对长短波紫外荧光显惰性或发出浅褐白色或浅绿白色的荧光。

解理平行{010}极完全。一般显示粒状断口，摩氏硬度为 2，密度为 $2.3\pm0.005 g/cm^3$。

4. 鉴别特征

用手指甲可划动，性脆。石膏可染成各种颜色，可通过加热的办法做成多种类似大理石的材料，还可以漂白去污。

二、硬石膏（Anhydrite）

1. 化学组成

硬石膏的化学式为 $Ca(SO_4)_2$，为不含水硫酸钙，也称"无水石膏"。成分中常含有 Sr 和 Ba。

2. 形态

硬石膏属斜方晶系，晶体呈厚板状或柱状，依(011)成接触双晶或聚片双晶，集合体多为纤维状、致密粒状或块状。纤维状者称纤维石膏，如图 9-29-2 所示。

3. 物理特性

硬石膏经常可作装饰用的材料。颜色呈白色、淡蓝色或紫色，经常被铁的氧化物或黏土等染成红色、褐色或灰色。晶体无色透明，玻璃光泽，解理面呈珍珠光泽，折射率 $N_p=1.570\sim1.571$、$N_m=1.575\sim1.576$、$N_g=1.614$，双折率为 $1.044\sim1.043$。解理平行{001}完全，平行{010}、{100}中等，紫外线下荧光呈惰性，硬度为 $3\sim3.5$，密度为 $2.94\pm0.06 g/cm^3$。

石膏及硬石膏的红外图谱如图 9-29-5 和图 9-29-6 所示。

4. 产状及产地

石膏是一种广泛分布的矿石。主要是外生成因，即由海水或盐湖的蒸发而形成沉积岩矿床。著名的产地是意大利的活尔特拉，那里从"阿楚斯肯"年代即开始开采。作为装饰用的雪花石膏产自英格兰。巨大的透明石膏晶体产自墨西哥斯华地区。硬石膏常与石膏伴生，少数为接触交代形成，可用作宝石的是红色、紫色、粉红色晶体，产自瑞士辛普龙和加拿大安大略。

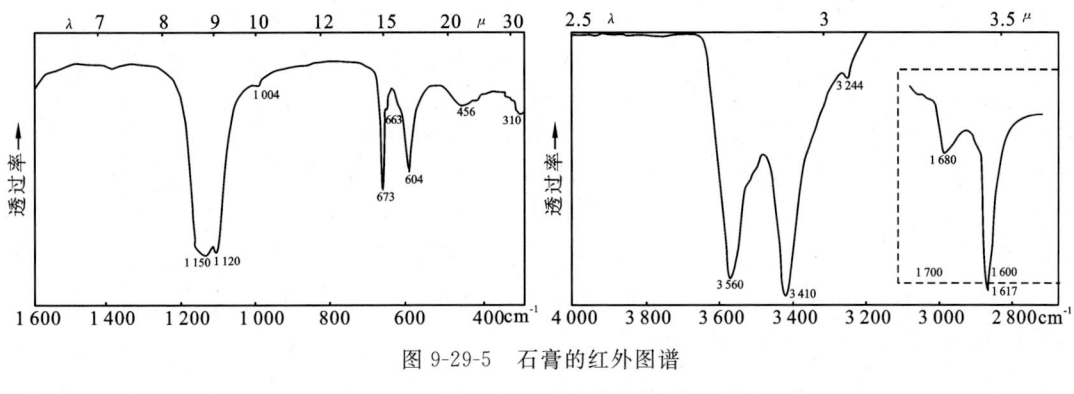

图 9-29-5　石膏的红外图谱

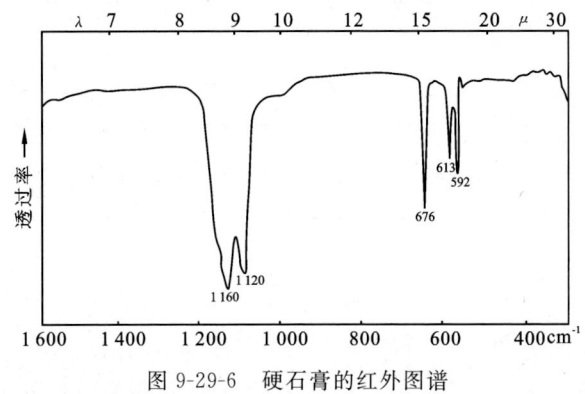

图 9-29-6　硬石膏的红外图谱

蓝色者产自墨西哥。可用作宝石的硬石膏产地还有法国、意大利、波兰、印度和美国等。

我国石膏产地分布很广，主要为湖北应城、湖南湘潭、山西平陆、山东枣庄等地。这些地区的石膏产量很大，质量很好，亦很有名。山东枣庄产的大结晶体及其中的杂质还可成为观赏石，有的若风景，画面极其美观。我国西北地区所产石膏颜色蜜黄，可用于雕刻工艺品或观赏石等。硬度小的石膏易于雕琢，一些雕件亦颇受人们欢迎。

第三十节　红纹石（菱锰矿）

红纹石（Rhodochrosite）由希腊语的两个词"玫瑰"和"颜色"得来，意其颜色为玫瑰红色。由于它的红色，在宝石贸易中称"红纹石"，在市场上颇受人们欢迎。红纹石可作亮丽的装饰品。它的红色与浅粉色至白色交替的多样化特性，增强了它的美感。其大块材料本身就可用来做观赏石。红纹石为低硬度和低折射率，用红纹石可加工成桃心形或弧面形宝石做耳坠和胸针，磨成的球、珠可做手链和项链，很受人们欢迎。

一、化学组成

红纹石的化学式为 $MnCO_3$（碳酸锰），成分中由 Ca、Fe、Zn 和 Mg 替换锰，可导致颜色、折射率和密度的变化。红纹石也可含有 Co、Ca 等元素。

二、形态

红纹石属三方晶系,菱形晶体、晶面弯曲,主要单形有菱面体、六方柱和平行双面,也可呈结核、鲕状、肾状或呈颗粒状、柱状、条带状集合体,如图9-30-1所示。

图9-30-1 红纹石晶体

三、物理特性

红纹石具玻璃光泽至珍珠光泽,透明至半透明,晶体颜色为粉红色、暗橙红色,集合体为粉红色,经常具有白色、灰色或黄色条纹,玛瑙带状结构。透明晶体可呈深红色。

红纹石为一轴晶负光性,折射率 $N_o=1.817$、$N_e=1.597(\pm 0.003)$,双折率为0.220,集合体不可测。

多色性中至强,透明晶体中 N_o 为红色,N_e 为无色至浅粉红色、暗玫瑰红色。红纹石在长波紫外光下呈无色至粉色,短波紫外光下呈惰性,但阿根廷产的红纹石长波光下则发黄色荧光,吸收光谱在410nm显示一个黑带。由于锰的原因,在545nm和450nm显示一个弱带,如图9-30-2所示。

三组菱面体完全解理,参差状断口,摩氏硬度为3~5,密度为 $3.60(+0.10, -0.15)$g/cm^3,遇盐酸起泡。

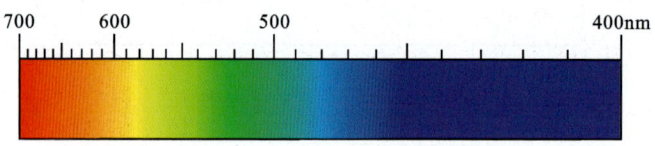

图9-30-2 红纹石的吸收光谱

红纹石磨成的饰品如图9-30-3所示。

图9-30-3 红纹石磨成的饰品

四、鉴别特征

放大观察可见条带状、层纹状结构。玫瑰红色装饰以红纹石呈条带状、条纹状为特征。红纹石与蔷薇辉石的颜色相似,但通过测定折射率和双折率可以区别。红纹石对盐酸起泡,而蔷薇辉石则不起泡,这也是一个重要的鉴别特征。也有一些粉红色玻璃与红纹石极易混淆,这可用HCl及解理加以区别,即玻璃遇酸不起泡、无解理,而红纹石遇酸起泡、有解理。红纹石的红外图谱如图9-30-4所示。红纹石原石如图9-30-5所示。块体较大者抛光后可成为亮丽的观赏石。

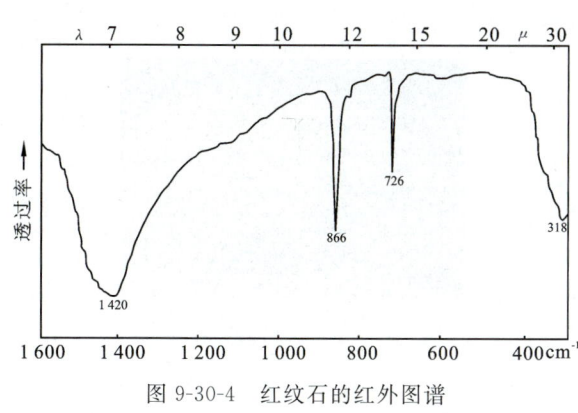

图 9-30-4　红纹石的红外图谱

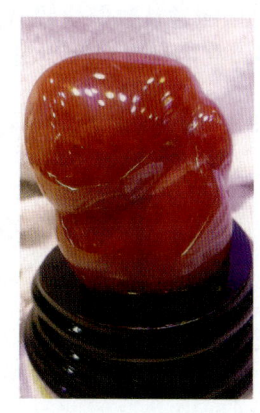

图 9-30-5　红纹石原石(观赏石)
(深圳粤兴珠宝公司提供)

五、产状及产地

红纹石是一种与金属矿床有关的热液矿物。大部分完美晶体来自美国科罗拉多银矿。优质大晶体来自秘鲁,浅粉红色、碎粒的红纹石来自美国蒙大拿州(Montana)的比尤特(Butte)。目前红纹石的著名产地有阿根廷、罗马尼亚、西班牙、澳大利亚以及高加索和乌拉尔、德国、美国马达加斯加等地。在南非的锰矿里也发现了红纹石。

我国东北瓦房子浅海沉积成因的铁锰矿床里,红纹石与菱铁矿、赤铁矿、绿泥石、石英、黄铁矿等共生。北京密云沙厂钨砂中的红纹石与钨锰矿、萤石等共生。其他如江西南部等地亦有产出。

第三十一节　菱锌矿

菱锌矿(Smithsonite)由 Jamos Smithson(1754—1829 年)命名。他用他的遗产建立了华盛顿的 Smithsonian 研究院。

纯菱锌矿是一种白色至灰色的矿物,由于含有微量的杂质而具有诱人的颜色,用于装饰材料或作为珍品收藏。虽然它可能呈黄色、褐色或粉红色,但以半透明的蓝绿色品种最佳。对它可用金刚石法琢磨。菱锌矿是一种碳酸盐矿物,它与所有的碳酸盐矿物一样,以低硬度和遇酸起泡为特点。

一、化学组成

菱锌矿的化学式为 $ZnCO_3$,可含少量的 Fe、Mn、Mg、Ca,偶含微量 Co、In、Pb、Cd 等元素。成分中有少量其他的金属元素置换锌。随着置换金属的不同,颜色发生变化:铜置换呈绿色至绿蓝色,钴置换呈粉红色,镉置换呈黄色。

二、形态

菱锌矿属三方晶系,大致呈菱形晶体,可有菱面体、复三方偏三角面体和六方柱的聚形。

晶体很少见，通常呈致密块状、钟乳状、条带状、肾状或粒状集合体。菱锌矿的晶体如图 9-31-1 所示，菱锌矿的钟乳状体如图 9-31-2 所示。

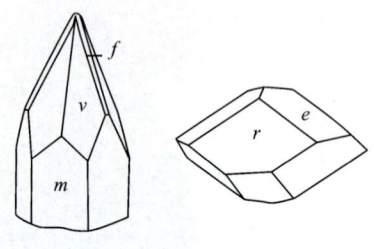
图 9-31-1　菱锌矿的晶体

图 9-31-2　菱锌矿的钟乳状体

三、物理特性

颜色常呈白色或灰色甚至无色，但有的可呈黄色、褐色、淡蓝色、粉红色、绿色和蓝绿色。菱锌矿具玻璃光泽至亚玻璃光泽，半透明至次半透明，常为非均质集合体，一轴晶负光性，折射率 $N_o=1.849$，$N_e=1.621$，双折率为 $0.225 \sim 0.228$，集合体不可测，色散为 0.030，无多色性，紫外荧光为无至强，因产地不同颜色各异。如日本产的呈蓝色，英格兰产的呈玫瑰红色，美国佐治亚州产的呈褐色，西班牙产的呈蓝白色，等等。菱锌矿无特征吸收光谱，遇盐酸起泡。

三组菱面体完全解理，具多片状至不平整断口，摩氏硬度为 $4 \sim 5$，密度为 4.30 ± 0.15 g/cm³，具脆性。

四、鉴别特征

放大观察可清楚地见三组完全解理，集合体呈放射状。菱锌矿以高双折率、高密度、低硬度和遇盐酸起泡为特征。以密度可区分粉红色菱锌矿与红纹石等锰的碳酸盐矿物。

菱锌矿的红外图谱如图 9-31-3 所示。

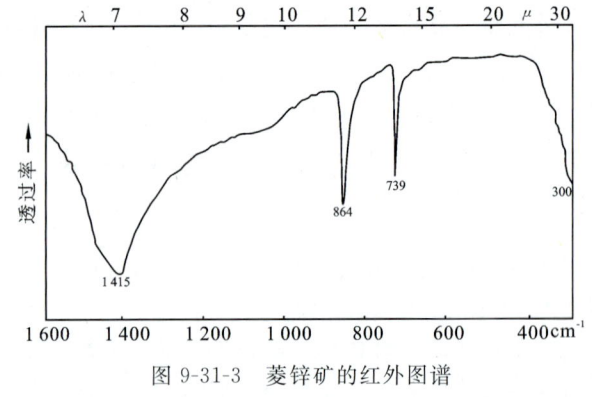
图 9-31-3　菱锌矿的红外图谱

五、产状及产地

菱锌矿主要产于铅锌硫化矿床氧化带，是次生矿物。它是由最初的锌矿物，特别是闪锌矿经交代作用而成，可与异极矿、白铅矿、褐铁矿等共生。菱锌矿作为锌的次生矿物在许多地区被发现，能作装饰材料，但产地较少。半透明蓝绿色菱锌矿的最著名产地是俄罗斯、英格兰、澳大利亚、希腊、美国科罗拉多、新墨西哥州马哥达累纳的凯利沙、纳米比亚的楚梅布、西班牙的桑坦德等。其他如日本、阿尔及利亚、意大利撒丁岛皆有产出。

中国的菱锌矿符合工艺要求的，主要产于云南的兰坪铅锌硫化物矿床氧化带，呈钟乳状，内部呈近似同心圆状，由白色、黄色、黄绿色等不同颜色的层状组成纹理。其他如广东、广西泗汀厂、陕西、湖南等地亦有产出。

第三十二节 文 石

文石(Aragonite)来自西班牙的 Molina de Aragon,又称"霰石",与方解石($CaCO_3$)成同质异像,较方解石少见。文石可以在石灰岩溶洞内形成钟乳石和石笋,也常是珍珠和珍珠层的主要组分。

一、化学组成

文石的化学式为 $CaCO_3$,钙经常被 Sr、Pb、Zn、TR 所代替,形成锶文石、铅文石、锌文石等变种。

二、形态

文石属斜方晶系,通常呈双晶或三连晶,故呈假六方状、针状和板状(图 9-32-1 和图 9-32-2),也有肾状、柱状和钟乳状集合体,还有的呈纤维状、晶簇状(图 9-32-3)、皮壳状、珊瑚状或鲕状、豆状和球状等。多数软体动物的贝壳内壁就是由极细的片状文石沿着贝壳面平行排列而成。

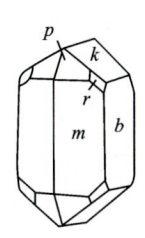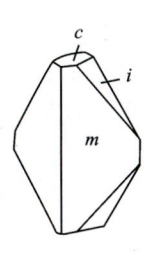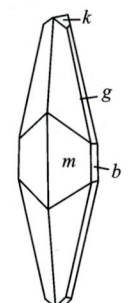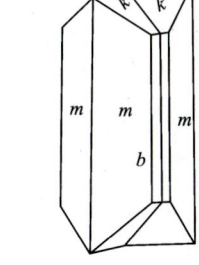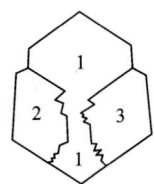

图 9-32-1 文石的晶体及双晶　　图 9-32-2 文石的三连晶

三、物理特性

文石有白色、灰色、红色、棕色、黄色、绿色、蓝色和紫色,具丝绢光泽至玻璃光泽,透明至几乎不透明。

文石为二轴晶负光性,折射率 $N_g=1.686$、$N_m=1.682$、$N_p=1.530$,双折率为 0.156,$2V=18°$,色散为 0.015,在紫外荧光下呈惰性,无特征吸收光谱。

解理平行{010}不完全到中等,偶尔可见断口呈不明显的贝壳状至多片状,硬度为 3.5~4.5,密度为 $2.94\pm0.01 g/cm^3$,性脆。

图 9-32-3 文石晶簇

四、鉴别特征

文石与方解石一样,遇盐酸起泡。在硝酸钴溶液中煮沸,方解石粉末微带青色,而文石粉末呈浓红色或紫色。

以文石不是菱面体解理可与方解石相区别,柱状方解石有横向解理,但没有解理碎片,而文石却无横向解理,可区别之。

文石的红外图谱如图 9-32-4 所示。

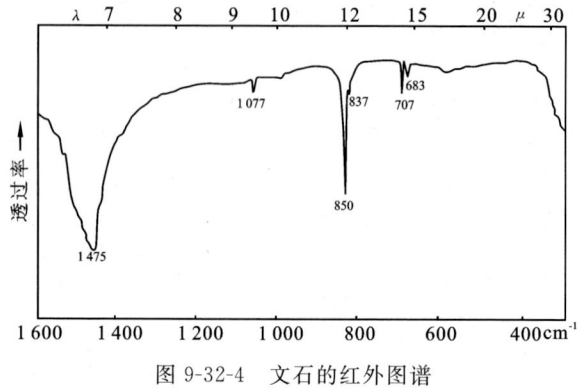

图 9-32-4 文石的红外图谱

五、产状及产地

文石常在低温热液和外生条件下形成,在低温热液矿床、现代温泉、间歇喷泉里晶出,或与石灰岩共生于石灰岩洞里,也有在火山岩的杏仁体和裂隙里产出。

文石的鲕状体常见于近代海底的沉积物中。此外,文石是许多动物贝壳、珍珠的主要物质成分。

文石在自然界常温下不稳定,易转变为方解石(三方晶系),但保留了文石外形而成为文石副像,这可以具有了方解石的菱面体解理区别之。文石的世界产地主要为希腊和智利,以蓝色者多。捷克所产为黄色,墨西哥所产为褐色,此外德国和意大利也有产出。

我国的产地非常广泛,比较突出的是河南等地,产有一种"黄腊玉",是文石的集合体。我国所产的珍珠主要为文石组成,所以将文石置于本类中叙述之。

第三十三节 孔 雀 石

孔雀石(Malachite)在我国古代称作"石绿"或"铜绿"。孔雀石因其颜色非常美丽如同孔雀一般的诱人而得名。孔雀石是一种古老的宝石,公元前 4000 年埃及人就用它制作饰品。我国公元前 13 世纪,约在殷商时代也已用它作雕刻及制作工艺品。孔雀石明亮的绿色和缤纷的外观图案使其成为极吸引人的宝石。加工好的材料上,各种绿色呈波浪状,有时呈同心圆状,很像玛瑙的条纹。主要用于雕刻艺术品、内嵌薄片、桌面和大茶几的上等嵌贴材料、室内装饰材料、古时还有用作绿色颜料、印章及观赏石等。尽管硬度较低,但仍可用于首饰做圆珠、项链和弧形戒面、吊坠、胸针等。

一、化学组成

孔雀石的化学式为 $Cu_2CO_3(OH)_2$,为含水的碳酸铜,成分中含 CuO 达 71.6%±,另外还可能有 Zn、Ca、Fe、Si、Ti、Na、Pb、Ba、Mn、V 等杂质。

二、形态

孔雀石属单斜晶系,单晶小而少见,呈针状或柱状,呈葡萄状或纤维状集合体,常呈放射状、皮壳状、钟乳状、结核状或同心环带状块体产出。孔雀石晶体如图 9-33-1 所示。孔雀石原石如图 9-33-2 所示。孔雀石的饰品如图 9-33-3 所示。

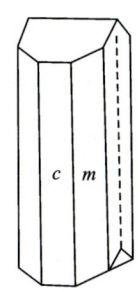 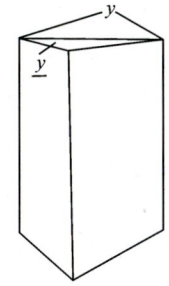 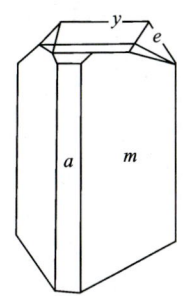 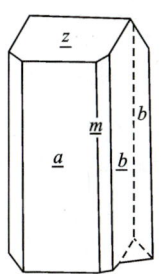

图 9-33-1　孔雀石晶体

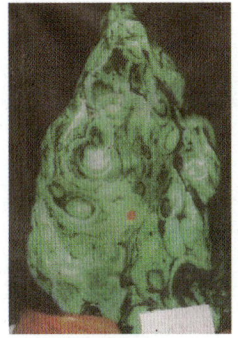  

(a)孔雀石原石　　　　　　　(b)孔雀石同心圆状体　　　　　　(c)孔雀纤维细晶状体

图 9-33-2　孔雀石原石

图 9-33-3　孔雀石的饰品

三、物理特性

孔雀石颜色鲜艳,浅蓝绿色至深浅不同的绿色、孔雀绿色、墨绿色等,通常显示出两种或更多的色带,或浅绿色、深绿色杂色相间条纹。孔雀石具丝绢至玻璃光泽,一般几乎不透明至微透明,为非均质集合体,二轴晶负光性,折射率为 1.655～1.909,双折率为 0.254,光轴角为 43°,有显著多色性,即无色至黄绿至暗绿色,在长波和短波紫外光下呈惰性,无特征谱线。

孔雀石具不平整至齿状断口,硬度为 3.5～4,密度在 3.60～4.05g/cm³ 范围内波动,一般

为 $3.95(+0.15,-0.70)\text{g/cm}^3$，具可溶性、遇酸可起泡并溶解。有的还具猫眼效应。

四、鉴别特征

放大观察可见条纹状、同心环状结构。孔雀石除以其鲜艳的绿色和带状外观为特征之外，与其他绿色饰品相比，孔雀石硬度较低，且遇 HCl 起泡。此外，与其相似的绿松石相比，绿松石硬度较大（5～6）、密度小（2.4～2.9g/cm³）、折射率小（1.61±）。与硅孔雀石相比，硅孔雀石硬度小（2～4）、密度小（2～2.4g/cm³）、折射率低（1.461～1.570）。还可通过折射率、密度测定及花纹等将其与染绿色的大理石区分开。常与蓝铜矿伴生也是其特点。

孔雀石红外图谱如图 9-33-4 所示。

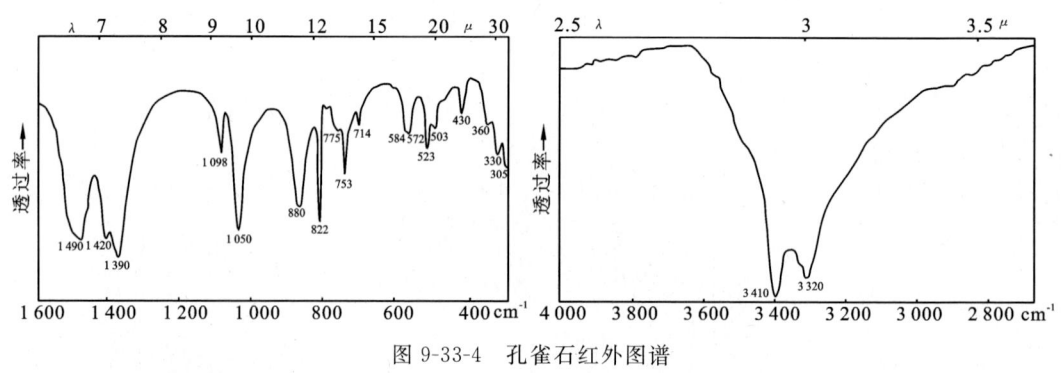

图 9-33-4 孔雀石红外图谱

五、优化处理

优化处理是指在孔雀石表面注蜡，放大观察或以热针熔化可识别。如用塑料或树脂充填，以利抛光和掩盖小裂隙。放大观察可见其充填物，热针亦可熔化塑料或树脂，而且有辛辣气味或见有熔出的小珠物。

六、产状及产地

孔雀石主要产于铜矿床的氧化带，与蓝铜矿、辉铜矿、赤铜矿、自然铜等共生。石灰岩区或含有碳酸盐的铜矿床，在氧化铁条件下易形成孔雀石。孔雀石还常形成蓝铜矿、方解石、黄铜矿等的假象。孔雀石为地表原生铜矿物，最易与次生铜矿物（尤其是蓝铜矿）伴生。有时孔雀石与蓝铜矿紧密共生，以致于一起被琢磨和抛光。这样就产生了诱人的绿色和蓝色，称为"蓝铜矿孔雀石（azurmdachilt）"。乌拉尔曾产出过几十吨重的大块孔雀石。现在的主要产地是扎伊尔的坎丹加（Katanga）。其他重要产地有纳米比亚的楚梅布（Tsumeb）、澳大利亚布罗肯、美国亚利桑那、智利、俄罗斯、赞比亚、津巴布韦以及中国等。

中国的孔雀石过去都是当做铜矿开采，著名矿区有很多处，最重要的有广东省阳春绿铜矿，为一大型孔雀石、蓝铜矿铜矿床，赋存于石灰岩洼地的砂砾层中。相传它在清朝已被开采，有些大块孔雀石已雕刻成"孔雀石公主""孔雀河绿宫飞瀑""九龙壁""麒麟"等。此外还有湖北大冶、阳新一带的孔雀石，这里有春秋战国时的炼铜遗址，可见开发历史之久。其他还有江西九江、瑞昌东部、西藏玉龙等地都是著名的孔雀石产地。实际上在我国各铜矿区上部氧化带上都发现有孔雀石，所以孔雀石又是寻找铜矿床的重要标识。

图 9-33-5 为孔雀石的孔雀摆件。图 9-33-6 为孔雀石制品。

图 9-33-5　孔雀石雕"孔雀"
（重 40.7kg，广东阳春石铜矿）

图 9-33-6　前苏联赠毛泽东主席
的孔雀石镶钻石首饰盒

[附] 孔雀石的合成品

合成孔雀石（Synthetic Malachite）为用化学沉淀法合成，呈多晶体集合体，不透明，折射率为 1.65～1.91，摩氏硬度为 3.5～4，密度为 3.88～4.10g/cm³，在长波、短波紫外光下均呈惰性，与天然孔雀石不易区别。据悉，苏联于 1982 年合成的孔雀石已具商业价值，时至今日，利用常规宝石学测试方法尚不能将它与天然材料区分，如用差热分析法有的尚能奏效，因为合成品的差热曲线有两个吸收峰，而天然孔雀石只有一个。市场上经常可以见到合成的大块孔雀石可达十几千克，作雕刻和摆件之用。我国华东工学院硕士研究生杨云霞（1987）首次合成孔雀石针状晶体，但尚未进行大批生产。

第三十四节　蓝　铜　矿

蓝铜矿（Azurite）又称"石青"。

蓝铜矿本身并不是玉石，由于它总是与孔雀石紧密共生，而在孔雀石石料上总带有或多或少的蓝铜矿，故在此跟随孔雀石进行描述。蓝铜矿或孔雀石都是良好的宝玉石雕刻、艺术品与装饰品材料，是人们喜爱的观赏石。

一、化学组成

蓝铜矿的化学式为 $Cu_3(CO_3)_2(OH)_2$，为铜的碳酸盐，其化学组成相当稳定，很少含有杂质。

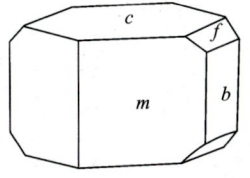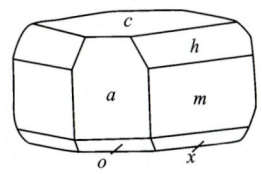

图 9-34-1　蓝铜矿晶体

二、形态

蓝铜矿属单斜晶系，晶体常呈短柱状、柱状或厚板状，如图 9-34-1 所示。集合体呈致密粒状、晶簇状、放射状、土状或皮壳状、薄膜状等。

三、物理特性

蓝铜矿呈深蓝色至紫蓝色,玻璃光泽至蜡状光泽,通常半透明至不透明,很少有透明晶体,为二轴晶负(正)光性,折射率 $N_p=1.726\sim1.730$、$N_m=1.758$、$N_g=1.836\sim1.840$,双折率为 0.106,$2V=67°\pm$。蓝铜矿可见明显的二色性,浅至深蓝色,在长波和短波紫外光下呈惰性,无特征谱线。

蓝铜矿解理平行 $\{011\}$、$\{100\}$ 中等或完全,具贝壳状至不平整断口,摩氏硬度为 $3.5\sim4$,密度为 $3.80(+0.09,-0.50)\text{g/cm}^3$,性脆。

四、鉴别特征

蓝铜矿呈蓝色,常在铜矿床氧化带与孔雀石紧密共生,以双折率高、遇 HCl 起泡溶于酸、有 Cu 的反应等易识别之。

蓝铜矿的观赏石如图 9-34-2 所示。蓝铜矿的红外图谱如图 9-34-3 所示。

图 9-34-2　蓝铜矿与孔雀石共生(观赏石)

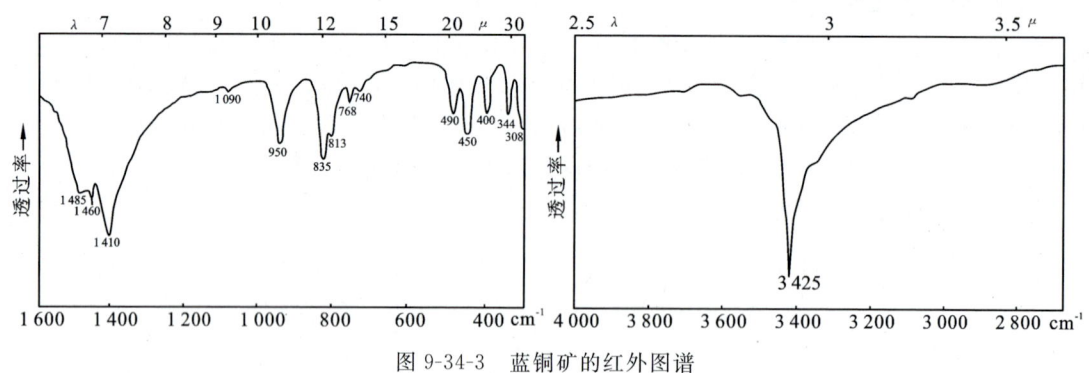

图 9-34-3　蓝铜矿的红外图谱

五、产状及产地

蓝铜矿产状同孔雀石,即产于铜矿床的氧化带、铁帽及围岩的裂隙中,为次生矿物,有的还可被孔雀石所交代。但由于受风化作用影响,CO_2 减少,水分增加,蓝铜矿可变为孔雀石,或孔雀石依黄铜矿呈假象,故蓝铜矿没有孔雀石分布广泛。宝石级的晶体曾产自美国亚利桑那和新墨西哥州。

当前产地为纳米比亚楚梅市、法国切西、俄罗斯乌拉尔山和中国。我国产地主要有广东阳春,其所产蓝铜矿呈晶簇状,是极好的观赏石。实际上,在有孔雀石的地方很多都有蓝铜矿共生或伴生。

第三十五节　萤　石

萤石(Fluorite),顾名思义因发荧光而得名。

萤石源于拉丁语"fluere",表示"流动",因为萤石很容易熔化,意指在冶炼时作熔剂。人们认识萤石、利用萤石历史悠久,早在古罗马时代,已经将萤石雕刻成瓶、杯、碗等用具或装饰品。在我国 7 000 年前的浙江余姚出土的河姆渡文化,已有不少萤石用品了。这可能因浙江盛产萤石及萤石硬度低有关。

萤石,也称氟石,具有多种的颜色和良好的晶形。虽然其透明晶体有时被加工成宝石,但它们的硬度低(4),又容易出现完全的八面体解理,因此不易加工。但近代也有不少萤石被加工成珠链或戒面及艺术品,多用于雕刻和作装饰品材料。也有的萤石有明显的荧光性,成了人们所喜爱的发光石,俗称"夜明珠"。

一、化学组成

萤石的化学式为 CaF_2,常有稀土元素 Th、Ce、U、Y 等以类质同象置换 Ca,也可以固态矿物形式成包裹体存在于萤石中,或吸附形式存在于萤石的裂隙中。

此外也常有 Fe_2O_3、Al_2O_3、SiO_2 及沥青物质成混入物存在于萤石中。

二、形态

萤石属等轴晶系,其典型的晶体是立方体 $a\{100\}$、八面体 $o\{111\}$、菱形十二面体 $d\{110\}$ 及其聚形。单晶面上常出现嵌木状纹饰,常以两个立方体依 $\{111\}$ 穿插形成双晶,如图 9-35-1(b)所示。晶体多成解理块,常以块状、粒状或柱状集合体成晶簇状存在。萤石晶簇如图 9-35-2 所示,偶见有球状或土状块体。

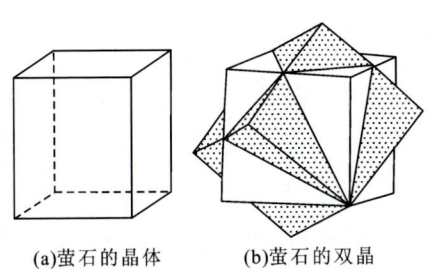
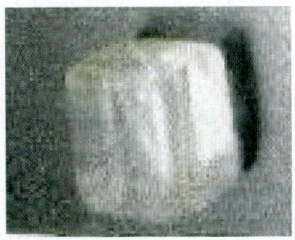

(a)萤石的晶体　　(b)萤石的双晶　　(c)萤石的八面体晶体　　(d)萤石的立方体晶体

图 9-35-1　萤石晶体及双晶

(a)萤石的晶簇　　(b)萤石生长在方解石上

图 9-35-2　萤石晶簇

三、物理性质

萤石呈玻璃光泽,透明至半透明,颜色多种多样,常见的有浅绿色、黄色、蓝绿色或紫红色,也有棕色、橙黄色、粉红色、紫蓝色和无色。有的萤石在日光下显紫蓝色,而在白炽灯光下显紫红色。许多萤石晶体或晶簇显示不均匀的颜色条带,在平行于立方体的各个平面上,有时有几种颜色。英国产有柱状萤石,在其无色至微红色的部分上,显示蓝色至暗紫红色的不规则条带。

萤石的颜色多种多样,其中有少量的杂质和微量稀土元素钇等引起了色心。但不同颜色的萤石褪色温度也有不同,如绿色者约300℃,紫色者约100℃,紫黑色者约500℃。萤石致色原因也各种各样,可能色心致色是主要的。颜色的产生可能是既与晶格缺陷、包体、混入物有关,也与形成时的温度有关。据研究,成矿温度愈高可形成深色的岩石,如温度由高到低可依次为紫色、淡蓝色、绿色,但当加热时可以完全褪色。

萤石为均质体,折射率为1.434($\pm$0.001),颜色不同,折射率不变。萤石无多色性,无双折射率。由于晶格变形所致,许多萤石显示反常的双折射现象,色散度为0.007。尽管萤石因其光学性质发荧光而得名,但并非所有的萤石都发荧光。在紫外荧光长波光下和短波光的较小范围内,不同品种的发光性有差异,一般具有很强的荧光。某些萤石显示蓝色至绿色的荧光,有的还具有磷光。也有的萤石有热发光现象,即在热水中浸泡或日光下曝晒后,显示磷光性。有的紫色萤石还可出现摩擦发光现象。通常萤石的可见光吸收谱带不明显,但带绿色萤石在427nm处有一条强的吸收谱带。

萤石具八面体平行{111}(4个方向)完全解理,因解理发育而在破裂面上出现阶梯状解理纹。摩氏硬度为4,密度为3.18($+$0.07,$-$0.18)g/cm^3。

四、鉴别特征

以立方体晶形、八面体完全解理、玻璃光泽和硬度(4)易识别之,此外,具荧光性也为其特征。

利用其低的折射率和较高的密度就足以将萤石和其颜色相似的宝石矿物区别开来,如以硬度小和完全解理与长石、石英相区别,以遇HCl不起泡与方解石相区别。在雕刻品上可以看到明显的解理面或"三角形"状的解理纹。典型的包裹体是二相或三相,三相包裹体为液体、气体和盐晶,具色带,有的可见变色效应、荧光效应,皆可与相似的宝石矿物相区别,以及辅助鉴定。

萤石的红外图谱如图9-35-3所示。

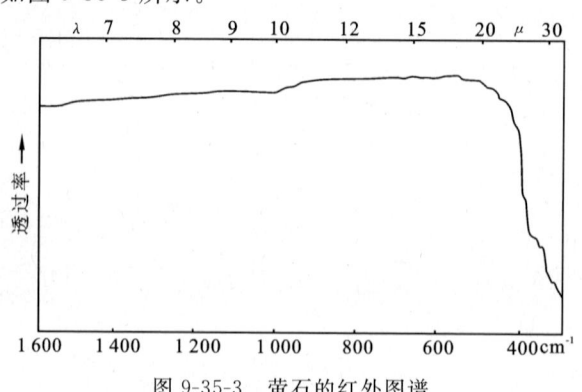

图9-35-3 萤石的红外图谱

五、优化处理

1. 热处理

热处理可将黑色、深蓝色热处理成蓝色,300℃以下比较稳定很难检测。但对于一些不发光的萤石,如果用磷光粉(发光材料)和胶的溶液进行浸泡填充,并同时进行加热,使磷光粉进入萤石,可使萤石发光(可用到荧光球上,则可称"夜明球")。但是这种填充处理过的萤石往往发光的强度不均,在仔细观察下,可见在萤石的裂缝处沉淀的磷光粉多而发光强,其他地方则弱。

2. 充填处理

充填处理是指用树脂或塑料充填表面裂隙,主要是保证加工时受振动不裂开。除可放大观察外,还可用紫外荧光使塑料或树脂呈现荧光。经过这种处理后的萤石可用热针测试,熔融树脂或塑料伴有辛辣气味。

3. 涂层处理

涂层处理是将磷光粉与绿色颜料,胶混后涂于不发光的萤石表面而使其发光。用到萤石球上,则成为昼夜都能发强光的"夜明珠"。仔细观察可见原萤石的玻璃光泽变弱为蜡状光泽,手感变为不光滑,用热针试验也可有变软甚至熔融有胶的反应。

4. 辐照处理

无色的萤石可经过辐照变成紫色,但见光后很快又会褪色,颜色很不稳定,没什么实用价值。但如果经过 γ 射线辐照,则可使萤石产生磷光,且发光均匀,保持发光的时间大大加长,可到数月之久,不易检测。

一些萤石碎块,黏结在一起变成大个的球体,再优化处理使其发光,也常以"夜明珠"名义高价出售,值得注意。

六、产状及产地

萤石是一种广泛分布的常见宝石矿物。萤石可以单体与铅、银矿物相伴生,存在于热液矿脉、洞穴、沉积岩和伟晶岩中。萤石的产地很多,最好的萤石晶体产于英国。一种铬绿色的萤石产自纳米比亚和哥伦比亚。在中国和美国也有许多萤石的产地。

我国的萤石产地以浙江省最著名,主要产于火山岩系的流纹岩和凝灰岩中,成巨脉;福建省第三系流纹岩中也有大量萤石产出,皆属于内生热液型成矿;湖南桃林铅锌矿床中有大量萤石产出,与重晶石铅锌硫化物密切共生。沉积成因的萤石,如西班牙、南非、俄罗斯所产的萤石,皆为规模巨大的沉积矿床。萤石还有表生成因的,如我国内蒙古的白云鄂博矿床的氧化带中就发现有表生萤石。色泽美丽者可做良好的饰品和雕刻材料。造型美丽的萤石晶簇是重要的观赏石。

[附] 合成品及仿制品

(一) 合成萤石(Synthetic Fluorite)

合成萤石为1963年用类似拉晶法的合成技术合成成功。在合成萤石中加入了某些微量元素而获得不同颜色的产品,如加钕呈紫色、加钐呈绿色、加铬呈淡紫色、加铒呈微红色、加铀酸钙呈黄色、加氧化铀呈红紫色、加氟化铀呈绿色等。由于加入这类成分而使合成萤石的很多性质不同于天然萤石，如折射率变为1.435～1.450、产生强荧光性等。这种合成萤石不太用于做宝石而主要用在光学器材上。人工可以合成具有光学价值的、直径5～10cm，呈浅红色、浅黄色、浅绿色、浅蓝色的萤石晶体。合成萤石如图9-35-4所示。

图9-35-4 萤石的合成品

（二）仿制发光石

萤石的仿制品可以是人工制造的发光材料。

1. 夜光玉与夜明珠（Luminous jade and Luminous bead）

我国古代早有对夜光玉和夜明珠之说，但夜光玉究竟为何种玉石，夜明珠又为何种珠，至今尚无确切结论。在我国浩瀚如烟海的古代书籍中不乏记载，有云：夜明珠相传在大禹治水时期就有所发现。如《拾遗记·夏禹》中所记载的"禹凿龙关之山，亦谓之龙门，至一空岩，深数十里，幽暗不可复行，禹乃负火而进，有兽状如猪，衔夜明之珠，其光如烛"。又如秦朝李斯献给秦王政的《谏逐客书》中，有"夜光之璧"（璧即玉）及在《后汉书·西域传》中称"大秦有夜光璧，明月珠"的记载等。在民间传说中亦很普遍，认为夜明珠是珍贵的发光珍宝。有关记载很多，总的来说，人们普遍认为夜明珠是在常温下、黑暗中，肉眼可见的具有发光效应的宝玉石，只是各有所指不尽相同而已。本书在各类宝石矿物论述中已提到过很多具有发光效应的宝石，诸如萤石、金刚石（钻石）、白钨矿、方解石、方柱石、白榴石、磷灰石、冰晶石、锆石和蛋白石（欧泊）等。这些宝石都具有性质不同的发光性能。其发光机理见本书通论有关章节，最常见的莫过于萤石，在市场上也常有标名为"夜明珠"的大小球体出售，而且屡见不鲜。

这种萤石球有时是一个整体，有的则为碎块萤石先拼合黏结再磨成球体的。有的萤石白天吸收了自然光而夜间自然发磷光，有的受日光曝晒或由强的灯光刺激而发光，也有的用热水浸泡才发光的。总之，只要能发光，就受人们的喜欢。

目前很多学者认为夜明珠是矿物晶体，由于晶体的晶格点阵畸变而造成发光，这种畸变大都是由于基质内含某些重金属杂质作为激活剂所引起。以闪锌矿为例，ZnS为基质，如果含少量的Cu，则铜为激活剂，因而该闪锌矿就能发出黄绿色磷光。同样萤石中如果有的含有微量的稀土元素镨（Pr）、镱（Yb）、铒（Er）、钐（Sm）、钇（Y）等就能发出磷光。磷光的强弱与所含激活剂、激发光、温度、湿度等多种因素有关。

检测时除应按常规定出其成分性质之外，还应该定出发光特性即发光强度、发光亮度和余辉时间等。

2. 夜明珠及夜光玉的人工制品

人们研制发光品最早是在20世纪60年代开始，是研制夜光粉。发展到90年代时，德国人首先利用稀土元素作为激活剂的方法生产发光材料。

我国在这方面走在了世界前列，因为我国有稀土元素方面的资源优势和高超的分离技术，为此我国的发光材料研制居世界榜首。北京华隆亚阳公司于1996年成功制造出的夜光石，称"庆隆夜光合成发光宝石"，2001年开始投入批量生产，获得国内外专利，年产量达到6t以上。

庆隆夜光石的化学式为 $MNAl_{2-x}B_xO_4$。

M 代表碱土金属，主要为锶(Sr)；N 代表稀土元素，主要为铕(Eu)。

其结构大致为铝氧四面体，共用角顶连接成六方环状，环中心为大孔道，可为大半径的碱土金属阳离子 Sr 及可被置换的 Ba、Ga 进入，同时也可有稀土元素 Eu、La、Ce、Pr、Nb、Sm、Cd、Tb、Dy、Ho、Er、Tm、Yb、Lu、Mn、Bi 等进入或置换。

庆隆夜光人造发光石的特点为以下几点。

A. 余辉强度高、发光稳定、发光时间长、发强磷光。这是由于庆隆发光石材料结构中，有缺位核外电子吸收一定能级，跃迁到高能级同时存储了大量的能量，外界能量停止激发后，电子回落所需的时间很长而形成。

B. 无过高的放射性。这是由于庆隆发光宝石的原子核外电子跃迁，回落产生发光，不是放射性元素从核内释放粒子发光。故庆隆发光石的放射性在安全剂量标准之内。

C. 人工可控制合成庆隆发光石的原料粒度。一般粒度越小，生产出来的发光石的硬度越大、密度越大、耐久性也越好，可以达到宝石的要求。

D. 依控制成分的不同而发出不同的光。目前已有红色、紫色、青色、白色的夜光玉产生。

E. 人工可控制生产出大块体，重量可达到 7kg 以上。这类大块体宝石可进行大件艺术品的雕刻。

F. 庆隆发光宝石是将能量以可见光形式释放，为冷光源，其功能则不限于做宝石饰品，而能更广泛地应用于其他有关科学领域。

这种庆隆发光石，由于发磷光强度大，在白天一样可以检测。除根据它一些常见物理性质之外，最简便的方法是用手握住，遮盖住强光直射，随时可以观察到发光，故易于识别。

这类人工制造发光石已大量涌进市场，种类繁多。正如一些宝石检测人员经验之谈所说：越是发光强、越是随时可见发光、一定是人工制造的合成品。附人工合成发光石饰品图（图 9-35-5）。

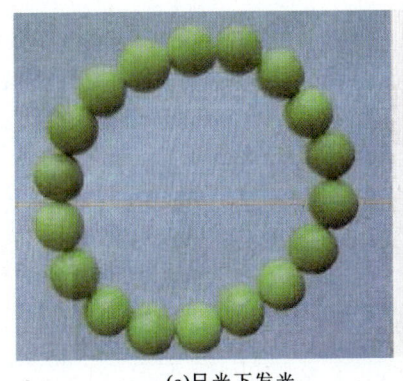 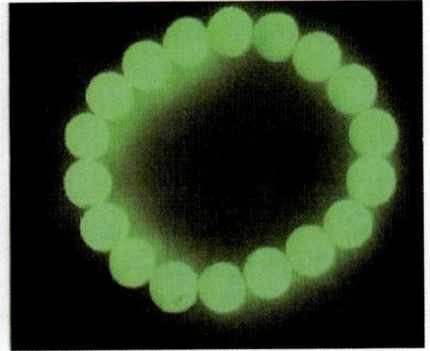

(a)日光下发光　　　　　　　　　(b)暗室中发光

图 9-35-5　一种人工合成的含有铕和镝的发光石(有称"夜光珠")手链(据陈汴琨，2012)

第三十六节 玻 璃

玻璃(Glass)是日常生活中的常用品,它不属于宝玉石,但是它在宝玉石领域中却起着举足轻重的作用。尤其是过去有一种人工制造的仿玉玻璃,称"琉璃",在古书中也有称作"琉琳""流离""药玉""壁流离"等的记载,到了元、明时代又被称作"璀玉",到了清朝又把琉璃称作"料器",直到现今在鉴定一些古玩玉器时,对一些仿玉玻璃制品还常用"料制品"这个名字。琉璃在古代被视为贵重物品,除用作各种器物外,还常镶嵌于各种器物上、配饰上、艺术品上,更突出的是在扬州"妾莫书"木椁墓中还出土了一套琉璃"玉衣",琉璃片近6 000多片,为铜缕琉璃玉衣,可见古时对琉璃的重视。琉璃也是佛教的至宝,曾将它与金、银、玛瑙、琥珀、珍珠并论,列入佛教七宝之中。有人认为它是古代炼丹的产物。也有人认为它是在我国殷商时期冶炼青铜器时矿渣中产生的。这都可证实它是我国古代人工宝石琉璃的起源,也是人工宝石制造的伟大成果。

人们长期以来利用玻璃制成很多宝玉石的仿制品。玻璃也有很多种类,现附加于此,笼统地予以简述。

一、化学成分

玻璃的化学成分为 SiO_2,可含有 Na、Fe、Al、Mg、Co 等。在琉璃制品中却含有大量的 Pb 和 Ba。

二、形态

玻璃为非晶质体。

三、物理特性

玻璃可呈黄、绿、蓝、白、灰、紫等各种颜色,透明至半透明,玻璃光泽。光学性质为均质体,在偏光镜下完全消光,常可见光性异常,无多色性,折射率为1.470～1.700(含稀土元素玻璃为1.80±)。在紫外荧光下多变,白色者常见,一般呈弱至强,因颜色不同而异。一般短波强于长波。吸收光谱亦不特征,往往因致色元素而不同。玻璃无解理,具贝壳状断口,硬度为5～6,密度为 2.30～4.50 g/cm^3。

四、常见仿宝石玻璃的种别

1. 冠玻璃(Crown Glass)

冠玻璃又称"冕牌玻璃"、"石灰玻璃"等,是一种无铅玻璃,也是最常见的玻璃品种,有人称它为"普通玻璃"。它在玻璃中占90%以上。主要成分是 SiO_2,含量占73.5%±, B_2O_3 含量占12%,CaO 含量占12%。其折射率为1.47～1.54,色散为0.009,硬度为6～6.5,密度为2.50± g/cm^3。熔点低,最低可到725℃即熔融。利用它可仿制很多天然宝石,所以它是一种重要的仿制宝石的材料。

2. 石英玻璃(Quartz Glass)

这种玻璃有"熔炼水晶"之称,也有叫"熔炼玻璃"。它很像水晶,一般透明,几乎全由二氧化硅(SiO_2)组成,SiO_2可占到100%。因为它是由水晶在高温下熔炼成的,所以常用作水晶的代用品。折射率为1.46,密度为2.21,硬度接近于7,其热膨胀系数较低,但熔点很高,可达1 700℃,是很好的仿宝石材料。一般用其制作的饰品、雕件,皆无杂质,无色透明,很受人们喜爱。

3. 铅玻璃(Lead Glass)

铅玻璃为以含铅为主的燧石(火石)玻璃。燧石玻璃(Flint Glass)因其原料最早取自燧石而得名,成分中不含石灰质,而含有少量氧化铅、氧化钾及铊等金属。因这类玻璃成分中的金属种类不同,而分别称为铅玻璃、铊玻璃等。含铅者铅含量可在25%~80%之间,一般随含铅量的增高其折射率、色散、密度也随之升高,随硬度降低而颜色变黄,化学稳定性也随之降低。

铅玻璃是仿制宝石的重要原料,可用以仿制钻石及各种工艺品等。

4. 重铅玻璃

重铅玻璃又有"重燧石(火石)玻璃"之称,含铅量可达34%、SiO_2 34%、K_2O 3%,折射率为1.7,色散为0.04,密度为4.5g/cm^3。

5. 超重铅玻璃

超重铅玻璃亦称"超重燧石(火石)玻璃",PbO含量可达82%、SiO_2 18%,折射率为1.96,色散为0.08,密度为6.3 g/cm^3。

6. 硼硅玻璃

硼硅玻璃又称为"硬玻璃",为含B_2O_3、Na、Al的玻璃。物理特性与冠玻璃有些相似,但这种玻璃化学稳定性好、膨胀系数很小,不怕骤冷骤热,所以主要用于制造化学实验仪器,在宝石行业中使用意义不大。几种仿宝石玻璃的成分和性质比较如表9-36-1。

表9-36-1 几种仿宝石玻璃的成分和性质比较

玻璃名称(又名)	主要化学成分/%	折射率	色散	密度/g·cm^{-3}	其他
冠玻璃 (冕牌玻璃)	SiO_2 73 B_2O_3 12 CaO 12	1.47~1.54	0.009	2.5±	硬度6~6.5 熔点72.5℃
石英玻璃 (熔炼玻璃)	SiO_2 100	1.46	0.007	2.2	硬度7 熔点1 700℃
铅玻璃 [普通燧石 (火石)玻璃]	SiO_2 54 PbO 37 K_2O 6	1.60	0.03	3.2	

续表 9-36-1

玻璃名称（又名）	主要化学成分/%	折射率	色散	密度/g·cm^{-3}	其他
重铅玻璃[重燧石（火石）玻璃]	SiO_2 34 PbO 62 K_2O 3	1.70	0.04	4.5	有黄色色调，透明至半透明，硬度低，化学稳定性低
超重铅玻璃[超重燧石（火石）玻璃]	SiO_2 18 PbO 82	1.96	0.08	6.3	
硼硅玻璃（硬玻璃）	SiO_2 72 B_2O_3 12 Na_2O 10 Al_2O_3 5	1.5	0.01	2.4	化学稳定性好，耐磨蚀，膨胀系数小，一般不做宝石
稀土玻璃（属较常见的特殊玻璃）	以 SiO_2 为主，含微量稀土元素（Ce、Nd、Dy、La 等）	其他特种玻璃有：金星玻璃、祖母绿玻璃、欧泊玻璃、绿松石玻璃、猫眼玻璃、珍珠玻璃、翡翠玻璃等			

7. 特殊玻璃

有一些原料和性能比较特殊的玻璃，是专门为制造宝石仿制品而生产的，有"特殊玻璃"之称，如稀土玻璃。

一般认为稀土玻璃是常见的特殊品种，为在普通玻璃中掺加了微量的稀土元素，如铈、钕、镝、镧等。这种玻璃颜色各种各样，而且非常鲜艳，在市场上大量作为有色宝石的代用品或直接用于首饰和各种饰品。也正因为它有这种被人感觉特别鲜艳的颜色，而使人们在廉价饰品中易于辩认。稀土玻璃戒面如图 9-36-1～图 9-36-3 所示。

图 9-36-1 玻璃戒指

图 9-36-2 稀土玻璃戒面

图 9-36-3 红色玻璃戒面

其他特殊玻璃,如乳白色的玻璃可用来仿制珍珠或白玉,局部染成绿色之后又可仿冒翡翠。还有一种熔点特别低的焊料玻璃(熔点仅 250~330℃),可用来修补宝石、高档翡翠和某些宝石的裂隙及小孔洞等。

一般玻璃都是无色透明的,为了各种不同的用途,可以在熔炼玻璃的原料中加入不同的金属氧化物,使玻璃染成不同的颜色。例如加氧化亚铁(FeO)可使玻璃染成绿色,加氧化钴(CoO)可使玻璃染成蓝色。使玻璃染色的金属氧化物和其他化合物如表 9-36-2。还有些其他种别的玻璃皆简介于表 9-36-3 中。

表 9-36-2　使玻璃染色的金属氧化物和其他化合物

染成的颜色	染色的金属及化合物
红色及粉红色	铜、金、铁(Fe^{3+})、锰、铂、硒、钒
黄色至黄棕色	镉、铬、钴、锰、镍、银、钛、钒
绿色	铬、铜、铁(Fe^{2+})、钒、锆
蓝色至紫色	铬、钴、铜、锰、钕、镍、碲、钛、钒
黑色	铁＋锰＋锡
半透明及不透明白色	锡、锌、钙、磷酸盐、氟化物、硫酸盐
不透明的黄色至红色	镉、硫化物、硒化物
使玻璃无色	硝酸盐、锰

8. 铅钡玻璃(琉璃)

铅钡玻璃可有蓝、绿、无色透明、天蓝、黄绿、淡蓝、淡绿、黄褐、白、紫、灰等诸多颜色。古代人用它制造器物、艺术品、装饰品或生活用品,常见的如鼻烟壶、葬玉等。也有的镶嵌于铜器、带钩、刀、剑等器物之上。据研究,在我国古代墓葬和遗址中出土的这种器物数以万计,分析结果表明成分中含有大量的铅和钡。例如我国湖南长沙出土的楚墓中,有绿色谷纹玻璃(琉璃)璧,成分中含 SiO_2 38.3%、PbO 41.53%、BaO 10.37%,应属铅钡玻璃(琉璃)。我国沈才卿(2011)指出这种独特的铅钡玻璃为古时我国所特有。这说明我国是最早制造玻璃的国家之一。

9. 玻璃质仿宝石品种

由于玻璃可以制造出多种颜色、折射率和密度的产品,且生产成本低廉,技术要求不高,因此可以作为任何一种宝石的仿制品(冒充品)。如今市场上在高档、中档、低档的宝石中,甚至在玉雕领域中都发现有玻璃的仿制品,常见的如下所示。

(1) 料制仿造品。为采用各种有色玻璃仿造红宝石、蓝宝石、祖母绿、碧玺等。也包括用各种稀土玻璃来仿造,但是不论哪种玻璃总是有玻璃的特征,即颜色单调、玻璃光泽、硬度小、透明度好以及有的有分散的气泡等特点,易识别之。

(2) 铅玻璃钻。即指用铅玻璃或普通玻璃仿造钻石。铅玻璃的制品,据考始于古罗马时代,17 世纪在英国已得到发展。近代这种铅玻璃制品因硬度低而易使透明度降低、硬度小、制作时容易使工人铅中毒,故很少采用。

普通玻璃制品,是用含低铁的无色玻璃,琢磨成圆刻面形戒面后,在背后再镀铬或水银以反射光线,并经过玻璃出现光彩。在市场通称此玻璃钻为"水钻"或"玻璃钻石",大都用在低档饰品之上。

(3) 矿物玻璃仿制品。为利用的蓝宝石、绿宝石、碧玺等一些质量较差、价格较低廉的天然宝石,熔融成矿物玻璃,然后再加工成宝石。这些矿物玻璃的硬度比普通玻璃大一些,颜色美丽、透明度特好,但仍保留着玻璃的特色。常见玻璃质仿宝石范例如表 9-36-3。

表 9-36-3　常见玻璃仿制宝石范例

玻璃类别	仿制宝玉石的名称
无色透明玻璃	钻石、水晶(制成水晶球)
红色玻璃	红宝石
粉红色玻璃	芙蓉石
黄绿色玻璃	橄榄石、岫岩玉
黄色玻璃	黄色黄玉、黄色水晶
绿色玻璃	祖母绿、翡翠
蓝色玻璃	蓝宝石、海蓝宝石、蓝色黄玉
紫色玻璃	紫水晶

(4) 复合宝石。是用真宝石同玻璃或真宝石同水晶等胶合而成,所以又称"双层宝石"、"垫层宝石"、"夹层宝石"或"组合宝石"。①双组合(二层石):把两片不同的宝石原料粘合在一起,也有上层是宝石下层是玻璃的,如上层是黑欧泊,下层是普通玻璃或无色透明水晶等。也有把一片上下抛光的黑欧泊,夹在无色透明的水晶或玻璃之中,构成三层石。②三组合:将三片宝石材料用无色胶粘合,或将两片宝石材料加一片玻璃,用无色胶粘合。③箔衬石:在宝石底刻面上(亭部)涂上或辅垫上各种颜色的彩色薄膜将玻璃置于宝石或玉石的表面,以增加宝石的颜色或亮度。

识别这类组合、夹层、箔衬,需要侧视观察,看有无拼合迹象,观察两层宝石性质是否一致,另一方面找出胶合面的接触痕迹即可识破其造假手段。如图 9-36-4 所示为玻璃组合件。

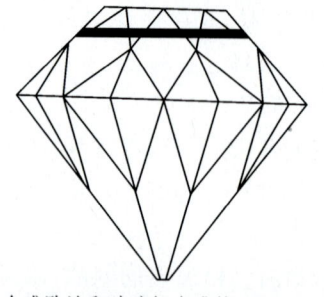

(a)合成欧泊和玻璃组合成的三层石,顶部、底部是玻璃,中间是合成欧泊(黑色部分),以无色粘胶粘合,为侧视图

(b)由台面观察欧泊玻璃三层石图像

图 9-36-4　玻璃三层石

五、鉴别特征

放大观察可见分散的圆形气泡、表面洞穴、拉长的空管、流动线、橘皮效应,有球状、卵状气泡。经过处理,也可出现猫眼效应、变色效应、光彩效应、晕彩效应、变彩效应、星光效应及砂金效应等。表面看棱角圆滑,以手摸之不具凉感而有温热感,密度小,硬度小,易识别之。

六、我国仿宝石玻璃的生产发展

我国仿宝石玻璃业发展迅速(沈才卿,2008)。在21世纪初,我国人工合成玻璃已经有仿星光宝石、仿猫眼宝石、稀土玻璃宝石、仿珊瑚宝石、仿绿松石、仿钻石等产品,而且很多产量是居世界首位。

值得提出的是,常用的仿宝石玻璃是铅玻璃,因为普通玻璃成分中加入铅会使玻璃密度加大,折射率提高。一般加入铅含量为25%~50%,有的特种玻璃含铅量可超过80%。这种严重的污染容易引发铅中毒,对人体危害极大(详见第十五章第十节)。故我国大力开展无铅高折射率仿水晶玻璃的研制,以取代含铅玻璃。

1986年我国研制成功"稀土玻璃宝石"(林风英,2008)。20世纪90年代又研制出稳定性高的稀土玻璃系列。后又去掉氧化铅,研制出环保型的高折射率($N=1.71 \sim 1.95$)稀土玻璃。这种玻璃颜色种类丰富、质量稳定,既不含放射性元素,也不含有毒的重金属元素铅,用它做成的仿真饰品,长时间佩戴对人体不会造成伤害。

又如玻璃仿钻石的"水钻"自动化生产线取得了突破性的进展。它推进了玻璃仿钻石也推动了其他人工宝石加工业的发展。人工合成宝石花色品种繁多、需求巨大,这些都促使我国仿宝石业的迅猛崛起。

[附] 优化处理及仿造

这是指为了仿天然宝石或增强色彩、光泽而在制品的表面整个或部分进行覆膜处理,但是这种覆膜常可部分地脱落,也可用小刀或锐利的器具刮掉,而暴露出内胎。

总之,在市场上玻璃制品是既多而又复杂,所以它是宝石工作者们检测的常见对象。

第三十七节 塑 料

塑料(Plastic)以合成的或天然的高分子化合物为主要成分,而且是可以在一定条件下塑化成形,产品形状最后保持不变的一类物质。常见的多数材料是以合成树脂为基础,并含有充填剂、增塑剂、致色剂。塑料具有质轻、绝缘、耐腐蚀、强度好、色泽艳丽、易加工的特点,故用途甚为广泛。优质者可以用作宝石的代用品。根据受热后的性能可分为:具有热塑性的,即受温度升高软化,而可反复塑制的如聚氯乙烯、聚乙烯、聚丙烯、聚苯乙烯、纤维素塑料等;具热固性的,即形成后受高温而不会软化,不能反复塑制的如醛塑料(如电木)、氨基塑料等。塑料种类繁多,用于仿造宝石饰品的也不为少数。塑料首饰的共同特征是:颜色多种多样。如有杂色的和带有条纹、条带的仿宝石首饰,也具有星光效应、猫眼效应、月光效应、砂金石效应的仿宝石首饰,还有塑料珍珠、塑料欧泊、塑料琥珀、塑料玳瑁等各种仿宝石首饰。

一、化学成分

塑料的化学成分主要为 C、H、O。

二、形态

塑料为非晶质体,无固定形状。

三、物理特性

常见者为白、黄、红、橙黄等色,也可有各种颜色,呈蜡状光泽、玻璃光泽、油脂光泽及土状光泽,透明至不透明,多数为半透明。韧性大。光性为均质体,无多色性,可具异常干涉色,折射率一般在 1.460~1.700 之间,无双折率,紫外荧光无至强,可呈各种颜色。无解理,硬度为 1~3,密度小,一般为 1.05~1.55g/cm^3。

四、类别及品种

仿制宝玉石所用的塑料大致分为 7 种。

1. 纤维素

纤维素是在加压下形成的硝酸纤维溶于樟脑或樟脑代用品的固态溶液。无色透明或微带黄色,可外加致色剂。折射率为 1.50,硬度为 2.5~3,密度为 1.35~1.62g/cm^3,抛光性能良好,加热到 100℃ 即易于灌模,145℃ 即可分解,燃烧时可产生有毒浓烟,摩擦加热会产生樟脑味。它是电和热的不良导体,不溶于水,溶于酒精,遇酸分解,可做龟壳、珊瑚、珍珠母和琥珀的仿制品。

2. 酚醛塑料(电木)

酚醛塑料是以酚醛树脂为基础塑料的统称,为在酚醛树脂加入填充剂、增添剂等,再加工而成。在市场上有电木或电玉之称,比较常见。油脂光泽,透明至半透明,折射率为 1.50~1.70,具高韧性,硬度为 2.5~3,密度为 1.25~1.30g/cm^3,加充填剂可升至 1.95g/cm^3,不怕酸碱,热硫酸和硝酸对它会稍有腐蚀,不易燃烧,加热可碳化,绝缘性良好。缓慢加热可产生石碳酸味,易老化变黄,可仿制寿山石等。

3. 醋酸纤维

醋酸纤维是由醋酸和醋酸酐与石棉纤维作用而成。无色无味,呈油脂光泽,透明至半透明,折射率为 1.46~1.50,硬度为 1.5,密度为 1.27~1.37g/cm^3,断面不平,加热易变形,入模后硬化易于加工,具强韧性、强弹性。抛光性能良好,火烧有酸味,150℉ 变软,可与酒精和其他溶剂作用,在浓硫酸中分解,多用于仿制珍珠等。

4. 丙烯酸树脂

丙烯酸树脂是一种复杂的碳氢化合物,其原料为煤、水、石油和空气,由丙烯酸或其衍生物制备,其中最重要的是甲基丙烯酸酯,色泽艳丽,透明度极好,透过可见光超过最透明的玻璃,是最透明的材料之一。折射率为 1.485~1.50,硬度为 2,密度为 1.18g/cm^3,断面不平,具强韧性、强弹性。加工性能好,属热塑型材料,可以倒模加工成形,再加热又可软化。酒精可蚀,而遇弱酸、强弱碱不太起作用,稍加热即可发出水果香味。可用它仿制红宝石、蓝宝石、祖母绿、绿色宝石、紫晶、黄玉等。

5. 尿素树脂

尿素 $CO(NH_2)_2$ 晶体是用氨和二氧化碳合成的,在氨中将尿素和甲醛按 1∶4 混合,后在一定温度压力下,用模子压制而成。其颜色艳丽,油脂光泽,微透明至半透明。折射率为 1.54～1.60,硬度为 2.5,密度为 $1.48g/cm^3$,断面不平,抗压性好,易燃,在 200℃ 碳化,稍加热有甲醛气味。酒精、丙酮、油类、弱酸、弱碱都对它无作用,只有在强酸中对它稍有损伤。

6. 三聚氰胺甲醛

三聚氰胺甲醛是三聚氰胺($C_3H_6N_6$)与甲醛合成,属热固性塑料,加致色剂可呈现各种颜色。半透明至微透明,折射率、硬度、密度与尿素树脂相近,加热时可发出强烈的鱼腥味,除用以仿制宝石外还可用于制革、制餐具、制黏结剂等。

7. 酪素塑料

酪素塑料是由酪素与甲醛合成。玻璃光泽,光泽暗淡,折射率为 1.54,硬度为 2.5,密度为 $1.34g/cm^3$,韧性良好,是象牙、琥珀、龟壳、珊瑚等的良好仿制材料。

五、鉴别特征

放大观察可见有气泡、流动线、橘皮效应,卵状、管状等各种形状的气泡,浑圆状刻面棱线。以热针测试可熔化并有辛辣味,摩擦可带电,握到手里有温感。在表面还常有明显的铸模痕迹,表面有凹坑和不平坦状,棱角圆滑,在 10× 放大镜下可非常清晰地看到表面不平或划痕等。密度特小,易于辨认。

市场上常见的仿宝石塑料制品品种还有很多,由于其硬度低、密度小,故易于辨认。

玻璃、塑料与合成宝石及仿造宝石的物理特性对比如表 9-37-1。

天然宝石、合成宝石及玻璃、塑料等仿制宝石的特征比较如表 9-37-2。

表 9-37-1 玻璃、塑料与合成宝石及仿造宝石的物理特性对比

物理特性 宝石品种	折射率	双折率	色散	密度/g·cm^{-3}	硬度	其他
玻璃	1.470～1.700	无	0.03～0.04	2.3～4.5	5～6	无解理有分散圆气泡,手摸有温感
塑料	1.460～1.470	无		1.05～1.55	1～3	可具异常干涉色,紫外荧光无～强
钛酸锶	2.409	均质体	极强 0.190	5.13±0.02	5～6	无天然者,一般无瑕疵,可能含气泡,有抛光痕,无透视效应
立方氧化锆	2.150	均质体	强 0.060	5.6～6	8.5	一般无瑕疵,可含未溶化的氧化锆和气泡,略有透视效应
钆镓榴石	1.970	均质体	中等 0.45	7.05±	6.5	无天然者,一般无瑕疵,可能有气泡,短波紫外线下,无色品常见强粉橙色荧光

续表 9-37-1

物理特性\宝石品种	折射率	双折率	色散	密度/g·cm^{-3}	硬度	其他
钇铝榴石	1.833	均质体	弱 0.028	4.55	8~8.5	无天然品，无色者强透视效应，绿色者，有弯曲擦痕，透射光下有红色闪光
合成金红石	2.616~2.903	0.287（极强）	极强 0.330	4.26±0.03	6~6.5	显示特性的黄色色彩，一般无瑕疵
合成红宝石	1.762~1.770	0.008	3.90~4.05	4.00±0.03	9	气泡，弯曲条纹，弯曲色带，以包裹体与天然品区别，强红色荧光
合成蓝宝石	1.762~1.770	0.008	3.90~4.05	4.00±0.03	9	除无荧光外，特点与合成红宝石相同
合成尖晶石	1.720~1.730	均质体		3.52~3.66	8	有各种颜色和变色，折射率高，可具异常双折射，有弧形生长纹，异常消光，通常内部洁净，偶有气泡，可有助熔剂残余，具紫外荧光
合成祖母绿	1.561~1.563	0.005~0.007		2.68±0.03	7.5~8	紫外辐射显红色荧光，硅铍石晶体的包体
合成水晶	1.544~1.553		0.009	2.69~2.64	7	
合成紫水晶	1.544~1.553		0.009	2.69~2.64	7	

表 9-37-2　天然宝石、合成宝石及玻璃、塑料等仿制宝石的特征比较

鉴别特征	天然宝石	人工合成宝石		仿制宝石
		熔融法	助熔剂法（热液法）	（玻璃和塑料等）
颜色分布	不均匀	一般较均匀	一般较均匀	均匀
固态包体	常见，一般有晶形，不同地区和不同成因具不同种类	一般无，有时可见黑或其他色，边缘圆滑或不规则状包体（外来物）	一般无，有时可见面包屑状包体或铂金（三角形或六边形）	一般无，有时可见雄晶-牛毛纹，羊齿植物脉，面包屑状等或故意扔进的矿物碎屑
液态包体 熔体包体	有时可见羽状或指纹状液态和熔体包体但同时可见固态包体	有时可见羽状或指纹状熔体包体	常见羽状或指纹状或云烟状液态包体，有时可见助熔剂呈玻璃质在指纹状裂隙中	无

续表 9-37-2

鉴别特征	天然宝石	人工合成宝石		仿制宝石
气态包体	二相(气、液)或三相(气、液、固),很少单独气相包体	常见气泡,单个或成串	常见气泡,单个或成串,有时具慧星状尾	常见气泡,呈圆形,椭圆形,鱼雷形或细长管状,单个或成串呈线状,羽状或苔状
双晶	红(蓝)宝石及长石中有时可见聚片双晶	未见	有时见	无
生长纹 种晶	常见直线生长纹,未见种晶	常见弧形生长纹(似电唱机纹) 偶尔可见种晶	直线生长纹 偶尔可见	可见弧形搅动纹(似人工合成物) 无
微量元素	多而复杂,不同成因不同,镓是特征元素,热处理,红宝石加入了助熔剂,有硼和铝等	钨、铂少,铋钼和铌等是特征元素	同熔融法	少,不同颜色不同,高折光率者可见稀土元素或铅等
水	热液形成者含少量水	不含	含少量水	不含
对紫外线透过能力	吸收	透过	透过	
其他	不同宝石具不同物理和化学性质,天然和人工合成品具有基本相同的物化性质			折射率 $N=1.44\sim1.70$,纯玻璃 $N=1.50$,均质,常具异常消光,密度为 $2.0\sim4.2$,摩氏硬度 H 小于或等于 5.5,导热性极差,亲水,钴致色蓝玻璃在查尔斯镜下变红

第十章 有机宝玉石大类

在化学上研究碳氢化合物及其衍生物的化学称为"有机化学"。在矿物学上提到的有机化合物则往往包括有机物在地质因素影响下,变化而成的矿物与矿物物质(岩石),其中有些可作为宝石或玉石的,则称为"有机宝石"。或简单地说:成因与生物有关的宝石(或玉石),则统称作"有机宝玉石"。

1976年我国改革开放以后,王徽枢首先研究了河南西峡、辽宁抚顺的琥珀、煤精,确立了琥珀的化学成分代表式;1989年王徽枢在中国地质大学开设了"有机宝石学课程",开创了我国有机宝石的研究,填补了我国有机宝石研究的空白。

在本书有机宝玉石章节中,将叙述珍珠、琥珀、珊瑚、煤精、象牙、龟甲、贝壳、硅化木、百鹤石等,而珍珠已在第八章贵重宝石中作了简述,在此不再重复。

第一节 琥 珀

琥珀(Amber)在我国最古老的一部矿物学书——《山海经》中称"育沛",《汉书》中称"虎珀",《后汉书》中称"琥魄"。"琥珀"一词始见于《雷公炮炙论》一书中,皆因与古有"虎死精魄入地为石"之说有关。晶莹剔透、灿烂夺目的琥珀,经加工雕琢后成为雅致瑰丽的装饰品。在17世纪,爱斯基摩人就把琥珀当做饰物,并认为它是可以消灾祛邪的吉祥物。直至现在爱斯基摩人在出海捕鲸时,有的仍然佩戴琥珀,将它看做护身符,妇女们则用它作首饰。

在2 000多年前罗马人曾赋予琥珀很高的价值。据古罗马政治家、百科辞典编集者普林尼记载:一个琥珀刻成的小雕像,比一名健壮的奴隶更值钱。在相当长的一个时期,罗马妇女经常手里握一块琥珀,因为琥珀在手里变温暖时发出一种香脂般的香味。如今柏林、德累斯顿、莫斯科等地博物馆里,还收藏着著名珍贵的古代琥珀工艺珍品。

古希腊人认为琥珀是阿波罗神的神圣饰物。有些琥珀曾被用作货币,考古学家们用它作为探索连接古老文明贸易之路的线索。

波罗的海沿岸海滩上盛产琥珀,旅游者大量购置,如果把它作为世界最著名的第一产地的话,美洲的多米尼加就是世界琥珀的第二产地。这个国家关于琥珀的记载,可以追溯至哥伦布发现新大陆的时代。在16世纪西班牙主教至墨西哥旅游时就曾谈到了墨西哥中部恰帕斯的琥珀,并记述了印第安人取掉分隔鼻腔的软骨戴上琥珀鼻饰,有的还用琥珀作为耳朵和嘴唇的装饰。在其邻近的瓦哈卡市州的阿尔班山古墓里发现了琥珀项链。该地直到现在还进行着琥珀的交易。

在我国有关琥珀的记载,历史悠久。《山海经》中称"南山经之首曰昔山,其首曰雕之山

(今四川汶山),临于西海之上……丽鹿之水出焉,西流注于海,其中多育沛(琥珀)"。《后汉书》中称"琥珀"出哀牢山(云南哀牢山)。据记载,唐贞元十年(794年)南诏王异牟寻进献唐德宗李适一块琥珀重达10kg。

我国古代对琥珀性质和品种也有所认识。晋代《华阳国志》中曾指出"琥珀拾芥"之奇观,发现琥珀摩擦或加热下能吸引草木灰屑。关于琥珀品种的记载,如《奇玩林》中所述:"色黄而明莹润泽,其性若松香,色红而且黄者谓之明珀,有香者谓之香珀,鹅黄色者谓之蜡珀,色深者谓之血珀。"琥珀中包有昆虫,在古代亦有记载,如《清一统志》中指出:琥珀是"松木精液凝成,其中亦有蚊蠛等形者",都认为是松香粘昆虫入地而成。

我国琥珀用来作工艺品或佩戴饰物也由来已久。据《南史》记载:"潘贵妃琥珀钏(镯子——作者注)一支,值百七十万。"另外古时琥珀除作饰品外,也是一种名贵的药材,有安神镇惊,活血化痰,利尿通淋之功效。还有外用可医治疮伤等症之用途。

一、化学组成

琥珀的化学通式为 $C_{2n}H_{3n}O$。

琥珀的化学式过去一般以 $C_{10}H_{16}O$ 来表示,实际并非如此。$C_{10}H_{16}O$ 只是琥珀中的一种,而不能成为代表式,经本书作者研究证明用 $C_{2n}H_{3n}O(5<n<15)$ 比较合适。因琥珀为一树脂体,其化学组分不太固定,故只能用一般式表示。琥珀的化学组成为:含琥珀树脂酸占50%以上、琥珀松香酸占10.4%~25.3%、琥珀油占1.6%~6.7%、琥珀脂醇占1.2%~1.7%,其他有的组分中尚有琥珀酸盐等占4%左右,少量存在。

琥珀的化学组成见表10-1-1。表10-1-1中各组分的物理特性见表10-1-2。琥珀的组成元素主要是碳、氢、氧、氮、铁、硫等,各种颜色不同的琥珀其含量不同,各产地亦有差异,如表10-1-3所示。不同产地的琥珀中微量元素含量不同。

表10-1-1 琥珀的化学组成

样号	组分	各组分含量/%				
		琥珀酸盐	琥珀油	琥珀松香酸	琥珀脂醇	琥珀树脂酸
河南西峡	C01	—	6.7	11.3	11.9	69.6
	C03	4.1	5.8	16.4	6.7	67.0
	C04	—	4.8	17.1	6.3	71.8
	C07	—	5.4	25.3	17.0	47.3
	C09	—	2.5	15.7	4.3	77.0
	T混11	—	1.6	10.4	1.2	87.3
辽宁抚顺	F01~F09(平均)	4.6	1.6	10.4	1.2	87.3

表10-1-2 各组分的物理特性

组分	物理性质	熔点/℃	分子量
琥珀油	明油香味	30	356
琥珀松香酸	黄色透明固体	102	650
琥珀脂醇	白色粉末	109	1 060
琥珀树脂酸	深褐色固体	278 焦化	—

表 10-1-3　琥珀的元素分析

样品编号	颜色	C(碳)/%	H(氢)/%	O(氧)/%	N(氮)/%	Fe_2O_3(三氧化二铁)/%	S(硫)/%
抚顺 F01	带黄的白色	80.85	10.17	7.72	0.04	0.58	0.25
抚顺 F02	黄—橙黄	80.69	10.56	7.65	0.04	0.97	0.25
抚顺 F03	黄褐—褐黑	80.42	10.21	8.18	0.05	0.80	0.25
西峡(平均) C01-4	黄—褐	83.02	10.73	3.98	0.52	微量	0.35

二、内部结构特征

琥珀是非晶质的，主要是有胶粒组成的片状结构[图 10-1-1(a)]，但琥珀体内存在有序状态，在 60 000× 的电镜下观察，可见到胶粒，粒径大小为 0.17~0.42μm 的椭圆形胶粒堆积[图 10-1-1(b)]。这种堆积不是原子在三维空间规则排列的晶体结构，而是显微球粒组成的肾状紧密堆积[图 10-1-1(c)]。

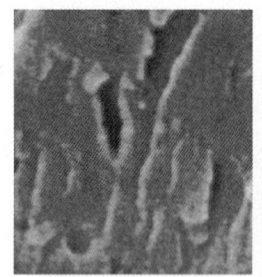
(a) 琥珀的叶片状结构
(扫描电镜 12000×)

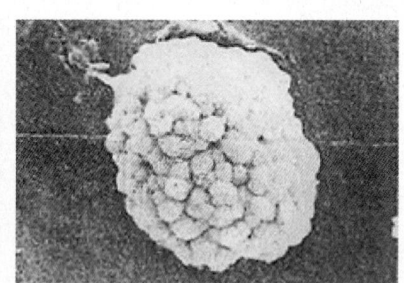
(b) 琥珀胶粒堆积成菜花状
(扫描电镜 15000×)

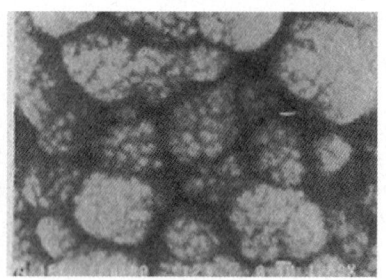
(c) 琥珀胶粒堆积成肾状
(扫描电镜 54000×)

图 10-1-1　琥珀的电镜扫描

琥珀是有机物，其基本骨架为脂肪族结构（—CH_3），含有大量羧基（ R—$\overset{O}{\overset{\|}{C}}$—OH ），并含有酯（ R—$\overset{O}{\overset{\|}{C}}$—O—R' ）、醇（ R—OH ）、醚（ —$\overset{|}{\underset{|}{C}}$—O—$\overset{|}{\underset{|}{C}}$— ）等含氧结构。随琥珀颜色的加深，烷、烃比例变小，琥珀酸、酯、醇、醚含量相对增加。黑色琥珀有不饱和烃（ $\overset{R'}{\underset{R}{>}}$C=$CH_2$ ），有烯烃双链存在。暗色琥珀中由于琥珀中常含少量煤屑等杂质，因而还常出现芳香结构。

三、形态

非晶质,成不规则块状,块度大小不等,有几毫克、几克甚至几千克者。只有较大的致密块体方可作雕刻或首饰之用。块状体如图 10-1-2(a)所示。

产于煤层中的琥珀颗粒大小不一,大者粒径可达 4cm,小者 1~3mm,一般为 1~2cm,亦成不规则状、扁平状、球粒状等。也有的琥珀成条带状,夹于煤层中或成粒状分布于煤层之中。有的产地如河南西峡的琥珀过于松散、易碎,则达不到制作饰品及雕刻的要求。产于抚顺煤层中的块状琥珀[图 10-1-2(b)、(c)],大者方可作饰品或雕刻之用。

(a) 琥珀大块体　　　　(b) 琥珀块体　　　　　　　　(c) 瘤状琥珀

图 10-1-2　琥珀块体(中国抚顺产)

四、物理特性

琥珀的颜色有带黄色的白色,不同深浅的橙黄色、黄色、深黄色、深褐色、黑色,很少见有绿色、蓝色、红色以及白色、黄色、褐色相间的条纹状花琥珀等。条痕呈黄白色,松脂光泽,透明至半透明。

在单偏光镜下呈浅黄色至深黄色至褐色;在正交偏光下多为均质体,完全消光,有的呈一级灰干涉色,可能为受静压力而晶化所致。折射率为 1.540(+0.005,-0.001)。反射率为 $R_{max}=0.2\%$,在荧光显微镜下黄白色琥珀呈黄绿色,橙黄色琥珀呈黄色,黄褐色琥珀呈褐黄色。在琥珀的颗粒边缘有较深色的氧化部分,为渗出沥青,变为褐黄色,而且常具有大量的气液两相包体。颗粒边缘向中心,颜色有的变深。沿裂隙有风化现象,琥珀颗粒中还常有流动构造[图 10-1-3(a)、(b)],包裹有生物残骸或石英方解石包体[图 10-1-3(c)],有的有昆虫化石。

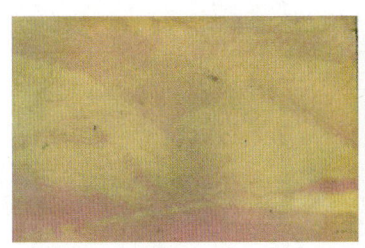 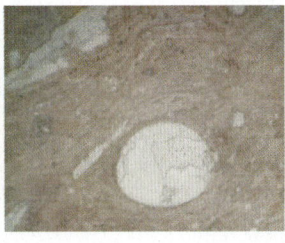 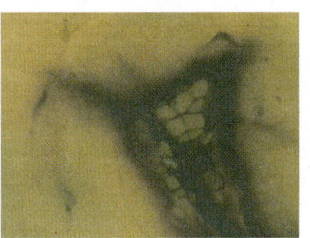

(a) 琥珀中的流动构造　　(b) 琥珀中的生物残骸及流动构造　　(c) 琥珀(黄色)中的方解石
　　　　　　　　　　　　(白色为生物残骸,黄色为琥珀)　　　(白色)小颗粒包体

图 10-1-3　单偏光荧光下的琥珀 180×

琥珀颗粒加热至 250~300℃熔融,有特殊的芳香气味。受摩擦时琥珀可产生负电荷,可

吸引一些碎片、尘埃、纸屑等较轻物质。

摩氏硬度一般为 2～2.5，密度为 1.08(＋0.02,－0.08)g/cm³，无解理，具不规则断口，有不强的脆性，微具韧性。

五、琥珀的品种划分及评价

一般认为琥珀颜色正、透明度高、无杂质。包有古代昆虫化石、块度大、无裂纹而致密者为佳。中国品种的划分如下。

1. 一般品种划分

（1）红珀。色浓而正的深红色为上品，很稀少（图 10-1-4）。

（2）金珀。如同黄水晶般呈金黄色，为优质品。

（3）虫珀。含有古代昆虫化石者为贵，其昆虫种类随产地不同而异，以蚊、蝇、蚁居多（图 10-1-5）。

图 10-1-4　红珀(产于中国西藏)

图 10-1-5　虫珀

（4）蓝珀。呈蓝色的琥珀，如图 10-1-6(a)所示。

（5）香珀。具有香味者，如图 10-1-6(b)所示。

（6）灵珀。蜜黄色，透明度高，较珍贵而质优，如图 10-1-6(c)所示。

（7）蜜蜡。性软的琥珀，如图 10-1-7 所示。

（8）花珀。有黄、白、褐相间的花纹，如图 10-1-8 所示。

（9）石珀。黄色透明，硬度较大，有石化现象，如图 10-1-9 所示。

（10）水珀。浅黄色、透明如水。

（11）明珀。色似松香，有的呈橘黄色、橘红色，较透明。

(a) 蓝珀

(b) 香珀

(c) 灵珀

图 10-1-6　蓝珀(据台北梵石有限公司)

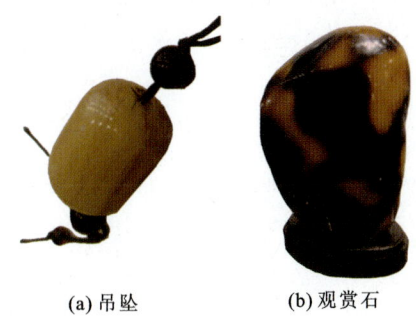

(a) 吊坠　　　　(b) 观赏石

图 10-1-7　蜜蜡

图 10-1-8　花珀手链

图 10-1-9　石珀手链

（12）蜡珀。蜡黄色，有蜡感。
（13）红松脂。性脆，透明度差，有混浊感。
（14）瑿珀。黑色，半透明至不透明，有的边部为透明。如图 10-1-10 所示。
（15）变色琥珀。市场上称蓝琥珀，在黑衬上颜色变为艳丽的蓝色。

(a) 瑿珀项链

(b) 吊坠

图 10-1-10　瑿珀

2. 按琥珀不同颜色品种划分

按不同颜色的琥珀品种作物质成分实验，结果如下：

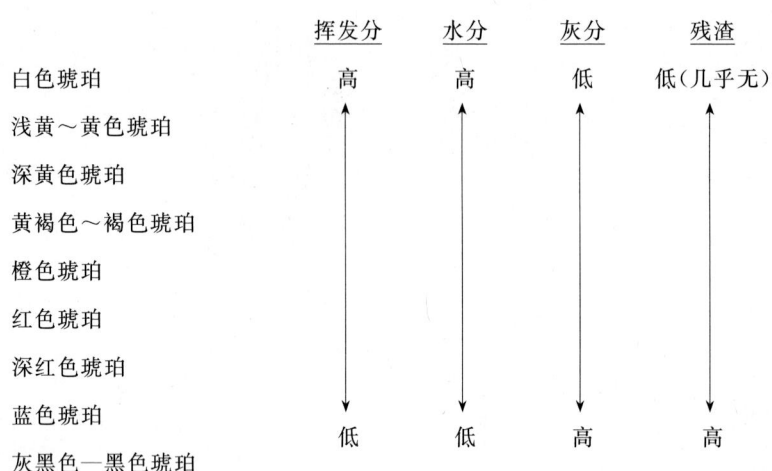

	挥发分	水分	灰分	残渣
白色琥珀	高	高	低	低(几乎无)
浅黄～黄色琥珀				
深黄色琥珀				
黄褐色～褐色琥珀				
橙色琥珀				
红色琥珀				
深红色琥珀				
蓝色琥珀				
灰黑色—黑色琥珀	低	低	高	高

其性质可与琥珀的物质成分相关,如浅色者含挥发分高,深色者含灰分、焦渣多等。

六 鉴别特征

1. 常规鉴别方法

琥珀的密度几乎是所有宝石中最低的,据此可以与大量的人造塑料仿制品如电木(密度 $1.25g/m^3$)、赛璐珞(密度 $1.35g/cm^3$)区分。这些人造材料在饱和盐溶液中沉降,而琥珀浮起。有几种像聚苯乙烯的塑料,它的特殊颜色似仿制琥珀,甚至里面人为的包上昆虫以假乱真,使人误认为是天然琥珀。这些材料的密度又与琥珀接近,但它们在有机溶液如丙酮或甲苯中迅速软化,可区别之。另外,把热反应试验仪(或热针)插入琥珀中,可以嗅到特殊的气味。据此也可以与塑料仿制品相区别。人工压制的琥珀由于里边有扁平的气泡和粒状圆形组织,单个颗粒的边界有的清楚,有时还可呈荧光反应,可被区分出来。有一种新树脂石——柯巴树脂(Copal),是一种和琥珀很相似的化石树脂,年代较新,来自南美、西印度群岛、西非、东北、新西兰等地的树木,物性、光性与琥珀都很相近,折射率为1.53、密度为 $1.06g/cm^3$,硬度比琥珀还低,割切会有粉粒脱落,所以与琥珀很难区分。然而,琥珀在有机溶剂中几乎不可溶,若将一滴丙酮、甲醇溶液滴于柯巴树脂上,几秒钟内将迅速腐蚀变软产生疤痕,琥珀几乎不被腐蚀或仅轻微受到腐蚀;也可用荧光反应辨别琥珀与柯巴树脂,因柯巴树脂对短波紫外光呈白色荧光。另外有一种硬树脂,比柯巴树脂产生的时代更新,是一种半石化的树脂,不含琥珀酸,挥发性更高,比琥珀更脆、更易裂开,也包括一些动植物遗迹,要靠红外光谱与琥珀区别。

松香的形态与物理性质与琥珀极相似,淡黄色,半透明,树脂光泽,成粉末,只是其表面气泡多而疏松,在短波紫外光下呈黄绿色荧光,而且其红外谱图也与琥珀不同,易于区分。经研究,松香是琥珀的前身,只是未经长期地质作用而已。与琥珀不同的是,松香燃烧有松香味,粉末性涩,中国胡琴乐器打上松香粉以发声响,可区别之。

放大观察,琥珀中包有完整的古代昆虫,如蜘蛛、蚊、蝇、蚁之类和其他树枝、树叶等有机物及石英、长石无机物包体。这些小昆虫被粘性树脂粘住,由树上再渗出的树脂进一步覆盖而存在于琥珀之中。此外,琥珀还可包裹松针等及其他的植物碎片、气泡等。遗憾的是,琥珀内昆虫的存在并不能保证材料的可靠性,因为人造的仿制品同样可用现代的小动物、昆虫(以及植物碎屑)等包于其中。天然琥珀、再生琥珀的对比如表 10-1-4 所示。

表 10-1-4 天然琥珀、再生琥珀的对比

物质名称	折射率	密度/g·cm^{-3}	硬度	荧光性	特性
琥珀	1.54	1.08	2.5	具蓝白色荧光	有气泡,流动构造有动植物残骸昆虫化石,燃烧有芳香味,摩擦生电
再生琥珀	1.54	1.03~1.06	2	紫外光下有亮白蓝色黄光	有的有气泡,可具流纹构造或粒状镶嵌,可有未熔物
柯巴树脂	1.53	1.03~1.08	2	短波紫外光下呈白色荧光	快速熔于乙醚,酒精
酚醛树脂	1.61~1.66	1.25~1.30		长波紫外光下呈褐色荧光	具可切性
赛璐珞	1.49~1.52	1.35	2		易切、易燃
酪朊塑料	1.55	1.32		短波紫外光下有白色荧光	滴浓硝酸可熔出黄色斑,具可切性

值得注意的是观察动物种数和体态,天然琥珀中被树脂粘住的活的小昆虫是古代昆虫,当时也往往有挣扎现象,腿、翅、须、毛直伸;而人工放进去的则是现代昆虫,往往是死后的昆虫遗体,多躯体,腿、翅蜷曲,看不出昆虫挣扎的现象。如果放进去的是活昆虫,体态则不易辨别,但还是个值得参考的重要辨别方法。

2. 仪器检测

(1) 红外光谱测试。琥珀的红外图谱如图 10-1-11 所示。红外图谱表明 2 960cm^{-1}、1 465cm^{-1}、1 375cm^{-1} 强吸收为甲基结构,1 700cm^{-1} 为大量羧基,可定出琥珀的基本骨架为脂肪族结构。西峡琥珀则在 2 960cm^{-1}、1 450cm^{-1} 有强吸收,俄罗斯的在 1 450cm^{-1} 有强吸收,1 050~1 250cm^{-1} 系列中一弱的吸收谱带表明有酯醇醚等含氧结构。由峰位置的移动可看出不同颜色琥珀红外图谱的强弱变化。琥珀颜色由浅到深,烷烃比例越小,琥珀的酸酯醚醇含量相对增加。

(2) X 射线测试。衍射图谱如图 10-1-12 所示。测得 d 值在 5.575、5.960、6.477、8.226、8.727 范围内有宽而强的衍射峰,表明琥珀体内有有序结构。其他小衍射峰表明还有少量高岭石、石英、勃姆石等混入物。

(3) 激光拉曼光谱分析(图 10-1-13)。可见辽宁抚顺琥珀在 1 334cm^{-1}、1 440cm^{-1}、2 891cm^{-1}、2 950cm^{-1} 为烷基振动,1 654cm^{-1}、1 702cm^{-1} 为羧基振动,2 735cm^{-1} 为亚甲基振动,与河南西峡琥珀相对照,结果基本一致。这说明用激光拉曼光谱与红外光谱分析琥珀都是有效的。

3. 用 MPV-3 作荧光测量

用 MPV-3 作荧光测量,测得琥珀的相对荧光强度如表 10-1-5。由表可知不同颜色的琥珀,荧光不同。琥珀颜色愈深,荧光色也愈深。琥珀颜色愈浅,荧光强度愈强,这与琥珀中的 C、H、O、N、S 含量有关。另外深色琥珀有机物质多,痕量元素也比较多,致使荧光减弱。

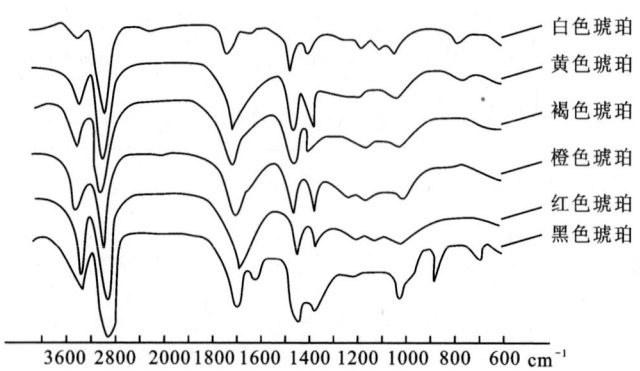

(a) 中国西峡的琥珀红外图谱

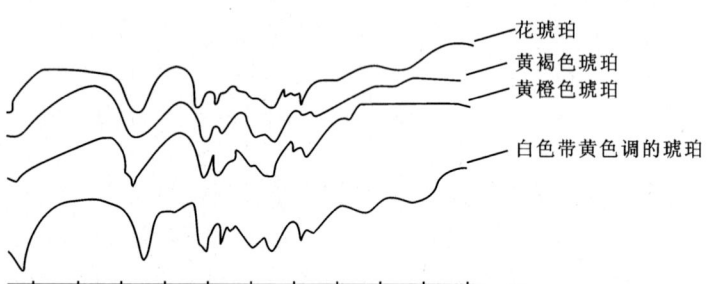

(b) 中国抚顺的琥珀红外图谱

图 10-1-11 琥珀的红外图谱

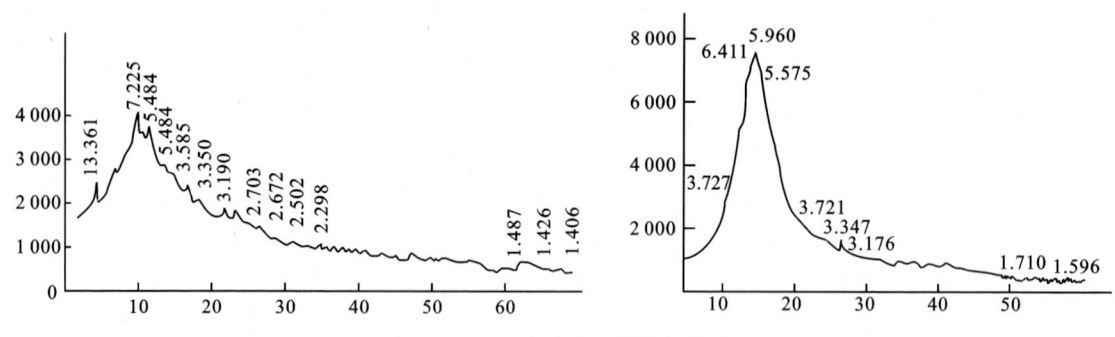

图 10-1-12 琥珀的 X 射线衍射图

第十章 有机宝玉石大类

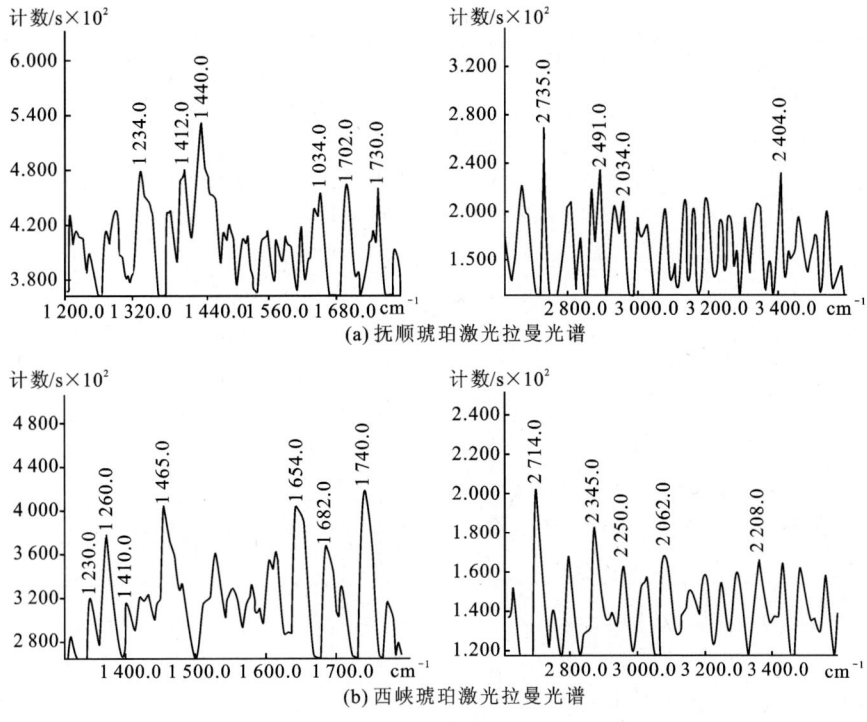

图 10-1-13 琥珀激光拉曼光谱

表 10-1-5 各色琥珀的荧光色及荧光强度

样品编号	颜色	荧光色	相对荧光强度/‰（取一般值或平均值）
C_{01}	白	淡浅蓝	2 239.80～2 740.10
C_{02}	淡黄	淡蓝	1 693.90
C_{03}	黄	淡灰蓝	1 355.68
C_{04}	褐	灰蓝	1 333.75
C_{05}	橙	亮灰蓝	1 270.92
C_{06}	橙红	深灰蓝—浅黄褐	1 052.50
C_{07}	红	蓝灰—土黄	889.76
C_{08}	暗红	深蓝灰	851.78
C_{09}	黑	深蓝灰带紫色色调—黄褐	830.76～140.00

4. 荧光光谱分析

用紫光激发 400～700nm 发射光谱测得荧光光谱如图 10-1-14 所示。按图中荧光光谱特征采取最大峰值及该处波长的红绿商值（Q）与荧光色的关系列表，如表 10-1-6。荧光光谱表明琥珀荧光色浅、红绿商值（Q）小，即随琥珀的荧光加深最大峰值右移，红绿商值（Q）增高。

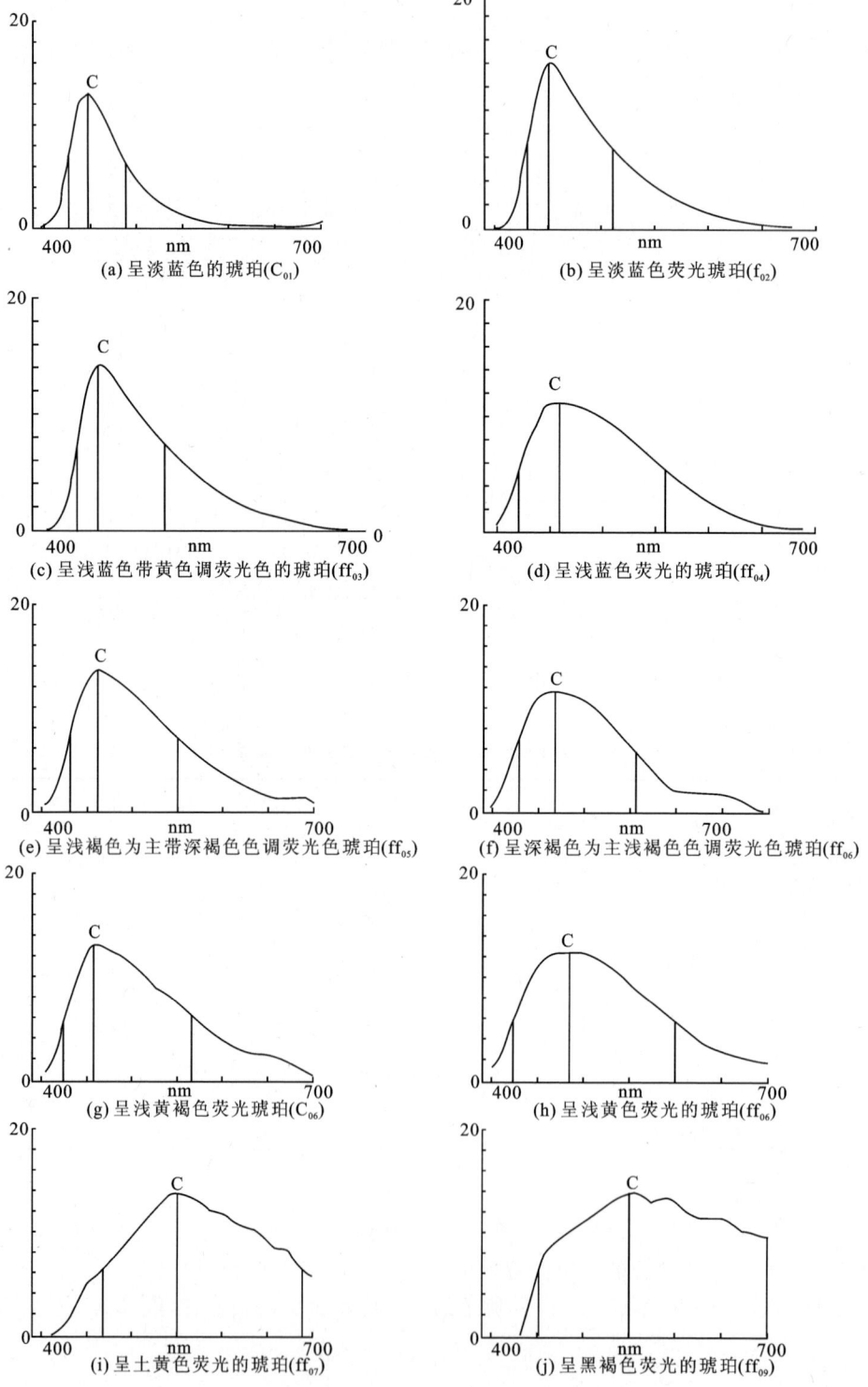

图 10-1-14　各不同荧光色琥珀的荧光光谱

表 10-1-6 琥珀的荧光光谱特征值

样品编号	荧光颜色	最大峰处波长 λ_{max}	最大荧光强度/%	左半波高荧光强度 右半波高荧光强度	红绿商值/Q
C_{01}	淡蓝	450	1 314	6.95/6.19	0.034
f_{02}	浅蓝	450	1 425	7.16/6.72	0.042
ff_{03}	淡蓝带黄	450	1 430	7.43/7.43	0.047
ff_{04}	淡兰	460	1 123	5.35/5.30	0.057
ff_{05}	浅褐黄带褐	460	1 381	7.36/7.34	0.159
ff_{06}	深褐夹浅褐	470	1 167	7.04/5.84	0.190
ff_{06}	浅黄褐	450	1 301	5.50/6.50	0.243
ff_{06}	浅黄	480	1 270	6.13/6.14	0.288
ff_{07}	土黄	550	2 056	9.75/9.82	0.986
ff_{09}	黑褐	550	2 071	9.98/14.66	1.034

5. 差热分析

河南西峡琥珀的差热分析曲线表明：100～110℃、350℃、400～720℃有吸热峰，180℃、300℃、370℃、515℃、645℃有吸热谷，50～480℃失重，至 800℃全挥发；辽宁琥珀 390℃、605℃为吸热峰，样品分三段失重。俄罗斯的放热峰，320℃、490℃、580℃、710℃，70℃、460℃、750℃为吸热谷，也分三段失重。这些皆由不同产地琥珀的物质成分差异引起，如图 10-1-15 所示。

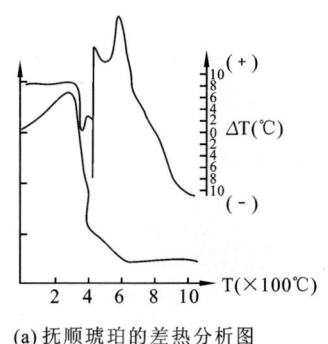
(a) 抚顺琥珀的差热分析图

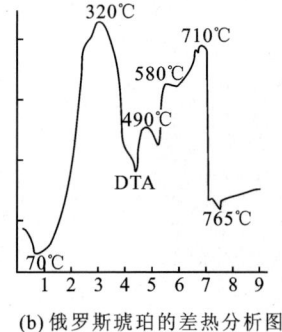
(b) 俄罗斯琥珀的差热分析图

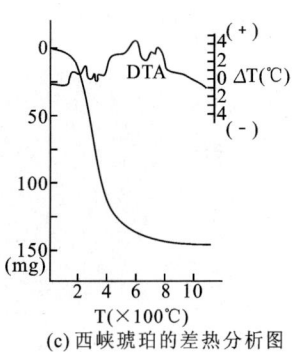
(c) 西峡琥珀的差热分析图

图 10-1-15 琥珀的差热分析曲线图

6. 不同产地琥珀的包裹物及特征比较

(1) 河南西峡的琥珀产于砂砾岩中，多为绿色砂岩所包裹，故常包有石英、高岭石、勃姆石等杂质。

(2) 抚顺煤层中的琥珀，包括昆虫化石、植物碎屑，颗粒周围有炭质包裹物，而且常由边缘向里沿裂隙炭化、风化，故形成中间颜色较浅、边部较深的现象，另外还有流动现象。

(3) 俄罗斯的则在颗粒中有植物残骸充填裂隙，有昆虫化石、有流动构造，透明度好，块度大而致密。

七、优化处理

1. 热处理

将云雾状琥珀放入植物油中加热后变得更透明,处理时产生的裂纹称"睡莲叶"或称"太阳光芒"。太阳光芒为小气泡爆裂而成,处理过的琥珀气泡全无;天然琥珀受热不均匀还会保留一些小气泡。如图 10-1-16 为热处理过的琥珀项链。

图 10-1-16　热处理过的琥珀项链

2. 染色处理

有的为模仿暗红色琥珀用染料染色,这可见染料沿裂隙分布。染色蓝琥珀为先将琥珀加热处理(处理时一般以 CO_2 为催化剂),同时用蓝、绿色或其他颜色着色剂,染成呈各种颜色的琥珀。

3. 熔融处理

以琥珀碎屑熔融生成的再生琥珀往往非常纯净、块度大、无裂缝、无包裹体,而且有圆形气泡。

这种通过人工手段将琥珀碎屑加热熔接成具整体外观的再造琥珀,也有人为放入的近代昆虫和植物碎屑,有拉长的气泡及云状条带或含有未熔物。还可有粒状结构,在正交偏光下通常有异常双折射,但密度($1.03\sim1.05\text{g/cm}^3$)稍低于天然琥珀。再生琥珀(图 10-1-17)为琥珀中放入的近代生物碎屑(蝎子、蜘蛛、蚂蚁、蜜蜂等)。

(a) 再生琥珀
(周生云提供)

(b) 再生琥珀(中间有现代昆虫蜜蜂)

图 10-1-17　再生琥珀

还有一种粘合处理法。即先将琥珀蜜蜡切成细小碎薄片除去杂质染色再粘合在一起成为饰品,如图 10-1-18 所示。

另外还有用聚苯乙烯做成的仿琥珀(图 10-1-19),放入了近代昆虫(蝎子等),是市场上常见的一种仿琥珀制品。

图 10-1-18　粘合处理的蜜蜡手镯

(a) 仿琥珀观赏石
（内有现代昆虫蝎子）

(b) 放大图像

图 10-1-19　仿琥珀

八、产状及产地

琥珀最早是在波罗的海岸发现的。由于密度小，有时琥珀移动到远处，由海浪冲击到海滩上，在低潮汐时，被海藻包裹的琥珀从中分离出来，称之为"海琥珀"。由海琥珀形成的琥珀砂由露天法开采，这种琥珀称为"坑琥珀"。主要的琥珀矿床位于俄罗斯的加里宁格勒。在多米尼加，琥珀产于沉积岩中，其中包裹的小虫蚊、蝇化石往往较多而大，易为旅游者所喜爱。变色琥珀也产在这里，更增加了人们青睐。

其他如罗马尼亚、西西里和缅甸等地都有琥珀所产出。

现在已知的琥珀产地，皆产于时代较新的白垩纪到古近纪、新近纪地层中，如美国的新泽西州和蒙大拿州的琥珀产于晚白垩世，波罗的海的琥珀产于始新世到渐新世，厄瓜多尔的琥珀产于古近纪、新近纪，我国河南西峡的琥珀产于白垩纪，辽宁抚顺的琥珀则产于古近纪等。

美国学者兰根海姆（Langenheim，1969）曾分析了不同地区的琥珀的原始物质树脂体的来源问题。他认为美国大西洋沿岸平原的早晚白垩世沉积物中含有各种来源的琥珀，其中有些用红外光谱可以追踪出它是裸子植物来源类型。新西兰和澳大利亚琥珀是贝壳杉属——一种现在还生存的富产树脂的种属演化而来。波罗的海的琥珀，来源于南美杉属植物，波罗的海琥珀数量多被认为是植物发生疾病引起的。

中国的琥珀主要产地有辽宁抚顺、河南西峡、云南腾冲、福建漳浦等地。

1. 我国辽宁省抚顺琥珀产地

抚顺位于沈阳市之东约50km的抚顺市以南,琥珀产于抚顺煤田的煤层中,赋存于抚顺群古城子组的煤层中。抚顺煤矿露天采矿场地层展现景观如图10-1-20所示。煤层中琥珀的赋存状态如图10-1-21所示。

(a) 远望抚顺煤矿露天采矿场地层展现景观

(b) 抚顺煤矿露天西邦地层倒转图

图10-1-20 抚顺煤矿露天采矿场地层展现景观图

图10-1-21 煤层中琥珀的赋存状态

琥珀颗粒大小不一,呈不规则状、透镜状或条带状。这种富含琥珀的煤层叫琥珀煤(图10-1-22)。琥珀颜色多为带黄色色调的白色、黄色、深黄色、褐色、黑色及条纹状花琥珀。也有具沿琥珀周边向内风化变黑的现象(图10-1-23)。

(a) 琥珀在煤中呈粒状散布

(b) 琥珀在煤层中呈条带状储存

图10-1-22 琥珀煤

(a) 煤中的琥珀沿边缘裂缝碳化(黄色为琥珀;黑色为碳化部分)

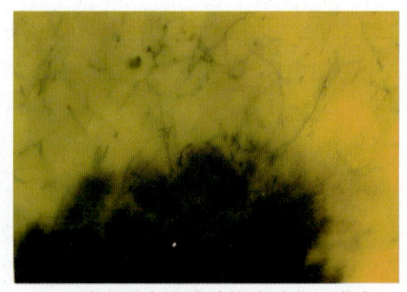
(b) 放大观察沿琥珀边缘碳化(黄色、黄绿色为琥珀;黑色为碳化)

图10-1-23 沿琥珀周边向内风化变黑的现象

琥珀中的昆虫化石种类繁多,经常可见到抚顺蚊、蝇、蜘蛛及一些小昆虫、植物残骸等,个别的小昆虫集聚形成群体(图 10-1-24)。

(a) 琥珀中的植物残骸　　(b) 琥珀中的小动物(抚顺蚊)　　(c) 琥珀中的成群蚂蚁

 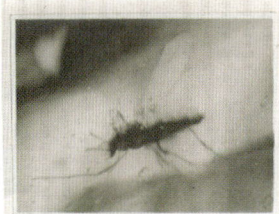 

(d) 琥珀中的昆虫　　(e) 抚顺琥珀摇蚊　　(f) 琥珀中的昆虫及植物残骸
(据哥本哈根琥珀博物馆)

图 10-1-24　琥珀中的昆虫及植物残骸

煤层中夹炭质页岩、黑色页岩、灰黑色粉砂岩及砂岩。煤层中除有大量琥珀外还伴生有菱铁矿、煤精等。琥珀呈条带状、透镜状或浸染状与煤紧密共生。在巨厚煤层中、煤层顶底板、夹干接触面、夹层交界面都有琥珀富集。也有少量琥珀赋存与煤核中、煤精或硅化木中或为炭质所包围,个别的还有晶化现象,如图 10-1-25 所示。琥珀也可以在河砂中形成小型砂矿,相对富集。

(a) 残存于硅化木中　　(b) 为黑色碳质所包围　　(c) 晶化现象

图 10-1-25　琥珀的赋存及晶化现象

该煤田煤的储量丰富,是我国最重要的煤及琥珀产地。当地家家户户都用琥珀来作首饰、戒指面、项链珠等。该区琥珀雕刻品畅销日本、朝鲜、韩国及东南亚诸国,也颇受各国旅游者们的欢迎。几种常见的琥珀项链、吊坠、戒面及鼻烟壶等琥珀饰品如图 10-1-26 所示。

2. 河南西峡琥珀

河南西峡琥珀产于南阳地区的西峡一带。琥珀赋存于白垩系上段。琥珀呈不规则状,大小不一,大者可到几十立方厘米,个别的可到几立方米。小者 $1\sim2mm^3$,一般为几立方厘米。

图 10-1-26 几种琥珀饰品

琥珀呈白、黄、褐、橙、红、黑等色。该区琥珀赋存于砂砾岩中,属陆相沉积类型。在镜下可见琥珀被镶嵌于石英长石中间;大块琥珀被包围于绿色砂岩之中,如图 10-1-27 所示。该区琥珀质地松散、易碎,达不到雕刻石的要求,故只能供医药之用。

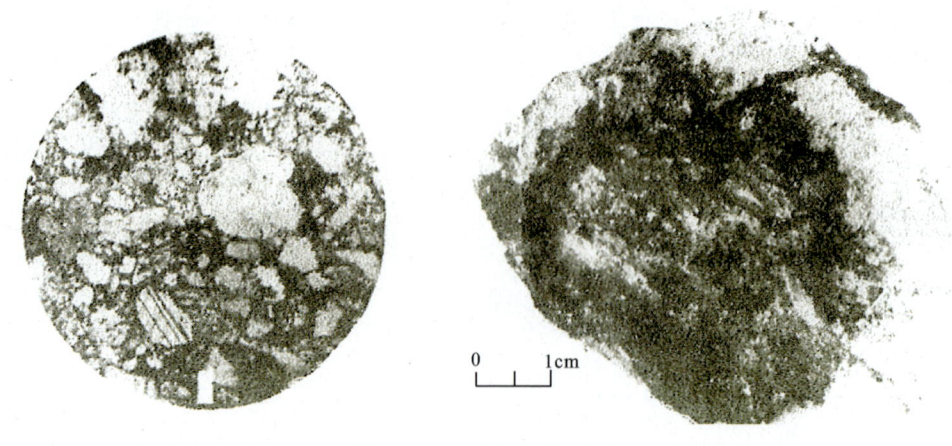

图 10-1-27 河南西峡琥珀

3. 我国福建漳浦琥珀矿产地

琥珀分布于佛县地区。佛县属台湾海峡凹陷的大陆边缘。地层主要为第三系佛县群,琥珀呈透镜状、鸡窝状沿地层走向不稳定分布。琥珀体外常有一层黑色皮,琥珀体大小不一,大者可到几十千克,小者不到一个厘米,一般小颗粒较多。琥珀多呈褐、褐红、褐黑等色,较透明,可见小气泡、小裂纹,也可含有昆虫或植物残骸,多与黄铁矿伴生。另外还常包裹有泥砂等杂质，严重影响着琥珀的质量，能作饰品的很少。颗粒大者作收藏、观赏也是很有意义的。

根据古书记载，我国琥珀产地有云南腾冲、永平、保山、丽江、孟腊、景洪；四川奉节、湖北恩施的古近纪、新近纪砂岩中；黑龙江贝尔湖、吉林珲春及西藏等地。我国西藏的西部产一种浓红色血珀，是琥珀中的极品，在世界上极其少见。

[附] 琥珀的著名品种及相关品种

（一）变色琥珀（蓝琥珀）[Colour Changed Amber(blue Amber)]

变色琥珀在国内外市场上统称蓝琥珀（blue Amber），在平时呈黄褐色或柠檬色。在黑衬（黑纸）之上，阳光照射可变为深青蓝色；在白衬底（白纸）上变为淡蓝色。它可随光线变幻呈现出红、蓝、绿、黄、紫、褐诸色。它是琥珀中的一个罕见品种，人们赋予它"蓝精灵""琥珀之王"之美誉。有学者认为：它这种变色效应是因为当琥珀置于白衬（白纸）上时，光穿过琥珀白衬将光反射回来，故琥珀呈现淡蓝，而置于在黑衬（或黑纸）上时，黑衬将光大部分吸收，返回来的剩余光中的紫外线作用于琥珀，使琥珀变为深青蓝色。如用紫外光直接照射则琥珀的蓝色更为显著。如果用一般我们手电筒直接照射也可呈现更深更显著的蓝色；如图 10-1-28 所示，这种变色琥珀主要产于多米尼加；少量产于墨西哥东岸。其形成机制有学者认为在新生代新近纪期间，在多米尼加地区生长有 Hymenaen Protera 的豆科古植物（现已灭绝），后因森林大火而产生了蒽（一种能产生青色荧光的有机化合物）的合成融入到琥珀之中，形成有机化合物致使琥珀变色效应产生。也有学者认为是火山爆发产生的高温使地层中的琥珀因热解作用产生荧光（及磷光）物质融入琥珀之中所致。值得注意的是在变色琥珀中很少见有昆虫化石。可见其形成环境与琥珀可能有别。另外，在变色琥珀中还含有芳香族碳氢化合物，所以在切割或摩擦时会有芳香气味，这也更增加了人们对它的青睐。

 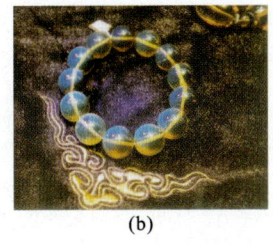 

(a) (b) (c)

图 10-1-28　变色琥珀（蓝珀）饰品

(a)缅甸产的可见内涵物；(b)多米尼加产的深蓝色手链；(c)多米尼加产颜色艳而幻变的蓝色吊坠

变色琥珀的产地，当前已知的有多米尼加、墨西哥及缅甸。

根据市场销售情况看：多米尼加的颜色易变艳丽的深蓝色，比较通透，内涵物少，很多可为上等。其次为墨西哥西海岸的，颜色可变得也很艳丽，但有些偏蓝绿色调，少逊于多米尼加所产。缅甸产的颜色较深，通常表现为褐色，颜色可变为淡蓝色，内涵物较多，通体混浊，不够通透，显然赶不上墨西哥所产，更赶不上多米尼加的（图 10-1-29）。

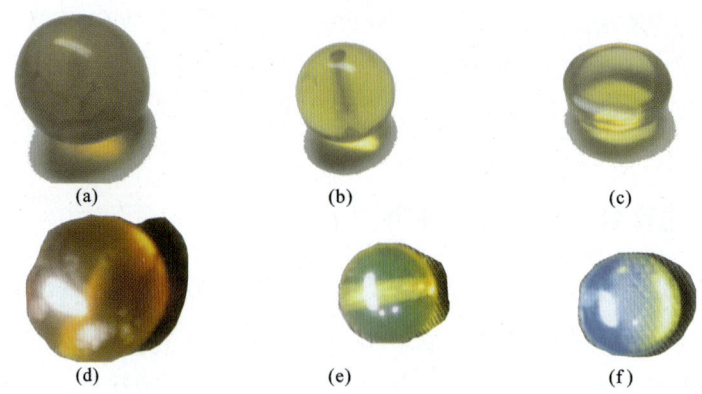

图 10-1-29　不同产地变色琥珀(蓝珀)的变色现象

在通常光线下,置于比较白色衬(白布或白纸)之上:(a)缅甸产变色琥珀(蓝珀)呈褐色、褐黄色、混浊;(b)墨西哥产变色琥珀(蓝珀)呈淡黄色较通透;(c)多米尼加产变色琥珀(蓝珀)呈淡黄色通透、明亮

在电筒或灯光照射下,置于黑色衬之上:(d)缅甸产变色琥珀(蓝珀)呈带微蓝色的褐色;(e)墨西哥产变色琥珀(蓝珀)呈现绿色色调的蓝色,绿蓝色;(f)多米尼加产变色琥珀(蓝珀)呈现艳丽的蓝色

(二) 蜜蜡(Beeswax)

蜜蜡,不少人将它作为琥珀的一种,甚至与琥珀等同并用。尤其某些西方人士或宗教界人士就将蜜蜡叫作琥珀,或将琥珀叫作蜜蜡(在本书中已按其为琥珀的一种处理)。

在市场上蜜蜡有新货(或称新料)、老货(或称老料)之分。新料是指未经过优化处理的,属近代的饰品。老料之含义有二:一是指佩戴的时间已久的饰品,也可追溯到明、清、民国等年代。时间长了蜜蜡受风化、氧化而变色,颜色更红、更深、更靓、更为美观,价值更为高贵。二是指为了加速蜜蜡的氧化而进行人工优化处理,用热处理等方法使它早变快变,以充当老料提高其价值。这种处理货给鉴别带来很大困难。有学者认为蜜蜡与琥珀同种成因,唯蜜蜡是在酸性环境下形成;也有人认为蜜蜡是未成熟的变质不够的琥珀。看来其成因是一个仍需进一步研究探讨的问题。蜜蜡制作成珠子、手链、排链、项链、手环、雕件等,深受人们欢迎。

(三) 蜜蜡石(Mellite)

蜜蜡石是一种有机碳酸盐矿物。四方晶系、柱状晶体,常呈缴密块状或结核状集合体。松脂—玻璃光泽、透明—不透明,一轴晶负光性: $N_o=1.539$, $N_e=1.511$,在短波紫外光下呈蓝色荧光。相对密度 1.60~1.65,摩氏硬度 2~3.5。产于褐煤等的裂隙中。可与石膏伴生。产地如德国、法国巴黎、捷克等地。由于质地松软,硬度较低,虽晶体艳丽但仍不能作宝石切磨,有较大者可作为观赏之用。

第二节　煤精(黑玉)

煤精(Jet),又称"煤玉"。"Jet"一词源于古法语"jaiet"及拉丁语"gaget"。

在 1975 年发掘陕西宝鸡茹家庄殷周(公元前 1122—770 年)古墓时,出土的文物中,就有煤精玉块,可见我们祖先早在两三千年之前就知晓煤精,而且用于雕琢工艺品了。

煤精由于易加工、好抛光,故一直用于雕件、玻璃球和哀悼首饰,象征悲痛和懊悔,作为丧饰之用。煤精饰品的使用始于罗马时期,然后延续到 19 世纪。然而,当今煤精已用作首饰和雕刻。根据考古研究,在欧洲石器时代的洞穴中,人们曾用煤精作护身符,在北美印第安人部落的考古发掘中,也发现有煤精饰物。中世纪时,煤精被认为能除邪恶、驱疯狗和防盗。

此外,煤精还有药用,如将其投入酒中即能缓解牙痛等症。

一、化学组成

煤精以 C 为主,主要成分是 C、H、O、N 和 S,有的还含有少量 Fe 和石英、长石、黏土、黄铁矿等。

煤精是一种煤,但其变质程度不高,相当于长焰煤至气煤阶段,与相同变质程度的腐植煤相比,煤精的氢含量高于腐植煤;与腐泥煤、腐植腐泥煤相比,则氢含量较少,煤精的挥发分高于腐植煤,而灰分低。故可将煤精作为一种特殊的腐植腐泥煤,或把它归入褐煤。

二、形态

煤精为非晶质,在煤层中呈层状块体产出。块体原料如图 10-2-1 所示。

三、物理特性

煤精呈暗褐色到黑色,褐色条痕,树脂状光泽至沥青状光泽,次半透明至不透明,均质体,折射率为 1.660(± 0.020),对长波荧光和短波荧光呈惰性。

图 10-2-1　煤精的块体原料(1∶50)

贝壳状断口。摩氏硬度为 2.5~4,压入硬度为 $32.4g/cm^3$,具韧性。

密度为 $1.32(\pm 0.02)g/cm^3$,用热反应器测试有煤或石油气味,可燃,加热到 100~200℃时质地变软,用羊毛摩擦带静电。

质地致密、细腻,比较坚韧,可雕性良好,不染手,故雕琢的工艺品很受欢迎。

四、鉴别特征

1. 肉眼观察

用针可将煤精划出条痕,与其相似的黑玉髓、黑曜岩、黑电气石和人造黑色玻璃、胶木等则划不出条痕。这些黑色材料的密度、硬度均高于煤精。与其相似的其他煤种也可与之区别。煤精又能摩擦带电。放大检查可见条纹构造,可燃烧,烧后有煤烟味等,皆可识别之。

2. 镜下观察

主要为凝胶化基质和少量强烈分解的木质纤维碎片以及少量稳定组分角质层、树脂体,也有少量小孢子和大孢子体、少量石英、高岭石及少量的黄铁矿、白铁矿等,如图 10-2-2 所示。

3. 紫外荧光分析

在荧光下蓝光激发煤精中的树脂体呈现黄色,孢子体呈现强亮黄色荧光,角质层为较弱

(a) 煤精切片（大小孢子分布较不整齐结构）

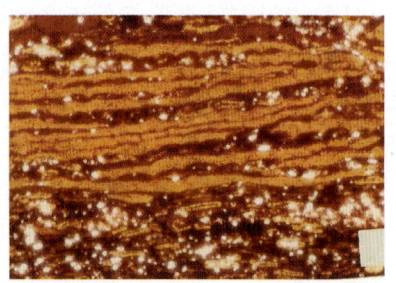
(b) 煤精切片（大小孢子分布较整齐结构）

图 10-2-2　煤精荧光下观察 45×

的黄褐色荧光。在荧光下具有大量的无定形沥青质体，呈弱土褐色荧光，个别部分有分解度较高的条带状黄褐色、中等强度荧光物质，可为藻类群体等。

4. X 射线粉晶衍射分析

X 射线粉晶分析煤精属非晶质体。以抚顺西露天煤矿的煤精通过 X 射线粉晶衍射分析，没有任何衍射峰出现，说明西露天矿煤精仍是均质体，甚至没有芳香骨架的雏形组分，质地较纯。

5. 红外光谱分析

图 10-2-3 的曲线分别为抚顺西露天煤矿、老虎台矿和龙凤矿煤精的红外图谱。

抚顺西露天矿煤精的红外图谱有 $2\,900cm^{-1}$、$2\,350cm^{-1}$ 强吸收，表明为具烷烃 C—H 结构，$3\,420cm^{-1}$、$1\,620cm^{-1}$ 为—OH，$1\,450cm^{-1}$ 为 CO_3^{2-}，$1\,030cm^{-1}$ 为碳氧键所引起的吸收。该图谱说明露天矿的煤精成分中以烷烃为主，也有—OH 并含灰分特征。

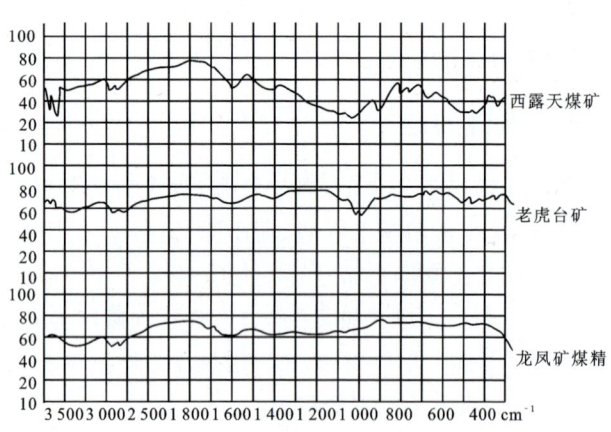

图 10-2-3　抚顺煤精红外吸收光谱

对煤精及其上覆的腐植煤，用苯和苯加乙醇的混合液进行沥青提取，后用光电比色计进行测试，在 $\lambda=418\text{Å}$ 的条件下，实验结果为：

苯＋煤	透光率 10.0	光密度 1.00
苯＋煤精	透光率 2.5	光密度 1.60
苯＋乙醇＋煤	透光率 6.0	光密度 1.22
苯＋乙醇＋煤精	透光率 1.4	光密度 1.80

结果表明，煤精中沥青含量远高于其上部腐植煤中的沥青含量，而煤精中的低等植物又少，故煤精中的沥青主要是由高等植物转变而成的。煤精和其他黑色相似品的区别见表 10-2-3。

表 10-2-3　煤精和其他黑色相似品的区别

品种	折射率近似值	密度/g·cm^{-3}	热针触探	手触感及可切性	硬度	其他
煤精	1.66	1.10～1.40	煤烟味	温,可切	2.4～4	性脆,粉末,褐色,不染手
玻璃辉石	1.66	3.30～3.50		凉,可切性差	5～6	微透明,性脆
黑曜岩	1.50	2.30～3.50		凉,可切性差	5～5.5	贝壳状断口,性脆
染色玛瑙	1.53	2.6		凉,脆	6.5～7	贝壳状断口,有环带纹
酚醛树脂	1.61～1.66	1.30	辛辣气味	温,可切	<2.5	模制,有韧性
其他塑料	1.50～1.62	1.05～1.35	辛辣气味	温,易切	<2.5	模制,有韧性

五、煤精的工艺评价

可肉眼观察,以块度大小,裂隙发育情况,表面是否光亮,质地是否均一、细腻作为初步评价标准,同时可用铁锤敲击各处,观察煤精块是否裂碎,不易破碎的块体方可用于雕琢。

薄片进行透射光下观察,质量好的煤精有以下特点。

(1) 薄片中均以具有不同分解程度的高等植物的残体,如角质层、树脂体和高等植物的半纤维素组成的基质为主。其他混入物较少,则标志着煤精具有较好的强度和韧性。

(2) 煤精具有坚硬致密和较强韧性的特征。主要是因为其沥青的含量所致,故沥青含量高者为佳。

(3) 薄片中无明显的微小裂隙,往往标志着具有较高的强度,不容易在雕琢中发生碎裂。

(4) 在薄片中所见的大孢子和小孢子[图 10-2-2(a)]等一些结构上无整齐排列则不易裂开,否则容易碎裂。

(5) 矿物杂质和黄铁矿、石英、琥珀、菱铁矿等含量很少,标志着煤精抛光后质地均一,不易出现局部碎裂。

总之,以煤精为原料的工艺美术雕琢佳品,具块大、坚韧、光亮、均一、细腻、无裂隙的特征。煤玉的工艺品如图 10-2-4 所示。

图 10-2-4　煤精的工艺品

六、产状及产地

煤精和煤一样,是木材长期被水化学反应继而受地下深部压力的物理变化而形成。目前主要产地是英国怀特比镇附近。故它曾被称为"怀特比煤精"。其他少量煤精产于西班牙、法国、德国和美国,还有意大利、捷克、斯洛伐克、俄罗斯、加拿大、泰国等。

中国的主要产地是辽宁抚顺的古近纪、新近纪煤层中,煤精与琥珀共生。煤精是在深积水条件下,水介质较热的酸性还原环境中,和低等藻类等堆积在一起,并进行沥青化,最后形成。

煤精与腐植腐泥煤有相似之处,又不完全相同,故可以认为煤精是一种特殊的腐植腐泥煤。根据煤精的元素分析,其碳氢原子比(H/C)分别为 1.02 和 0.997。按照蒂索等人的干酪根类型划分,则煤精属于Ⅱ型略下部接近Ⅲ型干酪根,即Ⅱ型和Ⅲ型的过渡类型,因而又可把煤精看作是混合煤向腐植煤过渡的高等植物形成的过渡类型煤。

该区煤精的质量很好,煤精雕琢的艺术品销往日本、南韩等地。

此外还有我国的陕西北部的鄂尔多斯煤田,含矿层为下、中侏罗统,煤精夹于煤层中。又如山西浑源、大同,山东新汶、兖州、枣庄,贵州水城等地的煤层中也都有煤精赋存。

第三节　珊瑚(钙质珊瑚)

"Coral"源于拉丁语"corallium"。珊瑚(Coral)是一种海生无脊椎动物,属低等腔肠动物。它的个体有一个管状躯体,顶部有许多中空的触手,环绕其口部似花状。珊瑚为群体生活,是珊瑚虫分泌碳酸钙质为主的堆积物形成的骨骼,它死后新一代又在老一代骨骼的基础上生长,成为有枝叉的树枝状。它生活于海水之中,是以相互依恋的大量单体骨骼组成的群体,大量珊瑚群集组成珊瑚礁。据研究表明,珊瑚在五亿年前就出现在地球上,大致相当于奥陶纪(但早期为单体珊瑚)一直延续至今。

据考古研究发现在 25 000 年前就有珊瑚饰品,在古希腊、埃及等文明古国的遗址中都发现有珊瑚制品。2 000 年前的古罗马时代,在欧洲珊瑚已被广泛应用。古代人们还把它当做医疗眼疾的药材,可明目、止血和镇惊。最近国外研究认为珊瑚可用于接骨、入药治疗高血压、冠性病、动脉硬化等病症。

珊瑚又是宗教信仰中的宠物,属佛教七宝之一,印度释伽牟尼佛寺中的宝塔,就是用珊瑚在内的七宝装饰的。意大利、阿尔及利亚等国将其定为国石,印度人把它说成是佛祖的血,印第安人把它当做大地之母,日本人认为其象征着长寿,基督教人认为珊瑚是耶稣宝血蜕化而成,摩洛哥人甚至把珊瑚当做钱币流通使用。

我国了解珊瑚历史久远,早在《汉武故事》一书中就把珊瑚列入珍宝。晋代苗常言所著的《三辅皇阁》中的"积翠池"有谓"珊瑚高一丈二尺,一本三柯,上有四百六十三株"云是南越王赵佗所献,谓号"烽火树"指的就是红珊瑚树。我国著名的古书《本草纲目》中曾有比较详细的描述,谓"珊瑚有红润色者,细纵纹可爱,有如铅丹色,无纵纹为下品。珊瑚所生盘石上如白茵,一岁而黄,二岁变赤,枝余交错,高三四尺;人没水以铁发其根,系纲舶上绞,而出之,失时不取,则腐畴"。可见我国古代早已对珊瑚的生成变化有所了解。

我国西藏的佛教信徒们,视珊瑚为如来佛的化身,红珊瑚为珍宝,用于祭奠。当前可见很多藏民身带红珊瑚、戴佛珠、作头饰、服饰、或作观赏之珍品。

在我国的药典中也记载着珊瑚有明目、清血、可接骨之功效。

珊瑚有 6 000 多种,常见的只有十五六种,按它的成分和颜色可分为两大类:即碳酸钙质珊瑚(又称钙质珊瑚)类和角质珊瑚类。

钙质珊瑚类

钙质珊瑚类主要为碳酸钙组成并含有有机质,但钙质珊瑚主要是细粒碳酸钙,性质类似于方解石,它也被称做含钙珊瑚,很受人欢迎,所以又称贵珊瑚类。可按颜色分为以下3个系列。

1. 红珊瑚(Red Coral)系列

红珊瑚指深红、鲜红、淡红等各种红色的珊瑚,其中以鲜艳的红色最受人喜爱,如红辣椒,有"辣椒红"之称。有人专称它为"贵珊瑚"。有像红蜡烛颜色的珊瑚则称"蜡烛红",深红色的称为"牛血红",颇受西方人喜爱。红珊瑚主要分布在太平洋海域,我国台湾盛产。我国台湾盛产深红色优质珊瑚称"阿卡",比较高贵,价格也比较高昂,戒指蛋面要人民币几千元到几万元每克。比较差的粉红色珊瑚称"莫莫",一般价格比较便宜,每克约几百元人民币。除阿卡、莫莫之外还有很多称谓,质量介于阿卡、莫莫之间。红珊瑚阿卡戒面及原石如图10-3-1所示。

(a) 深红色红珊瑚戒面　　　　　(b) 红色红珊瑚戒面　　　　　(c) 红珊瑚原石

图 10-3-1　红珊瑚戒面及原石(陕西王镭收藏)

2. 白珊瑚(White Coral)系列

白珊瑚系列包括纯白、乳白、瓷白、灰白诸色,深海产,因极少见而贵重。主要分布于南中国海、菲律宾海域、澎湖海域、硫球海域。

3. 蓝珊瑚(Blue Coral)系列

蓝珊瑚也有深蓝、浅蓝之分,色彩夺目且很罕见,原来只见于非洲西海岸喀麦隆沿海,现已极少见到。因成分含角质及有机质,故有人将它划入角质珊瑚类。

角质珊瑚(Cutin Coral)类

成分为角质及有机质,它主要成分是介壳质(一种有机硬蛋白质物质),故有时称"壳质珊瑚(Conchao Encoral)"。它与钙质珊瑚的生成方式基本相同,包括几个系列。

1. 黑珊瑚(Black Coral)系列

黑珊瑚系列有灰黑色、黑灰色及黑色的珊瑚,几乎全为角质物质组成。有人用黑珊瑚代表角质珊瑚类,可形成高大的珊瑚树,甚为壮观。我国民间称其为"铁树",也较为贵重,产于夏威夷群岛的毛伊岛和澳洲昆士兰海域。

2. 金黄色珊瑚(Golden Coral)系列

金黄色珊瑚系列包括黄色、金黄色、褐黄色、黄褐色珊瑚。外表可见斑点,其生长期很长,色泽艳丽,受人宠爱。主要为角质物质组成,见于台湾海峡一带海域。

3. 梅花珊瑚(Plum Blossom Coral)系列

梅花珊瑚系列为红心白色珊瑚或白心红色的珊瑚,两者往往同存于一枝,也有的先红后白、红白相衬尤如梅花而得名,更是很受人喜爱。

4. 紫珊瑚(Violet Coral)

紫珊瑚极为少见,但在西非沿海曾经发现过,有人认为它是蓝珊瑚的变种。

5. 海柳珊瑚

有人认为是黑珊瑚或金黄色柳枝状珊瑚的别称。

其他尚有人按其成活程度分类,分为活珊瑚、死珊瑚、倒珊瑚(受到侵害已经半死者)。当然死珊瑚和倒珊瑚都不能做宝石材料或用于雕刻。珊瑚的幼虫为白色,长大后由于吸取水中的铁质由外向内变红,所以有的外红内白(染色者除外)。

一、化学组成

珊瑚的化学式为 $CaCO_3$。成分主要为碳酸钙及少量碳酸镁、氧化铁、硫酸钙和有机质。由于珊瑚种类的不同,成分少有差异。一般认为除含 $CaCO_3$、$MgCO_3$、Fe_2O_3 及有机物质外,还有微量元素硅、铁、铝、锶、铜、锌等十多种。珊瑚为生物化学成因,故含有角质蛋白和有机酸,如脯氨酸、谷氨酸、胱氨酸等十多种。

钙质珊瑚主要是无机成分 $CaCO_3$,其中红珊瑚为三方晶系方解石,白珊瑚为斜方晶系文石。角质珊瑚主要是有机成分硬蛋白质,其次有硫、氯、碘、铁等。

二、形态

珊瑚的形态多为群体,也有极少数为单体。珊瑚为隐晶质,细粒集合体,或树枝状(图 10-3-2)。有机成分呈非晶质。红珊瑚在镜下可见条纹结构,表面有呈近于平行的线状构造,有的在横断面上有放射状、同心圆状结构,有的还有麻点状小凸起,如图 10-3-3 所示。

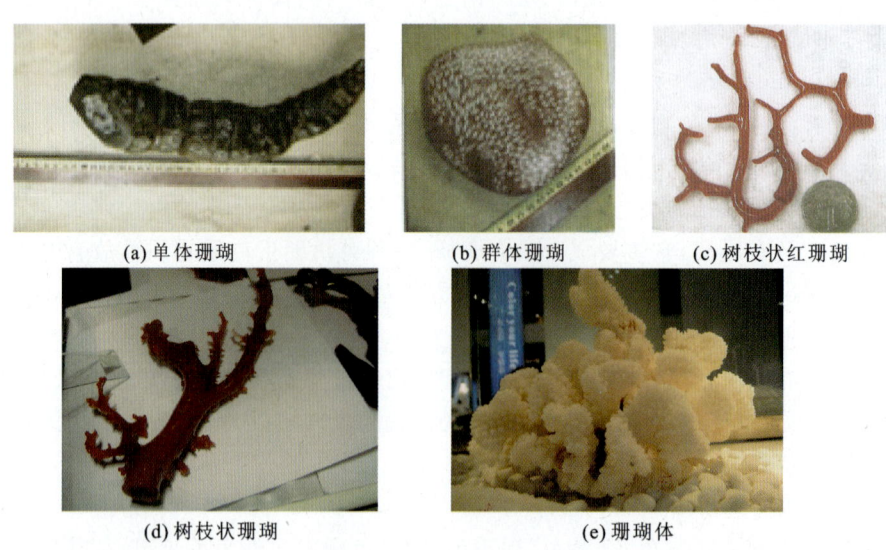

(a) 单体珊瑚　　(b) 群体珊瑚　　(c) 树枝状红珊瑚

(d) 树枝状珊瑚　　(e) 珊瑚体

图 10-3-2　常见的几种珊瑚

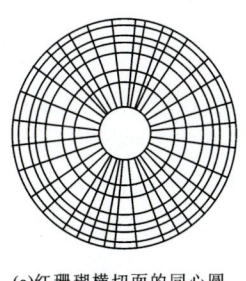
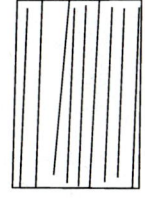

(a) 红珊瑚横切面的同心圆及放射状结构　　(b) 红珊瑚的纵切面示意图

图 10-3-3　红珊瑚横切面及纵切面示意图

三、物理特性

1. 钙质珊瑚

钙质珊瑚呈浅粉色至深红色、橙色、白色和奶油色、金黄色、黑色、极少紫或蓝色。蜡状光泽至玻璃光泽，次半透明至不透明，一轴晶负光性。折射率为 1.486～1.658，集合体双折率不可测，两者皆难以测定。无多色性，具闪突起、高级干涉色、正突起。白色珊瑚呈高级蓝绿干涉色，为放射状消光。对长波和短波紫外光，白珊瑚可呈惰性，也可发弱至强带蓝色的白色荧光；浅至深橙色、红色和粉色珊瑚可呈惰性，或发橙至带粉色的橙色荧光；某些深红色珊瑚发较强的暗红至紫红色荧光。

摩氏硬度为 3.5～4，密度为 $2.65(\pm 0.05)\mathrm{g/cm^3}$，断口呈锯齿状至不平坦状，遇酸起泡。

2. 角质珊瑚

角质珊瑚呈深褐色至金黄色、花色、黑色等。蜡状光泽至玻璃光泽，次半透明至不透明，折射率为 $1.560\sim1.570(\pm0.010)$，对长波和短波紫外光呈惰性。

贝壳状至不平坦断口，硬度为 3～4，密度为 $1.35(+0.77,-0.05)\mathrm{g/cm^3}$，遇 HCl 不起泡。燃烧时有毛发烧焦的味道。

鲜红色珊瑚最好，粉红色珊瑚次之。白色者以纯白色最好，灰色者次之。珊瑚质量大、块度大者为好。质地致密、无裂纹、无孔洞、无瑕疵者为佳品。

珊瑚饰品、雕刻成的摆件及玩赏石如图 10-3-4 所示。

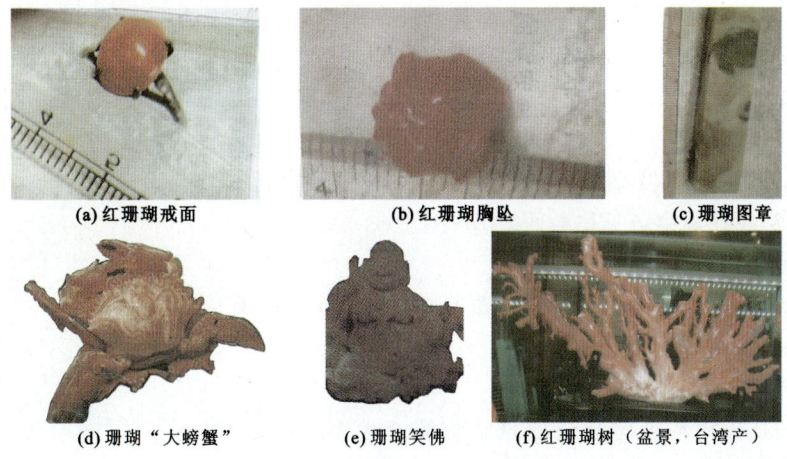

(a) 红珊瑚戒面　　(b) 红珊瑚胸坠　　(c) 珊瑚图章
(d) 珊瑚"大螃蟹"　　(e) 珊瑚笑佛　　(f) 红珊瑚树（盆景，台湾产）

图 10-3-4　红珊瑚饰品及观赏石

四、鉴别特征

钙质珊瑚具有树枝状形态和珊瑚虫腔体特殊的波纹状平行纤维结构。各条带近于平行,而颜色和透明度稍不同于树枝状珊瑚,树枝体上有小而浅的圆形凹坑为珊瑚虫的生长部位,横断面上呈同心圆状和放射状结构,也有呈较致密块状者,遇 HCl 起泡。根据这些特性可使它与大部分仿制品区别开来。粉色、白色珊瑚有时用作贝"珍珠"仿制品,遇 HCl 也起泡,但反应不剧烈。此外,贝壳珍珠主要是文石,密度(约 2.84g/cm^3)较高。

角质珊瑚在交叉部位具有同心环状生长结构,有时称作"树环"结构。犹如树木的年轮,外表有麻疹状凸起。加热时具独特的蛋白质气味,有助于将其与煤精(汽油味)和塑料(常为酸味)区分开。

白色至浅色珊瑚可通过染色来提高价值。其检测可采用放大或使用溶剂来去除表面染料。黑珊瑚脱色后可产生金色,与稀有的天然金色珊瑚相似,但前者折射率和密度略高,结构也略有差异。钙质珊瑚与角质珊瑚的对比如表 10-3-1 所示。

表 10-3-1 钙质珊瑚及角质珊瑚的对比

钙质珊瑚		角质珊瑚	
颜色	红、鲜红、浅红、蓝、紫、白	颜色	黄、褐、金黄、灰、黑
折射率	1.486~1.658	折射率	1.560~1.570
硬度	3.5~4.5	硬度	2.5~4
密度	2.60~2.75g/cm^3	密度	1.35~1.50g/cm^3
与 HCl 作用	起泡	与 HCl 作用	不起泡

仪器鉴别可用红外光谱、X 光射线衍射、能谱及差热分析等,确定珊瑚的成分结构矿物组成以识别之。

五、优化处理

1. 漂白

漂白是指去除珊瑚表面杂色以改善其颜色和外观。漂白可使珊瑚颜色变浅,如黑珊瑚可变为金黄色,暗红色珊瑚经漂白可变为粉红色,暗黄色者可变为白色。

2. 染色处理

经过染色的珊瑚多为有机染料着色,所以颜色均一,但表面深而里面浅,用沾有丙酮的棉签,擦下染色剂,可见染料沿生长条带分布,裂隙或孔洞中可见染料更集中(图 10-3-5)。

3. 覆膜处理

对质地差、颜色不好的珊瑚,可以覆膜处理,也可用沾有丙酮的棉签擦试,使其露出原色。

4. 充填处理

充填处理是指用环氧树脂或似胶状物质充填多孔质珊瑚。可以热针或检测其密度(密度低)区别之。

图 10-3-5 染色红珊瑚

珊瑚与处理过的染色珊瑚、红珊瑚相似的假冒物质,如染色骨制品、染色大理岩、红色玻璃、红色塑料等的对比,列于表10-3-2中,以作参考。

表 10-3-2 红珊瑚与其相似品的对比

物性 品名	颜色	光泽	透明度	折射率	摩氏硬度	断口	密度/$g·cm^{-3}$	其他特征
红珊瑚	鲜红、红、粉红、淡红、橙红	油脂	半透明至不透明	1.658~1.486	3.5~4.5	平坦	2.6~2.75	具平行条纹同心圆层结构,颜色不均匀,有蛀坑,遇酸起泡
染色红珊瑚	红	蜡状	不透明	1.40~1.60	<2.5	平坦	<2.6	用蘸有丙酮的棉签擦拭可使棉签着色,色不均匀,遇酸起泡
染色大理岩	红	玻璃	不透明	1.48~1.65	3	平坦	2.7±0.05	粒状结构,无色带,遇酸起泡并使溶液染上颜色
贝壳珍珠	淡红、粉红	蜡状	不透明	1.486~1.658	3.5	参差状	2.85	可有闪光,遇酸起泡
染色骨制品	红	蜡状	不透明	1.54	2.5±0.2	参差状	1.70~1.95	颜色表里不一,摩擦部位色浅,具骨髓、骨眼,不与酸反应
红色玻璃	红	玻璃	透明至不透明	1.54~1.55	5.5	贝壳状	2.6	常有气泡包体,不与酸起反应
红色塑料	红	蜡状	透明至不透明	1.49~1.67	<3	平坦	1.4	用热针触及有辛辣味,具铸模痕迹,常有气泡包体,遇酸不反应
吉尔森仿制珊瑚	红颜色变化大	蜡状	不透明	1.48~1.65	3~3.5	平坦	2.44	颜色分布非常均匀,具微细粒状结构,遇酸起泡

六、产状及产地

由于珊瑚生长于暖水域,所以大多数种类生长于赤道附近或纬度30°和25°区域。这里有澳大利亚的大堡礁(Grent Barrier Reef)和南太平洋环状珊瑚岛。珊瑚产于水温为30℃左右、海水清澈和比较平静的海域,其地理区域大致为从爱尔兰南部,经比斯开湾到马德拉群岛、加那利群岛和佛得耳群岛,再沿地中海、红海、毛里求斯、马来西亚、澎湖列岛至日本海域。其中最佳的钙质珊瑚,产自非洲沿岸的阿尔及利亚、突尼斯、欧洲南部西西里、那不勒斯、撒丁岛、科西嘉岛,法国、西班牙沿海也有质量较好的钙质珊瑚。

珊瑚通常水深在30m左右处繁殖最为旺盛,所以珊瑚的重要产地在非洲的红海、苏伊士湾口、地中海等。但现在钙质珊瑚产于日本、中国台湾基隆、彭湖列岛、南沙群岛以及马来西亚水域。

角质珊瑚也产于澳大利亚的大堡礁,但美国的Hawaii岛,也很著名。

我国台湾是珊瑚的重要产地,台湾海域地处北纬30°以内,跨北回归线,年平均气温20~25℃,受台湾暖流影响属亚热带到热带气候,海水温暖,形成珊瑚生长发育的有利环境。另外台湾地处环太平洋地震带上,是世界上火山、地震的高发区,海底火山活动频繁,多火山、温泉,这就提供了红珊瑚所需要的大量铁、镁、硫、氯、溴、磷等元素的来源条件。所以我国台湾盛产红珊瑚,最高产量能占到全世界产红珊瑚的80%,是世界上红珊瑚的著名产地。

七、珊瑚的保养

佩戴珊瑚如同佩戴珍珠一样,不要接触香水、酒精、醋、盐等物质,也不要过分与人体汗液、化妆品类接触,避免酸碱腐蚀。要常以冷水冲洗、保持清洁以延长珊瑚饰品的寿命。

[附] 仿制品及同类相关品种

1. 吉尔森仿珊瑚

吉尔森仿珊瑚有粉色和红色。它由碳酸钙、二氧化硅及作为致色剂的氧化铁组成。放大观察时可观察到细粒状结构,而无珊瑚的不均匀条纹。以蘸丙酮的棉签拭擦可见棉签呈现红色。密度与珊瑚、天然珊瑚截然不同。

2. 海柳[Sea Rod(Hai liu)]

海柳属珊瑚类,它生长在水深30多米以下的海底岩石上,以吸盘与海底岩石相粘结。形如陆地上的柳丝,似树木,故称"海柳"(图10-3-6)。

图10-3-6 海柳形貌(据网络)

它是海洋动物,属腔肠动物铁树科,是珊瑚的一种与海蜇近亲。它的寿命很长,据说可生长几万年。身高者可达3~4m。因它的寿命漫长,所以人们也称它为"千年海底神树"。据民间传说每当快下雨时,海柳表面颜色变暗,还分泌出微量黏液,所以又有"小气象台"之美誉。海柳中有种赤柳,颜色极为鲜艳,初出水面时枝头上的小叶闪闪发光。枝干有弹性,离水一段时间枝干变硬、变黑,所以还有"铁树"之称。

关于海柳通过红外光谱及X荧光光谱等分析测试,成分主要为$CaCO_3$,并含有稀有成份I、Na、Br、S、Cl等(表10-3-3)。各种颜色的海柳皆含碘较高,钠、溴、硫次之,其图谱见图10-3-7。

表 10-3-3 海柳的 X 荧光光谱[定性—定量]分析（分析者：张建红）

I	8.189%	Si	0.083%
Na	4.376%	Cu	0.036%
Br	1.179%	K	0.036%
S	0.811%	Fe	0.017%
Al	0.262%	Zn	0.013%
Mg	0.231%	P	0.007%
Cl	0.100%	$CaCO_3$	84.659%

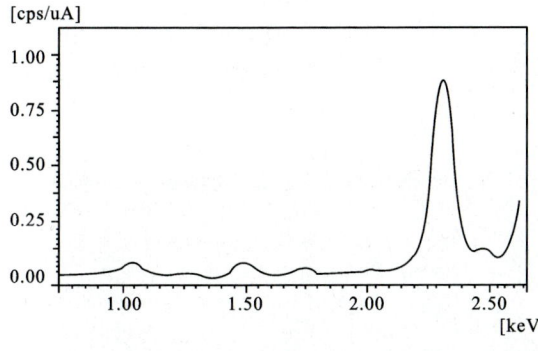
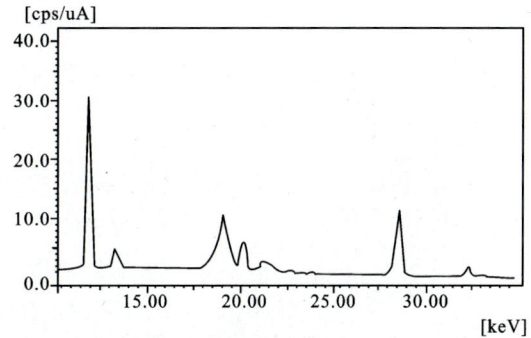

图 10-3-7 海柳的 X 荧光光谱谱图（分析者：张建红）

另外海柳含鞣酸，水柳酸等有机酸。海柳呈非晶质胶态，枝干横断面呈圈层状，表面呈乳钉状突起或针扎状凹坑（图 10-3-8），表面呈油脂光泽，有金色、黄色、花色、褐色、黑色之分（图 10-3-9）。

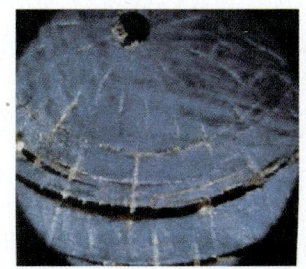

(a) 海柳枝干断面呈圈层状结构　(b) 黑色海柳枝干表面呈乳钉状纹饰　(c) 金色海柳枝干表面呈针扎状凹坑纹饰

图 10-3-8 海柳枝干断面(a)表面纹饰(b)、(c)（镜下 20× 李斌观察照相）

海柳的摩氏硬度 4～4.5，密度 1.37(±0.01)g/cm³ 折射率 1.56(±0.01)，质地细腻，紧密、坚韧、耐腐，在紫外荧光下长波呈弱黄色，短波无色。

1958 年在福建东山岛曾出土一座宋代古墓中，挖掘出在棺柩里就有一些海柳加工的手镯、戒指、酒杯等，这些品种都保存完好无损，可见海柳还有很好的耐浸蚀性。在古药学书籍中，认为它性寒、有清热、解毒之功效。相传自古海柳为人们所喜爱，曾为帝王将相们的高级

(a) 金色海柳枝干　　(b) 黑色海柳枝干　　(c) 花色海柳枝干

图 10-3-9　金色、黑色、花色海柳的枝干

玩物,特别是沿海渔民对它非常珍惜,视为珍宝。用海柳制成的烟嘴有很好的过滤作用。目前通过加工可制成盆景、手镯、茶杯、酒杯、戒指、佛珠、手链、烟斗等饰品或器皿(图10-3-10)。现在常常见于各地的珠宝市场。

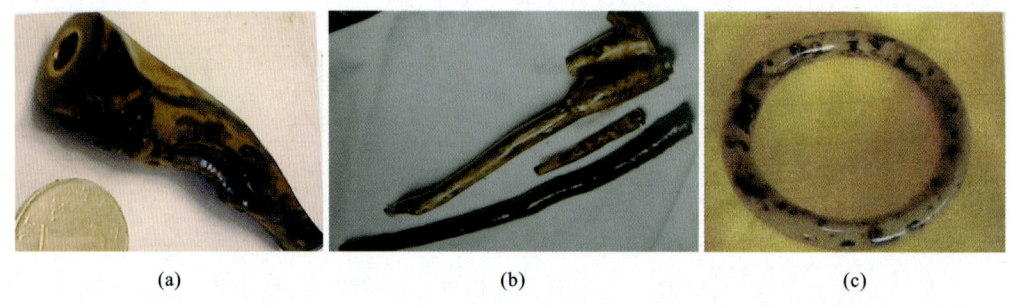

(a)　　　　　　　　　　(b)　　　　　　　　　　(c)

图 10-3-10　金色、花色及黑色的海柳烟斗(a、b)及手镯(c)

海柳主要产于我国东南沿海,如福建东山、广东汕头、我国台湾、南沙群岛、西沙群岛及马来西亚等地。

第四节　象　牙

"Ivory"源于古法语"imurie"。象牙(Ivory)是象的牙齿。象牙由于质地软,易加工,因此是上等的雕刻材料。

公元前447年古希腊人在雅典卫城中建造的神庙里,就有用象牙制作的神像。在古埃及和古亚述时代已有象牙雕刻,为人类古老文明的象征。

我国新石器时代已有象牙雕刻和饰物。浙江余姚河姆渡文化遗址,就出土有"牙雕匕形器",河南安阳殷墟妇好墓出土有"虎口象牙杯"等。所以有人认为象牙应用已有3 000多年的悠久历史。

在《史记宋微子世家》中已有"纣始为象箸"的记载,可见先秦已有象牙的制品了。

河姆渡文化遗址出土的新石器时代器物中,以及山东大汶口文化遗址出土的器物中都有象牙制品。

历代王朝皇宫贵族都把象牙视为珍宝,摆于楼台殿阁之内以示皇权。及至今日象牙雕刻仍很尊贵。

我国的象牙细刻工艺品,即在象牙小片上雕出长篇文章和自然景物,细刻精雕、工艺精湛、巧夺天工、让人惊叹。我国的象牙雕刻特受全球尤其是东南亚及欧美人士的青睐。

象牙是动物牙中较大的,随着大象年龄的增加,牙也随着长大,长到一定大小则开始弯曲,最后成牛角状,如图 10-4-1 所示。

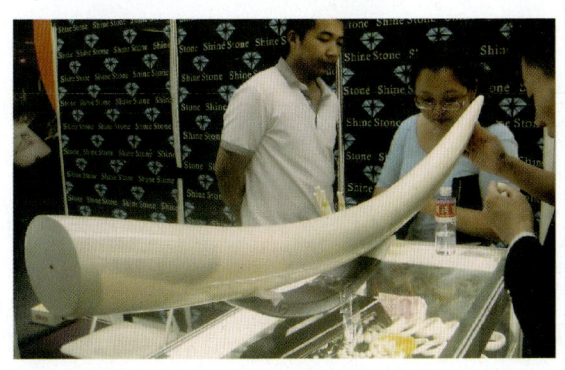 

图 10-4-1　象牙

世界有关组织将大象列入保护动物,禁止捕猎,国际间象牙的贸易也因此而停止。尽管如此,人们对象牙雕刻仍然非常喜爱,更有一些收藏家们热衷于收藏。但现在市场上的牙雕很多不是象牙,而是河马牙、猛犸牙,甚至是猪牙等兽类之牙,值得注意。

一、化学组成

象牙由无机质和有机质组成。无机质主要是磷酸钙,类似磷灰石的分子式 $Ca_5(PO_4)_3(F,OH)$,有机质主要是胶质蛋白和弹性蛋白,其中以氧化钙、五氧化二磷为主。其他还有氧化钠,除钙、磷之外尚有微量的锌、铁、钴、钛、硅、铝、铅、铜。有机成分以甘氨酸、丙氨酸、脯氨酸、谷氨酸较多,其他还有精氨酸、天冬氨酸、赖氨酸等。

象牙的矿物组成主要是含羟基碳酸磷灰石,由于象牙的不同种别、有机物化学成分的复杂性和类质同象置换,所以各种分析计算皆有所不同。

二、形态

象牙为晶质,部分为隐晶质。象牙一般呈牛角状,纵截面上可见有近于平行的条纹,靠近象牙尖部稍有弯曲。象牙尖部称"牙尖",为实心,是象牙的最好部分。象牙中部为半空心,质地细腻。象牙中心有黑孔洞(图 10-4-2),横截面上具有两组细纹理,呈斜十字相交,称"牙纹"(图 10-4-3),横截面有近于圆形的层状结构,一般外层较薄,中层有明显的粗线人字形纹理,向内变为细纹理,最内层较致密或呈空穴状。

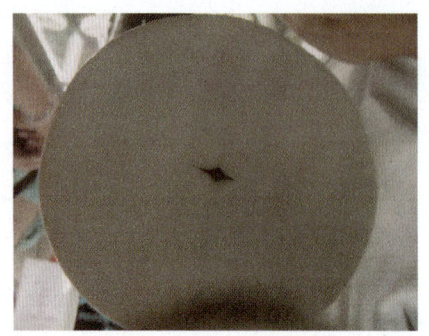
图 10-4-2　象牙中心的黑孔洞

图 10-4-3　象牙横断面的交叉状波纹线

三、物理特性

象牙呈白色至浅黄色或淡黄色、黄色,时间久则变暗。油脂、蜡状光泽至暗淡光泽,半透明、微透明至不透明,基本上为均质体,无多色性,折射率为 1.535～1.540,点测法常为 1.54。无双折率。多数象牙对长波光和短波光发弱至强蓝白色或紫蓝色荧光,在 X 射线下不发光。无解理,多片状或不规则状断口。硬度为 2～3,密度为 1.70～2.00g/cm³,有韧性和弹性。遇火破裂或燃烧时有蛋白气味(头发烧焦气味),长期接触化妆品、香水等会变质。

四、鉴别特征

象牙具有一系列波纹、交叉线,在象牙的近似圆形的横断面上,可见其交叉纹,这种交叉纹有人称为"机织纹效应",也有人称其为"勒兹线(Retgivm)",纵断面上可见波纹线。另外,象牙横断面有分层现象,中心还有的呈空心状。其他动物牙齿及骨制仿象牙没有这种波纹线。与其相似的海象牙比象牙密度大,其他动物牙密度也稍大,放大时看不出这种纹线。塑料仿制品密度较小,放大时可见气泡和熔炼痕迹。象牙在硝酸、磷酸中浸泡可使其变软,甚至被分解。不过现在所见到的象牙一般都有雕工,所以需慎重观察。有雕工的象牙如图 10-4-4 所示。

象牙也可用红外光谱、X 光衍射及差热分析等仪器测试。

五、优化处理

1. 漂白处理

用漂白剂对象牙(主要呈黄色的象牙或古老的象牙变黄变污者)进行漂白,可使其颜色变浅或除去斑点,也有的为改善外观增强其光泽而浸蜡。

2. 染色处理

染色处理指为了产生古象牙的外观而染色,较少见。放大观察可见颜色沿结构纹集中或见色斑。

3. 酸浸去皮

酸浸去皮指将象牙泡于酸中软化后,将其削成片,后在上面绘画或雕刻方成为艺术品。

六、产状及产地

象牙主要产于非洲,如科特迪瓦、坦桑尼亚、埃塞俄比亚、塞内加尔等地,其次是印度、缅

(a) 象牙雕龙船　　(b) 象牙图章(王镭收藏)　　(c) 象牙座件
(d) 有雕工的象牙　　(e) 象牙雕摆件(深圳赵红勤作品)　　(f) 象牙雕

图 10-4-4　象牙雕

甸、泰国和斯里兰卡等地。非洲象高大、雄壮、牙又大又粗，长可达 1m 以上甚至 2m，有的重可达数百千克；亚洲象牙多为纯白色，有的尚有玫瑰色调，颜色十分耐人寻味，但质地松软，牙也较小，一般在 1m 左右，而且易于老化变黄，不及非洲象粗壮。其他如巴基斯坦、马来西亚、越南和中国云南亦盛产之。当前有少量取自海象的长獠牙和河马长獠牙，也有产自生存于冰河期但已绝种的猛犸象牙，它一直被称作"化石象牙"，但实际上不是化石，因为猛犸象被冷冻于冰中。许多猛犸象牙现在也有很大价值，有些与现代象牙较难区别。还有一些与象牙相似的其他动物的牙，如河马牙、海象牙、疣猪牙等，与象牙的比较见本章第十二节中的牙料叙述部分。

过去几十年里，大量偷猎导致非洲象数量锐减，因而取缔了象牙向一些国家的出口，一些贸易展销会已取缔任何象牙销售。

人们对象牙雕刻是非常喜爱的，所以为一些收藏家们所收藏。现在市场上的象牙很多不是象牙，而是河马牙、猛犸牙，甚至是猪牙等兽类之牙，值得注意。象牙与其他动物牙齿及仿制品材料的比较如表 10-4-1 所示。

[附] 相似品种

1. 猛犸象牙

猛犸象又叫长牙象，是已经灭绝的动物种，体型很像大象，尤其与近代象非常相似，身躯高大、披有长毛、一对粗而壮的牙向后上方弯曲，并且旋卷如图 10-4-5(a)所示。有雕工的猛犸牙如图 10-4-5(b)所示，猛犸牙雕件如图 10-4-5(c)所示。它生活在北半球的第四纪冰期，以北半球极地为中心，由西伯利亚向欧洲扩展，同时通过俄罗斯的远东地区向中国东北、朝鲜北部、及日本北海道迁移、分布。

表 10-4-1　象牙与其他动物牙齿及仿制品材料的比较

动物牙名称	牙部纹理	折射率	密度/g·cm⁻³	硬度	产地及其他
象牙	横截面具斜十字交叉纹,纵截面有近于平行的波纹	1.540±0.005	1.85±0.15	2.25～2.75	有的白色带黄色,细腻,产于非洲、亚洲,强韧性,紫外光下发光弱—强
河马牙	同心线密集	1.545	1.80～1.95		纯白色,极细腻,紫外发光蓝白—蓝黄,产于非洲
一角鲸牙	同心环状具棱角,中心空,纹理具分枝	1.56	1.90～2.00	2.5	产于北冰洋
海象牙	分内外两层,具波状纹理,具分枝,内部有瘤状	1.55～1.57	1.90～2.00	2.5～2.75	粗糙,产于北冰洋沿岸及俄罗斯
疣猪牙	波纹线较平缓,横切面三角形,有的中空	1.560	1.95		具强紫外荧光,产于非洲
猛犸牙	有裂纹	1.54	1.80		现已绝迹,原产于俄罗斯北部西伯利亚
骨质品	横切面具圆形,空心管口,纵切面具线条纹	1.54	2.00	2.75	为采用象骨、鲸鱼骨、牛骨等制成
抹香鲸牙	外层牙较厚,截面具环状结构圈	1.560	1.95	2.63	产于北冰洋、南极洲

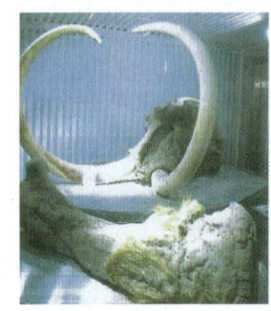 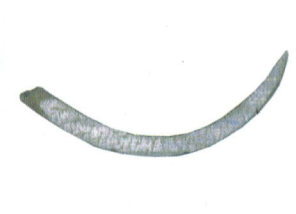 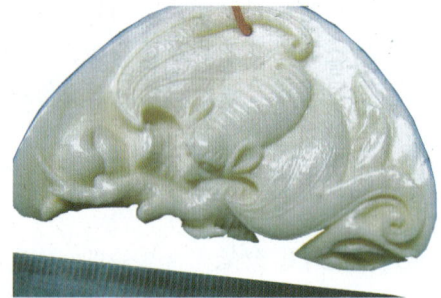

图 10-4-5　猛犸象牙雕

2. 海象牙(Walrus Ivory)

海象牙为海象的长牙,主要是指其上颚犬牙,大者可到 1m,呈扁三瓣形截面,色微黄至奶油黄,折射率为 1.55～1.57,摩氏硬度为 2.5～3,密度为 1.90～2.00g/cm³,质地粗糙,内芯接近普通骨质。主要用来制造珠宝首饰盒、棋子、剑柄等饰物。海象主要产于北冰洋附近海域。

3. 河马牙(Ivory of Hippopotamine)

河马牙一般为纯白色,折射率为 1.545 左右,摩氏硬度为 2.5～3.0,密度为 1.80～1.95g/cm³,致密坚硬,其上有较密集的纹理,其表面有一层较厚的珐琅质表层,牙内大部分为中空,实心部分较少,其重量虽可达 1～2kg,但可利用的部分不多,所以也只能制作些小型工艺品或冒充象牙。河马产自非洲。其他可以仿象牙的一些动物牙。

第五节　龟甲(玳瑁)

龟甲(Tortoise Shell)是爬行动物龟的硬甲壳的泛指，其腹背皆有。严格的说，其中优质而色泽艳丽的玳瑁龟的甲壳方称"玳瑁(Hawksbi Turcle)"。不过现在已将龟甲混称为玳瑁。

一般优质的龟甲国内外久已做工艺美术材料，而且在历史上也早有记载。古埃及时代就有关于龟甲的记录，在我国古代还曾享有过"龟玉"的盛名。据《论语·季氏》载"虎兕出于柙，龟玉毁于椟中，是谁之过与？"，后来逐步沾染了迷信色彩，或成为算卜的工具。人们爱龟及至今日，而玳瑁龟由于其色泽之艳更为人们所至爱。我国汉代末(大约在公元196年左右)《孔雀东南飞》诗篇中，就有"足下蹑丝履，头上玳瑁光"的诗句。这说明在公元200年左右已有玳瑁饰物。在司马迁《史记》中也有谓"赵国的平原君为炫耀自己而戴上玳瑁簪具，食客3 000人亦皆戴有之。"可见当时已将玳瑁作为男人的饰物。又如在《本草纲目》中亦有药用的记载。可见，中国应用玳瑁历史悠久，不过这些往往是指小个的金龟。也有人认为玳瑁是一种海生鹰咀龟的背甲，表面有诱人的杂色。古代曾有《钓金龟》的剧目，指的可能就是此龟。

总之尽管它被称之"龟甲"，但它不是陆地上的乌龟，而是指海龟，一种海洋动物。用作饰品的是上壳，或称"甲壳"。它由13个龟板及1圈尾片和蹄组成。这13个龟板的排列方式如图10-5-1所示。这13块龟板的名称因位置不同而分为第1到第13，其中最优质的龟板为第1片、第2片、第3片

一、化学组成

为有机质组成，没有矿物质。龟甲类似蟹、牛角、指甲的角质组织一样，由复合的骨质、角质等有机物组成，主要成分为复杂的蛋白质，其中以碳、氧、氮为主，以及氢、硫等。其氨基酸成分主要有甘氨酸、酪氨酸、脯氨酸、亮氨酸、精氨酸、谷氨酸等，其他尚有微量的铁、锰、铜等元素。这些皆可因龟甲产地不同而稍有不同。

二、物理特性

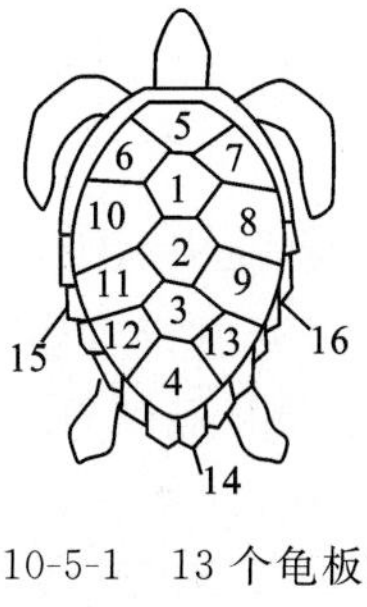

为非晶质，呈混杂的黄色、褐色和黑色、白色斑，少部分几乎是黑色和白色。树脂光泽至蜡状光泽，半透明至微透明，均质体，在镜下可见色斑为圆形或近于圆形的点状组成，折射率为1.550(—0.010)。无双折射，对长波和短波紫外光无色。龟甲的浅黄色部分和浅色部分可发蓝白色荧光。

图10-5-1　13个龟板的排列方式

不平整至多片状断口，硬度为 2～3，密度为 1.29(+0.06，—0.03)g/cm^3。有很好的韧性，少有脆性，色斑越密集，颜色越深。可燃烧，烧时有烧焦的毛发味，在沸水中可变软。受高温颜色变暗，易受硝酸腐蚀，而不与盐酸作用。玳瑁制品如图10-5-2所示。

图 10-5-2　玳瑁制品

三、鉴别特征

放大观察可见许多小的、褐色圆粒，组成斑点结构，颜色最暗部分最集中。龟甲最易被塑料仿造，但塑料具有颜色、斑块和流动的线条而无圆粒出现。用热反应测试仪测时，龟甲散发出毛发烧焦的气味，而塑料仿制品散发出难闻的辛辣气味。龟甲可溶于硝酸，与盐酸不反应，热针能熔，沸水中可变软。还有拼合龟甲使薄片变厚，这可以放大观察其侧面的粘合处，有无粘合界线及气泡识别之。如果用龟甲粉末加热粘合压制成再生龟甲，其颜色会变深，而且缺少通透的花斑，亦易识别。

仪器检测龟甲可用红外光谱、差热分析等方法。分析检测其成分及热学性质等识别之。

四、产状及产地

海龟主要生活于热带及亚热带浅海泻湖海域，所以产地有太平洋、印度洋、加勒比海沿岸诸国，还有马来群岛、巴西、印度西部的 Moluceas、印尼、中南美海域 Sulawesi（旧称 Celebes）。由于海龟属被保护动物，所以不能出口到一些国家。

［附］仿制品

电木、赛璐珞、酪素塑料、树脂质等均很像玳瑁。尤其美国阿拉斯加的北美驯鹿蹄甲制成的仿制玳瑁更使人们难以辨认真伪。

第六节　贝　　壳

贝壳（Shell）又称为"介壳"，大都以"shell"代表贝壳，也有以"Molluscan Shell"代表贝壳者。贝壳意指软体动物（即贝类、蚌类、海螺类或其他动物）的壳。它对动物来说起着保护躯体的作用，有使外物不能侵入之功能。

贝壳可能是人类最早利用为饰品的物质。古猿人在海边、河滩上都可捡到漂亮的贝壳，不用加工琢磨即可玩赏。在北京周口店山顶洞人文化遗址里就有贝壳制成的饰品，有的贝壳穿有孔洞，穿孔打洞组成古老的原始项链。新石器时代，我国的"山顶洞人"、欧洲的"民德人"、亚洲的"瓜哇人"，都用贝壳作陪葬品，少数艳丽的贝壳还被用作货币。我国明朝的李时珍在《本草纲目》中还记载了鲍鱼贝壳有治头晕之效。古代直到现在桌椅家俱上也往往镶有贝壳，更显豪华美丽。古埃及、努比亚出土的千年古墓里也有贝壳饰物。现在不少贝雕厂专门制作贝壳工艺品，如西安贝雕厂所制作的屏风上就镶满五光十色的贝壳，展现着美的内涵。

可见自古至今，人们都把贝壳作为饰物，但是因为贝壳大小不一，种类繁多，又很普遍，所以人们不以为贵。在 1997 年，深圳海关扣押了一大批来自海外的贝壳，后来经本书作者检测证明它确实属于宝石之列，才将其放行。贝壳与珍珠紧密相连，对宝石学家来说意义极为重大。许多贝壳被用作装饰品。它们包括培育珍珠（天然和养殖）的贝壳，因为它们内层由与珍珠一样光泽的母珠组成。此外，鲍贝具有强烈的虹彩颜色，新西兰鲍贝（称为"贻贝"）因具有深蓝和深绿珍珠光泽而引人注目（图 10-6-1）。这些母珠贝壳用于不太贵重的首饰和雕刻，有时切成小块加工制作便宜的挂件或仿珍珠，也有的作为戒面、吊坠等小型饰品或大些的观赏石。古代出土的贝壳如图 10-6-2 所示。用小贝壳组成的贝壳瓶如图 10-6-3 所示。贝壳玩赏石如图 10-6-4 所示。

(a) 母株贝壳戒面

(b) 贝壳磨光面呈虹彩效应

图 10-6-1　贝壳戒面

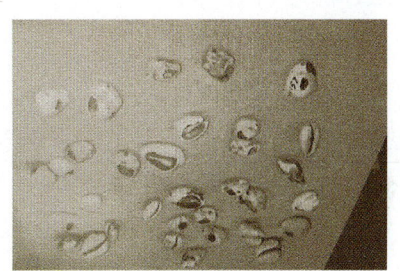
图 10-6-2　新石器时代墓穴中的贝壳图
（摄于陕西博物馆）

图 10-6-3　小贝壳组成的花瓶

图 10-6-4　贝壳玩赏石

其他贝壳颜色各异，常用于浮雕。最普通的一种是头盔壳（Cass Madagascariensis），有褐色和白色层；另一种是女王海螺（Strombus Gigas），有白色和粉色层。偶然见到的是螺盖猫眼石贝壳，它是嵌于某些单瓣膜软体动物中开合的钙壳。它们有像眼睛一样的转动特征，呈白色、绿色和褐色，故有"贝壳猫眼"之称。贝壳的种类有数万种之多，可做宝石材料的主要还有马蹄螺贝壳、砗磲贝壳、鲍鱼贝壳、三角帆贝壳、海蜗牛壳、珍珠牡蛎贝等。只要色泽艳丽或洁白无瑕、珍珠光泽强、有虹彩、透明度较好、无裂纹、无缺陷、块度大者，皆可作为工艺美术品、宝石材料或观赏石。

一、化学组成

贝壳的化学成分主要是：无机矿物为文石、方解石（$CaCO_3$），可占到 90% 左右；有机成分为 C、H 化合物，壳角蛋白（可占 10% 左右）及水分（<1%）；其他还有微量的 Si、Al、Mg、K、Fe、Cu、P、Rb 等。其有机成分为甘氨酸、天冬氨酸、苯胺酸、丙氨酸、精氨酸、亮氨酸、谷氨酸、孙氨酸、酪氨酸等。

二、形态及结构

无机成分的贝壳为斜方晶系（文石）、三方晶系（方解石），呈放射状集合体；有机成分的贝壳为非晶质、贝壳状，贝壳分为左右两片，单片是由外套膜侧缘分泌而成，主要为碳酸钙和少量的有机质。从片的结构看可以自外向内分为3层：最外为角质层，黑褐色，壳质素构成（即壳质层）；中为棱柱层，是主要的一层，为三方晶系方解石质，是外套膜背分泌的结果；最内为珍珠层，是由斜方晶系文石组成，这一层光滑、艳丽，具珍珠光泽，是最诱人的一层，为外套膜表面分泌而成。

三、物理特性

颜色变化大，一般从白色至黄灰色或深灰色、棕黄色、粉色、金色等。头盔贝壳呈褐色和白色，女王海螺呈粉红色和白色。油脂光泽至珍珠光泽，有的为珍珠般的虹彩光泽，半透明至不透明，折射率为 1.530～1.685，双折率为 0.155，在折射仪上可出现"双折射"。

不平整至多片状断口，硬度为 3～4，密度为 $2.86(+0.03, -0.16)g/cm^3$，遇盐酸可起泡。

四、鉴别特征

头盔贝壳浮雕具有直而不规则的纤维结构，这可借助于透射光观察，浮雕背面是凹面。螺盖猫眼石前面具有特殊的颜色特征和眼睛状图案，后面具有螺旋状结构。珍珠贝壳可能具有层状、表面叠复层状结构、"火焰"般的结构等。

在显微镜下可见淡黄色、无色片状结构和微粒、隐晶质集合体，有闪突起及高级白干涉色。

仪器分析主要为红外光谱、X射线衍射及差热分析。分析其化学成分及结构、矿物组成、热效应等可识别之。

五、优化处理

1. 覆膜处理

贝壳表面覆涂珍珠精液等材料可仿珍珠。放大观察可见部分薄膜脱落，表面光滑无砂粒感或光泽异常，内部呈层状结构。

2. 染色处理

贝壳可被染成各种颜色，放大观察，可见其颜色在粒层间或颗粒缝隙间集中。

六、产状及产地

母珠贝壳产自世界上许多热带和亚热带地区。贝、蚌、海螺等软体动物，生存于世界各海域、各大洋，诸如大海、湖泊、江河之中，所以各水域辽阔的国家都有产出。著名的贻贝壳产自新西兰，美国的鲍贝产自加州和佛罗里达州，头盔贝壳产于印度西部和马达加斯加，女王贝壳产于印度西部和佛罗里达。化石菊石产于加拿大的 Alberta。一般认为澳大利亚北部托雷斯海峡一带所产的珍珠牡蛎（Pinctada Maxina）、菲律宾的马里拉贝、缅甸的缅甸贝及西部印度群岛的巨蚌、皇后大哈等较为优质。

我国对带有珍珠光泽的贝壳早已广泛应用于宝石或工艺品。在我国的海南岛和西沙群岛一带盛产一种马蹄螺及砗磲。马蹄螺呈银白色，具强珍珠光泽，光彩夺目；砗磲是一种大型贝壳,色泽洁白如脂,质地细腻,一向为人们所钟爱(详见本章下节砗磲)。在佛经中将砗磲与金、银、琥珀、玛瑙、珍珠、水晶一齐并称为"七宝"。

中国贝雕制品中外驰名,尤其上海、广州、西安、青岛、大连、烟台等地都有工艺美术厂,产品有人物、花鸟、山水、花卉、屏风、室内装饰、服饰、首饰等,产品销往东南亚、中东、欧美各地,颇受欢迎。

第七节 砗 磲

砗磲(Tridacna)又称车渠,是一种大个的贝壳类动物,属瓣鳃纲砗磲科砗磲属,所以砗磲为贝壳的一种。

我国古书中记载,最早东汉时伏腾所著《尚收大传》谓散宜生曾用砗磲贝壳献纣王换回周文王之事。另外清朝二品官的朝珠有的是用砗磲贝壳制作,西藏的高僧喇嘛也常用砗磲贝壳作佛珠等。可见,贝壳多为高官贵族所拥有,民间少见。目前国际上作为壳界稀有海洋生物加以保护,未经批准禁止天然砗磲进出口。

一、化学成分

砗磲大部分为壳角蛋白、碳酸钙及很多种微量元素和氨基酸。

二、形态及物理特性

外形大致呈三角形,大者壳长可达 1~2m,壳面凸出,凸面上有重叠的鳞片,壳顶少有弯曲,壳缘呈锯齿状,如图 10-7-1 所示。壳外面颜色基本上为白

图 10-7-1 一个重 9.4kg 的砗磲

色和带有黄色调的白色或黄白色、棕黄色;内里白色,外套膜缘呈黄、绿、紫、褐诸色。带有金丝般的珍珠光泽,还可见有绿色肠管,这些不同的颜色成不规则条带状混在一起,构成车轮与沟渠一般的花纹,故称"砗磲"。砗磲还具有晕彩,质地细腻、光洁,呈微透明至半透明可呈金黄色的金丝,非常受人喜爱,故被佛教列入七宝之一,与金、银、珊瑚、玛瑙齐重。其珠层也可磨制圆珠,制成项链、手链、印章或小工艺品。如图 10-7-2 所示为砗磲工艺品。砗磲如用 X 光照射,还可发出淡蓝色荧光。砗磲也可产珠,称"珂珠",质量较差,可作药用,砗磲本身就可入药,也是一重要的药物,据《本草纲目》中记载,砗磲有安神镇静之功效。

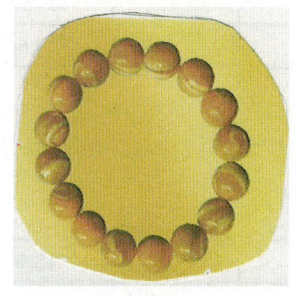
(a) 砗磲手链

(b) 砗磲雕件(大白菜)(海南宇咸慧公提供)

图 10-7-2 砗磲工艺品

三、识别特征

欲检测砗磲真伪(据林丰田野,2003),可根据砗磲上的车沟般的图案花纹来判别,在砗磲上有不同的图案花纹为真。如花纹相同者即为伪品。根据断口是否呈贝壳状也可识别之。另外勿接触强酸强碱、勿曝晒,须经常以中性剂擦试以保持其光洁耐久。

四、产状及产地

砗磲主要生长在热带海域,产于印度洋、太平洋区的法螺最大,最为出名。"Trumpet shell"一词,本身就有喇叭、小号之意。因为法螺形体很像小喇叭,故可用作吹号,是佛教中的重要法器,也代表着吉祥之意。我国海南和南海诸岛都有产出。

第八节 硅 化 木

硅化木(Silicified Wood)是树木埋藏在地下,经过很长的地质年代,受到石化作用,生物组织被泥砂所替换(对硅化木来说,主要是被二氧化硅所交代),保留了原植物形态所形成的一种木(主要是树干)化石。主要是隐晶质的石英类矿物,随物质成分不同而有玉髓、蛋白石、方解石、白云石、褐铁矿及黄铁矿等的硅化木。此外成分中除多被 SiO_2 所交代外,还有有机质或化石。由于它已经被石化,所以其成分很不固定。

一、化学组成

无机成分以 SiO_2 为主,还有 $SiO_2 \cdot nH_2O$ 并含有少量 Fe、Ca、Mg、Al、P 等。有机质为 C、H 化合物,有氨酸、颉氨酸、谷氨酸等。化学组成应随交代物而定,故各地的硅化木成分不尽相同。

二、形态

硅化木为隐晶质集合体至非晶质体,常呈纤维状集合体,呈树干、树枝状。较粗的树干还保留有年轮或纤维状植物组织结构。大小不一,小者如手指,大者可一人多高(几米)不等。

三、物理特征

颜色多为褐色、黄褐色、土黄色、淡黄色—黄色、红色、黑色、灰色、白色等,呈土状光泽,抛光面呈玻璃光泽,不透明至半透明,光性呈非均质集合体。折射率为 1.544~1.553,一般为 1.54或1.53(点测法),双折率为 0.009,硬度为 7,密度为 2.5~2.91g/cm^3。放大观察为隐晶质、粒状结构,可见木质纤维状结构、木纹等。

四、品种划分

一般按物质成分及二氧化硅存在形式可分成:蛋白石硅化木、玛瑙硅化木、玉髓硅化木、普通硅化木等。

1. 蛋白石硅化木

蛋白石硅化木为以蛋白石为主的成分交代木质组织,一般色浅如灰白、浅黄色,质地致密、坚韧性差,木质外表及内部结构较明显。

2. 玉髓硅化木

玉髓硅化木为玉髓或玛瑙交代木质,呈灰色、褐色、黑色,有的呈灰质、淡红色,质地尚坚硬,很像玉髓或玛瑙,可见明显的木质特征及线条纹饰。

3. 普通硅化木

SiO_2 交代木质组织,可见隐晶质的石英,呈灰白色、土黄色、灰色、褐色,与原树木颜色有关,质地比较坚韧,外表结构明显。

4. 钙泥质硅化木

钙泥质硅化木为除 SiO_2 外尚伴有钙质(方解石)、泥质(黏土质)交代木质,硬度小,遇 HCl 起泡,呈土黄色、灰白色、浅灰色、褐色,偶有红色,质地粗糙,坚韧性差,木质外表及残余结构皆不明显。

5. 钙质硅化木

SiO_2 为主,还伴有钙质物质(方解石、白云石等)交代。石英呈隐晶质,呈灰白色、浅灰色、土黄色等,但质地粗糙,遇 HCl 起泡,树木外表和木质残余结构不明显。

6. 有虫化石硅化木

有虫化石硅化木往往是被蛋白石或玉髓交代了的硅化木,保留着原木材中的虫子,硅化后虫亦被交代成化石。这种保留有化石的硅化木也往往更被人们所青睐,价值也更加昂贵。

硅化木中的虫化石多为蛀虫,虫孔较大,虫管较长,状若手指[图 10-8-1(a)、图 10-8-1(b)]。这种硅化木与虫化石大小、多少、体的透明度、完整程度、存在位置及硅化木本身的质地、色泽决定其优劣及价值。

(a)硅化观赏石(缅甸产)　(b)有虫化石的硅化木　(c)硅化木中的虫化石

图 10-8-1　硅化木观赏石(缅甸产)

此外还有碧玉硅化木为碧玉交代木质而成。

一般硅化木以颜色艳、光泽强、木质结构清楚、质地致密坚韧而又无裂纹、无缺陷、块度大含有虫化石者为佳品。有的也可作雕刻或观赏石之用,如图 10-8-1(c)所示。

五、产状及产地

世界上产硅化木著名的国家有美国、古巴、缅甸及欧洲诸国。其实不少国家如泰国等都或多或少地有所产出。如世界上著名的美国黄石公园有硅化木林、南美阿根廷盛克鲁斯硅化木林,都可见五光十色、壮观非凡的硅化木。泰国公园中的硅化木如图 10-8-2 所示,玉髓硅化木如图 10-8-3 所示,新疆奇台县大硅化木如图 10-8-4 所示。硅化木主要产于缅甸,分布在曼德勒省的那吐机县和马蓝县。

硅化木我国在很多地方、矿山都有所发现,产出的地方主要有新疆、河南、云南、山东、甘肃、河北、山西、北京、辽宁、江西、福建、四川等。新疆准葛尔地区奇台将军戈壁产的硅化木,呈灰白色,中心具黑色木质条纹,也有的外部呈褐红色,内部呈灰黑色。甘肃的硅化木见于山丹—永昌一带地区。山西的硅化木发现于太原一带的砂岩中,外部为深黑色,也有的为黄褐色,木质结构清晰,有的硅化木中心被蛋白石充填,形成半透明的乳白色,木质条纹清晰、美观细腻,为极其别致的玉石材料。

大部分硅化木赋存于中、新生代陆相地层的沉积岩中,多由松柏科植物及被子植物石化而来,也有个别地区(如江西德兴)的硅化木产于火山岩中,有的已碳化,呈现黑色。

六、优化处理

硅化木的优化处理主要是把一般无虫的硅化木制作假虫冒充有虫化石硅化木。其鉴别方法主要是看虫与硅化木之间连接处有无胶结痕迹,以及虫体本身有无生物形态、器官结构等现象,易识别。

图 10-8-2　泰国公园中的硅化木　　　图 10-8-3　玉髓硅化木　　　图 10-8-4　新疆奇台县大硅化木
（据何学梅、王加林）

第九节　百　鹤　石

百鹤石(Crinoidal Limestone)又称"百鹤玉",是富含海百合茎化石的石灰岩,是一种有价值的雕刻和装饰材料。

一、化学组成

百鹤石为石灰岩,由海百合茎碎屑化石等组成,以石英粉砂、碳酸盐等为胶结物,构成生物碎屑灰岩。

二、物理特性

百鹤石呈灰褐色、灰红色、灰白色等,呈致密状。据研究其抗压强度可达1 239kg/cm³,抗折强度为197～299kg/cm³,吸水率为0.17%。

三、品种划分

按其花纹不同及色泽差异可分为:褐百鹤石、红百鹤石、白百鹤石、灰百鹤石等。其中以红色者为佳品。

四、产状及产地

百鹤石产于中国湖北省鹤峰县的古老沉积岩地层中,呈层状产出。

据悉,英国皇家科学院曾对湖北产出的百鹤石作出鉴定。报告中指出:19世纪中叶,曾有类似的大理石,装饰于伦敦皇家节日大厅的室内墙壁,而现在已无法获得,中国的发现可填补这一空白。

第十节 菊 石

菊石(Ammonite)本为螺旋形外壳的软体动物化石,多呈盘状,表面非常光滑,有纹饰、隔壁,边缘有皱褶(图10-10-1)。形体大小不一,具金黄色泽的美丽壳面,壳质为石灰岩、泥灰岩或白云岩等。表面可为黄铁矿所代替,壳内可充填有淡绿色方解石。其颜色多为艳丽的橙黄色,质地致密坚韧,可作宝石或观赏石收藏,如图10-10-2和10-10-3图所示。

图10-10-1 菊石化石

图10-10-2 菊石吊坠

图10-10-3 菊石观赏石

菊石最早出现于古生代泥盆纪,中生代最为繁盛,中生代末灭绝。

菊石的种属繁多,过去用作饰品的材料主要产自加拿大,其商品名称有"菊石""Korite"和"Calcentine"等。尤其来自英国杜累斯特(Dorset)的下侏罗统产的一种叫做"Promicroceras"的小型菊石,曾很受人们喜爱。它们一般具有鲜艳的颜色,通常呈红色和绿色,带有类似马赛克的图案,虹彩层薄而脆,所以有的用碎块拼合成饰品,也很美观。在我国的晚古生代及中生代海相地层中,都含有这种菊石化石。我国产地主要为广东、广西、贵州、四川、青海等地。

第十一节 齿胶磷矿

据说"齿胶磷矿"(Odontolite)一名是由希腊名词"牙化石"演化而来。在国外有人称此为"齿绿松石"。实际上它是一种古代动物的骨、齿类化石。颜色呈蓝色,所以有人用它假冒绿松石。

一、化学组成

齿胶磷矿含有大量的碳酸钙。

二、形态

齿胶磷矿呈不规则状、团块状,在镜下可见有骨孔结构。

三、物理特性

齿胶磷矿呈深蓝色、蓝色,折射率为 1.57～1.63,密度为 3.00～3.20g/cm^3,硬度近于 5,滴以盐酸起泡。绿松石无骨孔,遇盐酸不起泡,可以与之相区别。

四、产地

齿胶磷矿主要产于俄罗斯西伯利亚、法国锡莫尔等地。

第十二节 与动物类有关的宝玉石工艺品材料

用动物的骨骼、角和牙都可制成工艺品,最常见的骨有牛骨、狗骨、骆驼骨或象骨,牙有象牙、海象牙、河马牙、鲸牙、猪牙等,角则有犀牛角、牛角、鹿角等。这些动物材料在使用之前都要经过蒸煮去脂处理后才能雕刻成饰品,大部分还要再漂白或染色,也有的还需要抛光。

可以制成的工艺品常常依材料大小、形状而异,大型的材料可制成山水、人物、佛像、童子、观音等大型摆件,小些的材料往往可雕刻成胸花、手镯、项链、戒指、胸坠、手链或小的动物、生肖、吉祥物等,也有的雕琢成各种花卉等小件饰品。

近代专门利用了生物骨、角、牙类这一廉价材料,在原有造型的基础上,经过染色处理和细雕,制作出丰富多彩的、人们所喜爱的作品。

也有人利用这些材料仿冒象牙、犀牛角等贵重物品,这可根据骨孔及骨上的纹饰花纹等识别之。

一、角料

角料是利用动物的角为原料刻制工艺品。角有牛角、羊角、鹿角、犀牛角,自古以来为人们所重视。在古代有的角(如犀牛角)因是特效的中药而极为珍贵。动物的角类经能工巧匠雕琢成器物或花、鸟、鱼、虫、人物、山水,再加上雕工、造型,而成为名贵的艺术品,甚至有闻名传世的佳作。

1. 化学组成

角料主要为犀牛角及牛角。犀牛角这一珍贵的角料主要成分为角质蛋白,而最常见的还是牛角。牛又有水牛和黄牛之分,南方多为水牛,北方多为黄牛。其化学组成,主要是角质蛋白,其中含有苏氨酸、丝氨酸、谷氨酸、甘氨酸等18种氨基酸,可占总量的98%左右,此外还含有铜、银、铬、镍、锌、钛等多种微量元素,另外还含有微量的FeO、MgO、CuO及少量的吸附水。角还有黑角与透角,其有相似的化学成分,只有少量微量元素含量的差异(即黑牛角中的Cu、Zn含量大于透牛角中的Cu、Zn含量)。

2. 形态与性质

外形上各种角料皆呈角状弯曲,在纵断面上有近于平行的波纹条带,横断面上有交叉分叉的管道纹线,表面有沟纹或沟带。

角料有白色、褐色、淡黄色、黑色及花色,呈树脂状光泽或蜡状光泽,半透明至不透明,均质体,折射率为1.54,具蓝色荧光,摩氏硬度为2.5~3,密度为1.29~1.31g/cm³,具韧性和良好的热塑性及挠性,可溶于酸、碱,烧之有焦味,受热易变形,故易于加工和抛光。差热分析可见70℃有吸热谷,说明牛角中有吸附水的存在。

角料以浅色、透明、质地光滑细润者为好料,整体角长、料的实心部分大、角肉厚者则为优质,再加上工艺精湛,造型美观者为上品。

3. 角料的种类

(1) 犀角(Rhinoceros Horn)

犀角又称犀牛角,是珍贵的犀科动物的角。这种角长在动物的鼻骨上,有的长一个角,有的长两个角,长度可达30cm左右,其硬度低,密度为1.29g/cm³左右,是由动物皮肤的角质化纤维形成。它是具有使人快速退烧作用的珍贵中药,属有机宝石,可雕刻犀角杯或小型饰品。

明清朝代就有鲍天成(明)、尤通(清)等著名雕刻家,雕琢的犀角杯佳作闻名于世。犀牛角雕琢艺术品如图10-12-1所示。

图10-12-1 犀牛角雕

(2) 鹿角(Deer Horn)

鹿类动物的角,性质与骨料相似,鹿角也呈弯曲形,但有分叉现象,鹿角的横断面上有不太显著的同心构造小孔。色调较褐,折射率约为1.56,密度较小,在1.70~1.85g/cm³之间,多用作仿象牙材料,在国外用作雕刻小挂件、拼嵌饰物或器皿装饰等。鹿角观赏石如图10-12-2所示。

二、骨料(Bone)

骨料为动物的骨骼材料,大部分为牛骨、狗骨、驼骨、象骨、鲸骨、禽骨、兽骨。骨料的成分与象牙有些相近,但常有较多的有机脂肪,油腻性大,应用时必需先经过脱脂处理。

一般骨料的折射率为 1.54 左右,摩氏硬度在 2.5 左右,密度在 2.4g/cm³ 左右,在镜下可见其横断面上有许多同心构造小孔。

骨料中以长角水牛及大鲸的骨为佳品,骨料常用作仿象牙,或雕刻小件饰品,如项链、戒指、耳坠、胸坠、手链、手镯。较大个的则可制作屏风或花、鸟、山水、人物等大型摆件。图 10-12-3 为鱼骨手排。

图 10-12-2　鹿角观赏石　　　　　　图 10-12-3　鱼骨手排

1987 年在河南午阳县出土的距今约 8 000 年的遗址里,有的墓葬中发现了十多件骨笛,就是用鹰、鹫类猛禽的翅骨或腿骨制成的。可见早在 8 000 年前的原始社会阶段,我国的劳动人民已经知道利用骨料制作器物。1982 年在陕西西乡何家湾仰韶文化遗址中,出土了以兽类肢骨材料制成的骨雕人头像。1960 年在江苏吴江县一处良渚文化遗址中,出土的骨匕首就是用兽的腿骨磨制而成,全器呈角形,光滑、细腻、造型高超。

三、牙料

牙料最主要的是象牙、猛犸象牙、海象牙及河马牙等,这些在前象牙一节中已有叙述,不再重复。但其他一些大型动物的牙,很多都可以制成器物,如鲸牙、野猪牙、疣猪牙等。尤其当前在国际组织禁止捕捉大象之际,这类大型动物的牙显得更为重要。

一般牙齿的化学成分为 $Ca_5[PO_4 \cdot CO_3 \cdot (OH)_3]F$,是碳酸磷灰石(Tooth 或 Hydroxy-corbonatc-apaite),每种动物的牙也不尽相同,现仅将一般牙齿的红外图谱表示如下(图 10-12-4)。

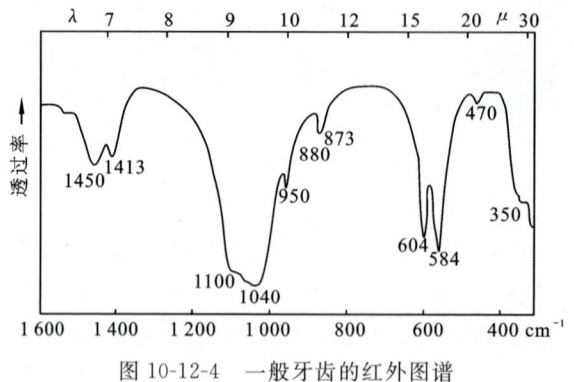

图 10-12-4　一般牙齿的红外图谱

1. 鲸牙(Ivory of Whale)

这里所指的鲸牙主要是抹香鲸及雄性独角鲸的牙,一般在这种鲸上只长一颗,少数长两颗,后者形状弯曲扭结在一起,可长达 2~3m,所以很像角。另外牙质粗糙,很像猪牙,因而只可用于制作大器物,或冒充象牙。独角鲸产自北冰洋海域。

2. 猪牙(Ivory of Snidea)

猪牙是指野猪及其他猪类动物的獠牙,即上、下犬牙,主要产自非洲。猪牙较强硬,上牙可到 30 多厘米,下牙则为 15cm 左右。折射率一般为 1.55~1.57,硬度为 2.5~2.8,密度为 1.90~2.00g/cm³,还可发出较强的紫色—蓝色荧光。质地粗糙,视其料之大小,可做些小件饰品及器物。

3. 南方象牙

1957 年周明镇首次在河南洛阳发现南方象牙化石(图 10-12-5)。1989 年闫嘉祺又在陕西澄城县发现。南方象牙分布很广,可从欧洲到印度以至中国,时代属早更新世晚期。牙为白齿化石,珐琅质比较厚,齿板较少、齿冠较低。白垩质较发育是其特点。

图 10-12-5　南方象牙

4. 骨制品

骨制品采用象骨、鲸鱼骨或牛骨等人工制成,属合成仿制品。

四、蛋类

恐龙蛋(Dinosaurian Eggs)化石

恐龙蛋化石是大型脊椎恐龙类动物产下的卵。恐龙曾在一两亿年前生活在地球上。大恐龙身长可达 20 余米,因地球上的气候突变而灭绝。

恐龙蛋化石最早在 1869 年发现于法国普罗旺斯的白垩纪地层中。1976 年在我国河南南阳西峡一带白垩纪地层中又曾找到。恐龙蛋化石有椭圆形、圆形、扁圆形、长圆形等不同形状。蛋的直径可达 200 多毫米,小者几十毫米,壳厚 1~3mm 不等。

根据已知的除河南西峡白垩纪产的圆形蛋(化石)、长形蛋(化石)外,还有广东河源的近于圆形蛋(化石)、南雄产的大致为圆形蛋(化石)、山东莱阳产的长圆形蛋、内蒙产的小圆形蛋及铁岭产的近于小圆形状蛋(化石)等。一般地质时代皆为白垩纪或晚白垩世。

蛋呈土黄色,表面有一层钙质硬壳,壳面有花纹,成窝存在,也有单个的、两个或几个(10~30 个)在一起的。赋存于砂岩或砂质泥岩中的皆已石化。1922 年在我国新疆戈壁沙漠火峰一带也曾发现过。近代除河南西峡、广东河源外,还有江西赣州、山东莱阳以及湖南、安徽、内蒙、宁夏、湖北、浙江、新疆等地都有发现。我国恐龙蛋化石分布广、数量大、类型多,保存完整为世界之冠。恐龙蛋化石形态、纹饰美观,质地致密,无缺陷者为人们喜爱的观赏石,也是价值高昂的收藏品。我国政府已规定禁止出口。单个恐龙蛋化石如图 10-12-6(a)所示。长圆形的恐龙蛋成窝群体化石如图 10-12-6(b)所示。近圆形恐龙蛋(化石)成窝如图 10-12-6(c)所示。

五、螺壳

斑彩石(Ammolite)是一种稀有的具有晕彩的化石宝石,为 1908 年发现于加拿大落基山

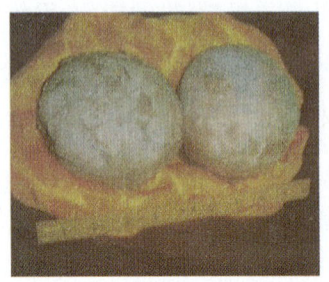  

(a) 单个恐龙蛋(化石)　　　　(b) 长圆形恐龙蛋(化石)成窝　　　　(c) 近圆形恐龙蛋(化石)成窝

图 10-12-6　恐龙蛋化石

脉地区的阿尔伯达圣玛丽河岸。有人认为是菊石化石的残骸部分，色泽艳丽者为斑彩石，有人认为是鹦鹉螺化石，也有人认为二者皆为斑彩石。实际上二者在物理性质及色彩上是有差别的，二者价值亦相差甚远。

斑彩石外壳闪亮，颜色在光照下成五颜六色，而且随光线方向或观察者的角度可看到彩虹色、红、橙、黄、绿、青、蓝、紫七色光及其过渡色调皆有。其硬度较低，为 4.5～5.5，相对密度为 2.75～2.80，折射率为 1.52～1.68，易氧化褪色，避免用水浸泡，佩戴时不要接触酸碱。为避免氧化，用胶或 SiO_2 覆膜处理斑彩石饰品是必要的。

目前常见的斑彩石主要来自马达加斯加和北美地区。宝石级斑彩石产自北美的加拿大南部和加拿大及其周围地区，优质者产于加拿大阿尔伯达地区。有人认为是鹦鹉螺生栖地受火山喷发影响使浅海中生物大量死亡，被火山灰掩埋石化后形成斑彩石。完整的斑彩石(图 10-12-7)比较罕见，可作观赏石，色彩绚丽的碎裂斑彩石主要用来做饰品首饰(图 10-12-8)，色彩较暗淡的斑彩石碎石一般用来拼合工艺品。

斑彩石形成的斑彩石价格昂贵，其颜色多变，是珍贵的斑彩石。有些地区的鹦鹉螺形成的斑彩石只有带轻微的晕彩、颜色单调(多以褐色色调为主)，价格便宜。购置时注意甄别，还有打着纯天然旗号的将未覆膜的斑彩石直接出售，也是坑害消费者。胶覆膜者表面凹凸不平，可刮下粉末，SiO_2 覆膜者平滑光亮上品。购买者应注意选择。

图 10-12-7　斑彩石宝石观赏石　　　　　　　　图 10-12-8　斑彩石挂件及吊坠

第十三节　与植物类有关的宝玉石工艺品材料

以植物枝干或种子、果实为制作宝玉石艺术品材料是很多的，诸如棕榈坚果、红豆、桃核、瓜子、核桃木、黄杨木等。但这类材料必须具备硬度较大、致密耐磨、有可加工性能的特点。

一、棕榈坚果

其颜色、光泽及质地与象牙近似,所以又有植物象牙之称。品种依产地不同而异。

1. 杜姆棕榈坚果(Doom Hemp-palm)

杜姆棕榈坚果为棕榈科植物,该棕榈的果实称"杜姆",有鸡蛋或鸭蛋般大小,外皮呈红褐色,有的呈网纹状,中心部可食,核壳白色,半透明,质地坚硬,故常用作仿象牙,有"象牙果"之称。但表面粗糙,横截面有蜂巢状结构,纵截面上有平行的较粗直线,线条间有细胞结构,折射率接近1.54,在紫外光下呈白蓝色荧光。硬度为2~2.5,密度为1.38~1.40g/cm³。在硫酸中浸泡可变为玫瑰色调,韧性好,易于加工,也便于染色。象牙果雕吊坠如图10-13-1所示。

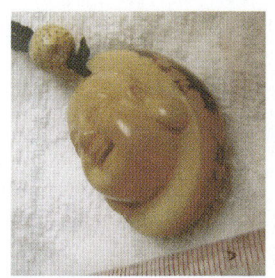
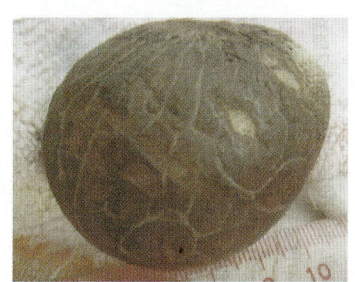

(a) 里面　　　　　　　　(b) 表皮

图 10-13-1　象牙果雕

象牙果主要生长于秘鲁、巴西及南美地区。由于该植物的耐旱性,所以也可在沙漠中生长,可依在硫酸中浸泡变红区别于象牙(象牙不变色)。

2. 象牙棕榈坚果(Ivory Nut Palm)

象牙棕榈坚果为棕榈科植物。该棕榈的果实内有鸡蛋大的6~9个硬核,有"可罗查(corozo)"之称,为白色,或有黄色色调的白色(可以仿象牙),但质地较粗糙,在显微镜下亦可见细胞组织。折射率为1.538,硬度为2.5,密度为1.40~1.43g/cm³。紫外荧光与象牙相似,如遇硫酸可变为玫瑰色,以区别于象牙。

象牙棕榈主要生长于秘鲁和哥伦比亚、巴西、南非等地。

3. 埃及棕榈坚果

埃及棕榈坚果形似象牙,但不如杜姆棕榈坚果稳定,时间长了会分解,质地也较软。横截面为呈密集的星散状结构,纵截面呈断断续续的波纹线或蠕虫状,可以密度区别于象牙。埃及棕榈生长于埃及和中非地区。

其他还有缅茄等,产于老挝、缅甸及我国海南等地,也是作吊坠等饰品的材料。如图10-13-2所示。

二、红豆

红豆是红豆树上生长的果实。由于颜色特红,而且有的半红半黑,故有"鸳鸯豆"之称。红色代表了相思,所以还享有"相思豆"的盛名,自古以来为人们所宠爱,唐朝大诗人王维就写有"红豆生南国,春来发几枝,愿君多采撷,此物最相思"的词句。红豆形状有圆、有扁、也有椭圆或鸡心状,大者可到0.5cm×0.8cm×1.0cm,也可有小些的。除红色者外也有橙红色的,其核内呈橙黄色、不透明,多为蜡状光泽,大都表面光滑,或少有不规则的褶皱沟纹。红豆主要用来作项链、手链、耳坠、胸坠等。主要产地为广西南宁、北海、广东、海南、云南等省。其饰品如图10-13-3所示。

图 10-13-2　缅茄吊坠

图 10-13-3　红豆手链

三、瓜子

瓜子是指一些甜瓜中的瓜子,使用前需加工处理,处理掉果糖、果浆等表面附着物,因颜色红而鲜艳,故可用来作工艺品及饰品。

四、核桃

核桃为核桃树上生长的果实。使用前需先除去外部青色果皮,经过干燥处理后再去硬皮,壳内核桃仁可食,如果不破除硬皮的核桃,可见表皮上有凸凹皱褶,核桃表皮硬度较大,耐磨,故可用来作潄手石。潄手石是顺手玩转以使手指得以灵活锻炼,往往是老年人的手玩物。核桃也可雕成人物花卉等工艺品,且有舒筋活血之用。核桃大部分产于我国北方诸省。

五、橄榄核

橄榄为一种常绿乔木橄榄树上所结的果实,长圆形、绿色,俗称"青果",可食。橄榄的核呈黄色、深黄色—棕褐色,质地坚硬,两头尖尖,可作雕刻,打孔后可作胸坠等饰物。如图10-13-4所示。

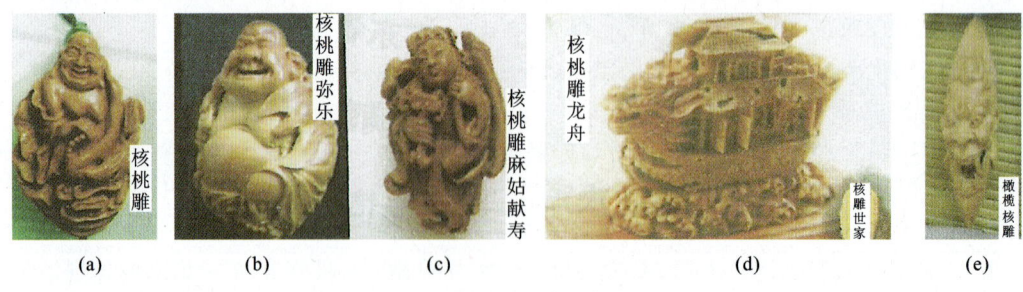

(a)　　　　(b)　　　　(c)　　　　(d)　　　　(e)

图 10-13-4　核桃和橄榄核雕(饰品)

六、菩提子

菩提子为菩提树上所结之果,有凤尾菩提子、星月菩提子、小金刚菩提子、金丝菩提子、风月菩提子等几十种。经过处理后,择其大小均匀者可串成项链、手链、佛珠(图10-13-5)。此菩提佛珠往往是佛教的信物,大部分生长于热带,如东南亚及我国云南、海南岛等地盛产之。

图 10-13-5 菩提仔手链及鬼脸菩提

七、珍木(Precious Wood)

本书所指的珍木主要包括黄花梨、小叶紫檀、沉香、檀香等一些适合珠宝业的珍贵木材。它们本不属于珠宝玉石范畴,但它们又经常作为木珠、手链、项链、佛珠或配以黄金、白玉、砗磲、绿松石等成为饰物,频频出现于珠宝市场,颇受人们喜爱,故在此略加叙述,以供参考(资料除注明者外,大部分参考深圳妙一佛饰张一帆,2015)。

1. 黄花梨(Scented Rosewood)

黄花梨又称"降香黄檀",俗称"花梨""降真香""香红木"等,是目前价格最贵的红木(图10-13-6)。它生长缓慢,据说要一百年甚至几百年方长成材。在我国唐朝已开始用于宫廷木器。现已被国家列为一级珍稀濒危植物,除药用外,严禁砍伐。据记载它可活血、止痛、止血、治心胃、治冠心病、治呕吐等,属于名贵药材。大都认为它有养生之道,不仅美观靓丽,还有保健之功。

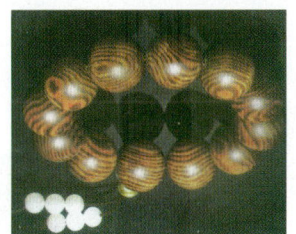

(a)海南西部黄花梨雕嫦娥奔月 高35cm 宽34cm,(肖奕亮,2015)　　(b)虎皮纹黄花梨与和田玉、黄金搭配手链　　(c)海南黄花梨与青金石、黄金搭配项链

图 10-13-6 黄花梨饰品

黄花梨颜色多样,有金黄、浅黄、橘黄、赤紫、红褐、深褐等。其花纹也是千姿百态,有鬼脸水波纹、虎皮纹、蜘蛛纹、蟹爪蚊、山水纹等,变化多端。其花纹与颜色决定其价值的高低。一般认为紫褐色比黄色系列的好,纹理奇异的比平淡的好。

黄花梨的气干密度为 0.82~0.94g/cm³,具明显的生长轮,新鲜切面有辛辣味,久则变为微香。我国海南黄花梨密度最大,油性最好,花纹最美,抗压、耐腐蚀,柔韧度最强,驰名古今中外。

产地主要有我国和越南。一般认为我国海南黄花梨好于越南黄花梨。与黄花梨的颜色花纹极其相似的是紫檀柳、黑花梨、大叶黄花梨(产于印度尼西亚)等。识别黄花梨,除了凭丰富的经验和直接观感之外,还要靠密度的测定。与黄花梨相似品种都密度大,沉于水;黄花梨密度小,不沉于水。此外,我国广东、广西、福建南部亦产之。

真正的黄花梨是极其珍贵的,市场上常见的那些黄花梨链珠往往是些价格便宜的冒牌货。

2. 小叶紫檀（Redsanders）

小叶紫檀学名"檀香紫檀"。以它的外形、结构特征还有"金星紫檀""牛角紫檀""鸡血紫檀""蟹爪紫檀"等许多俗名(图10-13-7)。它属于珍贵的木材，抛光后新鲜面亮丽而褐红，带有花纹。但它遇到水、汗液、酒精等易褪色，在空气中时间长了也可以变为紫黑色。它密度大，在水中下沉，人们可依此辨别。据考证，它的生长期有数百年甚至千年才能成材。经常用于佛教中的雕刻，古代的皇室贵族中应用较广。目前几乎砍伐殆尽，属于国际上的保护濒危木种。据古书记载，它可入药，有止血、止痛、调节气血、安眠定神的功效。

(a)小叶紫檀与黄金、绿松石、砗磲搭配手链　　(b)小叶紫檀与和田玉、青金石搭配项链

图10-13-7　小叶紫檀饰品

小叶紫檀多为珠链之类的饰品，常与绿松石、青金石、砗磲、白玉、金、银等搭配，互相衬托而更受人们的宠爱(图10-13-7)。

小叶紫檀主要产于印度迈索尔邦。血檀与小叶紫檀极其相似，产于赞比亚，但并不珍贵，价格也低得多。市场上多用血檀或人工金星紫檀料冒充小叶紫檀，以假充真。

3. 沉香（Eaglewood）

沉香是由沉香树分泌出来的混合了油脂成分和木质成分的固态凝聚物(图10-13-8)。沉香树属瑞香科常绿乔木，是沉香的母体。沉香树不是沉香。

(a)沉香原石K金镶挂体　　(b)沉香、和田玉、黄金搭配手链

图10-13-8　沉香饰品

沉香是传统的中药材，相传有医治肺、胃、心、肾、肠的功效。它还是各宗教界所公认的圣物。当前为制作香水和化妆品的重要香料和熏料。它天然的香味迷人，非人工合成品能所替代。部分上等沉香密度较大，几乎沉于水中。它是密度越大质量越好，但大多数沉香还是达不到沉于水的密度级别。

沉香的香味是微香，并不是浓郁的异常的香，有的还没有香味，只有在加热、加湿的情况下才有香味。如果闻到浓郁的异常的香味则往往是人工加上去的。

天然沉香的香是持久的，人工加香味往往时间短暂。从颜色上看主要是深浅不同的褐色、土黄色，而有油线花纹，黑土色过深的又往往是假货。所以鉴别沉香的真伪应从颜色、手感重量、气味等方面识别。

沉香产地主要为东南亚的热带地区,可分为惠安系列和星洲系列。惠安和星洲分别为越南的地方和新加坡的旧称。其中惠安系列主要产于越南、老挝、柬埔寨和中国等。星洲系列产于马来西亚、印度尼西亚、文莱、巴布亚新几内亚等。一般认为惠安系列质量好于星洲系列。但是用在珠宝上来说因惠安系列沉香原料多孔,不易制作饰品,主要用作香料、熏料;星洲系列沉香原料多表面坚硬,易于雕刻或磨成珠串。印度尼西亚(加里曼丹)和马来西亚产量较多,且较有名气。奇楠沉香和菩萨沉香香味浓厚,为柬埔寨出产的高档名贵沉香。目前市场上的星洲系列居多。从整体上看还是假货占据市场。这些产地不同的沉香也是各地都有好有坏,重在甄别。

4. 楠木(Phoebe)

楠木古称"枏木""柟木"。楠木材质优良,结构致密,纹理清晰,在切面上有光泽,遇雨还会有幽香,具强防潮性、防腐蚀性。楠木可分为3种:一是香楠,木材微紫而有清香味;二是金丝楠(图10-13-9),在楠木中最珍贵;三是水楠,木质较软,主要用作家具。

金丝楠在珠宝市场最为常见。因它质地温润,纹理细腻,新鲜切面土黄、黄褐色,而带绿色色调,光泽较强,尤其在强光下可见金丝纹呈丝网状,似丝绢光泽,有丝纹闪动,新鲜切面有香味,也有不具香味者。楠木密度稍大,不易变形,因而多作雕刻、手链、项链。

楠木主要分布在亚洲、拉丁美洲热带及亚热带区域,在我国四川、云南、湖南、湖北、广西等地亦产之。

(a)金丝楠串珠　　　　　　　　(b)金丝楠手链

图10-13-9　金丝楠首饰

5. 檀香(Sandal Wood)

檀香又名"白檀",在我国已有1 500多年的历史,一直是中外上层社会所拥有的。现在已是濒危树种。檀香木被列入《濒危野生动植物国标贸易公约》保护名录(图10-13-10)。

(a)檀香扇(摘自商子庄《木鉴2008》)　　　　　　　　(b)檀香手链

图10-13-10　檀香饰品

有一种老山檀香,也称白皮老山檀香或印度香,抛光后表面光滑致密,香气醇正,是檀香木中的极品,已很少见到。一般檀香木的气干密度为 $0.87\sim0.97\text{g/cm}^3$,常态下不沉于水中,能沉水的谓老山檀香。其树龄更高,生长期更长,密度更高,含油量也更多,更为珍贵。

它是一种著名的中药材,有消炎、抗菌、催情、镇咳、补身等功效。产自澳大利亚的因其独具特色的生长习性,而被称为"夫妻树""情侣树"。因而用其所做成的器物、饰品更有神秘的浪漫色彩,也更为人们所青睐,价值也更昂贵。

传统上按其生长地域分为四类:老山香产于印度,新山香主要产于澳大利亚,也门香(Timor音译)产于印度东帝汶,雪梨香产于澳大利亚及周围南太平洋诸岛国、斐济等。

市场上多用柏木、桦木等经过改色,染色,香精水浸泡、喷洒冒充檀香,或将非沉水檀香注胶、灌铅以达到沉于水效果,以假充真,非法处理。

6. 乌木(Ebony)

乌木学名"阴沉木""炭化木",俗称"乌角"等。木材黑中透红,老木材纯黑色,也有黑褐、黄褐等色。质地坚硬,光亮如漆。有木纹,纹理清晰,切面手感柔滑,性脆,具防腐性。磨光面尤为光亮,故多用作雕刻小件工艺品、手链(图10-13-11)、小饰品或雕刻寺庙中佛像等,亦入药,可解毒,主治霍乱、风湿、感冒等疾病。

主要产于中国四川岷江流域、三峡地区及云南、贵州、甘肃等地的山地低洼处或河床、沼泽地处。

7. 柏木(Cypress)

柏木学名"垂枝香柏",俗称"璎珞柏""香柏"等。木材一般为黄褐色,木质细腻,耐腐朽,有芳香气味,其枝叶可提炼柏木油,根、枝提炼后的碎木粉,还可作香料。入药,有治感冒,治风湿性关节炎的功效。

柏木有数十种之多,包括园柏、刺柏、侧柏、福建柏、台湾扁柏等。我国民间将其分为南柏和北柏,南柏材质优于北柏,多呈橙黄色,具均匀平直纹理。致密而耐水,多疤节,属于较名贵的木材。

在珠宝市场上常见一种"崖柏"。颜色在木珠磨光面上多为浅土黄色,手摸之有油性感。若置于光滑平面上,时间稍长即会有油渗出,具很浓的清香味。在木珠表面可有瘤巴,瘤巴多者更为贵重(图10-13-12)。细看可见木纹,密度较小,香气宜人。作为器物、饰品在其附近就能闻到芬芳气味,颇受人们喜爱。真正的崖柏树种,据说早已消失,现在泛指生长在悬崖峭壁上的柏树。尤其当前市场上多是以楠木充当,楠木很像崖柏,但它密度较小易与之区别。

在我国大巴山、太行山及四川等地皆产之。

图10-13-11 乌木手链

(a)崖柏手链

(b)崖柏多瘤巴手链

图10-13-12 崖柏手链

此外还有黄杨木、樟木、香木、桧木、紫檀木或其他一些植物的根、茎、核等,除主要作木材用之外,不少都可作为工艺雕刻品或小挂件。如图10-13-13(a)为竹根雕罗汉头,图10-13-13(b)为黄杨木雕的宝莲灯。绿檀手链[图10-13-13(c)]、檀香木佛珠[图10-13-13(d)]。又如樟木、香木、绿檀所雕成的摆件、挂件或珠链等,因具清香味可以美化环境防止蚊蝇,为人们所喜爱。大型樟木雕(图10-13-14)、台湾阿里山产的香木雕壶罐(图10-13-15)、印度产的老山檀木雕麒麟(10-13-16)及台湾产的桧木雕都是有香味的工艺品。

(a) 竹根雕罗汉头　　(b) 黄杨木雕宝莲灯　　(c) 绿檀手链　　(d) 檀香木佛珠

图 10-13-13　木质饰品

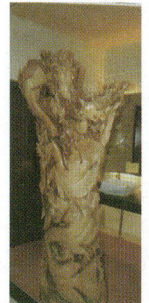  

图 10-13-14　大型樟木雕　　图 10-13-15　香木雕壶罐　　图 10-13-16　老山檀木雕麒麟
　　　　（1∶100）　　　　　　（台湾阿里山产）　　　　　　（印度产）
（天彩祥和公司保存）　　　　（西安王镭收藏）

值得注意的是还有一些古代的大型动植物化石，都可以作为观赏石，有的还非常珍贵，如寒武纪的三叶虫化石，各种鱼类化石(图10-13-17)及贵州龙化石(图10-13-18)，北方奥陶纪的中华角石(图10-13-19)、珠角石、直角石(图10-13-20)，陕西晚三叠世的蕨类化石，山西太原早二叠世的羊齿类化石、大羽羊齿等。在一些珠宝玉器商店都常常有售。这类资料可详参看《古生物学》有关部分。

图 10-13-17　鱼（化石）

 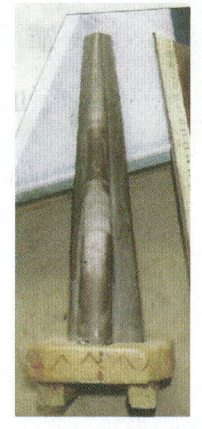 

图 10-13-18　贵州龙（化石）　　图 10-13-19　中华角石（化石）　　图 10-13-20　直角石（化石）
　　　　　　　　　　　　　　　　　　　　　　　　　　　　　　　　（拍自西安科技大学陈列馆）

第十四节 躯体宝石

众所周知,一些动物的躯体主要是由 C、H、O、N、S、P 等元素组成,经过火化后其挥发性成分挥发掉,主要是碳残留下来。如在高温还原环境下加热到一定温度,碳是可以凝成固态物质的。如同人工合成钻石一样,在人体经火化后较低温度下,一般是形成骨灰。这种骨灰的成分主要是碳,若能继续加热可有固态碳形成。这就是人们常说的舍利子。所以前人章鸿钊先生认为舍利是"金刚石"不无道理。

我们这里指的躯体宝石(Body Gemstone)应该包括骨灰钻石及人体舍利;也应该包括一些其他动物的躯体或躯体的一部分形成的固体碳;和一些动物(包括人体内)的结石等。由于资料欠缺,无实验数据,故在此仅能就骨灰钻石及人体舍利略加提及。

一、骨灰钻石(Ashes Diamond)

(根据网络资料)在国外已早有报道,用人骨灰合成的钻石称骨灰钻石。瑞士一公司 2003 年已有骨灰钻石的制造工艺。近年来他们合成的骨灰钻石有蓝色、黄色,大小质量都在几十分之间(100 分=1ct)。最近(2014 年)一英国女子即制得了她丈夫的骨灰钻石,钻石呈黄色,重 0.75ct[图 10-14-1(a)]。我国也已有人制得过,如四川泸州一女子(2007 年)和重庆一女子(2014 年)都去美国制得。该重庆女子以 200g 骨灰制得了一蓝色钻石,重 0.27ct,她还进而将它加工镶嵌成戒指[图 10-14-1(b)],这可与逝者永远陪伴。看来合成这种骨灰钻石,比保留骨灰更加珍贵、轻便、卫生、永恒,可随身携带,还更永垂不朽。这或许是今后敬奉逝者更有意义的一种方式。

 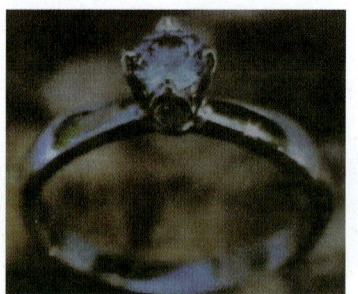

(a) 骨灰钻石,钻石重 0.75ct　　(b) 骨灰钻石女戒,钻石重 0.27ct

图 10-14-1　骨灰钻石

二、舍利(子)石(Buddhist Relics)

舍利为梵文"sarira"的译音。以往也有译作"设利罗"的,为身骨之意,是指人体火化后留下来残余骨烬。据传多见于得道的高僧火化后的残留物。佛教将舍利石视为珍贵之物,多保存于寺庙或古塔古寺之下的地宫深处,或珍藏于暗道相通的密室之中。

据知舍利石为彩色晶体状物,由于过份珍贵,故未见有研究资料,更无物质组成及物理性质方面的测试数据,只是相传有骨舍利、牙舍利、肉舍利等之分。在我国著名的陕西法门寺塔下,地宫中即有层层包裹置放的舍利子,据介绍为释迦牟尼佛祖涅槃后的指骨舍利。呈淡黄微绿色,长 37mm,重 16.2g,形若扳指。具半玻璃光泽,如玉(有时可发光),如图 10-14-2 所示。仅为一节手指烧过后留下来的,故称"佛指舍利"。

(a) 指骨舍利(安放于陕西法门寺)　　(b) 指骨舍利内部有七个疤痕,据有关资料相传,有时会发光,还会同时出现幻觉(据陕西法门寺)

图 10-14-2　指骨舍利

其他如北京八大处保存有佛牙舍利,浙江阿育王寺保存有佛舍利,皆甚为著名。还有一些著名的寺庙如广东的弘法寺亦保存有寺庙高僧的舍利子等。我国早期的地质科学家章鸿钊曾研究推断舍利石为金刚石,也有人认为是硅质结石,还有人认为是蛋白石等。这些皆为推断。

2012 年深圳弘法寺长老圆寂(去世),在化身窑据说约为 1 500℃(?)的温度下火化,约 5 小时,7 天后启窑,发现在骨灰、炭灰中有很多舍利子。舍利子多呈圆形,大小不一,色彩、形态各异,颜色斑斓,质地通透(图 10-14-3)。这一事实让我们加深了对舍利子的认识。

图 10-14-3　深圳弘法寺本焕长老骨灰中的舍利子

舍利子终究还是人体火化而来的残留物,它应该是躯体宝石的一种,或许是其一部分。从形成上看没有钻石成分那样纯净,它没有经过骨灰阶段,也没经过合成钻石那样高的温度、压力,似乎它没有钻石那样晶莹高雅,这可能是通俗方法烧制而成的骨灰钻石的一个异种或变种,甚至是玻璃待进一步研究。

第十一章 稀有宝石大类

在自然界的宝石矿物中除了上述贵重宝玉石及普通常见的宝石矿物之外,还有一些比较少见的(如细晶石)及一些虽不罕见,但极少用于作宝石材料,而只是用来作观赏石、收藏品(如十字石)或用作工艺美术品材料(如查罗石)的品种。现将这些品种一并加以叙述。

第一节 细晶石

1888 年发现有像红榴石一样美丽的宝石级细晶石(Microlite),重 4.4ct。

一、化学组成

细晶石的化学式为$(Ca,Na)_2(Ta,Nb)_2O_6(O,OH,F)$,为含附加阴离子的铌、钽的氧化物。有的含有 Ti 和 Th、V 等混入物。

二、形态

细晶石属等轴晶系,晶体常呈细小的八面体,很少见有菱形十二面体(图 11-1-1),一般呈不规则粒状和块状集合体等,大个晶体极难见到。

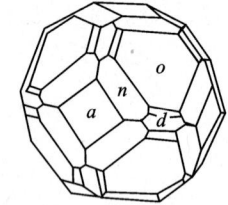

图 11-1-1 细晶石晶体

三、物理特性

颜色主要为黄色至褐色、褐红、淡红、橄榄绿色等。

玻璃光泽至油脂光泽,透明至不透明,均质体,一些未被放射性破坏的细晶石,还可出现异常干涉色。折射率 $N=1.93\sim2.023$。摩氏硬度为 $5\sim6$,密度为 $4.3\sim5.7g/cm^3$,通常为 $5.5g/cm^3$。对细晶石颜色要求色正,像红榴石一般的透明晶体为极其珍贵的宝石佳品。

四、鉴别特征

细晶石可根据晶形、颜色与铌钽矿物相区别,成品可在偏光镜下以均质体与其他相似宝石矿物相区别,以高的折光率与红榴石相区别。准确鉴定往往需靠 X 光或红外图谱资料,细晶石的红外谱图如图 11-1-2 所示。淡褐色至淡红色、不太透明者作弧面型宝石为宜。晶体既是宝石原料又可作为珍品收藏。

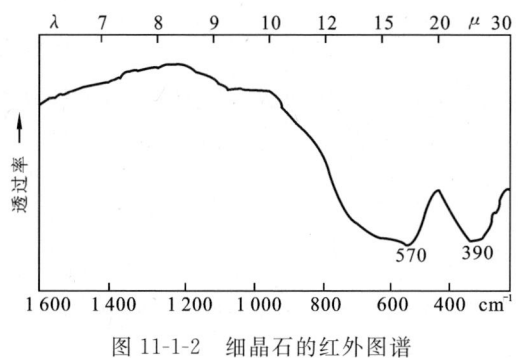

图 11-1-2　细晶石的红外图谱

五、产状及产地

细晶石主要产于钠长石化的花岗伟晶岩中,共生矿物为碧玺、黄晶、锆石及铌钽矿物等,也可产于砂矿中。主要产地为美国及巴西。

美国弗吉尼亚州的阿美利亚矿山,所产为绿色、褐色的细晶石晶体。宝石级的细晶石绿色晶体产于巴西等地。其他还有格陵兰、挪威、瑞典、芬兰、法国、马达加斯加和澳大利亚西部等地。

第二节　方　镁　石

方镁石(Periclase)的透明晶体可作为宝石。

一、化学组成

方镁石的化学式为 MgO,为镁的氧化物。镁可被 Fe、Mn、Zn 代替。

二、形态

方镁石属等轴晶系,晶体呈八面体或立方体,一般常见者为粒状或致密块状集合体。

三、物理特性

颜色通常为灰白色、浅黄色至褐色或绿色、黑色。玻璃光泽,透明至不透明,均质体,折射率 $N=1.730\sim1.739$,透射光下无色,长波紫外光下有黄色荧光。立方体解理完全,硬度为 $5.5\sim6$,密度为 $3.56g/cm^3$。

易溶于稀盐酸、稀硝酸,加硝酸钴溶液烧之呈肉红色。方镁石的红外图谱见图 11-2-1 所示。

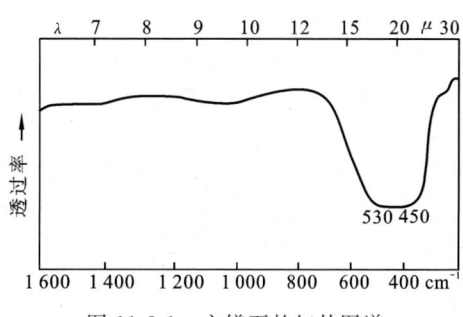

图 11-2-1　方镁石的红外图谱

四、产状及产地

方镁石由镁质碳酸盐岩高温接触变质而成,产于白云岩或镁质石灰岩的接触带,与镁橄榄石、菱镁矿等共生,亦见于火山岩晶洞中。主要产地为瑞典、意大利的维苏威、美国的加州等地。

[附] 合成品

合成方镁石(Synthetic Periclase)

有人曾用焰溶法、助熔剂法技术制作合成方镁石,最后 Butler Wober 等人分别用浸弧熔法技术合成了大个的方镁石单晶。

中国学者刘卫国等采用浸弧熔法技术亦成功地合成方镁石单晶。人工合成的方镁石与天然生成的方镁石性质上非常相近,为等轴晶系,折射率为 1.730 8～1.760 4,摩氏硬度为5.5,密度为 3.8g/cm^3,纯者无色,加致色剂则色泽艳丽。但在长波紫外光下呈微弱的白色荧光(天然方镁石呈黄色荧光),而在 X 光下却出现暗紫红色荧光,以此与天然方镁石相区别。这种合成方镁石可作很多种宝石的代用品。

第三节 红 锌 矿

一、化学组成

红锌矿(Zincite)化学式为 ZnO,为锌的氧化物,成分中常混入有 Mn 和 Fe 等。

二、形态和物理性质

红锌矿属六方晶系,晶体少见,多呈粒状及致密块状集合体。红锌矿的晶体如图 11-3-1 所示。颜色为白色,常因含锰和铁而呈橙黄色、红色至褐红色,透明至不透明,金刚光泽,一轴晶正光性,折射率为 N_e=2.029、N_o=2.013,双折率为 0.016,色散度为 0.127,无荧光性,解理平行{10$\overline{1}$0}中等,硬度为 4～4.5,密度为 5.66g/cm^3 左右。红锌矿的红外图谱如图 11-3-2 所示。

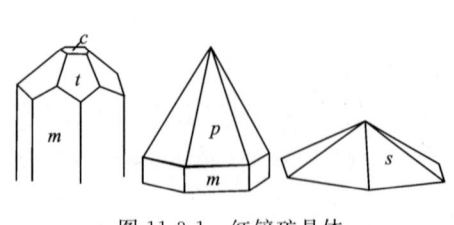

图 11-3-1 红锌矿晶体

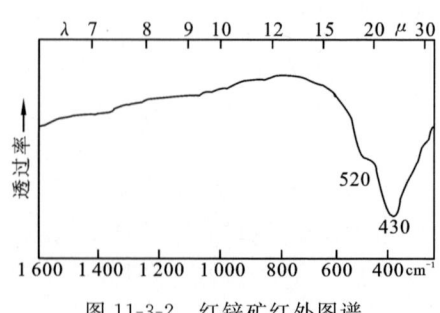

图 11-3-2 红锌矿红外图谱

三、产状及产地

一般为内生成因,产于接触交代型或热液型铅锌矿床中。产地如美国新泽西州富兰克林的接触交代型矿床。红锌矿与硅锌矿、锌铁尖晶石等伴生。波兰的奥尔库什、意大利的沙拉维查附近的托斯加纳的红锌矿皆产于热液型铅锌矿床中,与方铅矿、闪锌矿等伴生。红锌矿虽晶体透明、高折射、高色散,但硬度太低,故一般很少用作宝石,而作为观赏石或收藏品,如图 11-3-3 所示。

图 11-3-3　红锌矿原石及戒面

[附] 合成品

合成红锌矿(Synthetic Zincite)

合成红锌矿用蒸气法及水热法制成。当前俄罗斯是用水热法生产。

合成的红锌矿与天然的红锌矿,在物理性质上并无太大差异,不过在荧光性上有些不同,天然的无荧光性,而合成的在紫外荧光下呈暗至亮的黄色荧光;在 X 光下有明显的黄色或绿色荧光,可依此区别之。

第四节　钙　钛　矿

钙钛矿(Perovskite)尚未见用于宝石,而其合成品却可用于宝石的代用品。

一、化学组成

钙钛矿的化学式为 $CaTiO_3$,成分中常有类质同象混入物 K、Na、Fe 及 Ce、Nb、Ta、TR 等。稀土成分以 Ce、Nd、La 为主。

二、形态

在常温 600℃ 以下为斜方晶系,高温 900℃ 以上为等轴晶系。常呈立方体晶形或不规则粒状。在立方体晶面上常有平行于晶棱的条纹。钙钛矿的晶体如图 11-4-1 所示。

三、物理性质

钙钛矿呈灰黑色至红褐色,金刚光泽至半金属光泽,成分中微量元素增多时,其颜色还会加深,光泽增强和密度加大。具中等解理或不完全解理,摩氏硬度为 5.5～6,密度为 3.98～4.26g/cm³。钙钛矿的红外图谱如图 11-4-2 所示。

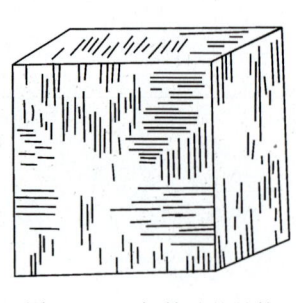

图 11-4-1 钙钛矿的晶体

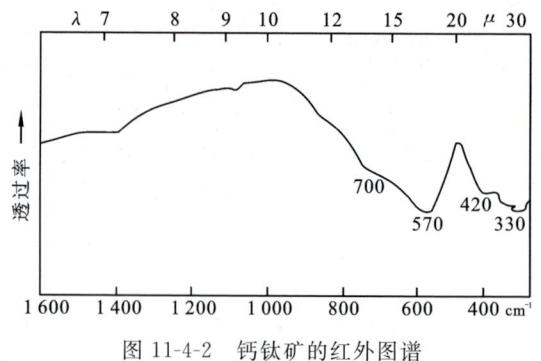

图 11-4-2 钙钛矿的红外图谱

四、产状

主要产于超基性和碱性岩浆岩或碱性伟晶岩中,与钛磁铁矿、磷灰石、白榴石、霞石等共生。

[附] 合成品

合成钙钛矿(Synthetic Perovskite)

合成钙钛矿的化学式仍为 $CaTiO_3$。斜方晶系。平均折射率为 2.45 左右,摩氏硬度为 6 左右,密度为 $4.05g/cm^3$。其形态、性质很像钛酸锶,无色透明者可用于仿钻石或钻石的代用品。

第五节 塔 菲 石

Count Taaffe 发现第一块塔菲石(Taaffeite)。其矿物名称又称作"铍镁晶石"。

塔菲石是一种非常稀少的宝石材料,第一块塔菲石宝石于 1951 年发现,是在一包尖晶石中夹带的一块很小(1.419ct)的紫色宝石。

一、化学组成

塔菲石的化学式为 $MgBeAl_4O_8$,为铍、镁、铝的氧化物,可含有 Ca、Fe、Mn、Cr 等元素。

二、形态

塔菲石属六方晶系,晶体具六方双锥、六方柱状晶形,或呈粒状集合体。晶体形状如图 11-5-1 所示。

(a) 晶体　　(b) 原石

图 11-5-1 塔菲石晶体及塔菲石原石

三、物理特性

玻璃光泽,透明,颜色一般是灰紫色、紫罗兰色至灰蓝色,含 Cr 者呈粉红色、红色,也有的无色,极少为绿色。

第十一章 稀有宝石大类

一轴晶负光性,多色性随颜色变化。折射率为 1.719~1.723(±0.002),双折率为 0.004~0.005,色散度为 0.019。对长波光和短波光可能发弱的绿色荧光。吸收光谱不特征,可有 458nm 弱吸收带。

无解理,贝壳状断口,摩氏硬度为 8~9,密度为 3.61(±0.01)g/cm³。吸收光谱如图 11-5-2 所示。

四、鉴别特征

塔菲石最易与尖晶石混淆,但可通过它的各向异性、双折率等光性特征与尖晶石相区别。气液包体和白云母、金云母、磷灰石、石榴石和尖晶石在塔菲石中作为包裹体都有报道。塔菲石的红外图谱如图 11-5-3 所示。

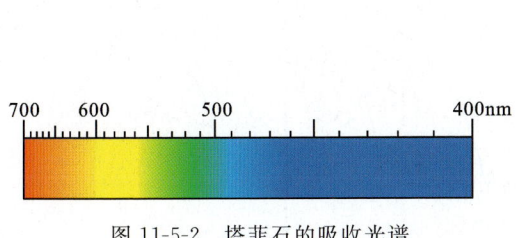

图 11-5-2 塔菲石的吸收光谱

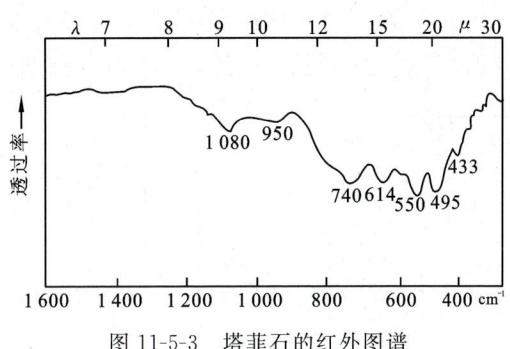

图 11-5-3 塔菲石的红外图谱

五、产状及产地

自然界塔菲石主要产于变质石灰岩、矽卡岩和砂矿床中。该矿物在缅甸、中国、俄罗斯、美国、斯里兰卡被认为是大多数宝石级产地。

中国的塔菲石发现于湖南临武香花岭的矽卡岩中。斯里兰卡的塔菲石产于砂矿床中。

第六节 硅锌矿(矽锌矿)

硅锌矿(Willemite)的英文名称是 1830 年以荷兰国王 William 一世命名的。

一、化学组成

硅锌矿化学式为 Zn_2SiO_4,是一种锌的硅酸盐。成分中含有 MnO 及 FeO。

二、形态

硅锌矿属三方晶系,晶体呈带锥的六方柱状,有的细长,有的短粗,也有呈纤维状、钟乳状、放射状、粒状集合体或块状

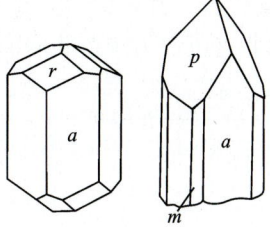

图 11-6-1 硅锌矿的晶体形状

等。硅锌矿的晶体形态如图 11-6-1 所示。

三、物理特性

颜色呈微绿黄色、红色、棕色,很少有呈蓝色,也有无色、灰白色、紫色、绿色、橙色等。玻璃至油脂光泽,透明至不透明,一轴晶正光性,折射率 $N_o=1.691$、$N_e=1.719$,双折率为 0.028。具多色性,色散度为 0.27。在 5 830nm、4 900nm、4 420nm 和 4 320nm 处有弱的吸收光谱线。在 4 210nm 有明显的吸收带。在 X 光或紫外线长波照射下有绿色或黄绿色荧光,绿色品种有时出现磷光。

摩氏硬度为 5.5,密度为 3.89~4.18g/cm³,有中等平行{0001}解理,断口具贝壳状至参差状,性脆。

颜色要正,纤维块体要致密,尤其以蓝色和紫色者为佳,但往往带有绿色色调,次为黄色、橙色,较差者为褐色。硅锌矿的红外图谱如图 11-6-2 所示。

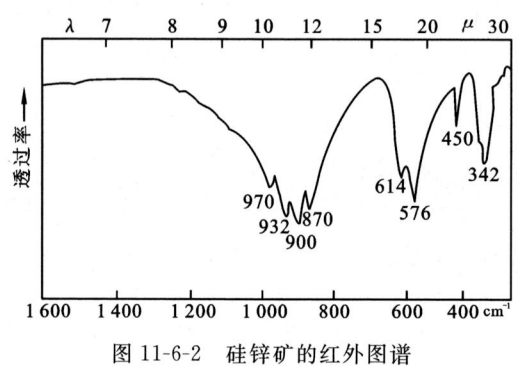

图 11-6-2 硅锌矿的红外图谱

四、产状及产地

硅锌矿产于锌矿床氧化带中,与方解石、锌铁尖晶石、红锌矿和蔷薇辉石等伴生,也有接触交代成因者。宝石级的硅锌矿只见于美国新泽西州。富兰克林、斯蒂尔林(Sterting)矿山,产有绿色短柱状、绿橙色块体及褐色锰硅锌矿。其他产地尚有加拿大的魁北克产蓝色硅锌矿晶体、纳米比亚楚梅市产无色小晶体及蓝色块体,此外还有比利时的阿尔滕保、格陵兰的穆萨尔图特、刚果的明北利、津巴布韦北部、美国新墨西哥州的索科罗县和新泽西州的克利夫顿。阿尔及利亚、刚果、赞比亚等地都有少量产出。美国新泽西州产有绿色晶体及橙绿色块体,称"硅锰锌石",共生矿物为锌尖晶石、红锌矿等。其他产地有南非产无色晶体,蓝色块体;加拿大魁北克所产为蓝色美丽的宝石晶体。

第七节 硅铍石(似晶石)

硅铍石(Phenacite)源于希腊词"骗子",因为它的晶体常与石英混同。

硅铍石又名"Phenacite",是一种相当稀少的矿物,作为样品的晶体是很有意义的,但是作为宝石或作为收藏的则不多。

一、化学组成

硅铍石化学式为 Be_2SiO_4，是铍的硅酸盐，基本是比较纯的化合物。有的也可含有少量的 Mg、Ca、Al、Na 等元素。

二、形态

硅铍石属三方晶系，通常晶体呈菱面体存在，或菱面体与柱面聚合而成的短柱状或细粒状集合体。硅铍石的晶体如图 11-7-1 所示，其原石及戒面见图 11-7-2。

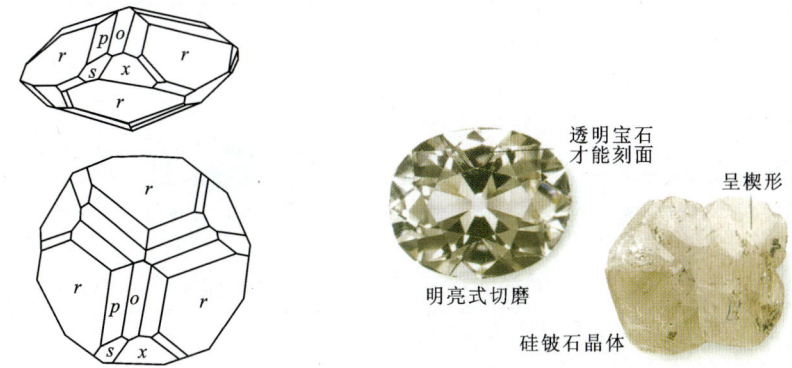

图 11-7-1　硅铍石的晶体　　　　图片 11-7-2　硅铍石原石及戒面

三、物理特性

玻璃光泽，透明，颜色通常无色或浅黄色，也有浅棕色、粉红色，很少见蓝绿色。

一轴晶正光性，折射率为 1.654～1.670（＋0.026，－0.004），双折率为 0.016，色散度为 0.015。多色性因颜色而异。紫外光下对长波光和短波光均呈惰性，有的也可发浅粉红色、浅蓝色、绿色荧光，无特征吸收光谱。

具 $\{11\bar{2}0\}$ 一组中等解理及 $\{10\bar{1}1\}$ 一组不完全解理。通常具贝壳状断口，摩氏硬度为 7～8，密度为 $2.95(\pm0.05)g/cm^3$。具脆性。

四、鉴别特征

硅铍石与石英和黄玉相似，硅铍石的折射率和密度比石英高，在石英和黄玉中黄玉密度较高，可根据光学特性辨别，即黄玉呈二轴晶正光性，硅铍石是一轴晶，可含云母及金属矿物各种包体。硅铍石是熔融法和热液法合成祖母绿的典型包裹体。

五、产状及产地

硅铍石产于伟晶岩中，在石英岩、花岗岩的空洞中及云母片岩中与其他铍矿物伴生。最早在俄罗斯的乌拉尔山被发现与祖母绿和金绿宝石伴生，随后在瑞士和巴西被发现。宝石级硅铍石也产于坦桑尼亚和纳米比亚，美国的缅因州、科罗拉多州和新罕布什尔州，以及巴西、挪威、法国、捷克和墨西哥等地。

［附］合成品

合成硅铍石(Synthetic Phenacite)：已在 19 世纪末合成成功，因合成品的晶体太小，而未进入宝石市场。

第八节　硅硼钙石

硅硼钙石(Datolite)是含有细粒分散自然铜的显微晶质宝石矿物，收藏者有时在硅硼钙石的透明晶体上面进行雕刻，因此被人们珍惜。

一、化学组成

硅硼钙石的化学式为 $CaB[SiO_4](OH)$，是一种含羟基的硼硅酸钙矿物。

二、形态

硅硼钙石属单斜晶系。晶体为厚板状、短柱状或粒状，也有块状、肾状、皮壳状集合体。硅硼钙石原石及戒面如图 11-8-1 所示。

图片 11-8-1　硅硼钙石原石及戒面

三、物理特性

其晶体为玻璃光泽，集合体为蜡状光泽至无光泽，晶体透明，集合体几乎不透明，晶体无色，集合体通常是白色，也可能略带黄色、绿色、红色或紫色、褐色、灰色等。二轴晶负光性，折射率为 1.626～1.670(－0.004)，双折率为 0.044～0.046，集合体不可测。色散度为 0.016。无多色性，紫外荧光无至中，短波紫外光下可见蓝色荧光，无特征吸收光谱。

无解理，断口呈贝壳状至不平坦状，摩氏硬度为 5～6，密度为 $2.95(\pm 0.05)g/cm^3$。放大观察可见双折射线，气液两相包体。

硅硼钙石的红外图谱如图 11-8-2 所示。

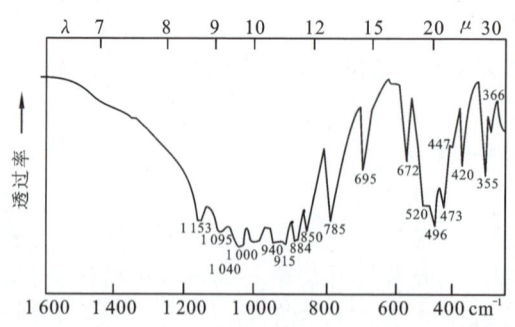
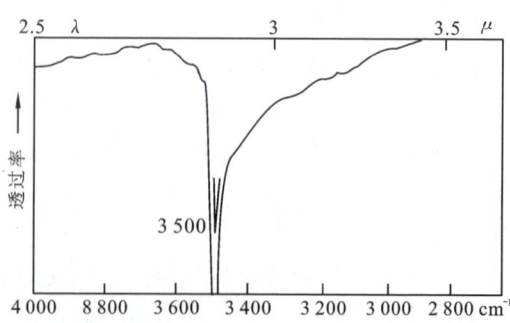

图 11-8-2　硅硼钙石的红外图谱

四、产状及产地

硅硼钙石为次生矿物,主要产于玄武岩熔岩流的裂隙和气孔中,与方解石、葡萄石、鱼眼石等共生,也产于片麻岩、闪长岩和蛇纹岩中。透明晶体发现于玄武岩洞中,晶体产地为美国的马萨诸塞州和新泽西州,含有自然铜包裹体的显微晶质硅硼钙石则产于铜矿区苏必利尔湖。奥地利阿尔卑斯山的哈巴赫塔尔、英格兰康沃尔等地也产有透明晶体。中国则发现于辽宁、新疆、广西、浙江等地。

第九节 榍 石

名称来源于希腊词"sphones",意思是"楔形的",表示晶体的扁平楔形状。由于其中含有钛,故也称为"titanite"。榍石(Sphene)是一种特别光亮能出现火彩的稀有宝石,因为它的硬度相对较低,所以又很少用于珠宝。

一、化学组成

榍石的化学式为 $CaTi(SiO_4)O$。化学成分为钙钛硅酸盐,常含有少量的 Fe,且随着铁含量增加,折射率和双折率降低,颜色变暗。

二、形态

榍石属单斜晶系,晶体常见扁平信封状,横截面呈楔型。横截面呈楔形晶体如图 11-9-1 所示。也有板状、粒状集合体。

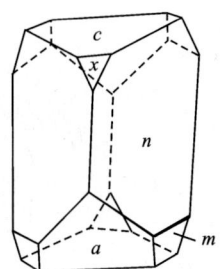 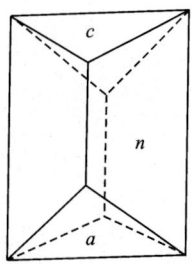

图 11-9-1 横截面呈楔形晶体

三、物理特性

颜色呈黄色、褐色、橙色、绿色,红色少见,铬榍石呈深绿色,金刚光泽至亚金刚光泽,透明至半透明。

非均质体,二轴晶正光性,折射率为 $N_p=1.900$,$N_m=1.912$,$N_g=2.034(\pm 0.020)$,双折率为 $0.100\sim 0.135$,$2V=23°\sim 50°$,色散度为 0.051。多色性强:α 接近无色,β 黄绿色,γ 橙红色。确切的颜色取决于晶体的颜色。紫外光下长波光发荧光,短波光呈惰性。某些黄色至黄绿色的宝石呈稀土的光谱,在580nm处有一突出的双吸收线。

两组中等解理。断口由贝壳状至多片状,摩氏硬度为5~5.5,密度为$3.52(\pm 0.02)\mathrm{g/cm^3}$。在$H_2SO_4$中可溶。

四、鉴别特征

肉眼可依楔形横截面的扁平信封状和产状区别之。榍石折射率和双折射率比其他宝石高,双折射线清晰,而色散大于钻石,故火彩强烈。榍石易与闪锌矿、钙铁榴石、锰铝榴石及钻石混淆,但所有这些宝石都是均质体,故可区分。榍石也可与锆石和人造金红石相混淆,但这些宝石都具有相当低的密度而且是一轴晶,另外榍石具指纹状包体、矿物包体、双晶和棱线重影等,可与之相区别。榍石的吸收光谱如图11-9-2所示。榍石的红外图谱如图11-9-3所示。榍石的戒面如图11-9-4所示,在母岩上的榍石如图11-9-5所示。

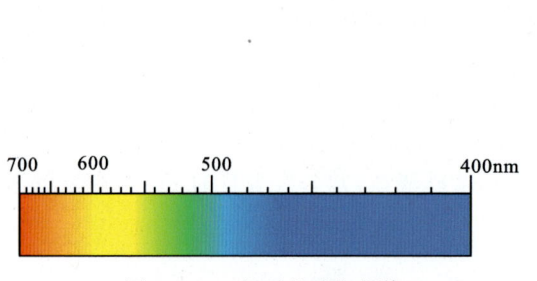

图11-9-2 榍石的吸收光谱

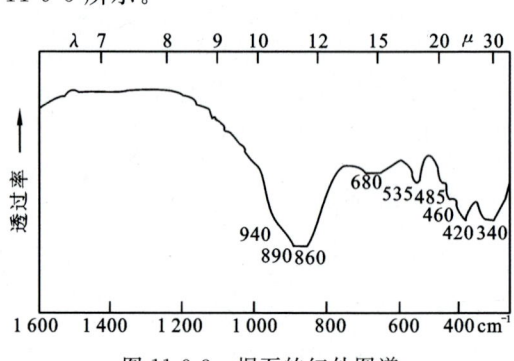

图11-9-3 榍石的红外图谱

图11-9-4 榍石的戒面

图11-9-5 在母岩上的榍石

五、产状及产地

榍石作为副矿物广泛分布于多种火成岩中,是接触变质矿物,在石灰岩与火成岩接触的矽卡岩中与透灰石、石榴石共生。大块的榍石在变质岩和低温热液脉中,产于澳大利亚和瑞士的阿尔卑斯山脉中。加拿大安大略省的伦弗鲁县、缅甸的孟拱、马达加斯加、美国的加利福尼亚州、法国、墨西哥和印度皆产之。

我国各地中性花岗岩(如北京周口店、陕西临潼等地花岗岩体)的边部都有大量出现,往往因晶体太小,不能用于珠宝业,个别的大一些的完整晶体可作首饰并具有收藏价值。

第十节 十字石

名称源于希腊语"stone cross",意为十字双晶。

虽然十字石(Staurolite)的透明晶体和十字形双晶可为收藏家们作为珍品收藏,但更有价值的在于基督教信徒们的需要和热爱。这种晶体称为"仙十字"或"十字石",可被磨成符咒,且供不应求。

一、化学组成

十字石的化学式为 $FeAl_4[SiO_4]_2O_2(OH)_2$。化学成分为铁铝硅酸盐。Fe 常由 Mn、Zn 和 Co 所取代。

二、形态

十字石属单斜晶系,(假斜方晶系),长方形晶体。更常见的是由两种相互穿插的晶体组成的十字双晶,一种相互 90°交叉,成正十字双晶;另一种 60°交叉,成斜十字双晶。图 11-10-1 为十字石与蓝晶石的规则连生。图 11-10-2 为十字石的晶体及双晶。图 11-10-3 为十字石的穿插双晶及实际晶体。

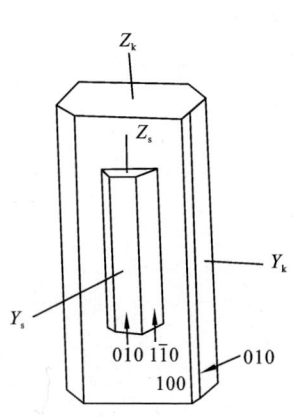

图 11-10-1 十字石与蓝晶石的规则连生

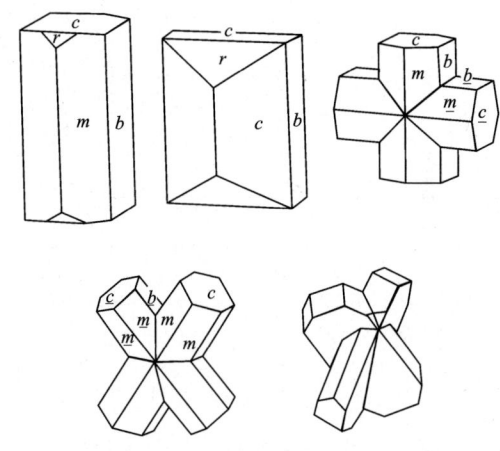

图 11-10-2 十字石晶体及双晶

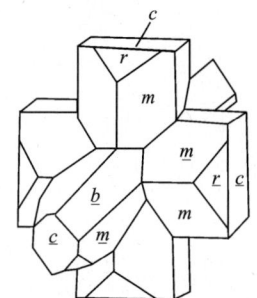

图 11-10-3 十字石的穿插双晶及实际晶体

三、物理特性

新鲜表面呈树脂光泽至玻璃光泽,不纯时暗淡。半透明至几乎不透明,颜色呈灰白色、褐色、红棕色、黄褐色至黑褐色。

二轴晶正光性,折射率为 $N_p=1.752\sim1.762$,$N_m=1.745\sim1.753$,$N_g=1.746\pm0.015$,双折率为 $0.013\sim0.014$,$2V=85°$,色散为 0.021。多色性:α—无色,β—浅黄色,γ—暗黄色至红色,具三色性。对长波和短波荧光均呈惰性,吸收光谱在 449nm 处有一强峰、在 578nm 处有一弱峰,极少数在 610nm 和 632nm 处叠加一个弱峰。

具{010}中等解理,贝壳状至不平整断口。摩氏硬度为 $7\sim7.5$,密度为 $3.71(+0.08,-0.06)\mathrm{g/cm^3}$。由于含杂质,硬度和密度都可以偏低变化。

四、鉴别特征

十字双晶也可根据其较高的密度和硬度与人造仿制品区分。可雕琢的十字石可能与金绿宝石混淆,它们具有相近的折射率和双折率,但可根据其吸收光谱不同来区分。十字石的红外图谱如图 11-10-4 所示。

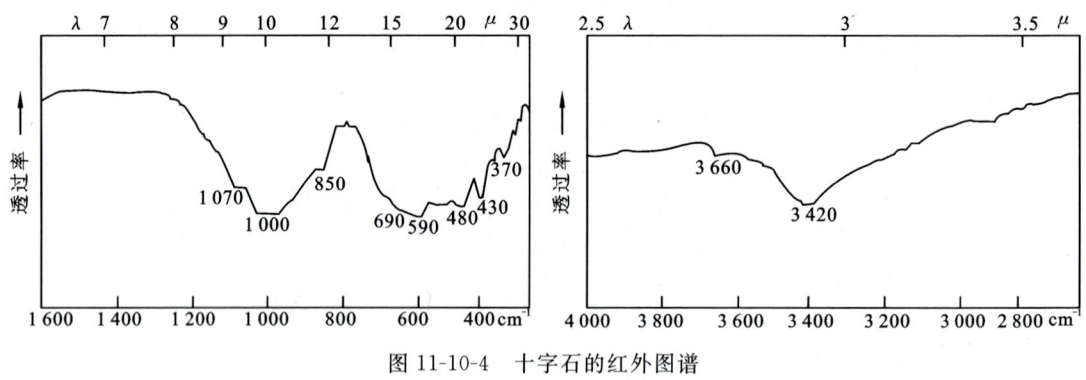

图 11-10-4 十字石的红外图谱

五、产状及产地

十字石是一种区域变质矿物,产于结晶片岩和片麻岩中,与石榴石、蓝晶石共生。最著名的产地是瑞士、法国的布里坦尼、巴西、俄罗斯及美国的新墨西哥和蒙大拿。最诱人的"仙十字"产地是伏吉尼亚、北卡罗来纳和佐治亚。在原岩中的十字石如图 11-10-5 所示。

图 11-10-5 在母岩上的十字石

第十一节 粒硅镁石

粒硅镁石(Chondrodite)又称"单斜镁氟橄榄石",是重要的宝石矿物。

一、化学组成

粒硅镁石的化学式为$(Mg,Fe)_5[SiO_4]_2(F,OH)_2$。

二、形态

粒硅镁石属单斜晶系,常出现完好的凸透镜状,晶体多呈柱状、板状,依(100)成聚片双晶,常见成粒状集合体。如图11-11-1所示。

图11-11-1　粒硅镁石戒面及原石

三、物理性质

粒硅镁石呈黄色、绿色、红色、褐色、透明—半透明—不透明。二轴晶正光性,$2V=71°\sim 81°$,折射率为$N_g=1.623\sim 1.663$、$N_m=1.603$、$N_p=1.593\sim 1.635$、双折率为$0.024\sim 0.036$。具有无色、淡黄色、浅黄色多色性。紫外荧光下呈惰性,有的在长波紫外光下呈褐橙色荧光,无特征吸收光谱。解理平行{100}不完全,断口具贝壳状,摩氏硬度为$6\sim 6.5$,密度为$3.161\sim 3.264 g/cm^3$。粒硅镁石红外图谱如图11-11-2所示。

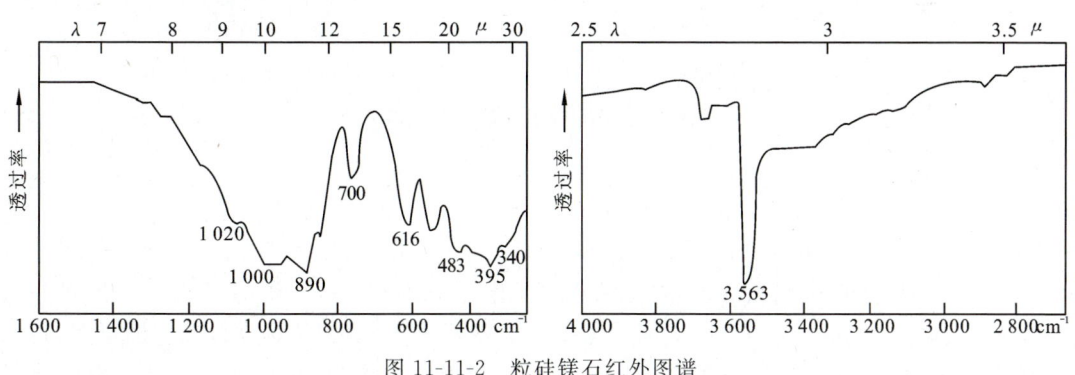

图11-11-2　粒硅镁石红外图谱

四、产状及产地

粒硅镁石主要产于白云石与岩浆岩的接触变质带,呈粒状或脉状,与磁铁矿、硅镁石、金云母、氟叶蛇纹石等共生。产地为美国纽约州替利弗斯特矿山,产出红色晶体。黄色晶体产自瑞典帕加斯和芬兰等地。

第十二节 符 山 石

符山石[Idocrase(Vesuvianite)]一词最初来自希腊语,意为"形态(form)"和"混合(mixing)",因它的晶体形态与其他矿物相像。但是在矿物学上符山石的外文名称为 vesuvianite,据称与维苏维火山有关。又有人称它的大块绿色变种为加利福尼亚石,甚至误称为"加利福尼亚玉",属普通宝石和玉石原料。

一、化学组成

符山石的化学式为 $Ca_{10}(Mg,Fe)_2Al_4[Si_2O_7]_2[SiO_4]_5(OH,F)_4$。

符山石的晶体结构和化学成分比较复杂,很多分析研究证明尚有差异。成分中主要含有 Cu、Fe 以及 Ca、Mn、Na、K、V、Cr、Fe、B、Be 等,有的含量还很高。

二、形态

符山石属四方晶系,四方柱状晶体,两端常呈锥形。亦常有致密块状和粒状及柱状集合体,晶体如图 11-12-1 所示。

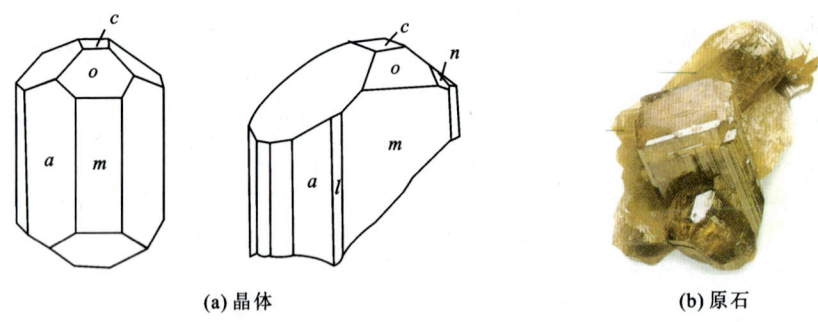

(a) 晶体　　　　　　　　　　　　(b) 原石

图 11-12-1　符山石晶体及原石

三、物理特性

颜色多种多样,常呈黄色、灰色、绿色和褐色。含 Cr 呈绿色,含 TiO_2 和 MnO 呈褐色或粉红色,含 Cu 呈蓝色至绿蓝色。常有色斑。半透明,玻璃光泽,一轴晶负光性。折射率为 $1.713\sim1.718(+0.003,-0.013)$,点测常为 1.71。双折率为 $0.001\sim0.012$,二色性很弱,色散为 0.019。无荧光性,其吸收光谱在 464nm 处有一条吸收谱线,在 528.5nm 处有时有一条较弱的吸收谱线。

具不完全解理,断口呈贝壳状至参差状。硬度为 $6.5\sim7$。性脆,密度为 $3.4(+0.10,-0.15)g/cm^3$,常见密度多为 $3.32g/cm^3$。符山石的吸收光谱如图 11-12-2 所示。

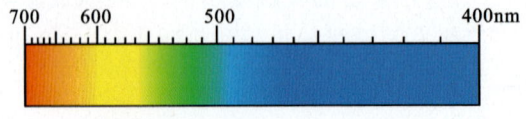

图 11-12-2　符山石的吸收光谱

四、鉴别特征

晶体有的可见有带状结构或具异常干涉色,在盐酸中部分可溶解,析出胶冻状 SiO_2。易与半透明至不透明的块状钙铝榴石岩相混淆,但钙铝榴石为均质体。块状符山石具有较高的折射率,可与硬玉相区别。又以特征谱线和较高的折射率,还有较高的密度和软玉相区别。符山石的红外图谱如图 11-12-3(a)、(b)所示。

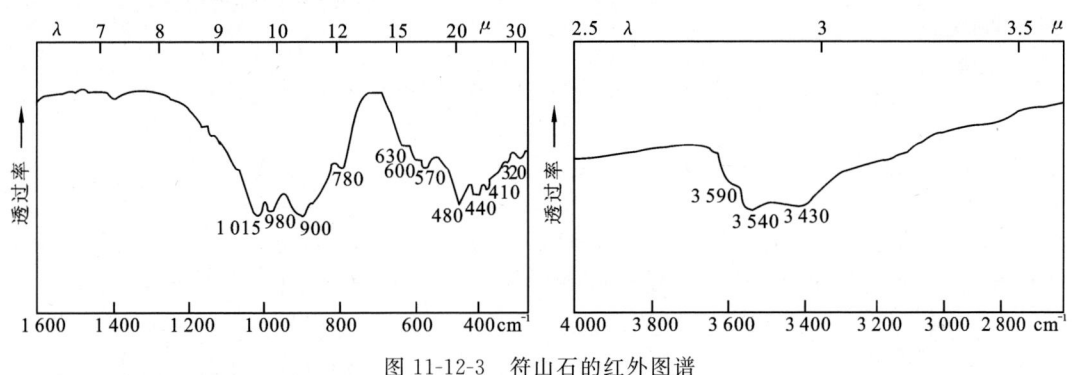

图 11-12-3　符山石的红外图谱

五、产状及产地

符山石通常产于接触交代的矽卡岩及蛇纹岩中,与石榴石、透辉石、硅灰石等伴生,也见于区域变质石灰岩及碱性岩中。前述细腻缜密的绿色、黄绿色大块符山石,即发现于美国加州。其他如意大利、巴基斯坦、肯尼亚、俄罗斯、加拿大皆有产出。斯里兰卡产于砂矿中,中国已在河北涉县(矽卡岩型铁矿床中)、广西、云南个旧、青海乌兰等地发现符山石,有的不少可达到宝石级要求。

第十三节　异 极 矿

异极矿(Hemimorphite)晶体的两端不对称,晶体具焦电性,加热时晶体直立轴的两端出现不同电荷,故称异极矿。

一、化学组成

异极矿的化学式为 $Zn_4[Si_2O_7](OH)_2 \cdot H_2O$,为含锌的硅酸盐,常含有少量 Fe、Al 和 Pb 等。

二、形态

异极矿属斜方晶系,一般晶体细小,成板状,可以有双晶。通常呈板粒状集合体,亦常见有肾状、皮壳状、球状、钟乳状者,异极矿的晶体、双晶及原石如图 11-13-1 所示。

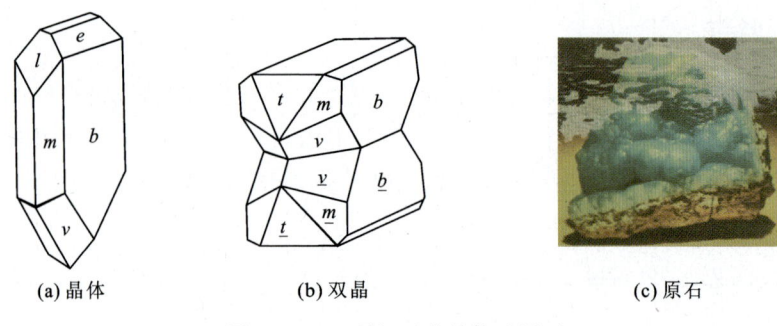

(a) 晶体　　　　　　　(b) 双晶　　　　　　　(c) 原石

图 11-13-1　异极矿的晶体及原石

三、物理特性

异极矿呈无色，集合体呈白色、灰色，并带有黄色、褐色、绿色、蓝色等色调，透明至半透明，玻璃光泽，解理面具珍珠光泽。偏光镜下无色，二轴晶正（负）光性，$2V=46°$，折射率约为 $1.614\sim1.636$，双折率为 0.022，集合体不可测，溶于酸。具 $\{110\}$、$\{101\}$ 完全解理，硬度为 $4\sim5$。密度为 $3.40\sim3.50\text{g/cm}^3$。异极矿的红外图谱如图 11-13-2 所示。

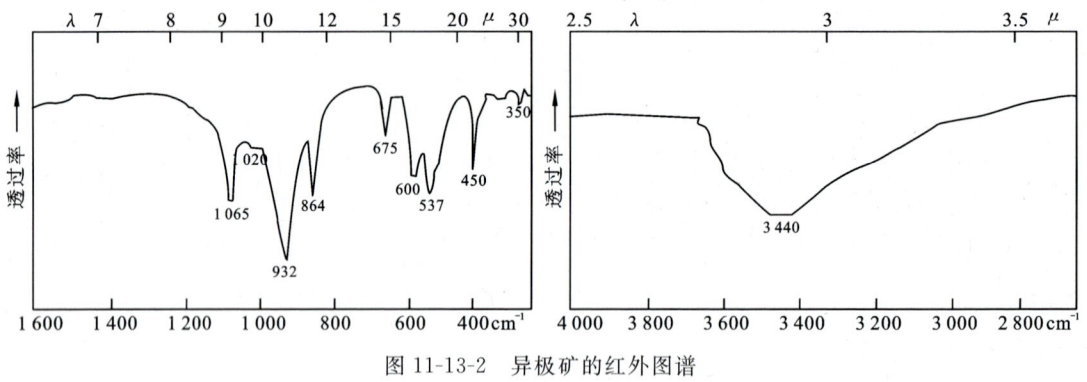

图 11-13-2　异极矿的红外图谱

四、产状及产地

异极矿产于铅锌硫化物矿床的氧化带，与闪锌矿、菱锌矿、褐铁矿等共生。属表生矿物，常依萤石、方铅矿、方解石呈假象。产地很多，如德国、奥地利、美国、墨西哥、刚果、英国等很多欧美国家。中国在广西、云南、贵州等地也有发现。

第十四节　硅灰石（矽灰石）

硅灰石（Wollastonite）的英文名称源于英国矿物学家沃拉斯顿的名字。有的硅灰石可琢磨蛋面宝石戒面。有的还可以有猫眼效应。

一、化学组成

硅灰石的化学式为 $Ca[SiO_3]$，为钙的硅酸盐。

二、形态

硅灰石属三斜晶系，长柱状、板状、块状，有的呈纤维状集合体，晶体如图 11-14-1 所示。

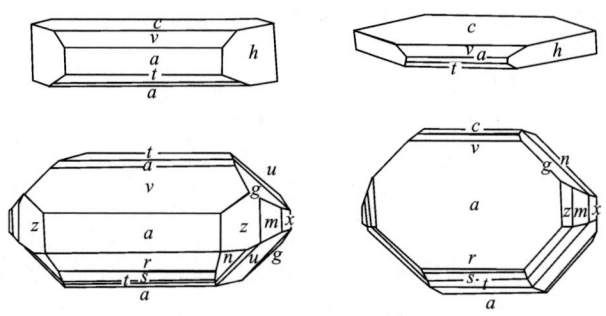

图 11-14-1　硅灰石晶体

三、物理特性

颜色为无色、白色、灰色及淡绿色，有的带浅红色色调的白色或肉红色。玻璃光泽，解理面上可出现珍珠光泽，纤维块状体则呈丝绢光泽。二轴晶负光性，折射率为 $N_m=1.628\sim1.650$、$N_g=1.631\sim1.653$、$N_p=1.616\sim1.640$，双折率为 0.015。吸收光谱不明显。在紫外线短波照射下有蓝色、蓝绿色荧光和黄色磷光，在其长波照射下，可出现蓝绿色荧光和黄色磷光。

摩氏硬度为 $4.5\sim5.5$，密度为 $2.8\sim3.09g/cm^3$，具两组完全解理，性脆，有猫眼效应。一般要求晶体越透明越好。以硬度、密度、折射率、荧光和磷光性与其他相似宝石及具猫眼效应的宝石相区别。

四、鉴别特征

可以形态、颜色、共生矿物识别之。与透闪石相似，透闪石性脆易折，而硅灰石则否；与矽线石相似，但以其产状不同而且易溶于酸区别之。硅灰石的红外图谱如图 11-14-2 所示。

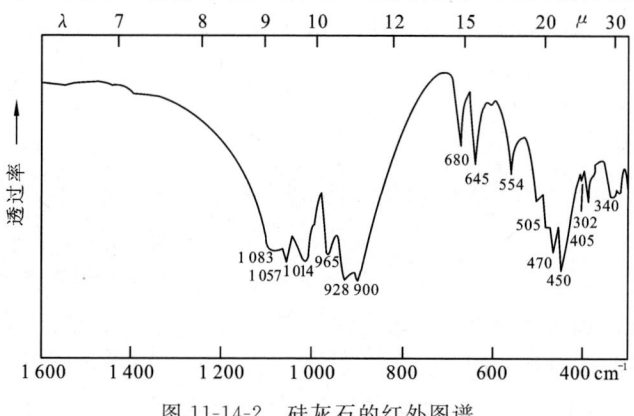

图 11-14-2　硅灰石的红外图谱

五、产状及产地

硅灰石一般产于石灰岩和酸性岩的接触带,常与透辉石、钙铝榴石等矽卡岩矿物共生,属典型的高温接触变质矿物,也有的产于深带的富钙质结晶片岩和片麻岩中。世界产地有美国加利福尼亚、阿拉斯加、宾夕法尼亚州,加拿大魁北克和安达略两省,以及墨西哥、挪威、意大利、罗马尼亚、芬兰等地。据称,在美国的苏必略湖产出有淡红色、色泽美丽的硅灰石,可作蛋面的宝石级原料。在中国一些石灰岩和酸性岩接触的地带(如北京西山等地)都有硅灰石存在。

第十五节 蓝锥矿

蓝锥矿(Benitoite)又叫硅酸钡钛矿,是颜色与蓝宝石很相似的宝石矿物,于1906年在美国的加利福尼亚被发现。其颗粒很小,2ct以上的很少有,只是在华盛顿收藏有一颗最大的蓝锥矿,重7.5ct。

一、化学组成

蓝锥矿的化学式为 $BaTiSi_3O_9$,为钡钛的硅酸盐。

二、形态

蓝锥矿属六方晶系,晶形较好的是具有三角形横截面的板状或柱状晶体,晶体如图11-15-1、图11-15-2 所示。

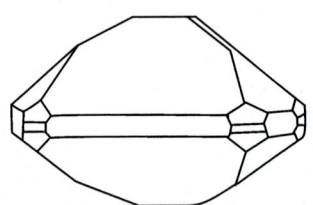

图 11-15-1 蓝锥矿晶体

图 11-15-2 母岩中的蓝锥矿晶体

三、物理特性

玻璃状光泽至亚金刚光泽,透明至半透明,蓝色至紫蓝色,常有具环带的浅蓝色、无色或白色,很少有粉红色。

一轴晶正光性,折射率为 $N_o=1.757$,$N_e=1.804$,双折率为0.047,色散度为0.044。多色性强:蓝色的为暗蓝色和几乎无色,紫色的则为紫红色、紫色。蓝锥矿对长波紫外荧光呈惰性,对短波光发强烈的蓝白色荧光。

一组不完全解理,断口呈贝壳状至参差状,摩氏硬度为6~6.5,密度为3.68(+0.01,

$-0.07) \text{g/cm}^3$。

四、鉴别特征

蓝锥矿与蓝宝石相似,但它具有较高的双折率,正光性,较强的多色性和肉眼可以观察到的色散现象,又与蓝尖晶石和蓝色玻璃相似,但后两者都是均质体,用偏光镜和二色镜就可以区分。放大观察可见色带和重影。色散强为其特点。有的还可见有沸石及气液两相包体。蓝锥矿的红外图谱如图 11-15-3 所示。

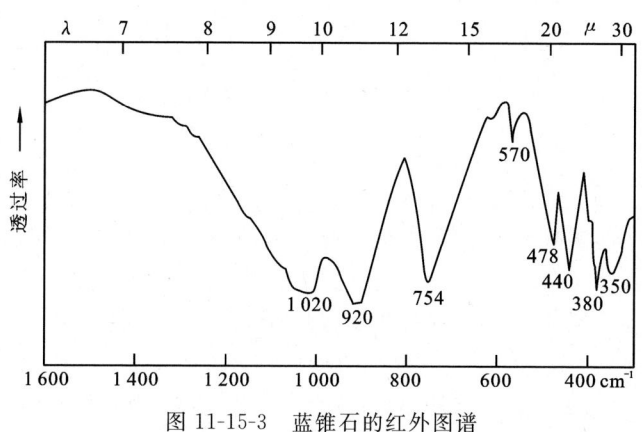

图 11-15-3 蓝锥石的红外图谱

五、产状及产地

蓝锥矿产于变质的蛇纹岩中,与白色的钠沸石和柱石等伴生。具有宝石价值的蓝锥矿产地是美国加洲地区。这里几乎是蓝锥矿的唯一产地。

第十六节 透视石(绿铜矿)

透视石(Dioptase)又有"绿铜矿"及"翠铜矿"之称。其原文名称有写作"Dioptasite"者。它来源于希腊语,表示"通过"和"看"之意,因为可通过观察认识晶体和解理,加以鉴定。

绿铜矿是一种细小、多面、强蓝绿柱状晶体的含铜矿物,颜色浓绿,几乎可以与优质祖母绿相媲美。硬度较低又具完全解理,所以坚固性差,多数情况下被当作矿物标本或观赏石,有人将一些完整的晶体制作成胸针。

一、化学组成

透视石的化学式为 $CuSiO_2(OH)_2$,为含水硅酸铜。

二、形态

透视石属三方晶系,晶体为短柱状,横截面呈六边形至菱形。通常在晶形较好的晶体中可以看到这种六边至菱形体,晶体如图 11-16-1 所示,很多呈块状体出现。

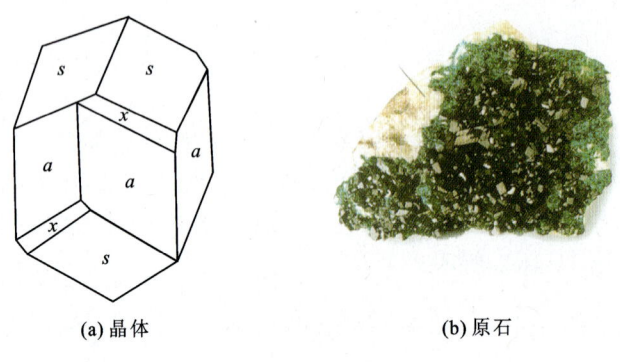

(a) 晶体　　　　　　　(b) 原石

图 11-16-1　透视石晶体及原石

三、物理特性

透视石呈玻璃光泽,透明至半透明,颜色为强蓝绿色、绿色。一轴晶正光性,折射率为 1.655~1.708(±0.012),双折率为 0.051~0.053,多色性弱,因颜色而异,色散度为 0.036。对长波和短波紫外荧光呈惰性。吸收光谱有两条光谱吸收带:其中一条为黄色至绿色,另一条为蓝色至紫色。在 550nm 处为宽吸收带。透视石的吸收光谱如图 11-16-2 所示。

三组完全解理,解理面呈完整的菱形,断口为贝壳状至参差状,摩氏硬度为 5,密度为 $3.30\pm0.05\text{g/cm}^3$。

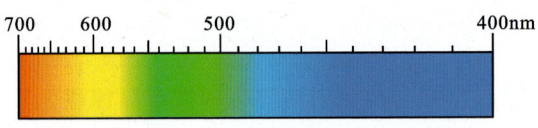

图 11-16-2　透视石的吸收光谱

四、鉴别特征

透视石有明显的颜色,解理和较高的双折率、色散度。放大观察,可见气液两相包体。可被酸腐蚀。透视石的红外图谱如图 11-16-3 所示。

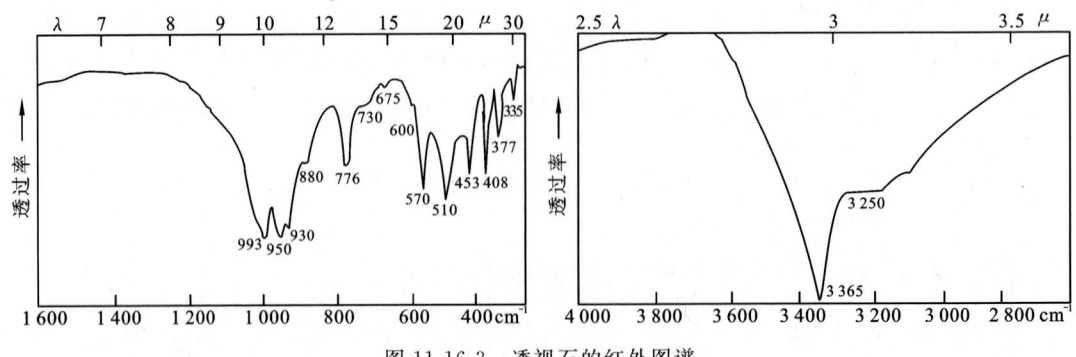

图 11-16-3　透视石的红外图谱

五、产状及产地

绿铜矿产于铜矿床近地表部位的氧化带中,与孔雀石、褐铁矿等伴生。著名的产地是俄罗斯、刚果、西南非洲、罗马尼亚及纳米比亚等地。

第十七节 硅铍铝钠石

1960 年发现于格陵兰,硅铍铝钠石又称"铍方钠石",因英文名"tugtupite"中的词头 Tugtup 源于格陵兰地区的驯鹿(reideer)之意,因此硅铍铝钠石(Tugtupite)亦可以称其为"驯鹿石"。

一、化学组成

硅铍铝钠石的化学式为 $Na_8[Al_2Be_2Si_8O_{24}](Cl,S)_2$,是一种含氯的铝、铍硅酸盐。晶体结构与方钠石非常相似。

二、形态

硅铍铝钠石属四方晶系,大多数呈块状,少数呈短柱状。晶体生长于块状硅铍石的内壁上。

三、物理特性

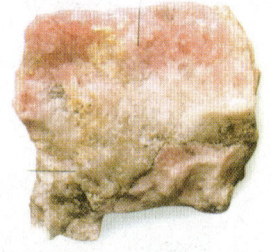

图 11-17-1 硅铍铝钠石原石

玻璃光泽至树脂光泽,半透明至不透明,颜色呈粉红色至红色,常带灰色、白色、黑色斑点。很少见有淡蓝色、淡绿色的硅铍铝钠石。红色者从暗处移至日光下颜色消失(图 11-17-1),在合适的条件下颜色又可恢复到原来的色彩。

一轴晶正(负)光性,$2V=0°\sim10°$,折射率为 $N_o=1.496$,$N_e=1.502\pm0.002$,双折率为 $0.006\sim0.008$,多色性强,为微蓝的红色至橙红色。红色材料对长波光发强烈橙色荧光,对短波光发橘红色荧光。在紫外线下照射颜色变暗,光源移开后又恢复浅色。

解理发育,贝壳状至不平整断口,摩氏硬度为 $4\sim6.5$,密度为 $2.36(+0.22,-0.06)g/cm^3$,性脆。

四、鉴别特征

硅铍铝钠石以低折射率、颜色和荧光反应为特征。

五、产状及产地

硅铍铝钠石产于格陵兰南部霞石正长岩的伟晶岩矿脉中,也见于俄罗斯的科拉半岛,但只有格陵兰的硅铍铝钠石可以用作宝石。

第十八节 赛 黄 晶

赛黄晶(Danburite)根据产地康涅狄克州的丹伯里(Denbury)城市而命名,是一种很稀有的宝石矿物。由于无解理和美丽的闪光现象,所以很受人们的喜爱。

一、化学组成

赛黄晶的化学式为 $CaB_2[SiO_4]_2$,为硼硅酸盐。

二、形态

赛黄晶属斜方晶系,短柱状,可呈块状、粒状或晶簇状集合体。

三、物理特性

玻璃光泽至油脂光泽,透明至半透明,颜色变化从无色至浅黄色和棕色,偶尔也有粉红色。赛黄晶原石、晶体及戒面如图 11-18-1 所示。

(a) 赛黄晶原石

(b) 戒面

(c) 晶体

图 11-18-1 赛黄晶原石戒面及晶体

二轴晶正光性或负光性,$2V=90°$左右,折射率为 $N_p=1.630$、$N_m=1.633$、$N_g=1.636(\pm 0.003)$,双折率为 0.006,色散度为 0.016。黄色赛黄晶为深黄色和浅黄色时,多色性很弱。通常对长波光发蓝色至蓝绿色强烈荧光,对短波光反应较弱,荧光颜色与长波下荧光相同。由于稀土元素的存在,可在 580nm 处显示一条吸收双重线。赛黄晶的吸收光谱如图 11-18-2 所示。

具平行{001}极不完全解理。断口呈不平整至不明显的贝壳状,摩氏硬度为 7,密度为 $3.00\pm0.03g/cm^3$。

四、鉴别特征

放大观察,有气液两相包体和固相包体。赛黄晶的晶体外形与黄玉相似但缺乏解理。赛黄晶的密度为 $3.00g/cm^3$,黄玉的密度为 $3.52g/cm^3$,黄晶的密度为 $2.65g/cm^3$,据此很容易将它和黄玉、黄晶加以区别。根据光学性质的不同可以将赛黄晶和磷灰石等区别开来。赛黄晶的红外图谱如图 11-18-3 所示。

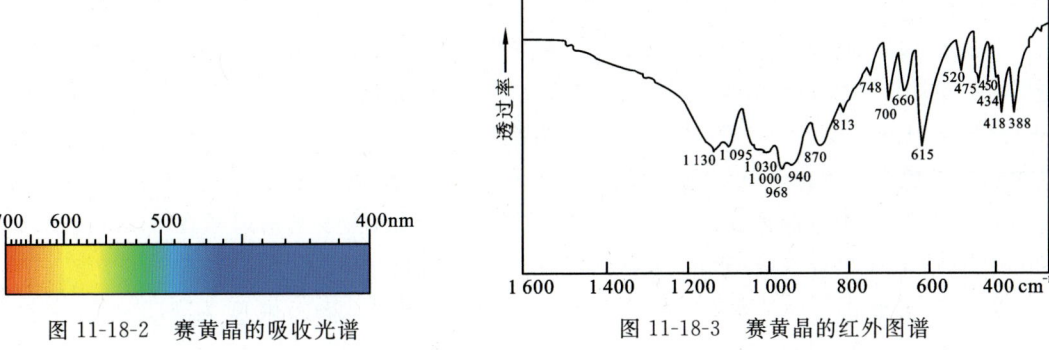

图 11-18-2　赛黄晶的吸收光谱　　　　图 11-18-3　赛黄晶的红外图谱

五、产状及产地

赛黄晶赋存于变质的石灰岩和低温热液矿脉中,与微斜长石、正长石等共生。最初的产地为美国康涅狄克的 Danbury 城市下面。宝石级的赛黄晶产于缅甸的抹谷、前苏联、马达加斯加、日本、瑞士和墨西哥等地。

第十九节　斧　　石

斧石(Axinite)源于希腊语,表示"斧子"之意,意指楔形晶体,斧子状或刀刃状。有人在 1976 年发现了具有宝石价值的含镁斧石。

一、化学组成

斧石的化学式为$(Ca,Fe,Mn,Mg)_3Al_2BSi_4O_{15}(OH)$,是一种复杂的含 Fe 和 Mn 的硅酸铝,式中 Ca、Fe 和 Mn 成分的变化范围较大。

二、形态

斧石属三斜晶系。它的对称性最低,晶体呈板状,边缘锋锐。晶体如图 11-19-1 所示。

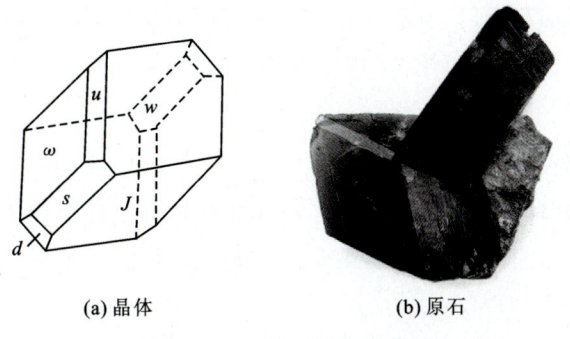

(a) 晶体　　　　(b) 原石

图 11-19-1　斧石晶体及原石

三、物理特性

斧石通常从褐色至紫褐色（丁香褐色）、褐黄色、紫蓝色、紫色、蓝色或无色等。玻璃光泽，透明至半透明。二轴晶负光性，折射率随化学成分不同而变化，大多数宝石级的折射率为 $N_p=1.678$、$N_m=1.685$、$N_g=1.688(\pm 0.005)$，双折率为 $0.010\sim 0.012$，色散度为 0.014。多色性可很强：α—红色至黄色，β—紫红色至紫蓝色，γ—黄色至黄绿色。斧石通常对长波紫外光和短波紫外光显惰性，但较浅黄色的斧石对短波光发红色荧光，吸收光谱通常在 512nm、492nm、466nm 和 412nm 处有吸收谱带。斧石的吸收光谱如图 11-19-2 所示。

具一组明显的 {010} 解理，断口呈贝壳状或阶梯状，摩氏硬度为 $6.5\sim 7$、密度为 $3.29(+0.007,-0.03)\text{g/cm}^3$。

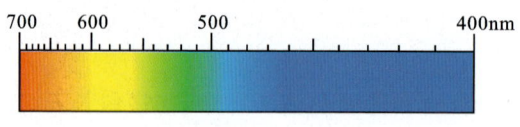

图 11-19-2　斧石的吸收光谱

四、鉴别特征

放大观察有汽液两相包体、矿物包体和色带。斧石与密度较高的矿物黄玉、金绿宝石、刚玉相似。就折射率而言，黄玉的折射率比斧石低，金绿宝石和刚玉的折射率比斧石高。其他两种不常见的矿物柱晶石或顽火辉石具有与斧石相同的折射率和相似的外形。但根据光谱性质和多色性可以将它们区别开来。斧石的红外图谱如图 11-19-3 所示。

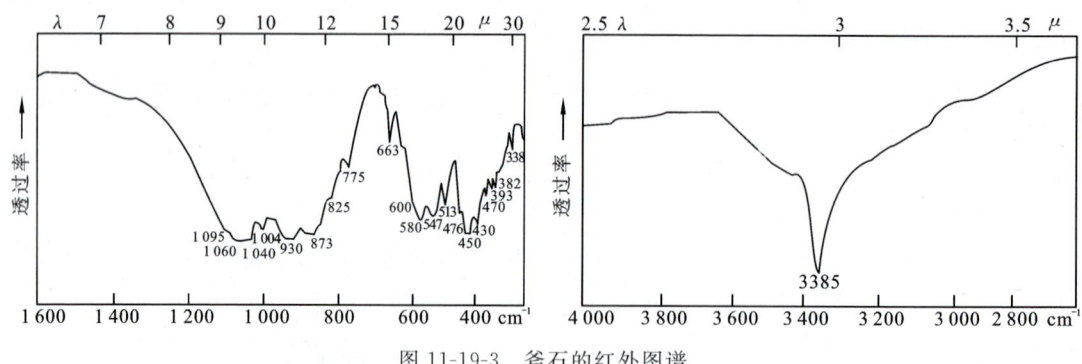

图 11-19-3　斧石的红外图谱

五、产状及产地

斧石主要为火成岩与钙质岩相接触的一种变质作用和交代作用的产物，与石英、阳起石等共生。著名的产地是法国的阿尔卑斯山和澳大利亚的塔斯马尼亚州，其他还有英格兰、墨西哥、美国和加拿大等地。

第二十节 蓝柱石

蓝柱石(Euclase)源于两个希腊语,表示"容易"和"破裂"之意,意指完全解理。

蓝柱石是一种很少加工成宝石的稀有宝石矿物,因解理发育而很难进行加工,其较好的晶体可作为观赏石标本。

一、化学组成

蓝柱石的化学式为 $BeAlSiO_4(OH)$,为含羟基的铍铝硅酸盐,成分中可含有 Fe、Cr 等。

二、形态

蓝柱石属单斜晶系。其晶体为短柱状、棱柱状,晶体表面带有平行条纹。晶体如图 11-20-1 所示。

三、物理特性

玻璃光泽,透明至半透明,颜色为淡黄色、浅绿色、绿蓝色至蓝绿色,多数加工成宝石的蓝柱石是无色至浅蓝色的。

二轴晶负光性,折射率为 $N_p=1.652$、$N_m=1.655$、$N_g=1.671(+0.006,-0.002)$,双折率为 $0.019\sim0.020$,光轴角为 $50°$,色散度为 0.016。多色性弱,蓝色的显蓝灰色至浅蓝色,绿色的显灰绿色至绿色。蓝柱石通常在紫外荧光下呈惰性,偶具微弱荧光。吸收光谱为绿蓝色的在 468nm 和 455nm 处有弱的吸收谱带,还有许多不同颜色的蓝柱石可在 705nm 处显示双重线。蓝柱石的吸收光谱如图 11-20-2 所示。

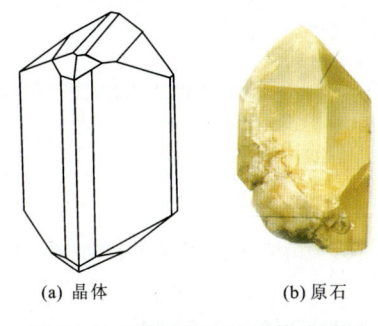

图 11-20-1 蓝柱石的晶体及原石

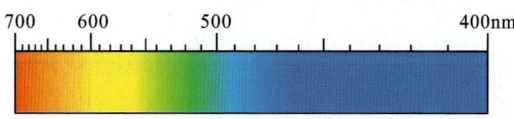

图 11-20-2 蓝柱石的吸收光谱

具一组{010}完全解理,贝壳状断口,摩氏硬度为 $7\sim8$,密度为 $3.08(+0.04,-0.08)g/cm^3$。

四、鉴别特征

放大观察,可具有板状包体,有颜色环带。

蓝色的蓝柱石外表与绿柱石相似,但蓝柱石具有较高的折射率和密度,用显微镜观察可能显示较完整的解理面,绿柱石中则无。绿色的锂辉石也容易与蓝柱石相混淆,但锂辉石具有稍高的密度和较低的双折率。浅色的蓝柱石也可能与硅铍石相混淆,但硅铍石是一轴晶,而蓝柱石是二轴晶。蓝柱石的红外图谱如图 11-20-3 所示。

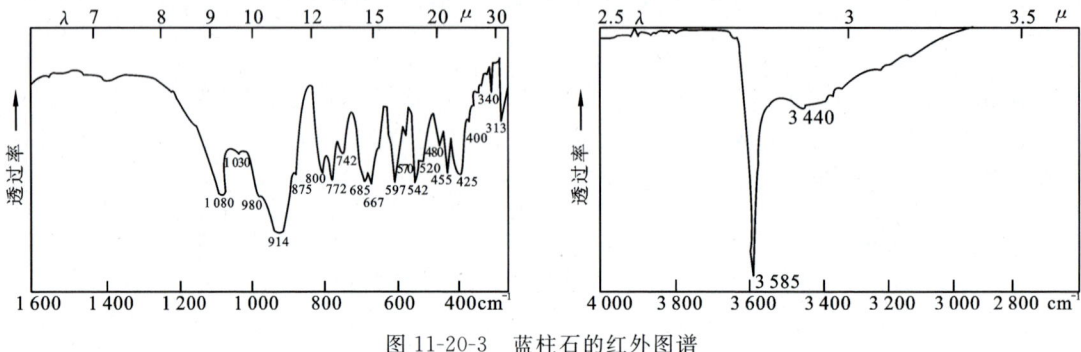

图 11-20-3　蓝柱石的红外图谱

五、产状及产地

蓝柱石产于与含铍矿物有关的伟晶岩和变质岩中,与托帕石共生。主要产地是巴西的米纳斯吉拉斯州、俄罗斯的乌拉尔山、坦桑尼亚和哥伦比亚。某些色泽较好的蓝色蓝柱石产于津巴布韦。

第二十一节　鱼　眼　石

英文名称来自希腊语 apos phylloh,为落叶之意。以前有一个鉴定矿物的方法是利用吹管将火焰吹出(谓吹管分析法),在吹管焰中加热时鱼眼石(Apophyllite)成片状脱落,鱼眼石因此而得名。

一、化学组成

鱼眼石的化学式为 $KCa_4[Si_4O_{10}]_2(F,OH) \cdot 8H_2O$,为氟、羟基化合并含有结晶水的钾钙硅酸盐。

二、形态

鱼眼石属四方晶系,晶体呈短柱状、尖锥状,也有呈板状、粒状、块体者。晶体如图 11-21-1、图 11-21-2 所示。

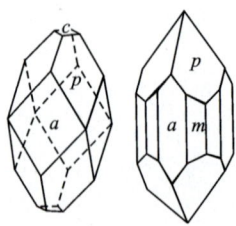

图 11-21-1　鱼眼石晶体

图 11-21-2　鱼眼石与沸石等共生

三、物理特性

颜色为无色、黄色、绿色、蓝色、紫色和粉红色。透明至半透明,玻璃光泽至珍珠光泽。

一轴晶,负光性或正光性,折射率为1.535～1.537,双折率为0.002。很多具有均质性。在正交偏光下常有异常干涉色。其原因为对蓝光呈一轴负晶,对红光呈一轴正晶。多色性颜色随体色而不同。紫外荧光为在短波光下呈无至弱的淡黄色或灰绿色荧光。吸收光谱不明显。

具{001}一组完全解理及{110}不完全解理,断口呈参差状,摩氏硬度为4～5,密度为2.40±0.10g/cm³。

四、鉴别特征

放大观察有气液两相包体。以解理和密度可将其与玉髓和石英相区别,以光性与长石相区别。鱼眼石的红外图谱如图11-21-3所示。

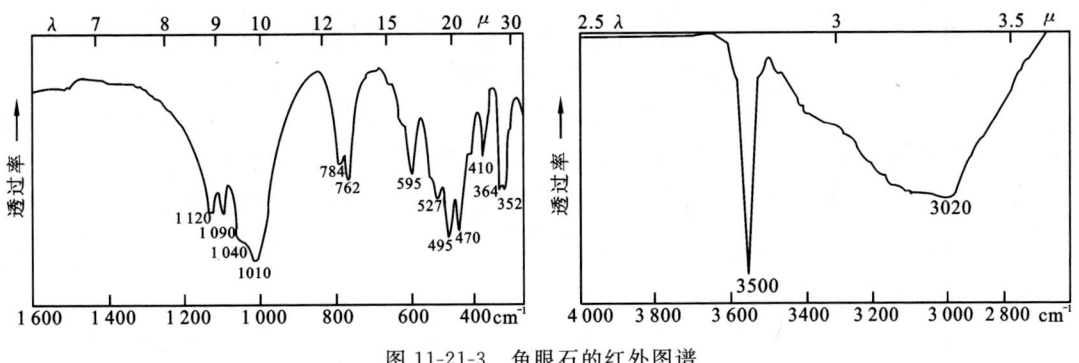

图 11-21-3 鱼眼石的红外图谱

五、产状及产地

鱼眼石主要产于玄武岩、花岗岩和片麻岩的孔洞中,以及基性喷出岩的杏仁体中,与沸石等伴生。

产地为墨西哥的瓜纳华托州,芬迪湾区域,美国的缅因州,加拿大不列颠哥伦比亚省的罗斯兰岛地区等。此外还有巴西、芬兰、法国、瑞典、苏格兰、爱尔兰。印度孟买地区产出的有无色和绿色的含铁变种,为绿色晶体,密度为2.37g/cm³,折射率为$N_e=1.533$,$N_o=1.530$,双折率为0.003。

我国鱼眼石产于江苏省某地花岗岩与碳酸盐的外接触带,是在较高温度下形成的,为桃红色,成几厘米的单晶产出。

第二十二节 查罗石(紫硅碱钙石)

1970年因发现于俄罗斯阿尔丹西查罗(Charo)河而命名。查罗石(Charoite)的主要组成矿物为紫硅碱钙石。

作为宝玉石使用的紫硅碱钙石是指由与橙色的硅钛钙钾石(tinaksite)、微斜长石、长石、霓石、霓辉石、碱性角闪石等共生的紫色紫硅碱钙石组成的岩石。除了有特别的说明者外，一般指的是紫硅碱钙石的性质。

一、化学组成

查罗石的化学式为$(K,Na)_5(Ca,Ba,Sr)_8(Si_6O_{15})_2Si_4O_9(OH,F)\cdot 11H_2O$，为含水的氟硅酸钾钙钠盐。

二、形态

矿物紫硅碱钙石属单斜晶系，常呈束状、发状等纤维状集合体或块状体。

三、物理特性

玻璃光泽至蜡状光泽，半透明至不透明，颜色主要是紫色、紫蓝色，伴有黑色、灰色、白色和橙黄色的色斑。紫硅碱钙石为二轴晶正光性，折射率为$N_p=1.550$、$N_m=1.553$、$N_g=1.559\pm 0.002$，双折率为0.009，随成分变化而有变化。紫外荧光：长波无至弱，斑块状红色，短波无。吸收光谱不明显。

具三组解理，通常为集合体，则不显示解理。断口为多片状。摩氏硬度为5～6，密度为$2.68(+0.10, -0.14)g/cm^3$，亦随成分变化而有变化。

四、鉴别特征

放大观察有纤维状结构，含绿黑色霓石、普通辉石、绿灰色长石等矿物，具色斑。可以其特有的颜色、花纹和纤维状外形识别之。

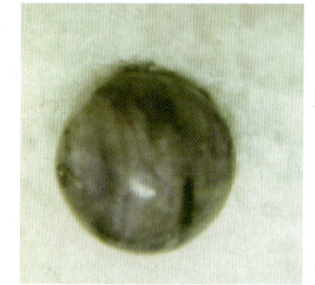

图11-22-1 查罗石磨成的球珠

五、产状及产地

紫硅碱钙石产于与霞石、含有霓石的正长石和石灰石相接触的交代矿体中，装饰用的紫硅碱钙石产于俄罗斯西伯利亚北贝加尔查罗河附近。透明的可作宝石、戒指面，一般集合体用作玉石材料。查罗石磨成的球珠如图11-22-1所示。

第二十三节 施俱俫石（苏纪石）

施俱俫石(Sugilite)又名"碱硅铁锂石"或"硅铁锂钠石"，被认为是铍钙大隅石的含锂、铁变种，于1980年发现于南非，由发现该矿物的日本石油学家Ken-chi sugi命名。

市场上称"施俱俫石"是英文名称的译音，也有译作"苏纪石"。据传说它能防治和医疗癌病,所以更为人们所重视。

一、化学组成

施俱徕石的化学式为 $KNa_2Li_2Fe_2Al(Si_{12}O_{30}) \cdot H_2O$ 是一种不同程度含铁、锰和锂的钾钠复合硅酸盐。含氧化锰的重量百分比 1%～3%时呈紫色。

二、形态

施俱徕石属六方晶系,常呈不规则块状体或半自形粒状集合体。

施俱徕石原石如图 11-23-1 所示。

图 11-23-1 施俱徕石原石

三、物理特性

蜡状光泽至玻璃光泽,半透明至不透明,颜色呈红紫色至蓝紫色,浅褐黄色,很少呈粉红色。有斑点、纹理状。

一轴晶负光性,折射率为 $N_o=1.610$、$N_e=1.607(+0.001,-0.002)$,含有大量玉髓者也能显示 1.544 读数或 1.607 和 1.544 两个读数。双折率为 0.003,对长波和短波紫外光均呈惰性,短波下偶呈蓝色。吸收光谱在 550nm 处有吸收带,445nm、435nm、419nm 和 411nm 处有吸收线,在低于 430nm 和 500～600nm 处有较亮的吸收带。

解理平行{0001}不完全,具颗粒状断口,摩氏硬度为 5.5～6.5,密度为 $2.74\pm0.05g/cm^3$。

四、鉴别特征

施俱徕石和染成紫色的翡翠相似,可根据其较高折射率和密度相区别。根据折射率也可与玉髓及大块紫晶石相区别。几种不同颜色的施俱徕石饰品如图 11-23-2 所示。

图 11-23-2 施俱徕石饰品

施俱徕石手镯(广东王铷收藏)

五、产状及产地

施俱俫石产于锰矿体缝隙、夹层及条带中,实际上1944年就为日本人所发现,产于霓石正长岩的小岩株中,与钠长石、霓石、磷灰石等伴生。1980年南非弗赛尔锰矿矿方,发现了宝石级的施俱俫石。可作装饰材料的仅在南非库鲁曼附近的锰矿产出。

传说带上施俱俫石手镯可使人健康。这一矿种目前产量很低,由于它的靓丽和稀有,使它更显珍贵。在市场上,这种饰品常可高价出售(一只手镯可到几万元以上人民币)。

第二十四节 葡 萄 石

葡萄石(Prehnite)的名称源于该矿物的发现者 Colonel Hendrik Von Prehn 之名。

葡萄石是一种浅绿色或黄绿色矿物,可用金刚石琢磨法琢磨或加工。透明的磨成刻面型宝石,分外美观。再加上吸引人的颜色,有人说它可呈现"睡美人"的形貌。

中国学者彭志忠于1957年对本矿物进行了结构测定。

一、化学组成

葡萄石的化学式为 $Ca_2Al[AlSi_3O_{10}](OH)_2$,是一种含少量水的钙铝硅酸盐,可含 Fe、Mg、Mn、Na、K 等元素。

二、形态

葡萄石属斜方晶系,晶体为典型的锥形、棱柱形,也常呈板状、片状。在晶洞中呈钟乳状或葡萄状、肾状、放射状,也有块状晶体。如图11-24-1、图11-24-2所示。

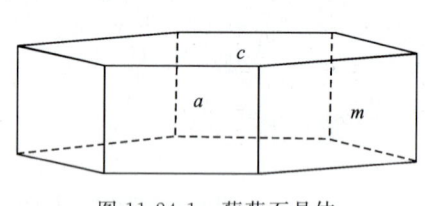

图11-24-1 葡萄石晶体

图11-24-2 葡萄石集合体

三、物理特性

玻璃光泽至油脂光泽,半透明。颜色呈浅绿色至黄绿色、浅黄色、肉红色,很少见有白色。

二轴晶正光性,折射率为 $N_p=1.616$、$N_m=1.626$、$N_g=1.649(+0.016,-0.031)$,点测常为1.63,双折率为 $0.020\sim0.035$,$2V=50°\sim70°$,折射率随 Fe^{3+} 含量的增多而增大。吸收光谱在438nm处可见弱的吸收带。葡萄石的吸收光谱如图11-24-3所示。

一组完全至中等解理,断口具不平整至贝壳状,摩氏硬度为 6～6.5,密度为 2.90(+0.05,-0.10)g/cm³。偶见猫眼效应。

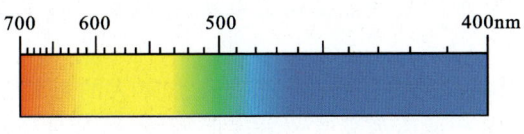

图 11-24-3　葡萄石的吸收光谱

四、鉴别特征

葡萄石具纤维状结构,呈放射状排列。葡萄石最易与软玉和蛇纹石混淆。葡萄石一般比软玉更透明,在反射仪上呈现双折射,而软玉无此特性。它还呈现特征吸收峰而软玉没有。根据折射率与密度可区别于蛇纹石。葡萄石的红外图谱如图 11-24-4 所示。葡萄石饰品如图 11-24-5 所示。

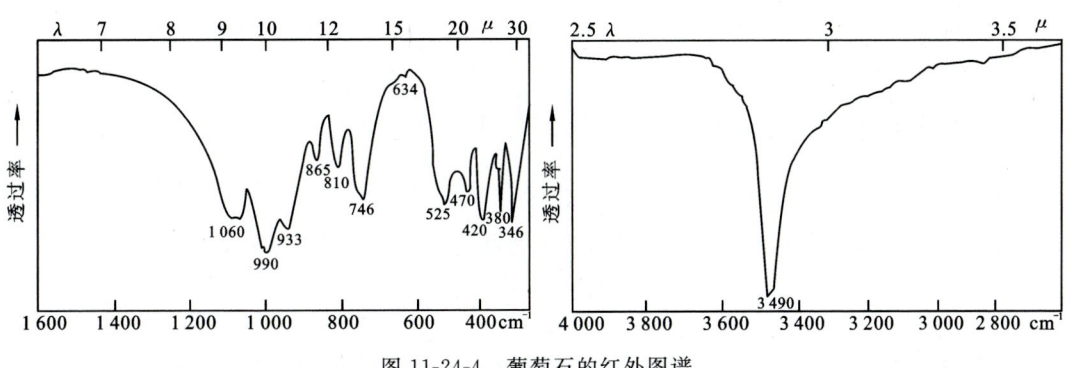

图 11-24-4　葡萄石的红外图谱

图 11-24-5　葡萄石戒面

五、产状及产地

葡萄石的产状是多种多样的,主要是基性长石的水热变质而成,在岩浆岩、沉积岩和变质岩中均有发现。我国辽宁某地葡萄石产于碱性正长岩和石灰岩接触带的矽卡岩中,与黑榴石、正长石、榍石、符山石、磷灰石等伴生。葡萄石带充填于黑榴石裂隙中。在正长岩晶洞中也常有葡萄石易受风化变成白色粉末。葡萄石常呈球粒状充填于玄武岩气孔中,与沸石、方解石、绿帘石等伴生,可以完美的板状晶体构成束状、扇状集合体形态,在凝灰岩中呈脉状或作为胶结物产出。

形成虽较普遍,但能作为宝石的不多。已知的如加拿大的魁北克的阿斯托(Asdestos)产无色葡萄石。在美国的著名产地康涅狄克州的法明顿、新泽西州的布尔根山、马萨诸塞州的韦斯特菲尔德产优质葡萄石。澳大利亚也产有宝石级葡萄石。另外我国四川峨眉山玄武岩中也有杏仁状和裂隙充填的淡绿色葡萄石等。此外还有法国、南非、瑞士等地亦产之。

第二十五节　海　泡　石

海泡石(Sepiolite)是一种含水硅酸镁矿物。因为它质轻多孔,能浮在水上,所以名称来源于德语"海水泡沫"之意,故称海泡石。

一、化学组成

海泡石的化学式为 $Mg_8(H_2O)_4[Si_6O_{15}]_2(OH)_4 \cdot 8H_2O$。

二、形态

海泡石属斜方晶系,一般无单个晶体,多为微晶或隐晶的杂乱交织纤维晶集合体。

三、物理性质

海泡石呈纤维状或土状、块状产出。通常包含有菱镁矿、绿泥石、蛋白石等。

颜色有白色、灰色、淡黄色、浅褐红色等,呈暗淡的油脂光泽至土状光泽,不透明,折射率为(平均)1.51~1.53,性柔软,硬度为2~2.5,相对密度为1.5~2,有的有滑腻感,具高空隙率,有吸附性,易被加工,故利用其制作烟斗、项链、餐具或雕琢成图案复杂的饰品、小工艺品。海泡石原石及海泡石链如图11-25-1所示。海泡石的红外图谱如图11-25-2所示。

(a)　　　　　　　　　　(b)

图 11-25-1　海泡石原石及海泡石链

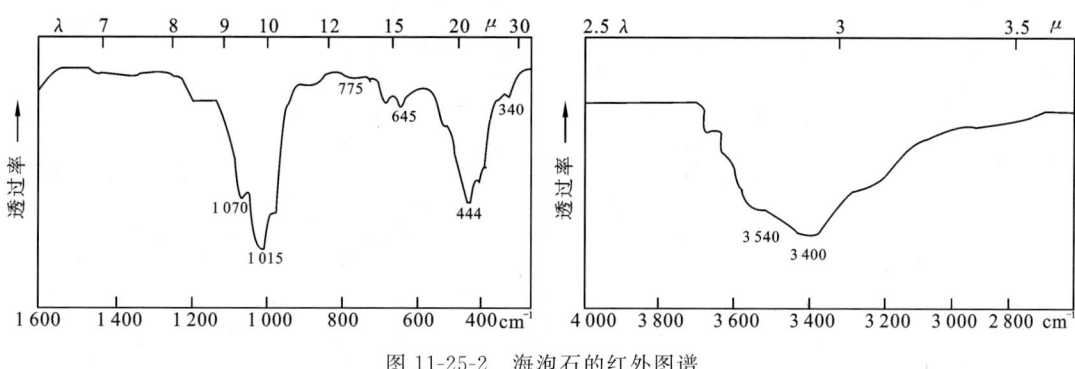

图 11-25-2 海泡石的红外图谱

四、产状及产地

其产出有表生的见于蛇纹岩的风化壳,也有沉积作用形成的见于碳酸盐岩之中。著名产地有土耳其的埃斯基谢希尔,其他还有西班牙、希腊和美国,我国江西、湖南、河南、辽宁都有产出。

第二十六节 透锂长石

源于希腊语"petalos",意为"叶子"。实指其解理。

通常是块状的晶形,粉红色极少见。常用金刚石琢磨法琢磨。在少数几个地区发现透明的无色晶体。

一、化学组成

透锂长石(Petalite)的化学式为 $LiAlSi_4O_{10}$,为锂的铝硅酸盐。

二、形态

透锂长石属单斜晶系,晶体呈平板状,也常呈粒状或块状集合体。晶体如图 11-26-1 所示。

三、物理特性

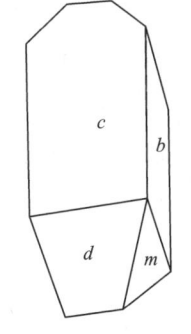

图 11-26-1 透锂长石晶体

玻璃光泽至珍珠光泽,很像玻璃。晶体透明至半透明,无色。块状者呈白色、灰色、黄色,很少见粉红色、绿色、淡绿色等。

二轴晶正光性,折射率为 $N_g=1.516\sim1.523$,$N_m=1.510\sim1.513$,$N_p=1.504\sim1.507$;双折率为 $0.012\sim0.016$,$2V=83°$,有些对长波光发浅橙色荧光(怀俄明州产)或黄色荧光(缅因州产)。X射线下有橙色荧光及弱的磷光。有的还具有猫眼效应。

一组平行底面{001}解理完全,另外两组平行柱面{201}解理也很发育,贝壳状断口,摩氏硬度为 $6\sim6.5$,密度为 $2.40(+0.016,-0.01)\text{g/cm}^3$。性脆。透锂长石的红外图谱如图

11-26-2所示。

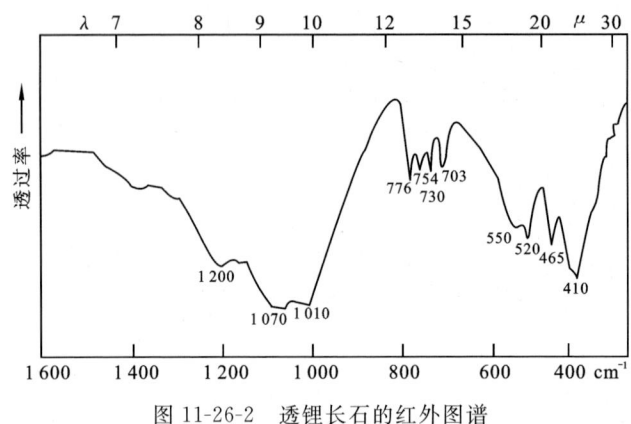

图 11-26-2 透锂长石的红外图谱

四、产状及产地

透锂长石主要产于伟晶岩中,和锂矿物共生。宝石级晶体产于西澳大利亚龙寺法里,纳米比亚产无色透明、粉红色晶体。巴西的阿拉索西和美国怀俄明州、缅因州以及津巴布韦等地皆有产出。

中国已在青海乌兰、陕西商南、湖北通城等地被发现。

第二十七节 柱 晶 石

柱晶石(Kornerupine)的外文名字有写作 Kornerupite,也有以 Prismatine 与之等同应用者,但后者常译作碱柱晶石。柱晶石是在格陵兰首先被发现的,后来丹麦学家 Kornerup AN,首次鉴定而得名。

柱晶石是一种稀有矿物,抛光后甚为亮丽,故被收藏家视为珍贵宝石。

一、化学组成

柱晶石的化学式为 $Mg_3Al_6(Si,Al,B)_5O_{21}(OH)$,为含羟基离子的硼镁铝硅酸盐。

二、形态

柱晶石属斜方晶系,柱状或板柱状晶体,放射状、纤维状或柱状集合体。

三、物理特性

玻璃光泽,透明至半透明。纯净的柱晶石是无色的,一般多呈褐色、黄色或绿色、黄绿色至褐绿色、蓝绿色。常见者多为褐色晶体,或集合体。

二轴晶负光性,可显一轴晶干涉图假象。折射率为 $N_g=1.674\sim1.699$、$N_m=1.673\sim1.696$、$N_p=1.661\sim1.682$。双折率为 $0.012\sim0.017$,$2V=20°$。色散度为 0.019。多色性一般

较强,呈绿色至黄色,红棕色至浅棕黄色。对紫外长波光及短波光呈惰性,但缅甸产的绿色品种和东非产的品种发出黄色荧光。吸收光谱可显示几个弱带,但通常只有在503nm可以测出。可呈猫眼效应或很少见的微弱的星光效应。

两组完全解理,贝壳状断口,摩氏硬度为 6~7,密度为 $3.30(+0.050,-0.030)g/cm^3$。性脆。

四、鉴别特征

放大观察具气液包裹体及固态针状包体。

柱晶石看起来与暗绿色至浅绿棕色电气石、橄榄石、透辉石、黄玉、硼铝镁石、顽火辉石和烟石英等相似。硼铝镁石、橄榄石、透辉石和顽火辉石的折射率均相似。但前3种矿物的双折率更高些,而顽火辉石可通过光谱和光性来区分。锂辉石与柱晶石相似,但锂辉石的密度较低,光性也不同,可以区别。柱晶石的吸收光谱为在503nm处具吸收带。柱晶石的吸收光谱如图 11-27-1 所示。

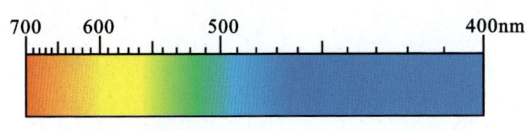

图 11-27-1　柱晶石的吸收光谱

五、产状及产地

柱晶石产出于堇青石片麻岩中。有的也见于伟晶岩及砂矿中。马达加斯加(产暗绿及海蓝色者)、斯里兰卡(产淡红色及其褐色者)、缅甸的抹谷(产淡绿褐色者)、加拿大的魁北克(产晶体个大,暗绿微黄色者)、东非肯尼亚(产亮绿色者)、坦桑尼亚(产绿色者)等地皆产有宝石级柱晶石。

第二十八节　丁香紫玉

丁香紫玉(Lilac Jade)是20世纪70年代末期在新疆发现的,在世界上最先确定的一个新玉石品种。因具有丁香花一般的紫色而得名。在陕西商南也有发现,西安地质学院李玉珍(1984)曾对其作过较系统的研究。

一、化学组成

丁香紫玉的化学式为 $KLi_{1.5}Al_{1.5}[AlSi_3O_{10}](OH,F)_2$,为含有(OH,F)等挥发性物质的钾锂铝的铝硅酸盐。具有鳞片状结构,是以锂云母(又称鳞云母)为主的玉石。此外还含有少量石英、钠长石、锂辉石和铯榴石及少量的 Na、Mg、Rb、Cs、Mn、Ca、Be、Sr、Zr 等微量元素。

二、形态

云母为单斜晶系,晶体常呈片状、鳞片状、短柱状、板状假六方形、块状、致密状集合体。

三、物理特性

颜色多为丁香紫色、玫瑰色及浅紫色、桃红色、无色或白色，珍珠光泽至玻璃光泽，单晶透明，集合体半透明。锂云母为二轴晶负光性，折射率为 $N_g=1.556\sim1.610$、$N_m=1.554\sim1.610$、$N_p=1.535\sim1.570$。点测集合体为 1.54～1.56，紫外荧光下呈惰性。摩氏硬度为 3～4，密度为 2.8～2.98g/cm³，具弹性和韧性，其 X 射线分析及红外光谱图皆与锂云母相一致。根据其独特的紫色及片状致密集合体易识别之。质地细腻、坚韧，已用来生产戒面、项珠等首饰。

(a) 吊坠　　　　(b) 挂牌

图 11-28-1　丁香紫玉

（据杨汉臣）

四、产状及产地

丁香紫玉产于钠-锂花岗伟晶岩中，为交代作用后期产物，与钠长石、石英、锂辉石等共生。世界上的产地有俄罗斯、瑞典、马达加斯加、美国、纳米比亚、津巴布韦等国。巴西产出的尚有红色锂云母晶体，甚为可观。

我国新疆天山、阿尔泰山等地所产为矿体赋存于花岗伟晶岩中，与钠长石、锂辉石、铯榴石等共生。

陕西商南亦有丁香紫玉，发现于稀有金属花岗伟晶岩中，与石英、叶钠长石、微斜长石、磷灰石、锂电气石等共生。

[附] 相似矿物

云母（Mica）

云母是一个族，该族包括了白云母（Muscovite）、黑云母（Biotite）、金云母（Phlogopite）、锂云母（Lepidolite）及水云母、海绿石等矿物。它们中锂云母组成丁香紫玉，但他们都不是宝石矿物。但有的云母常可以与宝石矿物共生或伴生，附在宝石矿物或观赏石上，使得宝石矿物或观赏石看来闪闪发光,更加亮丽。

白云母、黑云母、金云母更加常见。

云母的化学成分可简单地以通式 $XY_{2-3}[AlSi_3O_{10}](OH)_2$ 表示。式中的 X 主要为 K、Na,可为 Ca、Ba、Rb、Cs;Y 主要为 Al^{3+}、Mg^{2+}、Fe,可为 Li、Cr、Zn 等。

主要是晶质体或晶质集合体。属单斜晶系,晶体呈假六方板状、片状、短柱状或鳞片状集合体。白云母如果呈极细小鳞片状集合体时称"绢云母"。

白云母无色透明,呈白色、绿色、黄色、灰色、红色、褐色、棕红色等。黑云母主要呈褐黑色、绿黑色至黑色。金云母则呈褐黄色、金黄色、褐色或灰绿色。玻璃光泽,垂直解理面观察呈珍珠光泽。多为二轴晶负光性,折射率为 1.55～1.61(点测),紫外荧光下呈惰性。解理{001}极完全,摩氏硬度为 2～2.5,锂云母可到 3,密度为 2.2～3.4g/cm³

薄片具弹性。白云母具良好的绝缘性。白云母分布广泛,主要见于岩浆岩、沉积岩及结晶片岩中;金云母多产于接触变质带,与透辉石共生,在含金刚石的金伯利岩(角砾云母橄榄岩)中常含大量的金云母;黑云母主要产于酸性岩浆岩如花岗岩中或碱性岩伟晶岩及结晶片岩中;锂云母则主要产于花岗伟晶岩中。

第二十九节 针 钠 钙 石

针钠钙石(Pectolite)源于希腊语"pektds",为"凝结"之意。商品名 Larimar,是由多米尼加矿业主的女儿名字 Lari 和西班牙表示海的词 mar 组成。

一、化学组成

针钠钙石的化学式为 $NaCa_2[Si_3O_8](OH)$,为含羟基的钠、钙硅酸盐,常有微量的 Mn^{2+} 混入。

二、形态

针钠钙石属三斜晶系,晶体呈短小柱状到球形块状、针状、纤维状、放射状集合体。

三、物理特性

玻璃光泽至丝绢光泽,半透明至不透明,呈无色、白色、灰色、蓝色、绿色。多米尼加针钠钙石呈蓝绿色至蓝色,中心呈蓝色,周边呈白色的花状小球粒。

二轴晶正光性,折射率为 $N_p=1.595～1.610$、$N_m=1.605～1.615$、$N_g=1.632～1.645$,$2V=50°～63°$点测为 1.60,双折率为 0.036,在长波紫外光下呈橙色至彩虹色荧光,短波下呈淡绿色或淡黄色荧光。有的出现黄色磷光,并具猫眼效应。不平整至齿状断口,解理{100}和{001}完全。摩氏硬度为 4.5～5,密度为 2.81(±0.07)g/cm³。

四、鉴别特征

根据其颜色、产状及小的硬度和密度,易识别之。多米尼加的针钠钙石肉眼即可鉴别。

针钠钙石的红外图谱如图 11-29-1 所示。针钠钙石的饰品如图 11-29-2 所示。

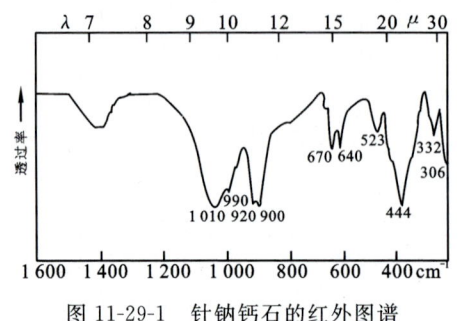

图 11-29-1　针钠钙石的红外图谱

(a) 淡绿色针钠钙石手镯

(b) 深蓝色针钠钙石蛋面

图 11-29-2　针钠钙石的饰品

五、产状及产地

针钠钙石产于玄武岩的空洞中，与泡沸石等伴生。也可产于接触变质岩中。美国阿拉斯加产有块状绿色晶体，加拿大魁北克产有淡蓝绿色晶体。此外美国新泽西州、苏格兰、意大利、摩洛哥、多米尼加等地皆有产出。针钠钙石作为宝玉石材料久负盛名。尤其具猫眼效应者更为人们所喜爱。

第三十节　白　榴　石

名称源于希腊语"白色"，意指晶体颜色，且晶形与石榴石相似而得名。白榴石(Leucite)在熔岩流中很多，但能作宝石材料的很少。

一、化学组成

白榴石的化学式为 $K[AlSi_2O_6]$，为含钾、铝硅酸盐，常含微量的 Na、Ca 和 H_2O。

二、形态

白榴石属四方晶系，常呈假等轴晶系状，晶体如图 11-30-1 所示，因晶体形状呈四角三八面体，晶体与石榴石外形相似，加热到 620℃ 以上渐渐可变为等轴晶系。晶体上有时可见双晶条纹，常呈单晶体或粒状集合体。

图 11-30-1　白榴石晶体

三、物理特性

白榴石常呈白色、灰黄色、灰色或炉渣状灰色、无色。玻璃光泽，晶体透明至不透明，表面污染可呈黄色。

一轴晶正光性，折射率为平均近似 1.508(+0.003，−0.004)，双折率极低，为 0.001，在单偏光镜下观察无色透明，八边形或浑圆粒状，有时也出现环带状或放射状。有的出现似乎很强的色散,这往往是重复出现的双晶薄片对光线的干涉结果。有些在长波光下发中等橘黄色荧光,在 X 射线下发微蓝色荧光,加热时还有热发光现象。

无解理,贝壳状断口,摩氏硬度为 5~6,密度为 $2.48(+0.02,-0.03)g/cm^3$。

四、鉴别特征

外表特征极似石榴石晶形,其完美的四角三八面体晶形、炉灰似的颜色,以及其成因、产状可作为鉴别特征。白榴石的红外图谱如图 11-30-2 所示。

五、产状及产地

白榴石是一种典型高温岩浆矿物,在高温下形成等轴晶系晶体,然后转化成四方晶系。常在熔岩中发现,主要产于富钾贫硅的喷出岩及碱性火成岩中。通常是呈斑晶,与碱性辉石、霞石共生,一般不与石英共生。宝石级白榴石晶体产自意大利的阿尔斑山(AlbanHills)。在德国、美国的怀俄明州、蒙大拿几个地区、加拿大、澳洲、刚果等地也有发现。

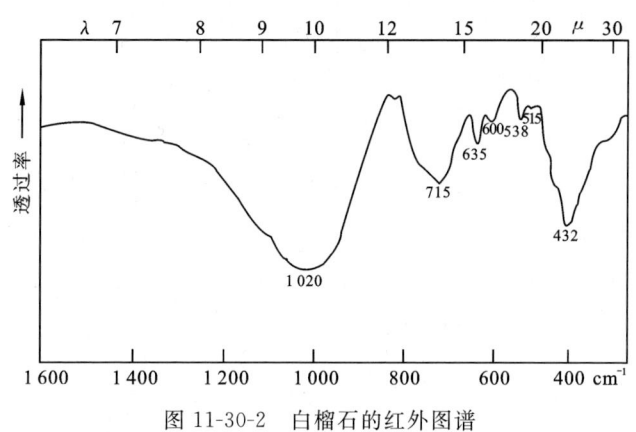

图 11-30-2　白榴石的红外图谱

第三十一节　铯榴石

铯榴石(Pollucite)由希腊神话中的 Mytbology Tray 海伦的弟弟 Pollux 命名,是罕见的含铯矿物,往往被琢磨加工,供收藏及观赏之用。

一、化学组成

铯榴石的化学式为 $CsAlSi_2O_6 \cdot nH_2O$,为铯、铝硅酸盐。

二、形态

铯榴石属等轴晶系,立方体晶体。晶体很少见,呈细粒

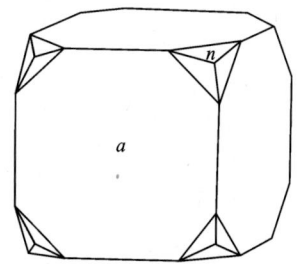

图 11-31-1　铯榴石晶体

状或块状产出。晶体如图 11-31-1 所示。

三、物理特性

玻璃光泽,断口油脂光泽,透明至半透明,颜色为无色、白色、灰色,很少见浅红色或浅蓝色、浅紫色。均质体,在正交偏光镜下呈现均质体特征,具斑纹。折射率为 1.520(+0.005,-0.003),对长波和短波紫外光常发橙色至桃红色荧光。

无解理,具贝壳状断口,硬度为 6.5～7,密度为 2.92(+0.02,-0.07)g/cm³,性脆。

四、鉴别特征

铯榴石可依其密度与其同一折射率序列中的其他矿物区分。很像石英,但铯榴石易风化形成白色或粉红色次生矿物细脉,而且为均质体,可区别于石英。铯榴石的红外图谱如图 11-31-2 所示。

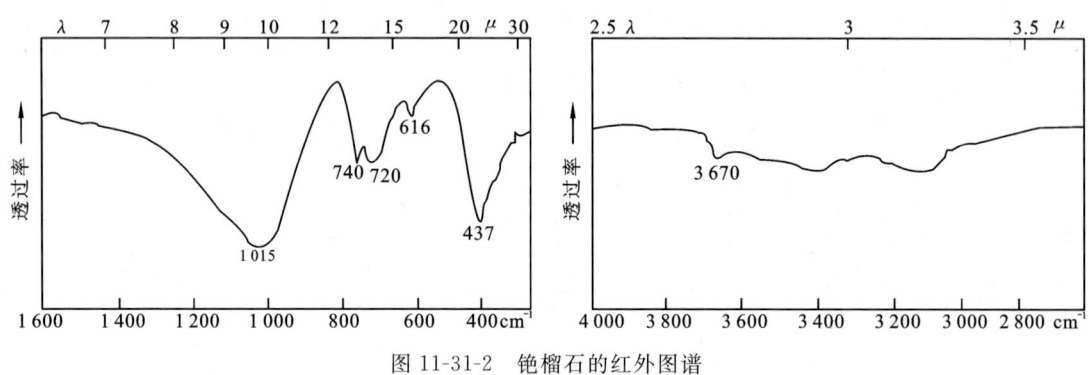

图 11-31-2　铯榴石的红外图谱

五、产状及产地

铯榴石产于花岗岩及伟晶岩的空洞中。主要产于富锂的交代型花岗伟晶岩中,与叶钠长石、磷锂铝石、锂辉石等共生。在瑞典、津巴布韦、美国南达科他州、康涅狄克州都有产出。但世界上的主要产地是厄尔巴群岛和美国缅因州希伯伦及朗福德附近地区,将其作为铯矿床开采。

第三十二节　沸　石

沸石(Zeolite)是一个宝石矿物族。这类宝石矿物的特点是在它的晶格中含有一定量的水,而含水量的多少会随着外界环境(温度、湿度)的变化而变化,却不影响其内部结构(这种水在矿物学上称"沸水石")。

沸石族已知的包括有 30 多种矿物,其中可用作宝石或观赏石的主要有如下几种,如表 11-32-1 所示。

表 11-32-1 可用作宝石或观赏石的主要沸石族矿物

名称	英文名	化学式
钠沸石	natrolite	$Na_2Al_2Si_3O_{10} \cdot 2H_2O$
钙沸石	scolecite	$CaAl_2Si_3O_{10} \cdot 3H_2O$
中沸石	mesolite	$Na_2Ca_2Al_6Si_9O_{30} \cdot 8H_2O$
菱沸石	chabazite	$Ca[AlSi_2O_6]_2 \cdot 6H_2O$
丝光沸石（发光沸石）	mordenite	$(Ca,Na_2,K_2)Al_2Si_{10}O_{24} \cdot 7H_2O$
杆沸石	thomsonite	$NaCa_2Al_5Si_5O_{20} \cdot 6H_2O$
铯沸石	pollucite	$(Cs,Na)_2Al_2Si_4O_{12} \cdot H_2O$
方沸石	analcime	$NaAlSi_2O_6 \cdot H_2O$

第三十三节 杆 沸 石

杆沸石（Thomsonite）由苏格兰化学家 Thomas Thomson 的名字命名。他首次分析了杆沸石。

杆沸石用作装饰材料，常出现各种颜色的眼球状花斑或条纹，成致密球面形状等。

一、化学组成

杆沸石的化学式为 $NaCa_2Al_5Si_5O_{20} \cdot 6H_2O$，为含水钠钙铝硅酸盐，是沸石族矿物的一种。

二、形态

杆沸石属斜方晶系，柱状晶体很少见，多呈纤维状或放射状集合体。如图 11-33-1、图 11-33-2所示。

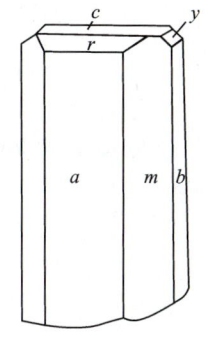
图 11-33-1 杆沸石晶体

图 11-33-2 发光沸石及与方解石共生的发光沸石（白色者）

三、物理特性

珍珠光泽至玻璃光泽,半透明至几乎不透明。颜色较多,包括棕色、粉红色、橙色、黄色、绿色、白灰色,具纤维结构条纹和眼球状的彩色花斑,呈现一种美丽的光彩。

二轴晶正光性,折射率为 $N_g=1.516\sim1.545$、$N_m=1.509\sim1.533$、$N_p=1.497\sim1.530$,点测一般为 $1.52\sim1.54$,双折率为 $0.009\sim0.021$,对长波紫外光呈现局部棕色至白色荧光。

解理平行{010}完全、平行{100}较差,具不平整断口,摩氏硬度为 $5\sim5.5$,密度为 $2.30\sim2.4\text{g/cm}^3$,遇酸可受侵蚀。

四、鉴别特征

根据外观具有的特征斑点状及条纹,结合产状,易与相似矿物相区别。杆沸石的红外图谱如图 11-33-3 所示。

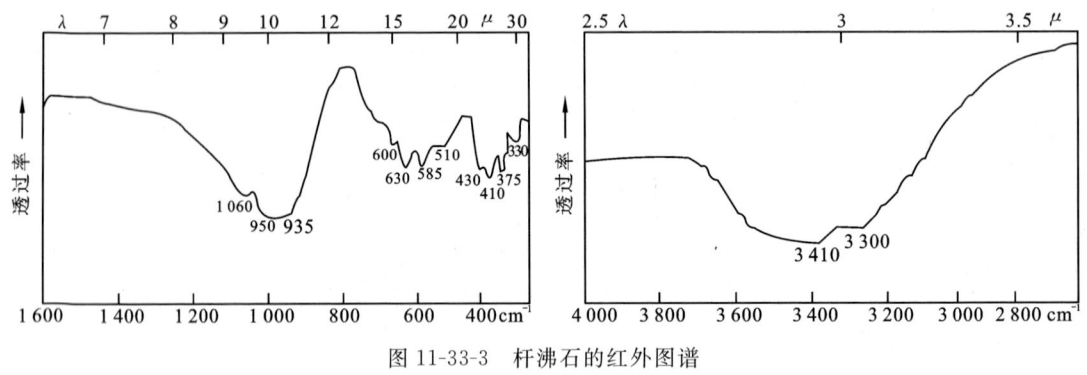

图 11-33-3　杆沸石的红外图谱

五、产状及产地

杆沸石主要产于玄武岩洞中,在熔岩流内生成,也有产于砂砾岩中者,呈球状结核产出。著名产地是美国密执安州和苏必利尔湖岸保野里岛的鹅卵石中。

第三十四节　埃　卡　石

埃卡石(Ekanite)为 1953 年斯里兰卡科伦坡市的一位宝石商所发现,以发现者的名字 Ekanayake 命名。又称硅钙铁铀钍矿,或按译音称"埃卡石",1961 年首次被报道。

一、化学组成

埃卡石的化学式为 $(Th,U)(Ca,Fe,Pb)_2Si_8O_{20}$。

二、形态和物理特征

埃卡石属四方晶系,玻璃光泽,透明至不透明,颜色为绿色、浅黄绿色至棕色。可能显示四条星光线。一轴晶负光性,折射率为 $N_o=1.573$、$N_e=1.572$,双折率为 0.001。有的因含放射性元素而变为非晶质,晶格被破坏,折射率也变为 $1.593±0.003$,吸收光谱在 658nm 和 630nm 处有吸收线。具贝壳状断口,摩氏硬度为 6～6.5,密度为 $3.30±0.02g/cm^3$。

三、产状及产地

埃卡石产于斯里兰卡含宝石砂矿的砾石中。早期曾用作宝石,因含放射性不宜作饰品。但此名称还时有出现,故在此稍作提及,以供参考。

第三十五节 碳铬镁矿

碳铬镁矿(Stichtite)的英文名称,来源于罗马尼亚采矿工程师的名字 Robert Stich。又称菱水碳铬镁矿,或铬磷镁矿,因其硬度小又易碎,故很少用于首饰,而仅具收藏价值。

一、化学组成

碳铬镁矿的化学式为 $Mg_6Cr_2(CO_3)(OH)_{16}·4H_2O$,是一种含水的碳酸铬镁矿物,成分中常含有 Fe 的混入物。

二、形态

碳铬镁矿属三方晶系,晶体呈板状、片状,或纤维状、鳞片状和致密块状集合体。

三、物理特征

碳铬镁矿呈淡紫色或玫瑰色,蜡状光泽至油脂或珍珠光泽。半透明至不透明。一轴晶负光性,折射率为 $N_o=1.542～1.550$、$N_e=1.516～1.520$,点测为 1.53,双折率为 0.026～0.030。有淡玫瑰红色、深玫瑰红色或淡紫色的二色性。无荧光性。具铬的特征谱线。具锯齿状断口,平行底面完全解理,硬度约为 1.5～2,密度为 2.15～2.22g/cm³。遇盐酸起泡溶解。碳铬镁矿的红外图谱如图 11-35-1 所示。

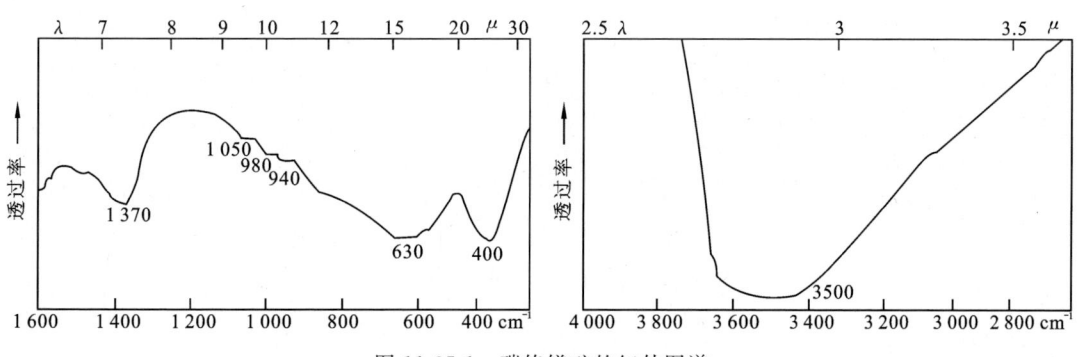

图 11-35-1 碳铬镁矿的红外图谱

四、产状及产地

碳铬镁矿是蛇纹石的一种水化分解或蚀变产物,主要产于澳大利亚的塔斯马尼亚、南非、德兰士瓦、摩洛哥、阿尔及利亚、加拿大魁北克黑湖和舍得兰群岛。

第三十六节 磷氯铅矿

一、化学组成

磷氯铅矿(Pyromorphite)为含氯的磷酸铅,成分中除含有氯和铅外,有时还含有CaO、As_2O_3、V_2O_3和Cr_2O_3等。

二、形态

磷氯铅矿属六方晶系,晶体呈柱状,有时为小圆筒状或针状,主要单晶为六方柱、六方双锥、平行双面,集合体呈晶簇状、粒状、球状、肾状等。磷氯铅矿晶簇如图11-36-1所示。

(a) 原石

(b) 晶簇

图11-36-1 磷氯铅矿原石及晶簇

三、物理特性

颜色为各种不同深浅的绿色、黄绿色、褐色、灰色或白色,含少量Cr_2O_3者呈鲜艳的红色或橘红色,光泽呈树脂光泽至金刚光泽,性脆,无解理,硬度为3.5~4,密度为6.5~7.1g/cm³。

四、产状及产地

磷氯铅矿产于铅锌矿床氧化带,为含有磷酸的地表水与铅矿物作用而成。常与其他次生铅锌矿物如白铅矿、铅矾、异极矿、褐铁矿等伴生。因色泽艳丽,所以常是讨人喜欢的观赏石,在市场上常有销售。

第三十七节 磷钠铍石

磷钠铍石(Beryllonite)又称"磷铍矿",是一种较为稀有的磷酸钠铍矿物,但不是很好的宝石材料。

一、化学组成

磷钠铍石的化学式为 $NaBe[PO_4]$，为钠铍的磷酸盐。

二、形态

磷钠铍石属单斜晶系，常呈假斜方板状或板柱状。

三、物理特性

玻璃光泽至珍珠光泽，透明。多为白色、无色至浅黄或淡绿色，二轴晶负光性，$2V=68°$，折射率为 $N_g=1.601\sim1.604$、$N_m=1.558\sim1.601$、$N_p=1.592\sim1.595$，双折率为 $0.009\sim0.010$，色散度为 0.010。无多色性，紫外荧光下呈惰性。

一组 $\{010\}$ 完全解理及另一组 $\{100\}$ 中等解理，断口呈贝壳状。摩氏硬度为 $5.5\sim6$，密度为 $2.82(+0.05, -0.03)g/cm^3$。性脆。

四、鉴别特征

磷钠铍石可能与方柱石、石英和绿柱石相混淆，但这些矿物均为一轴晶。而磷钠铍石为二轴晶。也与拉长石相似，可根据光学特征和磷钠铍石较高的密度加以区别。磷钠铍石的红外图谱如图 11-37-1 所示。

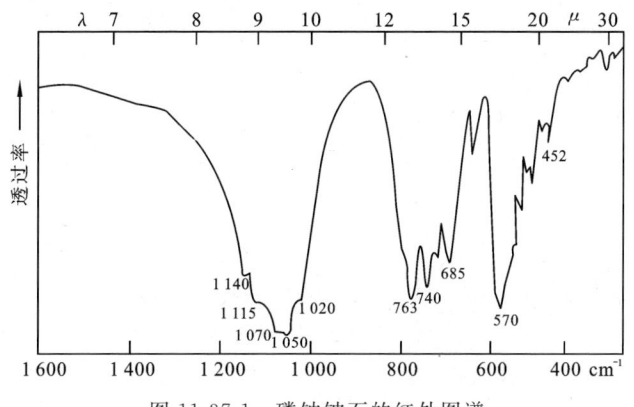

图 11-37-1　磷钠铍石的红外图谱

五、产状及产地

磷钠铍石是在花岗伟晶岩中发现的，与硅铍石和绿柱石相伴生。宝石级晶体产于美国缅因州的斯托纳和纽里。

第三十八节　磷铝钠石

磷铝钠石(Brazilianite)也有人称之为"银星石"，是根据巴西一产地而命名，所以也有人称其为"巴西石"。而银星石(Wavellite)却另有其宝石矿物(详见本章第四十四节银星石)。

曾在1944年,一位名叫Pough的美国矿物学家,在巴西展出了一种大的黄绿色透明晶体。当时他假设这种晶体为金绿宝石。Pough由于注意到该矿物的硬度和晶形与金绿宝石不符,随即通过化学方法、X射线和光学研究,证明了这种假定的金绿宝石是一种新的矿物,命名为"磷铝钠石"。

透明晶体可作为宝石,不过一般磷铝钠石是作为观赏石来收藏。

一、化学组成

磷铝钠石的化学式为 $NaAl_3(PO_4)_2(OH)_4$,为钠铝磷酸盐,其中可以有少量的 K 取代 Na。

二、形态

磷铝钠石属单斜晶系,柱状、粒状晶体,柱面有垂直于 Z 轴的条纹,最常见的晶轴是平行于 X 轴的长方形晶体及放射状集合体,如图11-38-1所示。

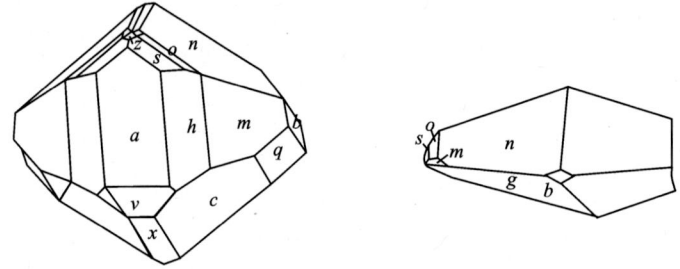

图11-38-1 磷铝钠石晶体

三、物理特性

玻璃光泽,透明至半透明。颜色通常是黄绿色至绿黄色、淡蓝色。很少有无色者。二轴晶正光性,折射率为1.602~1.621(±0.003),双折率为0.019~0.021,$2V=75°$,色散度为0.014,可有很弱的多色性,为黄绿色、绿色。磷铝钠石对长波和短波紫外光都呈惰性。

一组中等解理,贝壳状断口,硬度为5~6,密度为 $2.97(\pm 0.03)g/cm^3$。

四、鉴别特征

放大观察具气液两相包体、固相包体。

磷铝钠石可以通过其光学特征、二轴晶与电气石相区别(电气石是一轴晶)。

五、产状及产地

磷铝钠石发现于富含磷酸盐矿物的伟晶岩脉中。赋存于晶洞中,多为热液矿物,主要产地是巴西米纳斯吉拉斯,少量产于美国新罕布什尔州格拉夫顿的巴勒莫矿。

第三十九节 磷铝锂石

来自希腊语中"blunt"和"angle"二字,意指具有晶体的形状。有人译作锂磷铝石(Amblygonite)或磷锂铝石。

磷铝锂石是一种很稀有的宝石矿物。因其质色较差,作观赏石或收藏品者多,作宝石用者少。

一、化学组成

磷铝锂石的化学式为$(Li,Na)Al(PO_4)(F,OH)$,是一种锂铝的磷酸盐,成分中的锂常可被钠置换,当$OH>F$时,该矿物可称为羟磷铝锂石。

二、形态

磷铝锂石属三斜晶系,晶体呈棱柱状、短柱状,常见有聚片双晶,或致密块状集合体。原石及戒面见图 11-39-1。

(a)   (b)

图 11-39-1 磷铝锂石原石及戒面

三、物理特性

玻璃光泽至油脂光泽,解理面珍珠光泽,透明至半透明,通常颜色是无色至浅黄色,很少有绿色、蓝色、褐色和粉红色。二轴晶负光性(有的具正光性),多色性无至弱,因颜色而异。折射率为 $N_p=1.591$,$N_m=1.605$,$N_g=1.612\pm0.010$,双折率为 $0.020\sim0.027$,对长波光可以发很弱的绿色荧光,对长波光和短波光发浅蓝色磷光。

具$\{100\}$、$\{110\}$两组完全解理,断口呈贝壳状,摩氏硬度为 $5.5\sim6$,密度为 $3.02(\pm0.04)$ g/cm^3,其粉末可缓慢溶于盐酸。

四、鉴别特征

放大观察似脉状液态包体,也可有平行解理方向的云雾状物。可以通过折射率、密度、双折率和光学特征识别之。

磷铝锂石的红外光谱,如图 11-39-2 所示。

五、产状及产地

宝石级晶体产于花岗岩、伟晶岩中,与锂云母、锂辉石、电气石等共生。主要产于美国缅因州和加利福尼亚州,发现有较大的晶体,但大多数可作宝石用的产于巴西、德国萨克森地区和西班牙塔斯地区。

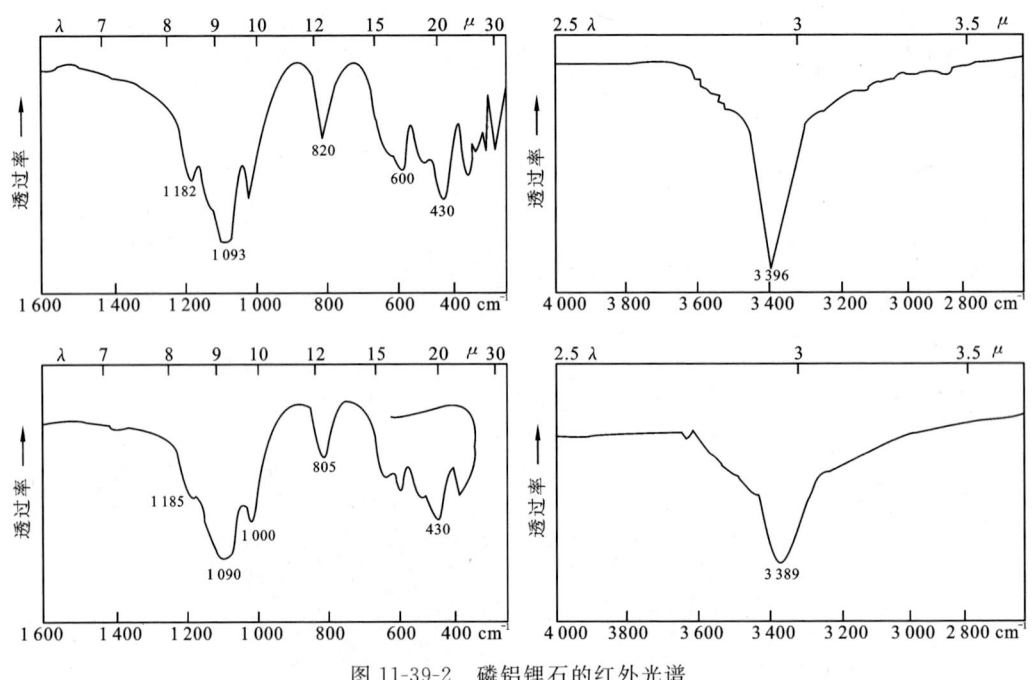

图 11-39-2　磷铝锂石的红外光谱

第四十节　光 彩 石

一、化学组成

光彩石(Augelite)的化学式为 $Al_2[PO_4](OH)_3$,为一种含羟基的磷酸盐矿物,成分中有 Fe^{2+}、Fe^{3+}、Ti 等混入物。

二、形态

光彩石属单斜晶系,晶体呈板状、柱状、针状或块状集合体,如图 11-40-1 所示。

三、物理特性

光彩石为无色、白色、浅蓝色、浅黄色或浅红色,犹如玻璃一般的明亮,透射光下无色,玻璃光泽,解理面呈丝绢光泽,透明至半透明。二轴晶正光性,折射率为 $N_g=1.588$、$N_m=1.576$、$N_p=1.574$,双折率为 0.014,$2V=50°49'$,多色性弱或无,在紫外荧光下呈惰性,解理{110}完全、{$\bar{2}$01}中等,断口呈参差状,摩氏硬度为 4.5~5.5,密度为 2.074g/cm³,性脆。

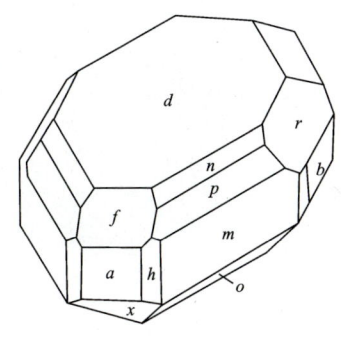 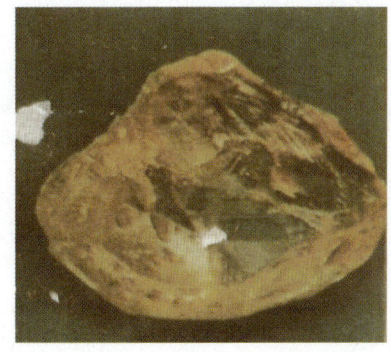

(a) 晶体　　　　　　　　　　　　　　(b) 原石

图 11-40-1　光彩石晶体及原石

四、产状及产地

光彩石产于红柱石矿床中,与块状磷铝矿、天蓝石等共生。美国加州莫诺白山西鹿产优质透明晶体。玻利维亚波托西省等地的光彩石产于锡矿脉中,呈尖角状晶体,以晶簇状产出。此外还有乌干达、瑞典等地也有出产。

第四十一节　天　蓝　石

天蓝石(Lazulite)是一种不常见的宝石矿物,块状天蓝石呈明显的紫蓝色。有些像青金石,属于中—高档的宝玉石,有人称它"假青金石"。

一、化学组成

天蓝石的化学式为$(Mg,Fe)Al_2[PO_4]_2(OH)_2$,是一种含羟基的磷酸铝镁矿物,其中部分镁常被铁代替。

二、形态

天蓝石属单斜晶系,晶体常呈尖锥状、柱状,板状晶体很少见,通常为块状或粒状集合体,晶体如图 11-41-1 所示。

三、物理特性

玻璃光泽,透明至几乎不透明,常见颜色为深绿蓝色至紫蓝色、蓝绿色、蓝白色、天蓝色,块状者常有白色斑点。二轴晶负光性,折射率为 $N_g=1.642\sim1.673$、$N_m=1.633\sim1.646$、$N_p=1.604\sim1.620$,可随含铁量增高而增大。双折率为 $0.031\sim0.036$,$2V=64°$。多色性较强,α—无色,β—浅蓝色,γ—深紫罗蓝色。紫外线下长波光和短波光均为惰性,未见特征吸收谱线。

解理不清晰,具不平整断口或粒状断口。摩氏硬度为 $5\sim6$,密度为 $3.09(+0.08,-0.01)g/cm^3$。可微溶于盐酸。

图 11-41-1 天蓝石晶体、原石及戒面

四、鉴别特征

放大观察,块状集合体可含有白色包体。

透明的天蓝石晶体易与蓝色碧玺和磷灰石混淆,它们具有相同的折射率、双折射率等光学特性,但依其多色性可与后两者区分。也与深蓝色天青石相似,这可以折射率区别。与相似的绿松石可以密度及透明度区别之。天蓝石的红外图谱如图 11-41-2 所示。

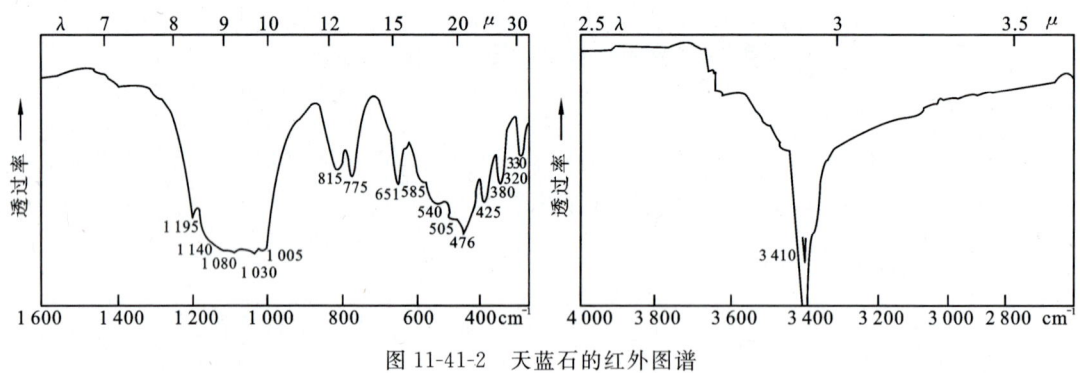

图 11-41-2 天蓝石的红外图谱

五、产状及产地

天蓝石产于石英脉或伟晶岩脉中。通常与蓝晶石、红柱石、刚玉和石榴石伴生。主要产地为印度、美国的佐治亚州和加州、奥地利、瑞典、瑞士、巴西、安哥拉、马达加斯加等地。

第四十二节 磷 铝 石

磷铝石(Variscite)源于 variscia 一词,是德国 voigtland 地区的一个地名。磷铝石在此地区首次被发现而得名。

磷铝石是一种块状的黄绿色至蓝绿色矿物,与绿松石共生。有一些可供琢磨,大多数是作观赏石,但也有用作绿松石或翡翠的代用品。

一、化学组成

磷铝石的化学式为 $AlPO_4 \cdot 2H_2O$,为含水铝磷酸盐。在 $AlPO_4 \cdot 2H_2O$ 中某些 Fe 和 Cr 离子常取代其中的 Al 而产生颜色。

二、形态

磷铝石属斜方晶系,晶体很少见,偶见有斜方双锥或粒状,通常都是隐晶集合体,成球状、结核状、肾状、细脉状或致密块状等。

三、物理特性

蜡状光泽至玻璃光泽,半透明至几乎不透明,颜色为白色、淡红色、黄绿色至蓝绿色、天蓝色或无色。在地表为浅绿色至几乎无色,呈现出疏松状。常含有黄色至棕色的褐铁矿质脉石或斑点。

二轴晶负光性,折射率为 $N_g=1.560$、$N_m=1.585$、$N_p=1.590(+0.003,-0.006)$,双折率大约为 0.030,通常不易检测。块状者局部折射率在 1.56~1.59 之间,一般为 1.57,$2V=70°$。美国犹他州产出的有些对长波光发白绿色荧光,对短波光发绿色荧光,一般呈惰性。吸收光谱在 688nm 处有强吸收峰,在 650nm 处有弱吸收峰。

具一组{010}完全解理,摩氏硬度为 5,密度为 $2.53\sim2.58g/cm^3$。

四、鉴别特征

磷铝石通常易与绿色绿松石混淆,根据磷铝石的低折射率、吸收光谱、查尔斯滤波器呈粉红色以及低密度等特征与绿松石相区别。磷铝石也易与翡翠或软玉混淆,但磷铝石的折射率和密度都比翡翠或软玉低。

五、产状及产地

磷铝石多产于片岩和板岩中,与磷灰石等共生,也有资料谓产于硫化矿床氧化带,与褐铁矿等共生。主要产于美国靠近犹他州和内华达州、澳大利亚昆士兰,以及德国萨克森的瓦里西亚、捷克、斯洛伐克等地。

第四十三节 磷 叶 石

磷叶石(Phosphophyllite)的英文名称来自希腊文"phyllon"和"lite",为叶子矿物之意,因它的一组解理使其常呈片状而得名。

一、化学组成

磷叶石的化学式为 $Zn_2(Fe,Mn)(PO_4)_2 \cdot 4H_2O$,是一种含水的磷酸锌、铁、锰矿物。

二、形态

磷叶石属单斜晶系,呈柱状或板状、小粒状晶体,如图 11-43-1 所示。祖母绿型戒面如图 11-43-2 所示。

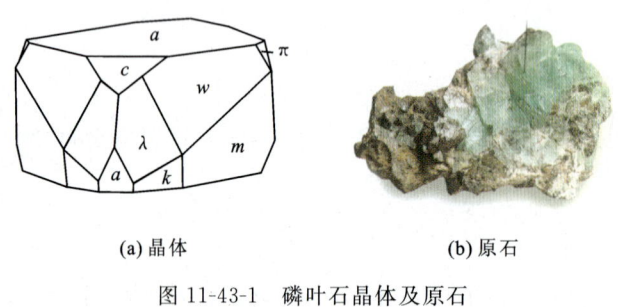

图 11-43-1　磷叶石晶体及原石　　　　　图 11-43-2　磷叶石戒面

三、物理特性

磷叶石呈无色或蓝绿色,透明至不透明,玻璃光泽,二轴晶负光性,折射率为 $N_g=1.616\sim1.621$、$N_m=1.614\sim1.616$、$N_p=1.595\sim1.599$,无多色性,双折率为 $0.021\sim0.033$,在短波紫外线照射下出现紫色荧光。摩氏硬度为 $3\sim4$,密度为 $3.08\sim3.13\text{g/cm}^3$,一组$\{100\}$完全解理及$\{10\bar{2}\}$中等解理使它裂成片状,所以断口呈片状及参差状。性脆。

四、产状及产地

磷叶石产于热液硫化物矿床和各种伟晶岩中,最初见于德国的伟晶岩中,一般颗粒小,后又发现于玻利维亚。晶体稍大些可琢磨成艳丽的宝石,但优质者极为少见。

第四十四节　银　星　石

1965 年我国学者对银星石作了较全面的研究,并测定了它的晶体结构。

一、化学组成

银星石(Wavellite)的化学式为 $Al_3[PO_4]_2(OH)_3\cdot5H_2O$,是一种含磷酸铝宝石矿物。

二、形态

银星石属斜方晶系,晶体呈柱状,常见单形为平行双面,$a\{100\}$、斜方柱 $m\{110\}$、双面 $r\{101\}$,如图 11-44-1 所示。晶体发育完好,大小不等,柱长一般为 $0.5\sim1\text{mm}$。集合体多为球状、纤维放射状,如图 11-44-2 所示。

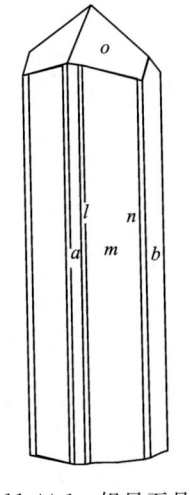

图 11-44-1　银星石晶体

图 11-44-2　银星石集合体

三、物理性质

颜色多为黄绿色、绿白色、黄褐色、暗蓝色、暗黑色、粉红色等。玻璃光泽至松脂光泽,解理面具珍珠光泽。二轴晶正光性,$2V = 71°$,折射率为 $N_g = 1.561 \sim 1.545$、$N_m = 1.543 \sim 1.526$、$N_p = 1.535 \sim 1.520$。我国产的银星石 $2V = 65° \sim 70°$,$N_g = 1.554$,$N_m = 1.536$,$N_p = 1.523$,双折率为 $0.025 \sim 0.027$。多色性为浅褐色—黄色—深蓝色—浅绿色,长波紫外光线下有时有蓝色荧光。

解理平行{110}完全,平行{010}、{101}中等。三组解理成格子状,摩氏硬度为 $3.5 \sim 4$,密度为 $2.358 \sim 2.390 \text{g/cm}^3$。

差热分析曲线表明,在 260℃ 有吸热效应;980℃ 有放热效应。银星石的红外图谱如图 11-44-3 所示。

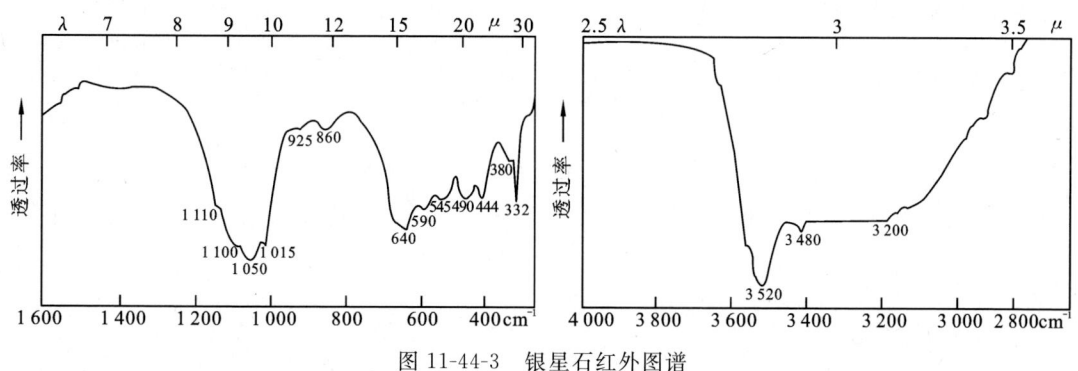

图 11-44-3　银星石红外图谱

四、产状及产地

银星石主要产于铝质和磷质岩的氧化带。我国的银星石产于硅质岩裂隙中,为含磷矿物氧化而成,与绿松石共生。也形成于沉积磷矿中,与磷灰石、铝磷铁矿、白云石等共生。也有的见于热液矿脉中,如我国湖南某磷矿床中它为热液晚期形成的产物,比较少见。优质的球状集合体产自美国阿肯色州,还有英国、爱尔兰、法国、德国、玻利维亚、澳大利亚等地也有产出。

可用于磨制美观的素面宝石,但硬度太小是其不足。

第四十五节 蓝 方 石

蓝方石(Hauyne)常与天蓝石、方钠石等组成青金石的蓝色部分。

一、化学组成

蓝方石的化学式为 $Na_6Ca_2[AlSiO_4]_6[SO_4]_2$。

二、形态

蓝方石属等轴晶系,晶体为菱形十二面体或八面体,但很少出现,多呈圆粒状,依(111)形成双晶。

三、物理特性

图 11-45-1 蓝方石原石

蓝方石呈深蓝色、天蓝色或带绿的蓝色、白色、灰色,极少数为黄色或红色,玻璃光泽,断口呈油脂光泽,均质体,折射率为 1.496～1.505。具{110}中等解理,硬度为 5.5～6.0,密度为 2.4～2.5g/cm³。蓝方石的原石如图 11-45-1 所示。蓝方石在薄片中无色或淡蓝色。易被酸溶成胶冻状。如遇硝酸溶解,慢慢蒸发后可出现针状石膏晶体,以此可与相似的方钠石、黝方石相区别。

四、产状及产地

蓝方石主要产于碱性火山岩中,与石榴石、白榴石等共生。主要产地为德国和摩洛哥的古火山岩中。

第四十六节 蓝 线 石

一、化学组成

蓝线石(Dumortierite)的化学式为 $(Al,Fe)_7(SiO_4)_3(BO_3)O_3$,是一种硼硅酸铝矿物。

二、形态

蓝线石属斜方晶系,常呈柱状、针状,有时可见平行(010)的聚片双晶,可见纤维状集合体或块体,如图 11-46-1 所示。

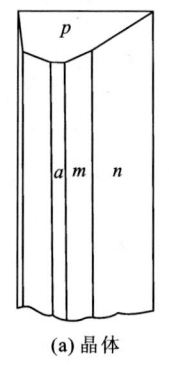
(a) 晶体

(b) 原石

图 11-46-1 蓝线石晶体及原石

三、物理特性

蓝线石呈绿蓝色、淡蓝色、紫色、褐色或粉红色,玻璃光泽,透明至半透明。二轴晶负光性,$2V=13°\sim40°$,折射率为 $N_g=1.686\sim1.723$、$N_m=1.672\sim1.684$、$N_p=1.659\sim1.686$,双折率为 $0.027\sim0.037$。具强三色性,N_g 为无色至黄绿色,N_m 为黄红色或近于无色,N_p 为深蓝色,色散为 0.023,紫外荧光下呈惰性,有的在长波紫外线下有蓝色荧光。美国加州产的在短波紫外光下有白色至紫色荧光,法国产的在短波下有蓝色荧光。无特征吸收光谱。解理平行{100}中等、平行{110}不完全、平行{210}极不完全,断口呈参差状,摩氏硬度为 7,密度为 $3.35g/cm^3$。

四、鉴定特征

蓝线石与青金石、方钠石有些相似,但青金石都具有黄铁矿包体,方钠石具白色脉状包体,硬度低,易于区别。蓝线石常作青金石的仿制品,琢磨成的弧面宝石甚为可爱。

蓝线石的红外图谱如图 11-46-2 所示

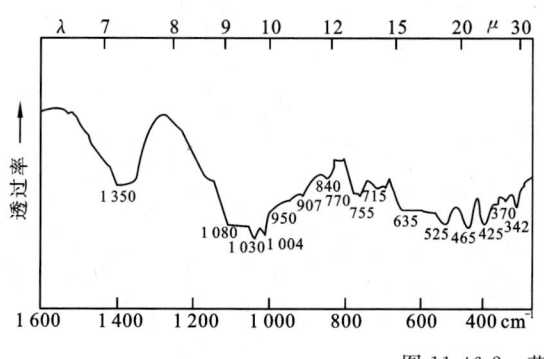
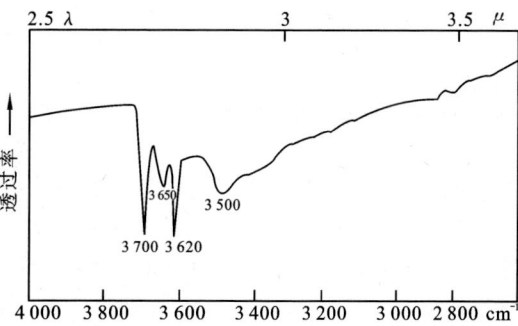

图 11-46-2 蓝线石红外图谱

五、产状及产地

蓝线石产于高级变质的片岩、片麻岩或堇青石、蓝晶石结晶片岩以及伟晶岩、花岗岩中。斯里兰卡及美国内华达州冠军(Champion)矿山产紫色晶体。此外,法国、马达加斯加、智利、巴西等地多为块体产出。

第四十七节 方 硼 石

方硼石(Boracite)属硼酸盐类,是金属阳离子与硼酸根离子结合而成的盐类。方硼石为硼酸镁,如果是硼酸锰则称"锰方硼石",皆可琢磨成刻面宝石。目前所见到的方硼石,皆颗粒较大,质量上乘。

一、化学组成

方硼石的化学式为 $Mg_3[B_3B_4O_{12}](O,Cl)$,为镁硼酸盐,式中的 Mg 可以被 Fe 所置换。

二、形态

方硼石属斜方晶系。方硼石晶体常按等轴晶系的 β 方硼石呈假象,故常见单形为四面体、立方体、菱面形十二面体和四角三四面体聚形的假象。也多为纤维状、羽毛状、细粒状或粒状集合体,晶体如图 11-47-1 所示。

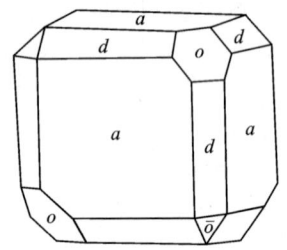
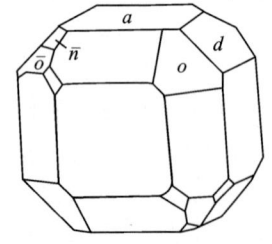
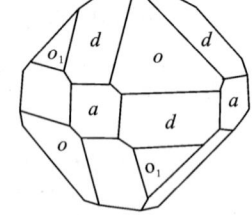

图 11-47-1 方硼石的晶体

三、物理特征

颜色常为无色、白色、灰色或灰的黄色、绿色,强玻璃光泽至金刚光泽,透明至半透明。透射光下无色,二轴晶正光性,$2V=83°30'$,折射率为 $N_g=1.668\sim1.673$、$N_m=1.662\sim1.667$、$N_p=1.658\sim1.662$,双折率为 $0.010\sim0.011$,色散度为 0.024。多色性弱。在短波紫外光下微具淡绿色荧光,也有的无荧光。未见特征吸收光谱。

无解理,硬度为 $7\sim7.5$,密度为 $2.97\sim3.10g/cm^3$,晶体具强压电性和焦电性。

四、鉴定特征

方硼石依晶形、强玻璃光泽及硬度大($7\sim7.5$),可与其他相似的硼酸盐矿物相区别。

方硼石的红外图谱如图 11-47-2 所示。

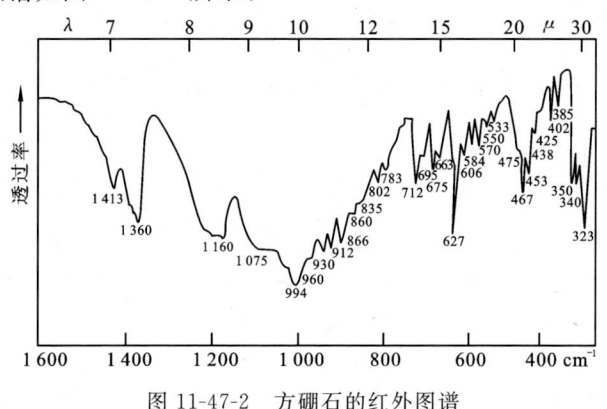

图 11-47-2　方硼石的红外图谱

五、产状及产地

方硼石主要产于海相盐类的沉积矿床中，与硬石膏、石盐、光卤石、钾盐等盐类共生。世界上产宝石级方硼石的国家主要有德国施塔斯富特和汉诺威。其他如美国、英国、法国等都有宝石级方硼石发现。

锰方硼石（Chambersite）

化学组成为 $Mn_3[B_3B_4O_{12}](O,Cl)$，式中的 Mn 亦可被 Fe 所置换，为斜方晶系，呈斜方四面体及粒状集合体。或呈不规则粒状产出，为无色或淡褐色、紫色、丁香紫色等。玻璃光泽或油脂光泽，往往透明度较高，透射光下无色透明。二轴晶正光性，2V 约 83°，折射率 $N_g=1.744$、$N_m=1.737$、$N_p=1.732$，双折率为 0.012。

无解理，贝壳状断口，摩氏硬度为 7，密度为 3.49g/cm³。

锰方硼石的红外图谱如图 11-47-3 所示。

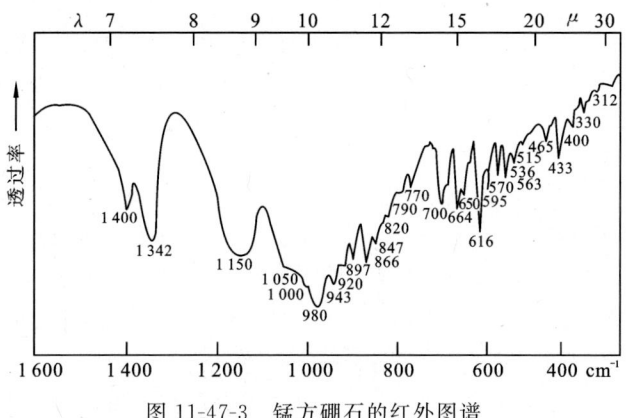

图 11-47-3　锰方硼石的红外图谱

锰方硼石产于膏盐矿床中，与石膏、石盐等共生。也产于沉积岩中，于白云岩含锰页岩的互层中与红纹石、铁白云石等共生。

世界上产宝石级锰方硼石的国家有美国德克萨斯州的蔡堡氏盐丘中。

我国曾有过在河北省震旦系长城统高于庄组含锰页岩中发现锰方硼石的报道。

第四十八节　硼铝镁石

硼铝镁石(Sinhalite)很像橄榄石，而且具有与橄榄石相近的折射率和双折率。所以长期以来被认为是棕色橄榄石，直到 1952 年用 X 射线衍射法测定，证明这棕色矿物是一个新的矿物种，定名为"铝镁石"，也称作"硼镁铝石"，还曾被称作"锡兰石"。

一、化学组成

硼铝镁石的化学式为 $MgAlBO_4$，是一种硼酸镁铝矿物，可含有 Fe 等元素。

二、形态

硼铝镁石属斜方晶系，柱状晶体，晶体很少见，多为粒状集合体，常在河床中发现呈鹅卵石状如图 11-48-1 所示。

三、物理特性

玻璃光泽，透明至半透明，颜色常由淡黄色、黄绿色至褐黄色或褐色，很少见到浅绿色、浅粉红色。二轴晶负光性，折射率为 $N_g=1.707$、$N_m=1.699$、$N_p=1.668(+0.005，-0.003)$，双折率为 $0.036\sim0.039$，$2V=50°$，色散为 0.017。多色性中等，为淡褐色—绿褐色—暗褐色。对长波和短波紫外荧光呈惰性吸收光谱。在 493nm、475nm、463nm 和 452nm 处有吸收线。

解理不发育，贝壳状断口，摩氏硬度为 6.5～7，密度为 $3.48(\pm0.02)g/cm^3$。

图 11-48-1　硼铝镁石晶体及戒面

四、鉴别特征

放大观察，可具各种包体。

与金绿宝石和钻石、锆石很相似，但可通过折射率、密度和光谱来区分。根据光谱中 463nm 处吸收峰以及其较高的密度、光性符号等可以将硼铝镁石与橄榄石区分开。硼铝镁石的吸收光谱如图 11-48-2 所示。硼铝镁石红外图谱如图 11-48-3 所示。

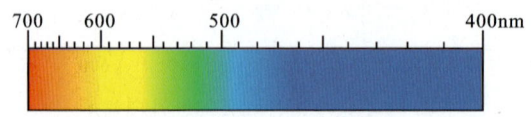

图 11-48-2　硼铝镁石的吸收光谱

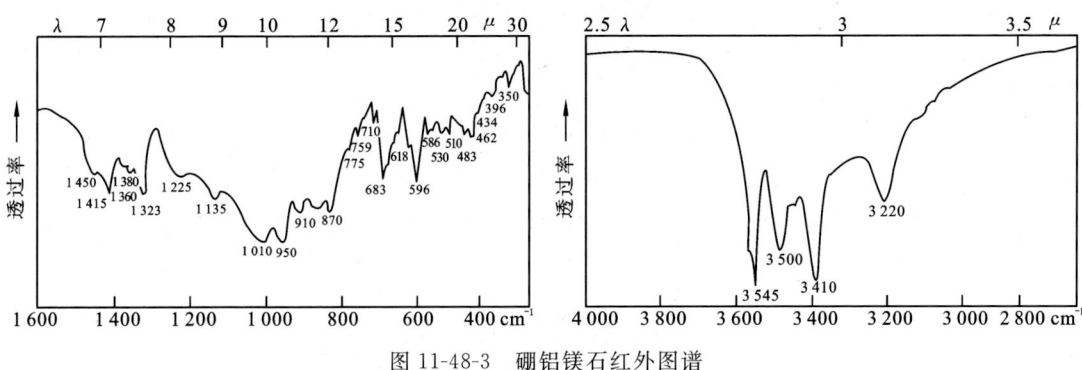

图 11-48-3 硼铝镁石红外图谱

五、产状及产地

硼铝镁石产于石灰岩与花岗岩的接触带或砂矿中。最初就在斯里兰卡砂砾岩中被发现，这里还产有大个块体琢磨成的重达 158ct 的翻面宝石。美国华盛顿博物馆也藏有重 109.8ct 斯里兰卡产的硼铝镁石宝石。在缅甸的孟拱产有少量硼铝镁石。粉红色者产于坦桑尼亚和美国纽约州的瓦伦。

第四十九节 硼锂铍矿（硼铍铝铯石）

硼锂铍矿(Rhodizite)英文名称源于希腊语，其意为"玫瑰色"，表示鼓风筒的火焰般的黑红颜色，是稀有的宝石矿物。

一、化学组成

硼锂铍矿的化学式为 $CsAl_4Be_4B_{11}O_{25}(OH)_4$，也有人写作 $(K、Cs、Rb)Al_2B_3O_8$，是一种硼酸铍铯矿物，为含有铯、铍和锂的复杂铝硼酸盐。

1976 年美国发表的资料，认为其成分为 $CaZrB(Al_9O_{18})$。

1981 年日本宝石研究所的近山晶将化学式写作 $Ca_4BSiAl_{20}O_{38}$。栾秉璈的《宝石》一书中写作 $NaKLi_4Be_3B_{10}O_{27}$。我们所采取的化学式是 1984 年中国新矿物及矿物命名委员会所拟订的。

二、形态

硼锂铍矿属等轴晶系，晶体呈菱形十二面体和四面体，常见者为两者的聚形或块状体。

三、物理特性

颜色为无色、白色、淡黄白色、黄色、灰色和玫瑰红色。玻璃光泽至金刚光泽。透明至半透明，折射率为 $N=1.694$，色散为 0.018。无多色性，吸收光谱不明显。在紫外线短波照射下有弱的淡黄色荧光，X 光照射下有淡绿色和淡黄色。呈不明显八面体解理，贝壳状断口，摩氏硬度为 8~8.5,密度为 3.44g/cm³,性脆。可以通过硬度、密度、折射率区别于相似宝石。

四、产状及产地

硼锂铍矿产于伟晶岩中,与锂辉石、红电气石等共生。在俄罗斯的乌拉尔山姆尔辛斯克所产呈玫瑰红色,马达加斯加的安丹罗考姆贝所产呈淡黄色和淡绿色。

由于硬度大又无明显解理,故是非常好的宝石原料,可刻磨成翻光面型宝石,甚为珍贵。

第五十节 铝硼硅钙石(硅硼钙铝石)

据记载,铝硼硅钙石(Painite)于1957年发现于缅甸抹谷地区。当时以抹谷的一位宝石收藏家 Pain A C D 命名。也有人译为"红硅硼铝钙石"。化学成分研究的还不够详细,成分中可能含有锆,所以也曾被叫作"铝硼锆钙石"。

一、化学组成及形态

铝硼硅钙石的化学式为 $Ca_2Al_{10}(Si,B,H)O_{19}$,表示方法尚未一致。它为硼硅酸盐矿物,属六方晶系。

二、物理特性

铝硼硅钙石呈暗红色,透明,折射率为1.787~1.816,双折率为0.029,一轴晶负光性,具多色性,平行光轴方向为鲜红色,垂直光轴方向呈微褐色、淡橙黄色。有 Cr 的弱吸收光谱。在紫外线长波照射下有弱的红色荧光,短波下有明显的红色荧光。摩氏硬度为7.5~8,密度为 4.01g/cm³。

三、鉴别特征

晶体中有很多气态包体和板状六边形矿物包体,以硬度、密度、折射率和化学成分、吸收光谱区别于红宝石。

四、产状和产地

目前知道的只有缅甸抹谷矿区的砂矿这一宝石产地。

第五十一节 硼 铍 石

硼铍石(Hambergite)又称"碱性硼酸铍石",其英文名称源于挪威南部的地名 Axel Hamberg。透明的晶体可作宝石。有的可加工成无色透明的翻光面型宝石戒面,有时还可见有"出火"现像。硼铍石的硬度大、产量少,是极其稀有的宝石,非常珍贵,尤其是大块原石(据记载曾出产过28.86t的一块原石)。可作宝石及雕刻石之用。

一、化学组成

硼铍石的化学式为 $Be_2[BO_3](OH,F)$，为一种含羟基硼酸铍矿物。

二、形态

硼铍石属斜方晶系，晶体呈柱状、板状，如图 11-51-1 所示。其原石及饰品如图 11-51-2 所示。

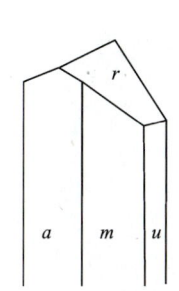 

图 11-51-1　硼铍石晶体　　　　图片 11-51-2　硼铍石原石及饰品

三、物理特性

颜色为无色、白色、浅灰色、淡黄白色等。玻璃光泽，透明至半透明，二轴晶正光性。折射率为 $N_g=1.625\sim1.631$、$N_m=1.587\sim1.590$、$N_p=1.555\sim1.559$，双折率为 $0.071\sim0.074$，色散为 0.015，多色性不明显。吸收光谱不显著，在紫外光下长、短波照射有时有弱的橙粉红色荧光（以上光性根据挪威产品资料）。具一组{010}完全解理及一组{100}中等解理。性脆。摩氏硬度为 7.5，密度为 $2.35\sim2.37 g/cm^3$。

四、鉴别特征

硼铍石以硬度、密度、折射率等区别于钻石和无色透明的相似宝石，放大观察可见有管状包体，易识别之。

五、产状及产地

硼铍石产于正长伟晶岩或碱性伟晶岩中，与长石、白钨矿、绿柱石等共生。马达加斯加产出有较大块的宝石级晶体。其他如美国加州、挪威南部、克什米尔印度实际控制区、捷克、斯洛伐克、罗马尼亚等地皆有发现。

第五十二节　羟硅硼钙石

羟硅硼钙石（Howlite）又称"球硅硼钙石"，亦称"软硼钙石"，是一种白色有时含黑色细矿脉的矿物，可作为装饰品材料，或作绿松石的仿制品。

一、化学组成

羟硅硼钙石的化学式为 $Ca_2B_5SiO_9(OH)_5$,或写成 $Ca_2[B(OH)]_5(SiO_4)$,为含水硼酸钙矿物。

二、形态

羟硅硼钙石属单斜晶系,板状晶体或成瘤状、块状、致密的球粒状集体,如图 11-52-1 所示。

图 11-52-1　羟硅硼钙石原石

图 11-52-2　染色羟硅硼钙石

三、物理特性

蜡状光泽至半玻璃光泽,无光泽的表面像素烧的瓷器,不透明,颜色呈白色、灰白色,但有时呈蓝色,有的含黑色细脉网状脉,故可以仿造绿松石。二轴晶负光性,光轴角很大,折射率为 $N_g=1.605$、$N_m=1.596 \sim 1.598$、$N_p=1.583 \sim 1.586$,双折率为 0.019。无多色性,紫外长波下呈暗橙色荧光,短波下呈褐黄色荧光,透射光下无色。无解理,粒状至贝壳状断口,摩氏硬度为 $3 \sim 4$,密度为 $2.58 \pm 0.13 g/cm^3$。

四、鉴别特征

染蓝色材料可以以假乱真,冒充绿松石或仿青金石。球硅硼钙石可被盐酸侵蚀,而绿松石则不行。被染的球硅硼钙石通过查尔斯滤色镜观察呈粉红色,而绿松石、青金石则否。染色的羟硅硼钙石(图 11-52-2)往往其颜色分布不均而集中于缝隙中,久会褪色。羟硅硼钙石的红外图谱如图 11-52-3 所示。

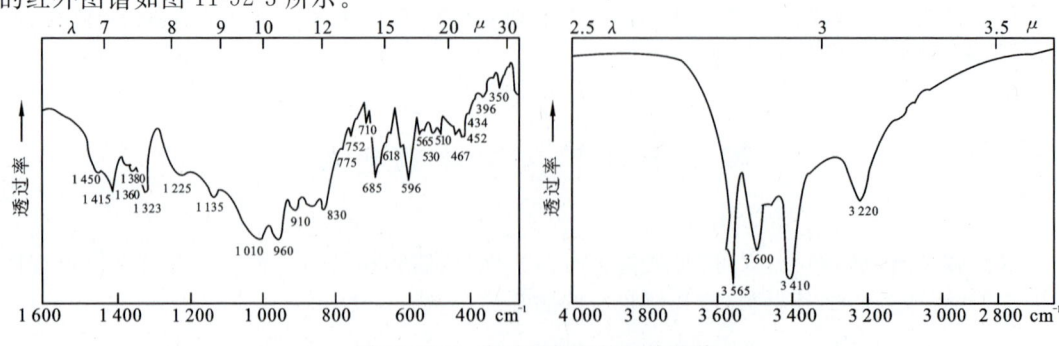

图 11-52-3　羟硅硼钙石的红外图谱

五、产状及产地

羟硅硼钙石多产于盐湖或其他硼酸盐矿床中,与石膏、硬石膏及其他硼硅酸盐矿物伴生,主要产于美国的加利福尼亚。加拿大的诺瓦斯科亚等地亦有发现。

第五十三节 钠硼解石

钠硼解石(Ulexite)又称作"硼酸钠方解石"或"硼钠钙石"。用白色纤维状钠硼解石集合体磨成的弧面型宝石,可具很好的猫眼效应。如果抛光面垂直于纤维方向,而且两面抛光成稍薄的板状,则透过它可以看见背面的物体幻变影像,所以该宝石又有"电视石(Television Stone)"之称。

一、化学组成

钠硼解石的化学式为 $NaCa[B_3B_2O_7](OH)_4 \cdot 6H_2O$,也有人认为应该是 $NaCaB_3O_9 \cdot 8H_2O$,为一种含水硼酸钙钠宝石矿物。

二、形态

钠硼解石属三斜晶系,晶形沿 C 轴延长成针状,平行双面:$b\{010\}$、$a\{100\}$、$m\{110\}$、$c\{001\}$、$s\{0\bar{1}1\}$、$o\{101\}$、$t\{111\}$等,如图 11-53-1 所示。可有聚片双晶。常为毛发状集合体、纤维状、针状等组成的团块。也有的呈结核状、放射状、豆状、肾状等。

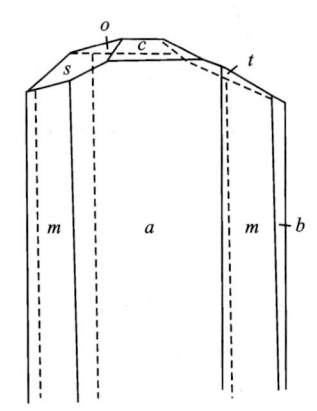

图 11-53-1 钠硼解石晶体

三、物理特征

钠硼解石呈白色或无色,玻璃光泽,集合体成丝绢光泽,透明,透射光下无色,二轴晶正光性,$2V=78°$,折射率为 $N_g=1.518$、$N_m=1.505$、$N_p=1.497$,双折率为 0.023,无多色性,短波紫外光下有蓝绿色荧光,大多数有磷光。

集合体硬度为 2~2.5,密度为 1.65~2.00g/cm³,大多数为 1.9~2.0g/cm³。

四、鉴定特征

钠硼解石可溶于热水,而不溶于冷水,易溶于酸,烧时膨胀,易溶成透明玻璃球,同时火焰变深黄色,滴一滴硫酸再烧则染火焰呈深绿色。其红外图谱如图 11-53-2 所示。

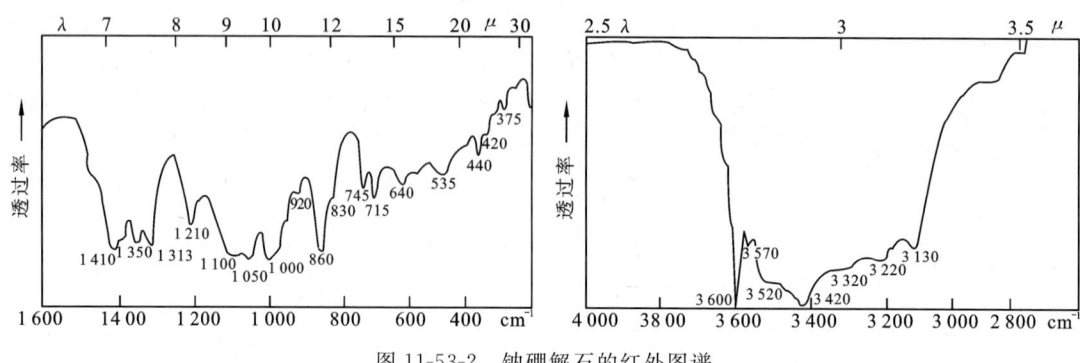

图 11-53-2　钠硼解石的红外图谱

五、产状及产地

钠硼解石为干旱地区内陆湖泊化学沉积而成，产于干涸的盐湖或硼砂矿床中，常与石盐、芒硝、石膏等共生。主要产地为美国加利福尼亚州和内华达州，以及俄罗斯、阿根廷、秘鲁、智利等地，中国青海盐湖中亦产之。

稀有宝石绝不止如上所述，应该说凡是能用于作宝石或观赏的、稀有的或新发现的都应该归入此类。今仅列举以上已知稀有又比较普通的五十多种宝石矿物以供参考。

第十二章　外太空成因的宝玉石及观赏石大类

如前章（第七章　宝石矿物的成因产状）中所述，地球上的物质与宇宙太空之间有着物质上的交换，这种物质交换表现在地球上的一些物质颗粒、原子（主要是气态原子）及一些细小尘埃抛到外太空，也有很多陨石、月岩和宇宙尘埃等物质散落到地球上。本章除对人们最常见到的陨石、月岩进行介绍之外，还对一些常见的玻璃陨石等加以描述。对组成陨石的橄榄石、辉石等，由于在前章节中已有叙述，故在本章节中不再重复。

第一节　陨　　石

陨石（Meteorite）是从外太空散落到地球上来的宇宙物质碎块。它久已为人们观察到，而且也有几百年的研究历史。

我国最早的陨石雨记载可算是 1809 年（相当于清朝嘉庆年间）的《竹书记年》。在我国的《竹书记年》中曾记有"帝癸十年，五星错行，夜中陨石如雨"，这是世界上第一次有关陨石雨的记载。公元前 256 年董锐的《七国考》中记载着"秦献公十七年，栎阳雨金"，这是世界上最早有关铁陨石的记载。公元 1064 年沈括的《梦溪笔谈》中，有着关于常州陨石比较详细的观察记录。1912 年美国克尔勃鲁克地区曾发生陨石雨，据记载散落到地面上约有 $4km^2$，人们捡到大小陨石 14 000 多块，总质量为 218kg。1920 年在非洲曾发现几大块铁陨石，最大的一块重约 60t，形状扁平。在我国解放前曾有人研究过甘肃导河、江苏丰县和江西余干等陨石的成分和构造。解放后我国北京天文馆已收集到了 40 多块陨石，有些已做过研究。1958 年在广西南丹发现了明朝的铁陨石雨。1971 年在吉林双阳县发现石陨石雨。1976 年在吉林发现陨石雨。1977 年在湖南常德发现陨石雨。其中以吉林陨石雨规模最大，研究的也最为详细，当中有一块陨石落地造成地面形成深 3m、直径 2m 的大坑。

石陨石虽陨落很多，但是因为它很像地面上的岩石，所以不易被人们所发现。

根据天文工作者粗略的估计，在太阳系里有几百万颗甚至更多的大小不等的陨石，大的直径可达到几千米，有的可称为小行星，小的则是微小的尘埃。它们在运行中可被地球吸引，散落到地球上。地表上每年有很多陨石落地。由于地球表面 3/4 为海洋，还有人烟稀少的沙漠、高山和丛林，而且有的陨石很像地球上的岩石，多不为人们所辨认，所以人们观察到的陨石很少，每年能见到陨落而又能采集到的陨石就更少了。

如今世界上收集到的比较大的陨石样品，据不完全统计约四万多块。根据成分和结构，大致将它们分为三大类,即铁陨石、石陨石和石铁陨石。

(1) 铁陨石:主要组成为镍铁合金(占98%)和少量的其他矿物。它占量少,仅为陨石的10%,在地表发现的陨石中铁陨石多于石陨石,易于在土壤中保存且易于被发现。

铁陨石中除了天然合金之外,还有磷铁镍钴矿、陨硫铁、镍铁、石墨等。

(2) 石陨石:主要组成为橄榄石等硅酸盐矿物。在石陨石中又有球粒陨石和无球粒陨石之分。球粒是由橄榄石或辉石组成,有的还含有玻璃。它们在陨石中占比例很大,可占石陨石中的90%以上。又可细分为:普通球粒陨石、炭质球粒陨石和顽火球粒陨石等。无球粒陨石也可细分为:顽火无球粒陨石、橄榄辉无球粒陨石、钛辉无球粒陨石等。

石陨石中的球粒陨石的大致矿物成分为:橄榄石占46%、紫苏辉石占21%、镍-铁占12%、透辉石占4%、斜长石占11%。

无球粒陨石的大致矿物成分则是:紫苏辉石占50%、斜长石占25%、透辉石占12%、橄榄石占9%、镍-铁占1%。

(3) 石铁陨石:主要组成为铁镍和硅酸盐物质,大致各占一半,可以把它看作石陨石和铁陨石的中间产物。从陨落的数量上来看,是比较少见的一类。陨石中有很多种矿物,大都是地壳上也存在的矿物,而且不少是宝石矿物。如橄榄石、顽火辉石、古铜辉石、紫苏辉石、透辉石、普通辉石、无水硅酸盐类矿物及长石类矿物等。

这些资料说明陨石的矿物成分主要是镍铁。橄榄石和辉石类不同于地球陨石中的矿物,如磷铁镍钴矿、磷钙钠石、陨硫铁等在地球上尚未发现过,这些是在缺氧缺水的条件下形成的(有说在地球深部会有发现)。

最近我国科学家在陨石里还发现了金刚石。陨石块体本身就是观赏石。由于罕见,人们也视之为宝,价值昂贵。在我国山东曲阜孔子庙里,原陈列着不少陨石(现在只剩下一块)(见图7-2-1)。一些小的陨石或其碎块或者陨石饰品在博物馆里或珠宝市场上也有陈列或出售,如图12-1-1所示。今将1976年中国科学院贵阳地球化学研究所以矿物为基础所作的分类,列出以兹参考,如表12-1-1所示。

图12-1-1　中国广西南丹陨石原石

表 12-1-1 陨石的分类及陨石的主要组成矿物

类		亚类	主要矿物
石陨石	球粒陨石	顽火辉石球粒陨石	顽火辉石、镍铁
		橄榄石—古铜辉石球粒陨石	橄榄石、古铜辉石、镍铁
		橄榄石—紫苏辉石球粒陨石	橄榄石、紫苏辉石、镍铁
		橄榄石—易变辉石球粒陨石	橄榄石、易变辉石
		炭质球粒陨石	蛇纹石
	无球粒陨石	顽火辉石无球粒陨石	顽火辉石
		古铜辉石无球粒陨石	古铜辉石
		橄榄无球粒陨石	橄榄石
		橄榄无球粒陨石	橄榄石、易变辉石、镍铁
铁—石陨石		钛辉无球粒陨石	普通辉石
		磁铁透辉橄榄石	透辉石、橄榄石
		钙长辉长陨石和古铜钙长无球粒陨石	辉石、斜长石
		橄榄陨铁	橄榄石、镍铁
		古英铁镍陨石	斜方辉石、镍铁
		橄榄古铜陨铁	斜方辉石、橄榄石、镍铁
		中陨铁	辉石、斜长石、镍铁
铁陨石		方陨铁	锥纹石
		八面体铁陨石	锥纹石、镍纹石
		富镍中陨铁陨石	镍纹石

注:根据中国科学院贵阳地球化学研究所,1976。

(一) 陨石的化学成分

不同类型的陨石有着不同的化学成分,各自相差甚远。可以说,陨石的成分各种各样,所以研究陨石的化学成分是研究它的平均化学成分。不少学者在近一个世纪里做过不少陨石化学成分的研究工作,积累了不少陨石组分的资料。由于不同学者所用的陨石类型比例不同,结果则有所差异。计算陨石的化学成分首先要了解其矿物的成分和比例,得出多种陨石的平均化学成分和 3 种类型陨石的数量之比。另外陨石是动态的,它还不停地坠落到地球上,3 种类型的比例也可能有变化,所以已有计算资料也有变化的可能。

已有资料表明,陨石中分布最广的元素为 O、Fe、Si、Mg、Ni、S、Al、Ca 等。由此可知,地球上已知的化学元素在陨石中均有发现,地球和陨石在大小上近观相差甚远,甚至无法相比,但在化学组成上却有宇宙天体的共性。这说明陨石与地球有相同的物质来源,这也说明陨石不仅代表了太阳星云的初始物质,而且与地球上地幔物质很相近,因而又可推断地球上地幔可近似地看作是地球的初始物质。今将陨石的平均化学成分的综合资料和陨石中稀有分散元素的平均含量的资料分别表列于表 12-1-2、表 12-1-3 中,以作参考。

表 12-1-2 陨石的平均化学成分

名称及标本数	SiO_2	TiO_2	Al_2O_3	FeO	MnO	MgO	CaO	Na_2O	K_2O	P_2O_5	Cr_2O_3
球粒陨石(94 个标本)	38.04	0.11	2.50	12.45	0.25	22.84	1.95	0.98	0.17	0.21	0.36
玄武岩质非球粒陨石(12 个标本)	49.00	0.61	11.95	18.05	0.52	9.73	9.03	0.40	0.05	0.11	0.48

表 12-1-3　陨石稀有分散元素的平均含量（$\times 10^{-6}$）

元素	球粒陨石	Ca-非球粒陨石	元素	球粒陨石	Ca-非球粒陨石
Ba	6	35	Sb	0.1	0.01
Zr	7	46	Co	700	12.36
Nb	0.3	—	Ni	14 500	13
Y	2	22	Cu	120	8
Sc	8	26	Pb	0.3	0.5
Ta	0.02	0.1	U	0.012	0.1
Hf	0.2	0.8	Th	0.04	0.41
Be	0.04	0.1	K	850	400
La	0.3	3.7	K/U	70 833	4 000
Ce	0.84	9.7	Pt*	1 350	2.0
Ga	5	1.85	Au*	180	10.0
Ge	10	0.25	In*	1.0	5.0
As	2	0.05	Tl*	1.0	11.0
Sn	5	—	Bi	3.0	3.14

注：* 单位为 10^{-9}。根据南京大学地质系编《地学化学》，1979。

（二）陨石的形貌

陨石的大小、形态都不是固定的，1976 年在我国吉林省吉林地区降落的陨石雨展布面积约 500 平方千米，收集到的陨石标本 200 多块。其中最重的一块约 1 770kg，是目前已知的陨石中最大的陨石之一，最小的仅有十几克。

陨石表面呈黑棕色，表面有一层厚 1mm 左右的黑色、黑棕色熔壳，在大块的陨石上大致有一定方向的气印。陨石壳内呈灰色，有球粒状结构。球粒约占陨石体积的一半，球粒直径 1mm 左右，其内部有结晶质的、梳状的结构，除球粒之外为基质。

吉林陨石的组成矿物主要为橄榄石、斜方辉石，其次为锥纹石、镍纹石、陨硫铁等。此外还有单斜辉石、钠长石、磷灰石、铬铁矿、钛铁矿及玻璃和脱玻璃化的物质等。

吉林陨石尚存在有从熔体中结晶及迁移再结晶现象、交代现象和更晚期的沿裂隙穿插现象。

这些现象皆说明吉林陨石的形成是复杂的、多因素的长期作用的结果。有学者依此证明，落到地球上来的陨石与地球接触于太阳系的统一体中，有共同的发生过程，这些类似理论皆应属于研究探讨之列。

陨石经氩-钾法测定形成时间长达 42.7 亿年，与地球年龄基本一致。

现已知地球上的几大块铁陨石，最大的一块重约 60t，形状扁平，产于南非。

在我国解放前也有人研究过甘肃导河、江苏丰县和江西余干三块陨石的成分和构造。解放后我国北京天文馆已收集到了 40 多块陨石，有些已做过研究，特别在 1958—1977 年，我国就出现了4次陨石雨,分别为1958年在广西南丹发现了明朝的铁陨石雨,如图12-1-2所示;1971年吉林双阳县的石陨石雨;1976年的吉林陨石雨;1977年湖南常德的陨石雨。其中吉林陨石雨规模最大,研究也最为详细,其中就有一块陨石落地造成地面深3m,表面直径达2m的大坑。唯石陨石虽陨落最多,因为它很像地表上的岩石,所以不易被人们所发现,在野外容易被放过。有个别陨石落地也可给人们带来灾难或惊喜。据报道,2007年1月美国新泽西洲一户居民被重368.5g,富含金属元素的铁陨石砸穿屋顶。据美国有关专家估计,这块陨石价值高达千万美元。类似事例很多,不胜枚举。

图12-1-2 从泥土中挖出的铁陨石(广西南丹)

(三)陨石的形成及形成后的变化

陨石是来自宇宙空间地球以外的物体,是宇宙中天体的碎块。很多人认为陨石是来自火星和木星之间的小行星带,也有人认为来自其他天体。经研究认为在南极发现的12块陨石是来自月球,还有的来自火星,并认为来自火星和月球的是小天体撞击火星与月球表面,使其表面的岩石与土壤熔融,并溅射到地球表面而形成的。

很多陨石自形成以后,即运行于宇宙太空,有时会靠近太阳,受阳光辐射及高温暴晒,使其发生热变质作用,甚至使陨石的成分及结构发生变化。陨落到地球上的陨石则随地球表面上的风化、溶蚀作用而到沉积物质之中,进入到地球上部岩石圈的岩石转换和物质循环中去。如第七章图7-2-2所示。值得注意的是宇宙中的流星几十亿年基本不变,它不像地球上的岩石受侵蚀和火山爆发的影响而较快地变化。因而科学家对陨石进行研究以探讨早期的宇宙。

(四)陨石的研究意义

根据1969年陨落于墨西哥北部的一颗炭质球粒陨石,其基质占60%,暗灰色,主要是铁质橄榄石组成,有两种球粒:一种富铁(约占30%),一种是富Ca、Al(约占5%)。经研究,在它和其他炭质球粒陨石中,非挥发性元素的丰度同太阳系中观察到的元素的丰度几乎完全一致,因而目前已用炭质球粒陨石的化学成分来估测太阳系中非挥发性元素的丰度。

陨石里含有放射性元素钾,钾元素放射可遇光变成氩,从陨石中氩钾之比可推测出陨石的年龄,从而可进一步估测陨石和小行星的起源。

目前世界各地已测出数百个陨石的年龄,所得结果都在45亿年左右。可见陨石、月球、地球的年龄都很相近,表明这几个太阳系星球的星云形成宇宙体的时间大致相同。这也证明了地球上的陨石和地球接触于太阳系的统一体之中,有着共同的发生过程。

陨石上刻录着太阳系的化学成分、形成与演化,有机质起源和太阳系的空间环境可用以探索生命的起源,通过它对宇宙射线、能谱、通量等特征的研究,可为元素起源、星云的凝聚皆提供珍贵的奥秘信息。

陨石本身是人们所喜爱的观赏石,可用它做成饰品。人们还发现陨石里存有金刚石,因而更为人们所重视和喜爱。在民间人们还有些迷信传说,谓陨石是天降之物,有消灾避邪,给人带来好运和发财之功效。可见人们也早已把它视之为宝中之宝了。

陨石坠落到地球表面还是比较频繁的。

根据西班牙《国家报》2013年2月报导，最近150年来记录在案的小行星或陨石撞击地球事件很频繁。

1858年12月24日一颗巨大的"火球"在西班牙穆尔西亚省莫利钠—德塞古拉附近爆炸；

1896年2月10日一颗陨石坠落在马德里；

1908年6月30日俄罗斯西伯利亚通古斯卡地区发生小行星或慧星撞击地球引起大爆炸；

1976年3月8日中国满洲里地区出现陨石雨，其中有一颗陨石重达2t；

1994年6月20日西班牙安达卢西亚地区有超过1kg的陨石击中一辆轿车；

2004年1月西班牙上空，从圣地亚哥—德孔波斯特拉到卡斯特利翁省有巨大火球掠过而坠落；

2007年5月10日西班牙拉曼查有一颗穿透大气层的小行星有巨响并见有闪光火球从上空飞过，其直径不到半米，碎片散落在西班牙的雷阿尔城省普埃托拉皮塞市；

2007年9月15日秘鲁南部有陨石坠落形成一个直径30m、深20m的陨石坑；

2008年10月南非的沙漠地带有陨石坠落，陨石重达60t，体积相当于一辆轿车。

不只在地球上是如此，在月球上就更为明显，如最近美国航天局2013年曾发现有重约40kg的陨石撞击月球表面。西班牙安达卢西亚天体物理研究所和韦尔瓦大学研究人员发现在2013年9月11日一重约400kg(直径0.6～1.4m间)的陨石撞击月球(撞击到月球的云海区)，形成直径40来米的陨石坑。撞击时在地球上可以看见亮光达8秒钟之久，使月球表面温度骤然升高(如果它撞击到地球上，可能通过大气层变成流星)。

这些统计不一定很全面。它包括不了陨落到地球上来的全部较大的陨石。但是这可说明每隔一段时间(数年或数十年)，就会有小行星或较大的陨石撞击地球，给地球造成不同程度的破坏，给人类带来灾难。如2013年2月，一块重约10t、直径不过10m的陨石在俄罗斯车里雅宾斯克州坠落，直接破坏了建筑物，致使1 200多人受到伤害，受损面积约600m^2，造成如此巨大的灾难而不为人所料。

但是从另一方面说，陨石是观赏石，在国外每克售价六七百美金，有的甚至可成为一笔巨大的财富。

遥望未来，小行星数目庞大，化学成分、矿物组成十分复杂，它可能有的有着丰富的矿产资源，尤其是一些炭质小行星上可能含有金刚石。金属类小行星上则一般除含有铁、镍之外，还可能含有铂、铑之类贵金属，所以早有人预见，对外太空财富开发利用是地球资源枯竭之时的重大选择。它们是超过当前宝玉石价值的宝玉石。

第二节　月　岩

月岩(Moonrock)是指月球表面的岩石。

月球是距离地球最近的一个星球，是地球的卫星。月球上无大气层、无水，月球表面的温度变化剧烈，变化在150℃的高温与-150℃的低温之间。它经受着大小陨石的冲击。

月球表面形成的高地、洼池和盆地(人们称它"无水海洋")，遍布着大大小小的陨石坑。无空气则声音无法传播，无水则生物不能生存。月岩内有多种有机化合物及氨基酸，但未见生命迹象。所以它是一个寂静的、无生命的、温度剧变的世界。月球表面的岩石也自然是由不含水的矿物组成。

(一) 月岩的化学成分及分类

我国已经登上月球,将会对月球有新的研究进展。在此暂且根据美国"阿波罗"11、12、13、14、15、16 和 17 号及前苏联月球 16、20 和 24 号登月行动采回来的月岩和表层样品,按照这些样品的成分、结构和成因资料,将月岩分为三大类,即结晶质火成岩、角砾岩和月壤。

1. 结晶质火成岩

结晶质火成岩如同地球上的岩浆岩,是由月球上的岩浆作用结晶形成的。少数是晶质化了的冲击熔岩(图 12-2-1,图 12-2-2)。

图 12-2-1 月岩形貌(据网络)

图 12-2-2 月岩(据网络,在月表由岩浆直接结晶固化或晶质化了的熔岩)

2. 角砾岩

角砾岩由火成岩碎屑、矿物碎屑、玻璃质岩和月壤组成。

3. 月壤(也称月尘)

月壤为粘接的颗粒物质,据研究认为它是月球多次受撞击的产物。它分布在月球表面,厚度可达几米,由火成岩结晶颗粒、细粒碎屑物质、玻璃碎屑、少量陨石物质及粉尘组成,有些与地球上的土壤相似。

目前认为月球整体是硅酸盐固态球体。在其表面上相对大面积的洼地称为"月海",比"月海"高出的大面积地段称为"高地"。按岩石类型来分,月球的岩石主要也可分为三种。

第一种类型为"月海"区大部分分布的玄武岩,为与地球上大洋型拉斑玄武岩相近的月海玄武岩,其成分中含 FeO 和 TiO_2 较多。这种玄武岩被认为是由月球内部富钛、铁而贫斜长石的地区,因含放射性加热而部分熔融产生。

第二种类型为富含放射性及难熔微量元素的一种富斜长石非月海玄武岩,铁镁矿物和不透明矿物较月海玄武岩低。其中又有一种比较特殊的富钾、稀土元素及磷酸盐的岩石,称"克里普岩(Kreep)",它仍应属于玄武岩,但成分中 U、Th、Rb、Sr、Ba 及稀土元素的含量较高。这种非月海玄武岩被认为是富斜长石的岩石部分熔融而形成的。

第三种类型为月球高地区分布的岩石,主要是由富铝的斜长岩组成。斜长石的含量很高,可到 70%,为斜长辉石岩,一般是斜长岩、橄长岩、苏长岩或富斜长石的辉长岩。

这种富铝的辉长岩成分中含有 Al_2O_3,可达 19.1%～36.49%,而 TiO_2、FeO 则较低。它被认为是岩浆分异作用的产物,也是月球上保存下来的最老的台地单元。虽在月表岩石中发现有近似的花岗岩的岩石,但未发现大型的花岗岩体。

根据现有资料估计月岩中主要元素、丰度是以 O、Si、Fe 为主,其次是 Ca、Mg、Al、Ti、S

等,现按亲铁、亲铜、亲石、亲气来列表,见表12-2-1。

表 12-2-1　月球物质中发现的化学元素

亲铁元素	亲铜元素	亲石元素	亲气元素
Fe Cu Ni Ru Rh Pd Os Ir Pt Au Mo W Re Ge As Sb Sn (Ga) (Bi)	S Sc Te Fe Ag Cd Hg Tl Pb Bi In (Mo)	Li Na K Rb Cs Be Mg Ca Sr Ba B Al Sc Y La-Lu Si Ti Zr Hf Th P V Nb Ti Mn Fe O Cr U Zn Ga F Cl Br I	He Ne Ar Kr Xe H N C

注:括号表示亲和力较小。根据中国科学研究院贵阳地球化学研究所,1977。

在月岩研究中已发现矿物55种,其中有5种在地球上尚未发现过。月岩的主要造岩矿物是辉石、斜长石、橄榄石、钛铁矿、尖晶石等。从矿物角度看月海、月壤,为晶质岩石的碎块、玻璃及显微角砾组成;月尘主要由辉石、斜长石、玻璃、橄榄石及钛铁矿组成,还有少量的鳞石英、方英石、陨硫铁、尖晶石及镍铁矿。化学成分上是 Al_2O_3 含量很高。高地上的月壤主要由矿物岩石碎片及玻璃碎片组成。月球玄武岩比地球玄武岩富 Fe、Mg、Ti、Cr、Zr、Th、TR,贫碱金属;高地岩比月海岩富 Ni、Al、Ca,贫 Fe、Ti、Cr、Ni;月球高地岩与太阳初始物质比较富 Ba、Re、U、Th、Zr、Hf、Ca、Al、Nb、Ta,贫 Mn、Mg、Fe、Cr、Co、Ni、V、Na、Ga 和 Cu;等等。

如果将地球、陨石与月球相应的资料做简单对比,可知月岩中富耐熔元素 Ti、V、Cr、Mn、Fe、Co、Ni、Se、Zr、Na、Mo、Y 及稀土元素,而贫碱金属及挥发性元素 Bi、Hg、Zn、Cd、Ti、Pb、Ge、C 和 Br,这说明月岩形成于高温条件之下的环境,从化学成分上与地球比较,与地球并不相同,不属于行星物质的相同类型。这说明了月球与地球并非来源于一个宇宙体。

这样看来月球和地球是由同样的化学元素组成的,但二者的比例不同,这种差异可能是后期化学分馏和热变质作用的结果。

月球表面无大气层,也就是无保护层,所以月球不断地受到宇宙物质的撞击,使月表不断地被削蚀形成月表的月壤和月尘。也呈现大量陨石坑造成的满目"疮伤"。

另外,月球上无大气圈和水圈,所以月表上无风化作用,只有陨石的撞击和较大的昼夜温度差,所以月表也很少受到后期地质作用的干扰,因此月球表面基本上保留着古老的面貌。它也提供了我们研究地球早期历史的信息。

(二)月岩的研究意义

研究月岩可以得到宇宙起源、天体形成、发展的信息,对研究地球的形成、成长和变化尤为重要。

根据目前的研究得知,最古老的月岩是比较稀少的橄榄岩和橄长岩,其年龄为46亿年。有关专家认为这代表月球初始熔融后首先凝固的月岩的年龄。

月岩无疑是珍贵的观赏石,是收藏、馈赠的最佳品。就目前来说,是尤为珍贵的稀世珍宝。1972年美国总统尼克松来中国访问时就将一块月岩赠送给了周恩来总理,当时是很稀有的,可谓至宝。

第三节 玻 璃 陨 石

Tektite 一词源于古希腊的特克托斯,是经熔化的意思。1900 年苏埃斯使用"玻璃陨石"这一词,他认为这是陨石。一般人认为玻璃陨石应归属于天然玻璃之中,为天然玻璃(Natural Glass)类的一个种,也有人认为雷公墨亦应译为此词,玻璃陨石也有直译为 Glass meteorite 者,为方便起见我们以下仍称玻璃陨石。

(一) 化学组成

这类玻璃陨石是非晶质的,没有准确而固定的化学组成。

(二) 形态

玻璃陨石往往是比较小的、圆形、带坑坑洼洼的硅酸盐玻璃体,含硅可高达 68%~82%,含水极少(平均只有 0.005%±)。

(三) 物理特性

其物理性质和光学性质变化比较大,一般为玻璃光泽,透明至不透明,颜色有黄色至深黄色、绿褐色、褐色、灰绿色、蓝色、黑色等色。非晶质体,折射率为 1.49(+0.020,-0.010),贝壳状断口,摩氏硬度为 5.5,密度为 2.36(±0.004)g/cm^3。在 X 光下,有的可发出微黄绿色光,在镜下可见圆形或不规则状气泡及回旋纹,切磨时易碎、易爆。物理性质的变化主要取决于其内部成分和气泡的多少。

(四) 鉴别特征

玻璃陨石易与其他天然玻璃和人工玻璃相混淆,一般是靠表面特征和包裹体,通常球状或椭圆形伸长状的气泡十分丰富,还有螺旋形条纹和流动状的构造等重要的特征来区分,如能看到其产状和陨落的情况则更易于识别。图 12-3-1 为玻璃陨石的原石及饰品。

(a) 原石　　　　　　　　　　　　(b) 饰品

图 12-3-1　玻璃陨石原石及饰品

但是玻璃陨石有人工合成品(图 12-3-2),合成的玻璃陨石与天然的外形上极其相似,同样为墨绿色-黑色,透光下呈透明-半透明-微透明,绿色常带有黄色色调,表面具有坑坑洼洼的沟纹,使人不易分清。最简单的区别方法是天然玻璃陨石用手摸上去有粗糙感、涩手,而合成品则具有滑感,易区别之。

(五) 产状及产地

玻璃陨石自然是出自陨石,应属于宇宙空间的天体碎块。其有很多成因学说,但总体来说与地球地质没有什么联系，它在地球上的分布是随机的。玻璃陨石有各种形状，如不规则块体、椭圆状、泪滴状等，这些大家共同认为是它在运动中受动力作用的结果。

一般认为发现玻璃陨石的地区较集中的是：①亚澳地区，包括：澳大利亚、印度尼西亚、菲律宾、东南亚和我国的东南沿海；②科特迪瓦、加纳一带地区；③北美，包括美国的得克萨斯州、佐治亚州等地；④摩拉维亚地区，即捷克的摩拉维亚一带地区。这里的玻璃陨石可以用来作宝玉石材料。

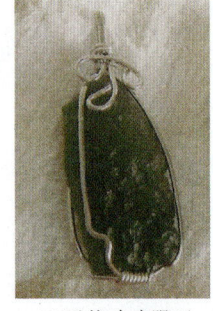 

(a) 天然玻璃陨石　　(b) 合成玻璃陨石

图 12-3-2　玻璃陨石

1. 捷克玻陨石（Moldavite）

最早记录玻璃陨石产地的是 1787 年捷克斯洛伐克靠近摩尔道河。一般被称为"捷克陨石"，因产于捷克的摩拉维亚地区而得名，呈黑绿色、褐色、黑色，玻璃光泽，半透明，透射光下呈黄绿色，表面高低不平，如同炉渣沟痕的高温熔融结构。折射率为 1.488～1.530，相对密度为 2.34～2.39，摩氏硬度为 5.5。紫外光下没反应，而在 X 光下呈淡黄绿色。原石及饰品如图 12-3-3 所示，产于捷克的波西米亚及摩拉维亚附近地区。

图 12-3-3　捷克玻璃陨石原石及饰品

2. 比利顿玻璃陨石(Billitonite)

比利顿玻璃陨石为黑色－暗绿色玻璃陨石,切磨出的宝玉呈黑色,几乎不透明,只在边缘可见带微绿色的黑色,具有很多圆形小气泡,折射率为1.51,相对密度为2.455。产于印度尼西亚比利顿。

3. 皇后城玻璃陨石(Queenstownite)

皇后城玻璃陨石呈微黄绿色—橄榄绿色—黑色,熔渣状,含气泡较多,相对密度为2.27～2.29,因气泡多而降低至1.85。折射率为1.47～1.50。产于澳大利亚塔斯马尼亚西部皇后城附近。

图12-3-4 澳大利亚陨石

澳大利亚陨石如图12-3-4所示。

第四节 镍铁陨石

镍铁陨石(Nickel-iron Ataxite)是铁陨石的一种,俗称"天铁"。西藏宗教界颇为重视,意指来自天上的铁,个体大小不一,其表面呈暗红褐色,凹凸不平。有的可见熔融状态,可能是由外太空陨石落到地球上来,通过大气层时,受大气层的摩擦,产生2 000℃的高温而融化所致。外观如图12-4-1(a)所示,切片光面如图12-4-1所示。带有直的斜交交叉纹,该纹为铁陨石所独有的维斯台登构造纹,这种陨石多用作饰品和观赏石(图12-4-2)。这种来自外太空的镍铁陨石,在世界各地都有发现,比较著名的发现地是美国、俄罗斯、捷克、阿根廷及非洲等地。

(a) 原石　　　　(b)抛光面上的直线斜交叉纹(维斯台登构造纹)　　　(c)切片面上具维斯台登构造纹

图12-4-1 镍铁陨石原石

 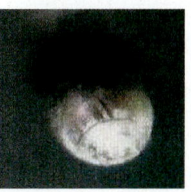 

(a) 观赏石(球珠)　　　　　　(b) 项链　　　　　　　(c) 手链

  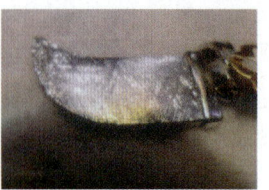

(d) 黄色水晶镶吊坠　　　(e) 蓝灰色水晶镶吊坠　　　(f) 具维斯台登构造的刀形挂件

图 12-4-2　镍铁陨石饰品

第五节　雷　公　墨

我国海南白沙等不少地区,在雷雨天中常有从岩石层中被雨水冲刷出来的一种黑色如墨一般的石头。人们误以为它是雷电造成的产物。传说它为雷公画符遗留下来的墨块,故称雷公墨(Thunder god's inkstone)。陈颂学(2006)所做的研究认为其成因为 70 万年前陨石撞击海南白沙县境内的白垩系砂岩层产生的爆炸,将该砂岩熔化溅射至几十千米的高空,迅速冷却,变成大小不等的玻璃块落到地面而形成。早些时候有人曾以为是火山喷发成因,也有人认为是月球引起的玻璃陨石成因,其说法不一,认识尚不一致。

（一）化学组成

雷公墨属非晶质体,化学组成不太固定。一般的是以 SiO_2 为主,可占到 72.77%～74.85%,含有少量的 Fe_2O_3(约占 12.51%),还有 K_2O、Na_2O、CaO、MgO 及微量的 Cr、Ni、Sr 等元素。化学组成见表 12-5-1。

表 12-5-1　海南雷公墨化学成分(%)

SiO_2	Al_2O_3	Fe_2O_3	K_2O	CaO	MgO
72.77	12.51	5.274	2.075	2.217	1.734
SrO	Cr_2O_3	SO_3	Rb_2O	CuO	Os
0.019 5	0.015	0.015	0.014 5	0.008 16	0.006 8
Na_2O	TiO_2	MnO	P_2O_5	ZrO_2	V_2O_5
1.65	0.742	0.14	0.089 8	0.042 6	0.021
Ir	NiO	Y_2O_3	Cl	Br	总计
0.006	0.005 6	0.003 86	0.003 7	0.002 3	99.99

（二）形态

雷公墨呈大小不等的水滴状、椭圆形、圆形、长条状、扁圆等各种形状。个体长径一般从几厘米到几十厘米不等。表面有凹痕、气孔或半气孔状痕、熔融状沟痕等。图 12-5-1 为雷公墨个体,图 12-5-2 为不同形貌的雷公墨。

第十二章　外太空成因的宝玉石及观赏石大类

图 12-5-1　雷公墨个体(玩赏石)

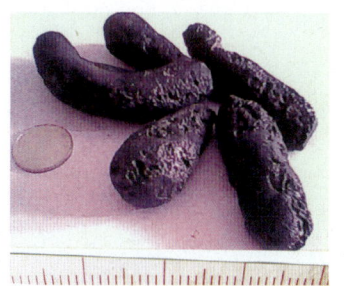

图 12-5-2　不同形貌的雷公墨

（三）物理特性

墨黑色，边缘呈褐黑色，不透明，玻璃光泽，薄片在镜下无色透明，有圆形气孔，折射率为 1.49。贝壳状断口，摩氏硬度为 5.5。密度为 $2.38g/cm^3$ 左右，较致密，具脆性。

（四）鉴别特征

依其黑色、熔融状、不规则状及外形沟痕和产状易识别之。

一些经过加工的饰品很像黑曜岩，但雷公墨具有圆形气泡，层状纹理，区别于具雏晶或石英、长石斑晶的黑曜岩。

（五）产状及产地

依雷公墨的成分、形态及产状特征，作者认为它仍应属于玻璃陨石之类，其成因可能为曾经有一个大玻璃陨石被地球所吸引，当飞向地球高速通过地球外围的大气层时，因摩擦产生高温而爆炸碎裂，成大小不等的小碎块，产生熔融又急骤冷却，溅落到地表。主要溅落在以海南白沙为中心的定安、乐东及海南北东沿海的临高、海口、文昌至陵水等地，赋存在红土层或砂砾岩层中。

雷公墨属较为低档的宝玉石及玩赏石。琢磨加工时有的内部为真空洞或大气泡，会产生小型爆炸，应注意安全。琢磨成的吊坠、手链，珠子等饰品或玩赏石，为人们所青睐，尤其是因它属于外太空宇宙岩类，故更让人们倍感珍奇和神秘。

第十三章　天然玉石大类

一般认为："在自然界中凡是质地细腻、坚韧、光泽强、颜色美观、由单矿物或多种矿物组成的岩石，均可称作玉石"。从这一概念出发，不难看出玉石和宝石还是有所不同的。

宝石是矿物单晶，而玉石为矿物集合体。可以是单一的矿物集合体，如京白玉是由单一的细粒 SiO_2 组成；也可以是多矿物集合体，如独山玉由斜长石、黑云母、黝帘石等组成。

玉石的质地细腻、坚韧、光泽强且颜色美丽，这说明组成玉石的无数小矿物颗粒粒度细，彼此结合紧密，能表现出细腻、坚韧和光亮的特征。

颜色美丽，其透明度越高越好，这是作为饰品应具备的最基本条件。但是既然玉是由无数矿物小颗粒组成，透明度自然比不上单晶透明。

现将常见的玉石分为石英质玉、蛇纹石质玉、青海翠玉及其他普通玉石，分别介绍如下。翡翠、软玉属于玉石，但在贵重宝玉石中已有叙述，在此不再重复。

第一节　石英质玉

石英质玉是以隐晶质—显晶质的石英为主，组成的玉石在历史上应用几乎是最早的，这可能是因为石英在地面上分布广泛，而且硬度较大。早在 50 多万年前的北京周口店猿人文化遗址中，就发现有用石英质玉制作的石器。以后的各朝代出土文物中，也不断有出现，可见应用之早和应用之广。今将石英质玉的通性简述如下。

（一）矿物组成及化学成分

石英质玉的组成矿物主要是石英。可含有少量的黏土类矿物、云母类矿物、褐铁矿、赤铁矿、针铁矿、绿泥石等。化学成分主要是 SiO_2 及少量的 Ca、Mg、Fe、Ni、Mn、Al、Ti、V 等元素。

（二）结构及形态

石英质玉主要呈显晶及微晶集合体，呈隐晶质、块状、粒状、纤维状、钟乳状或不规则状等。

（三）物理性质

石英质玉纯者无色，由于经常含有微量的其他元素（如 Fe、Mn 等）或混入物而呈色，可呈红色、橙色、黄色、绿色、蓝色、青色、紫色、灰色、褐色、黑色等各种颜色或混合色。呈现透明或半透明。大部分呈玻璃光泽至油脂光泽或丝绢光泽，为非均质集合体，在偏光显微镜下无消光位、无多色性,折射率仍为石英的折射率,即 1.544～1.553,点测法多为 1.54±。一般无特征吸收光谱,不过在所包含的少量矿物中含有某些致色元素者可出现吸收带。

石英质岩这种显晶或是微晶矿物集合体是不会出现解理的,密度仍然是因石英的密度和结晶程度及杂质的影响而有所变化,一般在 2.55～2.71g/cm³,硬度也与主要组成矿物石英有关,一般摩氏硬度在 7 左右。其他的一些物理性质则随其组成矿物及结构、构造而异。

(四)玉石品种

随着石英和其他矿物的含量、结构及构造、成因产状及产地的不同而可划分出诸多品种,除一般主要的、常见的玉髓、玛瑙、东陵石、虎睛石等之外,还有很多地方性的石英质玉,如贵翠玉、泰山玉等。

(五)优化、处理及鉴别

对这类石英质玉的优化处理办法,主要是热处理和染色处理。

(1) 热处理是在空气中直接加热,尤其对玛瑙和虎睛石,因为它们的成分中含有 Fe^{2+},如果经过热处理,则可使 Fe^{2+} 变为 Fe^{3+},而且水分逸出,这就使原来的褐铁矿变为赤铁矿了。其颜色也可由黄色、褐色变为红色而且变得均匀、美观。

(2) 染色处理。对石英岩染色的方法为先将其加热、淬火,然后再染色。如对玉髓染色一般不论是有机染色还是无机染色,染色后颜色可变得极其鲜艳,可染成红色、绿色和蓝色。如经放大观察可见在颗粒之间或其网状裂缝处染料沉淀的多,则颜色呈更浓的丝网状。当前市场上的这类商品大部分经过了热处理或染色处理,采购时须倍加小心。市场上的仿制品很多,主要是以玻璃制品充当石英质玉饰品,这可以比石英质玉有较低硬度和较低的折射率相区别。另外,玻璃制品中常有分散的圆形气泡并在偏光镜下呈完全消光或异常消光,易识别之。

(六)产状及产地

石英质玉的种类很多,产状也多种多样,产地也各异,详见各石英质玉的品种中分述。

石英质玉有原生矿,大部分产于热液矿床。另外还有次生矿,产于氧化带等。

今将本玉石大类中的常见品种分述如下。

一、玉髓(Chalcedony)

玉髓,又称"石髓",是隐晶质的石英变种,在我国古代曾有"玉石的精髓,是玉液或琼浆凝结而成"之说。

人们对玉髓的认识,历史悠久。相传在古埃及的早期阶段,亚美尼亚人文化的发展时期,玉髓已被人们所喜爱。后来人们将玉髓与宗教相结合,出现了很多迷信和神话传说。如伊斯兰教徒把刻有海豹的玉髓带在脖子上,认为可以免遭伤害;肉红玉髓能防止咒语、悲伤,能分享智能,赋予胜利和幸福;带红色的玉髓(称血滴石),据说可以使太阳变红,甚至出现雷鸣和闪电,也可用它来作护身符,确保身体健康等。

在中国,50 万年以前的北京猿人文化遗址和万年以前的山西峙峪人文化遗址里都有用玉髓制作的石器。历代都有关于玉髓的一些记载,最突出的如南朝陶弘景的《名医别录》中提出"玉髓生蓝田玉石间"之说。明清时期,对玉髓的应用更为广泛。

(一)化学组成

玉髓的主要化学成分为 SiO_2,可含有 Fe、Al、Ti、Mn、V 等元素。

(二)形态

玉髓是石英的隐晶质集合体,多呈肾状、钟乳状、葡萄状、球状、不规则状、放射状或细纤维状集合体。

(三)物理特性

玉髓呈各种颜色,如乳白色、淡黄色、蓝色、灰蓝色、鲜红色、深红色、红褐色等及各种色调的绿色。微透明或半透明,油脂光泽至玻璃光泽,一般呈蜡状。按颜色的不同,可分为如下几种。①白玉髓为白色、灰白色或无色,不太美观,一般很少用来作宝石;②红玉髓又称"光玉髓",为含氧化铁所致[图 13-1-1(a)],如呈血红色则称"血玉髓";③血滴石,在绿色中又有红色斑点,也称为"血玉髓";④绿玉髓,不同色调的绿色或称"澳洲玉"(澳大利亚产),[图 13-1-1(b)],又称"英卡石",是因含氧化镍、铬、铁等元素或含绿泥石、阳起石等绿色矿物而呈各种绿色;⑤葱绿玉髓,葱绿色,透明或半透明,色深者称"浓绿玉髓"[图 13-1-1(c)];⑥蓝玉髓,呈深蓝色,往往因含蓝矿物而呈蓝色,如含硅孔雀石者可称"硅孔雀石玉髓"[图 13-1-1(d)];⑦缟玉髓,有灰色和白色相间的条纹构造的玉髓,很像玛瑙,但成分中有类似长石的矿物;⑧黄玉髓,呈黄色的玉髓,为受褐铁矿浸染所致;⑨紫玉髓,呈紫色的玉髓;⑩黑玉髓,呈黑色者极为少见。

玉髓折射率为 1.535～1.539,点测 1.53 或 1.54,双折射率一般不可测出,有时可为 0.004。通常无紫外荧光,但是也有的可显弱至强的黄绿色荧光。可具晕彩效应及猫眼效应。无解理,贝壳状断口,硬度为 6.5～7,密度为 2.60(+0.10,-0.05)g/cm³,放大观察可见隐晶质结构。

(a) 红玉髓　　(b) 绿玉髓　　(c) 葱绿玉髓　　(d) 蓝玉髓

图 13-1-1　各种颜色的玉髓

(四)优化处理

可以各种颜色染色,颜色沿裂隙分布,如染绿色吸收谱,可出现 645nm、670nm 模糊的吸收带(图 13-1-2)。通常也可用热处理改善其颜色。

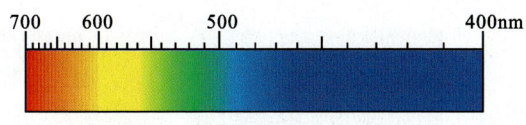

图 13-1-2　染色绿玉髓的吸收光谱

（五）产状及产地

玉髓可产于喷出岩的空洞中、温泉沉积物中或热液矿脉中，另外也有产于地表风化壳或碎屑沉积物中者。

当前产出玉髓的国家有印度、澳大利亚、俄罗斯乌拉尔、冰岛、波兰、德国、英国、美国、巴西、乌拉圭、尼加拉瓜等地。红玉髓主要产于巴西、印度和日本。印度主要产光玉髓和血滴石。澳大利亚、波兰、俄罗斯乌拉尔、美国加利福尼亚、巴西等地所产为优质绿玉髓。澳大利亚产出的绿玉髓称"澳洲玉"。印度和德国也产出一种"深绿玉髓"。血滴石除产自印度外，也产于俄罗斯西伯利亚、澳大利亚、英国和巴西。白色至浅灰色、蓝色的玉髓产于俄罗斯西伯利亚、冰岛、印度、美国加利福尼亚。另外紫色玉髓，产于美国亚利桑那州等。

我国已在广西、内蒙古、河北、山西、辽宁、吉林、黑龙江、宁夏、新疆、四川、云南、西藏、河南、湖北、福建、台湾等地发现。

广西的玉髓产于武宣、都安等地的石炭纪白云岩、石灰岩层中，呈灰白色、浅紫色，微透明至半透明，为很好的玉雕材料。

内蒙古的玉髓发现于苏尼特右旗、乌拉特中旗，分别产于燧石岩层中（呈浅绿或青色）和第三纪的泥岩中（呈红褐色）。

河北省阳泉玉髓发现于第三纪红色砂砾岩层中，呈乳白色、浅黄色、棕色、绿色等。张北、万泉、尚义的呈结核状、扁平状、肾状等。呈鸡血红色的，产于河谷中。平泉的玉髓一般呈绿色，产于英安岩中。山西的玉髓发现于天镇县，产于第三纪砾岩中，呈红色、黄色、绿色、白色等色。

辽宁的玉髓发现于凌源安山岩中，呈淡白色、灰白色带紫色，比较透明。成脉状产出。

甘肃、宁夏曾有少量红玉髓产出。宁夏发现的有玫瑰紫色玉髓。新疆伊吾地区发现有青蓝色玉髓。四川发现于理塘的为绿色玉髓，当地称"伊津玉"。此外，云南哀牢山发现有蓝色玉髓，西藏那曲地区发现有绿色玉髓，河南叶县在碳酸盐岩层内发现的玉髓呈灰白色、灰黑色、鲜红诸色，可见平行或同心圆状条带结构。湖北在神农架、京山、襄阳等地发现玉髓。福建在闽侯一带发现玉髓。

蓝色玉髓在我国台湾也有发现。台湾在台东县中新世安山集块岩中发现玉髓，颜色有蓝色、天蓝色、翠绿色、红色等。有人称蓝玉髓为"台湾翡翠"，也有人称"台湾蓝宝"，系由放射纤维状或球粒状玉髓组成，并含有少量蛋白石、绿泥石及硅酸铜等，颜色艳丽，价值高贵，一般都可用作饰品，深受人们青睐，如图 13-1-3 所示。

二、玛瑙（Agate）

人类对玛瑙的认识与应用历史悠久，使用玛瑙可能已有 5 000 多年的历史。据考，美索不达米亚的沙美里亚人是最先使用玛瑙的，在爱琴文化（公元前 3000 年至公元前 2000 年）中也发现有玛瑙制品。古希腊哲学家 Theophrastus（公元前 372 年至 287 年）在其有关宝石的著作中曾提出"玛瑙"一词，它起源于西西里岛的 Achates 河，所产的玛瑙最先为人们所认识。

中国在汉朝以前，将玛瑙称为"琼玉"和"赤玉"。我国古书中对玛瑙和水胆玛瑙记载较

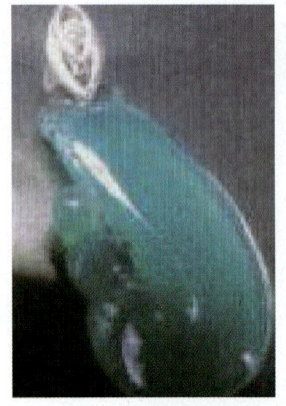  

(a) 台湾蓝绿玉髓饰品

 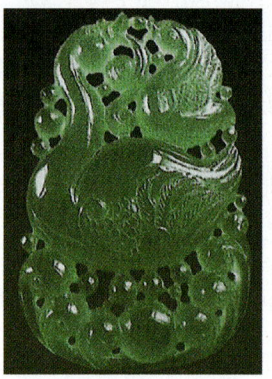

(b) 台湾翠玉手镯、原称
台湾蓝宝(绿玉髓)

(c) 台湾翠挂件，原称
台湾翡翠蓝宝(绿玉髓)

图 13-1-3　玉髓饰品
（据台湾保磁公司金石工坊）

多，如在《广雅》中就有"玛瑙石次玉"即指玛瑙之价值仅次于玉石之说。周密在《云烟过眼录》中写有"'琼浆石'，水石玛瑙也。视之滴水在内，摇之则上下流动。"实指现今之水胆玛瑙。"玛瑙"一词实源于佛经。梵语本称"阿斯玛加波"，意为"马脑"，因有马脑变石之说。慈因法师撰《妙法莲华经》中载有：因玛瑙色如马脑，故而得名。后因"马脑"属玉，因而转为"马瑙"一词。另外章鸿剑在其《石雅》中所论载"汉以前书不载，求其当此者，惟琼为近"。"琼瑰"指玛瑙珠。以前泛指"美玉"为"琼"。直至东汉以后方有"玛瑙"之词。这些论述，皆一致。我国各朝代，有关玛瑙的记载颇多。1970 年在西安何家村曾发现了唐代的玛瑙牛首杯，且精刻细雕、工艺精湛。看来，这一中低档玉石，不但应用颇早，而且一直为人们所喜爱。

（一）化学组成及物理性质

玛瑙的化学成分为隐晶质的 SiO_2。

玛瑙的组成主要为玉髓，玛瑙也可以说是具有同心层状、带状花纹的玉髓（图 13-1-4）。所以玛瑙的成分仍然是 SiO_2，但有的也会含少量蛋白石及微粒石英，为呈带状花纹的隐晶质块体。因含杂质而呈现灰色、褐色、红色、蓝色、绿色、葱绿色、粉绿色、黑色等（图 13-1-5）。有时也呈各色相间、深浅相间，形成美丽的纹带（图 13-1-6）。玻璃光泽，透明或半透明至不透明。硬度为6～7,密度为2.65g/cm³。有的玛瑙具闪光现象,称"闪光玛瑙";有的玛瑙具猫眼效应称"猫眼玛瑙";还有的玛瑙中含有蝌蚪、蜘蛛、金鱼、水草、树枝等图案式杂质,貌似琥珀,称"琥珀玛瑙";也有的在中心部位含有石英晶体者,称"砂心"。有中心为实心,也有为空心,如果中心包裹有水,则称"水胆玛瑙"(图13-1-7)。一些其他物理性质皆与玉髓相同。

图13-1-4　玛瑙的同心状花纹

图13-1-5　粉白色玛瑙(具红色色调)

图13-1-6　玛瑙的带状花纹

图13-1-7　水胆玛瑙摆件

(二) 品种划分

按颜色、条纹、杂质,可划分出下列品种。

1. 缟玛瑙

也称条纹玛瑙,具有很细的纹带,红色者称"红缟玛瑙",最珍贵。有红白相间的纹带者称"红白缟玛瑙",有黑白相间的纹带者称"截子玛瑙",有褐白相间的纹带者称"褐白缟玛瑙",棕黑相间的纹带者称"棕黑缟玛瑙"。如果纹带极细,如同蚕丝一般者,则称"缠丝玛瑙"。

2. 带玛瑙

带玛瑙有单色或多色的具带状构造的玛瑙,与缟玛瑙比较,其色带较宽(一般几毫米至几厘米)。

3. 城砦玛瑙

城砦玛瑙具有风景一般的城廓,国外称"风景玛瑙"实际是些带有菱角状的构造所致。

4. 晕玛瑙

晕玛瑙具云雾状质地,如果出现晕彩称"晕色玛瑙"。云雾状者也叫"云雾玛瑙"。

5. 苔藓玛瑙

因出现树枝状或羊齿植物一般的花纹,为氧化锰或绿泥石等物质的渗入,花纹如苔藓者称"苔藓玛瑙"。实际上常是玉髓杂质所致,如图13-1-8所示。

6. 火玛瑙

火玛瑙有板片状氧化铁矿物晶体,在条带层中,因其反光而呈现火红的闪烁,如同火焰般的光泽而得名,是比较少见的品种。

7. 血玛瑙

红色如血是玛瑙中的常见品种,主要产于美国犹他州。

8. 红玛瑙

一般红色者称"红玛瑙",但鲜艳的红色者少,多为褐红、黄红等,如云南保山产的红玛瑙。如图 13-1-9 所示。

当前市场上的红色玛瑙经热处理过的很多,值得注意。蓝色具清晰纹带称"蓝玛瑙",黄色者称"黄玛瑙",绿色者称"绿玛瑙",黑蓝色者称"黑玛瑙"等(图 13-1-10)。

商业上的各种叫法如下。

(1) 锦红玛瑙:基底上具锦花者。

(2) 合子玛瑙:黑基底上有一线白色者。

(3) 酱子玛瑙:有淡色水花者。

(4) 酱斑玛瑙:有紫色花者。

(5) 柏枝玛瑙:有柏枝状花纹者。

(6) 竹叶玛瑙:有竹叶状花纹者。

(7) 鬼面青:青黑色者。

(8) 夹胎玛瑙:白色基底具红色"凝块"血赤色。

图 13-1-8 苔藓玛瑙磨光面
(西安科技大学陈列室)

图 13-1-9 黑玛瑙链(云南保山)

图 13-1-10 红玛瑙手链

(9) 曲膳玛瑙:红花内有类似蚯蚓状纹花。

(10) 东红玛瑙(日本所产):为仿造玛瑙或改色玛瑙、烧红玛瑙等多种仿制品名。

天然玛瑙雕件,如图 13-1-11 所示。

由以上品种排列可知:红色纹带状者最佳,次为绿色,尤以艳绿色为上,蓝色者以宝石蓝色为好,有两种以上的颜色,各色分明者为佳品,纹带越细越珍贵,越清晰越好。各色相间,纹带分明为优。

(a) 用玛瑙的天然颜色俏色玉雕珍品"五鹅"

(b) 玛瑙雕件

图 13-1-11 玛瑙雕件

（三）鉴别特征

根据玛瑙特有的纹带，易识别之。可以硬度和密度与相似玉石相区别，因玛瑙属隐晶质玉石，各种染色处理方法皆可应用。如用硝酸亚铁为染色剂，低温加热浸泡数周，再干燥浸入碘化钾固色剂中，浸泡一周再烘烤几小时，其内的亚铁即可转变为高价铁，而使玛瑙变成红色。若用重铬酸钾为染色剂，铵盐为固色剂经浸泡、烘烤后即可使灰色或白色玛瑙转变为绿色等。可见加热可使玛瑙中含有的一定量的 Fe^{2+} 变为 Fe^{3+}，呈红色，进而鉴定其孔隙度，以便确定改色方案。如果是玛瑙成品，可依其光亮度和质地的细腻程度与东陵石、密玉相区别。东陵石和密玉皆不如玛瑙、玉髓光亮，也不如玛瑙、玉髓细腻。

改色玛瑙颜色多种多样，如染成靓丽的红色、蓝色、黄色者看起来颜色很不自然，特别鲜艳，还有些刺眼。有的硬度低、折射率低，还含气泡，据此可识别之。玛瑙染色目前国标规定属于优化。染色蓝玛瑙样品如图 13-1-12 所示。

对一些裂隙多的玛瑙为了改善外观和加工性能，则多用充填处理，放大检查可见气泡在充填处集中成群；在紫外光下发蓝白色荧光或用红外光谱皆可识别充填部位。

（四）产状及产地

玛瑙主要产于火山岩裂隙及其空洞中，为一种低温热液胶体矿物。有的也产于沉积岩层和砾石层及现代坡积堆积层中。印度、巴西产红玛瑙，美国和印度产苔藓玛瑙，巴西、马达加斯加、乌拉圭、墨西哥产缟状玛瑙，美国、墨西哥和纳米比亚产花边玛瑙（即花边状纹带的玛瑙），古巴产褐色和蓝色风景玛瑙，尼加拉瓜产多种优质玛瑙，美国黄石公园、怀俄明及蒙大拿州也产风景玛瑙。

图 13-1-12　染色蓝玛瑙

中国玛瑙产地分布广泛，主要有黑龙江、辽宁、内蒙古、河北、宁夏、新疆、西藏、湖北、山东等省。南京雨花台产有"雨花石"，闻名中外，现产于六合及附近。

黑龙江的玛瑙产于逊克、嫩江、伊春、甘南等地的玄武岩中及坡积和河流冲积物中。在当地玛瑙有"江石"之称，呈紫色、红色等。偶尔可发现有数百千克的大块玛瑙。

辽宁主要有建吕、凌原、建平、朝阳、阜新、彰武等地的安山岩中产出，多为灰色、暗红色玛瑙。尤其阜新是我国产玛瑙的主要产地。相传清代所用的玛瑙饰品，皆来自阜新。

内蒙古东起呼伦贝尔盟、莫力达瓦达翰尔族自治旗，西至阿拉善盟额济纳旗，各不同的盟市、旗、县，皆不同程度地发现了玛瑙。如莫力达瓦旗、陈巴尔虎旗、奈曼旗、赤峰县、多伦县、察哈尔右翼中旗、乌拉特后旗、阿拉善右旗、额济纳旗阿拉善左旗等地的玛瑙都比较有名。在内蒙古北部，阴山北坡弋壁滩上还盛产玛瑙，圆砾状，呈红色、橙红色、绿色、黄色等，与燧石、蛋白石、碧玉等共生。作者曾于1969年赴内蒙古，目睹了内蒙古自治区阿拉善左旗沙漠中产一种风化磨蚀后的玛瑙，呈各种各样形态，如图13-1-13所示。并初步定名为风化型玛瑙。

尤其阿拉善左旗北部乌力吉，巴彦诺日公一带所产玛瑙皆色彩艳丽，质地细腻，文饰多样，而且分布广泛储量很大，有广阔的发展前景。

新疆的玛瑙产于伊吾、鄯善、柯坪、西准噶尔等地。伊吾小淖毛湖、鄯善底格尔、柯坪英岗

图 13-1-13　风化玛瑙
（内蒙古沙漠中产）

的玛瑙呈蛋青色、浅灰色、灰黑色，其次为橘黄色、淡黄色、褐黄色，偶有绿色，产于石炭二叠纪火山岩中。伊吾、准噶尔盆地西北部产的玛瑙，呈红、黄、白、青等色，透明度较好，产于侏罗纪、第三纪砾岩层中。伊吾、阿尔泰吉比格孜尔所产的玛瑙色黄色，呈乳白色、灰白色，质量较差，产于第四纪残积、坡积层中。

主要为云南保山、四川凉山及金沙江、长江流域产的玛瑙称南红玛瑙。南红玛瑙历史悠久，质地细腻，材质艳丽；因颜色有锦红、柿红、玫瑰红、朱砂红等为人们所青睐的美色而著称。云南保山产的可以有几十千克的大块料，但是裂隙发育经加工易碎裂，故所出的成品是以小饰品、小观赏石、小把玩件之类。其他还有四川凉山产于高海拔地带的沼泽区，质地润泽，但产量很少，金沙江长江流域中的为其砾石，可称籽料。该玛瑙皆纹理丰富、色泽宜人，为人们所厚爱。南红玛瑙饰品见图 13-1-14。

图 13-1-14　南红玛瑙饰品

湖北省的玛瑙产于神农架、宜昌、枝江、钟祥、大冶等地。神农架的玛瑙呈不规则的扁圆状、圆状、透镜状等，主要呈各种红色、紫色，少数橘黄色，或双色、多色，产于元古宙砾岩（即著名的"宝石砾岩"）中。宜昌的玛瑙呈钟乳状、肾状，为各种红色、黄色、白色、灰色及多色、杂色等，产于第四纪下部砾石层中，已有几百年的开采历史。

广西的玛瑙产于都安、博白、陆川等地。都安的玛瑙呈灰白色、蓝灰色、粉红色、橙黄色等，其中的红缟玛瑙、浅蓝色环带玛瑙、鲜红线状条带间微黄而透明的玛瑙产于沿玄武岩体分布的第四纪残积、坡积物中和玄武岩中，最受人喜爱。安城的玛瑙则产于白垩纪砾岩和第四纪黏土岩中。博白的玛瑙则见于第三纪火山熔岩分布区的坡积物中。

西藏的玛瑙主要产于山南、那曲、阿里等地。颜色有红白相间的缟状，成因有热液型、沉积型（温泉沉积）、砂矿型等。

（五）雨花石

雨花石是以玛瑙为主，兼或有些石英岩质、碧玉质、蛋白石质、玉髓质等的小砾石，其中以玛瑙质者最佳。具有白色、灰色、褐色、红色、蓝色、黄色等各种颜色，花纹千姿百态（图 13-1-15），有的形如山、水、人物风景、动物和植物等，深受人们喜爱。雨花石因产于南京中华门外雨花台而得名。由于其花纹多变，在我国古代即有"纹石"之称，是中外闻

图 13-1-15　雨花石（南京产）

名的观赏石。个别的价值还非常昂贵,成为重要的收藏珍品。雨花石呈层状沿长江下游的秦淮河、滁河一带分布,为雨花台砾石层,属新近纪晚期到第四纪早期的产物。

[附]玛瑙的合成品

1. 合成玛瑙(Synthetic agate)

近年来市场上出现了大量的合成玛瑙,及各种颜色的染色玛瑙,与天然玛瑙较难区分。由于合成玛瑙多为脱玻璃化处理而成,染色玛瑙为天然玛瑙染色,所以鉴别方法仍应考虑染色的特点及与玻璃有关的特征,即具有分散、独立的圆形或近于圆形的气泡,虽有有色缟状纹带但颜色比较呆板且很均匀,质地特别纯净等方面识别之。

2. 天珠(Sky jewel)

天珠是我国西藏地方宗教的一种吉祥物、护身符,是象征身份的传世珍品。

相传在我国西藏已有2 000~2 500年的历史。有"至纯天珠"与"冲天天珠"之分。至纯天珠又称"真品天珠",为贵族人士所佩戴;冲天珠为平民所佩戴。天珠是以玛瑙、玉髓等磨成的长桶状物,如图13-1-16所示,其上有格状纹饰,表面呈灰白色底,浅褐色至黑褐色。圆形、近于圆形或方形的白线图案和白色圆形浅纹称"眼",有一眼,二眼,三眼……至二十余眼之分,具单数眼愈多愈珍贵。线纹有的浮在表面,有的深至中心。线纹深、线内呈乳白色者为贵重佳品,而且只有呈乳白色的方为至纯天珠。天珠表面伴有辰砂矿物者方为真品。天珠的产状尚不明确,说法不一,有说古老的天珠其材质是沉积岩的一种,谓"九眼页岩",含有硅质产于喜马拉雅山脉附近的不丹、锡金、拉答克等地。藏民将天珠、唐卡、砗磲、琥珀、珊瑚奉为宝物。另有说天珠是生物化石,可与三叶虫、鹦鹉螺等属同一古生物时代,因在喜马拉雅定日一带曾发现过天珠化石。还有人认为天珠是采用石刻工艺的玛瑙珠,产自唐代至19世纪末这段时期。另有一日本学者研究表明,古老天珠原石是三千年前火星陨石撞击喜马拉雅山区所形成,因其成分中有14种火星上的元素,具天然宇宙强烈的能量可造成不可思议的能量感应。还有很多学者认为世界市场上的天珠大多是某种染料浸色后烧制而成的工艺品,是以强酸强碱刻蚀的玛瑙珠,或人工处理过的玉髓绘制的图案、线条、彩绘料器,或树脂混合物,甚至还有的是用ABS工程塑料混合物等制作成的近代仿天珠,产地是我国台湾、尼泊尔、不丹等地,产量较多。有人说产自沙土中,但从表面纹饰判断,似乎是人工所为,即使是由沙土中挖出,可能也是古代人的遗物。

(a) 现代市场常见天珠　　(b) 九眼千年老天珠　　(c) 各种图案的天珠　　(d) 各种图案的天珠

图 13-1-16　天珠(西藏)

市场上所见的天珠饰物,为石英质品,是玛瑙、玉髓、碧玉、松石,甚至是陶瓷、玻璃、塑料等的仿制品。据说也有所谓的真品,出自西藏喇嘛高僧之手,价值极其昂贵。

三、碧玉（jasper）

碧玉又称"碧石"。在古时，民间往往把一切呈碧绿色的玉石统称"碧玉"或"碧石"。但在矿物学、宝石学上碧玉是一个专用名称，是石英族中由石英、玉髓、氧化铁及黏土物质所组成的一个石英的隐晶质变种。

中国人对碧玉的认识与应用已久，在江苏邳县四户镇大墩子新石器时代文化遗址的墓葬里，就出土有用碧玉制作的石盆。至文明时代人们更广泛地应用碧玉作装饰品、艺术品，著名的碧玉簪就是碧玉制品。在历史记载中，以《山海经》中记述最多，山海经的"西山经""北山经""东山经""中山经""大荒北经"中皆有，记述碧石者有六处。《山海经·北山经》记载着"维龙之山，其上有碧玉"等，是我国古代认识碧玉最好的鉴证。另外，在《汉书·地理志》记载着四川会理出碧石，《浙江通志》记载着绍兴与碧山有碧石，《云南通志》记载着腾越出碧玉等。还有很多有关碧玉的记载，足见碧玉是自古以来为民间所喜爱的美石。

（一）化学组成

碧玉主要为隐晶质的 SiO_2，含杂质较多，其中氧化铁可达 20% 以上，另外还含有黏土物质。

（二）形态

碧玉呈块状、不规则状、斑点状、条带状等。

（三）物理特性

颜色以绿色为主，但也有红色、黄褐色、暗绿色、灰绿色、橙色、黄色、黑色等。玻璃光泽至蜡状光泽，有时可见油脂光泽，微透明、半透明至不透明。摩氏硬度为 6.5~7，密度为 2.58~2.91g/cm³。与含氧化铁的数量及杂质含量和种类有关。除常具有斑点状、条带状外，还常有复杂的奇怪纹饰。

根据颜色可分为以下几种。

1. 绿碧石

绿碧石为绿色碧石的总称，产于岩石孔洞中。

2. 红碧石

红碧石为红色碧石的总称，成分中除石英外，还有赤铁矿、菱铁矿等。往往呈层状产于铁铜矿床中，我国甘肃镜铁山盛产之。

3. 褐黄碧石

褐黄碧石为黄褐色的品种。

4. 黑碧石

黑碧石为黑色品种。

尤其因含氧化铁而呈黄色至黄褐色者，因盛产于埃及，故有"埃及碧玉"之称；有呈较宽的条带者，又有"条带碧石"之称。还有一种花纹状碧石，产于美国俄勒冈州，则称为"图书碧石"。

也还有青碧石、蓝碧石、花状碧石、蛋白碧玉、羊肝石、猪肝石等多种品种。常见的红碧玉及绿碧玉如图13-1-17所示。

另外还有一种石英的隐晶质变种,呈黑色或灰色,致密坚韧、硬度大,称"燧石"。在民间亦称"打火石",因用它与铁器相碰撞、敲击,可击出火星。还有一大用途即用它来测试黄金含量,系根据黄金首饰在燧石上条痕的光亮程度,估计含金量的多少。在黄金首饰店里,在测金仪器出现以前,一些有经验的鉴定者,常常是应用此法检测黄金成色的。产于白垩纪地层中结核状的燧石,称"核燧石",颜色较浅的层状沉积物,则称"层燧石"。

图13-1-17 (左)红碧玉(右)绿碧玉

(四)产状及产地

碧玉系二氧化硅物质在表生环境沉积而成,或在海底火山喷发沉积而形成,也有热液作用成因者。世界上著名的碧玉产出国有德国、英国、意大利、俄罗斯、美国、古巴、圭亚那、新西兰等。

中国的产地有新疆、甘肃、内蒙古、河南、西藏、广西、江苏、福建、浙江、江西、湖北等地区。

新疆所产的碧玉,俗称"羊肝石",主要产自富蕴、天山一带。富蕴所产碧玉呈淡绿色,产于斑状花岗岩中。而天山一带所产的碧玉则呈羊肝色、朱红色,产于含铁碧玉岩中。

甘肃的碧玉产在北山、红石山、北祁连山一带,成因与热液作用有关。内蒙古所产的碧玉在苏尼特右旗、乌拉特中旗。前者呈鲜红色、血红色,后者呈紫红色,前者产于含铁碧玉岩,后者产于气孔状玄武岩中。福建碧玉见于龙岩、漳平、德化一带。浙江碧玉发现于金华山门寺流纹岩中,与玛瑙共生。湖北省神农架地区产碧玉为红碧玉、羊脂石。我国台湾台东县、花莲县丰田乡亦产有绿色碧玉,也有"丰田玉"之称,一般呈绿色、灰绿色,半透明至不透明,深度抛光,可见玻璃光泽,可作饰品之用,如图13-1-18所示。

一些颜色鲜艳,如碧绿、翠绿、朱红等色,光泽强、透明度较高、质地细腻而坚韧,无突出的杂色斑,无大裂纹者,可作低档玉料或项链、耳饰、戒面等饰品材料、工艺品或观赏石。图13-1-19为碧玉香炉。

图13-1-18 台湾石英岩玉(绿碧玉)　　图13-1-19 碧玉香炉

〔著名品种〕桂林鸡血红碧玉

桂林鸡血红碧玉为2005年唐正安开发的一个玉石新品种。其颜色主要为鸡血红色及深红色、紫红色、褐红色,伴有黑色,有的具有少量黄色、绿色、白色。抛光后具玻璃光泽。化学成分为 SiO_2,致色元素为铁(这与鸡血石不同,鸡血石的红色为汞所致)。主要矿物成分为玉髓与红色黏土,颗粒细小致密,摩氏硬度为 6.5 左右,玉感良好,坚韧细腻,玉色艳丽,色调明晰,常呈现各种花纹图案,是雕琢、饰品、摆件、印章的好材料,也是精美的玩赏石(图 13-1-20、图 13-1-21)。

图 13-1-20 桂林鸡血红碧玉原石

图 13-1-21 桂林鸡血红碧玉印章
(唐正安,2011)

鸡血红碧玉产于中国广西桂林龙胜一带山区,呈大小不等的卵石状或呈层分布。其成因可为火山喷发或硅质沉积产生。

四、虎睛石、鹰眼石及石英猫眼(Tiger's-eye、Hawk's-eye、Quartz Cat's-eye)

虎睛石是"木变石"的一种,也叫虎眼石。因古代中国的虎睛石来自非洲,非洲产麒麟(长颈鹿),所以虎睛石又有"麒麟石"之称。

有人认为石英猫眼是虎睛石、鹰眼石和石英猫眼的总称。

我国明朝陈元龙的《恪致镜原》中,引李村的《解醒语》中载有元代"至元年间马八儿国入贡麒麟石百枚"。此所指的至元年间,为公元 1264—1294 年,可见我国认识虎睛石等一类玉石的历史由来已久。

虎睛石、鹰眼石属石英质的玉石,是石棉后期被二氧化硅交代而形成的,交代后而仍保留纤维状结构,所以它主要的化学组成仍为 SiO_2。

虎睛石为晶质,非均质集合体,呈纤维状结构,极细的纤维排列整齐。当琢磨成素面宝石戒面后可呈一活动光带,光带较宽,左右摆动,很像老虎的眼睛,也很像猫眼效应,所以它是受人们喜爱的宝玉石材料。

虎睛石的颜色主要有棕黄色、金黄色、黄色、棕色、黄褐色等,呈丝绢光泽、玻璃光泽,半透明至微透明。摩氏硬度为 7,密度为 $2.64\sim2.71g/cm^3$。具韧性。

如果青石棉或蓝石棉被二氧化硅交代后呈蓝色、灰蓝色或蓝灰色,仍具丝绢光泽者称鹰眼石,亦致密坚硬、具一条亮的光带,左右摆动呈猫眼效应,具石英质玉石特征。这种鹰眼石比虎睛石更有特色。

斑马虎睛石(Zebra Tiger's Eye):蓝褐相间的硅化石棉构成斑马虎睛石,琢磨成弧面型宝石后,有斑状结构产生,而且还有猫眼效应者称之。如果是普通石棉被二氧化硅交代,仍显纤维状丝绢光泽,在素面宝石上亦出现一条光带,如同猫眼,也称"石英猫眼"。

折射率为 1.544~1.553,点测为 1.53 或 1.54。无紫外荧光,吸收光谱亦不特征。放大观察,可见纤维状结构,虎睛石可见波状纤维结构,鹰眼石具清晰的纤维结构,皆具猫眼效应。如图 13-1-22、图 13-1-23 所示。

非洲盛产虎睛石。最著名的是南菲阿扎尼亚的德兰士瓦,为硅化青石棉产于细粒含铁砂岩中,与青石棉共生,是青石棉硅化的结果。其他诸如巴西、印度、斯里兰卡等很多国家都有产出。

图 13-1-22　虎睛石板片及戒面　　　　图 13-1-23　鹰眼石珠

在我国产地则有河南淅川所产的虎睛石,有淅川玉之称。所产为蓝色、红色、紫红色、棕红色、乳白色等。陕西省商南县蓝石棉矿中,所产为与碧玉、蓝石棉共生,呈紫红色、紫灰色、蓝灰色等。安徽大别山一带所产为角闪石、透闪石受硅化作用的产物。据称新疆富蕴亦有虎睛石产出。

五、芙蓉石(Rose quartz)

芙蓉石又称"蔷薇石英""玫瑰石英""芙蓉玉""祥南玉"等。它是一种蔷薇红色、粉红色石英岩。

(一)化学成分和物理特性

芙蓉石的化学成分为 SiO_2,为具变晶结构的中、细粒或微粒的石英集合体。所以无一定结晶体外形,成块状。玻璃光泽、断口面油脂光泽,透明至半透明,淡红色或玫瑰蔷薇红色,一轴晶正光性,折射率为 $N_o=1.544$、$N_e=1.553$,X 射线直射下可显蓝色荧光。摩氏硬度为 7,密度为 2.65~2.66g/cm³。

有的芙蓉石含有显微针状金红石包体,而且往往沿垂直 C 轴方向互作 120°交角排布,故在弧面宝石上可能出现六射星光。在日光下长期暴晒,会使颜色变浅。加热到 573℃时会褪色。因此,颜色较深的、艳丽的、无裂纹、无缺陷、无杂质、无包体(含金红石包体者除外)而块度较大的芙蓉石,则为优质品,优质者可作宝石。一般的芙蓉石,只可作雕刻石料、吊坠、链珠等饰品或艺术品等,如图 13-1-24、图 13-1-25 所示。

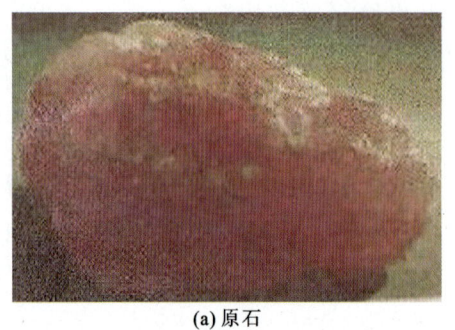
(a) 原石

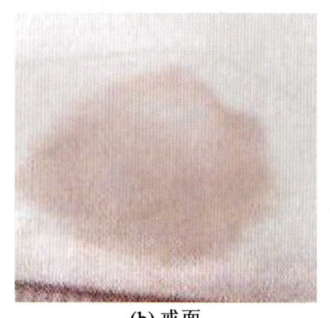
(b) 戒面

图 13-1-24　芙蓉石原石及戒面

图 13-1-25　芙蓉石吊坠

（二）鉴别特征

紫色、粉色者与萤石相似，可以无解理和硬度高（萤石硬度为4，芙蓉石硬度为7）区别之。另外与颜色相似的玻璃仍可以硬度及芙蓉石有星光效应等相区别。

（三）产状及产地

主要产于花岗伟晶岩的石英带中。产芙蓉石的主要国家有巴西、美国、俄罗斯、德国、马达加斯加、纳米比亚、尼加拉瓜、瑞士、印度、日本等国。其中以巴西产出的质量较好，美国康涅狄克州所产的亦负盛名。

中国在新疆、陕西、内蒙古、湖南、山西、广西、四川、云南、江西、广东等地都有零星产出。新疆产出的芙蓉石在哈密、奇台、青河、富蕴、阿勒泰等地的花岗伟晶岩中。陕西的芙蓉石发现于汉中，内蒙古的芙蓉石在乌拉特前旗产出者最好。湖南芙蓉石产于平江一带的花岗伟晶岩中。广西的芙蓉石发现于防城，四川的芙蓉石发现于丹巴，江西的芙蓉石产于贵溪的花岗伟晶岩脉中。广东省的芙蓉石发现于深圳附近。此外在河北省及内蒙古等地亦有所见。

六、东陵石（Aventurine）

东陵石又称"印度玉"。

东陵石原指绿色含铬云母的石英岩，但是现在人们已经把一切色泽艳丽的绿色石英岩，或次生石英岩统称"东陵石"。

（一）化学组成

东陵石的化学成分为石英 SiO_2，为绿色含铬云母石英岩，含云母类矿物及针铁矿，另外还可含有少量蓝线石、硅线石、金红石、赤铁矿、锆石等。

（二）形态

东陵石由晶质石英颗粒集合体组成，为块状，颗粒较粗，可很清楚地看到星散状绿色铬云母鳞片。在光线照射下可显闪闪发光的砂金般的效应。

（三）物理特征

一般纯净者无色，但由于含有色矿物而呈现鲜艳的油绿色、碧绿色、灰色、蓝色等，玻璃光泽至油脂光泽，微透明至半透明。折射率为1.544～1.553，点测为1.54，摩氏硬度为7，密度为

2.64~2.71g/cm³。质地坚韧,抛光面上可直接看到在油绿的光滑平面上闪烁着亮点。一般无紫外荧光,含铬云母者无至弱,灰绿色或红色;不含铬云母者无。其吸收光谱可具 682nm、649nm 吸收带。图 13-1-26 为东陵石玉雕件,图 13-1-27 为东陵石饰品。含铬云母石英岩的吸收光谱如图 13-1-28 所示,具 682nm、649nm 的吸收带。

图 13-1-26　东陵石玉(雕件)

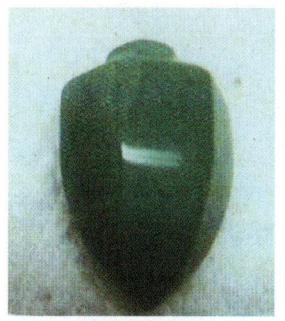

图 13-1-27　东陵石(吊坠)

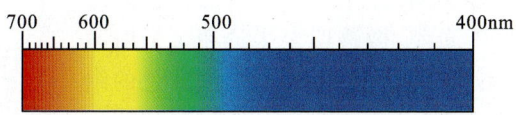

图 13-1-28　含铬云母石英岩的吸收光谱

按颜色不同,其品种可分为:①绿东陵石,为含绿色铬云母或纤维状阳起石;②蓝东陵石,为含蓝线石等;③红东陵石,为含赤铁矿等;④紫东陵石,为含锂云母;⑤无色、白色东陵石,是比较纯净的东陵石。

(四) 鉴别特征

放大观察,粒状结构,可见云母或其他矿物包裹体,有砂金般的效应。含铬云母者在滤色镜下呈弱红色。

东陵石所含铬云母片,反光甚强,是重要的鉴别特征。其绿色者很像密玉,和密玉无本质上的差别,只是产地不同及所含包裹体不同而已。但东陵石的透明度较高,颜色较鲜艳,质地较粗;密玉则其石英颗粒较细,所含云母片稀疏,而且颜色较东陵石浅得多。

(五) 优化处理

可染成各种颜色,放大检测可见染料在粒间沉淀,绿色染色石英岩的吸收光谱可见 650nm 吸收带。

(六) 产状及产地

东陵石主要产于区域变质石英岩中,或产于热液作用形成的石英岩中。世界上产东陵石的主要国家是印度,为翠绿色品种,有"印度翡翠"之称。此外,西班牙、俄罗斯、巴西、智利、美国等地亦有发现。

中国产地主要是新疆昆仑山、天山、阿尔金山等地的变质岩、石英岩中,称"新疆东陵石"。

新疆所产的这种东陵石,成分中除石英外,还有阳起石及少量黄铁矿、磁黄铁矿,颜色呈绿色、黑色、肉红色、白色者皆有。此外河南等省亦产之。

七、密玉(MiCountry jade)

密玉因产自河南密县而得名,又称"河南玉"。

人们对产自中原地带的玉石,早已开发利用。早些时候已用密玉制造手镯及其他饰品、用具等。

(一)化学组成

密玉为含3%~5%绢云母(铁锂云母)的石英岩。另外还可含有少量锆石、电气石、金红石、磷灰石、燧石及其他微量的铬、镍、铜等金属矿物、泥质物等。

(二)形态及物理特性

玉石呈致密块体,质地较东陵石细腻,为粒状结构。含较少量的电气石、金红石等杂质矿物,有的充填石英粒间空隙,有的以包裹体形式存在于石英之中。

密玉呈翠绿色、浅绿色、豆绿色、肉红色、黑色、白色等。色彩鲜艳,呈玻璃光泽、油脂光泽,微透明至半透明。折射率为1.544~1.553。颜色虽较均匀,但透明度较差,浅绿色的绢云母在石英岩中,呈鳞片状稀疏分布。摩氏硬度为7,密度为$2.63\sim2.68g/cm^3$。

其翠绿色者,如果质地坚韧,无裂纹、无缺陷,块度大者为佳。色泽艳丽的翠绿色密玉,还有"河南翡翠""河南翠"之称。

根据颜色又可分为绿密玉、红密玉、白密玉、黑密玉等品种。染色料较多,应慎重观察。图13-1-29为密玉吊坠。

图13-1-29 密玉(吊坠)

(三)产状及产地

密玉产于河南密县的震旦纪灰白色细粒石英岩的裂隙中,为区域变质作用的产物。

八、京白玉(White quartzite)

京白玉又称"晶白玉",因产于北京而得名。我国对京白玉的应用很早,在一些出土文物中不断发现京白玉制品,近代主要用于雕刻链珠或摆件饰品。

(一)化学组成

京白玉为白色纯石英岩,化学成分为SiO_2,其含量可到95%以上。几乎全由白色石英晶粒组成。

(二)形态及物理特性

京白玉呈白色,颜色均一,一般无杂质但也可含有少量绢云母、高岭石及碳酸盐矿物等。石英颗粒细小,一般呈微晶粒状,粒径一般为0.2mm左右。玻璃光泽至半油脂光泽,可微透明,折射率为1.54。摩氏硬度为7,密度为$2.70g/cm^3$,质地细腻,尤其是颗粒越小,则质地越细,具脆性。肉眼观察很像白玉和翡翠,但是比翡翠、软玉的密度小,折射率低,具粒状结构,可区别之。如洁白如玉者为佳品。图 13-1-30 为京白玉八卦牌。

目前,亦有染色石英岩玉冒充翡翠,在市场上屡见不鲜,应予以注意。

（三）产状及产地

京白玉应属于次生石英岩,多为中酸性火山岩的蚀变产物,也有少数为沉积变质者。京白玉产于北京西山门头沟震旦纪地层中,另外在湖南等地亦有发现,国外也有产出,但产量甚少。

图 13-1-30　京白玉（八卦牌）

九、梅花玉（Plum blossom jade）

梅花玉产于河南省汝阳县,故又称"汝州玉"。因其玉石呈现梅花状花纹而得名。

相传在东汉光武帝时以汝州玉为国宝。在《直隶汝州全志》中,记载着："汝州有三宝：汝瓷、汝玉、汝帖",此处,汝玉即指梅花玉。

（一）化学组成及形态

梅花玉玉石中呈杏仁体状构成花纹。杏仁体有各种形状,如椭圆形、圆形、拉长的不规则圆形等。其物质成分主要是古元古界硅化杏仁状安山岩或粗面岩,玻璃质地。有脱玻璃化后形成的羽状雏晶。组成杏仁体的矿物主要是石英、长石、绿帘石、绿泥石、方解石等。杏仁体边部为以硅酸盐为主的次生边,形成双层构造。而且有绿泥石化、绿帘石化、钾长石化、硅化等强烈的蚀变作用。玉石被红色细脉穿插于杏仁体之间,形成树枝状与杏仁体,合成梅花状纹饰。

（二）物理特性

梅花玉玉石中的杏仁体由红色长石、黄绿色绿帘石、白色方解石组成者为优质品。杏仁体由绿泥石、方解石等组成者为普通品。其黑色、墨绿色、紫红色者较为少见。

梅花玉大都为黑色质地,致密、细腻、坚韧,呈现白、红、绿、黄、紫等各色"花朵"。油脂光泽,微透明,摩氏硬度为 6～7,密度为 $2.74g/cm^3 \pm$,是很好的玉雕材料。有的有黄铁矿散布于上,金星点点,或犹如黄色枝干光芒四射,更增加了其艳丽的色彩。

（三）产状及产地

梅花玉产于河南汝阳县古元古界的火山喷出岩中。梅花玉赋存于接触带,其杏仁状安山岩即是梅花玉,呈层状、似层状产出。据称梅花玉中还含有多种微量元素,对人身体有保健之功效,尤为人们所重视,故用作餐具、酒具者多。图 13-1-31 为梅花玉块,图 13-1-32 为梅花玉制品。

图 13-1-31　梅花玉（原石）

图 13-1-32　梅花玉制品

十、土古玉（Yellow clay jade）

土古玉也称作"土古石"。因颜色似黄土，宜作古玩古玉而得名。1981年发现于新疆天山。

（一）化学组成

土古玉为一种轻变质的含铁硅质岩。成分中主要为石英，含量70%左右。次为褐铁矿和少量绢云母。

（二）形态及物理特性

土古玉具微晶胶状结构，块状构造。石英为他形粒状，粒径0.02~0.05mm，有局部集中和重结晶现象，绢云母成星点状分布。

土古玉呈土黄色，蜡状光泽，微透明，质地细腻坚韧，摩氏硬度为7，密度为2.66~3.00g/cm³。风化面或磨光面上可见褐色斑点。风化后斑点被溶蚀成为小麻坑。图13-1-33为土古玉圈。

图 13-1-33　土古玉（玉圈）

（三）产状及产地

土古玉分布于天山东段的变质砂岩及泥质板岩中，矿体呈透镜状、条带状赋存，可用来雕刻艺术品或仿古雕件。

十一、贵翠（Guizhou jade）

贵翠，亦称"贵州翠"或"贵州玉"，是含有地开石的一种石英岩，因产于我国贵州省而得名。

（一）化学组成

贵翠主要由石英组成，并含有地开石等黏土矿物，其含量可到20%~30%，由于其杂质中含有Cr^{3+}离子的影响，而呈现绿色、蓝色。受黏土矿物地开石的影响，贵翠呈淡绿、翠绿、淡蓝等各种色调，并且伴有辉锑矿、电气石、方解石、粉砂、泥质物、铁质物等。图13-1-34为贵翠

(观音)雕件。

（二）形态及物理特性

其石英为他形粒状，粒径 0.05～0.15mm。玉石呈天蓝色、翠绿色、浅绿色、灰黄色、红色等。因成分中的绿高岭石分布不均，所以玉的颜色也分布不均匀或成带状，致使呈各种颜色色调的、深浅不同的绿色。玻璃光泽，微透明至不透明，摩氏硬度为 6.5～7，密度为 2.7g/cm³±。抛光面颜色、亮度皆不均一，因而其颜色和亮度都比东陵石和密玉暗淡，故属档次较一般的玉石。

（三）产状及产地

贵翠产于贵州的晴隆县大厂一带玄武岩层之下、石灰岩层之上的大厂层中，属于一种次生石英岩，为辉锑矿床的蚀变围岩，并与围岩中的萤石、方解石、石膏等共生。也可伴有辉锑矿、电气石或泥砂物质，其玉质常不均匀，含伴生矿物的斑点或团块。

图 13-1-34　贵翠(观音雕件)

质地均匀、颜色靓丽、裂纹少者则是好的玉雕或饰品材料。

十二、贺县玉（HeCountry jade）

贺县玉因产于广西贺县而得名，简称"贺玉"。

化学组成为：石英含量大于 99%，有微量的绢云母、锆石及微量零星分布的黄铁矿等金属矿物，除含大量的 SiO_2 之外，尚有 Fe_2O_3、Al_2O_3、Ca、Mg、K、Na 及微量的 Ba、Mn、Pb、Zn、La 等。经 X 射线衍射分析为较纯的石英岩。石英呈他形粒状，相互间呈无序镶嵌在一起。玉石呈大小不等的砾石状、块状，颜色有深浅不同的黄色、红黄色，个别部位有浅黄白色，透明至半透明，玻璃光泽，折射率为 1.540～1.550。断口呈砂糖状，摩氏硬度为 6.5～7，密度为2.63g/cm³，质地细腻、坚硬。

贺县玉属次生石英岩玉。品种靓丽的，宜于雕刻或作摆件、项链、手链、玉镯等，是符合工艺美术要求的上等玉石，如图 13-1-35 所示。

贺县玉产于广西贺县某地的稻田下，呈大小不一的砾石，属外生砂矿型。其形态产状与田黄玉相似，所以最初曾有"贺州田黄"之称。

十三、黄龙玉（Huanglong jade）

黄龙玉 2004 年开始出现于云南瑞丽珠宝市场，2009 年钱云蓁、徐斌、张石周先生曾做了研究，今概括起来简述如下。黄龙玉的化学成分主要为 SiO_2，含量可占 94.86%～99%，一般在 95% 以上，其次为 Fe_2O_3（占 2.75%）及 Al_2O_3、K_2O、Cu、Mn 等（含量一般小于 1%）。有少量褐铁矿、长石、高岭石等泥质矿物与之共生。

其结构一般为显微隐晶质，具条带状构造，矿物成分包括玉髓、石英。有的还可有少量蛋白石等。

  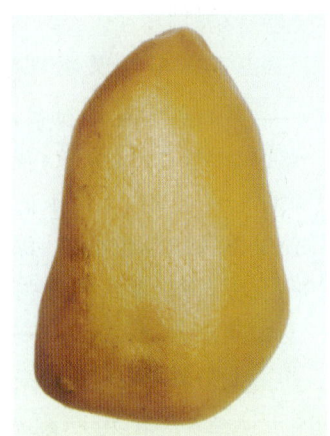

(a) 贺县玉挂坠　　　　　　　(b) 贺县玉印章　　　　　　　(c) 贺县玉玩赏石

图 13-1-35　贺县玉

颜色呈各种黄色、乳白色,不同深浅的红色、黑色、蓝绿色,油脂光泽至玻璃光泽,透明至半透明及微透明,折射率为 1.54,荧光下呈惰性,无特征吸收谱线。无解理,呈贝壳状断口,摩氏硬度为 6.5～7,密度为 2.64g/cm³。不耐酸碱,随湿度改变而少有变色,这体现着铁致色的特点。图 13-1-36 为白色—黄色—红色黄龙玉雕件及饰品。

 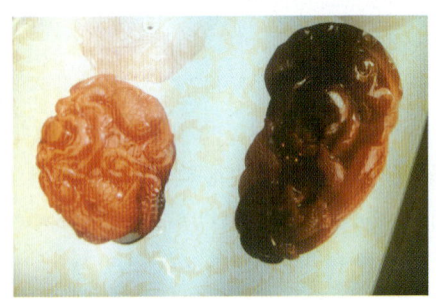 

图 13-1-36　白色—黄色—红色黄龙玉雕件及饰品

黄龙玉具气液固三相包体,液相包体相对较集中,而且呈浑圆状,固相包体具片状金属光泽,可能为赤铁矿。在裂隙中可见有黄褐色铁浸染。还有水草黄龙玉可为亮丽的天然摆件原石,如图 13-1-37 所示。

黄龙玉产于云南保山市龙陵县,位于怒江断裂带及龙陵—瑞丽构造带之间。矿区位于横断山脉的南西端高黎贡山南延部分,属岩浆气液充填-交代形成的中低温热液矿床。矿体呈脉状、层状、扁豆状产出,亦见有呈皮壳状的黄龙玉产于石英脉表面,或呈脉状产于伟晶岩脉中。

另有残积坡积型、冲积砂矿型和山流水形成质量较高的籽料。

这种黄色玉种最初见于广东台山地区,如图 13-1-38 所示。广西贺县也有产出,玉石质地细腻、晶莹剔透、色彩迷人,是少有的艳丽的玉石,可作各种饰品、雕件和玩赏石,颇受人们的欢迎。

第十三章　天然玉石大类　　683

(a) 黄褐色沿裂隙铁浸染的黄龙玉原石

(b) 水草黄龙玉

图 13-1-37　黄龙玉（云南产）

十四、金丝玉（Golden-thread jade）

金丝玉又称戈壁玉、额河彩玉，属石英岩质玉。

化学组成：以 SiO_2 为主，主要由隐晶质—显晶质石英及少量云母、绢云母、绿泥石、褐铁矿等组成，并含有微量的 Fe、Mn、Ni、Cr 等元素。

物理特性：常因含铁而呈黄色，或因含赤铁矿、锂云母等而呈现红色，多因含微量元素不同而颜色不同。玻璃光泽—油脂光泽，为非均质集合体，N =1.544～1.553，点测为 1.54，摩氏硬度 6.5～7，密度 2.60～2.71g/cm³。

图 13-1-38　广东台山产黄龙玉原石

优化处理：市场上优化处理者多（陈宗正等，2014），主要有以下几种。①染色处理，为提高色级，使其更加鲜艳夺目，但颜色多呈丝网状分布；②充填处理，为提高透明度；③充蜡处理以提高光泽度及掩盖裂隙；④热处理，以使颜色变红色色调而更美观。在紫外荧光下充蜡可呈蓝白色荧光，充胶处理后荧光惰性。红外光谱测试，充填处理者可有 2 400～2 600cm⁻¹ 和 2 800～3 200cm⁻¹ 较强的吸收峰。

产状及产地：金丝玉有原生山料、次生矿山流水料及仔料（图 13-1-39）。主要产于新疆准葛尔盆地及克拉玛依、戈壁滩等地域。

十五、琅琊玉（Langya jade）

主要矿物组成为石英，石英的含量可大于 95%，可含少量云母、锆石等。呈白色、灰色、褐色，玻璃光泽，半透明，质地细腻，摩氏硬度约为 7，密度为 2.6～2.7g/cm³。产于山东郯城红棕色砾岩中，呈浑圆状砾石产出，为河湖相沉积形成。可作玉石雕刻材料。

十六、洛南玉（Luonan jade）

洛南玉又称"洛翠"。因产于陕西洛南而得名，为含铜次生

图 13-1-39　金丝玉仔料
（据陈宗正等，2014）

石英岩。颜色呈不均匀分布的白色、绿色、蓝绿色、翠绿色、黄绿色、淡绿色、淡蓝色等。玻璃光泽,半透明,硬度为6～7,密度为2.64～2.73g/cm³。具脆性。属沉积型成因,是很好的玉雕材料。

十七、桦甸玉(Huadian jade)

桦甸玉又称"牡丹玉"或"硅质鸡血石"。因呈红色、浓红色,而又有"桦甸鸡血石"之称。为含长石的石英脉岩,硬度和密度与密玉相近,产于吉林桦甸。

十八、盈江玉(Yingjiang jade)

主要由石英组成,次为普通角闪石、斜长石及少量黑云母等。呈灰绿色,有时有褐色条带,大部分有黄色或褐黄色的氧化外皮。半透明至不透明,致密坚硬,是很好的玉石雕刻材料。产于云南盈江。

十九、九龙碧(Jiulong jasperoid)

九龙碧因产于福建闽南九龙江畔而得名。矿物成分主要为石英、长石、透辉石及少量透闪石、阳起石、绿帘石等,隐晶质角岩结构。玉的基底灰暗,其上有红色、紫色、绿色、白色、黄色、青色、黑色等各色调的花纹,看来如景似画,如山似云。斑点、条纹相衬十分美观。摩氏硬度为6.5～7,质地细腻,光泽亮丽,耐磨、耐腐蚀,具可雕性。九龙碧产于福建闽南九龙江畔的三叠纪硅质角岩中,是著名的观赏石,也可作园林盆景、山石或玉雕材料,亦可用于装饰家具、石板、建筑材料等。

第二节 硅酸盐质玉

一、青海翠玉(Qinghai grossular jade)

青海翠玉是产于青海祁连山的一种玉石。

矿物组成以钙铝榴石为主,可占85%以上,绿泥石次之,一般在5%左右,其他还有少量透辉石等矿物。玉石本身为白色隐晶质及细粒矿物组成。所以基质呈现白色,而其上又总有细脉状、团块状或斑点状隐晶质绿色矿物存在,因而构成了各种不同的绿色玉石。玉石本身多为玻璃光泽至油脂光泽,摩氏硬度都在7左右,也有不少大于7者,密度在3.2～3.5g/cm³之间。其产状均为赋存于基性火成岩与围岩的接触带,为接触变质作用的产物。

有人按质地、色彩及结构特点将其分为:①翠白玉,白色玉石上散布着翠绿色条带或斑点,光滑油润,翠绿动人,称青海玉中的上品;②翠玉,指整体翠绿色,色泽美观,但裂隙较多;③美酒玉,指能使酒类有脂化作用的玉石,但其光泽差、透明度差,属浅绿—灰绿色品种。另外也有学者将青海翠玉按产地及其矿物组成、性质等分为乌兰翠、祁连翠及美酒玉3种。其实这3种翠玉只有变种、异种之别,并无重大差异之分,应同属一类变质产物。进一步的品种划分,可另做分析研究。现将其三者按传统命名,分述如下。

（一）乌兰翠（Wulan jade）

产于青海乌兰县者称"乌兰翠"，产于青海祁连县者称"祁连翠"，两者成分相似，物理性质及产状也差不多，但产地不同。

乌兰翠由钙铝榴石、透辉石、符山石、铬尖晶石等组成。颜色有白色、灰白色、灰绿色、暗绿色、翠绿等。玻璃光泽至油脂光泽，半透明，折射率为1.734，硬度为6～7，密度为3.5g/cm³。质地致密，但裂隙发育，纹饰美观。其又有白乌兰翠与绿乌兰翠之分。白乌兰翠为含铬尖晶石、石榴石矽卡岩，为翠绿色铬尖晶石斑点在白色、灰白色地子之上；而绿乌兰翠为含铬尖晶石、符山石、透辉石、石榴石矽卡岩，是铬尖晶石的翠绿色斑点和翠块，出现于绿色、灰绿色地子之上。其实还有花乌兰翠、花白乌兰翠等品种。这些玉种皆色泽艳丽，其绿色部分与翡翠、祖母绿不相上下，属矽卡岩型成因。玉石本身就是含铬尖晶石矽卡岩。在查尔斯滤色镜下呈现红色，可作玉雕、玉器材料。

（二）祁连翠（Qilian jade）

祁连翠产于青海祁连县，又有"青海翠"之称。

祁连翠主要由含铬钙铝榴石组成，次为少量符山石、蛇纹石、方柱石、绢云母、铬绿泥石、葡萄石、绿帘石及石英等，并含微量的Ti、Mn、Cr、Ni、V等元素。玉石亦呈绿色、翠绿色、浅绿色、黄绿色等，玻璃光泽至油脂光泽，半透明，摩氏硬度为6.5～7，密度为3.6g/cm³，致密坚韧。绿色、翠绿色呈条带状、块状等纹饰，在白色、灰白色、黄白色地子之上，鲜艳美观。根据矿物成分的分布不同，可大致分为钙铝榴石玉、钙铝榴石石英质玉、符山石钙铝榴石质玉和钙铝榴石蛇纹石质玉等。

玉石亦产于矽卡岩中。优质者有的与翡翠极其相似，生产出的雕件和玉器亦甚受人们的喜爱。

（三）美酒玉（Good wine jade）

美酒玉化学组成为辉石质玉，含透闪石、钙铝榴石及少量黝帘石和斜绿泥石。

玉石呈绿色、蓝色、灰色。据说用它盛酒可提高酒的品质，故称"美酒玉"。

美酒玉发现于青海省柴达木灰狼沟，为基性火成岩经蚀变作用而成。但蚀变作用较弱，且保留有原岩矿物结构的特征。其光泽、透明度都较差，故不宜作首饰，而只是传统的作酒具的材料。

（四）贺兰玉（Helan jade）

贺兰玉因产于宁夏回族自治区的贺兰山而得名，呈灰绿色，是由黏土矿物、石英、赤铁矿、电气石等组成的粉砂质泥质板岩。有的岩石呈深紫色及浅绿色，深紫色部分称"紫底"，浅绿色部分称"绿彩（或绿标）"。绿色者分布于紫底中，紫底含铁高。绿色部分以含绢云母、伊利石为主，还有电气石。一般的岩石称"贺兰石"，质地优良、颜色、透明度、光泽稍好者方称为"贺兰玉"。属长城系黄旗口群底部、成层状夹于石英岩中，属沉积变质型成因。贺兰石（玉）是很好的砚石材料。所做的砚台称"贺兰石砚"，甚为著名，是我国的名砚之一。贺兰石除作砚石之外，也可制作工艺品及建筑石材。如北京人民大会堂三层颜色贺兰石雕制成的大幅竖屏，就是用贺兰石制作的。它也是高级磨石、油石原料。贺兰石及贺兰玉如图13-2-1所示。

图 13-2-1　左为贺兰石，右为贺兰玉

二、回龙玉（Huilong jade）

回龙玉主要由符山石微晶组成，并含黝帘石、绿帘石、石榴石、透辉石、硅灰石。此外还含有方解石、水镁石及微量 Cu、Pb、Zn、Cr、Ni、Co、Sn、Mo、Ga、Be、Ba、V、Mn、Zr、Nb 等。玉石中含符山石多者，玉质则优。几乎全由符山石组成者最优。玉石主要为黄绿色、黄色、浅白色、杂色等。玻璃光泽，半透明，摩氏硬度为 6.5～7，密度为 3.2～3.4g/cm³，质地致密、细腻，属良好的玉雕材料。回龙玉产于河南桐柏回龙一带，赋存于变质岩系的镁质碳酸盐岩与石英斑岩、钠长石岩的接触带矽卡岩中。

三、蔷薇辉石（Rhodonite）

来自德语的 rose，意指它的颜色为蔷薇般的红色。因为它具有桃花般的粉红色，所以在国内又称之为"桃花石（玉）"或"粉翠"，在台湾称它为"玫瑰石"。

俄罗斯亚历山大二世的石棺就是由一大块蔷薇辉石凿出来的。很久以前俄罗斯人已能熟练地在蔷薇辉石板上镶嵌其他装饰物，用于桌面和室内装饰。蔷薇辉石是一种具有使人喜欢的玫瑰红色的玉石，具有较高的硬度，可作小型雕刻件。原料可加工成水滴形和弧面型饰品，只有极少数透明晶体可加工成刻面宝石。

（一）化学组成

蔷薇辉石的化学式为 $(Mn,Fe,Mg,Ca)[SiO_3]$，还含有石英（SiO_2），为钙锰硅酸盐。一部分钙总是替换锰，当钙含量增加时，折射率和密度降低，此外还常含有 Mg、Fe、Al 等杂质。在美国弗兰克林和新泽西州发现的锌蔷薇辉石品种中，锌替换锰也很普遍。

（二）形态

蔷薇辉石属三斜晶系，呈板状、三向等长状、粒状，少数还有呈柱状者，多晶面粗糙，晶棱弯曲，晶体罕见。多呈致密块状集合体，常呈细脉状、点状，黑色氧化锰色斑。图 13-2-2 为蔷薇辉石晶体，图 13-2-3 为蔷薇辉石原石。

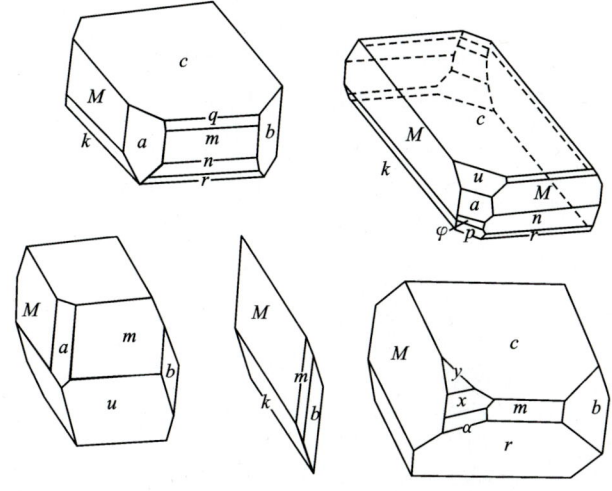

图 13-2-2 蔷薇辉石晶体

图 13-2-3 蔷薇辉石原石

（三）物理特性

玻璃光泽至珍珠光泽，通常透明至半透明，颜色从粉红色至浅红色，紫红色、褐红色，常见黑色氧化锰的细脉、不规则斑点或薄膜。图 13-2-4 为蔷薇辉石磨光面。

二轴晶，正光性或负光性，折射率 $N_p = 1.733$、$N_m = 1.737$、$N_g = 1.747$（+0.010，−0.013），点测集合体 1.73 左右，有时因杂质中的水晶而低到 1.54，光轴角为 $60°\sim75°$。单晶多色性弱至中等。$N_p =$ 橙红色，$N_m =$ 浅红色，$N_g =$ 浅橙红色。集合体则多色性不明显，对长波光和短波紫外光呈惰性，偶见有红色荧光。其吸收光谱在 545nm 周围成宽带，另一条线在 503nm，有时还可见有一条不明显的 455nm 带，如图 13-2-5 所示。

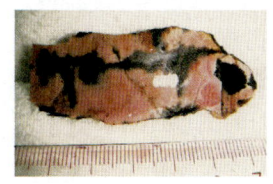

图 13-2-4 蔷薇辉石磨光面

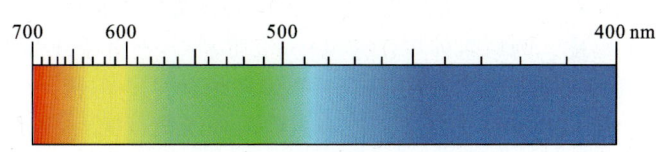

图 13-2-5 蔷薇辉石吸收光谱

两组完全解理，大块材料一般呈现参差状断口，摩氏硬度为 5.5~6.5，密度为 3.50（+0.26，−0.20）g/cm³，一般可随石英含量增大而降低。

（四）鉴别特征

放大观察，粒状结构，可见黑色脉状或点状氧化锰。以玫瑰红色为特征，与红纹石和粉红色珊瑚的颜色相似，但以它们的双折率及滴盐酸起泡可与蔷薇辉石相区别。

蔷薇辉石晶体可作宝石，块状的作玉石，在我国称其为"京粉翠"，可用于雕刻、制作项链、手链、珠子等饰品。但市场上很多蔷薇辉石经过了优化处理，处理方法是染色，仔细观察可见到所染的颜色沿颗粒裂隙间分布，易识别之。

（五）产状及产地

蔷薇辉石为岩浆期后，热液或接触交代形成。但也有原沉积锰矿层受区域变质作用或热液交代而成。历史上蔷薇辉石的主要来源是俄罗斯斯维尔德洛夫斯克，在乌拉尔山脉的东坡，著名产地为美国马萨诸塞州、澳大利亚新南威尔士的布罗肯和德国哈茨以及日本、瑞典、南非、巴西、加拿大及坦桑尼亚等。优质的锌蔷薇辉石晶体，来自美国新泽西州弗兰克林。

我国的北京昌平西湖村和辽宁瓦房店、青海等地都有蔷薇辉石产出。我国台湾花莲县产蔷薇辉石。由于是粉红色的，所以当地有"玫瑰石"之称。图 13-2-6 为蔷薇辉石饰品。

(a) 蔷薇辉石饰品（怀古）   (b) 蔷薇辉石饰品(手链)

图 13-2-6   蔷薇辉石饰品

四、青海白玉（Qinghai white nephrite）

青海白玉又称"青海玉"，因产于青海地区而得名，是白色软玉，以皮色而论可分为 3 种。

（1）白皮。多见于新山料，颜色灰白，粒粗，遇酸起泡，表面有的可见炸裂纹。外皮以镁质大理岩为主要成分。

（2）黄皮。是因铁钙质对白色皮的污染所致。颜色由淡黄色至橙红色，皮与其内的白玉界线明显，易于分离。这种黄皮料多产于谷溪旁靠水的近处，可为白皮料风化而成。

（3）黑皮。为原生外皮已被风化，玉质暴露，在外受干燥气候影响，或因生物、粪便、分泌物和尘埃污染而变黑。青海玉产于气候干旱的昆仑山脉。它与和田白玉的主要区别在于一般和田白玉局部带红色斑块。而青海白玉带绿色色调，也不见有籽料。青海白玉的咎裂也常比较明显，所以市场上青海白玉的价格经常低于和田玉。

青海白玉发现于柴达木的西北缘及祁连县等地。柴达木西北缘的软玉为透闪石玉，呈黄绿色、灰绿色、暗灰绿色，具油脂光泽至蜡状光泽，硬度为 4~6，有绿花玉、绿斑玉、绿条玉等品种。祁连县的软玉在新、中元古界片岩、片麻岩夹透闪石大理岩中。玉石主要由透闪石和方解石组成，呈白色，玻璃光泽，硬度为 5，块状，可作白色玉雕像。有人往往以此充当新疆白玉，甚至冒充和田玉。但是其色泽及油润度皆逊于和田白玉，需慎重识别之。

五、准噶尔玉（Junggar jade）

我国对准噶尔玉的开发利用历史悠久，最早在《山海经·北经》中就有记载，谓"潘候之山……其阳多玉""大咸之山……其下多玉"……清乾隆年间的《西域图德》认为潘候、大咸等皆属新疆准噶尔部的产玉之山。这说明我国在古代很久之前对准噶尔玉已有相当的认识。

准噶尔玉的矿物成分为透闪石,含量在 96% 以上,含有铁、钴、镍、铬及锰、铋、银等微量元素,含 FeO 量较高。玉石成分中还有钙铬榴石及针镍矿、铬尖晶石、磁铁矿、磁黄铁矿、铬绿泥石、蛇纹石、滑石等。玉石具纤维蒿状结构,大个透闪石晶体造成"菊花状"结构、纤维结构、毛毡状结构等。玉石呈深浅不同的绿色,玻璃光泽,半透明,折射率为 1.606～1.632,双折射率为 0.026,摩氏硬度为 6～7,密度为 3.02～3.44g/cm³,致密细腻,玉质良好,碧绿色,无黑斑、黑点,无绺无裂,块重在 40kg 以上者为特级品。

准噶尔玉产于准噶尔盆地南缘的玛纳斯县,所以又称"新疆碧玉""玛纳斯玉"等。由于准噶尔玉产于斜辉辉橄岩、橄榄岩和辉石岩等超基性岩中,所以有人认为属经区域变质而成的软玉矿床;也有人认为是超基性岩蛇纹石化后,再透闪石化进而变为软玉,属热液交代型矿床。除这种原生成因者外,还有原生岩体遭风化、剥蚀、搬运、沉积而成的砂矿。

准噶尔玉代表着中国历史悠久的玉文化,是我国有代表性的玉种之一。

六、金山玉(Jinshan jade)

金山玉主要矿物成分为透闪石,有的保留有绢石假象,含有 Cr、Ni、Co 及 Zn、Ge、Ga 等元素,伴有铬尖晶石、钙铬榴石、铬绿泥石及少量透辉石。玉石呈深绿色,具纤维变斑状结构、毡状结构、束状结构等。其他物理性质与准噶尔玉相近。根据红外光谱分析,金山玉与软玉相比,缺 $310cm^{-1}$、$400cm^{-1}$ 峰,而以 $350cm^{-1}$、$640cm^{-1}$ 为主谱线,很弱。金山玉产于新疆阿尔金山,故名金山玉。产于超基性岩体与围岩接触带附近,属热液交代矿床类型。

七、阳起石玉(Actinolite)

阳起石玉为硅酸盐矿物,根据形态和结构特点可以把它看成是透闪石的含 Fe 变种。

在透闪石—阳起石中 Mg、Fe 呈完全类质同象代替系列,一般按照成分中含 $Ca_2Fe_5[Si_4O_{11}]_2(OH)_2$ 分子在 20%～80%者定为阳起石,0～20%者定为透闪石,二者是软玉的主要成分。

(一)化学组成

主要矿物为阳起石,化学式可以 $Ca_2(Mg,Fe)_5[Si_4O_{11}]_2(OH)_2$ 表示。一般含 FeO 为 6%～13%,还可以含有少量的 Al 和 Na。

(二)形态

阳起石属单斜晶系,晶体呈长柱状、针状,常呈纤维状、放射状晶质集合体。

(三)物理特性

颜色为浅至深的各种绿色,及黄绿色、蓝绿色、黑色等,玻璃光泽至丝绢光泽,非均质体,二轴晶负光性,其多色性为中等淡黄色—绿黄色—绿色,折射率为 $N_g=1.641$～1.704,$N_m=1630$～1.699,$N_p=1.619$～1.688,点测为 $1.63\pm$,双折率为 0.022～0.016,$2V=74°$～$80°$,无荧光。吸收为光谱在 503nm 处具弱吸收线,可具猫眼效应。

两组完全解理,集合体上通常难以见到,摩氏硬度为 5～6,密度为 $3.1(+0.10,-0.05)g/cm^3$。

(四)鉴别特征

放大观察可见放射状或平行纤维结构,平时可根据颜色、形态和解理识别之。它与透闪石很相似,但阳起石颜色较深且绿,$2V$ 小于透闪石,折射率高于透闪石,密度又大于透闪石,易区别之。

（五）产状及产地

阳起石玉是矽卡岩中的常见矿物，在热液成矿作用中及富铁的接触交代的蚀变围岩中均较常见。在区域变质的泥质大理岩、绿色片岩和浅变质结晶片岩中也可见到。著名产地为马达加斯加、坦桑尼亚及美国加利福尼亚州、加拿大大不列颠哥伦比亚省。在我国安徽铜官山的矽卡岩中盛产之。我国台湾也有阳起石猫眼被发现，为具有平行纤维结构的阳起石，磨成弧面宝石时出现猫眼效应，故有"雅翠"之称。

八、俄罗斯白玉（Russian white jade）

俄罗斯白玉的矿物组成，是以各种形态的透闪石为主，含少量的石英、阳起石、白云石、磷灰石和黏土矿物等。透闪石有纤维状及片状者，故其结构多呈片柱状变斑晶。产于俄罗斯的西伯利亚、贝加尔湖地区的软玉也有白玉、青白玉、糖玉、碧玉等之分，其透闪石可呈细小鳞片状、显微纤维状，大致呈定向排列。甚至有时可见到透镜体状的透闪石角砾、构造裂隙或解理缝等。构造裂隙中还可充填有其他矿物，而不见毛毡状隐晶变晶结构。其白色者主要为白色软玉，很像和田玉，但与和田玉除结构不同外，一般玉质略带瓷性、颗粒较粗、多为中到细粒等不同的过渡性结构，而且主要为山料，显然赶不上和田白玉细腻、温润。受铁质浸染而成糖皮，所以其糖皮多在裂隙或其料的边缘部分，以上这些特点可将其与新疆白玉相区别。价格比和田玉低得多，经常雕刻成挂件及摆件等。在我国一些市场上经常被冒充成新疆和田玉出售。

九、广绿玉（Guang green jade）

因产于中国广东省而得名，又称"广东绿"。在明末清初曾是著名的贡品，在我国台湾、日本史料中都有记载。其色泽美丽，艺术品已销往日本、美国等地。

（一）化学组成

广绿玉为富水钾铝硅酸盐矿物组成的玉石。矿物主要为水白云母，也有人定其为绢云母（成大均等，1981）及少量石英、磷灰石、金红石、白钛矿等，含有少量 K、Fe、Ti、Rb、Cr、Zr、V，其致色元素应为 Cr。受不同强度的变质作用和水化作用而出现了白云母—水云母的演化系列，形成了不同的玉石品种。

（二）形态及物理特性

广绿玉质地致密而细腻，呈块状。颜色呈纯绿色、墨绿色、淡黄色、灰白色、黑绿色等，其中有翠绿色者称"碧翠"，有白中带绿、黄中带绿、绿中带黄等色调。也有白色、灰色、黑色、蓝色、紫色、红色等。广绿玉原石如图13-2-7所示，雕件如图13-2-8所示。呈油脂光泽—蜡状光泽—丝绢光泽，微透明至半透明或不透明，摩氏硬度为2.5～3。密度为2.7～3.2g/cm^3。质地细腻、油润、晶莹剔透。

（三）鉴别特征

除根据其形态及物理性质之外（邓常劼，2010）以布鲁克红外光进行测试，结果为见有1099cm^{-1}、1044cm^{-1}、903cm^{-1}、819cm^{-1}、476cm^{-1}及422cm^{-1}为主的地开石峰位；用能谱测试图谱，可见Cr、K、Ti、Fe、Rb、Zr峰位；在分光镜下可见明显的红区阶梯吸收线。

（四）产状及产地

广绿玉产于中国广东省肇庆市广宁县五指山顶，阳江市阳西县粉石岭。矿体分布于花岗质岩石的裂隙中,呈不规则脉状,属浅成热液蚀变交代玉石矿床。玉质柔润细腻、色泽靓丽者为名贵的玉石。

图 13-2-7　广绿玉原石　　　　图 13-2-8　广绿玉雕件

十、西川玉(Xichuan jade)

西川玉主要由铬云母和后生白云石组成。有少量阳起石、透闪石、绿泥石、石英及黄铁矿等。西川玉呈艳丽的翠绿色,摩氏硬度为 4.5~5,密度为 2.8g/cm³。质地细腻、致密,由组成矿物的不同构成奇特的表面纹饰,成为良好的玉石品种。西川玉产于四川丹巴,为热液交代型成因。

十一、莱州玉(Laizhou jade)

莱州玉又称"绿冻石",因呈绿色,似冻状而得名。相传在清朝已经开始开采。最初作为滑石、菱镁矿的伴生矿产,所以还曾有"绿滑石"之称。将其用作玉料雕刻成艺术品和镶嵌品,颇得好评。

(一)化学组成

主要由绿泥石组成,绿泥石为含羟基的镁、铁、铝的层状铝硅酸盐。成分中还有铬、镍、钛、钙、锰等。它们的类质同象代替广泛,代替比例的变化很大,所以成分复杂,矿物种也很多。可分正绿泥石亚族(为叶绿泥石),成分为 $(Mg,Fe)_5 Al[SiAl_3O_{10}](OH)_8$,斜绿泥石成分同叶绿泥石,鳞绿泥石亚族(富铁),如鳞绿泥石 $(Mg,Fe)_3(Fe^{3+},Fe^{2+})_3[Al_2Si_2O_{10}]_8(OH)_8$,鲕绿泥石 $[Al,Si_3](OH)_8$ 等。它们之间的物理性质相似,鉴定时很难将其分开,尤其在肉眼鉴定时通常就统称为"绿泥石"。在莱州玉中,隐晶质绿泥石可占 70%~95%,其他尚有叶绿泥石及滑石等。

(二)形态

绿泥石单晶属单斜晶系,多为假六方片状或板状,集合体成鲕状、致密块状。莱州玉乃隐晶质绿泥石的集合体,具鳞片状、纤维状变晶结构,片状、块状构造。

(三)物理特性

绿泥石为深浅不同的绿色,玻璃光泽,集合体呈珍珠光泽,透明至半透明,解理{001}完全,摩氏硬度为 2~3,密度为 2.2~3.3g/cm³。莱州玉则呈深绿色、淡绿色、绿色、黄绿色,蜡状光泽,微透明至半透明,摩氏硬度则为 2.5~2.8,密度约为 2.8g/cm³,玉质细腻、坚韧、质地致密,有滑感,是良好的雕刻材料。

（四）产状及产地

莱州玉产于山东掖县元古宙地层中，矿体围岩为菱镁矿、绢云母绿泥石片岩、绿泥石片岩、滑石片岩等，并有绿泥石化、滑石化等围岩蚀变。该绿泥石组成的莱州玉与菱镁矿、滑石等伴生。

这类绿泥石质玉，在西藏仁布、藏北、山东青岛、辽宁岫岩、青海祁连、四川江油等地也有发现。

（1）在西藏仁布县产出的称"仁布玉"，玉石呈暗绿色、灰绿色、淡绿色等。由镁绿泥石组成，矿体赋存于钠长斑岩脉与超基性岩的接触带。当前已作玉石开采，为美观大方的雕刻材料。与其类似的还有西藏北部产出的"果日阿玉"，亦为以绿泥石为主的绿泥石质玉石。

（2）山东青岛崂山产的绿泥石质玉产于杨口村大海底中，故称"海底玉"。据称始于明朝之前已有开发。该玉石呈浓淡不同的绿色，成分中除主要为绿泥石外还有角闪石、叶蜡石、蛇纹石、绢云母等矿物。色彩纹饰美丽如画、壮观奇特，是少有的观赏石。

（3）四川江油的绿泥石玉由铁绿泥石组成，呈铁褐色，致密块状。辽宁岫岩的绿泥石玉，以叶绿泥石为主（可占 90% 以上），并有蛇纹石、白云石等与之共生，属变质热液交代型矿床。

（4）青海的绿泥石玉发现于祁连山一带，主要由淡斜绿泥石（98%～99%）组成，并含少量蛇纹石、磁铁矿等。呈隐晶质、致密块状，优质者亦可作雕刻材料。

十二、蛇纹石玉（Serpentine jade）

蛇纹石玉主要是由蛇纹石类矿物组成的玉石。蛇纹石玉因其集合体呈绿色、具黑花斑呈蛇皮状而得名。蛇纹石一般有3种基本结构成为3个矿物种：一是具层卷曲成管状结构的纤维状形成纤蛇纹石，二是具板状结构的形成利蛇纹石，三是具波状褶皱结构的叶蛇纹石。纤蛇纹石是石棉的主要来源，不能作宝玉石之用。叶蛇纹石以大块形式出现，经常用于玉石雕刻及饰品。还有透明的叶蛇纹石品种如鲍文石或称"鲍文玉"，含镍蛇纹石含铬品种称"威廉玉"，还有朝鲜玉、蛇绿玉等品种。以下主要是按照叶蛇纹石的资料描述。

中国早在距今约 6 800～7 200 年，辽宁沈阳新乐文化遗址就有蛇纹石玉（岫岩玉）出土，汉代、明代的一些墓葬里也常有蛇纹石质的玉器出土。新西兰的毛利人早在 1 000 多年前就利用当地的蛇纹石制作工具和装饰品。近代墨西哥、美国、阿富汗等都很重视利用蛇纹石作雕件。

（一）化学组成

蛇纹石的化学式为 $(Mg,Fe,Ni)_3Si_2O_5(OH)_4$，为含羟基的镁硅酸盐。由式中可看出 Mg 可被 Fe、Ni（此外还有 Mn、Ca、Cr、Al）所代替，从而可形成相应的成分变种。玉石中除主要为蛇纹石外，还常有透闪石、透辉石、阳起石、绿泥石、铬铁矿、磁铁矿等。一般所谓的蛇纹石，往往是叶蛇纹石及纤蛇纹石等的总称。

（二）形态

蛇纹石属单斜晶系，鳞片状晶体很少见到。通常呈致密块状或凝胶状隐晶质块体。呈纤维状者称"纤维蛇纹石石棉"或"温石棉"。在电子显微镜下，可见每根纤维实际上是结构卷曲而成的细长筒状物，其四面体层居内侧，八面体层居外侧，形成的层状结构成细粒、叶片或纤维状。

（三）物理特性

这类蛇纹石矿物大部分是蜡状光泽至玻璃光泽（纤维状者呈丝绢光泽），半透明至几乎不透明，颜色为绿色至浅绿黄色、白色、褐色、黑绿色或黑色，经常呈杂色或多种色调的绿色出现。鲍文石较透明,中等绿色至浅黄绿,被误称为"朝鲜玉""新玉""苏州玉"。纤蛇纹石半透明至透明,特别绿的品种可含有黑色铬杂质。角砾蛇纹岩是一种由蛇状斑纹或白色大理石脉构成的装饰用石料。

非均质集合体,二轴晶,光性有正有负,折射率为 1.560～1.570(+0.004,−0.007),双折率不可测,含铁的变种有弱的多色性,橙黄色—黄绿色—蓝绿色—浅绿色。一般在紫外光下对长波光和短波常呈惰性,但有的品种可显示荧光。纤蛇纹石对长波紫外光可以发无至弱绿色荧光,无特征吸收谱,但染成绿色的蛇纹石除外。对染绿色的蛇纹石玉其吸收光谱可以显示 650nm 的谱线。

具贝壳状断口或参差状断口,摩氏硬度一般为 2.5～5.5,鲍文石为 5～6,密度为 2.57(+0.23,−0.13)g/cm³。有铁的代入者颜色加深,密度增大。极少具有猫眼效应。

这类玉石常因产地及组分的变化,物理性质也在很大范围内变化。

(四) 鉴别特征

蛇纹石玉以其绿色、胶冻状、蜡状光泽、蛇皮斑状颜色与蛇纹石石棉相共生等易识别之。放大观察,可见黑色矿物包体、白色条纹、叶片状、纤维交织结构。

鲍文石和纤蛇纹石与软玉和绿玉髓极为相似,可根据低硬度、不同的断口、不同的折射率或密度与绿玉髓相区别;以低折射率和不同的密度、光性可以与相似的软玉相区分。各蛇纹石玉与相似玉种的对比见表 13-2-1。

表 13-2-1 各蛇纹石玉与相似玉种的对比

名称	颜色	透明度	光泽	摩氏硬度	密度(g/cm³)	其他	主要产地
蛇纹石玉	浅绿色、绿色、黄色、白色、褐色、黑绿色、黑色,可呈杂色色调	半透—几乎不透	蜡状—玻璃	2.5～5.5	2.2～3.6	有的呈胶冻状、蛇皮状,有绿色的与石棉共生	分布广,中国的甘肃、青海、新疆等地皆有
岫玉	淡绿色、黄绿色、碧绿色、浓绿色、黑色,可有白色棉	半透—微透	蜡状	2.5～6	3.0～3.50	质地细腻	辽宁
蓝田玉	黄绿色、黑绿色、白色,色不均,可具米黄色呈绿色斑	半透明	玻璃	3～4	2.6～2.9	花纹多变、遇酸起泡	陕西
台湾玉	鲜绿色、绿色、暗绿色,可具黑斑	半透明	蜡状	5.5	2.55～3.007	质地细腻	台湾
昆仑玉	淡绿色、暗绿色、黄绿色、白色、灰色、褐红色	半透—微透	油脂—玻璃	3.5～4.5	2.603	质地细腻	昆仑山
祁连玉	墨绿色、黑色,可具黑绿、绿茶带	半透—微透	油脂—玻璃	6～7	3.5±	致密坚硬	甘肃

续表 13-2-1

名称	颜色	透明度	光泽	摩氏硬度	密度(g/cm³)	其他	主要产地
香嘎玉	绿色、暗绿色、淡绿色,可具紫红色调	半透—不透	油脂—蜡状	2.5~3.5	2.5~3	质地细腻、滑润	西藏
蛇绿玉	豆绿色、蛇绿色,色不均,可有条带纹理	不透明	油脂	5±	2.55~2.80	细腻、滑感	新疆
朝鲜玉	鲜艳的黄绿色,可具白斑	半透明	蜡状—油脂	4~4.5	2.70~2.80	质地细腻	朝鲜
鲍温玉	淡黄绿色、微绿白色	微透明	蜡状—油脂	5±	2.80	表面光滑	新西兰、美国、阿富汗
葡萄石	浅绿色—浅黄绿色,可有白棉	半透明	蜡状—玻璃	6~6.5	2.88		澳大利亚、法国、南非等,我国辽宁
水钙铝榴石	浅绿色—浅黄绿色,可有黑色小点	半透明	蜡状	7	3.15~3.55		南非、加拿大、美国、中国青海

(五) 优化处理

(1) 用无色蜡充填裂隙及破口,以改善外观,可以热针测试。

(2) 染色处理。通过加热淬火使蛇纹石玉产生裂隙,再浸泡于颜料中进行染色处理,染成各种颜色的蛇纹石,放大检查可见染料沿裂隙分布。染成绿色者其吸收光谱可见650nm处具宽吸收带。

(3) 用强酸浸泡、用高温加热熏烤、染色成假沁作旧,以仿古玉。

(六) 质量分级

对蛇纹石玉可根据其颜色、透明度、质地、块度分为4个级别。

(1) 特级品:碧绿色或黄绿色、浅绿色,半透明、裂纹和杂质极少,块重大于50kg者。

(2) 一级品:碧绿色或黄绿色、浅绿色,半透明、裂隙和杂质极少,块重大于10kg者。

(3) 二级品:碧绿色或浅绿色,稍有一些裂隙和杂质,块重大于5kg者。

(4) 三级品:色泽较好,微透明至半透明,无碎裂,块重在2kg以上者。

(七) 品种

根据其物理性质和产地划分为如下品种。

(1) 鲍温石。也可译作鲍温玉,属蛇纹石玉类,呈翠绿色、微绿色、绿白—黄绿色,化学成分主要为叶蛇纹石,半透明至微透明,蜡状光泽,$N=1.55\sim1.56$,常含有菱镁矿、滑石、磁铁矿、铬铁矿等,呈斑点状分布于玉石之上。具有交织结构,故密度稍高,为 $2.59\sim2.8\text{g/cm}^3$,摩氏硬度也稍高,为 $5.5\sim6$,表面光滑。主要产地为新西兰(有新西兰绿色石之称)、阿富汗、美国等地。

(2) 威廉玉。主要是由含镍蛇纹石组成的玉,成分中还常含有铬铁矿等,故有"含镍蛇纹玉"之称。色浓绿,铬铁矿在其上形成斑点,摩氏硬度为4,密度为 $2.6g/cm^3$,在长波紫外线照射下,有弱的浅白绿色荧光为其重要鉴别特征。产于美国宾夕法尼亚州及意大利等地。

(3) 朝鲜玉。又称"高丽玉""朝鲜翡翠",黄绿色,半透明,细腻,具云朵状白色斑,摩氏硬度为4~4.5,密度为 $2.7~2.8\ g/cm^3$,产于朝鲜,为优质蛇纹石玉。

(4) 岫岩玉。产于中国辽宁岫岩(详见下节岫岩玉)。

(5) 蛇纹石猫眼。具平行纤维构造、丝绢光泽者有猫眼效应,又称加利福尼亚猫眼石,产于美国加利福尼亚。还有美国马里兰州产的蛇纹石玉猫眼石,也称"萨特尔石"。

(6) 香嘎玉。由纤蛇纹石和叶蛇纹石组成,含少量铬云母、铬尖晶石,呈绿色、暗绿色、浅绿色、油绿色,有的带紫红色,冻状和致密块状,半透明至不透明,油脂光泽至蜡状光泽,质地细腻,摩氏硬度为2.5~3.5,密度为 $2.5~3.0\ g/cm^3$,产于我国西藏松曲高山曲,矿体赋存于超基性岩中。

(7) 南方玉。类似岫岩玉,产于中国广东信宜泗流,故又称"信宜玉",唯其颜色具黄色色调,亦有南方岫玉之称。产于透闪石化、蛇纹石化寒武纪白云岩带,夹于混合片麻岩和花岗片麻岩中。

(8) 塔克索石。为绿色蛇纹石玉,产于美国宾夕法尼亚州及意大利。

(9) 雷科石。绿色具条带状结构的蛇纹石玉,产于墨西哥雷科地区。

(10) 新西兰绿石。浓绿色蛇纹石玉,产于新西兰。

(八) 产状及产地

蛇纹石是一种常见宝玉石矿物,分布较广泛,通常由基性岩、超基性岩、白云岩等一些镁硅酸盐经热液交代蚀变产生,特别是橄榄石、辉石、角闪石受热液交代蚀变而成。在矽卡岩化作用的后期往往有蛇纹石的形成。经常与菱镁矿、铬铁矿、磁铁矿等伴生。国外产地如各品种中所述。

中国的蛇纹石玉分布很广:最出名的是由叶蛇纹石等组成的辽宁岫玉,其他如甘肃的蛇纹石玉分布于武山、酒泉等地。武山的蛇纹石玉产于鸳鸯镇的镁质超基性岩中,称"鸳鸯玉"。青海的蛇纹石玉分布于乐都、乌兰、祁连等地,称"东都玉"。乌兰的称"乌兰玉"。新疆的分布于阿尔泰山、昆仑山等地。阿尔泰山的称"蛇绿玉",局部有条带状花纹,绿黄色、绿青色相间的很像竹青蛇皮状。昆仑山的蛇纹玉与和田玉(白玉)接触,界线明显;与青白玉(和田玉)直接接触,界线不明显。四川的蛇纹石玉产于会理一带,西藏的发现于山南地区,广西的分布于陆川地区,广东的蛇纹石玉分布于信宜一带。河南的分布于淅川、西峡等地,当地称"黑绿玉"。江西的分布于弋阳樟树墩;安徽的分布于凤阳、天长等地;福建的发现于建阳、顺昌、南平、蒲田;台湾的产于花莲县,称"台湾玉"。山东的分布于泰山、日照、莱阳等地,分别称为"莱阳玉""泰山玉"和"墨玉"。吉林省的蛇纹石玉分布于集安县绿水河,称"安绿玉"等。

十三、岫岩玉(Xiuyan jade)

岫岩玉因产于中国辽宁省岫岩县而得名,简称"岫玉"。

中国人对岫岩玉的认识和利用,历史悠久,早在一万多年前辽宁海城小孤山文化遗址就出土有岫玉工具;在距今5 800~7 200年的沈阳新乐文化遗址,也出土有岫玉制品;此外还有辽宁朝阳和内蒙赤峰一带的距今约 5 000 年的红山文化,出土有岫玉的手镯、玉器;河南安阳殷墟出土的大量玉器和河北满城汉墓出土的"金缕玉衣"玉片,有的也为岫玉所作。除古书籍中有很多关于岫玉的记载之外,在明、清及近代对岫玉的记载更多。在北京故宫博物院、沈阳故宫博物院都收藏有很多岫玉的艺术作品。用岫玉制作的玉器畅销国内外,但因采掘混乱、原料横溢、有的雕工粗糙或取材不当,因而岫玉的价格总不能登上台阶,只有个别岫玉作品比较出名。如近代岫岩玉器厂,用岫玉雕塑的"龙凤碧玉熏",高 1.62m,造型高雅,古朴庄重,受中外人士称赞。岫玉的名作不胜枚举,总之岫玉是受人们青睐的玉石之一。

由于组成岫玉的主要成分为蛇纹石,故有的资料将岫玉放入蛇纹石玉中叙述。今为了突出我国的这一著名玉石而单独描述。

(一)化学组成

岫岩玉主要由叶蛇纹石及少量透闪石、叶绿泥石等组成。其它还有透辉石、方解石、磁铁矿等。蛇纹石的化学成分为 $(Mg,Fe,Ni)_3Si_2O_5(OH)_4$,有的可被 Mn、Mg、Al、Fe、Ni 等置换,有的还有 Cr、Cu 等混入。在岫岩玉中根据矿物组成成分又可细划分为纯蛇纹石玉(含蛇纹石大于 95%),菱镁矿、白云石蛇纹石玉(蛇纹石占 90% 以上),透闪石蛇纹石玉(蛇纹石占 70% 以上),透辉石蛇纹石玉(蛇纹石占 90% 以上,而透辉石占 5%)。其他还有滑石蛇纹石玉、绿泥石蛇纹石玉等,详见表 13-2-2。

表 13-2-2　岫岩玉玉石类型简表

玉石类型		矿物成分		产出部位或围岩
		主要矿物含量(%)	共生矿物	
蛇纹石玉	纯蛇纹石玉	蛇纹石>95	白云石、菱镁矿、水镁石、绿泥石、滑石、镁橄榄石(硅镁石)	产于菱镁矿,白云石大理岩和透闪石岩中
	菱镁矿、白云石蛇纹石玉	蛇纹石>90	菱镁矿、白云石、镁橄榄石(硅镁石)	产于蛇纹石化镁橄榄石岩、白云石大理岩中
	透闪石蛇纹石玉	蛇纹石>70	透闪石 20%～30%,少量碳酸盐矿物及绿帘石	产于透闪石岩及其附近或透闪石白云石大理岩中
	透辉石蛇纹石玉	蛇纹石>90	透辉石 5%,另含透闪石	产于透闪石、透辉石岩及透辉石白云石大理岩中
	滑石蛇纹石玉	蛇纹石>40	滑石及少量透闪石	产于透闪石岩、滑石岩中
	绿泥石蛇纹石玉	蛇纹石>65	叶绿泥石及少量碳酸盐矿物	产于绿泥石岩及绿泥石大理岩中
透闪石玉		透闪石>75	蛇纹石、透辉石	产于上含玉层的透闪石白云石大理岩中
绿泥石玉		叶绿泥石>90	蛇纹石、白云石	产于下含玉层的白云石大理岩中

（二）形态

蛇纹石为单斜晶系，隐晶质集合体，多呈细粒叶片状或纤维状、致密块状等。

（三）物理特性

颜色呈绿、浅绿、深绿、黄绿、灰绿、绿黄、黄褐、暗红、棕褐、蜡黄、白、黄白、白黄、灰白、烟灰、黑等色。也有的在同一块玉石上出现几种颜色，或黄铁矿成浸染状分布于玉石上构成金星光彩。具蜡状光泽至玻璃光泽，有的呈现油脂光泽，微透明至半透明，极少数呈透明。蛇纹石玉在偏光镜下呈非均质集合体，正交偏光下无消光位。折射率为 1.560～1.570（+0.004，-0.070），紫外荧光长波呈无至微弱的绿色，短波无花色。呈参差状断口，无解理，摩氏硬度为 2.5～6（蛇纹石玉硬度为 3～3.5），当透闪石等含量多时则硬度加大。密度为 2.57（+0.23，-0.13）g/cm^3。质地致密、细腻、坚韧，有光滑感。根据颜色和花纹的不同，可将岫玉分为绿岫玉、黄岫玉、红岫玉、白岫玉、黑岫玉、花岫玉及其过渡色等品种，其中以深浅不同的绿岫玉最为多见，也最受人们喜欢。放大观察，可见黑色矿物包体，白色条纹，叶片状、纤维状交织结构，极少有猫眼效应。

由于其成分主要为蛇纹石，所以岫玉的物理性质和光学、力学常数基本与蛇纹石相同。岫岩玉的摆件制品及饰品如图 13-2-9 所示。

图 13-2-9　岫岩玉摆件

（四）优化处理

为了改善外观而浸蜡，以热针测试可见有蜡渗出，及蜡嗅味。也可进行染色处理，染色方法为加热淬火使之产生裂纹，后浸入颜料中染色，放大观察可见颜色沿缝隙分布较多，有的呈现网格状。用铬盐染为绿色者还可在吸收光谱图上见 650nm 宽吸收带。

如前所述，岫玉常出现于出土文物中，所以很多就用岫玉作旧，方法仍然是用火烤、酸蚀、染色制造假沁以仿古玉，故对此类蛇纹石玉都应做认真观察。

（五）产状及产地

岫玉多产于富镁的超基性岩或白云岩中，为经热液交代作用形成，也有的为矽卡岩化后期生成者。其产出国重要的有中国、美国、新西兰等。中国辽宁岫岩所产岫玉，矿体产于富镁碳酸盐岩层中的白云石大理石及菱镁矿层中,属于比较大型的玉石矿产地。其雕刻品如岫玉镯、玉熏、佛像及小挂件遍及全国各地,价格比较便宜,深受中外人士的欢迎。

十四、泰山玉(Taishan jade)

泰山玉因发现于山东泰山而得名。

(一) 化学组成

泰山玉的主要成分为叶蛇纹石($Mg_6[Si_4O_{10}](OH)_8$),其次为纤蛇纹石、胶蛇纹石和少量黄铁矿、磁铁矿等。磁铁矿在泰山玉上可构成黑色小斑点。图 13-2-10 为泰山玉原石。

(a)

(b)

图 13-2-10　泰山玉原石

(二) 物理特性

颜色为鸭蛋绿色、黄色、暗绿色、墨绿色、黑色等。半透明至微透明,硬度为 4.5～5.8,油脂光泽至蜡状光泽,一般无瑕、无裂,具良好的可雕性。

根据颜色、结构、透明度等可分为 3 类。

(1) 泰山翠斑玉。又称"花斑玉",蛋绿色、黄绿色、微透明至半透明,具叶片状结构,含磁铁矿斑点,摩氏硬度为 4.5,一般块度小,适合雕小件工艺品。

(2) 泰山碧玉。碧绿色、暗绿色,半透明至微透明,颤状结构,摩氏硬度为 5.1～5.4,蜡状光泽至油脂光泽,含少量磁铁矿和黄铁矿,块度大,适用于雕刻仿古雕件、兽类、熏炉,块度小者可作饰品、图章等。泰山玉的摆件、饰品及图章,如图 13-2-11 所示。

(a)摆件

(b)吊坠

(c)图章

图 13-2-11　泰山玉

(3) 泰山墨玉。黑色,颤状结构,油脂光泽或蜡状光泽,摩氏硬度为4.5～5.8,适用于雕刻仿古雕件、熏炉等。

泰山玉属蛇纹石质玉石,蛇纹石在我国已有悠久的应用历史。泰山玉可与国外的鲍文玉和威廉玉相似,均以叶蛇纹石为主,颜色以绿色为基调,看来泰山玉更优于这两种玉石。又因其硬度较大,含黄铁矿比较均匀,所以也优于国内同类的凤山玉、龙山玉、祁连玉等。是当前山东的重要玉石。

(三) 产状及产地

泰山玉赋存于泰山西麓的蛇纹石岩中,与石棉等伴生。图13-2-10为大块度泰山玉原石。图13-2-11(c)为泰山玉图章。

十五、伊源玉(Henan Yiyuan jade)

伊源玉是因其产于河南省的栾川县伊河源头而得名。伊源玉开发历史悠久,据载最初商代商相伊尹耕莘发现此矿,后有几部古书皆提到此玉。2004年,河南南阳宝玉石协会及南阳地质矿产技术开发公司对该矿又做了地质普查工作,再次予以肯定。

该伊源玉(根据孟宪松、赵树林,2009)分为蛇纹石玉及闪石玉(软玉)两种。①蛇纹石质玉含蛇纹石(85%～99%)及被蛇纹石交代的方解石、碳酸盐、绢云母等,还含有微量铁质,呈纤维状变晶结构、交代结构、块状构造,呈暗绿色、深绿色、浅绿色、黄绿色、浅黄绿色、浅白色相间黄色或深浅不同的绿色条带,相间形成多彩图案。折射率为1.56,密度为2.62g/cm^3,摩氏硬度为5.5,与岫岩玉相似,可雕性良好。②闪石玉(软玉)含透闪石(97%～99%)及碳酸盐、阳起石等。化学成分:SiO_2含量为56.12%～56.32%、CaO含量为12.82%～15.26%、MgO含量为23.45%～26.13%,其他主要含有微量的Fe_2O_3、Al_2O_3及极微量的MnO、FeO等。呈纤维状变晶结构、放射状变晶结构、毡状变晶结构、块状构造。颜色呈灰白色、浅灰白色或青白色。折射率为1.60,密度为2.91g/cm^3,摩氏硬度为6,微透明或半透明,质地细腻温润,油脂光泽。

玉石矿床赋存于浅海相泥质碳酸盐岩及钙质泥岩,局部夹中基性火山岩的陶湾组中上部变质的蛇纹石化、透闪石化白云石大理岩。蛇纹石质玉为玉矿的主体,闪石玉(软玉)矿体分布在蛇纹石质玉矿体之中。利用本区的蛇纹石质玉及闪石玉皆可加工出各种玉器制品、雕件、挂件、器皿及多种艺术品,伊源石原石如图13-2-12所示。伊源石雕件如图13-2-13所示。尤其是闪石玉与新疆的和田玉相似,加工性能良好,玉器行业老艺人称此玉为"瓷坑玉"。它和白玉的山料同等级也可相媲美。该矿是一个较好的、大有前景的玉石矿区。

十六、台湾七彩玉(Taiwan Qicai jade)

台湾七彩玉因颜色鲜艳多样、光彩夺目故称"七彩玉",在我国台湾当地称其为"绿玉蛇纹石""台湾玉"或"台湾翠玉"。2008年国民党主席连战来大陆时赠给胡锦涛主席"七彩玉制品",因而更负盛名(徐海江、李文宣、王保山,2008)。在偏光显微镜下观察,原岩受蛇纹石化形态多种多样,有纤维状、叶片状、羽毛状、束状、放射状等。

七彩玉颜色有红色、绿色、黄色等,同一种颜色也有不同色调及变化多端的彩色,如同为绿色亦有绿、蓝绿、孔雀绿、苹果绿等色之分。市场上所见者多为人工染色,经过高温处理,故色彩鲜艳而不易脱落。染色后的七彩玉亦很受人们所欢迎(图13-2-14)。台湾七彩玉为前寒武纪的超基性岩及火山岩等经自变质作用而成的中低温热液矿床,为蛇纹石化及绿泥石化、滑石化、黄铁矿化等强烈的蚀变产物。七彩玉石产于台湾的花莲县,位于台湾中央山脉东翼的大鲁阁带东部纵谷接触带内的变质岩系中,是高温高压条件下的强烈的动力变质产物。用其制作的工艺品有瓶、罐、盆、盘,绚丽可观,闻名于世。

图 13-2-12 伊源玉原石

图 13-2-13 伊源石雕件

图 13-2-14 台湾七彩玉

十七、钠长石玉(Albite jade)

钠长石玉在市场上常混入翡翠柜台中销售,因具白色、蓝绿色斑于透明的地子之上,形若泡沫,故有"水沫子石"或"白脑"之称(在翡翠章节中已有叙述及图片)。

（一）化学组成

主要组成矿物为钠长石,常含有少量绿帘石、阳起石、绿泥石、硬玉及绿辉石等。钠长石的化学式为 $NaAlSi_3O_8$。

（二）形态

钠长石为三斜晶系,晶体呈板状或板柱状,可具聚片双晶,晶质集合体,往往成粒状变晶结构,块状构造。

（三）物理特性

常见颜色为白色、灰白色、灰绿色、灰绿白色或无色。呈油脂光泽至玻璃光泽，透明至半透明，光性为非均质集合体。钠长石为二轴晶，光性可正可负，无多色性，折射率为 1.52～1.54，点测为 1.52～1.53，光轴角 2V=（+）77°～83°，无紫外荧光。具{010}、{001}完全解理，摩氏硬度为 6，密度为 2.60～2.63g/cm³，颜色较好的常可作饰品，如图 13-2-15、图 13-2-16 所示。

图 13-2-15　钠长石玉灰绿色项链、褐红色吊坠、绿黑色玉圈

图 13-2-16　钠长石玉戒面

（四）鉴别特征

放大观察，可见纤维或粒状结构。肉眼识别钠长石时应注意其形态、双晶、硬度及解理，也可依此与硬度高、无解理的石英相区别。在透明度好的地子上，常具白色辉石类矿物斑点，蓝绿色斑为角闪石及绿泥石类矿物形成的杂质，这些杂质多呈平行排列，是其特点。但它确实很像翡翠，而钠长石的硬度、密度、折射率都低于翡翠，也没有翡翠的刚强清脆之声。

（五）产状及产地

钠长石主要产于岩浆岩和变质岩中，钠长石玉可产于伟晶岩和火山岩中。钠长石也可产在细碧岩和区域变质的结晶片岩中。也有的是沉积岩中的自生矿物。但它在缅甸产出的则多是赋存于翡翠的围岩之中或与翡翠矿床矿物共生。

十八、独山玉（Dushan jade）

独山玉简称"独玉"，因产于河南南阳，故又称"南阳玉"。又因产于南阳的独山，也有"独山玉"之称。

中国对南阳玉的认识和利用历史悠久，在南阳黄山就曾出土一件距今约 6 000 年的南阳玉玉铲，这是属于新石器时代的产物，后在河南安阳殷墟出土的石器中及在殷墟妇好墓出土的玉器中都有独山玉制作的玉器。据记载，现在独山脚下的沙岗店村，相传汉代叫"玉街寺"，当时就是经销独山玉的地方。北魏郦道元的《水经注》称："南阳有予山……山出碧玉。"现在的独山玉采坑云集,老坑、老洞上千个,足见独玉自古至今开发利用的盛况。

改革开放后,由于地方政府的重视及玉雕工作者们的辛勤努力,独山玉已成为重要的玉雕材料,名扬国内外。参考张建洪、李劲松、孟宪松、吴元全(2005)等学者对独山玉的研究。南阳玉色泽丰富,其俏色摆件及大型雕件不断涌向市场。南阳及其附近的镇平一带已形成我国玉雕之乡,也是我国中华玉文化的研究中心。

(一)化学组成

独山玉主要由蚀变斜长岩组成,为黝帘石化斜长岩。主要组成矿物为斜长石(钙长石 $CaAl_2Si_2O_8$ 可占 50%~90%、黝帘石 $Ca_2Al_3(Si_2O_7)[SiO_4]O(OH)$ 可占 5%~70%,绿帘石 $(Ca_2Fe^{3+})Al_2[Si_2O_7][SiO_4]O(OH)$ 可占 20%~40%,其次为少量绿色铬云母(5%~15%)、浅绿色透辉石(1%~5%),其他有黑云母、电气石及少量的榍石、金红石、铬铁矿、黄铁矿、阳起石(1%)、钠长石(1%~5%)、沸石、葡萄石,次生矿物有绢云母、褐铁矿等。独山玉的化学组成随组成矿物含量的变化而随之稍有差异。几种独山玉的矿物成分见表 13-2-3。

表 13-2-3 独山玉矿物成分及结构构造表

玉种	岩石名称	矿物成分			结构构造	
		主要矿物	次要矿物	微量矿物	结构	构造
白独山玉	细粒斜长岩	斜长石 85%~90% 黝帘石 15%~10%	透辉石 1% 绿帘石 5%	榍石微量 方解石 1% 绢云母 1%	溶蚀交代	块状弱定向放射状
绿独山玉	铬云母化斜长岩	斜长石 85%	铬云母 5%~10% 钠长石 1%~5% 黑云母>1% 绿帘石<1%	榍石 1%~3% 沸石及金红石微量	溶蚀交代等粒	块状弱定向条纹状条带状
绿白独山玉	透辉石强黝帘石化斜长岩	黝帘石 70% 斜长石约 20% 钠长石少量	透辉石 5% 阳起石 1%	沸石少 榍石 1%~3% 葡萄石和方解少量	溶蚀交代残余糜棱碎裂	块状弱定向
紫独山玉	黑云母化斜长岩	斜长石 90% 黝帘石 5% 钠长石少量	黑云母 1% 阳起石>1% 绿帘石<1% 电气石<1%	榍石<1% 褐铁矿微量	溶蚀交代斑状	块状条带状
黄独山玉	绿帘石黝帘石化斜长岩	斜长石 70%~75% 绿帘石和黝帘石共 25%~30%	阳起石少量	榍石少量	显微花岗变晶	块状
青独山玉	辉石斜长石	单斜辉石 80% 斜长石 20%	透辉石>5% 黝帘石少量	榍石少量 黝帘石少量	辉长交织	块状弱定向
杂独山玉	含黑云母铬云母斜长岩	斜长石 80% 钠长石 1%~3%	铬云母 10% 黑云母 1%	榍石<1% 金红石微量 绿帘石微量	溶蚀交代残余碎裂粒状	块状弱定向

（二）形态

晶质集合体，呈致密隐晶质结构，条带状、斑块状、细粒致密块状。

（三）物理特性

独山玉因组成的成分很复杂，各成分之间的比例不尽相同，另外致色色素不同（表13-2-4）。所以形成的颜色等物理性质也有所差异。独山玉常有不同色调的白、绿、蓝、红、紫、黄、青、黑等色。其颜色又往往为过渡色或混合色，一般有白色及带灰的白色者谓白独山玉，主要由白色斜长石及黝帘石组成斜长石岩。白绿独山玉，呈翠绿色或蓝绿色，以斜长石和黝帘石为主，但常常是绿帘石化的斜长岩。黄色者也是以斜长石为主并有黄绿色的绿帘石、黝帘石和楣石、阳起石等，黄色与 Fe^{2+} 有关。紫色独山玉也是以斜长石为主，并含有少量钠长石和黝帘石，紫色与 Fe^{3+} 有关。绿色独山玉呈翠绿色或蓝绿色，主要是由斜长石和铬云母组成，绿色和铬有关。独山玉的红色部分可能与 Ti^{4+}、Mn^{2+} 有关。看起来翠绿很像翡翠绿色，但是为片状铬云母结构，而不是纤维状硬玉。杂色独山玉，则是以斜长石为主，含少量钠长石、铬云母、黑云母。黑色者为黝帘石、角闪石等所致。独山玉大部分为半透明至不透明或微透明，质地尚细腻，玻璃光泽至油脂光泽。粒状结构，在正交偏光镜下无消光位，折射率因组成矿物的不同而异，一般为 1.56～1.70±。多为致密块体，抛光后非常光亮，滑腻宜人。利用好颜色的变化，俏色、精工细雕，将会出现优美的作品。图13-2-17为独山玉雕件。紫外荧光下荧光无至弱，有的呈蓝白色、褐黄色、褐红色。

表 13-2-4 独山玉颜色与致色元素关系表

玉石种类	颜色	光谱分析结果（%）							
		Fe	Ti	Cr	Mn	Ni	V	Co	Zn
白独山玉	白色	≤1	×	×	≤0.01	×	×	×	×
绿白独山玉	淡绿色	0.5	0.2	≤3	0.03	0.001	×	×	×
黄独山玉	淡黄色	0.3	0.3	≥1	0.03	0.001	0.001	×	≤0.01
绿独山玉	深绿色	1	0.5	>1	0.03	0.001	×	≤0.003	≤0.01
紫独山玉	深紫色	1	≤1	>1	0.03	0.001	×	≤0.003	≤0.01

图 13-2-17 独山玉雕件及饰品

无解理，断口不平坦，摩氏硬度为6～7，密度为2.70～3.09g/cm³，一般为2.90g/cm³。抗压强度为16.8kg/mm²，抗拉强度为1.8kg/mm²，耐火度为1593℃。

（四）鉴别特征

放大观察，可见细粒状结构，蓝色、蓝绿色或紫色色斑。

独山玉颜色各种各样，在同一块玉石上即可出现白色、绿色、褐色、墨绿色，而且颜色之间界线比较明显。独山玉呈细粒状结构，与相似玉石的区别如下：

（1）与翡翠的区别在于翡翠为纤维变晶结构，独山玉为粒状变晶结构；翡翠绿色呈带状、线状分布，因绿色是由纤维状硬玉组成，而独山玉的绿色由粒状绿帘石集合体组成而呈团块状；独山玉的密度和折射率也低于翡翠。

（2）独山玉与软玉的区别：软玉呈油脂光泽，独山玉一般为玻璃光泽至油脂光泽；独山玉质地细腻程度比软玉差，颜色分布也较软玉杂，软玉颜色比较单一，分布也较为均匀。

（3）独山玉与石英质玉比较：独山玉的折射率高于石英岩质玉；石英岩质玉主要呈绿色，颜色比较均匀，界线无明显突变，独山玉则颜色杂而乱，且各颜色之间有明显的界线。

（4）独山玉与蛇纹石质玉的比较：独山玉的密度、硬度及折射率都比蛇纹石质玉及碳酸盐类玉石高；碳酸盐类玉石都遇酸起泡，而独山玉无此反应；蛇纹石质玉多黄绿色，而独山玉则颜色杂乱。独山玉与相似玉石的物理性质对比见表13-2-5。

表 13-2-5 独山玉与相似玉石的物理性质对比

名称	颜色	折射率	相对密度	摩氏硬度	结构特征	其他
独山玉	白色、绿色、褐色及杂色	1.56～1.70	2.90	5.5～6.4	粒状结构	色杂不均匀
翡翠	绿色、红色、紫色、黄色、白色	1.66	3.33	6.5～7	变斑晶交织结构，韧性大，有翠性	颜色不均，光泽强
软玉	白色、绿色、黄色、墨绿色	1.62	3.00	6～6.5	毛毡状结构，韧性大，无斑晶，质地细腻	颜色均匀，油脂光泽
岫玉	白色、翠色、黄绿色、黄色	1.55	2.60	2.5～5.5	纤维状网格结构，性脆	颜色均一，油脂光泽
钙铝榴石	白色、翠绿色、暗绿色	1.71	3.60	7～7.5	粒状结构，绿色呈点状嵌在白底上	颜色不均，光泽强
水钙铝榴石	浅黄绿色、绿色	1.69	2.90	6.5～7	粒状结构，有较多黑色斑点和斑块	颜色均一，油脂光泽
葡萄石	深绿色、黄绿色、黄色、白色	1.63	2.87	6～6.5	放射状纤维结构或细粒状结构	颜色均一
绿泥石	绿色、墨绿色	1.57	2.70	2.5	有时见小片状矿物，质地细腻	硬度很小，蜡状光泽

续表 13-2-5

名称	颜色	折射率	相对密度	摩氏硬度	结构特征	其他
东陵石	褐红色、蓝绿色、灰绿色	1.54	2.66	7	可见闪光的铬云母片状矿物，粒状结构	硬度大
澳玉	绿色、浅绿色	1.54	2.60	7	质地细腻，缺少翠性	蜡状光泽，颜色均一
密玉	黄色、绿色	1.54	2.60	7	质地细腻，缺少翠性	蜡状光泽，颜色均一
天河石	淡绿色、天蓝色	1.53	2.56	6～6.5	细粒状结构，可见钠长石小条纹	颜色不均一
符山石	绿色、黄绿色	1.72	3.32	6.5～7	放射状结构，可见钠长石小条纹	颜色均匀
霞石	绿色、白色	1.53	2.60	5.5～6	粒状结构	颜色均一
硬钠玉	鲜绿色	1.53	2.70	6.5～7	角砾状结构，裂纹多	翡翠的围岩
大理岩	白色、绿色	1.48	2.70	3	粒状结构	遇盐酸起泡

（五）独山玉的评价

一般根据独山玉的颜色、质地和块度分级。

(1) 特级品：单一的绿色、翠绿色、绿白色，质地细腻，无裂纹、杂质，块重大于 20kg。

(2) 一级品：白色、绿色、乳白色，色泽鲜艳，无杂质、裂纹，块重大于 5kg。

(3) 二级品：干白色、绿色或杂色，色泽鲜艳，无杂质、裂纹，块重大于 3kg。

(4) 三级品：颜色复杂而色泽较鲜艳，稍有杂质、裂纹，块重 1～2kg。

(5) 1kg 以下，色杂而暗淡，有明显的裂纹而杂质较多，属普通较差品种。

（六）产状及产地

产地为中国河南省南阳市郊区的独山，其产状如下。

(1) 河南南阳市独山玉矿区位于东秦岭造山带、秦岭褶皱带东部南阳断裂边缘。区内岩浆活动发育，独山玉矿脉主要赋存于独山东西两侧断裂带的次闪石化辉长岩或次闪石化糜棱辉长岩、斜长岩及次闪石化伟晶辉长岩中。

(2) 玉脉受构造控制，矿体呈脉状、透镜状、网状、窝状、树枝状或不规则状，属高中温岩浆热液矿床。

(3) 为斜长岩岩浆期后热液充填交代辉石－辉长岩，及斜长岩后期的张力裂隙在中温低压下形成玉石。

此外，新疆西准噶尔地区和四川雅安地区也有与独山玉相似的玉石被发现，呈绿色、绿白色、白色，具玻璃光泽，不透明，质地较为细腻，分别产于超基性岩及蛇纹岩与火山岩交界处。准噶尔产的也称"独山玉"，雅安产的则称"雅翠"。

十九、蓝纹石（Blue-veins stone）

蓝纹石是1980年四川省地质矿产勘查开发局在四川省所发现的玉石品种。它是一种"方钠石化磷霞岩"。在其块体上，可见蓝色云雾状条纹，故称为"蓝纹石"。

（一）化学组成

蓝纹石主要是由钙霞石、方钠石和磷灰石组成，也称"钠长石化磷霞岩"。其中的钙霞石含量约占40%～60%，方钠石含量可占10%～20%，含有少量钛辉石，也有的含有白云母和黄铁矿等。

（二）物理特征

蓝纹石呈浅蓝色、墨水蓝色、灰色至灰蓝色。颜色很不均匀。在灰白色基底上，具有云雾状、不均匀的带状或斑块状色斑，为玉石中所含少量钛辉石，已蚀变成黑云母，故使玉质具黑色斑点和云母片闪亮发光。一般呈致密块体，油脂光泽，局部有明显的构造碎裂现象。摩氏硬度为5.5～6。

（三）鉴别特征

蓝纹石有些像青金石，但蓝纹石的颜色不如青金石那样浓蓝，也不含方解石和较多黄铁矿。只因有方钠石而呈蓝色，具霞石而呈灰白色，黑色斑点是由黑云母造成，可作鉴别依据。

（四）产状及产地

蓝纹石产于四川旺仓县元古宇白云质大理岩中的碱性杂岩，为其中的一种岩脉。当前作为蓝色玉石开采。另外在新疆拜城黑英山一带的碱性伟晶岩中也有发现。

二十、青金石（Lapis lazuli）

青金石源于波斯语"Lazhward"，意指"蓝色"。传说青金石是一种古老神圣的玉石。

章鸿钊先生在《石雅》中转引Kunz所说："青金石色相如天，或金屑散乱，光辉灿灿，若众星之丽于天也。"青金石自古以来为人们所喜爱，早在公元前6 000年就已被开发利用，古印度、古波斯、古埃及都把青金石列于黄金和其他珍宝之前，人们把它当作祭司和法老的祭神品。在古代的两河流域，青金石被视为上等珍宝和治疗忧郁症的良药。巴比伦国王曾将青金石作为贡品赠给埃及国王，故甚有名气。

在中国古代称青金石为"琉璃""瑾瑜""金精""璧琉璃"等。《汉书·西域传》称："陟宾国出珠玑、珊瑚、虎魄、璧流离。"《后汉书·西域传》记载了"大秦国有夜光璧、明月珠……琥珀、琉璃。"其他如《北史》《随书》《唐书》等书中也都有有关"琉璃"的记载。清朝四品官的朝服顶戴为青金石。古代青金石还用作颜料，如敦煌莫高窟、新疆千佛洞自北魏到清代的壁画、彩塑很多都是用青金石作颜料的。几百年来青金石美丽的蓝色备受青睐。1828年前人们用它制造群青颜料，后来群青颜料改由人工合成。

按青金石颜色深浅不同，可将青金石质玉分为：①深蓝色青金石；②天蓝色青金石；③紫蓝色青金石；④绿蓝色青金石等。

按矿物成分、色泽及其他工艺美术特征、质地等将青金石质玉分为：①青金石玉，其中青金石矿物含量占99%以上，无黄铁矿，杂质矿物很少，色泽浓艳、均匀、深蓝、天蓝色者最佳；

②青金,青金石矿物含量占 90%～95% 以上,无白斑,含少量稀疏的黄铁矿星点,质地较纯,色泽浓艳,呈均匀的深蓝、天蓝、翠蓝、藏蓝等色,属青金石质玉石中的上品;③金格浪,含密集的黄铁矿,有白斑或白花,杂质多,呈深蓝、天蓝、翠蓝、藏蓝、浅蓝等色,不太浓艳、均匀,属普通级品;④催生石,古代说传青金石可帮助妇女催生,青金石矿物含量少,一般不含黄铁矿而含大量方解石,玉石上仅见蓝点,或白色、蓝色斑混杂。方解石为主者称"雪花催生石",属质量较差者,少数可作玉雕材料。

青金石是由几种矿物组成的宝石材料,属于似长石矿物类,含方解石、黄铁矿和少量的辉石、角闪石和云母。通常工艺美术上所用的青金石常不是一种矿物,而往往是以青金石为主的岩石,应称为"青金石岩",所以青金石的一些物理性质与青金石岩稍有差异。

(一) 化学组成

青金石的化学式为 $(Na,Ca)_8(AlSiO_4)_6(SO_4,S,Cl)_2$。青金石主要含有少量黄铁矿、方钠石、蓝方石及少量方解石,有时还含有透辉石、云母、角闪石等。

(二) 形态

青金石属等轴晶系。晶体通常可为菱形十二面体(很少见到),一般多为致密集合体状、粒状、块状等。图 13-2-18 为青金石柱状体及原石。

(a) 青金石柱状体

1:10
(b) 大块青金石原石(西安王镭收藏)

图 13-2-18　青金石原石及工艺品

(三) 物理性质

抛光面为蜡状光泽至玻璃光泽,次半透明至几乎不透明。颜色为中至深蓝色至紫蓝色,常与呈金属光泽的黄色黄铁矿和白色方解石、墨绿色透辉石、普通透辉石等矿物共生形成色斑,显示斑点或纹理。有一种"Persian Lapis"波斯青金石,指强烈的暗彩色、略带紫的蓝色、浅紫蓝色的材料,且无或含极少黄铁矿,无方解石为优质品,最早发现于波斯而得名。还有一种"Chilean Lapis"智利青金石,含有大量方解石,常呈微绿色、蓝色、带白色斑和绿色色调。

青金石为均质体。折射率约 1.50,含有方解石时可达 1.67。对短波紫外光发弱至中等绿色或黄绿色荧光,而方解石部分对长波紫外光发出粉红色荧光。无特征吸收谱线。

{110}解理不完全。呈粒状至不平整状断口。摩氏硬度为 5～6,密度为 $2.75±0.25$ g/cm³,由各矿物含量而定,白色至浅蓝色纹理。在查尔斯镜下呈褚红色。

(四) 鉴别特征

方钠石密度及折光率低于青金石,天蓝石、蓝铜矿的密度、折射率高于青金石,可以区别。

与蓝色含蓝线石的石英岩（东陵石）可以青金石含黄铁矿不同于蓝线石相区别。有些青金石像染色碧玉，但染色碧玉中无黄铁矿、折射率也高（$N=1.53$），密度低（$2.6g/cm^3$）、在查尔斯滤色镜下不呈褚红色，故易于区别。与烧结合成尖晶石和玻璃易相混淆，鉴别方法是对其折射率、密度、荧光特性及查尔斯滤色镜下的颜色，是否有黄铁矿包体等进行综合测定以区别之。

（五）优化处理

（1）浸蜡或浸无色油。用热针检测可见有蜡或油析出。

（2）染色处理。在缝隙中可见染料，用丙酮、酒精或稀盐酸可擦掉染料或有蓝色沾染于擦试的棉签上。含有方解石的青金石常被染色而呈均匀蓝色。某些染料可用醋酸等溶剂来检测，有的用蜡涂于表面。这可再用热针检测，方解石遇酸也会起泡识别之。

（3）黏合处理。把一些劣质青金石破碎后用塑料黏合而成。可用热针触及时发出塑料气味，放大观察也会看出有碎块结合现象予以识别。

（六）产状及产地

青金石是产于晶质石灰岩中的一种稀有矿物，产于接触交代的矽卡岩型矿床。最好的青金石产于阿富汗的巴达克尚（Badakshan）省的考葛查（Kokcha）山的碳酸盐岩中，长期以来被认为是世界上最有名、最优品质的青金石，至今还在开采。所产深蓝色青金石称"尼伊利"；其次为天蓝色和淡蓝色的，称"阿斯玛尼"；再次为绿蓝色的，称"苏凸西"，质地皆甚佳。著名产地还有俄罗斯的滨贝加尔、南部的小贝斯特拉，和帕米尔西南部的利亚只瓦尔达雷，所产青金石含少量黄铁矿及方解石脉，质量很好；智利的安第斯山脉所产青金石含白色方解石较多，颜色呈绿色色调，矿体产于含透辉石、方柱石的大理岩化石灰岩中。其他产地有意大利的维苏威火山岩和其他熔岩中，以及加拿大、美国的加州、缅甸等地。

中国的青金石据说近十几年来在西昆仑地区的伟晶岩与大理岩的接触带上见有紫蓝色、蓝色的青金石存在，另外在西藏那曲地区亦有发现，当地开采用于制药。图13-2-19为青金石大型雕件及饰品。

(a) 青金石大型雕件　　　(b) 青金石玩赏球　　　(c) 青金石胸坠

图13-2-19　青金石大型雕件及饰品

[附] 青金石的合成品及仿制品

20世纪50年代德国已出现仿制青金石，到1974年已有上市。迄今为止最常见的有以下几种。

(1) 吉尔森用化学沉淀法制出，具有与天然青金石相同的成分和结构。可称它为"人造青金石"，也有人称它为"合成青金石"。实际上它是一种仿制品，可含有少量方解石和少量的黄铁矿，颜色是均匀的，深蓝色至紫蓝色。有黄铁矿存在时，它们呈细粒均匀分布，周围无蓝色晕环，在反射光下，表面呈许多深紫色小斑点。天然的青金石则常有白色方解石和黄铁矿，分布不规则，黄铁矿周围还常有深蓝色晕环。合成青金石为晶体集合体，不透明，所含黄铁矿具尖棱角。折射率为1.53～1.55，摩氏硬度为5～6，密度为$2.83±0.10g/cm^3$，深蓝色纹，对长波、短波紫外光呈惰性。盐酸能迅速与之作用，放出硫化氢（"臭鸡蛋"）气味，测试点变白。

(2) 据有关资料记载，真正的合成青金石是由加拿大的一家公司合成的。方法是在真空中加热方钠石或霞石等矿物，再在特定气体中与含硫矿物一起加热、加压而成。但其方法繁琐，成本高，并未上市。

(3) 我国生产的是用炝色的岫玉，仿青金石为人工炝上蓝色，颜色一般为浅蓝，无黄铁矿呈现，摩氏硬度为4.5（较低），易识别之，可称"炝色青金"。

(4) 用蓝色玻璃仿青金称"料仿青金"，为以铜粉仿青金石中的黄铁矿，可用玻璃的贝壳状断口和青金石的粒状结构的不平坦断口，以及玻璃具有涡漩状纹、气泡、铸模痕迹等加以区别。

(5) 市场上还有青金石的仿制品如染色石英、方解石、石灰岩等，称作"瑞士青金石"，这种材料不含黄铁矿包裹体，折射率为1.54。

(6) 烧结合成尖晶石颜色与青金石类似，往往是用钴盐着色，谓"着色青金石"，但折射率为1.725，密度为$3.50g/m^3$。它采用金或铜模仿青金石中的黄铁矿包体。

(7) 有利用陶瓷工艺，将粉料烧结的仿制品。

(8) 有用天然青金石碎粒和粉末加钴烧结而成的再造青金石。

(9) 有用方解石、蓝方石作为代用品的。这些皆可以密度、折光率及光学性质区别之。

二十一、硅孔雀石（Chrysocolla）

硅孔雀石的名称是两个希腊词，表示"金子"和"胶"的意思。类似材料的名称指 Solder Gold。Eilat Stone 是根据它的产地命名的。

硅孔雀石是一种蓝绿色至绿色的宝石矿物。它本身硬度低，故不能当宝石使用。能作宝石使用的硅孔雀石是一种含有硅孔雀石的带状玉髓。而硅孔雀石主要是作黏合宝石材料之用，因它显现带纹玉髓的性质。这里的资料仅是关于纯硅孔雀石的性质描述。

（一）化学组成

硅孔雀石的主要成分为含水硅酸铜$(Cu,Al)_2H_2Si_2O_5·(OH)_4·nH_2O$，但 Cu、Si 和 H_2O 的含量有较大的变化范围，可含少量 Fe 和 P 等杂质。

(二)形态

硅孔雀石常呈无定形胶体状,隐晶质,为单斜晶系,呈显微针状,致密块状或胶状集合体,呈钟乳状、皮壳状,有时也有土状,多作致色剂存在于玉髓中。

(三)物理特性

玻璃光泽至油脂光泽,含有杂质多者为土状,通常含有珐琅般的外观,半透明至不透明,颜色通常是蓝色—绿色,含杂质铁、锰多时显棕色至黑色。二轴晶负光性,折射率为 1.461～1.570,点测 1.50±,双折率为 0.006,用作珠宝材料的硅孔雀石折射率为 1.53～1.56(该性质与带纹玉髓有关)。一般无紫外荧光,吸收光谱也不特征,无解理,断口不平整至贝壳状。摩氏硬度为 2～4,混有较多的硅质时硬度为可达 6±,密度也变为 2.0～2.45g/m³,甚至高达 2.8～3.2g/cm³,性脆。硅孔雀石原石如图 13-2-20 所示,其戒面如图 13-2-21 所示。

图 13-2-20　硅孔雀石原石　　　　图 13-2-21　硅孔雀石戒面

(四)鉴定特征

放大观察,具隐晶质结构。根据其较低的硬度、密度和折射率,可以将硅孔雀石和与其外表相似的矿物相区别。它参与组成可作宝石用的埃拉特石(Eilat Stone),这是因含孔雀石而呈绿色的岩石,是由硅孔雀石、绿松石和孔雀石等组成的。颜色从斑状蓝色至绿色,密度为 3.00±0.02g/cm³。

硅孔雀石的红外图谱如图 13-2-22 所示。

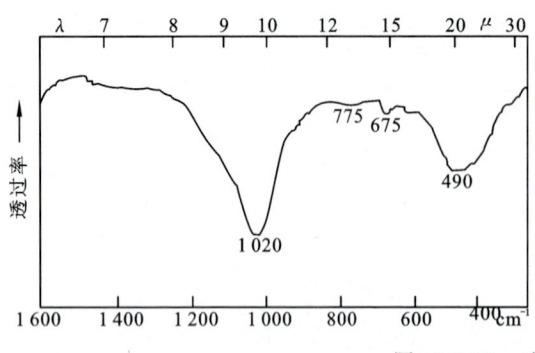 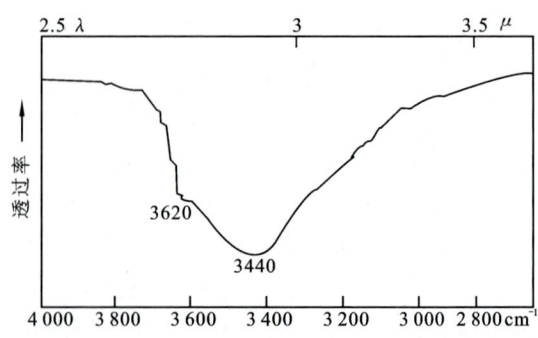

图 13-2-22　硅孔雀石的红外图谱

(五)产状及产地

硅孔雀石是一种在铜矿床中发现的次生矿物,产于铜矿床氧化带,与蓝铜矿、孔雀石、赤铜矿和自然铜伴生。最初发现于红海阿格拉湾埃拉特而得名。著名的产地是美国的内华达州和爱达荷州马卡依,亚利桑那州和新墨西哥州等,其他产地还有俄罗斯、墨西哥、以色列、扎伊尔和智利。我国北京西山有绿色硅孔雀石,但产量极少。新疆也产有天蓝色、粉绿色的硅孔雀石。我国台湾产的硅孔雀石俗称"台湾蓝宝"或"水晶翠"。

第三节 磷酸盐质玉

绿松石(Turquoise)

绿松石又名"土耳其玉",人们对它开发利用的历史悠久。据考证早在远古时代,古埃及人就在西奈半岛开采绿松石矿藏。在公元 6 000 年前的埃及皇后 Zer 木乃伊手臂上的 4 只包金绿松石手镯,被认为是世界上最珍贵的绿松石艺术品,在 1900 年把它发掘出来时还光彩夺目。在国外,人们常把绿松石当作幸福、吉祥的象征,将其视为能避邪躲灾之物。有传早晨第一眼看到绿松石的人,将一天行好运。

中国历史考证,早在原始社会的母系氏族社会时期,已有绿松石饰品。在青海大通孙家寨原始社会墓地出土的 5 000 年前的器皿中,就有绿松石饰物。公元 13 世纪末,意大利马可波罗来到西藏,曾亲眼看到藏族妇女佩戴绿松石做的饰品。据考证"绿松石"一词最早见于清代文献《清绘典考图》,载有"皇帝朝珠杂饰:日坛用珊瑚,月坛用绿松石"。章鸿钊在《石雅》中谓"此或形似松球,色近松绿,故以为名"。相传古代波斯盛产绿松石,常经土耳其输入欧洲,故人们称之为"土耳其玉"。我国元代文献中,绿松石被称为"甸子"。据章鸿钊考证,我国元代以前的绿松石有"碧殿""碧甸""琅玕""瑟瑟"等名称。

(一)化学组成

绿松石的化学式为 $CuAl_6(PO_4)_4(OH)_8 \cdot 5H_2O$。绿松石为铜和铝的含水磷酸盐,铁可以代替铜,变为浅绿色。绿松石中还常有石英、高岭石、磷铝矿、褐铁矿及沥青中的黑色固体组分等。

(二)形态

绿松石为三斜晶系,晶体极少见,偶尔可见柱状小晶体。多呈隐晶质非晶质集合体,呈块体或皮壳状、瘤状、结核状、脉状产出。块体中经常可以见到黑色沥青质线纹,呈丝网状称"铁线",见图 13-3-1。

(三)物理特性

绿松石呈蜡状光泽至玻璃状光泽,晶体次半透明至不透明。块体颜色变化范围为:从浅色到中等蓝色、蓝绿色、绿蓝色至绿色。波斯产的绿松石颜色鲜艳,次半透明、均匀、中等蓝色、表面光滑;而美国或墨西哥产的绿松石不透明,呈浅蓝色、绿蓝色至蓝绿色。我国湖北产的绿松石多呈天蓝色、淡蓝色、绿蓝色、绿色、带蓝的苍白色,在颜色均一的块体上常呈现分布不均的白色条纹、斑点或黑色铁线。埃及产的呈现微小圆形蓝色斑点。绿松石的蓝色可因铜的存在而产生,也有人认为与有机成因氨与铜的共同存在有关。绿松石水含量影响颜色,可

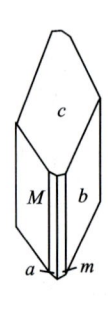   

(a) 绿松石晶体　　(b) 绿松石块体　　(c) 带铁线的绿松石　　(d) 葡萄状绿松石原石

图 13-3-1　绿松石晶体及原石

因脱水而使蓝色变绿。绿松石的绿色与铁离子置换铜和铝有关，含铁量高者颜色显黄绿色。

二轴晶正光性，$2V=40°$，折射率 $N_p=1.610$、$N_m=1.620$、$N_g=1.650$，测定致密的绿松石时，折射仪的读数多为 1.61 或 1.62（点测），淡蓝色绿松石多为 1.62~1.63，含铁高者为 1.62~1.65，白色已受风化者多为 1.61~1.62。

绿松石对短波荧光呈惰性，对长波荧光呈无至弱或者发微弱的绿黄色至蓝色荧光。其吸收光谱有时在 432nm 和 420nm 处显示两条弱的吸收谱带，前者的吸收谱带比后者的稍强一些，有时可以观察到在 460nm 处有一条弱的吸收谱带。图 13-3-2 为绿松石的吸收光谱。图 13-3-3 为绿松石的红外图谱。

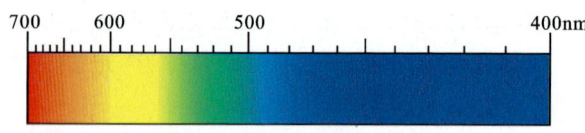

图 13-3-2　绿松石的吸收光谱

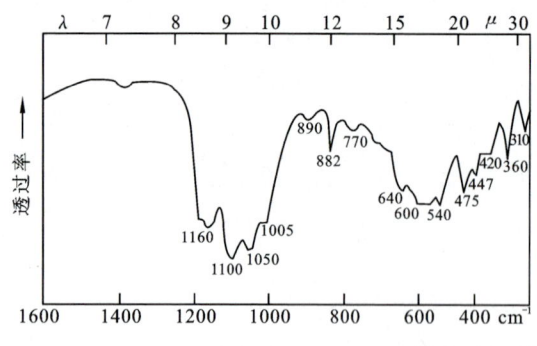 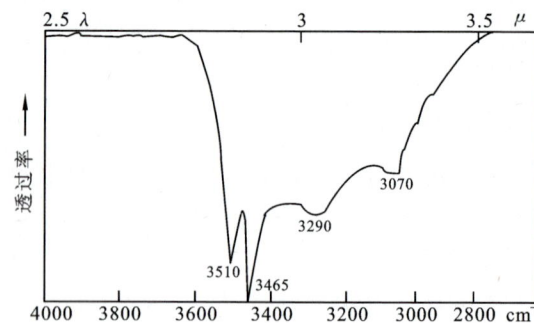

图 13-3-3　绿松石的红外图谱

断口呈贝壳状或粒状，摩氏硬度为 5~6，风化后的白泡料（受风化的绿松石变为白色，称"白色料"），硬度可降低到 3±，密度为 $2.76(+0.14,-0.36)\text{g/cm}^3$。这些性质均随其致密程度的不同而异。即多孔隙者硬度、密度自然会降低，断口变为粒状。

绿松石晶体细小，在 3 000× 电子显微镜下观察，可见到 1~5μm 的针状小晶体，故其质地十分细腻,在优质的绿松石抛光面上,可呈现瓷釉般的光滑;劣质的松石多孔,质地较粗糙。

(1) 按结构构造分为如下品种。

① 成晶体透明的绿松石块度往往很小,成粒状,一般磨不出大于 1ct 的饰品。

② 块状绿松石包括团块状、结核状、致密块状的绿松石,它还常带有黄褐色、黑褐色外皮,致密、硬度稍大($H \geqslant 5$)者抛光面光亮如瓷,称"瓷松",为制作首饰、玉雕的主要材料;而团块状不致密硬度稍低($H < 5$ 以下者),为风化较厉害的绿松石,较好的块体有的还可以用于雕塑材料。

③ 白泡料为白色、疏松、质地低劣,有"泡松"之称。这种绿松石不能用于首饰或雕刻,只能作优化处理的原料,价格低廉,经人工着色、注蜡、注胶,充当天然绿松石或仿绿松石。

④ 铁线绿松石为绿松石与黑色铁质、沥青质共生,在绿色绿松石的表面上布满黑线纹饰,一般不太影响美观,仍可作首饰材料之用。

(2) 按产地划分,各地所产的绿松石也不尽相同。其品种如下。

① 中国湖北产绿松石,呈天蓝色、淡蓝色、绿色、月白色。颜色均一,结构致密,瓷状光泽、蜡状光泽,摩氏硬度为 5.1~5.5,密度为 2.2~2.85g/cm³,一般是 2.7g/cm³,属优质绿松石。

② 波斯绿松石产于伊朗,具中至深天蓝色,孔隙小,质地细腻,光泽强,密度略高,亦属优质者,有的品种具较多的黑蜘蛛网状线及黑褐色花纹。

③ 美国和墨西哥绿松石颜色差别较大,好的呈蓝绿色和绿蓝色,质地差的由白色至淡蓝色,更差的孔隙多、质地松散。一般均需经过人工处理。

④ 埃及产绿松石呈蓝绿、黄绿色,具深蓝色斑点,质地较细腻,但颜色较差。

⑤ 美国弗吉尼亚州产的透明绿松石为天蓝色透明绿松石晶体,是绿松石中的珍品,极为罕见。

⑥ 英国康维的里斯开拉达地区产的晶质绿松石为蓝色绿松石小晶体,呈矿巢状产出。

⑦ 美国产的铁绿松石,又称"磷铜铁矿",化学式为 $CuFe_6^{3+}(PO_4)_4(OH)_8$,含铁很多($Fe_2O_3$ 可到 $5\% \pm$)。其颜色较浅,密度为 3.1g/cm³,折射率为 1.83~1.93,相对较高。

⑧ 骨齿绿松石为骨绿松石和齿绿松石。骨绿松石是古代生物骨骼,为磷酸亚铁(蓝铁矿)部分交代而成,呈美丽的蓝色。开采出来的多呈灰蓝色,往往是经过热处理后用作宝石,但也有人用铁的磷酸盐着色处理,则成为仿制品。如果是古代大型兽类动物(如古象等)的牙齿被亚铁所交代则成齿绿松石。这种齿绿松石也有人工着色处理,或为用焙烧浸入热硫酸铜溶液中制取的仿制品。原产地如法国克雷兹省及俄罗斯西北利亚等地,为骨绿松石产地。这类绿松石在我国西安交通大学 1958 年的一建筑工地上也曾与蓝铁矿一起挖出过。绿松石饰品及雕件如图 13-3-4 所示。

(四) 鉴别特征

绿色的含铁绿松石与天然的磷铝石相似,但磷铝石的密度和折射率低。由于铬的存在,磷铝石通过查尔斯滤色镜时显粉红色,而绿松石因有铜而显蓝色并因有铁的杂质而显绿色。

绿松石通常含有棕色的褐铁矿或黑色燧石般的小块,有的有沥青纹脉,在宝石贸易中,具有网状脉石纹理的绿松石称为"蜘蛛网绿松石"。在美国产的绿松石中,黄铁矿和石英包裹体甚为常见。

(a) 绿松石雕件

(b) 绿松石手链

(c) 绿松石戒面

(d) 绿松石鼻烟壶

图 13-3-4　绿松石的雕件及饰品

（五）绿松石与相近似矿物的对比

（1）与硅孔雀石的区别在于硅孔雀石的折射率低（$N=1.50$）、密度小（$2\sim2.5\mathrm{g/cm^3}$）、硬度也小（$2\sim4$）。

（2）与人工处理的绿松石比较，人工处理过的绿松石如滴一滴氨水苯胺染料即被漂白；注油或注蜡的绿松石，如将热针靠近，在放大镜下可见到蜡被熔化的现象，有流动的蜡或油出现，对于注入塑料的绿松石就会有难闻的塑料气味。这类热针试验时间要短（约 3s），时间稍长，绿松石就会受热而变色。

（3）对貌似绿松石的染色玉髓可以折射率低（$N=1.54$），有时可见环带构造，在查尔斯滤色镜下呈现粉红色区别之。

（4）用铁磷酸盐着色的牙齿和骨骼化石，在日本称"齿绿松石"。也有用磷铜铁矿、羟硅硼石、水磷铝钠石等作为天然绿松石的代用品，这应属仿制品，是仿绿松石，其质地与绿松石完全不同，可以物性、形态区别之。

（5）对人工合成绿松石，因其天蓝色、颜色均一，在 $50\times$ 放大镜下可见绿色球状结构以区别之。与绿松石相似玉石的区别、物性对比见表 13-3-1。

（6）压块绿松石为将小块或碎块绿松石压制在一起，加胶（环氧树脂）黏合处理，再切割、打磨抛光成为成品。最常见的是绿松石蛋、手镯。碎块拼嵌易识别之。绿松石的红外图谱如图 13-40-3 所示。

（六）分级

国际宝石界根据绿松石的颜色、质地、块度，将绿松石分为四级。

表 13-3-1　绿松石与相似矿物的对比

名称	折射率近似值	密度/g·cm^{-3}	吸收光谱	其他特征
绿松石	1.62	2.60~2.90	荧区中两条黑线	有白色斑点或褐色铁线
合成绿松石	1.60	2.7	无吸收线	50倍镜下观察有球粒结构
注胶绿松石	1.45~1.56	2.0~2.4	荧区中有两条黑线	热针触及3s有异味
染色绿松石	1.62	2.60~2.90		用氨水可以漂白
注油浸蜡绿松石				用热针靠近,油蜡溶化
玻璃				有气泡
染色的塑硅硼钙石	1.59	2.50~2.57	绿区中有宽带	
磷铝石	1.58	2.4~2.6	红区中有两条线	
天蓝石	1.62	3.1		
硅孔雀石	1.50	2.0~2.5		硬度3.5
染色玉髓	1.54	2.65		查尔斯滤色镜下呈浅红色
染色菱镁矿	1.51~1.70	3.00~3.12		查尔斯滤色镜下呈浅褐色

(1) 一级品(波斯级)。为鲜艳的天蓝色,颜色均一、光泽柔和、无铁线、无裂纹、微透明,表面光亮细腻,为最优级。波斯绿松石、湖北绿松石、美国的优质绿松石属这一级。称波斯绿松石为一级一类。

如果表面具蜘蛛网花纹,称"波斯蜘蛛网绿松石",属一级二类。如含不同程度的铁线时,称"波斯铁线绿松石",则属一级三类。

(2) 二级品(美洲级)。为深蓝色、不透明、光泽稍暗、颜色不鲜艳、无铁线者为二级一类,有细铁线蜘蛛网状者为二类,表面有较多形式和数量多的铁线者为三类。

(3) 三级品(埃及级)。呈绿色或蓝绿色,具蓝色斑,质地较粗或疏松或多孔,铁线多,质量更差。

(4) 四级品(阿富汗级)。呈深浅不一的黄绿色,铁线多者不用于宝石。

也有人将绿松石的硬度分为三级:最硬($H=5\sim6$)者称作"瓷松";较硬者($H=4.5\sim5$)称"硬绿松石";风化较为严重的颜色变浅,硬度为在4以下,称"面松",即市场上的"白泡料",价值最低廉。

(七) 优化处理

绿松石的优化处理主要用于白色松散的白泡料,加以优化处理以提高品质。其方法也有很多。

(1) 浸蜡。为了封住细微孔隙,在表面浸蜡,以加深绿松石的颜色。这可以热针熔蜡,而且密度低,放大观察即可看出浸蜡,受热时间稍长或阳光暴晒会褪色。

(2) 充填处理。注入有色或无色塑料,或加有金属的环氧树脂,添加着色剂,弥补绿松石的表面孔隙,增加绿松石的稳定性,用以改善外观。这种充填品往往密度低,(2~2.48g/cm^3),折射率低(<1.61),摩氏硬度也低(3~4)。如注入的为水玻璃之类,不但可提高

其透明度,而且表面更光滑,密度则较低($2.4 \sim 2.7 \text{g/cm}^3$),热针可熔化其有机物,并有塑料辣味,偶见气泡。也可用红外光谱测定有机物,有 $1\,450 \sim 1\,500 \text{cm}^{-1}$ 的塑料强吸收。或放大观察即见染色特点。

(3) 染色处理。用黑色液状鞋油等材料染色,模仿暗色基质。这可以热针熔化,但现在市场上所见的染色处理的绿松石多为有机染色或无机染色,染过色的绿松石总给人以不自然的感觉,染色颜料多浮在绿松石表面,如在破口处有的还可见到白色或呈浅色的内胎,也有的用氨水擦拭可见掉色现象。放大观察,亦可见染色颜料在微隙中集中的现象。

(八) 产状及产地

绿松石主要产于外生淋滤型矿床。矿床分布在地表上,与含磷和含铜硫化物矿化的风化壳有关。这些岩石可以是时代较新的酸性岩浆岩(如流纹岩、粗面岩、石英斑岩、二长岩和花岗岩),或含磷的沉积岩(如砂岩、粉砂岩、页岩、泥质岩)等。

绿松石是一种于风化的火成岩或沉积岩的裂隙中存在的再生宝玉石矿物。绿松石的历史发源地是伊朗胡齐斯坦省尼沙普尔,这里一直是世界上优质绿松石的著名产地。这里所产的绿松石曾被称作"波斯松石"。埃及西奈半岛也是绿松石的重要产地。其他已知的产地还有乌兹别克共和国、智利北部、中国的湖北省和陕西省、澳大利亚布里斯班附近、美国的科罗拉多州和亚利桑那州、新墨西哥州和内华达州等,都产有比较优质的绿松石。

我国湖北郧县云盖寺矿床的绿松石,是古代襄阳甸子的主要产地之一。它赋存于下寒武统的黑色含碳、含泥硅质页岩和硅质板岩的构造破碎带,矿床呈透镜状或不连续脉状充填在构造裂隙中。绿松石呈结核状、脉状,其中天蓝色、深蓝色者优,草绿色、蓝绿色者次之,它与褐铁矿、高岭石等共生。其他如湖北竹山县、郧西县一直延续到陕西南部安康的白河、平利一带。尤其是陕西白河月儿潭产出的绿松石块大、质优、色蓝、坚硬致密,早在清朝之前就开始开采,最为有名。我国其他还有安徽的马鞍山、新疆的天山、青海的乌兰等地皆盛产之。

(九) 绿松石的保养

绿松石娇艳、怕污染,应避免与茶水、皂水、油圬、铁锈接触,以防顺孔隙渗入,而使绿松石变色。在雕刻制作过程中,环境要保持清洁,不要弄脏。绿松石怕高温,不能用火烘烤,温度过高会使绿松石褪色或炸裂。绿松石在阳光照晒下会褪色或干裂。绿松石遇酒精、芳香油、肥皂泡沫和一些有机物质也会褪色,其饰品也应该尽量不与化妆品、香水之类接触为宜。

一般不用重液或折射油测密度和折射率,因绿松石有的多孔,避免因测试液渗入孔中而影响测试效果。

[附] 合成品及仿制品

由于绿松石是人们长期以来所喜爱的宝玉石,所以其合成品、处理品、仿制品也很多。早在 20 世纪 70 年代即有绿松石的合成品及仿制品,出现有用胶黏合的,也有用制陶工艺烧结的,真正的合成品要算吉尔森公司生产的合成绿松石。它的化学成分和结构都与天然的绿松石一致。当前用化学沉淀法合成的绿松石为多晶体不透明材料,折射率为 $1.60 \sim 1.65$,摩氏硬度为 $5 \sim 6$,密度为 $2.46(+0.14, -0.36) \text{g/cm}^3$。在长波、短波紫外光下均呈惰性,其特征为放大检查可见细小的蓝色小球,亦有黑色至深褐色"蜘蛛状"般的细脉。

另一种广泛使用的仿制品是粉状绿松石,或是具有与绿松石颜色相同的化学物质黏合在塑料中的混合物。这些物质通常具有粒状的外形，能看出其模型的痕迹，当用小刀在其上刻切时，则成切片状而不是粉状落下。多数这样仿制的绿松石含有铜的化合物，在其上面滴一滴盐酸则很快变成黄绿色，而天然的绿松石则不见这种现象。

今将常见的几种仿制品及合成品简述如下。

(1) 吉尔森绿松石。是1972年进入国际市场的人工合成绿松石，其化学成分、晶体构造、折射率、密度等皆与天然绿松石极为相近，但在高倍镜下观察，可见为紧密的小球组成。天然绿松石呈鳞片状结构，与其根本不同。天然绿松石的吸收光谱有432nm的深蓝色吸收谱带，吉尔森绿松石则无此谱图。是否为真正合成品的一些特征，尚有争议，一般肉眼更难以区分。

(2) 再造绿松石。将品质差的绿松石(如白泡料)磨成粉，以树脂、塑料、玻璃等胶合、加颜料染色而成。这种再造绿松石看上去有树脂、塑料、玻璃、胶质的反光，也特别致密，密度和硬度也有所增高，看来也甚为美观，是现在市场上经常出现的一种产品。

(3) 赝品绿松石。它是2004年用菱镁矿或方解石、白云石、赤铁矿等合成的染色品，在市场上经常可见，颜色极似绿松石，但实际为仿制品。

(4) 绿松石玻璃。为以石英、铜的化合物(可能为孔雀石)、碳酸钙、碳酸钠等合成的仿绿松石玻璃制品。据称古埃及时代已开始使用于雕琢，还有的作颜料之用。

(5) 2004年出现的一种新的仿制品，为将有机染料和胶一起压入菱镁矿中，而后又改进为将无机染料压入的新工艺。

(6) 另外一种合成绿松石是用制陶方法生产，将这种物品制成浅蓝色至中蓝色，可以含有细网状的仿制的蜘蛛网状脉，通过显微镜放大，可见蓝色微球体。利用这一点，可以对其加以鉴别。这种仿的绿松石在432nm和420nm处没有吸收谱带，而在天然的绿松石中则在该两处有吸收谱带。

第四节　碳酸盐质玉

一、白云石(Dolomite)

白云石是自然界分布很广泛的矿物，它是组成白云岩和白云质灰岩的主要成分，用作宝石者很少。其透明呈色的晶体可作为收藏及观赏之用。中国新疆产的黄色白云岩，质地细腻，有"蜜蜡黄玉"之称。在市场上多作为小挂件或手玩石出售，也有的雕刻成座件或较大的艺术品(图13-4-1)。

(一) 化学组成

白云石的化学式为$CaMg(CO_3)_2$，成分中的Mg可被Fe、Mn、Co、Zn所置换，其中的Fe又可完全置换Mg(Fe>Mg时称"铁白云石")，偶有Ni、Pb等元素混入。

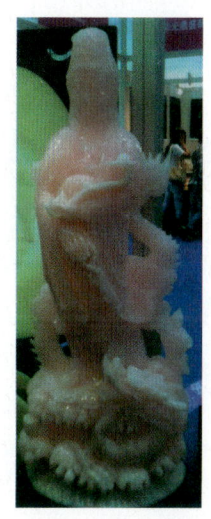

图13-4-1　白云石雕观音(高1.3m)

(广州国辉宝石厂提供)

(二) 形态

白云石属三方晶系，晶体常呈菱面体，有的还可有六方柱及平行双面。单个白云石晶体晶面常弯曲呈马鞍形，可依(0001)、($10\bar{1}0$)、($10\bar{1}1$)、($11\bar{2}0$)、($02\bar{2}1$)形成双晶。后者双晶纹平行白云石晶体解理面的长、短对角线。集合体呈粒状或致密块状、肾状等。图13-4-2 为白云石晶体及双晶，图13-4-3 为白云石晶簇。

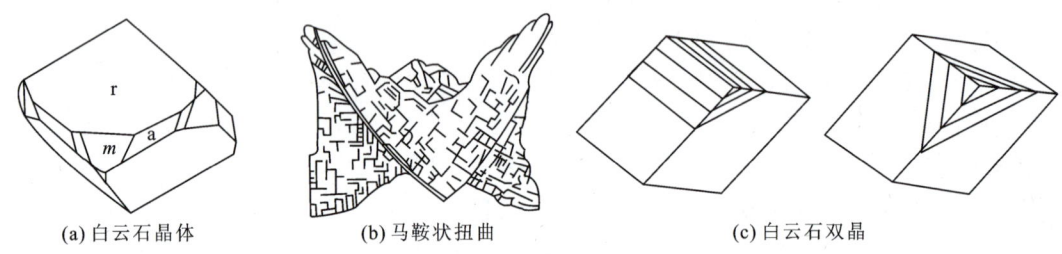

(a) 白云石晶体　　(b) 马鞍状扭曲　　(c) 白云石双晶

图13-4-2　白云石晶体及双晶

(三) 物理特性

颜色常为白色、无色或黄白色、褐色、粉红色调。呈玻璃光泽至珍珠光泽，半透明。一轴晶负光性，常为非均质集合体。多色性无至弱，折射率为 1.505～1.743，双折率为 0.179～0.184。折射率、双折率、密度皆随成分中的 Fe、Mn 含量增加而增大，在紫外荧光下呈蓝绿橙色。

白云石具三组完全菱面体解理，摩氏硬度为 3～4，密度为 2.86～3.20g/cm³，粉末遇 HCl 缓慢起泡。

图13-4-3　白云石晶簇
（产自江西德兴）

(四) 鉴别特征

放大观察可见三组解理，晶面弯曲，双晶纹总平行于菱面体解理的长、短对角线方向。白云石遇冷盐酸起泡不剧烈，与热盐酸则起泡剧烈。含铁白云石风化后表面为褐色，有些白云石在阴极射线下发鲜明的橘红色。与方解石很相似，可用盐酸加茜素红硫酸溶液作染色试验，白云石不染色，而方解石易被染成红紫色，用煮沸锥虫蓝溶液浸泡样品薄片，白云石被染成蓝色而方解石不被染色，可区别之。与其相似的菱铁矿可以滴盐酸区别之，菱铁矿迅速变黄绿色；而白云石不反应。也可用差热分析法相区别。

(五) 产状及产地

白云石主要为沉积作用和热液作用形成，多见于海相沉积形成厚层白云岩与石灰岩互层，也可与石膏、石盐、钾盐共生于盐湖中。国外主要产地为捷克、西班牙等地。我国白云石分布广泛，主要赋存于前寒武纪的海相沉积地层中，为含镁热液作用于石灰岩或白云质灰岩交代的产物。或由热液中直接结晶形成的，多产在钨铋铜铁矿床中，与方解石、黑钨矿、黄铜矿等共生。在我国江西南部钨锡铜矿的矿脉中有零星晶体产出。白云石也常是一些彩石的组成成分，如北美产的斑石、我国四川的西川玉、新疆产的蜜蜡黄玉等。

二、灵璧玉（Lingbi jade）

灵璧玉因产于我国安徽省灵璧县而得名。

据考证，灵璧玉为中国历史上的名玉之一。最晚在战国时代已开发利用。当时用灵璧县浮磬山的磬云石来制作了"泗滨浮磬"作为贡品。南宋杜绾在《云林石谱》中将它列为第一石，明朝文震亨认为"石以灵璧为上"，清朝的乾隆皇帝也赐封其为"天下第一名石"。该石色黑如漆、声韵和悦、能发八音，是制作乐器的佳品，自此以后则成为制磬的原料。用灵璧石制作成的各种工艺品、雕刻品、浮雕等，或用其加工成的建筑石材，深受国内外人士的欢迎。

（一）化学组成

灵璧玉的品种很多，品种是以玉石的颜色和螺来区分。螺是约8亿年前元古时期的一种似螺状藻类化石，因含铁量的不同而有不同颜色，如赭红色或灰色等，其组成的矿物成分也有所不同。

(1) 红皖螺。为含红色方解石组成的，含叠层石的螺状石灰岩。

(2) 灰皖螺。为灰色白云石和方解石组成的，含叠层石的白云质螺状石灰岩，还含有黏土等杂质。金属矿物呈星点状分布于上可见闪闪发光，受击可发出清脆悦耳之声，所以在 2 000 多前的战国时期已用以制造乐器。

(3) 磬云石。为颗粒均匀的微晶方解石组成的隐晶质石灰岩，并含有金属矿物和有机物等杂质，灵璧玉原石如图 13-4-4 所示。

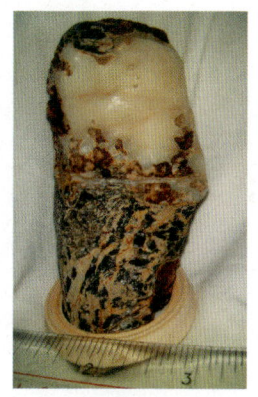

图 13-4-4　灵璧玉原石

（二）物理特性

红色的红皖螺，亦有呈紫红、浅紫红、粉红色者，灰皖螺则呈银灰、黄灰、深灰等色，磬云石则因含有机质而颜色漆黑，以漆黑者为贵。也有褐黄色及具有白色石英纹理者，抛光后光亮如镜。一般皆呈致密块状，摩氏硬度为 3~4，密度为 2.73~2.74g/cm³。

三者皆属著名的玉石品种。

（三）产状及产地

灵璧玉产于我国安徽灵璧县元古宙地层中，属变质碳酸盐类岩石。其矿床成因为海相生物化学沉积类型。其中还常含低等植物藻类群体的遗迹。除在国内作为工艺美术品及建筑上用于镶饰者外，还畅销于美国、意大利、非洲、日本等地。

三、蜜蜡黄玉（Beeswax jade）

蜜蜡黄玉，又称"米黄玉"，是 20 世纪 80 年代在新疆发现的玉石品种，因色泽美丽，已用来雕塑佛像、仕女、龙、狮、鹿、象等艺术品，颇受人们的欢迎。值得注意的是虽冠有"黄玉"二字，但与一般尤其是宝石矿物中的"黄玉"（或称"黄晶"）无关。

（一）化学组成

蜜蜡黄玉以白云石为主（其白云石可占 98%~99%），其次为方解石及少量石英。成分中因含有铁质，而使白云石在氧化条件下呈现蜜黄色、白色、黄白色。

(二)形态及物理特性

蜜蜡黄玉一般为粒状,呈微晶或细晶结构块状,粒径为 0.12~0.5mm,粗粒者(>0.5mm)多呈集合体状。呈蜜黄色、黄色,有的呈浅黄色、褐黄色等,玻璃光泽、蜡状光泽,微透明至不透明,摩氏硬度为 4.3~4.5,密度为 2.6~3.1g/cm³。有人将米色者专称为"米黄玉",实为蜜蜡黄玉的深色变种。米黄玉之色如同小米一般的黄,亦呈蜡状光泽,微透明,质地致密而细腻,色均匀而无杂质。蜜蜡黄玉花瓶如图 13-4-5 所示。蜜蜡黄玉戒面如图 13-4-6 所示。

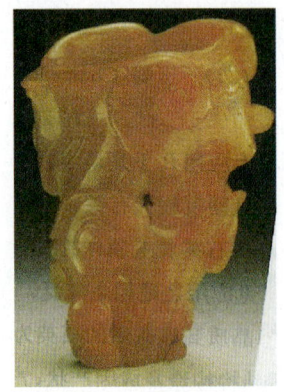

图 13-4-5 蜜蜡黄玉花瓶

图 13-4-6 蜜蜡黄玉戒面

(三)产状及产地

蜜蜡黄玉产于新疆天山哈密一带晚寒武纪的白云石大理岩层中。白云石大理岩呈层状隐晶质细粒结构,含铁质,属沉积变质-热液交代型矿床。米黄色者产于新疆东部的镁质碳酸盐岩层中,为震旦系铁矿层的顶板围岩,因受铁质影响(含铁量的多少)的程度不同而使白云岩染色,颜色有深浅之分。抛光后黄里透亮甚为美观。可用其制作小挂件、摆件等饰品,受人们所喜爱。类似还有四川的含铬云母硅质白云大理岩,当地称"夏珠翠",亦为很好的工艺品材料。我国白云岩、白云质大理岩分布广泛,可做工艺美术品的也很多,其产品以畅销国内外颇负盛名。

四、蓝田玉(Lantian jade)

蓝田玉因产于蓝田而得名。但是蓝田究竟位于何地,则其说不一。

其一说是指今陕西省西安市的东南蓝田县,如今还在生产玉石,所产之玉石为蛇纹岩化大理岩,称"蓝田玉"。

其二说是指帕米尔高原、昆仑山、喀喇昆仑山脉西部诸山一带,此为古代西域的蓝田,古称"蓝田玉"。这种说法的根据,如宋应星的《天工开物》中写有:"凡玉入中国,贵重用者尽出于阗葱岭。所谓蓝田,即葱岭出玉之别(地)名,而后世误以为西安之蓝田也。"此所指"葱岭"乃指古代之西域昆仑山。

在我国的古代书籍中皆记载蓝田出玉。诸如班固的《西都赋》中称"蓝田美玉"。《汉书·地理志》中亦有"蓝田出美玉"的记载,谓"美玉产京北(指长安城北面)的蓝田山"。诗人白居易在《游悟真寺诗》里亦有借蓝田玉所作的诗词。李商隐在《锦瑟》诗里有"沧海月明珠有泪,蓝田日暖玉生烟"的诗句。《明一统志》中记载谓蓝田县蓝田山在县东南三十里,山出玉英,因名蓝田,又称"玉山",形如覆车,亦曰"覆车山"等。

据记载在5 000多年前的新石器时代,古人们对蓝田玉已开发利用,在陕西茂陵出土的西汉武帝的"玉铺首"就是用蓝田玉制作而成的。

如今市场上出售的蓝田玉和正在开采的蓝田玉是在陕西省蓝田县所产的,因此今就由陕西省蓝田县的蓝田玉做如下叙述。

陕西省所产的蓝田玉,近代学者玉俊清(2000)、张娟霞(2002)、邹好(2006)等人已做过研究。

众所周知陕西蓝田玉为蛇纹石化大理岩,玉石为黄绿色、米黄色、黑绿色,个别呈白色、黑色的花斑。其成分主要为方解石及叶蛇纹石,随蛇纹石化程度的增强,局部可出现由纯蛇纹石组成的蛇纹石玉。成分中次要矿物还有透闪石、云母、白云石、绿泥石、少量滑石等。成分多变,其花纹也多变。在蓝田玉块体的抛光面上,由于花纹变化似山、似水、似云、似雾,颇像一幅风景画面,甚为美观,如图13-4-7所示。玉石颜色艳丽,质地致密、细腻、坚韧,所采原石块度大而完整无裂缝者为优质。当地已有很多蓝田玉的采石场、雕刻厂、艺术品厂,生产手镯、手链、胸坠及各种雕件、座件及大型板材等,皆售价不高,颇受广大消费者的欢迎。蓝田玉制作的饰品如图13-4-8所示。

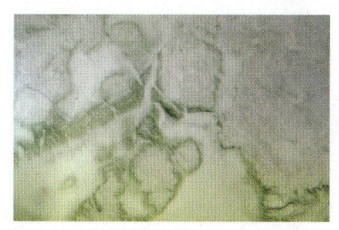

图13-4-7 蓝田玉块体抛光面

(a) 蓝田玉手镯

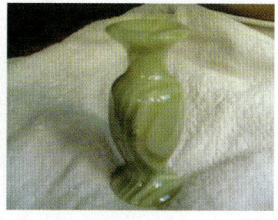

(b) 蓝田玉瓶

图13-4-8 蓝田玉制作的饰品

这种蓝田玉呈玻璃光泽,半透明,折射率约1.5~1.6,方解石可具三组完全解理,摩氏硬度为3~4,密度为2.6~2.9g/cm³。放大检查可见纤维变晶结构、不等粒变晶结构及块状结构,遇HCl起泡明显,可与相似的蛇纹石玉相区别。陕西蓝田所产的蓝田玉产于黑云母片岩、角闪石片麻岩中。如果蓝田古玉就是蛇纹石化大理岩的话,那么这一玉种则在全国不少地区都有所赋存。诸如云南、贵州、四川一带的"古绿石",都是蛇纹石化大理岩,呈黄绿色、蜡黄色斑,亦为方解石、蛇纹石、白云石等组成,其硬度为3.5~4,色泽美丽,是艺术品原料。山东的"莒南玉"为产自山东莒南县的蛇纹石化大理岩;临朐县的"寺头玉",皆是类似于蛇纹石化的白云质灰岩;"京黄玉"为北京地区出产的黄色蛇纹石化大理岩。还有辽宁、河北、吉林、内蒙古等很多地方,均有此类玉石产出。

五、阿富汗白玉(Afghanistan white jade)

阿富汗白玉是指阿富汗产的白色大理岩。色纯白至乳白,半透明,有的在透光下可见有1~2mm的纹理,几乎全由呈放射状、紧密排列的呈文石假象的方解石组成,所以其物理性质基本上同方解石,质地细腻而致密,折射率$N_e=1.500\ 5$、$N_o=1.677\ 5$,断口呈油脂光泽,色泽柔润，洁白无瑕，具有韧性，摩氏硬度为3，密度为2.732g/cm³。外观十分靓丽，很受人们喜爱，经常雕刻成立观音、坐观音、佛像或生物花鸟、玉镯、如意等物品（图13-4-9）。名虽叫白玉，其实它与软玉组成的白玉根本不同，而又与软玉组成的优质白玉相似，故常有依此充彼，混入市场的现象。但其油润程度及色泽皆赶不上软玉组成的白玉，这主要可以硬度、遇酸起泡及质地等识别之。

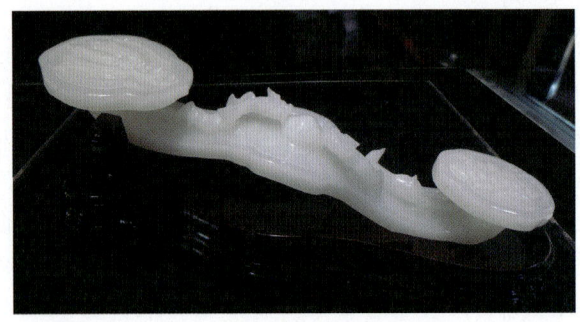

图13-4-9　阿富汗白玉制品（如意）

六、黄陵玉（Huangling jade）

黄陵玉因产于陕西黄陵"轩辕黄帝陵"地区而得名。

黄陵玉有棕黑色泥灰岩玉、角砾状泥质石灰岩玉和紫红色泥灰岩玉3种，其中以棕黑色泥灰岩质玉石最好，矿物成分主要为方解石、白云石等。角砾状泥质石灰岩玉石呈灰色、豆沙色，矿物成分主要也是方解石和白云石，角砾呈竹叶状或长条状。紫红色泥灰岩玉矿物成分主要除方解石和白云石外，还有少量石英，色若羊肝，故又有"羊肝石"之称。三者皆质地细腻、致密，可作工艺品材料。

七、红梅玉（Red plum jade）

红梅玉2009年发现于鄂西北神农架原始森林地区，属轻变质含硅质微晶的角砾状碳酸盐岩。矿物成分主要为方解石及玉髓，其中有红色角砾状铁质灰岩成斑块，玉髓及玛瑙呈灰白色，后期充填的白色玉髓呈脉状及斑块状，石灰岩呈黑色。具角砾状，红色斑块及条带状构造。玻璃光泽，不透明，色泽艳丽、质地细腻。摩氏硬度为4～5，密度为2.7g/cm³左右，可用作玉雕及饰品材料。图13-4-10为红梅玉原石及饰品。

图13-4-10　红梅玉原石及饰品（选自圣德利珠宝公司）

八、金香玉(Jinxiang jade)

金香玉,因为黄色,又具特殊的香味而得名,是一个可以散发奶油巧克力清香的玉石品种。在我国汉墓中曾出土过,是古代皇宫贵族才能拥有的珍品。金香玉在古书中曾有记载,如清朝容应泰所著的《博物要览》卷七中曾记载,另外还有清刘大同著的《古玉辨》一书中的香玉一节,也曾有记载。由此可知香玉在我国古时已有发现。近代对香玉也有传闻,据说泰国某公主曾在出访时佩戴一块能发出香味的玉佩,日本的天皇也曾收藏有香玉,我国清朝有地方官员以香玉进贡等。

金香玉的化学组成为正纤蛇纹石和叶蛇纹石,玉石成块状,颜色为黄褐、深褐、黄白等色,分布不太均匀。油脂光泽,半透明,折射率为1.54~1.55,断口呈平坦状,硬度为3.0~3.5,密度为2.45~2.53g/cm^3,块体可见有近于平行的、颜色深浅不同的纹理,具奶油巧克力香,如在塑料袋或器皿中封闭二三日则香更浓。

其成因(张如柏,2005)可能为镁质大理岩,经含矿热液交融而成。其香味可能是某些提炼芳香油的植物腐烂后,释放的有机气体被岩石吸收的结果。金香玉石早已被证实不含放射性元素,无放射性。佩载其饰品,对人身体无妨。

金香玉产于我国陕西汉中,这一品种尚未在别处发现。古代所指的香玉是否是今日的金香玉,其成因究竟如何,需待进一步研究探讨。

当前金香玉已可做成雕件、挂件、摆件、项链、手链、手镯等饰品,深受人们的欢迎。

天然金香玉进入市场不久就出现了金香玉的伪品和代替品,有的用香水浸泡使其香味更浓,或用香水浸泡其他岩石而使其出现香味以假冒代替。

对这种处理过的金香玉可用热针测试,尤其是表面的香料受热而出现起泡或变色和烧焦的味道。对假的金香玉可依其折射率、密度初步判别,有条件的话最好作红外光谱,依谱图检测之。假的金香玉放置不久即失去香味,据此可证实之。

本章玉石大类中值得注意的几个问题。

(1) 台湾玉。台湾花莲县产蔷薇辉石玉,丰田一带产闪石玉(闪石玉石为呈蜡状光泽、有猫眼效应的软玉),有人称其为"台湾闪玉",有人称"丰田玉",也称其为"台湾翠""台湾玉"。台湾花莲、台东长滨都兰山一带产石英岩玉为蓝色、蓝绿色、翠绿色玉髓,有人称其为"台湾蓝宝""台湾玉"。花莲丰田、台东产碧玉—玉髓,呈红、黄、蓝、绿等色,像年糕,称"年糕玉",加大抛光力度也可呈现玻璃光泽,也有称"台湾玉"。台湾碧玉,有人称其为"丰田玉",或称其为"台湾玉"。还有台湾花莲产的七彩玉也称作"绿玉蛇纹石""台湾翠玉"或"台湾玉"。因此,在市场上台湾玉就成了台湾东部所产的这类玉石广义的统称。

(2) 有些人因追求经济利益,任意取一些黑色、红色或杂色的泥岩、板岩、泥灰岩等,稍作加工制成简单工艺品,就冒充玉石,扬言含稀有元素,可医病驱邪,哄骗买主。人们应该知道在各种岩石(石头)中都存有微量的稀有分散元素,而含量微乎其微,毫无意义,对这种地摊货切勿上当受骗。

(3) 当前宝玉石业蒸蒸日上,玉很受人们的喜爱。所以新的玉石品种不断发现,认识有所提高。本章仅对我国常见的48种玉石做了初步简单的描述,可以断定在不久的将来会有更多的玉石品种被发现,对其品种的研究也将更加深入。

第十四章　印章石、雕刻石及砚石大类

有一些天然的色彩艳丽的石材用作印章,称"印章石";或用于雕刻,也称"雕刻石"。

这类石材以前曾有人称之谓"彩石"。这类彩石五彩缤纷,一般硬度较低,摩氏硬度在3以下,主要用来雕刻印章、人物、兽鸟、佛像、风景等。体积较大的,也可用于室内陈设或室外装饰。

雕刻石是符合工艺美术要求的、天然多矿物集合体和一部分单矿物集合体。用它生产出来的成品,不是玉器也不是首饰,而是板材、块料,其中也有一部分珍品,有着重大的使用、观赏、收藏价值。

本大类主要包括寿山石、田黄石、青田石、鸡血石、五花石、花石等。

砚石则主要介绍我国的四大名砚,对其他砚石只做简单提及。

第一节　寿　山　石

寿山石(Shoushan stone)因产于福建省福州北的寿山乡而得名。相传女娲氏补天,途经寿山时,将所余彩石撒在了这里,故出此美石。

我国对寿山石的认识和利用历史悠久。据考在福州市北郊一个新石器时代文化遗址就出土有寿山石制作的箭镞等石器。在福州仓山桃花山南朝墓出土了寿山石制作的石猪,在福建建瓯县水南一带的南朝墓和江苏、浙江、江西、湖南、广东、广西的六朝墓中,也出土有寿山石或滑石类制作的石猪等动物艺术品。

唐代,在芙蓉峰山麓建造的"延庆禅院"、九峰山创建的"镇国禅院"、寿山乡建造的"广应禅院"等寺院中,用寿山石雕刻的佛像、香炉、念珠等宗教用品繁多,寿山石雕刻艺术自此逐渐闻名于世。

宋代,寿山石的雕刻艺术又进一步得到发展,如1959年在福州西部洪塘怀安观音亭宋墓中就出土了寿山石人俑、兽俑数十件。1973年,在黑龙江省绥滨县中兴乡的金代墓葬中出土了一件寿山石制作的透雕"飞天",说明寿山石的利用范围已扩及到东北等地。

元、明时代利用寿山石、青田石刻制印章开始盛行。明朝对寿山石印章钮头装饰已迅速发展,如福建泉州收藏家苏大山就收藏有明代思想家李贽的寿山石印章两枚,其他收藏家们所收藏的明朝寿山石印章等皆属珍品。再加上明朝寿山石雕亦流通国内外,足以说明明朝是寿山石业发展的时期。

清初,特别是康熙年间,寿山石的开采大为兴盛,在高兆《观石录》、毛奇龄的《后观石录》

中皆有所记载。当时耿精忠统治福建,凭借其权势,每天强令数千人为他开采寿山石,形成了对寿山石的乱采乱掘,及至道光(1821—1850 年)年间挖掘的寿山石洞坑已达百余处。清代的寿山石雕刻艺术,出现了高峰时期。雕刻大师、名手也涌现出很多,如康熙年间的杨璇、周彬及其后的董沧门等都以高超的雕刻技术闻名于世,对寿山石雕刻艺术起到了推动作用,寿山石雕刻品在海内外也更负盛名。

(一)物质组成

寿山石主要为地开石 $Al_4[Si_4O_{10}](OH)_8$、高岭石 $Al_4[Si_4O_{10}](OH)_8$,其次为叶蜡石 $Al_2[Si_4O_{10}](OH)_2$、珍珠陶土 $Al_4[Si_4O_{10}](OH)_8$、伊利石 $Al_2[Si_4O_{16}](OH)_2$ 等组成,为多种矿物的隐晶质集合体。其主要组成矿物地开石含量可达 95% 以上,呈细小鳞片状微晶,此外也含有微量的玉髓、水铝石、矽线石、褐铁矿等。多呈致密块状产出,可具块状构造及流纹构造。

(二)物理特性

纯者白色或无色,常因含杂质而呈红、褐红、紫红、紫、褐、绿、黄绿、灰绿、黄、橘黄、褐黄、灰黄、黄白、黄灰、黄褐、棕、紫、黑等色。透明至半透明,少数呈透明,蜡状光泽至油脂光泽,多为土状光泽,点测折射率一般为 1.56±。寿山石雕如图 14-1-1 所示。

图 14-1-1 寿山石雕
(a)~(i)寿山石雕件、印章;(j)~(l)青山石冻石印章

贝壳状断口或不规则状断口,具滑腻感,摩氏硬度为 2~3,密度为 2.57~2.70g/cm³,随成分变化而稍有差异。即含高岭石类矿物多者为寿山石,密度为 2.57~2.67g/cm³;含伊利石类矿物多者则密度为 2.7~2.8g/cm³;含叶蜡石多者密度可达 2.8g/cm³ 以上,韧性强、可雕性良好。在长波紫外光照射下可发弱的乳白色荧光,有的无荧光。放大观察可见隐晶质至细粒状结构、显微鳞片变晶结构等。以寿山石的硬度、光泽及产状易识别之。寿山石中的一个重要而珍贵的品种是田黄,而寿山石以颜色纯正鲜艳、石质细腻温润、透明度好、质地纯洁、无裂隙、无大的包裹体而具滑感者为佳品。与田黄的主要区别是普通寿山石不具田黄所特有的萝卜丝纹。普通寿山石与其他相似的青田石、鸡血石皆以无石皮、无萝卜丝纹、无红格纹等区别之。

（三）优化处理

（1）热处理。将普通寿山石用烟熏或加化学试剂烧烤,也有的对寿山石恒温加热将其表面处理成漆黑色或红色,颜色分布均匀。天然的原石中常带紫黑色,而且颜色有浓淡变化,处理过的有的可有未处理到的部分或在黑皮下易露其本色。

（2）染色处理。为了仿田黄石而将淡色或白色寿山石在硝酸亚铁中泡后再氧化,其低价铁离子蒸煮或罩染使其变黄或变红,结果颜色单一、光泽干亮,不如天然的柔润,而且性变脆、裂纹增多。在高锰酸钾等溶液中罩染处理过的目的是仿古,使颜色变为古铜色或暗红色,但其颜色沉淀于裂隙或孔洞中集中,可识别之。

（3）覆膜处理。为了仿田黄石而将黄色石粉与环氧树脂混合调匀,也有的为先将处理料磨圆置于杏子水等染料中,后再涂上一层黄色石皮,涂染于寿山石表面成假石皮。这种制品表面光泽异常,刮下石粉呈黄色,天然石皮粉刮下呈白色。假田黄制品的黄色易在裂隙或孔洞中集中,如果用棉球蘸丙酮用力擦拭,可见白色棉球变为黄色,也易具擦痕,且给人以表面粗糙及不自然的感觉,可识别之。

优化处理的目的在于企图仿田黄,但以上 3 种方法都不能有萝卜丝纹出现,是可识别真伪的佐证。

（4）拼合补贴处理。拼合是将其小碎块黏合在一起成大块料。补贴是将寿山石尤其是田黄上的劣质部分挖除再补贴上优质材料。是否是这种拼合补贴的材料应观察一件成品上颜色纹路是否有变化,尤其是否有不必要的阴刻线条,在一些拼合连接部位往往有凹下、缝隙或不连续的格纹,甚至有不同特征的萝卜丝纹相接。也可用热针测试其凹隙处,如有蜡反应,则为拼补所致,或者用放大观察亦可发现其破绽。

（四）产状及产地

按寿山石的形成、分布和产出位置,可将其分为山坑石、水坑石、田坑石。

（1）山坑石。山坑石指寿山、月洋两地山坑中的寿山石。按颜色、透明度、质地和产地等又可划分为几十个品种,在此仅择其要者举出以下几个。

① 芙蓉石:颜色红、黄或白色,微透明,质地纯正,产于芙蓉山。

② 金狮峰:色红或黄,质地较粗,产于金狮公山。

③ 鹿目格:桔黄色有黄或白叶皮,微透明,产于都城坑山坳。

④ 虎岗石:有虎皮纹,产于虎岗山。

⑤ 虎皮冻:有虎皮花纹,透明度较好,产于吊笕山。
⑥ 豹皮冻:为有豹皮花纹、透明度好的,产于猴潭山。
⑦ 牛黄蛋:为黄色,如蛋,不透明,质地细腻,产于旗山。
⑧ 月尾石:为紫色带绿,微透明,质地细腻,产于月尾山。
⑨ 峨眉石:色黄、灰,质地细腻,产于月洋山北。
⑩ 高山晶及高山冻:皆白色透明,如胶冻状,质地细腻者称高山冻,产于高山各洞。
⑪ 水白及水黄:为白色,不透明,有的略带绿色或黄色色调,如果为不透明的黄色则称"水黄",产于高山旁。

其他还有产于老岭的青绿色或褐黄色、透明度差的"老岭石",产于都城坑的"琪源冻"等,品种众多,不胜枚举。

(2) 水坑石。水坑石为产于坑头山麓的寿山石,矿物成分以地开石为主,个别的以珍珠陶土为主。其产出地点有坑头洞、水晶洞等洞口,因坑洞处有溪流通过,故又称"溪中洞",它多是下游田黄石的来源。按其成因又可分为掘性水坑石及洞采水坑石。

① 掘性水坑石是次生的,色多灰黑或棕黄,其上多有黄铁矿细砂粒,或有白色斑。还有掘性坑头石、掘性坑头冻石、掘性坑头晶石之分,质纯者又称"坑头田"。

② 洞采水坑石则为原生矿,黑白色或黄红色,透明度较好,质地比较坚硬,其上也往往有黄铁矿细粒,隐现萝卜丝纹,又有水晶冻、鱼脑冻、鳝草冻、玛瑙冻、桃花冻、天兰冻等之分。正因为矿脉中地下水丰富,矿石受地下水影响而显得质地细腻,呈透明状,故有"晶""冻"之类名称,因此水坑石中也有许多珍品。

(3) 田坑石。田坑石简称"田黄石",产于寿山溪旁水田古代砂层中,较为稀罕少见,甚为珍贵。

寿山石除见于福州地区的寿山、日溪、宦溪之外,现在福建省的东部沿海如宁德、莆田、晋江、龙溪等地的中生代火山岩岩层中亦有产出。

现在寿山石雕刻品已畅销国内外,诸如日本、韩国、东南亚、美国、法国、意大利、智利等数十个国家和地区,深受海内外人士的青睐。

[附] 著名品种

田黄石 简称"田黄"或称"田石"。因产于福建省福州市寿山乡的水稻田底下的古代砂层中且又为黄色,故名田黄。较为稀罕少见。

田黄是寿山石中最优良的品种,是珍贵的雕刻石。素有"印石之王""石帝"之称。之所以珍贵,其一是受到明朝开国皇帝朱元璋的宠爱,因他认为田黄石曾为他治愈疮伤。其二是受到乾隆皇帝的厚爱,因为他梦见玉皇大帝赐给他一块大黄石头,当即御笔写下了"福、寿、田"三字,醒后被解释为田黄石,它可使人间福寿年丰、天下太平。此外还有田黄石印章可使其印泥不冻冰、或解其冻之说。也还有人误传长期服用田黄石粉可以长生不老等。为此,在清代田黄石的身价倍增,价格远远超过金、银。在郑洛英的《无题》诗中写道:"别有连城价,此石名田黄。"清代皇帝及皇亲国戚就大量收藏田黄石。现在北京故宫博物院藏有大量历代的田黄石国宝级珍品,在福州一些珠宝公司也有不少田黄石雕刻艺术珍品陈列。

1. 化学物质组成

田黄石主要由地开石、高岭石、珍珠陶土、伊利石等矿物组成。常含有极少量黄铁矿、石英等杂质混入。

2. 物理特性

田黄石常为具有一定磨圆度的大小不同砾石,其物理性质同寿山石。田黄石的外部颜色变浓,内部色淡,质地也格外晶莹、温润,其内还出现隐隐约约的萝卜丝状细纹,表面还常有黄色或灰黑色石皮,或有红色格纹(又叫红金)。这种萝卜丝纹、石皮和格纹是田黄石的鉴定特征,为田黄石所独有。田黄石原石及手链见图14-1-2。

(a) 原石

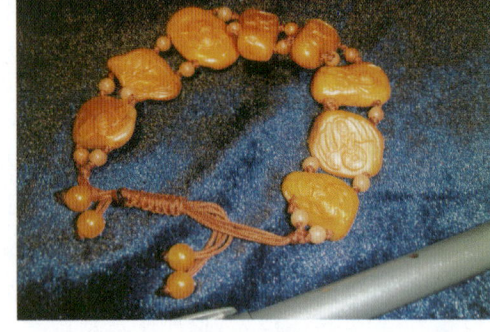
(b) 手链

图 14-1-2　田黄石原石及手链

3. 产状及产地

田黄石是由原生寿山石,经过长期风化剥蚀,被流水搬运形成冲积型砂矿,分布于寿山溪流河滩两旁水稻田及其底下部位,由于长期受到水的浸泡而变成。

根据田黄的产出部位,可将田黄石分为上阪、中阪、下阪和碓下阪。

(1) 上阪。亦称"溪阪",指靠近坑头溪水发源地的水田所产出的田黄石,透明、色淡,很像坑头的"水晶冻"。

(2) 中阪。紧接上阪,中有溪管屋,下有铁头岭。它所产出的田黄石色浓而质嫩,质地优良,为标准的田黄石。

(3) 下阪。位于坑头、贝叠两溪汇合处的下游,所产出的田黄石色褐如桐油,油脂光泽强。

(4) 碓下板。靠近碓下,所产出的田黄石颜色黑,质地硬而粗糙。

再根据工艺美术特征、质地、产出部位等因素,可将田黄石分为田黄、白田黄、红田、黑田、硬田、搁溜石、溪管独石等品种。

(1) 田黄石。呈黄色,或淡黄色,微透明或不透明,沿寿山溪流的水稻田里都有产出,以中阪田所产最好,质地细腻,萝卜丝纹清晰。按具体颜色还可细分为很多品种:以其中的"黄金黄"在强光下尤如金光闪烁为最好,其次为橘皮黄、桂花黄、枇杷黄,还有鸡油黄、熟栗黄、杏花黄、桐油黄等品种。质地通透、黄色如蛋黄的则称"田黄冻",为最优质者。田黄石外部有白色层皮,内部纯黄,称"银裹金",亦为珍品。

(2) 白田黄。呈白色而微带黄色,萝卜丝纹明显,时有红筋和格纹,主要产于上、中阪田。外皮可有黄色层皮,而内部白色则称"金裹银",质地通透者有"白田冻"之称。

(3) 红田。呈红色,亦产于上、中阪田,若色如橘皮,透明,则称"橘皮红田",极为罕见。

如果由于人为因素(如烧稻草、积肥)而引起温度升高,使表层发生颜色变红,亦称"红田",但其质地较差。如果是专门置于火中煅烧,也可使其变红。

(4) 黑田。呈黑色,中、上、下阪田均可产出,可细分为"乌鸦皮""纯黑田""灰黑田"等品种,其皮往往是受浸染变黑,有厚薄不均的全黑包裹或包裹一部分。这种除个别优质者外,一般价值不高。

(5) 硬田。指田黄石中硬而质地粗劣者。

(6) 搁溜石。为露出地面的田黄石,由于长期遭受风化,而外表、色泽,质地都较差。

(7) 溪阪独石或溪中冻。为洪积于溪底的田黄石,由于在溪水中长期浸泡,石质透明度较好,颜色有褐色或有淡黄色,也是比较珍贵的品种。

第二节 青 田 石

青田石(Qingtian stone)因产于浙江青田县而得名,已有1600多年的历史。历代记述青田石的文史资料是很多的。据考,在我国唐朝李德裕《谢寄石诗》和北宋林逋的《谢天台僧寄石枕诗》中均有天台县赤城山印石的记载。元代诗人王冕,用花乳石(青田石之一种)刻印章,曾被认为是刻印之始。明代屠隆的《考盘余事》中谓:"青田石有莹洁如玉,照之灿若灯辉,谓之灯光石,今顿诵贵,价重于玉,盖取其质雅易刻而笔意得尽也。"这一史料说明青田石中的灯光石(也称灯光冻)在明代已为人们所厚爱,被视为珍品。至清代末年有关青田石的工艺雕刻品,每年都有大量远销国外,诸如印度、东南亚、美洲、澳洲、非洲、欧洲等地,誉满全球。郭沫若先生曾盛赞青田石,诵诗谓:"青田有奇石,寿山足比肩;匪独青如玉,五彩竞相宣。"

(一) 物质组成

青田石以叶蜡石($Al_2[Si_4O_{10}](OH)_2$)为主,并含有少量高岭石($Al_4[Si_4O_{10}](OH)_8$、地开石($Al_4[Si_4O_{10}](OH)_8$),地开石一般可达70%～80%,此外还含有数量不等的蒙脱石、石英、绢云母、一水硬铝石、刚玉、红柱石、硅线石、绿帘石、白钛矿等。青田石呈致密块状晶质集合体,具纤维鳞片状变晶结构或放射状纤维结构等。

(二) 物理特性

青田石的颜色多种多样,且深浅不一,很难描述,通常用于雕刻的颜色主要有青白、浅绿、黄绿、淡黄、灰绿、灰白、灰、粉红、青、黑等色。其颜色与所含矿物元素有关,如含有赤铁矿者多呈红色、红褐色,含黄铁矿多者呈黄色,含锰多者呈紫色,含钛多者呈淡红色,含绿泥石者呈绿色,含有机碳多者呈褐、黑等色。含少量次要矿物如含红柱石则多呈粉红色,含刚玉多者则呈蓝色等。其优质者晶莹如玉,以光照之灿若灯辉,称"冻石"。其颜色有翠绿、黄绿、淡黄、紫蓝、深蓝等色,皆为蜡状光泽、油脂光泽至玻璃光泽,微透明至半透明。质地细腻、致密。非均质集合体,无多色性,折射率为1.53～1.60。摩氏硬度为1～1.5,密度为2.65～2.90g/cm³。冻石则呈半透明状,硬度较低,不过青田石的密度、硬度都与所含不同矿物多少而有差异,尤其其硬度随含氧化硅、氧化铁多而变大,含氧化铝多则变小。石质粗、硬度大者质地较差,不利于雕刻;含叶蜡石多者质地细腻且硬度适中,韧度较高者则有利于雕刻。

放大观察可见有蓝色、白色斑点。

（三）品种

一般青田石料，可以分为单色青田石、杂色青田石、刚玉青田石和红柱石青田石 4 种类型。按其质地、色泽、纹理等做工艺分类，可分为 20 多个品种，即：灯光冻、鱼脑冻、青田冻、紫檀冻、红花冻、松皮冻、松花冻、酱油冻及橘黄石、竹叶青、菊花黄、封门青、龙蛋冻、黄金耀、蓝星、白冻石、封门蓝等。这些皆为佳品。尤其灯光冻为最佳。灯光冻又称"灯光石""灯明石"，在灯光照射下可呈半透明至透明，质地细腻纯净，色微黄，产于青田县的图书山。有人将它与田黄、鸡血石称为三大佳品，闻名于世。

除了灯光冻外，其他应该列出的品种有如下几种。

(1) 鱼脑冻。在石中有如煮熟的鱼脑般的凝脂者称之。

(2) 封门青。又名"凤凰青"，色绿如竹叶者称之。如果是黄色则称"封门黄"，淡蓝色者称"封门蓝"，皆产于青田封（凤）门山上，是青田石中的珍贵品种。

(3) 龙蛋冻。又称"岩卵"，呈大小不等的卵形，其外皮包裹有棕色流纹岩或凝灰岩硬皮，中间为紫红、红色石，可有黄、青、彩等色的冻石，温存似玉，曾有所谓"外包龙皮肉，中染女娲血，内育龙玉胎"之名言，属珍贵之石，产见于青田周村三角尖山。

(4) 黄金耀。为黄色艳丽的青田石。

(5) 蓝星。青色，在石上有蓝色斑点，为蓝线石，呈团块、线状分布于青田石内，质地柔和，甚为可观。

(6) 紫檀花冻。呈紫檀色，其上具条带状、斑块状花纹。

(7) 白冻石。洁白如玉，半透明至微透明，属名贵品种，产于青田白羊。

(8) 松花冻。淡褐色，有如松花蛋般的花纹。

图 14-2-1 为青田石印章。

（四）青田石与相似印章石的区别

青田石与寿山石相似，但是二者的区别在于青田石呈蜡状光泽，颗粒粗糙，断口有片状排列感。青田石具脆性，硬度低，为 1~1.5，易被指甲刻动；寿山石则蜡状光泽较弱，结晶颗粒细，石质细腻温润，断口自然，似乎有定向之感，有韧性，硬度稍高，为 2~3，指甲需用力方能刻动，因此二者易于区别。

青田石中的灯光冻品种与寿山石中的山坑冻石有些相似，二者的区别除直观上看山坑冻石比较细腻之外，山坑冻石有萝卜丝纹，而青田石中的灯光冻则无萝卜丝纹，亦可区别之。

（五）青田石的优化处理

青田石的优化处理现在知道的主要是以高质量的青田石如封门青，将其切成薄片，粘贴在劣质青田石的表面。这种粘贴过的青田石，主要检测方法是要观察青田石表面有无颜色或花纹的不连接或缝隙，尤其是在图章上，则要仔细观察 6 个面以找出其破绽。另外不乏有在蓝星方章上不同位置钻以大小不同、深浅不一的孔洞，用蓝色染料调和树胶，填补其孔洞，待固结后打光上蜡，充当优质地、蓝色密集的蓝星。对这种贴补过的蓝星应注意观察蓝色是否成圆形圈点出现，蓝色是否一致。因钻填的蓝色与石质上原有的蓝色常不一致而且无自然感、无层次感，可识别之。

第十四章　印章石、雕刻石及砚石大类　　731

图 14-2-1　(a)～(e)青田石印章；(f)～(j)昌化石印章；(k)青田冻石印章；
(l)封门青石印章；(m)青田紫檀冻石印章
(图片取自西安《铁笔印社藏石选》高建军编著，2007)

(六) 产状及产地

青田石产于浙江青田县，赋存于白垩纪火山岩中，如流纹岩、晶屑玻屑熔结凝灰岩等，为流纹岩及凝灰岩受热液交代而成。矿体呈似层状、透镜体状、脉状及不规则状等。

浙江省盛产印章石，除青田县产的青田石外，还有云和县产的云和石、常山县产的常山石、阳平县产的阳平石、苍南县产的苍南石、临安县产的昌化石、萧山县产的萧山石、宁波市产的宁波石(亦称大松石)、天台县产的宝花石(亦称天台石)。此外还有泰顺、嵊州、上虞等地出产的、类似青田石的雕刻石料多种，皆可作雕刻工艺品石料及观赏石之用。

(七) 青田石仿制品

(1) 仿龙蛋。用颜料树脂与石粉等制备出褐色、青色充填料，分别灌入预制的模具中的不同部位，翻模压模形成有深色"蛋壳"和青色的雕刻品。这种仿制品颜色鲜艳，雕刻线条不清晰、不自然，给人以压制感，需仔细观察识别。

(2) 仿图章料。主要是仿封门,是用封门青石料添加颜料拌胶水压制。这种压制品看来透明度好,不见杂质、裂纹、色彩宜人,但摸之无石质凉感、敲之声音清脆,边缘不通透,反而隐约可见其中有添加的细铁丝,以刀刻之可见此细丝露出,所以还是可以识别的。

[附] 著名品种

1. 鸡血石(chicken-blood stone)

中国人对鸡血石的认识、开发和利用大约始于元代,对昌化鸡血石的开采已有 600 多年的历史。据考,鸡血石始于元朝,兴于明朝,盛于清朝(乾隆),当时鸡血石多为王公贵族所拥有,也当作礼品馈赠,向封建帝王上贡鸡血石、封赏有功者,还可被封为"玉石官"。所以流传在民间的鸡血石很少,档次也往往不高。到了清代,公元 1784 年,浙江天目山住持曾把一块 8cm 的鸡血石献给乾隆皇帝,后来在这块鸡血石上刻下了"乾隆之玉"四个大字,也刻着"昌化鸡血石"等字样(现存于北京故宫博物院)。同时在乾隆年间编写的《浙江通志》中记载有"昌化县产图书石,红点若朱砂,亦有青紫如玳瑁,良可爱玩,近则罕得矣。"这不仅说明中国人认识鸡血石在明代已经兴起,而且也说明当时把鸡血石叫图书石,还认识到鸡血石的红色是辰砂物质所致。

另外与鸡血石相似的还有一种巴林石。对巴林石最早的利用可追溯到 8 000 年前。在赤峰市敖汉旗的兴隆洼文化遗址出土的文物中,考古工作者发现有巴林石制作的人面型佩饰。可见巴林石久已是中国印章文化、雕琢工艺的重要组成。

(1) 物质组成。

鸡血石主要以地开石为主,含高岭石($Al_4[Si_4O_{10}](OH)_8$)、少量珍珠陶土、明矾石、硬水铝石、黄铁矿、石英、辰砂及叶蜡石等矿物。辰砂(HgS,即朱砂)呈朱红色,金刚光泽,极为艳丽,在鸡血石中的含量为 0.05%~20%,含量很不固定。而且在鸡血石中辰砂成浸染状分布,常被地开石所包裹。据分析在昌化产的鸡血石中还常含有 Se 和 Te,它与 Hg 的比例关系到颜色的变化。昌化所产的鸡血石中比巴林鸡血石中 Se、Te 与 Hg 之比略高。鸡血石中汞的颜色随 Se、Te 的增加其颜色逐渐由红向暗红变化。这说明在辰砂中 Se、Te 这类微量元素的含量比不同,而颜色有所差异。

鸡血石主要呈显微隐晶质、粒状或片状结构,以致密块状、粒状出现。辰砂在其质地上呈条带或斑点状、片状、云雾状散布。

(2) 物理特性。

辰砂含量多,"鸡血"全面红或部分红,"地子"常呈白、黄、红、黑、藕粉、灰绿等各种颜色。鸡血石具油脂光泽、土状光泽至玻璃光泽,微透明至半透明,其辰砂含量多、色全红、鲜嫩、纯净。半透明至透明、光泽亮度好、致密坚韧,为鸡血石的优质品。地子致密坚韧、透明不含砂钉及其他杂质者,则有"冻石"之称。

所谓砂钉是指有明矾石、石英、黄铁矿或次生石英的晶屑、玻屑、凝灰岩残留物等杂质存在时,使鸡血石地子透明度降低、硬度增大、脆性也加大,为雕刻上的障碍物,也有碍美观。

折射率,地子部分点测为 1.56,鸡血部分为 1.81 以上。放大观察,"血"呈微细粒或细粒状,成片或零星分布于"地子"中,氧化后会变黑。

鸡血石地子硬度为 2~3,一般密度为 2.53~2.68g/cm³,平均为 2.61g/cm³,具韧性。鸡血石由于矿物组成比例不同、辰砂含量不同,密度、硬度随之有所变化。另外随产状的不同,韧性也不同,产于靠近地表的成水坑鸡血石石性柔和、裂纹少、易雕琢；产于地表深处或干旱地带的鸡血石性脆、裂纹多，不易雕刻。图 14-2-2 为鸡血石印章，图 14-2-3 为鸡血石随形印章及摆件。

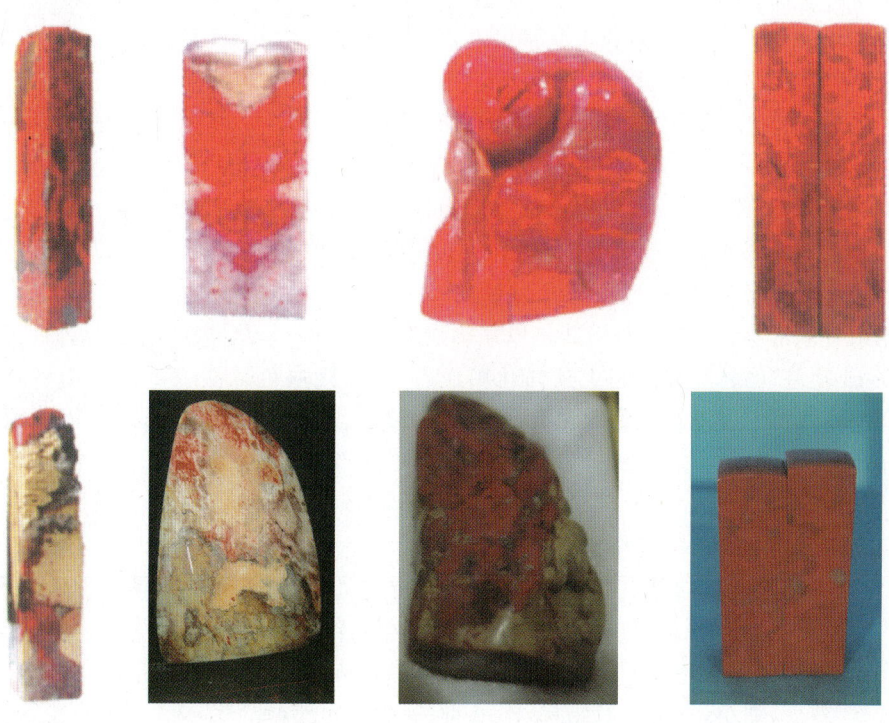

图 14-2-2　鸡血石随形印章

（西安王镭收藏）

图 14-2-3　鸡血石摆件

（3）品种划分及评价。

A. 按冻石的颜色可分为：①白冻，又称"鱼脑冻"；②黄冻，又称"田黄冻"；③红冻，又称"桃花冻"；④黑冻，又称"牛角冻"；⑤藕粉冻，又称"昌化冻"；⑥其他还有灰冻、绿冻、粉红冻等品种。

B. 另外的划分为：对冻地鸡血石有羊脂冻、羊脑冻、牛角冻、鱼子冻、黄冻、芙蓉冻、杨梅冻、桃花冻、玫瑰冻、藕粉冻、五彩冻、水晶冻、玛瑙冻、蓝天冻等。如冻石地子中分布有鸡血者，则为上品。

C. 当前对鸡血石的品种划分主要是以产地为主，首先分为浙江昌化产的昌化鸡血石和内蒙古巴林产的巴林鸡血石两类。

昌化鸡血石的优劣由血色、质地、瑕疵3个方面决定。

A. 血色以鲜红为最佳，次为火红，又以浓者为上等，在鸡血石所占面积大者为佳。如能占到70%则为珍品，若为方印，以六面都有血为好，血的形状又以团块状和条带状为上等。

B. 质地。一般按颜色、透明度、光泽和硬度考虑，以单色的白色为好，以透明、强蜡状光泽、较硬者为佳，若为杂色，硬度偏高者为差。

C. 瑕疵主要指杂质和裂纹，当然是以瑕疵少或无者为佳。总的来看昌化鸡血石颜色鲜而纯正，但地子较差；巴林鸡血石与上述昌化鸡血石相比，则血色较淡，有谓"桃花鸡血"而色易褪变。巴林鸡血石的质地往往好过昌化鸡血石，比昌化鸡血石细腻润泽，地子以冻地为主，通透、硬度高的较少，一般不含砂钉。在目前昌化鸡血石产量较低的情况下，巴林鸡血石更充填了市场。

(4) 鸡血石与相似玉石的鉴别。

由于鸡血石上往往具有红色的辰砂，所以不易与其他相似玉石相混淆。但从外观上看也有相似的易被混淆的玉石，如与含辰砂的石英岩或与具红色斑点的玉髓等。

含辰砂的石英岩，辰砂在石英岩上成小粒均匀分布，往往呈红色，所以真有"朱砂玉"之称。但石英颗粒也细小，不见粒状结构，不透明，呈油脂光泽，硬度为7。鸡血石上的辰砂不均匀分布，质地柔软细腻，黏土矿物的硬度一般为2～4，而且密度也小（2.53～2.68g/cm^3），还有韧性或脆性，裂纹也往往较多；石英岩则密度较大（3～6g/cm^3），且裂纹较少，易区别之。与玉髓的区别，则主要是含红色斑点的绿色玉髓，称"血滴石"或"血玉髓"，有的可能与鸡血石相混。玉髓中的红色多呈斑点状或血滴状，与成斑状、团状红色辰砂的鸡血石根本不同，玉髓的地子主要呈暗绿色，具玻璃光泽，断口呈贝壳状；而鸡血石的地子可呈各种颜色，多呈土状或蜡状光泽，断口多平坦至不规则状；玉髓硬度大（为石英，硬度6.5～7），而鸡血石硬度小（为黏土矿物，硬度2～4），仍易区别之。

还有白冻鸡血中的地子与寿山石中的桃花冻相似，但白冻鸡血石的红色鸡血呈带状、斑状、团块状，鸡血也大大小小成不规则分布；而寿山石中的桃花冻上的红色血点多呈圆点状，如米粒大小比较均匀地分布，如同桃花瓣般存在于地子之上，故也可以区别。

(5) 优化处理。

A. 充填处理。充填处理是指用树脂或胶将红色颜料、红油漆或辰砂粉充填裂隙或凹坑中，干燥后涂以树脂，使表面红色血色增大，也可掩盖瑕疵、坑凹等缺陷。经充填处理的鸡血石呈树脂光泽及鲜艳的红色，热针可熔，可见"血"，颜色单一，多沿裂隙或凹坑分布，染料颗粒无定形，浮于胶中。如原有天然"鸡血"少量存在，即可看出有天然的色暗淡一些的辰砂和鲜艳的油漆，天然辰砂可以刀刻之有白色粉点，另外油漆有韧性感。

B. 粘贴法。粘贴法是指将小块天然鸡血石用胶粘在印章石表面。这种粘贴过的鸡血石可看出块与块或片与片之间不连续的颜色或花纹，有缝隙凹下，尤其在方章上仔细观察各面

"鸡血"的分布,可看出破绽。

C. 涂层。涂层是指用红色颜料、红油漆、辰砂粉,与胶混合涂于表层以增加"血色"。经涂层的鸡血石可见血色浮于透明层中,内层与外层红色不一致,偶尔还可见到刷涂痕迹。这种作假鸡血可见红色单调,呈树脂光泽,拿在手中无石之凉感,而以小刀刻之,天然鸡血石可见白色粉点。而且这种假鸡血有韧感,还可有荧光效应。有荧光效应的处理鸡血石如图14-2-4所示。

(6) 收藏及保护。

鸡血石不是宝石也不是玉石,但它是很珍贵的石料。有些收藏家特别喜爱鸡血石,也有的用作观赏,更大量的是用作上品印章。在收藏过程中值得注意的是:鸡血石应避免日光暴晒,避免热烘烤,强光和热都会使辰砂分解,色彩变暗,往往像涂了无色蜡。涂无色蜡与优化处理中的覆膜不同,优化处理中的覆膜是用红色颜料作假,而涂无色蜡是为了保护鸡血石本身的亮丽色彩。

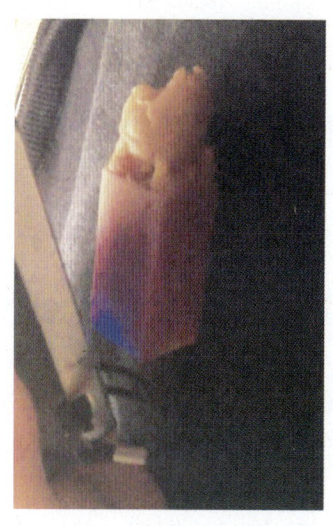

图14-2-4　有荧光效应的处理鸡血石

(7) 产状及产地。

鸡血石主要产于浙江临安昌化的玉岩山,矿石赋存于白垩纪火山岩盆地的西北边缘。矿层位于白垩纪流纹质晶屑凝灰岩中。矿体呈似层状、透镜状分布。

鸡血石产品畅销日本、东南亚以及欧美各国,素享盛誉。

2. 巴林石(Balin stone)

巴林石因产于我国内蒙古自治区赤峰市巴林右旗而得名。如前所述,其物质组成、物理性质与鸡血石基本相同。1999年内蒙古自治区人民政府制定了《内蒙古自治区地方标准·巴林石》,将巴林石定义为"巴林石是天然珠宝玉石,属含水的铝硅酸盐类,为以高岭石、地开石为主的多种矿物组成的黏土岩。"巴林石产自内蒙古自治区赤峰市巴林右旗。其主要化学成分为Al_2O_3、SiO_2,其次含微量的铁、锰、钛等氧化物,部分含较多的汞的硫化物。摩氏硬度为2~4,密度为2.4~2.7g/cm^3,将巴林鸡血石定义为含有辰砂的巴林石。

巴林石的颜色为乳白色、黄褐色、黄灰色、浅紫色、浅绿色、灰褐色、红色、杂色等。呈蜡状光泽、玻璃光泽,个别的为丝绢光泽,半透明。根据巴林石的颜色、质地和结构特征将巴林石又分为四大品种,即巴林鸡血石、巴林冻石、巴林福黄石、巴林彩石等。

(1) 巴林鸡血石。凡明显含有辰砂的巴林石不分颜色、质地统归此类。巴林鸡血石的冻地较多,质地细腻、色泽艳丽,一般辰砂呈斑状、条带状、星散状分布,血鲜艳、质地较透明而量多者为优。辰砂变黑褐色者为氧化所致。巴林鸡血石按颜色和质地又分为牡丹红、芙蓉红、彩霞红、夕阳红、水草红、金橘红等几十个品种。

(2) 巴林冻石。是指透明度较好如冻般的巴林石,一般透明或半透明、无鸡血,最为常见,除黄色之外都属此类。按颜色、透明度等又分为玫瑰冻、桃花冻、芙蓉冻、羊脂冻、牛角冻、水晶冻、灯光冻、五彩冻等很多品种。

(3) 巴林福黄石。凡为各种黄色、透明或半透明的,有的看来很像田黄的巴林石都归入

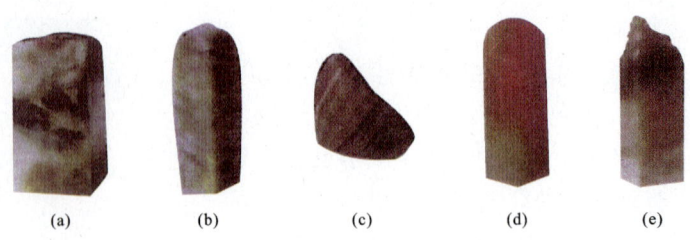

图 14-2-5　巴林石印章

此类,又有金橘黄、虎皮黄、蜜蜡黄、鸡油黄、水泥黄等很多品种之分。

(4) 巴林彩石。凡色彩丰富的、不透明的巴林石统属此类。品种也有很多,如红花石、黄花石、黑花石、多彩石、朱砂红、木纹石、象牙白、满天星等。也有的品种呈现风景、植物等天然图案,有的称其为图案石。

巴林石质地细腻、神韵亮丽、颜色丰富,巴林鸡血石以"血多"再加上雕琢工艺精湛者为优,而质地粗糙、色不正、坚硬、具脆性、"血"少或无、有绺裂、块度过小者为次。

巴林石产于内蒙古自治区的巴林右旗,赋存于侏罗系上统玛尼吐组的紫色流纹岩中。矿体呈脉状、不规则团块状、窝巢或条带状产出。鸡血石的产出、富集部位,与辰砂及自然汞的产出及富集部位相同,规律一致。

第三节　滑　　石

由阿拉伯语 Talg 得名。有人将块状滑石集合体称为"皂石"。

滑石(Talc)是一种硬度小、片状、不具备宝玉石品质的矿物,然而如果是大块皂石或大块滑石则广泛应用于雕刻、装饰材料。由于它硬度小,易于加工,所以一些古埃及爱斯基摩人将其雕刻成圣甲虫形护身符等,其他雕刻品很多也是皂石雕刻成的。滑石是摩氏硬度计中的第一位,是硬度最小的代表。

(一) 化学组成

滑石的化学式为 $Mg_3[Si_4O_{10}](OH)_2$。

滑石为含水镁硅酸盐,化学成分比较稳定,Si 有时被 Al 或 Ti 所代替,Mg 被 Fe、Mn、Ni、Al 所代替。有时含有少量 K、Na、Ca 等机械混入物。

(二) 形态

滑石属单斜晶系,微细小晶体,呈板状,通常是致密块状或显微鳞片状集合体。致密块状的滑石称"块滑石"。

(三) 物理性质

滑石呈蜡状光泽至油脂光泽,微透明至不透明,颜色为白、灰、黄、粉红、褐、绿等色,常含条纹或斑点。二轴晶负光性,$2V=0\sim30°$,折射率 $N_p=1.538\sim1.550$,$N_m=1.575\sim1.594$,$N_g=1.575\sim1.600$,点测折射率为 1.54 或 1.55,双折率为 0.050,集合体不可测。紫外荧光通常呈惰性,有时对长波光发弱粉红色荧光。

具完全解理,集合体呈不平整断口,摩氏硬度为1(在非均质不纯者可达到2.5～3),手指可以刻动,密度为2.75(+0.05,-0.55)g/cm³,有滑感,如肥皂或油脂般的手感,解理薄片具挠性。

（四）鉴别特征

放大观察可见有脉状、斑状掺杂物。

名为皂石或块滑石的大多数材料很像叶蜡石,滑石和叶蜡石性质基本相同,低硬度,具滑感,片状,极完全解理。区分它们可依化学试验:即滑石灼烧后与硝酸钴作用变为玫瑰红色(Mg反应),叶蜡石灼烧后与硝酸钴作用呈现蓝色(Al反应);另外是在素瓷板上滴一滴水,将矿物碎块轻磨约半分钟后,可得乳浊状水溶液,用石蕊试纸检验滑石呈碱性,叶蜡石呈酸性反应。进一步检测可用折射率、红外图谱、X-射线衍射或热分析测试。红外图谱如图14-3-1所示。滑石的工艺品繁多,滑石因硬度低早在唐朝已开始应用制作器皿、玩件。唐朝滑石杯如图14-3-2所示。

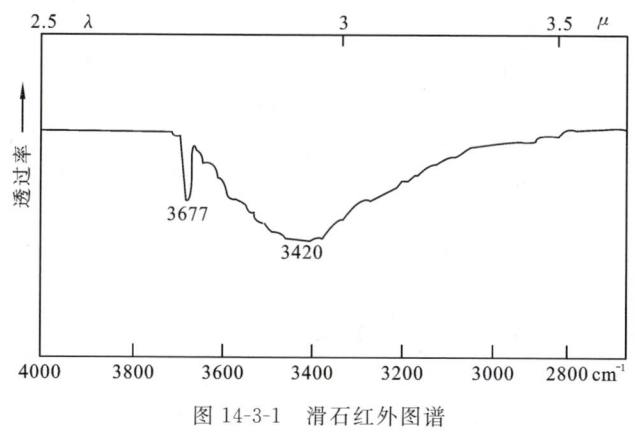

图14-3-1 滑石红外图谱

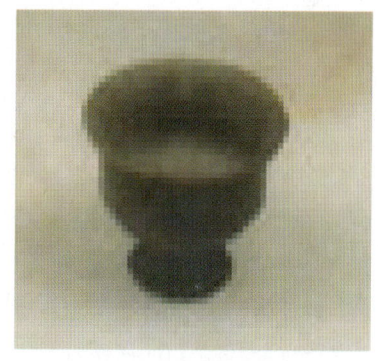

图14-3-2 滑石杯(唐朝)

（五）优化处理

染色处理:滑石和叶蜡石都可染成各种颜色,放大观察可见其染料;另外也可用塑料或石蜡进行覆膜处理,以便掩盖表面裂缝,同时也便于抛光,放大观察可见其薄膜脱落,用小刀也可刮掉外覆的薄膜。

（六）产状及产地

滑石是超基性岩浆岩的热液交代产物,或白云石大理岩等镁质岩的接触变质或区域变质形成,多见于岩浆岩和低级变质岩中,由橄榄石、辉石、角闪石等变化而成,常与蛇纹石、绿泥石、白云石等伴生。滑石产于世界各地,产地主要有印度、中国、津巴布韦、俄罗斯、美国的新罕布什尔州、佛蒙特州、马萨诸塞州、弗吉尼亚州和北加利福尼亚州等。其他如德国、法国、瑞士、澳大利亚等国也均有产出。

我国辽宁、山东、广西等地蕴藏有丰富的滑石资源,尤其辽宁海城所产之滑石,其规模和质量闻名于世,所产的滑石为粉红色、白色,块状,滑石晶体断面成菱形,质优量大。山东掖县、湖南隆回、广西龙胜皆有产出,其他如江西、四川、吉林、河北、甘肃、新疆等地亦产之。

第四节 方解石、冰洲石及大理岩

方解石(Calcite)的英文名称来自拉丁文单词"石灰"之意。它是组成大理岩的主要矿物。人类对大理岩的认识、开发、利用较早。早在古希腊时代以前的几千年，古希腊人就在克里特岛开始用大理岩进行雕刻。中国的大理岩因盛产于云南大理县而得名。对其开发利用的历史悠久，如山东曲阜西夏候新石器时代文化遗址，就出土有用大理岩制成的用具和指环，出土时指环还套在死者的左手指上；在商代陵墓中则发现了大理岩雕刻的人和兽类等立体雕像。质优者称"汉白玉"，是重要的雕刻材料和建筑材料。

（一）化学组成

方解石的化学式为 $CaCO_3$。

除主要为碳和钙以外，还常含 Mg、Fe、Mn 及微量的 Zn、Co、Sr、Ba 等类质同象混入物，当它们到一定含量时则形成锰方解石、铁方解石、锌方解石等。

（二）形态

方解石属三方晶系，晶体的对称型为 $L^3 3L^2 3PC$，常发育有良好的晶体。晶体呈菱面体状、柱状、复三方偏三角面体状、板状等[图14-4-1(a)]。还常出现{$01\bar{1}2$}聚片双晶及{0001}接触双晶[图14-4-1(b)]，方解石晶形与形成温度有关，如形成时温度增高则晶形趋向扁平（图14-4-2）。集合体也各种各样，如由片状、板状或纤维状方解石成平行或近似平行连生则分别称"层解石"和"纤维方解石"。如呈粒状者称"大理岩"、致密块状者称"石灰岩"、钟乳状者称"石钟乳"、土状者称"白垩"、多孔状者称"石灰华"，其他还有结核状、葡萄状、豆状、鲕状、晶簇状、被膜状等。方解石及锰方解石的晶簇如图14-4-3、图14-4-4所示。

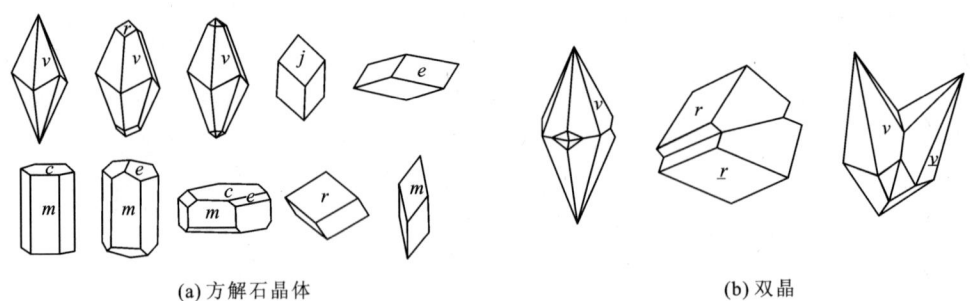

(a) 方解石晶体　　　　　　　　　　　　　　(b) 双晶

图 14-4-1　方解石晶体及双晶形态

（三）物理特性

纯者无色透明，双折射显著，无色透明的方解石称"冰洲石"。方解石通常为白色，因含微量的 Co、Mn 而呈灰色、褐色、黄色、红色，含 Cu 可呈绿色、蓝色，含有机质而呈灰黑色。玻璃光泽，透明至不透明，一轴晶负光性，折射率 $N_o=1.658$、$N_e=1.486$，双折率为 0.172，色散度为 $N_o=0.028$，$N_e=0.014$。方解石具强双折射现象，双折率极高，一般具无或很弱的多色性。

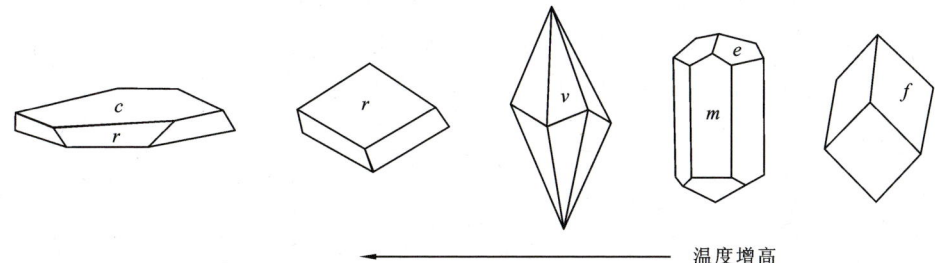

图 14-4-2　方解石形态随温度的变化

方解石具发光性,在长波紫外光及短波紫外光照射下,可发出荧光,荧光可随体色而变。如含 Mn 方解石可发红色荧光。在吸收光谱上没有特征吸收谱,但是可因为存在不同杂质而具不同吸收谱线。方解石还可具猫眼效应,遇 HCl 起泡。

图 14-4-3　方解石晶簇

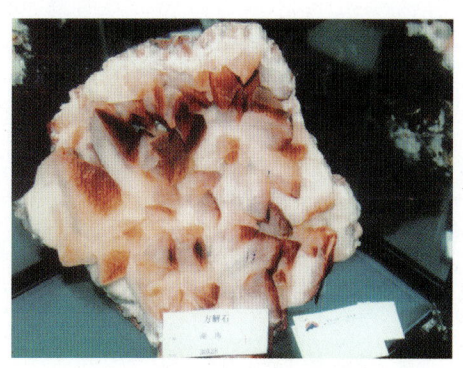

图 14-4-4　锰方解石晶簇

具 $\{10\bar{1}1\}$ 三组完全解理,解理面上常见对角线方向的聚片双晶纹,摩氏硬度为 3,密度为 $2.70(\pm 0.05)\mathrm{g/cm^3}$。方解石晶体上对角线方向的双晶纹如图 14-4-5 所示。

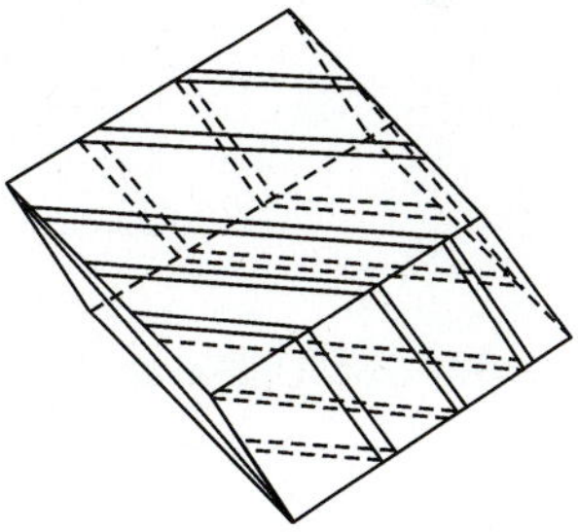

（四）优化处理

(1) 染色处理。方解石可被染成各种颜色,解理缝隙可见染料沉淀。

(2) 注蜡或注塑。注蜡或注塑可改善外观,使表面呈油脂光泽,易熔,可用热针测试。

图 14-4-5　方解石解理上的聚片双晶纹

(3) 辐照处理。辐照后可产生蓝色、黄色和淡紫色,但辐照处理后有的颜色会褪,尤其受热和长时间的暴晒更易褪色。这种处理过的方解石往往不易检测。

（五）鉴别特征

方解石可以根据其折射率、强双折射、密度、硬度及完整的菱形解理识别之。沿 $\{01\bar{1}2\}$ 聚片双晶方向,给以砸击,可沿此方向滑移或裂开,依此与其他矿物晶体相区别。它很像白云石,其区别方法为滴 HCl,方解石遇盐酸容易立即强烈起泡,而白云石则发泡很慢,可依据方解石的一轴晶、低密度、低折射率、双折射现象及菱形解理与它的同质多象相区别。

灼热后的方解石碎块置于石蕊试纸上呈碱性反应及钙的橘黄色焰色反应,也是重要的识别特征。方解石及锰方解石的红外图谱如图 14-4-6 所示。

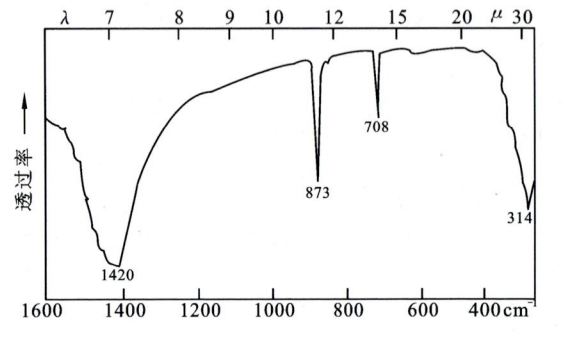 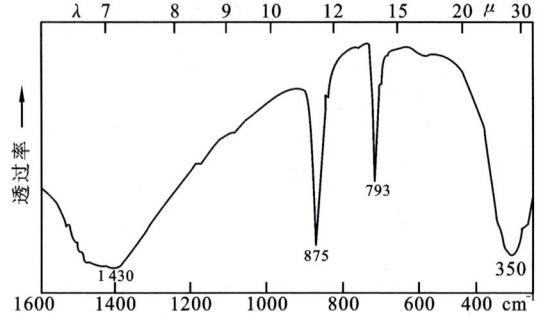

图 14-4-6　方解石的红外图谱

(六) 种别

(1) 冰洲石。冰洲石是无色透明的方解石。其解理片可用在二色镜中,无色的或各种颜色的透明大个晶体,偶尔作为收藏品。可用于光学领域。由于解理发育和硬度低,不能用作首饰。图 14-4-7 为冰洲石晶体。

由于具有高双折射和偏光性,故琢磨好的冰洲石由背面看其下面的字划有明显的重影,说明具强双折射现象(图 14-4-8),这也为一识别特征。

图 14-4-7　冰洲石晶体(常是解理块)　　图 14-4-8　冰洲石(因双折射而产生)的重影

光学工业上对冰洲石有严格的要求,要无色(或微具黄色)、透明、无裂隙、无双晶、无包裹体。按晶体菱面体解理的尺度、允许缺陷的程度,可分为 3 个等级:大于等于 50mm×50mm×45mm 为一级品,大于等于 30mm×30mm×20mm 为二级品,大于等于 20mm×20mm×15mm 为三级品。

(2) 玛瑙大理岩。玛瑙大理岩被误称为"墨西哥玛瑙"和"东方蜡石",是一个条带状半透明矿物,在致密的裂隙或矿床洞穴中形成,其光洁度较高,特别适用于小的雕刻品及装饰品。玛瑙大理岩常被染成绿色,因此称"墨西哥翡翠"。它的识别特征为明显条带状、高的双折射率、低硬度及遇盐酸起泡,这些特点较易与翡翠区别。

(3) 大理岩。大理岩的主要组成矿物为方解石,也可有白云石、菱镁矿、蛇纹石、绿泥石等。

其形态为晶质集合体,常呈块状,致密者称"汉白玉"。

其物理特性为可呈各种颜色,常见的有白、黑等颜色和各种不同颜色的花纹或条带。在紫外荧光下颜色多变,在吸收光谱下由于大理岩不纯净而显示不同的吸收谱线。

放大观察可见粒状结构,可见方解石的三组解理发育,片状、板状结构或纤维状结构等。遇盐酸起泡强烈为其特点。白色的汉白玉可用于建筑材料及装饰品。我国天安门前两个雄伟的华表及天安门前的阶梯都是用汉白玉雕刻而成。常见的有些单位门口的大狮子、雕像也很多是用汉白玉雕塑成的。图 14-4-9 为红色大理岩。

图 14-4-9　红色大理岩
(西安科技大学陈列馆)

(4) 石灰岩。石灰岩是一种沉积岩,主要成分是方解石。虽然广泛用于工业,但也有很多是作为装饰材料使用。大理岩是一种结晶质粒状变质石灰岩,纯净时为白色,因含杂质可显出各种不同的颜色。

石灰岩和大理岩都能染成多种颜色来模仿珊瑚或其他宝玉石,但主要还是作装饰材料和建筑材料。

(七) 产状及产地

方解石是一种最普遍而又普通的矿物。在矿脉和晶洞中易形成晶体,常作为形成岩石的矿物之一,形成了大量的石灰岩和大理岩。它在洞穴中形成钟乳石和石笋。从矿泉水中沉淀出来的,形成多孔的称作"石灰华"。方解石产地非常广泛,世界产地众多,如墨西哥、加拿大、英国、冰岛、意大利、俄罗斯、美国的纽约及蒙大拿等地,几乎每个国家都或多或少地有所产出。

中国是世界上盛产大理岩的国家之一,其特点是:品种齐全、分布广泛、质地紧密、细腻、花纹繁杂多样、温润、光洁、品质优良。各地根据自己的特色或产地而命名的大理岩品种已超过 1 000 种,名称各异,比较著名有以下几种。

(1) 汉白玉。如上所述为白色甚至为纯白色,主要产于北京市周口店一带。自明朝就开始开采。主要用于建筑石材及雕刻材料。

(2) 点苍石。产于云南大理县苍山的大理岩及沉积变质岩中。富有花纹,甚为美观,带花纹的大理石板及大理石制品畅销国内外,久负盛名。如图 14-4-10 所示。

(3) 曲纹玉。产于贵州的一种奶油黄色大理岩。可为铁质浸染组成的花纹,甚为亮丽,讨人喜欢。

(4) 莱阳玉。产于山东省莱阳县,是一种蛇纹石化大理岩,蛇纹石形成白色大理岩上的花纹,甚为美观,也很有名气。

(5) 蓝田玉。产于西安附近的蓝田县的一种蛇纹石化大理岩,形成著名的蓝田玉石。

其他还有艾叶青黄绿色大理岩、荷花绿绿色大理岩、紫纹玉紫色大理岩、樱桃红红色大理岩,还有陕西潼关的满天星黑色斑状大理岩、重庆南桐一带的黑色大理岩、北京西山的竹叶状灰岩等,皆甚为著名。

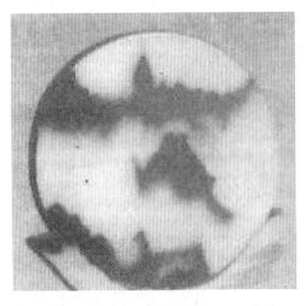 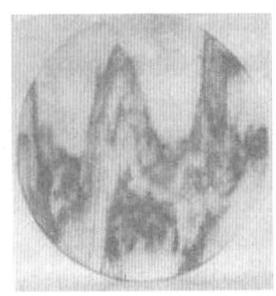 

(a) 大理石板　　　　　　　　　　　　　(b) 大理石砚

图 14-4-10　点苍石(大理石)制品

中国大理岩主要为海相沉积及接触变质型。成矿时代以前寒武纪为主。其中有全白色的及绿色的、黑色的或带有动植物化石的,价格也不是太高。

另外有热液型的方解石,可呈脉状,常见于高、中、低温热液矿脉或在空洞中,不仅具有良好的晶形,而且被充填于火山岩的气孔或裂隙中,形成冰洲石。冰洲石盛产于冰岛,中国的新疆伊犁一带也有大量产出。

云南大理县是我国著名的大理岩重要产地,往往在白色大理岩上分布着美丽的黑色、黑灰色图饰,亦景亦画异常美观,雕成的摆件、大型浮雕深受中外人士的青睐。用其雕刻或琢磨成的器皿尤为人们所喜欢。

第五节　长白石

长白石(Changbai stone)因产于吉林长白县而得名,也称"长白石玉"。

据考,清代光绪三十四年(公元1908年)至宣统元年(公元1909年)长白府署内僚属在闲游时发现一块美石,后经鉴定为长白玉中之上品"灯光冻",可与寿山石、青田石相媲美,自此长白玉开始出名。

(一) 化学组成

长白石主要含高岭石,次为地开石、叶蜡石、明矾石等,呈隐晶质致密块状。

(二) 物理特性

长白石呈黄绿、灰绿、绿、紫红、灰黄、灰白等色。有的颜色单一,有的为杂色,玻璃光泽,微透明至半透明,极少数透明,质地细腻、致密、坚韧、光洁,具有各种纹饰,如卷纹、流纹、龟纹、蟒纹、流霞纹等。纯净而透明者颇似"冻石"。亦有白冻、灯光冻等之称,为长白石中的上品。

(三) 产状及产地

长白石产于吉林省长白朝鲜族自治县的马鹿山一带。矿石赋存于侏罗纪的火山岩系中,为雕刻人物、动物、花鸟、印章等艺术品的雕刻石原料。

第六节 五 花 石

五花石(Five flowers stone),相传最晚在清朝已开始用来雕刻花、鸟、人物和动物等艺术品。

五花石色泽艳丽,花纹美观多样,致密、坚韧、质地细腻,可作雕刻石材,在清代就被开发利用。

物质组成主要是高岭石,还含少量铁质、有机质等,具有紫红、粉红、黑、白等色。成花斑状、彩带状、角砾状、鲕状等。具蜡状光泽,硬度为3~4,密度为2.59~2.64g/cm^3,也可雕制屏风、山水、印章等,畅销于陕西、甘肃、四川等省。

五花石产于陕西省略阳县白水江一带,矿体呈似层状、透镜体状,赋存于志留纪含炭石灰岩的裂隙和溶洞之中,属风化残积成因类型。五花石雕刻的佛像如图片14-6-1所示。

图 14-6-1 五花石雕刻的佛像

第七节 花石及其他雕刻材料

(一) 花石(Flower stone)

花石因发现于贵州省平塘县,故又称"大塘石"。

(1) 物质组成。主要为高岭石。

(2) 物理特征。浅黄色、粉红色、浅粉红色、紫红色、浅紫色、浅褐色、深褐色、浅灰色、白色、黑色等,五颜六色。花石大致有4个品种,皆可作雕刻石材。①主要为铁质、形如彩霞者,有"彩霞石"之称;②颜色洁白如玉,具珍珠光泽者称"白玉石";③如成黑白相间的条带状,则有"虎纹石"之称;④铁质鲕状高岭石黏土岩,呈黄灰色、浅灰色、浅紫色、浅褐色、黑色者,圆粒状称"珍珠石"。

(3) 产状及产地。花石产于贵州省平塘县,由变质的高岭石组成铁质高岭石岩,成条带状、扁豆状矿体,断续分布于二叠系石灰岩中,属沉积变质型成因。

(二) 溧阳石(Liyang stone)

溧阳石因产于我国江苏溧阳地区而得名。主要组成矿物为叶蜡石及高岭石、绢云母、石英、黄铁矿等,风化后还常有褐铁矿。颜色有白色、灰色、黄色、绿色、褐色、紫色、红色及杂色,一般微透明至半透明或不透明,极少数呈半透明冻状。多隐晶质,致密块状,其上有花纹,以具有花纹冻状者为好。断口呈参差状,一般摩氏硬度为2.5~3±,密度为3.0~3.2g/cm^3,按其颜色和花纹还可分为下列品种:①溧阳红;②溧阳冻;③溧阳花石;④溧阳白;⑤溧阳黄;⑥溧阳紫;⑦溧阳瓷白;⑧溧阳花石;等等。由于其色泽不艳、质地较粗,所以只能作中、低档的印章石料或作雕刻石之用。

（三）东兴石（Dongxing stone）

东兴石产于广西东兴县，颜色有紫红色、浅红色、黄色、棕黄色、黄绿色、灰白色等色，由叶蜡石、绢云母、高岭石、水白云母等组成。致密块状，微透明，硬度为 3～4，密度为 2.73～2.82g/cm³，由于组成矿物的比例不同可分出很多品种，如绿泥石型、绢云母型、石英砂岩型等。东兴石呈脉状及透镜状产于二叠系砂岩和流纹斑岩中，是很好的印章石及雕刻石，其上有"石钉"者为其缺陷。

（四）都兰石

矿物组成主要是叶蜡石。呈浅红色、暗黄绿色，微透明至半透明，质地细腻、致密。其成因与古生界英安岩、流纹岩有关。都兰石发现于青海省都蓝县，为良好的雕刻石料。

（五）四方石

四方石比寿山石透明、硬度为大，发现于河南省商城县，据考，早在清代已开发利用，是很好的雕刻石材。

（六）东宁石

东宁石是在黑龙江省东宁县发现的叶蜡石质材料，可作雕刻石之用。

（七）五台山石

山西五台山大石岭北分水岭上，产有叶蜡石质，可作雕刻用石材，呈灰色、豆绿色、黄绿色，质地细腻、致密，赋存于五台群中。

（八）菊花石（Chrysanthemum stone）

菊花石因形状若菊花而得名，但我国的菊花石有两大名种：一是湖南浏阳河一带产的菊花石，二是北京西山产的菊花石。

湖南浏阳河一带产的菊花石，是方解石交代天青石形成的，呈花瓣状的放射状集合体。花瓣为白色—灰白色，集合体中心又往往是燧石，花瓣则保留着斜方长柱状天青石晶体外形，其基质为灰黑色灰质、黏土质、板岩。

根据花瓣的形态和花瓣的大小，又细分为蝴蝶花、蟹爪花、鸡爪花、绣球花、铜钱花等。

其中以蝴蝶花、绣球花为可利用的上等品。菊花石产于湖南浏阳河一带的下二叠统栖霞组石灰岩和灰质板岩中。除用作雕刻石外，还可以做石砚、器皿、花卉、摆件等。

北京西山产的菊花石，其花为白色—肉红色，红柱石放射状集合体，每个花瓣都是一个红柱石晶体，产于北京西郊和房山县周口店石炭系板岩中，属接触变质产物。相传该菊花石发现于清朝乾隆年间，可作为很好的观赏石。

（九）磬云石（Qingyun stone）

磬云石可看作是灵璧玉的一个品种。石质致密、坚韧、细腻，其上还常有星散分布的金属矿物而闪闪发光，受击可发出清脆的声音，人们用它来制作浮磬、乐器。古代常作贡品上献皇朝。磬云石常自然地出现奇特的造型，所以是有名的观赏石。

（十）太湖石（Tailake stone）

太湖石因产于我国太湖周围而得名，属岩溶碳酸盐岩，受太湖溶蚀及冲蚀而形成千姿百态，是著名的假山石。古代采集太湖石使其耸立于园林之中，如上海豫园"玉玲珑"、苏州留园"冠云峰"等。

(十一) 澎湖文石 (Penghu aragonite)

澎湖文石主要由方解石和文石、菱铁矿等组成，多呈葡萄状、球状和杏仁状，可呈多种颜色及花纹，以深色、致密、细腻、硬度稍高及具眼球构造者为佳。澎湖文石产于我国澎湖列岛、将军澳、西屿及望安岛一带，多用于制造念珠、雕刻小摆件等，已有近百年的开采历史。

(十二) 金瓜石 (Goldmelon stone)

金瓜石呈金黄色，或黄色、黑色，因其脉纹如瓜又有黄金瓜、黑金瓜之分，产于台湾花莲七星潭海岸，为一种构造糜棱岩。常用作器皿或工艺品，很有名气。

(十三) 斑石 (Wonder stone)

斑石为一种条纹流纹岩，具黄色、褐色、红色等色的色斑纹。南非德兰士瓦西部奥托斯达尔产的呈暗灰色板状，以叶蜡石为主，次为绿泥石、绿帘石及少量金红石等组成。密度为 $2.72 g/cm^3 \pm$，称"南非斑石"；美国内华达州产的呈红色及浅黄色斑纹，密度为 $2.53 g/cm^3$，称"内华达斑石"，常可用来雕刻或制作小饰品。

(十四) 木鱼石 (Muyu stone)

木鱼石的物质组成，是以褐铁矿为主(有人认为属沼铁矿 $Fe_2O_3 \cdot 3H_2O$)，含一些黏土物质。褐铁矿的含量一般在 $20\% \sim 78\%$ 之间，不太固定，成分中还常含有磷酸盐和钾、钠、镁、铝、偏硅酸及钼、锌、锂、锶、硒等微量元素。通常呈肾状、钟乳状、土状、团块状、结核状产出。

颜色呈棕红色、紫褐色、黄褐色至黑色，条痕黄褐色，土状光泽，贝壳状—不规则状断口，摩氏硬度变化很大，可在 $1 \sim 5.5$ 之间，密度为 $3.6 g/cm^3$ 以下。在木鱼石上有的有花纹，一般认为以花纹多者为好。

木鱼石产于济南长清、万德一带，由于其成分中含有较多的微量元素，所以用木鱼石制造茶具、酒具、碗、杯、盂、碟等器皿(图 14-7-1)。很多人认为其具有理疗、保健之功，能使人长寿之效。所以在当地市场上尚能畅销。木鱼石还是做砚石的材料。

(十五) 树枝石 (Dendrite)

树枝石也称作"模树石"，多见于砂岩、页岩的层面或节理面上，形如树枝状、水草状，很像植物化石但不是化石，故有"假化石"之称。树枝石为铁锰质物质，多为黑色或褐色，为含铁锰质的地下水沿岩石层理面的沉淀产物，在沉积岩广泛分布区非常多见，是良好的观赏石。树枝石石板如图 14-7-2 所示。

图 14-7-1　木鱼石茶具

图 14-7-2　树枝石石板(据网络)

第八节 砚 石

砚石是指雕刻成砚台的工艺材料。从岩石的角度看,它是一些沉积岩和变质岩。不同产地的砚石,具有不同的特点,即便是同一产地,不同地质层位、不同部位,也可有不同石质、不同类型岩石,其化学组成更是明显地不同。

(一) 物质组成及结构构造

概略地说,砚石主要是由黏土矿物或方解石等组成,还含有少量的黄铁矿、石英、赤铁矿和红柱石等次要矿物。

具体的矿物组成在具体的砚石品种中加以说明(陈志强,2011)。

砚石一般呈隐晶质、泥质和显微隐晶质粒状结构,呈现沉积构造,往往具清楚的层理、球粒构造等。也有的为变余构造,或板状、千枚状、条带状等变质构造。其结构构造亦随品种不同而异。

(二) 一般物理性质

砚石一般为灰黑色、黑色,也有灰绿色、暗绿色、紫红色或灰白色、暗灰黄色。主要呈土状光泽、暗淡的油脂光泽及蜡状光泽等。

有的可见裂理、层理、节理或片理,多呈细粒状或不平坦状断口,摩氏硬度较低,一般在 $2.5\sim4$ 之间,密度为 $2.5\sim3.0\text{g/cm}^3$,具韧性。

砚石有很低的渗透性,透水性和吸水性都很差,故作研墨之用而墨不易渗透,还具有储水的功能。

砚石的物理性质,直接决定于矿物成分及含量的比例。

(三) 常见品种及产状产地

据记载我国古今砚石有百余种,其中最著名的是四种,即所谓的四大名砚。四大名砚是指端砚、歙砚、洮砚和红丝砚,但也有人认为四大名砚应为端砚、歙砚、洮砚、澄砚。其他还有龙尾砚、天坛砚、苴却石砚、易水石砚、松花石砚、贺兰石砚等,品种繁多,现择其要者分别简述如下。

(1) 端砚(Buanshou ink-slab)。端砚产于我国广东省的肇庆,因肇庆古称端州而得名。端砚自唐代即闻名于世。中国历史上以毛笔书写,端砚与湖笔、宣纸、徽墨被称为文房四宝。相传唐贞观年间,京城科举考试突遇寒潮,砚中之墨迂寒而结。唯广东举子仍挥毫自如,皆因盛墨之端州石砚与众不同,由此端砚美名传开,被列为历朝贡品,1 300 多年来,长盛不衰。文人雅士推崇至极,以拥有一方端砚而自豪。在端砚的发展史和中华文明的传播上,端砚体现着丰富的文化内涵,它既是研墨润毛的实用品,更是融汇文学、绘画、书法、雕刻、金石、艺术于一体的综合性艺术品。

端砚细腻、娇嫩、滋润,有"呵气成墨"、发墨不损毫的特点。还有独特的石品花式和风格,如石眼(图 14-8-1)、鱼脑冻、水纹、金银线等。

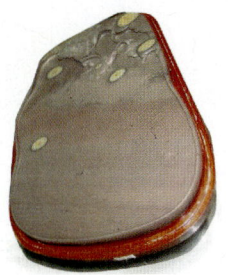  

图 14-8-1 端砚上的石眼

端砚的造型与雕刻历代都有所不同,大体上可分为自然端砚,粗刻端砚与精刻端砚。自然端砚为随型雕刻,粗刻与精刻端砚则以山水、人物、天象及动植物为题材,是融传统绘画与书法技巧为一体的雕刻艺术。端砚的加工首先是设计,要因石构图,因材施艺,充分地利用石材及石皮,将砚石升华为一种综合性的艺术品。雕刻师们认真展示雕刻技法(刀法、刀路),使端砚线条清晰、玲珑浮凸、运用深刀(高浮雕)、浅刀(低浮雕)、细刻、线刻、镂空雕。还要求工精艺巧,使端砚纹饰达到精细、准确、生动、线条细腻、流畅、繁简有度,体现着精细中见豪放的岭南特色。图 14-8-2 为琢形各异的端砚二方。

端砚为含赤铁矿的水云母泥岩或板岩,质地较柔软,以水云母为主(可占 87%~96%)的黏土矿物,含少量绿泥石、赤铁矿、石英、方解石、微量金红石、锆石和电气石等,并含微量的 Zr、Hf、Nb、Ta 等微量元素。主要具块状构造、层理同心圆状构造、条纹、条带构造,形成石眼、火捺、猪肝冻、金银线、冰纹青花等。呈紫色者为优质品,紫黑透红者亦属上品。其上由于含不同成分的矿物(如叶蜡石化)集合体,而出现微带黄色或黄绿色斑点,也有的在其旁出现色晕,上品可有十多圈,往往呈圆形或眼形,有"鹩哥眼"(八哥眼)或"雀眼""猫眼"之称。端砚的密度为 $2.78g/cm^3$,摩氏硬度为 3~4,孔隙率为 1.02%~1.60%,饱和吸水率为 0.30%~1.29%,皆不高,所以研墨时不渗透水分和不吸收水分。

图 14-8-2 琢形各异的端砚三方(1∶5)

(西安王镭收藏)

端砚还可再分为很多品种,有绿色的称"绿色端砚"(图 14-8-3),有紫黑透红色的"乌肝紫",称"鹩哥眼";有白色云团像鱼脑的,称"鱼脑冻";四周颜色紫红、灰白的,称"白蕉荡";红紫色似火烧的,称"火捺";在水中可见若有萍浮动的小花纹者的,称"青花"。有白色、黄色纹的,称"金银线",有翠色石眼的,称"翡翠点",猪肝色的,称"猪肝冻",有分散金属矿物分布的,称"金星点"等，皆可谓端砚中著名的品种。还有以造型不同而分的斗方砚、太史砚、走水砚、平板砚等。

端砚中现有最大的一方"端州古群图"，长 2.08m，宽 1.05m，厚 0.18m，为现代少见的巨砚。

端砚产于广东省肇庆附近的端溪，赋存于泥盆系中统桂头组下亚组中段岩层中，呈透镜状，紫红色，为一套海湾潮坪相陆源加酸性火山沉积物建造，局部有火山喷溢的堆积物。砚石主要产于凝灰质粉砂质泥岩—凝灰质泥岩（包括沉凝灰岩）中，岩性为泥质、凝灰质泥岩、浅变质砂页岩等。从所含稀土元素来看，轻稀土元素富集，表明了端砚源岩以来自大陆地壳的长英质岩石为主。

图 14-8-3　绿色端砚

端砚早在唐朝时（或唐朝以前）已开发利用，至今已有 1 300 多年的历史。素负我国四大名砚之首的威名，闻名中外。

(2) 歙砚（Shezhou ink-slab）。歙砚为含绿泥石的云母质板岩、千枚岩。蠕绿泥石可占 35%～40%，多硅白云母（25%～30%）、石英（25%～35%）及少量长石、电气石、锆石和炭质。常具变余构造、斑点构造、板状构造、千枚—片状构造、条带状构造等，形成罗纹、牛毛纹、枣心纹、鱼子纹、水浪纹、龙尾纹、玉带纹，金属硫化物形成的金星、银星、金线、银线等纹饰，依其纹饰不同可细分为：罗纹，为罗绢皱纹（形似犀角故称古犀罗纹）；像松木的，专称"松纹"；颜色偏黑的，称"玉带纹"；同心状的，称"实心纹"；水浪纹，为岩石的微层理褶皱而成；鱼子纹又称"膳肚纹"，为深绿色中有深黑色，也有的如膳鱼肚黄色，混有青绿色及灰黑色纹，为斑点状绿泥石所致。金星为含星点状黄铁矿、黄铜矿，银星为含白铁矿，金晕为金星受氧化而形成的晕圈。砚石的密度为 2.89～2.94g/cm³，摩氏硬度为 3.5～4，产于安徽歙县的歙山、龙尾山、灵岩山等地。地层属震旦系上板溪群。据记载歙砚砚石开发早在唐朝开元年间，已有 1 200 多年的开发历史，属我国四大名砚之一。具金星、金线的歙砚如图 14-8-4 所示。

图 14-8-4　具金星、金线的歙砚

(3) 洮砚（Tao ink-slab）。洮砚为富含叶绿泥石的水云母泥质板岩。主要由水云母、叶绿泥石等黏土矿物组成，该黏土矿物可占 99%，含少量石英粉砂，多呈暗绿色，也有带紫花斑者，故按其色泽而分出不同的品种，如"鹦哥绿"为似鹦哥般的绿色；"紫斑"为带紫色花斑的石质，为水泉湾产；还有"鸭头绿"为喇叭崖所产，等等。

宋《洞天清禄》曾记载"除端、歙二石外，惟洮河绿石，北方最为贵重，绿如蓝，润似玉，发墨不减端下岩。砚石在临洮大河深水之底，非人力所致，得之为无价之宝。"由此可看出该洮砚属我国珍贵名砚石之一。此洮砚水云母泥质板岩，赋存于甘肃省临洮地区洮河水泉湾及喇叭崖一带的壶天统地层，是非常名贵的优质砚石材料。

(4) 红丝砚（Red-Silk ink-slab）。红丝砚为微晶灰岩，主要由颗粒小于 0.01mm 的方解石和少量铁质及微量石英、云母等组成。多具丝状弯曲纹理及波纹状纹理。呈紫红色底，灰黄色细纹及具薄层致密块状、丝状纹理，具滑腻感，对墨有强的凝聚力。

宋苏易简在《文房四谱》中曾评论谓"天下之砚四十余品,青州红丝石第一,端州柯斧山石第二,歙州龙尾山石第三。"据知在以前的唐朝,大书法家柳公权在《论砚》中将端砚、歙砚、洮砚、澄砚列为四大名砚,而红丝砚并未被列入。

红丝砚产于山东省益都县(古称青州)黑山和临朐县的老崖箇,赋存于中奥陶统马家沟组地层,是一历史悠久的著名砚石。

(5) 松花砚。松花砚为微晶硅质灰岩,含少量石英微粒,分布均匀,富含磷质。致密细腻,孔隙小而少,以绿色为主,其他还有褐色、紫色等。具有不同纹理,依此还可分出"翠纹""绿净""云烟""水荡""玉眼""朝霞""紫袍带"等不同品种。松花砚曾被清朝康熙皇帝封为"御砚",并谓"寿古而质润,色绿而声清,起墨益毫,故其宝也。"

松花砚产于我国吉林省长白山区的松花江流域通化一带,赋存于震旦系南芬组地层,属中国的著名砚石之一。

(6) 贺兰石砚。贺兰石因产于宁夏贺兰山而得名。用它制成"贺兰石砚",为中国的名砚之一。相传清朝康熙年间曾有人将贺兰石雕成砚石贡献给康熙皇帝而出名。贺兰石砚是一种粉砂质泥质板岩,由黏土矿物、石英、赤铁矿、电气石等组成。琢磨成的贺兰石砚常紫中嵌绿,绿中夹紫,质地致密,结构均匀,有发墨、护毫之功效,墨汁经久不干。清朝末年曾有"一端二歙三贺兰"之说。可见其质量仅次于端砚和歙砚。贺兰石产于贺兰山东麓小口子沟。属长城系黄旗口群底部,为沉积变质成因。

(7) 苴却砚。苴却砚石的岩性与端砚相似,亦为绢云母泥质板岩,其上有绿色"玉石眼",眼中还常可见斗金环晕彩。早在清咸丰年间已有名气,清宣统二年还用其制作两方石砚,享誉巴拿马赛会,为中外驰名的石砚,产于四川省攀枝花市的金沙江畔(原苴却巡检司)。

(8) 天坛砚。天坛砚岩性为紫灰色钙质泥质板岩。很多人认为其石质不亚于歙砚与端砚。石质坚韧,纹理细腻,温润如玉,属于名贵的好砚石。天坛砚产于河南济原王屋山天坛峰下的盘谷泉畔,故又有"盘谷砚石"之称。据考自汉代即开始开发,唐朝韩愈曾作《天坛砚铭》中已加称赞,后又为清朝大文人纪晓岚倍加称赞谓"石出盘满,阅岁孔多,刚石露骨,柔足任磨,此为内介而外和"。天坛砚产于河南济原一带的寒武系徐庄组地层中,也是我国著名的砚石之一。

(9) 龙尾砚。龙尾砚岩性为粉砂质板岩,产于江西婺源县,赋存于震旦系上溪组,亦属于名贵的砚石。目前去婺源山青山旅游者,常有人前往参观正在生产中的龙尾砚厂。

(10) 乐砚。乐砚产于安徽省宿县东北褚兰山区的山谷和河床中。乐砚呈砾石状赋存于冲积层中,与其他砂砾共生。有黑色、青黑色、褐黑色、灰黑色及粟黄色、棕黄色、青色、绿色、蓝色、粉红色等。尤其可见有具黄色色调的灰色、红色色调的黄色,犹如晚霞色彩者最为吸引人,是重要的观赏石,也是出名的砚石,自唐代以来即开始用作砚石。据考《汉书》中曾载有"梁水(宿县境内)至泗水、出乐石、美石,声如青铜色碧玉,扣之铮铮有声,音质淳美",可见古代乐砚为作乐器之石。据传说宋朝苏轼曾到此寻砚,并收藏有乐砚石,将其视为名贵的珍藏品,为各文人学士所赞赏。

(11) 鲁砚。我国山东境内不少地区盛产砚石,因而凡山东所产之各种砚石统称"鲁砚"。知名的如:益都产的红丝砚;胶东半岛长岛县一带产的砣矶砚,临沂、费县一带产的鲁金星砚(又称羲之砚),临沂地区沂南县产的徐公砚石,曲阜尼山产的尼山砚,淄川产的淄砚,泗水县的鲁柘砚,即墨县田横岛产的田横砚,即墨县马山洪阳河温泉下产的温砚,莒县产的浮莱山砚石,临沂城西薛南山产的薛南山砚,临驹县产的龟砚石,莱芜县产的蝙蝠砚石等。在这些鲁砚当中,自古受名家青睐的除红丝砚外还有以下几种砚石。

鲁金星砚。其受东晋大书法家王羲之的宠爱。其岩性为寒武系较轻变质的泥灰岩,上有星散状黄铁矿,故若金星闪闪。岩石上还有三叶虫化石,甚为可观。

砣矶砚。岩性为含白铁矿的硬绿泥石绢云母千枚岩。据《唐录》记载,有"全类歙而纹理不如"意即说此砚可与歙砚相媲美,因含少量自然铜而有金星之光,还伴有"似水欲动,映日见光"的波浪纹,故有"金星雪浪"之称,实为一名盛品种。

温砚。其特点为以此制成的砚所研之墨虽寒冷而墨渍不冻。温砚呈深紫色,有彩纹,又有"胭脂晕""朱绒""朱斑""青花""翠斑"等品种。但常有砂石夹层,以无砂石夹层者为好。

尼山砚。岩性为致密细腻的寒武系泥质灰岩。多为橘黄色而具松花纹,是清朝已开发利用的名砚。

(12) 西砚。岩性为钙质泥岩。岩石一般为紫红色、黑色,又分为紫色中带一条白筋的,谓紫袍玉带;紫金色的称"紫金石";黑色石料上具白中晕黑,黑中晕白的石眼者称"熊猫石"。靠近石眼处有翠绿色者,还有紫红色的紫石及普通石砚等品种。其中的紫袍玉带最为名贵。西砚产于浙西江山市和常山县一带的奥陶系黄泥岗组地层中,早在唐朝咸通年间已开始开发,为历史悠久的砚石之一。

(13) 越砚。岩性为青色或暗紫色的浅变质绢云母化安山质凝灰岩。又可分为:①有形似虎皮的石纹者为"虎捺";②有青绿色花纹的石料称"蕉叶";③有紫色花斑的称"紫袍";④紫袍中有白色方解石脉的为玉带,可称"紫袍玉带";等等。

越砚之称是由于其产于浙江绍兴会稽山一带,绍兴是古代越国的国都,故名越砚。越砚是赋存于元古宇双溪坞群地层中的凝灰岩。石料品质优良,亦为著名砚石之一。

(14) 螺溪砚。螺溪砚是一种黑色的沉积岩。质地柔润,有金砂、银砂、水波纹等种,受风化而裂成碎块,夹杂于砂砾之中,产于我国台湾彰化。据云其石质地不亚于端砚石,是台湾最出名的砚石。

(15) 日本砚石。日本使用最广泛的砚石是玄昌砚石,为产于日本宫城县的一种砚石,据考证自 1611—1867 年江户时期已开发利用。日本砚石中最优良的是雨烟砚石和龙溪砚石,分别产于日本的山梨县和四国长野。

(16) 朝鲜砚石。朝鲜使用最广的砚石是渭源砚石,产于鸭绿江边。还有一种称作海州砚石,产于朝鲜海州,邻近"三八线"一带。

(四) 砚石的综合评述

以上仅重点地描述了十多种砚石,概括起来看有以下几个方面的内容。

岩性:主要是泥岩、板岩、千枚岩、灰岩、凝灰岩、大理岩类。

性质:单层层理较厚、质地致密、颗粒细小、柔润、而且硬度适中,岩石渗透率低、饱和吸水率也低,透水性、吸水性都很差的岩石,而且还具有良好的雕刻工艺性能。

产地:砚石的产地出名的只限于中国、日本和朝鲜,其他国家不是没有这种岩石,而是未被开发利用于制砚,原因是砚是中国写毛笔字、书法和国画的工具,而外国则没有这一技法。

中国的古砚有 100 多种,有的直到现在还在进行生产。比较集中的省份要算山东、安徽,江苏一些沉积岩出露比较多的地区。尤其是山东,由于寒武系、奥陶系沉积岩地层出露较广,又为我国孔孟桑梓之邦、文化发祥之地,古代出的文人学士较多,所以砚石产地也相对较为集中。除上述者外还有很多,例如木鱼石就不只是一种制陶雕刻石料,而且也是可以作为砚石的一种石料。其他如云南大理就有大理石砚等。

（五）砚石的合成品

澄砚（Chengni ink-slab）

为了名人学士书法及国画的需要,早在1 300多年之前隋唐时期已有人在人为地制造砚石。著名的是在中原地区的虢州即现今的河南灵宝县和山西的绛州（即现在的绛县）都有生产。其制作方法为挖出河底泥,取其细者澄清（故称"澄砚"）,加入颜料使其干后雕琢,后在窑中烧结,染墨塗蜡后再蒸即成。这种人工合成品的物质成分,主要是绿泥石、高岭石、石英、伊利石等组成的黏土。其粒度极细,一般只有0.01mm左右。主要有黑灰、砖红、黄绿、灰白等色,颜色因加入的改色剂不同而异。烧结后的密度在$2.38\sim2.54g/mm^3$之间,摩氏硬度一般在4.5左右,质地坚硬、柔润,击之声如金属,所磨之墨油亮,为众书法家文人学士所喜爱,并有人也把它推入中国四大名砚之一。

第十五章 首饰常用的贵金属及几种常见的有关有色金属大类

首饰常用的贵金属可包括金、银、铂、钌、铑、钯、锇、铱等。以这些贵金属为主要成分制作的首饰,可称"贵金属首饰"。这些贵金属元素在地球上含量是极稀少的,分布也很分散,开采也很复杂,所以价格就很昂贵。贵金属与珠宝首饰有着密切的、不可分割的关系,它们除本身就可作素面首饰之外,珠宝首饰很多都要用它们来镶嵌。今介绍作为镶嵌用的贵金属及一些其他金属,如铜、铅、锌、铁、钴、镍、钨、锡、铝、铬和微量的镉、铟、镓等,结合观赏需要也择其重要者,简单地介绍一下常见的黄铜矿、方铅矿、闪锌矿、辉锑矿及黄铁矿、白铁矿等。

第一节 金

因金(Gold)呈黄色故又称黄金。

(一) 化学组成

化学式为 Au,自然金属元素单质矿物。自然界形成的矿物为自然金。

自然界纯金极少,常言道"金无足赤",也就是说金不可能很纯,达到100%,其成分中常含有银呈类质同象代替及少量的铜、铅、铂、铋、碲、硒、铱等。因为金和银的原子半径和晶体结构类型相同,化学性质近似,故可以形成完全的类质同象系列。金中含银量小于5%者称"自然金",5%~15%者称"含银自然金",15%~50%者称"银金矿",50%~85%者称"金银矿",85%~95%者称"含金自然银",含银95%~100%就是"自然银"了。

人类利用黄金历史已很悠久。据考证,世界上利用黄金最早的要数埃及,大约在万年以前埃及人就开始用黄金制作饰品。古埃及最早开采利用的是尼罗河中的砂金,至今这里还保存着他们的采金、炼金的遗迹。自此之后非州等地黄金开始大量开采和冶炼。约在公元1世纪,埃及、努比亚、南非、西非、埃塞俄比亚、摩洛哥等已大量生产黄金。古印度也是古代生产黄金的大国。欧洲古罗马人已经具有圈定黄金矿体、估计黄金储量的知识。古希腊人在公元前447—前431年在雅典建造神庙就用了大量的黄金雕塑和神像。南美洲的文明古国秘鲁的黄金博物馆里收藏着大批的公元前1000年左右到15世纪以来的黄金神像、黄金饰物及各种黄金器物。可见,黄金在人类文明事业的发展过程中有着多么重要的地位。

根据我国在江苏的考古发掘,早在5000年前我们的祖先已经知道开采利用黄金。在河北省商殷西周出土文物中就有金箔等金制品。至春秋战国各地已逐渐有黄金流通的记载。图15-1-1为金络石(春秋),陕西宝鸡益门村出土,图15-1-2为鸳鸯莲瓣纹金碗(唐)。

公元前221年秦始皇统一货币,已将黄金定为上币。汉代兴盛时期以金丝及玉片制作而成的"金缕玉衣"已成为利用黄金的一大杰作。黄金一直作为财富的象征,为皇帝贵族所垄断。现今黄金乃是国际金融市场上的重要指标,也作为货币来流通。是国际贸易的结算单位,为世界上的"硬通货",是国家经济实力的重要标志。黄金又具有高导电性、导热性、高延展性和稳定性,所以在现代航天、航空、核工业及电子工业等高科技中得以广泛应用。

图 15-1-1　金络石(春秋陕西宝鸡益门村出土)

图 15-1-2　鸳鸯莲瓣纹金碗(唐)

(二) 形态

自然金为等轴晶系,晶体完好的少见,常见单形为立方体、八面体、菱形十二面体、四六面体及四角三八面体,常依(111)成双晶(图 15-1-3),平行连生形体。一般多呈粉状、片状、网状、纤维状、树枝状集合体(图 15-1-4)。

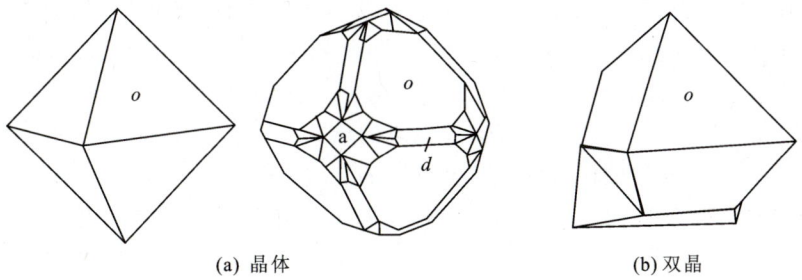

(a) 晶体　　　　　　　　　　　(b) 双晶

图 15-1-3　自然金的晶体及双晶

图 15-1-4　自然金的集合体

图 15-1-5　生长在石英脉中的金

自然金颗粒多呈不规则状,大小不一。在外生条件下形成的砂矿中的金称"砂金",颗粒往往较大;内生作用下形成的金称"山金",一般颗粒较小。有的生长在石英脉中,如图 15-1-5 所示。颗粒大的称"块金",俗称"狗头金",如图 15-1-6、图 15-1-7 所示。目前世界上已发现最大的是于1873年发现在美国加利福尼亚州的重达 285kg 的狗头金。狗头金在我国很多地方都有发现。如1984年在四川白玉县发现有重 4.2kg 的狗头金,皆甚为出名、极为可观。2015年新疆一牧民就发现了一块重 7.85kg 的狗头金。

图 15-1-6　狗头金
[据(英)霍尔,2007]

图 15-1-7　我国新疆一牧民2015年发现的狗头金

(三) 物理性质

自然金呈金黄色(随含银量的增加而变浅),含铜多时则变为深黄色,强金属光泽,无解理,摩氏硬度为2~3,密度为15.6~18.3g/cm³,纯者为19.32g/cm³。具强延展性,可抽细丝或压成薄的金箔,据测1g纯金,可抽成直径0.004 34mm、长3.5km的细丝,可压制成厚度为$0.23×10^{-3}$mm的金箔。可见其延展性之大。具良好的导电性、导热性,化学性质稳定,不溶于酸和碱,只溶于王水(盐酸与硝酸1∶3混合液)和氰化钾、氰化钠溶液。火烧后不变色,即所谓"真金不怕火炼"。火烧不变色不等于不怕火烧,金的熔点为1 064.43℃,这就说明如果将金首饰用烈火强烧,则有可能熔化而失去原有的款式。但金中如掺入银、铜等杂质,其熔点还会下降,这一性质则常被用作金的化验和首饰的制造。如用火测试金法分析金含量时,可掺加纯银以降低熔点;在金首饰的制作中为了焊接时不破坏其主体花式,则使用纯度为90%~95%的金作焊料,可降低其熔点。

金中如掺入0.01%的铅则导致失去其延展性而变脆;如铅含量达21%则极易受冲压而碎裂成碎块。金遇氯水、溴水、酒精、碘溶液则会缓慢发生反应。尤其遇汞则溶于水银中形成金汞液态合金,因此金首饰遇汞污染后会出现变白色的斑点。金首饰如果遇到腐烂的海鲜之类腥臭物质,也因其中有S、H、Hg等杂质而使首饰变色。

金的化合物并不多见,但其化合物遇镁、锌等还原剂则可还原出金属金来的。在氰化钾法提取金的工艺中就是利用这一性质用锌粉置换出金属金。

(四) 鉴别特征

自然金呈金黄色,条痕也呈金黄色,强金属光泽,密度大,富延展性,在空气中不氧化,化学性质稳定,不怕火烧。与金相似的铜锌合金也呈金黄色,易被火烧而失去光泽。铅金合金易失去延展性而变脆、易碎裂。金遇汞变色,不怕酸碱。与自然金相似的为黄铁矿、白铁矿、黄铜矿、磁黄铁矿和镍黄铁矿,其中最常见的是黄铁矿(FeS_2)。黄铁矿的摩氏硬度大于金(为6~6.5),密度却小于金(为4.9~5.28g/cm³),与自然金易于区别。黄铜矿($CuFeS_2$),也呈金属光泽,但条痕呈绿黑色,硬度为3~4,延展性不强,密度远远小于金(黄铜矿的密度4.1~4.3g/cm³),黄铜矿的表面常出现蓝紫色斑状锈色。这些皆可以与金相区别。黄金与相似的矿物对比见表15-1-1。

表 15-1-1 黄金与相似矿物的对比

名称（化学式）	颜色	光泽	条痕色（或粉末色）	密度/g·cm^{-3}	摩氏硬度	解理完整程度	其他
金（Au）	金黄色	金属	金黄	15.6～18.3	2～3	无	强延展性,良导电性,导热性
黄铁矿（FeS$_2$）	浅黄铜色黄色（表面可有黄褐色锈色）	强金属	绿黑	4.9～5.2	6～6.5	极不完全（或无）	性脆
白铁矿（FeS$_2$）	浅黄铜色（微带浅灰、浅绿）	金属	暗灰绿	4.89～4.9	6～6.5	不完全	性脆
黄铜矿（CuFeS$_2$）	黄铜黄色（表面可有锈色）	金属	绿黑	4.1～4.3	3～4	不完全	性脆
磁黄铁矿（Fe$_{1-x}$S）	暗青铜黄色	金属	亮灰黑	4.6～4.7	3.5～4.5	不完全	性脆、具磁性
镍黄铁矿（FeNi）$_9$S$_8$	古铜黄色	金属	绿黑（或青铜褐）	4.5～5	3～4	完全	良导电性

（五）金首饰含金量的检测

金首饰含金量的检测就是成色的检测。当前都是用测金仪测金,是最简单也最准确的,而以下叙述的是在没有测金仪情况下的一般方法。

(1) 目测。根据金为金黄色条痕,亮黄色,强金属光泽,拿在手中有重的感觉,定它为金后,再仔细观察其含金量,具有赤色色调者往往是足金,含金量高;有青色色调者则含金量稍低,如果颜色为深黄色往往含铜,含铜越高则颜色越深;含银多则颜色变浅,银金矿则呈淡黄至奶黄色。

(2) 试金石法。这是一个很古老的方法,在没有测试仪器之前,先人们采用在黑色燧石（硅质灰岩）上划出金饰品的条痕,依条痕色的深浅差异判断含金量,后来经过改进人们制造了"金对牌"（又称金牌或金针）,将金首饰在试金石上划一道条痕,再用人为制作的已知黄金成色的小金条,作为参照物,也在试金石上划出一道条痕（称磨道和金道）用以对比,得出预测金饰的大致金含量,再选用相应的金对牌在靠近上述条痕处平行划磨,看其条痕颜色对比,达到选用金对牌的条痕色与预测金的条痕基本一致,这时金对牌已知金的成色,即是预测金饰品的金成色。这一方法与钻石的比色道理相似。这对足金、千足金还是有效的,直到现在有的还在应用,但是其误差（5%左右）也很大,它可以区分纯金、K金,但K金配方比例多样就不太应用,对K白金就根本不适用。

(3) 密度测定法。金的密度特大,所以人们常以密度来判断含金量,密度越大金越纯,能达到15.6g/cm^{3}以上即为纯金,但K金首饰因掺有银、铜、钛等金属,它们的密度皆在15.6g/cm^{3}以下（Cu8.89、Ag10.49、Ti4.5、Zn7.4、Ni8.8、Al2.7、Rh12.44）。所有这些元素掺加到金饰中,金饰的密度必然下降,又由于掺加进来的数量比例不同,而使K金首饰的密度各有不同。根据掺加进来的元素所占的比例可计算出K金的密度,又由其密度的不同计算出金饰品中金的成色。这一方法是比较科学准确的,但对个别的元素（如钨密度为19.3g/cm^3）为胎体的镀金或包金首饰则不适用。

(4) 硬度测试法。即金饰的硬度小者含金量高,硬度大者相对的含金量低,而 K 金则往往硬度大、性脆,当弯曲细的金条(如戒指)时,纯金软不易折断,不易出现折皱纹;K 金硬易折断或可出现折皱纹。另外民间还有用牙咬的方法,咬动为纯金,咬不动则含金量低。

(5) 试熔点。金的熔点高,在高温下烧后质地不变,仍显金属光泽,而 K 金烧后则易变为黑褐色。

(6) 听敲击声。金(首饰)质纯,含金量高者击之声闷,摔在地上音低沉不弹跳;含金量低者击之声脆,摔在地上声脆而有小的弹跳现象。

(7) 滴试液鉴别。黄金化学性质稳定,遇一般的酸类不受腐蚀,如将强酸(不用王水、氟氰酸)如硝酸、盐酸滴于纯金上无反应,而滴在不纯的黄金上则可出现腐蚀痕迹。滴在黄金条痕上也可根据有无受到腐蚀定出黄金真伪和成色高低。

(8) 仪器测定。有条件的话用测金仪(见第四章)测定是最有效的方法,其他如用化学分析方法可测出黄金含量,用电子探针可测出微区($1\mu m$)内的黄金和黄金含量,用 X 射线荧光分析法可测出结构构造复杂的整体纯金首饰中的平均含量,这都是快速、便捷、无损检测的定量方法。

(六) 金的计量单位及其饰品的价格计算

在世界范围内金的计量多以"盎司"(Ounce)为单位。盎司有常衡盎司(Avoirdupois)和金衡盎司(Troy ounce)。

1 常衡盎司=28.349 5g

1 金衡盎司=31.103 5g

一般金饰品是以克为计量单位。中国传统的计量单位为"两",解放前 1 市斤为 16 两,有人现称其为小两(1 两等于 10 钱),当前有个别人或个别地区还在沿用。

即 1 市斤=16 小两=500 克

1 两=10 钱=31.25 克

1 钱=3.125 克

当然现在我国早已统一用:

1 斤=10 两=500 克

1 公斤=2 市斤=1 000 克

但是我国香港、澳门、台湾等地的黄金剂量有的仍用:

1 斤=16 两

1 两=37.5 克(台湾称"台两")

关于黄金饰品的价格计算一般为:

金首饰(包括千足金、足金首饰)的价格=首饰重量×金价(元/g)+首饰制作加工费(加工费包括制作过程中金的耗损,一般小于 3‰)。

K 金首饰(包括含有 Cu、Ag、Zn 等合金的 18K、22K 等金饰品)的价格=(金饰品的质量×含金量%)×金价(元/g)+合金金属费+加工金损耗+加工费。

其中,合金金属费平均为金的 1%,金首饰在加工中的损耗率一般为 8%。

例 1 一纯金首饰质量为 5.5g,当日金价为每克 300 元,加工费为 80 元。

其价格=5.5g×300 元/g+80 元=1 730 元。

计算 K 金的金含量,国际上是把 24K 当作含金 100% 计算的。

所以 K 的含金量为:1K=100%÷24≈4.1666%。

将饰品上的印记所打的 K 数乘以 4.1666%,便可得知该饰品的含金量,如市场上常见的 18K 金,其含金量即为:18×4.1666%≈75%(实为 74.98%)。

常见 K 金首饰的含金量见表 15-1-2。

表 15-1-2 常见 K 金首饰含金量

K 数	含金量 Au(%)	K 数	含金量 Au(%)
24	99.99	12	50.00
23	95.83	11	45.83
22	91.67	10	41.67
21	87.50	9	37.50
20	83.33	8	33.33
19	79.17	7	29.17
18	75.00	6	25.00
17	70.83	5	20.83
16	66.67	4	16.67
15	62.50	3	12.50
14	58.33	2	8.33
13	54.17	1	4.17

K 金首饰上的印记,是首饰加工厂标明该产品的金属材料及品质的符号。

在我国金首饰市场上多见的 K 金是 18K(或标 750)、14K(或标 583),在欧美的金饰品市场上多见的为 12K、9K、7K,在日本的金饰品上还有 6K 等。其含金量也可以按上述计算得知。

(5) 彩色 K 金。在 18K 金中除了占 75% 的金之外,其余的 25%,如果加不同比例的其他成分则会出现不同颜色的彩色 K 金。如:①用金、银、铜可配制成红色的 K 金,称"红 K 金",用金和铝可配制成亮红色 K 金。②用金和银可配制成黄色 K 金,称"黄 K 金"。③金铜合金中再加镍或钯等则形成白色 K 金,称"白 K 金"。这种白 K 金俗称"K 白金",由于它是白色,很像铂金,所以易与铂金相混淆(其实白色 K 金完全不同于铂金,其主要成分为黄金和镍、银、钯、锌、铜等,按一定比例熔炼在一起后呈现白色的)。④如果在金中加铁可配制出黑色 K 金,多为 14K,其成分中金铁比为金 58.5%、铁 41.5%±。表 15-1-3 为金、K 白(黄)金、彩色金、仿黄金的一般配方、密度为、颜色及印记。

(九) 处理及仿制品

处理及仿制首饰这里指的是对金首饰金硬度的提高、镀色、加金属覆盖层等。

表15-1-3 金、K白(黄)金、彩色金、仿黄金的一般配方、密度、颜色及印记

分类		密度(g/cm³)	金(Au)%	银(Ag)%	铜(Cu)%	锌(Zn)%	镍(Ni)%	钯(Pd)%	金(Au)%	银(Ag)%	铜(Cu)%	铁(Fe)%	颜色	印记(标记)	说明
黄金	24K 千足金	19.32	99.9						99.9				深金黄	999(或千足金)	1.各厂家的配方往往各有不同,此表为标准配方,也是仅作参考。2.不同颜色的K金彩系列。一般白色K金一般称K白金。3.本表中密度参一项仅属参考密度,它随配方不同而有所变化。4.仿黄金中根本无金,其配方也厂家皆不相同,密度随成分配方而变。
	24K 足金		99.0						99.0				金黄	990(或足金)	
K金	22K	17.65	>91.6						91.7		8.3		红黄	22K(或91)	
									91.7	4.2	4.1		金黄		
									91.7	8.3			淡黄		
	18K 第一配方	15.54	75.3	0.16	16.75	2.58	5.21		75		25		红	18K(或750)	
	18K 第二配方		75.7	0.20	8.3	3.2	12.6		75	8	17		淡红		
	18K 第三配方		75	10		10	5		75	12.5	12.5		黄		
	14K	13.50	58.5	22.4	14.1	4	5		58.5	7	34.5		红	14K(或585)	
									58.5	15	26.5		黄		
									58.5	20.5	21		淡黄		
	9K	11.40	37.5	38.5	20				37.5			41.5	黑	9K(或37.5)	
									37.5	5	57.5		红		
									37.5	7.5	55		淡红		
									37.5	11	51.5		黄		
									37.5	31	31.5		淡黄		
钯金	六成K白(黄)金("334"金)	约11~12	30			40		30					白色微带灰黄色调	Pd 18K	
	四成K白(黄)金("226"金)		20			60		20						Pd 14K	
仿黄金	铜锌合金	约7~9	0	0	65.5	34.5	铝(Al)12±						浓黄	无标记(有标9999者纯属欺骗)	
	稀金/钛金		0	0	87±			铟(In) 1±					淡黄		

1. 提高金硬度

提高金硬度形成硬金。由于金的硬度太低(2~3),不能随意的加工镶嵌各种款式的珠宝首饰。最近各地不断推出硬金产品,如硬、千足金、3D硬金、摩俪硬金等,皆是以物理方法改善金的硬度。向着同18K金同样的硬度、同18K金一样的能达到完美的工艺去研制。不断改进使这种硬金镶嵌的首饰能具有坚实、耐磨、不易变形、抗氧化、可以回火、返修等性质的理想产品去发展。

2. 镀色

镀色是用对表面镀色的方法,使其成为彩色K金。近来用表面镀色的技术将K金镀上美丽的色彩,如将钴原子注入K金表面可呈蓝色等。它与真正的冶炼而成的彩色K金不同,这种表面镀上去的色彩易磨损。在白色18K金的表面镀钯、铑或镍,使得成本降低,表面光亮,但是一经磨损或戴的时间稍长,则露出18K金淡黄色调的本色。这种镀色的K金在一般的饰品上无标记。

3. 镀金

镀金按规定称镀金覆盖层,是利用电镀或化学方法,在金属制品上镀上一层覆盖层,镀金的含金量一般不低于585‰,其镀膜的厚度不小于$0.5\mu m$,一般在$0.5\sim5\mu m$之间,其标记以往为PnAu,现改为P-Au,如P4Au表示镀膜的厚度为$4\mu m$。例如P-AAu表示适用于镀金覆盖层,其覆盖厚度$5\mu m$,最小含金量为585‰。国外有18KGP、18KP,表示镀的金膜为18K金。还有镀金膜为$0.05\sim0.5\mu m$的叫薄层镀金,薄层镀金制品是不允许打标记或印记的。镀膜变薄技术的难度也更大一些。

4. 包金

包金规定称包金覆盖层,是用机械方法将极薄的金箔牢固地包裹在金属制品上,包金覆盖层含金量不得低于375‰,其厚度不小于$0.5\mu m$,一般在$0.5\sim1\mu m$之间,其标记以往为LnAu,现改为L-Au,例如L-BAu表示实用于包金覆盖层,其覆盖厚度为$3\mu m$,最小含金量为375‰。包金的国外标记为14KF、18KF,表示包上去的金为14K或18K。厚度标记为1/1 018K,为金箔经滚压后与其内部金属比例为1:10,还有的为1:20等,金箔越薄其技术难度也越大。

另外还有一种为利用滚压、锻压手段将金箔锻压到其他金属表面。叫锻压金饰品。其实这是包金的一种,只是所用包的方法、对象不同而已。

关于包金、镀金、薄层镀金的分类、加工过程及要求见表15-1-4。

5. 鎏金

鎏金是古代将金溶解于水银中,然后刷到器物的表面,晾干后用炭火烘烤,使水银挥发,再用玛瑙等轧光表面而成。我们在市场上经常看到的,如鎏金的佛像等鎏金饰品就是这样制成的。图15-1-10为唐朝鎏金胡人骑象铜饰,图15-1-11为现代鎏金艺术品。

图15-1-10 鎏金胡人骑像铜饰(唐朝)

图 15-1-11　鎏金艺术品(现代)

6. 仿金

仿金根本不是金,是用价格低廉的铜、锌、镍等金属,按一定比例熔炼而成的一种合金。也呈金属光泽、金黄色,类似黄金,而且这种饰品长期佩戴有的会变色,也有的长期光洁如新。仿金上不打任何标记。唯其密度(比重)较轻,以手掂之则易与黄金区别,如果以火烧之颜色立即变暗,依此方法可以辨别真伪。有一种仿金配方为 Cu65.4‰、Zn34.6‰,密度较小,加工成的仿黄金金条如图 15-1-12 所示。

表 15-1-4　包金、镀金、薄层镀金的分类、加工过程及要求

类别	加工过程	分类	覆盖层		纯度(最小值)(‰)
			厚度(最小值)(μm)		
			纯金[1]	金合金	
包金	机械方法	A	—	5	375
		B	—	3	
		C	0.5	—	[1]
镀金	其他方法	A	—	5	585
		B	—	3	
		C	0.5	—	[1]
薄层镀金	—	—	<0.5	—	585

[1] 无论镀层是由金或金合金组成,其镀层厚度均以纯金来定义。因此,相应的金合金覆盖层的准确厚度由以下数值表示:

375‰金合金＝2.3μm
417‰金合金＝1.9μm
585‰金合金＝1.2μm
667‰金合金＝1.0μm
750‰金合金＝0.835μm
1 000‰金合金＝0.5μm

金合金覆盖层的准确厚度用相当于 0.5μm 以上的纯金厚度来表示。

注:目录中的 C 类值,取决于纯金有关厚度。

注:据国标《首饰,金覆盖层厚度》的规定,2005。

常见的仿金还有以下品种。

(1) 亚金。亚金是指以铜为主,掺有少量铅、锌、镍和锡而熔炼出来的合金仿金。我国的亚金首饰可含铜 68.1%、锌 34.1%、镍 0.8% 等,但由于不同的配方在颜色上也少有差异。其性能仅次于 K 金,且易与 K 金混淆易于褪色而失去光泽,还有的用来作镀金、镀铜首饰的内胎材料,是市场上常见的品种。

(2) 钛金。钛金是以钛合金生产出来的仿金。钛本来为银灰色,具有质量轻、强度高、抗腐蚀、耐高温等特点。经改色后可用于镀首饰或手表等。通过镀钛工艺,镀于铜首饰上,可形成一层金黄色的镀膜,耐磨性强,很像金饰品,也是当今市场上主要的仿金饰品。

(3) 稀金。稀金是以铜为主掺入某些稀土金属熔炼而成的合金。有一种稀金为 Cu 87.272%、Al 11.939%、In 0.79%,抗氧化能力甚强,密度为 $7.8 g/cm^3$,可以不电镀即呈现金属色。在紫外、红外线照射下皆不易变色,抗腐蚀性强,呈金黄色,甚至 8~10 年都未见褪色、变色,如图 15-1-13 所示。有的工厂稍微改变配方即又称"钛金"。它的金属光泽强、价格低廉,极似金饰品。故在市场上占有一席之地,还常赢得人们的喜欢。

图 15-1-12 加工成的仿黄金金条

(4) 组合金。组合金是由不同含金量的部件组合而成的金饰品。如一对耳饰其主要的耳叶可能为含金量 99.9%、耳塞杆可能是含金 94.6%、耳塞扣可为 89.5%。还有一条 6 股金链可能有 5 股为 24K 金,1 股为 22K 金,以增加整个金链的强度及承受力。

(5) 最近市场上还出现的硬千足金,使用物理方法将含金量提高,硬度增大。硬度是一般千足金的数倍,纯度是千足纯金。硬度的提高弥补了黄金柔软易断裂、易变形的缺点。它更易于造型且耐磨损,使其工艺更精致,不易变形则可镶嵌贵重金属宝石和玉石,使其黄金首饰从传统走向时尚。目前这种硬千足金还在改进推广之中。

(6) 在黄金中已经发现掺杂铱,为不法分子谋取暴利所为,故检测工作者应予注意。

图 15-1-13 稀金仿黄金的钛金

(十) 黄金、K 金类饰品的保护与保养

黄金饰品往往体积较小、质柔软、硬度较小,易被挤压、撞击而变形,除佩戴须小心之外还应避免与铂金、银饰一起佩戴,以防止互相摩擦,而在黄金上留下擦痕。更重要的是黄金饰品与水银(汞)、鱼腥腐朽物质(臭鱼、烂虾、死螃蟹)和一些化学物品接触,会导致黄金变白,及出现白色斑点。有人见出现白斑点的黄金误认为是黄金不纯。其实不然,一般是黄金遇到这类含 Hg 或 H_2S 物质污染所致。如遇这种情况可到有关的金饰品公司加以清洗即可。

在游泳、冲凉或做家务时最好摘下黄金或 K 金饰物,也最好不要让其与化学物品、化妆品接触,以避免受其影响或无意中脱落。平时最好多用鹿皮、擦眼镜布等细绒布之类擦拭以清除表面污垢和指纹。如遇变暗甚至失去光泽的 K 金饰品,可以用稀释的肥皂水清洗,以保持亮洁。

第二节 银

银(Silver)常呈白色,故又称"白银"。

人类对银的开发利用,历史悠久。据考,古埃及人在公元前约 27 世纪,建造金字塔时就利用了不少银制作首饰置于其中。有人认为银的利用比金还早。3 000 年前的大马士革曾以制作金银器物而出名。建于公元前 585 年的缅甸瑞光大金塔,已有大量银饰品悬挂于塔上;在欧洲的文艺复兴时期,已经大量用银镶嵌宝石做饰品;在 15 世纪末期,欧洲已开始铸造银元(或称"大洋");16 世纪西班牙殖民主义者在美洲也大量铸造银元。

在中国最古老的一部矿物书《山海经》中,就记载着出银之山 10 处,山海经的北山经中记载着"少阳之山,其上多玉,其下多赤银";陕西咸阳出土的战国错金银云纹鼎,就是用金银加工而成的。由战国到汉朝金银加工业已蓬勃发展,当时隋朝已开始制造银锭,及至魏、晋、南北朝、隋、唐到宋、元、明、清、民国,都有用银币、银首饰、银器皿等,对银的开发利用已很普遍。明代万历年间,国外的银元流入中国,自此银作为货币流通之用。时至今日收藏银元的还大有人在。银具有良好的导电性、导热性和延展性,可与二氧化硫或硫化氢接触而变黑,生成硫化银。银与砷化合可生成砷化银。古代用银制作成银筷子,以检验食物中有无毒物,检验是否有砒霜(氧化砷)或食物是否新鲜,若有问题银筷则立即变黑。此方法也延用至今。

(一)化学组成

银的化学式为 Ag,为自然金属元素,可形成自然银单质矿物,化学成分中还常含有金,与金可成连续的类质同象置换(详见金章节),形成金银矿等。含银的主要矿物为自然银,银中通常除含有金之外,还可含有少量的汞、砷、铋、铜、铅、锌等。常见的是银中加锑(Sb)或钯(Pd),可增强银的亮度,提高银的硬度及耐磨性。

(二)形态

自然银为等轴晶系,晶体成立方体、八面体或二者的聚形,可依(111)形成双晶或平行连生。集合体常呈树枝状、苔藓状、不规则片状、粒状或为块状。自然银的晶体及双晶如图 15-2-1 所示。自然银的形态如图 15-2-2 所示。树枝状自然银如图 15-2-3 所示。

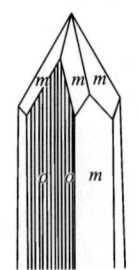  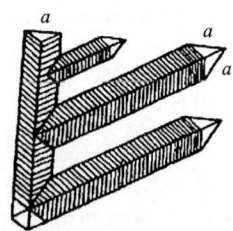

图 15-2-1 自然银的晶体及双晶   图 15-2-2 自然银的形态

(三)物理特性

自然银呈银白色,易氧化成为灰黑色的氧化物,新鲜面具强金属光泽,不透明,呈均质体,无内反射,偶见异常非均质性,在反射光下呈银白色,有时微带黄色色调,反射率高达95.5%(绿)、94%(橙)、93%(红)。摩氏硬度为2.5~3,密度为10.1~11.1g/cm³,无解理,有锯齿状断口,熔点为960.5℃。纯银硬度为2.7,密度为10.49g/cm³,比黄金轻,具延展性。延展性据实验1g银可拉成1 800~2 000m的细丝,可压成厚度为0.000 01mm的银箔。银具良导电性和良传热性,AgCl有良好

图15-2-3 树枝状自然银

的感光性,即对可见光线有很高的反射性,其反射率可达93%,故近于纯白色。银与硫物质接触可形成黑色AgS,与砷化合形成黑色砷化银。银的化学性质稳定,在常温下不易被氧化,易溶于硝酸及热硫酸。

(四)鉴别特征

自然银呈银白色,强金属光泽,具延展性。银易与铂或K白金混淆,主要区别为银的密度低、硬度低。银可溶于硝酸,如果其溶液中加盐酸,即会生成AgCl白色沉淀。

(五)产状及产地

世界上产银最多的国家是墨西哥、俄罗斯、加拿大、美国、澳大利亚,其他产银的国家还有日本、秘鲁、智利、南非等。

中国产银主要是江西,次为广东、湖北、云南、广西、湖南、河南、四川、甘肃、青海、吉林等省。银矿床的主要成因类型以岩浆热液型、火山次火山热液型、沉积型及沉积变质型为主。银矿物常与方铅矿、闪锌矿、黄铁矿、黄铜矿等硫化物共生。它也常作为伴生矿物,以分散状态赋存于方铅矿、闪锌矿中,作为开采的副产品回收。

(六)市场上常见的银品种和鉴别

由于银太软,所以在首饰行业中常掺杂铜、锌、镍、锗等,以提高其强度。

目前市场上出现的银首饰有纯银、925银及98银。银用作首饰的历史很悠久,其经济价值远远低于黄金、铂金,但是由于它色泽亮丽、质地柔软,很受人们欢迎,也有人还以仿银制品充入市场。

1. 纯银

纯银通常称足银,含银量不少于990‰,印记为"足银",也有的标上其实际含量。但纯银首饰质地太软易于变形,故加铜成为铜银合金以提高其硬度,另外还起到了抑制空气对银首饰氧化的作用,而且可使银保持原有的延展性和韧性。所以市场上的纯银首饰很少。

2. 925银

925银含银量不少于925‰。这种银在市场上最多,印记为"925"或"SILVER925"、"S925",在国际市场上称"标准银",为含Ag92.5%、Cu7.5%,所以它实际上是银铜合金,在中国古时称"纹银",用作货币交流。其银质地坚韧,表面光洁度强,除用它来做素面首饰银制品外,也可少量地用以镶嵌宝石。银制品有古代的也有现代的,图15-2-4为古代银制品,图15-2-5为现代银制品。

图 15-2-4　古代银制品

图 15-2-5　现代银制品

3. 98 银首饰

98 银首饰含银 98.7%，含铜 1.3%，在市场上比较少见。

4. 包银或完全不含银的仿银制品

包银或完全不含银的仿银制品是以某种金属为内胎，外面镀上一层银，这除用于首饰外，更多用于烟、酒、茶、餐具之上。

凡不打以上印记的就不是正规的白银产品。

5. 仿银制品

仿银制品主要有以下几种。

(1) 亚银首饰。亚银首饰是以铜为主及少量镍、锌等金属熔炼在一起的仿银合金。有镍银之称，一般铜可占 60%、镍占 20%、锌占 20%。制品颜色为带黄灰色色调的白色，密度为 8.6g/cm³，延展性能良好，其上如果再镀一层银则更为亮丽，酷似白银，所以常作镶嵌首饰之用。

(2) 中国银。中国银是我国古代常用的一种仿银合金，在合金材料上有锌白铜之称。制品中一般含铜 65%、锌 20%、镍 15%，与镍银相似，很像白银而不含白银。

(3) 以铝、铅、铬、锗制作的仿银制品。铝、铅、铬、锗制品皆呈银白色，金属光泽。铝制品摩氏硬度为 2.5，密度为 2.7g/cm³，熔点为 659.8℃，具韧性，抗酸碱腐蚀；而铅制品硬度更低（为 1.5），密度为 11.34g/cm³，熔点为 327.3℃；铬制品摩氏硬度很大，可到 9，密度为 7.2g/cm³，熔点为 1 830℃，不易氧化生锈；锗制品摩氏硬度为 6，密度为 5.323g/cm³，熔点为 937.4℃，具良半导体性能。

白银首饰与仿银首饰的鉴别：①一般白银首饰上有印记，仿银首饰上无印记；②白银首饰因银与硫可形成 AgS，为灰黑色，失去光泽，而仿银首饰则无变黑现象；③白银首饰上滴一滴浓盐酸立即产生氯化银白色沉淀，仿银首饰则无此反应；④白银首饰与亚银首饰等仿银首饰可用密度、硬度及化学方法等区别之。

6. 关于包银和镀银的有关规定

(1) 包银覆盖层。包银覆盖层为用机械方法将银箔牢固的包在金属制品上。银覆盖层的纯度即含银量不得低于 925‰。包银覆盖层的厚度不小于 2μm。包银覆盖层标记为 L_nAg，例如 $L_{10}Ag$ 表示包银覆盖层厚度为 10μm。

(2) 镀银覆盖层。镀银覆盖层为采用化工镀或电镀等方法，得到银的覆盖层。镀银覆盖层的含银量不得低于 925‰。镀银覆盖层厚度不小于 2μm。镀银覆盖层标记为 P_nAg，例如 P_5Ag 表示镀银覆盖层厚度为 5μm。

（七）银饰品的保养

银易与砷作用产生砷化银，与硫作用产生硫化银而易使银变黑。人体的汗液中含有硫，因而佩戴时间长了会使银变色。在一些受到污染的环境中、空气中有酸性气体、硫化氢、一氧化碳等较多的地方也会影响到银饰。即便在通常的环境中银饰受空气中离子的影响也会有变色现象，因而一般情况下佩戴银饰，银饰表面会受到氧化而使颜色变褐、变暗、失去光泽，所以佩戴几个月后应清洗一次。清洗方法有专业的洗银水，或用牙膏及专业擦银布擦拭后，用清水冲洗干净。但是应特别注意不可用洗银水清洗做旧工艺的银饰品，否则会毁掉上面的做旧工艺。对做旧工艺银饰品只可用擦银布擦拭，或用牙膏清洗处理，即可恢复光亮。平时对一般银饰品保养还应该注意：银饰品硬度小，不要与硬度大的首饰合置接触，以免受到磨损；银饰和其他合金饰品尽量不要沾水和化学液体，避免接触硫磺肥皂、染发剂等；平时不佩戴时也要尽量密封保存，使其与空气隔绝，以减少氧化机会而保持银饰品靓丽。

第三节　铂及铂族元素

一、铂族概述

铂（Platinum）的发现早在几千年之前，但对铂的性能并无所知。最初有人认为它是有害的物品，后来有人渐渐认为它是白色的金子，所以叫它"白金"。后来又称它为"次银"。据考在15世纪末期以前，南美印第安人已经用铂来作饰品了。从智利、北厄瓜多尔等一些地方的考古发掘中，已经发现了许多铂制品。看来当时的西班牙殖民者对这些方面并无所知，据说直到1775年当西班牙人得到铂之后，还把它扔到河里，以防不测。化学家马凯和鲍迈首次在巴黎熔化了铂，制成小块铂板。到19世纪末，铂才被正式利用，并用它镶嵌宝石。

1918年，在俄国乌拉尔的下塔吉尔地区发现了铂矿砂。俄国学者普·格·索博列夫斯基等发明粉末法冶炼铂。与此相隔不久在非洲和加拿大也发现了铂族金属矿产地。自第二次世界大战前夕，人们开始重视铂族金属的应用。这类铂族金属及其合金的共同特点是耐高温、高温下强度好、抗腐蚀、抗氧化、耐磨、高延展性、低膨胀性，也是热、电的良导体，因而广泛应用于国防、化工、电子等工业，如卫星、火箭、喷气式飞机等有关领域。所以铂族金属的年产量也逐渐增加。

目前铂族金属已成为现代高新工业技术领域不可缺少的材料。当然将其用于首饰自然较为可贵。

铂（Pt）属于铂族元素。铂族元素包括锇（Os）、铱（Ir）、铂（Pt）、钌（Ru）、铑（Rh）、钯（Pd）六个元素。由于在元素周期表上的镧系元素中，原子和离子半径在总的趋势上是随原子序数的增加而逐渐缩小，此称"镧系收缩"。致使镧系之后的第六周期的元素与同一族中第五周期的元素，其原子和离子半径十分相近，也就是说使 Ru、Rh、Pd、与 Os、Ir、Pt 的原子半径相近，它们与 Fe、Co、Ni、Cu、Ag、Au 的原子半径也相差不多，它们的电负性大小和电子层构型也很相似，所以铂族元素之间及与这些元素可形成类质同象或金属互化物。

(一)形态

铂族元素所形成的矿物,一般呈完好的晶体者很少见,多为颗粒状,细小而分散,经常呈不规则粒状、扁平粒状、浑圆粒状,也有呈柱状、长柱状、板状、双锥状等。

(二)物理特性

铂族元素所形成的各种矿物,其物理特性也非常相似,一般多为银白色、锡白色、铅灰色、钢灰色或铁黑色,也有呈淡黄色、铜黄色或褐黄色,表面常有锖色。金属光泽,不透明,相对密度大,Ru、Rh、Pd 为轻铂金属,密度约为 $12g/cm^3$;Os、Ir、Pt 为重铂金属,密度约为 $22g/cm^3$,熔点很高,最高者为 Os,熔点为 $3000±10℃$,最低者为 Pd,熔点为 $1552℃$。Ir 为 $2410℃$、Ru 为 $2250℃$、Rh 为 $1966℃$、Pt 为 $1769℃$。延展性也很强,易于拉伸,铂族元素对酸的化学稳定性较高,Ru、Rh、Os、Ir 对酸的稳定性特别高,它们不仅不溶于强酸,而且也不溶于王水。Pd 和 Pt 可溶于王水,尤其是 Pd 还可溶于浓的硝酸和热的硫酸。

(三)产状及产地

铂族矿物主要产于基性及超基性岩中。各类基性及超基性岩中往往皆可含有铂及铂族元素矿产,大致可分为如下几种类型。

(1) 铂族元素与铬铁矿紧密共生,往往含 Os、Ir、Ru、Pt,但含量较低而分布普遍。

(2) 铂矿体与铜、镍硫化物,磁黄铁矿,镍黄铁矿,黄铜矿紧密伴生,也有的仅为黄铜矿或黄铜矿和黄铁矿,或与钛磁铁矿紧密伴生。皆以含 Pt、Pd 为主,有的是目前提取铂、钯的主要来源。

(3) 铂赋存于基性岩、超基岩中而不与硫化物共生,只是以铂、钯矿为主。与首饰有关的几种常见贵金属(包括铂族元素)的某些性质见表 15-3-1。

表 15-3-1 铂族元素的某些物理性质

元素名称	钌(Ru)	铑(Rh)	钯(Pa)	锇(Os)	铱(Ir)	铂(Pt)
原子序号	44	45	46	76	77	78
相对原子量	101	102	106	190	193	195
熔点(℃)	2 450	1 966	1 552	2 700	2 454	1 769
沸点(℃)	4 119	3 727	2 900	5 020	4 500	3 824
密度(g/cm^3)	12.45	12.44	10.8~11.9	22.61	22.42	21.45
摩氏硬度	6.5	4~4.5	4.5~5	6.25~6.5	5±	4~4.5

另外据有关专家分析,在小行星体上铂系列元素的含量是极高的,如一个 20 亿 t 重的小行星含铂族系列贵金属元素就可占到 7 500t 之多。假若外太空资源能开发利用,铂族系列贵金属元素的产量是极为丰富的。当然这是科学理论的推导,事实还有待实践证明。

二、铂(Platinum)

这里对铂的描述是以自然铂为标准。

1. 化学组成

铂的化学式为 Pt，俗称铂金，为自然金属元素单质矿物。在自然界形成的矿物称"自然铂"。成分中常含有 Ir(≤28%)、Pd(≤37%)、Fe(≤20%)、Cu(≤13%)、Rh(≤7%)、Ni(≤3%)等，当这些元素在铂中含量较高时可成为自然铂的变种，依次为：铱自然铂、钯自然铂、铁自然铂(亦称粗铂矿)、铜自然铂、铑自然铂、镍自然铂等。

2. 形态及特性

铂属等轴晶系晶体，呈细粒状或葡萄状，偶尔有小立方体（图 15-3-1），锡白色，表面可带浅黄色色调，金属光泽，无解理，摩氏硬度为 4，密度为 21.5g/cm³，是金属、贵金属中密度较大者，具很好的延展性和可锻性，具良好的导电、导热性。其延展性随铂中杂质含量的增加而降低。

铂的熔点很高，为 1 769℃，所以在一般打金小店很难维修或加工这种铂金首饰。

铂有很好的化学稳定性，受热不会变色变暗，在常温下不与各种酸(硝酸、盐酸、硫酸、氢氟酸、有机酸)发生反应。铂可溶于王水，形成橙黄色氢氯铂酸溶液，在热硫酸中尚可缓慢溶解。

(a) 自然铂立方体小晶块　　　(b) 砂矿中的自然铂　　　(c) 母岩上的自然铂

图 15-3-1　铂的晶体形态［据(英)卡利霍尔，2007］

纯铂中加入 5% 的其他金属形成合金即可增加铂的强度，如钯和钴与铂制成的合金比纯铂软，如加入铜成铜铂合金则更软。所以钴、钯与铜的合金往往用于镶嵌首饰，成 Pt950 或 Pt900 铂金首饰。

3. 产状及产地

铁矿床，伴生矿物常为砷铂矿、锇铱矿、铱铂矿、锑钯矿、自然铱、自然钯、自然金、铜镍硫化物、铬尖晶石等。

铂矿床主要产于基性及超基性岩中，内生矿床岩浆型，如南非布什维尔德、加拿大的萨得伯利、美国蒙大拿州的斯蒂尔沃特、俄罗斯的乌拉尔、芬兰的希图拉等地。

热液型的矿床主要产于南非的德兰士瓦、美国怀俄明州等地。砂矿型的铂矿主要产于南非的维特瓦特斯兰德、俄罗斯的乌拉尔、澳大利亚的维多利亚、哥伦比亚的乔科、日本空志川等地。世界上铂矿资源主要是在俄罗斯、加拿大、南非、哥伦比亚、美国等。

中国的铂矿床主要产于硅镁质岩浆型的硫化矿床中，如云南、青海、甘肃、河北等地；铬铁矿型的主要产于河北、河南、陕西等地；辉石岩型的产于云南、河北。湖北为沉积岩型、砂矿型的产于内蒙古、陕西、青海、河北等地。

4. 市场上常见的铂金首饰品种

(1) Pt990。这种铂饰品又称"足铂"，有人叫它"足白金"。含铂量不少于 99%（或

990‰），印记标"Pt990"或标"足铂"，也有的标上实际含量。这种足铂因硬度偏小，强度差，一般不用于镶嵌首饰，而只用于纯铂饰品。

（2）Pt950。这种铂饰品的含铂量为不小于95%，钯占5%，印记为"Pt950"或"PLATINA950"。这种含Pt95%的饰品不仅流行于欧美各国，现在在中国也十分流行。Pt950的强度适当，是人们所喜爱的首饰镶嵌材料。

（3）Pt900。这种铂饰品的铂含量不少于90%，钯占10%，印记为"Pt900""铂900"。Pt900的强度适当，常用作首饰镶嵌，尤其牢固。镶嵌的宝石、钻石不易脱落。但在中国市场上，消费者总认为Pt900含铂量太低，所以销售情况赶不上Pt950。

可见纯铂首饰很少或不存在，以上所举出的这几种铂金首饰全是钯铂合金。尤其不同国家和不同地区对铂金首饰的要求也不一致，见表15-3-1。意大利、日本生产的铂金首饰多为Pt占75%~95%，钯占5%~25%。

（4）不含Pt的K白金应叫白色K金，它的主要成分为黄金，一般是黄金与其他金属（如钯、镍、银、铜、锌等）的合金。其中18K白金即含黄金75%，因饰品呈白色所以易与铂金饰品相混淆，其实其中完全不含铂金。这类首饰上的印记经常标"18K"或"750"、"14K"、"585"等，标记上无Pt字样。

（5）镀铑首饰。往往是在K白金首饰或白银首饰上镀铑，因铑的反射率比铂高，镀铑以后的首饰则更加洁白亮丽。

（6）仿白金。它是用80%的黄金、16%的镍、3%的锌、1%的铜，熔炼合成的合金，呈白色，硬度亦高，但其中根本无铂金。这种仿白金，实际为假铂金。其首饰上一般不打印记，但因含黄金量高，所以价格也不太低，颜色又白，很像铂金饰品，因此在市场上仍有销路。

还有一个值得注意的问题是在各种铂金、K白金首饰的成分里掺铁，铁的价格低，加铁后则降低了成本，这实际上是一种不道德的掺假行为。

5. 鉴别特征

为了区别各种白色贵重金属首饰，可以从以下几方面进行测试。

（1）白色K白金，首饰的硬度大、密度大、熔点高，区别于白银首饰和K白金首饰。

（2）铂金首饰光泽不如K白金强。铂金首饰颜色有锡白、钢灰色。白银首饰和K白金首饰呈微带黄色色调的银白色。

（3）密度特小的白色金属形若铂金，实为钯金，掂在手里轻轻的，其标记为"Pd950"（详见钯金章节）。

（4）铂金首饰经火烧、高温处理颜色不变，白银首饰火烧后即变润红色至黑红色。其他K白金首饰则变黑灰色。

（5）铂金首饰表面光亮，白银首饰表面常因氧化而变暗或产生黑色斑点。

（6）铂金首饰落地或互相碰撞声音脆，银饰品则声音比较沉闷。

（7）铂金首饰遇硝酸或盐酸无反应，银首饰则易于溶解或其条痕消失或产生白色氯化银沉淀。

（8）各种铂金、K白金、白银首饰掺铁者可被磁石吸引，是为质量低劣品。

（9）看首饰上的印记，有Pt者为铂金；有18K或750者为K白金含的是黄金，有S或925者为白银；无印记者为仿制品或其他合金，属非正规产品。

(10) 如果条件允许可用测金仪、光谱等仪器测试,这样既可测得金属或贵金属的成分含量,又可得出其含量之间的比例。

(11) 最近深圳市场上出现一种硬千足铂金,硬度超过 18K 金,具有良好的延展性和强度这一产品可不易变形,同样款式制作的产品,密度更小,且耐磨、耐腐蚀,这就可以解决了铂金设计上的局限性,据悉,这一技术为深圳市意犬隆珠宝公司的专利。其产品正在推广中。

三、钯(Palladium)

钯又称"钯金"。人们对贵重白色金属,特别是包括钯金在内的铂族元素认识和开发利用较晚,大约自第一次世界大战之后,由于军事工业、尖端技术的兴起,有了对铂族元素的需要,随之产量大增。近代钯金广泛地应用于国防、化工、电子等现代高新工业技术领域,如卫星、火箭、喷气式飞机等有关领域。如今把它用作首饰,当然是比较可贵的。

1. 化学组成

化学式为 Pd,主要以金属元素矿物形式存在,呈固溶体或金属互化物。成分比较纯净,也可含有微量的金、银、铜、铂、铱、钌、铑、铅等。

2. 物理化学特性

钯呈银白色,表面略带白的钢灰色,抛光后成为亮白,金属光泽,很像铂金,摩氏硬度为 4.5～5,比铂金高,密度却比铂金小得多,差不多只有铂金的一半(铂按纯者为 $21.5g/cm^3$,钯金是 $10.8～11.9g/cm^3$),所以同样大小的一个戒指或项链,钯金的就比铂金的轻得多。钯熔点为 1 553℃,与铂金有同样的高延展性、低膨胀性及抗氧化、耐腐蚀、耐高温,也是热、电的良导体,在常温下空气中有不变色、不生锈的特点。钯金首饰与铂金首饰同样靓丽,但在市场上一般还不为买家所接受,所以销量不是太好。

3. 产状及产地

其产状同铂金,即主要产于基性超基性岩铬矿床、铜镍硫化物矿床及相关的砂矿中,与铬铁矿、橄榄石、辉石等共生。其产地也与铂金相同,产于铂金矿床中,如中国产铂族元素的一些矿床也大都为铂、钯共生。

4. 市场上常见的钯金品种与鉴别

当前市场上见到的钯金是 Pd,占 95% 的钯金首饰,其印记为"Pd950"。

它确实很像铂金首饰,鉴别方法除根据其印记外,最简单的是因钯金的密度特小,以手掂之有轻轻的感觉,易识别之。

钯和铂可以组成铂钯合金,其中铂含量常占 75%,日本和意大利生产这种合金最多。

四、铱(Iridium)

铱的元素符号为 Ir。

铱属铂族元素贵金属。银白色,高温时具有延展性,可拉成丝,也可压成薄片,熔点为 2 454℃,密度为 $22.421g/cm^3$,硬度比铂还高,约为 7,性脆。

化学性质稳定,不溶于王水。在铂族元素中其价格是较低的,故在首饰行业中与铂组合成铂铱合金,作为镶嵌的用料。

五、铑(Rhodium)

铑的元素符号为 Rh,属贵金属。色白,强金属光泽,密度为 $12.44g/cm^3$,硬度较高为 $4\sim 4.5$,熔点为 $1\,955℃$,耐腐蚀。因产量较少故价格比其他铂族金属昂贵,所以很少在首饰行业中用作合金镶嵌,一般是镀于银器或其他金属表面(如 18K 金表壳上),以增强其光泽,也可提高其抗腐蚀的能力。

第四节 铜及黄铜矿

铜(Copper)不属于贵重金属,但因与首饰镶嵌关系密切,故置于此章内予以叙述。

铜的元素符号为 Cu。人们对铜的开发利用历史悠久,据考早在商周时期已可冶炼出铜来。铜常作为制作器皿及器物的材料。铜主要来源于自然铜(图 15-4-1)、辉铜矿、斑铜矿、黄铜矿,或孔雀石、蓝铜矿,其中最多见的是黄铜矿。

图 15-4-1 树枝状自然铜

黄铜矿(chalkopyrite)的化学式为 $CuFeS_2$,为四方晶系,常见晶体的单形为四方四面体[图 15-4-2(a)],及双晶[图 15-4-2(b)],但很少见,主要呈致密块状或分散颗粒状集合体。黄铜黄色,表面常有蓝色、紫褐色的斑状锈色,金属光泽,绿黑色条痕,硬度为 $3\sim 4$,密度为 $4.1\sim 4.3g/cm^3$,产出较广,可产于岩浆型矿床,赋存于基性、超基性岩中,与磁黄铁矿、镍黄铁矿共生;也可产于接触交代矿床中,与方铅矿、闪锌矿、黄铁矿等共生。最常见的还是产于热液矿床中,与方铅矿、闪锌矿、斑铜矿、石英等共生。风化后可形成孔雀石和蓝铜矿。黄铜矿是最主要的铜矿石,也有的黄铜矿呈星散状分布于观赏石上,与黄铁矿等形成金光闪闪的亮点。黄铜矿经过冶炼,可提炼出铜来。

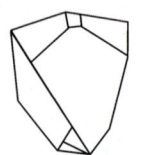 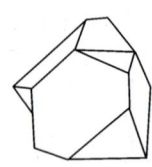

(a) 黄铜矿晶体单形形态　　　　(b) 菱铜矿双晶形态

图 15-4-2 黄铜矿晶形

铜在空气中易被氧化,形成绿色铜绿,如图 15-4-3 所示铜佛像表面变为绿色。在首饰行业中直接用铜作首饰的较少,往往是将铜掺入金、银中配制成合金,或与其他金属组合成仿金材料,也还有的与其他金属组合成包金、镀金制品的内胎。古代就有鎏金铜熏炉(图 15-4-4)。

铜呈铜黄色和铜红色,金属光泽,硬度为 $2.5\sim 3$,密度为 $8.95g/cm^3$,具延展性,熔点为 $1\,083℃$,是电和热的良导体,有的铜和锌结合成合金称"黄铜"。黄铜更具有黄金般的色泽,在制作首饰和用于饰品方面更为常见。尤其一些不准许黄金出口的国家的首饰饰品,常用黄铜来镶嵌,以使出口流通不受限制。所以常出现镀铜首饰和铜首饰。镀铜首饰:以铜为主的电镀液镀于合金上,但其抗腐蚀性能差、易磨损褪色,是一种极似黄金的仿金饰品,在市场上也常常出现。

图 15-4-3　铜佛像表面变为绿色

图 15-4-4　鎏金铜熏炉（汉）

铜首饰可分为：①紫铜首饰，含铜在 85％以上，有少量锌（占 15％±）；②黄铜首饰，含铜 55％～85％，锌可在 45％～15％之间；③青铜首饰，含铜可到 80％～95％，锡占 20％～5％等。该铜首饰硬度较小（约为 3±），密度也都比金小（约为 8～9g/cm³），以手掂之稍有重感，摔之有轻脆声，并能弹起，氧化后可形成绿色铜锈。遇酸变色，一般用来作素铜首饰、首饰内胎，将 K 金镀膜于上，属低档的仿金首饰，常是地摊货。

世界上铜资源是非常丰富的，其中最著名的产地是智利、俄罗斯、美国、加拿大、赞比亚和刚果（金）。我国主要产于安徽铜官山、江西德兴及广西等省。

第五节　方　铅　矿

方铅矿（Galena），它既不是宝玉石，也不是贵重金属，只是经常与闪锌矿、黄铜矿、黄铁矿等共生。它可以是观赏石中的一种常见矿物，因此只在此一提。

方铅矿（PbS）属等轴晶系，晶体常呈立方体、八面体状，可依（111）形成接触双晶。方铅矿的晶形如图 15-5-1 所示，集合体呈粒状或致密快状。实际晶体如图 15-5-2 所示。铅灰色，金属光泽，有平行{100}三组完全解理，解理面互相垂直，经常形成立方体碎块，摩氏硬度为 2～3，密度为 7.4～7.6g/cm³。常产于：①在接触交代矿床中，与黄铁矿、黄铜矿、闪锌矿、磁铁矿等共生；②在中低温热液矿床中，与闪锌矿、黄铜矿、黄铁矿、石英、方解石、重晶石等共生。方铅矿是提炼铅的矿石，因方铅矿中常含银，所以有的也可从中提取银。它与共生矿物一起可形成观赏石，甚为壮观。我国著名的矿床有湖南桃林、水口山、辽宁青城子、广西泗顶厂等。

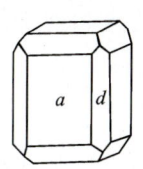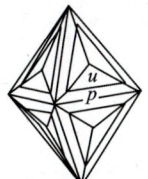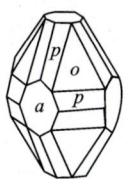

图 15-5-1　方铅矿的晶形　　　　　　图 15-5-2　方铅矿立方体晶体

第六节 闪 锌 矿

闪锌矿(Sphalerite)外文是"奸诈"之意,源于希腊词 Treacherous,德文闪锌矿 Blende 是"骗子"之意,英文意思是 Deceiving,两个词具有相同的含义。

闪锌矿,欧洲人称之为"Blenda"或"Zimeblende",是重要的锌矿物。通常呈褐色或黑色。但呈棕色或红棕色的透明晶体可作观赏石或收藏之用。由于它硬度低、解理好,不适于作宝石,锌也不是贵重金属,但它有时作为共生矿物出现于宝石或观赏石之上,故在此叙述以兹参考。

(一) 化学组成

闪锌矿的化学式为 ZnS。硫化锌很少是纯的,常含 Fe,分子式写为 $(Zn,Fe)S$,含铁多者称"铁闪锌矿",随着含 Fe 量增加颜色变暗,有时还可含少量 Mn 和 Gd,含 Gd 多者称"镉闪锌矿"。此外还可含有微量 Ge、In、Ga、Tl 等类质同象混入物,也多含 Cu、Sn、Sb、Bi 等机械混入物。

(二) 形态

闪锌矿属等轴晶系,晶体呈四面体和立方体、菱形十二面体,常出现依(111)形成的接触双晶或聚片双晶。通常呈粒状集合体或致密块状(图 15-6-1)。

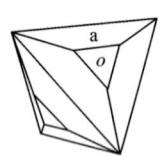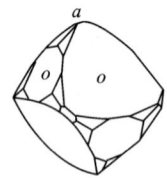

图 15-6-1 闪锌矿晶体及晶面纹饰

(三) 物理特性

金刚至半金属光泽,透明至几乎不透明,这些皆随含铁量的增加而改变。颜色还可有绿色、黄色、橙色、红色、棕色至黑色,随含铁量的增加而变深,也可为由微量元素所引起,通常为黄褐色,很少有无色者。达不到宝石级别的是灰色至黑色。均质体,折射率高,$N = 2.37 \sim 2.43$,无双折射,高色散(为 0.156),通常具多色性,黄—褐色,紫外光下可呈橘红色荧光,但通常无荧光性。其吸收光谱可具 651nm、667nm、690nm 吸收线。平行{110}六组完全解理,贝壳状至不平整断口,硬度为 $3.5 \sim 4$,密度为 $3.9 \sim 4.2 g/cm^3$,随含铁量的增加而硬度加大,密度降低,不导电。

(四) 鉴别特征

观察其颜色变化大,根据晶形、多组解理、硬度小可识别之。闪锌矿经常与人造金红石、榍石、锆石、锰铝榴石和石榴石混淆,可依据其单折射与前 3 种矿物区分,根据吸收光谱与锰铝榴石区分。闪锌矿的吸收光谱具有较高的扩散性。

图 15-6-2　闪锌矿圆形饰品
（科罗拉多、西班牙、墨西哥产）

图 15-6-3　闪锌矿与方铅矿、黄铜矿等共生
（观赏石）

（五）产状及产地

闪锌矿作为一种锌矿石，在世界范围内广泛分布。但是作为透明宝石仅在少数地区出现。闪锌矿主要产于接触交代矽卡岩矿床中，中、低温热液矿物产于热液矿床中，与方铅矿紧密共生。一些重要的产地有墨西哥的索诺拉、西班牙的桑坦、刚果、瑞士及美国的新泽西州富兰克林。彩色晶体产自美国俄亥俄州的蒂芬(Tiffin)等，其他还有德国、加拿大等地产出。

我国辽宁青城子、湖南桃林、常宁水口山都是重要的铅锌矿产地，也都是闪锌矿与方铅矿紧密共生产出。

第七节　辰　　砂

辰砂(Cinnabar)又称"朱砂"。入中药主治癫狂、惊悸、不眠等症。辰砂红色诱人，晶体大者为珍贵的观赏石，是鸡血石的主要组成矿物，也是一些玉石(如朱砂玉)的组成部分。

（一）化学组成

辰砂的化学式为 HgS，常含少量 Se、Te。

（二）形态

辰砂属三方晶系，晶体常呈厚板状或菱面体状，双晶呈矛头状成穿插双晶，辰砂的晶体如图 15-7-1 所示。多为粒状、致密块状、粉末状等集合体。辰砂晶簇状集合体如图 15-7-2 所示。

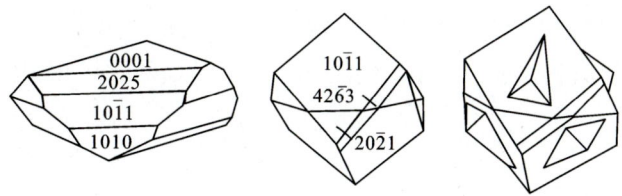

图 15-7-1　辰砂晶体及双晶

(三) 物理特性

辰砂呈鲜红色，表面常有一层铅灰锖色，条痕红，金刚光泽，半透明，解理平行{1010}完全，硬度为 2～2.5，密度为 8.09～8.20g/cm³，性脆，不导电。

(四) 鉴别特征

以鲜红的颜色和条痕、密度大、硬度低易识别之。如果用烧红的玻璃棒触辰砂粉末，则粉末变黑并产生银白色汞的小亮珠。

(五) 成因产状

辰砂仅产于低温热液矿床中，与辉锑矿、石英、毒砂、方解石等共生，可以形成砂矿。主要产地在我国贵州万山、湖南凤凰。世界主要产地为墨西哥、美国、意大利、西班牙等。

方解石上的辰砂如图 15-7-3 所示。

图 15-7-2　辰砂晶簇状集合体

图 15-7-3　方解石上的辰砂晶体

[附] 辰砂的相关品种

压制辰砂：压制辰砂为从辰砂中提取汞后的残余物质，以胶胶结而成块体。再进行压制成各种饰品，如珠子、牌饰之类。市场上有"避邪手链""避邪吊坠"之称。压制辰砂手链见图 15-7-4。

图 15-7-4　压制辰砂手链

第八节　辉锑矿

辉锑矿(Stibnite)的化学式为 Sb_2S_3，是主要提炼锑的矿石，不是宝玉石也不是贵金属，只是很多可作珍贵的观赏石。

斜方晶系，晶体常沿 C 轴呈柱状，如图 15-8-1 所示。针状或矢状，柱面有纵纹，有的还呈放射状集合体或柱状晶簇。铅灰色或钢灰色，表面常有带蓝的锖色，金属光泽，具完全解理，摩氏硬度为 2～2.5，密度为 4.51～4.66g/cm³，主要产于低温热液矿床中，与石英、萤石、长石、重晶石、方解石等共生。大个单晶晶体形如宝剑。大个完整晶体形成的晶族是珍贵的观赏石，辉锑矿实际形态如图 15-8-2 所示。我国湖南锡矿山等大型辉锑矿是最著名的产地。

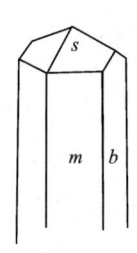 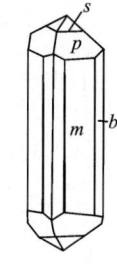 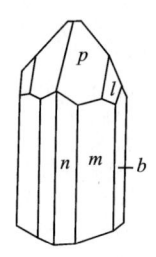 

图 15-8-1　辉锑矿晶体　　　　　图 15-8-2　辉锑矿实际晶体

第九节　黄铁矿与白铁矿

一、黄铁矿

黄铁矿（Pyrite）源于希腊语，意指用锤击之射出火花；白铁矿源于阿拉伯语，同时用于表示与黄铁矿颜色对比。

黄铁矿、赤铁矿与白铁矿是用作陪衬宝玉石材料的金属矿物。黄铁矿是有收藏价值的几种矿物中的一种，很像黄金，故有"愚人金"之称。白铁矿与黄铁矿有类似的特性，但由于其不稳定性，不能用作珠宝，这两种矿物易于混淆。白铁矿，早期一直被误认为是黄铁矿，由于它们经常于宝石或观赏石中赋存，故列于此来叙述。一件大型观赏石上如伴有几粒或成星散状的黄铁矿，则能为此观赏石添光彩。但要注意的是黄铁矿和白铁矿本身都不是宝石，也不是玉石，更不是贵重金属。

（一）化学组成

黄铁矿的化学式为 FeS_2，为铁的硫化物。白铁矿也是这一成分，但白铁矿的颜色白且密度略低。

（二）形态

黄铁矿属等轴晶系，通常晶体是变形的立方体、八面体和五角十二面体。许多黄铁矿呈颗粒状或块状。黄铁矿的立方体晶体晶面上常见有3组互相垂直的条纹，可形成穿插双晶。黄铁矿的晶体和双晶如图 15-9-1 所示。黄铁矿晶体上的条纹如图 15-9-2 所示。集合体呈晶簇状、粒状、浸染状、树枝状、块状、结核状、肾状等。黄铁矿立方体晶体如图 15-9-3 所示。黄铁矿晶体还常有穿插连生者（图 15-9-4）。

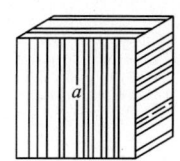 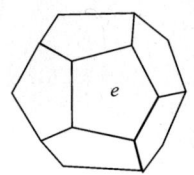 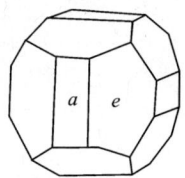 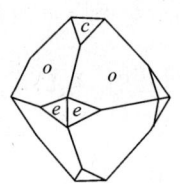 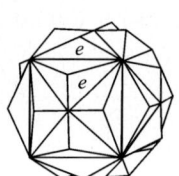

图 15-9-1　黄铁矿的晶体和双晶

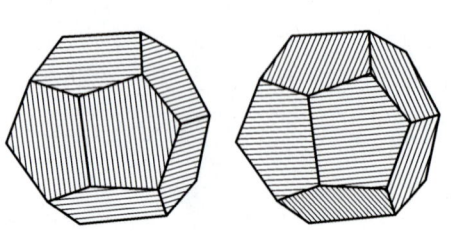
图 15-9-2 黄铁矿晶体上的条纹

图 15-9-3 黄铁矿立方体晶体

（三）物理特性

黄铁矿具强金属光泽,不透明,颜色为浅黄铜色,条痕呈绿黑色。白铁矿略显白黄色,对长波和短波光均呈惰性。性脆,易出现不平整、贝壳状、锯齿状、参差状断口。硬度为6～6.5,密度为 $5.00\pm0.01 g/cm^3$。

（四）鉴别特征

黄铁矿呈金属光泽、浅黄铜色,经常出现立方体晶体或粒状形态。不透明,性质和明亮如镜的金属表面有3组互相垂直的条纹,密度大、硬度较大是其显著的识别特征。

图 15-9-4 黄铁矿晶体穿插连生

（五）产状及产地

黄铁矿是自然界广范分布的硫化物矿物,可在各种地质条件下形成。它可以是独立的单晶,粒状或块状产出,小的可以是宝石或玉石中的包裹体,也可以是几十千克的大块体。它可以在各种火成岩、沉积岩或变质岩中与其他矿物相伴生。也常常产于泥岩中,与白铁矿伴生。黄铁矿主要是用作提炼硫的原料。壮观的大晶体或金光闪闪的晶簇,很像黄金,为人们所喜爱,常被人们视作观赏石。黄铁矿晶簇可成观赏石(图15-9-5),也可浮生于方解石等其他矿物岩石上成金光闪闪的观赏石(图15-9-6)。

图 15-9-5 黄铁矿晶簇（观赏石）

图 15-9-6　黄铁矿浮生于方解石上（观赏石）

二、白铁矿（Marcasite）

白铁矿属斜方晶系，晶体呈板状、双锥状，较少为短柱状、矛头状或鸡冠子状连生体（图15-9-7）。集合体还可呈结核状、肾状等，较黄铁矿颜色更浅一些，呈浅黄白铜色，新鲜面近于锡白色，可与黄铁矿连生或共生。金属光泽，摩氏硬度为 6～6.5，密度为 4.85～4.9g/cm^3，性脆。白铁矿不如黄铁矿分布广泛，它除与黄铁矿共生于热液矿床中外，还经常在泥质岩、炭质、泥砂质岩地层中，呈结核状或生物骸的假象。与黄铁矿主要以晶形、颜色等区别之。在一些观赏石中如果有星散状的白铁矿，也自然提高了美观程度和观赏价值。

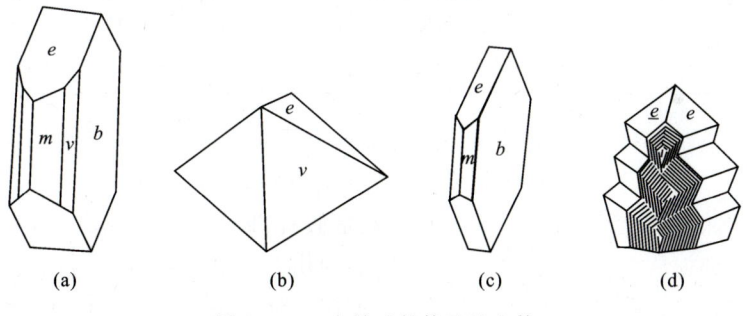

图 15-9-7　白铁矿晶体及连生体

作为观赏石亮丽的金属矿物在市场上还有很多，如斑铜矿、黑钨矿等，因不属于宝玉石之列，故在此不作介绍（详可参阅相关矿物学书籍）。

第十节　关于金属首饰中常见有害元素的限量

关于一些常见的有害微量元素，在本章所叙述的贵金属首饰中，尤其一些仿真饰品中最为多见。常见的有害微量元素主要是镍（Ni）、砷（As）、镉（Cd）、铬（Cr）、铅（Pb）、汞（Hg）、锑（Sb）、钡（Ba）、硒（Se）等[对于一些放射性元素如铀（U）、钍（Th）等另作阐述]。

因在首饰中加入这些有害微量元素，会使首饰表现得更靓丽多彩。价格本身就便宜，易使人忽略了安全。长期佩戴有害元素过量的饰品会对人体有极大的伤害。

我国国家质量监督检验检疫总局及国家标准化管理文员会于2012年6月发布了《饰品有害元素限量的规定》(GB 28480—2012)，于2013年5月1日实施。

在该国标中对有害元素的限量首先是镍，用于耳朵活人体任何其他部分穿孔，在穿孔伤口愈合过程中使用的制品，其镍的释放量应小于 $0.2\mu g/(cm^2 \cdot week)$。

与人体皮肤长期接触的制品如耳环、项链、手镯、手链、戒指、表链、拉链等，镍释放量应小于 $0.5\mu g/(cm^2 \cdot week)$。这类制品表面有镀层的其与皮肤长期接触部分，在正常使用的两年内，镍释放量仍应小于 $0.5\mu g/(cm^2 \cdot week)$。

采用金属材料制成的饰品或其部件，其中有害元素的总含量应小于或等于表15-10-1中相应元素的最大限量要求。

表15-10-1 饰品中有害元素总含量的最大限制

元素	砷 As	铬(六价)Cr	汞 Hg	铅 Pb	镉 Cd
最大限量 W_{max}(mg/kg)	1 000	1 000	1 000	1 000	100

关于儿童首饰中铅的总含量应小于或等于300mg/kg，其他有害元素的总含量应小于或等于表15-10-1中的最大限量，其溶出量还应小于或等于表15-10-2中相应元素的最大限量要求。

表15-10-2 儿童首饰中有害元素溶出量的最大限量

元素	锑 Sb	砷 As	钡 Ba	镉 Cd	铬 Cr	铅 Pb	汞 Hg	硒 Se
最大限量(mg/kg)	60	25	1 000	75	60	90	60	500

采用其他材质制成的饰品，有相应国家标准要求的应符合相应国家标准要求。

众所周知，平常有人佩戴某些金属首饰，皮肤会发痒，有的会发炎，有的甚至溃烂。有些人认为，如果佩戴金属首饰而感到不适，首饰就是假货、K金、镀金或仿金，若无反应就是纯金。这些都是首饰中所含有害元素对人身体明显的伤害。更有甚者佩戴一时不易发觉，而长期佩戴才对人体直接或间接的酿成严重后果。如镍达到一定含量会引起接触性皮炎；铅会引起神经系统和造血系统的损伤；铬会在人体内肺、肾、肝中聚集致伤；汞则易于经血液循环运送到身体各部，致使中毒，损伤脑组织或转移到肾脏致伤；砷会破坏细胞膜；镉会损伤呼吸道、肝、肾及骨骼。

放射性元素铀(U)、钍(Th)等可影响生育，危及人们的生命。如前文所述的埃卡石最初被人们用作首饰原石，就因其含铀、钍而被禁用。

关于放射性元素问题另有规定，在此不作评述。但是对一些宝石矿物如独居石((Ce,La,…)$[PO_4]$)、锆石($Zr[SiO_4]$)、海蓝宝石($Be_3Al_2[Si_6O_{18}]$)等某些个别的有可能含放射性元素的或可能含一些有害物质，一经鉴定或检测机构测出，会当即制止使用。

而事情总是两方面的，随着人们身体个性差异，也有虽受有害元素影响而无明显表现者，这可能因每个人的身体体质不同，受不同的有害元素影响表现有所不同。这些都是要进一步研究探讨的。

第十六章 中国古代宝玉石业发展简史

我国是有着悠久历史文明的古国，具有光辉灿烂的文化，创造了人类历史的文明。我国古代的能工巧匠们，早在五六千年前就知道对宝玉石切、挫、琢、磨，而且朝朝代代都有所前进、有所创新。形成各朝各代有各自独特的风格和技艺。精刻细雕、工艺精湛、素有"东方艺术"之称。我们应该了解祖国珠宝玉石业的发展历程，从而具备完整的古今宝玉石器物的知识，方能进一步探讨珠宝玉石文化的内涵。

中国珠宝玉石器物业的发展与社会的发展和社会的进步是分不开的。在古代原始社会初期人们常把一些美丽的石头挂在头上，开始有了头上的饰物，故后人称之为"首饰"。在社会发展人类进化中逐渐将一些色泽艳丽、硬度较大的石料，加工成石器物。目前人们为了解历史文化的发展、发掘古代的文明，对古代的宝玉石器物进行研究、鉴赏、断代、检测。珠宝玉石在形制、纹饰方面有着不同时代的特征。对它的认识将有助于对宝玉石器物的进一步了解。

今按时代顺序将各时代的宝玉石业的发展情况简单地概述如下。

第一节 原始社会时期

中国的原始社会距今约 200～400 万年之间，称其为石器时代。石器时代又可分为旧石器时代和新石器时代。

（一）旧石器时代

旧石器时代指人类以石器为主要劳动工具的早期时代。从距今 26 万年延续到 1 万年以前。初期石与玉不分。主要是就地取材，随机的利用各种岩石。利用的岩石之中也有属于宝玉石的，如在陕西兰田猿人、北京周口店人的化石层中就发现有石英、燧石等制成的旧石器；也有用作生活、生产工具或护身的。如陕西出土旧石器时代的石凿（图 16-1-1）等。一些生活在海、湖、江、河之边的人们，可采集到一些美丽的贝壳、海螺、砾石作玩物。有的利

图 16-1-1　石凿（李宝家，2006—2010）
（旧石器时期，陕西南郑县梁山镇出土）

用了兽牙、兽骨、兽角之类作生活用品，当时人们以狩猎为生、茹毛饮血、穴居野处。经过逐步进化，他们才慢慢地能将石头穿孔、磨光、穿串在一起，制成简陋而粗糙的饰品。

到了旧石器时代的晚期，他们已开始知道石与玉的差别。

(二) 新石器时代

继旧石器时代之后,约1万年前至距今约4 000年前之间,进入了新石器时代。如陕西就出土有新石器时代的石刀、石斧。社会有了进一步的发展,人们开始了定居生活。我国发现的新石器时代的文化遗址,据不完全统计已有7 000多处。根据考古学家们认为较早的是分布在内蒙古赤峰的兴隆洼文化遗址,距今约8 200余年。其他如红山、河姆渡、良渚、三星堆、龙山、二里头、齐家等文化遗址中都有玉器出土。现就这些文化遗址中出土的器物,来分析新石器时代玉器等的特征和发展。

(1) 兴隆洼文化遗址。分布在内蒙古赤峰的兴隆洼,距今约8 200余年,被认为是我国最早的文化遗址,出土有白玉玦一对。

(2) 河姆渡文化遗址。分布在浙江杭州湾附近,距今约7 000~6 000年,发现于浙江余姚县的河姆渡,据认为是新石器时代初期的,出土的玉器之中有大量的萤石器物(这与河姆渡附近有萤石矿有关)。玉器方面有玉璜、玉玦、玉管、玉珠、玉坠、玉饼、玉丸等小件饰品。器形比较简单,无纹饰,工艺也不够精细,但这说明已经开始对玉石雕琢成器。

(3) 红山文化遗址。在辽宁阜新出土著名的红山文化,距今约6 000~5 000年,但是由于新发现查海文化遗址中出土了玉玦、玉匕、玉凿等玉器,说明中国制石玉器物的历史应当提前2 000年左右,故红山文化应改为距今约8 000~7 000年。最初发现于内蒙古昭乌达盟的红山,故曰"红山文化"。分布范围包括内蒙古东部、辽西及河北省部分地区。出土的玉器主要有玉龙、玉螭、玉龟、玉鸟、玉兽、玉璧、玉璜、双龙兽形玉、勾云形玉佩、马蹄形玉箍等玉饰。红山文化的玉兽、透闪石"C"形龙、玉螭;如图16-1-2所示。玉质多为岫玉。有圆雕、浮雕、透雕、两面雕、线刻等出现,可见当时工艺水平已有很大的提高。

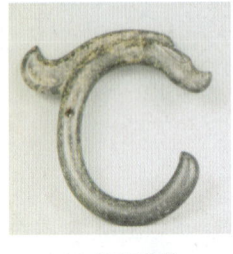  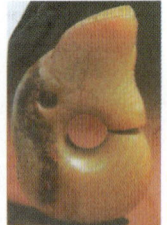

(a) "C"形龙　　　　　　　　(b) 玉兽　　　　　　　　(c) 玉螭

图16-1-2　红山文化出土玉饰(李宝家,2006—2010)

(4) 良渚文化遗址。最初发现于浙江余杭良渚镇,属新石器时代晚期,主要分布在苏北到浙江南部及长江下游一带,公认为距今约5 000~4 000年。属新石器时代晚期文化,其中出土的玉器,有很多是立体雕刻、有多节玉琮、琢出阴线、阳线、云雷纹、鸟纹等装饰花纹;有神人兽面复合图像、刻有神人兽面纹的玉琮,以及玉璜、玉璧、玉琮、玉玲、玉管、玉坠等饰品和蝉、鸟、蛙、龟、鱼等立体雕。器物上纹饰多,造型也稍复杂。几乎在所有玉器上都钻有孔、有浮雕、阴线雕、镂空透雕等工艺。良渚文化的玉璧如图16-1-3所示。

图16-1-3　玉琮(良渚文化)

(5) 三星堆文化遗址。主要分布于四川地区,距今约

4 500年到3 000年。最初在四川广汉县三星堆一带发掘，出土有玉石器110多件，曾把它看作是早期蜀文化，后来由于两个祭祀坑的发掘，出土了上千件青铜器、玉器、象牙、海贝等，出土的器物中有两棵大铜树和一个大型铜人立像及多种多样的铜质人头像，还有封口盉、鬶、觚、豆、铜牌、铜铃、玉璋等，因而改变了原来的概念。三星堆文化，在玉石工艺、青铜铸造技术上是夏商文化与蜀文化的融会，更有着自身独有的神器物造型艺术特色（图16-1-4）。

(a) 玉人首　　　　　　　　(b) 玉面具

图 16-1-4　三星堆文化（李宝家，2006—2010）

（6）大汶口、龙山文化遗址。在山东章丘等地发掘的新石器时代末期，是已向我国历史上的夏代过渡的大汶口文化及龙山文化遗址。大汶口文化距今约6 000～5 000年，主要分布于山东到辽东半岛，南到苏北安徽等地区，龙山文化是大汶口文化的直接延续，距今约4 000～3 500年，分布也与大汶口文化大致相当，属新石器时代末期，甚至可能已经进入夏代。出土的玉器更近了一步，主要有玉铲、玉璇玑、玉璧、玉环、玉人面形饰，玉刀、玉斧、玉珠、玉鸟、玉琀等。以双面平雕手法雕刻，比较突出的是玉雕人头像及一些圆雕的动物和工具，有的看来是经过抛光工序，而使器物表面光滑明亮。器物上出现的纹饰反映着氏族社会的没落，奴隶社会的兴起。宗教思想由崇拜鸟禽原始图腾，转变为崇拜人格神。图16-1-5为玉雕人头像。

（7）二里头文化遗址。最初是在河南偃师二里头发掘，距今约3 900～3 600年，出土有青铜礼器爵、兵器、矢、戈及一些小型工具。

（8）齐家文化遗址。分布于甘肃永清、武威、广河齐山坪等地，距今约3 800年。出土有大量的绿松石珠、玛瑙珠及玉璜、玉琮等。出土的齐家文化玉骷髅如图16-1-6所示。

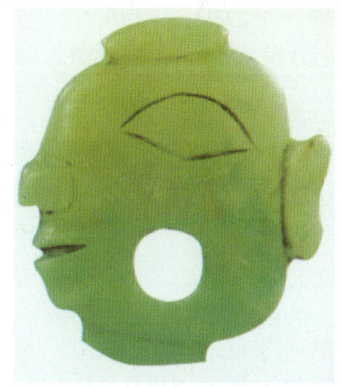 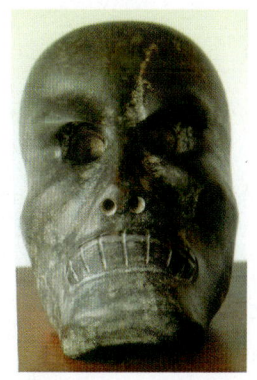

图 16-1-5　玉雕人头像（龙山文化）高 4.5cm　　图 16-1-6　齐家文化玉骷髅（李宝家，2006—2010）

其他新石器时代各文化遗址中有的也还有玉器物等出土。

新石器时代所采用的宝玉石材料有石英、蛋白石、玛瑙、碧玉、萤石、绿松石及南阳玉、岫岩玉和煤精等20余种。出土的宝玉石器物按其造型纹饰、用途可大致分为：①仪礼器如玉璧、玉璜、玉琮等；②装饰品类如玉镯、玉坠、玉佩、玉人头、玉带钩等；③工具类如玉铲、玉刀、玉斧等；④艺术品如玉龙、玉蝉、玉蛙等；⑤葬玉方面有玉琀等；⑥其他尚有青铜器多种。

新石器时代初期的玉器工艺比较简陋，制作也不够规整，器身多无纹饰。晚期则纹饰逐渐增多，选材也开始比较讲究、雕工比较精细、线条比较流畅，逐步表现出了对美的追求。玉石的主要用途是成为装饰品的原料，玉石雕刻艺术也有了很大的进步，宝玉石业已经初步建立，而且呈现出一片发达景象。

中国新石器时代文化遗址出土的宝玉石等器物，可参考表16-1-1。

表16-1-1　中国新石器时代文化遗址出土宝玉石等器物简表

文化遗址	距今时间	分布	出土宝玉石器物
兴隆洼文化	8 200年	内蒙古赤峰	一对白玉玦
查海文化	8 000～7 000年	辽宁阜新	玉玦、玉匕、玉凿及一些管状玉
新乐文化	7 200～6 800年	辽宁沈阳	玛瑙、岫岩玉、煤精艺术品等多件
红山文化	6 000～5 000年（或8 000～7 000年）	辽宁阜新、朝阳、建平、凌源、内蒙古赤峰、巴林右旗、翁牛特旗等	玉动物形器和几何形器两大类：前者包括鸮、蝉、龟等现实动物形器和龙等幻想动物形器；后者有马蹄形器、勾形器、勾云形器等。玉龙呈特殊的"C"字形
河姆渡文化	7 000～6 000年	浙江余姚河姆渡等	玉玦、玉璜、玉管、玉珠等伴有萤石器物
含山文化	6 000～5 000年	安徽含山	玉斧、玉管、玉璧、玉环、玉玦、玉镯、玉钮扣、玉人等
马家浜文化	6 000～5 000年	浙江嘉兴、江苏吴县等	玉璜、玉玦等小件饰品
崧泽文化	6 000～5 000年	上海青浦县崧泽	璜、环、琀、镯等玉饰
青莲岗文化	6 000～5 000年	江苏淮安青、莲岗及淮河、长江下游	玦、环、镯、坠、管、珠等玉饰，大量玛瑙、雨花石、绿松石及其他玉石饰物
良渚文化	5 000～4 000年	浙江余杭、江苏吴县、武进、上海青浦等	玉琮、钺、璧、镯、珠、坠、蛙、琀、管等玉饰
大溪文化	6 000～5 000年	四川巫山大溪	玦、环、璧、璜、镯等玉饰
三星堆文化	约4 500～3 000年	四川广汉	玉石器、青铜器、象牙、海贝等上千件，有大铜树、大型铜人立像及多样铜人头像，还有封口盉、鬹、瓿、豆、铜铃、铜牌、玉璋等
卡若文化	约4 000年	西藏昌都卡若村	玉璜、玉斧等
大汶口文化	6 000～5 000年	山东泰安大汶口、宁阳、滕县及苏北一带	玉铲、玉璇玑、玉琀、玉臂环、玉串饰、人面形玉饰、镶嵌绿松石的骨雕筒，绿松石佩等

续表 16-1-1

文化遗址	距今时间	分布	出土宝玉石器物
龙山文化	3 500～4 000 年	山东章丘、滕县、临沂、日照、陕西神木等	玉刀、兽面纹玉锛、玉玦、玉璜、玉琮、玉鸟,大量半成品玉材,刻有兽面纹、云雷纹的礼器等
裴李岗文化	8 000～7 000 年	河南新郑	绿松石珠及其他绿松石饰物
二里头文化	3 900～3 600 年	河南偃师	青铜礼器爵、兵器、矢镞、戈、戚及一些小型工具等
石峡文化	5 000～4 000 年	广东曲江石峡	各种玉和绿松石、水晶饰品 100 余件,形制有璧、琮、瑗、玦等。琮的形制和玉质与良渚文化的琮相似
马家窑文化	5 000～4 000 年	甘肃临洮马家窑等	绿松石饰物及石雕人头像等
齐家文化	约 3 800 年	甘肃永靖、武威、广河齐家坪等	大量绿松石珠,伴有玛瑙珠,较多的玉铲、玉锛、玉璜、玉璧、玉琮等

第二节 奴隶社会时期

奴隶社会包括了夏、商、西周、春秋 4 个时期。这个时期由于生产力发达,科学技术有所进步。珠宝玉石业也开始形成了独立的手工业。

（一）夏

起始时间为公元前 21 世纪至公元前 16 世纪。相传大禹治水有功被推载为"王",禹死后传位于其子启,开始建立了中国的第一个奴隶制王朝。根据考古发掘,这个时代正是从石器时代向铜器时代过渡的时期。

（二）商

起始时间为公元前 16 世纪至公元前 11 世纪。由于夏代末的夏桀王十分暴虐无道,而被商族首领汤推翻,建立了中国的第二个奴隶制王朝——商。这是我国奴隶社会开始发展的时期,珠宝玉石业也随之有所发展。人们开始认识玉与石的不同,石刻与玉雕业分开。人们也开始认识和利用黄金,复合首饰开始出现,如青铜器上配有象牙、玉件,人死后将玉石塞入七孔(耳、目、口、鼻)。对宝玉石也有了文字方面的记述,宝玉石成为人们权力和身份的象征,也是可供鉴赏的玩物,社会上形成"君子必佩玉"之风。使用工具方面有玉刀、玉铲、玉斧;生活用具方面有玉臼、玉杵、玉梳,在玉梳上有的雕有兽面纹饰。出土的装饰品类很多,如头饰、玉簪、腕饰、玉钏、服饰、坠饰、串珠等。还有玉雕人、玉雕的多种动物,其上几乎都打有挂戴用的孔洞。比较突出的是玉扳指、玉链、玉琀等。河南安阳出土的妇好墓发掘墓葬中的玉牒之上还雕有兽面纹,有跪式、坐式圆雕玉人或裸体人。在妇好墓中出土有 755 件玉雕品及青铜器 460 件。其器物玉质主要是昆山玉及岫玉、碧玉。玉器物中有圭、琮、璧、璜、玦、瑗、环等礼器,钺、戈、矛、戚、刀等仪仗用品,笄、柄形器及各种配饰,还有人物、禽兽如虎、象、熊、龙、鸮、鹰及象牙制品等。商代后期开始出现巧色,是我国发现的最早的巧色玉器。图 16-2-1 为玉人。

在商代前期器物上多粗线条、阴刻纹,而且多为直线双勾;商代中后期则多出现玦璜形龙、兽形龙纹饰。其他还有云纹、云雷纹、方格纹、蟠螭纹等纹饰。钻孔也出现一面钻及两面对钻等。可见商代玉器业不但甚为发达,而且为宝玉石雕琢的发展奠定了坚实的基础。

(三) 西周

起始时间为自公元前 11 世纪至公元前 770 年。由于商代末年最后一个纣王荒淫暴虐,于公元前 1045 年被周武王伐纣,纣王败死。周武王是年建立了中国历史上的第三个奴隶制王朝——周,建都镐京(今陕西长安),史称"西周"。西周是继商代之后的又一个宝玉石业发展的时代,也是一个古代青铜文化的鼎盛时期。陕西是西周王畿的所在地。出土的宝玉石器物亦有刀、斧、戈、钺、圭、璋、璧、佩、镯及玉雕人、飞禽走兽、鱼、兔、牛、蝉等。在佩饰、仪礼、用具等器物方面更为广泛。

图 16-2-1 玉人(商代)

陕西出土的西周强伯墓中有著名的人面玉饰、玉虎等,造型简单、形态逼真。西周玉器的纹饰则为雷纹、卷云纹、勾云纹、兽面纹、夔龙纹、鳞纹、谷纹等。西周的雕刻技法上很多还是沿用商代技法。其花纹装饰有平面化及抽象化的趋势,其玉质主要为昆山玉。出土的西周玉质禽兽,如图 16-2-2 所示。

(a) 人面玉饰(西周)　　(b) 玉虎(西周)　　(c) 玉蝉(西周)　　(d) 玉蟠龙(西周)
岐山凤雏村出土　　宝鸡茹家庄出土　　宝鸡竹园沟出土

图 16-2-2 玉人面饰(西周)、玉禽兽

(部分摘自《陕西珍贵文物》,1992)

(四) 春秋

春秋时代是指公元前 771 年至公元前 476 年。由于西周末年最后一个皇帝周幽王是个暴君,于公元前 771 年被申侯等杀于骊山之下(今西安临潼)。西周灭亡,申侯立太子宜臼为周平王。周平王东迁建都洛邑(今河南洛阳),一直到公元前 221 年(秦始皇统一中国)这段时间史称"东周"。东周又有前后两个时期,前期为自公元前 770 年至公元前 476 年,称为春秋;其后从公元前 475 年至公元前 221 年,称为战国。春秋时代诸侯割据不受朝廷控制,王室贵族、平民百姓都可拥有玉器,但平民百姓拥有的玉器则往往被统治者所掠夺。玉是用来显示身份的,和氏璧的传说据说就发生于这个时代,可见当时对玉的重视。

出土的春秋时代的玉器有饰品、仪礼器、用具等。饰品如簪、觿(解结用的古玉器,尖角爪形或尖锥状,也可作佩饰)、珠、玦、梳、组成佩玉、玉带钩、玺印等。动物饰品有人首蛇身饰、玉龙、人头饰、虎形、龙形饰等。玉牌是春秋时代较典型的器物，其下部多琢有隐起的兽面纹，上面和两侧有细密的蟠虺纹。图16-2-3为春秋晚期玉龙。

这个时代的玉饰多用薄的玉片雕成对龙、对虎等兽形素面饰，雕刻技术多用细直阴刻线。雕出的双勾蟠龙纹或云纹，如整个玉面稀疏不均，则在稀疏处加雕圆圈纹，以使纹饰分布均匀。

春秋时代的宝玉石利用品种多为昆山玉、水晶、玛瑙、孔雀石、绿松石等。

图16-2-3 春秋晚期玉龙
（张广文，1992）

纵观春秋时代的玉器为由平面向隐起，由简向繁的方面发展，人们爱玉戴玉之风大为盛行。

第三节 封建社会时期

我国自公元前475年战国时代开始至1840年清朝末年的鸦片战争，进入历时2315年的封建社会。在这个漫长的时间里，珠宝玉石行业经过了不少盛衰的变化。总体来说，这个时间里由于疆土阔大，交通便利、对外交往频繁，所以对宝玉石材料的利用范围更广，很多宝玉石开始得到认识和应用。铁器、铜器等金属得以广泛使用，促进了宝玉石加工技术的发展，再加上皇室贵族对宝玉石的喜爱，也促使宝玉石业特别是宫廷御器制品兴盛，所以说封建社会长期以来积累了丰富的技艺，对宝玉石和金属器物在造型、纹饰、雕刻工艺方面都不断创新发展。

（一）战国时代

迄于公元前475年至公元前221年，继春秋之后，这是一个各方诸侯争霸的时代，也是奴隶制走向结束、封建制度开始的时代。铁器大发展、宝玉石也大发展、青铜器逐渐减少。标志着青铜器时代的结束。现今出土的那个时代的玉器屡屡不绝，数量很多。如装饰品、艺术品类：重要的有玉梳、玉簪、玉环、玉坠、玉带钩、玉佩、组合玉等。也有动物玉饰如马、牛、羊、蝉、鸟、兽及人物佩。战国墓中出土的玉雕舞女佩为成组玉佩，甚为突出，其上一般都有谷纹、蒲纹（为斜短线斜交叉构成如蒲席般的纹饰）、龙纹、凤纹、螭虎纹、鸟纹等纹饰。礼器类有：琮、璧、璜、圭、玉册（古代将文字刻于玉上成册）等；用具及杂器物类有：玉杯、玉灯、玉印、玉具剑等；葬玉有：置于死者面部的多种玉片、玉蝉及玉贝、玉珠等，多种多样。在开发利用的宝玉石方面主要有昆山玉、准噶尔玉、灵璧玉、水晶、绿松石、大理石，而且开始出现了金和银。

战国时代的玉雕器物很多在边缘线上加阴纹或阴纹边线，浮雕纹饰尤为突出。这个时代的纹饰有谷纹、蒲纹、涡纹、勾云纹、龙凤纹、云雷纹、螭虎纹、网状纹等，而且器身布满纹饰，并去掉地子，以突出主题纹饰为特点。其技法工艺、浮雕、透雕、阴刻或单面雕、双面雕皆灵活运用。真能达到纹细如发、线条流利、精美细致、加工技艺精湛的效果，是宝玉石发展史上的一个大发展时代（图16-3-1）。

图16-3-1 龙纹首玉璜（战国）
（史树青，2007）

战国时期以战乱为特点,青铜兵器与铁器并用。随着秦始皇吞并六国建立秦王朝,青铜器时代结束,随之而来的为铁器时代。

(二) 秦朝

迄自公元前221年秦始皇统一中国,止于公元前206年。从一些传世品看,他继承着前代的玉雕传统遗风。除前代已出现的玉器之外,比较突出的是玉玺(帝王用的玉印章)、玉珠、玉珰、石砚、石刻之类(图16-3-2)。秦朝到汉朝,即秦汉时期,虽有一些青铜器物,也仍保持着战国的遗风。秦朝在战国时期与诸国并立,为了争取战争上的优势,投入了大量人力和物力,应用了相当先进的技术,造出了大量技艺高超的先进兵器如戈、矛、剑、镞等。兵器表面已有了先进的抛光处理,而且戈弩机零件、部件规格相同,可以相互互换使用。这已经是大工业生产的标准化措施。现代出土的秦俑坑中的剑、矛等兵器,虽在泥土中埋藏了2 000多年,但不腐、不锈、光亮如新、锋利无比,经现代电子探针、质子X荧光检测,方知其表面涂上了一层含铬的氧化膜,用于防锈。这种处理技术方法直到现今(1937年)德国才发明并申请专利,而我们的秦朝祖先在2 000年以前就使用了。这实为世界科学技术史上的一个奇迹。

图16-3-2 战国至秦汉玉环(李光红等,1999)

图16-3-3 "皇后之玺"玉印(杨培钧,1999)

(三) 汉朝

汉朝是一个繁荣昌盛的朝代。宝玉石业方面也是一个鼎盛的时期。汉代又有西汉(公元前206年至公元前23年)、东汉(公元前25年至公元220年)之分。我国很多地方出土的汉代墓葬,都是以西汉为主。出土的玉器很多,可分为以下几类。

(1) 装饰品类。珥珰(圆形或坠形耳饰)、步摇、胜、瑱、环、坠、佩、带钩、蝶等饰品。

(2) 礼器类。有璧、璜、圭、琮等。

(3) 用具及艺术品类。有玉杯、玉樽、玉玺、玉具剑及大量的玉雕动物,如牛、马、猪、熊、鹰、蝉、虎、龙及一些相传可以辟邪的神兽、玉人、玉午人、玉老人等。还有些圆雕玉器,也有人物、动物、神、兽、杯、盘等用具。出土的还有嵌饰玉器,如艺术造形嵌、仪仗器嵌、家俱嵌、首饰嵌、器皿嵌、陪葬具嵌等,都是以玉嵌入各种器物之中而形成。当时金、银已得到利用,所以还有金银首饰嵌。嵌入的宝玉石材料有珍珠、玛瑙、珊瑚、玳瑁及绿松石和其他宝石等。图16-3-3"皇后之玺"玉印(汉)

(4) 葬玉类。最著名的是金缕玉衣(图16-3-4),也有银缕玉衣、铜缕玉衣,为皇帝及皇室国戚依远近而分级享用,是专门为保护尸体制作的。金缕玉衣根据人体不同大小一般由2 000余块小玉片用金丝连接而成。银缕玉衣由银丝连接。铜缕玉衣以铜丝连接。玉衣整体分头部、上身(有前片、后片)、左右袖、左右手套、下身(包括左右腿及两支鞋),完全与身体相一致。一般用白玉或青白玉片，大者为 4.5cm×3.5cm，小者为 1.5cm×1cm（厚 0.2～0.35cm）；长方形（也有正方形者）小玉片组成，至魏文帝时方下诏禁用。

此外葬玉还有九窍塞，是塞入死者九孔窍（两耳、两目、两鼻孔、口、肛门、生殖器）孔中的九件玉，有握玉（死者握于手中的玉）、玉蝉、玉琀、玉枕等。图 16-3-5 为汉代和田玉质玉握猪。以猪陪葬是由西汉开始，东汉盛行。这种玉猪雕刻的抽象、简单、有力而独特，被称为"汉八刀"雕工。

图 16-3-4　金缕玉衣（汉）

图 16-3-5　汉代玉握猪（李维翰，2011）

汉代的玉器注重了艺术造型和玉材之美。普遍运用了镂空技术和双勾碾法，雕工有粗有细、刀法简单有力、纹饰复杂多变。主要为谷纹发展来的勾云谷纹、涡纹和蒲纹较为常见，更以写实法表示动物、植物纹饰。

汉代玉雕的一大特点为大量使用高浮雕、云螭纹，也出现较多的动物圆雕。在一些器物或雕琢的动物上有短阴刻线，细如发丝，即所谓"游丝丝毛雕"技法。精工细琢，美不胜述。图 16-3-6 为有游丝毛雕雕工的工艺品。

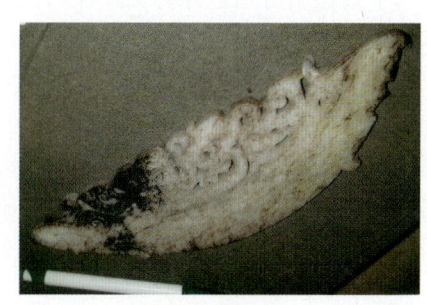

图 16-3-6　有游丝毛雕雕工的工艺品（汉）
（李宝家，2006—2010）

汉代疆土广阔，宝玉石原料丰富，赏识和利用的更为广泛，主要有红宝石、蓝宝石、水晶、玛瑙、昆山玉、岫玉、独山玉、蓝田玉、绿松石、孔雀石、青金石、珍珠、琥珀、海螺、贝壳以及金、银等。加工方面更大量采用硬质金属打眼镂空。不仅雕琢效率提高，而且更有条件雕出精细的产品。

汉朝有官府专门管理的玉器作坊，为宫廷玉器业的发展创造了条件，使玉器雕琢进入迅速大发展的时代。汉朝冶铁、制漆业、玉器业、手工业皆空前发展。陕西宝鸡出土的东汉时期的玉辟邪（图 16-3-7），造型生动活泼，是为人们所喜爱的艺术品。

(a) 1966年在陕西咸阳出土的西汉玉辟邪

(b) 1978年在陕西宝鸡出土的东汉玉辟邪

图 16-3-7　陕西宝鸡出土的玉辟邪
（李维翰，2011）

（四）魏晋南北朝

魏晋南北朝处于汉、唐两个朝代之间，是个战争频繁、时局动乱的岁月。出土的和传世的玉器不多，已知的为玉璧、玉管、玉猪、玉珩、玉珠、玉印、玉具剑、玉制佛像、玉雕狮子、玉兽及一些组合饰品，也有人物、飞天、花鸟、如意等。南北朝时的玉猪造型写实，雕刻的形似野猪（图16-3-8）。纹饰也是继承前代，如谷纹、螭虎纹等。一些玉禽、玉兽雕刻技术也仍然是继承着汉代的风格，用单彻刀法，刀法简练，刻线有力。如陕西省出土三国时期的独角兽、镇墓兽、南北朝的辟邪兽、北魏的獬（xiè）豸（zhì）等。

当时玉的用料和赏识的宝玉石有金刚石、红宝石、蓝宝石、昆山玉、蓝田玉、独山玉、寿山石、大理石及常见的水晶、玛瑙、绿松石、珍珠、珊瑚、金和银等。

这个时期的玉石制品，不论在用料上还是做工上，前赶不上汉代、后赶不上唐代。只是金、银镶嵌饰品大大增多，古代礼器、佩饰有所减少。

不过这个时期造像碑比较流行，造像碑是佛教造像与中国传统碑造像相结合的独特石刻形式。它主要分布在北方地区，尤其陕西为多。北朝时期的造像碑多为宗族和结邑的宗教组织集资造像。不仅内容丰富，而且反映出民族关系、宗教关系等诸多历史问题。这种碑艺术特征鲜明、构图紧凑、刀法娴熟，形式至隋唐仍有流行。如1949年西安北郊查家寨出土的四面雕型的造像塔为龛形造像，原本是多级造像塔中的一级，正面龛内雕着一佛二菩萨，主尊两侧各立一菩萨，佛像丰厚慈祥，菩萨姿态婀娜，造像的雕工精细，刀法流利，尤其是衣纹的刻画凹凸分明，富有质感，显示出工匠精湛的技艺。造像塔座下刻有景明二年岁次等发愿文，如图16-3-9所示。

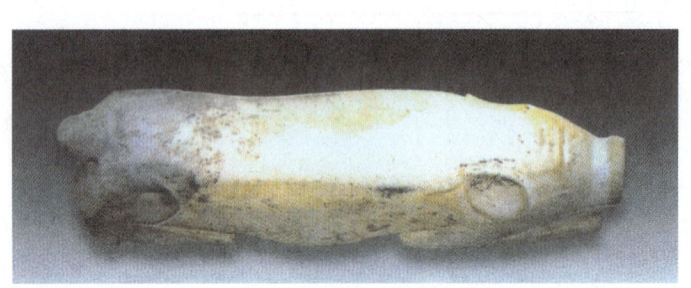

图16-3-8　南北朝玉猪

图16-3-9　四面雕龛形造像
（座下有景明二年岁次等发愿文）
（据西安《碑林》佛教造像）

北朝造像碑上多有铭文，内容为捐资造像者的姓名和发愿文，其文字是汉隶向唐楷过渡的一种字体，具有朴实天然、峭拔粗犷的"雅趣"。与其造像风格相映成辉，是"北碑"书法艺术的典范。

（五）隋朝

隋朝的起始时间为公元581—618年。根据考古发掘亦有隋代的宝玉石器物，如从陕西西安的李静训墓中就发掘出了隋朝的玉钏、玉杯、玉扳指、玉兔、金扣白玉盏、白玉镯等。据《隋书·波斯传》已有关于琥珀的记载，当时称琥珀为"兽珀"。所以隋朝时间虽短，但在宝玉石业的发展方面亦占有一席之地。

(六) 唐朝

继隋之后,为唐朝,唐朝的起止时间为公元618—907年。唐朝是个疆土广阔、实力雄厚、非常兴盛的王朝,有大唐帝国之称。与周围国家尤其与西域波斯帝国来往密切,交通便利,玉器原料充沛,玉器雕琢业发达。从出土的器物上看,在器物的造型及工艺上都有所创新。葬玉类、仪礼器类大量减少,装饰品、实用品、宝玉石器物大量增加。诸如玉兽纹带板、玉人物纹带板、玉花形杯、玛瑙牛角杯等。玉人物纹带板多为浮雕带阴线纹纹饰,人形也多种多样,有汉人形象的,也有胡人形象的,有坐的、跪的,多素面无纹饰佩饰,其玉质多为青玉。广东韶关出土的还有玉角形器、玉璜、玉猪等。唐朝佛教兴盛,佛教造像艺术迅速发展。佛教造像在外来佛教文化与汉文化相融合的过程中,逐渐形成了具有地方和民族特色的新造诣,经过众多技术匠师的工艺创造,呈现出了独特的时代风貌,形成了北魏的清秀古朴、北周的壮硕浑厚、隋代的精巧端庄、唐代的写实传神。如长安地区的佛教造像,造型典雅、雕饰华美、构思独特、自然生动,反映了佛教造像艺术民族化的特征。例如1958年西安市安国寺旧址出土的文殊菩萨像(图16-3-10)。菩萨头像为汉白玉雕刻,头像高为15.7cm,菩萨头梳高髻,发丝刻画细致入微,线条流畅,上佩描金发饰,面貌丰腴秀美、端庄和善。柳叶细眉、双耳下垂,戴有金彩耳饰,这正是盛唐时期宫女的形象。凤眼半闭,含蓄深沉,鼻梁秀挺,双唇紧闭,嘴角略带一丝微笑,表现出菩萨的温和慈祥,如图16-3-11所示。

图16-3-10　文殊菩萨像(唐)　　　　图16-3-11　汉白玉菩萨头像(唐)
(据西安《碑林》佛教造像)

隋唐手工业是中国古代手工制造业的一个高峰,官营、私营手工业发展,市场扩大,需求加剧,促进产量增加,大量丝绸、金银器和铜镜都展现了隋唐丝织印染,金属铸造和陶瓷烧造等无不展现了高超的工艺技术。

唐代宝玉石器物中出现有大量的人物、花、鸟、飞禽走兽及一些首饰,用具方面如钗、簪、梳、珰、项链、步摇、玉带、玉如意、玉杯、玉玺、玉册等非常齐全。

唐代比较突出的新型人物佩饰中,开始出现玉飞天,并配有镂雕云或卷草纹饰,形若飞游太空的美女。另外唐代的玉梳作半月形片状,用线浮雕雕出多种纹饰,有孔雀纹、双凤纹、鸟纹、莲花纹、连珠纹等。多种纹饰种类繁多,雕琢技术上除有圆雕、镂雕之外,还用了阴刻线、有粗、有细、有条不紊、刀法有力,既显示了雕琢艺术的内涵,也表现了外在的美感。

唐代认识和利用的宝玉石有红宝石、蓝宝石以及镶嵌金、银。玉制品中玉质多为玛瑙、绿松石、翡翠、琥珀、昆山玉、夜光玉、蓝田玉、大理岩等。近几十年来(陕西)出土的各类文物中有珍贵的文化遗产真品,如唐代玉器、金银器等(图16-3-12)。现存的一件最引人注目的镶金兽首玛瑙杯(图16-3-13),为红玛瑙雕铸而成,造型奇特、工艺精湛,是现在已出土的唐代玉雕中唯一的一件俏色玉雕,颇有异国风味。据专家(杜金鹏)推断很可能是来自西域,是大唐王朝与西域各国进行文化交流或进贡而来。

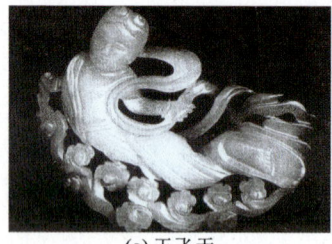
(a) 玉飞天

(b) 玉步摇

图 16-3-12　唐代玉飞天、玉步摇(张广文,1992)

唐代的官办、民办玉雕业都很发达,当时的波斯、大食等国的客商曾云集长安,经营购售珠宝,尤其著名的丝绸之路,沟通了唐朝、印度及至欧洲。水上交通也很方便,商船来往运送百货及珠宝、玉器,日本曾派人前来向大唐学习科学文化,中国的鉴真和尚也东渡日本,随员中就有玉制作技术工人、加工工人,物品中有水晶、玳瑁、玉环等物。可见唐朝又是一个中国历史上珠宝玉石业繁荣的时代。唐代金银器、鎏金也很兴盛,按其用途可分为饮食器、杂器等,图16-3-14为金银制品及鎏金制品,出土的还有蓝色玻璃盘(图16-3-15)。

图 16-3-13　镶金兽首玛瑙杯(唐)
(杨培钧,1999)

类型多种,造型多样。纹饰以鸟兽、花草、人物、故事为主。制作手法为模冲、钣金、范畴、切割、抛光、铆按、鎏金、錾刻等。许多器物都是综合运用多种工艺制作而成,早期金银器具有浓厚的波斯萨珊风格,后来经过汉人匠师的逐渐改造,从造型到纹饰都逐渐中国化。

(a) 摩羯纹金杯

(b) 鎏金镂空飞鸿球路纹银笼子

(c) "裴肃进"双凤纹大银盘

(d) 舞马衔杯皮囊式银壶

图 16-3-14　金银器及鎏金制品(唐朝)(谭前学,2003)

（七）五代十国

经过晚唐之后为五代十国，时间起止为公元907—979年。出土的宝玉石器物有双蝶花细簪、镶嵌金银、四蝶银步摇、青玉鸳鸯步摇、玉佩、盘龙纹玉带板等。这些宝玉石器物，也还都继承着大唐盛世的遗风。

唐朝以陶瓷、漆器、金银器普遍应用著称，宫廷国戚当然用的是高贵华丽的金银器物，平民百姓还是用着铜器等生活用品，如铜镜、铜容器和一些普通铜制工具和朴素用品。

（八）宋朝

宋代起止时间为公元960—1279年，宋朝打破了对宝玉石器物只为达官贵人所拥有的局面，开始走向丰盛、世俗化和商品化，兴起了人们对玉器的收藏和仿古之风。宋朝的宫廷玉器也自然是更加丰盛，为了仿古和宫廷的高要求，以及鉴赏、收藏、市场交易的需要，促使对玉器的琢磨技术进一步提高。

图16-3-15　蓝色玻璃盘（唐）

从出土的器物上看，宝玉石器物的品种更加繁多，在装饰品、首饰品和艺术品方面多为玉带、玉佩、玉坠、手镯、钗、簪、带钩、带扣、璧、璜、琮、玉觥、觽等（图16-3-16）。人物方面有玉观音、玉佛像、玉仕女、飞天、童子、老翁等。动植物方面有飞禽走兽、花鸟鱼虫、花卉、玉折枝花饰、玉镂雕、竹节饰、玉双鹤衔草饰、玉透雕、折枝花饰等。图16-3-17为宋代和田玉童子观音。

实用器物也有很多种类如：炉、鼎、尊、壶、碗、杯、盘、筷、笔架、笔筒、镇纸、镇尺以及刻有文词（包括刻经文、刻诗词）的玉器。很多细刻字技术甚为高超。出土的有北宋造型奇特的青釉倒流壶等（图16-3-18）。

图16-3-16　玉觥（宋）

图16-3-17　和田玉童子观音（宋）
（李宝家，2006—2010）

图16-3-18　青釉倒流壶（北宋）

宋朝的玉器物上的纹饰也非常丰富，主要是龙凤纹、花鸟纹和几何纹图案、银锭纹、龟背纹、柿蒂纹等。玉雕技法出现深层立体镂雕，使器物的立体感增强，巧妙的俏色，更使得器物活泼生动。

宋朝最具特色的是仿古器物，按古代器形纹饰制作出来的六瑞、六器、环佩、管坠、圆雕人、兽、剑饰、玉琀等都是些旧有品种和旧纹饰，例如仿汉朝的玉器、螭虎纹、带钩等。这种仿古器往往是当时的伪劣质品制作。但自此就打开了仿古器物的大门,所以有了"唐创新宋仿古"之说。

宋代建都汴京(今河南开封)虽在中原,它也先后与北方的辽、西夏、金、蒙古(元)南北对峙。南北两宋与辽、西夏、金互相征伐,同时在政治、经济、文化上也相互交流和渗透。这一时期的宝玉石器物和铜器方面也富有北方民族的草原、豪放之特色。如辽金的铜镜、小铜人、童子、铜铁饰大量出现,印章、铜佛像也甚为盛行。它也和宝玉石器物一样出现着仿古器,一脉流传下来。

(九)辽、金、元

辽、金皆是我国北方的王朝。辽为契丹族在现今的东北建立的政权。公元1206年,蒙古族领袖成吉思汗建立蒙古政权,至公元1271年忽必烈定国号为"元",于元十六年灭南宋统一全国。

辽代玉器受唐代影响,与唐代玉器有些相似,金则受北宋影响较重,如在东北黑龙江、吉林、北京一带,墓葬中出土有金朝的青玉龟游佩、白玉花鸟佩、白玉六曲环等。其中的白玉花鸟佩兼用镂空、起突与阴刻相结合的手法,雕琢风格上与北宋非常一致。

元朝的宫廷玉器大为兴盛。首饰方面有玉簪、玉瑱、玉佩、帽饰、圭、玺以及玉带板垂云饰、玉尊、玉虎纽押、玉鹘攫天鹅环、五十节竹环等。出土玉器及传世佳品中还有玉带钩、玉镂雕桃形环、玉龙纽押、玉牧马镇、玉双人耳永乐杯等。在玉雕纹饰方面有虎、螭虎、鹿、龟、龙、松树、花果、连珠纹等。元朝玉器雕刻技法多以起突和镂空相结合,镂空高浮雕刻表现出深层次立体感。

元朝雕琢玉器工艺与书法、美术相结合,融汇了整个工艺美术,再加上俏色流传、仿古玉器盛行、用烧烤法对玉石进行改色,皆为玉器发展中的重大成就。

元朝还曾用新疆的一块大玉石制作了盛酒的"渎山大玉海",重3 500kg,是中国历史上的最大玉雕作品,如图16-3-19所示。

元朝认识、利用的宝玉石,比较突出的有绿松石、昆山玉、寿山石、田黄石、昌化石、大理石和金、银等。由于元朝统治者的民族习惯,表现出更热爱珠宝玉石和金、银之类的器物。

元朝不仅民间玉业发达,而且朝廷官方加强了对宫廷玉业的管理,设立了"诸路金玉人匠总管

图16-3-19 渎山大玉海(元)

府"、"玉局提举司"又设立上都、大都路、玛瑙玉局、杭州路金玉总管府等,使玉器业更加有序地发展。镂空工艺大为盛行,图案纹饰以花、鸟、禽兽、渔猎生活或民间故事为主题,但是无不呈现着北方草原文化强悍豪放的特色。

(十)明朝

明太祖朱元璋1368年称帝,建都南京,年号"明",为明朝开始。这又是一个珠宝玉石业的发展时期。在这个时代里,很多宝石(单晶)进入了玉器的领域。名人学士很多对珠宝玉石诵诗作词,无形中记录了珠宝玉石业的发展。珠宝玉石业人才辈出,涌现出了很多能工巧匠、

专家、工艺大师,如陆子刚、刘论、李文甫等人大显身手,不断提高着珠宝玉石业的工艺水平。珠宝玉石业作坊很多,形成了不少雕琢中心(如北京、苏州、扬州等地),将明朝的珠宝玉石业的发展推向高潮,进入了鼎盛时期。珠宝玉石的种类繁多,就出土的实物看,装饰品有宝玉石饰物,如材料为宝石的有红宝石、蓝宝石、金绿宝石、猫眼石、祖母绿等,多镶于服饰之上。另外一部分用玉石材料的有白玉、青玉、黄玉、碧玉、蛇纹石玉、玛瑙、东陵石等;用于装饰品的如玉簪、玉梳、玉冠、玉坠、玉珠、玉佩、玉带钩、玉戒指、挂饰玉纽、方形玉牌(其上有的还雕有诗词)等。

实用品则多为鼎、樽、觯、觚、炉、杯、碗、盒、壶等,明万历年间出现的鼎、尊有的仍具有饕餮纹,夔龙纹(图16-3-20)。嵌宝石的金属原料用的很多,此外也有用寿山石、青田石、田黄、鸡血石、大理石等材料雕刻成的各种器皿及用具,还有作礼器用的璧、圭等。艺术品则有山水、人物、观音、八仙、寿星、花、鸟、禽、兽及陈设品、玉插屏、玉仙子等。

仿古器类就难以归纳了,仿的图案有动物和植物、人物、花卉、飞禽、走兽等,无所不仿。

明朝还出现了很多典故或在玉雕上具有故事内容的纹饰,如八仙过海、麻姑献寿、陶渊明爱菊等。

动植物纹饰则更为广泛,如龙、凤、虎、狮、牛、马、猴、兔等;植物花卉如牡丹、石榴、菊花、灵芝等。还有些更盛行的图案如海波、浮云、福字、寿字、喜字等。

明朝的雕刻技法是粗犷有力的。图16-3-21为明朝玉薰炉。明朝前期还有深层立体雕刻,明朝中期则进一步出现分层镂雕,甚至有三层透雕,雕琢出上下层不同的图案。镂雕雕工精细,纹饰又很丰富。据后人评论:明朝有很多玉器更注重外型,而不追求细部加工,是其不足。一些仿古器的雕工不是很理想,很多存在着达不到模仿古人雕刻技法的缺陷。甚至有的被后人指责为"有形无神,纹饰粗糙",虽有少数精品也只限于宫廷之中。

图16-3-20 碧玉夔龙象耳尊(明)
(史树青,2007)

图16-3-21 明代玉薰炉(李维翰,2011)

(十一)清朝

公元1644年清顺治元年,清世祖入关,统一全国,定都北京。直至1911年,清宣统三年,辛亥革命推翻满清,建立民国。在清朝初期和中期,社会稳定,经济繁荣,珠宝玉石业得以发展。清朝后期,自鸦片战争开始,列强入侵,对我国大肆压榨掠夺,致使经济衰退,珠宝玉石业也随之陷于停滞状态。

明、清朝代是距离我们比较近的时代,所以传世品、收藏品、陈列品及出土的器物比较多。清朝乾隆皇帝酷爱古玩,在他的亲自过问下,把一些加工粗糙的或可以重新加工改制的古玉(主要是夏、商、周时代的)再行加工、改制,就出现了旧玉后刻花、旧玉新作的宝玉石器物。

清朝还加强了对宝玉石的生产监督和管理,清朝初年就设有承办御用器物的"养心殿造办处"。乾隆继位后又设立了"如意馆",是以生产玉器为主的宫廷玉器作坊,所以清朝是一个将中国的古代宝玉石业发展推向高峰的时代。

一些出土的清代的宝玉石器物、传世品和保留下来的陈列品、收藏品等大致仍可归纳为装饰品类、礼仪器类、实用品类、文房用品类、艺术品类和仿制品类。

(1) 装饰品类。有前代传统的也有新增的,如戒指、手镯、簪、钗、项饰、耳饰、扳指、笄、指环、顶子、花翎、翎管、玉带、玉钩、带扣、玉坠、朝珠、玉佩等。其玉佩又包括鸡心佩、斧形佩、双鱼佩、盘绳佩、英雄佩、螭首佩和成组挂佩等。

(2) 礼仪器类。有玉璧、玉圭、玉制乐器及祭祀用品、玉册等。

(3) 实用品类。主要有玉碗、罐、盘、杯、钵、壶、碟、盂、筷、勺之类,多为宫廷及上层阶级所用,因而造型更为真实美观、工艺精湛、写实生动。

(4) 文房用品类。有笔架、笔洗、笔筒、镇纸、石砚、印章、玉册、玉玺等文房用品。在玉册、玉玺或多种玉器上常常刻有各种文字(诸如汉文、满文、棣书、楷书、篆书等),内容多为诗、词、歌、赋。也有的刻有风景、人物、各种图画或风景人物配画、配诗或典故等(图16-3-22)。

(5) 艺术品类。如玛瑙串饰、玉如意、香囊、扇坠、粉盒、烟嘴等,还有薄胎及压丝器皿类,如薄胎玉杯、玉盘、玉碗、玉壶等。也有白玉压丝嵌宝碗,用金线、银线、宝石装饰玉器。还有大型陈设玉制品,如八仙过海、刘海戏金蟾、圆雕人物、观音、寿星、童子、动物麒麟、鹿、象等。还有很多陶器等艺术品作为陈设之用,用宝石制作的室内陈设品有花瓶、插瓶、盆景、蜡台、香亭、山子等,如图16-3-23所示。在艺术品中有很多也是装饰品,如将宝石、玉石以平嵌或浮雕嵌的方法,镶嵌于玉器或其他器物之上,如上所述的插瓶、屏风构成镶嵌类器物。

清朝在很多艺术品或装饰品上带有一定的宗教及民族色彩。尤其玉佛、玉观音等形制增多、粗犷的民族气息的作品也有不少涌现。

(a)花瓶　　(b)清代翡翠牛

(c)痕都斯坦玉瓶
(摘自网络)

图16-3-22　清朝镂雕螭虎方印　　　　图16-3-23　清朝的花瓶烛台及玉瓶

(6) 仿古玉制品类。清朝大多是仿古青铜器造型的玉制品,可以说无所不仿,仿是不受限制的。但是清代仿的古玉器多半是礼器类,主要用于祭祀、典庆、朝会等场合。为了获取高额利润,所以仿古彝和仿汉玉器最多,大量仿制了鼎、炉、熏、尊、壶、罐、瓶、甕、爵;仿青铜器、水器、酒器的造型;仿镂雕对朱雀璧形佩、仿镂雕双鹰佩等皆达到仿其形制、仿其纹饰、仿其琢工的高艺术水平。关于"仿"也不是整个照搬,在仿的同时,也有的又运用雕琢工艺加以发展变化,使其出现新风格、新艺术品,再加上雕工也很精细,所以一般都能达到良好的艺术效果。图16-3-24为一件清代仿古玉制品。

图16-3-24 清朝乾隆仿古荷叶杯(张广文,1992)

清朝对宝玉石的认识、鉴赏和利用方面也已经非常广泛。已知的有金刚石、红宝石、蓝宝石、金绿猫眼、碧玺、祖母绿、翡翠、珍珠、水晶、玛瑙、紫牙乌、绿松石、昆山玉(羊脂玉)、准葛尔玉、蓝田玉、岫玉、独玉、菊花石、寿山石、青田石、田黄、鸡血石、五花石、长白玉、绿冻石、青金石、琥珀、蜜腊、珊瑚、贝壳、螺、蚌、砗磲及金、银等。

清代与周边国家来往频繁,宝玉石资源丰富,宝玉石业得以大力发展。尤其清朝皇帝乾隆本身就爱玉,又酷爱古玩、珠宝,宫廷里充满珠宝玉石、宫廷玉器、玉山子、薄胎压丝、仿古玉器、金玉复合器物。人物、禽兽、首饰等造型、加工工艺已成为历代之冠。工艺方面从浅刻、浮雕发展到多层镂雕。抛光度也很高。选材、设计、构思、布局皆极其新颖。乾隆皇帝在玉器上提诗很多,以至雍正、嘉庆、道光皇帝及一些上层名人学士刻字题诗、落款、加盖印章皆盛行一时。

17世纪的清朝,已经是欧洲进入了资本主义、科学技术开始发达的时代,一些科学技术有所传入,金属材料工具的应用更加多样和普遍。从很多周边国家进口更多的宝玉石材料,各种工具利器给加工玉器带来方便,这些皆促进着我国宝玉石业的发展。清朝在玉石雕刻上更全面继承了我国古代长期积累下来的优良传统。清代对玉器雕琢严格要求,工艺要求精细,方、圆、直、锐、钝、尖需要做到一丝不苟,图案作隐起平突、层次远近、碾琢分明。

清朝涌现出大量黄铜器皿及工具、餐饮具、贡器、漱洗器、家居装饰等生活用品,以及香炉、佛像等宗教用品、文房用品、货币、兵器等;也用黄铜和其他金属组成合金,或用金属镶嵌珠宝,形成清朝的特色器物,这些器物一直延续到民国,直到近代。

所以清代珠宝玉石制品器类俱全,纹饰繁多,真的、仿的都有。唯宫廷用的是精细上品,平民用的是一般制品。清朝宝玉石器物数量之多、品种之全、造型之美、工艺之精、技术之高、纹饰之繁,皆为历代之冠。清朝不愧为一个珠宝玉石业、金属铸造业发展的顶峰时期,也是为人类文明做出了巨大贡献的辉煌时代。

由以上珠宝玉石业发展简史可以看出:

(1) 珠宝玉石业等的发展是随着社会生产力的发展而发展。每当一个朝代兴起的初期到中期,生产力一时得到解放,经济繁荣昌盛,珠宝玉石业随之得到发展。

(2) 珠宝玉石业的发展象征着人民生活水平的提高,象征着国家兴盛、社会和谐稳定、人民安居乐业。珠宝玉石业代表着社会的文明昌盛。所以说"盛世珠宝乱时金"不无道理。

(3) 玉不琢不成器。我国古代劳动人民对宝玉石器物的雕琢、器形、技法都有着时代、民族、宗教的特色,受社会制度及社会环境的制约。在各个不同的时代出现不同特色的宝玉石雕刻器物,又都反映着时代的气息。

(4) 珠宝玉石业的发展随着其他科学工业的发展而发展。青铜时代之后进入了铁器广泛应用的时期,人们更广泛地运用铁器,"利其器必先利其具",这就有利地促进了宝玉石业加工雕琢工艺的发展和提高。

(5) 对宝玉石材料、铜、铁金属的利用,最早在新、旧石器时代大都是随机的、就地取材的,后来由于人类知识的累积、社会的进步,慢慢地走向有目的、有选择的利用,应用范围也逐步扩大。在兴盛的朝代,交通发达、疆土广阔,与友邻国家来往频繁,可以更多地利用宝玉石的品种也增多,使宝玉石器物的内容也更为丰富多彩。

(6) 石与玉的利用早于铜,铜被利用后器形、纹饰又大都与宝玉石器物相近。青铜器物总是与珠宝玉石同时出现。如果说珠宝玉石是一朵永不凋谢的花朵,铜器物也一直与之同时绽放。

第十七章　对我国古代宝玉石器物的观察

这里所指的"古代"宝玉石是指清朝以前（包括清朝）的珠宝玉器，至 1911 年清宣统三年辛亥革命为界。

对中国古代宝玉石的观察研究是一专门的学问，它更接近于考古学领域。我们研究现代珠宝玉石，只是研究鉴别其成分、结构、成因、物理、化学性质及实用意义。而研究古代的宝玉石则不同，要结合社会的发展探讨其文化内涵，对具体的器物要定出雕琢成器的时间段。这主要是根据古代文化遗址、墓葬的发掘、出土的器物、传世品、收藏品等的观察，再参考一些古人诗词歌赋中的零星记载，综合分析研究各时代雕琢的造型、构思、玉质、文字、风格、纹饰、技法艺术等特点，以判断其成器的时代。

第一节　对我国古代宝玉石器物观察的几个方面

观察古器物应从器物的种类、玉质、造形、纹饰、工艺、颜色、文字对比等方面入手。

一、对古代器物种类用途的观察

玉器物种类大致可分为仪礼器类、兵器类、装饰品类、实用品类、艺术品类、葬玉类、文房玩赏品类等。观察一件古代器物，应首先观察了解其用途，而定出应属何种类别。在社会发展初期，仪礼器、护身的兵器、葬玉较多，而到了唐朝开始则葬玉、仪礼器类大量减少；而装饰品、实用品、宝玉石器物类则大量增多。

（1）玉璧、玉圭、玉璋、玉琮、玉璜、玉琥等应属礼器类。有人认为礼器专指这六类也叫六瑞，后来也有人只用前四种专为礼器。这类多见于历史时代的早期，作祭祀或朝聘之用，如图 17-1-1 所示。这些在新石器时代的文化遗址中很多都有出土。

（2）玉戈、玉枪、玉矛、玉刀、玉铲、玉斧、玉剑则归入兵器类，如图 17-1-2 所示。

（3）常见的玉笄（jī）、玉簪、玉环、玉镯、玉管、玉带钩、玉玺、玉戒指等应归入装饰品类，如图 17-1-3 所示。

（4）玉碗、玉盘、玉壶、玉杯、玉罐、玉鼎、玉尊等应归入实用品类，如图 17-1-4 所示。也有的将壶尊等作为饮酒器归入礼器之中。

800　　实用宝玉石学

战国·玉兽面蚕纹璧　　　良渚文化·玉琮 　　　春秋·卷云纹玉璜

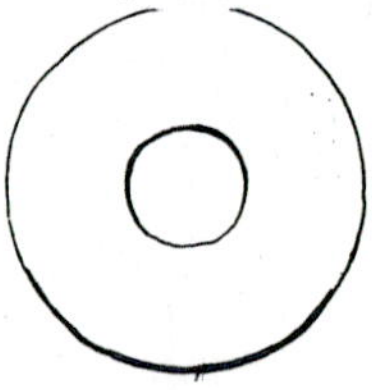

（璧）　　　（琮） 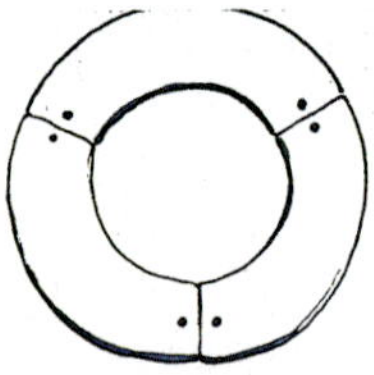　　　（璜）

商·有孔玉圭 　　　（圭） 　　　商·玉牙璋 　　　（璋）

（虎）

商·玉牙璋

图 17-1-1　古代的礼器类器物（六种瑞玉）（史树青，2007；张广文，1992）

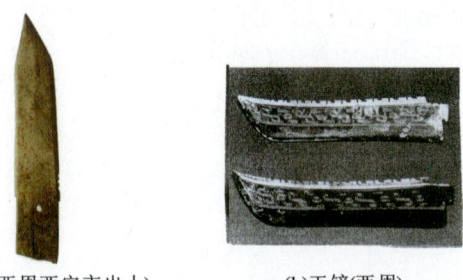

(a) 玉戈（西周西安市出土）　　　(b) 玉铲（西周）

图 17-1-2　古代的兵器类器物（史树青，2007；张广文，1992）

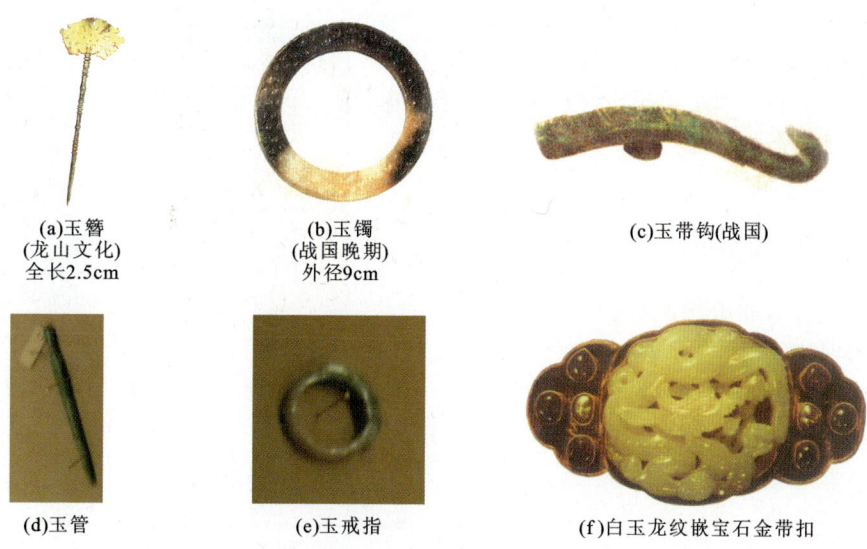

图 17-1-3 古代的装饰类器物(部分引用史树青,2007)

图 17-1-4 古代实用品(李宝家,2006—2010)

(5) 玉扳指、玉插瓶、玉雕人、玉仙子、雕出的山林、流水、烟云、动植物、飞禽走兽、观音、笑佛、八仙、寿星、童子、仕女等可归入艺术品类,如图 17-1-5 所示。这一类内容丰富,其中某些艺术品有的也可归入装饰品类之中。

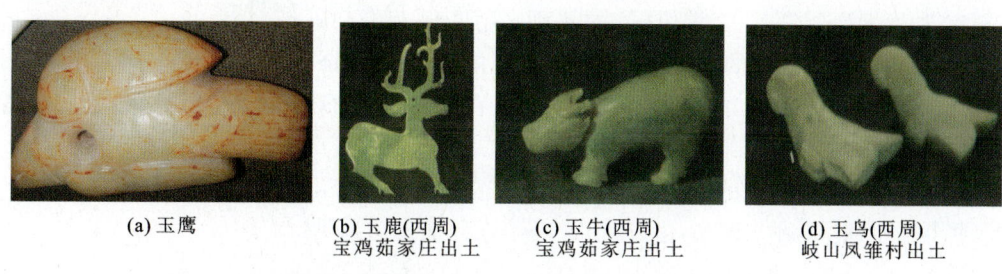

图 17-1-5 古代艺术品或装饰品类(张廷皓,1992)

(6) 玉印、御玺、玉制笔、笔筒、笔架、笔插、砚、镇尺、棋子等一些文房用具及玩赏器物可归入文房玩赏品类,如图 17-1-6 所示。

(7) 玉玲、玉蝉、玉玦、玉片、玉握、玉猪、玉七塞、金缕玉衣等一些专门用来陪葬用的应归入葬玉类,如图 17-1-7 所示。

这种分类是机械的,也有很多由于其用途不一,如玉刀、玉剑也既属兵器类,也可属礼器类,还可归入实用品或看作是艺术品。还有一些器物由于对古时环境及生活习惯的了解不够不能判断其用途,而无法归类。

二、对古代器物质的观察

1. 对古代玉器物玉质的观察

在判断古玉器物的时代与评价中玉质是极其重要的。观察的方法也和观察研究现代宝玉石一样。先用肉眼观察,进一步用仪器测定,测定其成分、物理性质、化学性质及其变化,最后定出宝玉石的名称。

(a) 玉印(清早期) (b) 茶晶花插(明)

图 17-1-6 古代文房及玩赏品类

(a) 玉蝉(汉) (b) 玉握猪(西汉) (c) 玉枕(汉)

图 17-1-7 古代葬玉

值得注意的是随着时代的不同,利用的宝玉石的品种有所差异。在原始社会多用石(即岩石),包括宝石和玉石。后来随着人们知识的增长,开始用色泽艳丽的石料(即玉石)。这样逐步将石与玉分开。当进入到封建社会人们已知晓用玉石雕刻,对宝玉石进行观赏和收藏。人们认识和利用宝玉石的品种也越来越多。但是也不免因地制宜,如原始社会在海、河、湖边居住的人则多用贝壳、海螺和砾石为玩物;在内地山区居住的人们则多用兽骨、兽角、兽牙作装饰。如山东后李文化遗址就出土了用鹿角做的鹿角饰;在浙江出土的新石器时代的河姆渡文化遗址中有大量的萤石器物,是因为浙江盛产萤石;在西北、中原一带出土的一些器物有和田白玉;在东北一带出土的一些器物中则多为岫玉制品,这与岫玉产于今东北辽宁有关(图17-1-8)。

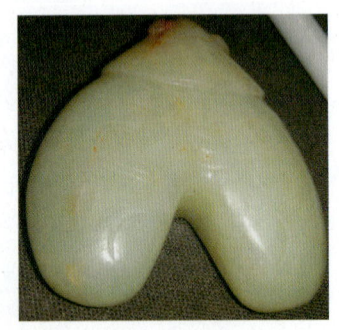

图 17-1-8 岫岩玉质的玉鸟
(李宝家,2006—2010)

根据出土器物看商朝已有昆山玉及岫玉;春秋时代已出现有水晶、玛瑙、孔雀石及绿松石质器物;战国时代开始出现金银;汉朝则应用的宝玉石更广泛,此外已知的有珍珠、玛瑙、珊瑚及红宝石、蓝宝石、昆山玉、独山玉、蓝田玉、青金石(还记载有金刚石和翡翠等)。隋唐时代出现翡翠及夜光玉、琥珀、滑石等器物;图17-1-9(a)为隋朝的水晶串珠,图17-1-9(b)为隋朝的玛瑙串珠,图17-1-9(c)为唐朝的蚌梳背,图17-1-9(d)为唐朝的煤精制品。宋朝有灵璧玉、寿山石、青田石及金、银制品的出现。明朝是珠宝玉石业发达的时代,在认识、玩赏和利用宝玉石方面也已经相当广泛,诸如红宝石、蓝宝石、金绿宝石、猫眼石、祖母绿、尖晶石、绿松石和翡翠玉、昆山玉、田黄石、寿山石、青田石、鸡血石、大理石。还有生物宝石如琥珀、煤精等。尤其到了清朝除以上朝代所利用的宝玉石品种之外,金刚石、碧玺、翡翠等名贵宝石也得到大量应用,可以说当时自然界已知的宝玉石及雕刻石,均已不同程度地被开发利用。

(a)隋朝的水晶串珠　(b)隋朝的玛瑙串珠　　　(c)唐朝的蚌梳背　　　(d)唐朝的煤精制品

图 17-1-9　古代的几种工艺品

不论鉴别玉质或其他质地,最终都离不开现代仪器及各种分析手段,尤其对玉质的变化,更离不开化学成分分析及红外光谱仪等分析测试(有关检测的知识请参阅前面的有关章节)。

三、对古代器物艺术造型的观察

玉雕造型,在研究古代珠宝玉石器物中被称为"形制",即形状造型制作之意。艺术造型是艺术与技术的结合,它反映着时代特征,是对古代宝玉石器物观察、判断雕琢、铸造时代的重要的依据。

(1) 旧石器时代初期,宝玉石器物形制简单,只是将贝壳、海螺、兽骨、兽牙穿串为链,供装饰及玩耍。旧石器时代晚期则进一步地知晓将砾石、石珠、染红的鱼骨等穿孔挂戴。

(2) 新石器时代则有动物形制的饰品、首饰。最初的造型也不够精美,但它体现出早期原始社会形制的简单古朴。

(3) 商代宝玉石器物形制逐渐进化发展,仪礼器、装饰品、葬玉都开始出现,形制繁杂、玉石器物中玉质的飞禽走兽,怪鸟怪兽、鹦鹉、蟑螂、人物皆有,尤其突出的是出现了一些巧色雕琢品。

(4) 西周时代的玉器中仪礼器更为盛行,主要为圭、璋、璧、琮、璜、玦等。著名的"六器",为用苍(碧)、黄、青、白、赤、玄六种不同着色的玉器物,分别为祭天、地、东、西、南、北方的礼器。"六瑞"(为周朝分王、公、侯、伯、子、男六爵在朝见天子时所持的六种不同的玉圭或璧,以象征身份地位)皆应运而生。

商周时代玉器的艺术造型则有夸张奇特之势。其形制逐渐脱离了实用传统之风而大胆创意。有的甚至超出想象,造型奇特、工艺可观。

(5) 春秋战国时代除保留着西周的遗风之外,出现了玉玺。战国时代首饰类、实用品类、礼器类、嵌玉器物、葬玉、印玺皆有出现。比较突出的是玉剑格、玉杯、金龙凤凰饰玉、金玉带钩、龙凤、动物的艺术造型、金银玉组合器物、玺、印等。可看出整个春秋战国时代仪礼之器有所减少,而佩饰增多,造型皆活泼开朗、生动准确。图 17-1-10 为虎纹玉佩(战国)。

(6) 秦汉时代。秦朝的寿命虽短,但遗留下来的石刻较多。据说石砚也开始于秦朝。

汉代的宝玉石器物形制主要保留着战国风格,但是也在不断发展变化。装饰品类、艺术品类皆明显增多。饰物有佩玉、玉午人、玉璜、玉环、玉琥(古玉器,虎形玉制品,作礼器之用)、玉珑(龙形玉制品)、玉鲽等,兵器有玉斧、玉剑,艺术品有玉鹰、玉熊、玉马等,葬玉有最著名的金缕玉衣和玉晗、九窍塞、握玉等,都较为突出。

汉朝是中国文化史上最繁荣昌盛的时代,在宝玉石器物的雕琢风格、艺术造型上也颇为气势澎湃、豪放有力。它的主流是以表现气质内容为主,玉器、青铜器主要还是礼器,玉器的制作和使用都达到了历史上最高水平(图 17-1-11、图 17-1-12)。

图 17-1-10　虎纹玉佩(战国)
西安出土(张廷皓,1992)

图 17-1-11　玉铺首(汉)茂陵出土(张廷皓,1992)

图 17-1-12　玉猪(汉)(张廷皓,1992)

(7) 魏晋南北朝时期。在这一历史时期里,宝玉石器物还是很多的,尤其是晋代有玉如意、玉珊瑚树、人物、飞天、锁形、心形、花形等造型的和金银镶嵌的首饰等。十六国出现的有玉串珠等,由于战乱时玉器、青铜器皆受到很大影响。总之这一时期无多大新的进展和变化,基本上还是保留着汉代的遗风。

(8) 隋唐时代。隋朝宝玉石器物玉雕风格,还是与前朝基本相同。

唐代则国力雄厚,国富民强。珠宝玉石器物的艺术造型上又有很大进展,出现了很大的变化。唐代的一些玉制杯、碗、镯、玉佩等无不显示着时代的风采,以生动、夸张、形象化为特色。图 17-1-13 为唐代胡人刑雁首刀,造形壮观严肃,体现着北方胡人的气质。唐代出现了玉带饰物及大量的花、鸟、人物,比较突出的是"玉飞天",皆生动传神,改变了商周以来程序化和图案化的遗风,更为活泼真实。玉质动物如图 17-1-14 所示。仪礼器、葬玉类大大减少,装饰品、艺术品大量增加,其造型完美。

(9) 宋辽金时代。宋朝的宝玉石器物造型自然也是继承着唐代的遗风,但宋朝本身又有新发展,在前朝的基础上自身也有很多特色,突出的是造型,画面比较复杂、层次较多,可谓形神兼备,且具浓情画意。其各种宝玉石器物方面的造型都更为丰富,而且不少能胜过唐朝。

宋朝的宝玉石器物种类也与唐朝相似,有仪礼器、装饰品、生活用具和艺术品等。但数量之多、发展变化之大、造型之丰富却也超过前朝。由于宋代皇帝爱好古物,皇室玉院则按古代造型生产当代所喜爱的器物,因而宋代伪造古代器物或仿制古玉成风。如仿制"六器""六瑞",并做狮、猿、马、牛、羊、龟为造型的玉玺、玉辟邪或凤钗、簪珥及文具玩物等。辽金的宝玉石器物受唐宋文化的影响又有其独特的风格,金超过了辽,其著名的玉人、玉马、玉佩饰也都反映着北方少数民族的生活气息。

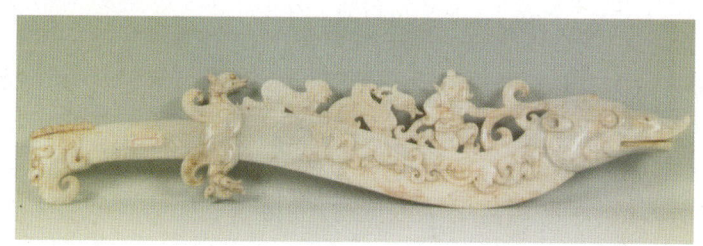

图 17-1-13 和田玉胡人刑雁首刀(唐)(李宝家,2006—2010)

图 17-1-14 和田玉虎(唐)
(李宝家,2006—2010)

(10) 元代。元代的珠宝玉石器物的造型,仍然是继承着前代的衣钵。在一些代代相传的大量器物中,有璧、琮、龙等纹饰器物,也雕有鹿、虎纹饰的玉雕器物。此外又出现了玉帽顶、玉押等新的造型器物。最著名的要算那件 3 500kg 的大型玉雕"渎山大玉海"了。这大玉海的造型、雕琢可谓是雕刻雄伟、纹饰粗犷豪放,同时又细致精辟,具有既神秘而又浪漫的色彩,代表着元朝玉雕器物的时代风尚。辽、金、元多见北方铜铁饰品,铜佛像等开始遍及全国各地。

(11) 明代。明代宝玉石器物又有独特的风格,它追求精刻细雕。

除有大量的仿古宝玉石器物之外,实用品如杯、壶、碗、碟之类,装饰品如多种佩玉、发簪、佩坠、玉帽等,艺术品类如玉雕人、玉兽等皆大量出现。又因单晶宝石的问世而有了镶嵌宝石和金银等的复合器物。一些山水、人物、花鸟、鱼虫造型千姿百态,皆大量涌现。文房用具、玩物俱全。还有很多雕刻内容趋向于民俗故事、典故题材,有着较强的动感和灵活性。

(12) 清代。清代的宝玉石器物的艺术造型极为繁多,宝玉石器物的种类也很广泛。在代代相传下来的仪礼器类、装饰品类、实用品类、艺术品类、文房玩赏品类之中都增加了很多新的内容。尤其对单晶宝石的利用,使其宝玉石器物的造型上更丰富多彩。由于满族的习俗,因而出现了很多别具风格的圭、璧、净瓶、钵、玉爵、铃杵、嘎不拉碗等造型的宝玉石器物。清代的仿古之风在乾隆皇帝的倡导下更是盛行。突出的是仿制玉壶、尊、彝等造型的器物,在这些器物上底部还往往刻有"大清乾隆仿古"字样;而在宫廷,玉器大批仿古器物如鼎、炉、熏、觚、瓮造型的还有很多。还有一些改制的、创新的等。尤其是薄胎和压丝器皿,是清代的特色。清代的宝玉石器物讲究精刻细雕,一丝不苟,内容和造型上都富于民族特色和宗教的色彩。清朝以使用黄铜为主,黄铜制作的生活用品样样俱全,如餐具、贡器、家具装饰、文房四宝、首饰等。用铜量最大的是货币和佛教用品。铜与其他金属制成合金、铜与珠宝结合制成组合首饰也为一大亮点。

由上述各时代宝玉石器物的艺术造型看,每个时代都有着它的时代风格和不同的艺术内涵。

四、对古代器物纹饰的观察

在古代宝玉石器物上常雕有纹饰图案花纹。这种花纹图案统称"纹饰",它往往是给古器物定名的基础,如夔纹鼎、鸳鸯戏水纹香炉等。不同时代纹饰有所不同,纹饰常随着造型不同而体现出时代特征,是观察古器物判断雕刻时代的主要方面。常见的纹饰有龙纹、兽面纹、螭虎纹等。这些都随着时代的发展而变化。此外还有很多辅助纹饰如云纹、谷纹、蒲纹,其他还有重环纹、绳纹、涡纹、弦纹、圆圈纹、鳞纹、人物纹、飞禽走兽纹、花果树木纹等。这些皆为形象对比而来。

下面除简单地介绍几种主要纹饰外,也介绍几种辅助纹饰。

1. 龙纹

我国龙纹是在宝玉石器物上的龙形纹,最晚出现于商代,至西周盛行。一直到明、清各朝代都有出现。龙纹中以夔龙纹居多,在商周器物上经常出现,战国至汉代出现的更多(图17-1-15、图17-1-16)。不同时代变化也很大,如龙头上为双角者多为西汉作品;龙嘴、腿长、尾似蛇者多为隋唐作品;龙爪臃肿下颚上翘者多为宋代之作;龙身出现毛发,腿部露筋骨状纹饰者多为元代作品;龙腿上全部拉线,头部毛发向上,龙须卷曲,具五爪者多为明代中晚期之作;龙头生毛发、肋如踞齿、尾如秋叶者多为清代之作。

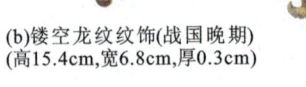
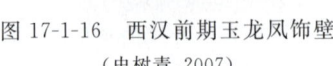

(a) 白玉透雕龙纹佩(西汉)　　(b) 镂空龙纹纹饰(战国晚期)
(高15.4cm,宽6.8cm,厚0.3cm)

图 17-1-15　龙纹饰　　　　　图 17-1-16　西汉前期玉龙凤饰壁

(史树青,2007)

2. 兽面纹

顾名思义是指野兽面孔般的纹饰,在宝玉石器物上最早发现于新石器时代的一些古文化遗址中。尤其良渚文化遗址中发现较多。以后各代间或有之,但还是常有所变化,如商周时代出现的饕(tāo)餮(tiè)纹(饕餮形似虎,是种贪食的恶兽,饕餮纹又称"虎头纹"或"兽面纹")是兽面纹变化的一种。

3. 蟠螭纹

蟠螭(古代传说中一种龙蛇状盘曲动物)始见于春秋战国时代的宝玉石器物上,及至明代还常有出现。那种眼圆鼻子大、眉细而劲粗、一条腿的大部分为春秋战国时代的蟠螭纹,眉上竖而向内钩、眼眶下坠、卷云纹组成尾巴者多为汉代的蟠螭纹,眼长而稍弯、嘴边有凹槽、头上有(有的无)角、三条短腿者多为南北朝时代的蟠螭纹,鼻子下有宽阴线者多为宋代的蟠螭纹,有爬行、伏地、上升、盘旋之势者多为明代的蟠螭纹。可见不同时代各有其特色。另外除主要纹饰外,往往还有辅助纹饰,如云纹、弦纹、或动物、兽类纹等,皆可作为判断时代的参考依据。图 17-1-17 为蟠螭纹器物。

图 17-1-17　蟠螭纹带扣

4. 辅助纹饰

虽说是辅助纹饰,但在玉器的众多纹饰中却占着极其重要的地位,它往往环绕着整个器身,依然是反映时代特征的重要图示,也往往是对古玉器定名的重要依据。

(1) 云纹为如同云朵般的纹饰,有单线云纹、"S"形云纹、方形云纹(也称"雷纹")、兽面形云纹等,图 17-1-18 为几种常见的云纹等辅助纹饰图案示意。

(a)云纹 　　(b)云头纹 　　(c)"S"形云纹 　　(d)方形云纹(雷纹)

(e)方形云纹 　　(f)云纹饰 　　(g)墨玉乳钉纹圭(明) 　　(h)谷纹玉璧(东周)(直径21.5厘米)

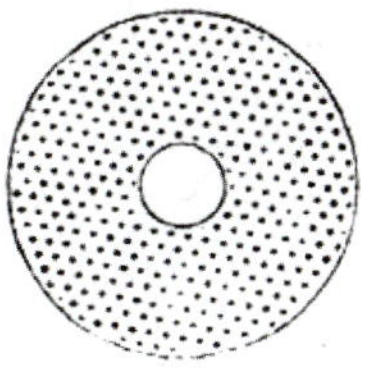

(i)乳钉纹 　　(j)谷纹 　　(k)蒲纹 　　(l)涡纹

(m)重环纹 　　(n)弦纹 　　(o)绳纹

(p)几何纹　　　　　　(q)鳞纹　　　　　　(r)戳印纹　　　　　　(s)直线纹

图 17-1-18　一些常见的云纹等辅助纹饰图案示意

(2) 乳钉纹。乳钉纹为突起的群点"·"状纹饰[图 17-1-18(g)、(i)]。

(3) 谷纹。为带有一弯曲小尾巴""的群点状纹饰[图 17-1-18(h)、(j)]。

(4) 蒲纹。如蒲草席子般的纹饰[图 17-1-18(k)]。

(5) 涡纹。如同水之旋涡状纹饰[图 17-1-18(l)]。

(6) 重环纹。为如同瓦状般的重复排列的纹饰[图 17-1-18(m)]。

(7) 弦纹。线条绕器身一般二到三周的纹饰[图 17-1-18(n)]。

(8) 绳纹。线条如绳子般的旋绕器身,可有绞丝缠纹、扭丝缠纹等[图 17-1-18(o)]。

(9) 几何纹。成直线折曲状纹饰,[图 17-1-18(p)]。

(10) 鳞纹。如同动物(鱼)鳞一般的纹饰[图 17-1-18(q)]。

(11) 戳印纹。呈密集短线状纹饰[图 17-1-18(r)]。

(12) 直线纹。呈密集直线排列的纹饰[图 17-1-18(s)]。

今附上一些古代宝玉石器物上常见的几种图案以兹参考(图 17-1-19)。其他还有很多形状的纹饰,如网状纹、圈圈纹、水滴纹、人物纹、动植物纹等,因出现的时代较短,也较少,在此不予叙述。

今将各历史朝代玉器物表面的纹饰特征简单概略叙述如下。

(1) 早在旧石器时代之后的新石器时代的早期,宝玉石器物上几乎还没有纹饰出现,器物上只是素面光滑、平整而已。到了晚期一些兽面纹、弦纹、鸟纹、人面纹、卷云纹、绳索纹等逐渐出现,也是很简单很原始的。

(2) 商代。在纹饰方面大有进展,如龙纹或夔纹、兽面纹、云纹、弦纹、绳索纹及鸟纹、羽毛纹、蛇纹、鳞纹、植物纹、几何纹、节状纹等,种类显著增多。

(3) 西周时代。夔龙纹、饕餮纹、弦纹、鸟纹、几何纹等为较多出现的纹饰,其线条也更精细柔和。

(4) 春秋时代。各种纹饰更为增多,除西周所见者外,蟠螭纹、夔龙纹、兽面蚊、云纹、鸟纹、虎纹、蚕纹、绳索纹皆有出现。

(5) 战国时代。除继承前代出现的各种纹饰如雷纹、蟠螭纹、兽面纹、涡纹、龙纹、鸟纹、蚕纹、蛇纹、谷纹、蒲纹、云纹、弦纹、绳索纹之外,还出现有几何纹、乳钉(乳头状凸起纹饰)纹、格状纹、"S"形纹、勾云纹、螭虎纹、龙凤纹等,种类更为繁多(图 17-1-20)。

春秋战国时代,装饰用玉器颇为盛行。玉饰品成为一种时尚,商周时代的传统礼器、玉制工具、兵器已很少见到,玉佩颇为盛行。春秋战国时期,玉雕不仅继承着西周的衣钵,也有着

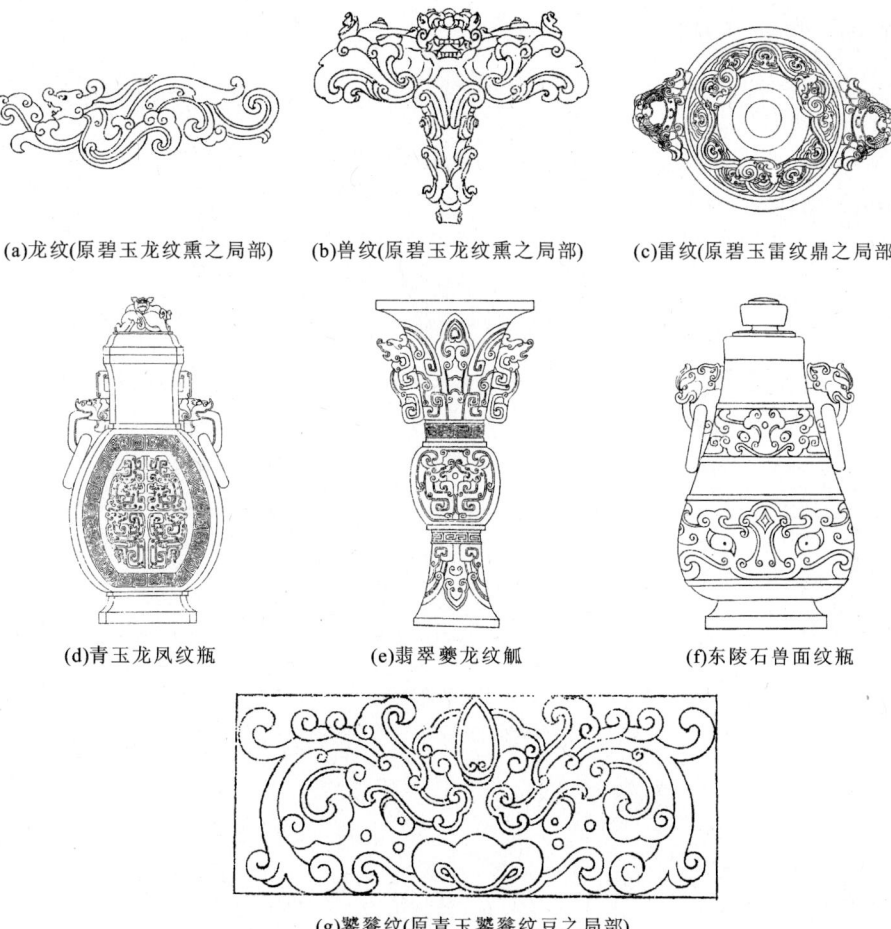

(a) 龙纹(原碧玉龙纹熏之局部)　(b) 兽纹(原碧玉龙纹熏之局部)　(c) 雷纹(原碧玉雷纹鼎之局部)

(d) 青玉龙凤纹瓶　(e) 翡翠夔龙纹觚　(f) 东陵石兽面纹瓶

(g) 饕餮纹(原青玉饕餮纹豆之局部)

图 17-1-19　古代宝玉石器物上常见的几种纹饰图案(赵永魁,2012)

新的发展。春秋时代的玉器,已趋向复杂和隐起雕工方面发展。春秋礼器中玉璧、玉璜较少,而战国时期则所见较多。玉璧在战国时期不论在艺术上还是在工艺上都达到了较高水平。图 17-1-21 为一反、正两面玉璧,其中图 17-1-21(a)面为谷纹,外为朱海战雀纹;图 17-1-21(b)反面为蒲纹,外为龙纹。图 17-1-22 为汉代的龙凤纹饰镂空雕。

玉雕用细直阴刻线雕出云纹或双勾蟠(pán)虺(huǐ)纹,用圆圈纹填其空档,器型上出现剑饰、印玺是其特色。

(6) 两汉时代。两汉时代是一个宝玉石器物雕琢上很有艺术性、创造性的时代,所以它所用的纹饰极为丰富。常见的有龙纹、弦纹、云纹、蒲纹、蚕纹、谷纹、蟠螭纹、兽面纹、鸟纹、乳钉纹、节状纹、虎纹、蛇纹、鳞纹、漩涡纹、连珠纹、凤纹、蝉纹、龙马纹、人物纹、四灵纹(青龙、白虎、朱雀、玄武)、格状纹、绳索纹、植物花卉纹、山水纹等,皆逐渐出现大为齐全,出土的龙凤纹雕如图 17-1-22 所示。

(7) 魏晋南北朝时代。在玉器物上出现的纹饰主要有龙纹、凤纹、蟠螭纹、云纹、谷纹、乳钉纹、羽毛纹、熊纹等。

图 17-1-20　和田玉质螭龙
（李宝家，2006—2010）

(a)汉代内谷纹的朱雀纹玉璧

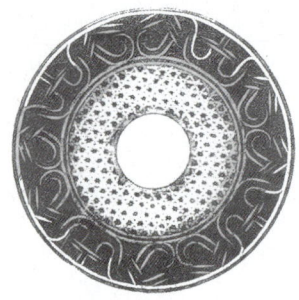
(b)汉内蒲纹外龙纹玉璧

图 17-1-21　大玉璧纹饰

（8）隋唐五代。隋唐五代仍然继承着前代的传统。纹饰依然丰富，而唐代完全脱离了汉代的形式，更着重于写实，纹饰多样，最突出的是继承、发展，更丰富了一些自然纹饰。如动植物纹饰中的花卉、花鸟纹、云纹、龙纹、鱼纹、凤纹、莲瓣纹、伎乐纹和各种云纹、人物纹等。

图 17-1-22　和田玉质璜，龙凤纹镂空雕（汉）（李宝家，2006—2010）

（9）宋辽金时代。这个时代的纹饰除传统的继承前代的龙纹、各种云纹、蟠螭纹、凤纹、羽毛纹、鱼鳞纹、水波纹、几何纹、弦纹之外，也有各种花卉纹、菊瓣纹、莲瓣纹、蔓草纹等多种植物纹，虎、鹿、狗、羊、天鹅、鸳鸯、鸟、龟、鱼、鱼鳞纹等各种动物纹饰，以及山水人物纹饰及神兽纹、辟邪纹饰等。切刻线细腻、刚柔相济是其特色。特别在宋代仿古器物上，出现很多仿古纹饰。在辽金时代由于北方少数民族建立的政权，所以铜器物上民族色彩浓郁，纹饰也多以渔猎生活及民间故事为题材，反映着北方少数民族的生活特色。

（10）元代。常见的仍有龙纹、蟠螭纹、虎纹、鹿纹、多种云纹、几何纹、弦纹、凤纹、鱼纹、花卉纹、山水人物纹、雁纹、鸟纹、天鹅纹及各种动、植物纹等富有北方民族气息的纹饰。

（11）明代。明代宝玉石器物上的纹饰，常见的仍然是龙纹、蟠螭纹、兽面纹、各种云纹、夔凤纹、鱼纹、蚕纹、水波纹、漩涡纹、弦纹、绳索纹、几何纹、山水纹、人物纹及各种花卉、花果、竹枝、竹叶、花鸟纹、花朵纹等各种植物纹。鸟纹、蝴蝶纹等动物纹，乳钉纹、勾云纹等传统纹饰，皆无所不有。由于仿古器物比前代更为丰富，所以仿古纹饰也自然增多。但有些仿制品仿的工艺较差，纹饰也有的较为粗糙，精品还是多存在于宫廷之中。

(12) 清代。清代宝玉石器物纹饰继承明代或者说继承历代之精华，纹饰也比前代更为繁多。传统的龙纹、夔龙纹、兽面纹、鸟兽纹更多地出现在仿古器物上。一些植物纹饰如松、柏、梅、竹、牡丹、兰花、菊花、月季、荷莲、梧桐、柳、桃、杏、葡萄等，动物纹饰如虎、鹿、猴、蛇、骆驼、大象、马、羊、狗、兔、鹰、雁、鸽、雀、鹌鹑、鸭、鱼、蛙、龟、蜜蜂、蝴蝶、蝈蝈等，人物纹饰有老翁、童子、佛像、仕女、寿星等，还有自然纹饰如太阳、月亮、江、河、湖、海、山、云等，怪兽纹饰如龙、蟠螭、饕餮、麒麟、凤、瑞兽等。可谓无所不有，无所不饰，实为丰富至极。还有要说明的是以上纹饰举例多为粗线条部分或通体纹饰，但还有通体的细纹饰。纹饰的粗细繁简也随着造型而变化，对一些精工细致的器物，有的纹饰可既细微又繁杂，犹如一幅美丽的宫笔图画，其精细之程度非语言所能描述。正因为有古代如此丰富多彩的形制纹饰艺术，给考古断代方提供了依据。

五、对古代器物雕刻工艺的观察

不同时代有不同的雕刻工艺特色。不同工艺特色又往往可以反映雕刻时代的信息。

出土的古代宝玉石器物，早期的玉器身上为素光无纹饰，但大部分还是有古朴的、简陋的雕刻工艺的。

(1) 在我国新石器时代五六千年前的红山文化遗址出土的鹰、雁、鱼、蝉等动物造型的器物上，已有线条勾勒和碾磨技艺。器物上已经有很多穿孔，两边对穿孔，器物边缘还有抛光工艺，其工艺粗犷、原始；而良渚文化遗址出土的器物，工艺已比较精细，开始使用"拉丝"（即开料）及钻孔。距今约 4 000 多年石家河文化出土的器物，其加工技术似乎更为成熟，可见出片雕与圆雕，有线浮雕、阴线刻、阳线刻及镂雕，阴线有直有弯、有长有短，地子平直。

(2) 夏商周时代。器物更为规整，出现了勾撤法工艺，看上去层次感很强。商代由于青铜工具的利用、生产工具改善、工艺提高，在雕刻工艺上多采用直线双勾法。西周时代多采用一面下坡的弯形线条雕刻。刀法上采用了一直刀一斜刀使一面下坡（图 17-1-23），使器物有更强的立体美感。商代晚期出现俏色玉。

(3) 春秋战国时代。玉石雕刻技法上除继承前代之外也更趋于成熟。特别是在后期出现涡纹、谷纹，则多采用细而直的阴刻线，以单阴线和双阴线为主，线条细密而均匀，用去地法突出纹饰。战国时代更普遍地使用镂空技法。

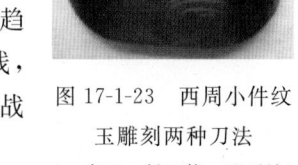

图 17-1-23　西周小件纹玉雕刻两种刀法
（一直刀一斜刀使一面下坡）

(4) 汉代。在宝玉石器物上主要采取高浮片雕和圆雕，而且在绝大多数器物上都有纹饰，其纹饰非常细密，布满整个器物，器物表面雕满纹饰。刀法上还有两种刀法并用，即一跳刀、一八刀，刀法灵活、不拘一格（图 17-1-24）。还有的大量采用谷纹和勾云谷纹、蒲纹，尤其勾云谷纹用丝发线相勾连；蒲纹成六角形整齐排列，同时大量使用高浮雕、动物圆雕，片状饰物使用镂空雕。使用的是直平雕刻刀法，刀法规整。西汉后使用短阴刻线密集排列，刻线细如发丝、线条刚劲有力、弯曲自如。线沟中均已磨平，由组成金缕玉衣小玉片上的极小钻孔，可见钻小钻孔的技法已经很高。镶嵌工艺也已经相当发达。抛光技术更是达到很高的水平。汉代的雕工有粗有细，刀法简单有力，犹如绘画中的大写意,虽几笔即勾画出全貌,形成独特的刀法,称"汉八刀",名传于世(图17-1-25)。

图 17-1-24　汉朝玉斧雕刻两种刀法
(一跳刀一八刀)

图 17-1-25　玉猪
(东汉,汉八刀雕工,具黄褐色沁)

(5) 魏晋南北朝时代。玉器物上仍沿用汉代的工艺技法,但做工简朴,且仍有镂雕、圆雕和片形工艺存在。

(6) 隋唐五代时期。在这一时期的器物雕刻多采用减地浅浮雕技法,细部大量采用阴刻线,有直有弯,不论粗或细,而条理不乱,阴刻浅长短及间隔距离规整,雕琢方法多为圆雕和镂雕。雕刻手法上渗透进了不少绘画和雕塑的精华,也呈现出金、银器上的錾花技术。

(7) 宋辽金时代。宋代在继承前代的基础上又有所发展,宝玉石器物中圆雕、浮雕和镂雕更加增多,特别是出现了多层镂雕,有二层、三层镂空纹图和立体镂雕技法(以器物周身各方向皆可看到通景器,增强了立体感)。也有一种利用皮色、色斑颜色的变化而雕刻出更为生动的器物。另外器物上开始出现细刻字技法,字精细而美观。图17-1-26为镂雕品。

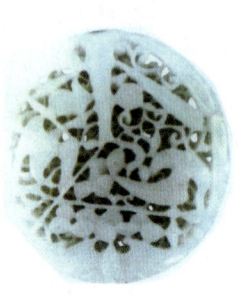 

图 17-1-26　拉丝工及拉丝镂雕扳指(李维翰,2011)

(8) 元代。元代的宝玉石器物以圆雕为主,也有片形者。雕刻技法有浅浮雕、镂雕。多以阴纹线结合,常见的是双层镂雕,也有的雕出三四层纹饰图案。具有深层次、立体感的镂空高浮雕显示着宋代雕刻的高超工艺水平。内容丰富多姿,体现着北方民族气息。

(9) 明代。初期保留着前代遗风,在明朝中期则有所创新,有分层镂雕,即在平面器物上出现镂雕二方连续或四方连续图案。如明代的镂空雕玉带板。也可雕出上下不同的双层图案。雕刻工艺包括镂雕、阴线刻、圆雕和浮雕。明朝器物多厚而重,尤其一些壶、杯之类器物既重又厚,但明代雕琢的刀法强劲有力、线条棱角分明,虽表面抛光极佳,但有的磨工较差。明代玉器上盛行镶嵌宝石,这更增加了豪贵之感。玉雕纹饰题材出现很多典故、故事内容,又增添了不少情趣。

（10）清代。清代由于宝玉石材料来源丰富，所以雕出不少大型作品。其工艺仍为镂雕、圆雕、片雕、掏雕、出活环等技法。所雕纹饰线条工整精细，并且常用凸起很高的高浮雕或出廓的龙凤图案，而且抛光度很好。尤其乾隆时代的玉石器物更是精美绝伦（图17-1-27）。此外，仿制痕都斯坦玉器作品为清代所特有（图17-1-28）。一些仿制品也仿得比例协调、大小适当、形象逼真、工艺高超。玉器题材也更为广泛，数量之多亦为历代所不及。铜、黄铜制作的器物皆做工精美，有专家认为清朝制作的铜胎捏丝珐琅器，最能代表这一时代的工艺制作特色。

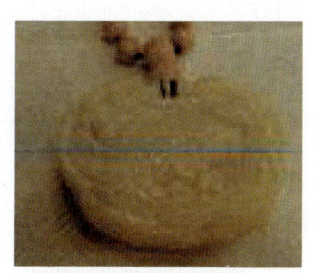

图17-1-27 蜜蜡黄玉坠（清）

图17-1-28 痕都斯坦玉碗（清）

（李维翰，2011）

六、对古代器物颜色的观察

古代宝玉石器物的颜色与宝玉石器物的材料种类、玉质、埋藏时间长短及埋藏环境有关。如新石器时代出土的炊具本身呈现红色（图17-1-29）。如原始社会人们常用石英、燧石、大理岩。石英主要是白色或无色，玻璃光泽较多；燧石则是以黑色为主；大理岩也是浅色的居多。

图17-1-29 贴塑壁虎纹罐

（新石器时代，炊具，红色）

在新石器时代的红山文化则有新疆玉和岫岩玉的器物，因而颜色也有白色、青色、绿色、黄绿色、黑色等。但关键是"浸"色问题。

在一些宝玉石器物，尤其是出土的玉器上，往往由于受土壤中有机物、地下水的腐蚀或地下棺木中不同酸碱物质的影响，而一部分玉质发生变化。大部分是由玉器边缘开始，如玉质中的各种长石变为白色高岭石，含铁物质变为褐色、红褐色褐铁矿等。这在古玉石学上被称为"浸"或"沁"色，即受到浸蚀之意。根据这种"浸色"或"沁色"，我们常依此判断这种带有"浸"色的玉石为古玉。这种"浸"色往往由边部向里延伸，甚至贯穿整个玉器，有轻者只是颜色上有变浅或加深的现象。这又与玉质的不同、埋藏地点环境和土质不同及埋藏时间长短有关。红山文化白玉质器物上可有多种浸色，一种是在表面很薄的一层。白色云雾状，有人称之为"水浸"；另一种是黄褐色，称"土浸"；还有一种是黑色，称"水银浸"；棕色者称"石灰浸"。

良渚文化出土的玉器物上,有白色水浸;石家河文化出土的玉器物上,表面因受浸而呈灰白色、白色或黄色;新石器时代出土的玉璧,受浸后多呈灰白色、雾状表面或红色浸痕(未见黑色);殷墟妇好墓出土的玉器物,呈黄绿色、淡绿色、棕绿色、棕褐色等,但有很多与主色相异的玉斑,亦应属浸痕之类。

奴隶社会的夏、商、周时代,已应用了青玉、白玉、青白玉、独山玉、绿松石等有色的宝玉石为器物材料,所以出土的器物也多为深浅不同的白色、绿色、棕褐色等,皆随玉质而定。

春秋战国时代,宝玉石器物的材料已应用有青玉、白玉、黄玉、墨玉、蓝田玉、南阳玉、密玉、大理石、滑石、绿松石、水晶、玛瑙、石髓、煤精等,所以这类器物的颜色也随之为白色、青白色、灰白色、绿色、墨绿色、黄绿色、黄灰色、碧绿色和黑色等。

奴隶社会后期和封建社会,由于对各种颜色宝玉石材料较为广泛的利用,因而宝玉石器物的颜色随宝玉石种类的增多而变得复杂。汉朝玉珠上出现的黄灰色浸,玉质为和田白玉,一般如能判明宝玉石玉质名称,颜色也就迎刃而解了。颜色往往能提供玉质定名的依据,但是对于人造假沁则另当别论。

出土的含铜器物多为绿色,这是由于铜受腐蚀变化所致。图 17-1-30 为具黄褐色坑沁的战国玉带钩。图 17-1-31 为出土的绿色器物,上有蓝绿色锈。图 17-4-32 为出土的秦朝玉龟,具有红黄色沁。

总之,对古代宝玉石器物的颜色及颜色变化的观察,尤其对沁色或人造沁色的观察,有利于对古玉铜器物真伪的判别及时代的判断。

图 17-1-30　战国玉带钩

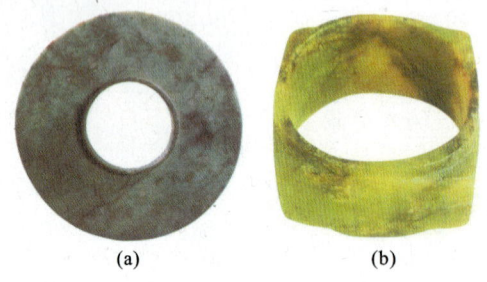

图 17-1-31　绿色玉器

(a)商代玉璧,青绿色玉制成,具氧化白斑;(b)龙山文化玉琮,翠绿色,间有墨绿色纹斑(高 4.1cm,外径 7.1cm,内径 6.4cm)

图 17-1-32　玉龟具红黄色沁(秦朝)

七、对古代器物上次生物的观察

次生物指的是出土的宝玉石器物,在地下埋藏期间由于温度、压力、土质、地下水、有机质、酸碱度等环境的影响、受风化侵蚀而变化,在原来玉质成分的基础上,产生新的矿物。这是对沁的实质观察了解。最常见的是含有铁、铜、锰等变价元素的器物,易受环境影响而变价或水化,产生明显的次生矿物,如前所述的含有长石成分的玉石易变为次生的白色、灰白色高岭石,含铁成分的玉石易变为红色赤铁矿、褐色褐铁矿。如汉朝的觥,带金丝铁线,又叫金钩铁,呈现着黄橙色铁泌,如东汉玉猪上具黄灰色沁(图17-1-33)。秦朝出土的玉握猪上具红色沁(图17-1-34)。在铜器物上由于含铜成分易变为绿色孔雀石、蓝色蓝铜矿而呈蓝绿色。因此,玉质颜色、铜器物颜色的变化与沁色的出现和次生矿物的产生是紧密相关的。这种次生物时间长了往往是有层次的,颜色也是复杂的。

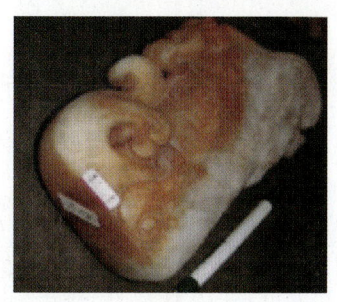
图17-1-33 羊脂玉质觥,带金丝铁线,具黄—褐红色铁沁(汉)
(李宝家,2006—2010)

图17-1-34 玉握猪具红色沁(秦)

研究古代宝玉石器物的次生物应该是限于出土的时代长久的器物,如新旧石器时代及至奴隶社会期间的器物则更有意义。对出土器物曾埋藏的环境应多加考虑。如当地地下水面的高低,气候的干燥程度和所在区域土质等的不同而有所差异。次生物的产生,往往是对沁色产生的最好答案。这对研究一些有关的出土文物如青铜器、陶瓷等往往还更有意义。

八、对古代器物上文字及印章的观察

我国文字开始于商代,所以凡具有文字的宝玉石器物应该是在商代之后。最初出现的是商代晚期占卜后刻在乌龟壳上的文字或记事,而且字数很少,即所谓的"甲骨文",又称"卜辞"。青铜器上已有字数较多的铭文,而且在石器、陶器上都有发现。如大盂鼎内有铭文291个字。石片上的铭文如图17-1-35所示。又如河南殷墟妇好墓出土的刻字玉戈上,只有6个字。以后各历史时代的宝玉石器物上才逐渐常有文字出现。

在战国时期开始刻有文字的玺印出现,自此历代帝王都有刻有文字的玺印,尤其在玉册、玉牒等器物上的文字内容——如果不是仿制品的话应该是断代最有力的依据。

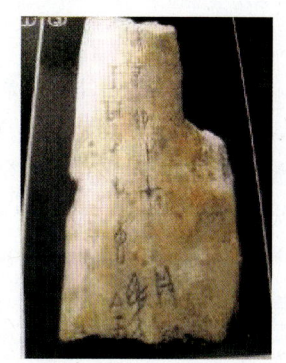
图17-1-35 石片上的铭文

春秋时代的器物上,往往有比较规整的文字;战国时代的可有阴阳两种刻法的镌刻的玺文;秦代出现篆书、官印全用阴刻小篆体,印面施界格。

汉代多为体势不同的篆书及隶书。秦及汉代初期印面均施界格,笔画从简,直到汉文帝和景帝以后方取消界格。印文亦很规整。

魏晋南北朝出现楷书和行书,印式亦属汉字系统,南北朝时的印文多为阴刻。在山西旬阳县曾出土一件西魏时代的组印,为西魏名将独孤信的多面体煤精组印,其上有8棱26个面、18个方形面、角上有8个三角形面,各面印的内容不同,如有"大司马印""刺史之印""密令"等。实为一巧雕杰作,煤精组印见图17-1-36(a),印面内容图17-1-36(b)。这可说明当时人们对有机宝石已颇有认识,而且能巧妙利用,实为一独特之举。

 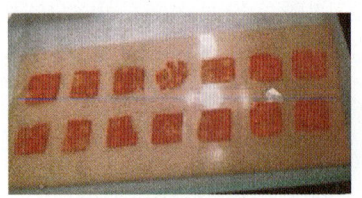

(a) 二十六个面的煤精组印　　　　　(b) 印面内容

图 17-1-36　煤精组印(西魏)

到了隋唐时代,尤其唐朝由于颜真卿、柳公权等大书法家的出现,而且各成一体、各成一家,所以宝玉石器物上的文字也随之更为丰富,字形规范,字体有篆书、隶书、楷书、行书等。其官印多为具细线边框的阳刻文字大印。

宋代虽出现了宋体字,但未见于珠宝玉石器物上。宋代的官印继承着前代的特点,而印上均刻有背款,并且在印顶上印纽顶部刻有一个"上"字。刻上字是为了使印与文字方向一致,这一作法一直流传至今。

辽金时代有契丹文印,西夏时代有西夏文印,元代有元代的八思巴文印等,各民族都有民族特色文字的印文。

明代镌刻的楷书、自由楷体及隶书、篆书皆有。比较突出的是在宝玉石器物上还镌刻有创作者的署名。明代的官印有将军印(武将)和百官印(文职)之分,字体不同:柳叶篆字体者专为将军印,九叠篆字体者专为百官印。

清代:由于雍正、乾隆、道光等几代皇帝对珠宝的热爱,甚至亲自参与珠宝玉石的作业,用楷书、隶书、行书、篆字体为宝玉石器物上题诗、题词、留款者甚多。图17-1-37为夏代鹰纹玉圭,高30.5cm,长方梯形,圭原为清宫旧藏,较窄的一端有篆书"古希天子"印,下端有乾隆提诗一首,后为乾隆丙午季春御题。清代和田玉质、带有诗文的花卉瓶就可以显示器物特色,如图17-1-38所示。在很多珠宝玉石器物的底部中央刻有年款,如"雍正年制""乾隆丙午年制"等,见图17-1-39。或对有些质量差的古玉器重新修整、改制、仿制,并注明"大清仿古"等字样。清代的宝玉石器物很多刻有年款和私人款识;清代的官印通常用汉、满两种文字镌刻为其特点。

图 17-1-37　鹰纹玉圭
(夏代)(史树青,2007)

图 17-1-38　清朝和田玉质花卉诗文瓶
（李宝家，2006—2010）

(a)碗底中央刻有楷书年款(清雍正)　(b)盘底有楷书"大清咸丰年制"款

图 17-1-39　年款

九、对古代器物的来源与对比

在传世品或出土的宝玉石，可考虑其来源出处。出土的器物要结合墓葬的年代，观察出土地点及环境，考虑埋藏地区的土质与位置和埋藏时间的长短。如在靠近海边较近的地带、含盐分多的地区或陆地的低洼处，地下水或海水中的卤盐，都严重影响着玉质，使玉质受到腐蚀。

还有些出土的宝玉石因就地取材，或在宝玉石的产地附近。如在浙江出土的红山文化遗趾中就有萤石制品，为我国浙江省盛产萤石所致，萤石是一种艳丽的宝石矿物，早在石器时代已经引人注目，可见原始人关注萤石是很自然的。

传世品可因其某种原因中途又埋藏于地下者，这往往是因为战乱或某些社会情况的需要而为。我们以玉质的变化或形制、纹饰、雕琢技法等的一些特征对比其他地区的出土或传世器物，也可以作为断代时应该参考的一个方面。尤其在一个出土地点有宝玉石器物和铜器物同时出土，铜器物特征可以与宝石器物特征互相对比、互相启迪，将更有利于断代参考。

十、对仿古器物的观察

仿古宝玉石器物是从北宋以来或更早些时候就开始的。最初是为了适应遵循旧的器物或为玩赏之用，后来则流传下来，渐渐的发展为与经济效益或某种目的相结合。形成造伪、仿古。一般可分为：古仿古和今仿古。古仿古还是古，今仿古就要看具体情况而定。

仿古主要是仿古玉器及仿青铜器的形制、题材和纹饰。例如红山文化出土器物，有后来仿制的，也有后世伪造、仿造的。当然也有因为某种需要经有关方面批准而按照实物或照片对其造型、工艺及纹饰特点加以仿制，成为文物复制品的。

如按照某些古代宝玉石器物或铜器物的名称或固有的特点臆造，拼凑成新的样式或品类，则为仿制的伪品，为了更好的认识仿古器物，应注意下列几个方面：

（1）各朝代有仿前朝的宝玉石器物的形制、题材和纹饰，但在刀法、技艺上总是脱离不开所在时代的技法，这就很容易雕琢出似古非古、似今非今的效果。

（2）各时代有其特色的宝玉石器物种类及形制、题材、纹饰特点，有一些当代不曾有的东西又重新出现，即可考虑是否为仿古件。

(3) 仿古器物初始是为了玩赏,而后来逐渐变为营利、冒充古物出售高价。极易忽视精刻细雕,而出现潦草从事。

(4) 对玉器物的玉质观察极为重要,俗语说"好玉不作旧",作旧的多为次玉。次玉即色不美、有绺、有裂、有较多的杂质,玉质粗糙,不润泽,有的甚至以石代玉。

(5) 浸色出现深浅不一,人造假浸则颜色变化不自然,人造色、人工上色、染色、人造网纹等现象出现时必为仿造品。

(6) 有的仿古器上有"仿"的字样出现,如清代乾隆时期,仿制品的底部刻有"大清乾隆仿古"字样,这种仿制品仍有价值,而现代伪造的玉器物也刻上"大清仿古"或铸上古代朝代字样(如现代仿制的礼器玉琮刻上古代年款也必为仿造)。这样做是欲盖弥彰,混人耳目,纯属造假骗人。

(7) 有文字、印章者本应为能反应时代的真品,但也可以在现代宝玉石器物上仿刻文字、印章,结果常常文字字体不整、书不成形,个别的还出现了简化字或错字,则必为伪品,如图17-1-40所示。

(8) 现代的一些仿古器物往往是形差纹笨、重量较大、玉质不良、铜质不佳、粗制滥造、技艺浅薄,导致作品切不成形、琢而不细、磨而不光、刀法无力、纹饰无常、行列不整、粗细不均、假色假浸、留痕带茬,这种情况必为伪品(图17-1-41)。

图17-1-40　碗底落款有错写

图17-1-41　雕工粗糙

(9) 对假沁的观察,是判断是否为仿古器物的重要方面(详见后面有关章节)。

(10) 有些个别的仿古体在仿的同时又运用雕琢工艺略加发展变化使之成为新艺术品者较不易识别,更需要多方面观察。

欲观察是否为仿古器物,或进一步鉴别其仿古器物是何时代所仿制等,必须掌握各时代宝玉石器物的各方面特色,不要只靠上述一项而定,要全面考虑综合观察。

需要声明或说明的是有些是为了文化继承、工作需要或商业目的。经有关方面允许仿制古代器物并注明"仿制"者,在市场上流通还是可以的,有的精工细雕,仿制精湛,还是很受人们欢迎的。

第二节　关于仿古玉的几种作旧方法简介及简易识别

仿古宝玉石,除了仿形制、仿纹饰、仿体材等之外,还有就是玉的作旧。玉的作旧方法是在沁色上作伪,或者说是人工的"沁色"。

一些传统的作旧方法(参考史树青、李光红等的资料),今能了解到的简述如下,以便在观察、检测中作为参考。

(一)一些传统的作旧方法

1. 仿鸡骨白法

仿鸡骨白法是把玉件烧烤、使玉变白,很像古玉中的鸡骨白色,这种烧烤过的玉上常有细小裂纹,真正鸡骨白古玉上是无此裂纹的。

2. 造血沁法

造血沁法是将玉件放入猪血与黄土掺合成的泥土中,过一段时间在玉上即出现黄土锈及血痕,以仿古玉。这种玉器往往颜色不一、红色呈网状线状分布。如把玉放入活羊肉中,几年后取出,玉上呈红血丝称"羊玉";如放入活狗血肉之中放入地下,数年后取出,玉呈血斑,称"狗玉",这皆色不自然,有的还呈现雕琢之痕。

3. 造黑斑法

造黑斑法将玉在铁篦子上烧烤,同时抹黑色腊油,后用湿棉布包起,再缓慢加热,玉上即出现黑色斑块。

4. 提油法

提油法为以绳系玉件,浸入油中煎炸,使玉改变颜色的方法。

5. 梅玉法

梅玉法为将质地松软的玉石用乌梅水煮,玉质松软处被乌梅水搜空,后再用提油法上色。冒充"水坑古"称为"梅玉"。这种沁色很不自然。

6. 风玉法

风玉法为用浓石灰水和乌梅水煮玉件,再立即冷冻,致使玉出现极细的裂纹,以冒充古玉中的牛毛纹。

7. 扣锈法

扣锈法为将玉件与铁屑用热醋淬浸,数日后埋于地下,待数月后玉器表面即产生土斑及铁红色锈质网纹,以冒充古玉。

还有一种用"硇提"之法上色为使颜色近入玉之缝隙,煮不退色,貌似真色。天气阴时颜色鲜艳,天气晴时颜色混浊,易于辨认。

据说旧有的作旧方法还有很多,如酸蚀法、褪色法等,由于作旧者不对外公开,所以还有些方法我们是尚不得而知的。

(二)近代的作旧方法

有些与古代的相似或沿用旧法、或在旧法基础上演变改进,常见的有以下几种。

1. 造血丝法

造血丝法为将小型宝玉石器物置于活猪(或活牛、活羊)的屁股中,将屁股上割一口子,将玉塞入,时间一长,猪(或牛、羊)之血直接进入玉中,宛如人之血丝。谎称出自古墓棺裹中的古玉(如经化验血丝确系动物血)。

这在传统的旧方法中是将玉放入狗、羊之肉中,以使出现血丝,故已往就有"狗玉""羊玉"之称,同样是作旧的方法。

2. 掩埋法

掩埋法为将宝玉石器物埋于地下,其上设置粪便池污水坑等,时间长了污水下渗,玉即受污染,在裂隙、边缘、或易受腐蚀的部位出现变色,似沁成为假沁以冒充古玉。

3. 炸裂法

炸裂法将玉制品加高温,再立即放入低温环境中冷冻,使其炸裂,再充色,色沿缝隙沉淀呈现有色网纹以冒充古玉,此法与旧法中的风玉法相似,只不过有些改进而矣。

其他还有涂油、涂黑色油、抹红泥等方法,使玉器出现污旧现象,以冒充古玉。

还有很多作旧玉的方法,作旧者为经济利益而不予外传,我们仍然是不得而知的。

第三节 对仿古玉作旧出现人工沁色的观察

如前所述,仿古玉除仿形制、纹饰外,还要仿沁色,人工方法使仿古玉也有"沁色"出现。可见对仿古玉上人工沁的观察是判断是否为古玉的一个重要方面。可从下列几个方面着手观察。

(1) 要观察玉的表皮与内部颜色的变化。真正的沁色是表里一致的,作旧烤色则往往只烤一个侧面的突出部分,雕刻的深凹部分则不易烤上颜色。又如烤色的仿古玉颜色部分,一般表面光亮而呈现过于枯黄或乌黑,颜色沿裂隙沁入内部,使表面颜色与相应部位的内部同样出现,这种不仅不是真正的皮子色,而且也并非土沁。

(2) 如在玉器表面有经过烧烤过的细裂纹者为火烧玉。应观察一些深的粗裂纹是否为火烧的过渡形成,烧后质地变为疏松,颜色也变为白或黄白,还可见有未烧透的瑕疵点。这主要是用以鉴别仿鸡骨白,仿良渚文化出土器物的假沁。

(3) 观察到玉器表面出现橘皮纹,纹中有铁红色锈及土斑,据史树青先生介绍,这是锈法作仿古玉的假沁,在天阴时颜色鲜艳;天晴时则稍有混浊是其特点。

(4) 宝玉石器物上带有血红色丝纹者,有人称之谓"血沁",天然"血沁"是否存在尚成问题,因为未曾发现过出土器物上的"血沁",据研究表明红色丝纹为铁质,并非人血,这往往是人工染色或放入活猪、活羊肌肉中,稍久后血液渗入器物中的结果。这种红色丝纹的特点是颜色不均,而且沿玉质的裂隙分布。

(5) 对一些易熔的物质如琥珀等器物,为人工使其熔化后加染色剂,使色泽呈现斑片状,似乎为沁色入内,实为人工假沁,这种假沁颜色深浅不一为其特点。

应该看到作假沁的方法虽然很多,但其假沁的共同点为颜色多浮在表面,而且颜色不自然,颜色多沿裂隙分布,分布亦不均匀,深浅也不均一,在玉器物的内部和表面,假沁经常颜色不一致,或有的颜色走不到裂隙的尽头,这些皆应仔细观察,同时配合仪器检测其成分变化,定出不同部位或相同部位的成分变化,予以分析对比,综合研究分析得出正确结论。

小　结

（1）首先要了解我国珠宝玉石业的发展历程，了解各时代出现的宝玉石及铜器物的种类、玉质、形制、纹饰及工艺方面的时代特征。

（2）对一件宝玉石器物要从以下十个方面进行观察：①品种用途；②玉质或质地；③形制；④纹饰；⑤工艺；⑥颜色；⑦次生物；⑧文字（铭文）及印章；⑨出土地点、环境、土质、气候；⑩是否为仿古器物等。更要几方面综合考虑，方能较为准确地考虑判断成器的时代。

（3）各个朝代的宫廷器物总是优于普通民用器物的，所以宫廷御用宝玉石往往是一个朝代有代表性的珍品。

（4）各个朝代的宝玉石器物其形制、纹饰与雕琢技法、工艺总是继承着前代的遗风，所以一个朝代的初期作品，往往与前代的作品相一致，如果不加其他条件就比较难以判别，只好扩大判断成器时代的范围。如明末清初等。

（5）仿古器物的出现，给对古代宝玉石器物的检测、断代带来极大的干扰。直到如今科学技术如此发达，但是还没有精密仪器能准确地测出各种真伪作品、器物的具体朝代及年代。因而积累经验往往是重要的一环。

（6）用现代科学手段测试，若配合使用X光衍射、红外图谱、电子探针或碳十四等手段测试、综合对比，有的还是较为有效的。近来还有人试探用拉曼光谱仪仔细寻找古代器物上雕琢时的刀痕遗迹、金属碎屑、极细微的金属物质，测其年代，探索时间差距。总之这类近代测试手段将会用于探索出有效的、准确的断代方法。

（7）古代宝玉石有仿古器物的存在，现代宝玉石也有处理、仿制、合成、人造、赝品之类出现，可见研究鉴别对珠宝玉石的作伪，将永远是珠宝玉石工作者们不可推卸的责任和任务。

李光红、施俊在著作中提到"唐创新，宋模古"；催建林在著作中则提到"唐宋为仿，元明是变，清代在改，民国是骗"这几句话概括了千百年来古玉器、仿古器的发展概况。我们对古代宝玉石器物的发展历程应做些概略了解是应该的，也是很有益的。常言道"观今宜鉴古，无古不成今"嘛！

后记

余致力珠宝玉石教学、科研、检测、鉴赏凡数十载,籍大量标本资料或拍摄照片,且阅读了大量有关文献的基础上编著成本书(2008年完成初稿,2015年修订)以作引玉之砖也!

其编写初衷在求对我国珠宝玉石文化之传承、创新,使广大读者能了解我中华文明、了解珠宝玉石文化的发展及动态,相互促进、相互借鉴,进而丰富我珠宝玉石文化之内涵,从而使众读者亦受裨益之。

书中之检测数据、化学式、光性、谱学分析、硬度、密度、折射率等多系采用前人资料,在此特向他们致谢!

在编写过程中参考了不少同行、朋友们的资料、图表,在此一致表示感谢。

余再一次向那些对本书的支持者、提供资料者、协助我审校出版者及采用了诸专家著作者资料的同行益友、珠宝厂商和亲友们深敬谢忱!书中的一些疏漏、失当、排印错误和不足之处,竭诚盼诸读者赐教,不胜感激之至也。

美哉!美哉!心中理想的火炬点燃,让珠宝玉石这一永不凋谢的花朵永远盛开在人们的梦想与创造之中,争相绽放共筑中国梦吧!

2015年5月于深圳

主要参考文献

陈汴琨.中国人工宝石[M].北京:地质出版社.2008.

崔建林.青铜[M].北京:中国戏剧出版社,2007.

崔文元,吴国忠.珠宝玉石学 GAC 教程[M].北京:地质出版社,2006.

董振信.宝玉石鉴定指南[M].北京:地震出版社,1985.

读图时代.玉器器形识别图鉴[M].北京:中国轻工业出版社,2007.

杜金鹏.国宝[M].武汉:长江文艺出版社,2007.

广西壮族自治区质量技术监督局,国家珍珠及珍珠质品质量监督检验中心,国家珠宝玉石质量监督中心,等.GB/T18781—2008 珍珠分级[S].中华人民共和国国家质量监督检验检疫总局,中国国家标准化管理委员会,2008.

郭守国,王以群.宝石学[M].上海:学林出版社,2005.

国家珠宝玉石质量监督检验中心,北京市首饰质量监督检验站.GB/T 28480—2012 饰品有害元素限量的规定[S].中华人民共和国国质量监督检验检疫总局,中国国家标准化管理委员会,2012.

国家珠宝玉石质量监督检验中心.GB/T16552—2010 珠宝玉石 名称[S].中国国家标准化管理委员会,2010.

国家珠宝玉石质量监督检验中心.GB/T16553—2010 珠宝玉石 鉴定[S].中国国家标准化管理委员会,2010.

国家珠宝玉石质量监督检验中心.GB/T16554—2010 钻石分级[S].中国国家标准化管理委员会,2010.

国土资源部珠宝玉石首饰管理中心.GB/T23885—2009 翡翠分级[S].中华人民共和国国家质量监督检验检疫总局,中国国家标准化管理委员会,2009.

何雪梅,沈才卿.宝石人工合成技术[M].北京:化学工业出版社,2005.

黄云光,王昶,袁军平.首饰制作工艺学[M].武汉:中国地质大学出版社,2005.

金承.市场中常见的翡翠品种[J].中国宝玉石,2002,4(46):40-43.

卡利·霍尔.宝石[M].北京:中国友谊出版公司,2007.

康玉霜,陶瑛,娄六红,等.首饰中有害元素限量及测定[J].中国宝玉石,2015,(1):132-134.

科迪科特.宝石鉴定手册[M].范淑华,刘运鹏,译.北京:地质出版社,1988.

李光红,施俊.中国古代玉器鉴定[M].北京:地质出版社,1999.

李劲松,赵松龄.宝玉石大典[M].北京:北京出版社,2000.

李维翰.唐风说玉[M].上海:上海科技出版社,2011.
李先登.商周青铜文化[M].北京:中国国际广播出版社,2009.
李彦君.鉴宝(铜器卷)[M].北京:北京出版社,2007.
李彦君.鉴宝(玉器卷)[M].北京:北京出版社,2007.
刘道荣,丛桂新,王玉民.珠宝首饰镶嵌学[M].武汉:中国地质大学出版社,2011.
刘国钧,王徽枢,陈扬杰,等.矿物学[M].徐州:中国矿业大学出版社,1989.
栾秉璈.中国宝石和玉石[M].乌鲁木齐:新疆人民出版社,1989.
孟宪松,吴元全.中国独山玉[M].郑州:河南人民出版社,2004.
摩依.摩依识翠[J].中国宝玉石,2002,4(46):42-43.
南京地质学校.晶体光学[M].北京:地质出版社,1979.
欧阳秋眉,严军.秋眉翡翠—实用翡翠学[M].上海:学林出版社,2005.
潘兆橹.结晶学与矿物学上、下册(第三版)[M].北京:地质出版社,1994.
彭文世,刘高魁.矿物红外光谱图集[M].北京:科学出版社,1982.
全国首饰委员会.QB/T2062—2006 贵金属饰品[S].中华人民共和国国家发展和改革委员会.北京:中国轻工业出版社,2006.
史树青.古玉鉴定二十讲[M].长春:吉林出版集团有限责任公司,2007.
孙未君,王树林.宝玉石商贸实用手册[M].天津:天津科学技术出版社,1991.
谭前学.陕西历史博物馆[M].西安:三秦出版社,2003.
王福泉.中国台湾软玉之种属[J].中国宝玉石,1997,6(1):32-33.
王根元,王徽枢.宝石学基础[M].美国国际宝玉石学院(GIC)教材,1997.
王徽枢,孙圣导.琥珀拉曼光谱和荧光测量研究[J].矿物岩石,1991,2(11):80-84.
王徽枢.对我国古代宝玉石器物的十大观察[C]//中华宝玉石文化产业化高层论坛会论文集,2012.
王徽枢.关于宝玉石中确立"太空成因类型"及"宇宙岩"的南榷[C]//亚洲宝玉石千岛论坛文集.武汉:中国地质大学出版社,2011.
王徽枢.关于海柳的研究[C]//李劲松.国际宝玉石高层论坛论文选集 2014.北京:西苑出版社,2014.
王徽枢.河南西峡琥珀的矿物学研究[J].矿物学报,1989,4:338-344.
王徽枢.辽宁抚顺煤层中琥珀的矿物学特征[J].国外非金属与宝石,1990,5:47-50.
王徽枢.辽宁抚顺煤田中煤精的研究[C]//第二次全国宝石学术交流会论文集.1988.
王徽枢.漫谈躯体宝石[C]//李劲松.国际宝玉石高层论坛论文选集 2014.北京:西苑出版社,2014.
王濮,潘兆橹,翁玲宝,等.系统矿物学(上、中、下)[M].北京:地质出版社,1982.
小林新二朗,渡部哲光.珍珠的研究[M].熊大仁,译.北京:中国农业出版社,1966.
肖奕亮.海南黄花梨[M].北京:化学工业出版社,2011.
徐华震.水晶宝典[M].台湾:淳贸企业有限公司出版,2004.
轩实.珠宝珍木及其引进[J].中国宝玉石,2015,(1):75-80.
严阵.缅甸翡翠学(第二版)[M].北京:中国大地出版社,2011.

严阵.中国宝玉石资源分布图[M].北京:地质出版社,2007.

杨汉臣,伊献瑞,易爽庭,等.新疆宝石和玉石[M].乌鲁木齐:新疆人民出版社,1985.

杨培钧.中国名胜经典(陕西历史博物馆)[M].成都:四川美术出版社,1999.

英国宝石协会与宝石检测实验室.钻石分级手册[M].陈钟惠,译.武汉:中国地质大学出版社,2007.

英豪.翡翠鉴赏[M].西安:西北工业大学出版社,1993.

袁心强.应用翡翠宝石学[M].武汉:中国地质大学出版社,2009.

张蓓莉.系统宝石学(第二版)[M].北京:地质出版社,2006.

张广文.玉器史话[M].北京:紫禁城出版社,1992.

中国地质矿产信息研究院.中国矿产[M].北京:中国建材工业出版社,1993.

周国平.宝石学[M].武汉:中国地质大学出版社,1989.

周佩玲,杨忠耀.有机宝石学[M].武汉:中国地质大学出版社,2004.

朱中一.首饰加工[M].广州:广东高等教育出版社,1999.

F M 斯温.陆相有机地球化学[M].钱吉盛,胡伯良,译.北京:科学出版社,1979.

Humme D O.Infrared Analysis of polymers,resins and additives:an atlas[J]Wiley Inter Science,1969.

James D Dana,Hurlbut C S Jr,Klein C. Manual of Mineralogy19th ed[M].New York/London,John Wiley & Sons,1977.

附录 宝玉石名称索引

A

阿富汗白玉	721
埃卡石	626

B

巴林石	735
芭柏石	283
钯	771
白榴石	622
白铁矿	779
白钨矿（钨酸钙矿）	494
白云石	717
百鹤石	568
柏木	580
斑石	745
贝壳	562
碧玺（电气石）	453
碧玉	672
变色琥珀（蓝琥珀）	543
变石	301
冰长石	479
冰洲石	740
玻璃	516
玻璃陨石	657
铂	768

C

查罗石（紫硅碱钙石）	611
长白石	742
砗磲	565
辰砂	775
沉香	578
澄砚	751
齿胶磷矿	570
赤铁矿	400
充蜡玻璃仿制珍珠	379

D

大理岩	740
蛋类	573
丁香紫玉	619
东陵石	676
东宁石	744
东兴石	744
都兰石	744
独山玉	701
端砚	746

E

俄罗斯白玉	690

F

方解石	738
方镁石	585
方钠石	488
方硼石	640
方铅矿	773
方柱石	489
仿欧泊	400
仿制发光石	514
仿制黑珍珠	379
翡翠（硬玉）	305
沸石	624
芙蓉石	675
符山石	598
斧石	607

G

钙钛矿	587
杆沸石	625
橄榄核	576
橄榄石	419
锆石	414
铬透辉石	469

古铜辉石	468	核桃	576
骨灰钻石	582	贺兰玉	685
骨料	571	贺县玉	681
光彩石	632	黑曜石	412
广绿玉	690	红宝石	264
龟甲(玳瑁)	561	红梅玉	722
硅化木	566	红丝砚	748
硅灰石	600	红纹石(菱锰矿)	501
硅孔雀石	709	红锌矿	586
硅硼钙石	592	红柱石	440
硅铍铝钠石	605	虎睛石	674
硅铍石(似晶石)	590	琥珀	526
硅锌矿(矽锌矿)	589	花石	743
贵翠	680	滑石	736
桂林鸡血红碧玉	673	桦甸玉	684
H		黄花梨	577
海柳	554	黄陵玉	722
海泡石	616	黄龙玉	681
海象牙	560	黄铁矿	777
合成变石	303	黄铜矿	772
合成翡翠	346	辉锑矿	776
合成海蓝宝石	296	回龙玉	686
合成红宝石	283	**J**	
合成金绿宝石	303	鸡血石	732
合成蓝宝石	284	吉尔森仿珊瑚	554
合成蓝宝石变石	285	尖晶石	406
合成立方氧化锆	261	角料	570
合成绿柱石	296	金	752
合成玛瑙	671	金瓜石	745
合成猫眼石	304	金红石	403
合成欧泊	399	金绿宝石	299
合成碳硅石	262	金山玉	689
合成星光红宝石	285	金丝玉	683
合成星光蓝宝石	285	金香玉	723
合成萤石	513	堇青石	451
合成祖母绿	297	京白玉	678
合成钻石	257	九龙碧	684
河马牙	560	菊花石	744

菊石	569	马约里卡珠	379
K		玛瑙	665
孔雀石	506	猫眼石	302
L		梅花玉	679
拉长石	485	煤精（黑玉）	544
莱州玉	691	美酒玉	685
蓝宝石	264	猛犸象牙	559
蓝方石	638	密玉	678
蓝晶石	443	蜜蜡	544
蓝田玉	720	蜜蜡黄玉	719
蓝铜矿	509	蜜蜡石	544
蓝纹石	706	木鱼石	745
蓝线石	638	**N**	
蓝柱石	609	钠长石玉	700
蓝锥矿	602	钠硼解石	647
琅玕玉	683	楠木	579
铑	772	镍铁陨石	659
雷公墨	660	**O**	
锂辉石	473	欧泊（蛋白石）	395
粒硅镁石	596	**P**	
溧阳石	743	硼锂铍矿（硼铍铝铯石）	643
磷灰石	491	硼铝镁石	642
磷铝锂石	631	硼铍石	644
磷铝钠石	629	澎湖文石	745
磷铝石	634	菩提子	576
磷氯铅矿	628	葡萄石	614
磷钠铍石	628	普通辉石	471
磷叶石	635	普通角闪石	462
灵璧玉	719	**Q**	
菱锌矿	503	祁连翠	685
铝硼硅钙石（硅硼钙铝石）	644	蔷薇辉石	686
绿帘石	447	羟硅硼钙石	645
绿松石	711	青海白玉	688
绿柱石（祖母绿、海蓝宝石）	286	青海翠玉	684
螺壳	574	青金石	706
洛南玉	683	青田石	729
M		磬云石	744
马来西亚玉	347	躯体宝石	582

R

人工仿珍珠	379
人造钆镓榴石	435
人造铝酸钇	299
人造铌酸锂	264
人造钛酸锶	263
人造钇铝榴石	434
日光石	487

S

软玉	348
赛黄晶	606
钯榴石	623
珊瑚（钙质珊瑚）	548
闪锌矿	774
蛇纹石玉	692
舍利（子）石	582
施俱俫石（苏纪石）	612
十字石	595
石膏	499
石榴石	423
石英猫眼	674
实心玻璃仿制珍珠	379
寿山石	724
树枝石	745
水晶（石英）	381
四方石	744
塑料	521
塑料镀层仿制珍珠	379

T

塔菲石	588
台湾七彩玉	699
太湖石	744
泰山玉	698
檀香	579
碳铬镁矿	627
洮砚	748
天河石	480
天蓝石	633
天青石	498
天珠	671
田黄石	727
铜	772
透长石	477
透辉石	469
透锂长石	617
透闪石	463
透视石（绿铜矿）	603
土古玉	680
托帕石（黄玉）	436

W

顽火辉石	465
微斜长石	479
文石	505
乌钢石（针铁矿）	402
乌兰翠	685
乌木	580
五花石	743
五台山石	744

X

西川玉	691
矽线石	445
锡石	405
歙砚	748
细晶石	584
象牙	556
小叶紫檀	578
斜长石	482
楣石	593
岫岩玉	695

Y

牙料	572
砚石	746
阳起石	464
阳起石玉	689
伊源玉	699
铱	771

异极矿	599	陨石	649
银	764	**Z**	
银星石	636	针钠钙石	621
鹰眼石	674	珍木	577
盈江玉	684	珍珠	360
萤石	510	正长石	478
硬石膏	500	重晶石	496
黝帘石(坦桑石)	449	柱晶石	618
鱼眼石	610	准噶尔玉	688
雨花石	670	紫苏辉石	468
玉髓	663	棕榈坚果	575
月光石	486	钻石(金刚石)	207
月岩	654